The utility of architectural lighting

实用建筑照明

设计手册

Design Manual

主编 方光辉 薛国祥

编委：王吉华 邱立功 张能武 祝海钦 陈薇聪
唐雄辉 张道霞 邵健萍 陈伟 邓杨
唐艳玲 王春林 张业敏 章奇 陈锡春
刘瑞 周小渔 胡俊 沈飞 庄卫东
刘文花 张茂龙 钱瑜 陶荣伟 高佳
钱革兰 魏金营 王荣 张婷婷 陈思宇
王首中 蔡郭生 刘玉妍 王石昊 徐嘉翊
孙南羊 吴亮 刘明洋 周韵 刘欢
徐晓东 姜松 张杰 梁霈琴 李桥
刘文军 过晓明 李德庆 蒋超 黄波

湖南科学技术出版社

图书在版编目（CIP）数据

实用建筑照明设计手册 / 方光辉，薛国祥主编. --长沙 ：湖南科学技术出版社，2015.5
ISBN 978-7-5357-8617-3
Ⅰ. ①实… Ⅱ. ①方… ②薛… Ⅲ. ①建筑照明—照明设计—手册 Ⅳ. ①TU113.6-62
中国版本图书馆 CIP 数据核字(2015)第 016560 号

实用建筑照明设计手册

主　　编：方光辉　薛国祥
责任编辑：杨　林　龚绍石
出版发行：湖南科学技术出版社
社　　址：长沙市湘雅路 276 号
　　　　　http://www.hnstp.com
湖南科学技术出版社天猫旗舰店网址：
　　　　　http://hnkjcbs.tmall.com
邮购联系：本社直销科 0731-84375808
印　　刷：长沙瑞和印务有限公司
　　　　　（印装质量问题请直接与本厂联系）
厂　　址：长沙市井湾路 4 号
邮　　编：410004
出版日期：2015 年 5 月第 1 版第 1 次
开　　本：850mm×1168mm　1/32
印　　张：32.5
字　　数：1182000
书　　号：ISBN 978-7-5357-8617-3
定　　价：98.00 元

前 言

随着我国经济的飞速发展和城镇化进程的加快,建筑照明设计已成为当今城镇规划和建筑设计的重要组成部分。近年来涌现的现代照明设计与技术所涉及的学科和理念很多,相应的产品更新换代异常频繁,因此,该行业从业人员的设计和管理能力的普及与提高显得尤为迫切。为此,我们特编写了本书。

本书主要内容包括:照明设计基础知识、照明电光源、照明灯具、照明计算、居住建筑照明、学校建筑照明、体育建筑照明、办公建筑照明、医院照明、工业厂房照明、商业建筑照明、城市道路照明、城市夜景照明、旅馆建筑照明、电气照明节能、照明供配电及安全。在编写过程中,力求做到:内容新颖,全面系统,技术数据完善、准确;体现实用性,收录大量实际工程案例,强调工程实践经验,培养从业人员实际工作能力和解决问题的能力,有利于读者理解、学习和借鉴书中相关知识;内容反映了现代国家标准和规范,并展现新技术、新成果、新的节能和环保要求。本书可供建筑照明的规划、设计、施工、管理、教学、科研,以及建筑、园林、环境艺术与市政工程等方面的工程技术和管理人员使用,也可作为照明设计行业培训教材。

本书由方光辉、薛国祥共同主编,参加编写的人员有:王吉华、邱立功、张能武、祝海钦、陈薇聪、唐雄辉、张道霞、邵健萍、陈伟、邓杨、唐艳玲、张业敏、章奇、陈锡春、刘瑞、周小渔、胡俊、王春林、过晓明、李德庆、蒋超、黄波、沈飞、刘瑞、庄卫东、刘文花、张茂龙、钱瑜、陶荣伟、高佳、钱革兰、魏金营、王荣、张婷婷、陈思宇、王首中、蔡郭生、刘玉妍、王石昊、陈伟、徐嘉翊、孙南羊、吴亮、刘明洋、周韵、刘欢、徐晓东、姜松、张杰、梁霈琴、李桥、刘文军等同志。在本书的编写过程中得到了江苏省建筑设计院、江苏省照明学会、江南大学等单位的大力支持,在此表示衷心的感谢!

由于时间仓促，编者水平有限，书中不妥之处在所难免，敬请广大读者批评指正。

编 者

2015年4月

目　录

第一章　照明设计基础知识

第一节　照明设计的基本规定和基本术语

一、照明设计的基本规定

照明设计的基本规定有以下几点：

(1)在进行照明设计时，应根据视觉要求、作业性质和环境因素，通过对光源和灯具的选择和配置，使工作区或空间具备合理的照度和显色性，适宜的亮度分布以及舒适的视觉环境。照明设计应重视清晰度，消除阴影，减少热辐射，限制眩光。

(2)在确定照明设计方案时，应考虑不同类型建筑对照明的特殊要求，处理好电气照明与天然采光的关系；优先采用高光效光源、灯具与追求照明效果的关系；合理使用建设资金与采用高性能标准光源灯具等技术经济效益的关系，无特殊要求时不宜选用普通白炽灯。

(3)在选择光源时应注重光电参数的总体评估。应合理选择光源、灯具及附件、照明方式、控制方式，以降低照明电能消耗指标。对于长时间照明的场所宜注重光源寿命，对于高大空间宜注重光源的发光效率，而对于影视转播宜注重光源的色温及显色性。

(4)当建筑物装饰或照明功能无特殊要求时，一般照明宜采用同一类型或色温相近的光源。处理好光源色温与显色性关系，一般显色指数与特殊显色指数的色差关系，避免产生视觉心理上的不和谐。

(5)在符合照明质量要求的前提下，宜优先选用直接型开敞式灯具。

(6)有效利用自然光，合理选择照明方式和控制照明区域，降低电能消耗。

(7)照明设计应在保证整个照明系统的效率和照明质量的前提下，全面实施绿色照明工程，保护环境，节约能源，提高人们工作和生活质量，保障身心健康。

(8)在进行电气照明设计时，除符合现行国家标准《建筑照明设计标准》GB 50034—2004 规定外，还应符合其他各类相关现行规范的规定。应满足照度标准、照度均匀度、统一眩光值、光色、照明功率密度值及能效指标等相关标准的综合要求。

二、建筑照明基本术语

建筑照明基本术语名称及含义见表 1-1。

表 1-1 建筑照明基本术语名称及含义

序号	术语名称	含义
1	绿色照明	绿色照明是节约能源、保护环境,有益于提高人们生产、工作、学习效率和生活质量,保护身心健康的照明
2	光	任何能够直接引起视觉的辐射,亦称可见辐射。它的光谱范围没有明确的界线,一般在波长 λA 为 380～750nm(10^{-9}m)之间
3	光通量	根据辐射对标准光度观察者的作用导出的光度量。对于明视觉有: $$\Phi = K_m \int_0^{\infty} \frac{d\Phi_e(\lambda)}{d\lambda} \cdot V(\lambda) \cdot d\lambda$$ 式中 $d\Phi_e(\lambda)/d\lambda$——辐射通量的光谱分布 $V(\lambda)$——光谱光(视)效率 K_m——辐射的光谱(视)效能的最大值.单位为流明每瓦特(lm/W)。在单色辐射时,明视觉条件下的 K_m 值为 683lm/W(λ_m=555nm 时) 光通量的符号为 Φ,单位为流明(lm),1lm=1cd·1sr
4	发光强度	发光体在给定方向上的发光强度是该发光体在该方向的立体角元 $d\Omega$ 内传输的光通量 $d\Phi$ 除以该立体角元所得之商,即单位立体角的光通量,其公式为: $$I = \frac{d\Phi}{d\Omega}$$ 该量的符号为 I,单位为坎德拉(cd),1cd=1lm/sr
5	辐射	能量以电磁波或以粒子形式发射或传播的过程。这些电磁波或粒子形式亦称辐射
6	辐射通量	以辐射形式发射、传播或接收的功率,符号为 Φ_e,其计算式为: $$\Phi_e = \frac{dQ}{dt}$$ 式中 Q——辐射能(J) t——时间(s) 辐射通量的单位符号为 W,I_W=1J/s

续表1

序号	术语名称	含　义
7	亮度	由公式 $d\Phi/(dA \cdot \cos\theta \cdot d\Omega)$ 定义的量，即单位投影面积上的发光强度，其公式为： $$L = d\Phi/(dA \cdot \cos\theta \cdot d\Omega)$$ 式中　$d\Phi$——由给定点的束元传输的并包含给定方向的立体角 $d\Omega$ 内传播的光通量 dA——包括给定点的射束截面积 θ——射束截面法线与射束方向间的夹角 该量的符号为 L，单位为坎德拉每平方米（cd/m^2）
8	照度	表面上一点的照度是入射在包含该点的面元上的光通量 $d\Phi$ 除以该面元面积 dA 所得之商，即： $$E = \frac{d\Phi}{dA}$$ 该量的符号为 E，单位为勒克斯（lx），$1lx = 1\ lm/m^2$
9	流明	光通量的 SI 单位，符号为 lm。1 lm 等于均匀分布1cd发光强度的一个点光源在一球面度（sr）立体角内发射的光通量
10	坎德拉	发光强度的 SI 单位，符号为 cd。它是国际单位制 7 个基本量值单位之一。1979 年 10 月第十届国际计量大会通过的新定义是：坎德拉是一光源在给定方向上的发光强度，该光源发出频率为 540×10^{12} Hz 的单色辐射，且在此方向上的辐射强度为 $\frac{1}{683}$ W 每球面度
11	勒克斯	照度的 SI 单位，符号为 lx。1lm 光通量均匀分布在$1m^2$面积上所产生的照度为 1lx，即 $1lx = 1lm/m^2$ 照度的英制单位是英尺烛光，符号为 fc，1fc＝10.764lx
12	坎德拉每平方米	[光]亮度的 SI 单位，符号为 cd/m^2 [光]亮度的其他单位还有： 1 熙提（sb）$= 10^4\ cd/m^2$ 1 阿熙提（asb）$= (1/\pi) cd/m^2 = 0.3183 cd/m^2$ 1 朗伯（L）$= (10^4/\pi) cd/m^2 = 3.183 \times 10^3 cd/m^2$ 1 英尺朗伯（fL）$= (1/\pi) cd/ft^2 = 3.426 cd/m^2$
13	维持平均照度	规定表面上的平均照度不得低于此数值。它是在照明装置必须进行维护的时刻，在规定表面上的平均照度
14	参考平面	测量或规定照度的平面
15	作业面（又称工作面）	在其表面上进行工作的平面（也是规定和测量照度的平面）
16	识别对象	识别的物体和细节（如需识别的点、线、伤痕、污点等）

续表 2

序号	术语名称	含　义
17	亮度对比	视野中识别对象和背景的亮度差与背景亮度之比，即： $$C=\frac{\Delta L}{L_b}$$ 式中　C——亮度对比 ΔL——识别对象亮度与背景亮度之差 L_b——背景亮度 一般情况下，以面积较大的部分为背景，以面积较小的部分为目标。当目标亮度大于背景亮度时叫正对比，反之叫负对比
18	维护系数	照明装置在使用一定周期后，在规定表面上的平均照度或平均亮度与该装置在相同条件下新安装时在同一表面上所得到的平均照度或平均亮度之比
19	照明方式	照明设备按其安装部位或使用功能构成的基本制式
20	安全照明	应急照明的组成部分，用以确保处于潜在危险中的人员安全的照明
21	局部照明	特定视觉工作用的、为照亮某个局部而设置的照明
22	混合照明	由一般照明与局部照明组成的照明
23	一般照明	为照亮整个场所而设置的均匀照明
24	分区一般照明	对某一特定区域，如进行工作的地点，设计成不同的照度来照亮该区域的一般照明
25	直接照明	将灯具发射的光通量的90%～100%直接投射到假定工作面上的照明
26	半直接照明	将灯具发射的光通量的60%～90%部分直接投射到假定工作面上的照明
27	均匀漫射照明	将灯具发射的光通量的40%～60%部分直接投射到假定工作面上的照明
28	间接照明	将灯具发射的光通量的小于10%部分直接投射到假定工作面上的照明
29	半间接照明	将灯具发射的光通量的10%～40%部分直接投射到假定工作面上的照明
30	定向照明	光线主要从优选方向投射到工作面或物体上的照明
31	重点照明	为突出特定的目标或引起对视野中某一部分的注意而设的定向照明

续表 3

序号	术语名称	含　义
32	漫射照明	投射在工作面或物体上的光线在任何方向上均无明显差别的照明
33	应急照明	在正常照明电源因故障失效的情况下,供人员疏散、保障安全或继续工作用的照明
34	疏散照明	应急照明的组成部分,用以确保安全出口和疏散通道能被有效地辨认和应用,使人们安全撤离建筑物的照明
35	备用照明	应急照明的组成部分,用以确保在正常照明失效时能继续工作或暂时继续进行正常活动的照明
36	值班照明	非工作时间,为值班所设置的照明
37	警卫照明	用于警戒而安装的照明
38	障碍照明	在可能危及航行安全的建筑物或构筑物上安装的标志灯
39	频闪效应	在以一定频率变化的光照射下,观察到物体运动显现出不同于其实际运动的现象
40	光强分布	用曲线或表格表示光源或照明灯具在空间各个方向的发光强度值,也称配光。其主要用途是: (1)提供灯具光分布特性的大体概念 (2)计算灯具在某一点产生的照度 (3)计算灯具的亮度分布
41	光源的发光效能	光源发出的光通量除以光源功率所得之商,简称光源的光效。单位为流明每瓦特(lm/W)
42	灯具效率	在相同的使用条件下,灯具发出的总光通量与灯具内所有光源发出的总光通量之比,也称灯具光输出比
43	照度均匀度	表示给定平面上照度变化的量。通常用最小照度与平均照度之比表示;有时指最小照度与最大照度之比
44	眩光	由于视野中的亮度分布或亮度范围的不适宜,或存在极端的对比,以致引起不舒适感觉或降低观察细部或目标的能力的视觉现象
45	直接眩光	由视野中,特别是在靠近视线方向存在的发光体所产生的眩光
46	不舒适眩光	产生不舒适感觉,但并不一定降低视觉对象的可见度的眩光
47	统一眩光值(UGR)	它是度量处于视觉环境中的照明装置发出的光对人眼引起不舒适感主观反应的心理参量,其值可按 CIE 统一眩光值公式计算
48	眩光值(GR)	它是度量室外体育场和其他室外场地照明装置对人眼引起不舒适感主观反应的心理参量,其值可按 CIE 眩光值公式计算

续表 4

序号	术语名称	含　义
49	反射眩光	由视野中的反射引起的眩光，特别是在靠近视线方向看见反射像所产生的眩光
50	失能眩光	降低视觉功效和可见度，但不一定产生不舒适感的眩光
51	光幕反射	视觉对象的镜面反射，它使视觉对象的对比降低，以致部分地或全部地难以看清细部
52	反射比	亦称反射系数。反射光通与入射光通之比，以百分数或小数表示，符号为 ρ，其数值取决于材料或介质的特性，也与光的入射方向和测量方法有关
53	透射比	亦称透射系数。透过材料或介质的光通量与入射光通量之比．以百分数或小数表示，符号为 τ，其数值取决于材料或介质的特性，也与光的入射方向和测量方法有关
54	规则反射	遵守光学镜面反射定律而无漫射的反射，其特点是： (1)入射光线与反射光线以及反射面的法线同处一个平面内 (2)入射光线与反射光线分居法线两侧，且入射角等于反射角
55	漫反射	由于反射而使入射光扩散，在宏观上没有规则反射
56	均匀漫反射	反射光的分布使所有反射方向的光亮度均相等的漫反射
57	混合反射	规则反射与漫反射兼有的反射
58	对比显现因数	评价照明装置所产生的光幕反射对作业可见度影响的一个因数，定义为一个作业在给定的照明条件下的可见度与该作业在参照条件下的可见度之比
59	灯具遮光角	光源最边缘一点和灯具出光口的连线与水平线之间的夹角，也称保护角
60	截光角	遮光角的余角，即光源发光体最外沿一点和灯具出光口的连线与通过光源光中心的竖直线之间的夹角
61	显色性	照明光源对物体色表的影响，该影响是由于观察者有意识或无意识地将它与参比光源下的色表相比较而产生的
62	显色指数	在具有合理允差的色适应状态下，被测光源照明物体的心理物理色与参比光源照明同一色样的心理物理色符合程度的度量。符号为 R
63	特殊显色指数	在具有合理允差的色适应状态下，被测光源照明 CIE 试验色样的心理物理色与参比光源照明同一色样的心理物理色符合程度的度量。符号为 R_i

续表 5

序号	术语名称	含　义
64	一般显色指数	8个一组色试样的CIE1974特殊显色指数的平均值，通称显色指数。符号为 R_a
65	色温度	当某一种光源（热辐射光源）的色品与某一温度下的完全辐射体（黑体）的色品完全相同时，完全辐射体（黑体）的温度，简称色温。符号为 T_c，单位为开(K)
66	相关色温度	当某一种光源（气体放电光源）的色品与某一温度下的完全辐射体（黑体）的色品最接近时，完全辐射体（黑体）的温度，简称相关色温。符号为 T_{cp}，单位为开(K)
67	光通量维持率	灯在给定点燃时间后的光通量与其初始光通量之比
68	亮度因数	在规定的照明和观察条件下，表面上某一点在给定方向的亮度因数等于该方向的亮度与同一照明条件下，全反射或全透射的漫射体的亮度之比
69	视觉	由进入眼睛的辐射所产生的光感觉而获得对于外界的认识。它包括人脑将进入眼睛的光刺激转化为整体经验的过程，如察觉某些物体的存在，鉴别它、确定它在空间中的位置，阐明它与其他事物的关系，辨认它的运动、颜色、明亮程度或形状
70	视野	当头和眼睛不动时，人眼能察觉到的空间范围
71	视角	被识别的物体或细节对观察点所形成的张角，通常以弧分来度量
72	视觉环境	视野中除视觉作业以外的所有部分
73	视觉作业	在工作和活动中，必须观察的呈现在背景前的细节或目标
74	视觉功效	人的视觉器官完成给定视觉作业能力的定量评价。视觉作业一般用完成作业的速度和精度表示，它既取决于作业固有的特性（大小、形状、作业细节与背景的对比等），又与照明条件有关
75	视觉敏锐度	人眼区分物体细节的能力，以眼睛刚好可以分辨的两个相邻物体（点或线）的视角的倒数定量表示
76	对比感受性	在给定的眼睛适应状态下，可知觉的最大对比（阈限对比）的倒数，也叫对比敏感度
77	视觉速度	要观察的对象从出现到它被看见所需曝光时间的倒数
78	视亮度	人眼对物体的明亮程度的主观感觉。它受适应亮度水平和视觉敏锐度的影响，没有量纲

续表 6

序号	术语名称	含　义
79	视觉适应	视觉器官的感觉随着接收的亮度和颜色的刺激而变化的过程或它的最终状态
80	明适应	视觉系统适应高于 3.4cd/m^{2}亮度的变化过程及最终状态
81	暗适应	视觉系统适应低于 0.034cd/m^{2}亮度的变化过程及最终状态
82	灯具	将一个或多个光源发射的光线重新分布，或改变其光色的装置，包括固定和保护光源以及将光源与电源连接所必需的所有部件，但不包括光源本身
83	白炽灯	用通电的方法将灯丝加热到白炽状态而发光，如钨丝灯、卤钨灯等
84	气体放电灯	灯发出的光是由气体、金属蒸气或几种气体和金属蒸气混合放电直接产生的，如高压钠灯；或者通过放电激发荧光粉而发光，如荧光灯
85	高强气体放电灯	发光管的管壁负荷大于 3W/cm^{2}的气体放电灯，简称 HID 灯。高压汞灯、金属卤化物灯和高压钠灯均属于 HID 灯
86	发光二极管(LED)	一个 P－N 结半导体二极管，能发出可见光或红外辐射，其辐射输出是它的物理结构、使用材料和触发电流的函数
87	可见度(能见度)	人眼辨认物体存在或物体形状的难易程度。在室内应用时，以标准条件下刚好可感知的标准目标的对比或大小定义，称可见度。在室外应用时，以人眼刚好可看到标准目标的距离定义，称能见度
88	光谱能量分布	用某些辐射量的相对光谱分布描述辐射的光谱特性。光源的光谱能量分布通常是指作为波长的函数的光源光度量(光通量、发光强度等)的光谱密集度
89	色品	用色品坐标或主波长和纯度表示的颜色性质
90	色表	与色刺激和材料质地有关的颜色的主观表现
91	同色异谱	具有同样颜色而光谱分布不同的两个色刺激
92	启动器	启动放电灯用的附件。它使电极得到必需的预热，并与串联的镇流器一起产生脉冲电压使灯启动。有时单有产生脉冲电压的功能，这种启动器也叫触发器
93	镇流器	气体放电灯为稳定放电电流用的器件。镇流器的种类有电阻式、电感式、电容式或电子式，也可以是综合式的
94	调光器	能改变照明装置中灯的光通量，并调节照度水平的装置
95	镇流器能效因数(BEF)	镇流器流明系数与光源加镇流器的输入功率之比

续表 7

序号	术语名称	含　义
96	镇流器流明系数(BF)	荧光灯在某一镇流器上运行时的光通量输出与该灯在额定光通的基准镇流器上运行时的光通量输出之比
97	窗地面积比	窗洞面积与地面面积之比
98	环境比	机动车车行道外侧 5m 宽带状区域内的路面平均照度与相邻的 5m 宽车道路面上的平均照度之比，符号为 *SR*
99	采光系数(昼光因数)	在室内给定平面的一点上，由直接或间接地接受来自天空漫射光产生的照度与同一时刻该天空半球在室外无遮拦水平面上产生的天空漫射光照度之比
100	照明功率密度(LPD)	单位面积上的照明安装功率(包括光源、镇流器或变压器)，单位为瓦特每平方米(W/m^2)
101	色修正	用颜色滤光器对物理光度计的探测器进行的修正，使其光谱灵敏度符合 $V(\lambda)$函数或其他特定要求
102	余弦修正	根据余弦法则对物理探测器的角度响应进行的修正
103	阈值增量	对道路照明灯具产生的失能眩光的一种度量。它是指在出现失能眩光的情况下，道路照明灯具射入驾驶员眼睛内的直射光形成的光幕亮度降低了前方路面上目标与路面原有的亮度对比，提高了目标的可见度，以致看不清目标；为了补偿这种失能眩光效应，在对比度上所需要的百分比增量，符号为 *TI*
104	光侵扰	设在建筑红线外的照明灯具将光投射到不需要或不该照的地方，对居民、司机、行人、自然环境和天文观测产生有害影响
105	干扰光	由于户外照明设施的溢散光强度、方向或光谱不适当引起人们烦恼、分心或视觉能力下降的光线
106	光污染	人工光对人体健康和人类生存环境造成的不利影响的总称，通常是指城市天空辉光
107	城市照明	城市照明指城市户外公共用地内(体育场、工地除外)的永久性固定照明设施与建筑红线内旨在形成夜景观的室外或室内照明系统，所提供的照明的总称，包括城市功能照明与城市景观照明
108	城市功能照明	为城市夜间活动安全与信息获取等功能所提供的照明，主要包括城市道路及附属交通设施的照明与指引标识照明
109	城市景观照明	对城市中夜间可引起良好视觉感受的某种景象所施加的照明
110	道路照明	将灯具安装在高度通常为 15m 以下的灯杆上，按一定间距有规律地连续设置在道路的一侧、两侧或中央分车带上的照明

续表 8

序号	术语名称	含　义
111	高杆照明	一组灯具以固定方向安装在高度等于或大于 20m 的灯杆顶部进行大面积照明的一种照明方式
112	泛光照明	用投光灯照明一个面积较大的景物或场地，使被照面亮度明显高于周围环境亮度的照明
113	等照度曲线	在一个表面上有相同照度值的各点的轨迹
114	水平面照度	水平面上一点的照度
115	垂直面照度	垂直面上一点的照度
116	平均柱面照度	位于一点的一个很小的圆柱体曲面上的平均照度（假定圆柱体的轴线是竖直的）
117	半柱面照度	位于一点的一个很小的半圆柱体曲面上的平均照度，假定半圆柱体是竖直的。半柱面照度以符号 E_{sc} 表示
118	初始照度	照明装置新装时在规定表面上的平均照度。通常它也是设计照度值
119	维持平均照度	在维护周期末，必须换灯或清洗灯具和房间表面，或者同时进行上述维护工作时规定表面上的平均照度。它不应低于规定的照度标准值
120	照度比	给定表面的照度与工作面上一般照明的照度之比
121	距高比	照明装置中两个相邻灯具中心之间的距离与灯具至工作面的悬挂高度之比
122	利用系数	工作面（或另外规定的参考平面）上接受的光通量与光源发射的额定光通量之比

第二节　照明工程的设计程序和照明参数的选择

一、照明工程的设计程序

照明工程设计通常包括初步设计和施工图设计两个阶段，有的还增加了技术设计阶段。遵循设计程序，掌握设计规律，积累设计经验，是做好照明工程设计的重要保障。照明设计程序图包括：方案设计、施工图设计及审核审定出图 3 种，其具体程序见表 1－2。

表 1-2 照明设计程序

程序	具体程序
方案设计	方案设计→确定照明对象方案构思→调查收集资料→确定照明效果→绘制方案效果图→掌握相关设计规范→技术、经济、可行性比较→方案设计说明
施工图设计	施工图设计→设计说明书→选择灯具、光源→设计计算书→确定灯具安装方式→确定线路敷设方式→确定控制保护方式→绘制施工图→编制设备材料表
审核审定出图	审核审定出图→工程设计概算→审查设计图纸→工程招投标→专业施工→工程监理检查→照明工程竣工验收

1. 照明设计程序

民用建筑电气照明设计文件编制深度应符合《建筑工程设计文件编制深度规定(2008 年版)》的规定和要求。

各个阶段照明设计程序技术要求如下：

(1)初步设计:其设计技术要求见表 1-3。

表 1-3 初步设计技术要求

类型		技术要求
电光源选	确定照明标准	包括照度标准值、照度均匀度和统一眩光值(UGR)或眩光值(GR)、显色指数 R_a。依据作业精细程度、识别对象和背景亮度的对比,以及识别速度、连续紧张工作程度等因素,按相关标准确定照度
	确定照明方式	室内应设一般照明或分区一般照明;对于精细作业场所,按需要增设局部照明
	确定照明种类	除正常照明外,应确定是否设置应急照明;按建筑物楼层、规模、性质及防灾要求设疏散照明;按正常照明熄灭后是否要继续工作设备用照明;个别情况还要考虑安全照明。此外,还按建筑高度是否设障碍照明,大面积作业场所应设值班照明
	确定电光源	①选用高光效节能光源,如稀土三基色荧光灯、金属卤化物灯、高压钠灯 ②符合使用场所对显色性要求,一般应选显色指数 $R_a \geqslant 80$ 的光源,同时应选取与照度高低和环境相宜的色温 ③考虑启点条件、开关频繁程度等因素 ④性能价格比优
	镇流器选择	应按照安全、可靠、系统能效高的原则选取,同时应考虑谐波含量低、功率因数高、性能价格比优等因素,还应和光源配套
	照明灯具类型选择	照明灯具类型选择如下: ①安全,应与光源配套

续表 1

类型		技术要求
电光源选	照明灯具类型选择	②灯具效率高，无特殊要求的场所，应选用直接型灯具 ③按房间的室形指数（灯具安装高度和房间大小）选择配光适宜的灯具 ④考虑限制眩光的要求 ⑤按环境条件选用相适应的防护等级的灯具 ⑥对于高等级的公共建筑的公共场所，按建筑装饰要求选用相适应的灯具
	确定照明灯具布置方案	确定照明灯具布置方案如下： ①一个场所或一定区域内应按一定规律布灯，相对均匀对称 ②在满足眩光限制和照度均匀度条件下，单灯功率宜选得大一些（如直管荧光灯应选用 4 英尺长灯管），以提高照明能效，降低投资 ③布灯间距 L 与安装离地高度 h 合理协调，使距高比 L/h 值不大于该灯具允许的 L/h 值 ④工业厂房的布灯应和建筑结构（如柱网、屋架、梁、屋面等）相协调，并与吊车、各种管道和高大设备位置相协调，应避免碰撞和遮挡光线 ⑤公共建筑、多层建筑照明应注意整体美观，与建筑装饰协调 ⑥灯具位置和高度应便于安装和维修
	照度计算	根据所选择的光源、灯具及布置方案，进行作业面的平均维持照度计算。通常是计算工作面或地面的水平照度。按不同使用条件，还要计算垂直照度或倾斜面照度；将计算结果或选取的照度标准值对比，应不超过现行国家标准规定标准值的±10%，否则，应重新调整布灯方案，再做计算，直到符合要求
	眩光计算	根据《建筑照明设计标准》规定有 *UGR* 或 *GR* 值要求的场所，应进行 *UGR* 或 *GR* 值计算，通常是用计算软件进行，计算结果不应超过 GB 50034—2004 标准规定的标准值
	校验节能指标	按确定的照明方案，计算实际的照明功率密度 *LPD*，该值不能超过标准规定的 *LPD* 值，如超过，应重新调整方案，重新计算，直到符合标准
	优化方案	对于重要项目，应按以上的程序进行，做两个或多个设计方案，并进行技术经济（包括运行费）综合比较，确定最优方案
照明供配电系统设计	确定供电电源	包括配电变压器是否与电力合用还是照明专用，需要疏散照明、备用照明、安全照明等场所，还要确定应急电源方式（如独立电网电源、应急发电机或蓄电池组等），通常应同该项目的电力用电统一考虑确定，以满足使用要求，安全、可靠、经济、合理
	确定配电系统	包括配电区域划分（注意不同用户、不同核算单位、不同楼层的分区），配电箱设置，灯光开关控制要求，配电线路连接
	确定配电系统接地方式	通常应与该建筑的电力用电统一确定，并应注意采用Ⅰ类灯具时，其外露导电部分应接地（接 PE 线）

续表2

类型		技术要求
照明供配电系统设计	负荷计算	按各级干线、分支线统计照明安装功率(注意包括镇流器和变压器功耗),计算需求功率、功率因数和计算电流,同时确定无功补偿的方式和设置方案
	配电线路设计	包括各级配电线路导线(或电缆)的选型以及截面的确定。根据场所环境条件和防火、防爆要求,选择电线(电缆)的类型、敷设方式,并按照允许载流量和机械强度初步选择导线型号及截面积
	计算电压损失	按初选的导线和截面计算各段线路的电压损失,求出末端灯具的电压损失值,要求不超过标准规定;如超过,应加大截面,再进行计算
	配电线路保护电器的选型和参数的确定	应计算短路电流和接地故障电流,按短路保护、过负载保护和接地故障保护的要求,选择各级线路首端的保护电器类型(熔断器或断路器)及其额定电流和整定电流值,并应使上下级保护电器之间有选择性动作。如达不到规范的要求,应调整整定电流值,或加大导线截面积,甚至改变保护电器类型
	确定照明开关和控制方式	一般工作房间,按要求设置集中的或分散的手动开关;对于大面积场所、公共场所,要考虑集中的或智能自动控制方式,包括各种节能的、利用天然光或无人时自动关灯等控制方式
	确定电能计量方式	根据付费和节能的需要,应分用户、分单位装设计量电能表
	—	确定照明灯具和照明配电箱、照明开关、控制装置的安装方式,确定线路敷设方案

(2)施工图设计:其设计技术要求见表1-4。

表1-4　施工图设计技术要求

类型	技术要求
绘制电气照明平面图	①照明灯具类型及位置:绘制灯具的位置,必要时标注尺寸,注明灯具类型或符号、代号(应采用标准的图形、符号表示),标注灯具的安装形式(吸顶式、嵌入式、管吊式等),灯具离地高度;非垂直下射的灯具,应注明仰角或俯角、倾斜角等 ②注明电光源的类型、额定功率、数量(包括单个灯具内光源数量) ③每个房间、场所要求的照度标准值 ④局部照明、重点照明的设置要求(包括电光源、照明灯具及位置等) ⑤应急照明装设:应分别标明疏散照明灯、疏散用出口标志灯、指向标志灯的装设位置、类型、光源等,还有备用照明、安全照明的装设位置等要求

续表

类　型	技 术 要 求
绘制电气照明平面图	⑥移动照明、检修照明用的电源插座和其他电源插座，应注明规格(极数、孔数)、额定电流值、安装位置、高度和安装方式 ⑦照明配电箱的型号、编号、出线回路 ⑧照明开关型号、位置、安装高度和安装方式(嵌入式或明装)；控制装置的类型、设置位置和控制范围 ⑨照明配电干线和分支线路的导线型号、规格、根数，若穿套管，应注明管材、管径，敷设方式、安装部位和高度等
绘制剖面图和立面图	对于较复杂的建筑，生产设备、平台、栈道、操作或维护通道复杂或生产管道、动力管道很大者，需要增加剖面图，以表明照明灯具与这些设备、平台、管道的位置关系、高度关系，避免灯光被遮挡。对于高等级公共建筑，装设有夜景照明的可增加立面图
绘制场所照度分布图和(或)等照度曲线	对于照度值和照度均匀度要求很高的场所，如体育场馆等，可绘制照度分布图和(或)等照度曲线，以考核其各点照度值和照度变化梯度。此图宜在初步设计阶段完成
绘制配电系统图	对于较大工程项目，有多台照明配电箱时，应绘制配电系统图，其内容包括： ①照明配电系统、照明干线和配电箱的接线方式 ②照明干线的导线型号、规格、根数(包括 N 线、PE 线)，安装功率、计算功率、功率因数、计算电流值 ③分支线的导线型号、规格、根数及安装功率 ④干线末端及代表性分支线末端的电压损失值 ⑤照明配电箱及开关箱的型号、出线回路数，安装功率 ⑥照明配电箱、照明开关箱内保护电器的类型，熔断器及其熔断体的额定电流，或低压断路器的反时限(长延时)脱扣器和瞬时脱扣器的整定电流值
绘制必要的安装图和线路敷设图	施工安装图纸，通常应选用国家或省市编制的通用标准图；有特殊安装需要的，应补充必要的安装大样图
编制设备材料明细表	主要设备材料表应明确型号、规格和技术参数，能满足订货、采购或招标的需要，内容应包括灯具、电光源和镇流器、触发器、补偿电容器、配电箱、控制装置、照明开关、电源插座及其他附件，还有导线、套管等材料的名称、型号、规格、技术参数以及单位、数量

(3)经济分析：初步设计阶段应编制概算。施工图设计完成后，根据建设单位要求和委托，编制工程预算。

2. 资料收集的主要内容

建筑照明设计资料收集提纲的主要内容见表 1－5。

表 1－5　建筑照明设计资料收集提纲的主要内容

类　型	收集资料的主要内容	说　明
加工工艺	作业性质，视觉作业精细程度，连续作业状况作业面分布，工种分布情况，通道位置	确定一般照明或分区一般照明，确定照度标准值，是否要局部照明
	特殊作业或被照面的视觉要求	是否要重点照明（如商场）
	作业性质及颜色分辨要求	确定显色指数（R_a）、光源色温
	作业性质及对限制眩光的要求	确定眩光指数（*UGR* 或 *GR*）标准
	作业对视觉的其他要求	空间亮度、立体感等
	作业的重要性和不间断要求，作业对人的可能危险，建筑类型、使用性质、规模大小，对灾害时疏散人员要求	确定是否要应急照明（分别定疏散照明、备用照明、安全照明）
	场所环境污染特征	确定维护系数
	场所环境条件，包括是否有多尘、潮湿、腐蚀性气体、高温、振动、火灾危险、爆炸危险等	灯具等的防护等级（IP××）及防爆类型
	其他特殊要求，如体育场馆的彩电传播，博物馆、美术馆的展示品，商场的模特，演播室、舞台等	确定特殊照明要求，如垂直照度、立体感、阴影等
建筑结构	建筑平面、剖面、建筑分隔、尺寸，主体结构、柱网、跨度、屋架、梁、柱布置，高度，屋面及吊顶情况	安排灯具布置方案，布灯形式及间距，灯具安装方式等
	室内通道状况，楼梯、电梯位置	设计通道照明、疏散照明（含疏散标志位置）
	墙、柱、窗、门、通道布置，门的开向	照明开关、照明配电箱布置
	建筑内部装饰情况，顶、墙、地、窗帘颜色及反射比	按各表面反射比求利用系数
	吊顶、屋面、墙的材质和防火状况	灯具及配线的防火要求
	建筑装饰特殊要求（高档次公共建筑），如对灯具的美观、装设方式、协调配合、光的颜色等	协调确定间接照明方式，或灯具造型、光色等
	高层建筑的总高度及建筑周围建、构筑物状况	是否需要障碍灯照明
	建筑立面状况及建筑周围状况（需要建筑夜景照明时）	确定夜景照明方式

续表

类　型	收集资料的主要内容	说　明
建筑设备	建筑设备及管道状况,包括空调设施、通风、暖气、消防设施,热水、蒸气及其他气体设施及其管道布置、尺寸、高度等	协调顶部灯具的位置、高度,防止挡光,协调吊顶、墙面和柱上的灯具、照明开关和配电线路的位置

二、照明参数的选择

(一)照明方式

照明设备按其安装部位或使用功能构成的基本制式可分为一般照明、分区一般照明、局部照明和混合照明,其说明见表1-6。

表1-6　照明方式与说明

方　式	说　明
一般照明	不考虑特殊部位的需要,为照明整个场所而设置的均匀照明。工作场所通常应设置一般照明
分区一般照明	根据需要,提高特定区域照度的一般照明。同一场所内的不同区域有不同照度要求时,应采用分区一般照明
局部照明	为满足某些部位(通常限定在很小范围,如工作台面)的特殊需要而设置的照明。在一个工作场所内不应只采用局部照明
混合照明	由一般照明与局部照明组成的照明。对于部分作业面照度要求较高,只采用一般照明不合理的场所,宜采用混合照明
照明方式的选择	①照度要求较高的场所,选择混合照明方式,一般照明在工作面上产生的照度不宜低于混合照明所产生的总照度的1/3～1/5,且不宜低于50lx ②工位密度较高且分布均匀的场所,可采用单独的一般照明方式,但照度不宜太高,一般不宜超过500lx ③工位密度不同或照度要求不同的场所,可采用分区照明的方式。对要求高的工作区域采用较高的照度,要求较低的工作区域采用较低的照度,但两者的照度比值不宜大于3∶1 ④合理设置局部照明:对于高大空间区域,除在高处采用一般照明方式外,对照度要求高的区域可采用设置局部照明来满足需求

(二)照明种类

照明种类可分为正常照明、应急照明、值班照明、警卫照明、障碍照明和景观照明。其中应急照明包括备用照明、安全照明和疏散照明,其说明见表1-7。

表1-7　照明种类与说明

种　类	说　　明
正常照明	在正常情况下使用的室内外照明。工作场所均应设置正常照明
应急照明	因正常照明的电源失控而启动的照明。应急照明包括疏散照明、完全照明和备用照明 ①备用照明:作为应急照明的一部分,用于确保正常活动继续进行的照明。正常照明因故障熄灭后,需确保正常工作或活动继续进行的场所,应设置备用照明 ②安全照明:作为应急照明的一部分,用于确保处于潜在危险之中的人员安全的照明。正常照明因故障熄灭后,需确保处于潜在危险之中的人员安全的场所,应设置安全照明 ③疏散照明:作为应急照明的一部分,用于确保疏散通道被有效地辨认和使用的照明。正常照明因故障熄灭后,需确保人员安全疏散的出口和通道,应设置疏散照明
值班照明	非工作时间,为值班所设置的照明。大面积场所宜设置值班照明
警卫照明	在夜间为改善对人员、财产、建筑物、材料和设备的安全保卫,用于警戒而安装的照明。有警戒任务的场所,应根据警戒范围的要求设置警卫照明
障碍照明	为保障航空飞行安全,在高大建筑物和构筑物上安装的障碍标志灯。有危及航空安全的建筑物、构筑物上,应根据航行要求设置障碍照明
景观照明	对城市中夜间可引起良好视觉感受的某种景象所施加的照明。景观照明包括建筑物装饰照明、外观照明、庭院照明、建筑小品照明、音乐喷泉照明和节日照明等。主要用于烘托气氛,美化环境,丰富人们的夜生活

(三)照明质量

根据现行国家标准《建筑照明设计标准》GB 50034—2004 的要求,进行建筑照明设计时,照明质量应符合以下规定。

1. 照度标准的一般规定

(1)常用照度标准值分级应为 0.5、1、3、5、10、15、20、30、50、75、100、150、200、300、500、750、1000、1500、2000、3000、5000lx。标准值是以维持作业面或参考平面上的平均照度作为照度标准值。

(2 工业企业照明的照度标准值,应按以下系列分级:0.1、1、2、3、5、10、15、20、30、50、75、100、150、200、300、500、750、1000、1500、2000、3000lx。

(3)照明设计标准值应为生产场所作业面上的平均照度值。

(4)作业面上的照度标准值,根据工作场所和视觉作业的具体要求,应按高、中、低选取适当的标准值。一般情况下采用照度范围的中间值。

(5)凡符合下列条件之一及以上时,作业面或参考平面的照度,可按照度标准值分级提高一级。

①视觉要求高的精细作业场所，眼睛至识别对象的距离大于500mm时；

②连续长时间紧张的视觉作业，对视觉器官有不良影响时；

③识别移动对象，要求识别时间短促而辨认困难时；

④视觉作业对操作安全有重要影响时；

⑤识别对象亮度对比小于0.3时；

⑥作业精度要求较高，且产生差错会造成很大损失时；

⑦视觉能力低于正常能力时；

⑧建筑等级和功能要求高时。

(6)凡符合下列条件之一及以上时，作业面或参考平面的照度，可按照度标准值分级降低一级。

①进行很短时间的作业时；

②作业精度或速度无关紧要时；

③建筑等级和功能要求较低时。

(7)作业面邻近周围的照度可低于作业面照度，但不宜低于表1-8的数值。

表1-8　　作业面邻近周围照度

作业面照度(lx)	作业面邻近周围照度值(lx)	作业面照度(lx)	作业面邻近周围照度值(lx)
≥750	500	300	200
500	300	≤200	与作业面照度相同

注：邻近周围指作业面外0.5m范围之内。

(8)在照明设计时，应考虑因光源光通量的衰减，灯具和房间表面污染引起的照度降低，根据作业房间或场所计入相应的维护系数。维护系数见表1-9。

表1-9　　维护系数

环境污染特征		房间或场所举例	灯具最少擦拭次数(次/年)	维护系数值
室内	清洁	卧室、办公室、餐厅、阅览室、教室、病房、客房、仪器仪表装配间、电子元器件装配间、检验室等	2	0.80
	一般	商店营业厅、候车室、影剧院、机械加工车间、机械装配车间、体育馆等	2	0.70
	污染严重	厨房、锻工车间、铸工车间、水泥车间等	3	0.60
室外		雨篷、站台、路灯	2	0.65

(9)在一般情况下，设计照度值与照度标准值相比较，可允许有－10％～＋10％的偏差。

2.照度标准值

国际照度委员会(CIE)对不同作业和活动的场所推荐的照度范围，见表1-10。

表1-10　CIE对不同作业和活动场所推荐的照度范围

照度范围(lx)	作业和活动场所
20～30～50	室外入口区域
50～75～100	交通区，简单地识别方位或短暂逗留
100～150～200	非连续工作的房间，例如工业生产监视、储藏、衣帽间及门厅
200～300～500	有简单视觉要求的作业，如粗糙的机加工、教室
300～500～750	有中性视觉要求的作业，如普通机加工、办公室、控制室
500～750～1000	有一定视觉要求的作业，如缝纫室、检验室、试验室和绘图室
750～1000～1500	延续时间长，且有精细视觉要求的作业，如精密加工和装配、颜色辨别
1000～1500～200	有特殊视觉要求的作业，如手工雕刻、很精细的工件检验
＞2000	完成很严格的视觉作业，如微电子装配、外科手术

(1)工业企业(GB50034)的照度标准值。

①工作场所作业面上的照度标准值见表1-11。

表1-11　工作场所作业面上的照度标准值

<table>
<tr><th rowspan="3">视觉作业特性</th><th rowspan="3">识别对象的最小尺寸
d(mm)</th><th colspan="2" rowspan="2">视觉作业分类</th><th rowspan="3">亮度对比</th><th colspan="6">照度范围(lx)</th></tr>
<tr><th colspan="3">混合照明</th><th colspan="3">一般照明</th></tr>
<tr><th>等</th><th>级</th><th>低</th><th>中</th><th>高</th><th>低</th><th>中</th><th>高</th></tr>
<tr><td rowspan="2">特别精细作业</td><td rowspan="2">$d\leqslant 0.15$</td><td rowspan="2">Ⅰ</td><td>甲</td><td>小</td><td>1500</td><td>2000</td><td>3000</td><td>—</td><td>—</td><td>—</td></tr>
<tr><td>乙</td><td>大</td><td>1000</td><td>1500</td><td>2000</td><td>—</td><td>—</td><td>—</td></tr>
<tr><td rowspan="2">很精细作业</td><td rowspan="2">$0.15<d\leqslant 0.3$</td><td rowspan="2">Ⅱ</td><td>甲</td><td>小</td><td>750</td><td>1000</td><td>1500</td><td>200</td><td>300</td><td>500</td></tr>
<tr><td>乙</td><td>大</td><td>500</td><td>750</td><td>1000</td><td>150</td><td>200</td><td>300</td></tr>
<tr><td rowspan="2">精细作业</td><td rowspan="2">$0.3<d\leqslant 0.6$</td><td rowspan="2">Ⅲ</td><td>甲</td><td>小</td><td>500</td><td>750</td><td>1000</td><td>150</td><td>200</td><td>300</td></tr>
<tr><td>乙</td><td>大</td><td>300</td><td>500</td><td>750</td><td>100</td><td>150</td><td>200</td></tr>
</table>

续表

视觉作业特性	识别对象的最小尺寸 d(mm)	视觉作业分类		亮度对比	照度范围(lx)					
					混合照明			一般照明		
		等	级		低	中	高	低	中	高
一般精细作业	$0.6<d\leqslant 1.0$	Ⅳ	甲	小	300	500	750	100	150	200
			乙	大	200	300	500	75	100	150
一般作业	$1.0<d\leqslant 2.0$	Ⅴ	—	—	150	200	300	50	75	100
较粗糙作业	$2.0<d\leqslant 5.0$	Ⅵ	—	—	—	—	—	30	50	75
粗糙作业	$d>5.0$	Ⅶ	—	—	—	—	—	20	30	50
一般观察生产过程	—	Ⅷ	—	—	—	—	—	10	15	20
大件贮存	—	Ⅸ	—	—	—	—	—	5	10	15
有自行发光材料的车间	—	Ⅹ	—	—	—	—	—	30	50	75

②一般生产车间和作业场所工作面上的照度标准值,见表1-12。

表1-12 一般生产车间和作业场所工作面上的照度标准值

车间和作业场所		视觉作业等级	照度范围(lx)								
			混合照明			混合照明中的一般照明			一般照明		
			低	中	高	低	中	高	低	中	高
金属机械加工车间	粗加工	Ⅲ乙	300	500	750	30	50	75	—	—	—
	精加工	Ⅱ乙	500	750	1000	50	75	100	—	—	—
	精密	Ⅰ乙	1000	1500	2000	100	150	200	—	—	—
机电装配车间	大件装配	Ⅴ	—	—	—	—	—	—	50	75	100
	小件装配、试车台	Ⅱ乙	500	750	1000	75	100	150	—	—	—
	精密装配	Ⅰ乙	1000	1500	2000	100	150	200	—	—	—
焊接车间	手动焊接、切割、接触焊、电渣焊	Ⅴ	—	—	—	—	—	—	50	75	100
	自动焊接、一般划线	Ⅳ乙	—	—	—	—	—	—	75	100	150

续表1

车间和作业场所		视觉作业等级	照度范围(lx)								
			混合照明			混合照明中的一般照明			一般照明		
			低	中	高	低	中	高	低	中	高
焊接车间	精密划线	Ⅱ甲	750	1000	1500	75	100	150	—	—	—
	备料(如有冲压、剪切设备则参照冲压剪切车间)	Ⅵ	—	—	—	—	—	—	30	50	75
钣金车间		Ⅴ	—	—	—	—	—	—	50	75	100
冲压剪切车间		Ⅳ乙	200	300	500	30	50	75	—	—	—
锻工车间		Ⅹ	—	—	—	—	—	—	30	50	5
热处理车间		Ⅵ	—	—	—	—	—	—	30	50	75
铸工车间	熔化、浇铸	—	—	—	—	—	—	—	30	50	75
	型砂处理、清理、落砂	—	—	—	—	—	—	—	20	30	50
	手工造型	Ⅲ乙	300	500	750	30	50	75	—	—	—
	机器造型	Ⅵ	—	—	—	—	—	—	30	50	75
木工车间	机床区	Ⅲ乙	300	500	750	30	50	75	—	—	—
	锯木区	Ⅴ	—	—	—	—	—	—	50	75	100
	木模区	Ⅳ甲	300	500	750	50	75	100	—	—	—
表面处理车间	电镀槽间、喷漆间	Ⅴ	—	—	—	—	—	—	50	75	100
	酸洗间、发蓝间、喷砂间	Ⅵ	—	—	—	—	—	—	30	50	75
	抛光间	Ⅲ甲	500	750	1000	50	75	100	150	200	300
	电泳涂漆间	Ⅴ	—	—	—	—	—	—	50	75	100
电修车间	一般	Ⅳ甲	300	500	750	30	50	75	—	—	—
	精密	Ⅲ甲	500	750	1000	50	75	100	—	—	—
	拆卸、清洗场地	Ⅵ	—	—	—	—	—	—	30	50	75

续表 2

车间和作业场所		视觉作业等级	照度范围（lx）								
			混合照明			混合照明中的一般照明			一般照明		
			低	中	高	低	中	高	低	中	高
实验室	理化室	Ⅲ乙	—	—	—	—	—	—	100	150	200
	计量室	Ⅱ乙	—	—	—	—	—	—	150	200	300
动力站房	压缩机房	Ⅵ	—	—	—	—	—	—	30	50	75
	泵房、风机房、乙炔发生站	Ⅶ	—	—	—	—	—	—	20	30	50
	锅炉房、煤气站的操作层	Ⅶ	—	—	—	—	—	—	20	30	50
配、变电所	变压器室、高压电容器室	Ⅶ	—	—	—	—	—	—	20	30	50
	高低压配电室、低压电容器室	Ⅵ	—	—	—	—	—	—	30	50	75
	值班室	Ⅳ乙	—	—	—	—	—	—	75	100	150
	电缆间（夹层）	Ⅷ	—	—	—	—	—	—	10	15	20
电源室	电动发电机室、整流间、柴油发电机室	Ⅵ	—	—	—	—	—	—	30	50	75
	蓄电池室	Ⅶ	—	—	—	—	—	—	20	30	50
控制室	一般控制室	Ⅳ乙	—	—	—	—	—	—	75	100	150
	主控制室	Ⅱ乙	—	—	—	—	—	—	150	200	300
	热工仪表控制室	Ⅲ乙	—	—	—	—	—	—	100	150	200
电话站	人工交换台、转接台	Ⅴ	—	—	—	—	—	—	50	75	100
	自动电话交换机室	Ⅵ	—	—	—	—	—	—	100	150	200
	广播室	Ⅳ乙	—	—	—	—	—	—	75	100	150
仓库	大件贮存	Ⅸ	—	—	—	—	—	—	5	10	15
	中小件贮存	Ⅷ	—	—	—	—	—	—	10	15	20

续表 3

车间和作业场所		视觉作业等级	照度范围（lx）								
			混合照明			混合照明中的一般照明			一般照明		
			低	中	高	低	中	高	低	中	高
仓库	精细件贮存、工具库	—	—	—	—	—	—	—	30	50	75
	乙炔瓶库、氧气瓶库、电石库	—	—	—	—	—	—	—	10	15	20
汽车库	停车间	—	—	—	—	—	—	—	10	15	20
	充电室	—	—	—	—	—	—	—	20	30	50
	检修间	—	—	—	—	—	—	—	30	50	75

③工业企业辅助建筑照度标准值，见表 1－13。

表 1－13　　工业企业辅助建筑照度标准值

类　别		规定照度的作业面	照度范围（lx）					
			混合照明			一般照明		
			低	中	高	低	中	高
办公室、资料室、会议室、报告厅		距地 0.75m	—	—	—	75	100	150
工艺室、设计室、绘图室		距地 0.75m	300	500	700	100	150	200
打字室		距地 0.75m	500	750	1000	150	200	300
阅览室、陈列室		距地 0.75m	—	—	—	100	150	200
医务室		距地 0.75m	—	—	—	75	100	150
食堂、车间休息室、单身宿舍		距地 0.75m	—	—	—	50	75	100
浴室、更衣室、厕所、楼梯间		地面	—	—	—	10	15	20
盥洗室		地面	—	—	—	20	30	50
托儿所、幼儿园	卧室	—	—	—		20	30	50
	活动室	—	—	—		75	100	150

④厂区露天作业场所和交通运输线的照度标准值，见表 1－14。

表 1-14 厂区露天作业场所和交通运输线的照度标准值

类别		规定照度的平面	照度范围 (lx)		
			低	中	高
露天作业	视觉要求较高的工作	作业面	30	50	75
	用眼睛检查质量的金属焊接	作业面	15	20	30
	用仪器检查质量的金属焊接	作业面	10	15	20
	间断的检查仪表	作业面	10	15	20
	装卸工作	地面	5	10	15
	露天堆场	地面	0.5	1	2
道路和广场	主干道	地面	2	3	5
	次干道	地面	1	2	3
	厂前区	地面	3	5	10
站台	视觉要求较高的站台	地面	3	5	10
	一般站台	地面	1	2	3
装 卸 码 头		地面	5	10	15

(2)民用建筑(GBJ133)的照度标准值。

①图书馆建筑照明的照度标准值,见表 1-15。

表 1-15 图书馆建筑照明的照度标准值

类 别	参考平面及其高	照度标准值 (lx)		
		低	中	高
一般阅览室、少年儿童阅览室、研究室、装裱修整间、美工室	0.75m 水平面	150	200	300
老年读者阅览室、善本书和舆图阅览室	0.75m 水平面	200	300	500
陈列室、目录厅(室)、出纳厅(室)、视听室、缩微阅览室	0.75m 水平面	75	100	150
读者休息室	0.75m 水平面	30	50	75
书库	0.25m 垂直面	20	30	50
开敞式运输传送设备	0.75m 水平面	50	75	100

②办公楼照明的照度标准值，见表1－16。

表1－16　办公楼建筑照明的照度标准值

类　别	参考平面及其高度	照度标准值（lx）		
		低	中	高
办公室、报告厅、会议室、接待室、陈列室、营业厅	0.75m水平面	100	150	200
有视觉显示屏的作业	工作台水平面	150	200	300
设计室、绘图室、打字室	实际工作面	200	300	500
装订、复印、晒图、档案室	0.75m水平面	75	100	150
值班室	0.75m水平面	50	75	100
门厅	地面	30	50	75

注：有视觉显示屏的作业，屏幕上的垂直照度不应大于150 lx。

③商店照明的照度标准值，见表1－17。

表1－17　商店建筑照明的照度标准值

<table>
<tr><th colspan="2" rowspan="2">类　别</th><th rowspan="2">参考平面及其高度</th><th colspan="3">照度标准值（lx）</th></tr>
<tr><th>低</th><th>中</th><th>高</th></tr>
<tr><td rowspan="4">一般商店营业厅</td><td>一般区域</td><td>0.75m水平面</td><td>75</td><td>100</td><td>150</td></tr>
<tr><td>柜台</td><td>柜台面上</td><td>100</td><td>150</td><td>200</td></tr>
<tr><td>货架</td><td>1.5m垂直面</td><td>100</td><td>150</td><td>200</td></tr>
<tr><td>陈列柜、橱窗</td><td>货物所处平面</td><td>200</td><td>300</td><td>500</td></tr>
<tr><td colspan="2">室内菜市场营业厅</td><td>0.75m水平面</td><td>50</td><td>75</td><td>100</td></tr>
<tr><td colspan="2">自选商场营业厅</td><td>0.75m水平面</td><td>150</td><td>200</td><td>300</td></tr>
<tr><td colspan="2">试衣室</td><td>试衣位置1.5m高处垂直面</td><td>150</td><td>200</td><td>300</td></tr>
<tr><td colspan="2">收款处</td><td>收款台面</td><td>150</td><td>200</td><td>300</td></tr>
<tr><td colspan="2">库房</td><td>0.75m水平面</td><td>30</td><td>50</td><td>75</td></tr>
</table>

注：陈列柜和橱窗是指展出重点、时新商品的展柜和橱窗。

④影院剧场照明的照度标准值，见表1－18。

表 1-18 影院剧场建筑照明的照度标准值

类别		参考平面及其高度	照度标准值 (lx)		
			低	中	高
门厅		地面	100	150	200
门厅过道		地面	75	100	150
观众厅	影院	0.75m 水平面	30	50	75
	剧场	0.75m 水平面	50	75	100
观众休息厅	影院	0.75m 水平面	50	75	100
	剧场	0.75m 水平面	75	100	150
贵宾室、服装室、道具间		0.75m 水平面	75	100	150
化妆室	一般区域	0.75m 水平面	75	100	150
	化妆台	1.1m 高处垂直面	150	200	300
放映室	一般区域	0.75m 水平面	75	100	150
	放映	0.75m 水平面	20	30	50
演员休息室		0.75m 水平面	50	75	100
排演厅		0.75m 水平面	100	150	200
声、光、电控制室		控制台面	100	150	200
美工室、绘景间		0.75m 水平面	150	200	300
售票房		售票台面	100	150	200

⑤旅馆建筑照明的照度标准值，见表 1-19。

表 1-19 旅馆建筑照明的照度标准值

类别		参考平面及其高度	照度标准值 (lx)		
			低	中	高
客房	一般活动区	0.75m 水平面	20	30	50
	床头	0.75m 水平面	50	75	100
	写字台	0.75m 水平面	100	150	200
	卫生间	0.75m 水平面	50	75	100
	会客间	0.75m 水平面	30	50	75

续表

类 别	参考平面及其高度	照度标准值（lx）		
		低	中	高
梳妆台	1.5m高处垂直面	150	200	300
主餐厅、客房服务台、酒吧柜台	0.75m水平面	50	75	100
西餐厅、酒吧间、咖啡厅、舞厅	0.75m水平面	20	30	50
大宴会厅、总服务台、主餐厅柜台、外币兑换处	0.75m水平面	150	200	300
门厅、休息厅	0.75m水平面	75	100	150
理发	0.75m水平面	100	150	200
美容	0.75m水平面	200	300	500
邮电	0.75m水平面	75	100	150
健身房、器械室、蒸汽浴室、游泳池	0.75m水平面	30	50	75
游艺厅	0.75m水平面	50	75	100
台球	台面	150	200	300
保龄球	地面	100	150	200
厨房、洗衣房、小卖部	0.75m水平面	100	150	200
食品准备、烹调、配餐	0.75m水平面	200	300	500
小件寄存处	0.75m水平面	30	50	75

注：①客房无台灯等局部照明时，一般活动区的照度可提高一级。
②理发栏的照度值适用于普通招待所和旅馆的理发厅。

⑥住宅建筑照明的照度标准值，见表1-20。

表1-20　住宅建筑照明的照度标准值

类 别		参考平面及其高度	照度标准值（lx）		
			低	中	高
起居室、卧室	一般活动区	0.75m水平面	20	30	50
	书写、阅读	0.75m水平面	150	200	300
起居室、卧室	床头阅读	0.75m水平面	75	100	150
	精细作业	0.75m水平面	200	300	500

续表

类别	参考平面及其高度	照度标准值(lx)		
		低	中	高
餐厅或方厅、厨房	0.75m水平面	20	30	50
卫生间	0.75m水平面	10	15	20
楼梯间	地面	5	10	15

⑦铁路旅客站建筑照明的照度标准值,见表1-21。

表1-21 铁路旅客站建筑照明的照度标准值

类别	参考平面及其高度	照度标准值(lx)		
		低	中	高
普通候车室、母子候车室、售票室	0.75m水平面	50	75	100
贵宾室、软席候车室、售票厅、广播室、调度室、行车计划室、海关办公室、公安验证处、问讯处、补票处	0.75m水平面	75	100	150
进站大厅、行李托运和领取处、小件寄存处	地面	50	75	100
检票处、售票工作台、售票柜、结账交班台、海关检验处、票据存放室(库)	0.75m水平面	100	150	200
公安值班室	0.75m水平面	50	75	100
有棚站台、进出站地道、站台通道	地面	15	20	30
无棚站台、人行天桥、站前广场	地面	10	15	20

⑧港口旅客站照明的照度标准值,见表1-22。

表1-22 港口旅客站建筑照明的照度标准值

类别	参考平面及其高度	照度标准值(lx)		
		低	中	高
检票口、售票工作台、结账交接班台、票据存放库、海关检查厅、护照检查室	0.75m水平面	100	150	200
贵宾室、售票厅、补票处、调度室、广播室、问讯处、海关办公室	0.75m水平面	75	100	150
售票室、候船室、候船通道、迎送厅、接待室、海关出入口	0.75m水平面	50	75	100

续表

类别	参考平面及其高度	照度标准值（lx）		
		低	中	高
行李托运处、小件寄存处	地面	50	75	100
栈桥、长廊	地面	20	30	50
站前广场	地面	10	15	20

⑨公用场所照明的照度标准值见，表1-23。

表1-23　公用场所照明的照度标准值

类别	参考平面及其高度	照度标准值（lx）		
		低	中	高
走廊、厕所	地面	15	20	30
楼梯间	地面	20	30	50
盥洗间	0.75m水平面	20	30	50
贮藏室	0.75m水平面	20	30	50
电梯前室	地面	30	50	75
吸烟室	0.75m水平面	30	50	75
浴室	地面	20	30	50
开水房	地面	15	20	30

⑩体育运动场地照度标准值，见表1-24。

表1-24　体育运动场地照度标准值

运动项目	参考平面及其高度	照度标准值（lx）					
		训练			训练		
		低	由	高	低	由	高
篮球、排球、羽毛球、网球、手球、田径（室内）、体操、艺术体操、技巧、武术	地面	150	200	300	300	500	750
棒球、垒球	地面	—	—	—	300	500	750
保龄球	地面	150	200	300	200	300	500

续表

<table>
<tr><th rowspan="3" colspan="3">运动项目</th><th rowspan="3">参考平面
及其高度</th><th colspan="6">照度标准值 (lx)</th></tr>
<tr><th colspan="3">训练</th><th colspan="3">训练</th></tr>
<tr><th>低</th><th>由</th><th>高</th><th>低</th><th>由</th><th>高</th></tr>
<tr><td colspan="3">举重</td><td>地面</td><td>100</td><td>150</td><td>200</td><td>300</td><td>500</td><td>750</td></tr>
<tr><td colspan="3">击剑</td><td>台面</td><td>200</td><td>300</td><td>500</td><td>300</td><td>500</td><td>750</td></tr>
<tr><td colspan="3">柔道、中国摔跤、国际摔跤</td><td>地面</td><td>200</td><td>300</td><td>500</td><td>300</td><td>500</td><td>750</td></tr>
<tr><td colspan="3">拳击</td><td>地面</td><td>200</td><td>300</td><td>500</td><td>1000</td><td>1500</td><td>2000</td></tr>
<tr><td colspan="3">乒乓球</td><td>台面</td><td>300</td><td>500</td><td>750</td><td>500</td><td>750</td><td>1000</td></tr>
<tr><td colspan="3">游泳、蹼泳、跳水、水球</td><td>水面</td><td>150</td><td>200</td><td>300</td><td>300</td><td>500</td><td>750</td></tr>
<tr><td colspan="3">花样游泳</td><td>水面</td><td>200</td><td>300</td><td>500</td><td>300</td><td>500</td><td>750</td></tr>
<tr><td colspan="3">冰球、速度滑冰、花样滑冰</td><td>冰面</td><td>150</td><td>200</td><td>300</td><td>300</td><td>500</td><td>750</td></tr>
<tr><td colspan="3">围棋、中国象棋、国际象棋</td><td>台面</td><td>—</td><td>—</td><td>—</td><td>500</td><td>750</td><td>1000</td></tr>
<tr><td colspan="3">桥牌</td><td>桌面</td><td>—</td><td>—</td><td>—</td><td>100</td><td>150</td><td>200</td></tr>
<tr><td rowspan="2">射击</td><td colspan="2">靶心</td><td>靶心垂直面</td><td>1000</td><td>1500</td><td>2000</td><td>1000</td><td>1500</td><td>2000</td></tr>
<tr><td colspan="2">射击房</td><td>地面</td><td>50</td><td>100</td><td>150</td><td>50</td><td>100</td><td>150</td></tr>
<tr><td rowspan="3">足球
曲棍球</td><td rowspan="3">观看距离</td><td>120m</td><td rowspan="3">地面</td><td>—</td><td>—</td><td>—</td><td>150</td><td>200</td><td>300</td></tr>
<tr><td>160m</td><td>—</td><td>—</td><td>—</td><td>200</td><td>300</td><td>500</td></tr>
<tr><td>200m</td><td>—</td><td>—</td><td>—</td><td>300</td><td>500</td><td>750</td></tr>
<tr><td colspan="3">观众席</td><td>座位面</td><td></td><td>—</td><td>—</td><td>50</td><td>75</td><td>100</td></tr>
<tr><td colspan="3">健身房</td><td>地面</td><td>100</td><td>150</td><td>200</td><td>—</td><td>—</td><td>—</td></tr>
<tr><td colspan="3">消除疲劳用房</td><td>地面</td><td>50</td><td>75</td><td>100</td><td>—</td><td>—</td><td>—</td></tr>
</table>

注:①篮球等项目的室外比赛应比室内比赛照度标准值降低一级。

②乒乓球赛区其他部分不应低于台面照度的一半。

③跳水区的照明设计应使观众和裁判员视线方向上的照度不低于200lx。

④足球和曲棍球的观看距离是指观众席最后一排到场地边线的距离。

⑪运动场地电视转播的照度标准值,见表1-25。

表 1－25　运动场地电视转播照明的照度标准值

项目分组	参考平面及其高度	最大摄影距离照度标准值(lx)		
		25(m)	75(m)	150(m)
A 组：田径、柔道、游泳、摔跤等项目	1.0m 垂直面	500	750	1000
B 组：篮球、排球、羽毛球、网球、手球、体操、花样滑冰、速滑、垒球、足球等项目	1.0m 垂直面	750	1000	1500
C 组：拳击、击剑、跳水、乒乓球、冰球等项目	1.0m 垂直面	1000	1500	

3. 照明均匀度

(1)作业面应尽可能地均匀照明，公共建筑的工作房间和工业建筑作业区域内的一般照明照度均匀度不应小于 0.7，而作业面邻近周围的照度均匀度不应小于 0.5。

(2)体育建筑照明质量标准值，见表 1－26。

表 1－26　体育建筑照明质量标准值

类　别	眩光值(GR)	显色指数(R_a)
无彩电转播	50	65
有彩电转播	50	80

注：GR 值仅适用于室外体育场地。

(3)房间或场所内的通道和其他非作业区域的一般照明的照度值不宜低于作业区域一般照明照度值的 1/3。

(4)在有彩电转播要求的体育场馆，其主摄像方向上的照明应符合下列要求：

①场地垂直照度最小值与最大值之比不宜小于 0.4。

②场地平均垂直照度与平均水平照度之比不宜小于 0.25。

③场地水平照度最小值与最大值之比不宜小于 0.5。

④观众席前排的垂直照度(一般是指主席台前各排座席的照度)不宜小于场地垂直照度的 0.25。

4. 眩光限制

眩光是指视野中出现的高亮度或未被遮蔽的光源所引起视觉降低和不舒适的一种现象。眩光对视力影响很大，可以严重降低目标的可见度，因此必须加以限制。

(1)眩光程度的分级。

①民用建筑照明可按眩光程度分为3级,见表1-27。

表1-27 民用建筑直接眩光限制质量等级

质量等级	眩光程度	适用场所举例
Ⅰ	无眩光感	有特殊要求的高质量照明房间,如计算机房、制图室等
Ⅱ	有轻微眩光	照明质量要求一般的房间,如办公室和候车、候船室等
Ⅲ	有眩光感	照明质量要求不高的房间,如仓库、厨房等

②工业企业照明可按眩光程度分为5级,见表1-28。

表1-28 工业企业直接眩光限制等级

质量等级	眩光程度	作业或活动的类型
A	无眩光	很严格的视觉作业
B	刚刚感到的眩光	视觉要求高的作业;视觉要求中等但集中注意力要求高的作业
C	轻度眩光	视觉要求和集中注意力要求中等的作业,并且工作人员有一定程度的流动性
D	不舒适眩光	视觉要求和集中注意力要求低的作业,工作人员在有限的区域内频繁走动
E	一定的眩光	工作人员不限于一个工作岗位而是来回走动,并且视觉要求低的房间,不是由同一批人连续使用的房间

(2)为了限制视野内过高亮度或对比引起的直接眩光,直接型灯具的遮光角不应小于表1-29的规定。

表1-29 直接型灯具的最小遮光角

灯具亮度	灯具的最小遮光角	灯具亮度	灯具的最小遮光角
1000～20000cd/m²	10°	50000～500000cd/m²	20°
20000～50000cd/m²	15°	≥500000cd/m²	30°

(3)公共建筑和工业建筑常用房间或场所的不舒适眩光应采用统一眩光值(UGR)评价,最大允许值UGR宜符合照明标准值表中的规定。统一眩光指数UGR对应的眩光强度,见表1-30和表1-31。

表 1-30　眩光程度与 UGR 指数对照表

UGR 的数值	对应的眩光程度的描述	视觉要求和场所示例
<13	没有眩光	手术室、精细绘图
13～16	开始有感觉	计算机工作、会议室、营业厅、展厅、控制室、颜色检验
17～19	引起注意	办公室、教室、展室、休息厅、阅览室、病房
20～22	引起轻度不适	候车厅、观众厅、厨房、自选商场、餐厅、自动扶梯
23～25	不舒适	档案室、走廊、泵房、变电站、大件库房、交通建筑的入口大厅
26～28	很不舒适	售票厅、较短的通道、演播室、停车区

表 1-31　UGR 值对应的不舒适眩光的主观感受

UGR（统一眩光值）	不舒适眩光的主观感受	UGR（统一眩光值）	不舒适眩光的主观感受
28	严重眩光，不能忍受	16	轻微眩光，可忽略
25	有眩光，有不舒适感	13	极轻微眩光，无不舒适感
22	有眩光，刚好有不舒适感	10	无眩光
19	轻微眩光，可忍受		

（4）照明场所的统一眩光值（UGR）计算：

$$UGR = 8\lg\frac{0.25}{L_b}\sum\frac{L_\alpha^2\cdot\omega}{P^2}$$

式中　L_b——背景亮度（cd/m^2）；

L——观测者视线内每个照明器的亮度（cd/m^2）；

ω——观测者视线内每个照明器的发光部分的立体角（sr）；

P——位置指数，由视线内刚好可以看到的最后一个照明器确定。

应该指出的是，这个公式适用于安装单一类型光源（如管型荧光灯）的办公及商业场所中的矩形房间，而不适用于多种不同光源的混合照明场所及采用气体放电光源的体育建筑等。

①上式中的各参数应按下列公式和规定确定：

a. 背景亮度 L_b 应按式下式确定：

$$L_b = \frac{E_i}{\pi}$$

式中 E_i——观察者眼睛方向的间接照度(lx)。

此计算一般用计算机完成。

b. 灯具亮度 L_α 应按下式确定:

$$L_\alpha = \frac{I_\alpha}{A \cdot \cos\alpha}$$

式中 I_α——观察者眼睛方向的灯具发光强度(cd);

$A \cdot \cos\alpha$——灯具在观察者眼睛方向的投影面积(m^2);

α——灯具表面法线与观察者眼睛方向所夹的角度(°)。

c. 立体角 ω 应按下式确定:

$$\omega = \frac{A_P}{r^2}$$

式中 A_p——灯具发光部件在观察者眼睛方向的表观面积(m^2);

r——灯具发光部件中心到观察者眼睛之间的距离(m)。

d. 位置指数 P 应按图 1-1 所示生成的 H/R 和 T/R 的比值由表 1-32 确定。

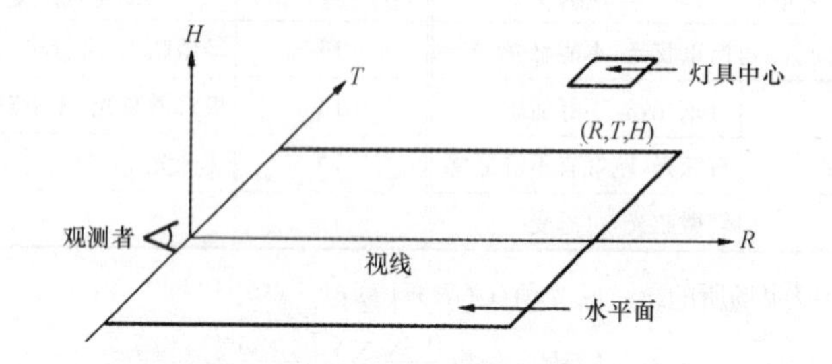

图 1-1 以观察者位置为原点的位置指数坐标系统(R,T,H),对灯具中心生成 H/R 和 T/R 的比值

②统一眩光值(UGR)的应用条件:

a. UGR 适用于简单的立方体形房间的一般照明装置设计,不适用于采用间接照明和发光天棚的房间。

b. 适用于灯具发光部分对眼睛所形成的立体角为 $0.1sr > \omega > 0.0003sr$ 的情况。

c. 同一类灯具为均匀等间距布置。

d. 灯具为双对称配光。

e. 坐姿观测者眼睛的高度通常取 1.2m,站姿观测者眼睛的高度通常取 1.5m。

表 1－32　　位置指数表

H/R T/R	0.00	0.10	0.20	0.30	0.40	0.50	0.60	0.70	0.80	0.90	1.00	1.10	1.20	1.30	1.40	1.50	1.60	1.70	1.80	1.90
0.00	1.00	1.26	1.53	1.90	2.35	2.86	3.50	4.20	5.00	6.00	7.00	8.10	9.25	10.35	11.70	13.15	14.70	16.20	—	—
0.10	1.05	1.22	1.45	1.80	2.20	2.75	3.40	4.10	4.80	5.80	6.80	8.00	9.10	10.30	11.60	13.00	14.60	16.10	—	—
0.20	1.12	1.30	1.50	1.80	2.20	2.66	3.18	3.88	4.60	5.50	6.50	7.60	8.75	9.85	11.20	12.70	14.00	15.70	—	—
0.30	1.22	1.38	1.60	1.87	2.25	2.70	3.25	3.90	4.60	5.45	6.45	7.40	8.40	9.50	10.85	12.10	13.70	15.00	—	—
0.40	1.32	1.47	1.70	1.96	2.35	2.80	3.30	3.90	4.60	5.40	6.40	7.30	8.30	9.40	10.60	0.90	13.20	14.60	16.00	—
0.50	1.43	1.60	1.82	2.10	2.48	2.91	3.40	3.98	4.70	5.50	6.40	7.30	8.30	9.40	10.50	11.75	13.00	14.40	15.70	—
0.60	1.55	1.72	1.98	2.30	2.65	3.10	3.60	4.10	4.80	5.50	6.40	7.35	8.40	9.40	10.50	11.70	13.00	14.10	15.40	—
0.70	1.70	1.88	2.12	2.48	2.87	3.30	3.78	4.30	4.88	5.60	6.50	7.40	8.50	9.50	10.50	11.70	12.85	14.00	15.20	—
0.80	1.82	2.00	2.32	2.70	3.08	3.50	3.92	4.50	5.10	5.75	6.60	7.50	8.60	9.50	10.60	11.75	12.80	14.00	15.10	—
0.90	1.95	2.20	2.54	2.90	3.30	3.70	4.20	4.75	5.30	6.00	6.75	7.70	8.70	9.65	10.75	11.80	12.90	14.00	15.00	16.00
1.00	2.11	2.40	2.75	3.10	3.50	3.91	4.40	5.00	5.60	6.20	7.00	7.90	8.80	9.75	10.80	11.90	12.95	14.00	15.00	16.00
1.10	2.30	2.55	2.92	3.30	3.72	4.20	4.70	5.25	5.80	6.55	7.20	8.15	9.00	9.90	10.95	12.00	13.00	14.00	15.00	16.00
1.20	2.40	2.75	3.12	3.50	3.90	4.35	4.85	5.50	6.05	6.70	7.50	8.30	9.20	10.00	11.02	12.10	13.10	14.00	15.00	16.00
1.30	2.55	2.90	3.30	3.70	4.20	4.65	5.20	5.70	6.30	7.00	7.70	8.55	9.35	10.20	11.20	12.25	13.20	14.00	15.00	16.00
1.40	2.70	3.10	3.50	3.90	4.35	4.85	5.35	5.85	6.50	7.25	8.00	8.70	9.50	10.40	11.40	12.40	13.25	14.05	15.00	16.00

续表

H/R T/R	0.00	0.10	0.20	0.30	0.40	0.50	0.60	0.70	0.80	0.90	1.00	1.10	1.20	1.30	1.40	1.50	1.60	1.70	1.80	1.90
1.50	2.85	3.15	3.65	4.10	4.55	5.00	5.50	6.20	6.80	7.50	8.20	8.85	9.70	10.55	11.50	12.50	13.30	14.05	15.02	16.10
1.60	2.95	3.40	3.80	4.25	4.75	5.20	5.75	6.30	7.00	7.65	8.40	9.00	9.80	10.80	11.75	12.60	13.40	14.20	15.10	16.10
1.70	3.10	3.55	4.00	4.50	4.90	5.40	5.95	6.50	7.20	7.80	8.50	9.20	10.00	10.85	11.85	12.75	13.45	14.20	15.00	16.00
1.80	3.25	3.70	4.20	4.65	5.10	5.60	6.10	6.75	7.40	8.00	8.65	9.35	10.10	11.00	11.90	12.80	13.50	14.20	15.00	16.00
1.90	3.43	3.86	4.30	4.75	5.20	5.70	6.30	6.90	7.50	8.17	8.80	9.50	10.20	11.00	12.00	12.82	13.55	14.20	15.10	16.00
2.00	3.50	4.00	4.50	4.90	5.35	5.80	6.40	7.10	7.70	8.30	8.90	9.60	10.40	11.10	12.00	12.85	13.60	14.30	15.10	16.00
2.10	3.60	4.17	4.65	5.05	5.50	6.00	6.60	7.20	7.82	8.45	9.00	9.75	10.50	11.20	12.10	12.90	13.70	14.35	15.10	16.00
2.20	3.75	4.25	4.72	5.20	5.60	6.10	6.70	7.35	8.00	8.55	9.15	9.85	10.60	11.30	12.10	12.90	13.70	14.40	15.15	16.00
2.30	3.85	4.35	4.80	5.25	5.70	6.22	6.80	7.40	8.10	8.65	9.30	9.90	10.70	11.40	12.20	12.95	13.70	14.40	15.20	16.00
2.40	3.95	4.40	4.90	5.35	5.80	6.30	6.90	7.50	8.20	8.80	9.40	10.00	10.80	11.50	12.25	13.00	13.75	14.45	15.20	16.00
2.50	4.00	4.50	4.95	5.40	5.85	6.40	6.95	7.55	8.25	8.85	9.50	10.05	10.85	11.55	12.30	13.00	13.80	14.50	15.25	16.00
2.60	4.07	4.55	5.05	5.47	5.95	6.45	7.00	7.65	8.35	8.95	9.55	10.10	10.90	11.60	12.32	13.00	13.80	14.50	15.25	16.00
2.70	4.10	4.60	5.10	5.53	6.00	6.50	7.05	7.70	8.40	9.00	9.60	10.16	10.92	11.63	12.35	13.00	13.80	14.50	15.25	16.00
2.80	4.15	4.62	5.15	5.56	6.05	6.55	7.08	7.73	8.45	9.05	9.65	10.20	10.95	11.65	12.35	13.00	13.80	14.50	15.25	16.00
2.90	4.20	4.65	5.17	5.60	6.07	6.57	7.12	7.75	8.50	9.10	9.70	10.23	10.95	11.65	12.35	13.00	13.80	14.50	15.25	16.00
3.00	4.22	4.67	5.20	5.65	6.12	6.60	7.15	7.80	8.55	9.12	9.70	10.23	10.95	11.65	12.35	13.00	13.80	14.50	15.25	16.00

f. 观测位置一般在纵向和横向两面墙的中点，视线水平朝前观测。

g. 房间表面为大约高出地面 0.75m 的工作面、灯具安装表面以及此两个表面之间的墙面。

(5)室外体育场所的不舒适眩光应采用眩光值(GR)评价，其最大允许值宜符合表 1－33 的规定。

表 1－33　　体育建筑照明质量标准值

类　别	眩光值(GR)	显色指数(R_a)
无彩电转播	50	65
有彩电转播	50	80

(6)室外体育场地的眩光值(GR)计算：

$$GR = 27 + 24\lg \frac{L_{vl}}{L_{ve}^{0.9}}$$

式中　L_{vl}——由灯具发出的光直接射向眼睛所产生的光幕亮度(cd/m^2)；

L_{ve}——由环境引起直接入射到眼睛的光所产生的光幕亮度(cd/m^2)。

①上式中的各参数应按下列公式确定：

a. 由灯具产生的光幕亮度应按下式确定：

$$L_{vl} = 10\sum_{i=1}^{n} \frac{E_{eyei}}{\theta_i^2}$$

式中　E_{eyei}——观察者眼睛上的照度，该照度是在视线的垂直面上，由 i 个光源所产生的照度(lx)；

θ_i——观察者视线与 i 个光源入射在眼睛上的方向所形成的角度(°)；

n——光源总数。

b. 由环境产生的光幕亮度应按下式确定：

$$L_{ve} = 0.035L_{av}$$

式中　L_{av}——可看到的水平照射场地的平均亮度(cd/m^2)。

c. 平均亮度 L_{av} 应按下式确定：

$$L_{av} = E_{horav} \cdot \frac{\rho}{\pi\Omega_0}$$

式中　E_{horav}——照射场地的平均水平照度(lx)；

ρ——漫反射时区域的反射比；

Ω_0——1 个单位立体角(sr)。

②眩光值(GR)的应用条件：

a. 本计算方法用于常用条件下，满足照度均匀度的室外体育场地的各种照明布灯方式。

b.用于视线方向低于眼睛高度。

c.看到的背景是被照射场地。

d.眩光值计算用的观察者位置可采用计算照度用的网格位置，或采用标准的观察者位置。

e.可按一定数量角度间隔(5°,…,45°)转动选取一定数量观察方向。

(7)可用下列方法防止或减少光幕反射和反射眩光：

①避免将灯具安装在干扰区内。

②采用低光泽度的表面装饰材料。

③限制光源的亮度。

④加大灯具的遮光角。灯具最小遮光角见表1-34和表1-35。

表1-34 工业企业灯具最小遮光角

灯具出光口的平均亮度 $L(10^3 cd/m^2)$	直接眩光限制等级		光源类型
	A、B、C	D、E	
$L\leqslant 20$	20°	10°	管状荧光灯
$20<L\leqslant 500$	25°	15°	涂荧光粉或漫射光玻璃壳的高强气体放电灯
$L>500$	30°	20°	透明玻璃壳的高强气体放电灯、透明玻璃白炽灯

表1-35 民用建筑直接型灯具的最小遮光角

灯具出光口的平均亮度 $L(10^3 cd/m^2)$	直接眩光限制等级			应用光源举例
	Ⅰ	Ⅱ	Ⅲ	
$L\leqslant 20$	20°	10°		荧光灯管
$20<L\leqslant 550$	25°	20°	15°	涂荧光粉或漫射光玻璃壳的高光强气体放电灯
$L>500$	30°	25°	20°	透明玻璃壳的高光强气体放电灯、透明玻璃壳的白炽灯、卤钨灯

⑤降低灯具的表面亮度。

⑥提高灯具的悬挂高度。工业企业室内一般照明灯具的最低悬挂高度，见表1-36。

表 1-36 工业企业室内一般照明灯具的最低悬挂高度

光源种类	灯具形式	灯具遮光角	光源功率(W)	最低悬挂高度(m)
白炽灯	有反射罩	10°～30°	≤100	2.5
			150～200	3.5
			300～500	3.5
	乳白玻璃漫射罩		≤100	2.0
			150～200	2.5
			300～500	3.0
荧光灯	无反射罩		≤40	2.0
			>40	3.0
	有反射罩		≤40	2.0
			>40	2.0
荧光高压汞灯	有反射罩	10°～30°	<125	3.5
			125～250	5.0
			≥400	6.0
	有反射罩带格栅	>30°	<125	3.0
			125～250	4.0
			≥400	5.0
金属卤化物灯、高压钠灯、混光光源	有反射罩	10°～30°	<150	4.5
			150～250	5.5
			250～400	6.5
			>400	7.5
	有反射罩带格栅	>30°	<150	4.0
			150～250	4.5
			250～400	5.5
			>400	6.5

5. 光源颜色

(1)室内照明光源色表可按其相关色温分为 3 组，光源色表分组宜按表 1-37确定。

表 1-37　光源色表分组

色表分组	色表特征	相关色温(K)	适用场所举例
Ⅰ	暖	<3300	客房、卧室、病房、酒吧、餐厅
Ⅱ	中间	3300～5300	办公室、教室、阅览室、诊室、检验室、机加工车间、仪表装配
Ⅲ	冷	>5300	热加工车间、高照度场所，或白天需补充自然光的房间

人对光色的爱好同照度水平有相应的关系，在各种照度水平下，不同色表的荧光灯照明所产生的一般印象，见表 1-38。

表 1-38　各种照度下灯光色表给人的不同印象

照度(1x)	灯光色表		
	暖	中间	冷
<500	舒适	中性	冷
500～1000	↑	↑	↑
1000～2000	刺激	舒适	中性
2000～3000	↑	↑	↑
>3000	不自然	刺激	舒适

(2)长期工作或停留的房间或场所，照明光源的显色指数(R_a)不宜小于80。在灯具安装高度大于 6m 的工业建筑场所，R_a可低于 80，但必须能够辨别安全色。常用房间或场所的显色指数最小允许值应符合建筑照明标准值表中的规定。

光源显色性能取决于光源的光谱能量分布，对有色物体的颜色外貌有显著影响。CIE 标准《室内工作场所照明》的R_a取值为 90、80、60、40 和 20，并提出每类灯的适用场所，作为评估室内照明质量的指标，见表 1-39。

表 1-39　光源显色性分类

显色指数 R_a 范围	色表	应用示例	
		优先采用	容许采用
$R_a \geqslant 90$	暖	颜色匹配	—
	中间	医疗诊断、画廊	
	冷	—	

续表

显色指数R_a范围	色表	应用示例	
		优先采用	容许采用
$90>R_a\geq 80$	暖	住宅、旅馆、餐馆	—
	中间	商店、办公室、学校、医院、印刷、油漆和纺织工业	
	冷	视觉费力的工业生产	
$80>R_a\geq 60$	暖 中间 冷	工业生产	办公室、学校
$60>R_a\geq 40$		粗加工工业	工业生产
$40>R_a\geq 20$			粗加工工业，显色性要求低的工业生产、库房

长时间工作的房间，其表面反射比宜按表1-40选取。

表1-40　　工作房间表面反射比

表面名称	反射比	表面名称	反射比
顶棚	0.6～0.9	地面	0.1～0.5
墙面	0.3～0.8	作业面	0.2～0.6

（四）建筑照明标准值

根据现行国家标准《建筑照明设计标准》GB 50034—2004要求，在建筑照明设计中，应根据建筑性质、建筑规模、等级标准、功能要求和使用情况确定作业面或参考平面上维持平均照度值。若设计未加指明时，以距地0.75m的参考水平面作为工作面。

1. 水平照度标准的确定

为满足视觉适应性的要求，视觉工作区周围0.5m内区域的水平照度，应按以下标准确定：

(1)当工作区水平照度>750lx时，可比工作区水平照度低两级。

(2)当工作区水平照度为200～750lx时，可比工作区水平照度低一级。

(3)当工作区水平照度≤200lx时，与工作区水平照度一致。

当采用混合照明方式时，一般照明在工作面上产生的照度不宜低于混合照明所产生的总照度的1/3～1/5，且不宜低于50lx；交通区照度不宜低于工作区照度1/5。

对于非工作房间的最低照度不宜低于 20lx；而在连续工作房间内的最低照度不宜低于 200lx。实验证明，刚好可以辨认人貌的特征约需 1cd/m 的亮度，其水平照度约在 20Ix 的照明条件下。因此，在国际上通常将 20lx 作为非工作房间的最低照度。

2. 应急照明度标准值的确定

应急照明的照度标准值宜符合下列规定：

(1)备用照明的照度值除另有规定外，不低于该场所一般照明照度值的 10%。

(2)安全照明的照度值不低于该场所一般照明照度值的 5%。

(3)疏散通道的疏散照明的照度值不低于 0.5lx。

3. 各类场所、房间维持平均照明标准值的确定

(1)居住建筑。居住建筑的照明标准值见表 1-41。

表 1-41　　居住建筑的照明标准值

房间或场所		参考平面及其高度	照度标准值(lx)	显色指数(R_a)
起居室	一般活动	0.75m 水平面	100	80
	书写、阅读		300*	
卧室	一般活动	0.75m 水平面	75	80
	床头、阅读		150*	
餐厅		0.75m 餐桌面	150	80
厨房	一般活动	0.75m 水平面	100	80
	操作台	台面	150*	
卫生间		0.75m 水平面	100	80

注：表中“*”宜用混合照明。

(2)工业建筑一般照明标准值。工业建筑一般照明标准值见表 1-42。

表 1-42　　工业建筑一般照明标准值

一、通用房间或场所

房间或场所		参考平面及其高度	照度标准值(lx)	统一眩光值(*UGR*)	显色指数(R_a)	备　注
试验室	一般	0.75m 水平面	300	22	80	可另加局部照明
	精细	0.75m 水平面	500	19	80	可另加局部照明

续表1

房间或场所		参考平面及其高度	照度标准值(lx)	统一眩光值(*UGR*)	显色指数(R_a)	备 注
检验室	一般	0.75m水平面	300	22	80	可另加局部照明
	精细,有颜色要求	0.75m水平面	750	19	80	可另加局部照明
计量室,测量室		0.75m水平面	500	19	80	可另加局部照明
变、配电站	配电装置室	0.75m水平面	200	—	60	—
	变压器室	地面	100	—	20	—
电源设备室,发电机室		地面	200	25	60	—
控制室	一般控制室	0.75m水平面	300	22	80	—
	主控制室	0.75m水平面	500	19	80	—
电话站、网络中心		0.75m水平面	500	19	80	—
计算机站		0.75m水平面	500	19	80	防光幕反射
动力站	风机房、空调机房	地面	100	—	60	—
	泵房	地面	100	—	60	—
	冷冻站	地面	150	—	60	—
	压缩空气站	地面	150	—	60	—
	锅炉房、煤气站的操作层	地面	100	—	60	锅炉水位表照度不小于50lx
仓库	大件库(如钢坯、钢材、大成品、气瓶)	1.0m水平面	50	—	20	—
	一般件库	1.0m水平面	100	—	60	—
	精细件库(如工具、小零件)	1.0m水平面	200	—	60	货架垂直照度不小于50lx
车辆加油站		地面	100	—	60	油表照度不小于50lx

续表 2

二、机电工业

房间或场所		参考平面及其高度	照度标准值(lx)	统一眩光值(UGR)	显色指数(R_a)	备注
机械加工	粗加工	0.75m 水平面	200	22	60	可另加局部照明
	一般加工,公差≥0.1mm	0.75m 水平面	300	22	60	应另加局部照明
	精密加工,公差<0.1mm	0.75m 水平面	500	19	60	应另加局部照明
机电、仪表装配	大件	0.75m 水平面	200	25	80	可另加局部照明
	一般件	0.75m 水平面	300	25	80	可另加局部照明
	精密	0.75m 水平面	500	22	80	应另加局部照明
	特精密	0.75m 水平面	750	19	80	应另加局部照明
电线、电缆制造		0.75m 水平面	300	25	60	—
线圈绕制	大线圈	0.75m 水平面	300	25	80	—
	中等线圈	0.75m 水平面	500	22	80	可另加局部照明
	精细线圈	0.75m 水平面	750	19	80	应另加局部照明
线圈浇注		0.75m 水平面	300	25	80	—
焊接	一般	0.75m 水平面	200	—	60	—
	精密	0.75m 水平面	300	—	60	—
钣金		0.75m 水平面	300	—	60	—
冲压、剪切		0.75m 水平面	300	—	60	—
热处理		地面至 0.5m 水平面	200	—	20	—
铸造	熔化、浇铸	地面至 0.5m 水平面	200	—	20	—
	造型	地面至 0.5m 水平面	300	25	60	—
精密铸造的制模、脱壳		地面至 0.5m 水平面	500	25	60	—
锻工		地面至 0.5m 水平面	200	—	20	—
电镀		0.75m 水平面	300	—	80	—

续表 3

房间或场所		参考平面及其高度	照度标准值(lx)	统一眩光值(UGR)	显色指数(R_a)	备　注
喷漆	一般	0.75m 水平面	300	—	80	—
	精细	0.75m 水平面	500	22	80	—
酸洗、腐蚀、清洗		0.75m 水平面	300	—	80	—
抛光	一般装饰性	0.75m 水平面	300	22	80	防频闪
	精细	0.75m 水平面	500	22	80	防频闪
复合材料加工、铺叠、装饰		0.75m 水平面	500	22	80	—
机电修理	一般	0.75m 水平面	200	—	60	可另加局部照明
	精密	0.75m 水平面	300	22	60	可另加局部照明

三、电子工业

房间或场所	参考平面及其高度	照度标准值(lx)	统一眩光值(UGR)	显色指数(R_a)	备　注
电子元器件	0.75m 水平面	500	19	80	应另加局部照明
电子零部件	0.75m 水平面	500	19	80	应另加局部照明
电子材料	0.75m 水平面	300	22	80	应另加局部照明
酸、碱、药液及粉配制	0.75m 水平面	300	—	80	—

四、纺织、化纤工业

房间或场所		参考平面及其高度	照度标准值(lx)	统一眩光值(UGR)	显色指数(R_a)	备　注
纺织	选毛	0.75m 水平面	300	22	80	可另加局部照明
	清棉、和毛、梳毛	0.75m 水平面	150	22	80	—
	前纺：梳棉、并条、粗纺	0.75m 水平面	200	22	80	—
	纺纱	0.75m 水平面	300	22	80	—
	织布	0.75m 水平面	300	22	80	—

续表 4

房间或场所		参考平面及其高度	照度标准值(lx)	统一眩光值(UGR)	显色指数(R_a)	备 注
织袜	穿综筘、缝纫、量呢、检验	0.75m 水平面	300	22	80	可另加局部照明
	修补、剪毛、染色、印花、裁剪、熨烫	0.75m 水平面	300	22	80	可另加局部照明
化纤	投料	0.75m 水平面	100	—	60	—
	纺丝	0.75m 水平面	150	22	80	—
	卷绕	0.75m 水平面	200	22	80	—
	平衡间、中间储存、干燥间、废丝间、油剂高位槽间	0.75m 水平面	75	—	60	—
	集束间、后加工间、打包间、油剂调配间	0.75m 水平面	100	25	60	—
	组件清洗间	0.75m 水平面	150	25	60	—
	拉伸、变形、分级包装	0.75m 水平面	150	25	60	操作面可另加局部照明
	化验、检验	0.75m 水平面	200	22	80	可另加局部照明

五、制药工业

房间或场所	参考平面及其高度	照度标准值(lx)	统一眩光值(UGR)	显色指数(R_a)	备 注
制药生产:配制、清洗、灭菌、超滤、制粒、压片、混匀、烘干、灌装、轧盖等	0.75m 水平面	300	22	80	—
制药生产流转通道	地面	200	—	80	—

六、橡胶工业

房间或场所	参考平面及其高度	照度标准值(lx)	统一眩光值(UGR)	显色指数(R_a)	备 注
炼胶车间	0.75m 水平面	300	—	80	—

续表 5

房间或场所	参考平面及其高度	照度标准值(lx)	统一眩光值(UGR)	显色指数(R_a)	备 注
压延压出工段	0.75m 水平面	300	—	80	—
成型裁断工段	0.75m 水平面	300	22	80	—
硫化工段	0.75m 水平面	300	—	80	—

七、电力工业

房间或场所	参考平面及其高度	照度标准值(lx)	统一眩光值(UGR)	显色指数(R_a)	备 注
火电厂锅炉房	地面	100	—	40	—
发电机房	地面	200	—	60	—
主控室	0.75m 水平面	500	19	80	—

八、钢铁工业

房间或场所		参考平面及其高度	照度标准值(lx)	统一眩光值(UGR)	显色指数(R_a)	备 注
炼铁	炉顶平台、各层平台	平台面	30	—	40	—
	出铁场、出铁机室	地面	100	—	40	—
	卷扬机室、碾泥机室、煤气清洗配水室	地面	50	—	40	—
炼钢及连铸	炼钢主厂房和平台	地面	150	—	40	—
	连铸浇注平台、切割区、出坯区	地面	150	—	40	—
	精整清理线	地面	200	25	60	—
轧钢	钢坯台、轧机区	地面	150	—	40	—
	加热炉周围	地面	50	—	20	—
	重绕、横剪及纵剪机组	0.75m 水平面	150	25	40	—
	打印、检查、精密分类、验收	0.75m 水平面	200	22	80	—

续表 6

九、制浆造纸工业

房间或场所	参考平面及其高度	照度标准值(lx)	统一眩光值(*UGR*)	显色指数(R_a)	备注
备料	0.75m 水平面	150	—	60	—
蒸煮、选洗、漂白	0.75m 水平面	200	—	60	—
打浆、纸机底部	0.75m 水平面	200	—	60	—
纸机网部、压榨部、烘缸、压光、卷取、涂布	0.75m 水平面	300	—	60	—
复卷、切纸	0.75m 水平面	300	25	60	—
选纸	0.75m 水平面	500	22	60	—
碱回收	0.75m 水平面	200	—	40	—

十、食品及饮料工业

房间或场所		参考平面及其高度	照度标准值(lx)	统一眩光值(*UGR*)	显色指数(R_a)	备注
食品	糕点、糖果	0.75m 水平面	200	22	80	—
	肉制品、乳制品	0.75m 水平面	300	22	80	—
饮料		0.75m 水平面	300	22	80	—
啤酒	糖化	0.75m 水平面	200	—	80	—
	发酵	0.75m 水平面	150	—	80	—
	包装	0.75m 水平面	150	25	80	—

十一、玻璃工业

房间或场所	参考平面及其高度	照度标准值(lx)	统一眩光值(*UGR*)	显色指数(R_a)	备注
备料、退火、熔制	0.75m 水平面	150	—	60	—
窑炉	地面	100	—	20	—

十二、水泥工业

房间或场所	参考平面及其高度	照度标准值(lx)	统一眩光值(*UGR*)	显色指数(R_a)	备注
主要生产车间(破碎、原料粉磨、烧成、水泥粉磨、包装)	地面	100	—	20	—

续表 7

房间或场所	参考平面及其高度	照度标准值(lx)	统一眩光值(UGR)	显色指数(R_a)	备　注
贮存	地面	75	—	40	—
输送走廊	地面	30	—	20	—
粗坯成型	0.75m 水平面	300	—	60	—

十三、皮革工业

房间或场所	参考平面及其高度	照度标准值(lx)	统一眩光值(UGR)	显色指数(R_a)	备　注
原皮、水浴	0.75m 水平面	200	—	60	—
轻毂、整理、成品	0.75m 水平面	200	22	60	可另加局部照明
干燥	地面	100	—	20	—

十四、卷烟工业

房间或场所	参考平面及其高度	照度标准值(lx)	统一眩光值(UGR)	显色指数(R_a)	备　注
制丝车间	0.75m 水平面	200	—	60	—
卷烟、接过滤嘴、包装	0.75m 水平面	300	22	80	—

十五、化学、石油工业

房间或场所		参考平面及其高度	照度标准值(lx)	统一眩光值(UGR)	显色指数(R_a)	备　注
厂区内经常操作的区域，如泵、压缩机、阀门、电操作柱等		操作位高度	100	—	20	—
装置区现场控制和检测点，如指示仪表、液位计等		测控点高度	75	—	60	—
人行通道、平台、设备顶部		地面或台面	30	—	20	—
装卸站	装卸设备顶部和底部操作位	操作位高度	75	—	20	—
	平台	平台	30	—	20	—

续表 8

十六、木业和家具制造

房间或场所		参考平面及其高度	照度标准值(lx)	统一眩光值(*UGR*)	显色指数(R_a)	备　注
一般机器加工		0.75m 水平面	200	22	60	防频闪
精细机器加工		0.75m 水平面	500	19	80	防频闪
锯木区		0.75m 水平面	300	25	60	防频闪
模型区	一般	0.75m 水平面	300	22	60	—
	精细	0.75m 水平面	750	22	60	—
胶合、组装		0.75m 水平面	300	25	60	—
磨光、异形细木工		0.75m 水平面	750	22	80	—

注:需增加局部照明的作业面,增加的局部照明照度值宜按该场所一般照明照度值的 1.0～3.0 倍选取。

(3)学校建筑照明标准值。学校建筑照明标准值见表 1-43。

表 1-43　学校建筑照明标准值

房间或场所	参考平面及其高度	照度标准值(lx)	统一眩光值(*UGR*)	显色指数(R_a)
教室	课桌面	300	19	80
实验室	实验桌面	300		
美术教室	桌面	500		
多媒体教室	0.75m 水平面	300		
教室黑板	黑板面	500	—	

(4)展览馆展厅照明标准值。展览馆展厅照明标准值见表 1-44。

表 1-44　展览馆展厅照明标准值

房间或场所	参考平面及其高度	照度标准值(lx)	统一眩光值(*UGR*)	显色指数(R_a)
一般展厅	地面	200	22	80
高档展厅	地面	300		

注:高于 6m 的展厅 R_a 可降低到 60。

(5)博物馆建筑陈列室展品照明标准值。博物馆建筑陈列室展品照明标准值见表1－45。

表1－45　博物馆建筑陈列室展品照明标准值

房间或场所	参考平面及其高度	照度标准值(lx)
对光特别敏感的展品：纺织品、织绣品、绘画、纸质物品、彩绘、陶(石)器、染色皮革、动物标本等	展品面	50
对光敏感的展品：油画、蛋清画、不杂色皮革、角制品、骨制品、象牙制品、竹木制品和漆器等	展品面	150
对光不敏感的展品：金属制品	展品面	300

注：①陈列室一般照明应按展品照度值的20%～30%选取。
②陈列室一般照明UGR不宜大于19。
③辨色要求一般的场所R_a不应低于80，辨色要求高的场所，R_a不应低于90。

(6)图书馆建筑照明标准。图书馆建筑照明标准值见表1－46。

表1－46　图书馆建筑照明标准值

<table>
<tr><th>房间或场所</th><th>参考平面及其高度</th><th>照度标准值(lx)</th><th>统一眩光值(UGR)</th><th>显色指数(R_a)</th></tr>
<tr><td>一般阅览室</td><td>0.75m水平面</td><td>300</td><td rowspan="5">19</td><td rowspan="7">80</td></tr>
<tr><td>国家、省市及其他重要图书馆的阅览室</td><td>0.75m水平面</td><td rowspan="3">500</td></tr>
<tr><td>老年阅览室</td><td>0.75m水平面</td></tr>
<tr><td>珍善本、舆图阅览室</td><td>0.75m水平面</td></tr>
<tr><td>陈列室、目录厅(室)、出纳厅</td><td>0.75m水平面</td><td>300</td></tr>
<tr><td>书库</td><td>0.25m垂直面</td><td>50</td><td>—</td></tr>
<tr><td>工作间</td><td>0.75m水平面</td><td>300</td><td>19</td></tr>
</table>

(7)办公建筑照明标准值。办公建筑照明标准值见表1－47。

表 1-47　　办公建筑照明标准值

<table>
<tr><th>房间或场所</th><th>参考平面及其高度</th><th>照度标准值(lx)</th><th>统一眩光值(UGR)</th><th>显色指数(R_a)</th></tr>
<tr><td>普通办公室</td><td>0.75m 水平面</td><td>300</td><td>19</td><td rowspan="8">80</td></tr>
<tr><td>高档办公室</td><td>0.75m 水平面</td><td>500</td><td>19</td></tr>
<tr><td>会议室</td><td>0.75m 水平面</td><td rowspan="3">300</td><td>19</td></tr>
<tr><td>接待室、前台</td><td>0.75m 水平面</td><td>—</td></tr>
<tr><td>营业厅</td><td>0.75m 水平面</td><td>22</td></tr>
<tr><td>设计室</td><td>实际工作面</td><td>500</td><td>19</td></tr>
<tr><td>文件整理、复印、发行室</td><td>0.75m 水平面</td><td>300</td><td>—</td></tr>
<tr><td>资料、档案室</td><td>0.75m 水平面</td><td>200</td><td>—</td></tr>
</table>

(8)民用建筑部分场所照明标准值。民用建筑部分场所照明标准值见表 1-48。

表 1-48　　民用建筑部分场所照明标准值(JGJ6—2008)

<table>
<tr><th>分类</th><th>房间或场所</th><th>维持平均照度(lx)</th><th>统一眩光值(UGR)</th><th>显色指数(R_a)</th><th>备　注</th></tr>
<tr><td rowspan="9">科研教育</td><td>幼儿教室、手工室</td><td>300</td><td>19</td><td>80</td><td></td></tr>
<tr><td>成人教室、晚间教室</td><td>500</td><td>19</td><td>80</td><td></td></tr>
<tr><td>学生活动室</td><td>200</td><td>22</td><td>80</td><td></td></tr>
<tr><td>健身教室、游泳馆</td><td>300</td><td>22</td><td>80</td><td></td></tr>
<tr><td>音乐教室</td><td>300</td><td>19</td><td>80</td><td></td></tr>
<tr><td>艺术学院的美术教室</td><td>750</td><td>19</td><td>80</td><td>色温宜高于 5000K</td></tr>
<tr><td>手工制图</td><td>750</td><td>19</td><td>80</td><td></td></tr>
<tr><td>CAD 绘图</td><td>300</td><td>16</td><td>80</td><td></td></tr>
<tr><td>检验化验室</td><td>500</td><td>19</td><td>80</td><td></td></tr>
</table>

续表 1

分类	房间或场所	维持平均照度(lx)	统一眩光值(*UGR*)	显色指数(R_a)	备 注
商业	品牌服装店	200	19	80	商品照明与一般照明之比宜为3～5
	医药商店	500	19		色温宜高于5000K
	金饰珠宝店	1000	22		
	艺术品商店	750	16		
	商品包装	500	19		
餐饮	高档中餐厅	300	22		
	快餐店、自助餐厅	300	22		
	宴会厅	500	19		宜设调光控制
	操作间	200	22		维护系数0.6～0.7
	面食制作	150	22		
	卫生间	100	25		
	蒸煮	100	25		
	冷荤间	150	22		宜设置紫外消毒灯
司法	法庭	300	22		
	法官、陪审员休息室	200	19		
	审讯室	200	22		
	监室	200	22		
	会客室	300	22		
宗教	礼拜堂	100	22		
	瞻礼台	300	22		
	佛、道教寺庙大殿	100	22		
	祈祷、静修室	100	19	60	
	讲经室	300	19	80	

续表 2

分类	房间或场所	维持平均照度(lx)	统一眩光值(*UGR*)	显色指数(R_a)	备　注
会展	图书音像展厅	500	22	80	
	机械、电器展厅	300	25		
	汽车展厅	500	25		
	食品展厅	300	22		
	服装、日用品展厅	300	22		
娱乐休闲	棋牌室	300	19		
	台球、沙壶球	200	19		另设球台照明
	游戏厅	300	19		
	网吧	200	19		

(9)公用场所照明标准值。公用场所照明标准值见表 1 - 49。

表 1 - 49　　公用场所照明标准值

房间或场所		参考平面及其高度	照度标准值(lx)	统一眩光值(*UGR*)	显色指数(R_a)
门厅	普通	地面	100	—	60
	高档	地面	200	—	80
走廊、流动区域	普通	地面	50	—	60
	高档	地面	100	—	80
楼梯、平台	普通	地面	30	—	60
	高档	地面	75	—	80
自动扶梯		地面	150	—	60
厕所、盥洗室、浴室	普通	地面	75	—	60
	高档	地面	150	—	80
电梯前厅	普通	地面	75	—	60
	高档	地面	150	—	80
休息室		地面	100	22	80
贮藏室、仓库		地面	100	—	60
车库	停车间	地面	75	28	60
	检修间	地面	200	25	60

(10)商业建筑照明标准值。商业建筑照明标准值见表1-50。

表1-50 商业建筑照明标准值

房间或场所	参考平面及其高度	照度标准值(lx)	统一眩光值(*UGR*)	显色指数(R_a)
一般商店营业厅	0.75m水平面	300	22	80
高档商店营业厅	0.75m水平面	500		
一般超市营业厅	0.75m水平面	300		
高档超市营业厅	0.75m水平面	500		
收款台	台面	500	—	

(11)影剧院建筑照明标准值。影剧院建筑照明标准值见表1-51。

表1-51 影剧院建筑照明标准值

房间或场所		参考平面及其高度	照度标准值(lx)	统一眩光值(*UGR*)	显色指数(R_a)
门厅		地面	200	22	80
观众厅	影院	0.75m水平面	100		
	剧场	0.75m水平面	200		
观众休息厅	影院	地面	150		
	剧场	地面	200		
排演厅		地面	300		
化妆室	一般活动区	0.75m水平面	150		
	化妆台	1.1m高处垂直面	500	500	

(12)旅馆建筑照明标准值。旅馆建筑照明标准值见表1-52。

表1-52 旅馆建筑照明标准值

房间或场所		参考平面及其高度	照度标准值(lx)	统一眩光值(*UGR*)	显色指数(R_a)
客房	一般活动区	0.75m水平面	75	—	80
	床头	0.75m水平面	150	—	
	写字台	台面	300	—	
	卫生间	0.75m水平面	150	—	

续表

房间或场所	参考平面及其高度	照度标准值(lx)	统一眩光值(UGR)	显色指数(R_a)
中餐厅	0.75m 水平面	200	22	80
西餐厅、酒吧间、咖啡厅	0.75m 水平面	100	—	
多功能厅	0.75m 水平面	300	22	
门厅、总服务台	地面	300	—	
休息厅	地面	200	22	
客户层走廊	地面	50	—	
厨房	台面	200	—	
洗衣房	0.75m 水平面	200	—	

(13)医院建筑照明标准值。医院建筑照明标准值见表 1-53。

表 1-53 医院建筑照明标准值

房间或场所	参考平面及其高度	照度标准值(lx)	统一眩光值(UGR)	显色指数(R_a)
治疗室	0.75m 水平面	300	19	80
化验室	0.75m 水平面	500		
手术室	0.75m 水平面	750	22	
诊室	0.75m 水平面	300	19	
候诊室、挂号厅	0.75m 水平面	200	—	
病房	地面	100	19	
护士站	0.75m 水平面	300		
药房	0.75m 水平面	500		
重症监护室	0.75m 水平面	300		

(14)交通建筑照明标准值。交通建筑照明标准值见表 1-54。

表 1-54　交通建筑照明标准值

<table>
<tr><th colspan="2">房间或场所</th><th>参考平面及其高度</th><th>照度标准值(lx)</th><th>统一眩光值(UGR)</th><th>显色指数(R_a)</th></tr>
<tr><td colspan="2">售票台</td><td>台面</td><td>500</td><td rowspan="2">—</td><td rowspan="10">80</td></tr>
<tr><td colspan="2">问讯处</td><td>0.75m 水平面</td><td>200</td></tr>
<tr><td rowspan="2">候车(机、船)室</td><td>普通</td><td>地面</td><td>150</td><td rowspan="3">22</td></tr>
<tr><td>高档</td><td>地面</td><td>200</td></tr>
<tr><td colspan="2">中央大厅、售票大厅</td><td>地面</td><td rowspan="2">500</td></tr>
<tr><td colspan="2">海关、护照检查</td><td>工作面</td><td rowspan="2">—</td></tr>
<tr><td colspan="2">安全检查</td><td>地面</td><td rowspan="2">300</td></tr>
<tr><td colspan="2">换票、行李托运</td><td>0.75m 水平面</td><td>19</td></tr>
<tr><td colspan="2">行李认领、到达大厅、出发大厅</td><td>地面</td><td>200</td><td>22</td></tr>
<tr><td colspan="2">通道、连接区、扶梯</td><td>地面</td><td>150</td><td rowspan="3">—</td></tr>
<tr><td colspan="2">有棚站台</td><td>地面</td><td>75</td><td rowspan="2">20</td></tr>
<tr><td colspan="2">无棚站台</td><td>地面</td><td>50</td></tr>
</table>

(15)人民防空地下室照明的照度标准值。人民防空地下室照明的照度标准值见表 1-55。

表 1-55　人民防空地下室照明的照度标准值

<table>
<tr><th>场　所</th><th>类　别</th><th>参考平面及其高度</th><th>照度标准值(lx)</th><th>统一眩光值(UGR)</th><th>显色指数(R_a)</th></tr>
<tr><td rowspan="6">战时通用房间</td><td>办公室、总机室、广播室等</td><td rowspan="2">0.75m 水平面</td><td>200</td><td>19</td><td>80</td></tr>
<tr><td>值班室、电站控制室、配电室等</td><td>150</td><td>22</td><td>80</td></tr>
<tr><td>出入口</td><td rowspan="4">地面</td><td>100</td><td></td><td>60</td></tr>
<tr><td>柴油发电机房、机修间</td><td>100</td><td>25</td><td>60</td></tr>
<tr><td>防空专业队队员掩蔽室</td><td>100</td><td>22</td><td>80</td></tr>
<tr><td>空调室、风机室、水泵间、贮油间、滤毒室、除尘室、洗消间</td><td>75</td><td>—</td><td>60</td></tr>
</table>

续表

场所	类别	参考平面及其高度	照度标准值(1x)	统一眩光值(UGR)	显色指数(R_a)
战时通用房间	盥洗间、厕所	地面	75	—	60
	人员掩蔽室、通道		75	22	80
	车库、物资库		50	28	60
战时医疗救护工程	手术室、放射科治疗室	0.75m水平面	500	19	90
	诊查室、检验科、配方室、治疗室、医务办公室、急救室		300	19	80
	候诊室、放射科诊断室、理疗室、分类厅		200	22	80
	重症监护室		200	19	80
	病房	地面	100	19	80

第三节　建筑采光与光色的应用

一、建筑与采光基础

光与建筑、城市共生，从古罗马万神庙屋顶上简陋的采光圆洞，到当今柏林国会大厦晶莹的玻璃建构的天穹；从户户烛火，到当今的不夜城。回首城市和建筑发展的历史进程，我们可以清楚地看到光技术、光文化同城市建筑同步发展前进的足迹，也可以清晰地看到采光和照明技术的不断发展，对城市和建筑的发展产生了重要的影响。

在人类几千年的建造史中，建筑屋通常需要满足人类两方面的生活需求：一方面，遮风挡雨，免受侵袭，要求个人隐私有所保障；另一方面，满足视觉的需要而把光线引入室内，与室外保持一定的联系。建筑作为人类生活的“容器”，其发展与光有着密不可分的关系。现代建筑立足“以人为本”的设计原则，最基本的就是要提供舒适的声、光、热等物理居住环境。建筑与光良好的结合，不仅在于获得较高的视觉功效，还可以给人提供舒适的光环境，从而提高人的工作效率，保护人的健康，使人感到安全、舒适、美观，产生显著良好的心理效果。另外，多变的天然光又是表现建筑艺术造型、材料质感、渲染室内气氛的方法之一。所以，研究建筑与光如何更好地结合，具有十分重要的意义。

随着科学技术的进步,借助可再生能源,如何采集日光并收集起来更有效地加以利用来维持建筑以及室内外环境,给人带来舒适、健康的生活已越来越重要。在"可持续性发展"为建筑界所倡导的今天,利用自然光达到资源、能源的合理利用是贯彻可持续性发展的有效途径。自然光是最基本的自然要素、可持续的自然资源,在现代建筑设计中合理有效地运用自然光和绿色光源,减少能源消耗、降低建筑的运行、维护管理费用,是现代建筑师在设计时必须要考虑和解决的问题。另外,技术人员研制出通过光导纤维输送到地下或建筑物深处的采光装置,这种技术的运用,预示着建筑采光技术在不久的将来会有更快的发展。

(一)太阳光的利用

混合型太阳能是一种简单的新技术,它利用太阳能集热器追踪和放大太阳光,然后通过灵活的光纤束,使之到达难以接触到的内部房间。美国橡树岭国家实验室开创了这项技术的商业用途。该实验室的高级研究工程师Curt Maxey解释道:"阳光被集中后,强度达到原来的400倍。因此,要射入等量的光线,屋顶所需要的开口将远小于一个天窗的大小。从而,也将减少热量和水分的泄漏。"

如果说空间是建筑的实质,那么光就是建筑空间的灵魂。路易-康把光作为一砖一瓦来使用,他说:"设计空间就是设计光亮。"英国著名建筑师罗杰斯曾经说过:"建筑是捕捉光的容器,就如同乐器如何捕捉音乐一样。"与造型和材料一样,光也可以被视为一种独特的设计元素,给予建筑空间增添生机与活力。

人对空间的感知和体验必须有光的参与,光为建筑空间带来照明和活力。可以说,光是空间中最生动、最活跃的元素之一,是建筑设计、建筑空间设计等众多设计中必须考虑并且重视的问题。

在现代建筑设计中如何合理有效地运用自然光和绿色光源,减少能源消耗、降低建筑的运行、维护管理费用,是现代建筑师在设计时必须要考虑和解决的问题。如何更好地掌握和运用建筑采光方式,是建筑设计人员必备的基本素质之一。只有这样,才能主动地利用自然光,为空间注入新鲜活力,提高室内外生活环境的质量,真正做到高效、节能、环保、可持续。

(二)建筑结构与采光

采光是影响人工环境质量的一项重要指标,可以将其分为人工照明和自然采光两种方式。采光的低能耗策略就是在人工照明与自然采光之间形成一种平衡,即尽量减少人工照明,而充分利用自然光。

计算采光效率是很重要的，能够确保所有附加的玻璃没有从屋顶带入更多的能源消耗。近年来，窗户和天窗的制造商已经解决了导热问题。主要是通过提供一系列的阴影配件和高性能的技术，如低辐射涂层，二层、三层或多层的玻璃、热量阻止构架。专家预测在不久的将来，将会出现更多带有先进涂料和智能玻璃的采光产品，能够适应不同的光线强度。

良好的采光策略，即利用自然光实现室内照明，在市场上的需求越来越大。尤其是对于现代都市生活的人们，树木和附近的建筑物往往会遮挡住阳光。自然光给人们带来的心理效应是显而易见的，日光也是环保型建筑的基础。根据美国绿色建筑协会（USGBC）资料，通过减少白天开灯的需要，一种精心设计的利用日光照明的建筑估计可以减少50%～80%的照明能源消耗。研究资料表明，在带有很多窗户的房间内，天窗大小不能超过房屋面积的5%；在只有几个窗户的房间内，天窗大小也不能超过房屋面积的15%。与此同时，在尽量满足人们能够在保持美感和优化能源使用效率的同时，应保持家居中光线明亮、开阔。

窗洞口的采光系数应符合下列规定：

（1）顶部采光。顶部采光简图如图1－2所示。

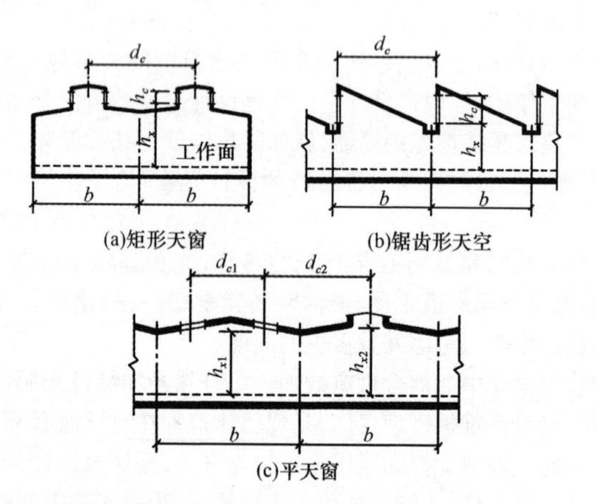

b—建筑宽度（跨度或进深）；h_c—窗高；d_c—窗间距；

h_s—工作面至窗上沿高度即 $h_x + h_c$；h_x—工作面至窗下沿高度

注：图1－2所示适用于高跨比 $h_x/b=0.5$ 的多跨厂房，其他高跨比的多跨厂房应乘以高跨比修正系数。

图1－2 顶部采光简图

顶部采光天窗窗洞口的采光系数 C_d，可按天窗窗洞口面积 A_c 与地面面积 A_d 之比(简称窗地比)和建筑长度 l 确定(如图 1-3 所示)。

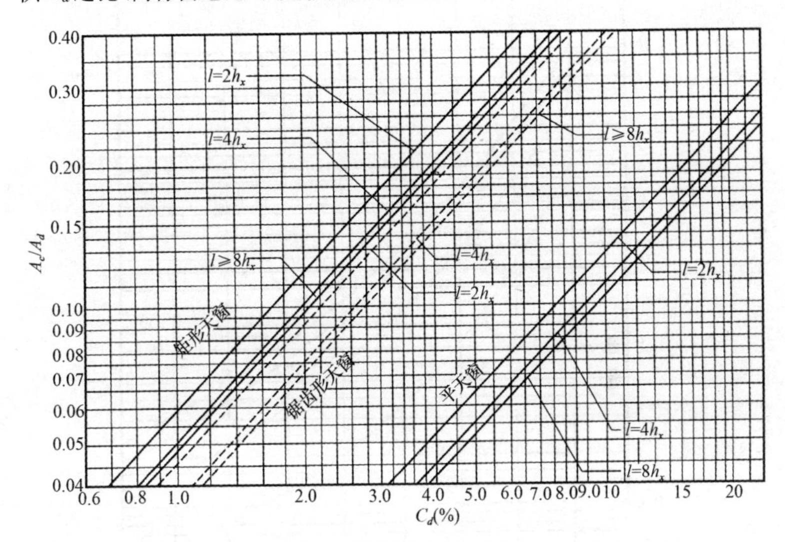

图 1-3　顶部采光计算图

(2)侧面采光。侧面采光简图如图 1-4 所示。

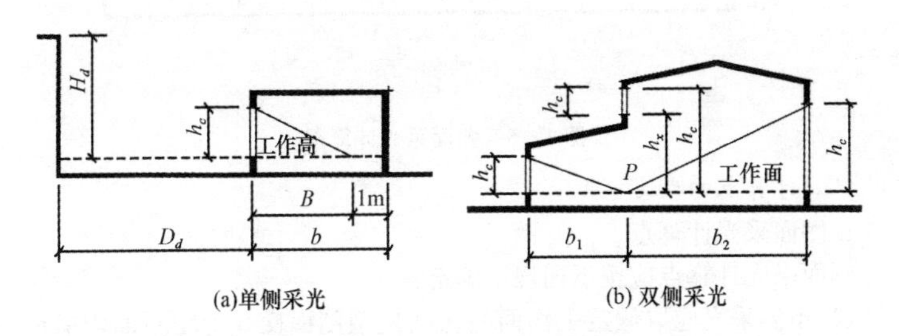

B—计算点至窗的距离；P—采光系数的计算点；

H_d—窗对面的遮挡物距工作面的平均高度；D_d—窗对面遮挡物与窗的距离

图 1-4　侧面采光简图

侧面采光的带形窗洞($\sum b_c = l$)的采光系数 C'_d 可按计算点至窗口的距离与窗高之比 B/h 和开间宽 l 确定(如图 1-5 所示)。非带形窗洞的采光系数尚还乘以窗宽修正系数。

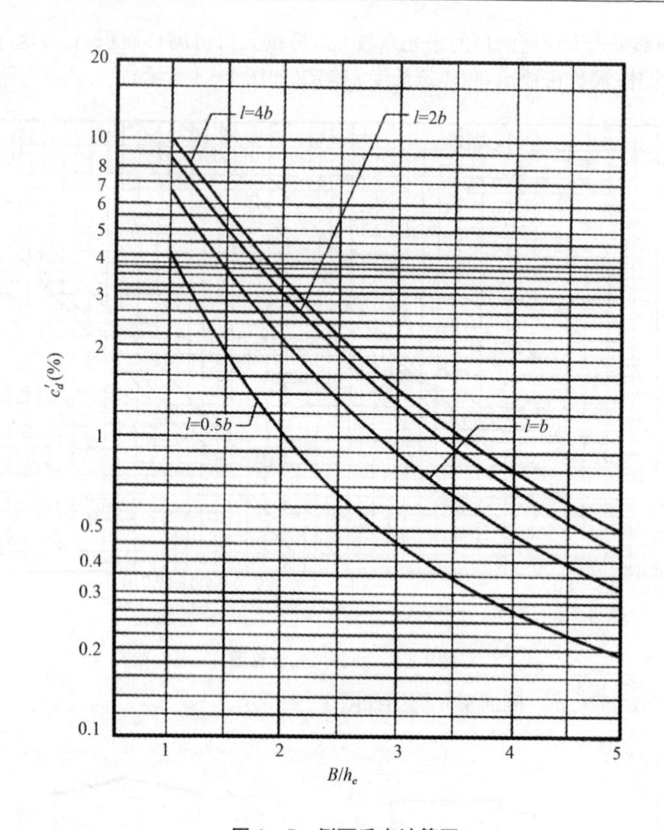

图 1－5 侧面采光计算图

(三)计算点的确定

1. 侧面采光计算点

侧面采光计算点应按下列规定确定：

(1)单侧采光应取假定工作面与房间典型剖面交线上距对面内墙面 1m 点上的数值；多跨建筑的边跨为侧窗采光时，计算点应定在边跨与邻近中间跨的交界处。

(2)对称双侧采光应取假定工作面与房间典型剖面交线中点上的数值。

(3)非对称双侧采光的计算点，可按单侧窗求出主要采光面侧窗的计算点 P，并以此计算另一面侧窗的洞口尺寸。当与设计基本相符时，可取 P 点作为计算点(如图 1－6 所示)。

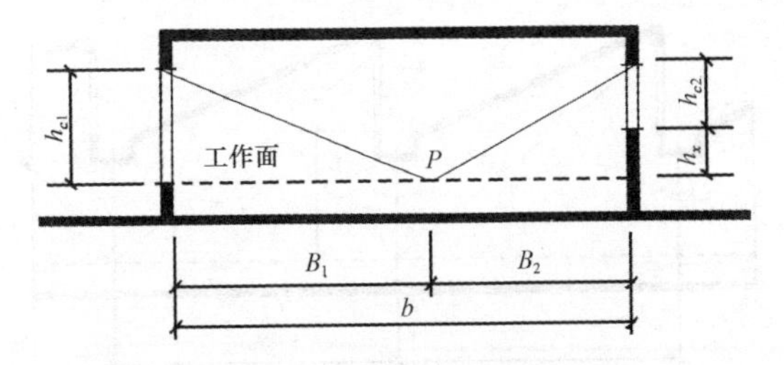

图 1-6　非对称双侧采光简图

$$B_1 = \frac{A_{c1}}{\frac{A_c}{A_d}l}$$

$$B_2 = b - B_1$$

$$A_{c2} = B_2 \frac{A_c}{A_d} l$$

式中　A_{c1}、A_{c2}——分别为两侧侧窗的窗洞口面积(m^2)。

2.顶部采光计算点

顶部采光计算点应按下列规定确定：

(1)多跨连续矩形天窗其天窗采光分区计算点可定在两跨交界的轴线上;单跨或边跨时,计算点可定在距外墙内面 1m 处(如图 1-7 所示)。

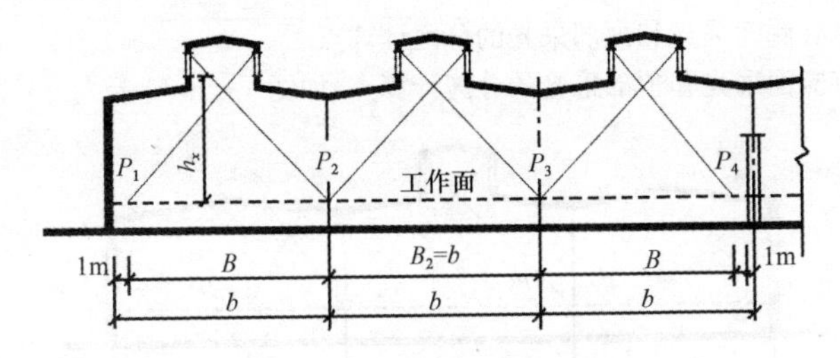

图 1-7　矩形天窗采光简图

(2)多跨连续锯齿形天窗其天窗采光的分区计算点可定在两相邻天窗相交的界线上(如图 1-8 所示)。

3.平天窗采光的分区计算点

平天窗采光的分区计算点,可按下列规定确定(如图 1-9 所示):

(1)中间跨屋脊两侧设平天窗时,采光分区计算点可定在跨中或两跨交界的轴线上。

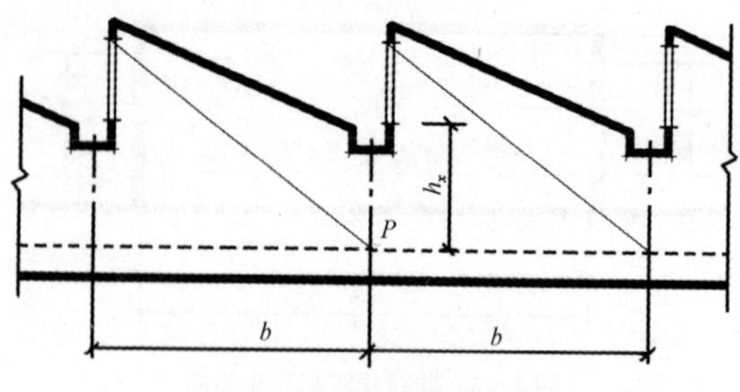

图 1-8 锯齿形天窗采光简图

(2)中间跨屋脊处设平天窗时，采光计算点可定在两跨交界轴线上。

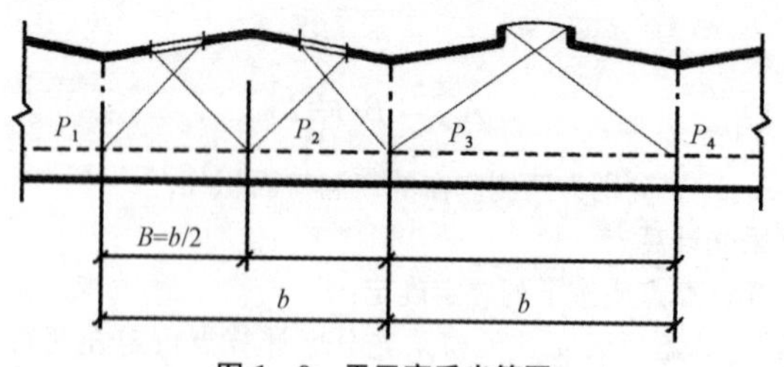

图 1-9 平天窗采光简图

4.兼有侧面采光和顶部采光的分区计算点

兼有侧面采光和顶部采光的分区计算点，如图 1-10 所示。

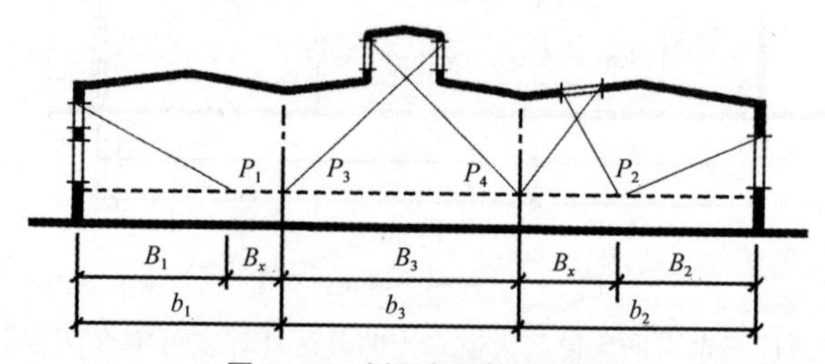

图 1-10 侧面和顶部采光简图

当以侧窗采光为主时，采光计算点以侧面采光计算点来控制；当侧面采光不满足宽度 B_x 时，应由顶部采光补充，其不满足区域所需的窗洞口面积可按表 1-56 所列的窗地面积比确定。

表 1-56 窗地面积比 A_C/A_d

采光等级	侧面采光		顶部采光					
	侧窗		矩形天窗		锯齿形天窗		平天窗	
	民用建筑	工业建筑	民用建筑	工业建筑	民用建筑	工业建筑	民用建筑	工业建筑
Ⅰ	1/2.5	1/2.5	1/3	1/3	1/4	1/4	1/6	1/6
Ⅱ	1/3.5	1/3	1/4	1/3.5	1/6	1/5	1/8.5	1/8
Ⅲ	1/5	1/4	1/6	1/4.5	1/8	1/7	1/11	1/10
Ⅳ	1/7	1/6	1/10	1/8	1/12	1/10	1/18	1/13
Ⅴ	1/12	1/10	1/14	1/11	1/19	1/15	1/27	1/23

注:计算条件:民用建筑:Ⅰ～Ⅳ级为清洁房间,取 $\rho_j=0.5$;Ⅴ级为一般污染房间,取 $\rho_j=0.3$。

工业建筑:Ⅰ级为清洁房间,取 $\rho_j=0.5$;Ⅱ和Ⅲ级为清洁房间,取 $\rho_j=0.4$;Ⅳ级为一般污染房间,取 $\rho_j=0.4$;Ⅴ级为一般污染房间,取 $\rho_j=0.3$。

二、光色的应用基础

在人体的各种感觉中,视觉是最重要的感觉,人的眼睛可获得外界信息量的87%。灯光环境对视觉的影响主要表现在亮度和色彩两个方面,因而色彩是唤起人的第一视觉作用的重要媒体。在现实生活中,为了增强环境对人的物理的、生理的和心理的作用,人们越来越重视色彩所引起的人的联想和情感的效果,以创造富有性格、层次、美感的环境。因此对照明质量的评价不只考虑光的强度,还要考虑光源和环境的颜色。

(一)颜色视觉

颜色是物体的属性,但人眼只有通过光作用在物体上造成的色彩才能获得印象。颜色视觉的基本特性可以用色调、彩度和明度来表现,一切颜色都可以按照色调、彩度和明度的不同而加以区别。

1.颜色的基本特性

色调、彩度和明度是颜色的3个基本特性,其说明见表1-57。

表 1-57 颜色的基本特性

<table>
<tr><th>类型</th><th>说明</th></tr>
<tr><td>色调</td><td>色调又称色相，是辐射的波长标志，即一定波长的光在视觉上的表现。只含有唯一波长的光是单色光，其颜色称为光谱色；光的波长不同，其颜色也不同。因为可见辐射的波长有无数种，即光谱色有无数种，所以颜色的色调也可以认为有无数种。实际上，相近波长的单色光用肉眼很难区分它们的颜色差别，但在视觉上却总能表现为与某一光谱色相同或相似。为了能用文字描述不同的颜色，通常把各种光谱色归纳成有限种色调，以表示色刺激的主观属性。光谱色的波长和波长范围见下表：
光谱色的波长和波长范围
<table>
<tr><th>颜　色</th><th>波长(nm)</th><th>波长范围(nm)</th></tr>
<tr><td>红</td><td>700</td><td>640～780</td></tr>
<tr><td>橙</td><td>620</td><td>600～640</td></tr>
<tr><td>黄</td><td>580</td><td>560～600</td></tr>
<tr><td>绿</td><td>510</td><td>490～560</td></tr>
<tr><td>蓝</td><td>470</td><td>450～490</td></tr>
<tr><td>紫</td><td>420</td><td>380～450</td></tr>
</table></td></tr>
<tr><td>彩度</td><td>彩度是颜色色调的表现程度，通俗意义上来讲，就是颜色的鲜艳程度。它可以反映光线波长范围的大小，波长范围越窄，说明颜色越纯，彩度越高，其颜色越艳；反之，波长范围越宽，说明颜色彩度越低，其颜色越浊</td></tr>
<tr><td>明度</td><td>明度是眼睛对光源和物体表面的明暗程度的感觉。明度不仅取决于物体照明程度，而且取决于物体表面的反射系数。如果我们看到的光线来源于光源，那么明度取决于光源的强度，光源的光线越强则明度越高，而光线越弱则明度越低。如果我们看到的是来源于物体表面反射的光线，那么明度取决于照明光源的强度和物体表面的反射系数。当照明光源强度一定时，若物体表面为彩色，反射比越高则颜色越明亮，反射比越低则颜色发暗，反射比中等时则颜色发灰；若物体表面为黑白色，当物体表面的反射比在 0～0.05 时，物体呈黑色；反射比高于 0.8 时，物体就呈白色；而反射比处于 0.05～0.8 时，物体呈灰色，且反射比越低，灰色越暗，即反射比增加时，灰色就会由深到浅变化</td></tr>
</table>

2. 颜色辨认

颜色辨认包含光源色和表面色两种。由光源(或发光体)发出的光而引起人们色觉的颜色称为光源色，由漫反射光的表面或由此表面发射的光所呈现的知觉色称为表面色。

光源色取决于光源的波长成分，即光源的光谱能量分布。人类长期在日光下生活，习惯于以日光的连续光谱为基准来分辨光源色。用三棱镜将日光分解，可以看到红、橙、黄、绿、青、蓝、紫 7 种颜色。实际上，这 7 种颜色不是截然分开而是逐渐过渡的，从红到紫的颜色变化中还可以分成许多种中间的颜色。

表面色则取决于入射光源的光谱能量分布和该物体表面的光谱反射比。由于有色彩的表面在与它色彩相同的光谱区域内光谱的反射系数最大，即其表面对与它色彩相同波长的光的反射能力最强，当与彩色表面相同的光照射到物体表面时，表面色主要是从入射光中被该表面反射出来的一些波长的光而产生的。注意，当入射光线和反射光线的强度变化时，所看到的物体表面的颜色也随之有所变化，一般情况下，当光线的强度增加时，各种颜色都向红色或蓝色变化。

3. 颜色对比

同时或相继观察视野中相邻两部分颜色差异的主观评价称为颜色对比。照明工程中，可以使用彩色光的色调对比、彩度对比和明度对比等手法来创造各种环境气氛。例如，色调对比不仅让人们区别色彩，而且可以使色彩间差异增大，使色彩更加鲜明；当两种不同彩度色并列时，彩度高的颜色会更鲜艳更强烈，而彩度低的颜色则会更灰更淡和模糊，这就是彩度对比的效果；明度对比则表明：亮色在暗色对比下显得更亮，暗色在亮色对比下也显得更暗，而同一种色调在不同明度和色调背景的对比下，会表现出不同的亮度，如相同的黄色在白底上显得深暗，在黑底上显得明亮。

4. 颜色适应

人眼在颜色刺激的作用下所造成的颜色视觉变化称为颜色适应。例如，在暗色背景上照射一小块黄光，当眼睛先看过大面积的强烈红光一段时间之后，再看这一小块黄光，此时黄光呈现绿色；经过一段时间，眼睛会从红光的适应中逐渐恢复，绿色渐淡，几分钟后又成为原来的黄色。可见，对于某种颜色光适应以后，再观察另一种颜色时，后者的颜色会发生变化，并带有适应光的补色成分。

(二)光源的颜色特性

光源的颜色特性主要表现在光源的色表和光源的显色能力两个方面。光源的色表取决于光源的颜色温度(简称色温)，而光源的显色能力则取决于光源的光谱能量分布。

1. 光源的色温

当某一光源(热辐射光源)的色品与某一温度下的完全辐射体(黑体)的色品完全相同时，完全辐射体(黑体)的温度即为这种光源的颜色温度，简称色温。符号为 T_C，单位为开(K)。

当某一种光源(气体放电光源)的色品与某一温度下的完全辐射体(黑体)的色品最接近时,完全辐射体(黑体)的色品的温度即为这种光源的相关色温。符号为 T_{CP},单位为开(K)。

2. 光源的色表

光源的色表是指人眼观看光源所发出的光的颜色,即灯光的表观颜色。由于色温不同的光源在视觉上会呈现出不同的颜色,所以光源色温的高低对室内环境的气氛形成的影响极大。通常,色温低的暖色调灯光会呈现出红或橙黄色,给人以温暖的感觉,而色温高的冷色调灯光会呈现出蓝白色,给人以寒冷、清凉的感觉。

CIE1931 色度图是用数字方法计算光的颜色(如图 1-11 所示),它基本上是一个三角形,周边线表示光谱色,中间黑线是完全辐射体(黑体)的轨迹,即表示完全辐射体(黑体)的色度和温度的关系。

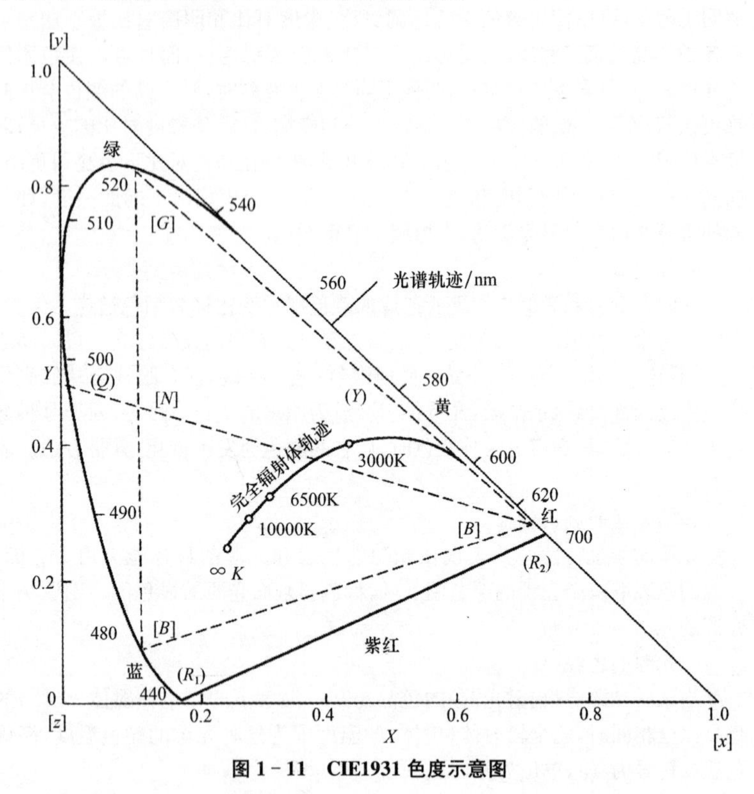

图 1-11 CIE1931 色度示意图

为了便于照明工程的应用,CIE将电光源的色表按其色温或相关色温的高低分为3种,见表1-58。

表1-58 光源的色表分组

色表分组	色 表	相关色温(K)
Ⅰ	暖	<3300
Ⅱ	中间	3300～5300
Ⅲ	冷	>5300

3. 光源的显色性

光源的显色性即光源显示物体颜色的能力,是照明光源对物体色表的影响,该影响是由于观察者有意识或无意识地将它与参比光源下的色表相比较而产生的。光源显色性的优劣通常是用显色指数来定量评定的。

光源的显色指数是指在具有合理允差的色适应状态下,被测光源照明物体的心理物理色与参比光源照明同一色样的心理物理色符合程度的量度。显色指数又分为特殊显色指数R_i和一般显色指数R_a两种。特殊显色指数R_i是指在具有合理允差的色适应状态下,被测光源照明CIE试验色样的心理物理色与参比光源照明同一色样的心理物理色符合程度的度量,而一般显色指数R_a是指8个一组色试样的CIE1974特殊显色指数的平均值,通称显色指数。

人工电光源通常采用一般显色指数作为评价显色性的指标。根据定义,参比光源显色性为最好,规定其显色指数为100。若被测光源的显色指数等于100,则表示色样在照明光源下与其真实颜色的色差为零,即被测光源与参比光源具有完全相同的显色性。一般认为:显色指数为80～100的光源其显色性较好,50～79之间显色性一般,小于50为显色性较差。

必须注意,光源的色表(或者色温)和显色性之间没有必然的联系,因为具有不同光谱能量分布的光源可能有相同的色温,但显色性可能差别很大,各种色温的光源都可能有较好的显色性,也可能有较差的显色性。例如:荧光高压汞灯从远处看,它发出的光又白又亮,说明它具有较好的色表,但它的光谱中青、蓝、绿光多而红光很少,当其光照在人的脸上时,脸色显得发青,显色性差(R_a=30～40);钨丝白炽灯的光谱能量分布是偏重于长波的连续曲线,所以它的色表偏黄红色,但它照射有色物体时,物体的颜色与受日光照射时差不多,说明它的色表较差而显色性较好(R_a=95～99)。

(三)彩色光的应用效果

彩色光通过视觉器官为人们感知后,可以产生多种作用和效果,运用这些作用和效果，有助于照明设计的科学化。彩色光的应用效果主要体现在光色的物理效果、光色的心理效果、光色的生理效果等方面，具体说明见表1－59。

表1－59 彩色光的应用效果

类　型	说　明
光色的物理效果	具有颜色的物体总是处于一定的环境空间中，因而物体的颜色与环境的颜色可能相互协调、排斥、混合或反射，其结果是对人们的视觉效果产生很大的影响，如使物体的大小、形状等在主观感觉中发生这样或那样的变化。这种主观感觉变化，可以用物理单位来表示，如冷暖感、轻重感等。利用颜色的这种功能可以创造出不同的物理效果，以满足现实生活的需要 温度感取决于色调，如红色为暖色，蓝色为冷色；低色温的光呈现暖色调，高色温的光呈现冷色调。质量感取决于照度和彩度，如明亮的感觉到轻，暗的感觉到重
光色的心理效果	色彩的心理效果主要体现在悦目性、情感性等方面。 悦目性就是它可以给人以美感；情感性说明它能影响人的情绪，引起联想，乃至具有象征的作用。不同颜色会引起人的情绪的不同反应。 红——热情、爱情、活力、积极 橙——爽朗、精神、无忧、兴奋 黄——快活、开朗、光明、智慧 绿——和平、安宁、健全、新鲜 蓝——冷静、诚实、广泛、和谐 紫——神秘、高兴、幽雅、浪漫 不同年龄、性别、民族、职业、文化的人，对于色彩的好恶是不同的；在不同时期内人们喜欢的色彩，其基本倾向也不相同，所谓流行色，即表明当时色彩流行的总趋势 不同年龄、性别、文化素养、社会经历的人，对色彩引起的联想也不相同；白色会使小男孩联想到白雪和白纸，而小女孩则容易联想到白雪和小白兔
光色的生理效果	色彩的生理效果首先在于对视觉本身的影响，也就是由于颜色的刺激而引起视觉变化的适应性问题。色适应的原理经常运用到色彩设计中，一般的做法是把器物的色彩的补色作为背景色，以消除视觉干扰，减少视觉疲劳，使视觉器官从背景中得到平衡和休息。正确地运用色彩将有益于身心的健康。例如，红色能刺激和兴奋神经系统、加速血液循环，但长时间接触红色则会使人感到疲劳，甚至出现筋疲力尽的感觉；绿色有助于消化和镇静，能促使身心平衡；蓝色能使人沉静，帮助人们消除紧张情绪，形成使人感到幽雅、宁静的气氛
光色的标志作用	光色的标志作用主要体现在安全标志、管道识别、空间导向和空间识别等方面。例如，用红色表示防火、停止、禁止和高度危险，用绿色表示安全、进行、通过和卫生等

第四节　建筑电气设计常用图形和符号

建筑电气工程设计常用图形和文字符号摘自国家建筑标准设计图09DX001。它是按照我国工业与民用建筑电气技术应用文件的编制需要，依据最新颁布的国家标准、IEC标准编制的。适用于一般新建、改建和扩建的工业与民用建筑工程中的电气工程设计，也可供编制、实施工业与民用建筑电气工程技术文件时使用。

一、电气工程基本图形符号

电气工程基本图形符号及说明见表1-60。

表1-60　电气工程基本图形符号及说明

新符号	旧符号	说　明
或		直流
		交流
		交直流
		低频（工频）
		中频（音频）
		高频（超声频、载频或射频）
		具有交流分量的整流电流
M	M	中间线
N	N	中性线
+	+	正极
−	−	负极
⎓形式一　DC形式二		直流示例：⎓ 220/110V或DC220/110V表示直流220/110V
～形式一　AC形式二		交流示例：3AC 400V或3～400V表示三相三线交流400V

续表 1

新符号	旧符号	说　明
3/N～400/230V 50Hz 或 3/N AC400/230V 50Hz		交流，三相带中性线，400V（相线和中性线的电压为 230V），50Hz
3/N/PE～50Hz/TN－S 或 3/N/PE AC 50Hz/TN－S		交流，三相，50Hz；具有一个直接接地点且中性线与保护导体全部分开的系统
形式一 形式二		功能等电位联结
		保护等电位联结（保护接地导体、保护接地端子）
形式一 3 形式二		导线组（示出导线数）（示出三根连线）
		屏蔽导体
		电缆中的导线，示出三根导线
		电缆中的导线 示例：5 根导线，其中箭头所指的两根在同一电缆内
L1 L3		相序变更（换位）
		端子板
		阴接触件（连接器的）插座
		阳接触件（连接器的）插座

续表 2

新符号	旧符号	说　明
	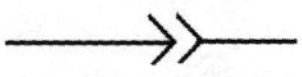	插头和插座
		接触器(在非动作位置触点断开)
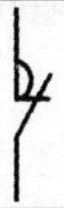		接触器(在非动作位置触点闭合)
	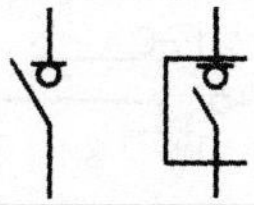	负荷开关(负荷隔离开关)
		具有自动释放功能的负荷开关
		熔断器式断路器
	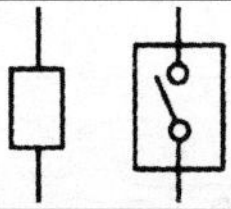	断路器
	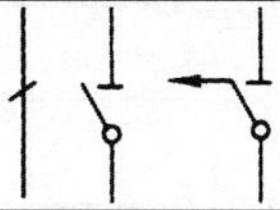	隔离开关
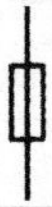	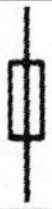	熔断器一般符号
		熔断器式开关
		熔断器式隔离开关

续表 3

新符号	旧符号	说明
	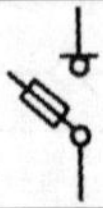	熔断器式负荷开关
	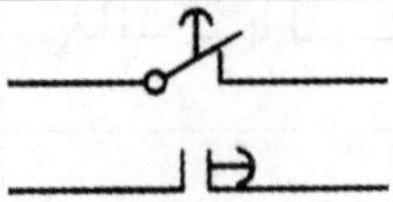	当操作器件被吸合时延时闭合的动合(常开)触点
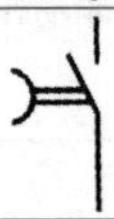	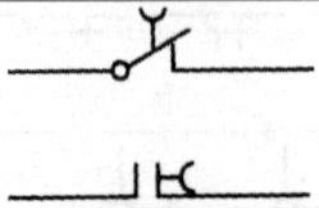	当操作器件被释放时延时断开的动合(常开)触点
	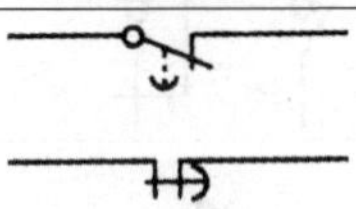	当操作器件被释放时延时闭合的动断(常闭)触点
	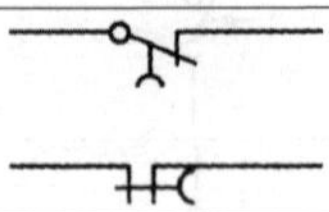	当操作器件被吸合时延时断开的动断(常闭)触点
		当操作器件被吸合时延时闭合和释放时延时断开的动合(常开)触点
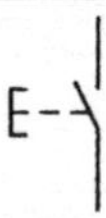	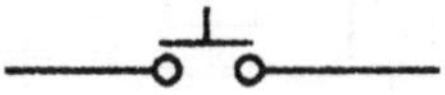	按钮开关(不闭锁)
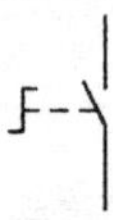	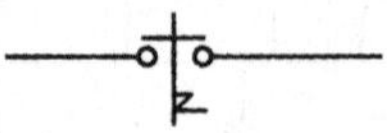	旋钮开关、旋转开关(闭锁)
		位置开关,动合(常开)触点
		位置开关,动断(常闭)触点

续表 4

新符号	旧符号	说　明
θ		热敏开关,动合(常开)触点 θ可用动作温度代替
		热敏自动开关的动断(常闭)触点 注意区别此触点和下图所示热继电器的触点
		具有热元件的气体放电管 荧光灯启动器
	或 或	动断(常闭)触点
或	或 或	动合(常开)触点
	或	先断后合的转换触点
或	或	当操作器件被吸合时延时闭合的动合(常开)触点
	或	中间断开的双向触点
或		当操作器件被释放时延时断开的动合(常开)触点
或		当操作器件被吸合时延时断开的动断(常闭)触点

续表 5

新符号	旧符号	说 明
或		当操作器件被释放时延时闭合的动断(常闭)触点
或	或	开关一般符号
E		带动断(常闭)和动合(常开)触点的按钮
		接触器(在非动作位置触点断开)
		手动开关一般符号
		断开的连接片
或		接通的连接片
		手动操作
		贮存机械能操作
M	D	电动机操作
		脚踏操作
		凸轮操作

续表 6

新符号	旧符号	说 明
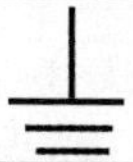	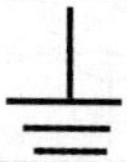	接地一般符号
		抗干扰接地
		保护接地
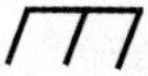 或 	 或 	接机壳或接底板
		闪络、击穿
		导线间对地绝缘击穿
		故障
		导线间绝缘击穿
		理想电流源
		理想电压源
		柔软导线
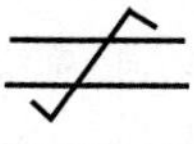	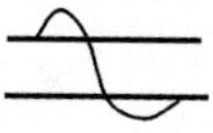	二股绞合导线
 3 3	 3 3	电缆直通接线盒(示出带 3 根导线)单线表示

续表 7

新符号	旧符号	说　明
3 3 3	3 3 3	电缆连接盒,电缆分线盒(出示带 3 根导线 T 形连接)单线表示
		架空线路
		水下线路
6	6	套管线路 (附加信息可标注在管道线路的上方) 六孔管道的线路
		电缆梯架、托盘、线槽线路 注:本符号用电缆桥架轮廓和连线组组合而成
		电缆沟线路 注:本符号用电缆沟轮廓和连线组组合而成
		中性线
		保护线
PE	PE	保护接地线
		保护线和中性线共用线
		具有保护线和中性线的三相配线
		向上配线;向上布线
		向下配线;向下布线

续表 8

新符号	旧符号	说　明
		垂直通过配线；垂直通过布线
		人孔，用于地井
		手孔的一般符号
F T V S F	F T V S F	电话 电报和数据传输 视频通路(电视) 声道(电视或无线路或电广播) 示例：电话线路或电话电路
		地下线路
		滑触线
(1) (2)		接地装置 (1)有接地极 (2)无接地极
		端子
		同轴电缆
或		导线的连接
或	或	导线的多线连接
		电缆终端头
		滑动(滚动)连接器
	=	滑动连接变阻器

续表 9

新符号	旧符号	说　明
		电阻器的一般符号
	或	可变电阻器
U	U	压敏电阻器
		滑线式电阻器
		两个固定抽头的可变电阻器
		两个固定抽头的电阻器
+	+ −	极性电容器
		滑动触点电位器
	或	可变电容器
		电感器、线圈、绕组、扼流圈
		磁心（铁心）有间隙的电感器
		带磁心（铁心）的电感器
		带磁心（铁心）连续可调的电厂器

续表 10

新符号	旧符号	说 明
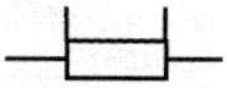		分流器
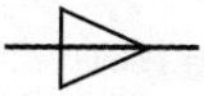		半导体二极管一般符号
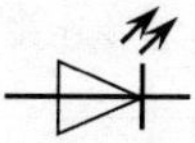		发光二极管
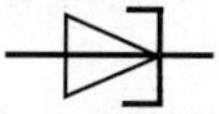	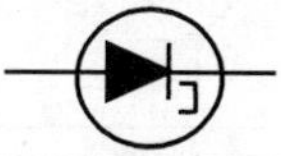	隧道二极管
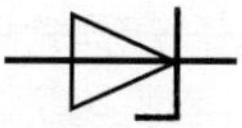		单向击穿二极管(稳压二极管)
		双向击穿二极管(双向稳压二极管)
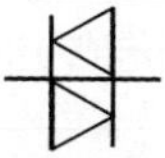	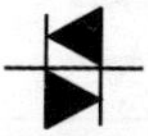	双向二极管、交流开关二极管
		PNP 型半导体管
		NPN 型半导体管
		集电极接管壳的 NPN 型半导体管
		光电二极管
	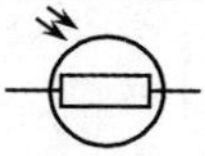	光敏电阻
	 E	光电池
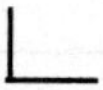		两相绕组

续表 11

新符号	旧符号	说明
3 或 |||	|||	3个独立绕组
		三角形连接的三相绕组
		开口三角形连接的三相绕组
		中性点引出的星形连接的三相绕组
		星形连接的三相绕组
		曲折形或双星形互相连接的三相绕组
		双三角连接的六相绕组
	或	集电环或换向器上的电刷
M	D	直流电动机
G	F	直流发电机
G ~	F ~	交流发电机
M ~	D ~	交流电动机
M	D 或 D	串励直流电动机
M	D	并励直流电动机

续表 12

新符号	旧符号	说 明
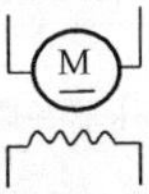 M	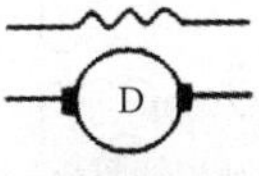 D	他励直流电动机
 M	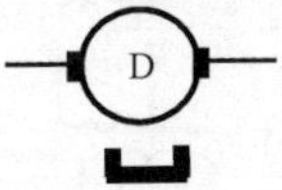 D	永磁直流电动机
 M 1~	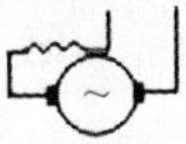 ~	单相交流串励电动机
 MS 1~		单相永磁同步电动机
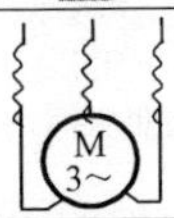 M 3~	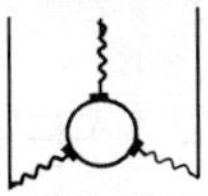	三相交流串励电动机
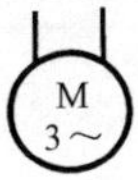 M 3~		单相笼形异步电动机
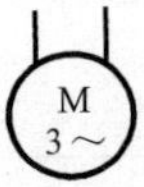 M 3~		三相笼形异步电动机
 M 3~	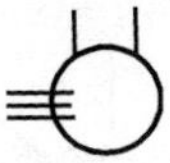	三相绕线转子异步电动机
 TG ~		交流测速发电机
 TG		电磁式直流测速发电机
 TG		永磁式直流测速发电机

续表 13

新符号	旧符号	说　明
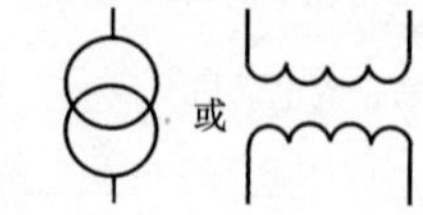 或	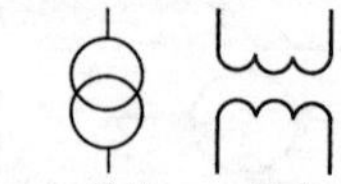 单线　多线	双绕组变压器一般符号
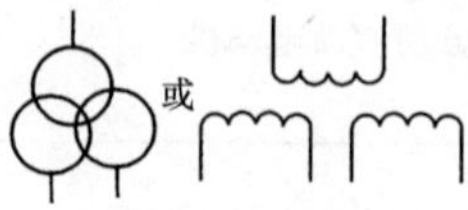 或	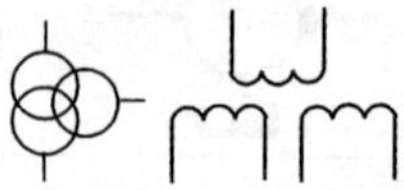 单线　多线	三绕组变压器一般符号
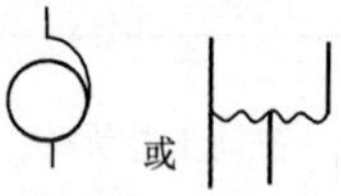 或	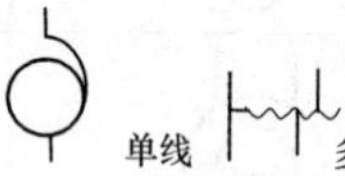 单线　多线	自耦变压器一般符号
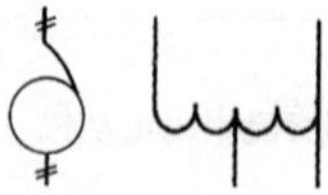 形式一　形式二	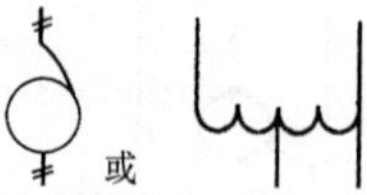 或	单相自耦变压器
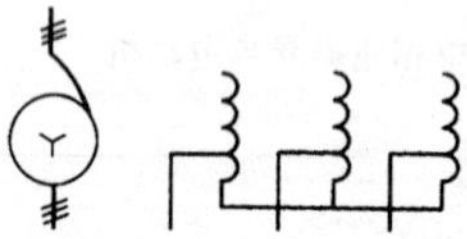 形式一　形式二	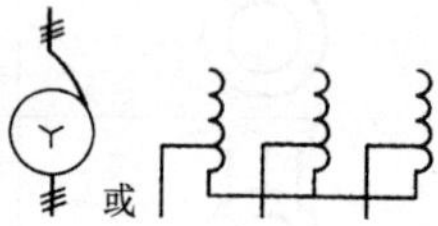 或	三相自耦变压器,星形连接
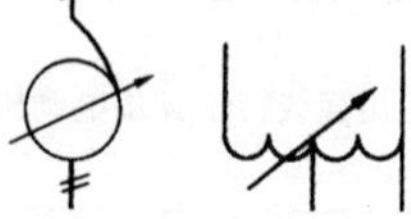 形式一　形式二	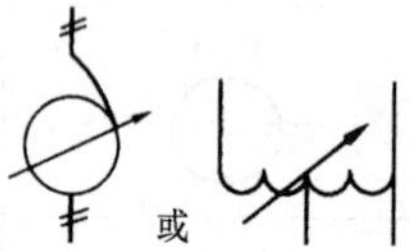 或	可调压的单相自耦变压器
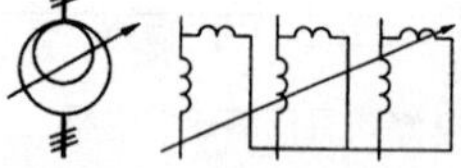 形式一　形式二	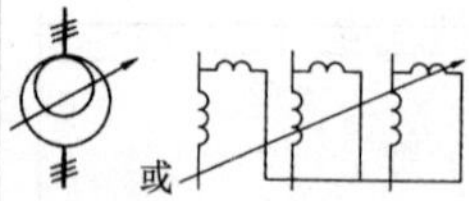 或	三相感应调压器

续表 14

新符号	旧符号	说　明
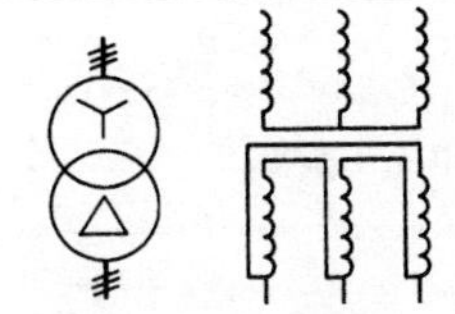 形式一　形式二	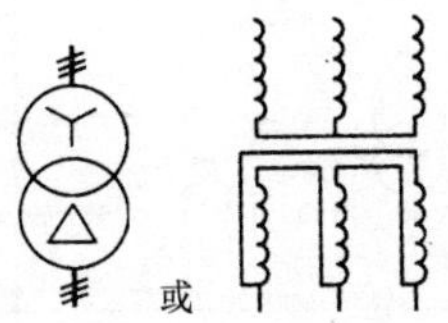 或	星形—三角形连接的三相变压器
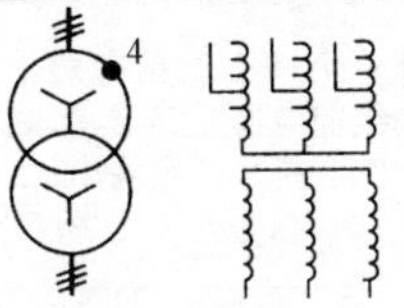 4 形式一　形式二	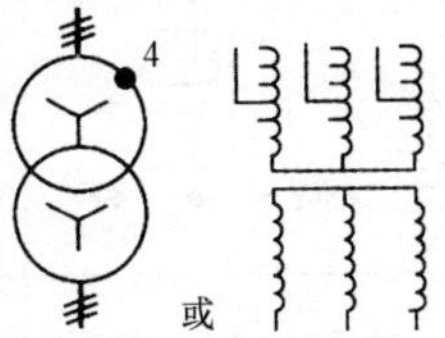 4 或	具有 4 个抽头的星形一星形连接的三相变压器
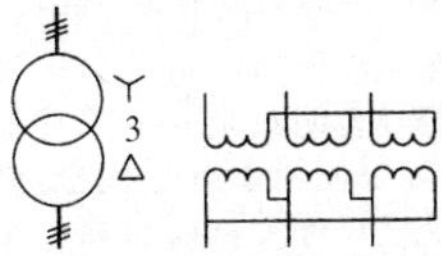 3 形式一　形式二	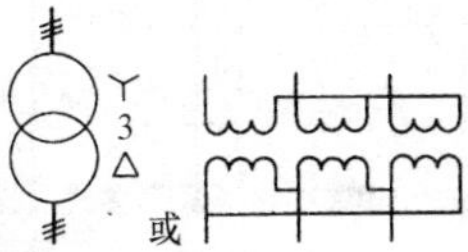 3 或	单相变压器组成的三相变压器,星形一三角形连接
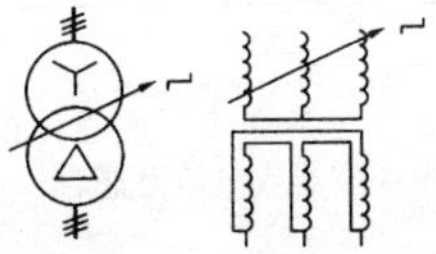 形式一　形式二	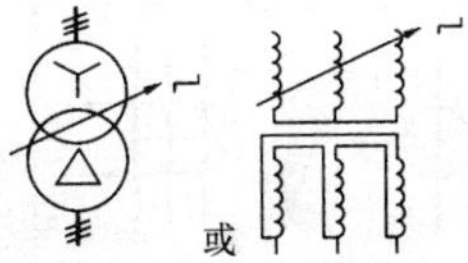 或	具有有载分接开关的三相变压器,星形—三角形连接
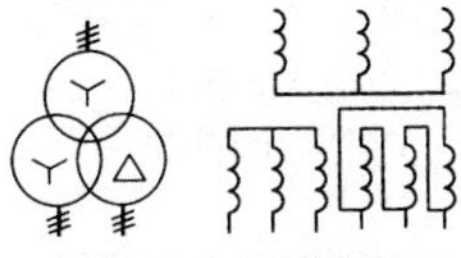 形式一　形式二	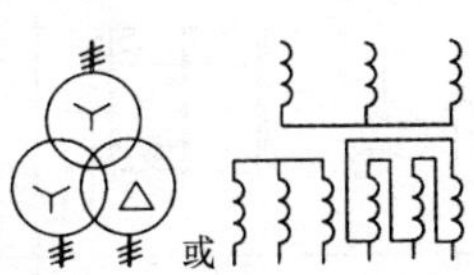 或	三相变压器,星形—三角形连接
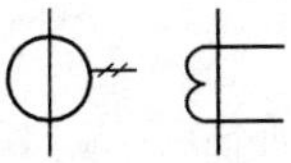 形式一　形式二	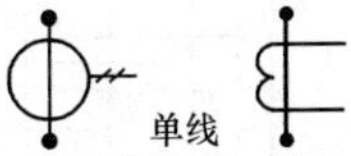 单线　多线	电流互感器、脉冲变压器
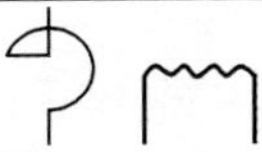 形式一　形式二		电抗器、扼流圈一般符号

续表 15

新符号	旧符号	说 明
形式一 形式二	单线 多线	电压互感器
形式一 形式二	单线 多线	在一个铁心上具有两个次级绕组的电流互感器，形式二中的铁心符号必须画出
形式一 形式二	单线 多线	具有两个铁心，每个铁心有一个次级绕组的电流互感器 在一次回路中每端示出端子符号表明只是一个单独器件，如果使用了端子代号，则端子(O)符号可以省略。形式二中的铁心符号可以略去
3 形式一 形式二	3 或	具有 3 条穿线一次导体的脉冲变压器或电流互感器
3 4 3 L_1 L_2 L_3 形式一 形式二	3 4 3 L_1 L_2 L_3 或	3 个电流互感器 (4 个次级引线引出)
3 4 4 3 L_1 L_2 L_3 形式一 形式二	3 4 4 3 L_1 L_2 L_3 或	具有两个铁心，每个铁心有一个次级绕组的 3 个电流互感器

续表 16

新符号	旧符号	说　明
L_1、L_3 形式一　形式二	L_1、L_3 或	两个电流互感器，导线 L_1 和导线 L_3；3 个次级引线引出
L_1、L_3 形式一　形式二	L_1、L_3 或	具有两个铁心，每个铁心有一个次级绕组的 2 个电流互感器
		直流变流器方框符号
		桥式全波整流器方框符号
		整流器、逆变器方框符号
		整流器方框符号
		逆变器方框符号
		原电池或蓄电池
		蓄电池组或原电池组
$U<$	$U<$	欠压继电器线圈
$I>$	$I>$	过渡继电器线圈
V	V	电压表

续表 17

新符号	旧符号	说明
(W)	(W)	功率表
(A)	(A)	电流表
(A Isinφ)	(A)	无功电流表
(var)		无功功率表
(cosφ)	(cosφ)	功率因数表
(Hz)	(f)	频率表
(n)	(n)	转速表
*		积算仪表，如电能表（星号按照规定予以代替）
Ah	Ah	安培小时计
Wh	Wh	电能表（瓦时计）
		示波器
		直流电焊机
		电阻加热装置
P-Q		减法器
Σ		加法器

续表 18

新符号	旧符号	说　明
		乘法器
		火灾报警装置
		热
		烟
		易爆气体
		手动启动
		电铃
		扬声器
		发声器
		电话机
		照明信号
		手动报警器
		感烟火灾探测器
		感温火灾探测器
		气体火灾探测器

续表 19

新符号	旧符号	说　明
		火警电话机
		报警发声器
		有视听信号的控制和显示设备
		在专用电路上的事故照明灯
		自带电源的事故照明灯装置(应急灯)
		逃生路线,逃生方向
		逃生路线,最终出口
		二氧化碳消防设备辅助符号
		氧化剂消防设备辅助符号
		二卤代烷消防设备辅助符号

二、电气工程平面图常用图形符号

电气工程平面图常用图形符号见表 1-61。

表 1-61　　电气工程平面图常用图形符号

符　号	说　明	符　号	说　明
	单相插座		带保护接点插座及带接地插孔的单相插座
	暗装		暗装
	密闭(防水)		密闭(防水)

续表 1

符　号	说　明	符　号	说　明
	防爆		防爆
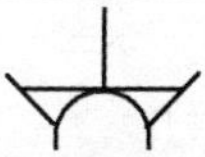	带接地插孔的三相插座	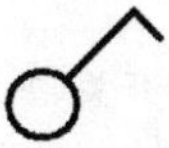	单极开关
	带接地插孔的三相插座暗装		暗装
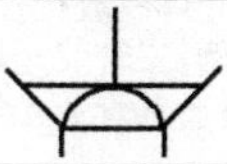	密闭(防水)	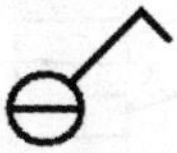	密闭(防水)
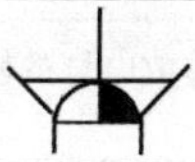	防爆		防爆
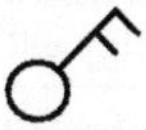	双极开关	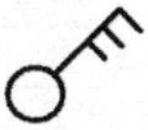	三极开关
	暗装		暗装
	密闭(防水)	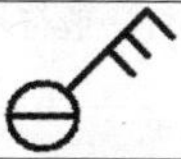	密闭(防水)
	防爆		防爆
	带熔断器的插座		电信插座的一般符号 注:可用文字或符号加以区别,例如: TP——电话 TX——电传 TV——电视 M——传声器 *——扬声器(符号表示) FM——调频
	开关一般符号		
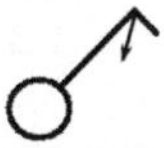	单极拉线开关		
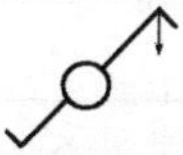	单极双控拉线开关	(a) (b) 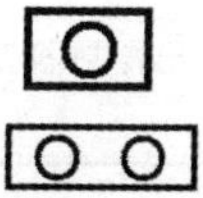	一般或保护型按钮盒 (a)示出一个按钮 (b)示出两个按钮

续表 2

符　号	说　明	符　号	说　明
	单极限时开关		钥匙开关
	多拉开关(如用于不同照度)		定时开关
	中间开关 等效电路图	5	荧光灯一般符号 发光体一般符号 示例:三管荧光灯 示例:五管荧光灯
	调光器		气体放电灯的辅助设备 仅用于辅助设备与光源不在一起时
	一般符号		自带电源的事故照明灯
	投光灯一般符号		在专用电路上的事故照明灯
	聚光灯		分线盒的一般符号 注:可加注$\frac{A-B}{C}D$ A——编号; B——容量; C——线序; D——用户数
	泛光灯		
	示出配线的照明引出线位置		室内分线盒
	在墙上的照明引出线(示出来自左边的配线)		室外分线盒
	鼓形控制器		分线箱

续表 3

符　号	说　明	符　号	说　明
	自动开关箱		壁盒分线箱
	避雷针		刀开关箱
	电源自动切换箱(屏)		带熔断器的刀开关箱
	电阻箱		限时装置 定时器
	深照明灯		组合开关箱
	广照型灯(配照型灯)		熔断器箱
	防水防尘灯		安全灯
	球形灯		壁灯
	局部照明灯		天棚灯
	矿山灯		花灯
	隔爆灯		弯灯

三、电气设备及线路的标注方法

1. 用电设备的标注

电气设计工程图中常用一些文字(包括英文、汉语拼音字母)和数字按照一定的书写格式表示电气设备及线路的规格型号、编号、容量、安装方式、标高及位置等。这些标注方法必须熟练掌握，在读图中有很大用途。电气设备及线路的标注方式及说明见表 1－62。

图 1－62　　电气设备及线路的标注方式及说明

标注方式	说　明
$\frac{a}{b}$ 或 $\frac{a}{b}+\frac{c}{d}$	用电设备 a——设备编号 b——额定功率(kW) c——线路首端熔断或自动开关释放器的电流(A) d——标高(m)
① $a\frac{b}{c}$ 或 $a-b-c$ ② $a\frac{b-c}{d(e\times f)-g}$	电力和照明设备 ①一般标注方法 ②当需要标注引入线的规格时 a——设备编号 b——设备型号 c——设备功率(kW) d——导线型号 e——导线根数 f——导线截面(mm^2) g——导线敷设方式及部位
① $a\frac{b}{c/i}$ 或 $a-b-c/i$ ② $a\frac{b-c/i}{d(e\times f)-g}$	开关及熔断器 电力和照明设备 ①一般标注方法 ②当需要标注引入线的规格时 a——设备编号 b——设备型号 c——额定电流(A) i——整定电流(A) d——导线型号 e——导线根数 f——导线敷设方式 g——导线敷设方式
$a/b-c$	照明变压器 a——一次电压(V) b——二次电压(V) c——额定电流(A)
① $a-b\frac{c\times d\times L}{e}f$	照明灯具 ①一般标注方法 ②灯具吸顶安装

续表 1

标注方式	说明
② $a-b\frac{c\times d\times L}{-}$	a——灯数 b——型号或编号 c——每盏照明灯具的灯泡数 d——灯泡容量(W) e——灯泡安装高度(m) f——安装方式 L——光源种类
① a ② $\frac{a-b}{c}$	照明照度检查点 ①a——水平照度(1x) ②a-b——双侧垂直照度(1x) c——水平照度(1x)
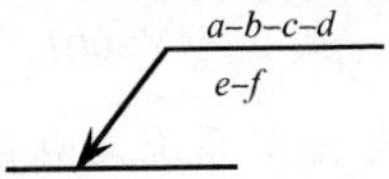 a-b-c-d e-f	电缆与其他设施交叉点 a——保护管根数 b——保护管直径(mm) c——管长(m) d——地面标高(m) e——保护管埋设深度(m) f——交叉点坐标
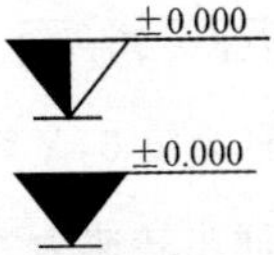 ±0.000 ±0.000	安装或敷设标高(m) ①用于室内平面、剖面图上 ②用于总主平面图上的室外地面
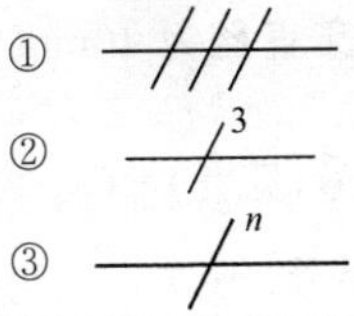 ① ② 3 ③ n	导线根数,当用单线表示一组导线时,若需要示出导线数,可用加小短斜线或画一条短斜线加数字表示。例如: ①表示 3 根 ②表示 3 根 ③表示 n 根
$3\times16\frac{3\times10}{\varphi2\frac{1}{2}''}$	①$3\times16mm^2$ 导线改为 $3\times10mm^2$ ②无穿管敷设改为导线穿管 $\left(\varphi2\frac{1}{2}''\right)$ 敷设
V	电压损失(%)
−220V	直流电压 220V
$m\sim fU$	交流电 m——相数 f——频率(Hz) U——电压(V) 例:示出交流,三相带中性线 N,50Hz,380V

续表 2

标注方式	说　明
L_1（可用 A） L_2（可用 B） L_3（可用 C） U V W	相序 交流系统电源第一相 交流系统电源第二相 交流系统电源第三相 交流系统设备端第一相 交流系统设备端第二相 交流系统设备端第三相
N	中性线
PE	保护线
PEN	保护和中性共用线

2. 电力和照明设备的标注

一般标注方法为 $a\frac{b}{c}$ 或 $a-b-c$，如 $5\ \frac{Y200L-4}{30}$ 或 $5-(Y200L-4)-30$，表示这台电动机在该系统的编号为第 5，型号是 Y 系统笼型电动机，机座中心高 200mm，机座为长机座，4 极，同步转速为 1500r/min，其额定功率为 30kW。需要标注引入线时的标注为 $a\ \frac{b-c}{d(e-f)-g}$，例如 $5\ \frac{(Y200L-4)-30}{BL(3\times35)G40-DA}$，表示这台电动机在系统的编号为第 5，Y 系统笼型电动机，机座中心高 200mm，机座为长机座，4 极，同步转速为 1500r/min，功率为 30kW，3 根 $35mm^2$ 的橡胶绝缘铝芯导线穿直径为 40mm 的水煤气钢管，沿地板埋地敷设引入电源负荷线。

有关电气工程图中表达线路敷设方式标注的文字代号，见表 1－63。

图 1－63　　电气工程图中表达线路敷设方式标注的文字代号

表达内容	英文代号	汉语拼音代号
用薄电线管敷设	TC	DG
用厚电线管敷设	—	—
用水煤气钢管敷设	SC	G
用金属线槽敷设	SR	GC
用轨型护套线敷设	—	—
用塑制线敷设	PR	XC

续表

表达内容	英文代号	汉语拼音代号
用硬质塑管线敷设	PC	VG
用半硬塑管线敷设	FEC	ZVG
用可挠型塑制管敷设	—	—
用电缆桥架(或托盘)敷设	CT	—
用瓷夹敷设	PL	CJ
用塑制夹敷设	PCL	VT
用蛇皮管敷设	CP	—
用瓷瓶式或瓷柱式绝缘子敷设	K	CP

电气工程图中表达线路敷设方式标注的文字代号见表1-64。

表1-64　电气工程图中表达线路敷设部位标注的文字代号

表达内容	英文代号	汉语拼音代号
暗敷在梁内	BC	LA
暗敷在柱内	CLC	ZA
暗敷在墙内	WC	QA
沿钢索敷设	SR	S
沿屋架或层架下弦敷设	BE	LM
沿柱敷设	CLE	ZM
沿墙敷设	WE	QM
沿天棚敷设	CE	PM
在能进入的吊顶内敷设	ACE	PNM
暗敷在屋面内或顶板内	CC	PA
暗敷在地面内或地板内	FC	DA
暗敷在不能进入的吊顶内	AC	PNA

3.配电线路的标注

配电线路的标注一般为$a-b(c\times d+n+h)e-f$，如24－BV(3×70＋1×50)G70－DA，表示这条线路在系统的编号为第24，聚氯乙烯绝缘铜芯导线

$70mm^2$的 3 根、$50mm^2$的一根穿直径为 70mm 的水煤气钢管沿地板埋地敷设。在工程中若采用三相四线制供电，一般均采用上述的标注方式；如为三相三线制供电，则上式中的 n 和 h 则为 0；如为三相五线制供电，若采用专用保护零线，则 n 为 2，若利用钢管作为接零保护的接地公用线，则 n 为 1。

上述例中的回路编号在实际工程中有时不单独采用数字，有时在数字的前面或后面常标有字母(英文或汉语拼音字母)，这个字母是设计者为了区分复杂而多个回路时设置的，在制图标准中没有定义，读图时应按设计者的标注去理解，如 M1 或 1M 或 3M1 等。

4. 用电设备的标注

用电设备的标注一般为 $\frac{a}{b}$ 或 $\frac{a}{b}+\frac{c}{d}$，如 $\frac{15}{75}$ 表示这台电动机在系统中的编号为第 15，电动机的额定功率为 75kW；如 $\frac{15}{75}+\frac{200}{0.8}$ 表示这台电动机的编号为第 15，额定功率为 75kW，自动开关脱扣器电流为 200A，安装标高为 0.8m。

5. 照明灯具的标注

按国标 GB/T4728.11—2000 的规定，一般灯具标注文字的确书写格式为：

$$a-b\frac{c\times d\times l}{e}f$$

其中 a——灯具数量；

b——灯具型号；

c——灯具内灯泡数；

d——单只灯泡功率(W)；

e——灯具安装高度(m)；

f——安装方式；

l——光源种类。

例如 9-YZ40RR $\frac{2\times 40}{2.5}$Ch，表示这个房间或某一区域安装 9 只型号为 YZ40RR 的荧光灯，直管形、日光色，每只灯 2 根 40W 灯管，用链吊安装，安装高度 2.5m(指灯具底部与地面距离)。光源种类 l，设计者可不标出，因为灯具型号已示出光源的种类。f 表达照明灯具安装方式，若吸顶安装，安装方式 f 和安装高度就不再标注，如某房间灯具的标注为 2-JXD6$b\frac{2\times 60}{—}$，表示这个房间安装两只型号为 JXD6 灯具，每只灯具两个 60W 的白炽灯泡，吸顶安装。

光源种类 l 主要指：白炽灯(IN)、荧光灯(FL)、荧光高压汞灯(Hg)、高压钠灯(Na)、碘钨灯(I)、红外线灯(IR)、紫外线灯(UV)等。

有关标注方式中照明灯具安装方式标注的代号及意义见表1-65。

表1-65 照明灯具安装方式标注的代号及意义

表达内容	标注代号	
	新代号	旧代号
线吊式	CP	—
自在器线吊式	CP	X
固定线吊式	CP1	X1
防水线吊式	CP2	X2
吊线器式	CP3	X3
链吊式	Ch	L
管吊式	P	G
吸顶式或直附式	S	D
嵌入式(嵌入不可进入的顶棚)	R	R
顶棚内安装(嵌入可进入的顶棚)	CR	DR
墙壁内安装	WR	BR
台上安装	T	T
支架上安装	SP	J
壁装式	W	B
柱上安装	CL	Z
座装	HM	ZH

5. 开关及熔断器的标注

一般标注方法为 $a\dfrac{b}{c/i}$ 或 $a-b-c/i$ 如 $m_3\ \dfrac{DZ20Y-200}{200/200}$ 或 m_3-(DZ20Y-200)-200/200，表示设备编号为 m_3，开关的型号为DZ20Y-200，即额定电流为200A的低压空气断路器，断路器的整定值为200A。

在需要标注引入线时，其标注方法为 $a\ \dfrac{b-c/i}{d(e\times f)-g}$ 例如

$m_3\frac{\mathrm{DZ20Y-200-200/200}}{\mathrm{BV\times(3\times50)K-BE}}$，表示设备编号为 m_3，开关型号为 DZ20Y－200 的低压空气断路器，整定电流为 200A，引入导线为塑料绝缘铜线，3 根 $50mm^2$，用瓷瓶式绝缘子沿屋架敷设。

6. 电缆的标注方式

电缆的标注方式基本与配电线路标注的方式相同，当电缆与其他设施交叉时的标注方式为 $\frac{a-b-c-d}{e-f}$ 如 $\frac{4-100-8-1.0}{0.8-f}$ 表示 4 根保护管，直径 100mm，管长 8m 于标高 1.0m 处且埋深 0.8m，交叉点坐标 f 一般用文字标注，如与××管道交叉，××管应见管道平面布置图。

四、电气文字符号

1. 电气设备种类的基本分类符号

电气设备种类的基本分类符号见表 1－66。

表 1－66　电气设备种类的基本分类符号

符号	种　类	举　例
A	组件 部件	分离元件放大器、磁放大器、激光器、微波激射器、印制电路板等
B	变换器(从非电量到电量或相反)	送话器、热电池、光电池、测功计、晶体换能器、自整角机、拾音器、扬声器、耳机、磁头等
C	电容器	可变电容器、微调电容器、极性电容器等
D	二进制逻辑单元、延迟器件、存贮器件	数字集成电路和器件、延迟线、双稳态元件、单稳态元件、寄存器
E	杂项、其他元件	光器件、热器件
F	保护器件	熔断器、避雷器等
G	电源、发电机、信号源	电池、电源设备、振荡器、石英晶体振荡器
H	信号器件	光指示器、声指示器
K	继电器、接触器	—
M	电动机	—
N	模拟集成电路	运算放大器、模拟/数字混合器件
P	测量设备、试验设备	指示、记录、积算、信号发生器、时钟
Q	电力电路的开关	断路器、隔离开关

续表

符号	种　类	举　例
R	电阻器	可变电阻器、电位器、变阻器、分流器、热敏电阻等
S	控制电路的开关选择器	控制开关、按钮、限制开关、选择开关、选择器等
T	变流器	电压、电流互感器
U	调制器、变换器	鉴频器、解调器、变频器、编码器等
V	电真空器件、半导体器件	电子管、晶体管、二极管、显像管等
W	传输通道、波导、天线	导线、电缆、波导、偶极天线、拉杆天线等
X	端子、插头、插座	插头和插座、测试塞孔、端子板、焊接端子片、连接片
Y	电气操作的机械装置	制动器、离合器、气阀等
L	电感器、电抗器	感应线圈、线路陷波器、电抗器等

2. 电气设备和元件新旧的文字符号

电气设备和元件的新旧文字符号，见表1－67。

表1－67　　电气设备和元件的新旧文字符号

名　称	新符号	旧符号	名　称	新符号	旧符号
发电机	G	F	避雷器	F	B
直流发电机	GD	ZF	母线	W	M
交流发电机	GA	JF	电压小母线	WV	YM
同步发电机	GS	TF	控制小母线	WCL	KM
异步发电机	GA	YF	合闸小母线	WCL	HM
永磁发电机	GH	YCF	信号小母线	WS	XM
电动机	M	D	事故音响小母线	WFS	SYM
直流电动机	MD	ZD	预告音响小母线	WPS	YBM
交流电动机	MA	JI)	闪光小母线	WF	(＋)SM
同步电动机	MS	TD	直流母线	WB	ZM
异步电动机	MA	YD	电力干线	WPM	LG

续表 1

名　称	新符号	旧符号	名　称	新符号	旧符号
笼型电动机	MC	LD	照明干线	WLM	MG
励磁机	GE	L	电力分支线	WP	LFZ
电枢绕组	WA	SQ	照明分支线	WL	MFZ
定子绕组	WS	DQ	应急照明干线	WEM	YJG
转子绕组	WR	ZQ	应急照明分支线	WE	YJZ
励磁绕组	WC	KQ	插接式母线	WM	CJM
电力变压器	TM	B	继电器	K	J
控制变压器	TC	KB	电流继电器	KA(或 KI)	U
自耦变压器	TA	OB	电压继电器	KV	YJ
整流变压器	TR	ZB	时间继电器	KT	SJ
电炉变压器	11F	LB	差动继电器	KD	CJ
稳压器	TS	WY	功率继电器	KP	GJ
电流互感器	TA	LH	接地继电器	KE	JDJ
电压互感器	TV	YH	瓦斯继电器	KB	WSJ
熔断器	FU	RD	逆流继电器	KR	NLJ
断路器	QF	DL	中间继电器	KA	ZJ
接触器	KM	C	信号继电器	KS	XJ
调节器	A	T	闪光继电器	KFR	DMJ
继电器	K	J	热继电器(热元件)	KH	lu
电阻器	R	R	温度继电器	KTE	WJ
压敏电阻器	RV	YR	重合闸继电器	KPr	CJ
启动电阻器	RS	QR	阻抗继电器	KZ	ZKJ
制动电阻器	RB	ZDR	零序电流继电器	KCZ	NJ
频敏变阻器	RF	PR	电磁铁	YA	DT
电感器	L	L	制动电磁铁	YB	ZDT
电抗器	L	DK	电磁阀	YY	DCF

续表 2

名　称	新符号	旧符号	名　称	新符号	旧符号
启动电抗器	LS	QK	电动阀	YM	DF
电容器	C	C	牵引电磁铁	YT	QYT
整流器	U	ZL	起重电磁铁	YL	QZT
变流器	U	BL	电磁离合器	YC	CLH
逆变器	U	NB	开关	Q	K
变频器	U	BP	隔离开关	QS	G
压力变换器	BP	YB	控制开关	SA	KK
位置变换器	BQ	WZB	选择开关（转换开关）	SA	KZ
温度变换器	BT	WDB	负荷开关	QL	FK
速度变换器	BV	SDB	自动开关	QA	ZB
频率继电器	KF	PJ	刀开关	QK	DK
压力继电器	KP	YLJ	行程开关	ST	CK
控制继电器	KC	KJ	频率表	PF	HZ
限位开关	SQ	XK	功率因数表	PPF	COS
终点开关	SE	ZDK	指示灯	HL	D
微动开关	SS	WK	红色指示灯	HR	HD
接近开关	SP	JK	绿色指示灯	HG	LD
按钮	SB	AN	蓝色指示灯	HB	LAD
合闸按钮	SB	HA	黄色指示灯	HY	UD
停止按钮	SBS	TA	白色指示灯	HW	BD
试验按钮	SBT	YA	照明灯	EL	ZD
合闸线圈	YC	HQ	蓄电池	GB	XDC
跳闸线圈	YT	TQ	光电池	B	GDC
接线柱	X	JX	电子管	VE	G
连接片	XB	LP	二极管	VD	D
插座	XS	CZ	三极管	V	BG

续表 2

名　称	新符号	旧符号	名　称	新符号	旧符号
插头	XP	CT	稳压管	VS	WY
端子板	XT	DB	晶闸管	VT	GZ
测量设备(仪表)	P	—	单结晶管	V	BG
电流表	PA	A	电位器	RP	W
电压表	PV	V	调节器	A	T
有功功率表	PW	W	放大器	A	FD
无功功率表	PR	vat	测速发电机	BR	CSF
送话器	B	S	电能表	PJ	Wh
受话器	B	SH	有功电能表	PJ	Wh
扬声器	B	Y	无功电能表	RJR	varh

3.电气工程常用辅助文字符号

电气工程常用辅助文字符号，见表 1－68。

表 1－68　　电气工程常用辅助文字符号

序　号	文字符号	名　称	序　号	文字符号	名　称
1	A	电流	13	BW	向后
2	A	模拟	14	C	控制
3	AC	交流	15	CW	顺时针
4	A、AUT	自动	16	CCW	逆时针
5	ACC	加速	17	D	延时(延迟)
6	ADD	附加	18	D	差动
7	ADJ	可调	19	D	数字
8	AUX	辅助	20	D	降
9	ASY	异步	21	DC	直流
10	B、BRK	制动	22	DEC	减
11	BK	黑	23	E	接地
12	BL	蓝	24	EM	紧急

续表

序 号	文字符号	名 称	序 号	文字符号	名 称
25	F	快速	49	PU	不接地保护
26	FB	反馈	50	R	记录
27	FW	正,向前	51	R	右
28	GN	绿	52	R	反
29	H	高	53	RD	红
30	IN	输入	54	R、RST	复位
31	INC	增	55	RES	备用
32	IND	感应	56	RUN	运转
33	L	左	57	S	信号
34	L	限制	58	ST	启动
35	L	低	59	S、SET	置位,定位
36	LA	闭锁	60	SAT	饱和
37	M	主	61	STE	步进
38	M	中	62	STP	停止
39	M	中间线	63	SYN	同步
40	M、MAN	手动	64	T	温度
41	N	中性线	65	T	时间
42	OFF	断开	66	TE	无噪声(防干扰)接地
43	ON	闭合	67	V	真空
44	OUT	输出	68	V	速度
45	P	压力	69	V	电压
46	P	保护	70	WH	白
47	PE	保护接地	71	YE	黄
48	PEN	保护接地与中性线共用			

第二章 照明电光源

第一节 照明电光源分类、性能及参数

一、常用电光源的种类及光电参数

1. 常用电光源的种类

照明电光源按其发光原理分为热辐射光源和气体放电光源两大类。利用物体加热时辐射发光原理所制造的光源，称为热辐射光源；利用气体放电(气体原子被电流激发而产生光辐射)时发光原理所制造的光源，称为气体放电光源。

常用电光源分类及应用见表 2-1 所示。

表 2-1 常用电光源种类及应用

类 别	名 称	主要应用场所
热辐射光源	钨丝白炽灯 卤钨灯(卤钨白炽灯)	照度要求较低，开关次数频繁的场所 照度要求较高，悬挂高度在 6m 以上的室内外
气体放电光源	荧光灯(低压汞灯) 高压汞灯 高压钠灯、低压钠灯 氙灯 金属卤化物灯	照度要求较高，开关次数不频繁的户内 悬挂高度 5m 以上的大面积户内外照明 悬挂高度在 6m 以上的道路、广场大面积照明 要正确辨色的工业及广场、车站、码头、大型车间等大面积照明 悬挂高度在 6m 以上的大面积照明

2. 常用电光源的光电参数

常用电光源的光电参数，见表 2-2。

二、电光源选择的基本要求和规定

1. 要求和规定

根据现行国家标准《建筑照明设计标准》GB 50034—2004 的规定，照明电光源选择应符合下列规定和要求。

表 2-2 常用电光源光电参数及比较

类型	名称	额定电压(V)	额定功率范围(W)	光效(1m/W)	色温(K)	平均显色指数 R_a	启动时间	再启动时间	平均寿命(h)	功率因数	附属配件
热辐射光源											
白炽灯	普通照明灯泡	110 220	15～1000	6.5～19	2400～2950	95～99	瞬时	瞬时	1000	1	无
	局部照明灯泡	6 12 36	10～100	9～16	2400～2950						
	反射型普通照明灯泡	220	500	13	2400～2950	95～99	瞬时	瞬时	低于普通灯泡	1	无
卤钨灯	碘钨灯	220	500～2000	19.5～21	2700	95～99	瞬时	瞬时	1500	1	无
	溴钨灯	220	500～2000	20～22	3400						
	低压卤钨灯	6.12	10～75	17.5～20	2000～3500	95～99	瞬时	瞬时	2000	—	变压器
气体放电光源											
汞灯	节能型荧光灯	220	5～16	40～70	2800～5000	80	瞬时	瞬时	2500	—	镇流器、启辉器(快速启动式)
	日光色荧光灯	220	4～100	17.5～60	6500	77	1～4s(快速启动式为瞬时)	一般为瞬时	700～3000	0.33～0.53(快速启动式为0.8～0.9)	
	白色荧光灯				4500	64					
	暖白色荧光灯				3000	59					

续表

类型	名称	额定电压(V)	额定功率范围(W)	光效(1m/W)	色温(K)	平均显色指数 R_a	启动时间	再启动时间	平均寿命(h)	功率因数	附属配件
汞灯	三基色荧光灯	220	—	—	3350	85					
	高显色荧光灯	220	40	50	4900 6250	96					
	照明荧光高压汞灯	220	50～1000	30～50	5500	30～40	4～8min	5～10min	2500～5000	0.44～0.67	镇流器
	反射型荧光高压汞灯	220	400	41	5500	36	4～8min	5～10min	5000	0.61	
			1000	50						0.67	
	自镇流荧光高压汞灯	220	250～750	22～30	4400	32	4～8min	3～6min	3000	0.9	无
钠灯氙	低压钠灯	220	45～140	—	—	—	—	—	—	—	—
	高压钠灯		250,400	90	1900～2100	20～25	4～8min	10～15min	5000	0.46	镇流器
	高显色钠灯		70～700	43～57		70					
氙灯	直管形氙灯	220 380	3000～50000	24～31	5500～6000	94	1～8min	<5min	1000	0.9	触发器
	管形汞氙灯	220	1000	34	—	—	—	—	—	0.42～0.44	镇流器
金属卤化物灯	钠铊铟灯	220	400 1000	70	5000～6500	65～70	4～8min	10～15min	1000	0.62	镇流器 触发器
	镝灯	220 380	400	80	6000	80	4～8min	10～15min	1000～1500	0.630.4	漏磁变压器镇流器

注：①光效中不包括配件消耗的功率；

②低压钠灯数据为示标用的产品参考数据。

(1)选用的照明光源应符合国家现行相关标准的有关规定。

(2)选择光源时,应在满足显色性、启动时间等要求条件下,根据光源、灯具及镇流器等的效率、寿命和价格在进行综合技术经济分析比较后确定。

(3)照明设计时可按下列条件选择光源:

①高度≤4.5m较低房间,如办公室、教室、会议室及仪表、电子等生产车间宜采用细管径直管形荧光灯。

②商店营业厅宜采用细管径直管形荧光灯、紧凑型荧光灯或小功率的金属卤化物灯。

③高度>4.5m较高的工业厂房,应按照生产使用要求,采用金属卤化物灯或高压钠灯,亦可采用大功率细管径荧光灯。

④一般照明场所不宜采用荧光高压汞灯,不应采用自镇流荧光高压汞灯。

⑤一般情况下,室内外照明不应采用普通照明白炽灯;在特殊情况下需采用时,其额定功率不应超过100W。

(4)下列工作场所可采用白炽灯:

①要求瞬时启动和连续调光的场所,使用其他光源技术经济不合理时。

②对防止电磁干扰要求严格,其他措施不能满足要求的场所。

③开关灯非常频繁的场所。

④照度要求不高,且照明时间较短的场所。

⑤对装饰有特殊要求的场所。

(5)应急照明应选用能快速点燃的光源。

(6)应根据识别颜色要求和场所特点,选用相应显色指数的光源。

2.几点说明

(1)关于白炽灯的使用场所,现行国家标准《建筑照明设计标准》GB 50034中已有相关的规定,但均指普通白炽灯,并不包括卤钨白炽灯和一些采用新技术生产的产品,如三螺旋白炽灯、PAR灯等。

(2)现行国家标准《建筑照明设计标准》GB 50034和CIE(国际照明委员会)S008/E中均规定在大多数室内场所照明光源显色性$R_a \geq 80$,而采用卤磷酸钙荧光粉的荧光灯(T12灯管和部分T8灯管)由于其显色性$R_a < 70$,势必将被采用三基色荧光粉的荧光灯(T5灯管和大部分T8灯管)所取代。常用三基色荧光灯的光通量参数,见表2-3。

(3)高度超过4.5m的室内场所,建议采用小功率金卤灯光源。但由于金卤灯调光困难且再启动时间很长,不适合需要调光和频繁操作的场所。此时可选择使用较大功率的单端荧光灯,尽管光源寿命和光效略低于金卤灯,但可以完全满足调光和频繁操作的要求。

表 2-3 **常用三基色荧光灯的光通量参数** (单位:1m)

灯管类别		国内产品			国外进口产品		
		暖	中	冷	暖	中	冷
T8	18W	1250	1250	1200	1350	1350	1300
	30W	2350	2350	2265	2400	2400	2300
	36W	3150	3150	2950	3350	3350	3250
T5	14W	1220	1190	1050	1270	1270	1200
	21W	2100	2025	1800	1970	1970	1880
	28W	2760	2650	2500	2720	2720	2580

三、电光源的主要特性和技术性能

1. 常用照明电光源的主要特性

常用照明电光源的主要特性比较见表 2-4。

表 2-4 **常用照明电光源的主要特性比较**

光源名称	普通照明灯泡	卤钨灯	荧光灯	荧光高压汞灯	管形氙灯	高压钠灯	金属卤化物灯
额定功率范围(W)	15～1000	500～2000	6～200	50～1000	1500～100000	250、400	250～3500
光效(1m/W)①	7～19	19.5～21	27～67	32～53	20～37	90、100	72～80
平均寿命(h)②	1000	1500	1500～5000	3500～6000	500～1000	3000	1000～1500
一般显色指数	95～99	95～99	70～80	30～40	90～94	20～25	65～80
启动稳定时间	瞬时		1～3s	4～8s	1～2s	4～8min	4～10min
再启动时间	瞬时			5～10min	瞬时	10～20min	10～15min

续表1

光源名称	普通照明灯泡	卤钨灯	荧光灯	荧光高压汞灯	管形氙灯	高压钠灯	金属卤化物灯
功率因数 cosφ	1	1	0.32～0.7	0.44～0.67	0.4～0.9	0.44	0.5～0.61
频闪效应	不明显		明显				
表面亮度	大	大	小	较大	大	较大	大
电压变化对光通量的影响	大	大	较大	较大	较大	大	较大
温度变化对光通量的影响	小	小	大	较小	小	较小	较小
耐震性能	较差	差	较好	好	好	较好	好
所需附件	无	无	镇流器、启辉器	镇流器	镇流器③、触发器	镇流器	镇流器、触发器④

注：①光效是发光效率的简称，指一个电光源每消耗1W功率所发出的光通量，单位为lm/W。

②光源的寿命有全寿命、有效寿命和平均寿命之分。全寿命指光源不能再启动和发光时所点燃的时间；有效寿命是指光源的发光效率下降到初始值的70%～80%时总共点燃的时间；平均寿命系指每批抽样试验产品有效寿命的平均值。

③小功率管形氙灯须用镇流器，大功率可不用镇流器。

④1000W钠铊铟灯目前须用触发器启动。

由表2-4中可见，白炽灯泡的发光效率是很低的，荧光灯的发光效率虽比白炽灯高得多，但发光效率仍不够高。高压钠灯的发光效率最高。

按定义：1 lm相当于1/683W辐射功率，亦即1W电功率全部变为光能，可达683 lm。当然能量转换总是存在损耗的。白炽灯转换率最低，仅1%左右；荧光灯也只有3.7%～10%；高压钠灯高些，转换率达13%～15%。因此，工厂照明光源应选用高光效的电光源，并期待开发更高光效的电光源。

2.电光源主要技术性能参数

电光源主要技术性能参数，见表2-5。

3.各种电光源的技术指标

各种电光源的技术指标，见表2-6。

表 2-5　　电光源主要技术性能参数

类别		技术性能
光度	光通量	单位:流明(1m)。光源在单位时间内发出的光量总和称为光源的光通量
	光强	单位:坎德拉(cd)。光源在某一给定方向的单位方体角内发射的光通量称为光源在该方向的发光强度,简称光强 1cd=1 lm/s
	照度	单位:勒克斯(lx)。照度是光源照射在被照物体单位面积上的光通量 1 lx=1 lm/m^2
	亮度	单位:cd/m^2,尼特(nt)是旧的单位名称,现不再采用。光源在某一方向的亮度是光源在该方向上的单位投影面中单位立体角内发射的光通量。 每平方米光强为 1cd 的亮度为 1cd/m^2 太阳的亮度为 2×10^9 cd/m^2 白炽灯的亮度为$(3\sim5)\times10^6$ cd/m^2 普通荧光灯的亮度只有$(6\sim8)\times10^3$ cd/m^2
	光效	单位:流明/瓦(lm/W)。光源所发出的总光通量与该光源所消耗的电功率(瓦)的比值,称为该光源的光效
	平均寿命	单位:小时(h)。指一批灯燃点后当其中有 50%的灯损坏不亮时所燃点的小时数
色度	色温(CT)	当光源所发出的光的颜色与黑体在某一温度下辐射的颜色相同时,黑体对应的温度就称为该光源的色温,用绝对温度 K(kelvin)表示 黑体辐射理论是建立在热辐射基础上的,所以白炽灯一类的热辐射光源的光谱能量分布与黑体的光谱能量分布比较接近,都是连续光谱,用色温的概念完全可以描述这类光源的颜色特性
	相关色温(CCT)	当光源所发出的光的颜色与黑体在某一温度 F 辐射的颜色接近时,黑体对应的温度就称为该光源的相关色温,单位为 K 由于气体放电光源一般为非连续光谱,与黑体辐射的连续光谱不能完全吻合,所以都采用相关色温来近似描述其颜色特性 色温(或相关色温)在 3300K 以下的光源,颜色偏红,给人一种温暖的感觉;色温超过 5300K 时,颜色偏蓝,给人一种清冷的感觉。通常气温较高的地区,人们多采用色温高于 4000K 的光源,而气温较低的地区则多用 4000K 以下的光源
	显色指数(R_a)	太阳光和白炽灯均辐射连续光谱,在可见光的波长(380～760nm)范围内,包含着红、橙、黄、绿、青、蓝、紫等各种色光。物体在太阳光和白炽灯的照射下,显示出颜色,是它的真实颜色,但当物体在非连续光谱的气体放电灯的照射下,颜色就会有不同程度的失真。光源对物体真实颜色的呈现程度称为光源的显色性 为了对光源的显色性进行定量的评价,引入显色指数的概念。以标准光源为准,将其显色指数定为 100,其余光源的显色指数均低于 100。显色指数用 R_a 表示,R_a 值越大,光源的显色性越好

表 2-6 各种电光源的技术指标

光源种类			功率(W)	光效(lm/W)	显色指数 R_a	色温(K)	额定寿命(h)	色温一致性	耐振性能	应用
钨丝灯	普通白炽灯**		15～200	7～14	>90	<3300	≥1000	较好	差	矮柱灯、装饰灯、信号灯
	彩色装饰灯泡*		—	—	—	—	≥1000	—	较差	装饰照明
	管型卤钨灯**		100～2000	12～20	>90	<3300	1000～1500	较好	差	重点照明
	低压卤钨灯*		5～100	12～18	>90	<3300	≥2000	较好	较差	普通照明、定向照明
荧光灯	双端	工频	15～125	40～80	>82	2700～6500	7000～8000	好	较好	标志、安装在墙上及建筑物顶棚的灯具内，内透光照明
		高频	14～80	75～100	>82	2700～6500	8000～10000	好	较好	
	单端		5～40	44～72	>80	2700～6500	≥6000	好	较好	标志、安装在墙上和杆顶的灯具内、轮廓照明
	自镇流		5～60	40～60	>80	2700～6500	≥6000	好	较好	
	无极灯		23～200	70～82	80	2700～6400	60000～100000	较好	较好	场地照明、道路照明隧道照明
	紫外灯*		4～36	—	—	—	≥4000	较好	较好	装饰照明、激发荧光涂料
	冷阴极灯		12～30	40～60	>80	2700～10000	≥20000	较好	较好	桥梁、建筑物轮廓装饰照明，广告灯箱、标牌照明
白光 LED			<5(单颗)	<30	70～80	>6000	≥60000	一般	好	装饰、轮廓照明、紧急出口标志、路灯照明，隧道照明
彩色 LED			<5(单颗)	—	—	—	≥60000	好	好	装饰照明
霓虹灯				—	—	—	≥8000	较好	较好	装饰、轮廓照明

续表

光源种类		功率（W）	光效（lm/W）	显色指数 R_a	色温（K）	额定寿命（h）	色温一致性	耐振性能	应用
镁钠灯*		10～34W/m	—	—	—	≥2000	较好	较好	装饰、轮廓照明
场致发光板 EL		—	—	—	—	2000 左右	较好	好	导向、标志
高压钠灯	高显色	150～400	44～55	85	2500	≥8000	好	好	场地及建筑物泛光照明
	中显色	150～400	70～80	≤60	2170	10000～12000	好	好	场地及建筑物泛光照明
	普通	50～1000	64～120	＜40	1950	12000～18000	好	好	场地及建筑物泛光照明矮柱灯、道路照明、杆顶照明
低压钠灯		18～180	68～155	—	—	≥7000	好	较差	道路照明、隧道照明
金属卤化物灯	钠铊铟涂粉玻璃	250～400	65～75	68	4300	≥10000	一般	好	场地及建筑物泛光照明
	钪钠透明玻壳	175～1000	80～110	65	4000	≥10000	一般	好	场地及建筑物泛光照明
	直管透明玻壳	250～2000	65～90	65	4500	≥10000	一般	好	场地及建筑物泛光照明、小功率重点照明
	陶瓷金卤灯	20～400	90～95	80～85	3000～4200	9000～15000	好	好	场地及建筑物泛光照明、小功率重点照明
	镝灯* 彩色*	125～3500 150～400	55～75	75	5000～7000	1500～5000 ＜5000	一般 一般	好 好	场地及建筑物泛光照明、泛光、装饰照明

续表 2

光源种类		功率（W）	光效（lm/W）	显色指数 R_a	色温（K）	额定寿命（h）	色温一致性	耐振性能	应　用
高压汞灯	透明玻壳	80～400	39～42	<40	>5500	≥7000	好	好	树木和蓝/绿特征的泛光照明建筑物泛光照明
	涂粉玻壳	50～1000	30～55	40～60	3300～5500	4000～12000	较好	好	场地及建筑物泛光照明小功率重点照明
	反射型	50～400	28～46	40～60	3300～5500	≥7000	较好	好	场地照明、矮灯柱、杆顶灯具墙面托架灯具

注：①表中标“＊＊”的光源在夜景照明工程中不应采用。

②标“＊”的光源在夜景照明工程中慎重采用。

③白光 LED 光源显色指数，目前国产产品 R_a 在 70～80，寿命为 30000～50000h。广泛适用于大部分室内场所照明应用，例如家庭、宾馆、商场、办公场所、工业建筑、停车场、通道、走廊等。可完全、便捷的替换各类标准 E27 接口和普通白炽灯。

四、照明电光源的技术参数及规格

1. 白炽灯

白炽灯的品种很多，除普通照明灯泡外，近年来又发展了多种新型白炽灯，见表2－7。

表2－7 几种新型白炽灯品种及用途

品种	结构及特点	用途
柔光白炽灯	泡壳内壁涂一层均匀漫射层，使光线均匀柔和，看不见白炽体，不眩光。如乳白色及磨砂灯泡等	用作卧室照明
彩色灯泡	用各种彩色玻璃壳制造，其种类有彩色透明玻璃，彩色磁料或在玻璃壳内外涂色等，色彩鲜明	用于广场、街道、建筑物、商店、橱窗等场所作装饰照明
反射型普通照明灯泡	泡壳内壁镀反射层，以反射光来照明，用作定向照明，不需专门的反光装置。体积小，质量轻，使用方便	用于灯光广告牌、商店、橱窗、工地等需要光线集中照射的场合
蘑菇形反射型照明灯泡	外形呈蘑菇状，玻璃壳内壁镀反射层，以反射光照明。透光部分可以是透明的，也可以涂白色，后者使光线柔和，不眩光	宜作室内直接照明或局部照明，如台灯、床头灯等
异形白炽灯	外形类似日光灯，管内涂漫射柔光层，光色温暖而柔和	宜作室内高级照明、橱窗照明和展览室照明
充氪白炽灯	采用双螺旋灯丝，充氪气，使热对流损失减小，抑制钨的蒸发。光效高，寿命可延长至3500h	用作一般照明
冷光白炽灯	内有多层介质膜的冷光镜面，能滤掉白炽体辐射的红外线，使红外线减少近75％	用于博物馆、展览馆、橱窗、冷库等场所

（1）双螺旋普通照明灯泡。广泛应用于工农业生产和日常生活中。双螺旋就是把单螺旋灯丝再绕成螺旋状。因工艺较复杂，价格稍高，目前规格较少。表2－8列出其数据。

表 2-8 双螺旋普通照明灯泡数据

<table>
<tr><th rowspan="2">灯泡型号</th><th rowspan="2">电压
(V)</th><th rowspan="2">功率
(W)</th><th rowspan="2">光通量
(lm)</th><th rowspan="2">平均寿命
(h)</th><th colspan="2">主要尺寸(mm)</th><th rowspan="2">灯头型号</th></tr>
<tr><th>最大直径</th><th>全长</th></tr>
<tr><td>PZ220-40
PZ220-60
PZ220-100</td><td>220</td><td>40
60
100</td><td>415
715
1350</td><td>1000</td><td>61</td><td>110</td><td>E27/27
B22d/
25×26</td></tr>
</table>

(2)普通照明灯泡。广泛应用于工业与民用建筑及日常生活的照明。显色性好,但其发光效率低,每瓦仅 7.3～18.6 lm,色温为 2560～3050K,色表不够好。其数据见表 2-9。

表 2-9 普通照明灯泡数据

<table>
<tr><th rowspan="4">灯泡型号</th><th colspan="3">额定值
电压功率光通量</th><th colspan="2">极限值
功率光通量</th><th colspan="5">主要尺寸(mm)</th><th rowspan="4">平均
寿命
(h)</th><th rowspan="4">灯头
型号</th></tr>
<tr><th rowspan="3">(V)</th><th rowspan="3">(W)</th><th rowspan="3">(lm)</th><th rowspan="3">(W)</th><th rowspan="3">(lm)</th><th rowspan="2">最大
直径</th><th colspan="2">螺旋式
灯头</th><th colspan="2">插口式
灯头</th></tr>
<tr></tr>
<tr><th>D</th><th>L</th><th>H</th><th>L</th><th>H</th></tr>
<tr><td>PZ220-15</td><td rowspan="10">220</td><td>15</td><td>110</td><td>16.1</td><td>91</td><td rowspan="4">61</td><td rowspan="4">107
±3</td><td rowspan="4">—</td><td rowspan="4">105.5
±3</td><td rowspan="4">—</td><td rowspan="10">1000</td><td rowspan="5">E27/27-1
或
2C22/25-2</td></tr>
<tr><td>PZ220-25</td><td>25</td><td>220</td><td>26.5</td><td>183</td></tr>
<tr><td>PZ220-40</td><td>40</td><td>350</td><td>42.1</td><td>291</td></tr>
<tr><td>PZ220-60</td><td>60</td><td>630</td><td>62.9</td><td>523</td></tr>
<tr><td>PZ220-100</td><td>100</td><td>1250</td><td>104.5</td><td>1038</td><td>71</td><td>125
±4</td><td>90
±4</td><td>123.5
±4</td><td>88.5
±4</td></tr>
<tr><td>PZ220-150</td><td>150</td><td>2090</td><td>156.5</td><td>1777</td><td rowspan="2">81</td><td rowspan="2">170
±4</td><td rowspan="2">130
±5</td><td rowspan="2">168.5
±5</td><td rowspan="2">128.5
±5</td><td rowspan="3">E27/27-1
E27/35-2
或
2C22/25-2</td></tr>
<tr><td>PZ220-200</td><td>200</td><td>2920</td><td>208.5</td><td>2482</td></tr>
<tr><td>PZ220-300</td><td>300</td><td>4610</td><td>312.5</td><td>3919</td><td>111.5</td><td>235
±6</td><td>180
±6</td><td>—</td><td>—</td></tr>
<tr><td>PZ220-500</td><td>500</td><td>8300</td><td>520.5</td><td>7055</td><td>131.5</td><td>275
±6</td><td>210
±6</td><td>—</td><td>—</td><td rowspan="2">E40/45-1</td></tr>
<tr><td>PZ220-1000</td><td>1000</td><td>18600</td><td>1040.5</td><td>15810</td><td>151.5</td><td>300
±9</td><td>225
±8</td><td>—</td><td>—</td></tr>
</table>

(3)局部照明灯泡。供工业与民用建筑作为局部照明用。其特点是电压低,使用安全。其数据见表 2-10。

(4)反射型普通照明灯泡。采用聚光型玻壳制造,玻壳圆锥部分的内表面蒸镀有一层反射性很好的镜面铝膜,因而灯光集中,适用于灯光广告牌、商店、橱窗、展览馆、工地等需要光线集中照射的场合。其数据见表 2-11。

表 2-10 局部照明灯泡数据

灯泡型号	电压(V)	功率(W)		光通量(lm)		额定光效(lm/W)	主要尺寸(mm)			平均寿命(h)	灯头型号
		额定值	极限值	额定	极限值		直径 *D*	全长 *L*	光中心高度 *H*		
JZ6-10	6	10	10.9	120	106	—				—	—
JZ6-20	6	20	21.3	260	229	—				—	—
JZ12-15	12	15	16.1	180	156	12				—	—
JZ12-25	12	25	26.5	325	286	13				—	—
JZ12-40	12	40	42.1	550	484	13.75				—	—
JZ12-60	12	60	62.9	850	748	14.17				—	—
JZ12-100	12	100	104.5	1600	1320	16	61	110	77±3	—	—
JZ36-15	36	15	16.1	135	119	9				—	—
JZ36-25	36	25	26.5	250	220	10				—	—
JZ36-40	36	40	42.5	500	440	12.5				1000	E27/27 或 B22d/25×26
JZ36-60	36	60	62.9	800	704	13.33				—	—
JZ36-100	36	100	104.5	1550	1364	15.5				—	—

表 2-11 反射型普通照明灯泡数据

灯泡型号	电压(V)	功率(W)	光通量(lm)	中心光强(cd)	主要尺寸(mm)		平均寿命(h)	灯头型号
					最大直径 *D*	全长 *L*		
PZF220-15	220	15	—	—	50	84	000	B22d/25×26
PZF220-25		25	—	—	64	102		B22d/25×26
PZF220-100		100	925	180(2×60°)	81	120		E27/35×30
PZF220-300		300	3 410	780(2×30°)	127	175		E27/35×30
PZF220-500		500	6140	420(2×10°)	154	236		E40/45

(5)特殊供电电压普通照明灯泡。供矿山地区 110 V 和 127 V 电路上照明用,外形尺寸和普通照明灯泡相同,功率规格一致。其数据见表 2-12。

表 2-12　　特殊供电普通照明灯泡数据

灯泡型号	电压(V)	额定值		极限值		平均寿命(h)
		功率(W)	光通量(lm)	功率(W)	光通量(lm)	
PZ110-15	110	15	125	16.1	104	1000
PZ110-25		25	225	26.5	187	
PZ110-40		40	445	42.1	369	
PZ110-60		60	770	62.9	847	
PZ110-100		100	1420	104.5	1179	
PZ127-15	127	15	120	16.1	96	
PZ127-25		25	225	26.5	183	
PZ127-40		40	425	42.1	353	
PZ127-60		60	750	62.9	623	
PZ127-100		100	1380	104.5	1145	
KZ127-40		40	368	42.1	306	
KZ127-60		60	654	62.9	542	
KZ127-100		100	1275	104.5	1060	

(6)彩色灯泡。采用各色透明玻璃、瓷料,内涂色玻壳制成,应用于建筑物、商店橱窗、展览馆、喷泉瀑布等场所装饰照明。其数据见表 2-13。

表 2-13　　彩色灯泡数据

灯泡型号	电压(V)	功率(W)	平均寿命(h)	主要尺寸(mm)		灯头型号
				最大直径 D	全长 L	
CS220-15	220	15	1000	61	107	E27/27 B22d/25×26
CS220-25		25				
CS220-40		40				
CS220-100		100		81	120	E27/35×30
CS220-500		500		127	205	E27/65×45

(7)蘑菇形普通照明灯泡。灯泡用全磨砂或乳白色的玻壳制造,主要用于日常生活照明,也可作装饰照明用。其数据见表 2-14。

(8)装饰灯泡。采用各种彩色玻壳制成,其种类有磨砂、彩色透明、彩色瓷料及内涂式等,颜色可分为红、黄、蓝、绿、白、紫等,色彩均匀鲜艳,可在建筑物、商店、橱窗等处,作为装饰照明用。其数据见表 2-15。

(9)反射型聚光摄影灯泡。具有亮度高、光线集中、使用方便等优点,用于电影、电视、舞台照明,也用于摄影照明。其数据见表 2-16。

表 2-14　蘑菇形普通照明灯泡数据

灯泡型号	电压(V)	功率(W)	光通量(lm)	平均寿命(h)	主要尺寸(mm)		灯头型号
					最大直径 D	全长 L	
PZM220-15	220	15	107	1000	56	95	E27/27 B22d/25×26
PZM220-25		25	213	1000	56	95	
PZM220-40		40	326	1000	56	95	
PZM220-60		60	630	1300	61	107	

表 2-15　装饰灯泡数据

灯泡型号	电压(V)	功率(W)	最大功率(W)	主要尺寸(mm)		平均寿命(h)	灯头型号
				最大直径 D	全长 L		
ZS-220-15	220	15	16.1	61	107±3	1000	E27/27 或 B22d/25×26
ZS-220-25		25	26.5				
ZS-220-40		40	42.1				
ZS-220-60		60	62.9				
ZS-220-1001		100	104.5				
ZS-220-10A		10	11.5	41	66	1500	
ZS-220-10B		10	11.5	37	100		
ZS-220-15A		15	16.5	41	66		
ZS-220-15B		15	16.5	37	100		
ZS-220-15C		15	16.5	61	110		
ZS-220-25B		25	26.5	37	100		
ZS-220-25C		25	26.5	61	110		

表 2-16　反射型聚光摄影灯泡数据

灯泡型号	电压(V)	功率(W)	光通量(lm)	光强(cd)	色温(K)	平均寿命(h)	主要尺寸(mm)			灯头型号
							直径 D	全长 L	光中心 H	
JGF220-500	220	500	7120	1200	2900	100	81	118	78	E27/27
JGF220-1000	220	1000	17000	4000	2900	100	127	190	125	E40/45
SYF220-2000	220	2000	35200	9200	2900	50	152	215	140	E40/45
SYF220-3000	220	3000	52800	14100	2900	50	152	282	165	E40/75×54
SYF110-2000	110	2000	37900	10200	3000	50	152	215	140	E40/45
SYF110-3000	110	3000	57800	18300	3000	50	152	282	165	E40/75×54

(10)水下灯泡。用各种彩色玻壳制成的灯泡，可作为水下照明或灯光诱鱼的光源，还可安装于喷泉、瀑布等处作为装饰用。其数据见表 2－17。

表 2－17　水下灯泡数据

灯泡型号	电压(V)	功率(W)	光通量(lm)	平均寿命(h)	主要尺寸(mm)			灯头型号
					直径 D	全长 L	颈部直径 d	
SX110－1000	110	1000	19000	600	131.5	265	50	E40/45
SX110－1500		1500	30000	400				
SX220－1000	220	1000	18600	600				
SX220－1500		1500	26100	400				

注：①使用时，灯头部分必须套有专用的橡皮套管，以防止水直接与灯头接触。

②灯泡浸入水中所需的深度后才能接通电源，而在出水前先将电源关闭。

(11)硬质玻璃卤钨灯泡。采用特殊耐高温玻壳制成，具有体积小、发光效率高(由于卤钨的循环作用可使灯泡的光通量始终不变)、价格低廉等优点，用于电影摄制、电视播送、舞台照明、船舶探照等方面，在彩色照相、摄影方面也广泛使用。其数据见表 2－18。

表 2－18　硬质玻璃卤钨灯泡数据

灯泡型号	电压(V)	功率(W)	光通量(lm)	色温(K)	平均寿命(h)	主要尺寸(mm)			
						最大直径 D	全长 L	光中心 H	灯脚距 S
LJY220－500	220	500	9800	3000	100	41	145	80	15
LJY220－1000	220	1000	22500	3200		52	150	82	15
LJY220－2000	220	2000	47000	3200		67	202	106	15
LJY220－3000	220	3000	70500	3200		97	270	145	25
LJY220－5000	220	5000	122500	3200		102	275	145	25
LJY110－1000	110	1000	23000	3200		52	150	82	15
LJY110－2000	110	2000	48000	3200		67	202	106	15
LJY110－3000	110	3000	72000	3200		97	270	145	25
LJY110－5000	110	5000	125000	3200		102	275	145	25

注：也可采用 E40 灯头。

(12)聚光灯泡。适用于舞台照明、电影摄影及工地、大型厂房、公共场所、探照设备等处作强光照明，其中反射型聚光灯泡是玻壳内部镀有反射层的强光灯泡，可发出高强度的光辐射。其数据见表2－19。

表2－19 聚光灯泡数据

灯泡型号	额定值			极限值		主要尺寸(mm)			平均寿命(h)	灯头型号
	电压(V)	功率(W)	光强(cd)	功率(W)	光强(cd)	最大直径 D	全长 L	光中心高度 H		
JG110－300	110	300	5050	330	4050	81	127	80±3	400	E27/27
JG110－500	110	500	9000	550	7200	127	180	115±5	400	E40/45
JG110－1000	110	1000	20000	1100	16000	127	205	125±5	400	E40/45
JG220－300	220	300	4850	330	3880	81	125	80±3	400	E27/27
JG220－500	220	500	8700	550	6950	127	180	115±5	400	E40/45
JG220－1000	220	1000	19500	1100	15600	127	205	125±5	400	E40/45
JGF110－300	110	300	870	330	700	81	125	80±3	200	E27/27
JGF110－500	110	500	1540	550	1230	127	180	115±5	200	E40/45
JGF110－1000	110	1000	4150	1100	3320	127	205	125±5	200	E40/45
JGF220－300	220	300	850	330	680	81	125	80±3	200	E27/27
JGF220－500	220	500	1500	550	1200	127	180	115±5	200	E40/45
JGF220－1000	220	1000	4000	1100	3200	127	205	125±5	200	E40/45

(13)红外线灯泡。适用于直流或交流电路，作烘干、医疗、家畜饲养及灯光孵化等用。玻壳内壁有反射涂层，能将辐射出来的红外线集中向一个方向辐射，受热均匀，具有卫生、寿命长、成本低、使用方便等优点。其数据见表2－20。

表2－20 红外线灯泡数据

灯泡型号	电压(V)	功率(W)		光效(lm/W)		色温(不大于)(K)	辐射效率(%)	主要尺寸(mm)		平均寿命(h)	灯头型号
		额定值	极限值	额定值	极限值			直径 D	全长 L		
HW110－250	110	250	266	6.8	5.5	2350	65	127	190±7	2000	E27/35×30
HW110－400	110	400	425				65	127	190±7		
HW220－125	220	125	133.5				60	81	129±4		
HW220－250	220	250	266				65	127	190±7		
HW220－500	220	500	531				65	127	190±7		

2. 卤钨灯

卤钨循环白炽灯(简称卤钨灯)是在白炽灯的基础上改进的产品。它与白炽灯比较有以下特点:体积小、光通稳定、光衰很小、光色好、光效高(为10～30lm/W)、寿命长。但对电压波动比较敏感、耐震性也较差。

根据灯内充入的卤素不同,可分为碘钨灯和溴钨灯。溴钨灯的光效比碘钨灯高4%～5%,色温也有所提高。碘钨灯和溴钨灯的结构、尺寸完全相同,因此,各生产厂对两灯的出厂数据均不区别。

照明管形卤钨灯适用于体育场、广场、会场建筑物、舞台、工厂车间、机场的照明,也可用于火车、轮船、摄影、照相制版、烘干等场合。其数据见表2-21。

表2-21　照明管形卤钨灯数据

<table>
<tr><th rowspan="2">灯泡型号</th><th colspan="5">光电参数</th><th colspan="2">外形尺寸(mm)</th><th rowspan="2">灯头型号</th></tr>
<tr><th>电压(V)</th><th>功率(W)</th><th>光通量(lm)</th><th>色温(K)</th><th>寿命(h)</th><th>长度 L</th><th>直径 D</th></tr>
<tr><td>LZG36-70</td><td rowspan="4">36</td><td>70</td><td>1000</td><td rowspan="13">2800±50</td><td rowspan="2">1500</td><td>90±2</td><td rowspan="2">9.5～10.5</td><td rowspan="5">Fa4</td></tr>
<tr><td>LZG36-150</td><td>150</td><td>2400</td><td>96±2</td></tr>
<tr><td>LZG36-300</td><td>300</td><td>6000</td><td>600</td><td>64±2</td><td>13</td></tr>
<tr><td>LZG36-500</td><td>500</td><td>7000</td><td>2500</td><td>182±2</td><td>10.5～11.5</td></tr>
<tr><td>LZG55-100</td><td>55</td><td>100</td><td>1500</td><td>1000</td><td>80±2</td><td>10</td></tr>
<tr><td>LZG110-500</td><td>110</td><td>500</td><td>10250</td><td>1500</td><td>123±2</td><td rowspan="4">12</td><td>RTs</td></tr>
<tr><td>LZG220-500</td><td rowspan="7">220</td><td>500</td><td>9020</td><td>1000</td><td>≤177</td><td rowspan="7">Fa4 或 RTs</td></tr>
<tr><td>LZG220-1000</td><td>1000</td><td>21000</td><td rowspan="6">1500</td><td>210±2</td></tr>
<tr><td>LZG220-1000J₁</td><td>1000</td><td>21000</td><td>≤2.32</td></tr>
<tr><td>LZG220-1500</td><td>1500</td><td rowspan="2">31500</td><td>293±2</td><td rowspan="4">13.5</td></tr>
<tr><td>LZG220-1500J₁</td><td>1500</td><td>≤310</td></tr>
<tr><td>LZG220-2000</td><td>2000</td><td rowspan="2">42000</td><td>293±2</td></tr>
<tr><td>LZG220-2000J₁</td><td>2000</td><td>≤310</td></tr>
</table>

3.荧光灯

荧光灯是预热式阴极低压汞弧光放电灯，与普通白炽灯泡比，它具有光效高（约为普通白炽灯的 4 倍）、寿命长、色表好和显色性好的优点。

（1）荧光灯用镇流器、启辉器和电容器。见表 2－22～表 2－25。

表 2－22 电感式镇流器数据

镇流器型号	功率（W）	电压（V）	工作状态		启动状态		最大功率损耗（W）	外形尺寸（mm）			质量（kg）
			电压（V）	电流（mA）	电压（V）	电流（mA）		长	宽	高	
YZ1－220/6	6	220	202	140～20	215	180±20	≤4.5	64	48	30	0.24
YZ1－220/8	8		200	160～20		200±20					
YZ1－220/15	15		202	330～30		400±30	≤8	120	60	42	0.87
YZ1－220/20	20		196	350～30		460±30					
YZ1－220/30	30（细管）		163	320～20		530±30					
YZ1－220/30	30		180	360～30		560±30	≤9				
YZ1－220/40	40		165	410～30		650±30					

表 2—23 电子式镇流器

名　称	额定功率（W）	额定电压（V）	额定电流（A）	功率因数	外形尺寸（mm）
普通型 增强型 标准型	20 30 40	220	0.09 0.14 0.19	0.95	164×44×36
增强型	2×20 2×30 2×40		0.19 0.29 0.38		248×44×36
标准型	2×20 2×30 2×40		0.19 0.26 0.38		248×44×36
高效型	40		0.18	0.99	164×44×36
	2×20 2×30 2×40		0.18 0.28 0.37		248×44×36

表 2-24　荧光灯用启辉器数据

启辉器型号	额定电压(V)	欠压启动		启辉电压(V)	平均寿命(次)
		电压(V)	时间(s)		
YQI-220/4～8	220	200	<5	≥75	5000
YQI-220/15～40	220	200	<4	≥130	5000
YQI-220/30～40	220	200	<4	≥130	5000
YQI-220/100	220	200	<5	130	5000
YQI-110-127/15～20	110～127	125	<5	75	3000
FS-2	110	105	<4	75	3000
FS-4	220	190	<4	130	5000
110～130V 25～80W	110～130	—	—	—	—
200～250V 4～80W	200～250	190	<4	≥130	5000

表 2-25　CZD 型荧光灯用电容器数据

型号	额定电压(V)	标称容量(μF)	配用灯管功率(W)	外形尺寸(mm)			最大质量(g)
				长	宽	高	
CZD	110/220	2.5	20	46	22	55	165
		3.75	30	48	28	65	240
		4.75	40			80	300

(2)直管形荧光灯。适用于工厂、学校、机关、商店及家庭作室内照明用。其内壁涂以不同的荧光粉，根据需要可做成不同的光色，发出白光、冷白光、暖白光及各种彩色的光线。其数据见表 2-26。

(3)大功率直管形荧光灯。适用于工厂、机关、阅览室、礼堂、商店等较大面积场所的室内照明，也可作为仪器光源。其数据见表 2-27。荧光灯管光色与型号对照见表 2-28。

(4)U 形及环形荧光灯。它除有一般荧光灯的优点外，还有照度集中、照明均匀及造型优美等优点，可以用作装饰展览会、机车车厢及仪器照明等光源。其数据分别见表 2-29 和表 2-30。

(5)三基色荧光灯。适用于电视录像的演播室、电化教育中心、宾馆、售货厅、展览厅、商场、文物馆等高级照明场所，也可作工矿企业的一般照明用。其数据见表 2-31。

表 2-26 **典型直管形荧光灯数据**

灯管型号	功率(W)		光通量(lm)		工作电压(V)			电流(A)		主要尺寸(mm)				灯头型号	平均寿命(h)	光衰退(与燃点100h实测值之比)	
	额定值	最大值	额定值	最小值	额定值	最大值	最小值	工作	预热	L最大值	L_1最大值	L_1最小值	D最大值			200h	70%寿命
YZ8RR	8	8.5	250	225	60	66	54	0.15	0.20	302.4	288.1	285.1	16.0	G5	1500	—	30%
YZ8RL			280	250													
YZ8RN			285	255													
YZ15RR	15	16.25	450	405	51	58	44	0.33	0.50	451.6	437.4	434.4	40.5	G13	3000	25%	—
YZ15RL			490	440													
YZ15RN			510	460													
YZ20RR	20	21.5	775	700	57	64	50	0.37	0.55	604.0	589.8	586.8	40.5	G13	3000	25%	—
YZ20RL			835	750													
YZ20RN			880	790													
YZ30RR	30	32	1295	1165	81	91	71	0.405	0.62	908.8	894.6	891.6	40.5	G13	5000	20%	30%
YZ30RL			1415	1275													
YZ30RN			1465	1320													

续表

灯管型号	功率(W)		光通量(lm)		工作电压(V)			电流(A)		主要尺寸(mm)				灯头型号	平均寿命(h)	光衰退(与燃点100h实测值之比)	
	额定值	最大值	额定值	最小值	额定值	最大值	最小值	工作	预热	L最大值	L_1 最大值	L_1 最小值	D最大值			200h	70%寿命
YZ40RR			2000	1800													
YZ40RL	40	42.5	2200	1980	103	113	93	0.45	0.65	1213.6	1199.4	1196.4	40.5	G13	5000	20%	30%
YZ40RN			2285	2055													
YZ20RN①	20		1000		59			0.36	—	604	589.8		32		3000		
YZ40RR①	40	—	2500	—	107		—	0.43	—	1213.6	1199.4	—	32		5000	—	—
YZK40RR②	40		2200		103			0.43	—	1213.6	1199.4		38		5000		

注:①型号中RR发光颜色为日光色(色温为6500K);RL发光颜色为冷白色(色温为4500K);RN发光颜色为暖白色(色温为2900K)。

②灯管在使用时必须配备相应的启辉器和镇流器。

③表中所列功率的数值为灯管本身的耗电量,不包括镇流器的耗电量。

④预热式快速启动荧光灯管,在使用时应配备相应的快速启动镇流器。

⑤配用镇流器的荧光灯照明线路中功率因数比较低,为提高功率因数,可在电路中并联一个电容器。

a. 为细管颈荧光灯管。

b. 为预热式快速启动荧光灯管。

表 2-27 典型大功率直管荧光灯数据

灯管型号	电源电压(V)	灯管电压(V)	工作电流(A)	功率(W)		光通量(lm)			启动方式	外形尺寸(mm)				灯头型号	平均寿命(h)
				额定值	最大值	额定值	最小值	寿终光衰退(%)		L_1 最大值	L_1 最小值	L 最大值	D 最大值		
YZ85RE	220	120±10	0.80	85	90	5200	4900	30	不用启辉器	1763.8	1760	1778	40.5	G13	2000
YZ85RR	220	120±10	0.80	85	90	4250	4000	30	不用启辉器	1763.8	1760	1778	40.5	G13	2000
YZ125RL	220	149±15	0.94	125	132	7380	7000	30	不用启辉器	2374.9	2371	2389.1	40.5	G13	2000
YZ125RL	220	149±15	0.94	125	132	7380	7000	30	不用启辉器	2374.9	2371	2389.1	40.5	G13	2000
YZ125RR	220	149±15	0.94	125	132	6250	5900	30	不用启辉器	2374.9	2371	2389.1	40.5	G13	2000
YZ65RR	220	110±10	0.67	65	68.75	—	—	—	—	1500	1497.0	1514.2	40.5	G13	—
YZ65RR①	220	120	0.67	65	—	3500	—	—	—	1500	—	1514.2	38	—	3000
YZ80RR	220	90±10	0.87	80	84.5	—	—	—	—	1500	1497.0	1514.2	40.5	G13	—
YZ85RR①	220	120	0.80	85	—	4500	—	—	—	1763.8	—	1778	38	—	3000
YZ100RR②	220	92	1.50	100	—	4400	—	—	—	1199.4	—	1213.6	38	—	2000
YZ100RL②	220	92	1.50	100	—	4800	—	—	—	1199.4	—	1213.6	38	—	2000
YZ125RR①	220	149	0.94	125	—	5500	—	—	—	2374.9	—	2389.1	38	—	3000

注：①型号中 RR 发光颜色为日光色(色温为 6500K)；RL 发光颜色为冷白光(色温 4500K)。

②寿终光衰退是指经 2000h 或 3000 h 燃点后的测试值。

③灯管在使用时必须配备相应的启辉器和镇流器。

a. 为瞬时启动式(不用启辉器启动)荧光灯管。

b. 为预热式荧光灯管。

表 2-28　荧光灯管光色与型号对照表

光色	日光 6500K	冷白光 4500K	暖白光 2900K	绿	红	蓝	橙红	黄
型号	RR-40	RL-40	RN-40	RC-40	RH-40	RP-40	RS-40	RW-40

表 2-29　典型 U 形荧光灯管数据

灯管型号	额定功率(W)	工作电压(V)			电流(A)		光通量(lm)		外形尺寸(mm)				平均寿命(h)	灯头型号
		额定值	最大值	最小值	工作	预热	额定值	极限值	L	L_1	d	ϕ		
YU15RR	15	50	56	44	0.3	0.44	405	365	170±5	163±5	≤130	25±1.5	1000	G13
YU30RR	30	108	118	98	0.36	0.56	1165	1049	415±5	408±5	≤130	25±1.5	1000	G13
YU40RR	40	103	—	—	0.43	3.65	2300	—	626	611	—	38	2000	—

表 2-30　环形荧光灯管数据

灯管型号	额定功率(W)	工作电压(V)			电流(A)		光通量(lm)		外形尺寸(mm)			平均寿命(h)	灯头型号
		额定值	最大值	最小值	工作	预热	额定值	极限值	D	D_1	ϕ		
YH20RR	20	57	—	—	0.37	0.55	800	—	207	145	32	2000	—
YH30RR	30	81	—	—	0.41	0.62	1400	—	308	244	32		
YH40RR	40	103	—	—	0.43	0.65	2300	—	397	333	32		

表 2-31　三基色荧光灯数据

灯管型号	额定功率(W)	外形尺寸(mm)			额定参数				平均寿命(h)	显色指数
		L	L_1	D	启动电流(A)	工作电流(A)	灯管电压(V)	光通量(lm)		
YZS15RN	15	451.6	437.4	40.5		0.33	51	720	5000	80
YZS20RN	20	604	589.8	40.5		0.37	57	1240	5000	
YZS30RN	30	908.8	894.6	40.5		0.405	81	2070	5000	
YZS40RN	40	1213.6	1199.4	40.5		0.45	103	3200	5000	
YZS85RN	85	1778	1763.8	40.5		0.8	120	6800	3000	
YZS125RN	125	2389.1	2374.9	40.5		0.94	149	10000	3000	
3200K	40	1213.6	1199.4	38	0.65	0.43	103	3000	5000	
5000K	40	1213.6	1199.4	38	0.65	0.43	103	2800	5000	

注：①灯管外形尺寸图及线路图与直管形荧光灯相同。

②亮度比相同功率的直管形荧光灯高 20%。

③显色性好，逼真，显示物体比本来物体的色力强。

④用电量为卤钨灯的 1/3～1/6。

⑤短波紫外线输出少，对高级文物的展览与保存有利。

(6)单端自镇流荧光灯。俗称节能荧光灯,供一般照明用。控制启动、稳定燃点部件和发光管为一体,其结构是不可拆卸的。按不同产品,其放电管数量可分为双管、四管、多管和螺旋形等。其电参数和启动性能见表 2-32。

表 2-32　　单端自镇流荧光灯的电参数和启动性能

额定功率(W)	额定电压(V)	额定频率(Hz)	启动电压(V)	启动时间(s)		稳定时间(min)	上升时间(min)
				电感式	电子式		
7、9、11、12、13、15、20、28、30、38	220	50	≤198	≤10	≤4	≤40	≤3

(7)冷阴极自镇流荧光灯管。不需外加镇流器等附属装置,可直接用于市电,使用方便,耗电少,适用于家庭或亮度要求不高的地方照明。其数据见表 2-33。

表 2-33　　冷阴极自镇流荧光灯管数据

灯管型号	电压(V)	启动电压(V)	功率(W)		光通量(lm)		平均寿命(h)	外形尺寸(mm)		灯头型号
			额定值	极限值	额定值	极限值		直径 D	长度 L	
YZZ_3RL	220	190	3	4	21	18	3000	25	232	E27
YZZ_3	220	190	3	2~4			1500	21.5	225	E22d/22

(8)低温快速启动荧光灯。灯的管壁涂有一条快速启动线,灯管接通电源后可即刻起跳燃点,光通量高、寿命长、无频闪现象。适用于工业与民用建筑、场地照明,该灯与相应灯具配合可作为化工等行业的防爆照明用。其数据见表 2-34。

表 2-34　　低温快速启动荧光灯数据

灯管型号	电压(V)	功率(W)		光通量(lm)		工作电流(A)	工作电压(V)	平均寿命(h)	外形尺寸(mm)			
		额定值	极限值	额定值	极限值				全长 L	直径 D	灯脚直径 d	灯脚长 l
dsvz40RL	220	40	42.5	2300	1850	0.42	110±10	5500	1218	38~40.5	6	18
dsyz20RL		20	21.5	950	760	0.23	57±7	4000	610			

(9)紫外线杀菌灯。该灯是低压水银灯的一种,其外壳是石英玻璃,点燃之后能辐射出波长 253.7 nm 的高能紫外线,具有良好的杀菌效果,可用于医疗、细菌研究、制药和食品制造工业中作为杀菌、空气消毒及光化反应等用。其数据见表 2-35。

表 2-35　**紫外线杀菌灯数据**

<table>
<tr><th rowspan="2">型号</th><th rowspan="2">功率
(W)</th><th rowspan="2">电压
(V)</th><th rowspan="2">工作电压
(V)</th><th rowspan="2">预热电流
(A)</th><th rowspan="2">工作电流
(A)</th><th colspan="3">外形尺寸(mm)</th><th rowspan="2">灯头型号
(旧)</th></tr>
<tr><th>全长</th><th>管长</th><th>外径</th></tr>
<tr><td>ZSZ8</td><td>8</td><td rowspan="3">～220</td><td>60</td><td>0.22</td><td>0.16</td><td>302</td><td>287</td><td>16</td><td>2ci5</td></tr>
<tr><td>ZSZ15</td><td>15</td><td>65</td><td>0.45</td><td>0.3</td><td>452</td><td>437</td><td>20</td><td>2 cj13</td></tr>
<tr><td>ZSZ30</td><td>30</td><td>140</td><td>0.5</td><td>0.25</td><td>910</td><td>895</td><td>20</td><td>2 cj13</td></tr>
</table>

(10)黑光灯。是一种能辐射出波长为 365 nm 的紫外线的热阴极预热式低气压汞气荧光灯，由于某些昆虫对 365 nm 紫外线有特别灵敏的向光性，黑光灯被广泛应用在农业上作夜间诱虫。近年来，还应用于光敏树脂的快速固化。其数据见表 2-36。

表 2-36　**黑光灯数据**

<table>
<tr><th rowspan="2">灯管型号</th><th rowspan="2">功率
(W)</th><th rowspan="2">工作
电压
(V)</th><th colspan="3">额定参数</th><th colspan="3">外形尺寸(mm)</th><th rowspan="2">平均
寿命
(h)</th><th rowspan="2">灯头
型号</th></tr>
<tr><th>工作电流
(A)</th><th>启动电流
(A)</th><th>灯管压降
(V)</th><th>L
最大值</th><th>L1
最大值</th><th>D
最大值</th></tr>
<tr><td>YHG8</td><td>8</td><td>60</td><td>0.15</td><td>0.20</td><td>—</td><td>302</td><td>288</td><td>16</td><td>1500</td><td>G5</td></tr>
<tr><td>YHG15</td><td>15</td><td>51</td><td>0.33</td><td>0.50</td><td>—</td><td>451</td><td>437</td><td rowspan="5">40.5</td><td rowspan="2">3000</td><td rowspan="5">G13</td></tr>
<tr><td>YHG20</td><td>20</td><td>57</td><td>0.37</td><td>0.55</td><td>—</td><td>604</td><td>589.8</td></tr>
<tr><td>YHG30</td><td>30</td><td>81</td><td>0.40</td><td>0.62</td><td>—</td><td>908.8</td><td>894.6</td><td rowspan="3">5000</td></tr>
<tr><td>YHG-40</td><td>40</td><td>103</td><td>0.43</td><td>0.65</td><td>—</td><td>1213.6</td><td>1199.4</td></tr>
<tr><td>YHG100</td><td>100</td><td>92</td><td>1.5</td><td>1.8</td><td>—</td><td>1215.0</td><td>1200.0</td></tr>
<tr><td>RA-20</td><td>20</td><td>—</td><td>0.35</td><td>0.46</td><td>60</td><td>604</td><td>589</td><td rowspan="3">38</td><td rowspan="3">2000</td><td rowspan="3">—</td></tr>
<tr><td>RA-40</td><td>40</td><td>—</td><td>0.41</td><td>0.65</td><td>108</td><td>1215</td><td>1200</td></tr>
<tr><td>RA-100</td><td>100</td><td>—</td><td>1.5</td><td>1.8</td><td>90</td><td>1215</td><td>1200</td></tr>
</table>

4. 钠灯

(1)高压钠灯。是一种高压钠蒸气放电灯，工作时发出金白色光，具有发光效率高，光效可达 90～100 lm/W，用电省、透雾能力强等优点。广泛用于道路、机场、码头车站、广场及厂矿企业的照明。其数据见表 2-37 和表 2-38。

表 2-37 典型高压钠灯数据

灯泡型号	电压(V)	功率(W)	工作电压(V)	工作电流(A)	光通量(lm)	光效(lm/W)	显色指数	主要尺寸(mm) 直径 D	主要尺寸(mm) 全长 L	灯头型号	镇流器型号
NG-110	220	110	95	1.40	8000	73	20～25	50	195	E27/35X30	GGY-125-Z
NG-215		215	100	2.45	16125	75		61	245	E40/45	GGY-250-Z
NG-250		250	100	3.0	20000	80					NG-250-Z
NG-360		360	105	3.85	32400	90			275		GGY-400-Z
NG-400		440	100	4.6	38000	95					NG-400-Z
NG-1000	380	1000	185	6.5	100000	100		82	375	E40/75×54	

注：NG-110～400W 配 CFQ-3-A 型触发器。

NG-215 灯泡配 HGD-500-1 型混光灯具。

NG-400 灯泡配 ZMD-400-1 型管形镝灯灯具。

表 2-38 典型高压钠灯数据

灯泡型号	光电参数 电压(V)	功率(W)	启动电压(V)	灯电压(V)	灯电流(A)	启动电流(A)	额定光通(lm)②	启动时间(s)	再启动时间(min)	主要尺寸(mm) 直径 D	长度 L	灯头型号	平均寿命(h)
NG400	220	400	187①	100^{+20}_{-15}	4.6	5.7	42000	1	2	51	285	E40/45	5000
NG360		360			3.25	5.7	36000						
NG250		250		95^{+20}_{-15}	3.0	3.8	23750				265		
NG215		215			2.35	3.7	19350						
NG150		150			1.8	2.2	12000			48	212		
NG110		110			1.25	1.45	8250			71	180	E27/30×35	3000
NG100		100			1.2	1.4	7500						
NG75		75			0.95	1.3	5250			71	175	E40/75×54	
NG70		70			0.9	1.2	4900						
NG1000	380	1000		185	6.5	—	100000			82	375		

注：①室温下 0 h 的数值；

②点燃 100 h 后的数值。

(2)高压钠灯配套器件。有以下几部分：

①通用型高压钠灯电子启动器。供 70W、100W、215W、250W、360W、400W 高压钠灯启动用。其特点是体积小、启动快、使用寿命长，并允许在长时间空载情况下工作。

②NZW 系列高压钠灯外启动镇流器。供高压钠灯启动和镇流用。其特

点是采用启动器和镇流器一体结构，因此使用安装方便，启动快、使用寿命长、功耗省、温升低、线性阻抗好，延长了钠灯使用寿命。其数据见表 2-39。

表 2-39 NZW 系列高压钠灯外启动镇流器数据

型号	功率(W)	电压(V)	工作电流(A)	交流阻抗(Ω)	线性阻抗偏差值(%)	允许电源电压变动范围(V)	启动器工作电流(mA)	启动脉冲幅度(V)
NZW-400	400	220	4.6	39±1.2	≤±5	187～242	≤250	2500～5600
NZW-250	250		3.0	60±1.8				
NZW-150	150		1.8	100±3				
NZW-100	100		1.2	150±4.5				
NZW-70	70		0.9	200±6				

(3)DK 系列高压钠灯镇流器。与 70W、100W、150W、250W、400W 高压钠灯和启动器配套。其特点是采用 C 形铁心结构、真空浸漆、整体灌注新工艺，安全可靠。其数据见表 2-40。

表 2-40 DK 系列高压钠灯镇流器数据

技术指标	型号				
	DK-70	DK-100	DK-150	DK-250	DK-400
电源电压(V)	220				
工作电压(V)	180				
工作电流(A)	0.9	1.2	1.8	3.0	4.6
交流阻抗(Ω)	200	150	100	60	39
启动电流(A)	≤1.1	≤1.5	≤2.2	≤3.6	≤5.6
功率因数 $\cos\varphi$	≤0.06	≤0.058	0.055	≤0.055	≤0.05
允许电源电压波动范围(V)	187～242				
线性偏差(%)	≤±5				
温升(℃)	≤30				
外形尺寸(mm)	198×104×80	198×104×80	218×104×80	218×104×102	240×126×102
质量(kg)	≤4.5	≤4.5	≤5	≤6	≤8

(4)低压钠灯。它辐射单色黄光、光效高达140 lm/W以上,透雾能力强。适用于公路、隧道、港口、货场和矿区的照明。其数据见表2-41。

表2-41 低压钠灯数据

<table>
<tr><th rowspan="2">灯泡型号</th><th rowspan="2">功率(W)</th><th rowspan="2">电压(V)</th><th rowspan="2">工作电流(A)</th><th rowspan="2">工作电压(V)</th><th rowspan="2">光通量(lm)</th><th colspan="2">外形尺寸(mm)</th><th rowspan="2">灯头型号</th><th colspan="3">镇流器参数</th></tr>
<tr><th>D 不大于</th><th>L 不大于</th><th>校准电流(A)</th><th>电压/电流比(n)</th><th>功率因数</th></tr>
<tr><td>ND18</td><td>18</td><td rowspan="6">220</td><td rowspan="2">0.60</td><td>—</td><td>1800</td><td rowspan="3">54</td><td>216</td><td rowspan="6">BY22d</td><td rowspan="3">0.6</td><td rowspan="3">77</td><td rowspan="6">0.06</td></tr>
<tr><td>ND35</td><td>35</td><td>70</td><td>4800</td><td>311</td></tr>
<tr><td>ND55</td><td>55</td><td>0.59</td><td>109</td><td>8000</td><td>425</td></tr>
<tr><td>ND90</td><td>90</td><td>0.94</td><td>112</td><td>12500</td><td rowspan="3">68</td><td>528</td><td>0.9</td><td>500</td></tr>
<tr><td>ND135</td><td>135</td><td>0.95</td><td>164</td><td>21500</td><td>775</td><td rowspan="2">0.9</td><td rowspan="2">655</td></tr>
<tr><td>ND180</td><td>180</td><td>0.91</td><td>240</td><td>31500</td><td>1120</td></tr>
</table>

5.高压汞灯

(1)荧光高压汞灯。是玻璃壳内表面涂有荧光粉的高压汞蒸气放电灯。与白炽灯泡比较具有光效高、寿命长、省电等优点,广泛应用于广场、街道、车间、车站、码头等场所,作大面积室内外照明光源。其数据见表2-42和表2-43。

表2-42 GGY型汞灯配套器件数据

灯泡型号	镇流器型号	灯泡型号	镇流器型号
GGY-50	GGY-50-Z	GGY-250	GGY-250-Z
GGY-80	GGY-80-Z	GGY-400	GGY-400-Z
GGY-125	GGY-125-Z	GGY-1000	GGY-1000-Z
GGY-175	GGY-175-Z		

(2)自镇流荧光高压汞灯。它是利用水银放电管、钨丝和荧光质3种发光要素同时发光的一种复合光源。适用于车间、礼堂、展览馆作室内照明光源,亦可在车站、广场码头、街道作室外照明光源。自镇流荧光高压汞灯泡的外形与荧光高压汞灯泡相同。其数据见表2-44。

表 2-43 荧光高压汞灯数据

灯泡型号	电压(V)	功率(W)	工作电压(A)	工作电流(A)	启动电压(V)	启动电流(A)	稳定时间(min)	再启动时间(min)	光通量(lm)	主要尺寸(mm)		光效(lm/W)	显色指数	镇流器阻抗(Ω)	平均寿命(h)	灯头型号
										直径 D	全长 L					
GGY50	220	50	95	0.62	180(不大于)	1.0	10～15	5～10	1575	56	140	32	35～40	285	3500	E27/27
GGY80		80	110	0.85		1.3			2940	71	165	37		202		
GGY125		125	115	1.25		1.8			4990	81	184	40		134	5000	E27/35×30
GGY175		175	130	1.50		2.3	4～8		7350	91	215	42		100		E40/45
GGY250		250	130	2.15		3.7			11025	91	227	44		71	6000	
GGY400		400	135	3.25		5.7			21000	122	292	53		45		E40/75×54
GGY1000		1000	145	7.50		13.7			52500	182	400	53		18.5	5000	E40/75×64

注：①灯泡在-20℃环境中启动电压不应大于210V。

②灯泡必须与相应的镇流器配套使用。

③电源电压的波动不能过大。

④灯泡点燃稳定时间5～10min，再启动时间约10min。

表 2-44 自镇流荧光高压汞灯数据

灯泡型号	电压(V)	功率(W)	工作电流(A)	启动电压(V)	启动电流(A)	再启动时间(min)	光通量(lm)	主要尺寸(mm)		平均寿命(h)	灯头型号
								直径 D	全长 L		
GYZ100	220	100	0.46	180	0.56	3～6	1150	60	154	2500	E27/35×30
GYZ160		160	0.75		0.95		2560	81	184	2500	E27/35×30
GYZ250		250	1.20		1.70		4900	91	227	3000	E40/45
GYZ400		400	1.90		2.70		9200	122	310	3000	E40/45
GYZ450		450	2.25		3.50		11000	122	292	3000	E40/45
GYZ750		750	3.55		6.00		22500	152	370	3000	E40/55

(3)反射型荧光高压汞灯。其玻璃壳内壁镀有反射层，具有发光效率高、寿命长、光线集中和有定向照射特性等优点，适用于广场、车间、码头、工地、运动场及工矿企业等场所照明。其数据见表 2-45。

表 2-45 反射型荧光高压汞灯数据

灯泡型号	电压(V)	功率(W)	工作电压(V)	工作电流(A)	光通量(lm)	显色指数	光效(lm/W)	主要尺寸		平均寿命(h)	灯头型号	镇流器型号
								直径 D	全长 L			
GYF400	220	400	135	3.25	16500	35～40	41	182	292	6000	E40/75×54	GGY400-Z

6. 氙灯

(1)管形氙灯。是一种理想的光源，可见光部分接近于太阳光谱，点燃方便，不需要镇流器，自然冷却，能瞬时启动，可在交流电源网路中直接燃点。适用于广场、海港、机场的照明，还可用于老化试验的场所。其数据见表 2-46。

表 2-46 XG、XFG、XSG 型管形氙灯数据

灯管型号	电压(V)	功率(W)	工作电压(V)	工作电流(A)	光通量(lm)	主要尺寸(mm)				寿命(h)
						直径 D	全长 L	安装长 L_0	极间距离 d_0	
XG1500	220	1500	60	20	30000	32	350	280	150	1000
XFG1500			90	17	30000	15	390	370	270	

续表

<table>
<tr><th rowspan="2">灯管型号</th><th rowspan="2">电压
(V)</th><th rowspan="2">功率
(W)</th><th rowspan="2">工作
电压
(V)</th><th rowspan="2">工作
电流
(A)</th><th rowspan="2">光通量
(lm)</th><th colspan="4">主要尺寸(mm)</th><th rowspan="2">寿命(h)</th></tr>
<tr><th>直径
D</th><th>全长
L</th><th>安装长
L_0</th><th>极间距离
d_0</th></tr>
<tr><td>XG3000</td><td rowspan="4">220</td><td>3000</td><td rowspan="6">60</td><td>14</td><td>60000</td><td>15</td><td>680
720</td><td>—</td><td>580±20</td><td rowspan="5">1000</td></tr>
<tr><td>XG6000</td><td>6000</td><td>27</td><td>120000</td><td>19
21</td><td>1070</td><td>—</td><td>870±10</td></tr>
<tr><td>XG10000</td><td>10000</td><td>46</td><td>250000</td><td>25</td><td>1420</td><td>—</td><td>1050±20</td></tr>
<tr><td>XG20000</td><td>20000</td><td>91</td><td>580000</td><td>38</td><td>1700</td><td>—</td><td>1300±20</td></tr>
<tr><td>XG20000</td><td>380</td><td rowspan="2">6000</td><td>91</td><td>580000</td><td>28</td><td>2500</td><td>—</td><td>—</td></tr>
<tr><td>XSG6000
(水冷)</td><td>220</td><td>27</td><td>120000</td><td>9</td><td>425</td><td>—</td><td>250±5</td><td>500</td></tr>
</table>

注:①启动灯管时应配用相应的触发器。

②因为氙灯需要高频高压启动,所以高压端配线对地应有良好绝缘,绝缘强度不应小于 30kV。

③灯燃点时有紫外线辐射,不可长时间近距离直接照射,以免紫外线灼伤。

④不同生产单位的接线方式不同,有的用接线柱螺母固定,有的是软线引出。

(2)管形汞氙灯。管形汞氙灯具有汞灯和氙灯的优点,紫外线辐射强、光色好,应用于照相制版、棉布和化纤织物及橡胶老化试验。其数据见表2-47。

表 2-47　　GXG 型管形汞氙灯数据

灯泡型号	电压(V)	功率(W)	工作电压(V)	工作电流(A)	光通量(lm)	平均寿命(h)	主要尺寸(mm)	
							外径 ϕ	全长 L
GXG-1000	220	1000	145	7.5	38000	1000	20	380

(3)10kW 自然冷却式管形氙灯。具有功率大、体积小、光色好、光效高、功率因数高、启动方便、随开随亮、不需镇流及冷却装置。主要适用于广场、城市主要街道、机场、车站、码头、大型工地、厂房、体育场(馆),以及其他需要大面积高亮度的照明场所。其数据见表 2-48。

7. 金属卤化物灯

它是近年发展起来的新型光源,具有光效高和光色好的优点,光效达 80lm/W,是普通白炽灯的 4～5 倍,适用于广场、体育场、机场的照明。其数据与配件数据见表 2-49、表 2-50 和表 2-51。

表 2-48 **SZ 型 10000W 管形氙灯数据**

型号	电压(V)	电流(A)	灯管直径(mm)	全长(mm)	极间距离(mm)	发光效率(lm/W)	平均寿命(h)
SZ10000	220	45	25±1	1500	1050	25.5	1000

注:配 XC-10A 型氙灯触发器使用。

表 2-49 **金属卤化物灯数据**

灯泡型号	电压(V)	功率(W)	工作电压(V)	工作电流(A)	光通量(lm)	色温(K)	显色指数	主要尺寸(mm)		燃点位置,安装高度(m)	平均寿命(h)
								直径 D	全长 L		
DDG-1000	220	1000	130	8.3	70000	5000～7000	70	91	370	水平±15°	500
DDG-2000	380	2000	220	10.3	150000		75	111	450		
DDG-3500		3500		18.0	280000		80	122	485		
DDG-3500A					—	4500～6500	70			倾斜(45±15°)	
DDG-250	380/220	250	220	1.25	17500	6000±1000	80	91	230	垂直±15° 水平±30°	1000
DDG-400		480		2.75	33600		80	122	292		1500
DDF-250		250		1.25	—	46000	175	180	257		
DDF-400		480		2.75	—	95000					1000
NTY-400	220	400	120	3.6	24000	6000±1000	60	80	380	10～15	1000
NTY-1000		1000		10	75000			200	220	15	
NTY-1000A		1000						80	380		
NTY-3500A	380	3500	220	18	240000			100	490	25	
NTY-2000A		2000		10.3	140000						
KNG-1500	220/380	1500	灯管400	3.6	120000	3500～5500	—	17	225	—	1000
KNG-750		750	500	1.7	60000		—	15	170		
KNG-1000	220	1000	135	8.3	70000	5000～7000	60	—	—	—	1000

注:①金属卤化物 DDG 为充镝的金属卤化物灯——管形镝灯;NTY 为钠铊铟的金属卤化物灯——钠铊铟灯;KNG 为充钪钠的金属卤化物灯;DDF 为反射型日光色镝灯(俗称:生物效应灯)。

②金属卤化物灯必须与相应的触发器和镇流器配套使用。

③灯泡开始燃点时经 10min 后才能达到稳定状态。熄灭后再启动须间隔10～15min。

表 2-50　　DDG-型镇流器数据

灯泡型号	镇流器		触发器型号	灯具型号
	阻抗(Ω)	型 号		
DDG-1000	17.6	DDG-1000-Z	1kW 火花型	ZMD-1000-1
DDG-2000	26.8	DDG-2000-Z	3.5kW 火花型	ZMD-3500-1
DDG-3500	15	DDG-3500-Z		
KNG-000	—	DDG-1000-Z	1kW 火花型	ZMD-1000-1

表 2-51　　钠铊铟灯 DYG-L_1A 触发器数据

触发器型号	电压(V)	触发频率(kHz)	触发时间(s)	触发极限时间(s)	触发输出脉冲电压(kV)	外形尺寸(mm)
DYG-L_1A	220	305	1～3	10	10	340×260×230

8. 节能型金属卤化物灯

节能型金属卤化物灯的特点是日光色、发光效率高、寿命长、显色性好、可任意位置燃点。广泛用于体育场(馆)、展览中心、商场、游泳池等要求显色性好的室内外照明,也可用于街道、停车场、车站、码头等一般场所照明。ZJD 系列金属卤化物灯的数据见表 2-52,其外形及接线如图 2-1 所示。

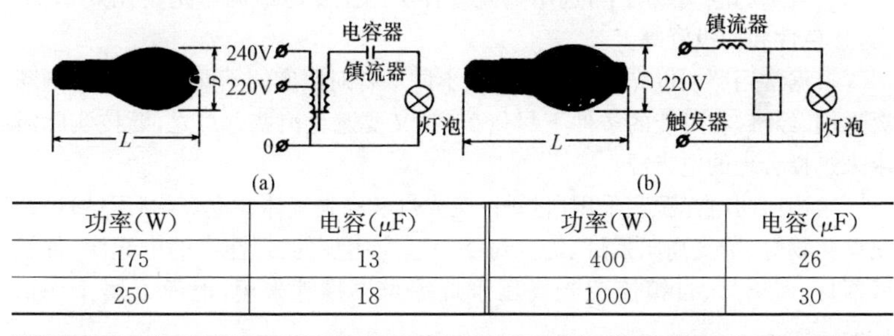

功率(W)	电容(μF)	功率(W)	电容(μF)
175	13	400	26
250	18	1000	30

灯泡型号	镇流器	触发器	灯泡型号	镇流器	触发器
ZJD150-2	150W 高压汞灯	CD-1	ZJD400-2	400W 高压汞灯	CD 3
ZJD175-2	175W 高压汞灯	CD-3	ZJD1000-2	专用镇流器	CD-4
ZJD50-2	250W 高压汞灯	CD-3	ZJD1500-2	专用镇流器	CD-4

图 2-1　ZJD 系列金属卤化物灯外形和接线图示意

注:150～400W 镇流器的阻抗和高压汞灯镇流器相同,但镇流器内浇注环氧绝缘材料。

表 2-52 **ZJD 系列金属卤化物灯的数据**

灯泡型号	功率(W)	电源电压(V)	工作电流(A)	光通量(lm)	平均寿命(h)	色温(K)	灯型号	主要尺寸(mm) 直径 D	主要尺寸(mm) 全长 L	燃点位置	玻璃壳外形图
ZJD150-1	150		1.5	11500			E27	56	146		
ZD175-1	175			14000		4300		91	206		图 2-1(a)
ZD250-1	250		2.15	20500	10000					任意	
ZD400-1	400		3.25	36000			E40	122	280		
ZJD1000-1	1000		4.10	110000		3900		182	381		
ZJD1500-1	1500	220	6.20	155000	3000	3600				垂直±75°	
ZJD150-2	150		1.5	11500			E27	81	184		
ZD175-2	175			14000		4300		91	215		图 2-1(b)
ZD250-2	250		2.15	20500	10000					任意	
ZJD400-2	400		3.25	36000			E40	122	280		
ZJD1000-2	1000	380	4.10	110000		3900		182	400		
ZD1500-2	1500		6.20	155000	3000	3600				垂直±75°	

五、常用照明电光源的选用

一般工厂电气照明中，选用电光源种类的主要考虑因素是发光效率、寿命、显色性和初投资等。

根据常用照明电光源的特性以及不同场合对照度的不同要求，应做到既要适用、经济，在可能的条件下尽量美观，又要避免浪费。总之，要按实际需求来选择合理的电光源。

常用照明电光源宜采用白炽灯、荧光灯和高强气体放电灯(高压钠灯、金属卤化物灯、荧光高压汞灯)等。对于一些应用少的、耗能高的电光源，如长弧氙灯、卤钨灯、自镇流荧光高压汞灯等虽不推荐采用，但尚不属于淘汰产品。

常用照明电光源的选用原则：

(1)当灯具悬挂高度在 4m 及以下时，宜采用荧光灯；当悬挂高度在 4m 以上时，宜采用高强气体放电灯；当不宜采用高强气体放电灯时，可采用白炽灯(如要求调光和防止无线电干扰等)。

(2)白炽灯效率低，故只用作局部照明或艺术照明以及某些特殊要求的场所。

(3)应急照明应采用能瞬时可靠点燃的白炽灯、荧光灯等。

(4)特殊高大厂房或主要道路照明宜采用高压钠灯,代替过去采用的白炽灯和荧光高压汞灯。

(5)由于荧光高压汞灯和高压钠灯的显色指数低、光色差,单一使用时易产生不舒适感,视觉效果差,所以推荐采用混光光源及混光灯具方案,以达到良好的照明效果。混光光通量比宜按表2-53选取。

表2-53　混光光源的混光光通量比

混光光源	光通量比(%)	一般显色指数 R_a	色彩辨别效果
DDG+NGX DDG+NG	40～60 60～80	≥80	除个别颜色为“中等”外,其他颜色为“良好”
KNG+NG DDG+NG KNG+NGX GGY+NGX ZJD+NGX	50～80 30～60 40～60 30～40 40～60	60～70 60～80 70～80 60～70 70～80	除部分颜色为“中等”外,其他颜色为“良好”
GGY+NG KNG+NG GGY+NGX ZJD+NG	40～60 30～50 40～60 30～40	40～50 40～60 40～60 40～50	除个别颜色为“可以”外,其他颜色为“中等”

注:①GGY——荧光高压汞灯;DDG——镝灯;KNG——钪钠灯;NG——高压钠灯;NGX——中显色性高压钠灯;ZJD——高光效金属卤化物灯。

②混光光通量比系指前一种光源光通量与两种光源光通量的和之比。

③辨别效果顺序:良好→中等→可以。

(6)各种电光源的适用场所及举例见表2-54。

表2-54　各种电光源的适用场所及举例

光源名称	适用场所	举　例
白炽灯	①照明开关频繁,要求瞬时启动或要避免频闪效应的场所 ②识别颜色要求较高或艺术需要的场所 ③局部照明、应急照明 (4)需要调光的场所 (5)需要防止电磁波干扰的场所	住宅、旅馆、饭馆、美术馆、博物馆、剧场、办公室、层高较低及照度要求较低的厂房、仓库及小型建筑等照明

续表

光源名称	适用场所	举例
卤钨灯	①照度要求较高，显色性要求较好，且无振动的场所 ②要求频闪效应小的场所 ③需要调光的场所	剧场、体育馆、展览馆、大礼堂、装配车间、精密机械加工车间等电视播放、绘画、摄影照明，反光杯卤素灯用于贵重商品照明、模特照射等
荧光灯	①悬挂高度较低（如6m以下），要求照度又较高（如100lx以上）的场所 ②对颜色识别要求较高的场所 ③在无天然采光或天然采光不足而人们需要长期停留的场所	住宅、旅馆、饭馆、商店、办公室、阅览室、设计室、研究所、学校、医院、层高较低但照度要求较高的厂房、荧光理化计量室、精密产品装配、控制室等照明
荧光高压汞灯	①照度要求较高，但对光色无特殊需求的场所 ②有震动的场所（自镇流式高压汞灯不适用）	大小型厂房、仓库、动力站房、露天堆场及作业场地、厂区道路或城市一般道路等照明
金属卤化物灯	高大厂房，要求照度较高，光色较好的场所	大型精密产品总装车间、体育馆或体育场等会展中心、游乐场所、商业街、广场、机场、停车场、车站、码头、工厂、电影外景摄制、演播室等照明
普通高压钠灯	①高大厂房，要求照度较高．但对光色无特殊要求的场所 ②有振动的场所 ③多烟尘场所	铸钢车间、铸铁车间、冶金车间、机加工车间、露天工作场所、厂区或城市主要道路、机场、码头、港口、车站、广场等照明
中显包高压钠灯	高大厂房、商业区、游泳池、体育馆、娱乐场所等的室内照明	—
LED	电子显示屏、交通信号灯、机场地面标志灯、疏散标志灯、庭院照明、建筑物夜景照明等	建筑装饰照明，各类通用灯具的照明光源、太阳能路灯、水底灯等

注：① 一般照明场所不宜采用荧光高压汞灯，不应采用自镇流荧光高压汞灯。

②一般情况下，室内外照明不应采用普通照明白炽灯；在特殊情况下需采用时，单灯的额定功率不应超过100W。

③灯具安装高度高且不易维护的场所宜选用使用寿命长、光效高、显色性好、启动快捷、可靠的高频无极荧光灯。

第二节　照明光源

一、白炽灯

白炽灯是最早出现的热辐射光源，因而被称作是第一代电光源。它发明于19世纪60年代，经历了100多年的发展历程，随着科学技术的不断进步，尽管相继出现了多种性能优良的其他电光源，但由于白炽灯结构简单、成本低廉、使用方便、显色性能好、点燃迅速、容易调光，因此早期在工业与民用建筑照明工程中得到了广泛的应用。

1. 构造特点

白炽灯一般由玻壳、灯丝、支架、引线和灯头等几部分组成。白炽灯依靠电流通过灯丝时产生大量的热，使灯丝温度升高到白炽的程度（2400～3000K）而发光。

2. 主要类别

白炽灯在照明工程中应用广泛，种类繁多。根据其结构的不同可分为表2-55所列的几种类别。

表2-55　白炽灯主要类别

类别	说明
普通照明用白炽灯	这类白炽灯主要用于工业和民用建筑，供住宅、宾馆、商店等场所的普通照明使用。应用最多的形式是梨形透明玻璃灯泡，其特点是结构简单、价格低廉，但亮度大，易产生眩光。这种白炽灯的派生系列包括磨砂玻璃或乳白玻璃灯泡，它能使灯光柔和；或形状制成蘑菇形等异形玻壳，增强其装饰性。目前，采用乳白色灯泡已成为白炽灯的主要发展趋势
装饰白炽灯	装饰白炽灯的玻壳外形千姿百态，彩色多变，与建筑灯具相配，形成多种艺术风格。目前国内生产最多的装饰灯是烛光形灯泡与采用彩色玻璃制作的节日彩泡，或能承受较高大气压力下的水下用彩色玻壳白炽灯
反射型灯泡	反射型灯泡采用内壁镀有反射层的玻壳制成，能使光束定向发射。主要应用于灯光广告、橱窗、体育设施、展览馆等需要光线集中的场合
局部照明灯泡（俗称低压灯泡）	局部照明灯泡的结构外形与普通白炽灯泡相似，仅是所设计的额定电压较低。这类灯泡主要用于必须采用安全电压（36V、12V、6V）的场所，如便携式手提灯、机床照明灯和工厂车间或维修车间的台灯等

3. 白炽灯的光电参数及其特性

白炽灯的光电参数及其特性主要取决于灯泡的结构，其说明见表 2－56。

表 2－56 白炽灯的光电参数及其特性

参 数	特性说明
额定电压和额定功率	普通照明和反射型白炽灯的额定电压一般为 220V 和 110V；局部照明灯泡的额定电压多为 36V、12V 和 6V；船用灯泡的额定电压等级有 24V、110V 和 220V 几种。普通照明灯泡的额定功率一般在 15～1000W；局部照明灯泡和船用灯泡的额定功率一般较小，多为 10～100W。反射型灯泡的额定功率一般为几十瓦至几百瓦
光通量和发光效率	白炽灯的额定光通量一般是指点燃 100h 以后的光通量输出。白炽灯根据不同的功率，其输出的光通量一般在几十至 1100 lm。白炽灯总功率的 75％以上都以红外线的方式辐射掉（产生热能），仅有一小部分能量产生可见光，因而普通白炽灯的光效不高，为 10～15 lm/W
寿命和启燃时间	白炽灯的平均寿命一般为 1000h，使用寿命较短。影响白炽灯使用寿命的主要原因是：在额定状态下，钨丝在工作过程中会蒸发钨而使灯丝变细，从而导致断丝。钨丝通电加热过程十分迅速，对于大多数白炽光源来说，通常加热到输出 90％光通量所需的时间只有 0.07～0.38s，能够瞬时启燃和再启燃
色温、显色指数	白炽灯的色温取决于它的工作温度。根据黑体辐射原理，只有当黑体的温度达到 5000K 左右时才呈白炽色，钨的熔点约为 3680K，无法达到白炽温度。理论上钨丝加热后可以发出色温为 3500K 的光，但实际使用的普通白炽灯能达到的色温不超过 3000K，一般多为 2400～2900K，所以白炽灯属于低色温、暖色调光源 白炽灯的显色性取决于它的光谱能量分布。白炽灯属于热辐射光源，因而它具有与黑体一样的连续光谱，因而其显色性很好，显色指数 R_a 平均可达 99
光电参数与电源电压的关系	当电源电压发生变化时，对白炽灯性能的影响极大，将改变白炽灯的电阻、电流、功率、效率、光通量和寿命。白炽灯的光电参数与电源电压的关系可以用图 2－2 所示的曲线表示 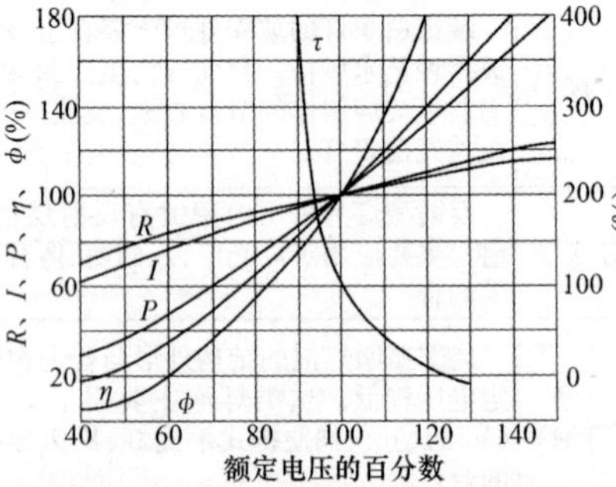 图 2－2 白炽灯光电参数与电源电压的关系

作为照明电光源，通常注重的是光通量和寿命受电源电压变化的影响。当电源电压高于光源要求的额定电压时，将会大大降低白炽灯的使用寿命；当电源电压低于额定电压时，将会使白炽灯的光通量输出大大降低；当电源电压产生波动时，即电源电压忽高忽低时，白炽灯因输出光通量波动较大而闪烁，从而会影响照明的视觉效果；但是，由于灯丝的热惯性，用于工频电源的白炽灯光通量的波动（指随交流电频率而变化）是不大的。

显然，白炽灯对电压的要求是很高的，对于一般照明场所要求电压偏移量不超过其额定值的±5%，如对照明要求较高时不得超过其额定值的±2.5%。

4. 主要应用场所

高色温的灯色温为3200K，主要用于摄影和放电影，以及电视和舞台照明；照明灯的色温为2700～2900K，用作一般照明；色温在2500K以下是红外灯，主要用在红外加热干燥、温室保温和医疗保健等。无论是哪种类型的白炽灯，当电源电压突然以较大的幅度下降时，虽然光通量输出也较大幅度地降低，但却不至于猝然熄灭，因此常采用调压方式对白炽灯进行调光控制，如局部照明用的调光灯和影剧院用的调光灯一般均用白炽灯。此外，某些重要场合的照明往往采用白炽灯，就是利用白炽灯瞬时点燃和在电压波动中不致猝然熄灭的特点来保证其照明的连续性的。

二、卤钨灯

卤钨灯与普通白炽灯的发光原理相同，都是利用电流通过钨丝将之加热至炽热状态而产生光辐射。二者虽然都属于热辐射光源，但在结构上却有较大的差别，卤钨灯泡内除了充入惰性气体外，还充有少量的卤族元素或与其相应的卤化物，在满足一定温度的条件下，钨和卤族元素之间就会发生可逆的化学反应使灯泡内建立起卤钨再生循环，防止钨沉积在玻壳上，使灯泡在整个寿命期间保持良好的透明度，光通量输出降低很少。

1. 卤钨循环

在适当的温度条件下，从灯丝蒸发出来的钨朝泡壁方向扩散，并与卤素反应形成挥发性的卤钨化合物，当卤钨化合物扩散到灯丝周围时遇到高温又重新分解成卤素和钨，释放出来的钨又沉积在灯丝上，而分解后的卤素再扩散到温度较低的泡壁区域与钨化合，参加下一轮的循环反应。这一过程称为卤钨循环。

理论上所有卤素都能在灯泡内产生卤钨循环，根据灯内所充入的微量卤族元素不同，可制成氟钨灯、氯钨灯、碘钨灯和溴钨灯。这些灯的区别在于产生卤钨循环时发生化学反应所需的温度不同。碘钨灯是卤钨灯中最先取得商业用途的一种，目前技术比较成熟而广泛使用的是碘钨灯和溴钨灯两种。

2. 卤钨灯的结构特点

为了保证卤钨循环的正常进行，使管壁处生成的卤化钨处于气态，卤钨灯的管壁温度要比普通白炽灯高得多(碘钨灯不低于250℃，溴钨灯不低于200℃)，因而其结构与普通白炽灯差别较大，其主要特点如下：

(1)为了保持较高的玻壳温度，减少灯内因气体的对流而产生的热损失，提高灯泡的发光效率，卤钨灯的玻壳通常采用耐高温而热膨胀系数小的材料(石英玻璃或硬质玻璃等)做成较小的尺寸，致使相同功率的卤钨灯其体积要比普通白炽灯小得多，例如500W卤钨灯的体积仅为相同功率普通白炽灯的1%。

(2)由于玻壳体积的减小，提高了灯管的机械强度，因而灯管内可充入较大压力的惰性气体。由于灯管内气体密度的增大，使钨的蒸发得到了进一步的抑制，从而提高了灯泡的质量。

(3)为了提高卤钨灯的光效，使单位面积的光通量增大，卤钨灯丝的工作温度要高于普通白炽灯，因此其灯丝除制成单螺旋或双螺旋形状外，一般绕得很密且细长。由于玻壳体积小，为使灯丝在整个寿命期间能保持一定的刚性，不致产生下垂，所以在灯管内设有一些钨质支架圈，以固定灯丝。

(4)由于工作温度高，卤钨灯的引出端与灯管封接时，只能采用高稳定性的钼箔作为导电体。

可见，卤钨灯的结构比较复杂，其制造工艺和材料要求均高于普通白炽灯，因此，卤钨灯成本和价格比普通白炽灯高几倍至几十倍。

3. 主要类型及其光电参数

卤钨灯可设计成双端引出(每端各有一个密封)和单端引出(两个密封在同一端)两种形式，分别称为管形卤钨灯和单端卤钨灯。

(1)管形卤钨灯：一般情况下，较大功率的卤钨灯(多为500W以上)制成管状，如图2-3所示是管形卤钨灯的外形结构简图。玻壳制成管状，沿灯管轴线安装单螺旋或双螺旋钨丝。管形卤钨灯的管径一般为8～10mm，灯管长度为80～330mm，相应的功率为100～2000W，色温为2700～3200K，光效为15～22 lm/W，寿命一般为1500h。管形卤钨灯常用于体育场馆、建筑工地广场、厂房车间、大型会场和歌舞厅的照明。

管形卤钨灯在使用过程中要注意以下问题：

①管形卤钨灯工作时需水平安装，倾角不得大于±4°，否则卤化物会向一端集中，破坏了卤钨循环，寿命也就大大地缩短。

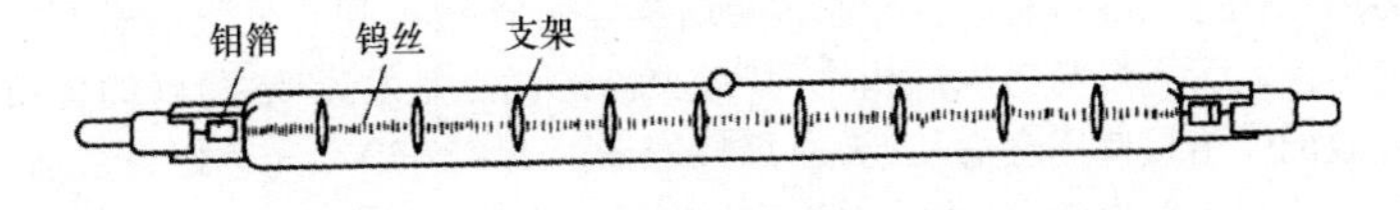

图 2-3　管形卤钨灯的外形结构简图

②由于管形卤钨灯正常工作时管壁温度高达200℃以上,因此不能与易燃物接近,且灯脚引入线应采用耐高温导线。

③卤钨灯的引线封口处是全灯最薄弱的环节,使用时要特别小心,避免弯折、扭曲或过大的压力,否则极易造成玻管爆裂漏气或引线在根部折断而使整支灯报废。

④卤钨灯灯丝细长又脆,要避免振动和撞击。

(2)单端卤钨灯:单端卤钨灯的引角与普通白炽灯相似,从同一方向引出,其外形结构如图 2-4 所示。

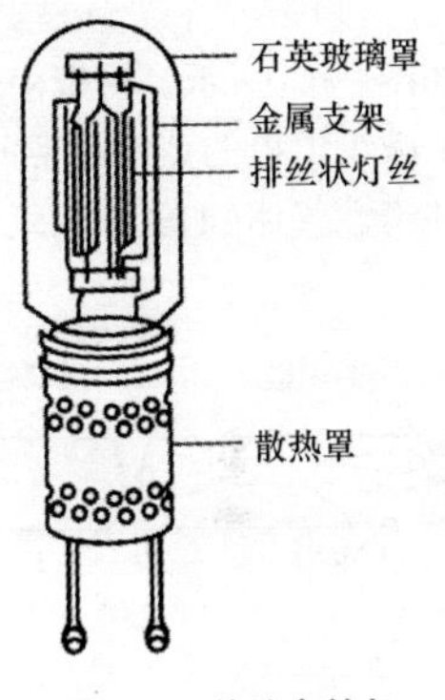

图 2-4　单端卤钨灯外形结构

单端卤钨灯与管形卤钨灯相比具有体积小、定向性好、装饰性强、安装简便等优点,因此广泛应用于仪器、电影、电视、摄影、柜台、舞台及歌舞厅等商业及艺术装饰照明。近年开始进入家庭住宅照明领域,常见于新型的台灯、落地灯、小型射灯和聚光卤钨灯等。其功率从十几瓦到几千瓦都有,色温 3000K 左右,额定电压主要有 6V、12V、24V、36V、110V、220V 几种,选择和使用方便。

综上所述,卤钨灯由于卤钨循环利用,加上灯管内被充入较高压力的惰性气体而进一步抑制了钨的蒸发,有效地避免了玻壳黑化,卤钨灯在整个寿命期间能始终保持光通基本不变,使灯的寿命长达 1500～2000h,是普通白炽灯的 1.5 倍;灯管的光效提高到 10～30 lm/W,接近白炽灯的 2 倍;由于灯丝工作温度高,光色得到了改善,其高显色性和色温特别适于电视播放照明以及歌舞厅、剧场、绘画、摄影和建筑物投光照明等。此外它还具有体积小、功率集中、照明灯具尺寸小、便于光的控制等优点。缺点是价格高,灯丝耐振性差,玻壳温度高,因而不宜用于振动环境及易燃易爆和灰尘较多的场所,也不宜作为移动式局部照明光源。

三、荧光灯

荧光灯俗称日光灯,是出现于 20 世纪 30 年代的一种新型光源(通常称其为第二代电光源），它的发光原理与白炽灯完全不同，属于低气压汞蒸气弧光放电灯。荧光灯与白炽灯相比，其最突出的优点是发光效率高（约为白炽灯光效的4倍）、使用寿命长（为白炽灯寿命的2～3倍）和光色好。目前，荧光灯的应用十分广泛，已成为主要的一般照明光源。

1.结构及工作原理

（1）结构特点：荧光灯由灯头、热阴极和内壁涂有荧光粉的玻璃管组成，如图2-5所示。灯管由玻璃制成，内壁涂有荧光粉，两端装有钨丝电极，为了减少电极的蒸发和帮助灯管启燃，灯管抽成真空后封装气压很低的汞蒸气和惰性气体（如氩、氪、氖等）。

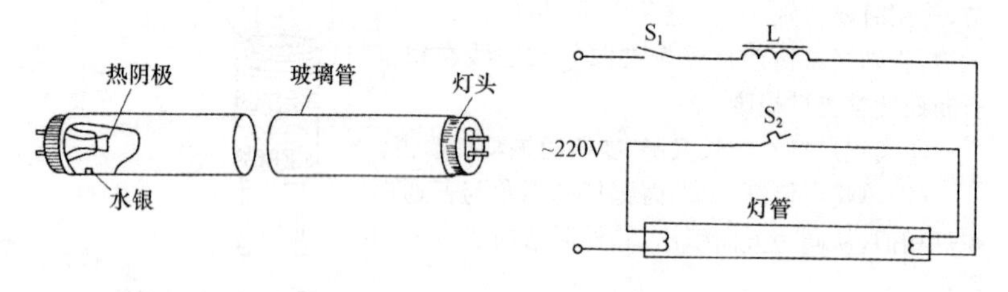

图2-5 荧光灯管的构造　　**图2-6 荧光灯的工作电路**

在交流电源下，灯管两端的电极交替起阴极（供给电子）和阳极（吸收电子）的作用，故有时将电极统称为阴极。阴极通常用钨丝绕成螺旋形状，并在上面涂有电子发射物质（以钡、锶、钙等金属为主的氧化物），这些金属氧化物具有较低的溢出功，以便使阴极在较低的温度下就能产生热电子发射。

灯管的电极与两根引入线焊接并固定在玻璃芯柱上，引入线与灯的两根管脚连接，在灯具中管脚与灯座连接以引入电流。

荧光灯中荧光粉的作用是把它所吸收的紫外辐射转换成可见光。因为在最佳辐射条件下，普通荧光灯只能将3%左右的输入功率通过放电直接转变为可见光，63%以上转变为紫外辐射。在荧光灯中最强烈的原子辐射谱线为253.7nm和185.0nm的紫外线光，这些紫外光（尤其是253.7nm的紫外光）射向灯管内壁的荧光粉时，将发生光致发光，产生可见光辐射。管内壁涂的荧光粉不同，相应的荧光灯的光色（色温）和显色指数也不同。如果单独使用一种荧光物质，可以制造某种色彩的荧光灯，如蓝、绿、黄、白、淡红和金白等彩色荧光灯。有些荧光粉只要改变其构成物质的含量，即可得到一系列的光色，如日光色、冷白色、白色、暖白色等荧光灯。若把几种荧光物质混合使用，可得到其他的光色，如三基色荧光灯等。

三基色的暖色光的色温在3300K以下，暖色光与白炽灯相近，红光成分较多，能给人温暖、健康、舒适的感觉，适用于家庭、住宅、宿舍、宾馆等场所或温度较低的地方。三基色的冷白色光又叫中性色，它的色温在3300～5300K，中性色由于光线柔和，使人有愉快、舒适、安详的感觉，适用于商店、医院、办公室、饭店、餐厅、候车室等场所。三基色的冷色光又叫日光色，它的色温在5300K以上，光源接近自然光，有明亮的感觉，使人精力集中，适用于办公室、会议室、教室、绘图室、设计室、图书馆的阅览室、展览橱窗等场所。三基色节能型荧光灯的优点是：体积小、光色柔和、显色性好、造型别致；发光效率比普通荧光灯高30%左右，比白炽灯高5～7倍，即一支7W的三基色荧光灯发出的光通量，与一只普通40W白炽灯发出的光通量相同。三基色荧光灯作为优质的绿色照明产品，是目前世界各国都在大力提倡和推广的光源。在欧美和日本等发达国家，它已取代了大部分的白炽灯，并逐步取代普通荧光灯。

（2）工作原理：热阴极荧光灯的工作电路由灯管、镇流器和启辉器组成，如图2-6所示。其工作原理如下：当合上开关S_1后，电源电压全部加在启辉器S_2上，启辉器S_2产生辉光放电而发热，其中的双金属片受热膨胀变形，使触点闭合，接通阴极电路预热灯丝。双金属片触点闭合后，辉光放电停止，经1～2s的时间后，双金属片冷却收缩将触点弹开分离，就在这一瞬间，串联在电路中的镇流器L（为一电感线圈）产生较高的自感电动势，加在灯管两端，因阴极被预热后已发射了大量的电子，就使管内气体和汞蒸气电离而导电。汞蒸气放电时产生的紫外线激发灯管内壁的荧光物质发出可见光。灯管启燃后，电源电压就分布在镇流器和灯管上，灯管两端的电压降远远低于电源电压，致使启辉器上的电压达不到启辉电压而不再启辉。镇流器在灯管预热和启燃后，都起着限制和在一定程度上稳定预热及工作电流的作用。

2. 荧光灯的主要类型

荧光灯种类很多，分类方法也很多，这里只介绍工程中常用的分类方法（见表2-57）。

表2-57　荧光灯的主要类型

类型		说明
按启动线路方式分类	预热式	这种灯多采用启辉器预热阴极，并施加反冲电压使灯管点燃
	快速起启式	灯管经特殊设计，镇流器内附加灯丝预热回路，提高镇流器的工作电压（高于起启电压），灯管在施加电源电压后约1s就可启动
	冷阴极瞬时起启式	这种灯是利用漏磁变压器产生的高压瞬时启动，因此电极不需要预热，灯管可瞬时启动

续表1

<table>
<tr><th colspan="2">类　型</th><th>说　　明</th></tr>
<tr><td rowspan="3">按灯管工作电源的频率分类</td><td>工频灯管</td><td>工作在电源频率为50Hz或60Hz回路的灯管，一般与电感镇流器配套使用</td></tr>
<tr><td>高频灯管</td><td>工作在电源频率为20～100kHz高频状态下的灯管，高频电流是与其配套的电子镇流器产生的，目前已经广泛应用</td></tr>
<tr><td>直流灯管</td><td>工作在直流状态下的灯管。点灯回路从市电取用工频（50Hz或60Hz）交流电源经整流成直流后向灯管供电</td></tr>
<tr><td rowspan="2">按灯管形状和结构分类</td><td>直管荧光灯</td><td>直管荧光灯是产量和使用量最大的一般照明光源，而且品种繁多。工程上常按其管径（灯管直径）的大小进行分类，目前使用的产品主要有T12、T8、T5三种，其中T代表1/8in，即3.175mm，而T12、T8和T5三种荧光灯管的直径约为T后面的数字乘以3.175mm
T12荧光灯的管径约为38mm，T8荧光灯的管径约为25mm，T8荧光灯是T12的改良型。二者的共同特点主要有两个：一是灯的镇流器、灯座和灯头完全匹配，因而其主要规格大致相同（见下表）；二是两者都采用卤磷酸钙荧光粉，只要改变荧光粉中的锑（Sb）和锰（Mn）的比例，都可以制成色温为6500K的日光色至3000K的暖白色之间多种光色的荧光灯。但是T8荧光灯与T12相比却具有以下显著优点，光效更高，一般情况下，光效在60 lm/W以上；更省电，例如T8系列36W日光灯相当于T12系列40W荧光灯，省电10%；灯管细，省材料，更符合环保要求；使用寿命长，寿命高达8000h
T12直管荧光灯的主要规格<table><tr><td>功率（W）</td><td>20</td><td>30</td><td>40</td><td>65</td><td>75/85</td><td>125</td></tr><tr><td>管长（mm）</td><td>600</td><td>900</td><td>1200</td><td>1500</td><td>1800</td><td>2400</td></tr></table>T5荧光灯的管径约为15mm，并且采用三基色荧光粉。T5荧光灯与T8荧光灯相比，其特点主要有以下几个方面：显色性好，显色指数一般在85以上；光效高，一般可达85～96 lm/W；节约电能约为20%；寿命长，达7500h（国内产品）、9000h（国外产品）但需要说明的是，T5荧光灯属于高科技产品，是21世纪荧光灯的发展方向，国内外电光源生产企业的工程技术专家都在积极开发和推广应用T5荧光灯</td></tr>
<tr><td>高光通单端荧光灯</td><td>在灯管的一端有4个插脚，与直管荧光灯相比具有结构紧凑、光通输出高、光通维持好、灯具内布线简单等优点，其灯具主要用于室内有吊顶装饰的场所。其主要规格见下表：
高光通单端荧光灯的主要规格<table><tr><td>功率（W）</td><td>18</td><td>24</td><td>36</td><td>40</td><td>55</td></tr><tr><td>管长（mm）</td><td>255</td><td>320</td><td>415</td><td>535</td><td>535</td></tr></table></td></tr>
</table>

续表 2

类型		说明
按灯管形状和结构分类	环形荧光灯	环形荧光灯是针对直管荧光灯安装不便和装饰性差的缺点，在近些年开始出现的一种荧光灯，其外形如图 2－7 所示。图 2－7(a)为普通环形荧光灯，使用时须外接配套镇流器和启辉器；如图 2－7(b)所示为一体化电子节能环形荧光灯，它是将配套使用的镇流器和启辉器与灯一体化了。环形荧光灯与直管荧光灯相比，其优点是光源集中、照度均匀及造型美观，可用于民用建筑、机车车厢及家庭居室照明 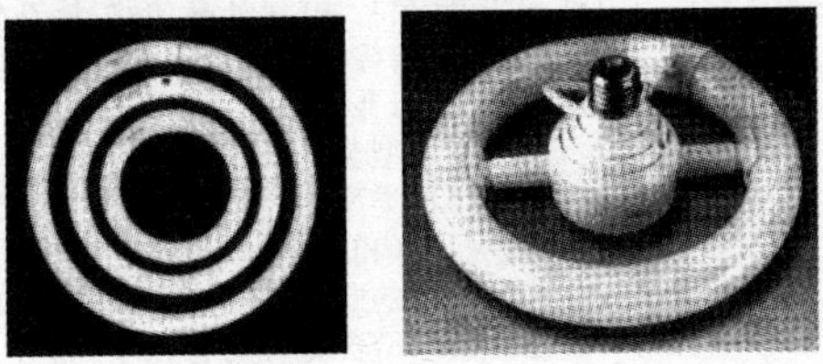 (a)　(b) **图 2－7　环形荧光灯外形图**
	紧凑型荧光灯	紧凑型荧光灯又称异形荧光灯。它是针对直管荧光灯结构复杂(需配套镇流器和启辉器)、灯管尺寸较大等缺点，研制开发出来的新一代电子节能灯，其外形独特，款式多样，利用细管灯管 9～16mm 弯曲或拼接成一定的形状，缩短放电管的线形长度，以获得结构紧凑的优势；配以小型电子镇流器和启辉器，将美观的外形设计与现代电子科技结合起来，使整灯外观协调、灵巧。紧凑型荧光灯是一种整体形的小功率荧光灯，它把白炽灯和荧光灯的优点集于一身，并将灯与镇流器、启辉器一体化，所以，其外形类似普通照明白炽灯泡，体积比普通照明白炽灯泡略大。该灯具有寿命长(国外产品的使用寿命已达 8000～10000h)、光效高和节能(同样光输出的前提下，耗电仅为白炽灯的 1/4)及光色温暖、显色性好、使用方便等特点，可直接装在普通螺口或插口灯座中替代白炽灯。紧凑型荧光灯主要形式如图 2－8 所示 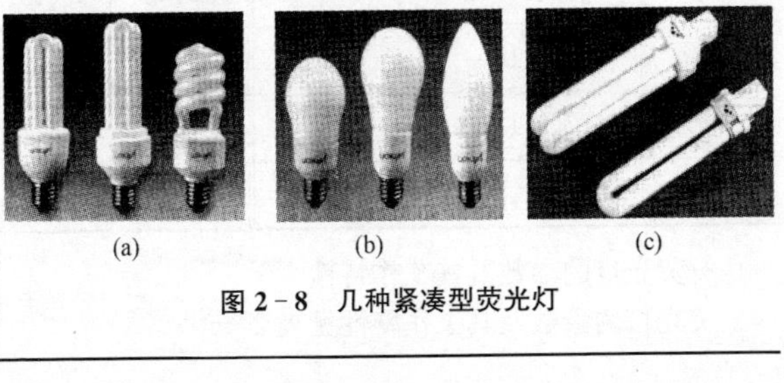 (a)　(b)　(c) **图 2－8　几种紧凑型荧光灯**

续表 3

类型		说明
按灯管形状和结构分类	紧凑型荧光灯	如图 2-8(a)所示为一体化系列，将镇流器等全套控制电路封闭在灯的外壳内，主要有 2U、3U、2D、螺旋等外形，是新一代一体化电子节能灯，其显著特点是：外形独特、款式多样、功效高、寿命长；如图 2-8(b)所示为灯泡形、烛光形和球泡形，是在原 2U、3U 外露形系列的基础上形成的，表面采用乳白玻璃磨砂处理，使光线更加柔和舒适。利用细管径(9mm)灯管紧凑优势，配以小型电子镇流器，将美观的外形设计与现代电子科技结合起来，使整灯外观协调、灵巧，并保证高功效、长寿命；如图 2-8(c)所示为插拔系列，灯管与控制电路分离，需用特制灯头，主要形式有 U 形、2U 形、H 形、2H 形、2D 形等 由于紧凑型荧光灯品种多样化、规格系列化(见表 2-58)，并且能与各种类型的灯具配套，可制成造型新颖别致的台灯、壁灯、吊灯、吸顶灯和装饰灯，日益广泛应用于商场、写字楼、饭店及许多公共场所的照明，并进入家庭照明的领域 由于紧凑型荧光灯的管径小(管径只有 9mm)，单位荧光粉层面积受到的紫外辐射强度很大，若仍然使用卤磷酸钙荧光粉，则灯的光通量衰减很大，即灯的有效寿命短，所以必须采用三基色荧光粉。这样一来就导致其成本高，价格较昂贵，从而制约了这种节能优质电光源在家庭照明领域的进一步推广

表 2-58　紧凑型荧光灯类型

型号	功率(W)	型号	功率(W)
H 形	5、7、9、11、18、24、35	2π 形	10、13、18、26
环形	15、22、35、40	四边形	13、16、28、38
2H 形	10、13、18、26	U 形	5、7、9、11、18、24、35
球形	16、20	2U 形	10、13、18、26
双曲形	9、13、18、25	UH 形	9、13、16
W 形	11、13、16	3U 形	16、28
II 形	5、7、9、11、18、24、36	2D 形	16、28、38
六边形	13、16、28、38	Y 形	13、16

3. 荧光灯的参数及其工作特性

荧光灯的参数及其工作特性见表 2-59。

表 2-59 荧光灯的参数及其工作特性

参 数	工作特性说明
额定电流、灯管电压和灯管功率	荧光灯的额定电流分额定工作电流和额定启动电流。额定工作电流是根据灯管功率、灯管结构和最有利的电流密度而决定的。额定启动电流一般比灯管额定工作电流大，其作用是在启动时将灯丝预热，以保证在短时间内将灯丝预热到一定的温度 灯管电压是工作电流在灯管上产生的电压降，它与灯管长度有关。由于荧光灯工作时必须串入镇流器元件，故灯管电压低于电源电压，一般灯管电压为电源电压的 1/2～2/3 灯管的额定功率是灯管在额定电流下消耗的功率。荧光灯功率比较小，这主要是因为灯管功率受到灯管尺寸和最有利的电流密度的限制。荧光灯最有利的工作条件是管内保持一定的汞蒸气压力，这要求管壁温度不超过 40℃，因此灯管的电流密度和功率就受到了限制
光通量与发光效率	荧光灯在使用过程中光通量会有明显的衰减现象，点燃 100h 后光通量输出比初始光通量输出下降 2%～4%，以后光通量下降就比较缓慢。因此荧光灯的额定光通量一般是指点燃了 100h 时的光通量输出值，对照明要求极高的场所有时甚至取点燃了 2000h 后的光通量输出作为计算依据。荧光灯光通量衰减的主要原因有：由于荧光粉的老化而影响光致发光的效率；由于管内残留不纯气体的作用使荧光粉黑化；由于电极电子物质的溅射使管端黑化；灯管老化使之透光比下降等 荧光灯的发光效率很高，一般为 27～82 lm/W。荧光灯的光效与使用荧光粉的成分有很大关系，通常情况下，三基色荧光粉的转换率最高，多光谱带三基色荧光粉的转换效率最低，而卤磷酸钙荧光粉的转换效率则介于两者之间，因此三基色荧光灯的光效最高，比普通荧光灯要高出 20%左右
寿命	荧光灯的寿命一般是指有效寿命，即荧光灯使用到光通量只有其额定光通量的 70%时为止。国产普通荧光灯的寿命为 3000～5000h 影响荧光灯光通量输出的一系列因素都间接地影响着荧光灯的寿命，其中主要因素是阴极电子发射物质的飞溅程度。实验表明：荧光灯起动时阴极上的电子发射物质飞溅最为剧烈，因此频繁开关荧光灯会大大增加电子发射物质的消耗，从而降低其使用寿命。通常情况下，荧光灯在进行寿命试验时规定每 3h 开关一次，若将开关次数增加，则寿命明显下降。例如每半小时开关一次，则寿命将下降一半。因此，需频繁开关照明灯的场所不适宜选用荧光灯
电压特性	一般来说，荧光灯的灯管电流、灯管电功率和光通量基本上与电源电压成正比，而灯管电压和光效却与电源电压近似成反比。所以，当电源电压变化时，都会不同程度地影响到灯管的性能(如图 2-9 所示)，其中备受关注的应当是对灯管寿命的影响，因为不论电压过高或过低，都会使荧光灯的寿命下降。若电源电压过高，灯管工作电流增大，电极温度升高，电子发射物质的消耗也增大，促使灯管两端早期发黑，寿命缩短；若电源电压降低，电极温度降低，灯管不易启动；即使启动了，也由于工作电流小，不足以维持正常的工作温度，导致电子发射物质溅射加剧，同样会降低寿命。所以，为了保证荧光灯具有正常的工作特性和使用寿命，要求电源电压的偏移范围必须为额定值的±10%以内

续表 1

<table>
<tr><th>参　数</th><th>工作特性说明</th></tr>
<tr><td>电压特性</td><td>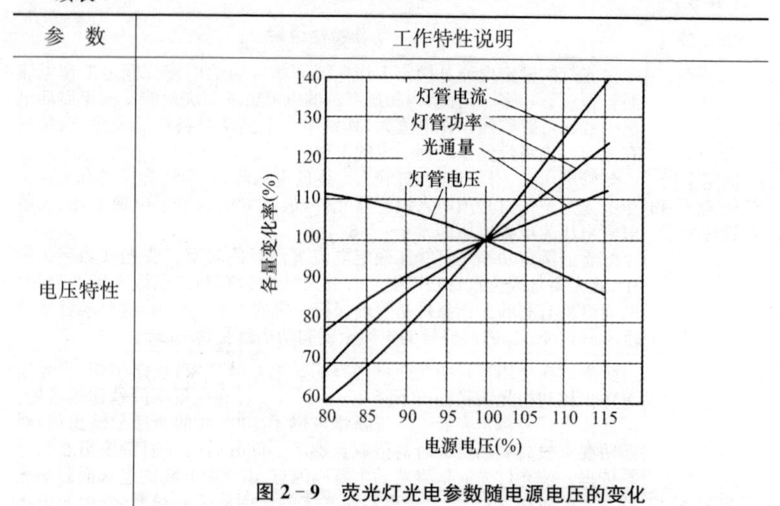

图 2-9　荧光灯光电参数随电源电压的变化</td></tr>
<tr><td>环境温湿度对性能的影响</td><td>环境条件对荧光灯的工作性能影响较大，当环境温度和湿度发生变化时，将影响荧光灯的光效和启动性能
荧光灯光效的高低主要取决于 253.7nm 谱线的辐射强度，要达到强的紫外辐射，就必须保持灯管内有最佳的汞蒸气压力，而环境温度却对汞蒸气压力有较大的影响。实验表明，若灯管工作时管壁最冷部分的温度约为 40℃时，管内就能达到最佳汞蒸气压力，相应的环境温度为 20℃～35℃，此时灯管的发光效率最高。当环境温度过高时，管内汞蒸气压力会增高，253.7nm 的紫外辐射就会减弱，光效随之下降，故环境温度应低于 35℃为宜；当环境温度过低时，汞蒸气压力会下降，紫外辐射也会减弱而使光效下降。此外，环境温度过低（一般低于 10℃）还会造成荧光灯启动的困难，而当环境温度低于 5℃时对荧光灯的工作就极为不利了
环境湿度过高（75％～80％）将影响荧光灯的启动和正常工作。因为环境湿度增高时，悬浮在空气中的水分子就会在灯管表面形成一层潮湿的薄膜，该薄膜相当于一个电阻跨接在灯管的两个电极之间，降低了荧光灯启动时两极间的电压，使荧光灯启动困难。一般情况下，环境相对湿度低于 60％时荧光灯可以正常工作，而达到 70％～80％时对荧光灯的工作就极为不利了
由此可见，对于环境温湿度变化范围较大的场合来说，不宜使用荧光灯照明，这也是荧光灯目前主要大量用于环境条件较好的家庭、办公室、学校、医院等室内照明的原因</td></tr>
</table>

续表 2

参　数	工作特性说明
闪烁与频闪效应	交流电点燃荧光灯时，在电源各半个周期内，随着电流的增减，荧光灯的光通量发生周期性的明暗变化，因此荧光灯工作时，其光通量将以两倍的电源频率闪烁。由于荧光粉的余辉作用，肉眼一般感觉不到闪烁的存在，但当使用荧光灯照射快速运动的物体时，往往会降低视觉分辨能力，即产生频闪效应。例如用荧光灯照射快速移动的物体时，只能看到模糊的影像；用荧光灯照射快速转动的物体时，若该物体的转动频率是交流电频率的整数倍时，则转动的物体看上去好像转动变慢或不动了，在这两种情况下，都容易造成事故。所以，荧光灯不适宜用于有车床等旋转机械的场所照明 消除频闪效应的方法通常有以下几种：双管、三管荧光灯可采用分相供电；单管荧光灯可采用移相电路；亦可采用电子镇流器使荧光灯工作在高频状态，或采用直流供电的荧光灯管
颜色特性（光谱能量分布、色温和显色性）	荧光灯的颜色特性与采用的荧光粉性质有关，卤磷酸钙荧光粉和三基色荧光粉的配方不同，其光谱能量分布不同，因而得到的光色、色温和显色指数也不相同，其中最典型的是 3 种标准的白色，即暖白色（2900K）、（冷）白色（4300K）、日光色（6500K），无论哪种荧光粉都可以调配出这 3 种标准的白色 如图 2－10 所示为涂有卤磷酸钙荧光粉的荧光灯的光谱能量分布，三种标准白色的荧光灯均具有较多的连续光谱，一般显色指数 R_a 为50～70 如图 2－11 所示为涂有三基色荧光粉的荧光灯的光谱能量分布，其特点是线光谱较多，一般显色指数 R_a 为 80～85 如图 2－12 所示为涂有三基色多光谱带荧光粉的荧光灯的光谱能量分布，其一般显色指数 R_a 则可超过 90

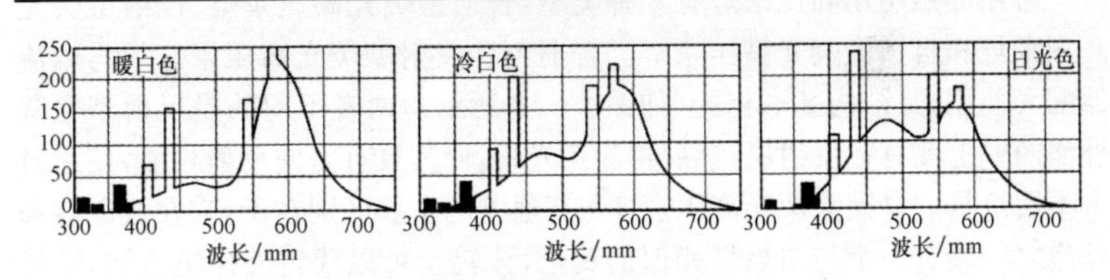

图 2－10　卤粉荧光灯的光谱能量分布

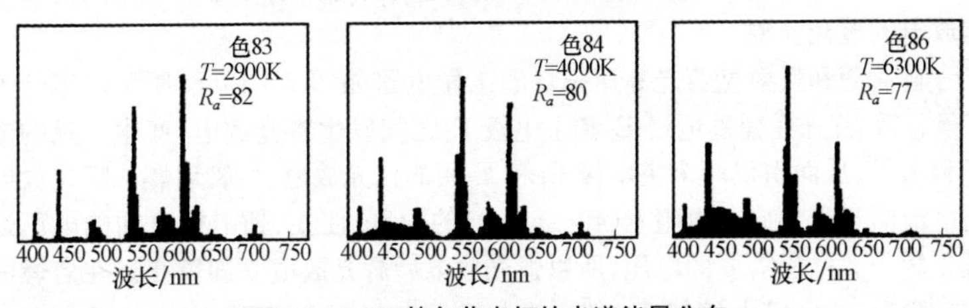

图 2－11　三基色荧光灯的光谱能量分布

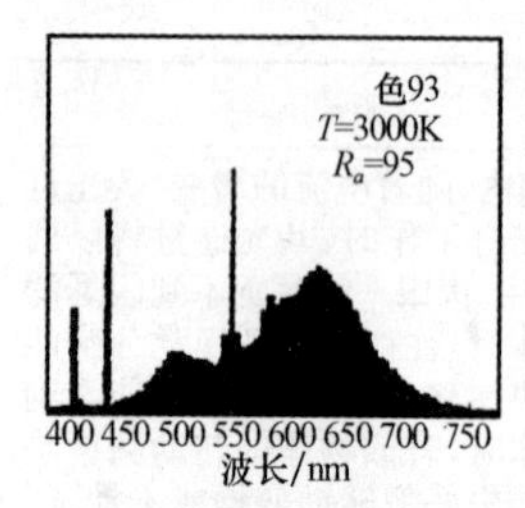

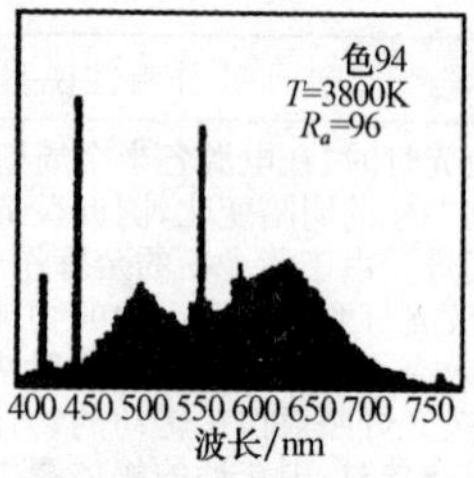

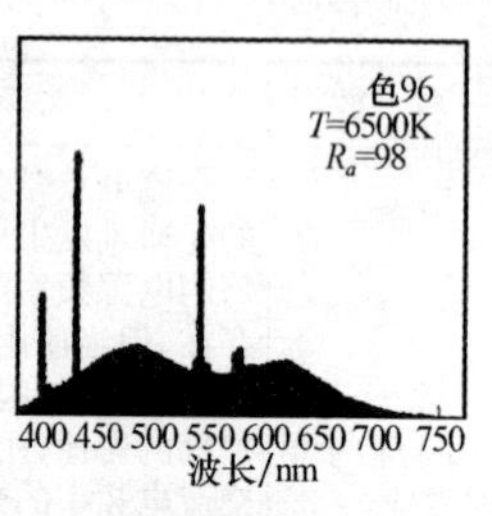

图 2－12 三基色多光谱带荧光粉的荧光灯的光谱能量分布

四、荧光高压汞灯

1.结构与原理

高压汞灯主要由灯头、放电管和玻璃外壳等组成，其核心部件是放电管。放电管由耐高温、高压的透明石英玻璃做成，管内抽去空气和杂质后，充有一定量的汞和少量的氩气，里面封装有钨丝制成的主电极和辅助电极，钨丝上涂有电子发射物质，使之具有较好的热电子发射能力。放电管工作时管内的气压可升高到2～6个大气压，管壁温度可达400℃～600℃。为了减少热量的损失，使放电管稳定地工作，一般高压汞灯的放电管封装在硬质玻璃制成的外泡中。外泡内也要抽成真空，充入惰性气体，并在外泡的内壁涂有荧光粉，以提高高压汞灯的发光效率或改善光色，故高压汞灯又称为荧光高压汞灯。

常用的照明用高压汞灯有3种类型：普通型荧光高压汞灯、反射型荧光高压汞灯和自镇流荧光高压汞灯。普通型和反射型荧光高压汞灯须与镇流器配套使用，其结构基本相同(如图2－13所示)，两者不同的是反射型在其外泡内壁上镀有铝反射层，然后再涂荧光粉，使其具有定向反射性能，使用时可不用灯具。自镇流荧光高压汞灯与普通型的主要区别在于，它在放电管和外泡之间装有一个与白炽灯相似的钨丝，该钨丝可以代替外接镇流器，同时也能像白炽灯那样产生可见光，因此自镇流荧光高压汞灯是一个热辐射和气体放电的混光光源。

普通型和反射型荧光高压汞灯的工作电路如图2－13(c)所示。当开关S合上后，首先在辅助电极E_3和主电极E_1之间发生辉光放电，产生大量的电子和离子，从而引发两个主电极E_1和E_2间的弧光放电，灯管启燃。辉光放电的电流由于受到启动电阻R(40～60kΩ)的限制，使主、辅电极之间的电压远低于辉光放电所需要的电压，所以弧光放电后辉光放电立即停止。在启燃的初始阶段，放电管内的气压较低，放电只是在氩气中进行，产生的是白色的光。随着放电时间的增加，放电管的温度不断升高，汞蒸气的压力也逐渐上升，于是放电也逐渐转移到在汞蒸气中进行，发出的光也逐渐地由白色变为更明亮的蓝绿色。

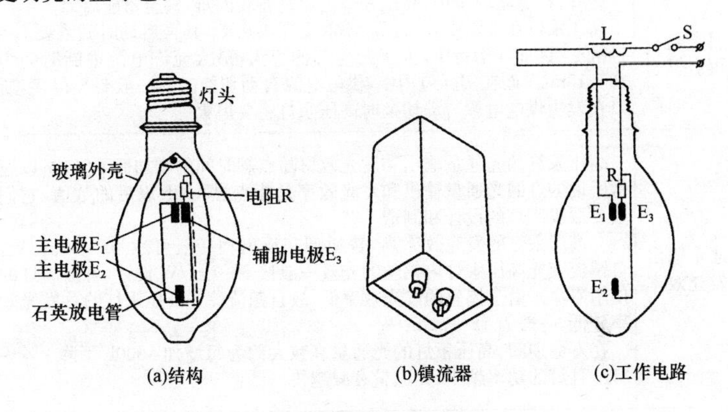

(a)结构 (b)镇流器 (c)工作电路

图 2-13 荧光高压汞灯

2. 基本性能

荧光高压汞灯的基本性能，见表 2-60。

表 2-60 荧光高压汞灯基本性能

性 能	说 明
启燃与再启燃	高压汞灯的启动首先从主电极和辅助电极之间的辉光放电开始，随后过渡到两个主电极之间弧光放电，从启燃到灯管稳定工作需要 4～8min 的启动时间，启动过程中光电参数均发生较大的变化，如图 2-14 所示 **图 2-14 高压汞灯的启燃特性**

续表1

性能	说明
启燃与再启燃	此外,在低温环境中,高压汞灯的启动将较困难,甚至不能启动 高压汞灯在工作中熄灭以后不能立即再启动,其再启动时间需要5~10min。因此在运行中,为了避免灯的熄灭,最大允许电源中断时间为10~15ms。而在实际应用中,供电电源自动切换时间一般要长得多,所以在发生供电电源自动切换时高压汞灯将要熄灭
光通量输出和发光效率	高压汞灯的光通量输出和发光效率随点燃时间的增加而下降,所以通常所说的灯的光通量输出和发光效率是指点燃100h以后的数值,它们主要取决于灯的设计和制造工艺 高压汞灯的发光效率高,普通型和反射型一般可达40~60lm/W,自镇流荧光高压汞灯内钨丝的光效一般按5~7lm/W设计(可提高灯的使用寿命),由于钨丝的发光效率低,故自镇流荧光高压汞灯的总发光效率较低,一般为12~30lm/W 在寿命期间,高压汞灯的光通量衰减大约为每增加1000h下降2%~3%,且灯的功率越小,光通量衰减越快
颜色特性	高压汞灯所发射的光谱包括线光谱和连续光谱,色温为5000~5400K,光色为淡蓝绿色,由于与日光差别较大,故其显色性较差,一般显色指数仅为30~40,一般室内照明应用较少 近年来将三基色荧光粉应用于高压汞灯,进一步改善了高压汞灯的显色性,提高了灯的发光效率。还通过采用不同配比的混合荧光粉,制成橙红色、深红色、蓝绿色和黄绿色等不同光色的汞灯和高显色性汞灯,除用于一般照明外,还适用于庭院、商场、街道及娱乐场所的装饰照明
寿命	高压汞灯的寿命很长,国产的普通型和反射型的有效寿命可达5000h以上,自镇流荧光高压汞灯一般为3000h(钨丝寿命低,钨丝烧断则整个灯就报废),而国际先进水平已达24000h。影响高压汞灯寿命的主要原因有:管壁的黑化引起的光衰;电极电子发射物质的消耗;启燃频繁等
电源电压变化的影响	高压汞灯对电源电压的偏移非常敏感,会引起光通量、电流和电功率的较大幅度的变化,如图2-15所示为400W荧光高压汞灯参数与电源电压的关系曲线。灯在使用中允许电源电压有一定的变化范围,但电压过低时灯可能熄灭或不能启动,而电压过高时也会使灯因功率过高而熄灭,从而影响灯的使用寿命 总之,高压汞灯的突出优点是光效高、亮度高、寿命长。但由于一般的高压汞灯其显色性较差,故很少用于一般室内的照明,而在广场、车站、街道、建筑工地及不需要仔细分辨颜色的高大厂房等需要大面积照明的场所得到了广泛的应用

续表 2

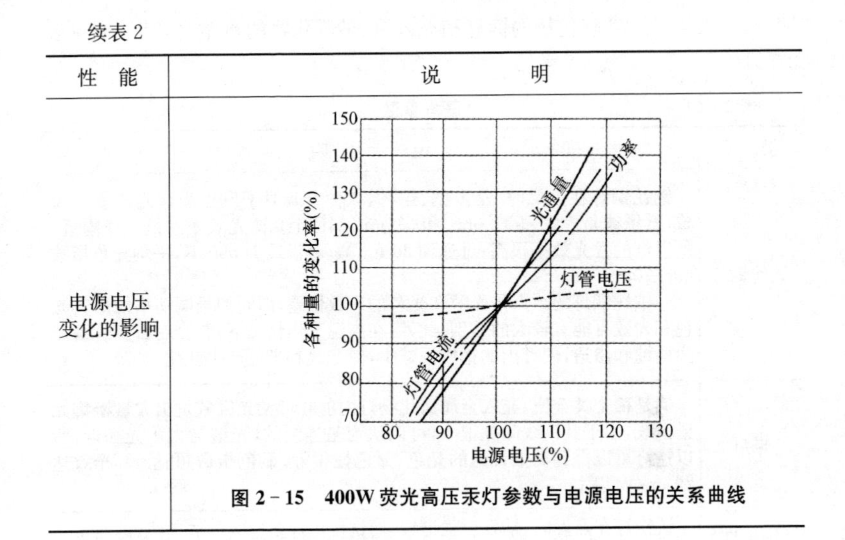

性能	说明
电源电压变化的影响	图 2-15 400W 荧光高压汞灯参数与电源电压的关系曲线

五、金属卤化物灯

金属卤化物灯是 20 世纪 60 年代在高压汞灯基础上发展起来的一种新型光源，由于其放电管内填充的放电物质是金属卤化物，所以称其为金属卤化物灯，充入不同的金属卤化物，可制成不同特性的光源。

1. 结构与原理

用于普通照明的金属卤化物灯其外形和结构与高压汞灯相似，只是在放电管中除了像高压汞灯那样充入汞和氩气外，还填充了各种不同的金属卤化物。金属卤化物灯主要靠这些金属原子的辐射发光，再加上金属卤化物的循环作用，获得了比高压汞灯更高的光效，同时还改善了光源的光色和显色性能。

金属卤化物灯的发光原理与高压汞灯相似。灯启动点燃后，灯管放电开始在惰性气体中进行，灯只发出暗淡的光，随着放电继续进行，放电管产生的热量逐渐加热玻壳，使玻壳温度慢慢升高，汞和金属卤化物随玻壳温度的上升而迅速蒸发，并扩散到电弧中参与放电，当金属卤化物分子扩散到高温中心后分解成金属原子和卤素原子，金属原子在放电中受激发而发出该金属的特征光谱。

2. 主要种类和基本参数

目前用于照明的金属卤化物灯主要有 3 类，充入钠、铊、铟碘化物的钠铊铟灯，充入镝、铊、铟碘化物的镝灯和充入钪、钠碘化物的钪钠灯，其说明见表2-61。

表 2-61 基本参数

类型	说明
钠铊铟灯	钠铊铟灯在点燃时，是由钠、铊、铟3种金属原子发出线状光谱叠加而成，其谱线是589～589.6nm和535nm，都位于光谱光效率的最大值附近，所以灯的发光效率很高，可达到80 lm/W，色温约为5500K，平均显色指数60～70 钠铊铟灯的缺点是光效和光色的一致性差，即同型号同功率的灯其光色和光效可能有较大的差别；此外，在高温工作状态下，钠会对石英管壁产生腐蚀和渗透，使灯内的钠慢慢减少，使光效和光色产生变化
镝灯	镝是稀土类金属，充入金属卤化物灯内能在可见光区域发出大量密集光谱谱线，由于其谱线间隙很小，可以认为是连续的，光谱与太阳光相近，所以镝灯可以得到类似日光的光色，显色性很好，显色指数可达90，光效达75 lm/W以上
钪钠灯	钪钠灯在点燃时，钠发出强谱线，而钪发出许多连续的弱谱线，因而钪钠灯的发光效率也较高，可达80 lm/W，其显色性较好，显色指数60～70

总之，金属卤化物灯的主要特点是发光效率高，光色好，显色指数高，体积小，适用于各种场所的一般照明、特种照明和装饰照明。但由于金属卤化物灯目前仍存在启动设备复杂、寿命较短、不适宜频繁启动和价格昂贵等不足之处。现在金属卤化物灯主要应用于机场、体育场的探照灯；公园、庭院照明；电影、电视拍摄光源和歌舞厅装饰照明等。近年来金属卤化物灯开始向小体积和低功率光源发展，使之从大量用于室外照明逐步进入室内照明及家庭照明的领域。如图2-16所示为新型小功率金属卤化物灯（30～150W）的外形结构。

3. 工作特性

（1）启燃与再启燃。与高压汞灯一样，金属卤化物灯也有一个较长的启动过程。由于金属卤化物比汞难蒸发，因此金属卤化物灯的启燃和再启燃时间要比高压汞灯略长一些，从启动到光电参数基本稳定一般需要4min左右，而达到完全的稳定则一般需要15min的时间；在关闭或熄灭后，需等待约10min才能再次启动。

（2）电源电压变化的影响。电源电压发生变化时，灯的参数会发生较大的变化。如图2-17所示为400W钠铊铟灯参数与电源电压的关系。

电源电压变化还将影响灯的光效和光色，例如钠铊铟灯在电源电压变化±10%时，色温将降低500K或升高1000K。电源电压突降还可能导致灯的

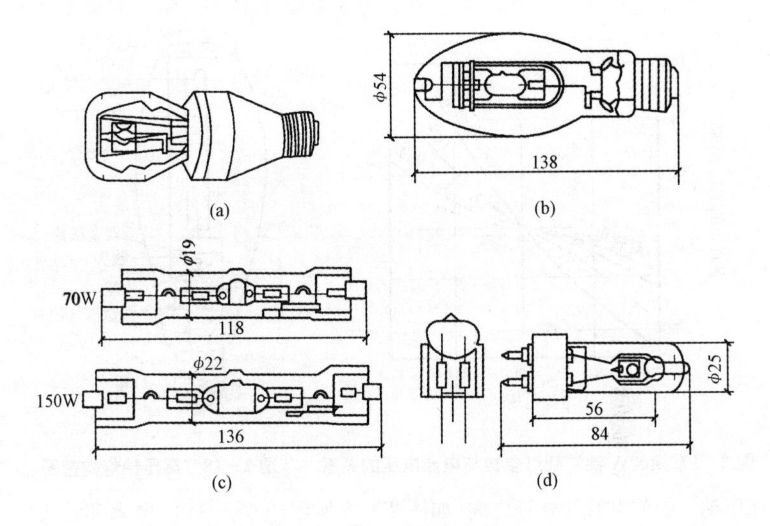

图 2-16 小功率金属卤化物灯

自熄。所以要求电源电压变化不宜超过额定值的±5%。

4. 灯的点燃位置

金属卤化物灯的点燃位置变化，将引起灯的电压、光效和光色的变化，故产品说明书上都注明灯的点燃位置，在使用过程中，应尽量保证按指定位置点灯，以获得最佳特性。

六、高压钠灯

高压钠灯是利用高压钠蒸气放电发光的一种高强度气体放电光源。

1. 构造与原理

高压钠灯的结构与高压汞灯相似，但由于钠金属对石英玻璃有较强的腐蚀作用，因此放电管采用半透明的多晶氧化铝陶瓷制作，并且管径较小以提高光效。放电管两端各装有一个工作电极，管内抽真空后充入一定量的钠、汞和氙气，放电管外套装有一个透明的玻璃外管，以使放电管保持在最佳的温度下(250℃～300℃)，外泡壳抽成高度真空，以减少外界环境的影响；为防止雨滴飞溅到工作中的钠灯外管上而引起炸裂，外管用耐热冲击的硼酸盐玻璃制作。高压钠灯构造示意图如图 2-18 所示。

高压钠灯为冷启动，没有启动辅助电极，启燃时两工作电极之间要有1000～2500V 的高压脉冲，因此必须附设启燃触发装置。触发装置可以装在

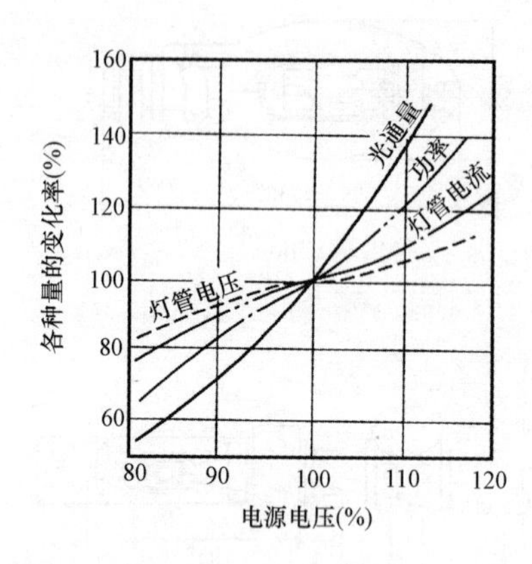

图 2-17 400W 钠铊铟灯参数与电源电压的关系

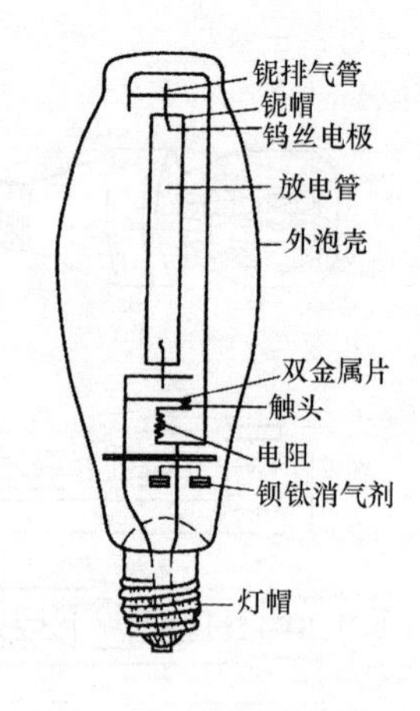

图 2-18 高压钠灯构造图

高压钠灯的放电管和外管之间(如图 2-18 所示的双金属片、电阻和触头),也可以外接触发器。

当高压钠灯接通电源后,启动电流通过双金属片及其触点和加热电阻。电阻发热使双金属片触点断开,在断电的一瞬间,镇流器(外接的)产生很高的脉冲电压,使其放电管击穿放电,开始放电时是通过氙气和汞进行的,所以启燃初始,灯光为很暗的红白辉光。随着放电管内温度的上升,从氙气和汞放电向高压钠蒸气放电过渡,经过 5min 左右趋于稳定,稳定工作时光色为白金色。启动后,靠灯泡放电的热量使双金属片触头保持断开状态。

高压钠灯的启燃时间一般为 4～8min,灯熄灭后不能立即再点燃,需要 10～20min 让双金属片冷却使其触点闭合后,才能再启动。

2. 基本性能

因为在高压钠灯发出的光中 589nm 及其附近的谱线比较强烈,因此光色呈黄色,色温只有 2000～2100K,显色性较差,一般显色指数仅为 20～25。但该谱线的光具有高的光谱光效率(集中在人眼感觉较灵敏的范围内),因此它的光效很高,光效高达 90～130lm/W。此外高压钠灯还具有体积小、亮度高、紫外辐射量少、透雾性好、寿命长等优点,很适合交通照明,如主要交通道路、航道、机场跑道等需要高亮度、高效率场所的照明,室内照明领域很少使用。

针对高压钠灯显色性较差这一主要缺点,在普通高压钠灯的基础上,只要适当提高管内气压,就可以提高灯的显色性能,但光效会有所下降。例如改显型高压钠灯，其显色指数可提高到60左右，色温也提高到了2300～2500K，光效与普通型相比则约下降25%；高显型高压钠灯的色温可上升到2500～3000K，一般显色指数可达到80左右，其光效将进一步下降。改显型和高显型高压钠灯可用于商业、体育场馆、娱乐场所等需要高显色性和高照度场所的照明。

3. 电源电压变化的影响

400W高压钠灯参数与电源电压的关系，如图2-19所示。

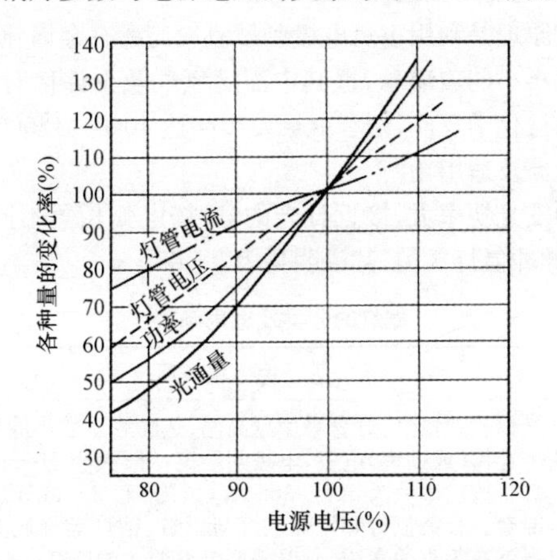

图2-19 400W高压钠灯参数与电源电压的关系

高压钠灯的灯管工作电压随电源电压的变化而发生较大变化；电源电压偏移对高压钠灯的光输出影响也较为显著，大约为电压变化率的两倍；若电压突然降落5%以上，灯管可能自熄。为保证高压钠灯能稳定工作，对它的镇流器有特殊的要求，从而使灯管电压保持在稳定的工作范围内。

七、氙灯

氙灯是一种填充氙气的光电管或闪光电灯，早先主要运用在工业及建筑照明上。它的优点是照明亮度高，照射时间长，稳定性好并且耗电省。氙灯的额定电压一般分为120V、240V和380V3种，额定功率从几十瓦到几千瓦不等。汽车用氙灯是在工业氙气基础上改进的，汽车氙灯电压为12V，功率为35W和55W，绝大部分车用35W，少数55W的大都安装在远光灯上。氙高压灯辐射发出很强的紫外线，可用于医疗、制作光谱仪光谱。

1. 发光原理

HID氙灯一般由灯头、电子镇流器(也叫作安定器、稳压器)和线组等组成。氙灯是在石英灯管内填充高压惰性气体氙气,取代传统的灯丝,在两端电极上有水银和碳素化合物,接通电源后,通过变压器,在几微秒内升到2万V以上的高压脉冲电加在石英灯泡内的金属电极之间,激励灯泡内的物质(氙气、少量的水银蒸气及金属卤化物)在电弧中电离产生亮光。由于高温导致碰撞激发,并随压力升高使线光谱变宽形成带光谱。在两极间形成完美的白色电弧,发出的光非常接近完美的太阳光。

氙灯的发光原理是利用正负电极刺激氙气与稀有金属化学反应发光,因此灯管内有一颗小小的玻璃球,这其中灌满氙气及少许稀有金属,只要用电流去刺激它们进行化学反应,两者就会发出高达4000~12000K色温的光芒。

2. 氙灯的分类及适用场所

氙灯是一种发光功率大,接近日光的灯,按电弧长短不同可分为长弧氙灯、短弧氙灯和脉冲氙灯3类,其说明见表2-62。

表2-62 氙灯的分类及适用场所

类型	适用场所
长弧氙灯	长弧氙灯又称管状氙灯,灯管采用耐高温、热膨胀系数小的全透明石英管,两端封接有两个钍钨(或钡钨)电极,电极间距离一般大于100mm,管内充有高纯度的氙气。灯管按功率分为500~3000W(风冷)和3~6kW(水冷),后者比前者多了个水冷套。长弧氙灯和短弧氙灯与汞灯、钠灯等金属蒸气灯不同,在启动前的常温下就有很高的气压,所以需要触发器才能使灯点燃。长弧氙灯的光谱与日光接近,故又俗称小太阳,它使用于码头、广场、车站、体育场等处的大面积照明。水冷长弧氙灯如图2-20所示,体积较小、亮度高,很大一部分红外线被水吸去,适合室内照明,可用于复印机、照相制版等 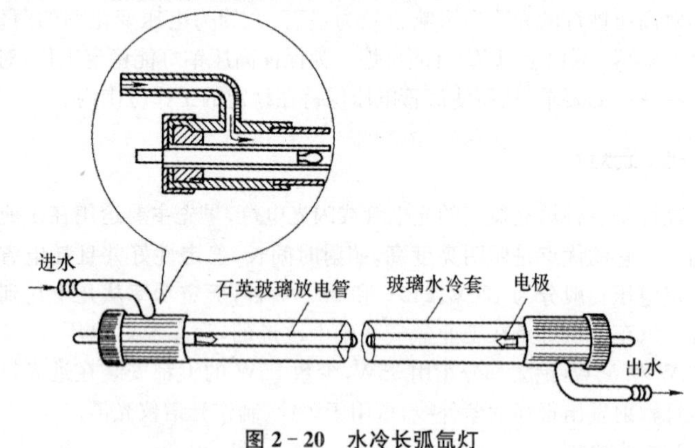 图2-20 水冷长弧氙灯

续表

<table>
<tr><th>类型</th><th>适 用 场 所</th></tr>
<tr><td>短弧氙灯</td><td>短弧氙灯是一种具有极高亮度的点光源，色温为6000K左右，光色接近太阳光，是目前气体放电灯中显色性最好的一种光源，适用于电影放映、探照、火车车灯以及模拟日光等方面。如图2－21所示为3000W风冷短弧氙灯结构示意图
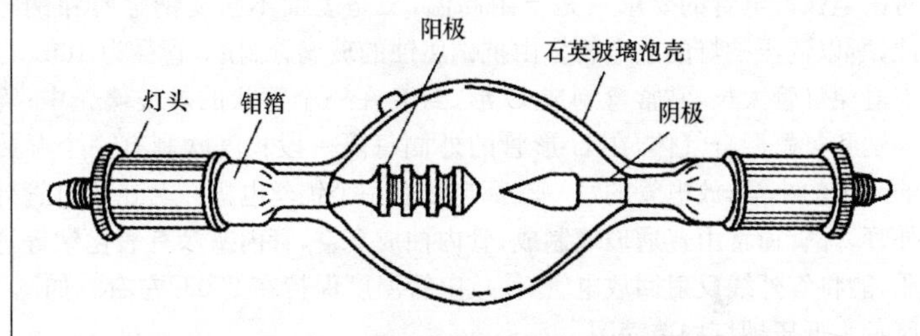

图2－21 3000W风冷短弧氙灯结构</td></tr>
<tr><td>脉冲氙灯</td><td>脉冲氙灯（如图2－22所示）与高压汞灯与高压钠灯等连续发光光源不同，它能在很短的时间内发出很强的光。由于脉冲灯发出的光像闪电一样一闪而过，因此常常又把它称为闪光灯。脉冲灯广泛用作摄影的光源和激光器的光泵，另外还可用作频闪观测的工具和航标灯等
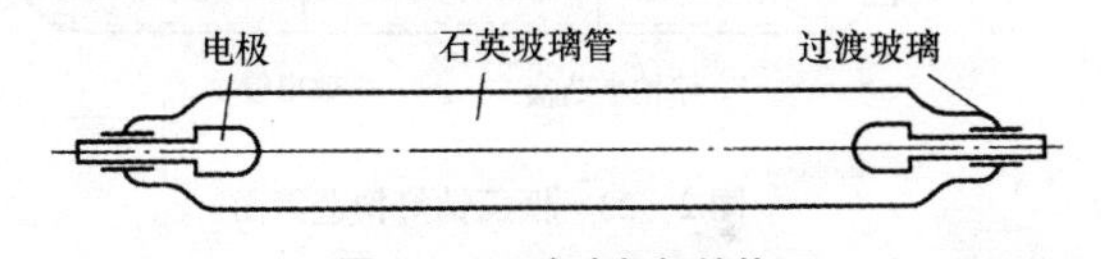

图2－22 脉冲氙灯结构</td></tr>
</table>

3. 基本性能特点

氙灯的基本性能特点，见表2－63。

表2－63 氙灯的基本性能特点

性能特点	说 明
亮度高	一般的55W卤素灯只能产生1000 lm的光，而35W氙气灯能产生3200 lm的强光，亮度提升300%，拥有超长及超广角的宽广视野
寿命长	HID氙气灯是利用电子激发气体发光，并无钨丝存在，因此寿命较长，约为3000h，而卤素灯寿命只有500h
节电性强	只有35W的氙气灯发出的光是55W卤素灯3.5倍以上，节约能源
色温性好	有4000～12000K等，呈现蓝白色光。6000K接近日光

八、低压钠灯

1. 结构

低压钠灯是一种低气压钠蒸气放电灯，其放电特性与低压汞蒸气放电十分相似。低压钠灯主要由放电管、外管和灯头组成。由于钠的熔点比汞高，对钠电弧放电管的要求一是要耐高温，二是表面不会受钠金属和钠蒸气腐蚀，所以低压钠灯的放电管多由抗钠腐蚀的玻璃管制成，管径为 16mm 左右，为避免灯管太长，常常弯制成 U 形，封装在一个管状的外玻璃壳中；管内充入钠和氖氩混合气体，在 U 形管的外侧每隔一段长度吹制有一个存放钠球的凸出的小窝；放电管的每一端都封接有一个钨丝电极。套在放电管外的是外管，外管通常由普通玻璃制成，管内抽成真空，管内壁涂有氧化铟等透明物质，能将红外线反射回放电管，使放电管温度保持在 270℃左右。如图 2-23 所示为低压钠灯构造简图。

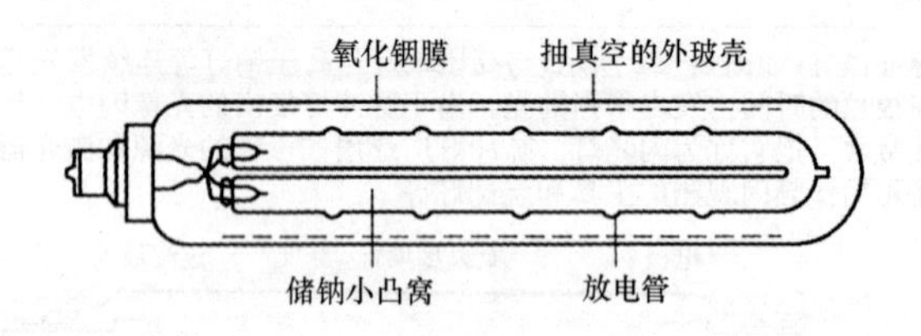

图 2-23　低压钠灯构造简图

2. 低压钠灯的特点

低压钠灯的辐射原理是低压钠蒸气中的钠原子辐射，产生的几乎是 589nm 的单色光，因此光色呈黄色，显色性能差，但由于低压钠灯发出的光集中在光谱光效率高的范围，即其波长与人眼感受最敏感的 555nm 光的波长最接近，因而发光效率很高，在实验室条件下可达到 400 lm/W，成品一般在 150 lm/W 以上，是照明光源中发光效率最高的一种光源。

低压钠灯可以用开路电压较高的漏磁变压器直接启燃，冷态启燃时间为 8～10min；正常工作的低压钠灯电源中断 6～15ms 不致熄灭；再启燃时间不足 1min。低压钠灯的寿命为 2000～5000h，点燃次数对灯寿命影响很大，并要求水平点燃，否则也会影响寿命。

由于低压钠灯的显色性差，一般不宜作为室内照明光源；但可利用其光色柔和、眩光小、透雾能力极强等特点，作为铁路、高架路、隧道、公园、庭院照明等要求能见度高而对显色性要求不高、能使人清晰地看到色差比较小的物体场所的照明光源。低压钠灯最适合太阳能路灯，91W 的低压钠灯完全可以替代 250W 高压钠灯。低压钠灯也是替代高压汞灯节约用电的一种高效灯种，应用场所也在不断扩大。

九、场致发光灯和半导体灯

场致发光灯和半导体灯是根据电致发光原理制造的电光源。其优点是耗电省、响应快和便于控制，近年越来越多地用于室内或室外的广告牌或指示牌，组成色彩瑰丽而千变万化的文字或图案，取得了良好的视觉效果。但与其他光源相比，由于其表面较暗，所以不适宜用于一般照明的场合。

1. 场致发光灯

两极之间的固体发光材料在电场激发下发光的电光源称为场致发光灯，又称 EL 灯。场致发光灯的结构像一个平板电容，通常由玻璃板、透明导电膜、荧光粉发光层、高介电常数反射层、铝箔和最底层的玻璃板叠合而成。发光屏与电极之间距离仅几十微米，因而施加为 100～250V 的工作电压时，就能达到足够高的电场强度（大于 10^4 V/cm）。在外加电场的作用下，荧光粉发光层晶体中的电子被加速，达到较高的能量，从而激发荧光粉使之发光。

场致发光灯的发光亮度随激励电压的增加迅速提高，随频率的提高呈线性增大，当频率为数千赫时，出现饱和趋势，甚至亮度下降。交流场致发光灯的发光效率已达到 10～15 lm/W，寿命长达 1 万小时以上，其表面亮度已达到数百 cd/m^2 以上。

场致发光灯作为一个低照度的面光源，因其具有耗电少、发光条件要求不高、并且可以通过电极的分割使光源分开做成图案与文字等优点，而得到越来越广泛的应用。如在城市夜景照明中，由于其色彩艳丽（使用不同荧光粉可发出不同的色光），可作为建筑物的装饰光源，标示图案、文字、符号的光源，也可作为道路的标志、路标和交通工具的夜间指示照明。此外，场致发光灯也常作为仪器仪表及通信手机的背光照明光源。

2. 半导体灯

（1）原理：半导体灯又称发光二极管（LED），其发光原理是对二极管 P－N 结加正向电压时，N 区的电子越过 P－N 结向 P 区注入，与 P 区的空穴复合，从而将能量以光子的形式放出。P－N 结的材料和掺入的杂质不同时，可以得到不同峰值的发光波长，如红光、绿光、黄光、橙红光和蓝光等。所以，半导体 P－N 结的电致发光原理决定了发光二极管不可能产生具有连续谱线的白光，同样单只发光二极管也不可能产生两种以上的高亮度单色光，而白光 LED 是将几种单色光的 LED 芯片混装在一起，按红、绿、蓝混色原理合成的。

(2)主要特点:LED照明与普通照明相比,有以下特点(见表2-64):

表2-64 LED照明特点

特 点	说 明
高效节能	LED功耗低,能量减少达90%,只需普通家庭照明用光效白炽灯的1/10耗电量,利于照明终端节电
寿命超长	LED照明在正确的电压和环境下连续使用时间长达50000h以上,是普通白炽灯寿命的50倍以上,并且LED封装严密,耐冲击,不易被外力破坏,无须担心意外损坏
照度充足	LED照明瞬时启动,并达到额定光通量而且无开关损耗,满足多种照明需要
没有辐射	低压直流驱动无任何电磁辐射,目前电磁辐射已经被列为世界第四大公害
绿色环保	无污染、无紫外线、红外线和热辐射,是真正的绿色光源
保健护眼	LED照明均采用低压直流驱动,无频闪、亮度均匀,照明效果在视觉上更接近自然光
适用性广	体积很小,每个单元LED小片是3～5mm的正方形,所以可以制成各种形状的器件,并且适合于易变的环境
颜色多变	改变电流可以变色,发光二极管方便地通过化学修饰方法,调整材料的能带结构和带隙,实现红黄绿蓝橙多色发光。如小电流时为红色的LED,随着电流的增加,可以依次变为橙色,黄色,最后为绿色
响应时间短	白炽灯的响应时间为ms级,LED灯的响应时间为ns级
稳定性高	10万h,光衰为初始的50%

(3)适用场所:半导体灯具有体积小、质量轻、耗电省、寿命长、亮度高、响应快等优点,因而是电子计算机、数字化仪表理想的显示器件。几十年来,人们致力于研究和开发发光二极管,想代替目前使用的寿命不长、发光效率低、温升高的普通光源,但是一直受到半导体材料和加工工艺的限制,商用发光二极管的发光亮度低、视角狭窄、颜色简单,产品质量也很难稳定。直到近几年,随着新型半导体材料的开发和加工封装工艺技术水平的提高,才相继制造出了高亮度的红、黄、绿发光二极管和白光二极管,目前又开发了由许多个发光二极管组合成的发光二极管灯具,如平面发光灯、交通信号灯、舞台型聚光灯、路灯、台灯、镜前灯等,在室内外照明中均得到应用。半导体灯具类型及说明见表2-65。

表 2-65　半导体灯类型及说明

类型	说明
LED交通信号灯	交通信号灯主要有红、黄、绿3种规格。在LED交通信号灯中，即使损坏了某一个LED，也仅仅降低了一点灯的亮度，不会造成整灯不亮，使交通失控。而且11W的LED信号灯相当于150W普通白炽灯，还具有寿命长、维护费用少等优点，目前我国一些大城市都已采用LED交通信号灯
标示灯（诱导灯）	标示灯（诱导灯）主要有透射型和直接型两种形式。透射型是将传统“灯箱”型标示灯内的白炽灯或荧光灯用LED代替，可作为建筑物出口标志和疏散引导。直接型是直接用LED组合成标示文字或图案
景观照明灯	造型各异的LED埋地灯、墙灯、草坪灯，LED局部投光灯、LED光带、与太阳能电池配套的LED庭院灯，还有将LED嵌装在两块大面积平板玻璃之间、通过透光导线连接的装饰面光源等，LED景观照明灯具可谓琳琅满目，品种繁多，应用十分广泛

白色LED自1996年9月由日本日亚化工业株式会社推出以来，随着芯片晶体的生长和荧光粉的改进，其光效不断提高，到2003年已达到20～30 lm/W，近期目标光效100～150 lm/W。此外，白色LED几乎不含红外与紫外成分，显色指数可达90，光输出随输入电压的变化基本上呈线性，故调光方法简单，效果可靠。随着功率稍大的白色LED的出现，这种崭新光源作为照明光源应用已为期不远了。

十、光导照明和光纤照明

1. 光导照明

光导照明系统是一种新型照明装置，其系统原理是通过采光罩高效采集自然光线导入系统内重新分配，再经过特殊制作的光导管传输和强化后，由系统末端的温射装置把自然光均匀高效地照射到任何需要光线的地方，得到由自然光带来的特殊照明效果。光导照明系统与传统的照明系统相比，存在着独特的优点，有着良好的发展前景和广阔的应用领域，是真正节能、环保、绿色的照明方式。该套装置主要由采光装置、导光装置、漫射装置组成。其特点如下：

(1)节能：可完全取代白天的电力照明，至少可提供10h的自然光照明，无能耗，一次性投资，无须维护，节约能源，创造效益。

(2)环保：系统照明光源取自自然光线，光线柔和、均匀，全频谱、无闪烁、无眩光、无污染，并通过采光罩表面的防紫外线涂层，滤除有害辐射，能最大限度地保护人们的身心健康。

2. 光纤照明

光在透明体中经多次反射传播光线的现象很早就为人们所发现，但是，“光导纤维”则是1956年由Kapany提出。这种传光的纤维材料线径细、质量轻、寿命长、抗电磁干扰、不怕水、耐化学腐蚀，加上原料丰富、生产耗能低、经光纤传出的光基本上无紫外和红外辐射等一系列优点，很快在通信、医疗器械、交通运输等许多领域得到推广应用。光纤照明可以说是近年来兴起的高科技照明技术，主要应用于建筑物的采光照明及城市夜景装饰照明。

(1)结构与原理：光纤照明系统由光源、反光镜、滤色片及光纤组成，如图2-24示。当光源通过反光镜后，形成一束近似平行光。由于滤色片的作用，又将该光束变成彩色光。当光束进入光纤后，彩色光就随着光纤的路径送到预定的地方。

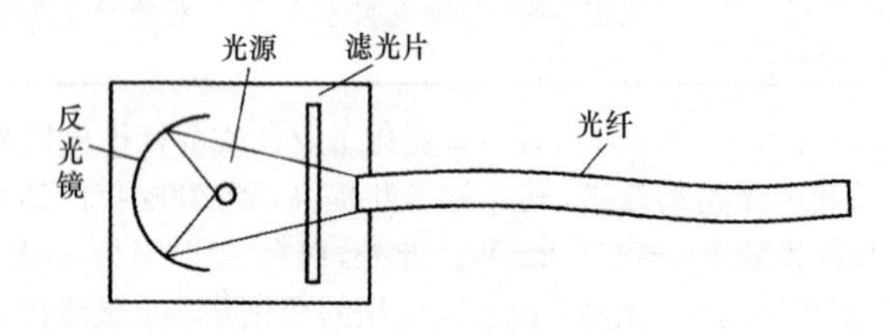

图2-24　光纤照明结构示意图

由于光在途中的损耗，所以光源一般都很强。常用光源为150～250W。而且为了获得近似平行光束，发光点应尽量小，近似于点光源。

反光镜是能否获得近似平行光束的重要因素，所以一般采用非球面反光镜。

滤色片是改变光束颜色的零件。根据需要，调换不同颜色的滤光片就获得了相应的彩色光源。光纤是光纤照明系统中的主体，其使用寿命长可达20年。光纤的作用是将光传送或发射到预定地方。光纤分为端发光和体发光两种。端发光是指光束传到端点后，通过尾灯进行照明，其结构主要由光投射主机和光纤组成，而投射主机则包含了光源、反射罩以及滤色片。体发光则是指光纤本身就是发光体，从而形成一根柔性的光柱。

(2)光纤照明的特点：

①单一的光源可以同时拥有多个发光特性相同的发光点，利于使用在一个较广区域的配置上。

②光源易于更换，也易于维修。光纤照明系统中光源远离照明地点（光电分离），照明设施安装检修方便，特别是一些窄小或有防水、防尘和防爆等要求的空间，用光纤照明十分安全可靠，照明效果也比较理想。

③光纤照明的光谱均匀分布，显色性高，光色平均柔和，滤除了大部分的红外线和紫外线，可有效地防止眩光的现象发生。

④发光点小型化、质量轻、易于更换与安装，它可以制作成很小的尺寸，放置在不同的容器或其设计空间里，因此可以营造出与众不同的装饰照明效果。

⑤它不受电磁的干扰，可以应用在核磁共振室、雷达控制室等有电磁屏蔽要求的特殊场所里，而这一点是其他照明设备所无法达到的特性。

⑥光线可以柔性地传播。一般的照明设备都具有光的直线特性，因此要改变光的方向，就得利用不同屏蔽的设计。而光纤照明因为是使用光纤来进行光的传导，所以它具有轻易改变照射方向的特性，也利于设计师特殊设计的需求。

⑦它可以自动变换光色。透过滤色片的设计，投射主机可以轻易地改变不同颜色的光源，让光的颜色可以多样化，这也是光纤照明的特色之一。

⑧塑料光纤的材质柔软易折而不易碎，因此可以轻易地加工成各种不同的图案。

(3)应用场所：因为光纤照明有上述的特性，目前它的应用环境越来越普及，其应用场所及说明见表2-66。

表2-66　光纤照明应用场所及说明

应用场所	说明
室内装饰	在室内装饰中，用体发光光纤来构成轮廓线条，其效果是光照均匀、颜色和顺。利用光晕照明，更有立体感
水景	水景离开了照明就失去了迷人的景色。而不安全照明又给游人带来危险的隐患。由于光纤照明实现了光电分离，是水景中绝对安全的绿色照明
建筑轮廓	在灯光工程中，用体发光光纤来构成建筑轮廓线是最常见应用实例。同时光纤照明中，可用光色使建筑物随季节而变化
园林绿化	在园林绿化中，用端发光光纤来做庭院灯、地埋灯，使绿地道路在照明的同时也有色彩变化。在景观道路上，装上星星点点的端发光光纤，更增加了景观的趣味性
易燃易爆场合	在油库、矿区等严禁火种入内的危险场合中，应用其他各种照明都有明火的隐患，如不小心就会酿成大祸。从安全角度看，因光与电分开，所以光纤照明是一种最理想的照明

十一、无极荧光灯

无极荧光灯是应用功率电子学、等离子体学、磁性材料学等领域最新科技成果研制开发出来的高新技术产品，具有长寿命、高光效、高显色性的特点。由于新型无极灯与传统的荧光灯相比有更好的性能，并且能做成更大的功率，因此推广很快。

1. 原理

无极灯是在传统的荧光灯、紧凑型荧光灯（节能荧光灯）的基础上研发出来的。传统的荧光灯有电极，而无极灯是一种没有电极的荧光灯。它的基本工作原理是利用高频电压通过功率耦合器的线圈产生感应的高频磁场，这个高频磁场的能量使荧光灯内的水银蒸气放电，放电过程辐射出来的紫外线激发荧光灯内壁的荧光粉，使它发光。无极灯也可以说成是没有电极、用电磁感应原理做成的荧光灯。无极灯或无极荧光灯是它的简称。

2. 分类及特点

无极灯主要分为高频无极灯、低频无极灯和直流无极灯。高频无极灯和低频无极灯的发光原理基本相同，但两者特点却有较大差别。

(1)高频无极灯和低频无极灯的特点，见表 2-67。

表 2-67　高频无极灯和低频无极灯的特点

类　型	说　　明
工作频率	高频无极灯的频率为 2.65MHz，即 2713.6kHz。低频无极灯的频率范围是 140kHz、230kHz。目前，无极灯的发展方向就是更低的频率、更长的寿命。我国国内已有企业生产 140kHz 的低频无极灯，已经走在了世界的前列
光 效	在保证显色指数 R_a 达到 80 的情况下，高频无极灯的光效一般都在 70 lm/W，最高可达到 80 lm/W。低频无极灯的光效一般都在 80 lm/W，最高可达 90 lm/W。通常情况下，功率越高光效越高，但是在同等功率下低频无极灯比高频无极灯光效高
功率	高频无极灯的功率范围为 15～200W，低频无极灯的功率范围在 15～400W
灯的形状	高频无极灯多为球形、柱形、螺口分体灯和小功率螺口一体灯等。低频无极灯多为球形、环形、矩形和小功率螺口一体灯等
EMI 电磁干扰	高频无极灯有辐射，对电网及电器设备产生干扰，很难通过 EMC 检测，所以在欧美国家已经禁止通用。而低频无极灯能通过 EMC 检测，电磁辐射问题基本解决，在欧美国家非常流行
特征耦合器	低频无极灯的特征耦合器外置，其特点是耦合器可以做大，所以整灯功率可以大于 200W 以上；由于外置耦合器遮挡光线降低光效。高频无极灯的特征耦合器内置，其特点是耦合器内置一定程度限制耦合器的体积及散热，目前的技术水平功率无法超过 200W

(2)直流无极灯的特点:直流无极灯分低压直流无极灯和高压直流无极灯。低压直流无极灯一般为直流12V、24V、36V、48V供电,考虑低压供电损耗大,低压直流无极灯不宜用于远距离供电照明。高压无极灯一般为直流110V、220V、400V供电,宜用于远距离供电照明。

3.主要适用场所

无极灯寿命达数万小时,高效节能,可广泛应用于厂房、大厅、广场、公路、灯光工程等照明场所,是工厂、机关、学校、场馆、车站、码头、机场、高速公路、隧道、市政道路等首选的照明产品。尤其适合在照明可靠性要求较高,需要长期照明而维修、更换灯具困难的场所使用。

4.高频无极灯与其他光源的对比

高频等离子无极放电灯是第四代光源,寿命长达6万小时以上,比传统光源节电80%以上,具有高亮度、高显色性、环保节能并且几乎不需维修的产品特点。高频无极灯与其他光源的性能比较见表2-68。

表2-68　高频无极灯与其他光源的性能比较

灯型	寿命(h)	频闪	光效(lm/W)	节能性	环保性	抗振性	启动特性
高频无极灯	>60000	无	60	优越	无废灯回收、汞污染	强	瞬间启动
金卤灯	6000～20000	有	64～80	较差,耗电较高	有废灯回收问题	强	不能瞬间启动
高压钠灯	1400	有	72～107	较差,耗电较高	有废灯回收问题	强	不能瞬间启动
LED灯	100000	有	65	优越	无废灯回收、汞污染	很强	瞬间启动

第三节　光源附件

一、光源附件种类及附件分类

1.光源附件种类

附件种类及说明,见表2-69。

表2-69　附件种类及说明

种类	说明
灯头	将光源固定在灯座上,使灯与电源相连接的灯的部件
螺口式灯头	用圆螺纹与灯座进行连接的灯头,用“E”标志
插口式灯头	用插销与灯座进行连接的灯头,用“B”标志

续表

种 类	说 明
插脚式灯头	用插脚与灯座进行连接的灯头，用“G”(对双插脚与多插脚灯头)或“F”(对单插脚灯头)标志
灯座	保持灯的位置和使灯与电源相连接的器件
防潮灯座	供潮湿环境和户外使用的灯座。这种灯座在使用时其性能不受雨水和潮湿气候的影响
启动器(启辉器)	启动放电灯的附件。它使灯的阴极得到必需的预热，并与串联的镇流器一起产生脉冲电压使灯启动
镇流器	为使放电稳定而与放电灯一起使用的器件。镇流器可以是电感式、电容式、电阻式或这些的组合方式，也可以是电子式的
电子镇流器	用电子器件组成，将50～60Hz变换成20～100kHz高频电流供给放电灯的镇流器。它同时兼有启动器和补偿电容器的作用
触发器	产生脉冲高压(或脉冲高频高压)使放电灯启动的附件

2. 光源附件分类

灯用电器附件分类方法，见表2-70。

表2-70 灯用电器附件分类方法

类 型		说 明
按工作原理分类	灯用变压器	铁心式(干式)变压器 电子式变压器
	镇流器	(1)铁心式镇流器(电感式镇流器) ①阻抗型(铁心式)电感镇流器 ②谐振式(铁心式、恒功率)镇流器(L-C超前顶峰式镇流器) ③半谐振式(铁心式)镇流器 ④漏磁升压式(铁心式)镇流器 (2)电子式镇流器
	启辉器、触发器	荧光灯启辉器 电子触发器 机械振子触发器
按用途分类	白炽灯用变压器	低压普通白炽灯和卤钨灯用变压器
	镇流器	荧光灯镇流器(包括自镇流荧光灯) 霓虹灯用变压器(包括冷阴极灯) 高强度气体放电灯用镇流器
	启动器(启辉器)	荧光灯用启辉器

续表

类型		说明
按用途分类	触发器	高强度气体放电灯触发器
	电容器	功率因数补偿，抗干扰，与镇流器配合稳定工作电流
	灯用特殊电源器	短弧氙灯直流电源 发光二极管电源
	其他	热保护器和其他电器控制器件

二、镇流器

1. 镇流器的分类

(1)镇流器按结构一般分为铁心式镇流器和电子(式)镇流器，根据其用途和性能的不同，又可分为不同的类型，见表 2－71。

表 2－71　镇流器的分类

类型		说明
铁心式镇流器		①阻抗型电感式镇流器 a. 传统电感镇流器 b. 节能电感镇流器 c. 半谐振式镇流器 ②顶峰超前式镇流器 ③霓虹变压器(漏磁式变压器)
电子式镇流器	按用途划分	①荧光灯电子镇流器 ②HID 电子镇流器
	按谐波含量划分	①高谐波含量(H 标志) ②低谐波含量(L 标示)
	按功率因数补偿划分	①无功率因数补偿器(PFC) ②无源功率因数补偿器(PPFC) ③有源功率因数补偿器(APFC)

(2)铁心式镇流器分类，见表 2－72。

表 2－72　铁心式镇流器的分类

类别	原理和用途
传统电感镇流器	用铁磁材料的硅钢片叠成的“铁心”上，绕以线径、匝数适宜的铜线绕组即构成电感镇流器。将电感镇流器串接在点灯回路中，就能限制电流。对于荧光灯，为了使灯启动还必须在灯丝回路中串接启辉器。同时，回路中还应并接一个补偿电容，以提高电路的功率因率。对于 HID 灯不用启辉器，但需外接一个能产生 3～5kV 高压脉冲的外加触发器以保证灯的启动

续表1

类　别	原理和用途
节能电感镇流器	采用低耗的材料可设计和制造比普通电感镇流器更节能的镇流器,可采用环形或双C形高级硅钢片叠成铁心,并将铜线绕组均匀分布在整个磁路上
半谐振式节能电感镇流器	在电感镇流器设计中接入谐振电容使镇流器输出高压将灯启动,可省去启辉器,提高功率因数,降低能耗
顶峰超前式镇流器	用于HID灯,并可省去触发器
漏磁升压式镇流器	用于供电电压为110V区域的荧光灯、带有辅助启动电极的HID灯以及霓虹灯的镇流器

(3)电子镇流器。电子镇流器是指由电子器件组成,将50～60Hz电流变换成20～100kHz高频电流供给放电灯的镇流器。由于设计在灯启动时输出足够高的灯管启动电压,不需外接启辉器,同时电子镇流器可包含功率因数校正电路,故不需外接补偿电容器。电子镇流器按用途、谐波分类,见表2－73和表2－74。

表2－73　　电子镇流器按用途分类

<table>
<tr><td colspan="4">荧光灯电子镇流器(高频)</td><td colspan="6">HID灯电子镇流器</td><td>霓虹灯电子镇流器</td></tr>
<tr><td rowspan="2">直管形荧光灯</td><td colspan="3">紧凑型荧光灯</td><td colspan="2">钠灯</td><td colspan="2">金卤灯</td><td colspan="2">UHP灯</td><td>霓虹灯、冷阴极灯</td></tr>
<tr><td>插拔式</td><td>分体式</td><td>整体式</td><td>高频</td><td>低频</td><td>直流</td><td>低频</td><td>直流</td><td>低频</td><td>高频</td></tr>
</table>

表2－74　　电子镇流器按谐波分类

谐波	H标志(%)	L标志(%)	谐波	H标志(%)	L标志(%)
2次	5	5	7次	—	<4
3次	<37λ	<30λ	9次	—	<3
5次	—	<7	11～39次	—	<1

注:λ为功率因数值,高谐波含量标示为“H”,低谐波含量标示为“L”。

(4)我国国家标准对照明设备谐波电流限值,见表2－75。

表 2-75 C类设备(照明)的谐波电流限值(灯的有功功率大于25W)

谐波次数	基本频率下输入电流以百分数表示的最大允许谐波电流含量(%)	谐波次数	基本频率下输入电流以百分数表示的最大允许谐波电流含量(%)
2	2	7	7
3	30λ	9	5
5	10	11～39	3

注:①功率不大于25W的放电灯,3次谐波不应超过86%,5次谐波不应超过61%;

②λ为电路功率因数;

③本表数据摘自国家标准《电磁兼容　限值谐波电流发射限值》GB 17625.1—2003。

2. 镇流器能效值及性能比较

(1)镇流器的能效值。镇流器能效值(包括能效限定值和节能评价值)用镇流器能效因数(*BEF*)表示,规定效值是镇流器节能的重要因素,强制性标准规定能效限定值必须达到最低限值。《建筑照明设计规范》GB 50034—2004规定了照明功率密度(*LPD*)最高限值指标,要实现这个指标,应合理选用光源镇流器及灯具。能效因数(*BEF*)按下式计算:

$$BEF = \frac{\mu}{P} \times 100$$

式中 *BEF*——镇流器能效因数;

μ——镇流器流明系数值;

P——线路功率(W)。

①管型荧光灯、金卤化物灯、高压钠灯用镇流器的能效值,见表2-76～表2-78。

表 2-76 直管型荧光灯镇流器能效限定值

标称功率(W)			18	20	22	30	32	36	40
BEF	能效限定值	电感型	3.154	2.952	2.770	2.232	2.146	2.030	1.992
		电子型	4.778	4.370	3.998	2.870	2.678	2.402	2.270
	节能评价值	电感型	3.686	3.458	3.248	2.583	2.461	2.271	2.152
		电子型	5.518	5.049	4.619	3.281	3.043	2.681	2.473

表 2－77 金属卤化物灯用镇流器的能效等级

额定功率(W)		175	250	400	1000	1500
BEF	1级(未来节能评价值)	0.514	0.362	0.233	0.0958	0.0638
	2级(现行节能评价值)	0.488	0.344	0.220	0.0910	0.0606
	3级(能效限定值)	0.463	0.326	0.209	0.0862	0.0574

表 2－78 高压钠灯用镇流器的能效限定值和节能评价值

额定功率(W)		70	100	150	250	400	1000
BEF	能效限定值	1.16	0.83	0.57	0.340	0.214	0.089
	目标能效限定值①	1.21	0.87	0.59	0.354	0.223	0.092
	节能评价值	1.26	0.91	0.61	0.367	0.231	0.095

注:表中①为将来实质的能效限定值。

②各种镇流器功耗比,见表 2－79。

表 2－79 镇流器的功耗占灯功率的百分比(%)

灯功率(W)	电感镇流器		电子镇流器
	传统型	节能型	
<20	40～50	20～30	10～11
30	30～40	～15	～10
40	22～25	～12	～9
100	15～20	～11	～8
250	14～18	～10	<8
400	12～14	～9	～7
>1000	10～11	～8	

③欧盟 CELMA 组织关于 T8 直管荧光灯的能效等级的划分,见表 2－80。

表 2-80　　欧盟 CELMA 关于 T8 荧光灯镇流器能效等级的划分

光源额定功率(W)	灯的实际功率(W)		不同能效等级的系统输入功率(W)②						
			A1	A2	A3	B1	B2	C③	D③
	50Hz 时	高频时①	可调光电子镇流器	低损耗电子镇流器	电子镇流器	超低损耗电感镇流器	低损耗电感镇流器	普通电感镇流器	高损耗电感镇流器
15	15	13.5	9	16	18	21	23	25	>25
18	18	16	10.5	19	21	24	26	28	>28
30	30	24	16.5	31	33	36	38	40	>40
36	36	32	19	36	38	41	43	45	>45
58	58	50	29.5	55	59	64	67	70	>70

注:表中:①“高频时”是指 T8 荧光灯电子镇流器在 20～60kHz 高频电流下灯管实际功率(W)。

②表中“系统输入功率”为灯管功率和镇流器功耗之和。

③C 级普通电感镇流器,欧盟已于 2005 年 11 月 21 日起禁止使用;D 级欧盟早于 2002 年 5 月 21 日起禁止使用。

(2)各种镇流器性能和优缺点比较:

各种镇流器优、缺点比较,见表 2-81。各种镇流器主要性能比较,见表 2-82。

表 2-81　　各种镇流器优、缺点比较

类　别	优点和缺点
电感镇流器	①优点:寿命长、可靠性高、价格相对低廉 ②缺点:体积大、质量重、自身功率损耗(铜、铁损)大、有噪声、功率因数低、灯频闪等 电感镇流器一般适用于灯电压小于 0.6 倍电源电压的气体放电灯 目前,我国电感镇流器的应用量较大,最近几年,节能型电感镇流器迅速发展,具有较大的发展前途,250W 以上大功率放电灯及较难维护场所则以配用电感镇流器为宜
节能型电感镇流器	①主要优点: a. 节能。通过优化铁心材料和改进工艺等措施降低自身功耗,一般可降低 20%～50%,使灯的总输入功率(灯管与镇流器功率和)下降5%～10% b. 可靠 ②缺点: a. 使用工频点灯,存在频闪效应的固有缺点 b. 自然功率因数低(也有 $\cos\varphi$ 高的产品,如谐振式电感镇流器) c. 消耗金属材料多,质量大

续表

类　别	优点和缺点
电子镇流器	①优点：节能——自身功耗低、具有高功率因数、高频点灯提高灯效率。25W以上荧光灯，其功率因数能达到0.95及以上，使灯的总输入功率下降约20% 质量轻、体积小，启动可靠。无频闪，发光稳定，噪声低，高品质镇流器的噪声应不超过35dB(A声级) 荧光灯电子镇流器可实现调光，允许电源电压变化范围大 ②缺点：价格相对较高，可靠性、一致性相对较差。有的谐波含量高，特别是功率不大于25W的产品 ③原则上适用于各类气体放电灯，但对荧光灯特别是紧凑型荧光灯的应用发展更为迅速
超前顶峰式镇流器	①优点：灯功率基本恒定，输出功率因数高达0.9以上，灯启动电流小 ②缺点：体积大，价格高 ③超前顶峰式镇流器为目前我国大部分金属卤化物灯的专用镇流器
霓虹灯变压器(漏磁式变压器)	①优点：适用于灯管电压高于电源电压的气体放电灯，可靠性高 ②缺点：体积大，质量重，效率低，噪声大 ③适用于特殊光源，如霓虹灯、冷阴极灯、紫外线灯等

表2-82　　各种镇流器主要性能比较

类型	电感型		电子型
	传统型	节能型	
节能	耗电	节电	很节能
频闪	严重	严重	无
质量	重	较重	轻
可靠性	高	高	较高
价格	廉价	中等	较贵

(3)镇流器的选用，见表2-83。

表2-83　　各种镇流器选用

类　别	技术要求
节能型电感镇流器	主要优点是可靠性高，使用寿命长，谐波含量较小，价格较便宜，选用时应注意： ①选用自身功耗小的产品。T8直管荧光灯可参照欧盟能效分级，选用B1级或B2级的镇流器 ②流明系数不应小于0.95 ③应考虑功率因数补偿，包括单灯补偿或线路集中补偿等方式

续表

类　别	技术要求
电子镇流器	①电子镇流器对提高照明系统能效和质量有明显优势，建议以下场所选用： a. 连续紧张的视觉作业场所和视觉条件要求高的场所（如设计、绘图、打字等） b. 要求特别安静的场所（病房、诊室等），青少年视看作业场所（教室、阅览室等） c. 在需要调光的场所，可用三基色荧光灯配可调光数字式镇流器，取代白炽灯或卤素灯 d. 家庭、办公室、客房，则以选用 40W 以下放电灯特别是紧凑型荧光灯及电子镇流器为宜 ②选用高品质、低谐波的产品，满足使用的技术要求，考虑运行维护效果，并作综合比较。供电电压变化较大的场所宜选用恒功率型或电子型镇流器，以保证光源寿命 ③采取有效措施限制小于 25W 荧光灯（包括长度 2ft 的 T8、T5 灯管和紧凑型荧光灯）镇流器的谐波含量。25W 以下灯管的谐波限值非常宽松，在建筑物内大量应用，将导致严重的波形畸变，中性线电流过大以及功率因数降低的不良后果 ④选用的产品，不仅要考察其总输入功率，还应了解其输出光通量，保证流明系数（μ）不低于 0.95
HID 灯用镇流器	①一般选用节能电感镇流器。电子镇流器在小功率范围，且质量可靠情况下可以选用 ②不同金属卤化物灯应配用不同的节能型电感镇流器 a. 钪钠灯选用漏磁升压式镇流器 b. 钠铊铟灯可选用一般钠灯镇流器或汞灯镇流器 ③在电压偏差较大的场所可选用恒功率型镇流器 ④用于城市道路照明或类似要求变更照明照度的场所，可选用双功率型镇流器，以便在后半夜车流量减少时，降低一半左右输出光通 ⑤大厂房、厅堂、广场、道路选择中、大功率 HID 灯及相应镇流器

注：①电气照明工程设计时应选用节能型镇流器。商店、中小型会议室、酒店大堂，则选用中小功率金属卤化物灯及其配套节能型镇流器为宜。

②选用的镇流器，其性能参数必须严格与灯匹配。

三、触发器

触发器是产生脉冲高压（或脉冲高频高压）使高强度气体放电灯启动的附件。高强气体放电灯（HID）的启动方式有内触发和外触发两种。灯内有辅助启动电极或双金属启动片的为内触发；外触发则利用灯外触发器产生高电压脉冲来击穿灯管内的气体使其启动，但不提供电极预热的装置。如果既提供放电灯电极预热，又能产生电压脉冲或通过对镇流器突然断电使其产生自感电动势的器件，则称为启动器。

外触发式高压钠灯接线图，如图 2-25 所示，要求触发器、镇流器至灯的引线长度小于或等于 20m，并尽量避免使用绞合线、护套线。如为远距离触发，可采用 HR-CY 型高压钠灯远距离启动器镇流器组件箱，最大传输距离小于 80m。该产品触发能量大、启跳迅速、传输距离远、寿命长。其接线图如图 2-26 所示。

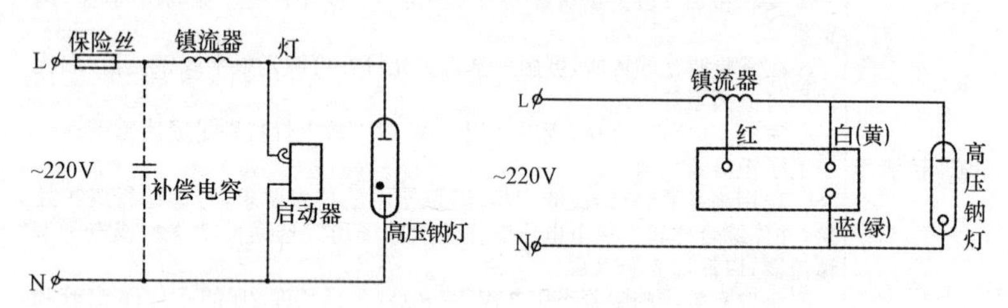

图 2-25 外触发高压钠灯接线图　　图 2-26 远距离触发启动器线路

HID 光源电子触发器分为脉冲(半并联)触发和并联触发器，其技术数据见表 2-84。

表 2-84 飞利浦公司电子触发器技术数据

类别	型号	配光源功率(W)	峰值电压(kV)	最高功率损耗(W)	最高电缆电容(μF)	电缆最大长度(m)	最高温度(℃)	外形尺寸($L\times W\times H$,mm)
半并联	SN56	SON/MH400～1800	2.8～5.0	1	10	100	60	114.5×41×38
	SN57	SON50～70	1.8～2.5	0.2	6	60	90	84.5×41×38
	SN58	SON100～600	2.8～5.0	0.2	2	20	90	84.5×41×38
	SN58	COM/MH100～400	2.8～5.0	0.2	2	20	90	84.5×41×38
	SN58T5	SON100～1000	2.8～5.0	0.7	2	20	80	84.5×41×38
	SN58T15	COM/MH35～1800	2.8～5.0	0.7	1	10	80	84.5×41×38
并联	S151	HPI 250～1000	0.58～0.75	0.5	150	1500	80	84.5×41×38
	S152	HPI 1000～2000	0.58～0.75	0.5	35	350	80	84.5×41×38

注：表中外形尺寸 L 表示长度，W 表示宽度，H 表示高度；电子触发器电源电压为 220～240V。

第三章　照明灯具

照明灯具是用来固定和保护光源，并调整光源的光强分布以获得舒适照明环境的器具，灯具还应拥有令人满意的外形，不论是点灯或未点灯时对环境都具有装饰性效果。灯具必须耐用，能为光源及其附属设备提供电气、机械及热学上的安全保护。因此，灯具必须符合国内外有关的质量和安全标准。

第一节　灯具基本规定和分类

一、灯具、附件及灯具特性参数

1. 灯具种类

灯具种类及说明，见表 3-1。

表 3-1　灯具种类及说明

种　类	说　明
台灯	放在桌子上或其他家具上的可移式灯具
壁灯	直接固定在墙上或柱子上的灯具
落地灯	装在高支柱上并立于地面上的可移式灯具
手提灯	带手柄的并用软线连接电源的便携式灯具
投光灯	利用反射器和折射器在限定的立体角内获得高光强的灯具
探照灯	通常具有直径大于 0.2m 的出光口并产生近似平行光束的高光强投光灯
泛光灯	光束发散角(光束宽度)大于 10°的投光灯，通常可转动并指向任意方向
聚光灯，射灯	通常具有直径小于 0.2m 的出光口并形成一般不大于 0.35rad(20°)发散角的集中光束的投光灯
应急灯	应急照明用的灯具的总称
疏散标志灯	灯罩上有疏散标志的应急照明灯具，包括出口标志灯或指向标志灯

续表 1

种 类	说 明
出口标志灯	直接装在出口上方或附近指示出口位置的标志灯
指向标志灯	装在疏散通道上指示出口方向的标志灯
灯具	能透光、分配和改变光源光分布的器具,包括除光源外所有用于固定和保护光源所需的全部零部件,以及与电源连接所必需的线路附件
吸顶灯具	直接安装在顶棚表面上的灯具
可调式灯具	利用适当装置使灯具的主要部件可转动或移动的灯具
可移式灯具	在接上电源后,可轻易地由一处移至另一处的灯具
对称配光型(非对称配光型)灯具	具有对称(非对称)光强分布的灯具。对称性由相对于一个轴或一个平面确定
普通灯具	无特殊的防尘或防潮等要求的灯具
直接型灯具	能向灯具下部发射 90%～100%直接光通量的灯具
半直接型灯具	能向灯具下部发射 60%～90%直接光通量的灯具
间接型灯具	能向灯具下部发射 10%以下的直接光通量的灯具
漫射型灯具	能向灯具下部发射 40%～60%直接光通量的灯具
半间接型灯具	能向灯具下部发射 10%～40%直接光通量的灯具
广照型灯具	使光在比较大的立体角内分布的灯具
中照型灯具	使光在中等立体角内分布的灯具
深照型灯具	使光在较小立体角内分布的灯具
防护型灯具	有专门防护构造外壳,以防止尘埃、水气和水进入灯罩内的灯具。表示防护等级的代号通常由特征字母 IP 和两个特征数字组成
防尘灯具	不能完全防止灰尘进入,但进入量不妨碍设备正常使用的灯具
尘密型灯具	无尘埃进入的灯具
增安型灯具	在正常运行条件下,不能产生火花或可能点燃爆炸性混合物的高温的灯具结构上,采取措施提高安全度,以避免在正常条件下或认可的不正常的条件下出现上述现象的灯具
悬吊式灯具	用吊绳、吊链、吊管等悬吊在顶棚上或墙支架上的灯具
升降悬吊式灯具	利用滑轮、平衡锤等可以调节悬吊高度的悬吊式灯具

续表2

种　类	说　明
嵌入式灯具	安全或部分地嵌入安装表面内的灯具
下射式灯具	通常暗装在顶棚内使光集中于小光束角内的灯具
道路照明灯具	常规道路照明所采用的灯具。按其配光分成截光型、半截光型和非截光型灯具
截光型灯具	最大光强方向在0°～65°，其90°和80°角度方向上的光强最大允许值分别为10cd/1000 lm和30cd/1000 lm的灯具
半截光型灯具	最大光强方向在0°～75°，其90°和80°角度方向上的光强最大允许值分别为50cd/1000 lm和100cd/1000 lm的灯具
非截光型灯具	其在90°角方向上的光强最大允许值为1000cd的灯具
防水灯具	在构造上具有防止水浸入功能的灯具。如防滴水、防溅水、防喷水、防雨水等
水密型灯具	一定条件下能防止水进入的灯具
水下灯具	一定压力下能在水中长期使用的灯具
防爆灯具	用于爆炸危险场所，具有符合防爆使用规则的防爆外罩的灯具
隔爆型灯具	能承受灯具内部爆炸性气体混合物的爆炸压力，并能阻止内部的爆炸向灯具外罩周围爆炸性混合物传播的灯具

2. 照明附件

照明附件及说明，见表3-2。

表3-2　照明附件及说明

附　件	说　明
折射器	利用折射现象来改变光源的光通量空间分布的装置
反射器	利用反射现象来改变光源的光通量空间分布的装置
遮光格栅	由半透明或不透明组件构成的遮光体，组件的几何布置应使在给定的角度内看不见灯光
保护玻璃	用于防止粉尘、液体和气体进入灯具而影响灯具正常使用的玻璃
灯具保护网	防止灯具免受机械撞击的网状部件

3. 灯具特性参数

灯具特性及规定，见表3-3。

表3-3 灯具特性及规定

灯具特性	说　明
截光	为遮挡人眼直接看到高亮度的发光体，以减少眩目作用的技术方法
截光角	在灯具垂直轴与刚好看不见高亮度的发光体的视线之间的夹角
遮光角	截光角的余角
光束角	对称于光束主轴(或光轴)，在两相反方向的发光强度恰为其最大值的50%所形成的夹角
灯具效率	在相同的使用条件下，灯具发出的总光通量与灯具内所有光源发出的总光通量之比。一般用百分数表示
灯具的配光或光强分布	用曲线或表格表示灯具在空间各方向的光输出强度分布值称为灯具的配光曲线或光分布曲线，它是灯具的一个重要特性参数

4.一般规定和要求

根据现行国家标准《建筑照明设计标准》GB 50034—2004的规定，照明灯具及其附属装置选择应符合下列规定和要求：

(1)选用的照明灯具应符合国家现行相关标准的有关规定。

(2)在满足眩光限制和配光要求条件下，应选用效率高的灯具，并应符合下列规定：

①荧光灯灯具的效率不应低于表3-4的规定。

表3-4 荧光灯灯具的效率

灯具出光口形式	开敞式	保护罩(玻璃或塑料)		格栅
		透明	磨砂、棱镜	
灯具效率	75%	65%	55%	60%

②高强度气体放电灯灯具的效率不应低于表3-5的规定。

表3-5 高强度气体放电灯灯具的效率

灯具出光口形式	开敞式	格栅或透光罩
灯具效率	75%	60%

(3)根据照明场所的环境条件，分别选用下列灯具：

①在潮湿的场所，应采用相应防护等级的防水灯具或带防水灯头的开敞式灯具。

②在有腐蚀性气体或蒸汽的场所，宜采用防腐蚀密闭式灯具。若采用开敞式灯具，各部分应有防腐蚀或防水措施。

③在高温场所，宜采用散热性能好、耐高温的灯具。

④在有尘埃的场所，应按防尘的相应防护等级选择适宜的灯具。

⑤在装有锻锤、大型桥式吊车等振动、摆动较大场所使用的灯具，应有防振和防脱落措施。

⑥在易受机械损伤、光源自行脱落可能造成人员伤害或财物损失的场所使用的灯具，应有防护措施。

⑦在有爆炸或火灾危险场所使用的灯具，应符合国家现行相关标准和规范的有关规定。

⑧在有洁净要求的场所，应采用不易积尘、易于擦拭的洁净灯具。

⑨在需防止紫外线照射的场所，应采用隔紫灯具或无紫光源。

(4)直接安装在可燃材料表面的灯具，应采用标有 ▽F 标志的灯具。

(5)照明设计时按下列原则选择镇流器：

①自镇流荧光灯应配用电子镇流器。

②直管形荧光灯应配用电子镇流器或节能型电感镇流器。

③高压钠灯、金属卤化物灯应配用节能型电感镇流器；在电压偏差较大的场所，宜配用恒功率镇流器；功率较小者可配用电子镇流器。

④采用的镇流器应符合该产品的国家能效标准。

(6)高强度气体放电灯的触发器与光源的安装距离应符合产品的要求。

二、照明灯具的分类

照明灯具的种类繁多，其分类方法也不尽相同，一般可按以下方法进行分类。

1. 按灯具的结构特点分类

按灯具的结构特点可分为表 3－6 所列的 5 种类型。

表 3－6　按灯具的结构特点分类

类　别	说　明
开启型	其光源与灯具外界的空间相通，如一般的配照灯、广照灯和探照灯等
闭合型	其光源被透明灯罩包合，但内外空气仍能流通，如圆球灯、双罩型(即万能型)灯及吸顶灯等
密闭型	其光源被透明灯罩密封，内外空气不能对流，如防潮灯、防水、防尘灯等
增安型	其光源被高强度透明灯罩密封，且灯具能承受足够的压力，能安全地应用在有爆炸危险介质的场所，或称为增安型

续表

类 别	说 明
隔爆型	其光源被高强度透明灯罩封闭,但不是靠其密封性来防爆,而是在灯座的法兰与灯罩的法兰之间有一隔爆间隙。当气体在灯罩内部爆炸时,高温气体经过隔爆间隙被充分冷却,从而不致引起外部爆炸性混合气体爆炸,因此隔爆型灯也能安全地应用在有爆炸危险介质的场所

2. 按配光曲线形状分类

根据灯具的配光曲线形状,将灯具分为表 3-7 所列的 5 种类型。

表 3-7 按配光曲线分类

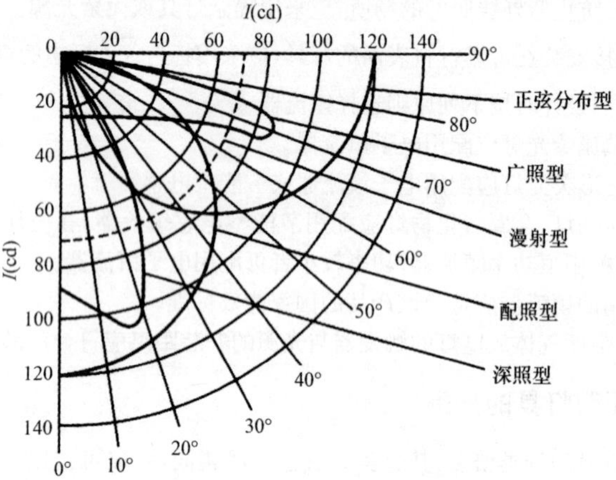

图 3-1 灯具按配光曲线分类

类 别	说 明
正弦分布型	发光强度是角度的正弦函数,并且在 $\theta=90°$ 时发光强度最大,如图 3-1 中曲线 1 所示
广照型	最大发光强度分布在较大角度上,可在较广的面积上形成均匀的照度,如图 3-1 中曲线 2 所示
漫射型	各个角度的发光强度基本一致,如图 3-1 中曲线 3 所示
配照型	发光强度是角度的余弦函数,并且在 $\theta=0°$ 时发光强度最大,如图 3-1 中曲线 4 所示
深照型	光通量和最大发光强度值集中在 0°～30°的狭小立体角内,如图 3-1 中曲线 5 所示

3.按灯具向下和向上投射光通量比值分类

按灯具向下和向上投射光通量比值分类,见表3-8。

表3-8　按灯具向下和向上投射光通量比值分类

类　别	说　　明
直接照明型	灯具向下投射的光通量占总光通量的90%～100%,而向上投射的光通量很少。此类灯具简称直照型灯具
半直接照明型	灯具向下投射的光通量占总光通量的60%～90%,向上投射的光通量只有10%～40%
均匀漫射型	灯具向下投射的光通量与向上投射的光通量差不多相等,各为40%～60%
半间接照明型	灯具向上投射的光通量占总光通量的60%～90%,向下投射的光通量只有10%～40%
间接照明型	灯具向上投射的光通量占总光通量的90%～100%,而向下投射的光通量很少

4.按国际照明委员会(CIE)推荐的室内照明灯具分类

根据国际照明委员会(CIE)的建议,灯具按光通量在上下空间分布的比例分为5类:直接型、半直接型、全漫射型(包括水平方向光线很少的直接-间接型)、半间接型和间接型。室内照明灯具分类,见表3-9。

表3-9　CIE室内照明灯具分类

类型	名称	光通比(%)		灯具特点
		上半球	下半球	
A	直接型	0～10	100～90	此类灯具绝大部分光通量(90%～100%)直接投照下方,所以灯具的光通量的利用率最高
B	半直接型	10～40	90～60	这类灯具大部分光通量(60%～90%)射向下半球空间,少部分射向上方.射向上方的分量将减少照明环境所产生的阴影并改善其各表面的亮度比
C	直接-间接型(均匀扩散)	40～60	60～40	灯具向上向下的光通量几乎相同(各占40%～60%) 最常见的是乳白玻璃球形灯罩,其他各种形状漫射透光的封闭灯罩也有类似的配光。这种灯具将光线均匀地投向四面八方,因此光通利用率较低

续表

类型	名称	光通比(%)		灯具特点
		上半球	下半球	
D	半间接型	60～90	40～10	灯具向下光通占10%～40%,它的向下分量往往只用来产生与顶棚相称的亮度,此分量过多或分配不适当也会产生直接或间接眩光等一些缺陷。 上面敞口的半透明罩属于这一类。它们主要作为建筑装饰照明,由于大部分光线投向顶棚和上部墙面,增加了室内的间接光,光线更为柔和宜人
E	间接型	90～100	10～0	灯具的小部分光通(10%以下)向下。设计得合理时,全部顶棚成为一个照明光源,达到柔和无阴影的照明效果,由于灯具向下光通很少,只要布置合理,直接眩光与反射眩光都很小。此类灯具的光通利用率比前面4种都低

5. 按照特殊场所使用环境分类

灯具根据其特殊场所使用环境,可以分为多尘、潮湿、腐蚀、火灾危险和爆炸危险等场所使用的灯具。特殊场所使用的灯具分类和选型,见表3-10。

表3-10　　特殊场所使用的灯具分类和选型

特殊场所	环境特点	对灯具选型的要求	适用场所
多尘场所	大量粉尘积在灯具上造成灯具污染,效率下降(不包括有可燃和爆炸危险的场所)	(1)采用尘密灯 (2)灰尘不多的场所可采用开启式灯具 (3)采用不易污染的反射型灯泡	水泥、面粉、煤粉及铸造等生产车间
潮湿场所	相对湿度大,常有冷凝水出现,降低绝缘性能,产生漏电或短路,增加触电危险	(1)灯具的引入线处严格密封 (2)采用带瓷质灯头的开启式灯具	浴室、蒸汽泵房
腐蚀性场所	有大量腐蚀介质气体或在大气中有大量盐雾、二氧化硫气体场所,对灯具的金属部件有腐蚀作用	(1)腐蚀性严重的场所采用密闭防腐灯,外壳由抗腐蚀的材料制成 (2)对灯具内部易受腐蚀的部件实行密封隔离 (3)对腐蚀性不太强烈的场所可采用半开启式灯具	如电镀、酸洗、铸铝等车间以及散发腐蚀性气体的化学车间等

续表

特殊场所	环境特点	对灯具选型的要求	适用场所
火灾危险场所	按照火灾危险区域划分的 21 区、22 区和 23 区	(1)防止灯泡火花或热点成为火源而引起火灾 (2)固定安装的灯具，在 21 区场所使用 IP2X 等级的保护型灯具，在 22 区场所使用 IP5X 等级的灯具，在 23 区场所使用 IP2X 等级的灯具	21 区：地下油泵间、储油槽、变压器维修和贮存间 22 区：煤粉生产车间、木工锯料间 23 区：纺织品库、原棉库、图书馆、资料室、档案馆
爆炸危险场所	空间有爆炸性气体蒸汽(0、1、2 区)和粉尘、纤维(10、11 区)的场所。当介质达到适当温度形成爆炸性混合物，在有燃烧源或热点温升达到闪点情况下能引起爆炸的场所	应采用具有防爆间隙的隔爆型灯或具有密封性的增安型灯，并限制灯具外壳表面温度	0 区：非桶装贮漆间 1 区：汽油洗涤间、液化和天然气配气站 2 区：喷漆室、干燥间

6. 按防触电保护分类

为了保证电器安全，灯具所有带电部分(包括导线、接头、灯座等)必须采用绝缘材料等加以隔离。灯具的这种保护人身安全的措施称为防触电保护。根据《灯具一般安全要求与试验》GB 7000.1—2002 规定，灯具防触电保护的类型可分为 0、Ⅰ、Ⅱ、Ⅲ4 类，但 0 类灯具现已取消，不再生产。灯具按防触电保护分类，见表 3-11。

从电气安全角度看，0 类灯具的安全程度最低，Ⅰ、Ⅱ类较高，Ⅲ类最高。在照明设计时，应综合考虑使用场所的环境、操作对象、安装和使用位置等因素，选用合适类别的灯具。在使用条件或使用方法恶劣的场所应使用Ⅲ类灯具，一般情况下可采用Ⅰ类或Ⅱ类灯具。

表 3-11　灯具按防触电保护分类

灯具防触电保护类型	灯具性能	应　　用
0 类	易触及外壳和带电体之间依靠基本绝缘	适用于干燥、尘埃少的场所，安装在维护方便位置上的灯具，如吊灯、吸顶灯等通用固定式灯具(0 类现已取消不用)

续表

灯具防触电保护类型	灯具性能	应　用
Ⅰ类	除基本绝缘外，在易触及的外壳上有接地措施，使之在基本绝缘失效时不致有危险	用于安装在高处、维护不方便位置上的金属外壳灯具，如投光灯、路灯、工厂灯等
Ⅱ类	不仅依靠基本绝缘，而且具有附加的安全措施，例如双重绝缘或加强绝缘，但没有保护接地的措施或依赖安装条件	人体经常接触，需要经常移动、容易跌倒或要求安全程度特别高的灯具
Ⅲ类	防触电保护依靠电源电压为安全特低电压，并且不会产生高于SELV的电压(交流不大于50V)	用于安全超低压电源的可移动式灯、手提灯等

注：①额定电压超过250V的或在恶劣条件下使用的，或轨道安装的灯具均不应划分为0类。

②在现行国家标准GB7000.1中，该标准等同采用了IEC60598.1.2003，已取消0类灯具的分类，考虑到在一些旧的设施中，还保留着此类灯具，新修订标准仅保留了0类灯具的试验要求。

第二节　灯具的设计方法

一、灯具的反射器设计

不同场所都有不同的照明要求，必然需要使用不同照明作用的灯具，才能得到满意的照明效果。因此，要通过研究各种照明场所的照明方式和评判指标，来确定出灯具的配光曲线和光源，设计出灯具的反射器，最终获得符合要求的灯具。这方面有着丰富的内容，只有了解每一类照明的全部内涵并掌握灯具反射器的设计方法和材料的表面处理方法，才能创造出新颖灯具或提高原有产品的质量。

反射器是灯具中最主要的控光元件，它可以有各种各样的形状，加上多种表面处理方法和各种表面材料的不同，致使它的种类繁多，作用各异，但最终的目的，都是为了适应各种不同形状的光源和受照面的照明需要。

1.灯具反射器的形状

灯具反射器的形状多种多样，通常有见表3-12所列的几种。

表 3－12　灯具反射器的形状

反射器形状	说　明
柱面反射器	凡用一根母线沿某一轴线平移一段距离后再加两个侧面做成的反射器，称为柱面反射器，如图 3－2(a)。柱面为主反射面，侧面为副反射面，这种反射器适用于发光体较长的光源，如直管荧光灯、管形卤钨灯等。柱面反射器具有加工简单和价格低的优点。该种反射器的使用效果可以通过反射器的母线形状来调节，可以是两个对称面的，也可以做成只有一个对称面的斜照形式。它有很大的适应性，是目前荧光灯具中使用较为广泛的一种反射器，常用的母线由高次抛物线组合而成
旋转对称反射器	凡用一根母线绕某一轴线旋转 360°后得到的曲面做成的反射器，称为旋转对称反射器，如图 3－2(b)所示。因所用母线不同，所以旋转对称反射器的曲面形状也各异，最常见的为球冠曲面、圆台曲面、双叶曲面、椭圆抛物面等。旋转对称反射器，可以用冲压，拉伸，压铸等机械加工，机械化程度较高，产品的一致性好，但对机械设备和材料性能有一定要求 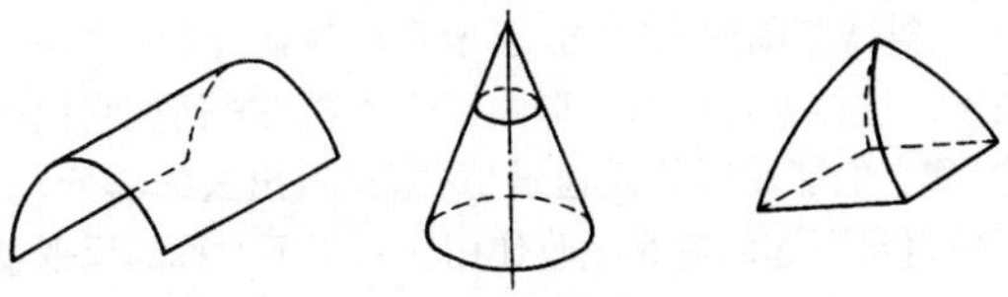 (a)柱面　(b)旋转对称　(c)双柱面 **图 3－2　灯具常用反射器形状**
不对称反射器	凡绕某一轴线，有许多根形状不同的母线做成的反射器，称为不对称反射器。这种反射器实际上是旋转对称反射器的一种变形，是为了满足照明场所特殊要求而设计的一种反射器，其基本特性和加工方法亦与旋转对称反射器大致相同
组合式反射器	组合式反射器又可分为旋转对称反射器的组合和柱面反射器的组合两种，如图 3－2(c)所示。旋转对称反射器的组合，除具有旋转对称反射器的特点外，还能通过调节焦距和中心距来改变灯具的一系列光参数，以适应和满足照明场所的要求

柱面反射器的组合有两种形式：一种是如同上述的对称旋转反射器的组合形式；另一种是纵、横为同一母线形成的柱面反射器，通过正交而获得的反射器。这种组合而成的反射器，加工比较困难，但光学性能方面除具有柱面反射器的特点外，还具有纵、横方向的反射面都是主反射面，两个方向的配光完全一致的特点，适用于视觉要求较高的场所。反射器的表面材料以镜面反

射材料最为常用，大多数是用电解抛光（或化学抛光）铝，表面经氧化或涂覆二氧化硅薄膜处理。为了提高灯具的发光效率和使出射光更加柔和，提高光谱效能等，现代灯具的镜面反射器还做成各种凹凸不平的板块形状。

作为控光元件的反射器，就是要把光源光能量进行再分配。为了清楚地了解光通量再分配的作用，以旋转对称反射器为例来说明，如图 3－3 所示。

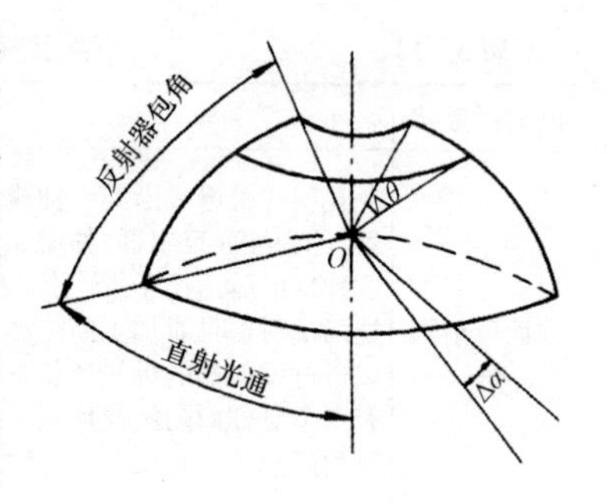

图 3－3 旋转对称反射器

光源在反射器内 O 点，它发出的光通量一部分射向反射器。另一部分从未被反射器包围的空间射出。光源有一定大小和自身的光分布，它射向四周空间的光能量是不均匀的。因此，必须将空间划分成一个个极小的区域，以 $\Delta\theta$ 表示反射器范围内和以 $\Delta\alpha$ 表示在反射器外的环形圆锥区域的每个圆锥间的角度。这样就可以对环形圆锥逐个划块来研究它们的贡献大小（指反射器部分）和它们能获得的光通量值（指投射出去的部分）。对于较大的光源，还要考虑自身引起的遮光吸收作用。对于不对称的反射器，则划分区域就更复杂些。

反射器的设计，首先考虑直接光通量的贡献；再研究光源上各点发出的光线经反射器反射后的走向，将这些经反射后的光线按极坐标叠加起来，加进直接光通量的贡献后，就可以确定出该发射器的配光分布。如果这种配光符合所需的配光要求，设计反射器的工作就告结束；若有差距，就需修改反射器曲面直到能够符合所需要的配光要求为止。

必须指出，在设计反射器曲面形状，使之能够符合所需要求的配光时，反射器曲面并非是唯一的，可以有各种曲面都能获得相同的配光分布。这时，还要根据反射曲面所包围的体积大小、出射光效率高低、散热、保护等措施，以及与相关光源配合的难易等多种因素来加以选择。

以上所述的只是反射面设计的原则方法，具体做起来的工作量是很大的，因为只有将光束划分间隔 $\Delta\theta$ 和 $\Delta\alpha$ 很小时，才能得出精确的对应关系，所以通常是借用电子计算机来完成设计计算。

最新的灯具设计方法是通过电子计算机 CAD 作图的方法，在屏幕上可以随意修改，并即刻计算出对应的配光分布。灯具设计工作的这套软件，从前只有少数国家的大公司掌握，目前已逐步走向普及和完善。

二、灯具的安全设计

灯具的安全设计包括电气安全和其他安全两个方面，电气安全包括直接电器安全和间接电器安全两方面。根据这些要求来进行灯具的结构和电气设计，其说明见表 3－13。

表 3－13　灯具的安全设计

类　型	说　明
直接的电器安全设计	①灯具上所有的带电部件有规定的绝缘，达到指定的防触电防护等级。就目前来说.应该减少 0 类灯具，多设计Ⅰ、Ⅱ类灯具 ②电部件间绝缘良好，符合规定的电器间隙和爬电距离 ③带电与不带电部分的泄漏电流小于额定值，确保人员不会因漏电引起触电 ④灯具内部带电部件上有合适的防触电措施，使手指不能触及 ⑤安装带电体的绝缘材料在异常情况下不起火，不燃烧
间接电器安全设计	①灯具在雨水、灰尘和粉尘气氛等环境中，外壳要有相应的密闭措施，能保证灯具内带电部件间或带电部件与绝缘体间有良好的绝缘 ②灯具在受到各种人为因素如侵犯、跌落、碰撞等外力时，带电部件之间或带电部件与绝缘体之间不能受到损害，即使不能工作，也不危及人身安全 ③各种与带电部件接触或在其部位的绝缘体，在灯具寿命期间内，不得因温度过高造成绝缘破坏，引起触电，也不能起火或燃烧 ④各种电气部件，如电容器、镇流器、触发器和接线柱等，应工作在规定的环境范围内，并按照规定的方法固定，确保它们的工作寿命
其他安全方面的设计	①在使用期间，灯具受到意外情况，如台风、地震、不正规的维护或操作等，这时的灯具必须不危及人和周围环境，它的外壳、紧固件、调节锁紧、支架等必须有足够的距度和控制力，不能使它成为一个潜在的危险物 ②灯具在使用时，外壳面温度较高，在设计时，灯具的表面温度必须控制在规定的数值以下。若确有困难，也有用规定距离或限制接近的距离内加保护罩的方法来保护

三、灯具的寿命设计

灯具的寿命是指灯具的重要部件，如外壳锁紧件和光学部件等不能正常工作，失去使用价值的全部工作时间。它是根据采用的材料、加工工艺和表面处理方法以及受各种环境和工作状况下使用寿命的综合反映。

可以认为一个非特殊用途的一般工业产品，有 20 年的使用寿命就已经是足够长了。上一代人安装和使用的东西，经过20年后新一代人来掌管，他们应该用新的东西，再加上今日科技的发展，新陈代谢之快可谓日新月异，针对这样的客观情况，20年可作为灯具寿命的最长档次。

按目前的材料和工艺水平，灯具寿命达到20年是没有问题的，如外壳采用铝压铸，光学系统采用密闭式，铁制件用热镀锌，不锈钢做紧固件，少用或不用铰接件。

当然，20年可作为灯具寿命的上限，许多地方都不需要20年的寿命，如经常改变室内装饰或经常改变工作内容的地方，照明水平有严格要求的地方，灯具的寿命都只需要几年，最长也不超过10年。有时为了降低造价而采用其他材料和工艺而使灯具适当缩短寿命在5～10年之内也是适宜的。

四、其　他

1. 灯具的光衰

在灯具设计中，还应考虑灯具的光衰，这包含了减少光学系统和灯具结构对光源光通量的影响，及抵御外界环境中灰尘和微粒污染光学系统。在荧光灯具中，要充分考虑到荧光灯管的光通量随灯管冷端温度而变化，提高或降低这个温度将减少灯管的光输出量。因此，灯具的反射器形状、体积及密封方式都要考虑这个问题。结构不好的密封灯具中会钻进细灰和小虫，格栅和反射器上会积灰，玻璃片上蒙上一层灰，弄脏光学系统，吸收光线，减弱光通量，造成照度过早减弱。

2. 保护光源

在灯具设计中，首先要确保光源有可靠的电连接，接触电阻小，受振后不会松脱；其二是灯具内部结构，包括外壳大小、散热能力、反射器的形状和大小等都会影响光源寿命。为了增强灯具的散热，要适当扩大灯具体积，增加散热面积，使光源工作在适应的温度下，确保性能稳定，安全可靠。

3. 热能利用

光源除反射可见光外，还有大量热辐射产生，所以就有空调灯具的研究。在室内照明负荷多达20～40W/m^{2}时，热能的利用就变得十分重要。

第三节　混光灯具

混光灯具作为室内照明灯具时，与单灯灯具一样，不同场所和作业对象对灯具会有不同的要求，所采用的照明方式和灯具也截然不同。根据具体情况，对混光灯具的要求，除在外形、大小、色调布置等方面与建筑相配合外，在光度、色度的数量和质量上往往有如下的各种要求。

一、混光灯具的混光效果

混光效果是衡量混光灯具质量的主要指标之一，在设计混光灯具时，应考虑使两种不同光源所发出不同光色的光线绝大多数能够在灯具内混合，否则被照面上将产生两种不同颜色的光斑，影响照明质量。

光源的安装方式和位置、反射器的组合方式决定混光灯具的混光效果。对于旋转对称反射器两个光源之间的距离决定旋转对称反射器的副反射面形式和位置；而对于旋转对称组合式反射器，两个光源之间的距离决定反射器中心距离和焦距，从而影响混光灯具的一些光特性及混光效果，应通过理论计算和实验，将其设置在最佳位置上，既能满足配光曲线的要求，又能达到混光均匀的效果。

在柱面反射器中，从理论上讲，应使两个光源的距离愈近愈有利于灯具反射器的设计，容易获得最好的混光效果。但实际上，光源有一定大小和形状，而且一些高强气体放电灯的光电参数受温度的影响较大，因此两光源之间应有一定的距离，或使用金属隔板来降低温度。这样既可以减少光源之间的光吸收和温度影响，而且还可作为副反射面来提高混光效果和改善配光等。只要反射器设计合理，光吸收和温度影响可以降低到最低程度，通常光吸收可以控制在1%左右和温升控制在5%左右。

一般混光较好的混光灯具，其光源和反射器安装形式如图3-4所示。这种安装形式可保证两种光源发出的不同光色的光，在其受照面上无明显的两种颜色的光斑，使混光效果更为理想，这种安装方式是目前较为常见的混光灯具的安装形式。

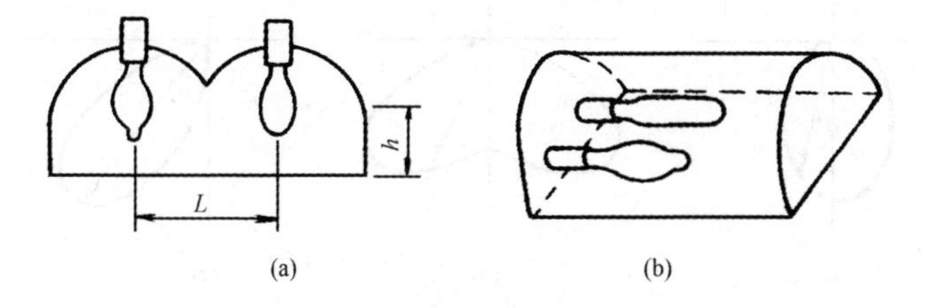

图3-4　光源和反射器安装配合形式

如图3-5所示是通常容易出现不均匀混光的灯具和反射器安装形式。这种安装形式使两种光源反射出的光在反射器内不能充分地混光，因为各灯各自照射其下部空间，即使采用多灯交叉布置，也很难获得充分的混光效果。

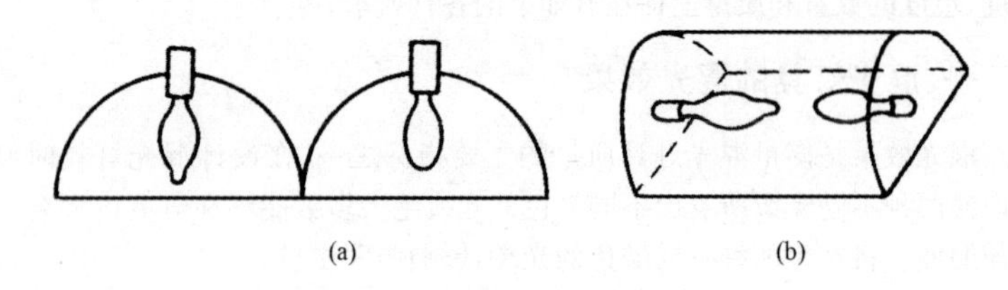

图 3-5 不均匀混光的安装形式

二、混光灯具的配光曲线

灯具配光曲线的形状应使工作场所的照度有良好的均匀性和连续性,没有明暗交叠的花纹,这是对室内照明灯具的基本要求。应尽量避免不均匀照度分布。

此外,灯具还要满足配光分布要求,例如灯具的配光在接近较大角度时不应很快截止,以保持其连续性,特别在灯具布置数量很少,即距高比很大时,截止配光致使照射面上的光线不能连续而造成暗区。

对室内照明,较为理想的灯具配光曲线如图 3-6 所示。图 3-6(a)所示属 $I_\theta \cos^n\theta$ 的配光。这种配光曲线的灯具在垂直于灯口正下方光强最大;随着 θ ($0 \leqslant \theta \leqslant 90°$, $270° \leqslant \theta \leqslant 360°$)角的增大,光强逐渐减弱,这种配光曲线的灯具在单独使用时不能得到良好的均匀度,只有在许多灯相互叠加时,才有良好的均匀度,而且距高比越小,均匀度越好。这种配光的灯具,多用于对照度要求较高的场所,因为要求照度越高,所要的灯具数量越多;距离比愈小,均匀度就能得到保证。

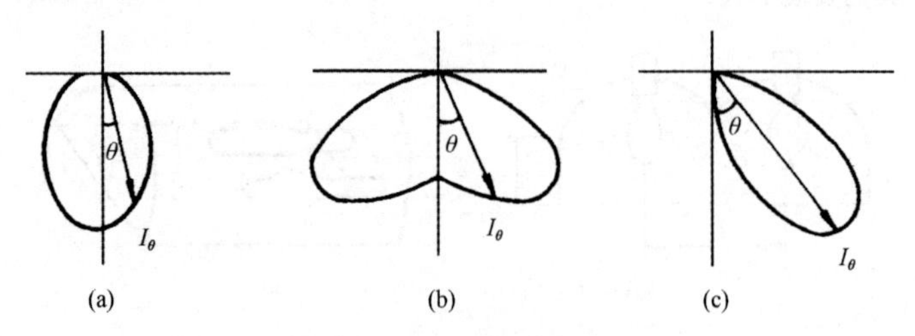

图 3-6 室内较理想的灯具配光

如图 3-6(b)所示的配光为人字形或称蝠翼形配光,其特点是灯具垂直下射的光强较弱,随着 θ ($0 \leqslant \theta \leqslant 90°$, $270° \leqslant \theta \leqslant 360°$)角的增大,光强逐渐增强,当达到某一角时为最大,然后又迅速减弱,具有这种配光曲线的灯具,单个灯具在较大范围内能够得到较好的均匀度，且眩光限制好。尽管如此，也要通过多灯叠加来保证一定的照度均匀性。这种配光曲线的灯具多用于照度较低、距高比较大的场所。

另外，在灯具配光设计中还要考虑这样的因素，即从灯具出射的光线，因出射方向不同，即使在各个方向上的光通量是相同的，而在受照面上产生的照度也是不相同的，这是因为不同环带中的光通量对利用系数的影响不同，效果也就不同。关于这点，应在设计灯具的配光时予以考虑。

三、混光灯具的亮度限制

照明质量的优劣与灯具的亮度限制有关。在视野范围内，若灯具亮度过高，可产生不舒适眩光，甚至产生失能眩光，严重的眩光直接影响劳动生产率甚至诱发眼疾。

眩光程度主要与灯具发光面大小、发光面的亮度、背景亮度、视看方向和位置等有关，因此，在灯具设计时一定要考虑限制灯具的亮度。一般情况下，人们在室内眼睛停留最多的位置是水平方向，因此灯具在 60°～90°区域(以铅垂线方向 0°)中发出的光线容易进入人眼，易产生直接眩光，一般产生直接眩光的区域为 45°～90°，小于 45°时，可不予考虑，所以在 45°～90°范围内的灯具亮度必须严加控制。

灯具亮度的限制采用亮度曲线法，它是一种最简单、方便的方法。目前在奥地利、法国、德国、意大利和荷兰等国广泛使用。

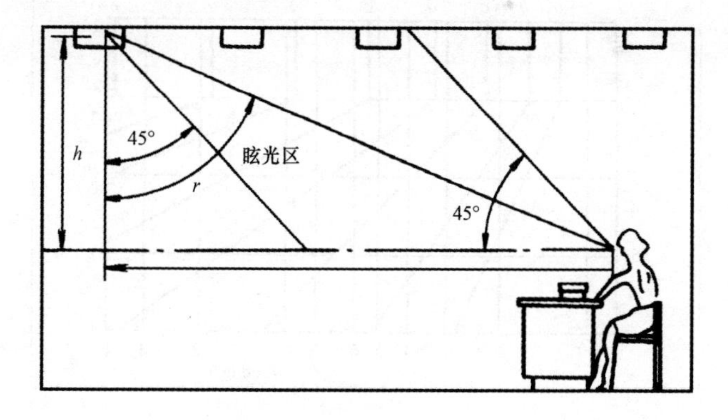

图 3-7 在光源亮度必须加以控制好的情况下的视野区和灯具辐射区

亮度曲线法，是对灯具在 $45° < r \leqslant r_{max}$($r_{max}$是观测最远处灯具的视线与

铅垂线夹角)范围内的亮度(如图 3-7 所示),按照不同的亮度限制(如图 3-8 和图 3-9 所示),使用时在 45°～r_{max}范围内,将灯具纵横截面每隔 5°计算出亮度值,然后根据使用的照度和限制级别,从 8 条界限曲线中选择适合的限制曲线,以此与被评价灯具的亮度曲线 $L_{(r)}$值比较。如果灯具在观察方向上的亮度比限制曲线的亮度值低,即灯具在 45°～85°的亮度落在限制曲线的左边,即被认为满足亮度限制要求。反之,如果在观察方向上的灯具亮度比限制曲线亮度高,灯具在 45°～85°的亮度曲线落在限制曲线右边时,则被认为不能满足亮度限制要求,即此灯具产生眩光。

在计算时,以平行于灯具的较长方向观测眩光时,使用 B—B 截面的光强分布;以垂直于灯具的较长方向观测眩光时,使用 A—A 截面的光强分布,灯具亮度 $L_{(r)}$ 的计算公式如下:

$$L_{(r)} = I_{(r)}/S_{(r)} \quad (\mathrm{cd/m^2})$$

式中 $L_{(r)}$——r 方向光强值(cd);

S——从 r 方向观测灯具正投影面积($\mathrm{m^2}$)。

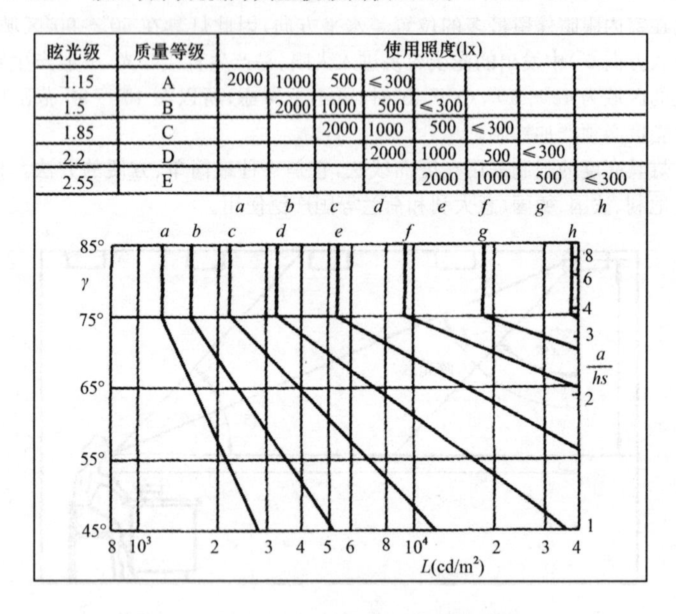

眩光级	质量等级	使用照度(lx)							
1.15	A	2000	1000	500	≤300				
1.5	B		2000	1000	500	≤300			
1.85	C			2000	1000	500	≤300		
2.2	D				2000	1000	500	≤300	
2.55	E					2000	1000	500	≤300
		a	b	c	d	e	f	g	h

图 3-8 有发光侧边灯具的亮度限制曲线

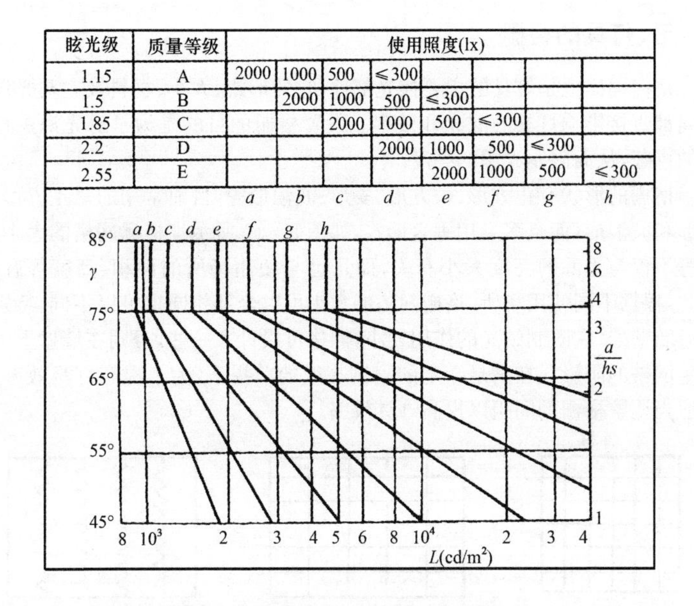

眩光级	质量等级	使用照度(lx)							
1.15	A	2000	1000	500	≤300				
1.5	B		2000	1000	500	≤300			
1.85	C			2000	1000	500	≤300		
2.2	D				2000	1000	500	≤300	
2.55	E					2000	1000	500	≤300
		a	*b*	*c*	*d*	*e*	*f*	*g*	*h*

图 3-9 没有发光侧边灯具的亮度限制曲线

从图 3-8 所示中可直接看出，如果亮度限制等级一定，设计照度越低，灯具的容许亮度越高，这就是亮度曲线法的优点。本方法使用于灯具在室内大体是有规则排列的一般照明方式，以及顶棚反射系数为 0.5 以上和墙壁反射率为 0.25 以上的工作场所。

四、混光灯具的效率

灯具的出射光通量 F 与裸光源的光通量 F_0 之比称为灯具的效率：

$$\eta=(F/F_0)\times 100\%$$

灯具的效率的大小不但表明设计与制造的质量好坏，而且对照明设计的经济效益和节电有很大影响。提高灯具效率就是要增加灯具的光输出，可节省电能和减少开支。灯具效率还与限制眩光有关。不同的场所，对照明质量和数量的要求不同，对灯具的效率的要求也不同。一般工业厂房灯具的效率应大于 60%，体育馆用灯具的效率应大于 40%。

五、灯具的格栅

格栅同样也是灯具的主要控光部件，它的形式、大小、材料及它与光源的距离都直接影响灯具的配光和效率。设置格栅的目的是为了对光源进行必要的遮蔽，从而限制光源的亮度。

格栅的形状有正方形、长方形、菱形、波浪形等，目前常用的是正方形、长方形和波浪形，而且多采用垂直形式，如图 3-10 所示。格栅网格的大小、高度等不仅与光源的亮度大小有关，而且也与使用场所的面积、高度等有关。因此，根据不同使用场所，格栅网格的大小可以全部相同也可以不同，特别在靠近墙壁处，它限制眩光的作用较小，网格可设计大一些，否则在墙壁上可能产生网格的阴影。在满足一定的限制亮度的前提下，为了提高灯具效率，可以适当调整格栅的间距以提高灯具效率。

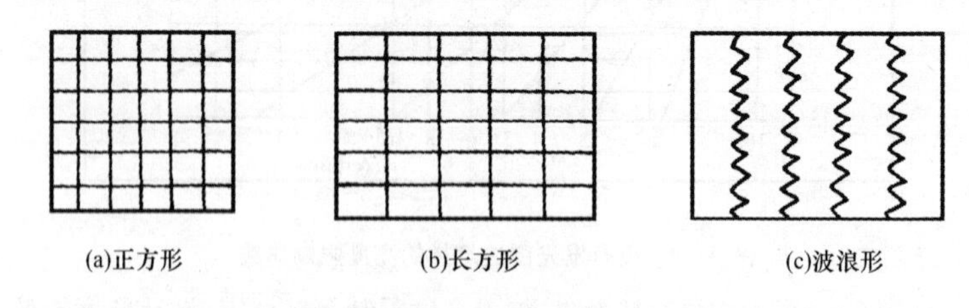

图 3-10 格栅形状

六、灯具的保护角

利用某种方式(如灯具外壳或格栅)将空间某一人眼常要停留的角度范围保护起来，使在该角度内看不到亮度很高的光源，这种被保护的角度称为保护角。对于高亮度的光源不宜采用没有保护角的灯具，否则将产生严重的直接眩光，增大保护角是限制直接眩光的一种方法。保护角的大小不但与光源的亮度大小、方向有关，而且与使用场所的要求有关。一般用于工业厂房的灯具，其保护角不宜小于 10°；用于体育馆的深照型灯具，其保护角不宜小于 30°。保护角的确定方法如图 3-11 所示。

在视觉临界范围内看见灯或灯的一部分灯具时，灯具的保护角应符合表 3-14 的规定。

七、灯具反射器的选材和加工

灯具的反射器是主要的控光器件，其作用是把光源发射出的光线按预定

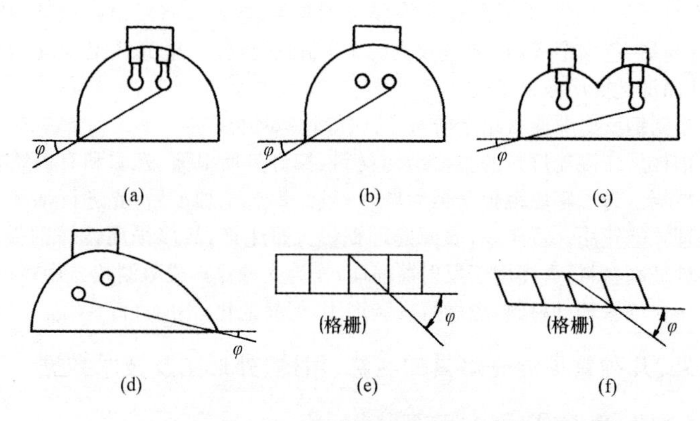

图 3－11　保护角的确定方法

表 3－14　对于从临界看得见的灯或灯的某些部位的灯具附加的最小保护角要求

灯的平均亮度范围	眩光限制质量等级		灯的类型
(cd/m²)	A、B、C	D、E	
$L \leqslant 20\times10^3$	20°	10°①	管状荧光灯
$20\times10^3 < L \leqslant 500\times10^3$	30°	20°	涂荧光粉或漫射光波壳的高压气体放电灯
$L > 500\times10^3$	30°	30°	透明玻壳的高压气体放电灯，透明玻璃白炽灯

注：表中“①”表示线状的灯从端向看：0°。

的要求分别分配到所需要的方向上去。为此，反射器必须用良好的材料制成，并要求加工准确和精度高。

在混光灯具的加工成型过程中，首先要从功能适用、经济合理、质量轻和易于加工等条件考虑选用材料。目前，大多选用铝材（高纯铝或合金铝板）制作混光灯具反射器，少量选用不锈钢板等。

铝板质轻，易于加工，外表美观，反射率高，反射光和热的反射率通常约为 67%～82%。电解抛光的高纯铝，其反射率可达 94%，它又是电解和热的良导体，可用作高功率、高光输出灯的散热部件，但它的电位高，在和铜、钢等重金属接触处易腐蚀，质地软，在加工中表面易起毛。

为了防止反射器的镜面反射造成的不良后果，通常不直接使用抛光铝板,而对反射面进行喷砂氧化和涂膜保护等处理,或者将反射面设计成块板形、鱼鳞形、龟面形等,形成漫反射,以限制眩光,使出射光线更加均匀和柔和,从而混光照明效果更佳。

不锈钢反射器通常用于防水、防腐等特殊环境。

钢板用作混光灯具的主要结构材料,如灯具反射面,光源和有关附件的支撑材料。为了解决钢板锈蚀问题,一般经钣金工加工后,要进行油漆或电镀处理才能使用。近年来,表面处理钢板大量生产,故多采用镀锌钢板。此外各种玻璃材料,大多用于反射器前面,作为光源保护或限制眩光用;各种塑料常用作绝缘辅助材料,也做灯具装饰用,但易老化,不耐高温。

八、几种常见混光灯具的名称、用途、外形图及技术数据

1. SHCD101、CDHG-203型混光灯具

SHCD101、CDHG-203型混光灯具用途、外形图及技术数据,见表3-15。

表3-15 SHCD101、CDHG-203型混光灯具用途、外形图及技术数据

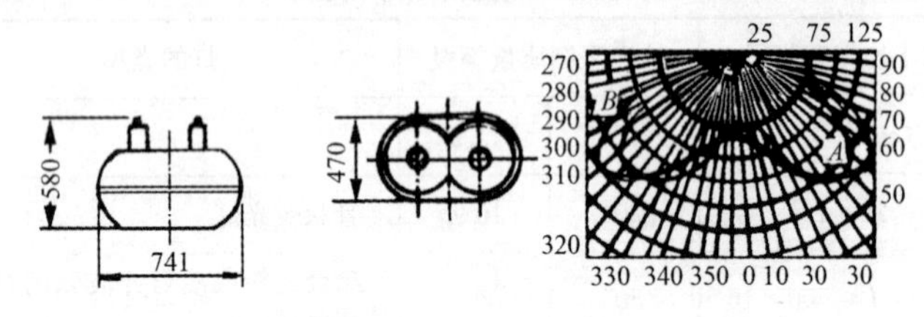

外形尺寸　　配光曲线(NG-250+GGY-400)

型号	SHCD101或CDHG-203		
灯头型式	E40+E40	E40+E27	E27+E 27
混光方案	GGY-400+NG-250(215) GGY-400+NG-250 GGY-250+NG-250 GGY-400+NG-400 KNG-400+NG-250(215) KNG250+NG-250 KNG-250+NG-400	GGY-250+NG-110(100) GGY-125+NG 250 KNG-250+NG-250	GGY-250+NG-110(100) GGY 1250+NG-70
安装方式	吊链		
结构	灯具壳体与反光罩采用纯铝板拉伸成型,反光罩经电解抛光处理,壳体外表面喷烤漆。灯头可根据需要调节电光源上下位置		
用途	适用于颜色识别要求一般的场所,如机械加工、装配等		

2. GHGD-101、GHGD201型混光灯

GHGD-101、GHGD201 型混光灯具用途、外形图及技术数据，见表3-16。

表 3-16　GHGD-101、GHGD201 型混光灯具用途、外形图及技术数据

GHGD201 型外形尺寸　　GHGD201 型（GGY-125+NG-110）配光曲线

型号	GHGD-101		GHGD-201	
灯头型号	E40+E40	E40+E27	E40+E27	E27+E 27
混光方案	GGY-400+NG-250 GGY-400+NG-400 GGY-250+NG-400 GGY-250+NG-250	GGY-250+NG-110(100)	GGY-250+NG-110(100) GGY-125+NG-250 KNG-250+NG-110(110)	GGY-125+NG-110(110) GGY-125+NG-150 GGY-125+NG-70
安装方式	吊链			
结构	灯具反光罩与壳体采用高纯铝板拉伸成型，反光罩经电解抛光处理，壳体表面喷烤漆，透光罩采用耐温有机玻璃制成，配有防尘密封橡胶圈			
用途	适用于对颜色识别要求不高的场所，如轧钢、纺织漂洗、铸造、机械加工等			

3. SHGD－201 型块板面混光灯具

SHGD－201 型块板面混光灯具用途、外形图及技术数据，见表 3－17。

表 3－17　SHGD－201 型块板面混光灯具用途、外形图及技术数据

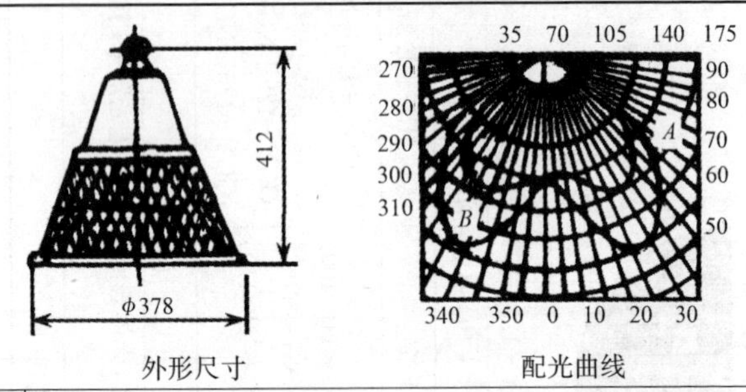

外形尺寸　　配光曲线

型号	SHGD－201
灯头型式	E27＋E27
混光方案	NG－35－GGY－50，NG－35＋GGY－80，NG－70＋GGY 80，NG－100＋GGY－125，NG－70＋GGY－125
安装方式	吊链
结构	灯具壳体和反光板采用高纯铝板拉伸成型，反光板为块板反射面，灯具外表面喷烤漆，内表面电解抛光处理，保护罩由钢化平板玻璃制成
用途	适用于体育馆、练习馆、剧场、礼堂及工厂等

4. CDHP－208 型混光灯具

CDHP－208 型混光灯具用途、外形图及技术数据，见表 3－18。

表 3－18　CDHP－208 型混光灯具用途、外形图及技术数据

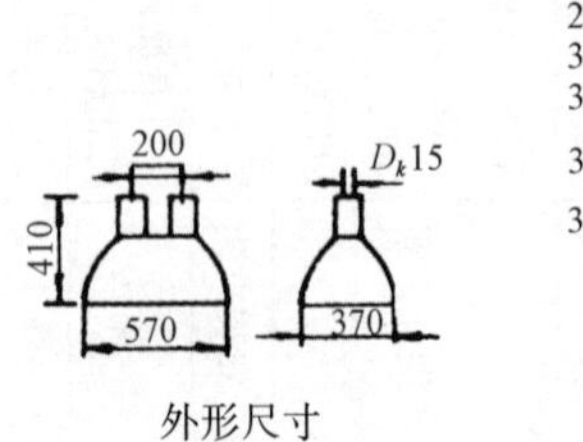

外形尺寸

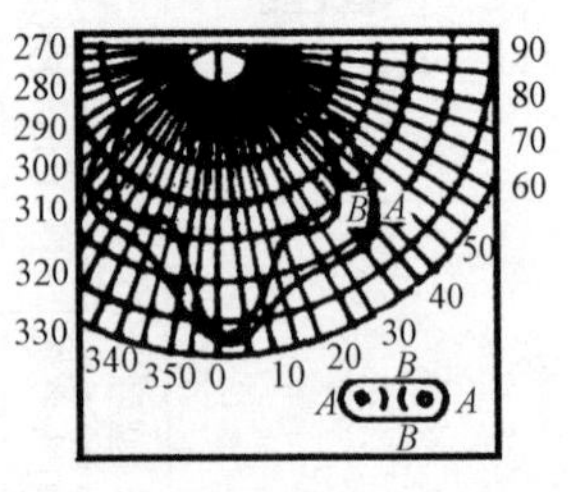

配光曲线(NG－215＋DDG－250)

续表

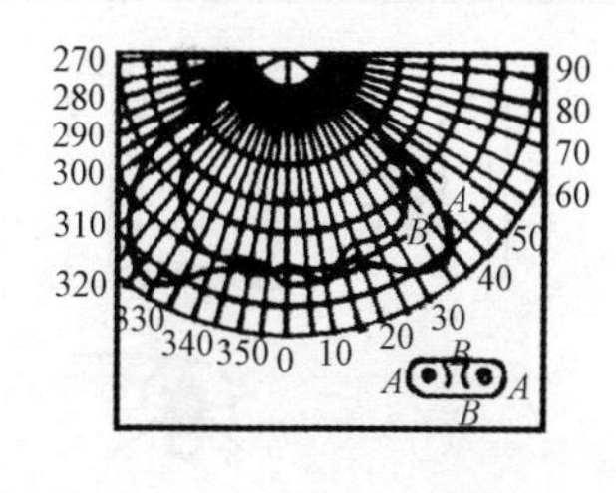

配光曲线(NG－215＋GGY－400

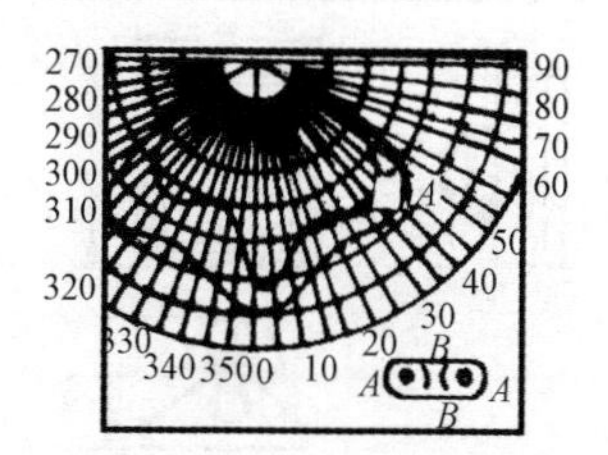

配光曲线(NG－215＋GGY－250)

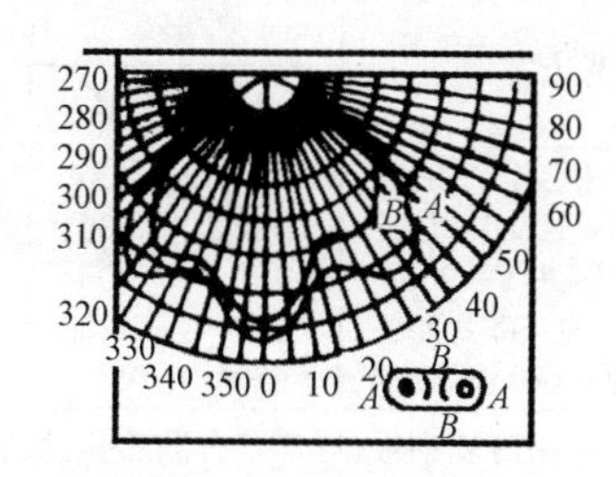

配光曲线(NG－215＋KNG－250)

型号	CDHP－208
混光方案	NG－215＋GGY－250、NG－215＋KNG－250、NG－215＋DDG－250、NG－215＋GGY－400
安装方式	管吊、吊链、吸顶、柔性管吊
结构	灯具采用高纯铝板拉伸成型，反射器经电解抛光后，再涂以二氧化硅(玻璃薄膜)，因而灯具有除氟酸外，对任何酸类及氯、碱的抗腐功能。灯具为开启式，亦可加装耐温有机玻璃制成的透光罩，并配有防尘密封橡胶圈，或加装电化铝格栅
用途	工厂大中型车间、体育馆、港口、机场、车站、大厅、礼堂以及需要辨别颜色的场所

5. CDHF－201 型混光灯具

CDHF－201 型混光灯具用途、外形图及技术数据，见表 3－19。

6. GC－82 型块板面混光灯具

GC－82 型块板面混光灯具用途、外形图及技术数据，见表 3－20。

表 3-19 CDHF-201 型混光灯具用途、外形图及技术数据

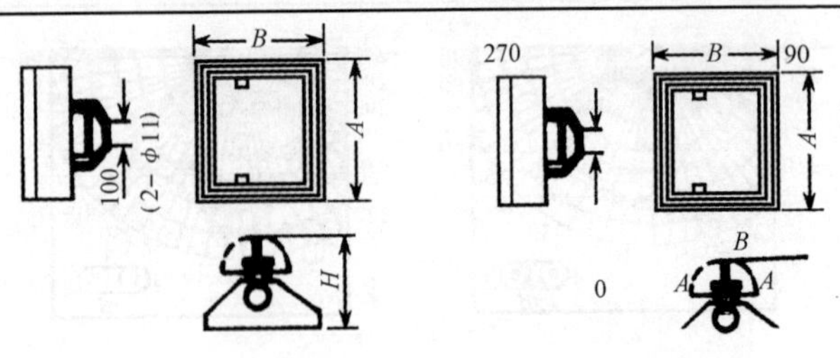

型号	混光方案	外形尺寸(mm)			安装方式
		A	B	C	
CDHF-201	NG-70+GGY-80 NG-110+KNG-125 NG 110+DDY-250 NG-215+GGY-250 NG-360+GGY-400	480 480 480 620 620	400 400 400 425 425	285 285 285 300 300	悬挂、斜照
结构	灯具壳体采用冷轧钢板，灯罩开有散热孔，反射罩采用高纯铝板，电解抛光，电化处理。可带电化铝格栅				
用途	适于高大厂房，广场、码头、车站、道路等场所				

表 3-20 GC-82 型块板面混光灯具用途、外形图及技术数据

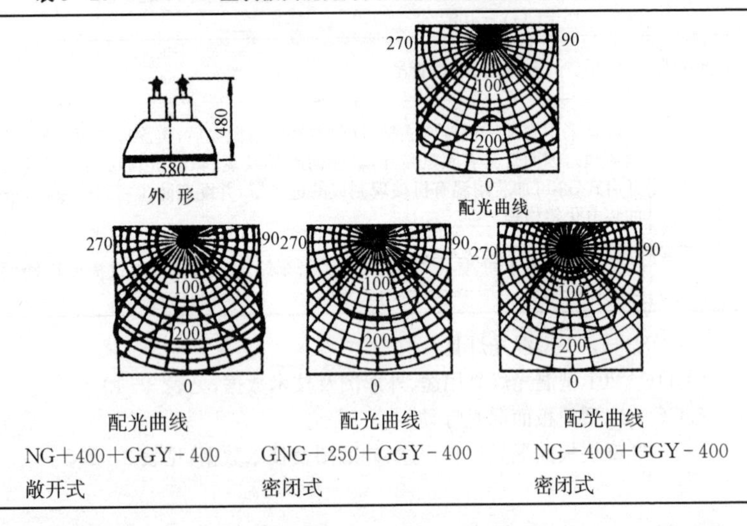

续表

型号	GC-82
混光方案	NG-400-GGY-400,NG-250+GGY-400
防护等级	敞开式:IP×3;密闭:IP54
外形尺寸(mm) 长×宽×高	580×110×480
结构	灯具分为密闭式(GG82-A)和敞开式(GC82,GC82-B),壳体铝扳拉伸成型,块板反射器,铝压铸灯座筒,无级万能灯座调节装置,防松脱灯座 敞开式采用空气对流方式,合理的分光隔板,使混光效果更好 密闭式的灯座筒内密封玻璃采用硅胶黏接,活性炭过滤器和密封空心橡皮圈和发泡橡胶,保证密封性和在严重污染环境中使用
用途	有一定光色要求的大面积照明场所,如车间、会堂、体育馆、大厅等

注:GC82、GC82-A灯具总容量<800W。单个光源<400W;GC82-B灯具总容量<500W,单个光源<250W。

第四节　灯具选择

一、灯具的选用原则和选择要点

1. 在照明设计中选用灯具的基本原则

在照明设计中选用灯具的基本原则有如下几点:

(1)光学特性。首先要看是否合理,保护角是否符合要求,灯具各个角度的亮度应在被限定范围之内。

(2)经济技术指标要符合要求。灯具应有较高的效率和利用系数,其次在所应用的场所要达到节能指标,单位用量 W/m^2 要符合节能标准,电气安装费用、补投资及运行费用等,都要符合有关要求。

(3)灯具的光学性能要与使用房间室形相匹配,符合使用场所的环境条件。

(4)灯具的结构应符合安全和防触电指标。

(5)灯具的外形与建筑物应该相协调,并能起到美化环境的作用。

(6)要考虑安装灯具的方法,易于清扫,换装灯泡方便,便于维护。

(7)要考虑到灯具光源的寿命和造价指标。

在选用灯具时,要综合考虑以上各条件指标,权衡利弊得失而后选用。

2. 灯具的选择要点

灯具的选择要点如下：

(1)在选择灯具时，应根据环境条件和使用特点，合理地选择灯具的光强分布、效率、遮光角、类型、造型尺度以及灯的表面颜色。

①荧光灯灯具的效率不应低于表 3-4 中的要求。

②高强度气体放电灯灯具的效率不应低于表 3-5 中的要求。

③用于间接照明的荧光灯或高强度气体放电灯灯具的效率不宜低于 75%。

④投光灯灯具的效率随光束角大小不同而异，对宽光束灯具的效率不宜低于 55%。

⑤根据室空间比(*RCR*)选用配光合理的灯具，见表 3-21。

表 3-21 灯具配光的选择

室空间比 *RCR*	配光种类	灯具最大允许距高比
1～3	宽光束配光	1.5～2.5
3～6	中光束配光	0.8～1.5
6～10	窄光束配光	0.5～1.0

⑥灯具的遮光格栅的表射表面应选用耐久性好、难燃材料，其反射比不应低于 70%，遮光角宜为 25°～45°。

⑦当照明灯具采用嵌入式暗装或选用间接照明与光檐照明时，顶棚的反射比不应低于 60%。采用光檐照明时，应选用荧光灯或小型金卤灯等长寿高效光源及灯具。

⑧采用发光顶棚和间接照明时，从下垂线计算大于 45°角的顶棚亮度不应超过 500cd/m^2；当顶棚亮度达不到要求时，应采用光束照亮顶棚以改善环境对比。

(2)在满足眩光限制和配光要求条件下，对于功能性照明，宜采用直接照明，选用开敞式照明灯具。根据使用环境状态，灯具选用原则见表 3-22。

表 3-22 灯具选用原则

灯具安装场所	灯具选用原则
在潮湿的场所	应采用相应防护等级的防水灯具或带防水灯头的开敞式灯具
在有腐蚀性气体或蒸汽的场所	宜采用防腐蚀密闭式灯具。若采用开敞式灯具，各部分应有防腐蚀或防水措施

续表

灯具安装场所	灯具选用原则
在高温场所	宜采用散热性能好、耐高温的灯具
有尘埃的场所	应按防尘的相应防护等级选择适宜的灯具
在装有锻锤、大型桥式吊车等振动、摆动较大场所	应有防振和防脱落措施
在易受机械损伤、光源自行脱落可能造成人员伤害或财物损失的场所	灯具应有防护措施
在有爆炸或火灾危险场所使用	应符合国家现行相关标准和规范的有关规定
在有洁净要求的场所	应采用不易积尘、易于擦拭的洁净灯具
在需防止紫外线照射的场所	应采用隔紫灯具或无紫光源
直接安装在可燃材料表面	应采用标有标志的灯具

(3)在选择灯具时，应考虑灯具的允许距高比。当采用发光顶棚照明形式时，应注意处理好布灯间距(L)与灯具至顶棚的距离(H)的距高比，见表3-23，室内一般照明灯具的最低悬挂高度，见表3-24。

表3-23　　发光顶棚布灯距高比

发光顶棚材质		L/H(距高比)(m)	
		乳白板材	磨砂板材
白炽灯或紧凑型荧光灯		1.5	1.2
直管荧光灯	裸光管	2.0	1.5
	带有反射罩	1.25～1.5	1.0～1.2

表3-24　　室内一般照明灯具的最低悬挂高度

光源种类	灯具形式	灯具遮光角	光源功率(W)	最低悬挂高度(m)
白炽灯	有反射罩	10°～30°	≤100	2.5
	乳白玻璃漫射罩	—	≤100	2.0
荧光灯	无反射罩	—	≤36	2.0
			>36	3.0
	有反射罩	10°～30°	—	2.0

续表1

光源种类	灯具形式	灯具遮光角	光源功率(W)	最低悬挂高度(m)
金属卤化物灯 高压钠灯	有反射罩	10°～30°	＜150	4.5
			150～250	6.0
			250～400	7.5
			＞400	9.0
	有反射罩带格栅	＞30°	＜150	4.0
			150～250	5.0
			250～400	6.5
			＞400	8.0

注:①制定本表所采用的方法并非*CIE*推荐的眩光指数法(*UGR*),当采用本表数值与实际计算*UGR*不一致时,应按*UGR*值确定最终的眩光评价。

②建议在进行初步设计时使用本表,而在施工图设计必须确定眩光评价时,应采用*CIE*推荐的眩光指数法(*UGR*)。

(4)设计中应当注意对照明灯具发热的处理。嵌入式荧光灯有超过50%的热量是通过灯具外壳散发到吊顶内的,荧光灯管脚和镇流器的温升均超过70K;实验表明,1000W金卤灯照射在距其1.0m处的织物上,1h后的温升超过75K。而一般木质结构在65℃时就开始炭化,因此要求在灯具附近的可燃材料表面均应采取有效的防火保护措施。灯具的发热与安装部位的环境条件、灯具结构以及选用光源类型有密切关系。为便于设计计算,灯具散热量可按表3-25进行估算。

表3-25 不同光源的散热量

光源类型	散热量参考值
热辐射光源灯具(白炽灯、卤钨灯等)	230kJ(1000 lm·h)
气体放电光源灯具(荧光灯、金卤灯等)	63kJ(1000 lm·h)

注:kJ——千焦(热量单位);lm——流明(光通量单位);h——小时(时间单位)。

(5)在选用花灯照明时,应注意花灯尺寸、风格与建筑装饰、形体、色彩、家具布置等的有机配合及主副灯具分布效果。对于吊花灯,布灯间距与灯具外径之比宜为3～5;吊灯悬挂长度与厅室净高之比宜为0.2～0.3。除另有要求外,净高低于3m的厅室宜采用吸顶组合灯具。

(6)大型建筑组合灯(包括花灯)应分组控制开、关灯,控制原则应注意分组点亮时的照明空间效果以及组合灯的自身形态。

(7)在高空安装的灯具,如楼梯大吊灯、室内高挂灯、多功能厅组合灯以及景观照明和障碍标志灯等不便于检修和维护的场所,宜采用长寿命光源或延长光源寿命的措施。筒灯宜采用插拔式单端荧光灯。

(8)当采用卤钨灯或单灯功率超过100W的白炽灯光源时,灯具及灯口均应能承受高温。嵌入式灯具、贴顶灯具以及光檐照明灯具的引入线应选用105℃～250℃耐热绝缘电线。

(9)带有透光耐热玻璃或格栅金属网罩的嵌入式灯具,应在灯具结构上考虑在室内(不进入顶棚内)更换维修的可能性。

(10)室内灯具质量超过3kg时应预留吊钩,吊钩承受的质量应按灯具自重的5～10倍加100kg计算。

(11)照明灯具应具备完整的光电技术参数,其各项技术指标应分别符合现行国家标准《灯具第一部分:一般要求与试验》GB 7000.1—2007等有关规定。

(12)应选用经国家授权有关产品质量监督检测单位检验合格的产品。

二、根据配光种类和配光特性选择灯具

1.根据配光种类选择灯具

配光的分类我国没有统一的规定,按照国际照明委员会CIE的规定,配光分为5种不同种类的配光,使用的场所亦有不同,见表3-26。

表3-26　按配光分类选择灯具

<table>
<tr><th>类别名称</th><th>上半球光通(%)
下半球光通(%)</th><th>配光曲线形状</th><th>灯具特点</th><th>适用场所及举例</th></tr>
<tr><td>直接型</td><td>0/100</td><td>窄中宽</td><td>照明效率高,易维修,容易获得高照度,室内表面反射影响少,顶棚暗,垂直照度低</td><td>要求经济、高效率的场所,尤其对高顶棚场所,工矿灯、探照型灯、嵌入式灯等</td></tr>
<tr><td>半直接型</td><td>10/90</td><td>苹果形配光</td><td rowspan="3">照明效率中等,费用中等增加天棚亮度,增加室内亮度
要求室内各表面有高的反射</td><td rowspan="3">适用于要求创造环境气氛的场所,而经济性较好
塑料、玻璃建筑灯具,花灯、吊灯等</td></tr>
<tr><td>扩散型</td><td>40/60
60/40</td><td>梨形配光</td></tr>
<tr><td>半间接型</td><td>90/10</td><td>元宝形配光</td></tr>
</table>

续表

类别名称	上半球光通(%) 下半球光通(%)	配光曲线形状	灯具特点	适用场所及举例
间接型	$\frac{100}{0}$	凹字形 心字形	效率低,费用高,维修难 环境光线柔和,无阴影 室内反射影响大	适用于创造气氛,具有装饰效果反射型的吊灯和壁灯、暗槽灯等

由于电脑的使用,彻底改变了办公室作业的传统概念,工作人员从原来单一的只在水平面上的读写作业改变为既有水平面又有垂直面(屏幕)的VDT(视觉显示终端)作业。照明环境中的眩光问题亦以单一的纸张表面的光幕反射改变为以屏幕上灯具映象干扰为主的反射眩光。所以在既有电脑操作又有读写操作的办公室中,通过降低发光体表面亮度来解决上述问题的灯具,采用新型的间接照明灯具,吊在顶棚下面,灯具发出的光线大部分或全部射向顶棚。利用反射比大于75%的白色顶棚作为二次光源来实现照明。间接照明灯具有特宽配光,灯具的光输出比大于80%,顶棚上的亮度控制在≤850cd/m²,均匀度(最大亮度与最小亮度比)在10∶1之内就可满足要求。

为了节能,在有空调的房间内,还可以选用空调灯具。

"直接型"配光灯具光通利用率高,经济性能好,大部分工厂车间和厅堂照明都选用它。"直接型"配光分为宽、中、窄3类。宽配光适用于低矮房间,如果使用窄配光会出现照度不均匀;高顶棚房间采用窄配光灯具,如果采用宽配光灯具光线会白白损失在空间,使利用率下降,不节能。房间形状用室空间比RCR表示,适合不同室形的灯具,按表3-21选择配光。一般建筑高度5~10m为中顶棚,10m以上为高顶棚,5m以下为低矮建筑。

工矿灯具从前常用搪瓷反射罩,搪瓷反射罩配光不易控制,都是余眩配光,效率不高。现在高强度气体放电灯灯具均选用高纯铝反射罩,有光板和块板两种基本类型。块板的作用是把反射光改变路径增加光输出,从而提高了灯具的效率,但对有垂直照度要求的场所,应该考虑有一部分光能照到墙上和设备的垂直面上。

非对称配光灯具主要用于广告牌、商店橱窗、教室黑板等垂直面照明,这类灯具的特点是能获得较高的垂直照度,而且能使垂直面照度均匀。也可采用指向型灯具,如投光灯、射灯等。

用带格栅的嵌入式灯具所布置的发光带,多用于长而大的办公室或大厅。光带的优点是光线柔和,没有眩光,但顶棚较暗。

2. 根据配光特性选择灯具

不同场所应选择不同配光的灯具。不同配光的灯具的选择，见表3－27。

表3－27　不同配光灯具的选择

配光类型	配光特点	适用场所	非适用场所
间接型	上射光通超过90%，因顶棚明亮，反衬出了灯具的剪影。灯具出光口与顶棚距离不应小于500mm	目的在于显示顶棚图案、高度为2.8～5m非工作场所的照明，或者用于高度为2.8～3.6m、视觉作业涉及反光纸张、反光墨水的精细作业场所的照明	顶棚无装修、管道外露的空间；或视觉作业是以地面设施为观察目标的空间；一般工业生产厂房
半间接型	上射光通超过60%，但灯的底面也发光，所以灯具显得明亮，与顶棚融为一体，看起来既不刺眼，也无剪影	增强对手工作业的照明	在非作业区和走动区内，其安装高度不应低于人眼位置；不应在楼梯中间悬吊此种灯具，以免对下楼者产生眩光；不宜用于一般工业生产厂房
直接间接型	上射光通与下射光通几乎相等，因灯具侧面的光输出较少，所以适当安装可保证直接眩光最小	用于要求高照度的工作场所，能使空间显得宽敞明亮，适用于餐厅与购物场所	需要显示空间处理有主有次的场所
漫射型	出射光通量全方位分布，采用胶片等漫射外壳，以控制直接眩光	常用于非工作场所非均匀环境照明，灯具安装在工作区附近，照亮墙的最上部，适合厨房，同局部作业照明结合使用	因漫射光降低了光的方向性，因而不适合作业照明，但可用于易受眩光影响的作业，如化装照明
半直接型	上射光通在40%以内，下射光供作业照明，上射光供环境照明，可缓解阴影，使室内有适合各种活动的亮度比	因大部分光供下面的作业照明，同时上射少量的光，从而减轻了眩光，是最实用的均匀作业照明灯具，广泛用于高级会议室、办公室	不适用于很重视外观设计的场所
直接型（宽配光）	下射光通占90%以上，属于最节能的灯具之一	可嵌入式安装、网络布灯，提供均匀照明，用于只考虑水平照明的工作或非工作场所，如室形指数（*RI*）大的工业及民用场所	室形指数（*RI*）小的场所

续表

配光类型	配光特点	适用场所	非适用场所
直接型（中配光不对称）	把光投向一侧，不对称配光可使被照面获得比较均匀的照度	可广泛用于建筑物的泛光照明，通过只照亮一面墙的办法转移人们的注意力，可缓解走道的狭窄感；用于工业厂房，可节约能源，便于维护；用于体育馆照明可提高垂直照度	高度太低的室内场所不使用这类配光的灯具照亮墙面，因为投射角太大，不能显示墙面纹理而产生所需要的效果
直接型（窄配光）	靠反射器、透镜、灯泡定位来实现窄配光，主要用于重点照明和远距离照明	适用于家庭、餐厅、博物馆、高级商店，细长光束只照亮指定的目标、节约能源，也适用于室形指数(*RI*)很小的工业厂房	低矮场所的均匀照明

三、按照灯具的效率及保护角来选用灯具

在选择灯具时，灯具效率高低是一个重要因素，没有高效率的灯具，照明设计难以做到合理、节能和降低投资。

影响灯具的重要因素是:灯具反射器的设计是否能将光线绝大部分反射到灯外，并且减少灯具内的多次反射和吸收；灯具反射器和透射材料的影响。照明要求为扩散配光的应首先采用扩散反射材料，使用高纯铝（纯度达到99.7%）板，并进行电抛光处理，反射率可高达94%。一般经阳极化处理，反射率在80%以上。

灯具采用的透光罩，材料不同透过状态也不同，基本上分为定向透射、漫透射和定向漫透射。定向透射光是按照一定方向传播的，如玻璃；漫透射光线是通过散射性能好的材料，透射光将均匀地分布在整个半球空间内，如乳白玻璃:定向漫透射在透射方向上发光强度较大，在其他方向光强较小，如磨砂玻璃。通过透光罩的光线较柔和，它的效率大都受材料透过率大小的影响，表3-28列出各种材料的透过率。

格栅的作用是减少眩光，并利用格栅控光造成类似天空照明的模式。因为格栅阻挡看不到光源，而通过格栅的散射作用，使光线变得类似一个发光顶棚。近年还出现抛物面和双向抛物面格栅，除了起到上述作用外，还具有灯具反射罩控光的作用，由于外形美观，较其他格栅更有装饰性，被广泛应用。

表 3-28　各种材料的透过率

材料		透过率(%)	吸收	扩散性
玻璃	透明	80～90	小	无
	磨砂蚀剂	70～85	小	小
	乳白透影	40～60	中	优
	全乳白	8～20	大	优
加入稀网研磨玻璃		75～80	小	无
加入普通网玻璃		60～70	中	无
塑料	棱镜	70～90	小	无
塑料	乳白	30～70	中	优

还有对铝格栅氧化处理着色,如银白色、金黄色等等,对装饰灯光进行色彩调节。格栅灯具具有功能和艺术双重作用,但两者的比重不同,要分别以装饰为主还是以功能为主,这要看设计的需要。色彩格片用于气氛艺术照明,其减少眩光的作用也较明显。

常用格栅材料有塑料、有机玻璃、铝、铸塑成型外面真空镀铝等。

格栅的保护角对灯具的效率和光分布影响很大。实验指出,保护角加大,灯具的效率将成直线下降。光分布随保护角加大而配光变窄,保护角20°～30°时,灯具格栅效率60%～70%;当保护角在40°～50°时,格栅效率降为40%～50%。

格栅灯的上部空腔影响灯具效率,一般空腔厚度增加,灯具的效率下降。空腔的反射率对灯具效率影响很大,空腔采用镜面反射材料灯具效率提高。

格栅形状种类很多,有正方形、矩形、菱形、六角形、圆形、正三角形、网状等。

四、根据环境条件及经济性方案比较选择灯具

1. 根据环境条件选择

根据环境条件选择灯具的技术要求有如下几点:

(1)在特别潮湿的房间内,可采用有反射镀层的灯泡,以提高照明效果的稳定性。

①开水间应选用防潮型灯具;厨房宜采用防潮型灯具;公共浴室应选用防潮防水型灯具。

②安装于外廊、雨篷等易受雨淋场所的灯具应选用防水防尘型灯具。

③居住建筑中带有淋浴的卫生间应选用Ⅱ类灯具(当灯具安装高度超过2.25m时,可不受此限),灯具距花洒头水平距离应不小于1.0m。

(2)在有水淋或可能浸水,以及有压力的水冲洗灯具的场所,应选用水密型灯具,防护等级为IPX5、IPX6以及IPX8等。

(3)有爆炸或火灾危险的场所,应根据有爆炸或火灾危险的介质分类等级选择灯具,并符合《爆炸和火灾危险环境电力装置设计规范》(GB50058—1992)的相关要求。

①燃气开水间应根据建筑防火等级和房间所处位置选用防水型或防爆型灯具。

②燃气表房、燃气锅炉房、燃气直燃式冷水机房等应根据该区域的防爆等级选用防爆型灯具,并且所有灯开关及插座应位于爆炸危险区外。

(4)多灰尘的房间应根据灰尘数量和性质选择灯具,通常采用防水防尘灯具。

(5)有化学腐蚀和特别潮湿的房间也可采用防水防尘灯具,灯具的各部分宜采用耐腐蚀材料制成。

(6)医疗机构(如手术室、绷带室等)房间等有洁净要求的场所,应选用不易积灰并易于擦拭的灯具,如带整体扩散罩的灯具等。

(7)需要防止紫外线照射的场所,应采用隔紫灯具或无紫光源。

(8)食品加工场所,必须采用带有整体扩散罩的灯具、隔栅灯具、带有保护玻璃的灯具。

(9)高温场所应采用散热性能好、耐高温的灯具。

(10)在装有锻锤、大型桥式吊车等振动、摆动较大场所使用的灯具,应有防振和防脱落措施。

(11)在易受机械损伤、光源自行脱落可能造成人员伤害或财物损失的场所使用的灯具,应有防护措施。

2.经济性方案比较

根据经济性方案比较选择灯具的具体技术要求如下:

在保证满足使用功能和照明质量要求的前提下,应对灯具选择的方案和照明方案进行比较。比较的方法是考虑与整个一段照明时间有联系的所有支出,就是将初建投资与使用期内的电能损耗和维护费用综合起来计算,更为科学合理,有利于考虑提高照明能效。计算10年费用的典型方法如下:

(1)投资费(C)包括以下三项费用之和:

①灯具费及镇流器等附件费C_1;

②光源的初始费C_2;

③安装费 C_3。

(2)运行费(R)包括以下两者之和：

①年电能费(包括镇流器及控制装置等的耗费)R_1；

②更换光源的年平均费用 R_2。

(3)维护费(M)包括以下三项之和：

①换灯(每年的人力费)M_1；

②清扫(每年的人力费)M_2；

③在一次清扫和换灯时可能会有少量其他费用 M_3。

$$10\text{年总费用}=2C+10(R+M)$$

式中，投资费 C 乘以 2，是考虑支出资金的 10 年利息，这是一个粗略的修正。这个公式是对各种方案进行一般比较，足够精确。

五、按照防触电保护来选用灯具

在我国，灯具的国家标准中对灯具防触电保护的形式分为 4 类(见表 3-29)，即 0 类、Ⅰ类、Ⅱ类和Ⅲ类，详见 GB 7000《灯具通用安全要求与试验》。

表 3-29　灯具防触电保护形式的主要特性

	0类	Ⅰ类	Ⅱ类	Ⅲ类
灯具主要特性	没有保护接地手段	有保护接地手段	有附加绝缘但没有保护接地	设计成安全低压供电
安全措施	不接地	与保护接地连接	不需要	安全电压用电

六、各种灯具的特点及应用

各种照明灯具的特点及应用，见表 3-30。

表 3-30　各种照明灯具的特点及应用

灯具名称	特　点	适用场所
高效格栅灯具(一般用途)	光源采用高效荧光灯，反射器采用专用高纯阳极氧化铝；光输出效率高、耐久性好	大空间办公室、个人办公室、会议室、接待室、商场和专卖店、学校、展览展示厅
格栅灯具(特殊用途)	结构与一般格栅灯具类似，但带有高透明度的防护盖板	电子元器件厂、制药厂、食品厂以及其他洁净度等级要求100～10000级的工业照明

续表

灯具名称	特　点	适用场所
吊　灯	集功能性与装饰性于一体,适用于紧凑型荧光灯、卤钨灯或普通白炽灯、陶瓷金卤灯、高频无极灯等	商业大楼、大堂入口、专卖店、展览展示中心、百货商场
嵌入式筒灯、射灯	适用于紧凑型荧光灯、卤钨灯,小功率陶瓷金卤灯;采用高反射率反射器,效率高、耐久性好	大堂入口、饮食店、服装店、展示中心、百货商场、银行、零售店、会议室、报告厅等
高顶棚投光灯	电器箱采用高压铸铝成型,散热性好。反射器采用高纯氧化铝,配有安全防护玻璃(或高质量的 PMMA 雅克力);适用于高压钠灯、金卤钉、高频无极灯等多种光源;可做成宽光束、中光束和窄光束的多种配光	工业厂房、体育馆、超市、高顶棚的工业、商业及展示中心照明
泛光灯具	光束发散角大于100°的投光灯,称为泛光灯。其形状有圆形和方形 高强度压铸成型的灯体外壳,高纯铝反射器,1.6～3mm 厚的钢化玻璃和硅橡胶密封圈密封,具有不锈钢的安全防护网罩,光源采用 400W、1000W、2000W 的金卤灯,400W、1000W 高压钠灯	体育运动场馆、高层建筑物立面泛光照明和机场、港口、码头、广场照明
道路照明灯具	灯体外壳由压铸铝成型,高强度钢化玻璃透光罩,采用硅橡胶密封,反射器采用经阳极氧化处理的高纯铝板成型	高速公路、城市干道、桥梁、港口等
庭院灯	为了适应城市夜景照明工程的需要,庭院灯得到了迅速发展,除传统形的直接式照明型外,反射式的间接照明型得到越来越广泛的应用。 (1)直接式照明型,特别是采用模块化设计,灯具可由不同反射器、遮光罩、安装支架和灯杆灵活组合,集功能性与装饰性于一体,可选用多种光源。 (2)反射式的间接照明型,特点是光源置于灯柱下端,通过光导材料的反射与漫射,使灯柱本身成为一个柔和的发光体;光源电器附件和反射器部分置于灯柱下端,维护方便;上端的带装饰性的光输出反射器可设计成各种形式;光源一般采用金卤灯	①庭院、城市绿化区、步行街、广场、商场购物区等户外开放空间。 ②庭院、城市绿化区、步行街、广场、商场购物区等户外形放空间

七、高频无电极放电灯具型号、用途、外形图及技术数据

1.学校、办公室照明采用高频无电极放电灯灯具

学校、办公室照明采用高频无电极方式电灯灯具型号、用途、外形图及技术数据见表3-31。

表3-31 学校、办公室照明采用高频无电极方式电灯灯具型号、用途、外形图及技术数据

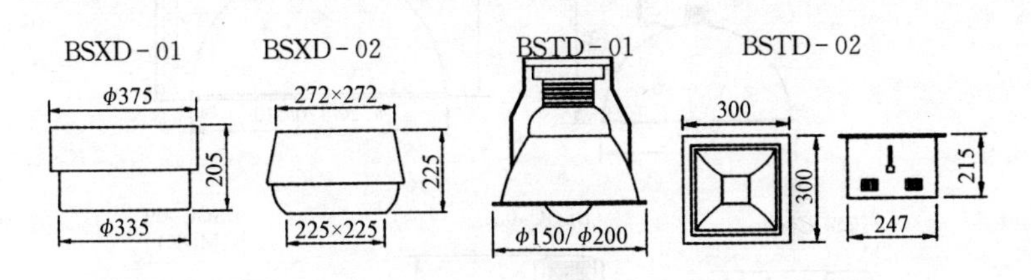

学校、办公室照明灯具外形安装尺寸图

灯具型号	BSXD-01	BSXD-02	BSXD-03	BSXD-04	BSTD-01	BSTD-02
适用光源	WJ50T/85P	WJ50T/85P	85W	50W	WJ50T/85P	WJ50T/85P/135PA
适用高度	2.5～4m				2.5～6m	
适用场所	学校、办公室、写字楼、宾馆、商场等场所					

注:①本表数据摘自河北宝石节能照明科技有限责任公司(网址:Http// www.bswjd.net)资料。

②本表在设计时仅供参考。

2.工厂、商业照明用高频无电极放电灯灯具

工厂、商业照明用高频无电极放电灯灯具型号、用途、外形图及技术数据,见表3-32。

3.防爆照明用高频无电极放电灯灯具

防爆照明用高频无电极放电灯灯具型号、用途、外形图及技术数据见,表3-33。

表3－32　工厂、商业照明采用高频无电极方式电灯灯具型号、用途、外形图及技术数据

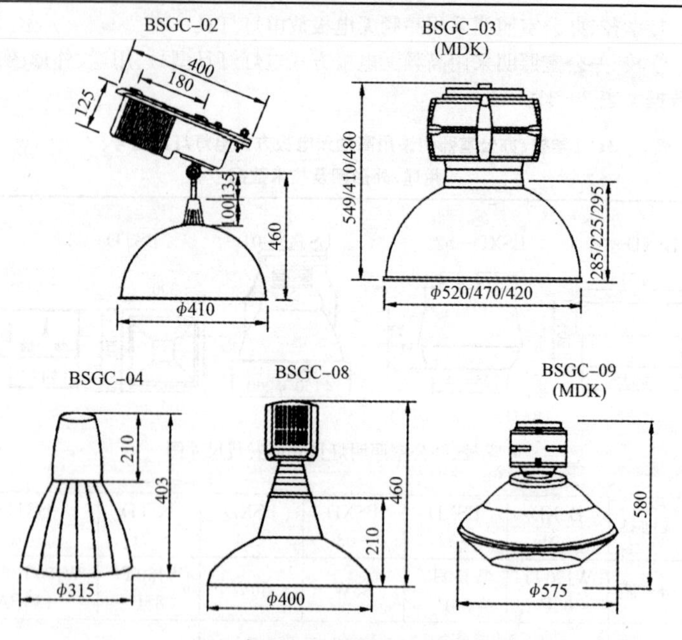

工矿、商业照明灯具外形安装尺寸

灯具型号	BSGC－02、BSGC－03（MDK）、SBGC－04、BSGC－08、BSGC－09（MDK）
适用光源	WJ50T/85P/135PA/165PA
安装高度	4～18m
反光罩类型	反光罩可有磨砂、亮面、钻石棱等，口径16～22时可选
适用场所	工业厂厂房、超市、体育馆、展厅、商业场所及其他高大厅房照明

注：①本灯具有敞口、防尘玻璃密封、保护网、嵌入式等多种选择。

②电器箱有一体式和分体式两种可选，其中MDK电器箱系列具有良好的防尘性能。

③本表数据摘自河北宝石节能照明科技有限责任公司（网址：Http// www.bswjd.net）资料。

④本表在设计时仅供参考。

表 3-33　防爆照明采用高频无电极放电灯灯具型号、用途、外形图及技术数据

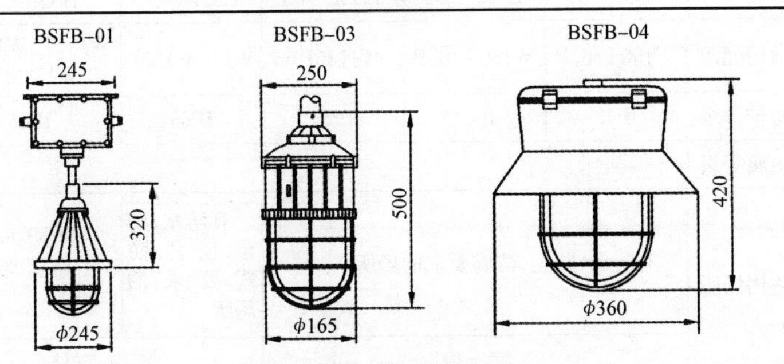

防爆照明灯具外形安装尺寸

灯具型号	适用光源	防爆标志	防护等级	防腐等级
BSFB-01	WJ50T	ExdⅡBT5	IP54(室内)	WF1
BSFB-03	WJ85P/WJ135PA	ExdⅡCT4	IP65(室内、室外)	WF1
BSFB-04	WJ50T/85P	ExdⅡBT4	IP65(室内、室外)	WF1

注：①本表数据摘自河北宝石节能照明科技有限责任公司(网址：Http// www.bswjd.net)资料。

②本表在设计时仅供参考。

4. 三防四防照明用高频无电极放电灯灯具

三防四防照明用高频无电极放电灯灯具型号、用途、外形图及技术数据，见表 3-34。

表 3-34　三防四防照明用高频无电极放电灯灯具型号、用途、外形图及技术数据

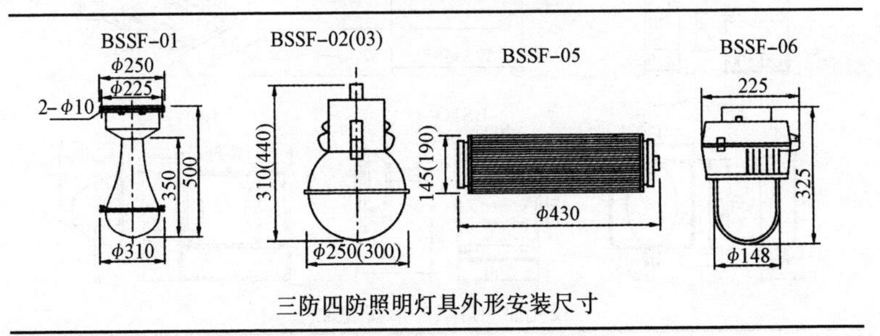

三防四防照明灯具外形安装尺寸

续表

灯具型号	BSSF-01	BSSF-02	BSSF-03	BSSF-05	BSSF-06
适用光源	WJ50T/85P	WJ50T/85P	WJ135PA	WJ85B/135B	WJ50T/WJ85P/WJ135PA
防护等级	IP43	IP54	IP54	IP65	IP65
防腐等级	WF1				
适用场所	有防水、防尘、防腐要求的场所			有防水、防尘、防腐、防震要求的场所	有防水、防尘、防腐要求的场所
	室内			室内、室外	

注：①本表数据摘自河北宝石节能照明科技有限责任公司（网址：Http// www.bswjd.net）资料。

②本表在设计时仅供参考。

5. 投光照明用高频无电极放电灯灯具

投光照明用高频无电极放电灯灯具型号、用途、外形图及技术数据，见表3-35。

表3-35 投光照明用高频无电极放电灯灯具型号、用途、外形图及技术数据

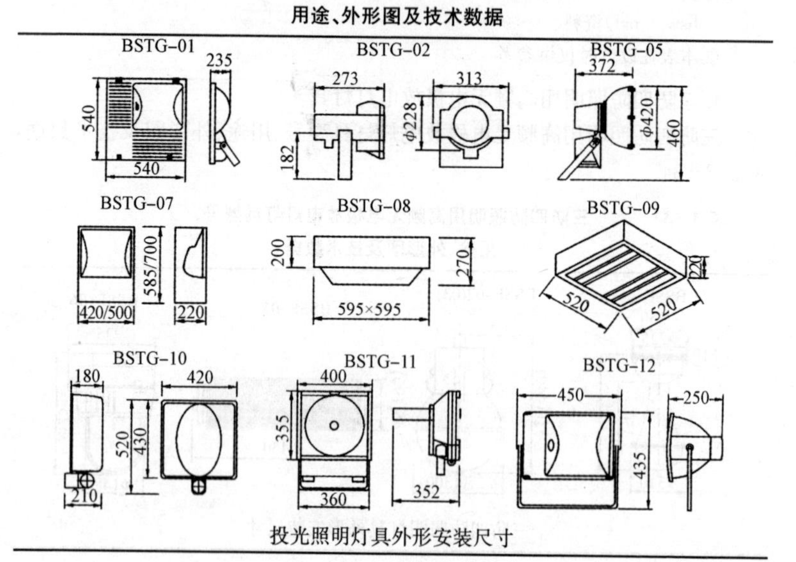

投光照明灯具外形安装尺寸

续表

灯具型号	BSTG-01/12	13STG-02	BSTG-05	BSTG-07	BSTG-08/09/10/11
适用光源	WJ50T/85B/135B/165B	WJ50T	WJ85P/135PA/165PA	WJ85B/135B/165±3	WJ85B/135B
适用场所	适用于广告、园林、体育场馆、码头等大型空间及建筑物的立面投光照明				适用于冷库、加油站仓库等的照明

注:①本表数据摘自河北宝石节能照明科技有限责任公司(网址:Http// www.bswjd.net)资料。

②本表在设计时仅供参考。

6.庭院、草坪照明采用高频无电极放电灯灯具

庭院、草坪照明采用高频无电极放电灯灯具型号、用途及技术数据,见表3-36。

表3-36 庭院、草坪照明采用高频无电极放电灯灯具型号、用途及技术数据

灯具型号	BSCP-01	BSTY-01、BSTY-02、BSTY-03、BST-04、BSTY-05
适用光源	WJ50T	WJ50T/15P
适用高度	—	3~5mm
适用场所	步行道、广场地面、草坪等场所的照明	庭院、广场、绿地中的道路公园、街道等照明

第四章　照明计算

照明计算是照明工程设计的主要内容之一。照明计算包括照度计算、亮度计算、眩光计算等。由于亮度计算和眩光计算很复杂，并且它们在很大程度上取决于照度，因此在实际的照明工程设计中，照明计算往往只计算照度，只有对照明质量要求较高的场所，才同时进行照度、亮度和眩光等计算。本章重点介绍照度计算方法。

照度计算方法可以按计算对象、光源种类和室内、室外等加以区分。按计算对象可分为平均照度计算和点照度计算；按光源种类可分为点光源计算、线光源计算和面光源计算等；按室内和室外可分为建筑照明计算、建筑物立面照明计算等。

第一节　建筑(室内)照度计算

在《建筑照明设计标准》(GB 50034—2004)中将建筑指定为居住建筑、公共建筑和工业建筑。建筑(室内)照明计算的主要任务是计算上述各类建筑中房间或场所内被照面(或称参考平面)上的照度，其目的是根据照度标准的要求及其他已知条件(如灯具型号及悬挂高度、环境条件等)，来确定灯具的数量和光源的功率，并据此确定布置方案；或是在灯具型号、悬挂高度及布置方案初步确定的情况下，根据拟定的方案计算被照面上的照度，用以校验是否达到照度标准的要求。

一、点照度计算

点照度计算法是以被照面上的某一点为对象，计算不同形状、不同位置的灯具(光源)在该点产生的直射照度(不考虑反射光通量产生的照度)。点照度计算法适用于空间高大、反射光较少的场所，一般用于验算工作点的照度和被照面照度分布的均匀度。由于在验算整个被照面的照度分布时，需要对组成被照面的各点分别计算其照度，所以其计算方法又被称为逐点计算法。

(一)点光源逐点照度计算

1. 基本定律

当光源外形尺寸与光源到计算点之间的距离相比小很多时，可将此光源视为点光源。只有当照射距离大于点光源最大尺寸的 5 倍时，该光源才可视为点光源。当照射距离大于线光源长度的 4 倍时，线光源则可视为点光源。按点光源进行照度计算时误差均小于 5%。距离平方反比定律和余弦定律是点光源的点照度计算两个基本定律。

(1)距离平方反比定律。一个面上的照度(E_n)与光源光强(I_θ)成正比，与光源同该表面之间的距离(R)的平方成反比，如图 4－1 所示。也就是点光源 S 在与照射方向垂直的平面 N 上产生的照度 E_n 与光源的光强 I_θ 成正比，与光源至被照面的距离 R 的平方成反比。采用下式表示，即：

$$E_{\mathrm{n}} = \frac{I_\theta}{R^2}$$

式中　E_n——点光源在与照射方向垂直的平面上产生的照度(lx)；

I_θ——照射方向的光强(cd)；

R——点光源至被照面的计算点距离(m)。

(2)余弦定律

任何一个平面上的照度随入射角的余弦变化(入射角即该平面的法线和入射光线的方向所形成的夹角)，如图 4－1 所示。也就是点光源 S 照射在水平面 H 上产生的照度 E_h 与光源的光强 I_θ 及被照面法线与入射光线的夹角 θ 的余弦成正比，与光源至被照面计算点的距离 R 的平方成反比。采用下式表示，即

$$E_{\mathrm{h}} = \frac{I_\theta}{R^2}\cos\theta$$

式中　E_h——点光源照射在水平面上 P 点产生的照度(lx)；

I_θ——照射方向的光强(cd)；

R——点光源至被照面的计算点距离(m)；

$\cos\theta$——被照面的法线与入射光线的夹角的余弦。

距离平方反比定律和余弦定律只适用于点光源照度计算。

2. 点光源照度计算

(1)点光源在水平面照度 E_h 的计算：按照余弦定律，点光源 S 水平面照度 E_h，如图 4－2 所示，可按上式计算。

(2)点光源在垂直面照度 E_v 的计算：按照余弦定律，点光源 S 垂直面照度 E_v，如图 4－2 所示，计算式为：

$$E_v = \frac{I_\theta}{R^2}\cos\beta = \frac{I_\theta}{R^2}\sin\theta$$

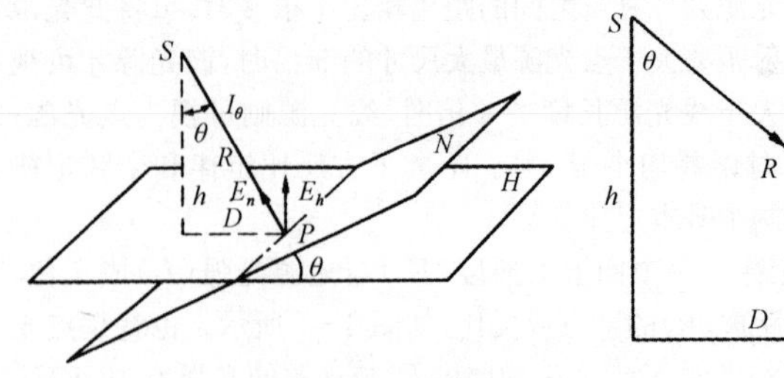

图 4-1 点光源的点照度

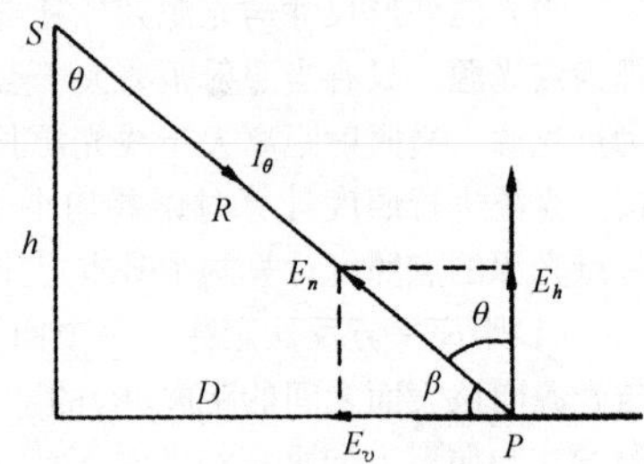

图 4-2 点光源水平面与垂直面照度

(3)E_h 和 E_v 应用光源安装高度 h 的计算：已知光源的安装高度(或计算高度)h 时，E_h 和 E_v 的计算式为：

$$E_h = \frac{I_\theta}{R^2}\cos\theta = \frac{I_\theta \cos\theta}{\left(\frac{h}{\cos\theta}\right)^2} = \frac{I_\theta \cos^3\theta}{h^2}$$

$$E_v = \frac{I_\theta}{R^2}\sin\theta = \frac{I_\theta \sin\theta}{\left(\frac{h}{\cos\theta}\right)^2} = \frac{I_\theta \cos^2\theta\ \sin\theta}{h^2}$$

上述式中 h——光源距所计算水平面的安装高度.即计算高度(m)；

其他符号含义同上。

(4)E_h 应用直角坐标的计算：根据如图 4-3 所示可得出：

$$E_h = \frac{I_\theta \cos\theta}{R^2} = \frac{I_\theta h}{R_2 R} = \frac{I_\theta h}{R^3}$$

或

$$E_h = \frac{I_\theta h}{(h^2 + x^2 + y^2)^{\frac{3}{2}}}$$

式中

$$R = (h^2 + D^2)^{\frac{1}{2}} = (h^2 + x^2 + y^2)^{\frac{1}{2}}$$

(5)点光源在不同平面上 P 点的法线方向照度之比：点光源 S 在不同平面上 P 点的法线方向照度之比等于点光源 S 到该平面上的垂直线长度之比，如图 4-4 所示。即：

$$E_1 = \frac{I}{R^2}\cos\theta_1；E_2 = \frac{I}{R^2}\cos\theta_2$$

$$\frac{E_1}{E_2} = \frac{\cos\theta_1}{\cos\theta_2} = \frac{\frac{h_1}{R}}{\frac{h^2}{R}} = \frac{h_1}{h_2}$$

3. 多光源下的点照度计算

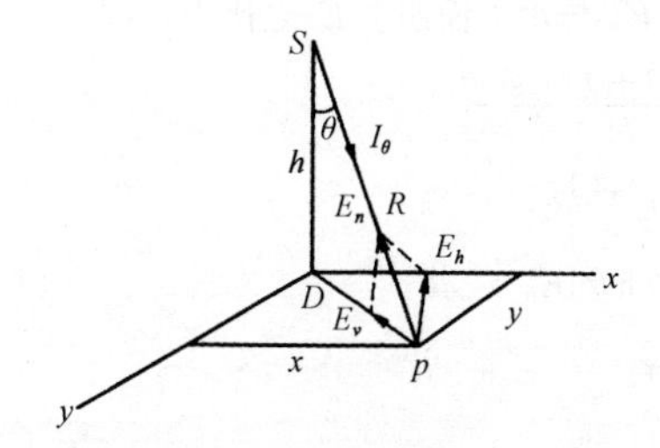

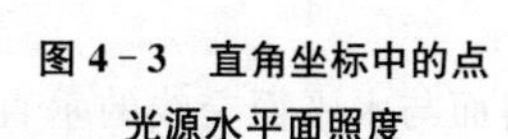
图 4-3 直角坐标中的点光源水平面照度

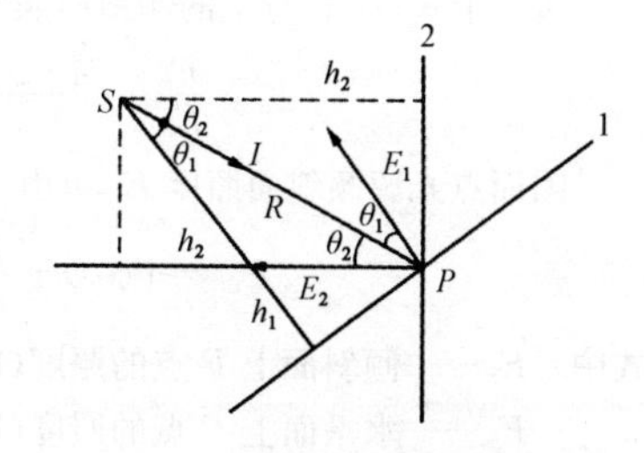

图 4-4 点光源在不同平面上 **P** 点的法线方向照度

在多光源照射下在水平面或倾斜面上的点照度分别由下式计算：

$$E_{h\Sigma}=E_{h1}+E_{h2}+\cdots+E_{hn}=\sum_{i=1}^{n}E_{hi}$$

$$\begin{aligned}E_{\varphi\Sigma}&=E_{\varphi1}+E_{\varphi2}+\cdots+E_{\varphi n}\\&=\psi_1E_{h1}+\psi_2E_{h2}+\cdots+\psi_nE_{hn}\\&=\sum_{i=1}^{n}\psi_iE_{hi}\end{aligned}$$

上述式中 $E_{h\Sigma}$——多光源照射下在水平面上的点照度(lx)；

$E_{h1},\cdots,E_{hi},\cdots,E_{hn}$——各光源照射下在水平面上的点照度(lx)；

$E_{\psi\Sigma}$——多光源照射下在倾斜面上的点照度(lx)；

$E_{\varphi1},\cdots E_{\varphi i},\cdots E_{\varphi n}$——各光源照射下在倾斜面上的点照度(lx)。

4. 点光源倾斜面照度计算

倾斜面在任意位置时，有受光面 N 和背光面 N'，如图 4-5 所示。θ 角指倾斜面的背光面与水平面形成的倾角，可小于或大于 90°。

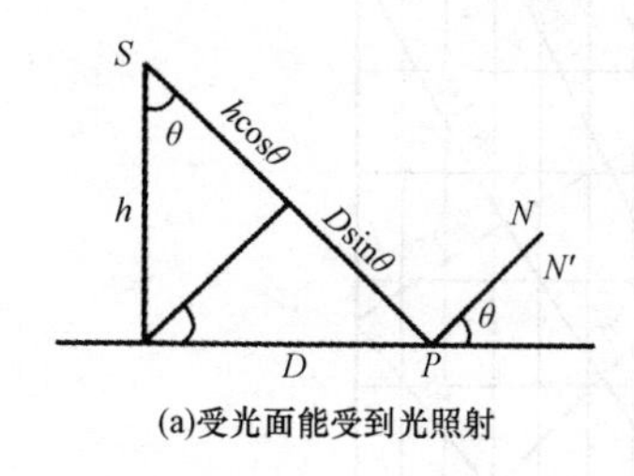

(a)受光面能受到光照射

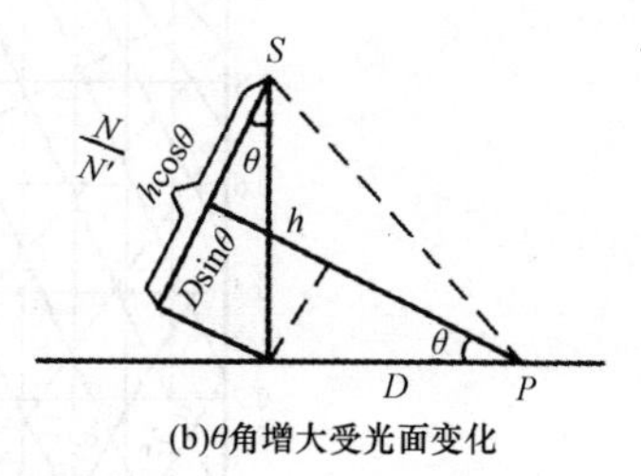

(b)θ角增大受光面变化

图 4-5 点光源倾斜面照度

按照上式，在 P 点上的倾斜面照度 E_φ 与水平面照度 E_h 之比为：

$$\frac{E_\varphi}{E_h}=\frac{h\cdot\cos\theta\pm D\cdot\sin\theta}{h}$$

因而点光源倾斜面照度 E_φ 可由下式计算：

$$E_\varphi=\left(\cos\theta\pm\frac{D}{h}\sin\theta\right)E_h=\psi E_h$$

式中　E_φ——倾斜面上 P 点的照度(lx)；

E_h——水平面上 P 点的照度(lx)；

h——光源至水平面上的计算高度(m)；

D——光源在水平面上的投影至倾斜面与水平面交线的垂直距离(m)；

ψ——比值。

$$\psi=\cos\theta\pm\frac{D}{h}\sin\theta$$

式中正号表示图 4－5(a)所示的情况，负号表示图 4－5(b)所示的情况，ψ 值可在图 4－6 所示中查出，如图 4－6 中虚线表示上式中负的 ψ 值。

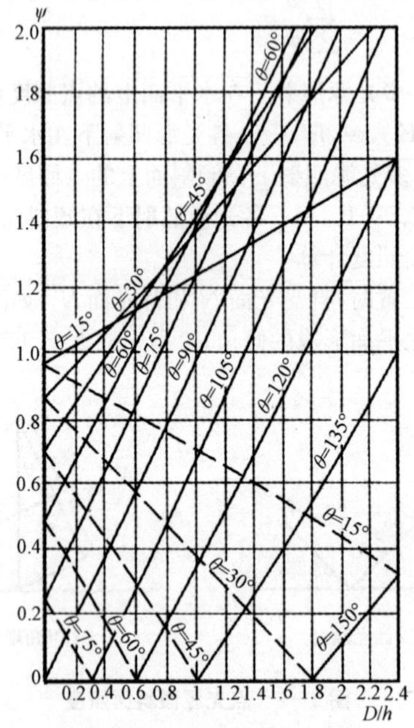

图 4－6　ψ 与 D/h 关系曲线

5. 点光源应用空间等照度曲线的照度计算

I_θ 为光源的光强分布值，则水平照度 E_h 可由下式算出：

$$E_h = \frac{I_\theta \cos^3\theta}{h^2}$$

$$E_h = f(h, D)$$

按此相互对应关系即可制成空间等照度曲线。通常 I_θ 取光源光通量为1000lm时的光强分布值，灯具配光是按光源为1000 lm给出，并且应考虑维护系数。RJ－GC888－D8－B(400W)型工矿灯具(内装400W金属卤化物灯)的空间等照度曲线，如图4－7所示。

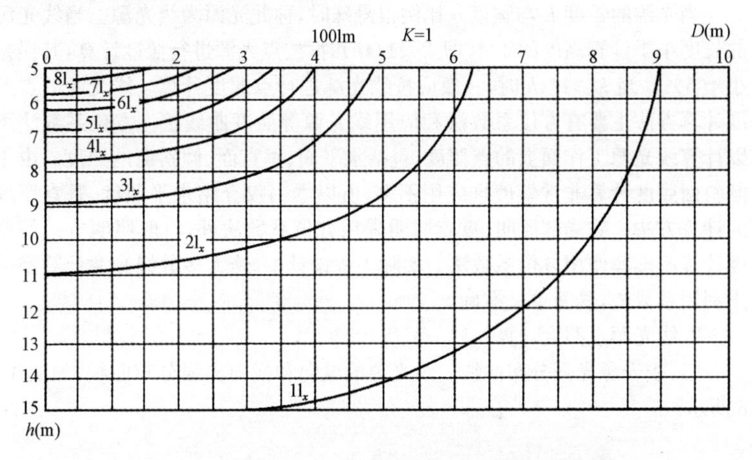

图4－7　RJ－GC888－D8－B(400W)型工矿灯具(内装400W金属卤化物灯)的空间等照度曲线

已知灯的计算高度 h 和计算点至灯具轴线的水平距离 D，应用等照度曲线可直接查出光源1000lm时的水平照度 ε。如光源光通量为 Φ，灯具维护系数为K，则计算点的实际水平照度为：

$$E_h = \frac{\Phi \varepsilon K}{1000}$$

则计算点的垂直平面上的照度为：

$$E_v = \frac{D}{h} E_h$$

计算点的倾斜面上的照度为：

$$E_\psi = E_h\left(\cos\theta \pm \frac{D}{h}\sin\theta\right) = \Phi E_h$$

当有多个相同灯具投射到同一点时，其实际水平面照度可按下式计算：

$$E_h = \frac{\Phi \sum \varepsilon K}{1000}$$

式中 Φ——光源的光通量，lm；

$\sum \varepsilon$——各灯(1000 lm)对计算点产生的水平照度之和(lx)；

K——灯具的维护系数。

(二) 线光源逐点照度计算

1. 概述

当光源的长度 L 与宽度 b 比例很悬殊时，称此光源为线光源。当线光源的长度小于计算高度的 1/4(即 $L<1/4h$)时，按点光源进行照度计算，其误差小于 5%。当 $L \geqslant 1/4h$ 时，一般应按线光源进行点照度计算。线光源的点照度计算方法主要有方位系数法和应用线光源等照度曲线法。方位系数法可以计算线光源工作面上的点照度，包括水平面、垂直面、倾斜面的照度。由于倾斜面照度计算非常繁琐且应用不多，所以本书仅介绍水平照度、垂直照度的计算方法。除局部照明、重点照明采用方位系数法外，一般照明方式的照度计算不推荐使用方位系数法。实际工程设计中，绝大多数线光源计算都采用利用系数法，既简单又准确。

2. 线光源点照度计算

(1)线光源光强分布曲线。线光源的纵向和横向光强分布曲线，如图 4-8 所示。

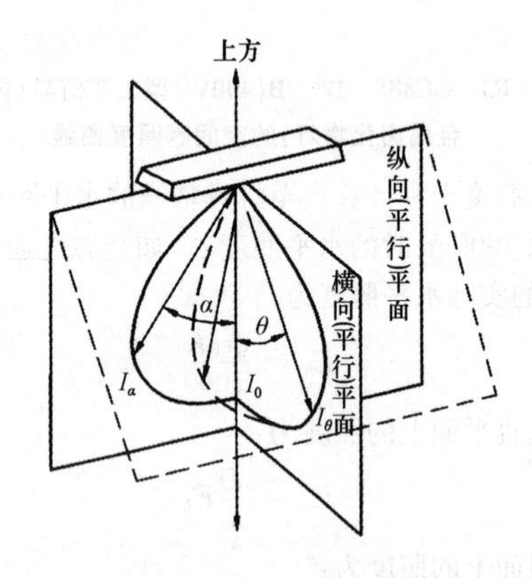

图 4-8 线光源的纵向和横向光强分布曲线

①线光源的横向光强分布曲线一般由下式表示：

$$I_\theta = I_0 f(\theta)$$

式中　I_θ——θ方向上的光强；

I_0——在线光源发光面法线方向上的光强。

②线光源的纵向光强分布曲线可能是不同的，但任何一种线光源在通过光源纵轴的各个平面上的光强分布曲线，具有相似的形状，可由下式表示：

$$I_{\theta\cdot\alpha} = I_{\theta\cdot 0} f(\alpha)$$

式中　$I_{\theta\cdot\alpha}$——与通过纵轴的对称平面成θ角，与垂直于纵轴的对称平面成α角方向上的光强；

$I_{\theta\cdot 0}$——在θ平面上垂直于光源轴线方向的光强（θ平面是通过光源的纵轴而与通过纵轴的垂直面成θ夹角的平面）。

实际应用的各种线光源的纵轴向光强分布，可由下列五类相对光强分布函数公式表示：

A类：$I_{\theta\cdot 0} = I_{\theta\cdot 0}\cos\alpha$

B类：$I_{\theta\cdot\alpha} = I_{\theta\cdot 0}\left(\dfrac{\cos\alpha + \cos^2\alpha}{2}\right)$

C类：$I_{\theta\cdot\alpha} = I_{\theta\cdot 0}\cos^2\alpha$

D类：$I_{\theta\cdot\alpha} = I_{\theta\cdot 0}\cos^3\alpha$

E类：$I_{\theta\cdot\alpha} = I_{\theta\cdot 0}\cos^4\alpha$

线光源灯具纵向平面五类相对光强分布曲线，如图4－9所示。

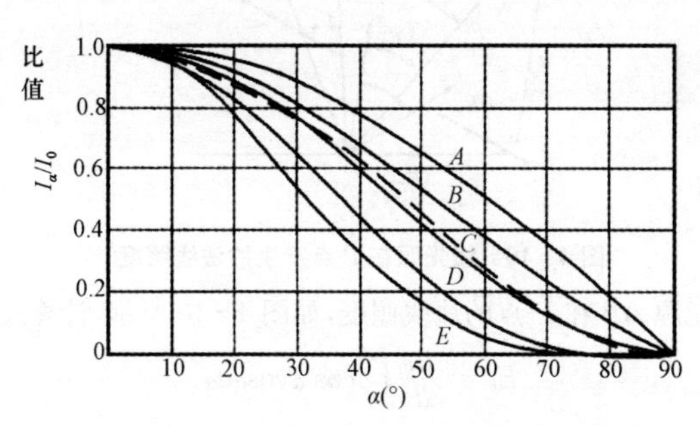

I_α/I_0－相对光强；α－纵向平面角

图4－9　线光源灯具纵向平面五类相对光强分布曲线

此五种类型能代表大多数线状光源照明器，如开肩式、漫反射罩式、透镜式、格栅式等。

(2)方位系数法。线光源方位系数法的基础是对光源测定配光时发现与光源相平行的许多平面内的光强分布形状十分相似,即纵向配光的形状为相似形,据此推导出方位系数。

①线光源在水平面 P 点上的照度计算:计算点 P 与线光源一端 A 对齐,水平面的法线与入射光平面 APB(θ 平面)成 β 角,线光源的纵向光强分布具有:

$$I_{\theta\cdot\alpha}=I_{\theta\cdot 0}\cos^{n}\alpha \quad (n=1、2、3、4)$$

或者为:

$$I_{\theta\cdot\alpha}=I_{\theta\cdot 0}\left(\frac{\cos\alpha+\cos^{2}\alpha}{2}\right)$$

线光源在 θ 平面上垂直于光源轴线 AB 方向的单位长度光强为:

$$I'_{\theta\cdot 0}=\frac{I_{\theta\cdot 0}}{l}$$

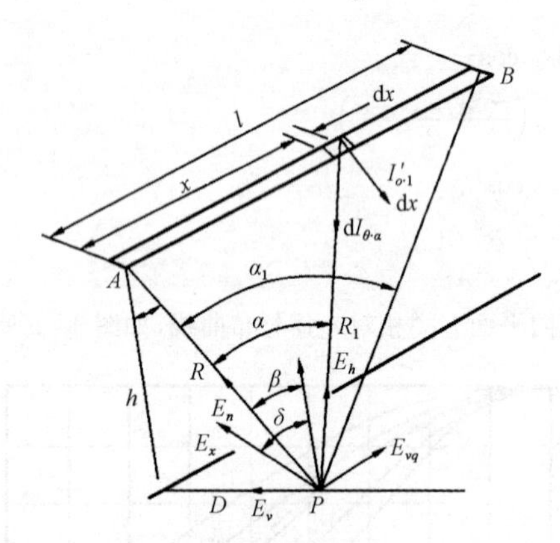

图 4-10 线光源在 P 点产生的法线照度

整个线光源 AB 在 P 点的法线照度,如图 4-10 所示,计算式为:

$$E_{n}=\frac{I_{\theta\cdot 0}}{lR}\int_{0}^{\alpha 1}\cos^{n}\alpha\cos\alpha\mathrm{d}\alpha$$

或

$$E_{n}=\frac{I_{\theta\cdot 0}}{lR}\int_{0}^{\alpha 1}\left(\frac{\cos\alpha+\cos^{2}\alpha}{2}\right)\cos\alpha\mathrm{d}\alpha$$

根据图 4-10 所示可得出:

$$R=\sqrt{h^{2}+D^{2}}$$

$$\alpha 1=\arctan\frac{l}{\sqrt{h^{2}+D^{2}}}$$

$$\theta = \arctan \frac{D}{h}$$

所以
$$E_n = \frac{I_{\theta \cdot 0}}{l \cdot R}(AF) = \frac{I'_{\theta \cdot 0}}{R}(AF)$$

式中，$AF = \int_0^{\alpha 1} \cos^n \alpha \cos\alpha \mathrm{d}\alpha$ 或 $AF = \int_0^{\alpha 1} \left(\frac{\cos\alpha + \cos^2\alpha}{2}\right) \cos\alpha \mathrm{d}\alpha$，称为水平方位系数。$P$ 点水平面照度 E_h 可根据照度矢量计算求出：

$$E_h = \frac{I_{\theta \cdot 0}}{lR} \frac{h}{R}(AF) = \frac{I'_{\theta \cdot 0}}{h} \cos^2\theta(AF)$$

考虑到灯具的光通量并非 1000 lm 及灯具的维护系数，则线光源在水平面上 P 点产生的实际水平照度为：

$$E_h = \frac{\Phi I'_{\theta \cdot 0} K}{1000h} \cos^2\theta(AF)$$

上述各式中　$I_{\theta \cdot 0}$——长度为 l、光通量为 1000 lm 的线光源在 θ 平面上垂直于轴线的光强(cd)；

$I'_{\theta \cdot 0}$——线光源光通量为 1000 lm 时，在 θ 平面上垂直于轴线的单位长度光强，(cd/m)；

Φ——光源光通量(lm)；

l——线光源长度(m)；

h——线光源在计算水平面上的计算高度，m；

D——线光源在水平面上的投影至计算点 P 的距离，m；

AF——水平方位系数，见表 4-1；

K——灯具的维护系数。

表 4-1　水平方位系数(AF)

	照明器类型						照明器类型				
角度 α(°)	A	B	C	D	E	角度 α(°)	A	B	C	D	E
0	0.000	0.000	0.000	0.000	0.000	9	0.156	0.155	0.155	0.155	0.154
1	0.017	0.017	0.017	0.018	0.018	10	0.173	0.172	0.172	0.171	0.170
2	0.035	0.035	0.035	0.035	0.035	11	0.190	0.189	0.189	0.187	0.186
3	0.052	0.052	0.052	0.052	0.052	12	0.206	0.205	0.205	0.204	0.202
4	0.070	0.070	0.070	0.070	0.070	13	0.223	0.222	0.221	0.219	0.218
5	0.087	0.087	0.087	0.087	0.087	14	0.239	0.238	0.237	0.234	0.233
6	0.105	0.104	0.104	0.104	0.104	15	0.256	0.254	0.253	0.250	0.248
7	0.122	0.121	0.121	0.121	0.121	16	0.272	0.270	0.269	0.265	0.262
8	0.139	0.138	0.138	0.136	0.137	17	0.288	0.286	0.284	0.280	0.276

续表 1

	照明器类型						照明器类型				
角度 α(°)	A	B	C	D	E	角度 α(°)	A	B	C	D	E
18	0.304	0.301	0.299	0.295	0.290	47	0.660	0.620	0.601	0.553	0.512
19	0.320	0.316	0.314	0.303	0.303	48	0.668	0.637	0.606	0.556	0.515
20	0.235	0.332	0.329	0.322	0.316	49	0.675	0.643	0.612	0.560	0.517
21	0.351	0.347	0.343	0.336	0.329	50	0.683	0.649	0.616	0.563	0.519
22	0.366	0.361	0.357	0.349	0.341	51	0.690	0.655	0.621	0.566	0.521
23	0.380	0.375	0.371	0.362	0.353	52	0.697	0.661	0.625	0.568	0.523
24	0.396	0.390	0.385	0.374	0.364	53	0.703	0.666	0.629	0.571	0.524
25	0.410	0.404	0.398	0.386	0.375	54	0.709	0.671	0.633	0.573	0.525
26	0.424	0.417	0.410	0.398	0.386	55	0.715	0.675	0.636	0.575	0.527
27	0.438	0.430	0.423	0.409	0.396	56	0.720	0.679	0.639	0.577	0.528
28	0.452	0.443	0.435	0.420	0.405	57	0.726	0.684	0.642	0.578	0.528
29	0.465	0.456	0.447	0.430	0.414	58	0.731	0.688	0.645	0.580	0.529
30	0.473	0.473	0.458	0.440	0.423	59	0.736	0.691	0.647	0.581	0.530
31	0.491	0.480	0.469	0.450	0.431	60	0.740	0.695	0.650	0.582	0.530
32	0.504	0.492	0.480	0.459	0.439	61	0.744	0.698	0.652	0.583	0.531
33	0.517	0.504	0.491	0.468	0.447	62	0.748	0.701	0.654	0.584	0.531
34	0.529	0.515	0.501	0.476	0.454	63	0.752	0.703	0.655	0.585	0.532
35	0.541	0.526	0.511	0.484	0.460	64	0.756	0.706	0.657	0.586	0.532
36	0.552	0.537	0.520	0.492	0.466	65	0.759	0.708	0.658	0.586	0.532
37	0.564	0.546	0.528	0.499	0.472	66	0.762	0.710	0.659	0.587	0.533
38	0.574	0.556	0.538	0.506	0.478	67	0.764	0.712	0.660	0.587	0.533
39	0.585	0.565	0.546	0.513	0.483	68	0.767	0.714	0.661	0.588	0.533
40	0.596	0.575	0.554	0.519	0.488	69	0.769	0.716	0.662	0.588	0.533
41	0.606	0.584	0.562	0.525	0.492	70	0.772	0.718	0.663	0.588	0.533
42	0.615	0.591	0.569	0.530	0.496	71	0.774	0.719	0.664	0.588	0.533
43	0.625	0.598	0.576	0.535	0.500	72	0.776	0.720	0.664	0.589	0.533
44	0.634	0.608	0.583	0.540	0.504	73	0.778	0.721	0.665	0.589	0.533
45	0.643	0.616	0.589	0.545	0.507	74	0.779	0.722	0.665	0.589	0.533
46	0.652	0.623	0.595	0.549	0.510	75	0.780	0.723	0.666	0.589	0.533

续表 2

角度 α(°)	A	B	C	D	E	角度 α(°)	A	B	C	D	E
	照明器类型						照明器类型				
76	0.781	0.723	0.666	0.589	0.533	84	0.785	0.725	0.667	0.589	0.533
77	0.782	0.724	0.666	0.589	0.533	85	0.786	0.725	0.667	0.589	0.533
78	0.782	0.724	0.666	0.589	0.533	86	0.786	0.725	0.667	0.589	0.533
79	0.783	0.724	0.666	0.589	0.533	87	0.786	0.725	0.667	0.589	0.533
80	0.784	0.725	0.666	0.589	0.533	88	0.786	0.725	0.667	0.589	0.533
81	0.784	0.725	0.667	0.589	0.533	89	0.786	0.725	0.667	0.589	0.533
82	0.785	0.725	0.667	0.589	0.533	90	0.786	0.725	0.667	0.589	0.533
83	0.785	0.725	0.667	0.589	0.533						

②在垂直于线光源轴线的平面上 P 点的照度计算

在图 4－10 所示中 P 点的照度 E_{vq} 为：

$$E_{vq} = \frac{I_{\theta\cdot 0}}{lR}\int_0^{\alpha 1}\cos^n\alpha\sin\alpha d\alpha$$

或
$$E_{vq} = \frac{I_{\theta\cdot 0}}{lR}\int_0^{\alpha 1}\left(\frac{\cos\alpha+\cos^2\alpha}{2}\right)\sin\alpha d\alpha$$

因此
$$E_{vq} = \frac{I_{\theta\cdot 0}}{lR}(af) = \frac{I'_{\theta\cdot 0}}{h}\cos\theta(af)$$

考虑到灯具的光通量并非 1000 lm 及灯具的维护系数，则线光源在 P 点的照度为：

$$E_{vq} = \frac{\Phi I'_{\theta\cdot 0}K}{1000h}\cos\theta(af)$$

上述各式中　af——垂直方位系数，见表 4－2。

其他符号意义与上式相同。

表 4－2　　垂直方位系数(af)

角度 α(°)	A	B	C	D	E	角度 α(°)	A	B	C	D	E
	照明器类型						照明器类型				
0	0.000	0.000	0.000	0.000	0.000	5	0.004	0.003	0.003	0.004	0.004
1	0.000	0.000	0.000	0.000	0.000	6	0.005	0.005	0.005	0.005	0.005
2	0.001	0.001	0.001	0.001	0.001	7	0.007	0.007	0.007	0.007	0.007
3	0.001	0.001	0.001	0.001	0.001	8	0.010	0.009	0.009	0.010	0.010
4	0.002	0.002	0.002	0.002	0.002	9	0.012	0.012	0.012	0.012	0.012

续表 1

	照明器类型						照明器类型				
角度 α(°)	*A*	*B*	*C*	*D*	*E*	角度 α(°)	*A*	*B*	*C*	*D*	*E*
10	0.015	0.015	0.015	0.015	0.015	39	0.198	0.187	0.177	0.159	0.143
11	0.018	0.018	0.018	0.018	0.018	40	0.207	0.195	0.183	0.164	0.147
12	0.022	0.021	0.021	0.021	0.021	41	0.216	0.203	0.190	0.169	0.151
13	0.025	0.025	0.025	0.025	0.024	42	0.224	0.210	0.196	0.174	0.155
14	0.029	0.029	0.029	0.028	0.028	43	0.233	0.218	0.203	0.179	0.158
15	0.033	0.033	0.033	0.032	0.032	44	0.242	0.224	0.209	0.183	0.162
16	0.038	0.037	0.037	0.037	0.036	45	0.250	0.232	0.215	0.188	0.165
17	0.043	0.042	0.041	0.041	0.040	46	0.259	0.240	0.221	0.192	0.168
18	0.048	0.047	0.046	0.046	0.044	47	0.267	0.247	0.227	0.196	0.168
19	0.053	0.052	0.051	0.040	0.049	48	0.276	0.254	0.233	0.200	0.173
20	0.059	0.057	0.056	0.055	0.054	49	0.285	0.262	0.239	0.204	0.176
21	0.064	0.063	0.062	0.060	0.058	50	0.293	0.268	0.244	0.207	0.178
22	0.070	0.068	0.067	0.065	0.063	51	0.302	0.276	0.250	0.211	0.180
23	0.076	0.074	0.073	0.071	0.068	52	0.310	0.282	0.255	0.214	0.182
24	0.083	0.081	0.079	0.076	0.073	53	0.319	0.289	0.260	0.217	0.184
25	0.089	0.087	0.085	0.081	0.076	54	0.327	0.296	0.265	0.220	0.186
26	0.096	0.093	0.091	0.087	0.083	55	0.335	0.302	0.270	0.223	0.188
27	0.103	0.100	0.097	0.092	0.088	56	0.344	0.309	0.275	0.226	0.189
28	0.110	0.107	0.104	0.098	0.093	57	0.352	0.315	0.279	0.228	0.190
29	0.118	0.113	0.110	0.104	0.098	58	0.360	0.321	0.283	0.230	0.192
30	0.125	0.120	0.116	0.109	0.103	59	0.367	0.327	0.287	0.232	0.193
31	0.132	0.127	0.123	0.115	0.108	60	0.375	0.333	0.291	0.234	0.194
32	0.140	0.135	0.130	0.121	0.112	61	0.383	0.339	0.295	0.236	0.195
33	0.148	0.142	0.136	0.126	0.117	62	0.390	0.344	0.299	0.238	0.195
34	0.156	0.149	0.143	0.132	0.122	63	0.397	0.349	0.302	0.239	0.196
35	0.165	0.157	0.150	0.137	0.126	64	0.404	0.354	0.305	0.241	0.197
36	0.173	0.164	0.156	0.143	0.131	65	0.410	0.359	0.308	0.242	0.197
37	0.181	0.172	0.163	0.148	0.135	66	0.417	0.364	0.311	0.243	0.198
38	0.190	0.180	0.170	0.154	0.139	67	0.424	0.368	0.313	0.244	0.198

续表 2

照明器类型						照明器类型					
角度 α(°)	A	B	C	D	E	角度 α(°)	A	B	C	D	E
68	0.430	0.372	0.315	0.245	0.199	80	0.485	0.408	0.331	0.250	0.200
69	0.436	0.377	0.318	0.246	0.199	81	0.488	0.410	0.332	0.250	0.200
70	0.442	0.381	0.320	0.247	0.199	82	0.490	0.411	0.332	0.250	0.200
71	0.447	0.384	0.322	0.247	0.199	83	0.492	0.412	0.332	0.250	0.200
72	0.452	0.387	0.323	0.248	0.199	84	0.494	0.413	0.333	0.250	0.200
73	0.457	0.391	0.323	0.248	0.200	85	0.496	0.414	0.333	0.250	0.200
74	0.462	0.394	0.326	0.249	0.200	86	0.498	0.415	0.333	0.250	0.200
75	0.446	0.396	0.327	0.249	0.200	87	0.499	0.416	0.333	0.250	0.200
76	0.470	0.399	0.328	0.249	0.200	88	0.499	0.416	0.333	0.250	0.200
77	0.474	0.401	0.329	0.249	0.200	89	0.500	0.416	0.333	0.250	0.200
78	0.478	0.404	0.330	0.250	0.200	90	0.500	0.416	0.333	0.250	0.200
79	0.482	0.406	0.331	0.250	0.200						

计算方位系数 AF 和 af 时，如不知所用光源（灯具）的轴向光强分布属于哪一类，则应先求出该光源（灯具）的 $I_{\theta\cdot\alpha}/I_{\theta\cdot0}=f(a)$，绘成曲线并与五类相对光强分布曲线比较，按最接近的相对光强分布曲线求方位系数 AF 和 af。

③线光源在不同平面上的点照度计算公式：线光源在不同平面上的点照度计算公式，见表 4－3。

表 4－3　　线光源在不同平面上的点照度计算

序号	图　示	计算公式
1	l　h　$I'_{\theta\cdot\theta}$　θ　α_1　α_1　E_h　D　P	被照度面为水平面 $E_h=\frac{I'_{\theta\cdot0}}{lh}\cdot\cos^2\theta\cdot(AF)$

续表 1

序号	图　示	计算公式
2	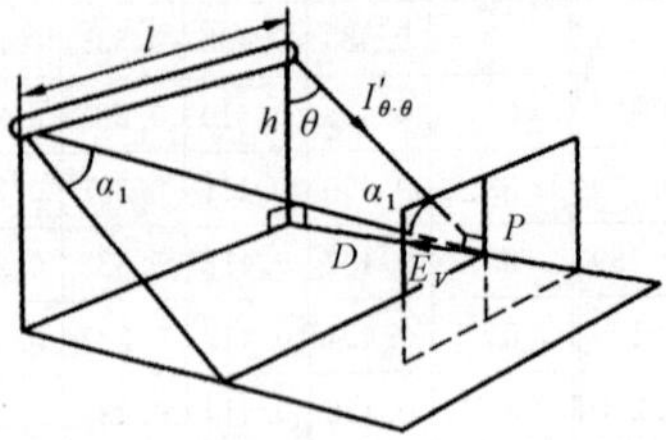	被照面垂直且平行光源 $h \neq 0$； $E_v = \dfrac{I'_{\theta\cdot 0}}{lh} \cdot \cos\theta\sin\theta(AF)$ $h = 0$； $E_v = \dfrac{I'_{\theta\cdot 0}}{lD}(AF)$
3	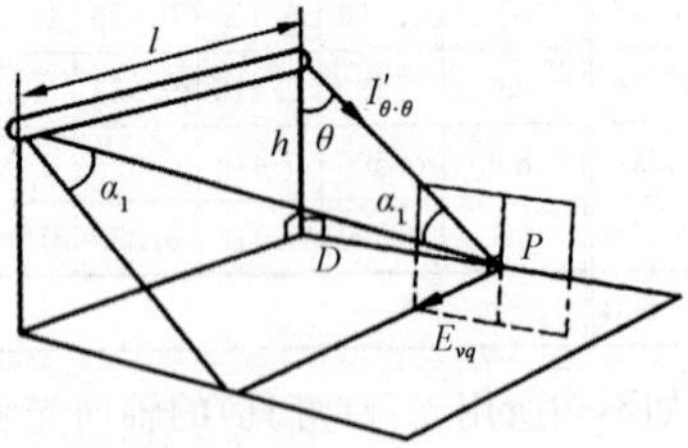	被照面垂直且横穿光源 $h \neq 0$； $E_{vq} = \dfrac{I'_{\theta\cdot 0}}{lh} \cdot \cos\theta(af)$ $h = 0$； $E_{vq} = \dfrac{I'_{\theta\cdot 0}}{lD}(af)$
4	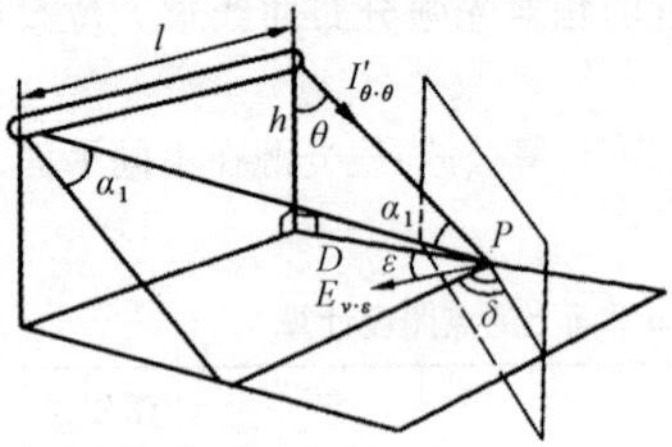	被照面垂直，相对光源方向旋转 ε 角 $E_{v\cdot\varepsilon} = E_v\cos\varepsilon + E_{vq}\sin\varepsilon$ 式中，E_v 见序 2 式，E_{vq} 见序 3 式
5	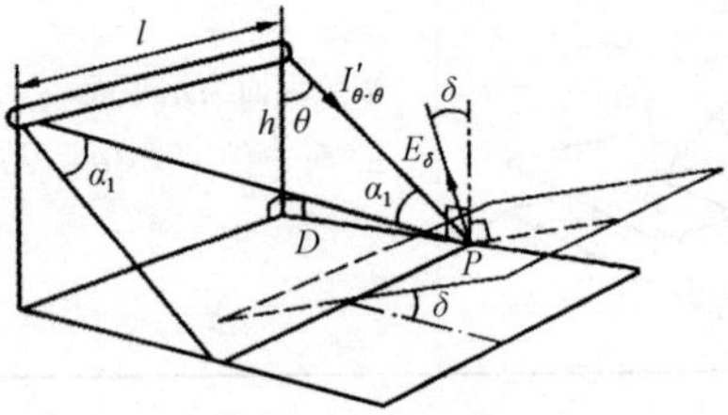	被照面平行于光源，相对水平面倾斜 δ 角 $E_\delta = E_h\dfrac{\cos(\theta-\delta)}{\cos\theta}$ 式中，E_h 见序号 1

续表 2

序号	图　示	计算公式
6	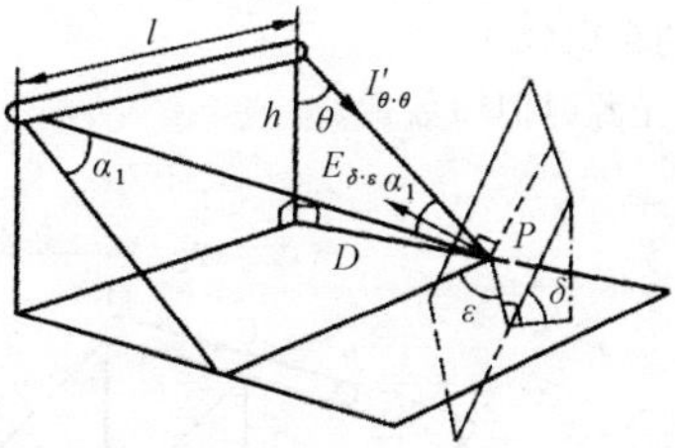	被照面任意位置，相对光源旋转 ε 角，相对水平方向倾斜 δ 角 $E_{\delta\cdot\varepsilon}=E_{\delta}\cos Z+E_{vq}\sin Z$ $\sin Z=\sin\delta\sin\varepsilon$ 式中，E_{δ} 见序 5 式，E_{vq} 见序 3 式

注：表中 $I'_{\theta\cdot 0}$——灯具横断面光分布为 θ 角的光强值(cd)；

l——光源开度(m)；

h——光源计算高度(m)；

D——光源至被测点的垂直距离(m)；

AF——水平方位系数，见表 4-4；

af——垂直方位系数，见表 4-4。

表 4-4　各类光强分布的线光源方位系数公式

类型	$I_{\theta\cdot\alpha}/I_{\theta\cdot 0}$	水平方位系数(AF)	垂直方位系数(af)
A	$\cos\alpha$	$\frac{1}{2}(\sin\alpha\cos\alpha+\alpha)$	$\frac{1}{2}(1-\cos^2\alpha)$
B	$\frac{\cos\alpha+\cos^2\alpha}{2}$	$\frac{1}{4}(\sin\alpha\cos\alpha+\alpha)+\frac{1}{6}(\cos^2\alpha\sin\alpha+2\sin\alpha)$	$\frac{1}{4}(1-\cos^2\alpha)+\frac{1}{6}(1-\cos^3\alpha)$
C	$\cos^2\alpha$	$\frac{1}{3}(\cos^2\alpha\sin\alpha+2\sin\alpha)$	$\frac{1}{3}(1-\cos^3\alpha)$
D	$\cos^3\alpha$	$\frac{1}{4}(\cos^3\sin\alpha)+\frac{3}{8}(\cos\alpha\sin\alpha+\alpha)$	$\frac{1}{4}(1-\cos^4\alpha)$
E	$\cos^4\alpha$	$\frac{1}{5}(\cos^4\sin\alpha)+\frac{4}{15}(\cos^2\alpha\sin\alpha+2\sin\alpha)$	$\frac{1}{5}(1-\cos^5\alpha)$

④各类光强分布的线光源方位系数公式，见表 4-4。

⑤具体实际情况的计算：

a. 不连续线光源的照度计算。当线光源由间断的各段光源构成，各段光源的特性相同(即采用相同的灯具)，并按同一轴线布置，而各段的间距 s 又不大时，如图 4-11 所示，可视为连续的线光源，并且可用前述的计算法计算照度。

不连续线光源按连续光源计算照度，当其距离 $s\leqslant\frac{h}{4\cos\theta}$，误差小于 10%。但此时光强或单位长度光强应乘以一个修正系数 C，其计算式为：

$$C = \frac{Nl'}{N(l'+s)-s}$$

式中 l'——各段光源(灯具)长度(m);

s——各段光源(灯具)间的距离(m);

N——整列光源中的各段光源(灯具)数量。

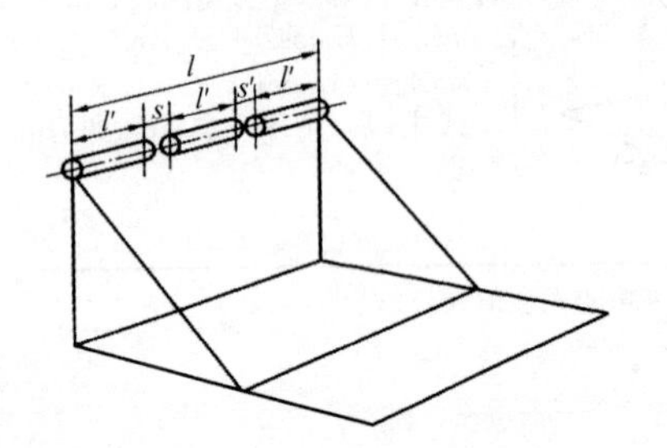

图 4-11 不连续线光源的照度计算示意

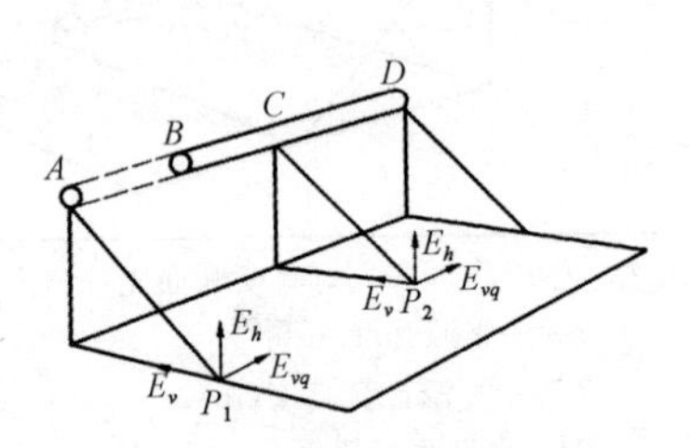

图 4-12 线光源照度的组合计算示意

b. 计算点不在线光源端部的照度计算。如果计算点位于如图 4-12 所示的 P_1 或 P_2 点上,则可采用将线光源分段或延长的方法,分别计算各段在该点所产生的照度,然后再求各段在该点照度的代数和。P_1、P_2 计算点的实际照度如下:

P_1点:
$$E_{p_1} = E_{AD} - E_{AB}$$

P_2点:
$$E_{p_2} = E_{BC} + E_{CD}$$
$$E_{vq} = E_{vq\cdot CD}$$

式中 E_{p_1}、E_{p_2}、E_{vq}——为计算点的实际照度(lx);

E_{AD}、E_{AB}、E_{BC},E_{CD} 及 $E_{vq.CD}$——分别由 AD、AB、BC、CD 各段线光源在计算点上所产生的照度(lx)。

(3)应用线光源等照度曲线计算法。求线光源水平面照度时,$E_h = \frac{I_{\theta\cdot 0}}{lh}\cos^2\theta(AF)$,如令 h=1m,令 $I_{\theta\cdot 0}$ 为线光源光通量是 1000 lm 时的光强,则所得结果为水平面相时照度,用 ε_h 表示,其计算式为:

$$\varepsilon_h = \frac{I_{\theta\cdot 0}}{l}\cos^2\theta(AF)$$

上式也可用下列函数表示,即:

$$\varepsilon_h = f\left(\frac{D}{h}, \frac{l}{h}\right)$$

按此相互对应关系则可制成等照度曲线图。

应用 ε_h 计算水平面照度 E_h 时，因高度 $h\neq 1\text{m}$，光通量 $\Phi\neq 1000\ \text{lm}$，故计算公式应为：

$$E_h=\frac{\Phi\sum_{\varepsilon_h}K}{1000h}$$

式中　Φ——光源总光通量(lm)；

$\sum_{\varepsilon_h}$——各光源对计算点产生的相对照度算术和(lx)；

h——光源计算高度(m)；

K——灯具的维护系数。

对于不连续线光源，当各段光源(灯具)间距较小时可按连续光源处理。此时水平面相对照度 ε_h 应乘以修正系数 C，C 值计算下式为：

$$C=\frac{Nl'}{N(l'+s)-s}$$

(三)面光源逐点照度计算

大面积发光体(如发光顶棚或较大面积的发光平面等)属面光源。面光源的点照度计算可将光源划分为若干个线光源或点光源，用相应的线光源照度计算法或点光源照度计算法分别计算后，再行叠加。对于最常见的矩形面光源和圆形面光源已经导出通用公式并编制了图表，便于求出某点的照度。这种计算方法称为光平面系数法。

1. 面光源表面亮度的计算

(1)面光源的种类和亮度。使用的面发光体应满足下列条件：

①发光面为矩形平面，其他形状(如圆形)应换算为面积相等的正方形计算；

②发光面应具有均匀的发光性能；

③发光面的光强分布应具有旋转对称性，光强分布类型大致可分为下列两种：

A 型：$I_\alpha=I_0\cos\alpha$

B 型：$I_\alpha=I_0\cos^4\alpha$

式中　I_α——与发光面垂直的光线发光强度值(cd)。

这两个方程适用大多数面发光源。A 型公式为配光较宽的一种，如扩散型配光乳白玻璃等；B 型公式为配光较窄的深照扩散型，如带细格的白色玻璃散射罩、格栅顶棚等。

发光平面的亮度 L_0 计算式为：

$$L_0=\frac{I_0}{ab}$$

式中　a、b——矩形发光面的边长(m)。

根据空间照明的各种反射能力，当采用发光顶棚时，光强 I_0 值可采用经验数据计算：A 型扩散式散射罩（如乳白玻璃）可取为（100～150cd)/1000；B 型有细格的白色玻璃散射罩可取为(200～250 cd)/1000。

(2)面光源表面亮度的计算。面光源一般都有一个安装灯的空腔，光线在此空腔中的传播过程与在室内相同。与求室内工作面照度一样，可求出空腔出口面的内表面照度 E。在已知 E 和出口面透光材料的反射系数 ρ 及透射系数 τ 后，可用下式求得出口面的外表面亮度 L：

$$L=\frac{E_{\rho}}{\pi}\tau$$

2. 圆形等亮度面光源与被照面平行的水平面照度 E_h

(1)如图 4-13 所示，圆形等亮度面光源在其轴线上 P 点产生的水平面照度按下式计算：

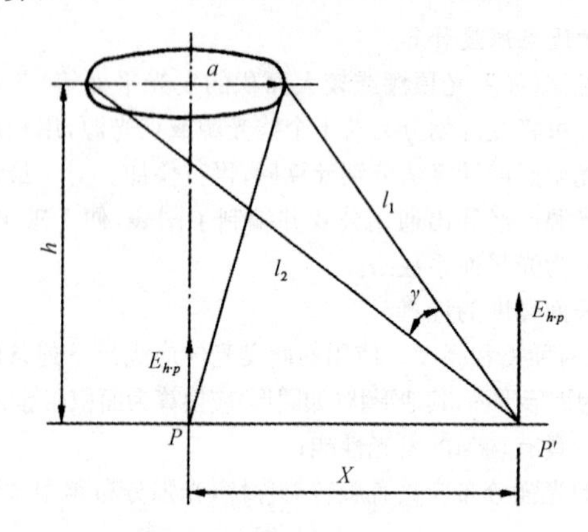

图 4-13　与被照面平行的圆形面状光源水平面点照度计算

$$E_{h\cdot P}=\pi L\frac{a^2}{a^2+h^2}=\frac{\pi I_0}{A}\frac{a^2}{a^2+h^2}=\pi Lf$$

式中　L——面光源的亮度(cd/m²)；

I_0——面光源轴线方向的光强(cd)；

A——面光源的面积(m²)；

a——圆形面光源的半径(m)；

h——面光源至水平面的高度(m)；

f——平行圆形光源的形状因数，可由表 4-5 中查出。

表 4-5 **平行圆形光源的形状因素 f**

h/α	X/α							
	0	0.1	0.15	0.20	0.30	0.40	0.60	0.80
0.00	1.00000	1.00000	1.00000	1.00000	1.00000	1.00000	1.00000	1.00000
0.10	0.99010	0.98990	0.98965	0.98927	0.98810	0.98609	0.97656	0.93412
0.15	0.97800	0.97757	0.07702	0.97621	0.97367	0.96939	0.94974	0.87371
0.20	0.96154	0.96082	0.95989	0.95854	0.95429	0.94721	0.91603	0.81235
0.30	0.91743	0.91603	0.91422	0.91161	0.90352	0.89043	0.83787	0.70518
0.40	0.86207	0.86000	0.85736	0.85356	0.84197	0.82383	0.75725	0.62127
0.60	0.73529	0.73242	0.72878	0.72361	0.70833	0.68570	0.61362	0.50000
0.80	0.60976	0.60685	0.60320	0.59806	0.58320	0.56202	0.50000	0.41381
1.0	0.50000	0.49750	0.49438	0.49000	0.47753	0.46013	0.41143	0.34761
1.5	0.30769	0.30639	0.30476	0.30249	0.29609	0.28732	0.26357	0.23348
2.0	0.20000	0.19936	0.19857	0.19746	0.19434	0.19006	0.17841	0.16348
3.0	0.10000	0.09982	0.09960	0.09928	0.09840	0.09718	0.09379	0.08932
4.0	0.05882	0.05876	0.05868	0.05856	0.05824	0.05778	0.05654	0.05486
6.0	0.02703	0.02701	0.02700	0.02697	0.02690	0.02680	0.02652	0.02614
8.0	0.01539	0.01538	0.01537	0.01537	0.01534	0.01531	0.01522	0.01509
10.0	0.00990	0.00990	0.00990	0.00989	0.00988	0.00987	0.00983	0.00978
h/α	X/α							
	1.0	1.5	2.0	3.0	4.0	6.0	8.0	10
0.00	0.00000	0.00000	0.00000	0.00000	0.00000	0.00000	0.00000	0.00000
0.10	0.47503	0.00618	0.00110	0.00016	0.00004	0.00001	0.00000	0.00000
0.15	0.46261	0.01334	0.00244	0.00035	0.00010	0.00002	0.00001	0.00000
0.20	0.45025	0.02243	0.00427	0.00062	0.00018	0.00003	0.00001	0.00000
0.30	0.42583	0.04366	0.00917	0.00137	0.00039	0.00007	0.00002	0.00001
0.40	0.40194	0.06512	0.01529	0.00239	0.00069	0.00013	0.00004	0.00002
0.60	0.35633	0.09911	0.02913	0.00507	0.00152	0.00029	0.00009	0.00004
0.80	0.31431	0.11839	0.04227	0.00836	0.00260	0.00050	0.00016	0.00006
1.0	0.27640	0.12630	0.05279	0.01191	0.00386	0.00077	0.00024	0.00010
1.5	0.20000	0.12037	0.06588	0.02013	0.00739	0.00161	0.00053	0.00022
2.0	0.14645	0.10229	0.06588	0.02566	0.01073	0.00261	0.00089	0.00038
3.0	0.08398	0.06849	0.05279	0.02851	0.01493	0.00458	0.00173	0.00077
4.0	0.05279	0.04641	0.03918	0.02566	0.01586	0.00604	0.00254	0.00121
6.0	0.02566	0.02409	0.02211	0.01762	0.01329	0.00699	0.00363	0.00196
8.0	0.01493	0.01439	0.01368	0.01191	0.00995	0.00640	0.00392	0.00239
10.0	0.00971	0.00948	0.00917	0.00836	0.00739	0.00540	0.00372	0.00251

(2)对于偏离轴线的 P' 点其水平面照度按下式计算：

$$E_{h\cdot P}=\frac{\pi L}{2}(1-\cos\gamma)$$

$$=\frac{\pi L}{2}\left\{1-\frac{(h/a)^2+(X/a)^2-1}{\sqrt{[(h/a)^2+(X/a)^2+1]^2-4(X/a)^2}}\right\}$$

$$=\pi Lf$$

式中 L——面光源的亮度(cd/m²)；

γ——P'点对面光源所张角度(°)；

h——面光源至水平面的高度(m)；

X——P'点至光轴的水平距离(m)；

α——圆形面光源的半径(m)；

f——垂直圆形光源的形状因数，可由表 4-6 查出。

表 4-6　　垂直圆形光源的形状因素 f

h/α	X/α							
	0	0.1	0.15	0.20	0.30	0.40	0.60	0.80
0.00	0.00000	0.00000	0.00000	0.00000	0.00000	0.00000	0.00000	0.00000
0.10	0.00000	0.00990	0.01503	0.02039	0.03219	0.04630	0.08939	0.19332
0.15	0.00000	0.01448	0.02197	0.02978	0.04688	0.06711	0.12672	0.25141
0.20	0.00000	0.01865	0.02828	0.03828	0.06003	0.08541	0.15691	0.28496
0.30	0.00000	0.02543	0.03847	0.05192	0.08067	0.11304	0.19537	0.30551
0.40	000000	0.02988	0.04510	0.06066	0.09327	0.12860	0.20974	0.29571
0.60	0.00000	0.03249	0.04882	0.06525	0.09845	0.13205	0.19792	0.25000
0.80	0.00000	0.02971	0.04451	0.05922	0.08824	0.11631	0.16666	0.20183
1.0	0.00000	0.02494	0.03729	0.04950	0.07324	0.09570	0.13445	0.16074
1.5	0.00000	0.01415	0.02114	0.02803	0.04134	0.005383	0.07537	0.09103
2.0	0.00000	0.00798	0.01193	0.01582	0.02340	0.03060	0.04341	0.05355
3.0	0.00000	0.00299	0.00448	0.00596	0.00886	0.01168	0.01694	0.02157
4.0	0.00000	0.00138	0.00207	0.00276	0.00411	0.00544	0.00799	0.01035
6.0	0.00000	0.00044	0.00066	0.00088	0.00131	0.00174	0.00258	0.00339
8.0	0.00000	0.00019	0.00028	0.00038	0.00057	0.00075	0.00112	0.00149
10.0	0.00000	0.00010	0.00015	0.00020	0.00030	0.00039	0.00058	0.00077

续表

h/α	X/α							
	1.0	1.5	2.0	3.0	4.0	6.0	8.0	10
0.00	0.00000	0.00000	0.00000	0.00000	0.00000	0.00000	0.00000	0.00000
0.10	0.45187	0.05184	0.01652	0.00415	0.00166	0.00048	0.00020	0.00010
0.15	0.42921	0.07516	0.02451	0.00621	0.002119	0.00071	0.00030	0.00015
0.20	0.40747	0.09573	0.03219	0.00824	0.00331	0.00095	0.00040	0.00020
0.30	0.36672	0.12749	0.04628	0.01219	0.00494	0.00142	0.00059	0.00030
0.40	0.32951	0.14713	0.05830	0.01594	0.00652	0.00189	0.00079	0.00040
0.60	0.26512	0.15956	0.07535	0.02267	0.00951	0.00280	0.00118	0.00060
0.80	0.21280	0.15224	0.08369	0.02812	0.01220	0.00367	0.00156	0.00080
1.0	0.17082	0.13726	0.08541	0.03219	0.01454	0.00449	0.00192	0.00099
1.5	0.10000	0.09656	0.07463	0.03675	0.01864	0.00629	0.00277	0.00145
2.0	0.06066	0.06564	0.05816	0.03560	0.02039	0.00763	0.00350	0.00186
3.0	0.02543	0.03141	0.03262	0.02697	0.01912	0.00897	0.00454	0.00254
4.0	0.01246	0.01649	0.01865	0.01849	0.01537	0.00889	0.00502	0.00299
6.0	0.00416	0.00587	0.00719	0.00862	0.00869	0.00690	0.00480	0.00325
8.0	0.00184	0.00266	0.00337	0.00440	0.00491	0.00476	0.00389	0.00297
10.0	0.00096	0.00141	0.00182	0.00248	0.00293	0.00322	0.00296	0.00249

3.圆形等亮度面光源与被照面垂直的水平面照度 E_h

如图 4-14 所示，圆形等亮度面光源与水平面垂直，水平面上 P 点的照度按下式计算：

$$E_{h\cdot P}=\frac{\pi Lh/a}{2x/a}\left\{\frac{(h/a)^2+(x/a)^2+1}{\sqrt{([(h/a)^2+(X/a)^2+1]^2-4(X/a)^2}}-1\right\}$$

$$=\pi Lf$$

式中　L——面光源的亮度(cd/m^2)；

X——面光源的中心与被照面之间的垂直距离(m)；

h——面光源与被照点之间的垂直距离(m)；

a——圆光源的半径(m)；

f——垂直圆形光源的形状因数，可由表 4-6 查出。

4.矩形等亮度面光源的点照度计算

一个矩形面光源的长、宽分别为 a 和 b，亮度在各个方向都相等。光源的一个顶角在与光源平行的被照面上的投影为 P，如图 4-15 所示。

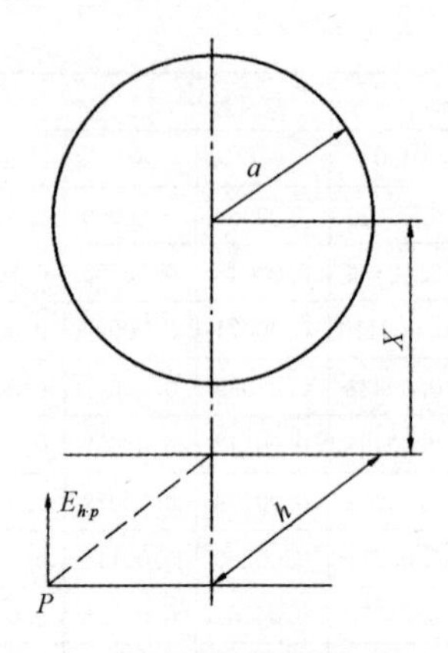

图 4-14　与被照面垂直的圆形面状光源水平面点照度计算

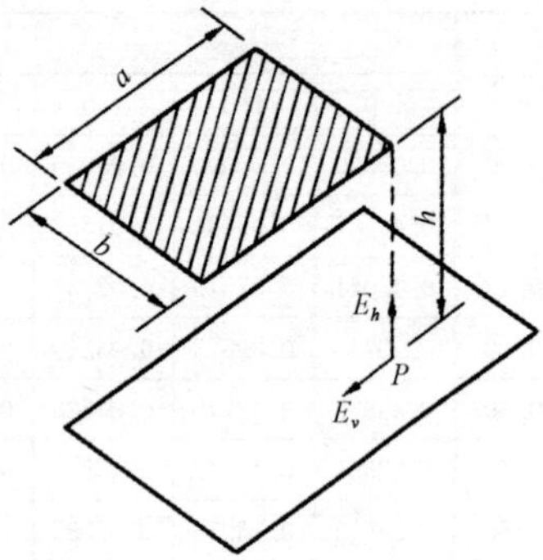

图 4-15　示意图

(1)水平面照度 E_h 的计算：

$$E_h=\frac{L}{2}\left\{\frac{Y}{\sqrt{1+Y^2}}\arctan\frac{X}{\sqrt{1+Y^2}}+\frac{X}{\sqrt{1+X^2}}\arctan\frac{Y}{\sqrt{1+X^2}}\right]$$
$$=Lf_h$$

其中　　　　　　$X=\frac{a}{h},Y=\frac{b}{h}$

式中　E_h——与面光源平行的被照面上 P 点的水平面照度(lx)；

L——面光源的亮度(cd/m^2)；

f_h——立体角投影率，或称形状因数，可从图 4-16 所示中查出。

如果计算点并非位于矩形光源顶点的投影上，则其照度可由组合法求得。如图 4-17 所示，P_1 点的照度应为 A、B、C、D 4 个矩形面光源分别对 P_1 点所形成的照度之和，即：

$$E_{h\cdot P_1}=E_{h\cdot A_1}+E_{h\cdot B_1}+E_{h\cdot C_1}+E_{h\cdot D_1}$$

P_2 点的照度是 A、B、C、D、E 组成的矩形面光源对 P_2 点所形成的照度，减去矩形面光源 E 对 P_2 点所形成的照度：

$$E_{h\cdot P_2}=E_{h\cdot(A+B+C+D+E)\cdot 2}-E_{h\cdot E\cdot 2}$$

(2)垂直面照度 E_v 的计算：

$$E_{vP}=\frac{L}{2}\left[\arctan\left(\frac{1}{Y}\right)-\frac{Y}{\sqrt{X^2+Y_2}}\cdot\arctan\frac{1}{\sqrt{X^2+Y^2}}\right]=L\cdot f_v$$

其中　　　　　　$X=\frac{a}{b}\quad Y=\frac{h}{b}$

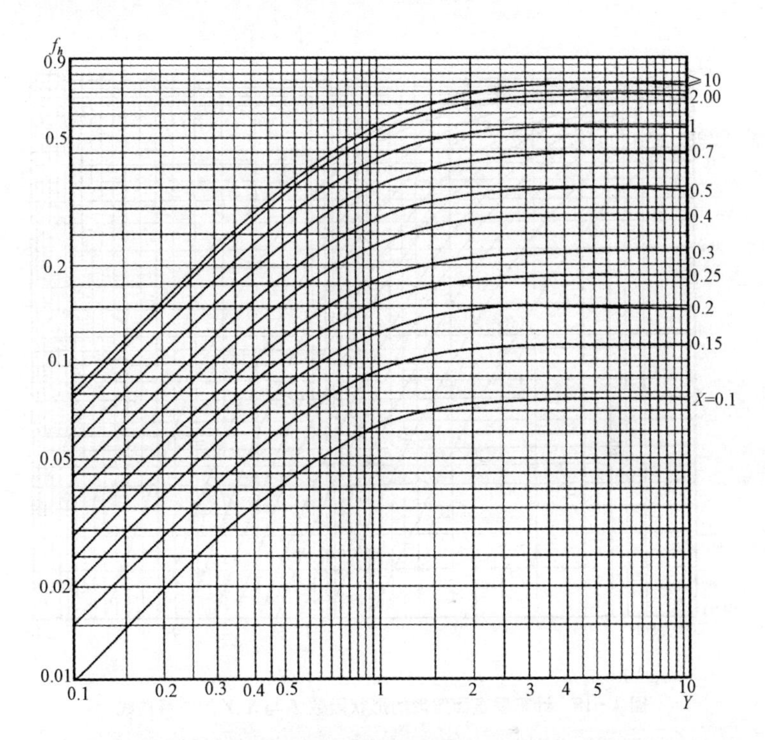

图 4-16　计算水平面照度的形状因数 f_h 与 X、Y 的关系曲线

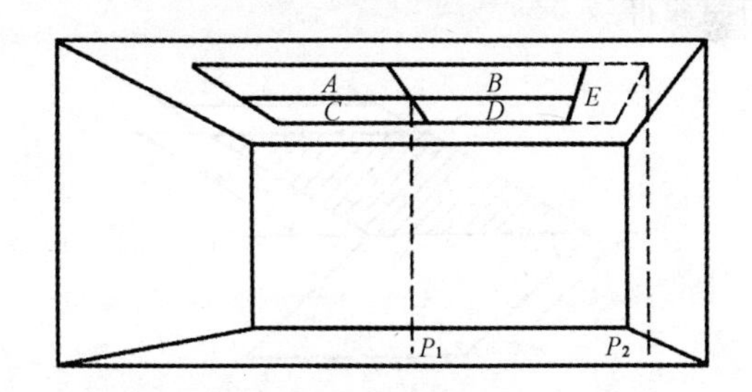

图 4-17　矩形面光源的点照度的组合计算

式中　E_{vP}——与光源平面垂直的被照面上 P 点的照度(lx)；

L——面光源的亮度(cd/m^2)；

f_v——形状因数，可从图 4-18 中查出。

(3)倾斜面照度 E_φ 的计算：

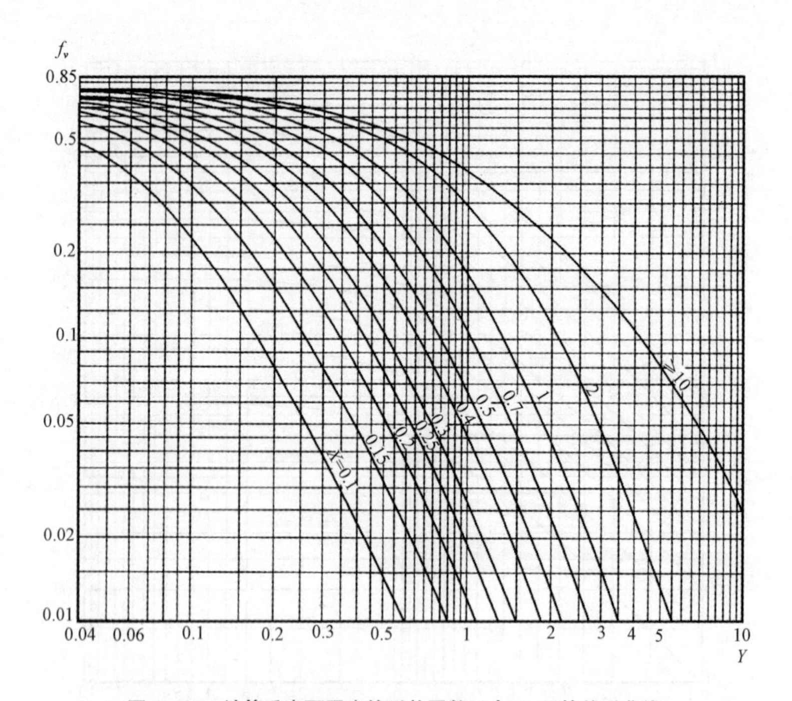

图 4-18 计算垂直面照度的形状因数 f_v 与 X、Y 的关系曲线

如果被照面与光源有一夹角 φ，如图 4-19 所示，则被照面上 P 点的照度 $E_{\varphi P}$ 可由下式求得：

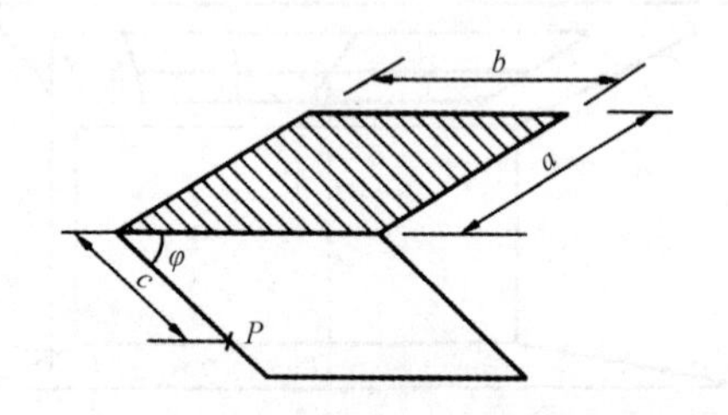

图 4-19 倾斜面的点照度计算

$$E_{\varphi P}=\frac{L}{2}\left\{\arctan\left(\frac{1}{Y}\right)+\frac{X\cos\varphi-Y}{\sqrt{X^2+Y^2-2XY\cos\varphi}}\arctan\right.$$

$$\frac{1}{\sqrt{X^2+Y^2-2XY\cos\varphi}}+\frac{\cos\varphi}{\sqrt{1+Y^2\sin^2\varphi}}\times$$

$$\left[\arctan\left(\frac{X-Y\cos\varphi}{\sqrt{1+Y^2\sin^2\varphi}}\right)+\arctan\left(\frac{Y\cos\varphi}{\sqrt{1+Y^2\sin^2\varphi}}\right)\right]\Bigg\}$$

$$=Lf_\varphi$$

式中 $E_{\varphi P}$——与面光源成 φ 夹角的倾斜被照面上 P 点的照度(lx)；

L——面光源的亮度(cd/m^2)；

f_φ——形状因数，当 $\varphi=30°$时可从图 4-20 所示中查出。

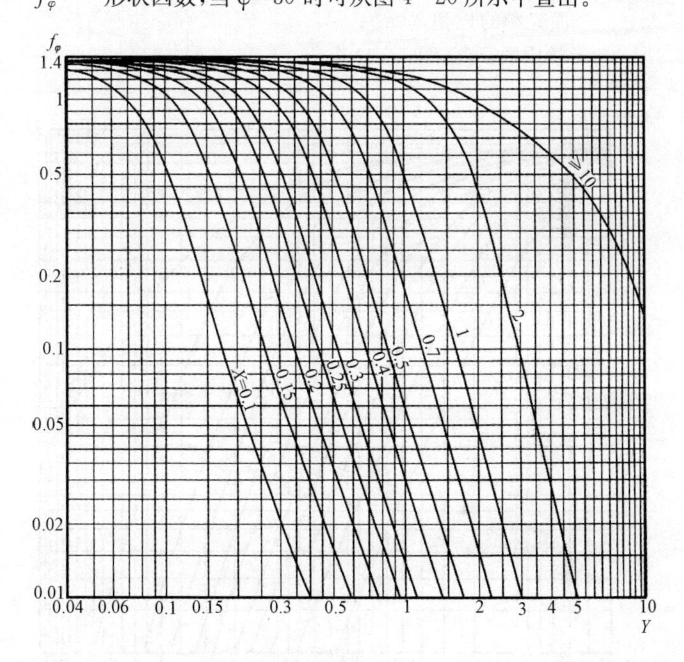

图 4-20 计算倾斜面照度的形状因数 f_φ 与 X、Y 的关系曲线($\varphi=30°$)

当 $\varphi=60°$时，计算倾斜面照度的形状因数 f_φ 与 X、Y 的关系曲线，如图 4-21 所示。

5. 矩形非等亮度面光源的点照度计算

矩形非等亮度面光源(如格栅发光天棚)，根据其光强分布形式，同样可以导出通用公式和图表，以便求出某点的照度。

对于常见的具有 $I_\alpha=I_0\cos^2\alpha$ 光强分布形式的矩形面光源(式中 I_α 为与面光源法线成 α 角度方向上的光强，cd；I_0 为面光源法线方向上的光强，cd)。水平面照度可由下式求出：

$$E_h=\frac{L_0}{3}\left[\frac{X\cdot Y}{\sqrt{X^2+Y^2+1}}\cdot\left(\frac{1}{X^2+1}+\frac{1}{Y^2+1}\right)+\arctan\frac{XY}{\sqrt{X^2+Y^2+1}}\right]$$

$$=L_0 f,\text{其中 } X=\frac{a}{h},Y=\frac{b}{h}$$

式中　E_h——与面光源平行的被照面上 P 点的照度(lx)；

L_0——面光源法线方向的亮度(cd/m²)；

a、b——面光源的长和宽(m)；

f——形状因数，可由图 4-22 查出。

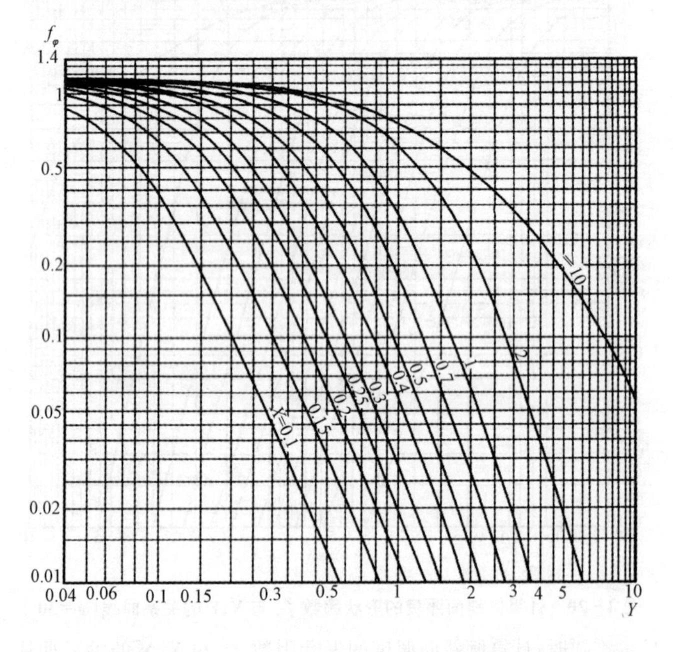

图 4-21　计算倾斜面照度的形状因数 f_φ 与 X、Y 的关系曲线($\varphi=60°$)

二、平均照度计算

平均照度计算是以整个被照平面为对象，按被照面所得到的光通量(直射分量与反射分量之和)除以被照面面积来计算被照面上的照度平均值。在室内一般照明系统中，由于大多情况下都要求被照面上具有较均匀的照度，因而照明设计标准中多以被照面上的平均照度值为指标来评价照明的数量和质量，可见，平均照度虽然不能准确地表示某一点的照度或被照面的照度

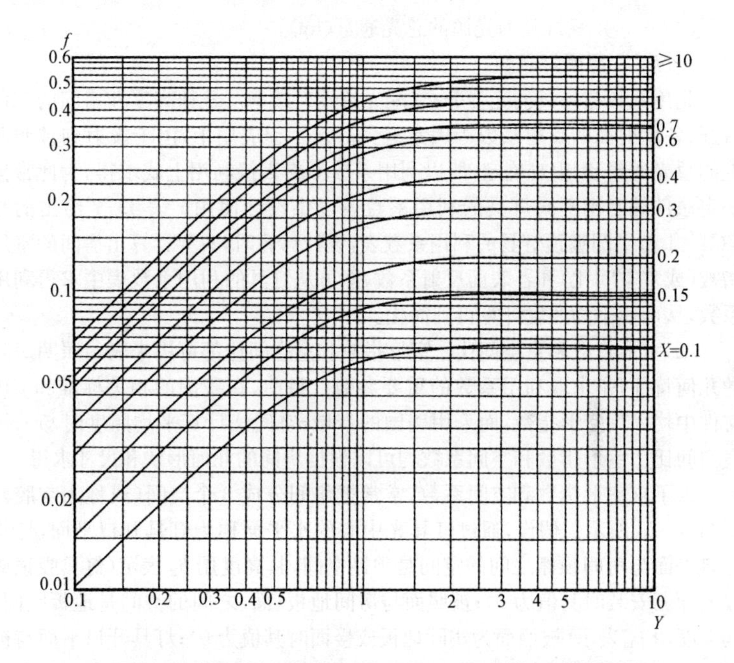

图 4-22 非均匀亮度面光源($I_\alpha = I_0 \cos^2\alpha$)点照度计算的形状因数 f 与 X、Y 的关系曲线

分布,但在工程实践中却具有重要的实际意义。

平均照度的基本计算方法是利用系数法。该方法既考虑了由灯具直接投射到被照面上的光通量,又考虑了室内各表面(墙壁、顶棚、地板等)之间光通量的多次反射影响,可以获得比较准确的计算结果,适合工程应用。但在照明工程设计过程中,在允许计算误差下,有时采用概算曲线法和单位容量法计算平均照度,以简化计算过程。

1. 利用系数法

(1)利用系数。利用系数(Utlization factor)表示照明光源光通量被利用的程度,它等于经灯具的照射和墙、顶棚等的反射而投射到被照面上的光通量,与房间内所有光源发射出的总光通量之比,即:

$$U = \frac{\Phi_f}{N\Phi}$$

式中 U——利用系数;

Φ_f——投射到被照面上的总光通量(lm);

Φ——每只灯具内光源的总光通量(lm);

N——照明灯具数。

利用系数与灯具的光强分布(配光特性)、效率及悬挂高度和房间的几何特征、各反射面的反射系数等因素有关。在工程应用中,由于投射到被照面上的总光通量 Φ_f 很难确定,所以利用系数不易直接利用上式求得,为此常按一定条件编制出不同灯具的利用系数表以供设计使用。表 4－7 给出的是 YG1－1 型平圆吸顶灯具的利用系数表,设计计算时,只要计算出房间的室形指数(或室空间比)和各表面反射系数,即可从灯具的利用系数表中求得利用系数,从而使平均照度计算得到简化。

(2)室形指数和室空间比。室形指数和室空间比都可用来表示照明房间的几何特征,是求取利用系数的重要参数。目前,在我国的相关标准和 CIE 文件中均采用室形指数,而采用美国的带域-空间法计算平均照度时却采用室空间比。室形指数和空间系数均可以根据房间的几何形状和尺寸求得。

为了求室形指数和空间系数,常常把房间分成 3 个空间(或称为空腔),如图 4－23 所示。假设,通过灯具光中心的水平面称为灯具开口平面,灯具开口平面与房间顶棚之间的空间是顶棚空间,其高度用 h_{cc} 表示(灯具吸顶或嵌入顶棚安装时其值为 0);被照面与房间地板(面)之间的空间是地板空间,其高度用 h_{fc} 表示(被照面为实际地板或楼面时其值为 0);灯具开口平面与被照面之间的空间是室空间,其高度用 h_{rc} 表示。在照明设计中,室空间高度又称为计算高度,用 h 表示。

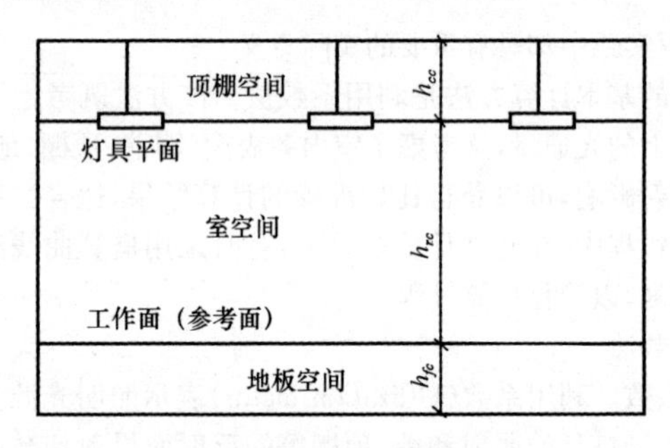

图 4－23 房间空间的划分

对照明计算而言,3 个空间中最关键的是室空间。室空间的上方是灯具平面,称之为有效顶棚,下方是工作面,称为有效地板或等效地板,四周是墙(这里指的仅是室空间部分的墙),这样就可以将室空间看成是一个由墙、有

表 4－7　　利用系数(U)表(YG1－1 型灯具,s/h=1.0)

有效顶棚反射系数 ρ_{cc}		0.70				0.50				0.30				0.10				0
墙反射系数 ρ_w		0.70	0.50	0.30	0.10	0.70	0.50	0.30	0.10	0.70	0.50	0.30	0.10	0.70	0.50	0.30	0.10	0
室空间比 RCR	1	0.75	0.71	0.67	0.63	0.67	0.63	0.60	0.57	0.59	0.56	0.54	0.52	0.52	0.50	0.48	0.16	0.43
	2	0.68	0.61	0.55	0.50	0.60	0.54	0.50	0.46	0.53	0.48	0.45	0.41	0.46	0.43	0.40	0.37	0.34
	3	0.61	0.53	0.46	0.41	0.54	0.47	0.42	0.38	0.47	0.42	0.38	0.34	0.41	0.37	0.34	0.31	0.28
	4	0.56	0.46	0.39	0.34	0.49	0.41	0.36	0.31	0.43	0.37	0.32	0.28	0.37	0.33	0.29	0.26	0.23
	5	0.51	0.41	0.34	0.29	0.45	0.37	0.31	0.26	0.39	0.33	0.28	0.24	0.34	0.29	0.25	0.22	0.20
	6	0.47	0.37	0.30	0.25	0.41	0.33	0.27	0.23	0.36	0.29	0.25	0.21	0.32	0.26	0.22	0.19	0.17
	7	0.43	0.33	0.26	0.21	0.38	0.30	0.24	0.20	0.33	0.26	0.22	0.18	0.29	0.24	0.20	0.16	0.14
	8	0.40	0.29	0.23	0.18	0.35	0.27	0.21	0.17	0.31	0.24	0.19	0.16	0.27	0.21	0.17	0.14	0.12
	9	0.37	0.27	0.20	0.16	0.33	0.24	0.19	0.15	0.29	0.22	0.17	0.14	0.25	0.19	0.15	0.12	0.11
	10	0.34	0.24	0.17	0.13	0.30	0.21	0.16	0.12	0.26	0.19	0.15	0.11	0.23	0.17	0.13	0.10	0.09

效顶棚、有效地板三个漫射面组成的空间。室空间上下两个平面中，最受关注的是被照面(参考面)，在大多数情况下，被照面是一个离地面具有一定高度的假想水平面，设计计算时，若没有特别说明，被照面的高度可按我国《建筑照明设计标准》(GB 50034—2004)中的规定来选取。

室形指数和室空间比计算及说明见表 4-8。

表 4-8 室形指数和室空间比计算及说明

类 型	说 明
室形指数	对于一个由墙、有效顶棚和有效地板 3 个漫射表面等效的室空间，室形指数可定义如下： ①矩形房间。设房间的长度为 b(m)，宽度为 a(m)，计算高度为 h(m)，则室形指数 RI，的计算公式为： $$RI=\frac{ab}{h(a+b)}$$ ②正方形房间。设房间的边长为 a(m)，计算高度为 h(m)，则室形指数 RI 的计算公式为： $$RI=\frac{a}{2h}$$ ③圆形房间。设房间的半径为 r(m)，计算高度为 h(m)，则室形指数 RI 的计算公式为： $$RI=\frac{r}{h}$$ 室形指数 RI 值越大，表示房间越大，而高度相对来说则较矮。反之，室形指数 RI 值越小，表示房间较小，而高度相对来说则较高
室空间比	对于室空间、顶棚空间和地板空间来说，可分别定义为室空间比 RCR、顶棚空间比 CCR、地板空间比 FCR。对于矩形房间，各空间比的计算公式如下： $$RCR=\frac{5h(a+b)}{ab}$$ $$CCR=\frac{5h(a+b)}{ab}$$ $$FCR=\frac{5h(a+b)}{ab}$$ 比较式 $RI=\frac{ab}{h(a+b)}$ 和式 $RCR=\frac{5h(a+b)}{ab}$，得 $RCR=\frac{5}{RI}$，即室形指数与室空间比呈互为倒数关系。对大部分房间而言，其室形指数 RI 在 0.6～5.0 之间，相应的室空间比 RCR 在 1～10 范围内。为了便于计算，一般将室形指数 RI 划分为 0.6、0.8、1.0、1.25、1.5、2.0、2.5、3.0、4.0、5.0 等 10 个等级，相应的室空间比 RCR 也可划分为 1、2、3、4、5、6、7、8、9、10 等 10 个等级

(3)有效空间反射系数。顶棚空间由两部分表面组成：一是实际顶棚表面；二是顶棚空间部分的墙面。当光源的光通量投射到顶棚空间后，一部分

被吸收,一部分在空间内经多次反射后重新射出灯具开口平面。将各次射出灯具开口平面的光通量相加,其和即为顶棚空间总的反射光通量。为了简化计算,用有效顶棚反射系数来代替顶棚空间的反射系数,即光在有效顶棚这个假想平面上的反射效果同在实际顶棚空间的效果等价。同理,地板空间的反射系数可定义为有效地板反射系数。若有效顶棚反射系数记作 ρ_{cc},有效地板反射系数记作 ρ_{fc},则

$$\rho_{cc} = \frac{\rho A_0}{A_s - \rho A_s + \rho A_0}$$

$$\rho_{fc} = \frac{\rho A_0}{A_s - \rho A_s + \rho A_0}$$

式中　A_0——顶棚(或地板)平面面积(m^2);

A_s——顶棚(或地板)空间内所有表面的总面积(m^2);

ρ——顶棚(或地板)空间内各表面的平均反射系数。若第 i 块表面的面积为 A_i,ρ_i 是该表面的实际反射比,则:

$$\rho = \frac{\sum \rho_i A_i}{\sum A_i}$$

(4)墙面平均反射系数。室空间部分的墙面通常都开有门和窗,各部分的实际反射系数大都不同,则室空间总的反射光通量就等于各表面的反射光通量之和,它与射入室空间墙面的光通量之比就是室空间的有效反射系数。为了简化计算,往往把室空间墙面看成是一个具有相同反射系数的均匀漫射面,其反射系数可以用墙面平均反射系数来表征,墙面平均反射系数简称墙反射系数,用 ρ_w 表示。

室空间内,通常门的面积较小且反射系数较高,可忽略它对墙反射系数的影响,而窗的面积较大且反射系数较低,对墙面反射系数的影响较大。如果除了窗以外,其他部分的墙面均有相同的反射比 ρ,则

$$\rho_w = \frac{\rho(A - A_g) + \rho_g A_g}{A}$$

式中　A——室空间部分包括门窗在内的总面积(m^2);

A_g——玻璃窗的面积(m^2);

ρ_g——玻璃窗的反射系数,常近似地取为 0.1。

当墙面由不同反射比的几部分组成,或墙上贴挂有大面积不同反射比的饰物时,应利用公式 $\rho = \frac{\sum \rho_i A_i}{\sum A_i}$ 来计算墙反射系数 ρ_w。

(5)计算公式。由以上的讨论可以得到平均照度计算的室空间简化模

型，即周围是反射系数为 ρ_w 的墙面，上有反射系数为 ρ_{cc} 的有效顶棚，下有反射系数为 ρ_{fc} 的有效地板，房间各面都具有均匀漫反射特性。对于这样一个简化模型，利用灯具的利用系数表和计算公式，可以方便地计算出被照面上的平均照度。利用系数法的基本计算公式为：

$$E_{av}=\frac{\Phi NUK}{A}$$

$$N=\frac{E_{av}A}{\Phi UK}$$

式中 E_{av}——被照面上的平均照度(lx)；

Φ——每个灯具中光源的总光通量(lx)；

N——灯具数量；

U——利用系数；

A——工作面面积(m^2)；

K——维护系数。

维护系数是照明装置在使用一定时间后，在规定表面上的平均照度或平均亮度与该装置在相同条件下新装时在同一表面上所得到的平均照度或平均亮度之比。为了使照明场所的实际照度水平不低于国家标准规定的维持平均照度值，照明设计计算时，应考虑因光源光通量的衰减、灯具的老化、积尘和房间表面污染引起的照度降低，并根据环境污染特征和灯具擦拭次数计入维护系数。《建筑照明设计标准》(GB 50034—2004)中是按照光源实际使用寿命达到其平均寿命的70%、灯具擦拭周期为2～3次/年来确定维护系数的，其值见表4-9。

表4-9 维护系数

环境污染特征		房间或场所举例	灯具最少擦拭次数/(次/年)	维护系数
室内	清洁	卧室、办公室、餐厅、阅览室、教室、病房、客房、仪器仪表装配间、电子元器件装配间、检验室等	2	0.8
	一般	商店营业厅、候车室、影剧院、机械加工车间、机械装配车间、体育馆等	2	0.7
	污染严重	厨房、锻工车间、铸工车间、水泥车间等	3	0.6
室外		雨篷、站台	2	0.65

(6)计算步骤。利用系数法计算平均照度的步骤如下：

①按照灯具的布置及房间的几何尺寸，确定房间的室空间系数 RCR 或

室形指数 RI。

②计算有效顶棚反射系数 ρ_{cc}，有效地板反射系数 ρ_{fc} 和墙反射系数 ρ_{w}。

③根据所选用灯具的利用系数表，确定利用系数 U。

④根据环境污染特征和灯具擦拭次数，查表 4-9 确定维护系数 K。

⑤利用式 $E_{av}=\dfrac{\Phi NUK}{A}$ 或式 $N=\dfrac{E_{av}A}{\Phi UK}$ 进行照度计算。

确定利用系数 U 时应注意下列问题：

a. 每一种灯具都有自己的利用系数表，由于利用系数与灯具的配光、效率及房间特征有关。当房间特征确定后，利用系数只与灯具配光和效率有关。显然，若在同一个房间内采用不同型号的灯具照明时，其利用系数是不一样的。所以为了确保计算精度，计算时不同型号灯具的利用系数表不能混用。

b. 在灯具的利用系数表中，室空间系数 RCR 一般都是整数（1～10），若实际计算得到的室空间系数 RCR 不是表中的整数时，可以从利用系数表中查取包含 RCR 的两组最接近的数值，用直线内插法进行计算，如在表中查取 RCR_1、U_1 和 RCR_2、U_2，则利用系数 U：

$$U=U_1+\frac{U_2-U_1}{RCR_2-RCR_1}(RCR-RCR_1)$$

c. 灯具利用系数表中的反射比都是 10 的整数倍，若计算得到的反射比 ρ_{cc}、ρ_{fc}、ρ_{w} 不是 10 的整数倍时，可四舍五入。

d. 灯具的利用系数表是按有效地板反射系数为 20%编制的，若计算得到的 ρ_{fc} 值不是 20%时，则应用适当的修正系数进行修正。关于地板空间有效反射系数不等于 0.20 时，对利用系数的修正表见表 4-10。

e. 灯具利用系数表中有效顶棚反射系数及墙反射系数均为零的利用系数，用于室外照明设计。

【例 4-1】 有一教室长 6.6m，宽 6.6m，高 3.6m，在离顶棚 0.5m 的高度内安装有 12 只 YG1-1 型 36W 荧光灯具，课桌高度为 0.75m，教室内各表面的反射系数如图 4-24 所示。试校验课桌面上的平均照度能否达到照度标准的要求。

注：《建筑照明设计标准》（GB 50034—2004）中规定，教室课桌面一般照明的照度标准值为 300 lx；36W、T8 荧光灯管的额定光通量为 3350 lm。

解　用利用系数法求平均照度。

(1)求室空间比：

$h_{fc}=0.75\text{m}$，$h_{cc}=0.5\text{m}$，则 $h=h_{rc}=3.6-0.5-0.75=2.35(\text{m})$

表 4-10 关于地板空间有效反射系数不等于 0.20 时对利用系数的修正表

（地板空间有效反射系数 ρ_{fc} 为 0.20 时的修正系数为 1.0）

有效顶棚反射系数 ρ_{cc}		0.80				0.70				0.50			0.30			0.10		
墙反射系数 ρ_w		0.70	0.50	0.30	0.10	0.70	0.50	0.30	0.10	0.50	0.30	0.10	0.50	0.30	0.10	0.50	0.30	0.10
地板空间有效反射系数 ρ_{fc} 为 0.00 时的修正系数																		
室空间比 RCR	1	0.859	0.870	0.879	0.886	0.873	0.884	0.893	0.901	0.916	0.923	0.929	0.948	0.954	0.960	0.979	0.983	0.987
	2	0.871	0.887	0.903	0.919	0.886	0.902	0.916	0.928	0.926	0.938	0.949	0.954	0.963	0.971	0.978	0.983	0.991
	3	0.882	0.904	0.915	0.942	0.898	0.918	0.934	0.947	0.936	0.950	0.964	0.958	0.969	0.979	0.976	0.984	0.993
	4	0.893	0.919	0.941	0.958	0.908	0.930	0.948	0.961	0.945	0.961	0.974	0.961	0.974	0.984	0.975	0.985	0.994
	5	0.903	0.931	0.953	0.969	0.914	0.939	0.958	0.970	0.951	0.967	0.980	0.964	0.977	0.988	0.975	0.985	0.995
	6	0.911	0.940	0.961	0.976	0.920	0.945	0.965	0.977	0.955	0.972	0.985	0.966	0.979	0.991	0.975	0.986	0.996
	7	0.917	0.947	0.967	0.981	0.924	0.950	0.970	0.982	0.959	0.975	0.988	0.968	0.981	0.993	0.975	0.987	0.997
	8	0.922	0.953	0.971	0.985	0.929	0.955	0.975	0.986	0.963	0.978	0.991	0.970	0.983	0.995	0.976	0.988	0.998
	9	0.928	0.958	0.975	0.998	0.933	0.959	0.980	0.989	0.966	0.980	0.993	0.971	0.985	0.996	0.976	0.988	0.998
	10	0.933	0.962	0.979	0.991	0.937	0.963	0.983	0.992	0.969	0.982	0.995	0.973	0.987	0.997	0.977	0.989	0.999

续表 1

有效顶棚反射系数 ρ_{cc}	0.80				0.70				0.50			0.30			0.10		
墙反射系数 ρ_w	0.70	0.50	0.30	0.10	0.70	0.50	0.30	0.10	0.50	0.30	0.10	0.50	0.30	0.10	0.50	0.30	0.10
地板空间有效反射系数 ρ_{fc} 为 0.10 时的修正系数																	
室空间比 RCR 1	0.923	0.929	0.935	0.940	0.933	0.939	0.943	0.948	0.956	0.960	0.963	0.973	0.976	0.979	0.989	0.991	0.993
2	0.931	0.942	0.950	0.958	0.940	0.949	0.957	0.963	0.962	0.968	0.974	0.976	0.980	0.985	0.988	0.991	0.995
3	0.939	0.951	0.961	0.969	0.945	0.957	0.966	0.973	0.967	0.975	0.981	0.978	0.983	0.988	0.988	0.992	0.996
4	0.944	0.958	0.969	0.978	0.950	0.963	0.973	0.980	0.972	0.980	0.986	0.980	0.986	0.991	0.987	0.992	0.996
5	0.949	0.964	0.976	0.983	0.954	0.968	0.978	0.985	0.975	0.983	0.989	0.981	0.988	0.993	0.987	0.992	0.997
6	0.953	0.969	0.980	0.986	0.958	0.972	0.982	0.989	0.979	0.985	0.992	0.982	0.989	0.995	0.987	0.993	0.997
7	0.957	0.973	0.983	0.991	0.961	0.975	0.985	0.991	0.979	0.987	0.994	0.983	0.990	0.996	0.987	0.993	0.998
8	0.960	0.976	0.986	0.993	0.963	0.977	0.987	0.993	0.981	0.988	0.995	0.984	0.991	0.997	0.987	0.994	0.998
9	0.963	0.978	0.987	0.994	0.965	0.979	0.989	0.994	0.983	0.990	0.996	0.985	0.992	0.998	0.988	0.994	0.999
10	0.965	0.980	0.989	0.995	0.967	0.981	0.990	0.995	0.984	0.991	0.997	0.986	0.993	0.998	0.988	0.994	0.999

续表 2

有效顶棚反射系数 ρ_{cc}	0.80				0.70				0.50			0.30			0.10		
墙反射系数 ρ_{w}	0.70	0.50	0.30	0.10	0.70	0.50	0.30	0.10	0.50	0.30	0.10	0.50	0.30	0.10	0.50	0.30	0.10
室空间比 RCR	地板空间有效反射系数 ρ_{fc} 为 0.30 时的修正系数																
1	1.092	1.082	1.075	1.068	1.077	1.070	1.064	1.059	1.049	1.044	1.040	1.028	1.026	1.023	1.012	1.010	1.008
2	1.079	1.066	1.055	1.047	1.068	1.057	1.048	1.039	1.041	1.033	1.027	1.026	1.021	1.017	1.013	1.010	1.006
3	1.070	1.054	1.042	1.033	1.061	1.048	1.037	1.028	1.034	1.027	1.020	1.024	1.017	1.012	1.014	1.009	1.005
4	1.062	1.045	1.033	1.024	1.055	1.040	1.029	1.021	1.030	1.022	1.015	1.022	1.015	1.010	1.014	1.009	1.004
5	1.056	1.038	1.026	1.018	1.050	1.034	1.024	1.015	1.027	1.018	1.012	1.020	1.013	1.008	1.014	1.009	1.004
6	1.052	1.033	1.021	1.014	1.047	1.030	1.020	1.012	1.024	1.015	1.009	1.019	1.012	1.006	1.014	1.008	1.003
7	1.047	1.029	1.018	1.011	1.043	1.026	1.017	1.009	1.022	1.013	1.007	1.018	1.019	1.005	1.014	1.008	1.003
8	1.044	1.026	1.015	1.009	1.040	1.024	1.015	1.007	1.020	1.012	1.006	1.017	1.009	1.004	1.013	1.007	1.003
9	1.040	1.024	1.014	1.007	1.037	1.022	1.014	1.006	1.019	1.011	1.005	1.016	1.009	1.004	1.013	1.007	1.002
10	1.037	1.022	1.012	1.006	1.034	1.020	1.012	1.005	1.017	1.010	1.004	1.015	1.009	1.003	1.013	1.007	1.002

$$RCR = \frac{5h(a+b)}{ab} = \frac{5 \times 2.35 \times (6.6 + 6.6)}{6.6 \times 6.6} = 3.56$$

(2)求有效空间反射系数和墙反射系数：

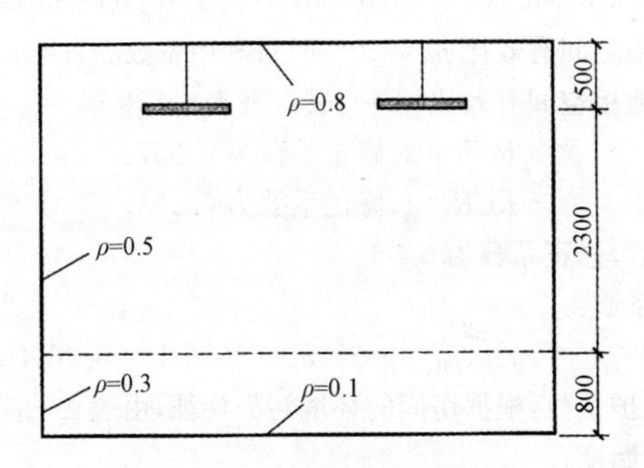

图 4－24 利用系数法例题示意图

①有效顶棚反射系数 ρ_{cc}。

$$A_0 = 6.6 \times 6.6 = 43.6(\text{m}^2)$$

$$A_s = 6.6 \times 6.6 + 6.6 \times 0.5 \times 4 = 56.8(\text{m}^2)$$

$$\rho = \frac{\sum \rho_i A_i}{\sum A_i} = \frac{0.5(0.5 \times 6.6) \times 4 + 0.8 \times (6.6 \times 6.6)}{(0.5 \times 6.6) \times 4 + (6.6 \times 6.6)} = 0.73$$

$$\rho_{cc} = \frac{\rho A_0}{A_s - \rho A_s + \rho A_0} = \frac{0.73 \times 43.6}{56.8 - 0.73 \times 56.8 + 0.73 \times 43.6} = 0.675$$

取 $\rho_{cc} = 70\%$。

②有效地板反射系数 ρ_{fc}：

$$A_0 = 6.6 \times 6.6 = 43.6(\text{m}^2)$$

$$A_s = 6.6 \times 6.6 + 6.6 \times 0.8 \times 4 = 64.72(\text{m}^2)$$

$$\rho = \frac{\sum \rho_i A_i}{\sum A_i} = \frac{0.3(0.8 \times 6.6 \times 4) + 0.1 \times 6.6 \times 6.6}{(0.8 \times 6.6 \times 4) + (6.6 \times 6.6)} = 0.17$$

$$\rho_{fc} = \frac{\rho A_0}{A_s - \rho A_s + \rho A_0} = \frac{0.17 \times 43.6}{64.72 - 0.17 \times 64.72 + 0.17 \times 43.6} = 0.12$$

取 $\rho_{fc} = 10\%$。

③墙反射系数 ρ_w：

由图 4－24 和已知条件知：$\rho_w = 0.50$，即 $\rho_w = 0.5\%$。

(3)确定利用系数：

①查表 4－7，得：$RCR_1 = 3$，$\rho_{cc} = 70\%$，$\rho_w = 0.5\%$时，$U_1 = 0.53$，

$RCR_2=4,\rho_{cc}=70\%,\rho_w=0.5\%$时，$U_2=0.46$

②用直线内插法求利用系数：

$RCR=3.56,\rho_{cc}=70\%,\rho_w=0.5\%$时，$U=0.49$

③修正地板空间有效比$\rho_{fc}\neq20\%$时对利用系数的影响：

因为实际地板空间有效比$\rho_{fc}=10\%$，查表4-10得

$RCR=3$，修正系数为0.957；

$RCR=4$，修正系数为0.963。

直线内插后，修正系数为0.96。

④求利用系数：

$RCR=3.56,\rho_{cc}=70\%,\rho_w=50\%,\rho_{fc}=10\%,U=0.96\times0.49=0.47$

(4)确定维护系数：根据房间的环境污染特征，由表4-9知，K应取0.8。

(5)求平均照度：

$$E_{av}=\frac{\Phi NUK}{A}=\frac{3350\times12\times0.47\times0.8}{6.6\times6.6}\approx347\,(\text{lx})$$

由计算结果可知，该教室采用12只YG1-1型36W荧光灯照明，可以满足照度标准的要求。

采用利用系数法，可以精确地求出已知照明系统在被照面上所获得的平均照度，或求出达到规定的平均照度时所需灯具的数量，但在求利用系数时需要插值计算和修正，致使计算过程相对复杂。若对计算精度要求不高时，可利用灯具的概算曲线或单位容量计算表，使计算过程得到简化。

2. 概算曲线法

(1)灯具的概算曲线。灯具概算曲线是根据灯具的利用系数，经过一定计算后绘制成的曲线，它实际上是利用系数法的另一种表示方法。

对于某种灯具，已知其光源的光通量，并假定照度是100 lx，房间的长宽比和维护系数，即可在不同表面的反射系数及灯具吊挂高度等条件下，编制出灯具数量N与被照面面积A的关系曲线，称该曲线为灯具的概算曲线。CDG101-NC400型灯具的概算曲线如图4-25示。

(2)概算曲线法。利用灯具的概算曲线计算照明数量的方法，称为概算曲线法。

灯具的概算曲线通常由灯具生产厂商提供。在照明设计计算过程中，若能够获得所选用灯具的概算曲线图，便可以根据光源的种类和数量、计算高度、房间面积，以及房间顶棚、墙壁和地面的反射系数等已知条件，由灯具的概算曲线上快速地查得所需的灯具数量N，使照明计算变得十分简单、方便。

(3)使用概算曲线计算平均照度时应注意的问题。

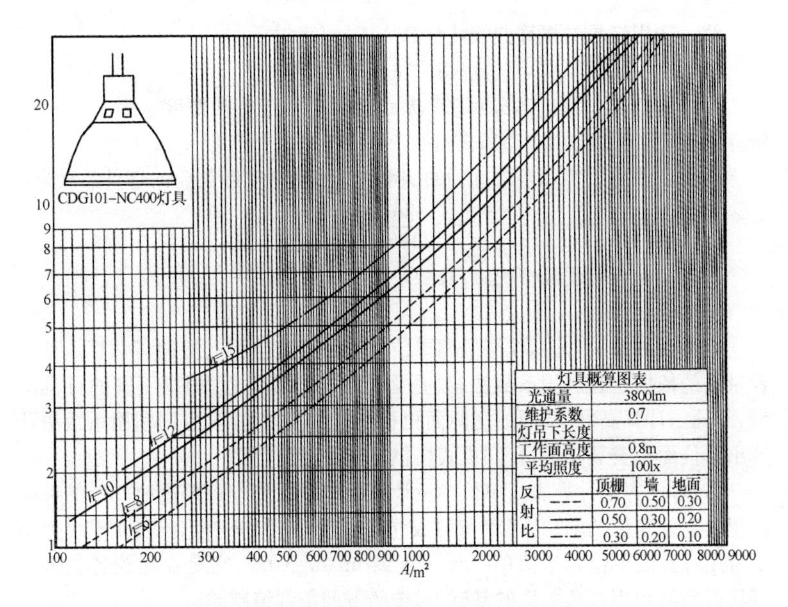

图 4-25　CDG101-NC400 型灯具的概算曲线

①不同型号的灯具，其概算曲线不能混用。

②若实际工程设计条件与灯具概算曲线的绘制条件不同时，应按下式对结果进行修正：

$$n=\frac{EK'\Phi'}{100K\Phi}N$$

式中　n——实际应采用的灯具数量(个)；

N——由概算曲线上查得的灯具数量(个)；

K——实际采用的维护系数；

K'——概算曲线上假设的维护系数；

E——设计所要求的平均照度(lx)；

Φ——实际灯具的光源总光通量(lx)；

Φ'——绘制概算曲线所用灯具的光源总光通量(lx)。

【例 4-2】　某车间长 48m，宽 18m，工作面高 0.8m，灯具距工作面 10m；有效顶棚反射系数 $\rho_{cc}=0.5$，墙反射系数 $\rho_{w}=0.3$，有效地板反射系数 $\rho_{fc}=0.2$；选用 CDG101-NG400 型灯具(400W 荧光高压汞灯)照明。若工作面照度要求达到 50 lx，试计算所需灯具数量。

解 选用灯具的概算曲线法计算

$$A=48\times18=864(\mathrm{m}^2)$$

当 $\rho_{cc}=0.5$，$\rho_w=0.3$，$\rho_{fc}=0.2$，$h=10\mathrm{m}$ 时，若工作面照度达到 100 lx，由概算曲线(图 4－25)中查得所需灯数 $N=5.5$ 个。

由于工作面上实际要求达到的照度为 50 lx，则实际需要的灯具数量为：

$$n=5.5\times\frac{50}{100}=2.75\,(\text{个})$$

根据实际照明现场情况，灯具数量应取整数，故 $n=3$。

3. 单位容量法

在进行方案设计时，往往采用单位容量法对照明用电量进行估算。单位容量法的依据也是利用系数法，只是为了简化计算过程，根据不同的灯具类型、不同的计算高度、不同的房间面积和不同的平均照度，应用利用系数法计算出单位面积安装功率，并制成表格供设计时查用。

(1)单位容量计算表。单位容量计算表多以达到设计照度时 $1\mathrm{m}^2$ 的被照面积上需要安装的电功率($\mathrm{W/m^2}$)或光通量($\mathrm{lm/m^2}$)来表示。表 4－11 列出了常用灯具的单位容量值($\mathrm{W/m^2\cdot lx}$ 或 $\mathrm{lm/m^2\cdot lx}$)，它是在比较各类常用灯具效率与利用系数关系的基础上，按照下列条件编制的。

表 4－11　单位容量计算表

室空间比 RCR（室型指数 RI）	直接型配光灯具		半直接型配光灯具	均匀漫射型配光灯具	半间接型配光灯具	间接型配光灯具
	$s\leqslant0.9h$	$s\leqslant1.3h$				
8.33 (0.6)	0.4308 0.0897 5.3846	0.4000 0.0833 5.0000	0.4308 0.0897 5.3846	0.4308 0.0897 5.3846	0.6335 0.1292 7.7783	0.7001 0.1454 7.7506
6.25 (0.8)	0.3500 0.0729 4.3750	0.3111 0.648 3.8889	0.3500 0.0729 4.3750	0.3394 0.0707 4.2424	0.5094 0.1055 6.3641	0.5600 0.1163 7.0005
5.0 (1.0)	0.3111 0.0648 3.8889	0.2732 0.0569 3.4146	0.2947 0.0614 3.6842	0.2876 0.0598 3.5897	0.4308 0.0894 5.3850	0.4868 0.1012 6.0874
4.0 (1.25)	0.2732 0.0569 3.4146	0.2383 0.0496 2.9787	0.2667 0.0556 3.3333	0.2489 0.0519 3.1111	0.3694 0.0808 4.8580	0.3996 0.0829 5.0004
3.33 (1.5)	0.2489 0.0519 3.1111	0.2196 0.0458 2.7451	0.2435 0.0507 3.0435	0.2286 0.0476 2.8571	0.3500 0.0732 4.3753	0.3694 0.0808 4.8280

续表1

室空间比 RCR (室型指数 RI)	直接型配光灯具		半直接型配光灯具	均匀漫射型配光灯具	半间接型配光灯具	间接型配光灯具
	$s \leqslant 0.9h$	$s \leqslant 1.3h$				
2.5 (2.0)	0.2240 0.0467 2.800	0.1965 0.0409 2.4561	0.2154 0.0449 2.6923	0.2000 0.0417 2.5000	0.3199 0.0668 4.0003	0.3500 0.0732 4.3753
2.0 (2.5)	0.2113 0.0440 2.6415	0.1836 0.0383 2.2951	0.2000 0.0417 2.5000	0.1836 0.0383 2.2951	0.2876 0.0603 3.5900	0.3113 0.0646 3.8892
1.67 (3.0)	0.2036 0.0424 2.5455	0.1750 0.0365 2.1875	0.1898 0.0395 2.3729	0.1750 0.0365 2.1875	0.2671 0.0560 3.3335	0.2951 0.0614 3.6845
1.43 (3.5)	0.1967 0.0410 2.4592	0.1698 0.0354 2.1232	0.1838 0.0383 2.2976	0.1687 0.0351 2.1083	0.2542 0.0528 3.1820	0.2800 0.0582 3.5003
1.25 (4.0)	0.1898 0.0395 2.3729	0.1647 0.0343 2.0588	0.1778 0.0370 2.2222	0.1632 0.0338 2.0290	0.2434 0.0506 3.0436	0.2671 0.0560 3.3335
1.11 (4.5)	0.1883 0.0392 2.3531	0.1612 0.0336 2.0153	0.1738 0.0362 2.1717	0.1590 0.0331 1.9867	0.2386 0.0495 2.9804	0.2606 0.0544 3.2578
1.0 (5.0)	0.1867 0.0389 2.3333	0.1577 0.0329 1.9718	0.1697 0.0354 2.1212	0.1556 0.0324 1.9444	0.2337 0.0485 2.9168	0.2542 0.0528 3.1820

注：①表中 s 为灯间距，h 为计算高度。

②表中每格所列3个数字由上至下依次为：选用100W白炽灯的单位电功率[W/(m^2·lx)]；选用40W荧光灯的单位电功率[W/(m^2·lx)]；单位光通量[lm/(m^2·lx)]。

③若采用高压气体放电光源时，按40W荧光灯的 P_0 值计算。

①室内顶棚反射系数为70%；墙面反射系数为50%；地板反射系数为20%。由于是近似计算，一般不必详细计算各面的等效反射系数，而是用实际反射系数进行计算。

②计算平均照度 E 为1 lx，维护系数 K 为0.7。

③白炽灯的光效为12.5 lm/W(220V，100W)，荧光灯的光效为60 lm/W(220V，40W)。

④灯具效率不小于75%，当装有遮光格栅时不小于60%。

⑤灯具配光分类符合国际照明委员会的规定，见表 4－12。

表 4－12　　常用灯具配光分类表（符合 CIE 规定）

<table>
<tr><th></th><th colspan="2">直接型</th><th>半直接型</th><th>均匀漫射型</th><th>半间接型</th><th>间接型</th></tr>
<tr><td rowspan="2">灯具配光分类</td><td colspan="2">上射光通量 0～10%
下射光通量 100%～90%</td><td rowspan="2">上射光通量
10%～40%
下射光通量
90%～60%</td><td rowspan="2">上射光通量
60%～40%
40%～60%
下射光通量
40%～60%
60%～40%</td><td rowspan="2">上射光通量
60%～90%
下射光通量
40%～10%</td><td rowspan="2">上射光通量
90%～
100%
下射光通量
10%～0</td></tr>
<tr><td>$s \leqslant 0.9h$</td><td>$s \leqslant 1.3h$</td></tr>
<tr><td>所属灯具举例</td><td>嵌入式格栅荧光灯
圆格栅吸顶灯
广照型防水防尘灯
防潮吸顶灯</td><td>控照式荧光灯
搪瓷深照灯
镜面深照灯
深照型防振灯
配照型工厂灯
防振灯</td><td>筒式荧光灯
纱罩单吊灯
塑料碗罩灯
尖扁圆吸顶灯
方形吸顶灯</td><td>平口橄榄罩吊灯
束腰单吊灯
圆球单吊灯
枫叶罩单吊灯
彩灯</td><td>伞形罩单吊灯</td><td></td></tr>
</table>

（2）计算公式。单位容量法的基本公式如下：

$$P = P_0 AE$$

$$P = P_0 AEC_1 C_2 C_3$$

或

$$\Phi = \Phi_0 AE$$

$$\Phi = \Phi_0 AEC_1 C_2 C_3$$

式中　P、Φ——分别为在设计照度下房间需要的最低电功率（W）和光源总光通量（lm）；

P_0——照度为 1 lx 时的单位容量（其值可查表 4－11）[W/(m² · lx]；

Φ_0——照度达到 1 lx 时所需的单位光通量（其值可查表 4－11）[lm/(m² · lx)]；

A——房间面积（m²）；

E——设计照度（平均照度）（lx）；

C_1——当房间内各部分的光反射比不同时的修正系数，其值可查表4－13；

C_2——当光源不是 100W 的白炽灯或 40W 的荧光灯时的调整系数，其值可查表 4－14：

C_3——当灯具效率不是 70%时的修正系数，当 $\eta = 60\%$时，$C_3 = 1.22$；当 $\eta = 50\%$时，$C_3 = 1.47$。

表 4-13　　房间内各部分的光反射比不同时的修正系数 C_1

反射比	顶棚 ρ_c	0.7	0.6	0.4
	墙面 ρ_w	0.4	0.4	0.3
	地板 ρ_f	0.2	0.2	0.2
修正系数 C_1		1	1.08	1.27

表 4-14　　当光源不是 100W 的白炽灯或 40W 的荧光灯时的调整系数 C2

光源类型及额定功率(W)	白炽灯(220V)										
	15	25	40	60	75	100	150	200	300	500	1000
调整系数 C_2	1.7	1.43	1.34	1.19	1.1	1	0.9	0.86	0.82	0.76	0.68
额定光通量(lm)	110	220	350	630	850	1250	2090	2920	4610	8300	18600

光源类型及额定功率(W)	卤钨灯			荧光灯			
	500	1000	2000	15	20	30	40
调整系数 C_2	0.64	0.6	0.6	1.55	1.24	1.65	1
额定光通量(lm)	9750	21000	42000	580	970	1550	2400

光源类型及额定功率(W)	自镇式荧光高压汞灯			荧光高压汞灯					
	250	450	750	125	175	250	400	700	1000
调整系数 C_2	2.73	2.08	2	1.58	1.5	1.43	1.2	1.2	1.2
额定光通量(lm)	5500	13000	22500	4750	7000	10500	20000	35000	50000

光源类型及额定功率(W)	镝灯	钠铊铟灯		高压钠灯					
	400	400	1000	110	215	250	360	400	1000
调整系数 C_2	0.67	0.86	0.92	0.825	0.8	0.75	0.67	0.63	0.6
额定光通量(lm)	36000	28000	65000	8000	16125	20000	32400	38000	100000

若按式 $P=P_0AEC_1C_2C_3$ 或式 $\Phi=\Phi_0AEC_1C_2C_3$ 求得 P 或 Φ，就可估算达到设计照度时所需灯具的个数 N：

$$N=\frac{P}{P'}\quad 或 \quad N=\frac{\Phi}{\Phi'}$$

式中　P'——每个灯具的光源总功率(W)；

　　　Φ'——每个灯具的光源总光通量(lm)。

【例 4-3】　有一房间面积 A 为 $9\times6=54(m^2)$，房间高度为 3.6m。已知

室内顶棚反射比为70%、墙面反射比为50%、地板反射比为20%，$K=0.7$，拟选用40W普通单管荧光吊链灯具（筒式荧光灯具），$h_{cc}=0.6$m，如要求设计照度为100 lx，试确定照明灯具数量。

解 本题可用单位电功率法求解，也可以用单位光通量法求解。在此仅选用单位电功率法计算。

已知： $h=h_{rc}=3.6-h_{cc}=3.6-0.6=3(\text{m})$

$$RCR=\frac{5h(l+\omega)}{l\omega}=\frac{5\times3\times(9+6)}{9\times6}=4.167$$

普通单管荧光灯具属于半直接型配光灯具（见表4-12），从表4-11中查得$P_0=0.0565$（用直线内插法），则：

$$P=P_0AE=0.0565\times54\times100=305.1(\text{W})$$

故灯具数量：

$$N=\frac{P}{P'}=\frac{305.1}{40}=7.6(\text{个})$$

根据实际情况拟选用8盏40W荧光灯具，此时估算照度可达105.3 lx。

由计算实例可以看出，单位容量法的优点是计算过程简单，方法容易掌握，但因其计算精度不高，因而在实际工程中被广泛用于估算照明负荷或灯具数量。

4.一种平均照度值、照明功率密度值简易计算方法介绍

民用建筑电气照明工程设计时通常采用利用系数法计算平均照度值和照明功率密度值比较繁琐。平均照度值（E_{av}）、照明功率密度值（LPD）简易计算方法是将常规的利用系数法计算平均照度繁琐的过程简化。为了便于计算，将光通量Φ、利用系数U、维护系数K统一成有效光通量$F=\Phi\cdot U\cdot K$列入表中；将光效η_s、利用系数U、维护系数K，统一以模糊系数$M=\eta_s\cdot U\cdot K$列入表中。如果知道属于那类建筑的房间及建筑面积，查出标准照度值和功率密度值，拟选用光源的功率、光通量，即可由简易计算表中查出有效光通量F和模糊系数M值，通过简易计算法可算出光源能量、平均照度、照明功率密度值。

（1）直管荧光灯平均照度值（E_{av}）、照明功率密度值（LPD）简易计算方法。

①直管荧光灯平均照度值（E_{av}）、照明功率密度值（LPD）简易计算法，有效光通量F值、模糊系数M值，见表4-15。

表 4-15 直管荧光灯平均照度值(E_{av})、照明功率密度值(*LPD*)简易计算法，有效光通量 *F* 值、模糊系数 *M* 值

荧光灯管型号及规格		色温(K) 光通量(lm)	光源光效(η_s)	办公、学校类		医疗、候车厅类		商业、售票厅、走道类		生产厂商
				F	*M*	*F*	*M*	*F*	*M*	
T5	21W	2700～4000/1900	76.0	897	35.872	912	36.48	732	29.26	飞利浦公司、欧司朗公司
	21W	6500/1750	70.0	826	33.04	840	33.6	674	26.95	
	24W	2700～4000/1750	62.5	826	29.50	840	30.0	674	24.063	飞利浦公司、欧司朗公司
	24W	6500/1650	58.928	779	27.814	792	28.585	635	22.687	飞利浦公司
	24W	6500/1600	57.143	755	26.971	768	27.429	616	22.0	欧司朗公司
	28W	2700～4000/2500	78.125	1180	36.875	1200	37.5	963	30.078	国产
	28W	6500/2500	78.125	1180	36.875	1200	37.5	963	30.078	
	28W	2700～4000/2600	81.125	1227	38.291	1248	38.94	1001	31.233	飞利浦公司、欧司朗公司
	28W	6500/2100	75.0	1133	35.4	1152	36.0	924	28.875	
	35W	2700/3150	80.769	1487	38.123	1512	38.769	1213	31.096	国产
	35W	6500/3050	78.205	1440	36.913	1464	37.538	1174	30.109	
	35W	2700～4000/3300	84.615	1558	39.938	1584	40.615	1271	32.577	飞利浦公司
	35W	6500/3100	79.487	1463	37.518	1488	38.154	1194	30.602	

续表 1

荧光灯管型号及规格		色温(K) 光通量(lm)	光源光效 (η_s)	办公、学校类		医疗、候车厅类		商业、售票厅、走道类		生产厂商
				F	M	F	M	F	M	
T8	18W	2700～4000/1350	61.364	637	28.964	648	29.455	520	23.625	飞利浦公司、欧司朗公司
	18W	6500/1300	59.091	614	27.891	624	28.364	501	22.75	
	18W	3000～4000/1350	61.364	637	28.964	648	29.455	520	23.625	松下公司
	18W	6500/1300	59.091	614	27.891	624	28.364	501	22.75	
	30W	3000/2050	69.7	968	32.9	984	33.456	789	26.565	国产
	30W	6500/1800	61.2	850	28.89	864	29.376	693	23.485	
	30W	3000～4000/2550	75.0	1204	35.4	1224	36.0	982	28.875	松下公司
	30W	6500/2300	67.65	1086	31.93	1104	32.472	886	26.045	
	30W	2700～4000/2400	81.6	1133	38.515	1152	39.168	924	31.416	飞利浦公司、欧司朗公司
	30W	6500/2300	78.2	1086	36.91	1104	37.536	886	30.107	
	36W	3000/2750	68.75	1298	32.452	1320	33.0	1059	26.469	国产
	36W	6500/2400	60.0	1133	28.32	1152	28.8	924	23.1	

续表 2

荧光灯管型号及规格		色温(K) 光通量(lm)	光源光效(η_s)	办公、学校类		医疗、候车厅类		商业、售票厅、走道类		生产厂商
				F	M	F	M	F	M	
T8	36W	3000～4000/3500	83.75	1581	39.53	1608	40.2	1290	32.244	松下公司
	36W	6500/3200	80.0	1510	37.76	1536	38.4	1232	30.8	
	36W	2700～4000/3350	83.75	1581	39.53	1608	40.2	1290	32.244	飞利浦公司、欧司朗公司
	36W	6500/3250	81.25	1534	38.35	1560	39.0	1251	31.281	

注:①光源光效(含镇流器)为 $\eta_s=\Phi/P$,其中 P 为光源功率加电子镇流器以 4W 计。

②有效光通量 $F=\Phi\cdot U\cdot K$;模糊系数 $M=\eta_s\cdot U\cdot K$。

③利用系数法计算平均照度公式 $E_{av}=\Phi\cdot N\cdot U\cdot K/A=N\cdot F/A$,计算照度偏差不超过 10%。

式中:E_{av}——工作面上的平均照度(lx);

Φ——光源光通量(lx);

N——光源数量,T5、T8 直管荧光灯管技术数据,见表 4-16;

U——利用系数,其值见厂商样本资料,一般取 0.4～0.6;也可参照民用建筑不同功能房间和常用灯具对应的利用系数 U 值,见表 4-17;

K——校正系数,本表是按格栅荧光灯,校正系数 $K=1.0$,当采用不同类型灯具时,应乘以校正系数 K,见表 4-18;

A——房间建筑面积(m^2)。

④求灯数量 $N=E\cdot F/A$；求照明功率密度 $LPD=E_{av}/M$；其中：

E_{av}——照度计算值；E——照明规范标准照度值。

⑤办公、学校类：包括办公、会议室、文档、阅览、教室、实验室、控制室等。

⑥医疗、候车厅类：包括治疗室、诊室、病房、候车室等。

⑦商业、售票厅、走道类：包括商店营业厅、候车室、影剧院、体育馆、公共走道等。

表 4-16　　T5、T8 直管荧光灯灯管技术参数

类型	规格	色温(K)	显色指数(R_a)	光通量(lm)	光源尺寸(Φ)	灯头型号	备　注
T5	21W	2700～4000	85	1900	16×863.2	G5	飞利浦公司
	21W	6500	85	1750	16×863.2	G5	
	21W	2700～4000	≥80	1900	16×849	G5	欧司朗公司
	21W	6500	≥80	1750	16×849	G5	
	24W	2700～4000	85	1750	16×563.2	G5	飞利浦公司
	24W	6500	85	1650	16×563.2	G5	
	24W	2700～4000	≥80	1750	16×549	G5	欧司朗公司
	24W	6500	≥80	1600	16×549	G5	
	28W	2700～4000	≥82	2500	16×1163	G5	国产
	28W	6500	≥82	2500	16×1163	G5	
	28W	2700～4000	85	2600	16×1163.2	G5	飞利浦公司
	35W	2700～4000	85	3300	16×1449	G5	欧司朗公司
	35W	6500	85	3050	16×1449	G5	
	35W	2700	≥82	3150	16×1463	G5	国产
	35W	6500	≥82	3050	16×1463	G5	
	35W	2700～4000	85	3300	16×1463.2	G5	飞利浦公司
	35W	6500	85	3100	16×1463.2	G5	

续表

类型	规格	色温(K)	显色指数(R_a)	光通量(lm)	光源尺寸(Φ)	灯头型号	备　注
T8	18W	2700～4000	85	1350	26×604	G13	飞利浦公司、松下公司
	18W	6500	85	1300	26×604	G13	
	18W	2700～4000	≥80	1350	26×590	G13	欧司朗公司
	18W	6500	≥80	1300	26× 590	G13	
	30W	3000	≥53	2050	26×908	G13	国产
	30W	6500	≥73	1800	26×908	G13	
	30W	3000～4000	85	2550	26×908.8	G13	松下公司
	30W	6500	85	2300	26×908.8	G13	
	30W	2700～4000	85	2400	26×908.8	G13	飞利浦公司
	30W	6500	85	2300	26×908.8	G13	
	30W	2700～4000	≥80	2400	26×895	G13	欧司朗公司
	30W	6500	≥80	2300	26×895	G13	
	36W	3000	≥53	2750	26×1213	G13	国产
	36W	6500	≥73	2400	26×1213	G13	
	36W	3000～4000	85	3350	26×1213.6	G13	松下公司
	36W	6500	85	3200	26×1213.6	G13	
	36W	2700～4000	85	3350	26×1213.6	G13	飞利浦公司
	36W	6500	85	3250	26×1213.6	G13	
	36W	2700～4000	≥80	3350	26×1200	G13	欧司朗公司
	36W	6500	≥80	3250	26×1200	G13	

表 4-17　　民用建筑中不同功能房间和常用灯具对应的利用系数 *U* 值

房间功能		灯具类型						
		格栅荧光灯	荧光灯灯带	荧光灯灯槽	开启式荧光灯	深照式筒灯	普通筒灯	射灯
办公建筑	会议室	0.59	0.50	—	0.65	—	—	0.55
	办公室	0.59	—	0.38	0.65	—	0.60	—
	文档资料室	0.59	—	0.38	0.65	—	0.60	—
商业建筑	营业厅	0.55	0.50	0.38	—	0.55	0.60	0.50
	总服务台	0.55	0.50	0.38	—	—	0.60	0.60
学校建筑	教室	0.59	0.50	—	0.70	—	—	—
	阅览室	0.59	0.50	—	0.70	—	—	—
	书柜	0.50	0.50	—	0.65	—	—	—
医疗建筑	治疗室	0.60	—	—	0.65	—	—	—
	病房	0.60	—	—	0.65	—	—	—
交通建筑	候车室	0.60	0.50	—	0.65	0.50	0.60	—
	售票大厅	0.55	0.50	—	0.65	0.50	0.60	—
其他	公共走道	0.55	0.50	0.35	0.65		0.60	0.50
	车库	—	—	—	0.60	—	—	—

注:“—”表示该场所不宜采用对应灯具或采用后难以满足功能密度值规定节能要求。

表 4-18　　不同类型灯具的校正系数 *K*

灯具类别	办公、学校类	医疗、候车室类	商业、公共走道类
格栅荧光灯	1.0	1.0	1.0
荧光灯带	0.847	0.833	0.91
荧光灯槽	0.644	0.633	0.69
开启式荧光灯	1.102	1.083	1.182
深照式筒灯	0.932	0.833	0.91
普通筒灯	1.017	1.0	1.091
射灯	0.932	0.916	0.91

②直管荧光灯平均照度值(E_{av})、照明功率密度值(LPD)简易计算法计算示例。

【例4-4】 已知某普通办公室长9m、宽5m,建筑面积为$45m^2$,拟选用9根T8型36W直管型荧光灯(带格栅荧光灯具,效率为60%),光通量为3350lm,均配电子镇流器,功耗为4W,U取0.59,K取0.8,$\eta_s=3350/(36+4)=83.75$。试计算平均照度和LPD值。

解法1　采用利用系数法计算

$E_{av}=\Phi \cdot N \cdot U \cdot K/A=9\times3350\times0.59\times0.8/45=316lx$

$LPD=E_{av}/(\eta_s \cdot U \cdot K)=316/(83.75\times0.59\times0.8)=8$

按普通办公室照度标准为300 lx,经上述计算结果为316 lx,符合计算照度偏差10%的规定,满足要求。计算LPD值为8≤11,满足现行值要求。

如果上述办公室条件不变,选用国产荧光灯光通量为2750 lm,$\eta_s=2750/(36+4)=68.75$,计算平均照度和LPD值。

计算结果如下:

$E_{av}=\Phi \cdot N \cdot U \cdot K/A=9\times2750\times0.59\times0.8/45=259.6lx$

$LPD=E_{av}(\eta_s \cdot U \cdot K)=259.6/(68.75\times0.59\times0.8)=8$

经上述计算,平均照度为259.6 lx,不符合照度偏差规定,LPD值为8,满足现行值要求。

解法2　若上述办公室条件不变,按平均照度值、照明功率密度值简易计算法,计算结果如下:

取表4-16中光源功率为36W,光通量为3350 lm,按照办公、学校类,由表4-15查出F为1581,M为39.53,则$E_{av}=N \cdot F/A=9\times1581/45=316$ lx;$LPD=E_{av}/M=316/39.53=8$。

经计算照度满足偏差10%规定;LPD值满足现行值要求。

同理,取表4-16中光源功率为36W,光通量为2750 lm,按办公、学校类,由表4-15查出F为1298,M为32.452,则$E_{av}=N \cdot F/A=9\times1298/45=259.6$ lx;$LPD=E_{av}/M=259.6/38.452=8$。

经计算照度不符合偏差规定;LPD值满足现行值要求。

(2)电子节能灯平均照度值(E_{av})、照明功率密度值(LPD)简易计算方法。

①电子节能灯平均照度值(E_{av})、照明功率密度值(LPD)简易计算法。有效光通量F值、模糊系数M值,见表4-19。

表 4－19 电子节能灯平均照度值(E_{av})、照明功率密度值(*LPD*)简易计算法,有效光通量 *F* 值、模糊系数 *M* 值

节能灯类型	规格(W)	色温(K)	光通量(lm)	光源光效(η_s)	办公、学校类		医疗、候车厅类		商业、售票厅、走道类		备注
					F	*M*	*F*	*M*	*F*	*M*	
螺旋管电子节能灯	3	2700/6400	200	66.667	96.0	32.0	80.0	26.667	77.0	25.667	国产
	5	2700/6400	250	50.0	120	24.0	100	20.0	175.385	19.25	
	7	2700/6400	340	48.571	163.2	23.314	136	19.428	130.9	18.70	
	9	2700/6400	400	44.444	192	21.333	160	17.778	154	17.110	
	11	2700/6400	600	54.545	288	26.182	240	21.818	231	21.0	
螺旋管电子节能灯	13	2700/6400	700	53.846	336	25.846	280	21.538	269.5	20.731	国产
	18	2700/4300/6400	980	54.444	470.4	26.133	392	21.778	377.3	20.961	
	24	2700/4300/6400	1250	52.083	600	25.0	500	20.833	481.25	20.052	
	35	2700/6400	1850	52.857	888	25.371	740	21.143	712.25	20.350	
	45	2700/6400	2600	57.778	1248	27.733	1040	23.111	1001	22.245	
	65	2700/6400	3200	49.230	1536	23.630	1280	19.692	1232	18.953	
	85	2700/6400	4700	55.294	2256	26.541	1880	22.118	1809.5	21.288	
	105	2700/6400	5650	53.810	2712	25.829	2260	21.524	2175.2	20.717	
插拔式节能灯(2针)	10	2700/4300/6400	500	50.0	240	24.0	200	20.0	192.5	19.25	国产
	13	2700/4300/6400	650	50.0	288	24.0	240	20.00	231	19.25	
	18	2700/4300/6400	1100	61.111	528	29.333	440	24.444	423.5	23.528	
	26	2700/4300/6400	1500	57.692	720	27.692	600	23.077	577.5	22.211	

续表

节能灯类型	规格(W)	色温(K)	光通量(lm)	光源光效(η_s)	办公、学校类		医疗、候车厅类		商业、售票厅、走道类		备注
					F	M	F	M	F	M	
插扳式节能灯(4针)	10	2700/4300/6400	550	55.0	264	26.4	220	22.0	211.75	21.175	国产
	13	2700/4300/6400	800	61.538	384	29.538	320	24.615	308	23.692	
	18	2700/4300/6400	980	54.444	470.4	26.133	392	21.778	377.3	20.96	
	26	2700/4300/6400	1500	57.692	720	27.692	600	23.077	577.5	22.211	
插拔式节能灯(H型)	36	2700/4300/6400	2100	58.333	1008	28.0	840	23.333	808.5	22.458	国产
	40	2700/4300/6400	2510	62.75	1204.8	30.12	1004	25.10	966.35	24.159	
T5三基色环型荧光灯	22	6500	1250	56.818	600	27.273	500	22.727	481.25	21.875	国产
	28	6500	1750	62.50	840	30.0	700	25.0	673.75	24.063	
	32	6500	2000	62.50	960	30.0	800	25.0	770	24.063	
	40	6500	2650	66.25	1272	31.8	1060	26.5	1020.25	25.506	

注:①电子节能灯照度(E_{av})、照明功率密度(LPD)简易计算法中,有效光通量 $F=\Phi\cdot U\cdot K$,模糊系数 $M=\eta_s\cdot U\cdot K$ 与表4-15注②做法相同,求 E_{av}、N、LPD 的方法与表4-15注③、注④相同。

②办公、学校类包括办公、会议室、教室、文档、阅览等,采用筒灯。利用系数 U 取0.6,维护系数取0.8。

③医疗、候车厅类包括治疗室、诊室、病房、候车室等,采用吸顶灯。利用系数 U 取0.5,维护系数取0.8。

④商业、售票厅、走道类包括商店、超市、展厅、专卖店、走道等,采用悬挂灯及筒灯。利用系数 U 取0.55,维护系数取0.7。

⑤T5三基色环型荧光灯适用于卧室、客厅、阳台、楼道等。利用系数 U 取0.6,维护系数取0.8。

⑥电子节能灯灯管系列技术数据,见表4-20。

表 4-20 电子节能灯灯管系列技术参数(国产)

节能灯类型	规格(W)	色温(K)	显色指数(R_a)	光通量(1m)	整灯长(mm)	灯直径(mm)	灯管长(mm)	管径(mm)
螺旋管电子节能灯	3	2700/6400	>83	200	97	37	45	Φ9
	5	2700/6400	>83	250	109	37	48.5	Φ9
	7	2700/6400	>83	340	118	37	58.5	Φ9
	9	2700/6400	>83	400	129	37	68.5	Φ9
	11	2700/6400	>83	600	158	38	88	Φ12
	13	2700/6400	>83	700	170	38	97	Φ12
	18	2700/4300/6400	>83	980	153	51	82	Φ12
	24	2700/4300/6400	>83	1250	169	51	97	Φ12
	35	2700/6400	>83	1850	235	80	98	Φ12
	45	2700/6400	>83	2600	245	80	122	Φ17
	65	2700/6400	>83	3200	285	80	162	Φ17
	85	2700/6400	>83	4700	272	88	160	Φ17
	105	2700/6400	>83	5650	310	88	200	Φ17
插拔式节能灯(2针)	10	2700/4300/6400	>83	500	121	34.45	78	Φ12
	13	2700/4300/6400	>83	650	141	34.45	98	Φ12
	18	2700/4300/6400	>83	1100	157	34.45	114	Φ12
	26	2700/4300/6400	>83	1500	174.6	34.45	131	Φ12
插拨式节能灯(4针)	10	2700/4300/6400	>83	550	121	34.45	78	Φ12
	13	2700/4300/6400	>83	800	141	34.45	98	Φ12
	18	2700/4300/6400	>83	980	157	34.45	114	Φ12
	26	2700/4300/6400	>83	1500	174.6	34.45	131	Φ12
插拔式节能灯(H型)	36	2700/4300/6400	>83	2100	410	43.7	380	Φ17
	40	2700/4300/6400	>83	2510	535	43.7	505	Φ17

续表

节能灯类型	规格(W)	色温(K)	显色指数(R_a)	光通量(1m)	整灯长(mm)	灯直径(mm)	灯管长(mm)	管径(mm)
T5三基色环型荧光灯					管径(mm)		环管外径(mm)	
	22	6500	＞82	1250	Φ16		Φ118	
	28	6500	＞82	1750	Φ16		Φ118	
	32	6500	＞82	2000	Φ16		Φ118	
	40	6500	＞82	2650	Φ16		Φ118	

注：①电子节能灯性能：节能灯管采用三基色荧光粉，发光效率高、亮度有保证，寿命长，节能灯工作时无交流噪声；无频闪现象，保护视力；三次谐波含量低、对电网及其他用电设备无干扰。

②色温2700K可用在卧室及商场的蔬菜、食品、首饰、冬季服装的照明，营造温馨氛围，最大限度地表现新鲜诱人的色泽。

③色温6400K，适用于公共场所的办公室、会议室、大厅、走道等场所，营造宁静、清新的氛围。

④色温4300K，可广泛用于各种场所，营造自然舒适的环境。

②电子节能灯平均照度值(E_{av})、照明功率密度(LPD)简易计算法计算示例。

【例4-5】 已知普通中学的门厅长7.2m、宽4m，面积为28.8m^2。标准照度为200 lx，拟选用18W螺旋管电子节能灯，灯具为筒灯。试计算灯具数量、平均照度和LPD值。查表4-20，螺旋管电子节能灯18W，Φ为980 lm；查表4-19，螺旋管电子节能灯18W，η_s为54.444。试计算灯具数量、平均照度和LPD值。

解法1 采用利用系数法计算

$N=E\cdot A/(\Phi\cdot U\cdot K)=200\times28.8/(980\times0.6\times0.8)=12.24$，灯具数量取12。

$E_{av}=\Phi\cdot N\cdot U\cdot K/A=980\times12\times0.6\times0.8/28.8=196$ lx

$LPD=E_{av}/(\eta_s\cdot U\cdot K)=196/(54.444\times0.6\times0.8)=7.5$

计算平均照度为196 lx，符合计算照度偏差10%的规定，满足要求。计算LPD值为7.5，满足现行值要求。

解法2 若上述条件不变，按平均照度、照明功率密度值简易计算法，计算结果如下：

螺旋管电子节能灯18W，按表4-19中办公、学校类，查出F为470.4；M

为 26.133。

$N=E\cdot A/F=200\times28.8/470.4=12.24$，灯具数量取 12。

$E_{av}=N\cdot F/A=12\times470.4/28.8=196$ lx

$LPD=E_{av}/M=196/26.133=7.5$

计算照度、*LPD* 值与上述相同。

【例 4-6】 已知某酒店走廊长 20m、宽 1.8m，面积为 36m²。标准照度为 50 lx，拟选用 13W 插拔式节能灯（4 针），灯具为筒灯。查表 4-20，插拔式节能灯（4 针）13W 中，Φ 为 800 lm；查表 4-19，插拔式节能灯（4 针）13W，η_s 为 61.538。试计算灯具数量、平均照度和 *LPD* 值。

解法 1 采用利用系数法计算。

$N=E\cdot A/(\Phi\cdot U\cdot K)=50\times36/(800\times0.55\times0.7)=5.84$，灯具数量取 6。

$E_{av}=\Phi\cdot N\cdot U\cdot K/A=800\times6\times0.55\times0.7/36=51.3$ lx。

$LPD=E_{av}/(\eta_s\cdot U\cdot K)=51.3/(61.538\times0.55\times0.7)=2.16$

计算平均照度为 51.3 lx，符合计算照度偏差 10%的规定，满足要求。计算 *LPD* 值为 2.16，满足现行值要求。

解法 2 若上述条件不变，按平均照度，照度功率密度简易计算法，计算结果如下：

插拔式节能灯 13W，按表 4-19 商业、售票厅、走道类，查出 *F* 为 308；*M* 为 23.692。

$N=E\cdot A/F=50\times36/308=5.84$，取 6 只灯。

$E_{av}=N\cdot F/A=6\times308/36=51.3$ lx

$LPD=E_{av}/M=51.3/23.692=2.16$

计算照度、*LPD* 值与上述相同。

第二节 建筑物立面照明计算

建筑物立面照明是城市夜景照明的重要内容，通常由投光灯来照射商业建筑、办公大楼、宾馆饭店、博物馆等，使其照度明显高于周围的照度，以产生所需要的艺术效果。建筑物立面照明计算的目的是依据灯具、光源的类型以及灯具至建筑物立面的距离和角度计算照度，以确定灯具的数量、容量以及投射方向，在保证建筑物夜景美观的前提下，尽可能地节约电能。

一、投光灯的分类

1. 投光灯的分类

投光灯是利用反射器和折射器在限定的立体角内获得高光强的灯具。投光灯是以光束角的大小进行分类。光束角指的是投光灯灯具 1/10 最大光强之间的夹角。按照光束角的大小投光灯可分为 7 类,见表 4-21。

表 4-21 按照投光灯的光束角分类

光束类型	光束角(°)	最低光束角效率(%)	应用场所
特窄光束	10～18	35	远距离照明、细高建筑立面照明
窄光束	18～29	30～36	足球场四角布灯照明、垒球场、细高建筑立面照明
中等光束	29～46	34～45	中等高度建筑立面照明
中等宽光束	46～70	38～50	较低高度建筑立面照明
宽光束	70～100	42～50	篮球场、排球场、广场、停车场
特宽光束	100～130	46	低矮建筑立面照明、货场、建筑工地
超宽光束	>130	50	低矮建筑立面照明

注:①本表数据摘自《绿色照明工程实施手册》,中国建筑工业出版社,2003 年。

②光束角可分为水平和垂直两种,有时因配光不对称,垂直和水平光束角还可有上、下和左、右之分。

投光灯的主光强(或称峰值光强)是指灯的最大光强,可从配光曲线上查出。一般情况下给出的是 1000 lm 情况下的光强值,通过换算才能得到灯具的绝对光强值。

2. 投光灯的光束效率和光束照射的高、宽度计算

(1)投光灯的光束效率:投光灯的光束效率(或称光束因数)计算公式为:

$$F = \Phi_\beta / \Phi_1$$

式中 F——光束效率;

Φ_β——光束光通量(lm);

Φ_1——所用光源的光通量(lm)。

(2)光束照射的高度和宽度的计算:投光灯照明到建筑物上的高度、宽度、面积与其光束角大小和灯到建筑物的距离有关,如图 4-26 所示投光灯水平方向垂直照射到建筑物立面时,光束照射的高度和宽度可用下列各式进行计算:

$$L = D\left[\tan\left(\varphi + \frac{\beta_v}{2}\right) - \tan\left(\varphi - \frac{\beta_v}{2}\right)\right]$$

$$W = 2D\sec\varphi\tan\frac{\beta_h}{2} = 2D\frac{\tan\beta_h/2}{\cos\varphi}$$

$$A_0 = \frac{\pi}{4}LW$$

式中 L——投光灯投射的高度(m)；

W——投光灯投射的宽度(m)；

D——投光灯距建筑物的距离(m)；

φ——投光灯光轴与水平面的夹角；

β_v——投光灯垂直方向的光束角；

β_h——投光灯水平方向的光束角；

A_0—— 一台投光灯的投射面积(m^2)。若投光灯光轴在水平方向与建筑物立面成一定角度时，应求出 W 值后，用作图法求出倾斜的宽度。

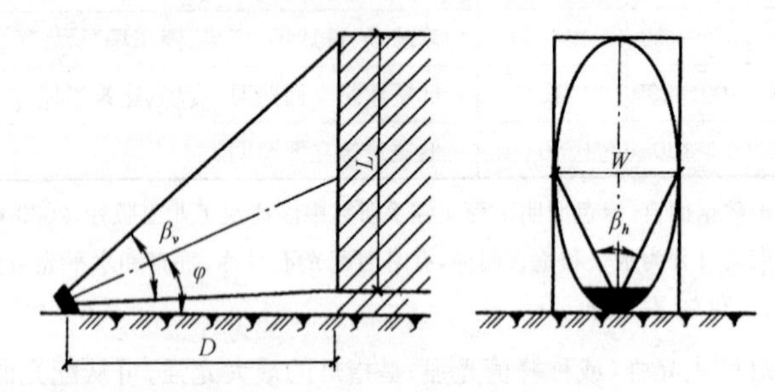

图 4-26 光束照射的高度和宽度

3. 投光灯台数的计算

在选定投光灯规格和型号的情况下，通常采用流明法计算达到设计照度时，建筑物立面照明所需要的投光灯的台数。

设全部光源投射到立面上的流明数，即立面上获得的总光通量为 Φ，则：

$$\Phi = \frac{AE_{av}}{U}$$

式中 E——被照明立面上的设计照度(lx)；

A——被照明立面的总面积(m^2)；

U——利用系数。

注意：建筑物立面照明的利用系数表示的是泛光和衰减光的比率，既考虑了光源的所有光通量并非都照射到立面上(部分光通量溢出立面，部分光通量被反射)，还考虑了光源光通量随工作时间的增加而逐渐衰减。实际工程中，通常取立面照明投光灯的平均利用系数为 0.25～0.35。

达到设计照度时所需投光灯的台数 N 可用总光通量 Φ 除以单台投光灯的光通量 Φ_0 而求得，即：

$$N=\frac{\Phi}{\Phi_0}$$

4. 投光灯的布置和安装高度

投光灯的布置及安装高度应满足的要求：一是被照面有足够的照度和均匀度；二是尽量减少眩光；三是应满足水平照度和垂直照度的要求；四是应考虑节能、投资低、运行的经济性等。

(1)投光灯的基本配置方式：投光灯的布置方式应根据被照面的用途及场地的自然条件确定，一般灯杆的间距控制在 5～8 倍的杆高范围内。投光灯基本布置方式，见表 4－22。

表 4－22 投光灯基本布置方式

布置方式	示意图	主要特点
一列线状布置	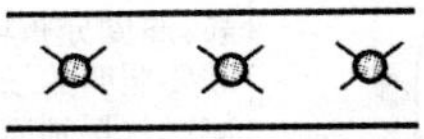	成一列居中布置，适于狭窄地段照明，被照面宽度可达 100～150m。缺点是垂直横断面有强烈阴影
两侧布灯（对称排列）	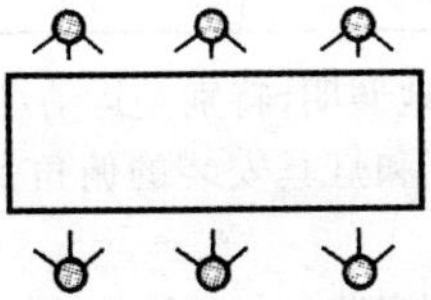	沿着场地两侧相对布置，适用于生产场地、足球场、排球场、网球场等
两侧布灯（交错排列）	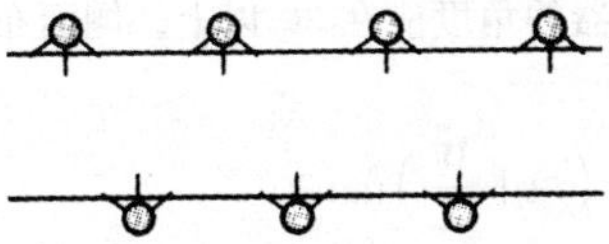	在其他参数条件不变情况下，比两侧对称排列方式均匀度和照度水平都有所提高，适用于生产场所照明
四角布灯	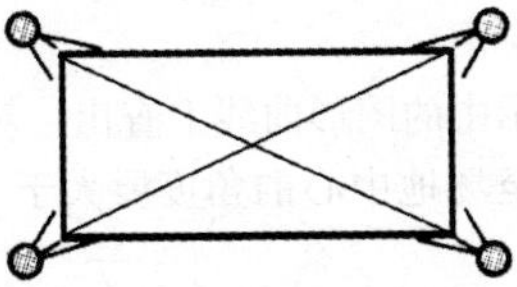	杆塔较高，一般为 25～50m，常用狭光束灯具。照明利用率较低，维护较困难，费用较高。适用于足球场照明

续表

布置方式	示意图	主要特点
四角布灯及侧面布灯相结合		为播放电视在摄像机侧加一排照明
中心布灯		杆柱在场地中间,常用宽光束灯具。照明利用率高,设备费用低。适用于大面积场地中心允许装设灯杆的场所,如车站站前广场、停车场等
周边照明方式		沿场地四周布灯,照明利用率较高,照度分布均匀。适用于四周都需要照明的场所,尤其对不规则几何形状场地更加适用,如棒球场、停车场、广场等

(2)投光灯的安装高度:室外场地照明,特别是运动场照明、广场照明等需防止眩光的场所。控制灯杆高度和灯具安装的俯角是限制眩光的两项措施。

美国为限制眩光,曾规定投光灯安装的最低高度 H 应能保证从比赛场地宽度的 1/3 点处向上看,照明器的角度应在 30°以上。侧面布灯时,H 值的计算公式为:

$$H \geqslant \left(D+\frac{W}{2}\right)\tan 30^{\circ}$$

式中 D——杆塔距被照面边缘的距离(m);

W——被照面宽度(m)。

H——也可从图 4-27 所示中的图形曲线上查出。对于四角布灯,则按图 4-27 中规定,灯杆至场地中心的角度要大于 25°,并可用下式计算:

$$H \geqslant L\tan 25^{\circ}$$

式中 L——杆塔距场地中心的距离(m)。

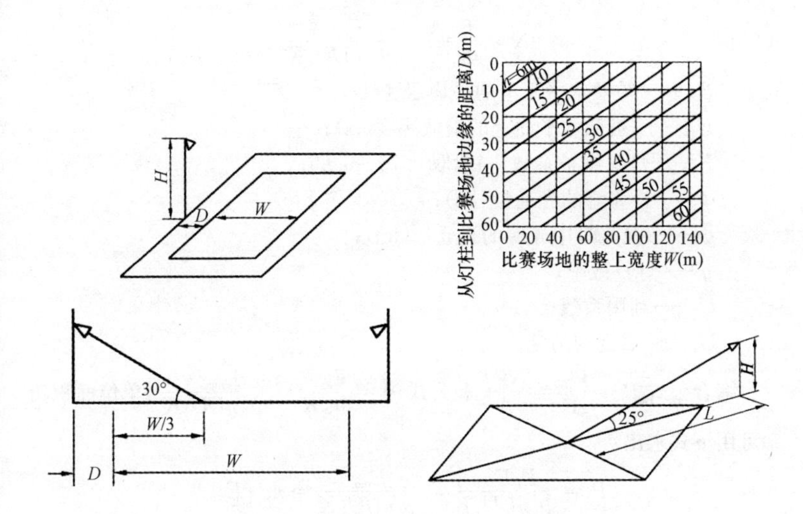

图 4－27　投光灯最低安装高度的确定

二、投光灯照度计算

投光灯适用于体育场、城市广场、公路立交桥、货栈、汽车停车场、铁路调车场、港口码头等场所的大面积照明，以及公园内景物和建筑物的立面照明，要求在所照射的平面或立面上达到规定的照明值。被照面的照明计算一般采用单位面积容量法、光通法、逐点计算法 3 种方法。确定设计方案时，可采用单位面积容量法估算照明用电容量；初步设计时，可采用光通法计算平均照度；施工图时，采用逐点法计算。

1. 单位面积容量法

单位面积容量法计算公式：

$$N=\frac{PA}{P_L}$$

$$P=\frac{P_T}{A}=\frac{NP_L}{A}$$

式中　N——投光灯盏数；

P——单位面积功率（W/m^2）；

P_L——每台投光灯的功率（W）；

P_T——投光灯的总功率（W）；

A——被照面的面积（m^2）。

但 $$N=\frac{E_{av}A}{\Phi UK}=\frac{E_{min}A}{\Phi_1\eta UU_1K}$$

式中 E_{av}——被照水平面上的平均照度(lx)；

E_{min}——被照水平面上的最低照度(lx)；

K——灯具维护系数，一般取0.70～0.65；

Φ——投光灯的光通量(lm)；

Φ_1——投光灯中光源的光通量(lm)；

η——灯具效率；

U——利用系数；

U_1——照度均匀度。

综合公式 $P=\frac{P_T}{A}=\frac{NP_L}{A}$ 和公式 $N=\frac{E_{av}A}{\Phi UK}=\frac{E_{min}A}{\Phi_1\eta UU_1K}$，单位面积功率可用下式求出：

$$P=\frac{P_LE_{min}}{\Phi_1\eta UU_1K}=\frac{E_{min}}{\eta_1\eta UU_1K}=m\cdot E_{min}$$

其中 $$m=\frac{1}{\eta_1\eta UU_1K}$$

式中 η_1——光源的光效率(lm/W)；

其余符号含义同前。

为简化计算，按照 $\eta=0.6$、$U=0.7$、$U_1=0.75$、$K=0.7$，给出不同光源的 m 值，见表4-23。

表4-23　　不同光源的 m 值

光源种类	白炽灯	卤钨灯	荧光高压汞灯	金属卤化物灯	高压钠灯	氙灯
m	0.234	0.222	0.089	0.064	0.049	0.148

2.照度和光通量估算

在进行投射光照明设计时，可依据选定的亮度标准参照以下公式估算所需照度和光通量。

(1)照度估算：

$$E_{av}=I\frac{\pi}{\rho}$$

式中 E——平均照度(lx)；

ρ——反射比；

I——平均亮度(cd/m²)。

(2)光通量估算：

$$\Phi = E\frac{A}{\eta}$$

式中 E——平均照度(lx)；

η——反射比；

A——被照面积(m^2)。

注:采用投射光照明的被照景物的平均亮度水平应符合表 4-24 的规定。

表 4-24 被照景物平均亮度水平

被照景物所处区域	平均亮度水平(cd/m^2)
城市中心商业区、娱乐区、大型广场	<15
一般城市街区、边缘商业区、城镇中心区	<10
居住区、城市郊区、较大面积的园林景区	<5

3. 光通法计算平均照度

(1)光通法计算平均照度公式:

$$E_{av} = \frac{N\Phi_1 U\eta K}{A}$$

式中 E_{av}——被照水平面上的平均照度(lx)；

N——投光灯盏数；

Φ_1——投光灯中光源的光通量(lm)；

U——利用系数,取值见表 4-25；

η——灯具效率；

A——被照面的面积(m^2)；

K——灯具维护系数,一般取 0.70～0.65。

表 4-25 利用系数 *U* 值选择

光通量全部入射到被照面上的投光灯盏数占总盏数的百分比(%)	*U* 值
80 及其以上	0.9
60 及其以上	0.8
40 及其以上	0.7
20 及其以上	0.6
20 以下	0.5

(2)利用系数 U:利用系数是光源的光通量入射到工作面上的百分比。

为了便于计算，可根据光通量全部入射到被照面上(如图 4-28 所示中的光束 A 和 B)的投光灯盏数占总盏数的百分比，从表 4-25 中选取利用系数。

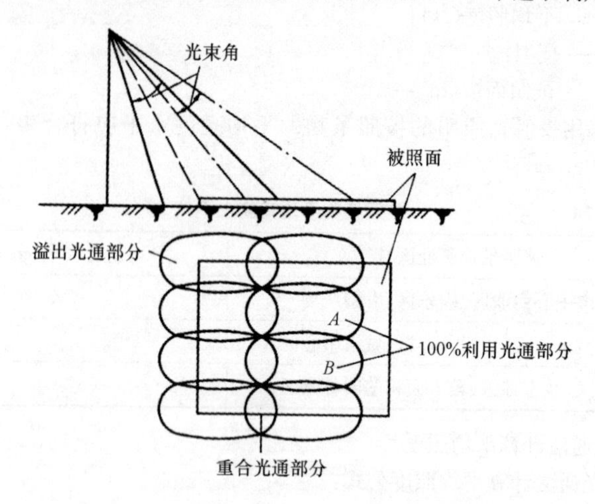

图 4-28 投光灯利用系数(光通入射到工作面上的百分比)

4. 点照度计算

(1)点光源逐点计算法：采用计算机软件进行逐点计算。泛光灯的尺寸与其照射的距离相比要小得多，因此泛光灯可被当作点光源，一盏灯的照度计算的数学模型如下式：

$$E_{\Phi}=[\cos\alpha\pm(D/h)\sin\alpha]E_h=\psi E_h$$

式中 E_h —— 一盏灯照射到建筑物垂直立面上产生的平均照度(lx)；

ψ——系数，$\psi=\cos\alpha\pm(D/h)\sin\alpha$。

E_h 用下式计算：

$$E_h=(I_{\theta}\cos\theta)/R^2$$

式中 I_{θ}——θ 角照射方向的光强(cd)；

R——光源至被照面间的距离(m)；

h——光源至垂直立面的垂直计算距离(m)；

D——R 在垂直立面上的投影(m)；

α——建筑物斜面与水平面的夹角(°)；

θ——灯具光束中心与水平面的夹角(°)。

公式 $E_{\Phi}=[\cos\alpha\pm(D/h)\sin\alpha]E_h=\psi E_h$ 不仅适合于垂直立面的照度计算，也可以用于斜面的照度计算。如果建筑物立面都是垂直立面，可以只用

式 $E_h = (I_\theta \cos\theta)/R^2$ 计算。

对于多个点光源的照度计算，可采用下式求得：

$$E_\Phi = \sum \psi_1 E_h I$$

（2）投光灯 S 对 P 点产生的照度计算：如图 4－29 所示，其计算公式见表 4－26。

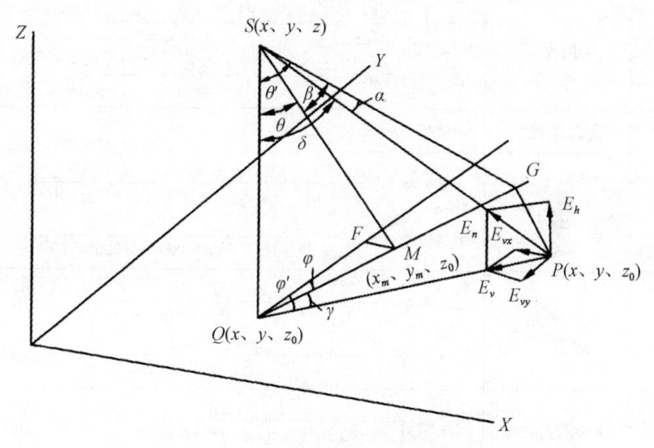

图 4－29　投光灯的各方向点照度示意图

表 4－26　投光灯 S 对 P 点产生的照度计算

序号	类　别	计算公式
1	方位角 φ	$\sin\varphi = \dfrac{\overline{MF}}{\overline{QM}} = \dfrac{x_m - x}{[(x_m - x)^2 + (y_m - y)^2]^{1/2}}$ $\varphi = \arcsin \dfrac{x_m - x}{[(x_m - x)^2 + (y_m - y)^2]^{1/2}}$
2	仰角 θ	$\tan\alpha = \dfrac{\overline{QM}}{\overline{SQ}} = \dfrac{[(x_m - x)^2 + (y_m - y)^2]^{1/2}}{z - z_0}$ $\theta = \arctan \dfrac{[(x_m - x)^2 + (y_m - y)^2]^{1/2}}{z - z_0}$
3	角 φ'	$\sin\varphi' = \dfrac{x_p - x}{[(x_p - x)^2 + (y_p - y)^2]^{1/2}}$ $\varphi' = \arcsin \dfrac{x_p - x}{[(x_p - x)^2 + (y_p - y)^2]^{1/2}}$
4	角 γ	$\gamma = \varphi' - \varphi$

续表 1

序号	类　别	计算公式
5	水平角度 α	$\sin\alpha=\dfrac{\overline{PG}}{\overline{SP}}=\dfrac{[(x_p-x)^2+(y_p-y)^2]^{1/2}\sin\gamma}{[(x_p-x)^2+(y_p-y)^2+(z_0-z)^2]^{1/2}}$ $\alpha=\arcsin\dfrac{[(x_p-x)^2+(y_p-y)^2]^{1/2}\sin\gamma}{[(x_p-x)^2+(y_p-y)^2+(z_0-z)^2]^{1/2}}$
6	角 θ'	$\tan\theta'=\dfrac{\overline{QG}}{\overline{SQ}}=\dfrac{[(x_p-x)^2+(y_p-y)^2]^{1/2}\cos\gamma}{z-z_0}$ $\theta'=\arctan\dfrac{[(x_p-x)^2+(y_p-y)^2]^{1/2}\cos\gamma}{z-z_0}$
7	垂直角度 β	$\beta=\theta'-\theta$
8	入射角 δ	$\cos\delta=\dfrac{z-z_0}{[(x_p-x)^2+(y_p-y)^2+(z_0-z)^2]^{1/2}}$ $\delta=\arccos\dfrac{z-z_0}{[(x_p-x)^2+(y_p-y)^2+(z_0-z)^2]^{1/2}}$
9	水平面照度 E_h	$E_h=\dfrac{I_{(\alpha\cdot\beta)}\cos\delta}{(x_p-x)^2+(y_p-y)^2+(z_0-z)^2}$ $=\dfrac{I_{(\alpha\cdot\beta)}(z-z_0)}{[(x_p-x)^2+(y_p-y)^2+(z_0-z)^2]^{3/2}}\text{(lx)}$
10	垂直面照度 E_v	$E_v=\dfrac{I_{(\alpha\cdot\beta)}\sin\delta}{(x_p-x)^2+(y_p-y)^2+(z_0-z)^2}$ $=\dfrac{I_{(\alpha\cdot\beta)}[(x_p-x)^2+(y_p-y)^2]^{1/2}}{[(x_p-x)^2+(y_p-y)^2+(z_0-z)^2]^{3/2}}\text{(lx)}$
11	纵向垂直照度	$E_{vx}=E_v\sin\varphi'$ $=\dfrac{I_{(\alpha\cdot\beta)}(x_p-x)}{[(x_p-x)^2+(y_p-y)^2+(z_0-z)^2]^{3/2}}\text{(lx)}$
12	横向垂直照度	$E_{vy}=E_v\cos\varphi'$ (lx)

注：计算照度时，需应用投光灯的等光强曲线图或光强光通分布图，查得投光灯射向 P 点的光强值 $I_{(\alpha\cdot\beta)}$ 。

β 为正值时，查曲线的轴线下方数值，β 为负值时，查曲线的轴线上方数值。

在实际应用中，还应考虑灯具的维护系数 K，室内一般取 $K=0.7$，室外取 $K=0.65$。

三、计算举例

【例 4－7】 某高层建筑物高 40m，宽 70m，墙面为淡色石材，建筑物周围环境很暗。若要求建筑物立面照明的平均照度值为 30 lx，且灯具安装位置离开建筑物不得超过 10m，试设计立面投光照明。

解　(1)选择灯具型号。由于建筑物较宽、周围环境很暗,故选择在楼前的花丛中设置宽光束的投光灯来实现该立面照明。拟选用 TG2A 型 500W 白炽灯光源的投光灯,该投光灯的外形及配光曲线如图 4－30 所示,其水平光束角 β_h 为 43°,垂直光束角 β_v 为 40°,光源额定光通量为 8300 lm。

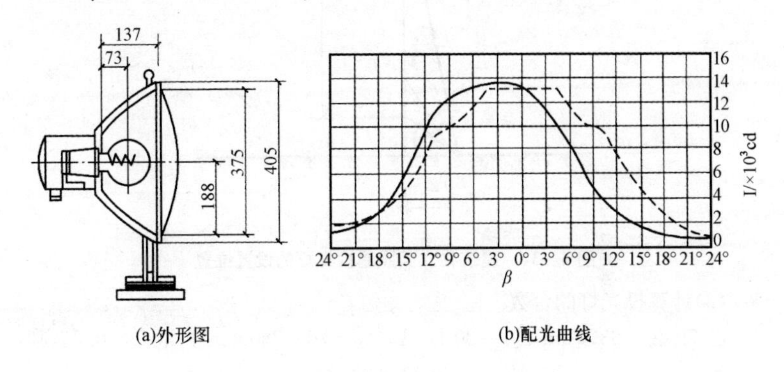

图 4－30　TG2A 型投光灯(500W 白炽灯)

(2)确定灯具的安装位置。为了使建筑物立面获得较均匀的照明,且满足灯具安装位置离开建筑物不得超过 10m 的要求,取 D＝7m、φ＝60°。则投光灯水平方向垂直照射到建筑物立面时,其投射的高度由下式

$$L = D\left[\tan\left(\varphi + \frac{\beta_v}{2}\right) - \tan\left(\varphi - \frac{\beta_v}{2}\right)\right]$$

求得,L＝33.8 lm

投射的宽度由下式

$$W = 2D\sec\varphi\tan\frac{\beta_h}{2} = 2D\frac{\sin\beta_h/2}{\cos\varphi}$$

求得,W＝10.9m

一台投光灯的投射面积由下式

$$A_0 = \frac{\pi}{4}LW$$

求得,A_0＝289.3m²。

由于投光灯光轴在水平方向与建筑物立面成一定角度,故需用作图法确定灯的设置位置,如图 4－31 所示。

L_1为投光灯光束角以外部分的立面高度,$L_1 \approx D\tan 40°$＝5.9(m)。由于光束角外部扩散光还有很大比例,即此部分也有光照,则实际投光灯照射的高度可认为是 L＋ L_1＝33.81＋5.9＝39.7(m),接近建筑物高度。

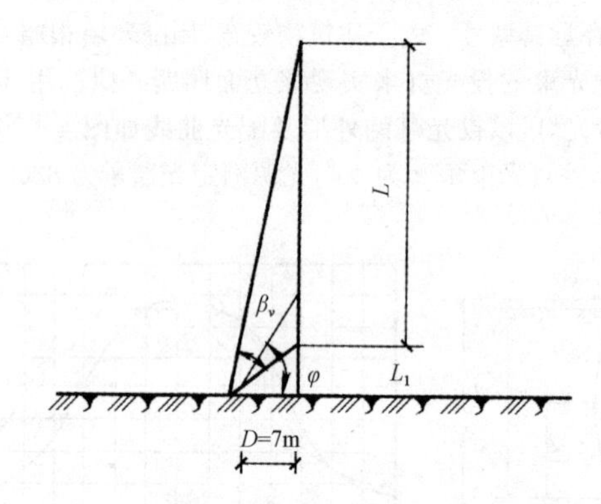

图 4-31　建筑物立面照明投光灯的设置位置

(3)计算投光灯的台数。

已知：$\Phi_0=8300\ \mathrm{lm}$，$E_{av}=30\ \mathrm{lx}$，$A=40\times70=2800(\mathrm{m}^2)$；取 $U=0.25$，则：

$$\Phi=\frac{AE_{av}}{U}=\frac{2800\times30}{0.25}=336000(\mathrm{lx})$$

$$N=\frac{\Phi}{\Phi_0}=\frac{336000}{8300}=40.48$$

取投光灯台数 $N=41$。

若均匀布置，则投光灯的间隔 S 约为 $70/41=1.7(\mathrm{m})$。

由于 W≥S，故光束是相交的，如图 4-32 所示。

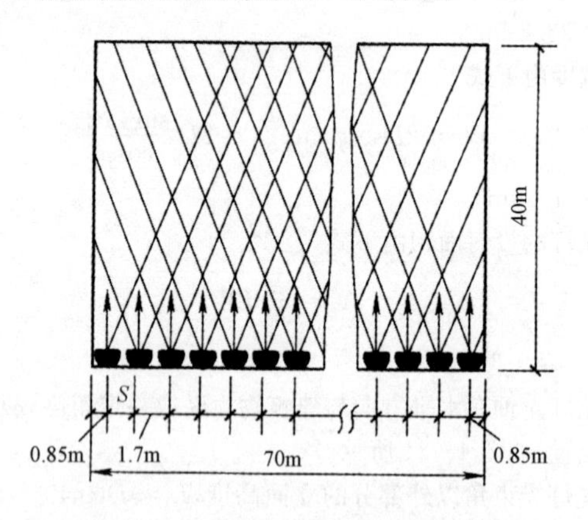

图 4-32　建筑物立面照明投光灯的布置

(4)校验被照面面积。

被照面积为 $NA_0=41\times289.3=11861.3(m^2)$

而建筑物立面照明面积 $A=2800m^2$

因 $NA_0\geqslant A$,故该立面照明设计满足要求。

注意:本建筑物立面照明采用 41 台 500W 投光灯可以满足照度要求,但其照明用电量达 20.5kW,其照明功率密度为 $20500/2800\approx7.3(W/m^2)$。而现行《城市夜景照明设计规范》(JGJ/T 163—2008)中规定此时的照明功率密度值应不超过 $1.3W/m^2$,显然本设计不能满足节能要求。若将 500W 的白炽灯换成光效更高的光源,如金属卤化物灯等,将容易在满足照度标准的同时,限制照明用电量,达到绿色照明、节约用电的目的。

第五章 居住建筑照明

居住建筑是指供人们居住使用的建筑,包括住宅、宿舍、公寓和老年人居住建筑。其中老年人居住建筑包括老年人住宅、老年人公寓、养老院和托老所等。住宅按楼层层数划分为低层住宅(1~3 层)、多层住宅(4~6 层)、中高层住宅(7~9 层)、高层住宅(指 10 层及以上且高度不超过 100m 的住宅)和超高层住宅(指高度超过 100m 的住宅)。

随着经济的发展,居住条件的改善,过去简单和单一的照明方式已不能满足要求,必须进行多功能设计。通过改变光源性质、位置、颜色和强度等技术手段,利用灯具形态、家具式样和其他陈设的密切配合,再充分考虑室内装修。使人们的居住生活环境,形成用途各异的格调和气氛,如华丽感、宁静感、温馨感、舒适感等。

第一节 居住照明的基本功能、要求和规定

虽然住宅存在着千差万别,但是一个好的照明设计总是可以通过不同的途径和方式来满足它的各种要求。

一、住宅照明的方式和种类

住宅照明目前的趋势是着重分析家中进行特殊作业对照明的要求,并根据作业对象视觉上的难易程度决定需要的照度,而不是分析整个房间的照明。

偏重注意房间里进行的特殊作业的适当局部照明,并不意味着一般照明的不重要。一般照明和局部照明相结合,才是住宅的最佳照明方式。住宅照明的方式和种类见表 5-1。

二、室内的亮度分布

实验结果表明,工作面照度水平,既不能决定居民视野内的亮度水平,也不能决定亮度分布,而亮度水平和亮度分布对照明的主观效果却有着重要的影响。

表 5-1 住宅照明的方式和种类

类 型	说 明
一般照明和局部照明	因为有了一般照明,使光线充满整个房间,也能够在顶棚上、室内和家具的垂直表面上形成适当的照度水平,减少了"工作面"远、近环境之间的亮度对比;在室内形成阴影和半阴影,呈现室内空间、家具陈设的大小形状,而且使居住者的外观,特别是他们的容貌显得"自然" 由于对工作面适当设置局部照明,我们能在不大的面积上获得了高水平的照度,同时又有一般照明,在室内其他表面上能获得满意的亮度。使一般照明形成的照度和局部照明形成的照度比例适当,是综合照明方式的一个关键 一般照明可采用安装在顶棚中央的吸顶灯或吊灯,其照明方式一般采用直接-间接型照明,以增加顶棚和空间的亮度;也可采用带扩散格栅的荧光灯照明。一般照明又只限于采用直接照明方式,也可采用间接照明方式,将灯具隐蔽起来的称为穹形照明;在墙与顶棚间设置向下照的称为檐口照明;采用高柱形落地灯向上照射的反射式间接照明等。间接照明的光线柔和、舒适,又不刺眼,但有低沉的气氛 局部照明是在一般照明的基础上附加的一系列对工作区域的照明。因为这些区域需要较高的照度,如阅读、学习、梳妆、备餐、烹饪、缝纫等,这些区域需要局部加强照明。局部照明要求有足够的光线,合适的位置,避免眩光,并应注意在使用局部照明时,其周围环境亮度应保持工作区亮度的 1/3,对比不能太强烈,以便能获得轻松、舒适的工作照明。照明灯具可采用导轨灯、台灯、落地灯、悬吊灯等
重点照明	对住宅内的陈设、雕塑、绘画、照片、鲜花、植物……或对建筑物本身如砖块、石头、窗帘等材料质地进行照射,使之更加醒目或更加鲜艳,或使之产生阴影增加立体感,或产生戏剧性的效果等,可采用重点照明,利用光线的投向进行集中照射。这当然完全取决于个人的品位而设计决定的 重点照明一般采用筒灯、射灯、壁灯等,安装在顶棚上、墙上、架子上等;光源多数采用低压卤钨灯、白炽灯、射灯及小瓦数金属卤化物灯。通常每一个重点照明需要一个照明器,其照度值是一般照明照度的 5 倍
装饰照明	装饰照明是利用具有特色的装饰性灯具安装在房间不同地点,用以增添居室的活力特色。照明灯具本身的艺术造型起到点缀居室的效果,其光线可创造各种环境气氛或意境 例如采用熠熠生辉的花吊灯,各种半透明泡壳的花灯将会产生有诱惑力的光辉;也有使用如蜡烛泡、磨砂泡、蘑菇泡等配以枝形花灯,也可采用简洁大方的明顶多火花灯、壁灯、台灯、落地灯等作装饰照明,要求灯具造型精美,制作精良 装饰灯具可以选择线装饰性的,也可以兼有功能性的,主要是考虑其造型、尺寸,灯泡功率,安装位置及艺术效果等

续表

类　型	说　　明
设计的基本事项	住宅的各部分都具有应该满足各自目的和用途的功能，为了顺利地满足这些功能，首先需要各自的照度，关于相关的照度标准，见表5-2。为了保持生活环境的居住功能，仅靠照度还不够充分，还必须考虑亮度的平衡和创造气氛，以便能舒适地生活，而且还要根据居住在住宅中的家庭成员的生活习性而进行设计 这样，住宅照明的基本事项，可以归纳如下几点： ①满足各项功能的亮度 ②为了舒适地过生活，应该保持各部分亮度的平衡 ③住宅中要求的气氛达到充分的程度 ④光源和灯具要容易维修 ⑤开关的位置要适当：要研究生活上的交通路线，选择最便利的位置来安装开关。开关可以采用二路，三路开关来方便使用 ⑥经济性、除设计安装时考虑尽可能减少费用；还要考虑到在长期使用中的节约。因此尽可能采用高效节能光源和灯具

在住宅里的各个地方要避免极端明暗，更不要完全均匀分布亮度，否则会令人感到单调不舒服，影响空间布局的美感。应该根据不同环境设计不同的亮度层次。

例如室内设计一般习惯与自然接界的亮度分布相一致，顶棚最亮四周稍暗，地面的亮度最低。在顶棚上安装照明器或选择有一定比例的上射光通的灯具，增加顶棚亮度。但在卧室内为了休息，顶棚亮度可以比墙稍暗：儿童的居室地面可以提高亮度，作为儿童玩耍的场所，以便提高儿童的兴趣。

亮度影响人的情绪，如接待客人的场所需要有充足的照明，可以提高人的情绪和愉快感；相反在安静的休息场所需要较弱的光线，如卧室宜采用低亮度，可选用调光器。

除了讲究亮度的总体分布外，还应注意工作区的亮度对比，一般可考虑分为3个区，即工作区、工作区的周围和工作区环境。这3个区的对比不宜过大，而其亮度对比控制在4倍以内。

三、合适的照度

住宅照明，应使居住者能安然地走来走去，能进行各种视觉工作，能显现并尽可能地改善视觉环境，能显现并尽可能地美化人们的外貌，使他们能舒舒服服地休息，尤其是在天黑之后，人们更容易受到环境的感染。

为了舒适地从事住宅内各项活动，需要有高低不同的照明。一般住宅设计应该根据我国颁布的《民用建筑设计标准》的推荐值进行设计，见表5-2

所示。

表 5-2　住宅建筑照明的照度标准

<table>
<tr><th colspan="2" rowspan="2">类　别</th><th rowspan="2">参考平面及其高度</th><th colspan="3">照度标准值(1x)</th></tr>
<tr><th>低</th><th>中</th><th>高</th></tr>
<tr><td rowspan="2">起居室、卧室</td><td>一般活动区</td><td>0.75m 水平面</td><td>20</td><td>30</td><td>50</td></tr>
<tr><td>书写、阅读</td><td>0.75m 水平面</td><td>150</td><td>200</td><td>300</td></tr>
<tr><td rowspan="2">起居室、卧室</td><td>床头阅读</td><td>0.75m 水平面</td><td>75</td><td>100</td><td>150</td></tr>
<tr><td>精细作业</td><td>0.75m 水平面</td><td>200</td><td>300</td><td>500</td></tr>
<tr><td colspan="2">餐厅或方厅、厨房</td><td>0.75m 水平面</td><td>20</td><td>30</td><td>50</td></tr>
<tr><td colspan="2">卫生间</td><td>0.75m 水平面</td><td>10</td><td>15</td><td>20</td></tr>
<tr><td colspan="2">楼梯间</td><td>地　面</td><td>5</td><td>10</td><td>15</td></tr>
</table>

由于近几年来住房条件、电力供应和照明技术的发展，表 5-2 中所列的照度标准已显得落后，现推荐表 5-3 中数值进行设计，供参考。

表 5-3　推荐照度标准

类　别	照度值 (lx)
在写字台工作、阅读、学生写作业	200～300
起居室、熨衣服等家务	100～150
精细手工	300～500
化妆台、厨房备餐、众多客人用餐	150～200
厨房一般照明	50～25
卫生间、看电视、听音乐	15～20

四、居住建筑照明标准值和照明功率密度值

居住建筑照明标准值和照明功率密度值的规定如下：

(1)居住建筑电气照明设计应根据使用性质、功能要求和使用条件按不同标准采用不同照度值。照度标准值应符合现行国家标准《建筑照明设计标准》GB 50034—2004 居住建筑照明标准值的规定。居住建筑国内外照度标准值，见表 5-4。

表 5-4　　居住建筑国内外照度标准值(单位:lx)

<table>
<tr><th colspan="2">房间或场所</th><th>中国国家标准
GB 50034—2004</th><th>美　国
IESNA—2000</th><th>日　本
JIS Z 9110—1979</th><th>俄罗斯
СНиП
23 05 95</th></tr>
<tr><td rowspan="2">起居室</td><td>一般活动</td><td>100</td><td rowspan="2">300
(偶尔阅读)
500
(认真阅读)</td><td rowspan="2">30～75(一般)
150～300(重点)</td><td rowspan="2">100</td></tr>
<tr><td>书写、阅读</td><td>300*</td></tr>
<tr><td rowspan="2">卧室</td><td>一般活动</td><td>75</td><td rowspan="2">300
(偶尔阅读)
500
(认真阅读)</td><td rowspan="2">10～30(一般)
300～750
(读书、化妆)</td><td rowspan="2">100</td></tr>
<tr><td>书写、阅读</td><td>150*</td></tr>
<tr><td colspan="2">餐厅</td><td>150</td><td>50</td><td>50～100(一般)
200～500(餐桌)</td><td>—</td></tr>
<tr><td rowspan="2">厨房</td><td>一般活动</td><td>100</td><td rowspan="2">300(一般)
500(困难)</td><td rowspan="2">50～100(一般)
200～500
(烹调、水槽)</td><td rowspan="2">100</td></tr>
<tr><td>操作台</td><td>150*</td></tr>
<tr><td colspan="2">卫生间</td><td>100</td><td>300</td><td>75～150(一般)
200～500
(洗脸、化妆)</td><td>50</td></tr>
</table>

注:*宜采用混合照明。

(2)根据照明节能要求,居住建筑每户照明功率密度值应符合《建筑照明设计标准》GB 50034—2004 居住建筑每户照明功率密度值的规定。居住建筑国内外照明功率密度值,见表 5-5。

表 5-5　　居住建筑国内外照明功率密度值(单位:W/m^2)

<table>
<tr><th rowspan="3">房间或场所</th><th colspan="3">中国国家标准 GB 50034—2004</th><th rowspan="3">北京市绿照规程 DBJ—01 607—2001</th><th rowspan="3">俄罗斯
МГСН
2.01—98</th></tr>
<tr><th colspan="2">照明功率密度</th><th rowspan="2">对应照度
(lx)</th></tr>
<tr><th>现行值</th><th>目标值</th></tr>
<tr><td>起居室</td><td rowspan="5">7</td><td rowspan="5">6</td><td>100</td><td rowspan="5">7</td><td rowspan="5">20</td></tr>
<tr><td>卧室</td><td>75</td></tr>
<tr><td>餐厅</td><td>150</td></tr>
<tr><td>厨房</td><td>100</td></tr>
<tr><td>卫生间</td><td>100</td></tr>
</table>

第二节　住宅照明设计

一、住宅照明设计的基本要求和方式

1. 住宅照明设计的基本要求

住宅照明设计的基本要求如下：

(1)居住建筑照明不仅应满足家庭生活的需要，亦应增强适应感和达到美化环境的效果。

(2)应遵循安全、适用、经济、美观的照明设计基本原则，认真贯彻国家“绿色照明”工程的有关方针、政策，积极推广应用高效节能光源和灯具。

(3)住宅(公寓)照明宜选用细管径直管荧光灯或紧凑型荧光灯。当因装饰需要选用白炽灯时，宜选用双螺旋白炽灯。

(4)灯具的选择应根据具体房间的功能而定，宜采用直接照明和开启式灯具，并宜选用节能型灯具。

(5)起居室的照明宜满足多功能使用要求，除应设置一般照明外，还宜设置装饰台灯、落地灯等。高级公寓的起居厅照明宜采用可调光方式。

(6)住宅(公寓)的公共走道、走廊、楼梯间应设人工照明，除高层住宅(公寓)的电梯厅和火灾应急照明外，均应安装节能型自熄开关或设带指示灯(或自发光装置)的双控延时开关。

(7)卫生间、浴室等潮湿且易污场所，宜采用防潮易清洁的灯具。

(8)卫生间的灯具位置应避免安装在便器或浴缸的上面及其背后。开关宜设于卫生间门外。

(9)高级住宅(公寓)的客厅、通道和卫生间，宜采用带指示灯的跷板式开关。

(10)每户住宅(公寓)电源插座的数量不应少于表5-6的规定。

(11)住宅内电热水器、柜式空调宜选用三孔16A电源插座；空调、排油烟机宜选用三孔10A电源插座；其他宜选用二、三孔10A电源插座；洗衣机、空调及电热水器宜选用带开关控制的电源插座；厨房、卫生间应选用防溅水型电源插座。

(12)每户应配置一块电能表、一个照明配电箱(分户箱)。每户电能表宜集中安装于电表箱内(预付费、远传计量的电能表可除外)，电能表出线端应装设保护电器。电能表的安装位置应符合当地供电部门的要求。

(13)住宅照明配电箱(分户箱)的进线端应装设短路、过负荷和过、欠电压保护电器。分户箱宜设在住户走廊或门厅内便于检修、维护的地方。

表 5-6 每户电源插座的设置数量

电源插座类型	部位				
	起居室(厅)	卧室	厨房	卫生间	洗衣机、冰箱、排风机、空调器等安装位置
二、三孔双联电源插座(组)	3	2	2		—
防溅水型二、三孔双联电源插座(组)	—	—	—	1	—
三孔电源插座(个)	—	—	—	—	各1

(14)住宅分户箱内应配置有过电流保护的照明供电回路、一般电源插座回路、空调电源插座回路、电炊具及电热水器等专用电源插座回路。厨房电源插座和卫生间电源插座不宜用同一回路。除壁挂式空调器的电源插座回路外,其他电源插座回路均应设置剩余电流动作保护器。

(15)电源插座底边距地低于1.8m时,应选用安全型电源插座;当安装高度为1.8m及以上时,可选用普通电源插座。

(16)老年人居住建筑电气照明应满足下列要求:

①在卧室至卫生间的走道,宜设置脚灯。卫生间洗面台、厨房操作台、洗涤池宜设局部照明。上下楼梯平台与踏步连接部位,在其邻墙离地面高0.40m处宜设置灯光照明。

②照明开关宜采用带指示灯的宽板开关,过道较长时宜安装多点控制的照明开关,卧室宜采用多点控制照明开关,浴室、厕所可采用延时开关。开关距地高度宜为1.10m。

③老年人住宅(公寓)的卧室、起居室内应设置不少于两组的二极、三极电源插座;厨房内对应吸油烟机、冰箱和燃气泄漏报警器位置设置电源插座;卫生间内应设置不少于一组的防溅型三极电源插座。其他老年人设施中宜每床位设置一个电源插座。公共卫生间、公用厨房应对应用电器具位置设置电源插座。

④起居室、卧室内的电源插座位置不应过低,设置高度宜为0.60～0.80m。

⑤居室、浴室、厕所应设置紧急报警求助按钮,养老院、护理院等床头应设置呼叫信号装置,呼叫信号直接送至管理室。有条件时,老年人住宅(公寓)中宜设生活节奏异常的感应装置。

⑥以燃气为燃料的厨房、公用厨房，应设燃气泄漏报警装置。宜采用户外报警式，将蜂鸣器安装在户门外或管理室等易被他人听到的部位。

(17)应采用 TT、TN-C-S 或 TN-S 接地方式，并进行总等电位连结。每幢住宅的总电源进线低压断路器应具有漏电保护功能。

(18)住宅应根据防雷分类采取相应的防雷措施。防雷接地应与交流工作接地、安全保护接地等采用共用接地装置。

2. 各功能场所的设计要求

各种功能场所照明设计要求，见表 5-7。

表 5-7　各种功能场所照明设计要求

类　别	技　术　要　求
公共场所	门厅、走廊的照明应适当提高亮度以增加宽阔感。门厅一般设置低照度的灯具，可以采用吸顶灯、筒灯或壁灯；走廊的穿衣镜和衣帽挂钩附近宜设置调光的灯具 阳台照明有助于扩大夜间生活的场地，一般采用吸顶灯或壁灯，开关设在阳台门内；阳台应选用简洁、耐潮湿的灯具 门口照明应满足行人的安全和易于识别客人
厨房	厨房一般较小，烟、雾、水汽较多，应选用外形简洁易清洗，耐腐蚀的灯具。厨房照明应明亮，无阴影，工作区要有足够的亮度，才能保证工作有效安全。采用吸顶灯或吊灯作一般照明，在切菜配菜部位可设置辅助照明
餐厅	餐厅是家庭成员进餐、欢宴及游艺的空间，其照度宜使人们的情绪集中在餐桌上。餐厅多选用暖色具有强烈向下直接照射配光的灯饰，安装在餐桌上方 1m 以上。若房间有吊顶，可采用嵌入式向下直射型配光灯具，具有突出餐桌、增进食欲的效果。若设有酒吧或酒柜，可采用轨道式射灯或嵌入式灯具加局部照明，以突出气氛。开放式餐厅使客厅、餐厅为两个相通的空间，应注意灯光的利用搭配合理，使餐厅的吊灯与客厅的照明相互辉映、风格一致和统一
客厅 (起居室)	客厅是接待客人和日常活动的公共活动空间，也是生活起居的重心。客厅照明应满足会客、娱乐、装饰和休息功能的需要，采用暖色调的灯饰较好。会客厅采用一般照明，客厅中间设置吸顶(或吸吊式)花灯，花灯应采用多控开关控制，根据需要改变照度，节约能源，营造各种气氛。娱乐采用低照度、暗淡柔和的功能照明。装饰照明应采用重点照明。休息照明应采用局部重点照明
书房	书房照明应有利于人们工作和学习，光线要求柔和明亮，避免眩光。书房宜选用荧光灯配台灯或可任意调节方向的可调局部照明灯，使环境清新宁静，又能满足视力要求。另外，书橱或摆饰处可采用射灯加以局部照明，以增强效果

续表

类 别	技 术 要 求
卧室	卧室是供人们休息与睡觉的地方，照明宜选用较浅色的暖色光灯饰，照明光线要低柔，以创造构成宁静、温馨、柔和、舒适的气氛，使人有安全感，并配合可调光的台灯或壁灯，用作床头阅读照明，也可采用落地灯。梳妆台两侧设置辅助灯具照明
儿童房	儿童房伴随孩子的成长，需要的灯具较多，不同时期需要配备不同的照明效果的灯饰。婴儿期室内灯具应加装灯光调节器，夜间光线调低，方便哺乳增加婴儿的安全感。孩子稍大一些.应添置床头灯，满足孩子睡前翻阅读物，书桌上设台灯，供儿童学习使用，房间设夜明灯，方便儿童夜间起床
卫生间	卫生间、浴室是使人身心松弛的地方，需要明亮柔和的光线，应能显示环境的卫生和洁净，一般对照度要求较高。宜选用防潮型吸顶灯，也可在壁镜上方安装防潮型暖白色荧光灯，既能满足卫生间照度要求，又能满足梳妆的局部照明要求。另外，在卫生间门外一侧设一地脚灯，方便夜间上卫生间

二、照明设计光源及灯具的选择

1. 光源的选择

住宅照明以选用小功率光源为主，常用光源有白炽灯、低压卤钨灯，紧凑型荧光灯、直管式荧光灯和环形荧光灯等。选择光源时应考虑照度的高低，点灯时间的长短，开关的频繁程度，光色和显色，以及光源的形状，节能效果等。

人们可以根据自己的性格爱好，以及生活和工作特点来选择光色，但挑选时必须首先考虑到要和室内的家具、墙面、地面的中心色彩相配合。如果是冷色调的绿色墙面，那么采用暖色调的白炽灯，能起到协调的作用。如果相反，采用冷色调的荧光灯，就会产生更加凄冷的气氛。若房间较小，或在夏季，采用荧光灯则可使人产生舒适宁静和明亮宽敞的感觉。所以现在许多家庭采用荧光灯和白炽灯交替使用，以适合对不同光色的需求，这是很有道理的。

灯光对调节环境色彩也有明显的效果。例如红、黄等暖色在白炽灯照射下会光彩夺目，用荧光灯照明会把原来的色彩冲淡许多。照明常用光源的特点及适用场所，见表 5 - 8。

表 5-8 照明常用光源特点及适用场所

类 型	说 明
荧光灯及紧凑型荧光灯	光源特点:光效高,寿命长,光色优越,显色性好,属扩散性光源,光线柔和,适用场所: ①特别适用于高照明的一般照明 ②开关不频繁动作、连续点灯时间长的场所,如客厅的照明、家庭娱乐场所的照明 ③紧凑型荧光灯适合于书写台灯作局部照明 ④直管荧光灯还可作厨房的局部照明,洗澡间梳妆照明等,因为其尺寸在家庭使用时受到一定限制
白炽灯	光源特点:暖色调,被照物逼真,便于调光,允许频繁开关不影响寿命,灯泡造型美观,价格便宜。适用于家庭的工作,重点和装饰各类照明的应用,适用场所: ①有丰富的黄红光成分,显色性优越,照射到食物上色泽鲜美,可增进食欲,适于餐厅照明 ②暖色调,能增加人的肌肤美,可用于梳妆照明、浴室照明 ③在低照度区暖色光令人感觉舒适、环境宁静、亲切、温馨,适于卧室照明 ④灯的体积小,易于控光,适于各类装饰照明
白炽灯	⑤便于调光改变环境照度和气氛,实现多功能照明,如看电视、音乐欣赏、娱乐活动等 ⑥适于照明频繁开关的场所,厨房、厕所、浴室、走廊、门厅、楼梯间、储藏室等处照明
低压卤钨灯	光源特点:光线鲜明,白光,富凝聚性,显色性优越,老化时不会变黑,明亮。尺寸紧凑可做射灯、导轨灯。比白炽灯效率高,寿命长,便于调光。使用场所: ①作重点照明、局部工作照明以及装饰用照明,如壁画、展示品等的照明 ②采用导轨灯调节灵活,使用方便,适于需调节的场所

根据上述各类光源的特点及适用场所,在住宅的各个房间内应用光源种类列在表 5-9 中,可供参考。

表 5-9 住宅内光源选择

房间名称	照明要求	适用光源
卧 室	暖色调,低照度,需要宁静甜蜜温馨的气氛,在卧室内长时间阅读书写时则要求高照度	白炽灯作全面照明 台灯可用紧凑型荧光灯

续表1

房间名称	照明要求	适用光源
起居室(客厅)	明亮、高照度、点灯连续时间长	紧凑型荧光灯、环型荧光灯、直管荧光灯
	要求较高的艺术装修和豪华的场合	白炽灯的花灯、台灯、壁灯,重点照明用低压卤钨灯
梳妆台	暖色光、显色性好,富于表现人的肌肤和面貌,照度要求较高	白炽灯为主
小　厅	亮度高,连续点灯的时间长,要求节能	紧凑型荧光灯
餐　厅	以暖色调为主,显色性好,增加食物色泽,增进食欲	白炽灯
书　房	书写及阅读要求高照度,以局部照明为主	紧凑型荧光灯
浴室厕所	光线柔和,灯泡开关次数频繁	白炽灯
门道、楼楼间、储藏间	照度要求较低,开关频繁	白炽灯

在住宅照明中,应考虑节能的要求,尤其是点灯连续时间较长的场所,最好不用耗能高的白炽灯,而采用紧凑型荧光灯或直管型荧光灯,以利节能。紧凑型荧光灯的品种多,光的颜色也有高色温或低色温的,分别适用于不同光色的爱好者,有充分选择余地。其光效率比白炽灯高4～5倍,非常有利于节能。

直管荧光灯宜采用细管型荧光灯(26mm),它的光效较高,36W的与40W的普通荧光灯相当(38mm),18W的与20W的相当,本身即可节能10%,并且应推荐使用电子镇流器,它可节能15%左右,两者结合用细管灯和电子镇流器即可节能20%左右。

特殊视觉照明设计技术措施,见表5-10。

2. 照明灯具的选择

照明灯具的选择,应适合空间的体量和形状,并能符合空间的用途和环境,易于安装、维修、节能。大空间宜采用大灯具,小空间宜采用小灯具,住宅照明以选用小功率灯具为主,各种空间照明设计及灯具的选用如下:

(1)卧室:人们在忙碌一天以后,卧室是休息的最佳场所。卧室经常设有一般照明、床头照明、梳妆照明。卧室面积一般为15m^{2}左右,新型住宅也有降到10～12m^2,高档住宅面积较大者可达20m^2。卧室照明设计见表5-11。

表 5－10 **特殊视觉的照明设计技术措施**

照明类型	示意图	工作内容及技术措施
个人修饰照明	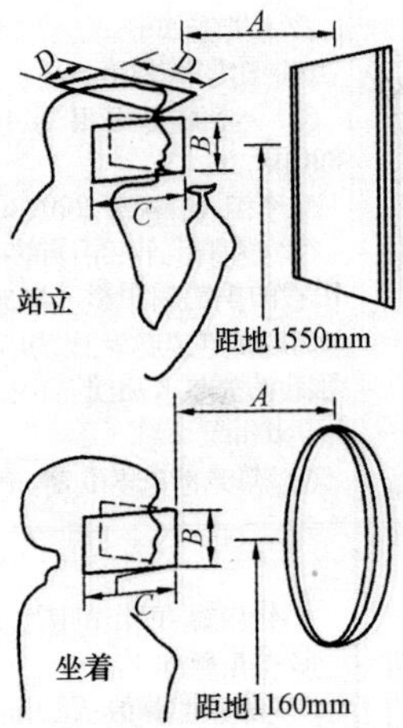 站立 距地1550mm 坐着 距地1160mm A=410mm B=150mm C=220mm D=310mm	工作内容：个人修饰主要是刮脸和化妆。由于所要看清的细节很微小，而且背景的反差也比较低 技术措施如下： (1)照度推荐值：150、200 lx 或 300 lx (2)照明设计：安装在镜子上的灯具，应把光线直射向人，而不应射在镜子上 ①邻近墙壁的反射比应为 50%或更高 ②灯具的亮度不应超过 2100cd/m^2 ③灯具的安装位置应在视锥 60°以外 (3)典型灯具的安装位置 ①线状或非线状壁灯安装在镜子的上方 ②同时采用壁灯和顶棚灯时，应安在使用者顶部的两侧 ③安在镜子上方的嵌顶棚式灯具，可以与镜子的宽度相同 ④带透光罩的灯具可位于镜子两侧
穿衣镜照明	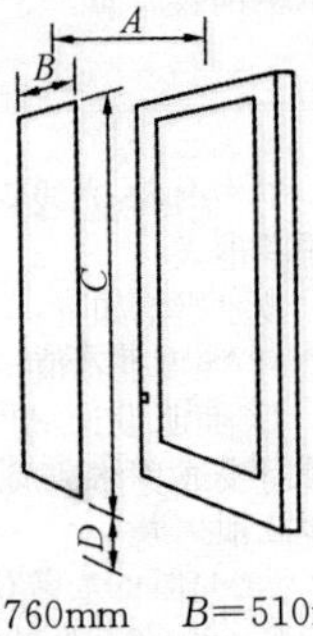 A=760mm B=510mm C=1270mm D=310mm	工作内容：主要是整理服装 技术措施如下： (1)照度推荐值：150 lx、200 lx 或 300 lx (2)照明设计：安装在镜子上的灯具，应把光线直射向人，而不应射在镜子上 ①灯具的安装位置应在视锥 60°以外 ②灯具的亮度不超过 2100cd/m^2 (3)典型灯具的安装位置：垂直线状灯具壁装在镜子侧面，镜子灯具同样可壁装或顶棚安装

续表1

照明类型	示意图	工作内容及技术措施
办公桌照明	 A＝360mm　B＝310mm	工作内容：阅读、书写、打字和绘图 技术措施如下： (1)照度推荐值 ①一般阅读或书写 150、200 lx 或 300 lx ②绘图、打字等 200、300 lx 或 500 lx (2)照明设计：灯具的布置不应因使用者的手造成阴影。桌面不应发亮，不应用亮颜色（反射比为 30%～50%）。灯具的亮度不超过 510cd/m²，不少于 170cd/m² (3)灯具的安装位置：台上安装、壁装
沙发上阅读照明	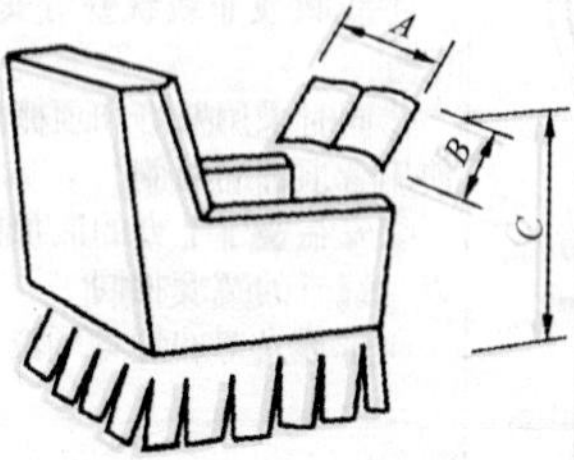 A＝360mm　B＝310mm C＝660mm	工作内容：工作范围较广 技术措施如下： (1)照度推荐值：75、100 lx 或 150 lx (2)照明设计：坐下阅读时人眼视线距地 97～107cm。光源在阅读者侧面，灯具的底沿在人眼高度上下 (3)灯具的安装位置：台式安装、落地安装和侧面壁装。顶棚吊装在阅读者的侧面或后面
床上阅读照明	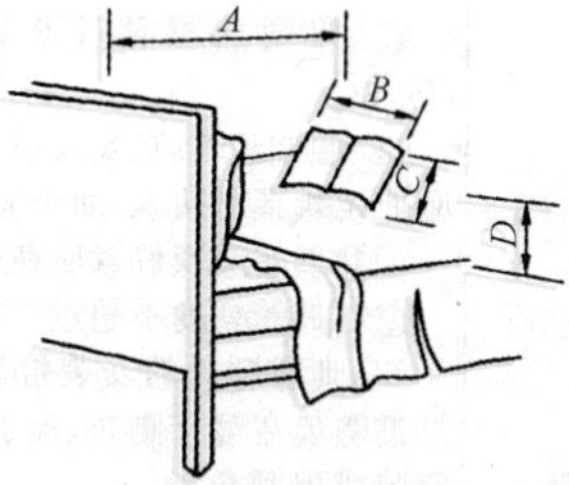 A＝610mm　B＝360mm C＝310mm　D＝310mm	工作内容：光线只限于个人而不要影响其他人 技术措施如下： (1)照度推荐值：75、100 lx 或 150 lx (2)照明设计：灯具的布置要避免阅读时头或身体造成阴影。注意不要干扰其他环境 (3)灯具的安装位置 ①直接壁装在阅读者后面或侧面 ②床头柜上设置灯具

续表 2

照明类型	示意图	工作内容及技术措施
餐桌照明		工作内容:就餐 技术措施如下: (1)照度推荐值:100、150 lx 或 200 lx (2)照明设计:一般在餐桌附近设置较强的光 (3)灯具安装在餐桌正上方,可采用嵌入式吸顶安装或吊装,灯具底部距餐桌面不小于 0.9m
厨房照明		工作内容:烹饪过程中的观看、操作 技术措施如下: (1)照度推荐值:食品的准备和洗洁为 200、300 lx 或 500 lx。不严格的工作面为 75、100 lx 或 150 lx (2)照明设计:应限制反射眩光,一般采用漫射灯具,光源应选用低色温的 (3)灯具的安装位置: ①工作范围的罩子上 ②顶棚:吸顶或吊顶 ③壁橱下面
机器缝纫照明	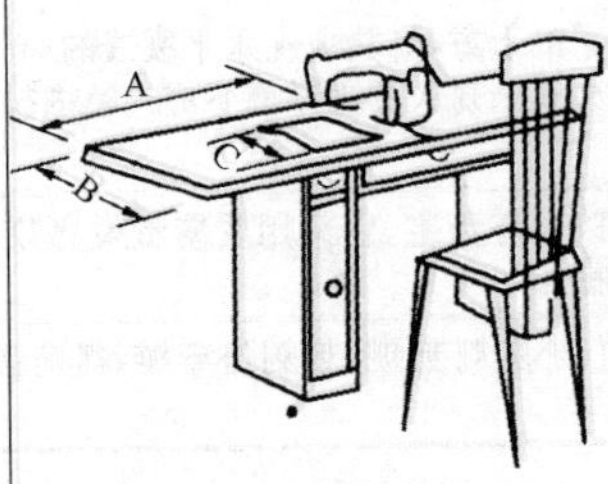 A C B $A=460mm$ $B=310mm$ $C=150mm$	工作内容:缝纫是一种精细工作 技术措施如下: (1)照度推荐值:200、300 lx 或 500 lx (2)照明设计:灯具的布置不应因使用者的手造成阴影 (3)灯具的安装位置 ①在使用者前方设壁灯 ②顶棚安装要求是: a. 吊装可调 b. 固定安装、定向(吸顶或嵌入)或导轨安装 c. 固定安装非定向 d. 发光天棚 ③落地安装或柱式安装

表 5-11 卧室照明设计

类型	说明
一般照明	为照亮整个卧室,大面积的卧室层高较高时以花吊灯为主,灯的吊杆或吊链均应较短;低矮房间应采用吸顶花灯。$10m^2$以下可用单火灯,12～$20m^2$可选用3～5火花灯。卧室照明一般不宜采用荧光灯和紧凑型荧光灯,因为卧室灯经常开关对灯管寿命影响较大。有吊灯的面积较大的卧室可设嵌入式筒灯作辅助照明
床头阅读照明	①床头墙面作拱状墙面装修,内镶嵌入式筒灯,筒灯既可照射墙面改善光环境也可作床头照明,双人床拱内装三盏灯。这种方案既美化了室内环境又满足了床头阅读照明,形式自然流畅 ②床后头设条状平台,台上装设台灯;床的侧面设床头柜,柜上装设台灯 ③床头地面设落地式台灯 对卧室床头照明以第一种方式最好,但需配合室内装修设计;床头照明最好的高度是灯罩的底部与人的眼睛在一个水平上,床头柜方案由于高度不适合使用,往往效果不理想。有的卧室在床上方设床头活动壁灯,这一方案也不可取,因为它与旅馆饭店相类似,不适合家庭温馨的气氛,不太美观,易损坏,也不实用 拱形墙面装修可以有较多变形方案,如与家具协调设计中间形成的空间;也可在床头顶上安装一条局部吊顶等
梳妆照明	主要视觉工作是化妆,镜内所看到的人像距离面孔为2倍实际距离。要求有较高的照度,光色和显色性能要好。最好采用白炽灯,也可采用显色指数较高的荧光灯 梳妆台的灯具一般安装在梳妆镜的正上方,这并不是理想的方案,因为照到面部的光通量较少,大部分光线溢到空中,而直射光又在面部形成阴影。镜厢灯最好采用漫射光的灯具,如乳白玻璃白炽灯具、磨砂玻璃的荧光灯灯箱(这种方案常常用在宾馆饭店的洗手间洗脸平台上),漫射光的优点就在于光线柔和并且使面部不产生强烈的阴影 镜厢灯具可安装家具上,或与装修配合安装在装修设施一体化的设备上 最简易的镜厢灯放在镜子的上方,灯具应在水平视线的60°角以上,以免对人视觉产生眩光。灯光宜照射人的面部而不应向镜内投射,并应选用漫射型灯具
重点照明	卧室内书写与阅读照明以台灯为主,宜采用紧凑型荧光灯台灯,预留插座为三孔带接地插孔的插座
装饰照明	装饰照明,一般可用筒灯、小射灯照明,照射卧室柜,既可美化环境也可满足选择衣物照明之用

(2)客厅(起居室):客厅宽敞,多功能为其特点,作为招待宾客的场所应方便交谈,也应适合家人休息阅读、游戏、欣赏音乐等活动。客厅的装修能充分显示人的个性,有人喜欢含蓄典雅,有人喜欢豪华气派,有人喜欢淡雅温

馨。客厅的颜色影响起着决定作用，一般说蓝色调明亮，绿色调稳静，黄色调温暖，红色调活泼，杂色调流动。色调的配合可以采用同一色调，也可采用系列色调、对比色调等。

客厅常用的家具一般有沙发、书柜、展示柜、低柜、电视柜，装饰有壁画、油画、盆景、绿色植物、花卉、插花艺术等。地面铺设地毯，铺设方式有全部铺设、单片铺、中间铺等。满铺豪华，单片铺区分生活内容，中间铺增加华丽格调。

客厅照明需设多用途高灵活的照明系统，并应将全面照明、工作照明和装饰照明结合起来。为适应多用途照明方案至少有两个全面照明的方案供选择：一种是明亮欢快的全面照明；另一种则是低亮度的亲密而舒适的照明。采用少量装饰照明可以突出艺术收藏品或其他方式照明，增加愉悦感。台灯作为阅读照明也是全面照明的一部分。客厅（起居室）的照明方式及说明，见表 5－12。

表 5－12　　客厅(起居室)的照明方式及说明

<table>
<tr><th>照明方式</th><th>说　　明</th></tr>
<tr><td>花吊灯照明方式</td><td>在客厅面积较大时宜采用花吊灯照明，其特点是空间亮度较高，灯具艺术性富于室内豪华气氛。房间灯的盏数与面积有关，可参照下表确定。房间高度较高时吊灯用吊链或吊管式，当房间较矮时宜采用吸顶式花灯，如图 5－1 所示
花吊灯尺寸及灯头数与房间面积的关系
<table>
<tr><th>房间面积(m²)</th><th>灯泡瓦数及盏数</th><th>托架尺寸 Φ(mm)</th></tr>
<tr><td>13</td><td>40W 3～4</td><td>500～600</td></tr>
<tr><td>26</td><td>40W 5～7</td><td>700</td></tr>
<tr><td>33</td><td>40W 7～9</td><td>800</td></tr>
<tr><td>40</td><td>40W 10～12</td><td>1000</td></tr>
</table></td></tr>
<tr><td>花吊灯照明方式</td><td>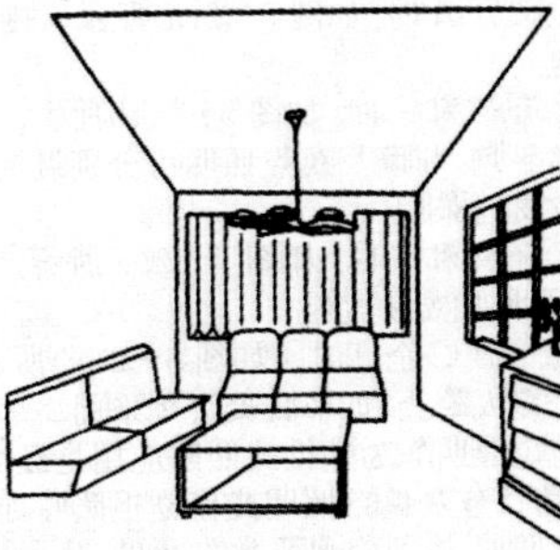
图 5－1　花吊灯的应用</td></tr>
</table>

续表 1

照明方式	说　　明
花吊饰顶棚照明或光藻井照明方式	花饰顶棚照明如用磨砂玻璃做成的发光顶棚，这个顶棚不一定是满铺在屋顶上，可以做成块状，内装荧光灯或白炽灯。这种灯饰特点是照度均匀，亮度均匀，装饰性强，空间亮度较高，光线舒适柔和。一般花饰顶棚也可做成有层次的立体造型，但应注意与公共建筑有别 光藻井照明是以反射式照明结合空间花吊灯或与嵌入式顶灯相结合一起进行照明的方式，适用于面积大、层高较高的客厅照明，一般家庭很少使用
多功能式客厅照明	客厅具有多功能的特性，平时家人在厅内欣赏音乐和电视节目或聚在一起小憩，这时应创造灯光较暗，幽雅温馨的气氛。而当客人来临之际与来客攀谈则需较高的照度，明亮的环境便于社交活动。在节日期间有众多的家人亲朋聚会，全室极为明亮，气氛热烈，形成兴高采烈的气氛环境。如图 5-2 所示就是多功能客厅照明设计实例。采用嵌入式筒灯吸顶荧光灯和壁灯相结合的照明方式。灯具虽然是固定，但照明灯的开闭组合产生不同的照明效果，实现多功能的用途，并且是节能的照明方式。 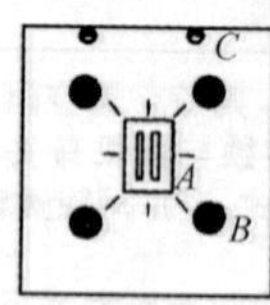 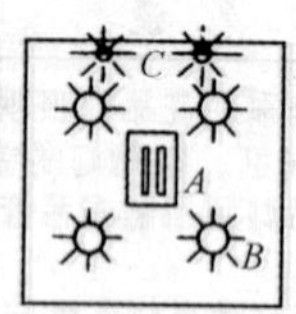 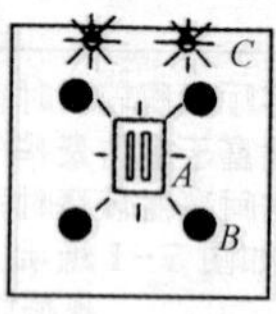 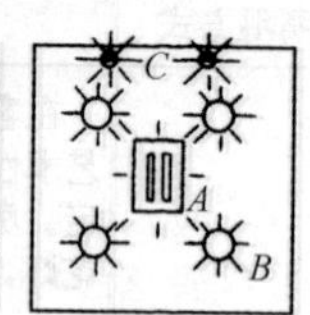 (a) 仅开 A　(b) 开 B 和 C　(c) 开 A 和 C　(d) A、B、C 全开 A——全室一般照明，吸顶式荧光灯；B——可调光向下直射式灯具，嵌在顶棚内的白炽灯，用以改变气氛；C——装饰用壁灯 **图 5-2　一室三种照明配置图**
多功能式客厅照明	这种照明的效果分析如下： ①仅开 A 时[如图 5-2(a)所示]，用于一般家务活动。明亮、效率高、节电 ②开 B 和 C 时[如图 5-2(b)所示]，顶棚内嵌入式直射光照明使室内明暗不均，与墙上重点照明可分别调光，适于创造幽雅气氛，如休息、音乐欣赏时采用 ③开 A 和 C 时[如图 5-2(c)所示]，A 为全室一般照明，C 作重点照明，可增加欢快气氛 ④A、B、C 全开时[(如图 5-2(d)所示]，全室极为明亮，气氛热烈，适用于多人聚会，如节日聚会等采用 筒灯照明作为辅助式照明应用是极为广泛的，有时筒灯设在客厅的四周，可以作为墙壁照明或盛物柜照明，或在墙壁上作装饰画、装饰壁挂的重点照明，达到刻画环境的目的，显示出主人的高雅气质

续表2

照明方式	说　明
台灯和落地灯在客厅中的作用	台灯和落地灯在客厅中是必不可少的，台灯一般放在低柜上、小桌上或者茶凳上，落地灯一般放在沙发旁。这些灯具除了提供重点局部照明以外，主要起装饰作用，增加客厅豪华气派的格调。客厅台灯一般选择尺度较大的灯座，如花瓶式台灯。落地式灯可选择一般型或反射式照明灯，后者纯属装饰用灯具。台灯起到与环境装修相呼应的作用。照明设计时客厅的各面墙上应预留足够数量的插座 此外在客厅应预留电视机电源插座、空调器插座。分体式空调器的插座应选择带开关的三孔单相插座，一般距地面高度在1.8m左右，并且应考虑与室外机相接近的墙体上

(3)书房：书房的主要功能是阅读、写作、学习等，环境要求高雅恬静，且有浓厚的书香之气。

书房陈设有书柜、写字台、陈设柜以及壁画、壁挂等，现代化的设备有计算机、音响等。

书房照明，一般照明照度不宜很高，要求光线柔和，可采用乳白玻璃灯、筒灯照明。书房宜采用白炽灯照明，照度在50～75 lx。书写阅读照明主要靠台灯的局部照明，照度为300～500 lx。台灯的造型多种多样，有古典的也有现代的，要适合个人的情趣选择。

书房的壁画壁挂和陈列柜宜设局部重点照明，灯具宜选用嵌入顶内的可调节投射方向的筒灯或导轨式照明，用这种方式刻画环境，形成书香的气氛。

书房计算机插座宜选用带开关的插座，高度距地0.9m。

(4)餐厅和厨房：

①餐厅：餐厅照明宜采用白炽灯，其显色性好，红色光成分多，增加菜肴的色泽，增进人的食欲，餐厅照明常用吊灯，灯具吊在餐桌的正上方，距桌面1～1.2m。灯具出线口可以留在室中央，吊灯支点可任意固定在其他位置上。灯泡功率为100W。餐厅灯具一般选用直接型配光伞形花饰灯具，灯具不宜用环形日光灯，因为它的光色和显色性不适于用餐，且不宜频繁开关。有的家庭设吧台，作为浅饮小酌的休憩之地，吧台处应设筒灯或吊灯。

②厨房：厨房内主要设置灶台、洗碗池、盛物柜，以及系列吊柜、碗筷柜等。厨房应设一般照明，宜选用白炽灯光源，灯具选用容易清扫除垢的玻璃保护罩灯具，最好为吸顶式。不宜选用塑料制品灯具，因为油污不易清除。

厨房操作主要是切菜、烹调、洗碗等，宜采用局部照明，一般设在操作台上方、吊柜的下方。在吊柜装修制作时可将其下方设一个夹层，把灯具嵌入到夹层内，如图5-3所示。在厨房内应设抽油烟机插座、微波炉插座以及切菜、绞肉机、消毒柜等电源插座。电饭煲以及其他用电类插座也应预留。抽油烟机插座高1.8m并为3孔插座。

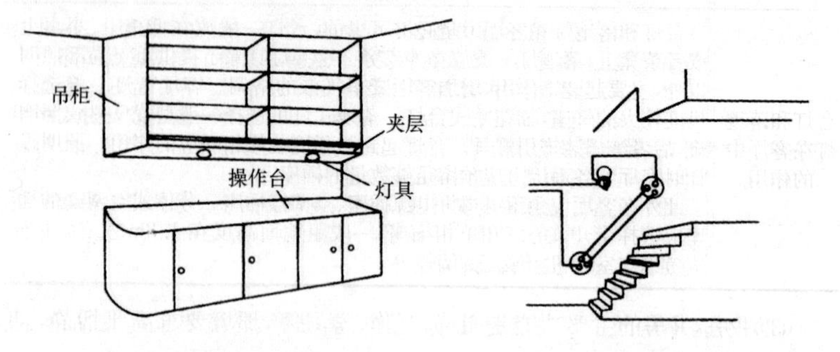

图5-3 厨房操作台用局部照明　　图5-4 跃层住宅楼梯双控开关

(5)浴室和厕所:浴室内一般设置洗脸台、梳妆镜、沐浴或浴盆以及大便器等。室内用浅色瓷砖装修。室内照明光线应柔和,灯具采用防潮型,如选用乳白玻璃灯具,吸顶安装或吸壁安装。梳妆灯具与卧室梳妆台照明作法相同,只是在浴室内尽量考虑防潮性能。光源采用40～60W白炽灯,如采用荧光灯则应加漫射玻璃。

(6)门厅、走廊、楼梯的照明:高级住宅的门厅,为了增加开阔感和豪华气派,宜适当提高门厅的亮度。一般采用透明玻璃或不完全透明的棱镜玻璃灯具吸顶灯。也可采用吸顶与壁灯并用,嵌入式灯具,但必须有吊顶装修,走廊和楼梯间照明光源一般选用白炽灯,并设节能定时开关。

(7)跃层住宅楼梯的照明:新型住宅开发了跃层型住宅,室内设有楼梯通向二层住宅,在楼梯上可装设吊式串灯作装饰,可照亮楼梯并作为室内的装饰用,也可采用壁灯。无论采用何种方案均需用双控开关,接线如图5-4所示。此双控开关也可用于卧室,两个控制点设在门口和床头两处。

3. 各种形式建筑结构性照明装置

各种形式建筑结构性照明装置类型及说明,见表5-13。

三、住宅照明设计实例

1. 卧室照明

如图5-5所示,照明与装修设计结合起来,既要美观又要实用,内容如下:

(1)一般室内照明采用花吊灯,3～4火,功率(3～4)×25W,花灯开关为双控。

表 5－13　各种形式建筑结构性照明装置类型及说明

照明装置类型	图示	技术说明
发光檐板		从檐板向下直射的光能给墙面、帷幔、壁面等加上一层舞台色彩，可用在窗口上框较窄的窗户上，适用于低顶棚房间
发光窗帘框架		窗框照明用在带有窗帘的窗户上，能提供从顶棚反射出来的向上光作为房间照明，向下光作为窗帘的重点照明。当窗框离顶棚小于 250mm 时，需采用封闭式窗帘框架，以消除令人不舒服的顶棚眩光
发光拱		发光拱的所有光线直射到顶棚上，适用于白色的顶棚。光线柔和而均匀，但缺乏强度，最好用来补充其他照明，适合于高顶棚的房间
发光墙壁托架（高式）		高墙壁托架灯提供向上和向下的光线，用于房间照明，应用于室内墙壁在建筑上的照明分布与窗帘框架照明保持平衡。安装高度取决于窗户和门的高度

续表1

照明装置类型	图示	技术说明
发光壁墙托架(低式)		低墙壁托架灯用于某部分墙壁的重点照明或对某些作业的照明,如洗涤、做饭、床上阅读等。安装高度取决于使用者视线高度。托架的长度应与附近的家具和房间的大小相适应
发光拱腹(一式)		安装在工作区上方,直接向下方提供较高照度。可安装在厨房水池上,或沙发、钢琴、书桌等上方
发光拱腹(二式)		用于浴室和化妆室,灯的长度取决于镜子尺寸
拱顶面光		最适合于浴室和化妆室,既照亮人的脸部,又作房间一般照明

续表 2

照明装置类型	图　示	技　术　说　明
发光顶棚		发光顶棚的天空光效应符合辅助场所(如厨房、浴室、洗衣间等)的需要。随着各种散射器和装饰品的采用以及对光色特性的改进,在起居室、书房也很受欢迎,最好采用调光
发光护墙板		可造成愉悦的背景,使视觉作业感到舒适,能在餐厅、起居室增添豪华感,并能起屏风作用。目前.有多种装饰材料可作散射性罩面

(2)床头阅读照明采用床头拱形装饰,内设筒灯 3 支,3×40W。

(3)梳妆台照明采用顶上装饰嵌入式筒灯 2 支,共 2×40W。

(4)顶上局部安装筒灯作卧室柜照明(也可不设)。

(5)插座设置 5 个。

2.客厅照明

客厅照明要求照度变化有高有低,设有不同方案配合点灯,装饰性要求较高。本方案中有花瓶式台灯、壁画照明以及客厅花灯均作为主要的装饰照明,如 5-6 所示。主要内容如下:

(1)客厅内一般照明采用花灯,20m² 可用 3～5 火灯具。

(2)顶棚嵌入式筒灯 4 个,可用来调节照度。当不开花灯仅开筒灯时,在低照度下可听音乐看电视等活动。

(3)花瓶式台灯主要起装饰作用,也可在看电视时用它。

(4)壁画照明采用低压卤钨灯吊在顶上,作重点照明用,也作为室内装饰效果用。

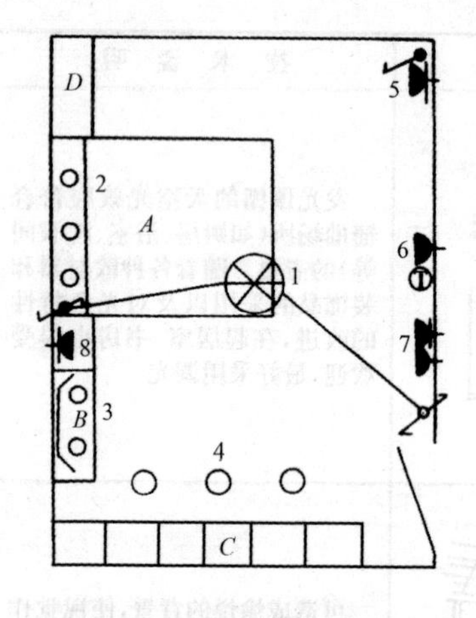

图 5-5　卧室照明布灯图

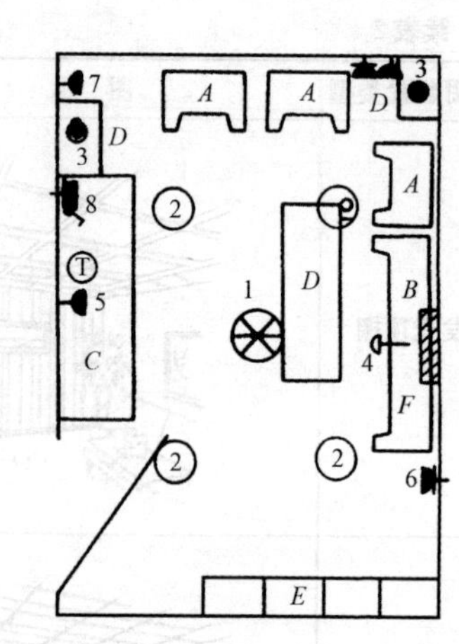

图 5-6　客厅照明设计布灯图

图 5-5：*A*——床；*B*——梳妆台；*C*——卧室柜；*D*——床头柜；

1. 卧室顶花灯(3～4)×25W；2. 拱形床头装饰筒灯 3×40W；3. 梳妆台筒灯 2×40W；4. 卧室柜照明嵌入式筒灯 3×40W；5. 空调器电源插座 H=1.8m；6. 电视天线插座及电源插座；7. 台灯、电熨斗电源插座；8. 落地灯或其他用电插座

图 5-6：*A*——单人沙发；*B*——双人沙发；*C*——低柜；*D*——茶几(大、小茶几各 1 个)；*E*——展示柜；*F*——壁画

1. 花吊灯 5×40W；2. 嵌入式筒灯，4×40W；3. 装饰台灯 1×60W；4. 重点照明射灯 12V×50W；5. 电视机天线插座及电源插座；6. 落地灯插座；7. 落地或台灯插座

第三节　住宅建筑电气设计

一、住宅建筑电气设计规范要求

1. 住宅电气设计规范要求 GB50096—1999(2003 年版)

GB50096—1999(2003 年版)住宅电气设计及综合设计的规定和要求见表 5-14。

表 5-14 住宅电气设计及综合设计的规定和要求

<table>
<tr><th>类型</th><th>规定和要求</th></tr>
<tr><td>电气设计规定</td><td>(1)每套住宅应设电度表。每套住宅的用电负荷标准及电度表规格，不应小于下表的规定
用电负荷标准及电度表规格
套型 | 用电负荷标准(kW) | 电度表规格(A)
一类 | 2.5 | 5(20)
二类 | 2.5 | 5(20)
三类 | 4.0 | 10(40)
四类 | 4.0 | 10(40)
(2)住宅供电系统的设计，应符合下列基本安全要求：
①应采用 TT、TN-C-S或 TN-S接地方式，并进行总等电位联结
②电气线路应采用符合安全和防火要求的敷设方式配线，导线应采用铜线，每套住宅进户线截面不应小于 10mm²，分支回路截面不应小于 2.5mm²
③每套件宅的空调电源插座、一般电源插座与照明，应分路设计；厨房电源插座和卫生间电源插座宜设置独立回路
④除空调电源插座外，其他电源插座电路应设置漏电保护装置
⑤每套住宅应设置电源总断路器，并应采用可同时断开相线和中性线的开关电器
⑥设有洗浴设备的卫生间应作局部等电位联结
⑦每幢住宅的总电源进线断路器，应具有漏电保护功能
(3)住宅的公共部位应设人工照明，除高层住宅的电梯厅和应急照明外，均应采用节能自熄开关
(4)每户电源插座的数量，不应少于表 5-6 的规定
(5)有线电视系统的线路应预埋到住宅套内，并应满足有线电视网的要求，一类住宅每套设一个终端插座，其他类住宅每套设两个
(6)电话通信线路应预埋管线到住宅套内。一类和二类住宅每套设一个电话终端出线口，三类和四类住宅每套设两个
(7)每套住宅宜预留门铃管路。高层和中高层住宅宜设楼宇对讲系统</td></tr>
<tr><td>综合设计</td><td>(1)住宅的建筑设计应满足建筑设备各系统的功能有效、运行安全、维修方便等基本要求
(2))建筑设备管线的设计，应相对集中，布置紧凑，合理占用空间，宜为住户进行装修留有灵活性。每套住宅宜集中设置布线箱，对有线电视、通信、网络、安全监控等线路集中布线
(3)厨房、卫生间和其他建筑设备及管线较多的部位，应进行详细的综合设计。采暖散热器、电源插座、有线电视终端插座和电话终端出线口等，应与室内设施和家具综合布置
(4)公共功能的管道，包括采暖供回水总立管、给水总立管、雨水立管、消防立管和电气立管等，不宜布置在住宅套内。公共功能管道的阀门和需经常操作的部件，应设在公用部位
(5)应合理确定各种计量仪表的设置位置，以满足能源计量和物业管理的需要</td></tr>
</table>

2.住宅建筑规范 GB50368—2005

住宅建筑规范有如下几点：

(1)住宅应设照明供电系统。

(2)住宅的给水排水总立管、雨水立管、消防立管、采暖供回水总立管和电气、电信干线(管)，不应布置在住宅套内。公共功能的阀门、电气设备和用于总体调节和检修的部件，应设在共用部位。

(3)住宅的水表、电能表、热量表和燃气表的设置应便于管理。

(4)电气线路的选材、配线应与住宅的用电负荷相适应，并符合安全和防火要求。

(5)住宅供配电应采取措施防止因接地故障等引起的火灾。

(6)当应急照明在采用节能自熄开关控制时，必须采取应急时自动点亮的措施。

(7)每套住宅应设置电源总断路器，总断路器应采用可同时断开相线和中性线的开关电器。

(8)住宅套内的电源插座与照明，应分路配电。安装在1.8m及以下的电源插座均应采用安全型电源插座。

(9)住宅应根据防雷分类采取相应的防雷措施。

(10)住宅配电系统的接地方式应可靠，并应进行总等电位联结。

(11)防雷接地应与交流工作接地、安全保护接地等共用一组接地装置，接地装置应优先利用住宅建筑的自然接地体，接地装置的接地电阻值必须按接入设备中要求的最小值确定。

(12)住宅内设置的燃气设备和管道，应满足与电气设备和相邻管道的净距要求。

(13)住宅建筑中竖井的设置应符合下列要求：

①电梯井应独立设置，井内严禁敷设燃气管道，并不应敷设与电梯无关的电缆、电线等。电梯井井壁上除开设电梯门洞和通气孔洞外，不应开设其他洞口。

②电缆井、管道井、排烟道、排气道等竖井应分别独立设置，其井壁应采用耐火极限不低于100h的不燃性构件。

③电缆井、管道井应在每层楼板处采用不低于楼板耐火极限的不燃性材料或防火封堵材料封堵；电缆井、管道井与房间、走道等相连通的孔洞，其空隙应采用防火封堵材料封堵。

④电缆井和管道井设置在防烟楼梯间前室、合用前室时，其井壁上的检查门应采用丙级防火门。

(14)当住宅建筑中的楼梯、电梯直通住宅楼层下部的汽车库时，楼梯、电梯在汽车库出入口部位应采取防火分隔措施。

(15)住宅公共部位的照明应采用高效光源、高效灯具和节能控制措施。

(16)住宅内使用的电梯、水泵、风机等设备应采取节电措施。

(17)10层及10层以上住宅建筑的消防供电不应低于二级负荷要求。12层及12层以上的住宅应设置消防电梯。

(18)35层及35层以上的住宅建筑应设置灭火自动报警系统。

(19)10层及10层以上住宅建筑的楼梯间、电梯间及其前室应设置应急照明。

(20)用户应正确使用住宅内电气、燃气、给水排水等设施，不得在楼面上堆放影响楼盖安全的重物，严禁未经设计确认和有关部门批准擅自改动承重结构、主要使用功能或建筑外观，不得拆改水、暖、电、燃气、通信等配套设施。

二、住宅建筑电气设计要点

1.低压配电系统

(1)供配电系统应考虑三相尽量平衡，每户住宅宜采用单相供电。有三相用电设备或超大户型及别墅等用电量较大时应考虑三相供电。

(2)配电导线应采用铜线，每套住宅进户线截面不小于10mm^2，分支回路截面不小于2.5mm^2。

(3)每套住宅的空调电源插座、一般电源插座、照明应分回路配电，厨房电源插座和卫生间电源插座宜设置独立回路。

(4)每栋住宅的电源进线或配电干线分支处断路器，应具有剩余电流动作保护、报警功能，可按以下要求进行设计：

①当住宅部分建筑面积小于1500m^2(单相配电)或4500m^2(三相配电)时，防止电气火灾的剩余电流保护断路器的漏电动作电流为300mA。

②当住宅部分建筑面积在1500～2000m^2(单相配电)或4500～6000m^2(三相配电)时，防止电气火灾的剩余电流保护断路器的漏电动作电流为500mA。

③当住宅部分建筑面积超过6000m^{2}时，应采用多回路配电，并分别设置防止电气火灾的剩余电流保护断路器或在总配电柜的出线回路上分别装几组防止电气火灾的剩余电流保护断路器。

④当住宅建设标准较高、每户用电量较大时，可不受面积的要求局限，应根据当地供电部门规定采用多路设剩余电流保护断路器。

⑤消防用电设备配电的回路不应装设作用于切断电源的剩余电流保护

断路器，应设报警式剩余电流保护断路器。照明总进线处的剩余电流保护断路器的事故报警除在配电柜上有显示外，还应将报警信号送至有人值守的值班室

2.应急电源

超高层住宅宜设自备应急柴油发电机组。

3.用电负荷分级及负荷密度

(1)根据《住宅设计规范》GB 50096—1999 的相关规定及目前各地住宅建筑的发展情况，住户用电负荷标准可参照表 5-15 要求设计(按不同的建筑面积分为 A、B、C、D、E5 种户型)。

表 5-15 各种户形用电负荷标准

户型	建筑面积	用电负荷标准(kW)	电度表规格(A)
A	$50m^2$以下	3	5(20)
B	$50\sim90m^2$	4	10(40)
C	$90\sim150m^2$	6	10(40)
D	$150\sim200m^2$	10	15(60)
E	$200\sim300m^2$	$20W/m^2$	20(80)

(2)住宅建筑用电负荷分级，见表 5-16。

表 5-16 住宅建筑用电负荷分级

<table>
<tr><th colspan="2">建筑物名称</th><th>用电设备(或场所)名称</th><th>负荷等级</th></tr>
<tr><td colspan="2" rowspan="2">超高层住宅</td><td>应急疏散照明、障碍照明</td><td>一级负荷中特别重要负荷</td></tr>
<tr><td>变电所、柴油发电机房</td><td>一级负荷</td></tr>
<tr><td rowspan="2">高层住宅</td><td>19 层及以上</td><td>应急疏散照明、障碍照明</td><td rowspan="2">二级负荷</td></tr>
<tr><td>10～18 层</td><td>安防系统、值班照明、通信机房、变电所、柴油发电机房</td></tr>
<tr><td colspan="2">低层住宅、多层住宅、高层及超高层住宅</td><td>除上述外的用电负荷</td><td>三级负荷</td></tr>
</table>

注：消防负荷分级按建筑所属于类别考虑。

(3)当以 B 户型作为负荷计算的基本户型，需要系数可按表 5-17 住宅建筑用电负荷需要系数表选取。

表 5－17　住宅建筑用电负荷需要系数

按单相配电计算时所连接的基本户数	按三相配电计算时所连接的基本户数	需要系数	
		通用值	推荐值
3	9	1	1
4	12	0.95	0.95
6	18	0.75	0.80
8	24	0.66	0.70
10	30	0.58	0.65
12	36	0.50	0.60
14	42	0.48	0.55
16	48	0.47	0.55
18	54	0.45	0.50
21	63	0.43	0.45
24	72	0.43	0.45
25～100	75～1300	0.40	0.45
125～200	375～1600	0.33	0.35
260～300	780～1900	0.26	0.30

注:①表中通用值系目前采用的住宅需要系数值,推荐值是为计算方便而提出,仅供参考。

②住宅的公用照明及公用电力负荷需要系数,一般可按 0.8 选取。

③当每户用电负荷标准大于 4kW 时,可按二者之间的比值计算户数。如某户用电负荷为 8kW,则可折算成 2 个基本户进行计算。

4. 计量方式

(1)计量电能表应按当地供电部门的有关规定安装。电能表的选型应满足供电部门的计量要求。

(2)为了维护检修及抄表方便,电能表宜相对集中安装。多层住宅可以安装在单元首层、地下一层或分层安装,高层(超高层)住宅宜在各层集中或分区安装。采用表具自动抄送数据远传系统的电能表,安装位置可不作规定,由各工程设计单位根据实际情况及当地供电部门的要求确定。

(3)电能表箱安装在公共场所的,暗装箱底距地 1.5m;安装在电气竖井内的电能表箱宜明装,箱的上沿距地不宜超过 2.0m。应用 380/220V 三相电

源供电应安装三块单相电能表

5. 住宅小区

(1)进行住宅小区设计时，应根据小区的规模、各楼栋的分布情况、当地供电部门的有关规定合理确定变电所的数量、位置。

(2)一般情况下，变电所内变压器不宜超过两台，单台变压器容量不宜大于1250kVA。变电所至楼栋的距离不宜大于150m。变电所不应设在住户的正下方或贴邻。

(3)为维护、检修方便，小区内供电干线宜采用穿管(管块)，设人孔井的方式敷设。

(4)住宅小区宜设置小区管理总控制室，大型住宅小区可按管理需要分区设置控制室，各楼的报警、控制信号及相关信息均传送至控制室。

(5)住宅小区内应设置道路照明，宜设置景观照明。小区道路照明及景观照明宜采用专用配电箱供电，路灯间距可视路灯形式确定，一般为10～20m(杆式路灯间距可大些，矮柱式路灯间距可小些)。路灯接地宜采用TT系统。

(6)住宅小区各弱电系统室外管线宜采用同一路由。

(7)住宅小区应根据管理模式，预留不少于两家运营商所需的接入系统设备空间。

(8)住宅小区有线电视系统按用户终端数量分为4类：A类(10000户以上)、B类(2001～10000户)、C类(301～2000户)、D类(300户以下)。系统接收设备宜在分配网络的中心部位，宜设在建筑物首层或地下一层；每2000个用户宜设置一个子分前端；每500个用户宜设置一个光节点，并应留有光节点光电转换设备间，用电量可按2kW估算。当系统规模较大、传输距离较远时，宜采用光纤及同轴电缆混合传输方式，也可根据需要采用光纤到楼(户)的传输方式。

6. 防雷与接地

(1)高度超过100m的住宅建筑和年预计雷击次数大于0.3的住宅建筑，按第二类防雷建筑物采取防雷措施：19层及以上的住宅建筑和年预计雷击次数大于或等于0.06且小于或等于0.3的住宅建筑，按第三类防雷建筑物采取防雷措施。

(2)采用TT、TN-C-S或TN-S接地方式，并进行总等电位连结，带淋浴的卫生间做局部等电位连结。

7. 电气设备用房及竖井设置

(1)强电配电间作为外电源引入及向楼内各用电点配电的场所，宜设在高层住宅建筑的中间部位。

(2)弱电设备间是建筑物内放置弱电设备(网络、电话、有线电视、安全防范等系统设备)的房间,宜设在楼座的中间部位。

(3)强电竖井是配电线路的纵向通道。

(4)弱电竖井是弱电系统线缆的纵向通道。

(5)强电竖井和弱电竖井宜分开设置,当条件受限时也可统一设置,但强电设备及线缆与弱电设备及线缆宜布置在竖井的两端,在同一面墙上布置时应留有500mm的距离。

(6)设备间和竖井面积应按具体工程情况及设备和线缆数量确定。

(7)未设电气设备用房、电气竖井的多层住宅楼,弱电设备及配电设备可设在一层或地下一层各单元楼梯间。

8. 设计注意事项

(1)各地供电部门对住宅供配电均有相关规定,设计时应了解当地供电部门的规定,避免设计因不满足地方规定而造成设计修改或返工。

(2)户内配照明电箱及住户配线箱,设于离户门较近且便于操作及维护的地方,不应设在卧室内。

(3)柜式空调器预留电源插座应设剩余电流保护断路器。

(4)空调、洗衣机、电热水器等专用电源插座宜采用带开关的三孔电源插座。

(5)厨房电源插座不应设在炉灶及洗池正上方,并注意设置高度,避开可能安装排油烟机、吊柜的区位。

(6)卫生间电源插座设在2区以外,淋浴喷头上方设电源插座或接线盒时,距地不应低于2.3m,并加设防溅盖。

(7)卫生间电源插座不宜安装在手盆正上方的墙面上。

(8)卫生间控制开关宜设于卫生间门外。

(9)厨房、卫生间选用防溅水型电源插座。

三、住宅建筑智能化

居住建筑智能化系统设计应符合《智能建筑设计标准》GB/T50314—2006的规定和要求。

1. 一般规定

住宅、别墅等住宅建筑智能化系统的功能及基本配置的一般规定如下:

(1)功能:

①应体现以人为本、做到安全、节能、舒适和便利;

②应符合构建环保和健康的绿色建筑环境的要求；

③应推行对住宅建筑的规范化管理。

(2)基本配置：宜配置智能化集成系统；宜配置通信接入系统；宜配置电话交换系统；宜配置信息网络系统；宜配置综合布线系统；宜配置有线电视系统及配置公共广播系统；配置物业信息运营管理系统；宜配置建筑设备管理系统；火灾自动报警系统应符合现行国家防火规范的规定；安全技术防范系统应符合现行国家标准《安全防范工程术规范》GB 50348 的有关规定。

住宅建筑智能化系统配置，见表 5－18。

表 5－18　　　住宅建筑智能化系统配置选项

<table>
<tr><th colspan="2">智能化系统</th><th>住宅</th><th>别墅</th></tr>
<tr><td colspan="2">智能化集成系统</td><td>☆</td><td>☆</td></tr>
<tr><td rowspan="11">信息设施系统</td><td>通信接入系统</td><td>★</td><td>★</td></tr>
<tr><td>电话交换系统</td><td>☆</td><td>☆</td></tr>
<tr><td>信息网络系统</td><td>☆</td><td>★</td></tr>
<tr><td>综合布线系统</td><td>☆</td><td>★</td></tr>
<tr><td>室内移动通信覆盖系统</td><td>☆</td><td>☆</td></tr>
<tr><td>卫星通信系统</td><td>—</td><td>—</td></tr>
<tr><td>有线电视及卫星电视接收系统</td><td>★</td><td>★</td></tr>
<tr><td>广播系统</td><td>☆</td><td>☆</td></tr>
<tr><td>信息导引及发布系统</td><td>★</td><td>★</td></tr>
<tr><td>其他相关的信息通信系统</td><td>☆</td><td>☆</td></tr>
<tr><td rowspan="5">信息设施系统</td><td>物业运营管理系统</td><td>★</td><td>★</td></tr>
<tr><td>信息服务系统</td><td>★</td><td>★</td></tr>
<tr><td>智能卡应用系统</td><td>☆</td><td>☆</td></tr>
<tr><td>信息网络安全管理系统</td><td>☆</td><td>☆</td></tr>
<tr><td>其他业务功能所需的应用系统</td><td>☆</td><td>☆</td></tr>
<tr><td colspan="2">建筑设备管理系统</td><td>☆</td><td>☆</td></tr>
</table>

续表

<table>
<tr><th colspan="3">智能化系统</th><th>住宅</th><th>别墅</th></tr>
<tr><td colspan="3">智能化集成系统</td><td>☆</td><td>☆</td></tr>
<tr><td rowspan="8">公共安全系统</td><td colspan="2">火灾自动报警系统</td><td>☆</td><td>☆</td></tr>
<tr><td rowspan="7">安全技术防范系统</td><td>安全防范综合管理系统</td><td>☆</td><td>☆</td></tr>
<tr><td>入侵报警系统</td><td>★</td><td>★</td></tr>
<tr><td>视频安防监控系统</td><td>★</td><td>★</td></tr>
<tr><td>出入口控制系统</td><td>★</td><td>★</td></tr>
<tr><td>电子巡查管理系统</td><td>★</td><td>★</td></tr>
<tr><td>汽车库(场)管理系统</td><td>☆</td><td>☆</td></tr>
<tr><td>其他特殊要求技术防范系统</td><td>☆</td><td>☆</td></tr>
<tr><td rowspan="10">机房工程</td><td colspan="2">信息中心设备机房</td><td>☆</td><td>☆</td></tr>
<tr><td colspan="2">数字程控电话交换机系统设备机房</td><td>☆</td><td>☆</td></tr>
<tr><td colspan="2">通信系统总配线设备机房</td><td>★</td><td>★</td></tr>
<tr><td colspan="2">智能化系统设备总控室</td><td>☆</td><td>☆</td></tr>
<tr><td colspan="2">消防监控中心机房</td><td>★</td><td>★</td></tr>
<tr><td colspan="2">安防监控中心机房</td><td>★</td><td>★</td></tr>
<tr><td colspan="2">通信接入设备机房</td><td>★</td><td>★</td></tr>
<tr><td colspan="2">有线电视前端设备机房</td><td>★</td><td>★</td></tr>
<tr><td colspan="2">弱电间(电信间)</td><td>☆</td><td>☆</td></tr>
<tr><td colspan="2">其他智能化系统设备机房</td><td>☆</td><td>☆</td></tr>
</table>

注:☆表示宜配置;★表示需配置。

2. 设计要点

住宅、别墅等居住建筑智能化系统设计要点如下。

(1)住宅智能系统设计要点:

①住宅配置应符合的要求是:应配置家居配线箱。家居配线箱内配置电话、电视、信息网络等智能化系统进户线的接入点。住户配线箱(DD)接线示意图,如图 5－7 所示。应在主卧室、书房、客厅等房间配置相关信息端口。

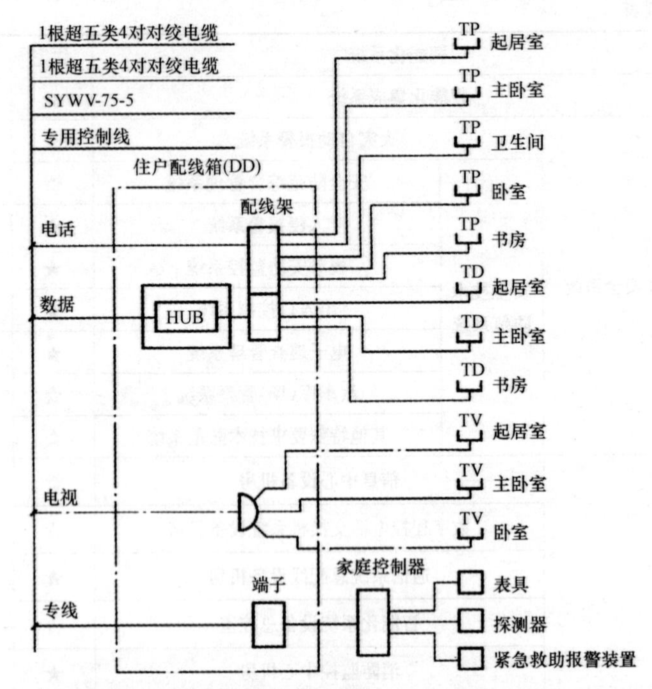

注：(1)本图为家庭控制器采用专线控制网络。

(2)提高型(2A)康居住宅楼接入一条外线，可加集线器(HUB)，数据插座安装在起居室、主卧室、次卧室、书房，或根据建设方需求设计。

(3)居室内应采用 RJ45 标准信息插座式电话出线盒，室内电话线宜采用放射方式敷设。

(4)电话通信插座的设置数量应有一定的超前性，各户起居室、主卧室、书房、主卫生间均应装设电话出线盒。康居住宅应设置二对及二对以上的外线。

(5)电话出线盒一般底边距地 0.3m 暗装，卫生间、厨房的电话出线盒底边距地 1.0～1.2m 暗装。

(6)一条外线可接几个分机应以当地电信部门的规定为准，一般不应超过 3 个。

图 5－7　住户配线箱(DD)接线示意图

②住宅(区)宜配置水表、电表、燃气表、热能(有采暖地区)表的自动计量、抄收及远传系统，并宜与公用事业管理部门系统联网。

③宜建立住宅(区)物业管理综合信息平台。实现物业公司办公自动化系统、小区信息发布系统和车辆出入管理系统的综合管理。小区宜应用智能卡系统。

④安全技术防范系统的配置不宜低于现行国家标准《安全防范工程技术规范》GB 50348 中有关提高型安防系统的配置标准。

(2)别墅:别墅智能化系统设计要点如下:

①宜配置智能化集成系统。

②地下车库、电梯等宜配置室内移动通信覆盖系统。

③宜配置公共服务管理系统。

④宜配置智能卡应用系统。

⑤宜配置信息网络安全管理系统。

⑥别墅配置应符合的要求是:应配置家居配线箱和家庭控制器;应在卧室、书房、客厅、卫生间、厨房配置相关信息端口;应配置水表、电表、燃气表、热能(有采暖地区)表的自动计量、抄收及远传系统,并宜与公用事业管理部门系统联网。

⑦宜建立互联网站和数据中心,提供物业管理、电子商务、视频点播、网上信息查询与服务、远程医疗和远程教育等增值服务项目。

⑧别墅区建筑设备管理系统应满足的要求是:应监控公共照明系统;应监控给水排水系统;应监视集中空调的供冷/热源设备的运行/故障状态,监测蒸汽、冷热水的温度、流量、压力及能耗,监控送排风系统。

⑨安全防范技术系统的配置不宜低于国家现行标准《安全防范工程技术规范》GB 50348 先进型安防系统的配置标准,并应满足的要求是:宜配置周界视频监视系统,宜采用周界入侵探测报警装置与周界照明、视频监视联动,并留有对外报警接口;访客对讲门口主机可选用智能卡或以人体特征等识别技术的方式开启防盗门;一层、二层及顶层的外窗、阳台应设入侵报警探测器;燃气进户管宜配置自动阀门,在发出泄漏报警信号的同时自动关闭阀门,切断气源。

3. 住宅建筑智能化系统设计

住宅建筑智能化系统设计类别和技术要求如下:

(1)信息设施系统。信息设施系统类别和技术要求见表 5-19。

(2)公共安全系统。其技术要求如下:

①火灾报警系统应与访客对讲系统、出入口控制系统进行连锁控制,火灾时疏散出口的门应能随时开启。

②安全防范系统。住宅建筑(小区)的安全防范,主要有周界安全防范、公共区域安全防范、家庭安全防范、小区安防监控中心等内容。以下主要介绍家庭安全防范。

表 5－19 信息设施系统类别和技术要求

类 别	技术要求
电话交换系统	①电话交换系统应满足住户多媒体及计算机数据通信的要求 ②电话进户线宜在家居配线箱(HDD)内做转接点,便于系统维护、检修 ③室内宜采用 RJ45 标准信息插座式电话出线盒,室内电话线宜采用放射式敷设 ④各户起居室、卧室、书房、卫生间均宜装设电话出线盒 ⑤卫生间内电话出线盒底距地 1.0～1.2m 暗装
有线电视系统	①宜采用双向传输系统,设备、缆线宜按双向传输性能指标设计 ②用户分配系统宜采用分配-分支、分支-分配、集中分支分配等方式 ③不应将分配线路的终端直接作为用户终端 ④分配分支设备的空置端口和分支器的末端,均应终接 75Ω 负载电阻 ⑤有线电视进户线宜在家居配线箱(HDD)内做分配点,以便于系统维护、检修 ⑥电视出线口的设置数量应有一定的超前性,各起居室、卧室均应装设电视出线盒 ⑦居室内应采用标准插接式电视出线盒 ⑧住宅建筑有线电视系统的同轴电缆宜穿金属导管敷设
计算机网络	①计算机网络进户线宜在家居配线箱(HDD)内做 CP 点,便于系统维护、检修 ②应采用标准 KJ45 插接式数据插座 ③数据插座数量的设置应有一定的超前性,各户宜在起居室、书房装设数据出线盒 ④通常情况下,每户接入一条外线
表具数据自动抄收及远传	①可根据建设方的管理要求设置表具数据自动抄收及远传系统 ②表具数据自动抄收及远传系统传输方式宜采用有线控制网络传输。进户线宜在家居配线箱(HDD)内设转接点,便于系统维护、检修 ③专网总线表具数据自动抄收及远传系统设计要点如下: a. 专网总线表具数据自动抄收及远传系统宜由表具、采集终端、传输设备、集中器、管理终端、备用电源组成。 b. 该系统所有设备之间的连线均为专用管路。当总线的传输距离超过一定值(具体参数随产品而定)时,需加装中继器,对信号进行放大和过滤,以确保数据精度。 c. 采集箱设于弱电专用采集箱内,此箱可置于弱电竖井或公共走道部位,采集箱需提供 AC220V 电源。 d. 采集终端、集中器可连接耗能表的数量根据产品型号确定 e. 集中器安装在弱电竖井或公共走道内,集中器与管理中心用专网总线联络

a. 紧急求助报警系统。在住户室内安装紧急求助报警装置,该装置设在便于操作的地方,操作应简单、可靠,防拆卸、防损坏,小区安防监控中心能实

时处理和记录报警事件。

b. 访客对讲系统。在住宅楼入口处(首层人口、地下室入口)安装防护门和语音(可视)对讲装置,实现访客与住户的对讲。住户可通过室内分机控制开启入口处的防护门,防止非法人员进入住宅楼内。

访客对讲系统主机安装在单元防护门上或墙体主机预埋盒内。主机应具有门控及与住户室内分机对讲等功能,主机应配置不间断电源装置。

每户一般应设立一部室内分机,挂墙安装在过厅或起居厅内,室内分机宜具有防灾、防盗报警信号接口。

c. 入侵报警系统。在住户室内安装入侵报警探测器时,探测器的保护范围、稳定性、隐蔽性应满足使用要求,小区安防监控中心应能实时处理和记录报警事件

第六章　学校建筑照明

第一节　教学楼照明

教学楼照明的目的是为老师和学生在视觉上能够提供良好的光照环境，满足学生和老师的视觉作业要求，保护视力，提高教学和学习效率。

学校照明除应满足视觉作业要求外，还要做到安全、可靠、方便维护与检修，并与环境协调一致。

一、教学楼照明的一般要求

教学楼照明的一般要求如下：

(1)教室设有固定黑板时，应装设黑板照明，黑板照明灯应采用非对称配光的灯具，灯具排列宜与黑板平行，且黑板上的垂直照度值不宜低于教室的平均水平照度值。黑板与照明灯具位置关系见表 6－1。黑板灯反射眩光控制示意，如图 6－1 所示。

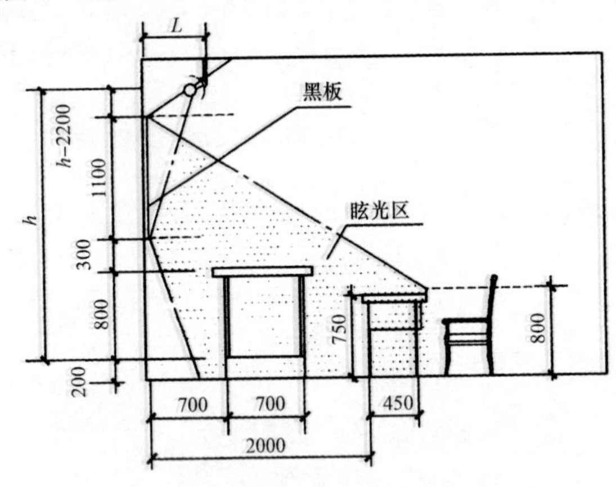

h. 黑板灯距地面高度；L. 黑板灯距黑板的水平距离

图 6－1　黑板灯反射眩光控制示意图

表 6-1　黑板与照明灯具位置关系

灯距黑板的水平距离 L(m)	0.4	0.53	0.37	0.8	0.95	1.09	1.23	1.37	1.5	1.65
黑板灯距地面高度 h(m)	2.3	2.5	2.7	2.9	3.1	3.3	3.5	3.7	3.9	4.1

(2)用于晚间学习的教室的平均照度值宜较普通教室高一级，日照度均匀度不应低于 0.7。

(3)学校教室照明，主要应注意荧光灯的长轴应平行于学生的主视线，并与黑板垂直。灯具与桌面的垂直距离不宜小于 1.7m。

(4)光学实验室、生物实验室一般照明照度宜为 100～200lx，实验桌上应设置局部照明。

(5)视听室不宜采用气体放电灯，视听桌上除设有电源开关外宜设有局部照明。供盲人使用的书桌上宜设有安全型电源插座。

(6)普通教室及合班教室的前后墙上应各设两组电源插座。物理实验室、视听室、光学实验室、生物实验室等照明及电源插座的布置及控制应与工艺配合。物理实验室讲桌处应设三相 380V 电源插座。

(7)教室照明的控制应沿平行外窗方向顺序设置开关，黑板照明开关应单独装设。走廊照明开关的设置宜在上课后关掉部分灯具。

(8)教室和非教室的照明线路应分设不同支路。教室照明线路支路控制范围不宜过大，以 2～3 个教室为宜。教室内电源插座与照明用电应分设不同支路。语音、微型电子计算机教室宜采用地面线槽配线。

(9)在多媒体教学的报告厅、大教室等场所，宜设置供记录用的照明和非多媒体教室使用的一般照明，且一般照明宜采用调光方式或采用与电视屏幕平行的分组控制方式。

(10)各实验室内教学用电应设专用线路。实验室内试验台上的配电回路，应采用带过电流保护的剩余电流动作低压断路器。

(11)演播室的演播区，垂直照度宜在 2000～3000 lx，文艺演播室的垂直照度可为 1000～1500 lx。演播用照明的用电功率，初步设计时可按 0.3～0.5kW/m^{2}估算。当演播室高度小于或等于 7m 时，宜采用轨道式布灯；当高度大于 7m 时，可采用固定式布灯形式。演播室的面积超过 200m^{2}时，应设置疏散照明。

二、普通教学楼的照明

1. 照明标准

在学校建筑电气照明设计中，应根据使用性质、功能要求和使用条件，按不同标准采用不同照度值。照明标准值应符合现行国家标准《建筑照明设计标准》GB 50034—2004 学校建筑照明标准值的规定。

(1)学校建筑国内外照度标准值,见表 6-2。

表 6-2 学校建筑国内外照度标准值(单位:lx)

房间或场所	中国国家标准 GB50034—2004	CIES 008/E—2001	美国 IESNA—200	日本 JISZ9110—1979	德国 DIN50035—1990
教室	300	300 500(夜校、成人教育)	500	200～750	300 500
实验室	300	500	500	200～750	500
美术教室	500	500 750	500	—	500
多媒体教学	300	500	—	—	500
教室黑板	500	500	—	—	—

(2)科研、教育场所照明标准值,见表 6-3。

表 6-3 科研、教育场所照明标准值(JGJ16—2008)

房间或场所	维持平均照明(lx)	统一眩光值(UGR_L)	显色指数
幼儿教室、手工室	300	19	80
成人教室、晚间教室	500	19	80
学生活动室	200	22	80
健身教室、游泳馆	300	22	80
音乐教室	300	19	80
艺术学院的美术教室	750	19	80
手工制图	750	19	80
CAD 绘图	300	16	80
检验化验室	500	19	80
图书音像展厅	500	22	80

(3)学校、图书馆部分国际照明标准,见表 6-4。

表 6-4 学校、图书馆国际照明委员会照明标准(CIES 008/E—2001)

室内作业或活动种类	E_m(lx)	UGR_L	R_a	备 注
教 育 建 筑				
幼儿园房间	300	19	80	
托儿所教室	300	19	80	
托儿所手工室	300	19	80	
教室	300	19	80	必须可控光
夜校教室、成人教育教室	500	19	80	
讲座厅	500	19	80	必须可控光
黑板	500	19	80	防止镜面反射
示范桌	500	19	80	在讲座厅 750 lx
艺术、手工教室	500	19	80	
艺术学校艺术室	750	19	80	$T_{cp}>5000k$
工程制图室	750	16	80	
实践室、实验室	500	19	80	
教学实习工场	500	19	80	
音乐练习室	300	19	80	
计算机上机室	500	19	80	
语言实验室	300	19	80	
准备室、讨论室	500	22	80	
学生公共室、集合厅	200	22	80	
教师办公室	300	22	80	
图 书 馆				
书架	200	19	80	
阅读区域	500	19	80	
柜台	500	19	80	

2. 光源

教室照明推荐采用细管荧光灯 36W 直管型,其光效高、光色好、亮度低,易满足照度均匀度的要求。

3. 灯具的选择

宜采用有一定保护角、效率不低于 75%的开启式配照型灯具。

宜采用蝠翼型光强分布特性的灯具,它要比余弦光强分布的灯具能减少光幕反射区及眩光区的光强分布,降低了眩光,特别是光幕反射的干扰,增大了有效区的光强分布,使灯具输出光通的有效利用率大大提高。

不宜采用带有高亮度或全镜面控光罩类的灯具。普通教室面积不大,宜采用单管荧光灯具,较容易做到照度均匀和节能。

4.灯具的布置

灯具的布置视教室的大小和课桌的排列方向来定,一般灯具的长轴方向与学生视线方向平行布置,它有如下优点:

(1)照度均匀,光幕反射轻;

(2)对保护角小的灯具,可减少直射眩光;

(3)设置灯光与天然光的投射方向一致,作为辅助照明效果好,并能避免产生阴影;

(4)灯具方位与学生主视线方向相同,空间方向感好,并容易把注意力集中到黑板上;

(5)亮度分布要均匀合理。灯具挂高对照明效果有一定影响。为了保证均匀度,应使距高比(L/h)不大于所用灯具的最大允许距高比(A—A、B—B两个方向均应分别校验)。如果不能满足上述条件,可调整布灯,或换灯具来满足。

5.黑板照明

教室内如果仅设置一般照明,黑板的垂直照度会很低,均匀度也差。因此对黑板应设置专用灯具来照明,其照明要求是:

(1)宜采用具有非对称光强分布特性的专用灯具,其光强分布如图6-2所示。灯具在学生一侧保护角宜大于40°,使学生不会感到直接眩光。

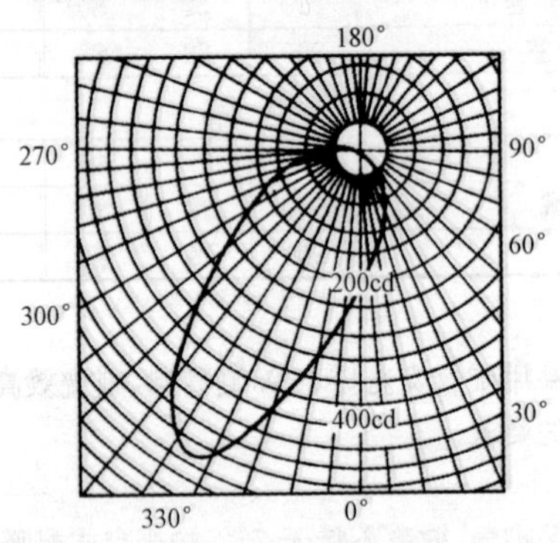

图6-2　黑板照明灯具非对称光强分布图

(2)黑板照明不应对教师产生直接眩光,也不应对学生产生反射眩光。在设计时,应合理确定灯具的挂高及与黑板墙面的距离。如图6-3示出了教师、学生、黑板与灯具之间的关系。

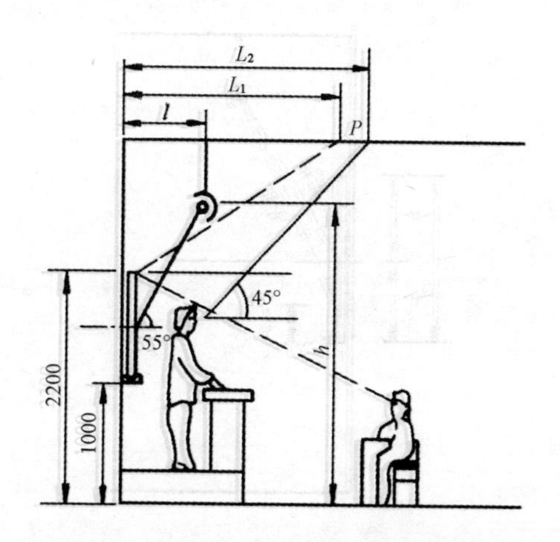

h. 光源距地面高度(m);L. 光源距装黑板的墙面距离(m)

图 6 - 3　教师、学生、黑板与灯具之间关系

由图 6 - 3 所示可得到以下布灯原则:

①为避免对学生产生反射眩光,黑板灯具的布灯区为:第一排学生看黑板顶部,并以此视线反射到顶棚求出映像点距离 L_1,以 P 点与黑板顶部作虚线连接,如图 6 - 3 所示,灯具应布置在该连接虚线以上区域内。

②灯具不应布置在教师所站的讲台上,其水平视线 45°仰角以内位置,否则会对教师产生较大的直接眩光。

黑板照明灯具位置,可参考表 6 - 5 确定。

表 6 - 5　　黑板照明灯具位置确定(m)

地面至光源距离 h	2.6	2.7	2.8	3.0	3.2	3.4	3.6
光源距装黑板的墙距离 l	0.6	0.7	0.8	0.9	1.1	1.2	1.3

(3)黑板照明灯具光轴瞄准点,一般可取在黑板水平中心线上,为提高黑板照度均匀度,灯具光轴瞄准点宜下移到 1/3 处,如图 6 - 4 所示。为满足提高黑板照度均匀度要求,黑板照明灯宜采用现场可调灯具,以便灵活地调整、使用。

(4)黑板照明灯具数量,可参考表 6 - 6 进行选择。

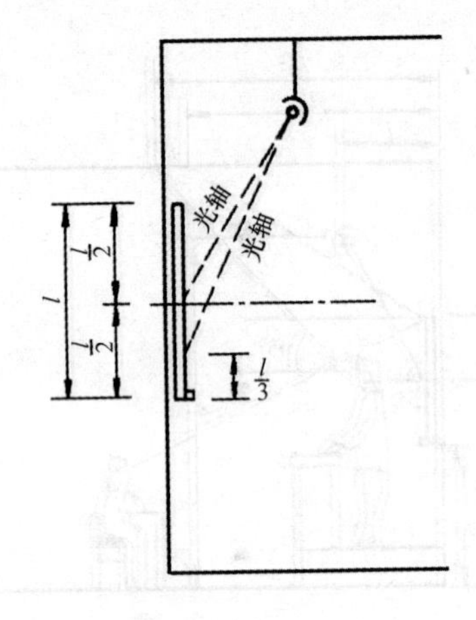

l. 黑板高度

图 6-4 灯具光轴瞄准点与黑板关系图

表 6-6 黑板照明灯具数量选择参考表

黑板宽（m）	30～36W 单管专用荧光灯(套)
3～3.6	2
4～5	3

6. 室内装修

(1)教室内各表面应采用浅色装修，宜用无光泽材料，其各表面反射系数值可参考表 6-7 进行选择。

表 6-7 教室内各表面反射系数值

表面名称	反射系数(%)	表面名称	反射系数(%)
顶棚	70～80	侧墙、后墙	70
前墙	50～60	课桌面	35～50
地面	20～30	黑板面	15～20

(2)各表面颜色如下：

顶棚：白色。

墙面：高年级教室为浅蓝、浅绿、白色等；

低年级教室为浅黄、浅粉红色等；

成人用教室为白色、浅绿色等。

地面:不刺眼、耐脏的颜色。

黑板:无光的绿色。

三、电化教室的照明

1. 大型视听电化教室

课桌的排列一般为矩形、多边形或扇形,通常为200人左右。

照明灯具的布置,一般采用贴顶安装或嵌入式暗装,方形或方形组合布置。当采用光带式布置时,其光带轴线应与外墙平行,使灯光与天然采光保持一致方向,以避免阴影及不舒适的眩光。电化教室的照度要比普通教室提高1.3～1.6倍。并应注意以下几点:

(1)避免高亮度落在示教电视荧光屏上;

(2)避免反射光照射到荧光屏上;

(3)背景与图像的亮度要求不大于3∶1;

(4)学员做笔记所需的局部照明。

光源以采用白炽灯为好,少用或不用气体放电灯。当采用气体放电灯时,应有可靠的屏蔽措施,以免对教学设备产生干扰。室内应设遮光幕布,最好采用遥控方式。对灯光应设调光装置,以调节亮度,并适当划分控制回路范围。

教学设备通常有:教学控制台、投影仪、电影放映机、电子计算机、幻灯机、录音机、电视机、录放机、分析显示设备等。应在设备附近提供电源插座。教室出入口应设标志灯。

2. 普通视听电化教室

普通视听电化教室与普通教室相似,其特点是教学设备齐全,有多种教学功能与手段,通常容纳学生40～60人。除设有讲台、课桌、黑板外,尚设有放映幕、放映机、监视器等设备,应为这些设备提供电源。照明应均匀布置。

3. 视听礼堂

视听礼堂面积较大,可供100～500人使用,包括阶梯大教室、学术报告厅、大型视听的电化教室,是大规模集中教学的场所,在那里可观看教学影片、实验演示、报告、进行中小型会议及其他活动。

(1)用电设备:由于视听礼堂是多功能教学和大型集会的场所,用电设备较多,设备容量较大,主要有:电影放映设备、大屏幕投影系统、录放像系统、广播音响系统、同声传译系统、电视转播与闭路电视系统、功能服务设备系统。

(2)照明:应满足厅堂多种功能所需的照明,并考虑记录、阅读文件的照明。照度标准较其他教室应适当提高。并且应设置：厅堂应有调光装置，以满足不同功能的需要；

宜采用混合照明；应选择适当的控制点；

应设置安全出口标志照明；

应设地面接线盒，提供临时移动设备的电源；要考虑照明的维修。

4. 语言教室

为了提高语言教学质量，有必要设置专用的语言教室。语言教室是装有语言教学设备，专供学生学习语言（外国语、民族语）使用的教室，其作用是帮助学生在学习语言过程中进行听力、口语或翻译训练，以提高使用能力。

(1)语言教室按功能划分主要有3点：

①听音型：教师播放教材，学生利用室内扩音设备或戴耳机收听；

②听说型：学习时学生听到教师的个别辅导，教师也可选听个别学生的读诵；

③听说对比型：教师可同时播放数种不同教材，学生可任选其中一种收听或录音，并可将自己的模仿练习的声音与录音教材进行对比并不断纠正自己的发音。

以上3种除第一种可在普通教室进行外，后两种要求在专用的语言教室内进行。

(2)语言教室的平面布置：布置形式以双人连桌且两侧有纵向走道为宜；也可采用3人或4人连桌布置形式。在教室内设置控制台时，第一排语言学习桌前沿距前墙以3m为宜，前后排语言学习桌净距离不应小于0.650m。教室后部横走道不宜小于0.6m。

横向间距要求：纵向走道不宜小于0.6m；桌端与墙面不应小于0.6m。

控制台设于教室前方的讲台上，便于使用常规教具；若将控制台设于独立控制室内，其优点是有利于器材的保护和管理，还可避免将教室内的噪声传至送语器而影响语言清晰度。

5. 采光和照明

一般是天然采光和人工照明并用，以防止由于语言学习桌两侧隔板对自然光的遮挡而降低桌面照度。照明宜采用日光灯，并按垂直于黑板并使灯具的投射光线不应在桌面上产生隔板的阴影。一般照明可按普通教室提高1.3～1.5倍的照度。

四、学校建筑电气标准设计

1. 负荷分级与负荷密度

(1)科研院所、高等院校四级生物安全实验室等,对供电连续性要求极高的国家重点实验室为一级负荷中特别重要负荷。

(2)重要实验室(如生物培养等)为一级负荷。

(3)其余各类学校用电均为三级负荷。

(4)消防负荷分级按建筑所属类别考虑。

(5)中小学单位面积负荷密度,见表6-8。

表6-8　中小学单位面积负荷密度

<table>
<tr><th>名称</th><th>班级数</th><th>建筑面积合计(m²)</th><th>负荷估算(kW)</th><th>用电指标(W/m²)</th><th>变压器装置指标(VA/m²)</th></tr>
<tr><td rowspan="3">完全小学</td><td>12班</td><td>3569</td><td>71.4～107.1</td><td rowspan="12">20～30</td><td rowspan="12">25～40</td></tr>
<tr><td>18班</td><td>4684</td><td>93.7～140.5</td></tr>
<tr><td>24班</td><td>5812</td><td>116.2～174.4</td></tr>
<tr><td rowspan="3">九年制学校</td><td>30班</td><td>6912</td><td>138.2～207.4</td></tr>
<tr><td>18班</td><td>5500</td><td>110.0～165.0</td></tr>
<tr><td>27班</td><td>7328</td><td>146.6～219.8</td></tr>
<tr><td rowspan="3">初级中学</td><td>36班</td><td>9425</td><td>188.5～282.8</td></tr>
<tr><td>45班</td><td>11588</td><td>231.8～347.6</td></tr>
<tr><td>12班</td><td>4772</td><td>95.4～143.2</td></tr>
<tr><td rowspan="3"></td><td>18班</td><td>6379</td><td>127.6～191.4</td></tr>
<tr><td>24班</td><td>7972</td><td>159.4～239.2</td></tr>
<tr><td>30班</td><td>9605</td><td>192.1～288.2</td></tr>
</table>

2.供电电源及低压配电系统

(1)三级负荷用户的高压系统,可采用负荷开关加熔断器保护。

(2)根据用电容量,校园应设有变配电所。

(3)三级负荷对供电无特殊要求,可采用单回路供电。当向以三级负荷为主,有少量一、二级负荷的用户供电时,可设置仅满足一、二级负荷需要的自备电源。供电系统应简单可靠,同一电压供电系统的变配电级数不宜多于两级。低压侧电源接地应采用TN系统。

(4)普通教室及合班教室的前后墙上应各设置不少于1组电源插座(每组为1只单相2孔+1只单相3孔)。有电化教学要求的教室宜在教室的前墙上再增加一组电源插座。教学用房内电源插座与照明灯,应分开支路各自独立控制。

(5)中学物理、化学实验室应为教师演示台提供 AC220V 电源插座 2 组，学生实验台每 2 人 1 组 AC220V 电源插座。

(6)语音、计算机教室为教师讲台、学生课桌每人设置 1 组 AC220V 电源插座。

(7)多媒体教室采用集中控制电子讲台时，应为其提供 AC220V/10A 电源，并由讲台供电至投影仪和电动银幕。

(8)校区电源总进线处设电能计量总表，各幢建筑电源进线处设电能计量分表。

(9)校园内属低压供电的每幢建筑宜设置进线配电间。配电箱、配电柜宜安装在专用小间内，避免学生接触。

3. 照明系统

(1)应具备足够的照度，以降低学生的视觉疲劳，防止近视。

(2)学校建筑照明标准值，见表 6-2。

(3)学校建筑照明功率密度值不应大于表 6-9 的规定。当房间或场所的照度值高于或低于本表规定的对应照度值时，其照明功率密度值应按比例提高或折减。

表 6-9 学校建筑国内外照明功率密度值(单位：W/m^2)

房间或场所	中国国家标准 GB50034—2004			北京市绿照规程 DBJ01-607—2001	美国 ASHRAE/IESNA-90.1—1999	日本节能法 1999	俄罗斯 МГСН
	照明功率密度		对应照度(lx)				
	现行值	目标值					
教室、阅览室	11	9	300	13	17.22	20	20
实验室	11	9	300	—	19.38	20	25
美术教室	18	15	500	—	—	—	—
多媒体教学	11	9	300	—	—	30	25

(4)房间内各表面的反射系数值见表 6-10。

(5)学校照明光源主要采用直管荧光灯，色温在 3300～5300K，功率因数应大于 0.9；成组布置应采取防止频闪效应的措施。为了避免照明光源所引起的直接眩光，在有条件时，应采用带有保护角的灯具，不宜采用裸灯管。

表 6 - 10　反射系数值

表面名称	反射系数(%)	表面名称	反射系数(%)
顶　棚	70～80	侧墙、后墙	70～80
前　墙	50～60	课桌面	35～50
地　面	20～30	黑　板	15～20

(6)阶梯教室由于后排座位升高，设计时应注意前排灯的设置高度，不能使后排学生看黑板及银幕时产生眩光。阶梯教室照明灯具布置示意，如图 6 - 5和图 6 - 6 所示。

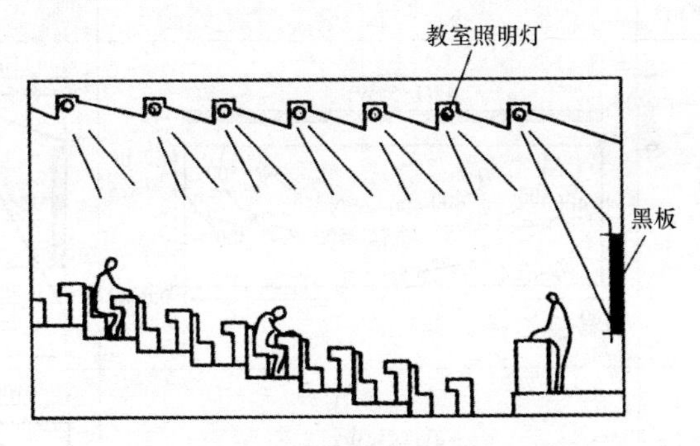

图 6 - 5　阶梯教室照明灯具布置示意图

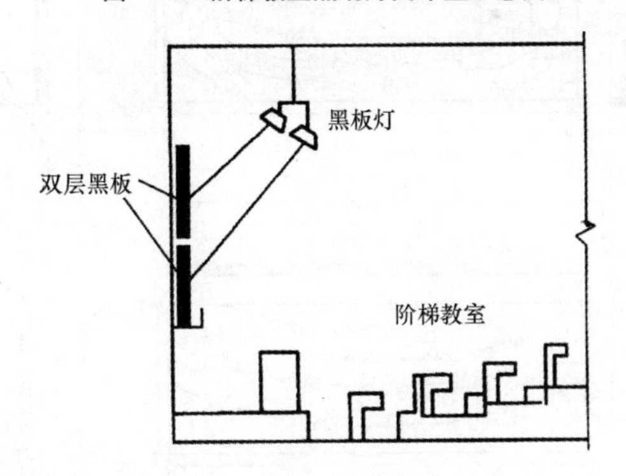

图 6 - 6　双层黑板照明示意图

(7)为了适应学生在上课时需要反复交替注视黑板(长视距)与阅读材料、记录笔记(短视距)，应处理好教室的亮度分布。

(8)教室照明灯具的排列宜平行于学生视线，靠近侧窗的灯具可采用非对称配光灯具，灯具与课桌的垂直距离不宜小于1.7m。在1.8m以下任何位置水平视野45°角范围内观察到的灯具表面亮度不宜超过5000cd/m²；当垂直视线布置灯具时，应采用格栅灯。应避免黑板反射眩光，宜采用非对称型照明曲线灯具。教室黑板照明方案，见表6-11。黑板照明灯安装方式，如图6-7所示。教室照明平面示例如图6-8～图6-11所示。

表6-11　黑板照明方案(500 lx)

黑板高度(m)	黑板宽度(m)	黑板照度分布图(lx)	剖面图
1.2	3.6～4.0	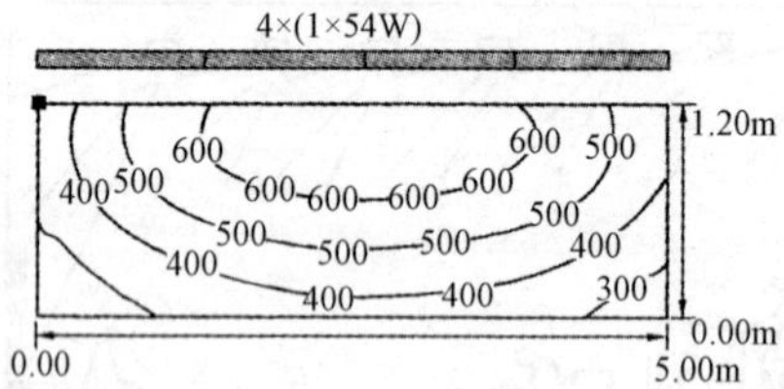 4×(1×54W) 1.20m 0.00m 0.00 5.00m 600 500 400 500 600 600 600 600 500 500 500 500 400 400 400 400 300	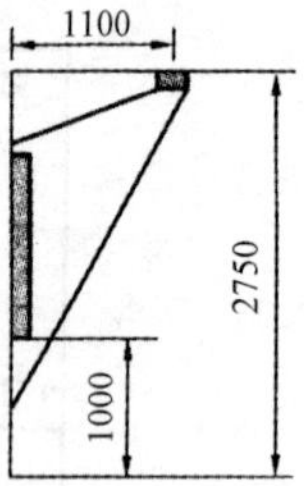 1100 2750 1000
1.2	4.0～6.0	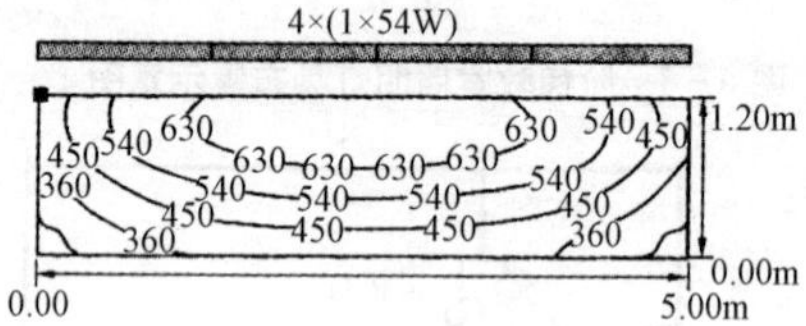 4×(1×54W) 1.20m 0.00m 0.00 5.00m 630 540 450 360 630 630 630 630 540 540 540 540 450 450 450 450 360 360	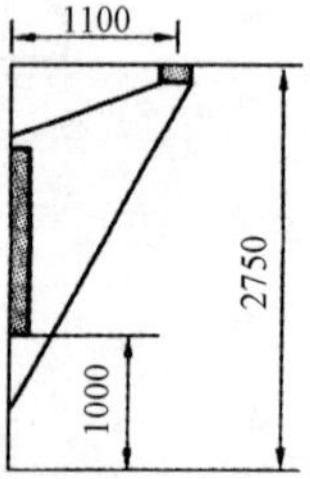 1100 2750 1000
2.2(阶梯教室)	4.0～6.0	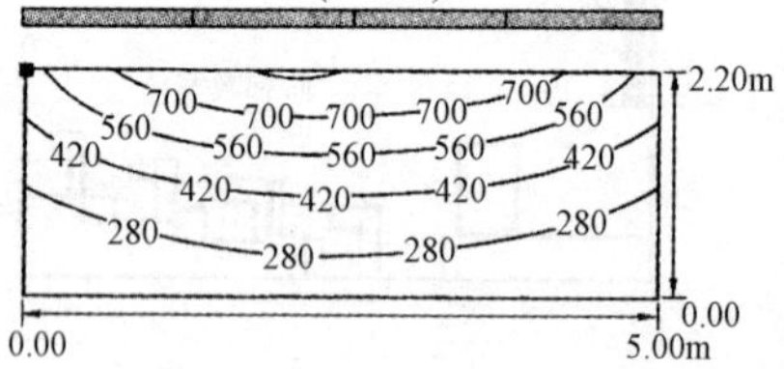 4×(1×54W) 2.20m 0.00 0.00 5.00m 700 700 700 700 700 560 560 560 560 560 420 420 420 420 420 280 280 280 280	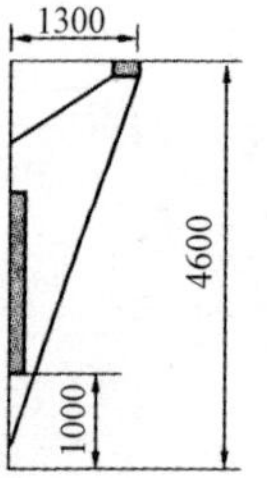 1300 4600 1000

注：本表参考T5，1×54W荧光灯黑板灯计算，光通量4450 lm，显色指数≥80。

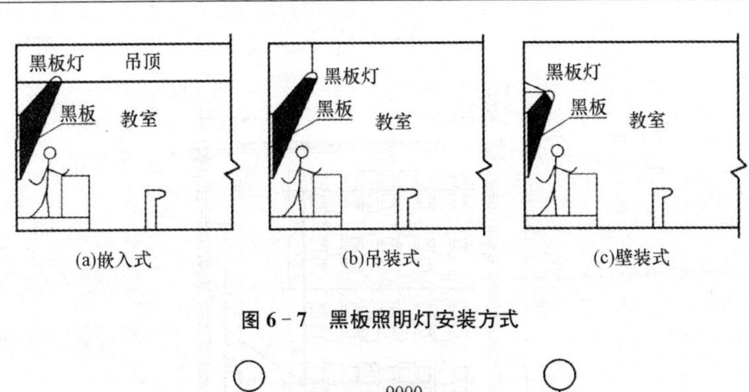

(a)嵌入式 (b)吊装式 (c)壁装式

图 6-7 黑板照明灯安装方式

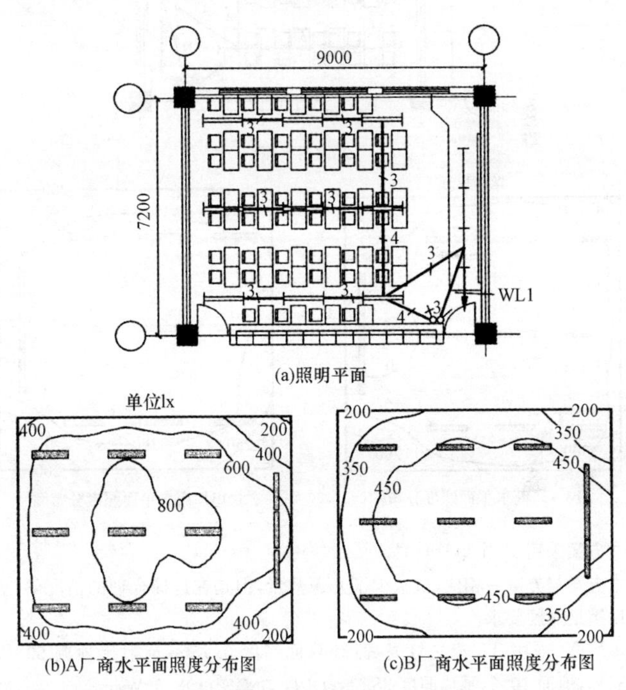

(a)照明平面

(b)A厂商水平面照度分布图 (c)B厂商水平面照度分布图

注:①本方案采用 3 个单管灯具+9 个双管灯具。

②当选择高效灯具及光源时,虽然数量相同,但实现的照度不同。

③A 厂商,采用 T8 荧光灯光源:计算面高度 0.75m;反射率顶棚 50%,墙壁 30%,地面 10%。平均照度 671 lx;*LPD*(功率密度)14.6W/m^2。

④B 厂商,采用 T8 荧光灯光源:计算面高度 0.85m;空间高度 3m,安装高度 3m,维护系数 0.80,平均照度 426 lx;*LPD*(功率密度)11.67W/m^2。

图 6-8 教室照明平面示例(一)

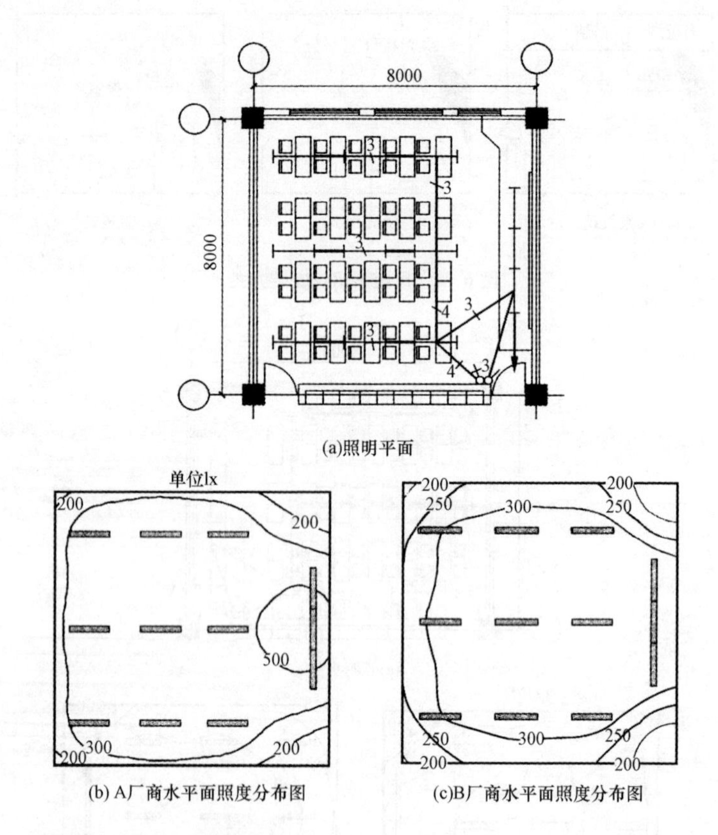

(b) A厂商水平面照度分布图　　(c)B厂商水平面照度分布图

注:①本方案采用12个单管灯具。

②本方案与方案一相比,虽减少了光源数量,但是在选择合理的情况下,仍然可以满足照度要求。

③A厂商,采用T8荧光灯光源:计算面高度0.75m;反射率顶棚50%,墙壁30%,地面10%,平均照度385 lx;*LPD*(功率密度)8.63W/m^2。

④B厂商,采用T8荧光灯光源;计算面高度0.85m;空间高度3m,安装高度3m,维护系数0.80,平均照度327 lx;*LPD*(功率密度)6.75W/m^2。

图6-9　教室照明平面示例(二)

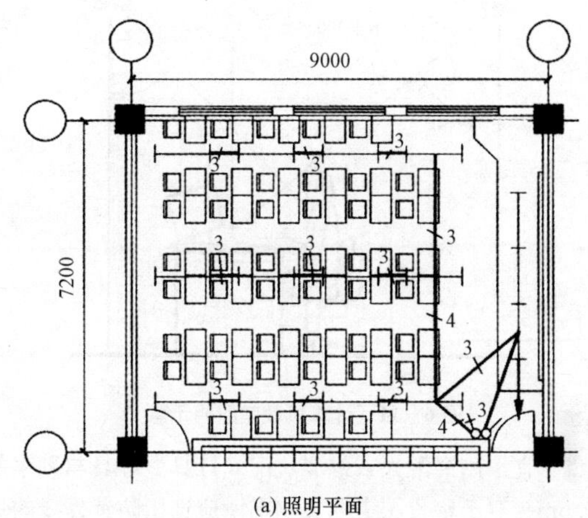

(a) 照明平面

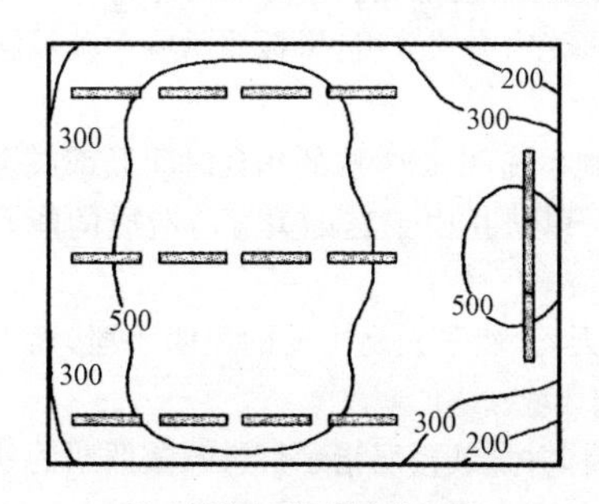

(b) A厂商水平面照度分布图

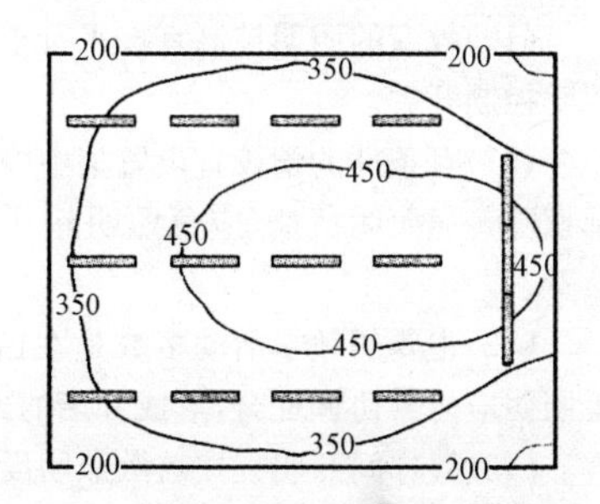

(c) B厂商水平面照度分布图

注:①方案采用 15 个单管灯具。

②本方案与方案二相比,单位照度有所增加,照度均匀度亦有提高。

③A 厂商,采用 T8 荧光灯光源:计算面高度 0.75m;反射率顶棚 50%,墙壁 30%,地面 10%,平均照度 463 lx;*LPD*(功率密度)10.6W/m^2。

④B 厂商,采用 T8 荧光灯光源:计算面高度 0.85m;空间高度 3m,安装高度 3m,维护系数 0.80,平均照度 397 lx;*LPD*(功率密度)8.33W/m^2。

图 6-10　教室照明平面示例(三)

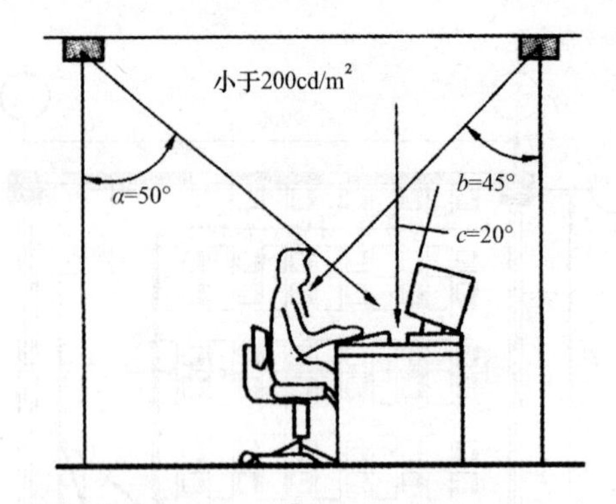

图 6-11 计算机教室照明示意

(9)书库照明宜采用窄配光或蝠翼式配光灯具。灯具与图书等易燃物的距离应大于 0.5m。对于珍贵图书和文物书库应选用防紫外线的灯具。

(10)教室的照明控制宜按平行于采光窗方式分组,黑板照明应单独设置照明控制开关。

(11)有条件的学校宜设置集中控制系统,根据学校的作息时间局部或全部切除普通照明负荷(应急照明除外),以防止由于忘记关灯所造成的能源浪费。

(12)主要的教学活动多数是在白天,天然采光是主要的照明手段,而人工照明应与其协调配合,形成和谐的光环境。

(13)楼梯间照明宜按疏散照明设计,并加装楼层指示灯。疏散照明的地面水平照度不宜低于 0.5 lx。

(14)疏散照明灯具宜设在墙面或顶棚上。安全出口指示标志宜设在出口的上部或两侧不低于 2m 处。疏散走道的指示标志宜设在疏散走道及其转交角处距地面 1.0m 以下的墙面上:走道疏散标志灯的间距不应大于 20m,幼儿园、中小学疏散指示灯的间距建议为 10m。当有无障碍设计要求时,应同时设有音响指示信号。应急照明蓄电池连续放电时间应不小于 30min。

(15)学校用体育训练建筑等级标准为丙级,应满足学校不同体育运动的要求,同时应做到减少阴影和眩光,节约能源,技术先进,经济合理,使用安全,维修方便。

(16)游泳池不应在水面上方布置灯具,可在周边池岸墙、柱设置投光灯具;池面照度参考值 E_h=300 lx、E_v=300 lx,并注意避免水面反射眩光。

(17)当运动场地采用气体放电灯光源时,应有克服频闪效应的措施;宜采用末端无功补偿措施，功率因数应大于 0.9。

4. 接地安全

各教育场所应采用安全型电源插座。幼儿活动场所电源插座设置不应低于 1.8m。实验设备独立设置的接地装置与建筑物防雷接地系统间应设有接地电位平衡器件。

五、学校建筑智能化系统设计要求和要点

(一)智能化系统设计要求

1. 信息设施系统

(1)各类学校根据需要设置综合布线、电话交换系统、通信接入系统、信息网络系统、广播系统、会议系统、信息发布系统、时钟电铃系统。

(2)普通教室应设有线电视系统、多媒体教学系统及校园广播系统。

(3)计算机教学学生课桌每人一组信息出口，教师讲台配置校园局域网信息出口，并设置连接投影仪的信息插座。

2. 信息化应用系统

学校建筑信息化应用系统配置，见表 6-12。

表 6-12　学校建筑信息化系统配置选项表

智能化系统		普通全日制高等院校	高级中学和高级职业中学	初级中学和小学	托儿所和幼儿园
智能化集成系统		☆	☆	☆	☆
建筑设备管理系统		★	☆	☆	☆
信息设备系统	通信接入系统	★	★	★	★
	电话交换系统	★	★	★	★
	信息网络系统	★	★	★	☆
	综合布线系统	★	★	★	★
	室内移动通信覆盖系统	★	☆	☆	☆
	有线电视及卫星电视接收系统	★	★	★	★
	广播系统	★	★	★	★
	会议系统	★	★	★	★
	信息导引及发布系统	★	★	★	★

续表 1

智能化系统			普通全日制高等院校	高级中学和高级职业中学	初级中学和小学	托儿所和幼儿园
信息设备系统	时钟系统		★	★	★	★
	其他相关的信息通信系统		☆	☆	☆	☆
信息化应用系统	教学视、音频及多媒体教学系统		★	★	☆	☆
	电子教学设备系统		★	★	★	★
	多媒体制作与播放中心系统		★	★	☆	☆
	教学、科研、办公和学习业务应用管理系统		★	☆	☆	☆
	数字化教学系统		★	☆	☆	☆
	数字化图书馆系统		★	☆	☆	☆
	信息窗口系统		★	☆	☆	☆
	资源规划管理系统		★	☆	☆	☆
	物业运营管理系统		★	★	★	☆
	校园智能卡应用系统		★	★	★	☆
	信息网络安全管理系统		★	★	★	☆
	指纹仪或智能卡读卡机电脑图像识别系统		☆	☆	☆	☆
	其他业务功能所需的应用系统		☆	☆	☆	☆
公共安全系统	火灾自动报警系统		★	★	☆	☆
	安全技术防范系统	安全防范综合管理系统	★	★	★	★
		周界防护入侵报警系统	★	★	★	★
		入侵报警系统	★	★	★	★
		视频安防监控系统	★	★	★	★
		出入口控制系统	★	★	★	☆

续表 2

智能化系统			普通全日制高等院校	高级中学和高级职业中学	初级中学和小学	托儿所和幼儿园
公共安全系统	安全技术防范系统	电子巡查系统	★	★	☆	☆
		停车库管理系统	☆	☆	☆	☆
机房工程	信息中心设备机房		★	★	★	★
	数字程控电话交换机系统设备机房		★	★	★	★
	通信系统总配线设备机房		★	★	★	★
	智能化系统设备总控室		☆	☆	☆	☆
	消防监控中心机房		★	★	☆	☆
	安防监控中心机房		★	★	☆	☆
	通信接入设备机房		☆	☆	☆	☆
	有线电视前端设备机房		★	★	★	★
	弱电间(电信间)		★	★	★	★
	其他智能化系统设备机房		☆	—	—	—

注:☆表示宜配置;★表示需配置。

3.建筑设备管理和公共安全系统

(1)各类学校根据建筑规模设置建筑设备监控系统、火灾自动报警及消防联动控制系统。

(2)各类学校根据要求,设置周界防护入侵报警系统、入侵报警系统、视频安防监控系统、出入口控制系统。

(二)智能化系统设计要点

1.托儿所和幼儿园智能化系统设计要点

(1)宜将学校外部的教育专网或公用通信网上宽带通信设备的光缆或铜缆线路系统引入校园内。

(2)小型电话交换机或集团电话交换机通信设备宜设置在专用的房间内。

(3)信息网络系统应考虑交换机、服务器和网络终端设备的配置,满足学校办公和多媒体教学的需求。

(4)校园小型有线电视系统应与当地有线电视网互联,并满足幼儿的电视教学。当校园地处边远地区时，宜配置卫星电视接收系统，满足校园单向卫星电视远程教学的需求。

(5)校园扩声系统应满足教师和幼儿对公共广播信息、音乐节目、晨操和各作息时间段的定时上下课播音的需求。

(6)信息发布及导引系统宜配置在学校的大门口处。

(7)儿童公用直线电话机宜配置在主体建筑底层进厅的公共部位。

(8)教学与管理业务信息化应用系统设置应满足下列要求：

①宜配置教学与管理评估视、音频观察系统。

②指纹识别仪或智能卡读卡机系统设备宜配置在校园主体建筑底层进厅或传达室处，并与联动系统服务器进行预置电脑图像识别对比。

2.初级中学和小学智能化系统设计要点

(1)宜配置教学与管理评估视、音频观察系统。

(2)指纹识别仪或智能卡读卡机系统设备宜配置在学校传达室处，并与联动系统服务器进行预置电脑图像识别对比，供低年级学生家长每日安全接送学生的信息管理。

(3)系统应与学校智能卡应用系统联网。

3.高级中学和高级职业中学智能化系统设计要点

(1)通信接入网系统设备宜配置在学校的某一主体建筑的电信专用机房内。宜将学校建筑外部的公用通信网或教育专网的光缆、铜缆线路系统，分别引入电信专用机房中，并可根据实际需求，将线缆延伸至学校单体建筑内。

(2)信息网络系统应符合下列要求：

①学校物业管理系统宜运行在校园信息网络上。

②信息网络系统交换机、服务器群和网络终端设备的配置，应满足学校办公和多媒体教学的需求。

③学校教学及教学辅助用房、办公用房、会议接待室、图书馆、体育场(馆)和校园室内外休闲场所等处，宜配置与公用互联网或校园信息网络相联的无线网络接入设备。

(3)应配置教学与管理评估视、音频观察系统。

(4)学校教学业务广播系统宜由学校教学或总务部门管理。

(5)学校的大小餐厅、体育场(馆)等有关场所内宜配置独立的音响扩音设备，满足对音响和公共广播信息的需求，并应与楼内设有的火灾自动报警系统设备相联。

(6)会议系统应配置在学校会议接待室、报告厅等有关场所内。

(7)学校多功能教室、合班教室、马蹄形教室等教室内，应配置教学视、音频及多媒体教学终端设备系统，并可在学校的专业演播室内配置远程电视教学接入、控制和播放设备。

(8)学校电视演播室或虚拟电视演播室内应配置多媒体制作与播放中心系统。

(9)学校的大门口处，各教学楼、办公楼、图书馆、体育场(馆)、游泳馆、会议接待室、餐厅、教师或学生宿舍等单体建筑室内，宜配置信息发布及导引系统，宜与学校信息发布网络管理和学校有线电视系统之间实现互联。

4.普通全日制高等院校智能化系统设计要点

(1)通信接入系统的设备宜设置在院校某一单体建筑的电信专用机房内。宜将学校建筑外部的公用通信网或教育专网的光缆、铜缆线路系统，分别引入电信专用机房中，并可根据实际需求，将线缆延伸至学校单体建筑内。

(2)信息网络系统应符合下列要求：

①学校物业管理系统宜运行在校园信息网络上。

②信息网络系统的交换机、服务器和网络终端设备的配置，应满足学校办公和多媒体教学的需求。

⑧学校教学楼、行政楼、会议中心(厅)、图书馆、体育场(馆)、学生宿舍、校园休闲场所和流动人员较多的公共区域等有关场所处，宜配置与公用互联网或校园信息网络相联的无线网络接入设备。

(3)在学校的大小餐厅、宾馆或招待所等有关场所内，宜配置独立的背景音乐设备，满足各场所内对背景音乐和公共广播信息的需求，并应与应急广播系统实现互联。

(4)学校会议中心(厅)、大中小会议室、重要接待室和报告厅等有关场所内应配置会议系统，用于远程教育的专用会议室内宜配置远程电视会议接入和控制设备。

(5)学校多功能教室、合班教室和马蹄形教室等有关教室内应配置教学视、音频及多媒体教学系统。

(6)学校的专业演播室或虚拟演播室内，应配置多媒体制作播放中心系统。

(7)学校的大门口处，各教学楼、办公楼、图书馆、体育场(馆)、游泳馆、会议中心或大礼堂、学校宾馆或招待所等单体建筑室内，宜配置信息发布及导引系统，系统宜与学校信息发布网络管理和学校有线电视系统之间实现互联。

第二节　图书馆照明

一、图书馆照明的一般要求

图书馆照明的一般要求如下：

(1)大阅览室照明宜采用荧光灯具。一般照明宜沿外窗平行方向控制或分区控制。供长时间阅览的阅览室宜设置局部照明。阅览室一般照明应严格限制眩光，不宜采用均照的漫射型灯具，灯具应有遮光角。

(2)书库照明宜采用窄配光或蝠翼式配光荧光灯具。灯具与图书等易燃物的距离应大于0.5m。地面宜采用反射比较高的建筑材料。对于珍贵图书和文物书库，应选用有过滤紫外线的灯具。

(3)书库用照明配电箱应有电源指示灯并应设于书库之外。书库通道照明应在通道两端独立设置双控开关。书库照明的控制宜在配电箱分路集中控制。

(4)存放重要文献资料和珍贵书籍的图书馆应设应急照明、值班照明和警卫照明。应急照明、值班照明和警卫照明宜为一般照明的一部分，并应单独控制。值班或警卫照明也可利用应急照明的一部分或者全部。

(5)图书馆内的公用照明与工作(办公)区照明宜分开配电和控制。

(6)阅览室、书库安装灯具数量较多，设计时应从光源与灯具、照明方式、控制方案与设备、管理维护等方面考虑采取节能措施。

(7)对灯具、照明设备选型、安装、布置等方面应注意安全、防火。

(8)大阅览室的电源插座宜按不少于阅览室座位数的15%装设。

二、图书馆照明的设计

1.阅览室照明

图书阅览室应按750～200 lx的照度设计、同时要求避免扩散光产生的阴影，光线要充足，但不能有眩光，应尽量减少书面和背景的亮度比。通常是用荧光灯照明，并在阅览桌上设置台灯，用作局部照明。在特别阅览室内，经常使用单人阅读机。在这类场所，更应使用台灯，书面照度应是300～1500 lx这样的高照度，即使长时间阅读也不致有不良影响。

阅览室的设计要充分利用自然光，使其有充足的天然光，一般采光系数为2.0%，同时要避免过强的阳光，宜以北向为主要采光面。

2.书库照明

书库一般分为基本书库、辅助书库和阅览室开架书库等 3 种。

书库要考虑防火、防晒、防潮、防虫、防鼠、防紫外线、保温、隔热、通风等。书库照明，因考虑到由闭架向开架转移，故书库照明和阅览室同样按 150～200 lx 设计。需要注意的点是不能让顶棚的光源光线直射到人眼里，不能有眩光，书架的垂直面照度要均匀，特别是要确保书架下部的照度值满足要求。

3. 借阅处(目录室)照明

一般图书馆是将目录室设于借阅处或阅览室内，其照度同阅览室在 150～200 lx。借阅处可设置前台灯，照度可以略高在 200～300 lx。

第七章 体育建筑照明

体育建筑照明与体育建筑密切相关，体育建筑往往是城市的主要公共建筑之一，是开展各种群众性体育运动和竞技体育比赛的活动中心，其结构造型首先要符合整个城市规划的要求，照明只能在已经选定的结构造型下进行设计。照明设计应该既能满足体育运动对照明的各种要求，又能很好地表现出该体育建筑的特色。因此，照明设计人员应对体育运动和体育建筑有一定的了解，以便更好地与有关专业配合，全面考虑。

体育建筑类型很多，依照建筑空间，可分为室内体育馆和室外体育馆；依照使用性质，可分为练习馆、场和比赛馆、场两类；依照形态，可分为单独性体育建筑（单项运动或专用项目的体育中心）和综合性体育中心（即集田径、球类、游泳以及其他各种类型的体育项目在一个基地内）。

一个体育建筑，就其内部各种使用功能可分为内场和外场两部分。内场是贵宾、运动员、管理人员、记者及有关人员的使用部分，其中包括主体体育建筑内部的观众厅和其他用房。外场是指主体建筑以外的观众集散场地、车辆疏散道路和存放场地。两者之间在建筑总平面布置上，既要有联系，又要有功能分区，各区对照明也有不同要求。如图 7-1 和图 7-2 所示，分别为体育馆和体育场的总平面功能分区。

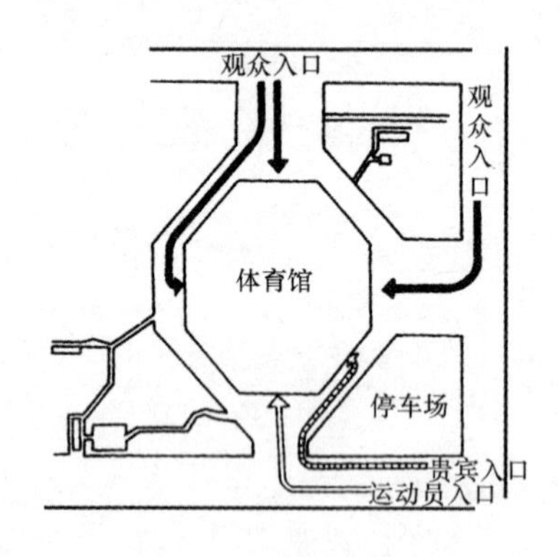

图 7-1 体育馆总平面图

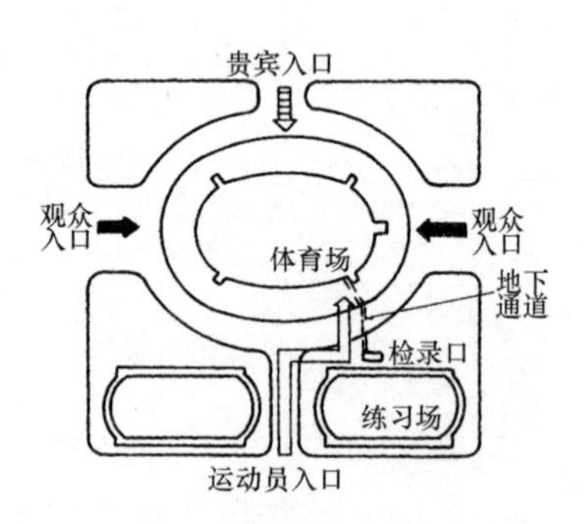

图 7-2 体育场总平面图

第一节　体育运动与体育照明

一、运动类别

从运动范围和运动轨迹上看，体育运动大致可分为地面运动和空间运动，而它们各自又分为单方向和多方向运动。

1. 空间运动

空间运动的运动目标物及运动员不仅在地面运动，而且有一定高度的空间运动。其中单方向运动包括高尔夫球、飞碟射击、跳台滑雪、跳水等，多方向运动包括篮球、足球、羽毛球、棒球、网球、排球、乒乓球、藤球等。

2. 地面运动

地面运动的运动目标物及运动员主要在地面上运动或接近地面运动，其中单方向运动包括保龄球队、射箭、射击、划船等，多方向运动包括板球、冰球、游泳、拳击、摔跤、赛车等。

因此，空间运动项目不仅要考虑地面附近的照明水平，还在考虑运动相关空间的照明水平。游泳、潜泳、跳水、花样游泳等项目还涉及水下照明。

二、体育运动对照明的要求

体育运动由于受到运动空间、运动方向、运动范围、运动速度等多方面的影响，其照明比一般照明有更高的要求。通常，高显色性、高照度（水平照度、垂直照度）、高照度均匀度、低眩光等都是体育照明所必须达到的；运动场地空间都比较高大，要满足上述要求，必须采用特殊的灯具及特殊的照明处理方法。其照明要求见表 7-1。

表 7-1　体育运动对照明的要求

类　别	要　求
运动空间与照明	地面运动水平照度比较重要，主要是要求地面上的光分布要均匀，空间运动要求在距地面的一定空间内，光的分布都要非常均匀
运动方向与照明	多方向的运动项目除了要求良好的水平照度外，还要求有良好的垂直照度，并且灯具的指向必须避免对运动员和观众造成直接眩光
运动速度与照明	一般来说，运动速度越高，照明要求越高，但单方向的高速运动所要求的照度不一定比多方向的低速运动高
运动等级与照明	一般同一运动项目比赛级别越高，其所要求的照明标准及指标越高。比赛级别不同，运动员的水平也就相差悬殊，照明水平要求也不尽相同

续表

类 别	要 求
运动场地范围与照明	一般运动项目,除运动比赛场地外,主要活动区的照明也必须达到一定的照度值,次要活动区也有最小照度值的要求
彩色电视转播与照明	体育场地照明一般来说,必须满足运动员正常比赛、现场观众、媒体摄影及摄像3个方面的要求。随着彩色电视技术的发展,高清晰度数字电视(HDTV)转播已正式进入了国际体育比赛的技术范畴。例如,国际体育联合会(GAISF)制定了《多功能室内体育场馆人工照明指南》,并将HDTV转播所需的光环境(赛场在主摄像机方向的垂直照度应在2000 lx以上)正式纳入其中。我国2007年11月颁布执行的JGJ153—2007《体育场馆照明设计及检测标准》首次将HDTV转播写入我国规范,使我国在体育照明领域达到了世界先进水平。达到这些要求,主要目的是为满足广大电视观众的感受,而现场观众的感受放在了次要地位。规划同时要求水平照度、垂直照度及摄像机全景画面时的亮度必须保持变化的一致性。运动员、场地、观众席之间的照度变化率,不得超过某一数值,这样才能适应彩色电视的摄像要求
运动项目与照明	由于各种运动项目的运动空间、运动方向、运动范围、运动速度都有较大的差别,所以对照明的要求就出现很大差别,因此我国颁布了GB 50034—2004《建筑照明设计标准》,CIF、FIFA等国际组织都针对各种体育运动项目给出了相应的照明标准和指标

三、体育馆与照明

1.体育馆的建筑特点

体育馆的含义分为广义与狭义两种,广义包含体育比赛馆,也包含各种练习馆、健身房、体育俱乐部等;狭义则专指体育比赛馆,也就是指那些各具特点的球类馆、田径馆、滑冰馆、游泳馆、网球馆等。

体育馆按功能划分又可分为专业体育型馆和多功能型馆。多功能型馆以体育为主,兼容文艺、集会、展览等。

体育馆是能够进行球类、体操(技巧)、武术、拳击、击剑、举重、摔跤、柔道等单项或多项室内竞技比赛和训练的体育建筑。体育馆的设计不同于其他的建筑,其功能复杂,一般要涉及体育、文艺、展览等诸多内容,屋盖结构、大空间构成、材料、设备等方面技术要求高,建筑造型综合性强,是建筑技术与艺术的完美结合。

体育馆按其不同的功能布局和结构形式,大致可分为3种方式:

(1)单一大空间结构布局方式,“内”、“外”场的其他用房均利用观众厅看台下空间。

(2)沿观众厅两侧设其他辅助用房,分区明确,也就是在大跨度空间外两侧附加边跨的结构布局方式,风道、灯光控制、记时、计分等用房均可设在主跨以外的边跨内,可充分利用大跨度、大空间多安排观众席。

(3)部分其他用房与观众厅主体结构相对脱开并进行有机地组合。这种方式结构简单,特别适合于练习馆。

2.体育馆屋盖结构形式

社会文明的发展,促使体育馆建筑要求结构跨度不断扩大,形体更加考究,充分展示了建筑的艺术与技术的完美结合。其中,屋盖结构对建筑的影响力及本身的技术难度都比较显著和突出。屋盖结构造型直接关系到照明布灯方式;反之,也可利用照明来突出体育馆的造型特点。

满足观众的视看条件是观众厅的主要功能之一。体育馆(特别是大型体育馆)又是城市的主要公共建筑,其结构选型和屋盖体系直接反映了建筑造型的艺术效果和经济效益,也影响了其和城市环境的协调关系。因此正确选择体育馆的屋盖结构是体育馆设计的关键。体育馆观众厅的主要屋盖结构形式见表7-2。

表7-2　体育馆主要屋盖结构形式

屋盖结构形式	特　点	应用实例
平面桁架	由同一平面的杆件组成,结构设计、制作和安装都比较简单,但侧面稳定性差。为了使屋盖保证空间刚度,需要很多支撑,耗钢量较大,矢高较大,一般适用于30～40m跨度的屋盖	—
平面立体桁架	是一种稳定的空间杆件系统,总体上仍是单向受力,自成稳定体系,使桁架间的支撑布置简化。设计、制作较为复杂,但施工、吊装简单,减少了高空焊接作业,一般适用于40～70m跨度的屋盖	广西壮族自治区体育馆、洛杉矶体育馆、墨尔本体育馆等
窄间网架	由复杂的杆件系统组成的高次超静定空间结构,具有多向受力的性能,刚度大,稳定性好,尤其是受动力荷载性能比平面结构好,材料消耗少,网架矢高小,节约了建筑空间。网架空间杆件繁多,节点构造的设计、制作和吊装都比较复杂,适用于70m以上大跨度屋盖	首都体育馆、上海体育馆、南京五台山体育馆、朝阳体育馆、国家奥林匹克中心体育馆、石景山体育馆、汉中体育馆等
悬索结构	悬索受力均是轴向拉力,可以充分发挥材料性能,耗材少,自重轻,施工方便,需预应力张拉设备,一般适用于大跨度圆形、椭圆形平面	北京工人体育馆、杭州体育馆等

除表7-2中给出的几种主要形式外，还有充气结构、结构剪裁和结构组合等形式。这些形式也可根据需要重新加工和改造以适应特定的空间变化。

3.体育馆的观众席布置要求

体育馆比赛厅的观众席布局一般要综合考虑视线距离、空间效果、大厅规模、结构特点、使用功能、经济效益等因素并优选其形式。观众席的布置方式有3种：

(1)观众席分布在场地两侧直线排列，此方式简单、经济。

(2)观众席分布在场地四周，长轴两侧观众席多，短轴两侧观众席少，长轴和短轴都是直线排列或短轴曲线排列、长轴直线排列，这是现代体育馆普遍采用的平面布置方式。

(3)观众席分布在四周，排列成圆形平面或椭圆平面，它适用于观众人数超过万人的场地。

比赛厅由场地和观众席组成，是体育馆的核心。观众席的设计不仅要使观众取得良好的视觉效果，而且还要使观众的集、散符合安全疏散的要求。

观众视看效果的好坏主要是指观众在不同距离、不同方位和高度的席位上，观看运动员及运动物体的清晰度和分辨能力。这主要与观众厅平面形状、长跨比例、观众厅看台的形式(即一坡式看台、楼座式看台)及观众厅的高度和照明布灯方式等有关。

主席台位于比赛厅视看条件最好的位置，主席台与“内场”的贵宾休息室、比赛场地部有直接的通道。裁判席位于主席台的对面，设有裁判工作台和必要的坐席，一般布置稍高出地面，以便于和场地内联系，其长度也应小于主席台。裁判台上所进行的工作主要有记分、计时、记录、广播电视现场转播等。观众席入、出口应使观众入场方便、疏散畅通迅速，便于管理，满足消防要求。

4.体育馆照明布灯方式

比赛厅的照明设计比较复杂，要满足各种体育项目比赛及观众视看的要求。另外，多功能体育馆的照明设计还应满足在比赛厅内进行文艺演出、群众集会、电视转播等方面的要求。

现代体育馆一般采用金属卤化物灯作为光源。这种光源光效高，寿命长，光源显色指数 R_a 可达到90以上。室内体育馆为了满足新闻摄影和电视转播的要求，光源色温一般在2800～5500K。北京奥运会体育馆体育照明光源色温为5600K，显色指数不低于90。

室内运动场地照明设计的特点是照明空间较高，一般为13～20m，也有少数小型体育馆高度较低，为6～12m。照明灯具选择要求灯具效率高、配光特性好等。

灯光布置通常可以采用如下3种方式：

(1)灯具均匀布置在场地上空。这种布置比较经济，适用于低空间的运动项目，但是垂直照度比较低、立体感差、阴影较生硬。

(2)灯具在场地上空和侧面布置相结合。这种布置一般适用于多功能体育馆，水平照度和垂直照度可以获得适当的比率。

(3)灯具主要分布在场外上空，以侧光为主。这种布置适用于空间较高的运动项目，但要注意场地的照度均匀和眩光控制。

照明器的配置方案及选择，见表7-3。

表7-3　照明器的配置方案及选择

照明器的配置		照明器配置举例		中、小型体育馆	大型体育馆	有电视转播的体育馆
		平面图	断面图			
顶部布置方式	反射器灯具或投光灯单台分散均匀布置在整个天棚上	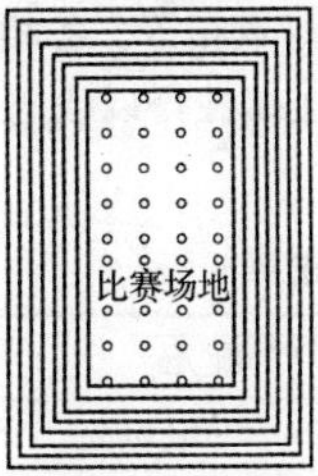 比赛场地	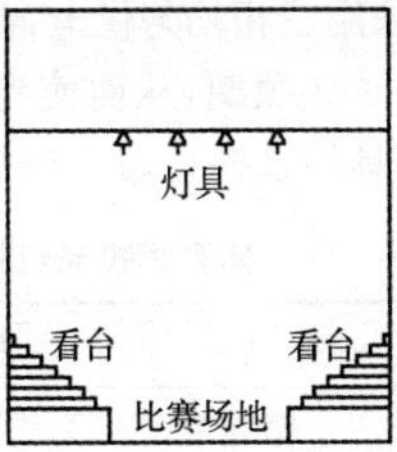 灯具 看台　看台 比赛场地	合适	不合适	不合适
顶部布置方式	多个带反射器的灯具或多个投光灯成组分散均布整个天棚上	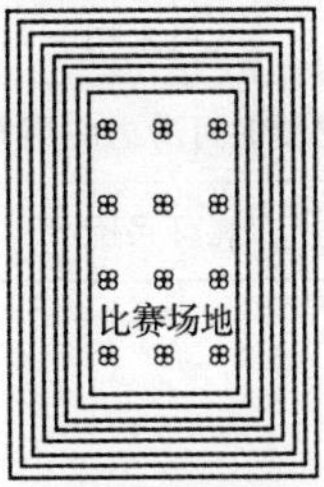 比赛场地	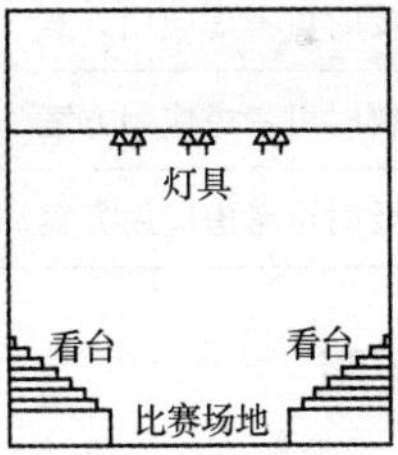 灯具 看台　看台 比赛场地	合适	不合适	不合适
两侧布置方式	在体育馆的两侧布置投光灯，灯具成一列布置	 比赛场地	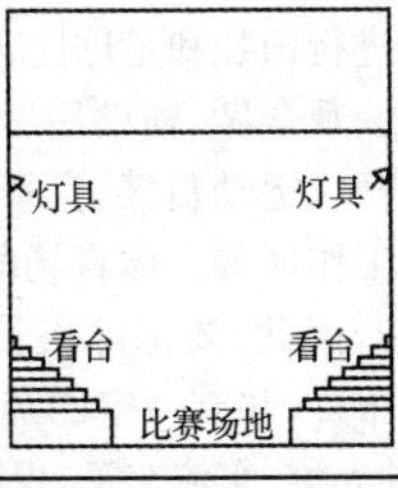 灯具　灯具 看台　看台 比赛场地	有条件的可以采用	合适	合适

续表

照明器的配置		照明器配置举例		中、小型体育馆	大型体育馆	有电视转播的体育馆
		平面图	断面图			
混合布置方式	顶部布置与两侧布置并用	比赛场地	灯具 灯具 灯具 看台 看台 比赛场地	不合适	合适	合适

另外，从灯具的位置、安装高度、投射角、照射方向、灯具配光等方面尽可能降低眩光，眩光指数应达到相关要求。同时，为防止由于交流供电而产生的频闪效应，灯具应采用三相均匀供电，各相灯数相等。各相灯具相邻布置，使三相灯光在场地上重叠照明，从而使光通连续性得以改善，有效抑制频闪效应。体育馆投光灯具的选择见表 7－4。

表 7－4　　体育馆投光灯具的选择

比赛场所区分	投光灯的配光		
	窄光束	中光束	宽光束
重大正式比赛	必要时可考虑应用方案	可采用	可采用
一般比赛活动	必要时可考虑应用方案	必要时可考虑应用方案	可采用
娱乐性活动	必要时可考虑应用方案	可采用	可采用

四、体育场与照明

1. 体育场建筑的特点

体育场是指能够进行田径和足球比赛的室外体育建筑，其主要由比赛场地、练习场地和检录处、观众席、辅助用房和设施等几部分组成；按其使用功能划分，又可分为比赛区、运动员区、竞赛管理区、新闻记者广播区、贵宾区、来宾区、观众区、后勤工作区等。体育场的比赛场地面积大、观众多、疏散时间较长，人流组织复杂，因此，要保障人员在一定的时间内及时疏散尤为重要。其出入口要均匀布置、并有一定的疏散通道，还要考虑场外车行道和大型停车场；要避免各种人流、车流交叉，保障场内外的交通畅通和人员疏散的安全、迅速。

体育场的看台形式与看台下部空间的合理利用同人流集散的关系很大。看台下部空间大、面积大，既要合理利用空间又要保障交通畅通，一般采用短排式观众席，增多看台出入口，缩短疏散距离，采用下行、水平、坡道等几种疏散措施。

看台的形式有多种，按看台的层数划分，可分为单层、双层和多层看台；按看台前后场地关系划分，可分为平地式和下沉式看台；按结构形式划分，分为土筑式、架空式及混合式看台。在现代体育场设计中多为架空式看台（即封闭式、半封闭式）。架空式看台全部由钢筋混凝土阶梯形板构成，看台造价较高，其中封闭式看台（即看台下部空间为室内房间）利用的空间比较大；半封闭式看台（即看台下一部分空间封闭、一部分敞开）观众入口大为减少，方便管理，人流互不干扰。

2. 体育场观众席的布置要求

体育场是露天的比赛场地，占地面积要比一般体育馆大几倍到几十倍。在确定最大容量时，重要的因素是观众最佳的视线距离。观众席的设置可沿比赛场地的一边或两边、三边、周边布置，可直线排列或曲线排列。因场地大、视距远，要保证观众有良好的视看条件，首先以缩短视距为主。

确定视距的远近，首先应选定视点的位置和高度。根据体育场的特点，使用最多的项目是足球和田径比赛，其次是大型文艺演出和团体操。足球比赛的精彩区是在两个球门附近，两个球门相距 105～110m。径赛跑道环绕足球场，跑道上任何一点都会吸引观众，而最精彩的场面应在西边跑道的终点附近，离足球门区很近。故一般设计以终点处作为基本视点，而跑道的其他部位可作为次要视点来考虑。田径项目比较分散，差不多分布到整个场地。因此，通常体育场的视距标准点可选在两个球门区和场地中心点。所以一般取两个足球门区为视距标准点的等视距图形和以场地中心为视距标准点的等视距图形的平均值来确定观众席的视看条件。

3. 体育场的照明布灯方式

体育场的照明是体育场设计的重要内容，并且比较复杂。它不仅要满足运动员进行比赛和观众观看的要求，而且还要满足拍摄电影和电视现场直播对照明的色温、照度、照度均匀度等的要求，这个要求远比运动员和观众的要高。另外，照明灯具的布灯方式需与体育场的总体规划、看台的结构形式密切配合。特别是照明设备的维修与建筑设计密切相关，要作全面考虑。

现代体育场一般采用大功率金属卤化物灯（简称金卤灯）作为光源，绝大部分采用 2000W 金卤灯，其具备高光效（80～100 lm/W），高显色性，色温在

5000～6000K，能够满足高清晰彩色电视（HDTV）对室外照明的要求。一般光源寿命在3000h以上，灯具效率可达到80%，灯具防尘防水等级要求不小于IP55，目前常用的大功率投光灯防护等级可达IP65。

体育场的照明设计特点是灯光照射空间大，距离远，所以其场地照明一般选用高效率的投光灯。体育场的布灯方式有四角式、两侧多塔式、两侧光带式布置和混合式布置等四种。采用何种布灯方式，要根据体育场的具体情况来选择。在照明灯具布置中，还应考虑观众席照明以及比赛场地的应急照明，以保证安全疏散。对灯塔的防雷保护和航空标志照明，也要采取相应措施。

五、水上运动设施与照明

1. 水上运动设施的建筑特点

水上运动项目很多，其设施通常有游泳池（馆）、跳水池、潜水池、水球池、造浪池、戏水池等，一般以游泳馆、池为主。作为正式比赛的游泳池，特级和甲级场馆，池长50m、宽25m、水深2m；乙级场馆，池长50m、宽21m、深2m；丙级场馆，池长50m、宽21m、深1.3m。特级和甲级场馆的跳水池，长21m、宽25m、深5.25m；乙级场馆的跳水池，长16m、宽21m、深5.25m；丙级场馆可以不设跳水池。两个泳场之间的间距不低于10m（乙级场馆可降到8m）。游泳馆、池的平面组合布置主要有3种：

(1)全部游泳池在室内的布置形式；

(2)全部游泳池在室外的布置方式；

(3)室内池和室外池相贯通，即游泳馆和游泳池综合在一起的布置方式。不管何种方式，游泳馆、池一般可分为游泳区、动力后勤管理区及观众区3部分。

游泳池的设置一般要考虑各种游泳项目的综合使用问题。游泳馆、池的主体结构必须有良好的防腐性能，除满足空间结构外，还应防潮、防结露、保温、隔热。室内各种设备（计时，记分、摄像、电子系统、电器设备等）均应防腐蚀、防潮、防火等。

2. 水上运动设施的观众厅布置要求

游泳馆、池按其使用性质可分为比赛馆（池）、练习池、教学用池和公共游泳池等几种。比赛馆、池一般要求满足游泳、跳水以及水球比赛，并要求设置观众席，游泳者和观众在路线和场地上严格分开。练习池和公共游泳池通常不设置观众席。

游泳比赛馆、池的观众席数量不宜太多，否则使用率较低，会造成投资浪费。因此，近年来为举行大型国际比赛，游泳馆内一般只设少量固定看台，留有增设临时看台的条件，以满足比赛期间的特殊需要。以国家游泳中心——“水立方”为例，奥运会期间有坐席共计 17000 个，其中只有 6000 个固定坐席。

游泳池和跳水池平面一般布置成一字形，观众席沿游泳池长轴方向，分为单面或双面布置，这种形式最为普遍，也有呈 L 形布置的。游泳馆、池的视点应在最外一条泳道的分道线上。

比赛馆的平面布置，既要有利于运动员的使用，又要有利于观众的观看。室内游泳池应避免在游泳和跳水时产生眩光。为能看清楚水中游泳运动员的动作，应尽量消除水面的反射眩光。跳水池的跳台对面和背后都不应设有采光玻璃窗或其他强光源。为了能使观众看清跳水运动员在空中的优美动作，应尽量避免光从背后射入时产生的眩光，尽量不在运动员的背后设置大面积的采光玻璃窗。

3. 水上运动设施的照明布灯方式

游泳馆、池的照明既要满足游泳、跳水、水球等运动的使用要求，又要使观众能较好地观看运动员的连续动作和姿势，还应考虑彩色电视转播对照明的要求。此外，还应重点解决好眩光控制、灯具设备的防潮防腐和安全等问题。

室内游泳池一般用直接照明，其常见照明灯具的布置方式见表 7－5。对于无观众席的练习游泳池，采用顶部布置比较简单，但要解决好维修问题。对于有观众席的比赛游泳池，若是单面有观众席，采用不对称布置，将光投向观众席对面；若是双面有观众席，则采用双向布灯方式较好。

表 7－5 室内游泳池常见直接照明灯具的布置方式

照明器的配置		照明器配置举例		选择条件
		平面图	断面图	
顶部配置	将照明器在天棚上均匀分散布置	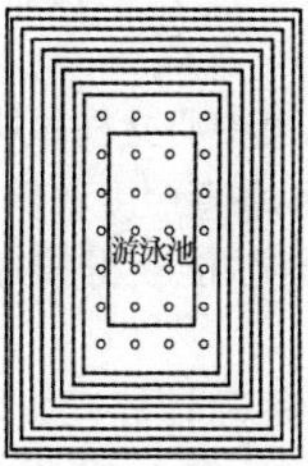 游泳池	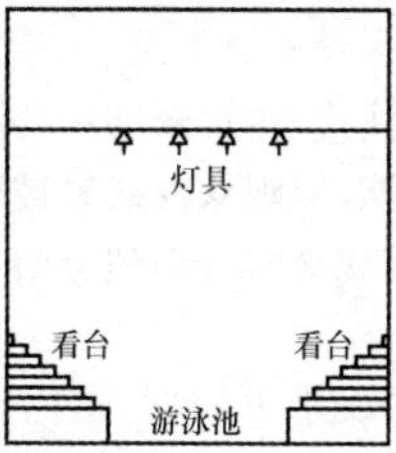 灯具 看台 看台 游泳池	从天棚上能进行维护作业的场所

续表

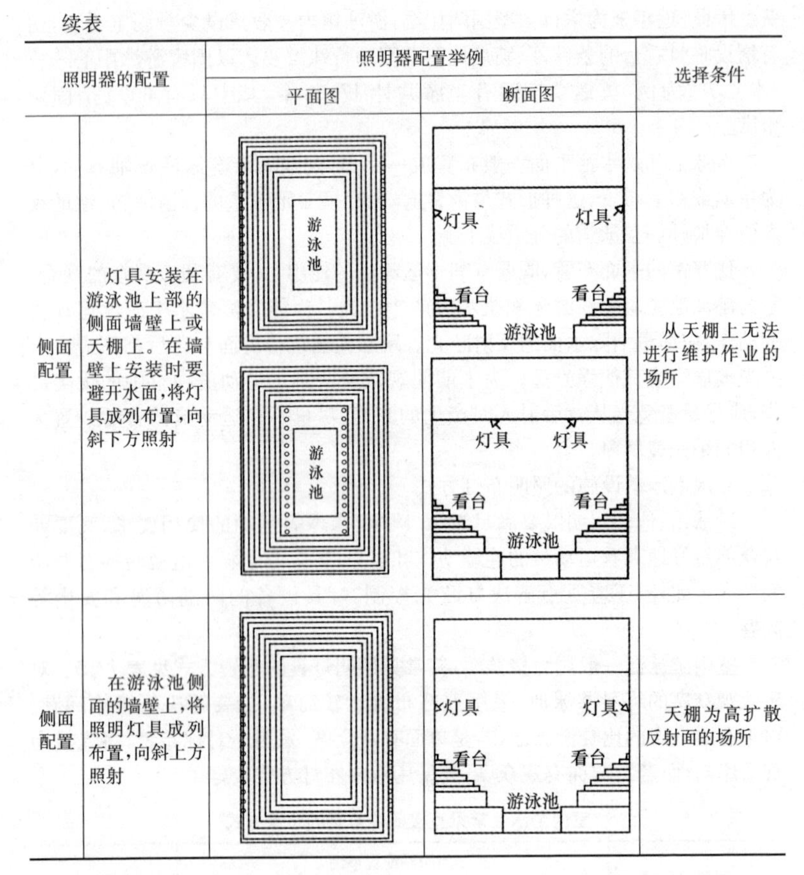

照明器的配置		照明器配置举例		选择条件
		平面图	断面图	
侧面配置	灯具安装在游泳池上部的侧面墙壁上或天棚上。在墙壁上安装时要避开水面，将灯具成列布置，向斜下方照射			从天棚上无法进行维护作业的场所
侧面配置	在游泳池侧面的墙壁上，将照明灯具成列布置，向斜上方照射			天棚为高扩散反射面的场所

室外游泳池，一般有3种布灯方式：

(1)中心悬挂式：灯直接悬挂在游泳池上方，比较经济，但更换维修困难，安全性较差。

(2)中间立柱式：在观众席和游泳池面中心立柱照明，这样离游泳池距离近，节省灯和电能，但观众视线易被遮挡，垂直照度较低。

(3)塔式：在观众席后面建立灯塔照明，能获得较好的照明效果，但投资较大。

游泳池是否设水下照明，这需要评估和计算。如果游泳池装设水下照明，则水下照明灯具一般固定在池的长侧池壁内，距水面1m以下，灯间距为2.5～3m，跳水池的水下照明一般设在靠跳台一侧。水下灯具分为灯安装在池壁外侧的干式和直接安装在水中的湿式两种安装方式。

六、网球运动设施

1. 网球运动设施的建筑特点

网球运动在是最普及的运动项目之一。1896年，在希腊举行的第1届现代奥运会上，网球是奥运会唯一的球类比赛项目。1924年网球项目退出奥运会，直到1984年第23届洛杉矶奥运会上再次被设为表演项目，1988年才恢复成为奥运会正式比赛项目。

网球分室内比赛和室外比赛，按场地材料又可分为草地网球、塑胶网球、红土网球。国际网联的《网球竞赛规则》规定了场地的要求，见表7-6。

表7-6　网球场地要求

场地	长(m)	宽(m)	底线后安全区(m)	边线外安全区(m)	网柱间距(m)	柱顶距地(m)	网中心上沿距地(m)
双打场地	23.77	10.97	6.40	3.66	12.80	1.07	0.914
单打场地	23.77	8.23	6.40	3.66	12.80	1.07	0.914

2. 网球运动设施的观众厅布置要求

室内网球馆的观众席布置见前面介绍的体育馆观众席布置要求。室外场馆观众席有单侧布置、两侧布置和周围布置。周围布置观众席适合于大型、特大型场馆，这种布置形式能容纳更多的观众。中国奥林匹克网球中心的中心场地就是采用周围式布置方式，观众席共计10000个。单侧布置或双侧布置观众席是将观众席布置在东西两侧，观众人数相应减少。

3. 网球运动设施的照明布灯方式

需要安装照明灯光的网球场，室外球场上空和端线两侧不应设置灯具。布灯方式有周圈式布灯，适合于大型网球场馆；多杆布灯方式，应用比较广泛，从正式比赛场地到训练场地均适用，一般有一侧两杆、三杆、四杆布灯。用于正式比赛，灯具距地面应在12m以上；而业余、娱乐，灯具距地面8m以上。

七、冰雪运动设施

1. 冰雪运动设施的建筑特点

冰雪运动又称冬季运动，借助于不同装备和用具在天然和人工冰雪场地上进行的各项体育运动总称为冰雪运动。冰雪运动分为冰上运动和雪上运动两大类项目。冰雪运动需要的建筑设施有滑冰场(馆)和滑雪场。滑冰场依冻冰方式分为天然冰场和人工冰场两类。滑冰馆的场地是室内人工制冷冰场,比赛馆配有一定的观众席,训练馆不设或少设部分观众席。滑冰场(馆)的场地一般仅设一个滑冰场,也有的场馆还设有400m的标准跑道速滑场。

滑冰场(馆)一般可分为滑冰场、动力后勤服务管理区及观众区3部分。

2.冰雪运动设施的观众区布置要求

滑冰场(馆)的标准场地为矩形,长61m、宽30m,四角为圆弧形,半径为8.5m。其四周设有围合的界墙,高为1.15～1.22m,围墙的外侧还有高度2.5m的保护网。滑冰场的观众席的视觉质量与一般的球类场地有所不同,由于界墙附近也会有争抢动作,此位置也是观赏的重要区域之一,而位于场地四角的观众席只能看到两面界墙的内侧,使视觉质量有所下降,因此应尽量减少四角的坐席数。

八、其他运动设施

其他运动设施大致包括有高尔夫球场、马术竞技场、自行车赛车场、射击场、保龄球场等运动场地。这些项目的场地选址都有各自的特殊要求,设计时应结合实际项目的具体情况做相应的选择。大部分项目为露天场地,对比赛场地的地面、观众看台、四周圈栏等都有一定的要求。比赛场地的尺寸也因项目而异。

赛车场由赛车道、内场、内场通道、看台、辅助用房及外围设施组成。射击场由靶场、观众区、运动员休息区、后勤工作区及外围防护区等几部分组成。而高尔夫球场除球场外,一般还应包括练习场地、俱乐部、后勤管理、停车场等。

赛车场的观众看台应与跑道的几何形式相配合。而其他项目的看台多为沿两侧设置,观众席距比赛场地的距离也有一些具体规定。

第二节 体育建筑照明中的特殊术语及照明标准值

一、体育建筑照明中的特殊术语

体育建筑照明中的特殊术语名称及含义,见表7-7。

表 7-7　**体育建筑照明中的特殊术语名称及含义**

术语名称	含　义
(光)照度	表面上一点的照度是入射在包含该点面元上的光通量 $d\Phi$ 除以该面元面积 dA 之商，单位为 lx(勒克斯)
水平照度	水平照度即水平面上的照度。场地表面上的水平照度用来确定眼睛在视野范围内的适应状态，并用作凸显目标(运动员和物体)的视看背景
垂直照度	垂直照度即垂直面上的照度。垂直照度包括主摄像机方向垂直照度和辅摄像机方向垂直照度。垂直照度用来模拟照射在运动员面部和身体上的光，对摄像机、摄影机和视看者能提供最佳辨认度，并影响照射目标的立体感
初始照度	照明装置新装时在规定表面上的平均照度，称为初始照度
使用照度	照明装置在使用周期内，在规定表面上所要求维持的平均照度，称为使用照度
维护系数	照明装置在使用一定周期后，在规定表面上的平均照度或平均亮度与该装置在相同条件下新装时在规定表面上所得到的平均照度或平均亮度之比，称为维护系数
主摄像机	用于拍摄总赛区、主赛区中重要区域的固定摄像机，称为主摄像机
辅摄像机	除主摄像机以外的固定或移动摄像机，称为辅摄像机
照度均匀度	规定表面上的最小照度与最大照度之比及最小照度与平均照度之比，称为照度均匀度。均匀度用来控制比赛场地上照度水平的变化 照度均匀度的数学表达式为： $U_1=E_{min}/E_{max}$ $U_2=E_{min}/E_{ave}$
均匀度梯度	均匀度梯度用某一网格点与其 8 个相邻网格点的照度比表示。均匀度梯度用来控制照度水平在网格点间的变化
主赛区	主赛区是场地画线范围内的比赛区域，通常称为“比赛场地”
总赛区	主赛区和比赛中规定的无障碍区，称为总赛区 主赛区和总赛区在不同的标准中有不同的英文缩写，前者有 PA、PPA、FOP 等，后者有 TA、TOP 等，本书尊重原标准的表述方法
色温(度)	当光源的色品与某一温度下黑体的色品相同时，该黑体的绝对温度为此光源的色温。色温用来表述一种照明呈现多暖(红)或多冷(蓝)的感受或表观感觉，单位为 K
相关色温(度)	当光源的色品点不在黑体轨迹上，光源的色品与某一温度下黑体的色品最接近时，该黑体的绝对温度为此光源的相关色温
显色指数	显色指数为光源显色性的度量，以被测光源下物体颜色和参照标准光源下物体颜色的相符合程度来表示

续表 1

术语名称	含　义
一般显色指数	光源对国际照明委员会(CIE)规定的 8 种标准颜色样品特殊显色指数的平均值,通称显色指数
眩光	由于视野中的亮度分布或亮度范围的不适宜,或存在极端的对比,以致引起不舒适感觉或降低观察细部及目标能力的视觉现象,称为眩光
眩光指数(眩光值)	用于度量室外体育场或室内体育馆和其他室外场地照明装置对人眼引起不舒适感主观反应的心理物理量,称为眩光指数 眩光指数 *GR* 可用来评价眩光程度,*GR* 值为 0～100。*GR* 值越大,眩光越大,人眼感觉不舒服的程度越严重;*GR* 值越小,眩光越小,人眼越感觉不到不舒服 CIE 定义了另一种眩光,即上射光,用 *ULOR* 表示。其含义是指在照明中朝向水平面以上照射的那部分光。很显然,体育照明中的上射光会造成能源的浪费,同时会产生光污染。上射光是绝对数值,可以计算或测量出来,单位是 lm(流明)。上射光与照明装置的总光通量的比值叫做上射光通比(Upward Light Ratio,*ULR*),*ULR* 更为直接,因此使用较多。CIE126 号文件对不同区域的 *ULR* 值作了非常详细的说明和规定,参见表 7-8。表 7-8 中的环境照明等级见表 7-9
应急照明	因正常照明的电源失效而启用的照明,称为应急照明。应急照明包括疏散照明、安全照明和备用照明
疏散照明	用于确保疏散通道被有效地辨认和使用的照明,称为疏散照明
安全照明	用于确保处于潜在危险之中的人员安全的照明称为安全照明
备用照明	用于确保正常活动继续进行的照明,称为备用照明
TV 应急照明	因正常照明的电源失效,为确保比赛活动和电视转播继续进行而启用的照明,称为 TV 应急照明。这是为电视转播而设置的应急照明,与上 4 种照明的概念不同,后者是保障人员安全而设置的应急照明
障碍照明	为保障航空飞行安全,在高大建筑物和构筑物上安装的障碍标志灯,称为障碍照明
频闪效应	在以一定频率变化的光照射下,使观察到的物体运动显现出不同于其实际运动的现象,称为频闪效应 中国电网额定频率是 50Hz,对于气体放电灯而言,一定会有频闪效应,因此,要在设计中加以克服或限制,以减小对电视转播的影响
主要物理量符号	本书使用的主要物理量符号如下: ①照度: E——照度 E_h——水平照度 E_v——垂直照度 E_{min}—最小照度 E_{max}—最大照度

续表 2

术语名称	含　义
主要物理量符号	E_{ave}——平均照度 E_{vmai}——主摄像机方向垂直照度 E_{vaux}——辅摄像机方向垂直照度 ②均匀度： U——照度均匀度 U_1——最小照度与最大照度之比 U_2——最小照度与平均照度之比 U_h——水平照度均匀度 U_{vmin}——主摄像机方向垂直照度均匀度 U_{vaux}——辅摄像机方向垂直照度均匀度 UG——均匀度梯度 ③场地： PA——主赛区，比赛场地 TA——总赛区 ④颜色参数、眩光指数： T_c——色温 T_{cp}——相关色温 R——显色指数 Ra——一般显色指数 GR——眩光指数

表 7-8　CRE 关于 ULR 的要求

光度指标	适用条件	环境照明等级			
		E1	E2	E3	E4
窗户垂直面上的照度 E_v(lx)	夜景照明熄灭前，进入窗户的光线	2	5	10	25
	夜景照明熄灭后，进入窗户的光线	0	1	5	10
灯具的最大光强(cd)	夜景照明熄灭前，适用于全部照明设备	2500	7500	10000	25000
	夜景照明熄灭后，适用于全部照明设备	0	500	1000	2500
上射光通量比的最大值(%)	灯的上射光通量与全部光通量之比	0	5	15	25
建筑物或标志表面亮度	由被照面的平均照度和反射比确定	0	5	10	25
L(cd/m^2)	自发光标志的平均亮度	50	400	800	1000
阈值增量	在机动车道上看到的投光灯所产生的眩光	15% (LA=0.1)	15% (LA=1)	15% (LA=2)	15% (LA=5)

表 7-9　　CIE 环境照明等级

等级	区　域	照明环境	举　　例
E1	自然原始区	环境暗	如国家公园、自然风景区、保护区
E2	郊区	环境亮度低	如城市较小街道及田园地带外侧区域
E3	近郊	环境亮度中等	如城市的一般街道及近郊地区
E4	城市	环境亮度高	如城市市中心、商业区、城市街道或广场

二、体育照明标准值

在体育建筑照明设计中，应根据使用性质、功能要求和使用条件按不同标准采用不同照度值。体育建筑比赛场地照度标准应符合现行国家标准《建筑照明设计标准》GB50034—2004 和国家行业标准《体育场馆照明设计及检测标准》JGJ153—2007 的规定。甲级以上体育建筑还应符合有关国际单项体育组织的规定。

体育场照明设计主要是为满足空间的足球运动和田径运动照明的需要亮度。为了适应于彩色电视实况转播比赛的要求，要求运动员和场地以及观众之间的亮度比率应具有一定数值。体育场照明应有足够的照度和照明的均匀度，足够的亮度和无眩光照明，适当的阴影效果和颜色的正确性等。

(一)田径

1. 我国关于田径场的照明标准

2007 年 11 月颁布执行的 JGJ153—2007《体育场馆照明设计及检测标准》将我国田径照明标准提高到国际水平。田径场的照明标准见表 7-10。该标准可以满足我国的田径场照明要求。

表 7-10　　田径场的照明标准

等级	使用功能	照度 (lx)			照度均匀度						光源 (≥)		眩光指数 GR(≤)
		E_h	E_{vmai}	E_{vaux}	U_h		U_{vmin}		U_{vaux}		Ra	T_{cp} (K)	
					U_1	U_2	U_1	U_2	U_1	U_2			
Ⅰ	训练和娱乐活动	200	—	—	—	0.3	—	—	—	—	20	—	55
Ⅱ	业余比赛、专业训练	300	—	—	—	0.5	—	—	—	—	80	4000	50
Ⅲ	专业比赛	500	—	—	0.4	0.6	—	—	—	—	80	4000	50

续表

等级	使用功能	照度（lx）			照度均匀度						光源（≥）		眩光指数 GR(≤)
		E_h	E_{vmai}	E_{vaux}	U_h		U_{vmin}		U_{vaux}		Ra	T_{cp} (K)	
					U_1	U_2	U_1	U_2	U_1	U_2			
Ⅳ	TV 转播国家、国际比赛	—	1000	750	0.5	0.7	0.4	0.6	0.3	0.5	80	4000	50
Ⅴ	TV 转播重大国际比赛	—	1400	1000	0.6	0.8	0.5	0.7	0.3	0.5	90	5500	50
Ⅵ	HDTV 转播重大国际比赛	—	2000	1400	0.7	0.8	0.6	0.7	0.4	0.6	90	5500	50
—	TV 应急	—	750	—	0.5	0.7	0.3	0.5	—	—	80	4000	50

注：①田径场上同时要举行多个单项比赛，照明应满足各单项比赛对摄像机的要求。
②跑道终点应有足够的照明以满足计时设备的要求。
③内场辅摄像机方向的垂直照度应大于主摄像机方向垂直照度的 60%。

2. 国际田径的照明标准

国际田径联合会 IAAF 于 2003 年公布新的田径场照明标准，见表 7－11～表 7－13。

表 7－11　没有电视转播的田径场照明标准最小推荐值

等　级	平均使用照度（lx）		照度均匀度				颜色		眩光指数 GR(≤)
			水平		垂直		色温	显色指数	
	E_h*	E_v	U_1	U_2	U_1	U_2	T_k	Ra	
娱乐、训练	75	—	0.3	0.5**	—	—	>2000	≥20	50
俱乐部比赛	200	—	0.4	0.6	—	—	>4000	≥65	50
国内、国际比赛	500	—	0.5	0.7	—	—	>4000	≥80	50

注：①对国内、国际比赛，每 5m 的照度梯度不得超过 20%。
②* E_h 为最小使用的平均照度值，其初始照度值应为表中值的 1.25 倍。
③** 当只使用跑道、内场没有开灯时，照度均匀度 U_2 应不低于 0.25。

表 7-12 有电视转播的田径场照明标准最小推荐值

等　级	摄像机	摄像机方向上的平均垂直使用照度 E_v(lx) *	照度均匀度		颜色		眩光指数 GR(≤)
			垂直		色温 T_k	显色指数 Ra	
			U_1	U_2			
有电视转播的国内、国际比赛+应急电视	固定摄像机	1000	0.4	0.6	>4000	≥80	50
有电视转播的重要国际比赛，如世界锦标赛、奥运会等	慢动作	1800	0.5	0.7	>5500	≥90	50
	固定摄像机	1400	0.5 **	0.7 **	>5500	≥90	50
	移动摄像机	1000	0.3	0.5	>5500	≥90	50

注：① * E_v为最小使用的平均照度值，其初始照度值应为表中值的 1.25 倍。

② ** 终点线区域的摄像机，U_1和U_2都应不低于 0.9；U_1为最小照度与最大照度之比；U_2为最小照度与平均照度之比。

表 7-13 田径场照明参数推荐值

参数	推荐值
场内网格点 4 个方向上 $E_{v\cdot\min}/E_{v\cdot\max}$	≥0.3
E_h/E_v	0.5～2
第一排观众席的平均垂直照度/场内平均垂直照度	≥0.25
照度梯度	≤20%/5m

注：E_h为平均使用水平照度；E_v为平均使用垂直照度。

(二)足球

1. 我国关于足球场的照明标准

我国室外足球场的照明标准见表 7-14。室内足球场的照明标准共分 6 个等级及一个 TV 应急等级，见表 7-15。其中，HDTV 转播重大国际比赛，其照明标准接近北京奥运会照明标准。

表 7-14 室外足球场的照明标准

等级	使用功能	照度 (lx)			照度均匀度						光源 (≥)		眩光指数 GR(≤)
		E_h	E_{vmai}	E_{vaux}	U_h		U_{vmin}		U_{vaux}		Ra	T_{cp} (K)	
					U_1	U_2	U_1	U_2	U_1	U_2			
Ⅰ	训练和娱乐活动	200	—	—	—	0.3	—	—	—	—	≥20		≤55
Ⅱ	业余比赛、专业训练	300	—	—	—	0.5	—	—	—	—	≥80	≥4000	≤50

续表1

等级	使用功能	照度 (lx)			照度均匀度						光源 (≥)		眩光指数 GR(≤)
		E_h	E_{vmai}	E_{vaux}	U_h		U_{vmin}		U_{vaux}		Ra	T_{cp} (K)	
					U_1	U_2	U_1	U_2	U_1	U_2			
Ⅲ	专业比赛	500	—	—	0.4	0.6	—	—	—	—	≥80	≥4000	≤50
Ⅳ	TV 转播国家、国际比赛	—	1000	750	0.5	0.7	0.4	0.6	0.3	0.5	≥80	≥4000	≤50
Ⅴ	TV 转播重大国际比赛	—	1400	1000	0.6	0.8	0.5	0.7	0.3	0.5	≥90	≥5000	≤50
Ⅵ	HDTV 转播重大国际比赛	—	2000	1400	0.7	0.8	0.6	0.7	0.4	0.6	≥90	≥5500	≤50
	TV 应急	—	1000	—	0.5	0.7	0.4	0.6	—	—	≥80	≥4000	≤50

注：应避免对运动员，特别在“角球”时对守门员造成直接眩光。

表 7-15　室内足球场的照明标准

等级	使用功能	照度 (lx)			照度均匀度						光源		眩光指数 GR(≤)
		E_h	E_{vmai}	E_{vaux}	U_h		U_{vmin}		U_{vaux}		Ra	T_{cp} (K)	
					U_1	U_2	U_1	U_2	U_1	U_2			
Ⅰ	训练和娱乐活动	200	—	—	—	0.3	—	—	—	—	≥65		≤35
Ⅱ	业余比赛、专业训练	500	—	—	0.4	0.6	—	—	—	—	≥65	≥4000	≤30
Ⅲ	专业比赛	750	—	—	0.5	0.7	—	—	—	—	≥65	≥4000	≤30
Ⅳ	TV 转播国家、国际比赛	—	1000	750	0.5	0.7	0.4	0.6	0.3	0.5	≥80	≥4000	≤30
Ⅴ	TV 转播重大国际比赛	—	1400	1000	0.6	0.8	0.5	0.7	0.3	0.5	≥80	≥4000	≤30
Ⅵ	HDTV 转播重大国际比赛	—	2000	1400	0.7	0.8	0.6	0.7	0.4	0.6	≥90	≥5500	≤30
—	TV 应急	—	750	—	0.5	0.7	0.3	0.5	—	—	≥80	≥4000	≤30

注：比赛场地上方应有足够的照度，但应避免对运动员造成眩光。

2. 国际足联的照明标准

(1)FIFA 没有电视转播的足球场人工照明参数推荐值见表 7-16。

表 7-16 **FIFA 没有电视转播的足球场人工照明参数推荐值**

比赛分级	水平照度 $E_{h\cdot ave}$(lx)	照度均匀度 U_2	眩光指数 GR	光源色温 T_k	光源显色指数 Ra
Ⅰ	75*	0.5	≤50	>4000K	≥20
Ⅱ	200*	0.6	≤50	>4000K	≥65
Ⅲ	500*	0.7	≤50	>4000K	≥80

注：*考虑了灯具维护系数后的照度值，即表中数值乘以 1.25 等于初始的照度值。

(2)FIFA 有电视转播的足球场人工照明参数推荐值，见表 7-17。

表 7-17 **FIFA 有电视转播的足球场人工照明参数推荐值**

比赛分级	摄像类型	垂直照度			水平照度			光源色温 T_k	光源显色指数 Ra
		$E_{h\cdot ave}$ (lx)	照度均匀度		$E_{h\cdot ave}$ (lx)	照度均匀度			
			U_1	U_2		U_1	U_2		
Ⅴ级	慢动作	1800	0.5	0.7	1500～3000	0.6	0.8	>5500K	≥80 最好 ≥90
	固定摄像	1400	0.5	0.7					
	移动摄像	100	0.3	0.5					
Ⅳ级	固定摄像	100	0.4	0.6	1000～2000	0.6	0.8	>4000K	≥80

注：①垂直照度值与每台摄像机有关。

②照度值应考虑灯具维护系数，推荐灯具维护系数为 0.80，因此，照度的初始数值应为表中数值的 1.25 倍。

③每 5m 的照度梯度不应超过 20%。

④眩光指数 GR≤50。

2007 年，国际足联新颁布的足球场照明标准发生较大的变化，见表 7-18 和表 7-19。

表 7-18 **没有电视转播的足球场照明标准**

比赛分级	水平照度 $E_{h\cdot ave}$(lx)	照度均匀度 U_2	光源色温 T_k(K)	光源显色指数 Ra
Ⅰ	200	0.5	>4000	≥65
Ⅱ	500	0.6	>4000	≥65
Ⅲ	750	0.7	>4000	≥65

注：①表中照度值为使用(maintained)照度。

②推荐维护系数为 0.7，因此初始照度值应约为表中数值的 1.4 倍。

③每 10m 的照度变化幅度即照度梯度不应超过 30%。

④应避免在运动员的主视野内产生直接眩光。

表 7－19　　有电视转播的足球场照明标准

比赛分级	摄像类型	垂直照度			水平照度			光源色温 T_k	光源显色指数 Ra
		$E_{h\cdot ave}$ (lx)	照度均匀度		$E_{h\cdot ave}$ (lx)	照度均匀度			
			U_1	U_2		U_1	U_2		
Ⅴ级	固定摄像	2400	0.5	0.7	3500	0.6	0.8	＞4000	≥65
	场地摄像	1800	0.4	0.65					
Ⅳ级	固定摄像	2000	0.5	0.65	2500	0.6	0.8	＞4000	≥65
	场地摄像	1400	0.35	0.6					

注：①表中照度值为使用(maintained)照度。推荐维护系数为 0.7，因此初始照度值应约为表中数值的 1.4 倍。

②表中垂直照度为固定(或场地)摄像机方向的垂直照度。

③场地摄像机的垂直照度均匀度，可以通过比较各台摄像机之间的垂直照度进行估算。

④眩光指数 $GR \leqslant 50$。

⑤认可并鼓励采用恒流明输出的光源。

3. CIE 关于足球场的照明标准

CIE 关于足球场的照明标准，见表 7－20。

表 7－20　　规格不同的足球场平均使用水平照度

观众容量	观看距离(m)	平均使用水平照度 (lx)
10000 座以下	120	150～250
10000～20000 座	160	250～400
20000 座以上	200	400～800

4. 国际体育联合会关于室内足球照明标准

国际体育联合会关于室内足球照明标准，见表 7－21。

表 7－21　　GAISF 室内足球场照度标准

运动类型	E_h(lx)	E_{vmai}(lx)	E_{vsec}(lx)	水平照度均匀度		垂直照度均匀度		Ra	T_k(K)
				U_1	U_2	U_1	U_2		
业　余　水　平									
体能训练	150	—	—	0.4	0.6	—	—	20	4000
非比赛、娱乐活动	300	—	—	0.4	0.6	—	—	65	4000
国内比赛	500	—	—	0.5	0.7	—	—	65	4000

续表

运动类型	E_h(lx)	E_{vmai}(lx)	E_{vsec}(lx)	水平照度均匀度		垂直照度均匀度		Ra	T_k(K)
				U_1	U_2	U_1	U_2		
专业水平									
体能训练	300	—	—	0.4	0.6	—	—	65	4000
国内比赛	750	—	—	0.5	0.7	—	—	65	4000
TV转播的国内比赛	—	1000	700	0.4	0.6	0.3	0.5	65	4000
TV转播的国际比赛	—	1400	100	0.6	0.7	0.4	0.6	65，最好80	4000
高清晰度HDTV转播	—	2000	1500	0.7	0.8	0.6	0.7	80	4000
TV应急	—	1000	—	0.4	0.6	0.3	0.5	65，最好80	4000

5. 奥运会足球场照明标准

奥运会足球场照明标准，见表7-22。

表7-22　奥运会足球场照明标准

位置	照度(lx)		照度均匀度(最小)			
	$E_{v\cdot Cam\cdot min}$	$E_{h\cdot ave}$	水平方向		垂直方向	
	见注②		E_{min}/E_{max}	E_{min}/E_{ave}	E_{min}/E_{max}	E_{min}/E_{ave}
FOP(场地)(见注⑦)	1400	—	0.7	0.8	0.6(0.7)	0.7(0.8)
热身区域、ERC	1000	—	0.4	0.6	0.4	0.6
观众(C1号摄像机)(见注③)	见比值	—	—	—	0.3	0.5
比率						
$E_{h\cdot ave\cdot FOP}/E_{v\cdot ave\cdot Cam}$			≥0.75和≤1.5			
计算点4个平面E_v最小值与最大值的比值(见注④)			≥0.6			

续表

位置	照度(lx)		照度均匀度(最小)			
	$E_{v \cdot Cam \cdot min}$	$E_{h \cdot ave}$	水平方向		垂直方向	
	见注②		E_{min}/E_{max}	E_{min}/E_{ave}	E_{min}/E_{max}	E_{min}/E_{ave}
$E_{v \cdot ave \cdot spec}/E_{v \cdot ave \cdot Cam}$			≥0.1和≤0.25			
$E_{h \cdot ave \cdot Run \cdot off}/E_{h \cdot ave \cdot FOP}$			≥0.1和≤0.33			
梯度	UG-全场(4m计算网格)		≤20%			
	UG-特定区域(2m计算网格)		≤10%			
	UG-特定区域(1m计算网格)		≤10%			
光源	CRI Ra		≥90			
	T_k		5600K			
相对于固定摄像机的眩光等级 GR			≤40			

注:①垂直照度计算平面和摄像机位置按组委会要求进行设计。

②$E_{v \cdot min}$为所有计算点中的最小垂直照度值,而非最小的平均垂直照度值,这一点非常重要,是奥运会标准与其他标准区别最大之处。

③“观众”指的是前12排座位的观众,超过15排座位的垂直照度均匀度将会降低。

④$E_{v \cdot max}$和$E_{v \cdot min}$为比赛场地内所有计算点4个垂直面上的最大和最小垂直照度值。

⑤除注明外,所有计算网格为1m。

⑥照度等级为奥运比赛时的最小值。

⑦所有的主摄像机(ERC除外)都满足$E_{v \cdot min}$=1400 lx。对于ERC,$E_{v \cdot min}$可以为1000 lx。

⑧ARZ1内的$E_{v \cdot max}$应在ARZ2范围之内。

⑨缩写定义:

ERC:摇动摄像机;

SSM:超级慢动作摄像机;

FOP:用于比赛区域的场地,足球场的FOP为(105～110)m×(68～75)m;

TF=Total FOP=观众席所包围的场地,包括用于比赛区域的FOP;

Cam=摄像机;

ARZ1=球场两端、球门线、边线和禁区之间的区域;

ARZ2=球门区;

Spec=观众;

C1号=主摄像机;

UG-FOP:FOP区域内的照度梯度;

UG-ARZ1:AZR1区域内的照度梯度。

(三)网球

1.我国关于网球场地的照明标准

JGJ153-2007 给出我国关于网球场地的照明标准值，见表 7-23。

表 7-23　　网球场地的照明标准值

等级	使用功能	照度(1x)			照度均匀度						光源		眩光指数 GR	
		E_h	$E_{v\,mai}$	$E_{v\,aux}$	U_h		$U_{v\,min}$		$U_{v\,aux}$		Ra	T_{cp}(K)	室外	室内
					U_1	U_2	U_1	U_2	U_1	U_2				
Ⅰ	训练和娱乐活动	300	—	—	—	0.5	—	—	—	—	≥65	—	≤55	≤35
Ⅱ	业余比赛、专业训练	500/300	—	—	0.4/0.3	0.6/0.5	—	—	—	—	≥65	≥4000	≤50	≤30
Ⅲ	专业比赛	750/500	—	—	0.5/0.4	0.7/0.6	—	—	—	—	≥65	≥4000	≤50	≤30
Ⅳ	TV 转播国家、国际比赛	—	1000/750	750/500	0.5/0.4	0.7/0.6	0.4/0.3	0.6/0.5	0.3/0.3	0.5/0.4	≥80	≥4000	≤50	≤30
Ⅴ	TV 转播重大国际比赛	—	1400/1000	1000/750	0.6/0.5	0.8/0.7	0.5/0.3	0.7/0.5	0.3/0.3	0.5 0.4	≥90	≥5500	≤50	≤30
Ⅵ	HDTV 转播重大国际比赛	—	2000/1400	1400/1000	0.7/0.6	0.8/0.8	0.6 0.4	0.7/0.6	0.4/0.3	0.6/0.5	≥90	≥5500	≤50	≤30
—	TV 应急	—	1000/750	—	0.5/0.4	0.7/0.6	0.4/0.3	0.6/0.5	—	—	≥80	≥4000	≤50	≤30

注：①表中同一格有两个值时，“/”前为主赛区 PA 的值，“/”后为总赛区 TA 的值。

②球与背景之间应有足够的对比。比赛场地应消除阴影。

③应避免在运动员运动方向上造成眩光。

④室内网球Ⅴ等级 Ra 和 T_{cp} 的取值应与Ⅳ等级相同。

2. 国际网球联合会关于网球场照明标准

国际网球联合会关于网球场照明标准，见表 7-24～表 7-26。

表 7-24　　个人娱乐用的网球场照明参数推荐值

分类		E_h (lx)		E_h均匀度				GR_{max}	Ra	T_k(K)
				U_1		U_2				
		PPA	TPA	PPA	TPA	PPA	TPA			
室外	标准	150	125	0.3	0.2	0.6	0.5	50	≥20(65)	2000
	高级	300	250	0.3	0.2	0.6	0.5	50	≥20(65)	2000
室内	标准	250	200	0.3	0.2	0.6	0.5	50	≥65	4000
	高级	500	400	0.3	0.2	0.6	0.5	50	≥65	4000

注：括号内数为最佳值。

表 7-25 俱乐部级、电视转播网球场照明参数推荐值(室外)

分类	E_h(lx)		E_v(lx)		E_h均匀度				E_v均匀度				T_k(K)
	PPA	TPA	PPA	TPA	U_1		U_2		U_1		U_2		
					PPA	TPA	PPA	TPA	PPA	TPA	PPA	TPA	2000
训练	250	200	—	—	0.4	0.3	0.6	0.5	—	—	—	—	4000
国内比赛	500	400	—	—	0.4	0.3	0.6	0.5	—	—	—	—	4000
国际比赛	75	600	—	—	0.4	0.3	0.6	0.5	—	—	—	—	4000/5500
摄像距离 25m	—	—	1000	700	0.5	0.3	0.6	0.5	0.5	0.3	0.6	0.5	4000/5500
摄像距离 75m	—	—	1400	1000	0.5	0.3	0.6	0.5	0.5	0.3	0.6	0.5	4000/5500
HDTV	—	—	2500	1750	0.7	0.6	0.8	0.7	0.7	0.6	0.8	0.7	4000/5500

注:①$GR \leqslant 50$,$Ra \geqslant 65$,彩色电视、HDTV、电影转播最好 $Ra \geqslant 90$。

②色温 $T_k = 5500$K 为更佳值。

表 7-26 俱乐部级、电视转播网球场照明参数推荐值(室内)

分类	E_h(lx)		E_v(lx)		E_h均匀度				E_v均匀度				T_k(K)
	PPA	TPA	PPA	TPA	U_1		U_2		U_1		U_2		
					PPA	TPA	PPA	TPA	PPA	TPA	PPA	TPA	
训练	500	400	—	—	0.4	0.3	0.6	0.5	—	—	—	—	4000
国内比赛	750	600	—	—	0.4	0.3	0.6	0.5	—	—	—	—	4000
国际比赛	1000	800	—	—	0.4	0.3	0.6	0.5	—	—	—	—	4000
电视 25m	—	—	1000	700	0.5	0.3	0.6	0.5	0.5	0.3	0.6	0.5	4000/5500
电视 75m	—	—	1400	1000	0.5	0.3	0.6	0.5	0.5	0.3	0.6	0.5	4000/5500
HDTV	—	—	2500	1750	0.7	0.6	0.8	0.7	0.7	0.6	0.8	0.7	4000/5500

注:①$GR \leqslant 50$,$Ra \geqslant 65$,彩色电视、HDTV、电影转播最好 $Ra \geqslant 90$。

②色温 $T_k = 5500$K 为更正值。

3. 奥运会关于网球场照明标准

北京奥运会关于网球场照明标准,参见表 7-27。

表 7－27 奥运会网球场照明标准

位置	照度(lx)		照度均匀度(最小)			
	$E_{v\cdot Cam\cdot min}$	$E_{h\cdot ave}$	水平方向		垂直方向	
	见注②		E_{min}/E_{max}	E_{min}/E_{ave}	E_{min}/E_{max}	E_{min}/E_{ave}
PPA(场地)	1400	—	0.7	0.8	0.7	0.8
FOP(TPA)	1400	—	0.6	0.7	0.6	0.7
观众(C1 号摄像机)	见比值	—	—	—	0.3	0.5

比率		
$E_{h\cdot ave\cdot PPA}/E_{v\cdot ave\cdot PPA}$		≥0.75 和≤1.5
$E_{h\cdot ave\cdot TPA}/E_{v\cdot ave\cdot TPA}$		≥0.5 和≤2.0
计算点 4 个平面 E_v 最小值与最大值的比值		≥0.6
$E_{v\cdot ave\cdot C1\cdot spec}/E_{v\cdot ave\cdot C1\cdot FOP}$		≥0.1 和≤0.25
$E_{h\cdot min\cdot TRZ}$		$E_{v\cdot ave\cdot C1\cdot PPA}$
梯度	UG－FOP(对固定摄像机而言)	≤20%/4m
	UG－观众(对 C1 号摄像机而言)	10%/4m
光源	CRIRa	≥90
	T_k	5600K
相对于固定摄像机的眩光等级 GR		≤40

注：①关于摄像机位置，由电视转播公司确定。

②$E_{v\cdot min}$为任意一点的最小值，而非最小平均值。

③观众席前 12 排坐姿高度倾斜计算平面，12 排以后的照度均匀递减。

④比赛场地内与场地四周垂直相交的 4 个平面上任何一点的 $E_{v\cdot min}$ 和 $E_{v\cdot max}$ 之比值应等于或大于 0.6。

⑤除非另有说明，所有分隔线间距均为 1m。

⑥奥运会期间该照度为最低照度。

⑦底线和发球线的 $E_{v\cdot min} \geqslant E_{v\cdot ave\cdot PPA}$。

⑧ERC 的 $E_{v\cdot min}$应不低于 1000 lx。

⑨缩写定义：

PPA：主赛区，指双边线外 1.8m 处及底线外 3m 处画线范围内的区域；

TPA：整个比赛场地，栅栏范围内的区域面积为 36m×18m，取其较大数值；

Cam：摄像机，C1 号摄像机为主摄像机；

TRZ：底线和发球线两端；

ERC：ENG 移动摄像机；

Spec：观众席。

（四）篮球、排球

1. 我国关于篮球、排球场地的照明标准

JGJ153—2007 给出我国关于篮球、排球场地的照明标准值，见表7－28。

表7－28 篮球、排球场地的照明标准值

等级	使用功能	照度(1x)			照度均匀度						光源		眩光指数 GR
		E_h	$E_{v\,mai}$	$E_{v\,aux}$	U_h		$U_{v\,min}$		$U_{v\,aux}$		Ra	T_{cp}(K)	
					U_1	U_2	U_1	U_2	U_1	U_2			
Ⅰ	训练和娱乐活动	300	—	—	—	0.3	—	—	—	—	≥65	—	≤35
Ⅱ	业余比赛、专业训练	500	—	—	0.4	0.6	—	—	—	—	≥65	≥4000	≤30
Ⅲ	专业比赛	750	—	—	0.5	0.7	—	—	—	—	≥65	≥4000	≤30
Ⅳ	TV 转播国家、国际比赛	—	1000	750	0.5	0.7	0.4	0.6	0.3	0.5	≥80	≥4000	≤30
Ⅴ	TV 转播重大国际比赛	—	1400	1000	0.6	0.8	0.5	0.7	0.3	0.5	≥80	≥4000	≤30
Ⅵ	HDTV 转播重大国际比赛	—	2000	1400	0.7	0.8	0.6	0.7	0.4	0.6	≥90	≥5500	≤30
—	TV 应急	—	750	—	0.5	0.7	0.3	0.5	—	—	≥80	≥4000	≤30

注：①篮球：背景材料的颜色和反射比应避免混乱。球篮区域上方应无高亮度区。

②排球：在球网附近区域及主运动方向上应避免对运动员造成眩光。

2. 国际体育联合会(GAISF)关于篮球、排球场的照明标准值

国际体育联合会关于篮球、排球场的照明标准，见表7－29。

表7－29 GAISF 篮球、排球场的照明标准值

运动类型	E_h(lx)	E_{vmai}(lx)	E_{vsec}(lx)	水平照度均匀度		垂直照度均匀度		Ra	T_k(K)
				U_1	U_2	U_1	U_2		
业 余 水 平									
体能训练	150	—	—	0.4	0.6	—	—	20	4000
非比赛、娱乐活动	300	—	—	0.4	0.6	—	—	65	4000
国内比赛	600	—	—	0.5	0.7	—	—	65	4000

续表

运动类型	E_h(lx)	E_{vmai}(lx)	E_{vsec}(lx)	水平照度均匀度		垂直照度均匀度		Ra	T_k(K)
				U_1	U_2	U_1	U_2		
专业水平									
体能训练	300	—	—	0.4	0.6	—	—	65	4000
国内比赛	750	—	—	0.5	0.7	—	—	65	4000
TV转播的国内比赛	—	750	500	0.5	0.7	0.3	0.5	65	4000
TV转播的国际比赛	—	1000	750	0.6	0.7	0.4	0.6	65，最好80	4000
高清晰度HDTV转播	—	2000	1500	0.7	0.8	0.6	0.7	80	4000
TV应急	—	750	—	0.5	0.7	0.3	0.5	65，最好80	4000

注：①比赛场地大小：篮球 19m×32m(PPA：15m×28m)；排球 13m×22m(PPA：9m×18m)。

②摄像机最佳位置：主摄像机设在比赛场地长轴线的垂线上，标准高度 4～5m；辅摄像机设在球门、边线、底线的后部。

③计算网格为 2m×2m。

④测量网格(最好)为 2m×2m，最大为 4m。

⑤由于运动员不时地往上看，应避免看到顶棚和照明灯之间的视差。

⑥国际业余篮球联合会(FIBA)规定，对于新建体育设施，举行有电视转播的国际比赛，总面积为 40m×25m 的赛场，其正常垂直照度要求不低于 1500lx。照明灯(顶棚为磨光时)布置应避免对运动员和观众产生眩光。

⑦国际排联(FVB)要求的比赛场地规模为 19m×34m(PPA：9m×18m)，主摄像机方向的最小垂直照度为 1500lx。

3. 奥运会关于篮球、排球场的照明标准

奥运会篮球、排球场照明标准值，见表 7－30。

表 7－30　**奥运会篮球、排球场的照明标准值**

位置	照度(lx)		照度均匀度(最小)			
	$E_{v\cdot Cam\cdot min}$	$E_{h\cdot ave}$	水平方向		垂直方向	
	见注②		E_{min}/E_{max}	E_{min}/E_{ave}	E_{min}/E_{max}	E_{min}/E_{ave}
比赛场地	1400	—	0.7	0.8	0.7	0.8
总场地	1100	—	0.6	0.7	0.4	0.7
隔离区	—	150	0.4	0.6	—	—
观众(C1 号摄像机)	—	—	—	—	0.3	0.5

比　率

$E_{h\cdot ave\cdot FOP}/E_{v\cdot ave\cdot CAM\cdot FOP}$		≥0.75 和≤1.5
$E_{h\cdot ave\cdot TPA}/E_{v\cdot ave\cdot TPA}$		≥0.5 和≤2.0
$E_{h\cdot ave\cdot TPA}/E_{h\cdot ave\cdot FOP}$		0.5～0.7
计算点 4 个平面 E_v 最小值与最大值的比值		≥0.6
$E_{v\cdot ave\cdot C1\cdot spec}/E_{v\cdot ave\cdot C1\cdot FOP}$		≥0.1 和≤0.20
$E_{v\cdot min\cdot TRZ}$		$E_{v\cdot ave\cdot FOP}$
照度	UG－FOP(1m)	≤20%
	UG－TPA(4m)	≤10%
	UG－观众席(主摄像机方向)	≤20%
光源	CRI Ra	≥90
	T_k	5600K
相对于固定摄像机的眩光等级 GR		≤40

注：①关于摄像机位置，由电视转播公司确定。
②$E_{v\cdot min}$为任意一点的最小值，而非最小平均值。
③观众席前 12 排坐姿高度倾斜计算平面，12 排以后的照度均匀递减。
④比赛场地内与场地四周垂直相交的 4 个平面上任何一点的 $E_{v\cdot min}$ 和 $E_{v\cdot max}$ 之比值应等于或大于 0.6。
⑤奥运会期间该照度为最低照度。
⑥缩写定义：
FOP：主赛区，指双边线及端边线范围内的区域；
TPA：整个比赛场地，包括场地外的缓冲区域；
Cam：摄像机，C1 号摄像机为主摄像机；
AMZ：投球线及端线的区域；
Spec：观众席；
隔离区：观众席护栏与场地之间的区域。

（五）羽毛球

1. 我国关于羽毛球场地的照明标准

我国关于羽毛球场地的照明标准值，见表 7－31。

表 7－31　我国关于羽毛球场地的照明标准值

等级	使用功能	照度(lx)			照度均匀度						光源		眩光指数 GR
		E_h	$E_{v\,mai}$	$E_{v\,aux}$	U_h		$U_{v\,min}$		$U_{v\,aux}$		Ra	T_{cp}(K)	室内
					U_1	U_2	U_1	U_2	U_1	U_2			
Ⅰ	训练和娱乐活动	300	—	—	—	0.5	—	—	—	—	≥65	—	≤35
Ⅱ	业余比赛、专业训练	750/500	—	—	0.5/0.4	0.7/0.6	—	—	—	—	≥65	≥4000	≤30
Ⅲ	专业比赛	1000/750	—	—	0.5/0.4	0.7/0.6	—	—	—	—	≥65	≥4000	≤30
Ⅳ	TV 转播国家、国际比赛	—	1000/750	750/500	0.5/0.4	0.7/0.6	0.4/0.3	0.6/0.5	0.3/0.3	0.5/0.4	≥80	≥4000	≤30
Ⅴ	TV 转播重大国际比赛	—	1400/1000	1000/750	0.6/0.5	0.8/0.7	0.5/0.5	0.7/0.5	0.3/0.3	0.5 0.4	≥80	≥4000	≤30
Ⅵ	HDTV 转播重大国际比赛	—	2000/1400	1400/1000	0.7/0.6	0.8/0.8	0.6/0.4	0.7/0.6	0.4/0.3	0.6/0.5	≥90	≥5500	≤30
—	TV 应急	—	1000/750	—	0.5/0.4	0.7/0.6	0.4/0.3	0.6/0.5	—	—	≥80	≥4000	≤30

注：①表中同一格有两个值时，“/”前为主赛区 PA 的值，“/”后为总赛区 TA 的值。

②背景(墙或顶棚)表面的颜色和反射比与球应有足够的对比。

③比赛场地上方应有足够的照度，但应避免对运动员造成眩光。

2. 国际体育联合会关于羽毛球场的照明标准值

国际体育联合会关于羽毛球场的照明标准值，见表 7－32。

表 7－32　国际体育联合会关于羽毛球场的照明标准值

运动类型	E_h(lx)	E_{vmai}(lx)	E_{vsec}(lx)	水平照度均匀度		垂直照度均匀度		Ra	T_k(K)
				U_1	U_2	U_1	U_2		
业余水平									
体能训练	150	—	—	0.4	0.6	—	—	20	4000
非比赛、娱乐活动	300/250	—	—	0.4	0.6	—	—	65	4000
国内比赛	750/600	—	—	0.5	0.7	—	—	65	4000

续表

运动类型	E_h(lx)	E_{vmai}(lx)	E_{vsec}(lx)	水平照度均匀度		垂直照度均匀度		Ra	T_k(K)
				U_1	U_2	U_1	U_2		
专业水平									
体能训练	300	—	—	0.4	0.6	—	—	65	4000
国内比赛	1000/800	—	—	0.5	0.7	—	—	65	4000
TV转播的国内比赛	—	1000/750	750/500	0.5	0.7	0.3	0.5	65	4000
TV转播的国际比赛	—	1250/900	1000/700	0.6	0.7	0.4	0.6	65，最好80	4000
高清晰度HDTV转播	—	2000/1400	1500/1050	0.7	0.8	0.6	0.7	80	4000
TV应急	—	1000/700	—	0.5	0.7	0.3	0.5	65，最好80	4000

注：①比赛场地大小：PPA：6.1m×13.4m；TPA：10.1m×19.4m。

②摄像机最佳位置：主摄像机设在球场的后部，高度4～6m，离最近底线12～20m。辅助摄像机靠近发球线，每边一个，用于如慢动作的回放等情况，在球场边线后面的地板上。

③计算网格为2m×2m。

④测量网格（最好）为2m×2m，最大为4m×4m。

⑤表中每格有两个照度值。前面数值为标准的比赛场地（PPA）照度值，后面是整个场地（TPA）的照度值。PPA不能存在阴影。为了提供一个较暗的背景，使羽毛球有较好的对比，整个场地照度可以低于PPA的照度。由于运动员经常往上看，PPA的上部和后部不装设照明灯，以减少眩光。

⑥国际羽联IBF要求：对于主要的国际比赛，顶棚照明灯的安装高度应至少为12m（整个PPA上面），两块球场之间的距离至少为4m。

3. 奥运会关于羽毛球场的照明标准

奥运会关于羽毛球场的照明标准参考值，见表7-33。

表 7-33 奥运会关于羽毛球场的照明标准值

位置	照度(lx)		照度均匀度(最小)			
	$E_{v\cdot Cam\cdot min}$	$E_{h\cdot ave}$	水平方向		垂直方向	
	见注②		E_{min}/E_{max}	E_{min}/E_{ave}	E_{min}/E_{max}	E_{min}/E_{ave}
比赛场地	1400	—	0.7	0.8	0.7	0.8
总场地	1000	—	0.6	0.7	0.6	0.7
隔离区	—	150	0.4	0.6	—	—
观众(C1号摄像机)	见比值表	—	—	—	0.3	0.5

比 率		
$E_{h\cdot ave\cdot FOP}/E_{v\cdot ave\cdot Cam\cdot FOP}$		≥0.75 和≤1.5
$E_{h\cdot ave\cdot TPA}/E_{v\cdot ave\cdot TPA}$		≥0.5 和≤2.0
$E_{h\cdot ave\cdot TPA}/E_{h\cdot ave\cdot FOP}$		0.5～0.7
计算点 4 个平面 E_v 最小值与最大值的比值		≥0.6
观众席:FOP 摄像机平均垂直照度值		≥0.1 和≤0.25
照度	UG-FOP(1m 和 2m)	≤20%
	UG-TPA(4m)	≤10%
	UG-观众席(主摄像机方向)	≤20%
光源	CRI Ra	≥90
	T_k	5600K
相对于固定摄像机的眩光等级 GR		≤40

注:①关于摄像机位置,由电视转播公司确定。

②$E_{v\cdot min}$为任意一点的最小值,而非最小平均值。

③观众席前 12 排坐姿高度倾斜计算平面,12 排以后的照度均匀递减。

④比赛场地内与场地四周垂直相交的 4 个平面上任何一点的 $E_{v\cdot min}$ 和 $E_{v\cdot max}$ 之比值应等于或大于 0.6。

⑤奥运会期间该照度为最低照度。

⑥缩写定义:

FOP:主赛区,指双边线及端边线范围内的区域;

TPA:整个比赛场地,包括场地外的缓冲区域;

Cam:摄像机,C1 号摄像机为主摄像机;

AMZ:投球线及端线的区域;

Spec:观众席;

隔离区:观众席护栏与场地之间的区域。

（六）乒乓球

1. 我国关于乒乓球场地的照明标准

我国关于乒乓球场地的照明标准值，见表 7-34。

表 7-34　　乒乓球场地的照明标准值

等级	使用功能	照度(lx)			照度均匀度						光源		眩光指数 GR
		E_h	$E_{v\,mai}$	$E_{v\,aux}$	U_h		$U_{v\,min}$		$U_{v\,aux}$		Ra	T_{cp}(K)	
					U_1	U_2	U_1	U_2	U_1	U_2			
Ⅰ	训练和娱乐活动	300	—	—	—	0.5	—	—	—	—	≥65	—	≤35
Ⅱ	业余比赛、专业训练	500	—	—	0.4	0.6	—	—	—	—	≥65	≥4000	≤30
Ⅲ	专业比赛	1000	—	—	0.5	0.7	—	—	—	—	≥65	≥4000	≤30
Ⅳ	TV 转播国家、国际比赛	—	1000	750	0.5	0.7	0.4	0.6	0.3	0.5	≥80	≥4000	≤30
Ⅴ	TV 转播重大国际比赛	—	1400	1000	0.6	0.8	0.5	0.7	0.3	0.5	≥80	≥4000	≤30
Ⅵ	HDTV 转播重大国际比赛	—	2000	1400	0.7	0.8	0.6	0.7	0.4	0.6	≥90	≥5500	≤30
—	TV 应急	—	1000	—	0.5	0.7	0.4	0.6	—	—	≥80	≥4000	≤30

注：①比赛场地上空较高高度上应有良好的照度和照度均匀度，但应避免对运动员造成眩光。

②乒乓球台上应无阴影，同时还应避免周边护板阴影的影响。

③比赛场地中四边的垂直照度之比不应大于 1.5。

2. 国际体育联合会关乒乓球场的照明标准值

国际体育联合会关于乒乓球场的照明标准值，见表 7-35。

表 7-35　　国际体育联合会关乒乓球场的照明标准值

运动类型	E_h(lx)	E_{vmai}(lx)	E_{vsec}(lx)	水平照度均匀度		垂直照度均匀度		Ra	T_k(K)
				U_1	U_2	U_1	U_2		
业余水平									
体能训练	150	—	—	0.4	0.6	—	—	20	4000
非比赛、娱乐活动	300	—	—	0.4	0.6	—	—	65	4000
国内比赛	500	—	—	0.5	0.7	—	—	65	4000

续表

运动类型	E_h(lx)	$E_{v\text{mai}}$(lx)	$E_{v\text{sec}}$(lx)	水平照度均匀度		垂直照度均匀度		Ra	T_k(K)
				U_1	U_2	U_1	U_2		
专业水平									
体能训练	300	—	—	0.4	0.6	—	—	65	4000
国内比赛	750	—	—	0.5	0.7	—	—	65	4000
TV 转播的国内比赛	—	1000	700	0.4	0.6	0.3	0.5	65	4000
TV 转播的国际比赛	—	1400	1000	0.6	0.7	0.4	0.6	65，最好80	4000
高清晰度HDTV转播	—	2000	1500	0.7	0.8	0.6	0.7	80	4000
TV 应急	—	1000	—	0.4	0.6	0.3	0.5	65，最好80	4000

注：①比赛场地大小：7m×14m，PPA：1.52m×2.72m。

②摄像机最佳位置：主摄像机沿比赛场地的边线或垂线，辅助摄像机设置高度与球网平齐。

③计算网格为 2m×2m。

④测量网格（最好）为 2m×2m，最大为 4m。

⑤国际乒联 ITTF：照明设计应限制从球台到底的阴影。

3. 奥运会关于乒乓球场的照明标准

奥运会关于乒乓球场的照明标准参考值，见表 7-36。

表 7-36　　奥运会关于乒乓球场的照明标准值

位置	照度(lx)		照度均匀度(最小)			
	$E_{v\cdot\text{Cam}\cdot\min}$	$E_{h\cdot\text{ave}}$	水平方向		垂直方向	
	见注②		$E_{\min}/E_{\max}$	$E_{\min}/E_{\text{ave}}$	$E_{\min}/E_{\max}$	$E_{\min}/E_{\text{ave}}$
比赛场地	1400	—	0.7	0.8	0.7	0.8
总场地	1000	—	0.6	0.7	0.6	0.7
隔离区	—	≤150	0.4	0.6	—	—

续表

<table>
<tr><td rowspan="3">位置</td><td colspan="2">照度(lx)</td><td colspan="4">照度均匀度(最小)</td></tr>
<tr><td>$E_{v\cdot Cam\cdot min}$</td><td>$E_{h\cdot ave}$</td><td colspan="2">水平方向</td><td colspan="2">垂直方向</td></tr>
<tr><td>见注②</td><td></td><td>E_{min}/E_{max}</td><td>E_{min}/E_{ave}</td><td>E_{min}/E_{max}</td><td>E_{min}/E_{ave}</td></tr>
<tr><td>观众(C1号摄像机)</td><td>见比值表</td><td>—</td><td>—</td><td>—</td><td>0.3</td><td>0.5</td></tr>
<tr><td colspan="7">比　率</td></tr>
<tr><td colspan="5">$E_{h\cdot ave\cdot FOP}/E_{v\cdot ave\cdot Cam\cdot FOP}$</td><td colspan="2">≥0.75和≤1.5</td></tr>
<tr><td colspan="5">$E_{h\cdot ave\cdot TPA}/E_{v\cdot ave\cdot TPA}$</td><td colspan="2">≥0.5和≤2.0</td></tr>
<tr><td colspan="5">$E_{h\cdot ave\cdot TPA}/E_{h\cdot ave\cdot FOP}$</td><td colspan="2">0.5～0.7</td></tr>
<tr><td colspan="5">计算点4个平面E_v最小值与最大值的比值</td><td colspan="2">≥0.6</td></tr>
<tr><td colspan="5">$E_{v\cdot ave\cdot C1\cdot spec}/E_{v\cdot ave\cdot C1\cdot FOP}$</td><td colspan="2">≥0.1和≤0.25</td></tr>
<tr><td rowspan="3">照度</td><td colspan="4">UG - FOP(1m和2m)</td><td colspan="2">≤20%</td></tr>
<tr><td colspan="4">UG - TPA(4m)</td><td colspan="2">≤10%</td></tr>
<tr><td colspan="4">UG -观众席(主摄像机方向)</td><td colspan="2">≤20%</td></tr>
<tr><td rowspan="2">光源</td><td colspan="4">$CRI\ Ra$</td><td colspan="2">≥90</td></tr>
<tr><td colspan="4">T_k</td><td colspan="2">5600K</td></tr>
<tr><td colspan="5">相对于固定摄像机的眩光等级GR</td><td colspan="2">≤40</td></tr>
</table>

注：①关于摄像机位置，由电视转播公司确定。

②$E_{v\cdot min}$为任意一点的最小值，而非最小平均值。

③观众席前12排坐姿高度倾斜计算平面，12排以后的照度均匀递减。

④比赛场地内与场地四周垂直相交的4个平面上任何一点的$E_{v\cdot min}$和$E_{v\cdot max}$之比值应等于或大于0.6。

⑤奥运会期间该照度为最低照度。

⑥缩写定义：

FOP：主赛区，指双边线及端边线范围内的区域；

TPA：整个比赛场地，包括场地外的缓冲区域；

Cam：摄像机，C1号摄像机为主摄像机；

AMZ：投球线及端线的区域；

Spec：观众席；

隔离区：观众席护栏与场地之间的区域。

(七)曲棍球

1. 我国关于曲棍球场地的照明标准

我国关于曲棍球场地的照明标准值,见表 7-37。

表 7-37 曲棍球场地的照明标准值

等级	使用功能	照度(lx)			照度均匀度						光源		眩光指数 GR
		E_h	$E_{v\,mai}$	$E_{v\,aux}$	U_h		$U_{v\,min}$		$U_{v\,aux}$		Ra	T_{cp}(K)	
					U_1	U_2	U_1	U_2	U_1	U_2			
Ⅰ	训练和娱乐活动	300	—	—	—	0.3	—	—	—	—	≥20	—	≤55
Ⅱ	业余比赛、专业训练	500	—	—	0.4	0.6	—	—	—	—	≥80	≥4000	≤50
Ⅲ	专业比赛	750	—	—	0.5	0.7	—	—	—	—	≥80	≥4000	≤50
Ⅳ	TV 转播国家、国际比赛	—	1000	750	0.5	0.7	0.4	0.6	0.3	0.5	≥80	≥4000	≤50
Ⅴ	TV 转播重大国际比赛	—	1400	1000	0.6	0.8	0.5	0.7	0.3	0.5	≥90	≥5500	≤50
Ⅵ	HDTV 转播重大国际比赛	—	2000	1400	0.7	0.8	0.6	0.7	0.4	0.6	≥90	≥5500	≤50
—	TV 应急	—	1000	—	0.5	0.7	0.4	0.6	—	—	≥80	≥4000	≤50

注:①应避免眩光与消除阴影,以保证球门区和角区有最佳照明。

②球与背景之间应有良好的对比和立体感。

2. 国际曲棍球联合会关于曲棍球场照明标准

国际曲棍球联合会(International Hockey Federation,FIH)制定的《曲棍球场人工照明指南(Guide to the artificial lighting of hockey pitches)》给出的 FIH 照明参数最小推荐值,见表 7-38。

表 7-38 关于曲棍球场照明参数最小推荐值

等 级	平均初始照度/平均使用照度(lx)		照度均匀度				颜色		眩光指数 GR
	$E_{h\cdot init}$/$E_{h\cdot maint}$	$E_{v\cdot init}$/$E_{v\cdot maint}$	水平		垂直		色温	显色指数	
			U_1	U_2	U_1	U_2	T_{cp}	Ra	
非竞赛类、体能训练	250/200	—	0.5	0.7	—	—	>2000	20	<50
球类训练、低级别的俱乐部比赛	375/300	—	0.5	0.7	—	—	>4000	65	<50
国内、国际比赛	625/500	—	0.5	0.7	—	—	>4000	65	<50

续表

等级		平均初始照度/平均使用照度(lx)		照度均匀度				颜色		眩光指数 GR
		$E_{h\cdot init}$/$E_{h\cdot maint}$	$E_{v\cdot init}$/$E_{v\cdot maint}$	水平		垂直		色温	显色指数	
				U_1	U_2	U_1	U_2	T_{cp}	Ra	
彩色电视转播	视距≥75m	—	1250/1000	0.5	0.7	0.4	0.6	>4000/5000	>65(90)	<50
	视距≥150m	—	1700/1400	0.5	0.7	0.4	0.6	>4000/5000	>65(90)	<50
	多种情况	—	2250/2000	0.7	0.8	0.6	0.7	>5000	>90	<50

注：$E_{h\cdot init}$：平均初始水平照度，新安装的照明系统在场地平面上最小的平均水平照度；

$E_{h\cdot maint}$：平均使用水平照度，照明系统在其寿命期间在场地平面上最小的平均水平照度；

$E_{v\cdot init}$：平均初始垂直照度，新安装的照明系统在距场地1.5m平面上、面向摄像机方向上最小的平均垂直照度；

$E_{v\cdot maint}$：平均使用垂直照度，新安装的照明系统在其寿命期间在距场地1.5m平面上、面向摄像机方向上最小的平均垂直照度；

U_1：最小照度与最大照度之比；

U_2：最小照度与平均照度之比。

3.奥运会关于曲棍球场的照明标准

奥运会关于曲棍球场的照明标准值，见表7-39。

表7-39 奥运会关于曲棍球场的照明标准值

位置	照度(lx)		照度均匀度(最小)			
	$E_{v\cdot Cam\cdot min}$	$E_{h\cdot ave}$	水平方向		垂直方向	
	见注②		E_{min}/E_{max}	E_{min}/E_{ave}	E_{min}/E_{max}	E_{min}/E_{ave}
比赛场地	1400	参见比率	0.7	0.8	0.7	0.8
全赛区	1400	参见比率	0.6	0.7	0.6	0.7
观众席(C1号摄像机)	参见比率	—	—	—	0.3	0.5

比率	
$E_{h\cdot ave\cdot FOP}/E_{v\cdot ave\cdot Cam\cdot FOP}$	≥0.75且≤1.5
$E_{h\cdot ave\cdot TF}/E_{v\cdot ave\cdot TF}$	≥0.75且≤2.0
$E_{h\cdot ave\cdot TF}/E_{v\cdot ave\cdot FOP}$	≥0.6且≤0.7
计算点4个平面E_v最小值与最大值的比值	≥0.6

注：①关于摄像机位置，由电视转播公司确定。

②$E_{v \cdot min}$为任意一点的最小值，而非最小平均值。

③观众席——前12排坐姿高度倾斜计算平面，12排以后的照度均匀递减。

④比赛场地内与场地四周垂直相交的四个平面上任何一点的$E_{v \cdot min}$和$E_{v \cdot max}$之比值应等于或大于0.6。

⑤奥运会期间该照度为最低照度。

⑥ERC的$E_{v \cdot min}$应不低于1000lx。

⑦缩写定义：

FOP：主赛区，指双边线及端边线范围内的区域。

TPA：整个比赛场地，包括场地外的缓冲区域。

Cam：摄像机，C1号摄像机为主摄像机。

Spec：观众席

隔离区：观众席护栏与场地之间的区域。

(八)棒球、垒球

1. 我国关于棒球、垒球场地的照明标准

我国最新标准JGJ153－2007《体育场馆照明设计及检测标准》给出了棒球、垒球场照明标准值，见表7－40。

表7－40　　我国关于棒球、垒球场地的照明标准值

等级	使用功能	照度(1x)			照度均匀度						光源		眩光指数GR
		E_h	$E_{v\,mai}$	$E_{v\,aux}$	U_h		$U_{v\,min}$		$U_{v\,aux}$		Ra	T_{cp}(K)	室内
					U_1	U_2	U_1	U_2	U_1	U_2			
Ⅰ	训练和娱乐活动	300/200	—	—	—	0.3	—	—	—	—	≥20	—	≤55
Ⅱ	业余比赛、专业训练	500/300	—	—	0.4/0.3	0.6/0.5	—	—	—	—	≥80	≥4000	≤50
Ⅲ	专业比赛	750/500	—	—	0.5/0.4	0.7/0.6	—	—	—	—	≥80	≥4000	≤50
Ⅳ	TV转播国家、国际比赛	—	1000/750	750/500	0.5/0.4	0.7/0.6	0.4/0.3	0.6/0.5	0.3/0.3	0.5/0.4	≥80	≥4000	≤50
Ⅴ	TV转播重大国际比赛	—	1400/1000	1000/750	0.6/0.5	0.8/0.7	0.5/0.5	0.7/0.5	0.3/0.3	0.5 0.4	≥90	≥5500	≤50
Ⅵ	HDTV转播重大国际比赛	—	2000/1400	1400/1000	0.7/0.6	0.8/0.8	0.6/0.4	0.7/0.6	0.4/0.3	0.6/0.5	≥90	≥5500	≤50
—	TV应急	—	1000/750	—	0.5/0.4	0.7/0.6	0.4/0.3	0.6/0.5	—	—	≥80	≥4000	≤50

注：①表中同一格有两个值时，“/”前为内场的值，“/”后为外场的值。

②应提供一定的观众席照明，以满足电视转播和看清被击出赛场的球。

2. 奥运会关于棒球、垒球场的照明标准

奥运会关于棒球、垒球场的照明标准值，参见表 7-41。

表 7-41　奥运会关于棒球、垒球场的照明标准

位置	照度(lx)		照度均匀度(最小)			
	$E_{v \cdot Cam \cdot min}$	$E_{h \cdot ave}$	水平方向		垂直方向	
	见注②		E_{min}/E_{max}	E_{min}/E_{ave}	E_{min}/E_{max}	E_{min}/E_{ave}
比赛场地	1400	—	0.7	0.8	0.7	0.8
总场地	1400	—	0.6	0.7	0.6	0.7
ERC 为总场地	1000	—	0.6	0.7	0.4	0.5
观众(C1 号摄像机)	见比值表	—	—	—	0.3	0.5

比　率		
$E_{h \cdot ave \cdot FOP}/E_{v \cdot ave \cdot CAM \cdot FOP}$		≥0.75 和≤1.5
$E_{h \cdot ave \cdot TPA}/E_{v \cdot ave \cdot TPA}$		≥0.5 和≤2.0
$E_{h \cdot ave \cdot TPA}/E_{h \cdot ave \cdot FOP}$		≥0.7
计算点 4 个平面 E_v最小值与最大值的比值		≥0.6
$E_{v \cdot ave \cdot C1 \cdot spec}/E_{v \cdot ave \cdot C1 \cdot FOP}$		≥0.1 和≤0.20
$E_{v \cdot min \cdot TRZ}$		$E_{v \cdot ave \cdot FOP}$
照度	UG-total-FOP(1m)	≤20%
	UG-AMZ(4m)	≤10%
	UG-观众席(主摄像机方向)	≤20%
光源	$CRI\ Ra$	≥90
	T_k	5600K
相对于固定摄像机的眩光等级 GR		≤40

注：①关于摄像机位置，由电视转播公司确定。

②$E_{v \cdot min}$为任意一点的最小值，而非最小平均值。

③观众席前 12 排坐姿高度倾斜计算平面，12 排以后的照度均匀递减。

④比赛场地内与场地四周垂直相交的四个平面上任何一点的 $E_{v \cdot min}$和 $E_{v \cdot max}$之比值应等于或大于 0.6。

⑤奥运会期间该照度为最低照度。

⑥缩写定义：

FOP：主赛区，指双边线及端线范围内的区域；

TPA：整个比赛场地，包括场地外的缓冲区域；

Cam：摄像机，C1号摄像机为主摄像机；
AMZ：投球线及端线的区域；
Spec：观众席。

(九)手球

1. 我国关于手球场地的照明标准

我国关于手球场地的照明标准值，见表7-42。

表7-42 手球场地的照明标准值

等级	使用功能	照度(lx)			照度均匀度						光源		眩光指数 GR
		E_h	$E_{v\,mai}$	$E_{v\,aux}$	U_h		$U_{v\,min}$		$U_{v\,aux}$		Ra	T_{cp}(K)	
					U_1	U_2	U_1	U_2	U_1	U_2			
Ⅰ	训练和娱乐活动	300	—	—	—	0.3	—	—	—	—	≥65	—	≤35
Ⅱ	业余比赛、专业训练	500	—	—	0.4	0.6	—	—	—	—	≥65	≥4000	≤30
Ⅲ	专业比赛	750	—	—	0.5	0.7	—	—	—	—	≥65	≥4000	≤30
Ⅳ	TV转播国家、国际比赛	—	1000	750	0.5	0.7	0.4	0.6	0.3	0.5	≥80	≥4000	≤30
Ⅴ	TV转播重大国际比赛	—	1400	1000	0.6	0.8	0.5	0.7	0.3	0.5	≥80	≥4000	≤30
Ⅵ	HDTV转播重大国际比赛	—	2000	1400	0.7	0.8	0.6	0.7	0.4	0.6	≥90	≥5500	≤30
—	TV应急	—	750	—	0.5	0.7	0.3	0.5	—	—	≥80	≥4000	≤30

注：比赛场地上方应有足够的照度，但应避免对运动员造成眩光。

2. 国际体育联合会关手球场的照明标准值

国际体育联合会关于手球场的照明标准值，见表7-43。

表7-43 国际体育联合会关手球场的照明标准值

运动类型	E_h(lx)	E_{vmai}(lx)	$E_{v\sec}$(lx)	水平照度均匀度		垂直照度均匀度		Ra	T_k(K)
				U_1	U_2	U_1	U_2		
业余水平									
体能训练	150	—	—	0.4	0.6	—	—	20	4000
非比赛、娱乐活动	300	—	—	0.4	0.6	—	—	65	4000
国内比赛	500	—	—	0.5	0.7	—	—	65	4000

续表

运动类型	E_h(lx)	E_{vmai}(lx)	E_{vsec}(lx)	水平照度均匀度		垂直照度均匀度		Ra	T_k(K)
				U_1	U_2	U_1	U_2		
专业水平									
体能训练	300	—	—	0.4	0.6	—	—	65	4000
国内比赛	750	—	—	0.5	0.7	—	—	65	4000
TV转播的国内比赛	—	1000	700	0.4	0.6	0.3	0.5	65	4000
TV转播的国际比赛	—	1400	1000	0.6	0.7	0.4	0.6	65，最好80	4000
高清晰度HDTV转播	—	2000	1500	0.7	0.8	0.6	0.7	80	4000
TV应急	—	1000	—	0.4	0.6	0.3	0.5	65，最好80	4000

注：①手球比赛场地大小：24m×44m，(PPA：20m×40m)。

②摄像机最佳位置：主摄像机沿比赛场地的边线或垂线设置，辅助摄像机设置高度与球门齐或球门线和接触线的后部，重大赛事，由电视转播机构提供摄像机位及要求。

③计算网格为2m×2m。

④测量网格(最好)为2m×2m，最大为4m。

⑤国际手联IHF要求：当观众人数为1000人，水平照度为400 lx；当观众人数为9000人时，垂直照度为1200 lx。

3. 奥运会关于手球场的照明标准

奥运会关于手球场的照明标准参考值，见表7-44。

表7-44　奥运会关于手球场的照明标准值

位置	照度(lx)		照度均匀度(最小)			
	$E_{v\cdot Cam\cdot min}$	$E_{h\cdot ave}$	水平方向		垂直方向	
	见注②		E_{min}/E_{max}	E_{min}/E_{ave}	E_{min}/E_{max}	E_{min}/E_{ave}
比赛场地	1400	—	0.7	0.8	0.7	0.8
总场地	1400	—	0.6	0.7	0.4	0.6

续表

位置	照度(lx)		照度均匀度(最小)			
			水平方向		垂直方向	
	$E_{v\cdot Cam\cdot min}$	$E_{h\cdot ave}$	E_{min}/E_{max}	E_{min}/E_{ave}	E_{min}/E_{max}	E_{min}/E_{ave}
	见注②					
隔离区	—	≤150	0.4	0.6	—	—
观众(C1 号摄像机)	见比值表	—	—	—	0.3	0.5

比　率

$E_{h\cdot ave\cdot FOP}/E_{v\cdot ave\cdot Cam\cdot FOP}$		≥0.75 和≤1.5
$E_{h\cdot ave\cdot TPA}/E_{v\cdot ave\cdot TPA}$		≥0.5 和≤2.0
$E_{h\cdot ave\cdot TPA}/E_{h\cdot ave\cdot FOP}$		0.5～0.7
计算点 4 个平面 E_v 最小值与最大值的比值		≥0.6
$E_{v\cdot ave\cdot C1\cdot spec}/E_{v\cdot ave\cdot C1\cdot FOP}$		≥0.1 和≤0.25
照度	*UG* - FOP(1m 和 2m)	≤20%
	UG - TPA(4m)	≤10%
	UG -观众席(主摄像机方向)	≤20%
光源	*CRI Ra*	≥90
	T_k	5600K
相对于固定摄像机的眩光等级 *GR*		≤40

注:①关于摄像机位置,由电视转播公司确定。

②$E_{v\cdot min}$为任意一点的最小值,而非最小平均值。

③观众席前 12 排坐姿高度倾斜计算平面,12 排以后的照度均匀递减。

④比赛场地内与场地四周垂直相交的 4 个平面上任何一点的 $E_{v\cdot min}$ 和 $E_{v\cdot max}$ 之比值应等于或大于 0.6。

⑤奥运会期间该照度为最低照度。主摄像机 C1 号最大垂直照度位于瞄准垫子中心方向。

⑥缩写定义:

FOP:主赛区,指双边线及端边线范围内的区域;

TPA:整个比赛场地,包括场地外的缓冲区域;

Cam:摄像机,C1 号摄像机为主摄像机;

AMZ:投球线及端线的区域;

Spec:观众席。

（十）击剑

1.我国关于击剑场地的照明标准

我国关于击剑场地的照明标准值，见表7-45。

表7-45 击剑场地的照明标准值

等级	使用功能	照度(lx)			照度均匀度						光源	
		E_h	$E_{v\,mai}$	$E_{v\,aux}$	U_h		$U_{v\,min}$		$U_{v\,aux}$		Ra	T_{cp}(K)
					U_1	U_2	U_1	U_2	U_1	U_2		
Ⅰ	训练和娱乐活动	300	200	—	—	0.5	—	0.3	—	—	≥65	—
Ⅱ	业余比赛、专业训练	500	300	—	0.5	0.7	0.3	0.4	—	—	≥65	≥4000
Ⅲ	专业比赛	750	500	—	0.5	0.7	0.3	0.4	—	—	≥65	≥4000
Ⅳ	TV转播国家、国际比赛	—	1000	750	0.5	0.7	0.4	0.6	0.3	0.5	≥80	≥4000
Ⅴ	TV转播重大国际比赛	—	1400	1000	0.6	0.8	0.5	0.7	0.3	0.5	≥80	≥4000
Ⅵ	HDTV转播重大国际比赛	—	2000	1400	0.7	0.8	0.6	0.7	0.4	0.6	≥80	≥4000
—	TV应急	—	1000	—	0.5	0.7	0.4	0.6	—	—	≥80	≥4000

注：①相对于击剑运动员的白色着装和剑应提供深色背景。

②运动员正面方向有足够的垂直照度，与主摄像机相反方向的垂直照度至少应为主摄像机方向的1/2。

2.国际体育联合会关击剑场的照明标准值

国际体育联合会关于击剑场的照明标准值，见表7-46。

表7-46 国际体育联合会关击剑场的照明标准值

运动类型	E_h(lx)	E_{vmai}(lx)	$E_{v\,sec}$(lx)	水平照度均匀度		垂直照度均匀度		Ra	T_k(K)
				U_1	U_2	U_1	U_2		
业余水平									
体能训练	150	—	—	0.4	0.6	—	—	20	4000
非比赛、娱乐活动	300	—	—	0.4	0.6	—	—	65	4000
国内比赛	500	—	—	0.5	0.7	—	—	65	4000

续表

运动类型	E_h(lx)	E_{vmai}(lx)	E_{vsec}(lx)	水平照度均匀度		垂直照度均匀度		Ra	T_k(K)
				U_1	U_2	U_1	U_2		
专业水平									
体能训练	300	—	—	0.4	0.6	—	—	65	4000
国内比赛	750	—	—	0.5	0.7	—	—	65	4000
TV转播的国内比赛	—	1000	700	0.4	0.6	0.3	0.5	65	4000
TV转播的国际比赛	—	1400	1000	0.6	0.7	0.4	0.6	65，最好80	4000
高清晰度HDTV转播	—	2000	1500	0.7	0.8	0.6	0.7	80	4000
TV应急	—	1000	—	0.4	0.6	0.3	0.5	65，最好80	4000

注：①击剑比赛场地大小：18m×2m，(PPA：14m×2m)。

②摄像机最佳位置：主摄像机与比赛场地的边线垂线设置，次摄像机设两侧运动员的后部。

③计算网格为2m×2m。

④测量网格(最好)为2m×2m，最大为4m。

3. 奥运会关于击剑场的照明标准

奥运会关于击剑场的照明标准参考值，见表7-47。

表7-47 奥运会关于击剑场的照明标准

位置	照度(lx)		照度均匀度(最小)			
	$E_{v\cdot Cam\cdot min}$	$E_{h\cdot ave}$	水平方向		垂直方向	
	见注②		E_{min}/E_{max}	E_{min}/E_{ave}	E_{min}/E_{max}	E_{min}/E_{ave}
比赛场地	1400	—	0.7	0.8	0.7	0.8
场地周边(边线外、护栏之内)	1000	—	0.6	0.7	0.4	0.6
隔离区(护栏外)	—	≤150	0.4	0.6	—	—
观众(C1号摄像机)	见比值表	—	—	—	0.3	0.5

续表

<table>
<tr><td rowspan="3">位置</td><td colspan="2">照度(lx)</td><td colspan="4">照度均匀度(最小)</td></tr>
<tr><td>$E_{v\cdot Cam\cdot min}$</td><td>$E_{h\cdot ave}$</td><td colspan="2">水平方向</td><td colspan="2">垂直方向</td></tr>
<tr><td>见注②</td><td></td><td>E_{min}/E_{max}</td><td>E_{min}/E_{ave}</td><td>E_{min}/E_{max}</td><td>E_{min}/E_{ave}</td></tr>
<tr><td colspan="7">比　率</td></tr>
<tr><td colspan="4">$E_{h\cdot ave\cdot FOP}/E_{v\cdot ave\cdot Cam\cdot FOP}$</td><td colspan="3">≥0.75 和≤1.5</td></tr>
<tr><td colspan="4">$E_{h\cdot ave\cdot TPA}/E_{v\cdot ave\cdot TPA}$</td><td colspan="3">≥0.5 和≤2.0</td></tr>
<tr><td colspan="4">FOP 计算点 4 个平面 E_v最小值与最大值的比值</td><td colspan="3">≥0.6</td></tr>
<tr><td colspan="4">$E_{v\cdot ave\cdot C1\cdot spec}/E_{v\cdot ave\cdot C1\cdot FOP}$</td><td colspan="3">≥0.1 和≤0.25</td></tr>
<tr><td rowspan="3">照度</td><td colspan="3">UG－FOP(1m 和 2m)</td><td colspan="3">≤10%</td></tr>
<tr><td colspan="3">UG－TPA(4m)</td><td colspan="3">≤20%</td></tr>
<tr><td colspan="3">UG－观众席(主摄像机方向)</td><td colspan="3">≤20%</td></tr>
<tr><td rowspan="2">光源</td><td colspan="3">$CRI\ Ra$</td><td colspan="3">≥90</td></tr>
<tr><td colspan="3">T_k</td><td colspan="3">5600K</td></tr>
<tr><td colspan="4">相对于固定摄像机的眩光等级 GR</td><td colspan="3">≤40</td></tr>
</table>

注:①关于摄像机位置,由电视转播公司确定。

②$E_{v\cdot min}$为任意一点的最小值,而非最小平均值。

③观众席前 12 排坐姿高度倾斜计算平面;12 排以后的照度均匀递减。

④比赛场地内与场地四周垂直相交的 4 个平面上任何一点的 $E_{v\cdot min}$和 $E_{v\cdot max}$之比值应等于或大于 0.6。

⑤奥运会期间该照度为最低照度。主摄像机 C1 号最大垂直照度位于瞄准垫子中心方向。

⑥计算网格为 1m×1m。

⑦在转播期间,不得有任何阳光射入。

⑧缩写定义:

FOP:主赛区,指边界范围内的区域;

TPA:整个比赛场地,包括场地外的缓冲区域;

Cam:摄像机,C1 号摄像机为主摄像机;

Spec:观众席。

(十一)拳击

1. 我国关于拳击场地的照明标准

我国关于拳击场地的照明标准值,见表 7－48。

表 7－48　　拳击场地的照明标准值

等级	使用功能	照度(lx)			照度均匀度						光源		眩光指数 GR
		E_h	$E_{v\,mai}$	$E_{v\,aux}$	U_h		$U_{v\,min}$		$U_{v\,aux}$		Ra	T_{cp}(K)	
					U_1	U_2	U_1	U_2	U_1	U_2			
Ⅰ	训练和娱乐活动	500	—	—	—	0.7	—	—	—	—	≥65	≥4000	≤35
Ⅱ	业余比赛、专业训练	1000	—	—	0.6	0.8	—	—	—	—	≥65	≥4000	≤30
Ⅲ	专业比赛	2000	—	—	0.7	0.8	—	—	—	—	≥65	≥4000	≤30
Ⅳ	TV 转播国家、国际比赛	—	1000	1000	0.6	0.8	0.4	0.6	0.4	0.6	≥80	≥4000	≤30
Ⅴ	TV 转播重大国际比赛	—	2000	2000	0.7	0.8	0.6	0.7	0.6	0.7	≥80	≥4000	≤30
Ⅵ	HDTV 转播重大国际比赛	—	2500	2500	0.7	0.8	0.7	0.8	0.7	0.8	≥90	≥5500	≤30
—	TV 应急	—	1000	—	0.6	0.8	0.4	0.6	—	—	≥80	≥4000	≤30

注：①比赛场地上应从各个方向提供照明。摄像机低角度拍摄时镜头上应无闪烁光。

②比赛场地以外应提供照明，使运动员有足够的立体感。

2. 国际体育联合会关拳击场的照明标准值

国际体育联合会关于拳击场的照明标准值，见表 7－49。

表 7－49　　国际体育联合会关拳击场的照明标准值

运动类型	E_h(lx)	E_{vmai}(lx)	$E_{v\sec}$(lx)	水平照度均匀度		垂直照度均匀度		Ra	T_k(K)
				U_1	U_2	U_1	U_2		
业　余　水　平									
体能训练	150	—	—	0.4	0.6	—	—	20	4000
非比赛、娱乐活动	500	—	—	0.5	0.7	—	—	65	4000
国内比赛	1000	—	—	0.5	0.7	—	—	65	4000
专　业　水　平									
体能训练	500	—	—	0.5	0.7	—	—	65	4000
国内比赛	2000	—	—	0.5	0.7	—	—	65	4000

续表

运动类型	E_h(lx)	E_{vmai}(lx)	E_{vsec}(lx)	水平照度均匀度		垂直照度均匀度		Ra	T_k(K)
				U_1	U_2	U_1	U_2		
TV 转播的国内比赛	—	1000	1000	0.5	0.7	0.6	0.7	65	4000
TV 转播的国际比赛	—	2000	2000	0.6	0.7	0.6	0.7	65，最好80	4000
高清晰度HDTV转播	—	2500	2500	0.7	0.8	0.7	0.8	80	4000
TV 应急	—	1000	—	0.5	0.7	0.6	0.7	65，最好80	4000

注:①拳击比赛场地大小:12m×12m。

②摄像机最佳位置:在比赛场的主要边角,成对角布置,有时在裁判席的后面或附近。

③计算网格为 1m×1m。

④测量网格(最好)为 1m×1m。

⑤比赛场地可能建立在一个平台上(最大高度为 1.1m)。照度的计算高度应为平台的高度。一般照明有可能用于训练和娱乐活动、高等级的比赛。照明应只集中在比赛场地上,不能有任何阴影,而周围相对较暗。

3.奥运会关于拳击场的照明标准

奥运会关于击拳击的照明标准参考值,见表 7-50。

表 7-50　奥运会关于拳击场的照明标准

位置	照度(lx)		照度均匀度(最小)			
	$E_{v\cdot Cam\cdot min}$	$E_{h\cdot ave}$	水平方向		垂直方向	
	见注②		E_{min}/E_{max}	E_{min}/E_{ave}	E_{min}/E_{max}	E_{min}/E_{ave}
比赛场地	1400	—	0.7	0.8	0.7	0.8
裁判区	1400	—	0.5	0.7	0.5	0.7
运动员进场通道	1000		0.5	0.7	0.3	0.7
隔离区(护栏外)	—	≤150	0.4	0.6	—	—

续表

位置	照度(lx)		照度均匀度(最小)			
	$E_{v\cdot Cam\cdot min}$	$E_{h\cdot ave}$	水平方向		垂直方向	
	见注②		E_{min}/E_{max}	E_{min}/E_{ave}	E_{min}/E_{max}	E_{min}/E_{ave}
观众(C1号摄像机)	见比值表	—	—	—	0.3	0.5

比　率

	$E_{h\cdot ave\cdot FOP}/E_{v\cdot ave\cdot Cam\cdot FOP}$	≥0.75和≤1.5
	$E_{h\cdot ave\cdot TPA}/E_{v\cdot ave\cdot TPA}$	≥0.5和≤2.0
	$E_{h\cdot ave\cdot TPA}/E_{h\cdot ave\cdot FOP}$	0.5～0.7
	FOP计算点4个平面E_v最小值与最大值的比值	≥0.6
	TPA计算点4个平面E_v最小值与最大值的比值	≥0.4
	$E_{v\cdot ave\cdot C1\cdot spec}/E_{v\cdot ave\cdot C1\cdot FOP}$	≥0.1和≤0.20
照度	*UG*－FOP(1m和2m)	≤20%
	UG－FOP－逆光(4m)	≤20%
	UG－观众席(主摄像机方向4m)	≤20%
光源	*CRI Ra*	≥90
	T_k	5600K
	相对于固定摄像机的眩光等级*GR*	≤40

注:①关于摄像机位置,由电视转播公司确定。

②$E_{v\cdot min}$为任意一点的最小值,而非最小平均值。

③观众席前12排坐姿高度倾斜计算平面,12排以后的照度均匀递减。

④比赛场地内与场地四周垂直相交的4个平面上任何一点的$E_{v\cdot min}$和$E_{v\cdot max}$之比值应等于或大于0.6。

⑤奥运会期间该照度为最低照度。主摄像机C1号最大垂直照度位于瞄准拳击台中心方向。

⑥计算网格为1m×1m。

⑦在转播期间,不得有任何阳光射入。

⑧国际业余拳击联合会要求的最低垂直照度为2000 lx。

⑨缩写定义:

FOP:主赛区,指拳台范围内的区域,7m×7m;

TPA:整个比赛场地,包括场地外的缓冲区域;

Cam:摄像机,C1号摄像机为主摄像机;

Spec:观众席。

(十二)举重

1.我国关于举重场地的照明标准

我国关于举重场地的照明标准值,见表7-51。

表7-51　举重场地的照明标准值

等级	使用功能	照度(lx)		照度均匀度				光源		眩光指数 GR
		E_h	$E_{v\,mai}$	U_h		$U_{v\,min}$		Ra	T_{cp}(K)	
				U_1	U_2	U_1	U_2			
Ⅰ	训练和娱乐活动	300	—	—	0.5	—	—	≥65	≥4000	≤35
Ⅱ	业余比赛、专业训练	500	—	0.4	0.6	—	—	≥65	≥4000	≤30
Ⅲ	专业比赛	750	—	0.5	0.7	—	—	≥65	≥4000	≤30
Ⅳ	TV转播国家、国际比赛	—	1000	0.5	0.7	0.4	0.6	≥80	≥4000	≤30
Ⅴ	TV转播重大国际比赛	—	1400	0.6	0.8	0.5	0.7	≥80	≥4000	≤30
Ⅵ	HDTV转播重大国际比赛	—	2000	0.7	0.8	0.6	0.7	≥90	≥5500	≤30
—	TV应急	—	750	0.5	0.8	0.3	0.5	≥80	≥4000	≤30

注:①运动员对前方裁判员的信号应清晰可见。

②比赛场地照明的阴影应减至最小,为裁判员提供最佳视看条件。

2.国际体育联合会关举重场的照明标准值

国际体育联合会关于举重场的照明标准值,见表7-52。

表7-52　国际体育联合会关举重场的照明标准值

运动类型	E_h(lx)	E_{vmai}(lx)	E_{vsec}(lx)	水平照度均匀度		垂直照度均匀度		Ra	T_k(K)
				U_1	U_2	U_1	U_2		
业余水平									
体能训练	150	—	—	0.4	0.6	—	—	20	4000
非比赛、娱乐活动	300	—	—	0.4	0.6	—	—	65	4000
国内比赛	750	—	—	0.5	0.7	—	—	65	4000

续表

运动类型	E_h(lx)	E_{vmai}(lx)	E_{vsec}(lx)	水平照度均匀度		垂直照度均匀度		Ra	T_k(K)
				U_1	U_2	U_1	U_2		
专业水平									
体能训练	300	—	—	0.4	0.6	—	—	65	4000
国内比赛	1000	—	—	0.5	0.7	—	—	65	4000
TV转播的国内比赛	—	750	—	0.5	0.7	0.6	0.7	65	4000
TV转播的国际比赛	—	1000	—	0.6	0.7	0.6	0.7	65，最好80	4000
高清晰度HDTV转播	—	2000	—	0.7	0.8	0.7	0.8	80	4000
TV应急	—	750	—	0.5	0.7	0.6	0.7	65，最好80	4000

注：①举重比赛场地大小：10m×10m或12m×12m，设有4m×4m平台。
②摄像机最佳位置：主摄像机面向运动员，次摄像机设在热身区和入口处。
③计算网格为1m×1m。
④测量网格(最好)为1m×1m。
⑤国际举联IWF规定：无论比赛是业余的还是专业的、是国际性的还是国内比赛，照明要求都是相同的。

(十三)射击

1. 我国关于射击项目的照明标准

JGJ153—2007给出了射击项目的照明标准值，见表7-53。

表7-53 射击项目的照明标准值

等级	使用功能	照度(lx)		照度均匀度				光源	
		E_h射击区、弹道区	E_v靶心	U_h		U_{vmin}		Ra	T_{cp}(K)
				U_1	U_2	U_1	U_2		
Ⅰ	训练和娱乐活动	200	1000	—	0.5	0.6	0.7	≥65	≥3000
Ⅱ	业余比赛、专业训练	200	1000	—	0.5	0.6	0.7	≥65	≥3000

续表

等级	使用功能	照度（lx）		照度均匀度				光源	
		E_h射击区、弹道区	E_v靶心	U_h		U_{vmin}		Ra	T_{cp}（K）
				U_1	U_2	U_1	U_2		
Ⅲ	专业比赛	300	1000	—	0.5	0.6	0.7	≥65	≥3000
Ⅳ	TV 转播国家、国际比赛	500	1500	0.4	0.6	0.7	0.8	≥80	≥3000
Ⅴ	TV 转播重大国际比赛	500	1500	0.4	0.6	0.7	0.8	≥80	≥3000
Ⅵ	HDTV 转播重大国际比赛	500	2000	0.4	0.6	0.7	0.8	≥80	≥4000

注：①应严格避免在运动员射击方向上造成的眩光。

②地面上 1m 高的平均水平照度和靶心面向运动员平面上的平均垂直照度之比宜为 3∶10。

2.奥运会关于射击项目的照明标准

奥运会关于室内击射项目的照明标准值，见表 7－54。

表 7－54　　奥运会关于射击项目的照明标准值

位置	照度(lx)		照度均匀度(最小)			
	$E_{v\cdot Cam\cdot min}$	$E_{h\cdot ave}$	水平方向		垂直方向	
	见注②		E_{min}/E_{max}	E_{min}/E_{ave}	E_{min}/E_{max}	E_{min}/E_{ave}
比赛场地	1400	见比值	0.7	0.8	0.7	0.8
全赛区周边（护栏内）	1000	—	0.6	0.7	0.4	0.6
隔离区(护栏外)	—	≤150	0.4	0.6	—	—
观众席(C1 号摄像机)	见比值	—	—	—	0.3	0.5

比　率

比率	值
$E_{h\cdot ave\cdot FOP}/E_{v\cdot ave\cdot Cam\cdot FOP}$	≥0.75 且≤1.5
$E_{h\cdot ave\cdot FS}/E_{v\cdot ave\cdot FS}$	≥0.5 且≤2.0
$E_{h\cdot ave\cdot FS}/E_{h\cdot ave\cdot FOP}$	≥0.5 且≤0.7
FOP 计算点 4 个平面 E_v最小值与最大值的比值	≥0.6

续表

<table>
<tr><td rowspan="3">位置</td><td colspan="2">照度(lx)</td><td colspan="4">照度均匀度(最小)</td></tr>
<tr><td>$E_{v\cdot Cam\cdot min}$</td><td>$E_{h\cdot ave}$</td><td colspan="2">水平方向</td><td colspan="2">垂直方向</td></tr>
<tr><td>见注②</td><td></td><td>E_{min}/E_{max}</td><td>E_{min}/E_{ave}</td><td>E_{min}/E_{max}</td><td>E_{min}/E_{ave}</td></tr>
<tr><td colspan="5">$E_{v\cdot ave\cdot C1\cdot spec}/E_{v\cdot ave\cdot C1\cdot FOP}$</td><td colspan="2">≥0.1和≤0.20</td></tr>
<tr><td rowspan="3">均匀度变化梯度(最大值)</td><td colspan="4">UG－FOP(2m和1m格栅)</td><td colspan="2">≤10%</td></tr>
<tr><td colspan="4">UG－FOP－周边(4m格栅)</td><td colspan="2">≤20%</td></tr>
<tr><td colspan="4">UG－观众席(主摄像机方向)</td><td colspan="2">≤20%</td></tr>
<tr><td rowspan="2">光源</td><td colspan="4">$CRI\ Ra$</td><td colspan="2">≥90</td></tr>
<tr><td colspan="4">T_k</td><td colspan="2">5600K</td></tr>
<tr><td>镜头频闪-眩光指数 GR</td><td colspan="4">固定摄像机的眩光指数</td><td colspan="2">≤40</td></tr>
</table>

注:①关于摄像机位置,由电视转播公司确定。

②$E_{v\cdot min}$为任意一点的最小值,而非最小平均值。

③观众席前12排坐姿高度倾斜计算平面。

④比赛场地内与场地四周垂直相交的4个平面上任何一点的$E_{v\cdot min}$和$E_{v\cdot max}$之比值应等于或大于0.6。

⑤除有特殊规定,计算网格为1m×1m。

⑥在转播期间,不得有任何阳光射入。

⑦奥运会期间该照度为最小值。

⑧如果固定摄像机方向的最小垂直照度为2000 lx,则移动摄像机方向上的最小垂直照度不应低于1400 lx。

⑨缩写定义:

TPA:整个比赛场地,包括场地外的缓冲区域;

Cam:摄像机,C1号摄像机为主摄像机;

Spec:观众席。

(十四)射箭

1. 我国关于射箭场地的照明标准

JGJ153—2007给出了射箭场地的照明标准值,见表7－55。

表 7－55　**射箭场地的照明标准值**

等级	使用功能	照度（lx）		照度均匀度				光源	
		E_h射箭区、箭道区	E_v靶心	U_h		U_{vmin}		Ra	T_{cp}(K)
				U_1	U_2	U_1	U_2		
Ⅰ	训练和娱乐活动	200	1000	—	0.5	0.6	0.7	≥65	—
Ⅱ	业余比赛、专业训练	200	1000	—	0.5	0.6	0.7	≥65	≥4000
Ⅲ	专业比赛	300	1000	—	0.5	0.6	0.7	≥65	≥4000
Ⅳ	TV 转播国家、国际比赛	500	1500	0.4	0.6	0.7	0.8	≥80	≥4000
Ⅴ	TV 转播重大国际比赛	500	1500	0.4	0.6	0.7	0.8	≥90	≥5500
Ⅵ	HDTV 转播重大国际比赛	500	2000	0.4	0.6	0.7	0.8	≥90	≥5500

注：①应严格避免在运动员射箭方向上造成眩光。

②箭的飞行和目标应清晰可见，同时应保证安全。

③室内射箭等级Ⅴ等级 Ra 和 T_{cp} 的取值应与等级Ⅳ相同。

2. 奥运会关于射箭场地的照明标准

奥运会关于射箭场地的照明标准参考值，见表 7－56。

表 7－56　**奥运会关于射箭场地的照明标准**

位置	照度(lx)		照度均匀度(最小)			
	$E_{v \cdot Cam \cdot min}$	$E_{h \cdot ave}$	水平方向		垂直方向	
	见注②		E_{min}/E_{max}	E_{min}/E_{ave}	E_{min}/E_{max}	E_{min}/E_{ave}
比赛场地 1（见注⑦）	1400	见比值	0.7	0.8	0.7	0.8
比赛场地 2	1000	见比值	—	—	0.7	0.8
比赛场地 3	—	见比值	0.6	0.8	—	—
通道(护栏外)	—	≤150	0.4	0.6	—	—
观众席(C1 号摄像机)(见注③)	见比值	—	—	—	0.3	0.5
比　率						
$E_{h \cdot ave \cdot FOP1}/E_{v \cdot ave \cdot FOP1}$				≥0.75 且≤1.5		

续表

位置	照度(lx)		照度均匀度(最小)			
	$E_{v\cdot Cam\cdot min}$	$E_{h\cdot ave}$	水平方向		垂直方向	
	见注②		E_{min}/E_{max}	E_{min}/E_{ave}	E_{min}/E_{max}	E_{min}/E_{ave}
$E_{h\cdot ave\cdot FOP3}/E_{v\cdot ave\cdot FOP3}$				≥0.5 且≤2.0		
$E_{h\cdot ave\cdot FOP1}/E_{v\cdot ave\cdot FOP3}$				≥0.95 且≤1.05		
FOP 计算点 4 个平面 E_v 最小值与最大值的比值				≥0.6		
$E_{v\cdot point\cdot over\ 4\ planes,FOP3}$				≥0.4		
$E_{v\cdot ave\cdot C1\cdot Spec}/E_{v\cdot ave\cdot C1\cdot FOP1}$				≥0.1 且≤0.20		
ARZ: $E_{v\cdot max\cdot C1}$				射击线中心		
均匀度变化梯度(最大值)	UG－FOP1(2m 和 1m 格栅)			≤10%		
	UG－FOP3(4m 格栅)			≤20%		
光源	*CRI Ra*			≥90		
	T_k			5600K		
镜头频闪-眩光指数 *GR*	固定摄像机的眩光指数			≤40		

注:①关于垂直照度计算平面(E_v)和摄像机。

②$E_{v\cdot min}$为任意一点的最小值,而非最小平均值。

③观众席前 15 排坐姿高度倾斜计算平面;15 排以后的照度均匀递减。

④比赛场地内与场地四周垂直相交的 4 个平面上任何一点的 $E_{v\cdot min}$ 和 $E_{v\cdot max}$ 之比值应等于或大于 0.6。

⑤除有特殊说明,所有分隔线间距均为 2m。

⑥奥运会期间该照度为最低限度。

⑦如果所有固定摄像机的照度不低于 1400 lx,则 ERC 的 $E_{v\cdot min}$ 应不低于 1000 lx。

⑧缩写定义:

场地 1:射击线后的半圆区域;

场地 2:靶标;

场地 3:场地 1 与场地 2 之间的矩形区域;

通道为护栏与观众席隔离护栏之间的区域;

Cam 为摄像机;

ERC 为 ENG 移动摄像机;

C1 号为主摄像机。

（十五）马术

1. 我国关于马术场地的照明标准

我国标准JGJ153—2007给出了马术场地的照明标准。该标准可以满足从娱乐、训练到高清电视转播各等级比赛的要求。马术场地的照明标准值，见表7-57。

表7-57　马术场地的照明标准值

等级	使用功能	照度(lx)			照度均匀度						光源	
					U_h		$U_{v\,min}$		$U_{v\,aux}$			
		E_h	$E_{v\,mai}$	$E_{v\,aux}$	U_1	U_2	U_1	U_2	U_1	U_2	Ra	T_{cp}(K)
Ⅰ	训练和娱乐活动	200	—	—	—	0.3	—	—	—	—	≥65	≥4000
Ⅱ	业余比赛、专业训练	300	—	—	0.4	0.6	—	—	—	—	≥65	≥4000
Ⅲ	专业比赛	500	—	—	0.5	0.7	—	—	—	—	≥65	≥4000
Ⅳ	TV转播国家、国际比赛	—	1000	750	0.5	0.7	0.4	0.6	0.3	0.5	≥80	≥4000
Ⅴ	TV转播重大国际比赛	—	1400	1000	0.6	0.8	0.5	0.7	0.3	0.5	≥90	≥5500
Ⅵ	HDTV转播重大国际比赛	—	2000	1400	0.7	0.8	0.6	0.7	0.4	0.6	≥90	≥5500
—	TV应急	—	750	—	0.5	0.7	0.3	0.5	—	—	≥80	≥4000

注：①照明必须为马和骑手提供安全条件。

②在跳跃和障碍比赛时应提供良好的均匀照明，以消除阴影和避免对马及骑手造成眩光。

③室内马术Ⅴ等级Ra和T_{cp}的取值应与等级Ⅳ相同。

2. 国际体育联合会关于马术场地的照明标准

国际体育联合会关于马术场地的照明标准值，见表7-58。

表7-58　国际体育联合会关马术场地的照明标准值

运动类型	E_h(lx)	$E_{v\,mai}$(lx)	$E_{v\,sec}$(lx)	水平照度均匀度		垂直照度均匀度		Ra	T_k(K)
				U_1	U_2	U_1	U_2		
业余水平									
体能训练	150	—	—	0.4	0.6	—	—	20	4000
非比赛、娱乐活动	300	—	—	0.4	0.6	—	—	65	4000

续表

运动类型	E_h(lx)	E_{vmai}(lx)	E_{vsec}(lx)	水平照度均匀度		垂直照度均匀度		Ra	T_k(K)
				U_1	U_2	U_1	U_2		
国内比赛	500	—	—	0.5	0.7	—	—	65	4000
专业水平									
体能训练	300	—	—	0.4	0.6	—	—	65	4000
国内比赛	750	—	—	0.5	0.7	—	—	65	4000
TV转播的国内比赛	—	750	500	0.5	0.7	0.3	0.5	65	4000
TV转播的国际比赛	—	1000	750	0.6	0.7	0.4	0.6	65，最好80	4000
高清晰度HDTV转播	—	2000	1500	0.7	0.8	0.6	0.7	80	4000
TV应急	—	750	—	0.5	0.7	0.3	0.5	65，最好80	4000

注：①计算网格为：2m×2m，测量网格最好为2m×20m，最大不超过4m。

②摄像机没有固定位置，转播时与广播电视公司协商确定。

3. 奥运会关于马术场地的照明标准

奥运会关于马术场地的照明标准值，见表7-59。

表7-59 奥运会关于马术场地的照明标准值

位置	照度(lx)		照度均匀度(最小)			
	$E_{v\cdot Cam\cdot min}$	$E_{h\cdot ave}$	水平方向		垂直方向	
	见注②		E_{min}/E_{max}	E_{min}/E_{ave}	E_{min}/E_{max}	E_{min}/E_{ave}
比赛场地	1400	见比值	0.7	0.8	0.7	0.8
保留区	1000	见比值	0.6	0.7	0.4	0.6
隔离区	—	≤150	0.4	0.6	—	—
观众席，面对主摄像机	见比值	—	—	—	0.3	0.5
比率						

续表

<table>
<tr><td rowspan="3">位置</td><td colspan="2">照度(lx)</td><td colspan="4">照度均匀度(最小)</td></tr>
<tr><td>$E_{v \cdot Cam \cdot min}$</td><td>$E_{h \cdot ave}$</td><td colspan="2">水平方向</td><td colspan="2">垂直方向</td></tr>
<tr><td>见注②</td><td></td><td>E_{min}/E_{max}</td><td>E_{min}/E_{ave}</td><td>E_{min}/E_{max}</td><td>E_{min}/E_{ave}</td></tr>
<tr><td colspan="4">$E_{h \cdot ave \cdot FOP1}/E_{v \cdot ave \cdot FOP1}$</td><td colspan="3">≥0.75 且≤1.5</td></tr>
<tr><td colspan="4">$E_{h \cdot ave \cdot FOP3}/E_{v \cdot ave \cdot FOP3}$</td><td colspan="3">≥0.5 且≤2.5</td></tr>
<tr><td colspan="4">FOP 计算点 4 个平面 E_v 最小值与最大值的比值</td><td colspan="3">≥0.6</td></tr>
<tr><td colspan="4">$E_{v \cdot point \cdot over\ 4\ planes, FOP3}$</td><td colspan="3">≥0.4</td></tr>
<tr><td colspan="4">$E_{v \cdot ave \cdot C1 \cdot Spec}/E_{v \cdot ave \cdot C1 \cdot FOP1}$</td><td colspan="3">≥0.1 且≤0.20</td></tr>
<tr><td colspan="4">ARZ:$E_{v \cdot max \cdot C1}$</td><td colspan="3">场地中心</td></tr>
<tr><td rowspan="3">均匀度
变化梯度
(最大值)</td><td colspan="3">UG-场地(2m 和 1m 格栅)</td><td colspan="3">≤10%</td></tr>
<tr><td colspan="3">UG-场地周边(4m 格栅)</td><td colspan="3">≤20%</td></tr>
<tr><td colspan="3">UG-观众(面向主摄像机方向)</td><td colspan="3">≤20%</td></tr>
<tr><td rowspan="2">光源</td><td colspan="3">CRI Ra</td><td colspan="3">≥90</td></tr>
<tr><td colspan="3">T_k</td><td colspan="3">5600K</td></tr>
<tr><td>镜头频闪-眩光指数 GR</td><td colspan="3">固定摄像机的眩光</td><td colspan="3">≤40</td></tr>
</table>

注:①关于垂直照度计算平面(E_v)和摄像机。

②$E_{v \cdot min}$为任意一点的最小值,而非最小平均值。

③观众席前 12 排坐姿高度倾斜计算平面;12 排以后的照度均匀递减。

④比赛场地内与场地四周垂直相交的 4 个平面上任何一点的 $E_{v \cdot min}$ 和 $E_{v \cdot max}$ 之比值应等于或大于 0.6。

⑤除有特殊说明,所有分隔线间距均为 1m。

⑥奥运会期间该照度为最低限度。

⑦如果所有固定摄像机的照度不低于 1400 lx,则 ERC 的 $E_{v \cdot min}$ 应不低于 1000 lx。

⑧缩写定义:

Cam 为摄像机;

ERC 为 ENG 移动摄像机;

C1 号为主摄像机。

(十六)体操、艺术体操、技巧、蹦床

1. 我国关于体操、艺术体操、技巧、蹦床场的照明标准

我国关于体操、艺术体操、技巧、蹦床场的照明标准值，见表 7－60。

表 7－60　体操、艺术体操、技巧、蹦床场的照明标准

等级	使用功能	照度(lx)			照度均匀度						光源		眩光指数 GR
		E_h	$E_{v\,mai}$	$E_{v\,aux}$	U_h		$U_{v\,min}$		$U_{v\,aux}$		Ra	T_{cp}(K)	
					U_1	U_2	U_1	U_2	U_1	U_2			
Ⅰ	训练和娱乐活动	300	—	—	—	0.3	—	—	—	—	≥65	—	≤35
Ⅱ	业余比赛、专业训练	500	—	—	0.4	0.6	—	—	—	—	≥65	≥4000	≤30
Ⅲ	专业比赛	750	—	—	0.5	0.7	—	—	—	—	≥65	≥4000	≤30
Ⅳ	TV 转播国家、国际比赛	—	1000	750	0.5	0.7	0.4	0.6	0.3	0.5	≥80	≥4000	≤30
Ⅴ	TV 转播重大国际比赛	—	1400	1000	0.6	0.8	0.5	0.7	0.3	0.5	≥80	≥4000	≤30
Ⅵ	HDTV 转播重大国际比赛	—	2000	1400	0.7	0.8	0.6	0.7	0.4	0.6	≥90	≥5500	≤30
—	TV 应急	—	750	—	0.5	0.7	0.3	0.5	—	—	≥80	≥4000	≤30

注：①应避免灯具和天然光对运动员造成的直接眩光。

②应避免地面和光泽表面对运动员、观众和摄像机造成间接眩光。

2. 国际体育联合会关于体操、艺术体操、技巧、蹦床场的照明标准

国际体育联合会关于体操、艺术体操、技巧、蹦床场的照明标准值，见表 7－61。

表 7－61　体操、艺术体操、技巧、蹦床场的照明标准值

运动类型	E_h(lx)	E_{vmai}(lx)	E_{vsec}(lx)	水平照度均匀度		垂直照度均匀度		Ra	T_k(K)
				U_1	U_2	U_1	U_2		
业余水平									
体能训练	150	—	—	0.4	0.6	—	—	20	4000
非比赛、娱乐活动	300	—	—	0.4	0.6	—	—	65	4000
国内比赛	500	—	—	0.5	0.7	—	—	65	4000
专业水平									
体能训练	300	—	—	0.4	0.6	—	—	65	4000

续表

运动类型	E_h(lx)	E_{vmai}(lx)	E_{vsec}(lx)	水平照度均匀度		垂直照度均匀度		Ra	T_k(K)
				U_1	U_2	U_1	U_2		
国内比赛	750	—	—	0.5	0.7	—	—	65	4000
TV转播的国内比赛	—	750	500	0.5	0.7	0.3	0.5	65	4000
TV转播的国际比赛	—	1000	750	0.6	0.7	0.4	0.6	65，最好80	4000
高清晰度HDTV转播	—	2000	1500	0.7	0.8	0.6	0.7	80	4000
TV应急	—	750	—	0.5	0.7	0.3	0.5	65，最好80	4000

注：①计算网络为2m×2m，测量网格最好为2m×2m，最大不超过4m。

②摄像机没有固定位置，转播时与广播电视公司协商确定。

3. 奥运会关于体操、艺术体操、技巧、蹦床场的照明标准

奥运会关于体操、艺术体操、技巧、蹦床场的照明标准值，见表7－62。

表7－62　奥运会关于体操、艺术体操、技巧、蹦床场的照明标准值

位置	照度(lx)		照度均匀度(最小)			
	$E_{v\cdot Cam\cdot min}$	$E_{h\cdot ave}$	水平方向		垂直方向	
	见注②		E_{min}/E_{max}	E_{min}/E_{ave}	E_{min}/E_{max}	E_{min}/E_{ave}
比赛场地	1400	—	0.7	0.8	0.6	0.7
表情拍摄点	1000	—	0.6	0.7	0.7	0.8
总场地(垫子以外，护栏以里)	1000	—	0.6	0.7	0.4	0.6
隔离区	—	≤150	0.4	0.6	—	—
观众(C1号摄像机)	见比值表	—	—	—	0.3	0.5
比　率						

续表

位置	照度(lx)		照度均匀度(最小)			
	$E_{v\cdot Cam\cdot min}$	$E_{h\cdot ave}$	水平方向		垂直方向	
	见注②		E_{min}/E_{max}	E_{min}/E_{ave}	E_{min}/E_{max}	E_{min}/E_{ave}
$E_{h\cdot ave\cdot FOP}/E_{v\cdot ave\cdot Cam\cdot FOP}$				≥0.75 和≤1.5		
$E_{h\cdot ave\cdot TPA}/E_{v\cdot ave\cdot TPA}$				≥0.5 和≤2.0		
$E_{h\cdot ave\cdot TPA}/E_{h\cdot ave\cdot FOP}$				0.5～0.7		
计算点 4 个平面 E_v最小值与最大值的比值				≥0.6		
$E_{v\cdot ave\cdot C1\cdot spec}/E_{h\cdot ave\cdot C1\cdot FOP}$				≥0.1 和≤0.20		
照度梯度	UG－FOP(1m 和 2m)			≤20%		
	UG－TPA(4m)			≤10%		
	UG－观众席(主摄像机方向)			≤20%		
光源	$CRI\ Ra$			≥90		
	T_k			5600K		
相对于固定摄像机的眩光等级 GR				≤40		

注:①关于摄像机位置,由电视转播公司确定。

②$E_{v\cdot min}$为任意一点的最小值,而非最小平均值。

③观众席前 12 排坐姿高度倾斜计算平面,12 排以后的照度均匀递减。

④比赛场地内与场地四周垂直相交的 4 个平面上任何一点的 $E_{v\cdot min}$和 $E_{v\cdot max}$之比值应等于或大于 0.6。

⑤奥运会期间该照度为最低照度。主摄像机 C1 号最大垂直照度位于瞄准垫子中心方向。

⑥缩写定义:

FOP:主赛区,指双边线及端线范围内的区域;

TPA:整个比赛场地,包括场地外的缓冲区域;

Cam:摄像机,C1 号摄像机为主摄像机;

Spec:观众席;

隔离区:观众席护栏与场地之间的区域。

(十七)柔道、摔跤、跆拳道、武术

1. 我国关于柔道、摔跤、跆拳道、武术场的照明标准

我国关于柔道、摔跤、跆拳道、武术场的照明标准值,见表 7－63。

表 7－63　柔道、摔跤、跆拳道、武术场的照明标准

等级	使用功能	照度(lx)			照度均匀度						光源		眩光指数 GR
		E_h	$E_{v\,mai}$	$E_{v\,aux}$	U_h		$U_{v\,min}$		$U_{v\,aux}$		Ra	T_{cp}(K)	
					U_1	U_2	U_1	U_2	U_1	U_2			
Ⅰ	训练和娱乐活动	300	—	—	—	0.5	—	—	—	—	≥65	—	≤35
Ⅱ	业余比赛、专业训练	500	—	—	0.4	0.6	—	—	—	—	≥65	≥4000	≤30
Ⅲ	专业比赛	1000	—	—	0.5	0.7	—	—	—	—	≥65	≥4000	≤30
Ⅳ	TV 转播国家、国际比赛	—	1000	1000	0.5	0.7	0.4	0.6	0.4	0.6	≥80	≥4000	≤30
Ⅴ	TV 转播重大国际比赛	—	1400	1400	0.6	0.8	0.5	0.7	0.5	0.7	≥80	≥4000	≤30
Ⅵ	HDTV 转播重大国际比赛	—	2000	2000	0.7	0.8	0.6	0.7	0.7	0.7	≥90	≥5500	≤30
—	TV 应急	—	1000	—	0.5	0.7	0.4	0.6	—	—	≥80	≥4000	≤30

注：①灯具和顶棚之间的亮度对比应减至最小以防精力分散，顶棚的反射比不宜低于0.6；

②背景墙与运动员着装应有良好的对比。

2. 国际体育联合会关于柔道、摔跤、跆拳道、武术场的照明标准值

国际体育联合会关于柔道、摔跤、跆拳道、武术场的照明标准值，见表7－64。

表 7－64　柔道、摔跤、跆拳道、武术场的照明标准值(国际体育联合会)

运动类型	E_h(lx)	$E_{v\,mai}$(lx)	$E_{v\,sec}$(lx)	水平照度均匀度		垂直照度均匀度		Ra	T_k(K)
				U_1	U_2	U_1	U_2		
业　余　水　平									
体能训练	150	—	—	0.4	0.6	—	—	20	4000
非比赛、娱乐活动	500	—	—	0.5	0.7	—	—	65	4000
国内比赛	1000	—	—	0.5	0.7	—	—	65	4000
专　业　水　平									
体能训练	500	—	—	0.5	0.7	—	—	65	4000
国内比赛	2000	—	—	0.5	0.7	—	—	65	4000

续表

运动类型	E_h(lx)	E_{vmai}(lx)	E_{vsec}(lx)	水平照度均匀度		垂直照度均匀度		Ra	T_k(K)
				U_1	U_2	U_1	U_2		
TV 转播的国内比赛	—	1000	1000	0.5	0.7	0.6	0.7	65	4000
TV 转播的国际比赛	—	2000	2000	0.6	0.7	0.6	0.7	65，最好80	4000
高清晰度HDTV转播	—	2000	2500	0.7	0.8	0.7	0.8	80	4000
TV 应急	—	1000	—	0.5	0.7	0.6	0.7	65，最好80	4000

注：①比赛场地大小：柔道，(16～18)m×(30～34)m(2 个榻榻米)；武术 8m×8m(散打)和 14m×8m(套路)；跆拳道：12m×12m，摔跤：12m×12m。

②摄像机最佳位置：在比赛场地的主要边角，成对角布置。有时在裁判席的后面或附近。

③计算网格为 1m×1m。

④测量网格(最好和最大)为 1m×1m。

3. 奥运会关于柔道、摔跤、跆拳道、武术场的照明标准

奥运会关于柔道、摔跤、跆拳道、武术场的照明标准参考值，见表 7－65。

表 7－65 奥运会关于柔道、摔跤、跆拳道、武术场的照明标准值

位置	照度(lx)		照度均匀度(最小)			
	$E_{v\cdot Cam\cdot min}$	$E_{h\cdot ave}$	水平方向		垂直方向	
	见注②		E_{min}/E_{max}	E_{min}/E_{ave}	E_{min}/E_{max}	E_{min}/E_{ave}
比赛场地	1400	—	0.7	0.8	0.7	0.8
全赛区(护栏之内)	1400	—	0.6	0.7	0.4	0.6
隔离区(护栏外)	—	≤150	0.4	0.6	—	—
观众(C1 号摄像机)	见比值表	—	—	—	0.3	0.5

续表

位置	照度(lx)		照度均匀度(最小)			
	$E_{v\cdot Cam\cdot min}$	$E_{h\cdot ave}$	水平方向		垂直方向	
	见注②		E_{min}/E_{max}	E_{min}/E_{ave}	E_{min}/E_{max}	E_{min}/E_{ave}
比　值						
$E_{h\cdot ave\cdot FOP}/E_{v\cdot ave\cdot Cam\cdot FOP}$				≥0.75和≤1.5		
$E_{h\cdot ave\cdot TPA}/E_{v\cdot ave\cdot TPA}$				≥0.5和≤2.0		
$E_{h\cdot ave\cdot TPA}/E_{v\cdot ave\cdot FOP}$				0.5～0.7		
FOP计算点4个平面E_v最小值与最大值的比值				≥0.6		
$E_{v\cdot ave\cdot C1\cdot spec}/E_{h\cdot ave\cdot C1\cdot FOP}$				≥0.1和≤0.20		
照度梯度	*UG*－FOP(1m和2m)			≤10%		
	UG－TPA(4m)			≤20%		
	UG－观众席(主摄像机方向)			≤20%		
光源	*CRI Ra*			≥90		
	T_k			5600K		
相对于固定摄像机的眩光等级*GR*				≤40		

注:①关于摄像机位置,由电视转播公司确定。

②$E_{v\cdot min}$为任意一点的最小值,而非最小平均值。

③观众席前12排坐姿高度倾斜计算平面,12排以后的照度均匀递减。

④比赛场地内与场地四周垂直相交的4个平面上任何一点的$E_{v\cdot min}$和$E_{v\cdot max}$之比值应等于或大于0.6。

⑤奥运会期间该照度为最低照度。主摄像机C1号最大垂直照度位于瞄准场地中心方向。

⑥计算网格为1m×1m。

⑦在转播期间,不得有任何阳光射入。

⑧缩写定义:

FOP:主赛区,指边界范围内的区域;

TPA:整个比赛场地,包括场地外的缓冲区域;

Cam:摄像机,C1号摄像机为主摄像机;

Spec:观众席。

(十八)游泳、花样游泳、跳水、水球

1. 我国关于游泳、花样游泳、跳水、水球场地的照明标准

我国关于游泳、花样游泳、跳水、水球场地的照明标准值，见表 7－66。

表 7－66　　游泳、花样游泳、跳水、水球场地的照明标准

等级	使用功能	照度(lx)			照度均匀度						光源	
		E_h	$E_{v\,mai}$	$E_{v\,aux}$	U_h		$U_{v\,min}$		$U_{v\,aux}$		Ra	T_{cp}(K)
					U_1	U_2	U_1	U_2	U_1	U_2		
Ⅰ	训练和娱乐活动	200	—	—	—	0.3	—	—	—	—	≥65	—
Ⅱ	业余比赛、专业训练	300	—	—	0.3	0.5	—	—	—	—	≥65	≥4000
Ⅲ	专业比赛	500	—	—	0.4	0.6	—	—	—	—	≥65	≥4000
Ⅳ	TV 转播国家、国际比赛	—	1000	750	0.5	0.7	0.4	0.6	0.3	0.5	≥80	≥4000
Ⅴ	TV 转播重大国际比赛	—	1400	1000	0.6	0.8	0.5	0.7	0.3	0.5	≥80	≥4000
Ⅵ	HDTV 转播重大国际比赛	—	2000	1400	0.7	0.8	0.6	0.7	0.4	0.6	≥90	≥5500
—	TV 应急	—	750	—	0.5	0.7	0.3	0.5	—	—	≥80	≥4000

注：①应避免人工光和天然光经水面反射对运动、裁判员、摄像机和观众造成眩光。

②墙和顶棚的反射比分别不应低于 0.4 和 0.6，池底的反射比不应低于 0.7。

③应保证绕泳池周边 2m 区域、1m 高度有足够的垂直照度。

④室外场地 Ⅴ 等级 Ra 和 T_{cp} 的取值应与Ⅳ等级相同。

2. CIE 的游泳场地比赛照明标准

(1)CIE—169 号技术文件给出了游泳场地的最新标准，见表 7－67。

表 7－67　　游泳项目的垂直照度(维持值)

拍摄距离	25 m	75 m	150 m
A 类	400 lx	560 lx	800 lx
照度比和均匀度	$E_{haverage}:E_{vave}$＝0.5～2(对于参考面)		
	$E_{vmin}:E_{vmax}$≥0.4(对于参考面)		
	$E_{hmin}:E_{hmax}$≥0.5(对于参考面)		
	$E_{vmin}:E_{vmax}$≥0.3(每个格点的四个方向)		

注：①眩光指数 GR<50，仅用于户外。

②主赛区(PA)：50m×21m(8 泳道)，或 50m×25m(10 泳道)；安全区：绕泳池 2m 宽。

③总赛区(TA)：54×25m(或 29m)。

④附近有跳水池，两地之间的距离应为 4～5m。

⑤对于水球，使用池中央 30m 区。

(2)CIE—169 号技术文件给出了跳水场地的最新标准，见表 7－68，但要注意以下两点：

①跳水主赛区(PA)尺寸为 21m×15m，安全区为 PA 各外加 2m。

②10m 跳台上方自由高度为 3.4～5m。

3. 奥运标准

奥运会跳水比对赛照明标准要求最高，其参考值见表 7－68。

表 7－68　CIE 关于跳水场地的照明标准值

位置	照度(lx)		照度均匀度(最小)			
	$E_{v\cdot \mathrm{Cam}\cdot \mathrm{min}}$	$E_{h\cdot \mathrm{ave}}$	水平方向		垂直方向	
			E_{min}/E_{max}	E_{min}/E_{ave}	E_{min}/E_{max}	E_{min}/E_{ave}
比赛场地	1400	见比值	0.7	0.8	0.6	0.7
全赛区	1400	见比值	0.6	0.7	0.4	0.6
隔离区	—	见比值	0.4	0.6	—	—
观众(C1 号摄像机)	见比值	—	—	—	0.3	0.5

比　率

$E_{h\cdot \mathrm{ave}\cdot \mathrm{FOP}}/E_{v\cdot \mathrm{ave}\cdot \mathrm{Cam}\cdot \mathrm{FOP}}$		≥0.75 且≤1.5
$E_{h\cdot \mathrm{ave}\cdot \mathrm{deck}}/E_{v\cdot \mathrm{ave}\cdot \mathrm{Cam}\cdot \mathrm{deck}}$		≥0.5 且≤2.0
FOP 计算点 4 个平面 E_v最小值与最大值的比值		≥0.6
$E_{v\cdot \mathrm{ave}\cdot \mathrm{spec}}/E_{v\cdot \mathrm{ave}\cdot \mathrm{Cam}\cdot \mathrm{FOP}}$		≥0.1 且≤0.25
$E_{v\cdot \mathrm{min}\cdot \mathrm{TRZ}}$		$E_{v\cdot \mathrm{ave}\cdot \mathrm{C1}\cdot \mathrm{FOP}}$
均匀度变化梯度(最大值)	*UG*－FOP(2m 和 1m 格栅)	≤20%
	UG－deck(4m 格栅)	≤10%
	UG－观众席(正对 1 号摄像机)	≤20%
光源	*CRI Ra*	≥90
	T_k	5600K
镜头频闪-眩光指数 GR	固定摄像机的眩光指数	≤40(最好≤30)

(十九)冰球、花样滑冰、冰上舞蹈、短道速滑

1. 我国关于冰球、花样滑冰、冰上舞蹈、短道速滑场的照明标准

我国关于冰球、花样滑冰、冰上舞蹈、短道速滑场地照明标准值，见表7-69。速度滑冰场地的照明标准，见表7-70。

表7-69　冰球、花样滑冰、冰上舞蹈、短道速滑场的照明标准值

等级	使用功能	照度(lx)			照度均匀度						光源		眩光指数 GR
		E_h	$E_{v\,mai}$	$E_{v\,aux}$	U_h		$U_{v\,min}$		$U_{v\,aux}$		Ra	T_{cp}(K)	
					U_1	U_2	U_1	U_2	U_1	U_2			
Ⅰ	训练和娱乐活动	300	—	—	—	0.3	—	—	—	—	≥65	—	≤35
Ⅱ	业余比赛、专业训练	500	—	—	0.4	0.6	—	—	—	—	≥65	≥4000	≤30
Ⅲ	专业比赛	1000	—	—	0.5	0.7	—	—	—	—	≥65	≥4000	≤30
Ⅳ	TV转播国家、国际比赛	—	1000	750	0.5	0.7	0.4	0.6	0.3	0.5	≥80	≥4000	≤30
Ⅴ	TV转播重大国际比赛	—	1400	1000	0.6	0.8	0.5	0.7	0.3	0.5	≥80	≥4000	≤30
Ⅵ	HDTV转播重大国际比赛	—	2000	1400	0.7	0.8	0.6	0.7	0.4	0.6	≥90	≥5500	≤30
—	TV应急	—	1000	—	0.5	0.7	0.4	0.6	—	—	≥80	≥4000	≤30

注：①应提供足够的照明消除板围板产生的阴影，并应保证在围板附近有足够的垂直照度。

②应增加对球门区的照明。

表7-70　速度滑冰场地的照明标准

等级	使用功能	照度(lx)			照度均匀度						光源		眩光指数 GR
		E_h	$E_{v\,mai}$	$E_{v\,aux}$	U_h		$U_{v\,min}$		$U_{v\,aux}$		Ra	T_{cp}(K)	
					U_1	U_2	U_1	U_2	U_1	U_2			
Ⅰ	训练和娱乐活动	300	—	—	—	0.3	—	—	—	—	≥65	—	≤35
Ⅱ	业余比赛、专业训练	500	—	—	0.4	0.6	—	—	—	—	≥65	≥4000	≤30
Ⅲ	专业比赛	750	—	—	0.5	0.7	—	—	—	—	≥65	≥4000	≤30
Ⅳ	TV转播国家、国际比赛	—	1000	750	0.5	0.7	0.4	0.6	0.3	0.5	≥80	≥4000	≤30
Ⅴ	TV转播重大国际比赛	—	1400	1000	0.6	0.8	0.5	0.7	0.3	0.5	≥80	≥4000	≤30
Ⅵ	HDTV转播重大国际比赛	—	2000	1400	0.7	0.8	0.6	0.7	0.4	0.6	≥90	≥5500	≤30
—	TV应急	—	750	—	0.5	0.7	0.3	0.5	—	—	≥80	≥4000	≤30

注：①对观众和摄像机，冰面的反射眩光应减至最小。

②内场照明应至少为赛道照明水平的1/2。

2. 国际体育联合会的标准

国际体育联合会关于冰球、冰壶、短道速滑、花样滑冰场地的照明标准，见表 7-71。

表 7-71　冰球、冰壶、短道速滑、花样滑冰场地照明标准

运动类型	E_h(lx)	E_{vmai}(lx)	E_{vsec}(lx)	水平照度均匀度		垂直照度均匀度		Ra	T_k(K)
				U_1	U_2	U_1	U_2		
业余水平									
体能训练	150	—	—	0.4	0.6	—	—	65	4000
非比赛、娱乐活动	300	—	—	0.4	0.6	—	—	65	4000
国内比赛	600	—	—	0.5	0.7	—	—	65	4000
专业水平									
体能训练	300	—	—	0.4	0.6	—	—	65	4000
国内比赛	1000	—	—	0.5	0.7	—	—	65	4000
TV 转播的国内比赛	—	1000	750	0.5	0.7	0.4	0.6	65	4000
TV 转播的国际比赛	—	1400	1000	0.6	0.7	0.4	0.6	65，最好 80	4000
高清晰度 HDTV 转播	—	2500	2000	0.7	0.8	0.6	0.7	80	4000
TV 应急	—	1000	—	0.5	0.7	0.4	0.6	65，最好 80	4000

注：①比赛场地大小：冰壶：4.75～44.52m(标准的场馆为 6 道)；冰球：30m×60m；短道速滑：30m×60m；花样滑冰：30m×60m。

②摄像机最佳位置：冰壶主摄像机设在道的长轴线上，次摄像机沿道布置，短道和花样滑冰时，主摄像机沿溜冰场的场轴线布置，每个拐角处的地面高度和运动员等待区都应设置。

③计算网格为 2m×2m；测量网格最好为 2m×2m，最大为 4m。

④围栏板高度至少 1m，照明设计应避免产生栏板的阴影。

第三节 照明计算与照明检测

一、照度计算和测量网格

根据1986年国际照明委员会CIE 4.4委员会颁布的CIE67号技术文件中规定。在工程设计阶段，有可能对多种照明系统进行比较、选择，通常，为了对可行的多个照明方案进行比较和评估，要进行照度计算。

当确定有多个方案满足照明要求时，必须从中选出一个更好的，这时，要考虑多方面的因素，如初期投资和运行成本、实际安装和设备维护等。在做出最终选择和完成安装后，必须计算出照度值，这样确定的方案才是最满意的。应该说明，这里说的“最满意”是相对的，是针对建筑特点和结构特点来说的。

在计算普通房间的室内照明的情况下，一个区域的照明指标通常主要由平均照度来衡量。如果只涉及平均水平照度，那么只要计算所有灯具在这个区域单位面积上光通量之和(包含被照区域上所有直射光通和反射光通量之和)与被照区域的总面积，就可以得到这个区域的平均水平照度。

然而，大多数情况下，体育场馆所涉及的照明评价指标还包括下列几个方面：

(1)水平照度均匀度。

(2)垂直照度。

(3)垂直照度均匀度。

(4)设备安装后的照度测量值。

在这种情况下，则必须计算多个点的照度，这些计算点在整个场地或场地内部分有代表性的区域形成规则的网格形式。平均照度及其照度均匀度的计算精度取决于所计算的点数。总的来说，计算的点数越多，精度越高。但当点数超过一定数量时，精度的变化就不太明显了，而计算的工作量却大大增加，这种情况会造成大部分数据很难估计和分析。在CIE67号技术文件和《体育场馆照明设计及检测标准》中对多种场地的计算网格的规格和设置方法都有较详细的规定。根据这些规定设置的网格进行照度计算，既可以简化大量的计算工作，又可以达到可接受的精度。

通常来说，大部分体育场地都是对称的，因此对于完全对称的场地照明计算，只需对半场或四分之一场地进行计算即可。

1.设置计算网格的一般方法

把室内、室外运动场地划分为多个矩形网格，每个矩形的中心，就是要计算的点。为了逐点比较照度的计算值,要求所有的矩形网格应该是相同的。如图 7-3 所示根据所要计算场地的面积给出了一个比较实用的概算方法,可以大概确定要计算的矩形网格的数量,图中实线为理论上的最佳值,虚线为范围值。最终所选定的网格的数量,应为被照的矩形场地内长度方向和宽度方向上网格数的乘积。当场地是不规则的形状或是弯道区域时,在主要区域之外的矩形内的网格可以忽略不计。进行照明计算时,最好将每个网格都设置成正方形。

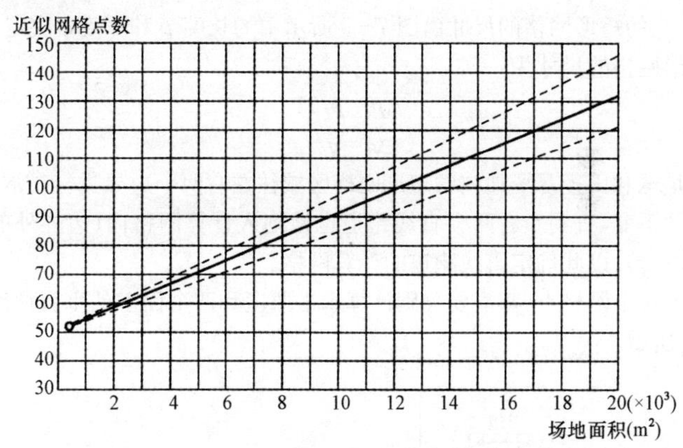

图 7-3　场地面积与计算网格数的关系

为了得到精确的平均照度值,每个正方形网格中心点的照度值,都应进行计算,如图 7-4(a)所示。如果把所有网格向上或向下移半格,其结果是相同的,如图 7-4(b)所示。在这种情况下,所计算的点为正方形网格的交点,计算结果与每个构成网格都有关系。

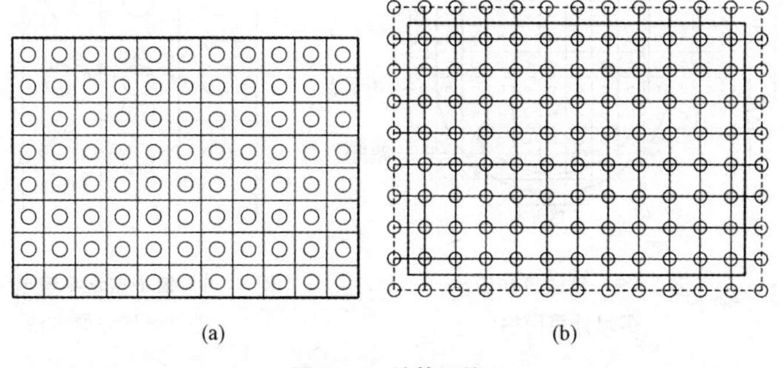

图 7-4　计算网格

由于移动网格而空出的地方,可以将网格沿主网格向外扩展,如图 7-4(b)所示。增加的网格点照度不应计入平均照度的计算之内。

在有些情况下,尽管通过对周边增加的网格进行照度计算和比较更能衡量照度梯度是否满足要求。但如果假定照度梯度在各点之间的变化是线性的,则只需对主要网格区域内的网格进行照度计算即可。

2. 足球场网格的确定

对于足球场,其标准受国际足联 FIFA 和国际田联 IAAF 的标准限制。习惯上,它的矩形网格的尺寸由图 7-5 所示中的长度 p 和宽度 q 决定。

矩形网格的尺寸为:

$$\Delta p = p/11$$

$$\Delta q = q/7$$

把足球和田径赛场地内的矩形网格区域往左右两个边界进行扩展,矩形网格尺寸不变,直到左右两个直线跑道也被划入计算网格内(边界外的测量点忽略不计),以此确定直线跑道的计算网格。

对于每个网格点,都需要分别计算水平照度和四个面上的垂直照度。如图 7-6 所示。

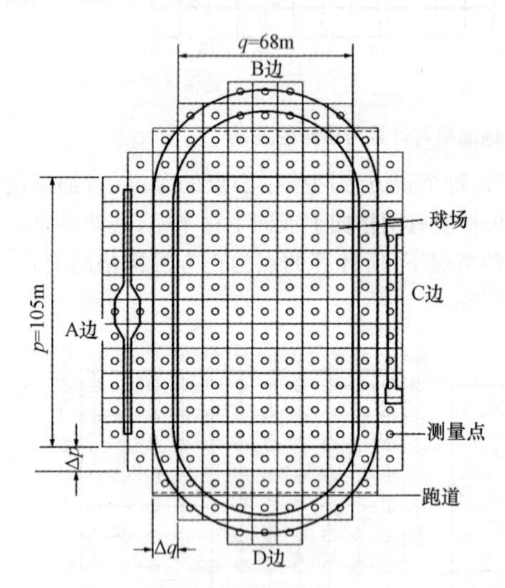

图 7-5 足球场和田径赛场计算网格

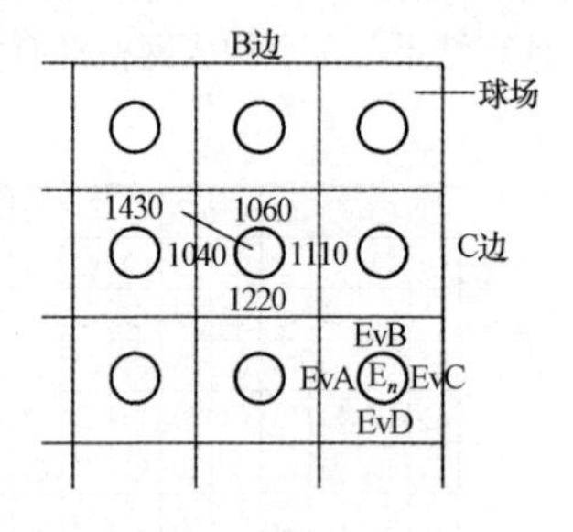

图 7-6 每个点水平照度和垂直照度记录方法

3. 跑道上网格的确定

在田径场中，跑道只是整个场地的一部分，而体育场的体育照明应该能够照亮整个场地。在这种情况下，如图 7－5 所示的方法是适用的。

但是，如果在某种照明模式下体育照明仅单独为跑道提供照明，或在跑道上设有局部照明时，矩形网格最好采用专用的划分方法，如图 7－7 所示。局部照明同样也适用于赛狗、速滑、赛马和自行车竞赛等比赛的体育照明。

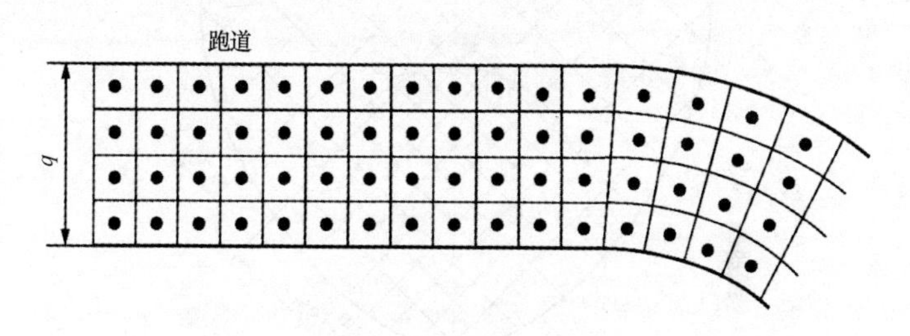

图 7－7　跑道计算网格

图 7－7 所示作为一个实例，说明了在跑道的直道和弯道处布置方形计算网格的方法。跑道上的计算网格数量（图中所示为 4 个点）取决于下列方面：

(1)跑道的宽度；

(2)照度均匀度；

(3)所采用的体育照明系统类型。

比赛项目不同，各点的矩形网格尺寸大小和照度要求也是不同的。例如，在赛马或赛狗比赛时，参赛者大部分的活动都在跑道内；自行车比赛时，弯道处的坡度是很陡的，赛手在转弯处使用跑道的外部；在短跑比赛时，参赛者要在各自的跑道上赛跑。因此，对于跑道上照明计算网格，最好根据上述各方面特点以及使用方、设计方等各方的意见综合确定。

4. 棒球场网格的设置

棒球场内场和外场分别划分为 6.85m 和 13.7m 的正方形网格，如图 7－8 所示。

5. 网球场网格的设置

以场地中线为中心线，划分边长为 4m 的正方形网格，如图 7－9 所示。

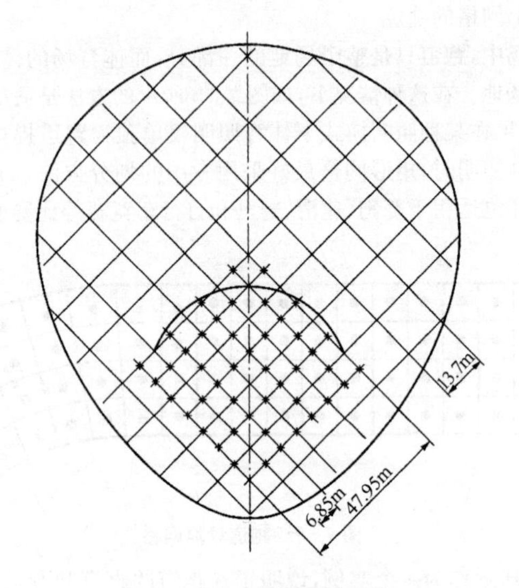

图 7-8 棒球场网格划分图

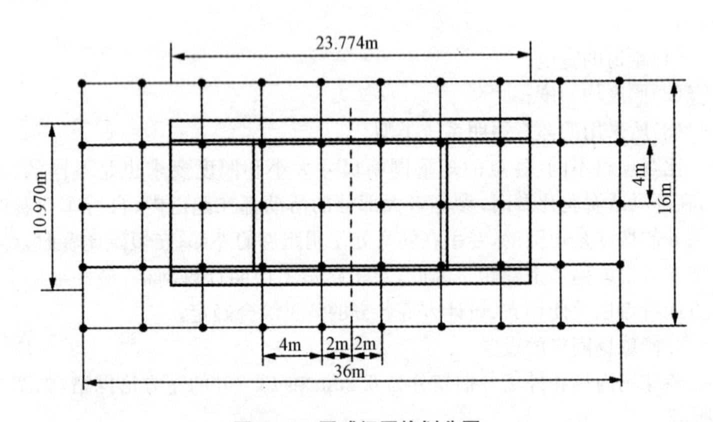

图 7-9 网球场网格划分图

4. 游泳和跳水场地网格的设置。

游泳和跳水场地网格的设置，如图 7-10 所示。

7. 体育场馆照度计算网格

《体育场馆照明设计及检测标准》中对各运动项目计算网格的设备要求，见表 7-72。

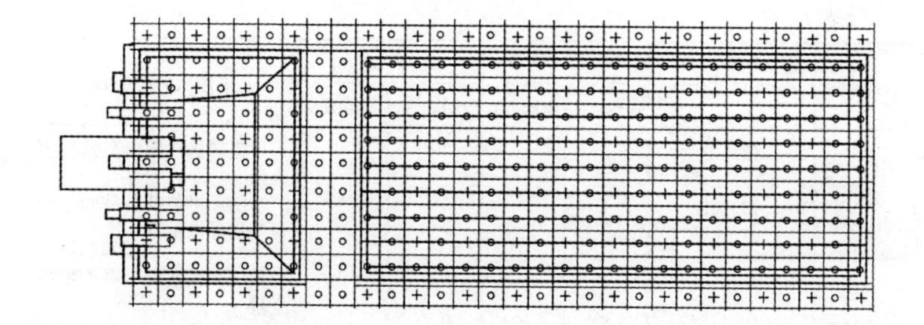

注：图中O、+为计算网格点，┼为测量网格点

图7-10　游泳和跳水场地网格布置图

表7-72　体育场馆照度计算网格

运动项目	场地尺寸(m)	照度计算网格(m)	照度测量网格(m)	参考高度(m)		摄像机典型位置
				水平	垂直	
篮球	28×15	1×1	2×2	1.0	1.5	主摄像机在赛场两侧看台上 辅摄像机用作篮区动作特写，放在赛场两端
排球	18×9	1×1	2×2	1.0	1.5	主摄像机位于赛场中心线延长线的看台上 辅摄像机在赛场两端的看台上，在地面上靠近端线，用于发球特写
手球	40×20	2×2	4×4	1.0	1.5	主摄像机在赛场两侧看台上 辅摄像机在赛场两端
室内足球	(38～42)×(18～22)	2×2	4×4	1.0	1.5	主摄像机在赛场两侧看台上 辅摄像机在球门边线，端线的后面
羽毛球	PA：13.4×6.1 TA：19.4×10.1	1×1	2×2	1.0	1.5	主摄像机在赛场两端；辅摄像机在球网处、服务位置
乒乓球	台面：1.525×2.72	1×1	1×1	0.76	1.5	主摄像机在看台上能综观大厅，附加主摄像机在地面上每个比赛区的角区 辅摄像机在记分牌区域
	14×7	1×1	2×2	1.0		

续表 1

运动项目	场地尺寸(m)	照度计算网格(m)	照度测量网格(m)	参考高度(m)		摄像机典型位置
				水平	垂直	
体操	52×28 (重大比赛) 46×28 (一般比赛)	2×2	4×4	1.0	1.5	主摄像机在看台高处拍摄全景 辅摄像机包括各种固定和便携式摄像机
艺术体操	12×12	1×1	2×2	1.0	1.5	主摄像机在看台高处拍摄全景 辅摄像机包括各种固定和便携式摄像机
拳击	7.1×7.1	1×1	1×1	台面上1.0	1.5	主摄像机在绳索水平上方栏圈的一侧上 辅摄像机在赛场栏圈的转角处和低角度处
柔道	(8～10)×(8～10)	1×1	2×2	场地(高0.5m)上1.0	1.5	主摄像机(一部及以上)放在赛场的上方和一侧 辅摄像机放在赛场的另一侧。靠近赛场可放一部移动摄像机
摔跤	(8～10)×(8～10)	1×1	2×2	场地(最高1.1m)上1.0m	1.5	主摄像机(一部及以上)放在赛场的上方和一侧 辅摄像机放在赛场的另一侧。靠近赛场可放一部移动摄像机
跆拳道	8×8	1×1	2×2	场地(高0.5～0.6m)上1.0	1.5	主摄像机(一部及以上)放在赛场的上方和一侧 辅摄像机放在赛场的另一侧。靠近赛场可放一部移动摄像机
空手道	8×8	1×1	2×2	1.0	1.5	主摄像机(一部及以上)放在赛场的上方和一侧 辅摄像机放在赛场的另一侧。靠近赛场可放一部移动摄像机
武术	8×8(散打)	1×1	2×2	场地(高0.6m)上1.0	1.5	主摄像机放在对角线的延长线上，在官员评判桌和区域的后方或附近
	14×8(套路)			地面上1.0		
举重	4×4	1×1	1×1	台面上1.0	1.5	主摄像机面向参赛者 辅摄像机放在热身区和举重台入口

续表 2

运动项目	场地尺寸(m)	照度计算网格(m)	照度测量网格(m)	参考高度(m)		摄像机典型位置
				水平	垂直	
击剑	14×2	1×1	1×1	长台上 1.0	1.5	主摄像机在长台侧面 辅摄像机在长台两端
速度滑冰	180×68	5×5	10×10	1.0	1.5	主摄像机放在全场中央主看台上和终点线的延长线上 辅摄像机设在起点位置和跟随滑冰者转圈
冰球 短道速滑 花样滑冰	60×30	5×5	10×10	1.0	1.5	主摄像机放在场地中心线延长线的看台上。冰球附加摄像机放在球门区后面,短道速滑和花样滑冰附加摄像机放在角区和等候区中
射	靶心(目标面)	0.2×0.2	0.2×0.2	1.0	靶心	主摄像机在射击手和目标的侧面和背后
	射击区	1×1	1×1		射击区	
	弹道	2×2	4×4		弹道	
射箭	90～45,90～70 (8 道,13 道)	5×5	10×10	1.0	1.5 2.0	摄像机设在沿射箭线不同位置和等候线与射箭线之间区域内
自行车	赛道: 250×(6～8) 333.3×(8～10)	5×2.5	10×2.5	赛道(含赛道斜面)上 1.0	1.5	主摄像机放在与赛道终点直道平行的主看台上。终点摄像机放在中央横轴延长线上(追逐比赛)和通常的终点位置(如短距比赛)。附加摄像机放在两角用来拍摄赛道的直线段,给出骑手的前视镜头(逆时针转圈)
游泳	泳池:50×25	2.5×2.5	2.5×2.5	水面上 0.2	—	主摄像机放在平行于泳池纵轴的主看台上,与游泳者平行的跑动摄像机跟随游泳者的运动; 辅摄像机放在泳池两端用来拍摄起跳和转身,另外的摄像机可放在泳池纵轴的两端
	出发台和颁奖区	1×1	1×1	地面	1.5	
跳水	跳水池:25×21	2.5×2.5	2.5×2.5	水面上 0.2	—	主摄像机放在平行于跳水平台长轴的看台上 辅摄像机放在跳水池的对角上和跳水池纵轴的前、后
	跳台及跳板 (0.5～2)× (4.8～6)	1×1	1×1	台面和板面上 1.0	正前方 0.6m,宽 2m 至水面区域	

续表 3

运动项目	场地尺寸(m)	照度计算网格(m)	照度测量网格(m)	参考高度(m)		摄像机典型位置
				水平	垂直	
网球	PA:10.97×23.77 TA:18.29×36.57	1×1	2×2	1.0	1.5	主摄像机在赛场一端的看台上 辅摄像机在底线和球网之间,用于特写、回放及采访
室外足球	105×68	5×5	10×10	1.0	1.5	主摄像机放在赛场中心线的延长线在主看台上的重要位置;辅摄像机中球门区摄像机放在看台上或地面上用于回放16m区内精彩比赛,便携式摄像机放在边线作采访和报道
室外田径	181×102	5×5	10×10	1.0	1.5	主摄像机放在有足够高度的看台上以拍摄整场全景,另有主摄像机位于横轴上起点与终点处;辅摄像机有12个或以上,用来拍摄每个单项赛事;跑道赛事有时使用跑动摄像机
	终点、田径赛场地	2×2	4×4			
棒球	内场27.5×27.5;外场扇形,本垒经二垒向中外场的距离至少121.92m,扇形和两边线外18.29m围栏以内的区域	内场 2.5×2.5 外场 5×5	内场 5×5 外场 10×10	1.0	1.5	主摄像机放在位于赛场对称轴延长线的主看台上;地面摄像机(便携式)用于拍摄内场和教练座位区的特写;在边线一侧的摄像机报导内场和外场的活动,有时也使用"远"处外场摄像机
曲棍球	91.4×54.84	5×5	10×10	1.0	1.5	主摄像机放在场地中心线的延长线在主看台上的重要位置;辅摄像机可用来回放赛场上重要的动作,如球门区和角区的击球
垒球	内场27.5×27.5;外场90°扇形,$R=61\sim70$m,扇形和两边线外7.62m围栏以内的区域	内场 2.5×2.5 外场 5×5	内场 5×5 外场 10×10	1.0	1.5	主摄像机放在看台对称轴延长线上和每边线一侧面上。有时使用"远"处外场摄像机

(1)表中参考平面的高度,其中水平照度参考平面的高度主要是按照CIE 169:2005和各运动项目的实际高度确定的,垂直照度参考平面的高度主要是按照国际各体育组织和电视广播机构的规定确定的。

(2)标准中规定的照度值为使用照度值,国际照明委员会(CIE)技术报告《体育赛事中用于彩电和摄影照明的实用设计准则》CIE 169:2005给出照明装置与维护的关系，如图 7－11 所示。图中使用照度与维持照度的关系可用下式计算：

$$E_{使用}=0.8\times E_{初始}$$

$$E_{维持}=0.8\times E_{使用}=0.64\times E_{初始}$$

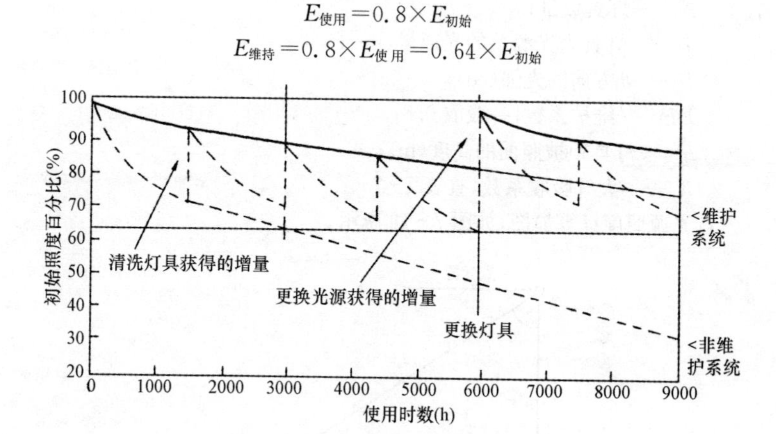

图 7－11　照明装置与维护的关系

二、照度计算

体育场馆照明通常采用点照度计算法进行照度计算，其中：点光源点照度计算可采用平方反比法；线光源点照度计算可采用方位系数法；面光源点照度计算可采用形状因数法（或称立体角投影率法）；当室内反射特性较好时，尚应计及相互反射光分量对照度计算结果产生的影响。

由于计算网格数量多，照明指标精度要求较高，因此对于场馆的体育照明计算除了规模很小、功能很简单的场地外，通常需要利用专业计算软件来完成。

1. 点光源的平方反比法

当光源尺寸与光源到计算点之间的距离相比小得多时，可将光源视为点光源。一般当圆盘形发光体的直径不大于至照射面距离的 1/5 时，这样的光源被认为是点光源。体育照明大多能满足这个条件，因此，体育照明比较多的采用点光源的平方反比法。计算方法如下：将式(7－4)带入点光源照度计算公式，得修正后的水平照度计算式(7－1)，以及得出修正后的垂直照度计算式(7－2)。

$$E_h=\frac{N(1-K_0)\Phi_i I_\theta\cos^3\theta DF}{1000h^2}\qquad(7-1)$$

$$E_v = \frac{N(1-K_0)\Phi_i I_\theta \cos^2\theta\sin\theta DF}{1000h^2} \tag{7-2}$$

式中 N——灯具数量；

Φ_i——灯具内光源总的光通量(lm)；

I_θ——θ方向的光强(cd)；

DF——维护系数，一般取0.8；

h——灯具距被照面的高度(m)；

K_0——大气吸收系数，查表7-75。

点光源照度计算简图，如图7-12所示。

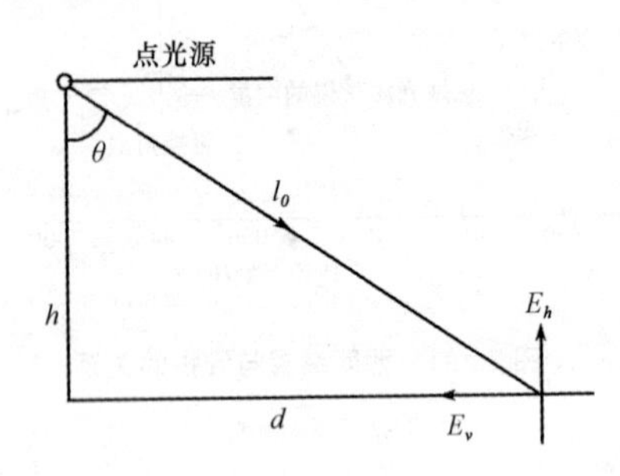

图7-12 点光源照度计算

说明：

式(7-1)、式(7-2)和表7-73适用于室外体育场(包括室外足球场、室外田径场、室外网球场、曲棍球场、棒球场、垒球场、高尔夫球场等)，当这两个公式用于室内体育场馆时，大气吸收系数K_a取值为0，即室内不计大气对照明的影响。其大气吸收系数K_a可以表示为：

$$K_a = \frac{\Phi_i - \Phi_o}{\Phi_i} \times 100\% = \frac{\Delta\Phi}{\Phi_i} \times 100\% \tag{7-3}$$

式中 K_a——大气吸收系数；

$\Delta\Phi$——大气吸收的光能量(lm)；

Φ_i——刚进入大气时的光通量(lm)；

Φ_o——光到达被照面的光能量(lm)。

室外体育场人工照明中，由于大气吸收系数的原因，人工灯光通过大气不能100%的到达场地，光能会有一部分损失，由式(7-3)可得，到达场地的光通量可表示为：

$$\Phi_o = (1-K_a)\Phi_i \tag{7-4}$$

由式(7-4)可知,在进行室外体育场照明计算时,到达场地的光通量不是光源的光通量,而是比光源的光通量要小一些。

相对大气吸收系数,即相对于某种天气情况下的大气吸收系数。相对大气吸收系数一般以晴天为基准进行比较,因此,相对大气吸收系数等于大气吸收系数减去晴天时的大气吸收系数。

与大气吸收系数相对应的参数是大气透明系数,它表明光透达大气的程度。

表 7-73　中国各地区大气吸收系数推荐值

颜色	太阳辐射等级	地　区	大气吸收系数 K_a
红	最好	宁夏北部、甘肃北部、新疆东部、青海西部和西藏西部等	<6%
橘红	好	河北西北部、山西北部、内蒙古南部、宁夏南部、甘肃中部、青海东部、西藏东南部和新疆南部等	6%~8%
黄	一般	山东、河南、河北东南部、山西南部、新疆北部、吉林、辽宁、云南、陕西北部、甘肃东南部、广东南部、福建南部、台湾西南部等地	8%~11%
浅蓝	较差	湖南、湖北、广西、江西、浙江、福建北部、广东北部、陕南、苏北、皖南以及黑龙江、台湾东北部等地	11%~14%
蓝	差	四川、重庆、贵州	>15

2. 线光源的方位系数法

线形发光体作为点光源的条件是当线状发光体的长度不大于照射距离的 1/4 时,可以认为该线状光源是点光源。线光源的水平照度和垂直照度分别按式(7-5)和式(7-6)计算:

$$E_h = \frac{N \cdot \Phi_L \cdot I'_\theta \cdot \cos^2\theta \cdot DF}{h} \cdot \mathrm{AFh} \tag{7-5}$$

$$E_v = \frac{N \cdot \Phi_L \cdot I'_\theta \cdot \cos\theta \cdot \sin\theta \cdot DF}{h} \cdot \mathrm{AFv} \tag{7-6}$$

式中　I'_θ——在 θ 平面上垂直于线光源方向单位长度光源的光强,也就是灯具在横向平面内 θ 角方向的光强与灯具长度之比;

AFh——纵向平面的水平方位系数;

AFv——纵向平面的垂直方位系数。

其他符号含义参见式(7-1)和式(7-2)的说明。

3. 面光源的形状因数法

形状因数法也叫立体角投影率法,面光源照射到水平面上和垂直面上的照度分别用式(7-7)和式(7-8)计算：

$$E_h = L \cdot f_h \tag{7-7}$$

$$E_v = L \cdot f_v \tag{7-8}$$

式中 L——光源的亮度(cd/m²)；

f_h——水平平面的形状因数；

f_v——垂直平面的形状因数。

4. 计算平均照度的中心点法

中心点法平均照度计算式为：

$$E_{ave} = \frac{1}{n}\sum_{i=1}^{n} E_i \tag{7-9}$$

式中 E_{ave}——平均照度(lx)；

E_i——第 i 个测点上的照度(lx)；

n——总的网格点数。

三、眩光计算

1. 眩光计算方法

体育场馆眩光指数(GR)的计算应符合下列规定：

GR 的计算按下式计算：

$$GR = 27 + 24lg\frac{L_{vl}}{L_{ve}^{0.9}} \tag{7-10}$$

式中 L_{vl}——由灯具发出的光直接射向眼睛所产生的等效光幕亮度(cd/m²)；

L_{ve}——由环境引起直接入射到眼睛的光所产生的光幕亮度(cd/m²)。

各参数的确定应符合下列规定：

(1)由灯具产生的等效光幕亮度按下式计算：

$$L_{vl} = 10\sum_{i=1}^{n}\frac{E_{eyei}}{\theta_i^2} \tag{7-11}$$

式中 E_{eyei}——观察者眼睛上的照度，该照度是在视线的垂直面上，由第 i 个光源所产生的照度(lx)；

θ_i——观察者视线与第 i 个光源入射在眼睛上光线所形成的角度(°)；

n——光源总数。

(2)由环境产生的光幕亮度按下式计算：

$$L_{ve} = 0.035L_{av} \tag{7-12}$$

式中 L_{av}——可看到的水平场地的平均亮度(cd/m²)。

(3)平均亮度 L_{av} 按下式计算：

$$L_{ve} = E_{horav} \cdot \frac{\rho}{\pi \Omega_0} \tag{7-13}$$

式中　E_{horav}——照射场地的平均水平照度(lx)；

ρ——漫反射时区域的反射比；

Ω_0——1个单位立体角(sr)。

2. CIE关于室外体育设施及区域照明眩光评价系统

1994年，CIE发布了112号第6版技术文件，该文件主要描述了室外体育设施照明和区域照明的眩光的评价系统。该系统包括：用于检验已有照明装置的眩光状况，这可用合适的测量仪器测量；用于新的照明装置的眩光预测，这主要用于照明设计阶段；规定额定的眩光限制值；眩光和眩光限制；大面积区域照明及此区域外无溢出光。

(1)概述。大多数装置的照明质量可用平均照度、照度均匀度和眩光限制来描述。在CIE112号技术文件公布之前，还没有室外区域照明的眩光评价系统。眩光、阀值增量TI和眩光控制指标G通常用于汽车交通道路照明，不能直接用于区域照明。与道路照明相比，室外体育设施内人的观察方向是变化的、不固定的，灯位不像道路照明那样有规则地成排排列，照度水平比道路照明要求高。

照明装置眩光程度取决于光强分布、灯具的瞄准方向和数量、灯具布置和安装高度以及照明区域的背景亮度。该文件根据上述因素叙述并推荐了实际应用的眩光评价系统。本系统是经过大量的试验，说明在常用条件下，满足均匀度要求的各种照明装置。本系统的有效性在于限制视线方向低于眼睛水平。CIE也给出了其他场所泛光照明应用指南，1983年CIE57，“足球场照明”；1986年的CIE68“室外工作区照明指南”；CIE83号；1989年的“彩色电视和电影系统用体育比赛照明指南”。

过去，眩光评价在照明设计中被用作为实际应用的辅助手段，它被用来确定观看者标准的位置和观察方向。CIE112规定了观看者的标准位置和观看方向，并表明最高眩光和相对高眩光的区域尺寸的资料。规定了室外区域照明装置的基本分类和一般眩光的限制值。

(2)影响眩光程度的因素。影响眩光程度的因素有如下几点：

①CIE眩光的概念：1987年颁布的CIE“国际照明辞典”定义，眩光指的是一种视觉条件，它分别包括心理和生理两种反应，它们是：第一，不舒适眩光，对视觉有不舒适感，不损害对物体和细部的视看；第二，失能眩光，它损害对物体的视看。

不舒适眩光与失能眩光的比较，见表 7-74。

表 7-74 不舒适眩光与失能眩光的对比

<table>
<tr><th>不舒适眩光</th><th>失能眩光</th><th>不舒适眩光</th><th>失能眩光</th></tr>
<tr><td>可以观看物体的细部</td><td>看不清楚物体</td><td rowspan="2">眼睛长时间感受高的光源亮度</td><td rowspan="2">眼睛不一定感受高的光源亮度</td></tr>
<tr><td>眼睛不舒服</td><td>视觉上不一定不舒适</td></tr>
<tr><td>进入眼睛的光量较小</td><td>进入眼睛的光量较大</td><td>持续时间长</td><td>持续时间短</td></tr>
</table>

②产生不舒适眩光的因素：对一个光源而言，它所产生的不舒适眩光取决于以下 4 个因素：

L_S——观察者眼睛方向的光源亮度；

ω_S——观察者眼睛对着光源所形成的立体角；

θ——观察者的视线与光源光束所形成的角度；

L_f——观察者视野内的背景亮度。

③产生失能眩光的因素：根据 Holladay 公式，失能眩光可用等效均匀亮度来表征，由人眼睛的散射光所引起的，该亮度迭加在眼睛上所形成的图像上，因此，降低了亮度对比。此等效光幕亮度主要取决于以下两个参数：

E_g——眩光照度，即在视线的垂直面上由眩光光源产生的在观察者眼睛上形成的照度；

θ——眩光光源的中心与视线所形成的角度。

照明装置总的等效光幕亮度可用观察物体的阈值增量计算得出，由此可以得出失能眩光的数量。也就是说，视觉作业阈限由作业的背景亮度决定。当然，背景指的是对着作业所看到的背景。背景亮度是观察物体的周边亮度并接近于适应亮度。

④室外体育设施和区域的照明眩光：在室外体育设施和区域的照明中，干扰眩光有两种情形：第一种是直接看向灯具的视线方向；第二种是观看者不直接看向灯具，但是看向区域。

观察方向对眩光的干扰程度主要取决于灯具类型、灯具中的光源的种类、灯具的布置、安装高度和瞄准方向。

调查表明，室外体育设施和区域照明的眩光评价最相关的两个参数如下：

L_{vl}——由灯具产生的光幕亮度；

L_{ve}——由环境产生的光幕亮度。

这些调查原则上研究了不舒适眩光的效应。CIE112 没有更多地给出不舒适眩光和失能眩光的不同之处，但是 L_{vl}、L_{ve} 两个参数一般可以说明眩光问题。

L_{vl} 仅仅是由灯具中所发出的、直接射向人眼睛里的光所产生的等效光幕亮度；L_{ve} 是由环境引起的、直接射向人眼睛里的光所引起的等效光幕亮度，显然，L_{ve} 所指的环境是在观看者前面的区域。

(3)眩光评价的基本公式。如上所述，在照明区域影响眩光程度取决于观看者的位置和不同的观看方向。对于已确定的观看者位置和观看方向(低于眼睛水平)，其眩光程度取决于 L_{vl} 和 L_{ve}。

①等效光幕亮度：此等效光幕亮度(cd/m^2)定义见式(7-11)。此方法也被我国标准所采用。

②眩光值：眩光控制程度与照明参数 L_{vl} 和 L_{ve} 的关系见式(7-10)，由此可以看出，我国眩光计算方法直接采用 CIE 的研究成果。

由式(7-10)可知，GR 值越低，说明眩光限制就越好。在开始的试验中，用眩光控制指标 GF 评价眩光，GF 与 GR 的关系见表 7-75，GR 也可从眩光控制指标 GF 计算得出：

$$GR = (10 - GF) \times 10 \tag{7-14}$$

表 7-75　眩光评价标度

眩光控制指标 GF	人眼睛的感受	额定眩光值 GR	眩光控制指标 GF	人眼睛的感受	额定眩光值 GR
1	不可忍受	90	6	—	40
2	—	80	7	可见的	30
3	干扰	70	8	—	20
4	—	60	9	看不见的	10
5	刚可接受	50			

从表 7-75 中可以看出，GR 值在 10 和 90 之间的两位阿拉伯数字，GF 在 1 和 9 之间。它们都可用于眩光的评价，以评出眩光的优劣。值得注意，表中数值并不是规定眩光的限制极限。

(4)眩光参数的简化。由上面分析可知，GR 值由照明参数 L_{vl} 和 L_{ve} 计算得出，因此，两个等效亮度值 L_{vl}、L_{ve} 是确定 GR 值的关键。L_{vl} 和 L_{ve} 可以用下面方法得出：

①用亮度计测量得出，要求亮度计带眩光透镜，它是根据 θ 来计量光的；

②用式(7-11)计算得出，在已知位置、瞄准方向、灯具的光强分布和区域的反射比时，先求出人眼的眩光照度，再计算出等效光幕亮度；

③等效光幕亮度 L_{ve} 可近似地由可看到的水平区域内的平均亮度 L_{av} 得

出，见式(7－12)和式(7－13)。

对于接近视线的大面积垂直或近于垂直照明区，L_{ve} 的实际值高于此计算值，计算得出 *GR* 值略小。因此，更有利于实际的眩光限制。

(5)标准的观看位置和观看方向。在被照射区域的任何观看方向和任意观看点的眩光不应高于规定值。因此，选择最大的眩光作为最不利点，要求这些点 *GR* 值小于推荐的 *GR* 最大值，这些点就是标准的观看位置和观看方向。标准的观看位置和观看方向要考虑以下因素：一是有安全事故的可能；二为通常长时间观看；三是观看作业频繁的位置和观看方向。

一般来说，观看位置有以下几种方式：

①单个的观看者位置(OP1)，如图 7－13(a)、图 7－13(b)、图 7－13(c)所示。

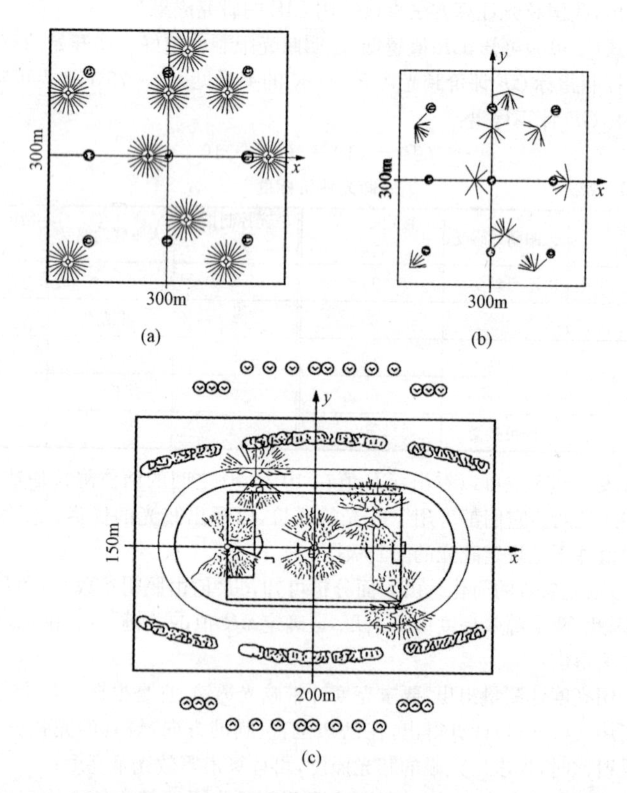

图 7－13　观看位置(OP1)和方向

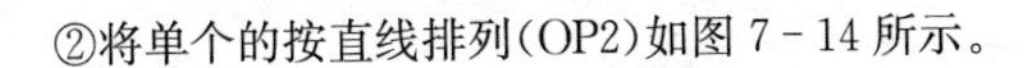
②将单个的按直线排列(OP2)如图 7 - 14 所示。

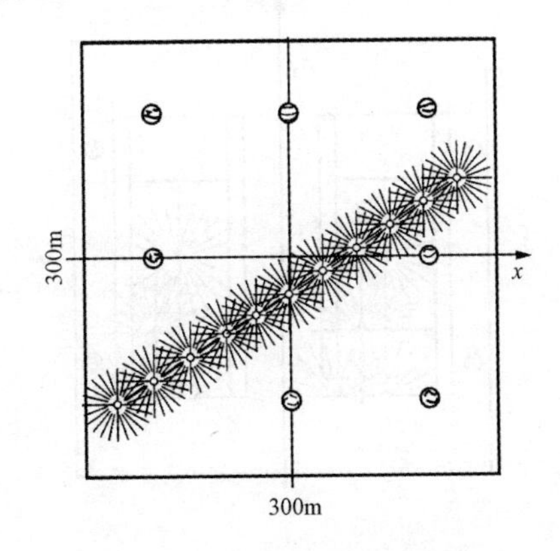

图 7 - 14　观看位置(OP2)和方向

③观看者位置同计算照度用的网格(OP3),如图 7 - 15 所示。

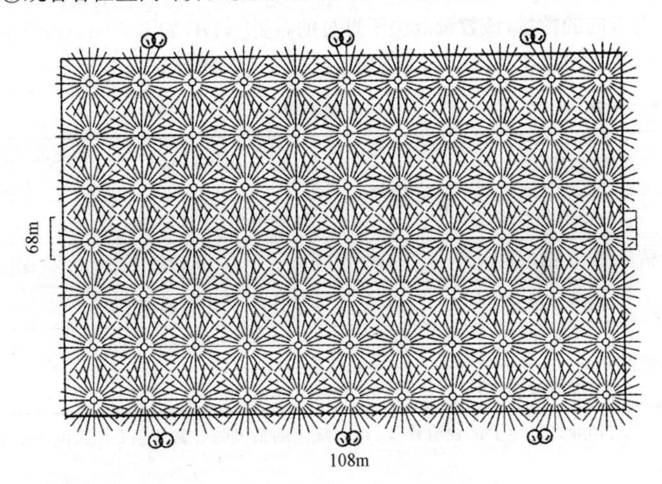

图 7 - 15　观看位置(OP3)和方向(VD2)

④按有关标准的要求确定观看者位置(OP4),即足球场间距、网球场,如图 7 - 16 所示。

对于观看者,可选择单一的观察方向(VD1),如图 7 - 16 所示;也可以一定角度间隔(5°～45°)转动,形成多方向观看。有些情况,只需考虑部分灯杆

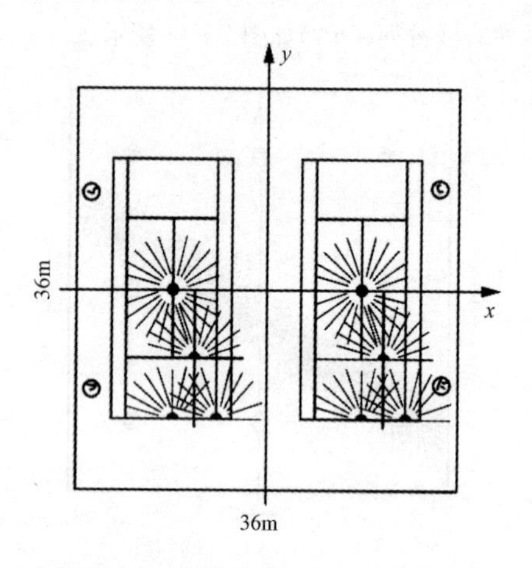

图 7-16 观看位置(OP4)和方向(VD1)

位置的观看方向即可[VD3,如图 7-13(b)所示]。在另外情况下,需要计算出观看方向的数量,该数量取决于灯具的布置[VD4,如图 7-13(c)所示]。

(6)CIE 推荐的额定眩光限制值,见表 7-76 和表 7-77。

表 7-76 区域照明

应用类型		额定眩光限制值 GR_{max}	应用类型		额定眩光限制值 GR_{max}
安全情形	低危险程度	55	运动情形	正常交通运行	45
	中等危险程度	50	工作区*	不精细工作	55
	高等危险程度	45		中等精细工作	50
运动情形	行人	55		很精细工作	45
	慢行交通	50			

注:* 对作业区的重要的视看作业,可以规定的最大眩光额定值 GR_{max} 低 5 个单位是合适的。

表 7-77 体育照明

应用类型	额定眩光限制值 GR_{max}
训练时照明	55
比赛时照明(包括彩色电视转播)	50

四、均匀度计算

均匀度指标用来反应比赛场地上照度水平的变化。照度均匀度用下式计算:

$$U_1 = E_{min}/E_{max} \quad (7-15)$$

$$U_2 = E_{min}/E_{ave} \quad (7-16)$$

在体育场馆的照度计算中,通常需要计算如下两个均匀度指标:

U_{vman}——主摄像机方向垂直照度均匀度;

U_{vaux}——辅摄像机方向垂直照度均匀度;

UG——均匀度梯度。

其中均匀度梯度UG是用某一网格点与其8个相邻网格点的照度比表示。均匀度梯度指标是用来反应照度水平在网格点间的变化程度的。

五、照明检测的一般规定

1.体育场馆照明检测应满足使用功能的要求

照明检测主要依据我国标准《体育场馆照明设计及检测标准》,对于要举行国际比赛的场馆,还要参照国际照明委员会《关于体育照明装置的光度规定和照度测量指南》(CIENo67—1986)和《体育赛事中用于彩电和摄影照明的实用设计准则》(CIE No169—2005)。有些单项体育组织也有相应的测量标准,如国际足联 F1FA—2002《足球场人工照明指南》有专门的一节对照明检测提出要求。照明检测主要用以检验体育场馆照明设计能否达到标准规定的各项技术指标,能否满足不同运动项目不同级别的使用功能要求。

2. 照明检测设备

检测设备应使用在检定有效期内的一级照度计、光谱测色仪。只要求测量平均亮度时,可采用只分亮度计;除测量平均亮度外,还要求得出亮度总均匀度和亮度纵向均匀度时,宜采用带望远镜的亮度计,其在垂直方向的视角应小于或等于2′,在水平方向上的视角应为2′～20′。

检测用仪器没备必须送法定检测机构依据相关检定规程进行检定,以保证检测数据的有效性、准确性。

3.检测条件应符合的规定

(1)应在天气状况好和外部光线影响小时进行。测量时的环境条件对测量结果会产生不利影响,因此应避免在阴雨天、多雾天、沙尘天和有来自外部光线影响情况下进行测量,使用荧光灯的场所还要考虑温度的影响。

(2)应在体育场馆满足使用条件的情况下进行。

(3)气体放电灯累积运行时间宜为50～100h。HID光源在前50h点亮时间内光衰比较严重,50～100h相对比较稳定。

(4)应点亮相对应的照明灯具,稳定30min后进行测量。体育场馆所用光源,特别是金属卤化物灯经过一段时间的点燃才能达到稳定,每次开灯后也需要经过一段时间才能达到光通额定值,因此对照明装置的运行时间和开灯后的点燃时间都要有所规定。

(5)电源电压应保持稳定,灯具输入端电压与额定电压偏差不宜超过5%。电压也是影响检测结果的重要因素,必要时应进行电压修正。

(6)检测时应避免人员遮挡和反射光线的影响。测量时应避免操作者身影或别的物体对接收器的遮挡,同时也要避免浅色物体上反射光的影响。

这些规定的目的是在满足规定的测量条件下进行照明检测,才能保证测量数据的准确性和有效性。

4. 照明检测的项目

检测项目应包括照度、眩光、现场显色指数和色温测量,其他参数可以在测量后通过计算取得。

六、照度测量

1. 基本规定

照度应在规定的比赛场地上进行测量,测量场地一般指标准中规定的主赛场和总赛场,此外也包括对观众席和应急照明等的测量。对于照明装置布置完全对称的场地,可只测1/2或1/4的场地。照度计算和测量网格可按表7-74的规定确定。

2. 室内外矩形场地和几种典型场地的照度计算和测量

室内外矩形场地和几种典型场地的照度计算和测量可按下列网格点进行(图7-17中,o为计算网格点,+为测量网格点)。

(1)矩形场地照度计算和测量网格点。矩形场地照度计算和测量网格点可按图7-17所示确定。

d_l、$d\omega$可按下列方法确定:

①当l,ω不大于10m时,计算网格为1m;

②当l,ω大于10m且不大于50m时,计算网格为2m;

③当l,ω大于50m时,计算网格为5m;

④测量网格点间距宜为计算网格点间距的2倍。

由于大多数运动场地都属于矩形场地,如足球、篮球、排球、网球、羽毛球等,这些场地均可以按此方法进行测量。

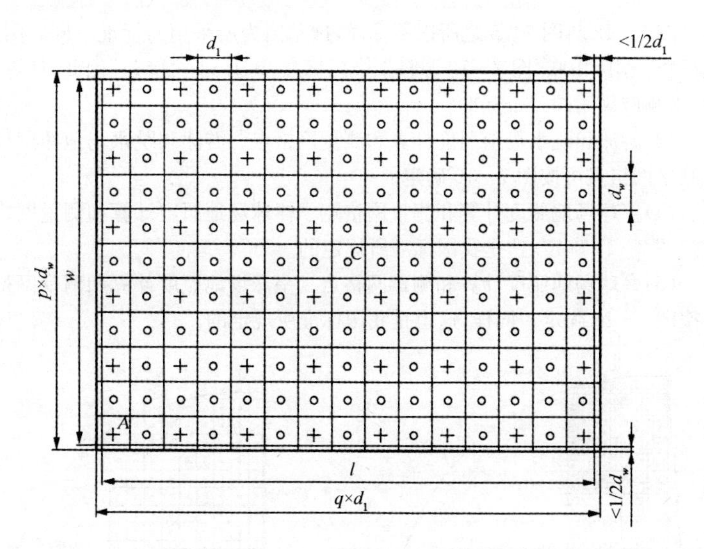

l-场地长度；d-计算网格纵向间距；p-计算网格纵向点数；ω-场地宽度；$d\omega$-计算网格横向间距；q-计算网格横向点数；计算网格点从中心点C开始确定，测量网格点从角点A开始确定。p、q均为奇整数，并满足$(q-1)\cdot d_l\leqslant l\leqslant q\cdot d_l$

$$(p-1)\cdot d\omega\leqslant\omega\leqslant p\cdot d\omega$$

图7-17　矩形场地照度计算和测量网格点布置图

(2)田径场地照度计算和测量网格点。田径场地照度计算和测量网格点，可按图7-18所示确定。

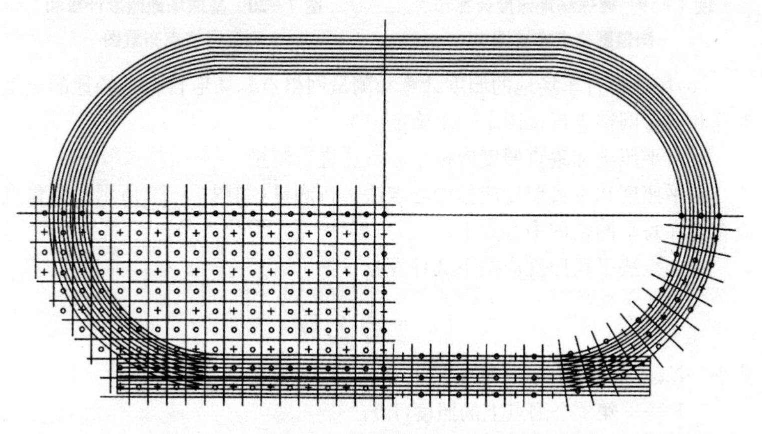

图7-18　田径场地照度计算和测量网格点布置图

图 7 - 18 与图 7 - 5 之所以不一样，这是因为所采用的标准不同。图 7 - 5 来源于国际田联，图 7 - 18 源自于中国标准，JGJ153—2007。因此，计算、测量、检测应采用同一个标准。

(3)游泳和跳水场地照度计算和测量网格点。游泳和跳水场地照度计算和测量网格点可按图 7 - 10 确定。

(4)棒球场地照度计算和测量网格点。棒球场地照度计算和测量网格点可按图 7 - 19 确定，这是我国标准所规定的。

(5)垒球场地照度计算和测量网格点。垒球场地照度计算和测量网格点可按图 7 - 20 确定。同样，这也是我国标准所规定的。

围栏
内场网格
45m×45m
警告线
5m
边界
9m
R18m
27.5m
120m

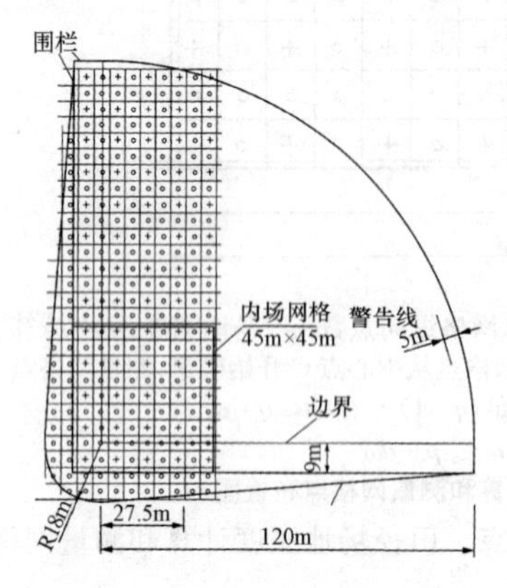

图 7 - 19 棒球场地照度计算和测量网格点布置图

内场
(30m×30m)
R6~8m
18m
6~8m
61~70m

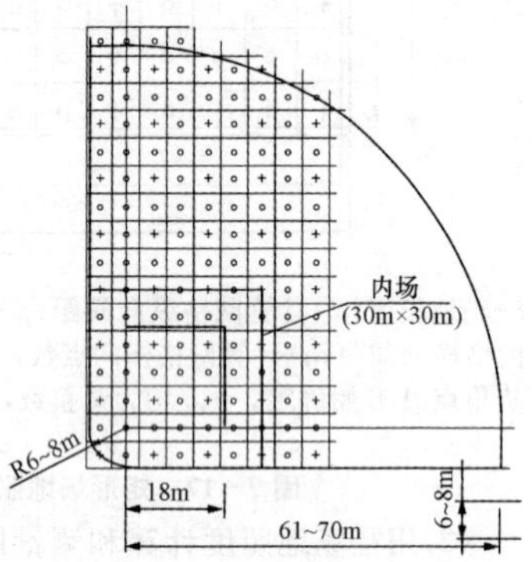

图 7 - 20 垒球场地照度计算和测量网格点布置图

(6)场地自行车场地的照度计算和测量网格点。场地自行车场地的照度计算和测量网格点可按图 7 - 21 确定。

3. 水平照度和垂直照度应按中心点法进行测量

水平照度和垂直照度应按中心点法进行测量(如图 7 - 22 所示)，测量点应布置在每个网格的中心点上。

中心点法平均照度应按下式计算：

$$E_{ave} = \frac{1}{n}\sum_{i=1}^{n} E_i$$

式中 E_{ave}——平均照度(lx)；

E_i——第 i 个测点上的照度(lx)；

n——总的网格点数。

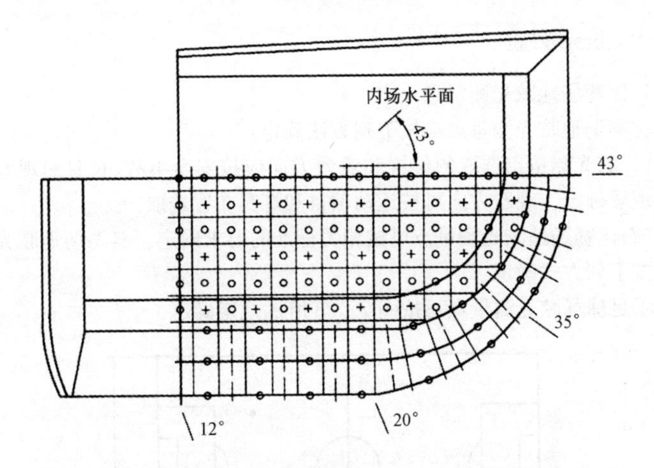

图 7-21 场地自行车场地的照度计算和测量网格点布置图

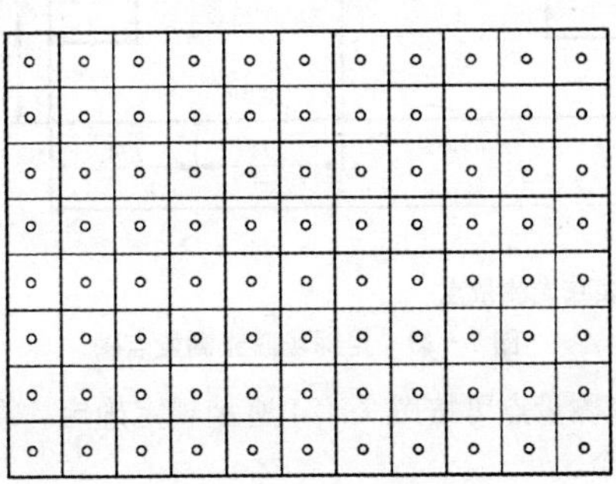

图 7-22 中心点法测量照度示意图

(1)测量水平照度时,光电接收器应平放在场地上方的水平面上,测量时在场人员必须远离光电接收器,并应保证其上无任何阴影。

(2)测量垂直照度时,当摄像机固定时,光电接受面的法线方向必须对准摄像机镜头的光轴,测量高度可取 1.5m。当摄像机不固定时,可在网格上测量与 4 条边线平行的垂直面上的照度,测量高度可取 1m。测量时应排除对光电接收器的任何遮挡。

4. 照度均匀度

照度均匀度应按式(7-15)和式(7-16)计算。

七、眩光测量

1. 比赛场地眩光测量点

比赛场地眩光测量点应按下列方法确定：

(1)眩光测量点选取的位置和观看方向应按安全事故、长时间观看及频繁地观看确定。观看方向可按运动项目和灯具布置选取。

(2)比赛场地眩光测量点可按相关标准的要求确定。典型场地眩光测量点可按下列方式确定：

①足球场眩光测量点可按图 7－23 所示规定确定。

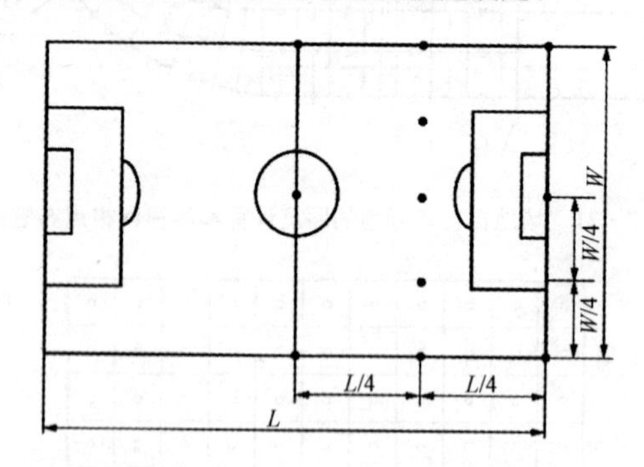

注：图中 · 代表眩光测量点

图 7－23　足球场眩光测量点图

②田径场眩光测量点可按图 7－24 所示规定确定。需要时可将测量点增加到 9 个或 11 个。

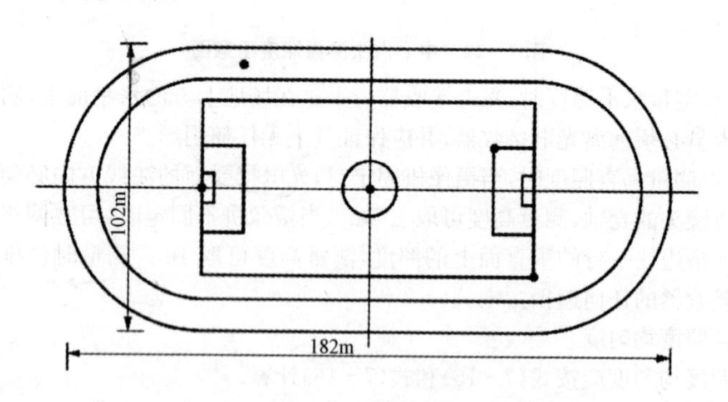

图 7－24　综合(田径)体育场眩光测量点图

③网球场眩光测量点可按图 7－25 所示规定确定。

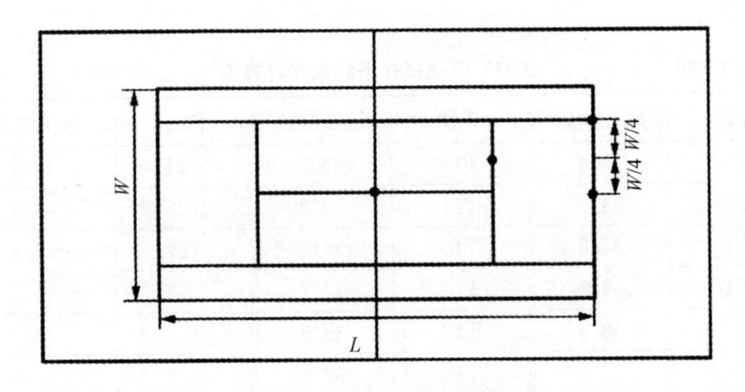

图 7－25　网球场眩光测量点图

④室内体育馆眩光测量点可按图 7－26 所示规定确定。

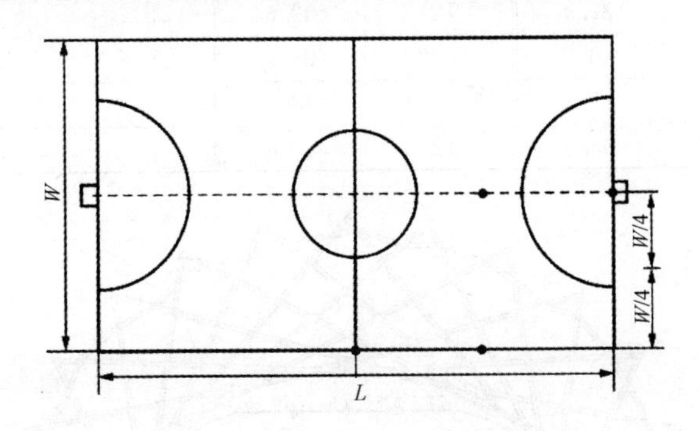

图 7－26　室内多功能馆眩光测量点图

2. 眩光测量

眩光测量应在测量点上，测量主要观看方向观察者眼睛上的照度，并记录下每个点相对于光源的位置和环境特点，计算其光幕亮度和眩光指数值，取其各观测点上各视看方向眩光指数值中的最大值作为该场地的眩光评定值。

体育场馆眩光指数(*GR*)的计算应按式(7－10)～式(7－13)计算。

3. 国家体育场眩光设计

HDTV 田径模式下的眩光测量点如图 7－27 所示。为了更有效地控制眩光，除了进行 IAAF 要求的眩光计算之外，又增加了 18 个眩光计算点。全部眩光计算观察点最大眩光值为42.6，完全满足技术要求。眩光计算结果见表7－78。

表7－78 HDTV田径模式下的眩光计算值

位置	眩光指数	位置	眩光指数	位置	眩光指数
T1	38.4	T13	37.5	T25	42.1
T2	34.8	T14	40.3	T26	40.3
T3	33.8	T15	39.2	T27	42.1
T4	34.8	T16	37.7	T28	40.3
T5	38.5	T17	39.3	T29	40.2
T6	42.1	T18	39.3	T30	37.8
T7	37.9	T19	40	T31	39.8
T8	42	T20	40	T32	38.7
T9	32.9	T21	42.6	T33	37.6
T10	40.3	T22	38.3	T34	35.5
T11	37.5	T23	38.1		
T12	35.6	T24	42.6		

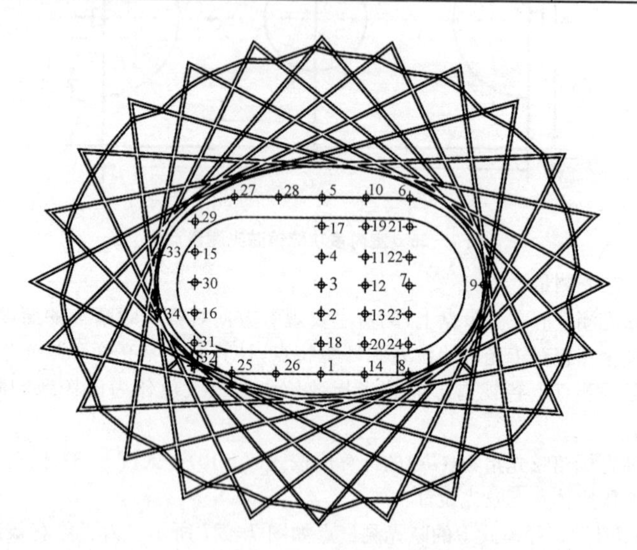

图7－27 HDTV田径模式下的眩光测量点

如图 7－28 所示为 HDTV 足球模式下的眩光测量点，为了更好地控制眩光，在 FIFA 的文件基础上，增加了在大禁区角上的眩光观测点，以考核这个重点位置的眩光情况。全部观察点的最大眩光数值为 42.0，满足技术要求，计算结果见表 7－79。

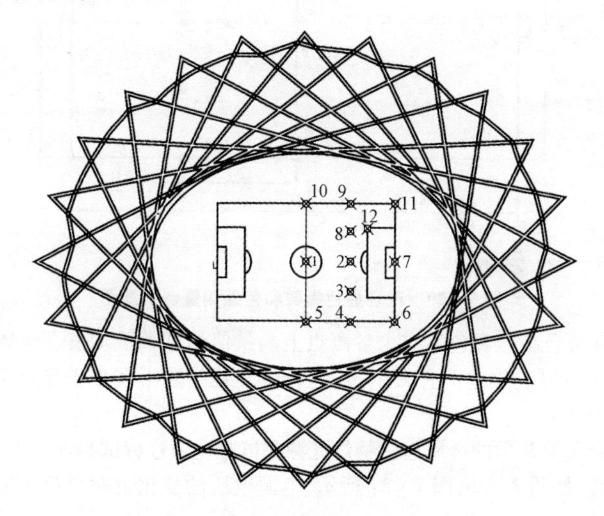

图 7－28 HDTV 足球模式下的眩光测量点

表 7－79 HDTV 足球模式下的眩光计算值

位置	眩光指数	位置	眩光指数	位置	眩光指数
FB	33.5	FB5	38.2	FB10	38.2
FB1	33.5	FB6	42	FB11	42
FB2	35.2	FB7	37.5	FB12	38.3
FB3	37.3	FB8	37.3		
FB4	39.6	FB9	39.6		

八、现场显色指数和色温测量

比赛场地对称时，可在 1/4 场地均匀布点（一般为 9 个点）进行测量，如图 7－29 所示；比赛场地非对称时，可在全场均匀布点测量。

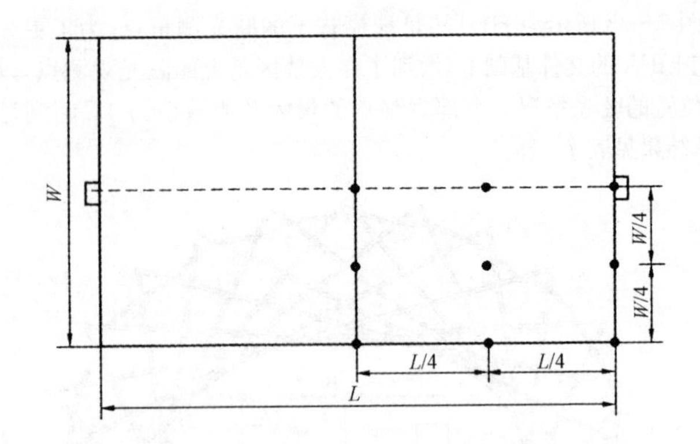

注:图中·代表测量点

图 7-29 现场显色指数和色温测量点示意图

现场显色指数和色温应为各测点上测量值的算术平均值。现场色温与光源额定色温的偏差不宜大于10%,现场显色指数不宜小于光源额定显色指数的10%。

体育场馆常用的金属卤化物灯光源在试验室内进行试验,Ra、T_{cp}与V的变化曲线,如图7-30、图7-31所示,电源电压的变化也对显色指数和色温有影响。

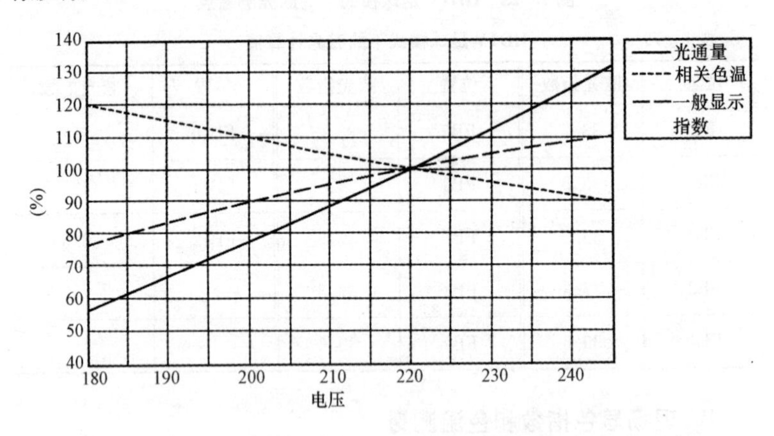

图 7-30 金属卤化物灯光、色参数与电压的关系(220V)

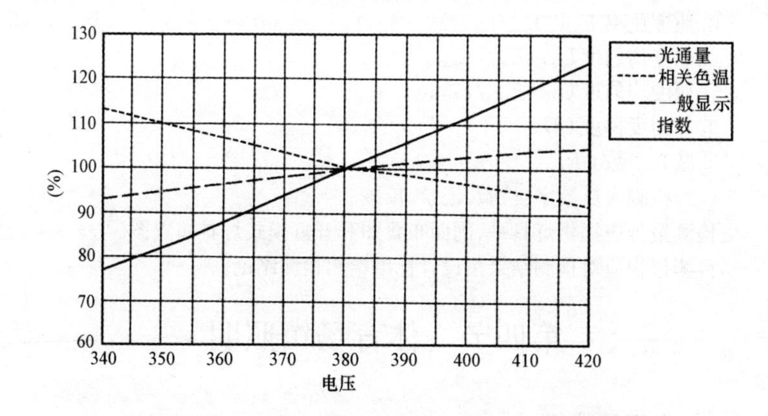

图 7-31　金属卤化物灯光、色参数与电压的关系(380V)

九、检测报告要求

检测记录应包括下列内容：

(1)工程名称、工程地点、委托单位；

(2)检测日期、时间、环境条件(供电电压、环境温度)；

(3)检测依据：有关标准规范、工程招标的技术要求；

(4)检测设备：仪器名称、型号、编号、校准日期；

(5)场地尺寸：长度、宽度、高度、面积；

(6)光源种类、功率、规格型号、数量、生产厂；

(7)灯具(含电器附件)类型、规格型号、数量、生产厂、安装天数、清扫周期；

(8)灯具布置方式、安装高度；

(9)控制系统及照明总功率；

(10)检测项目(以下包括测量点图和对应的测量值)：

①水平照度；

②垂直照度：摄像机方向垂直照度、4 个方向垂直照度；

③眩光计算参数；

④现场显色指数；

⑤现场色温。

(11)测量值计算：

①平均照度 E_{ave}；

②照度比率 E_{have}/E_{vave}；

③照度均匀度 $U_1=E_{min}/E_{max}$；

④照度均匀度 $U_2=E_{min}/E_{ave}$；

⑤均匀度梯度 UG；

⑥眩光指数 GR。

(12)检测人员签字:检验、记录、校核。

检测报告应提供灯具平、剖面布置图和开灯模式灯具布置图。

检测报告应对检测结果按设计标准给出检测结论。

第四节 体育场馆照明

一、光源的选择

体育照明的光源按下列原则选择:

(1)在建筑高度大于6m的体育场馆,灯具安装高度较高,光源宜采用金属卤化物灯。金属卤化物灯无论在室外和室内,均是用于体育照明、彩电转播宜优先考虑的最主要光源。

(2)在建筑高度小于6m的体育场馆,或顶棚较低、面积较小的室内体育馆,宜采用直管荧光灯和小功率金属卤化物灯。对于低级别的场馆,尤其是训练馆,也有采用无极灯、高显色的小功率的高压钠灯。

(3)特殊场所光源可采用卤钨灯,如射击和击剑的临时照明装置(这种应用在体育照明中不太多见)。

(4)光源功率应与比赛场地大小、安装位置及高度相适应。光源的适用范围见表7-80。

表7-80 光源的适用范围

场馆类型	光源类型	功率范围
大型、特大型室外体育场	宜采用大功率的金卤灯	1500W及以上
中小型室外体育场	宜采用大中功率金卤灯	1000W以上
大型、特大型室内体育馆	宜采用中功率金卤灯,偶有用大功率金卤灯	多在250～1000W,少有1500、1800W,不建议采用2000W
中小型室内体育馆	宜采用中功率金卤灯	多在250～1000W,少有250W以下
全民健身室内体育馆	宜采用中小功率金卤灯	多在1000W以下,多用400、250W

(5)应急照明应采用能瞬时、可靠点燃的光源，如荧光灯的卤钨灯。当采用金属卤化物灯时，应保证光源工作不间断或快速启动，如采用不间断电源或热触发装置。

(6)光源应具有适宜的色温，良好的显色性，高光效、长寿命和稳定的点燃及光电特性。光源的相关色温及应用可按表7－81确定。

表7－81　光源的相关色温及应用

相关色温（K）	色　表	体育场馆应用
＜3300	暖色	小型训练场所，非比赛用公共场所
3300～5300	中间色	比赛场所，训练场所
＞5300	冷色	比赛场所，训练场所

(7)选择光源还要遵循如下原则(见表7－82)。

表7－82　光源的选择

源源类型	特　点	应用条件
直管形荧光灯	荧光灯规格多样，有多种色温和显色性，选择范围大，效率较高，寿命较长	安装高度不超过7m的体育馆
高强气体放电灯	光效较高，寿命长，显色性较高或中等，启动慢	用于安装高度比较高的体育馆，室外体育场

①颜色和颜色特性；

②光源的功率，用光通量与功率的比(lm/W)衡量；

③光源的尺寸和形状；

④光源的使用寿命；

⑤光源的价格；

⑥光源的维护费用。

二、灯具的选择

灯具应按下列原则进行选择：

(1)灯具及其附件的安全性能应符合相关标准的规定。

(2)灯具应选用有金属外壳接地的Ⅰ类灯具，慎重选用Ⅱ类灯具。这一点与《体育场馆照明设计及检测标准》不一致。室外体育照明系统多采用金属灯杆；室内体育照明灯具多安置在金属马道上，马道往往与建筑物钢结构、屋顶网架等相连。当受雷击后，Ⅱ类灯具的绝缘在强大的雷电流作用下而损坏或降低，这是非常危险的情况。而Ⅰ类灯具由于接地，当发生此类雷击事故时，通过PE线构成完整的保护回路，保护电器动作，切断了故障回路，保护了人身安全。因此，体育照明灯具应选择Ⅰ类灯具。

(3)游泳池及类似场所水下灯具应选用防触电等级为Ⅲ类的灯具，水下灯具的电源电压不应大于12V。

(4)灯具效率不应低于表7－83的规定。

表7－83 灯具效率(%)

高强度气体放电灯灯具	65
格栅式荧光灯灯具	60
透明保护罩荧光灯灯具	65

(5)灯具宜具有多种配光形式。体育场馆投光灯灯具可按表7－84进行分类。

表7－84 投光灯灯具的分类

光束分类	光束张角范围(°)
窄光束	10～18 18～29 29～46
中光束	46～70 70～100
宽光束	100～130 130及以上

(6)灯具配光应与灯具安装高度、位置及照明要求相适应。室外体育场宜选用窄光束和中光束灯具；室内体育馆宜选用中光束和宽光束灯具。

(7)灯具宜具有防眩光措施，如图7－32所示。防眩光措施有加装防眩光帽沿、防眩光格栅、防眩光薄膜等。

(8)灯具及其附件应能满足使用环境的要求。灯具应强度高、耐腐蚀。灯具电器附件必须满足耐热等级的要求。

如图7－33所示，鸟巢设计时必须考虑到大功率的投光灯对ETFE的影响，2000W金卤灯MVF403温度分布直观地表示在图中，结论是鸟巢体育照明灯具及其安装位置不会对PTFE膜造成过热的影响而损坏其性能。北京奥运会和残奥会已经证明了这一点。图7－33所示的温度分布可以转化为表7－85所示温度。

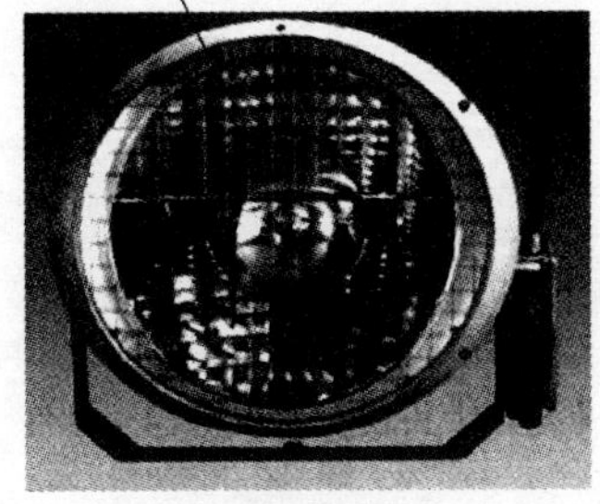

(a)防眩光格栅

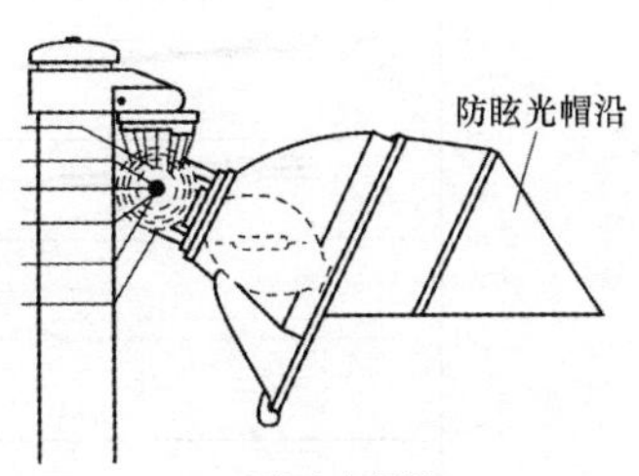

(b)防眩光帽沿

图 7－32 防眩光措施

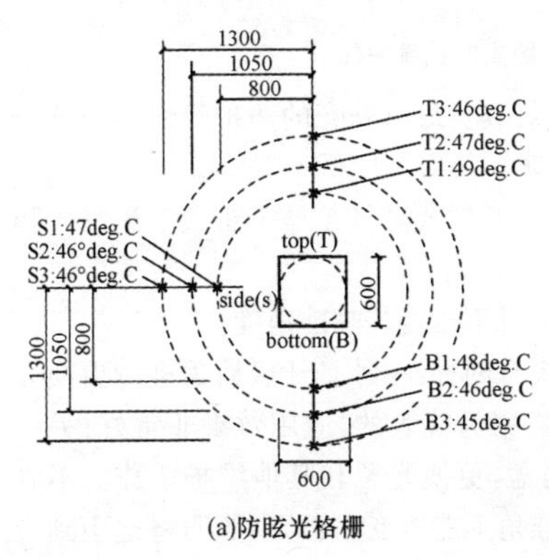

(a)防眩光格栅

(b)防眩光帽沿

图 7－33 MVF403 2000W 周围温度分布

表 7－85 MVF403－2000W 周围温度分布表(℃)

距离(mm)	800	1050	1300	距离(mm)	800	1050	1300
前	61	58.6	56.9	顶	49	47	46
后	47	46	45	底	48	46	45
侧	47	46.9	46				

由此可以得出如下结论：

结论 1:投光灯前面的温度较其他方位的温度高。

结论 2:温度随距离的增加而降低，这个现象称为温度-距离负特性效应，这种变化接近线性变化，如图 7-34 所示。

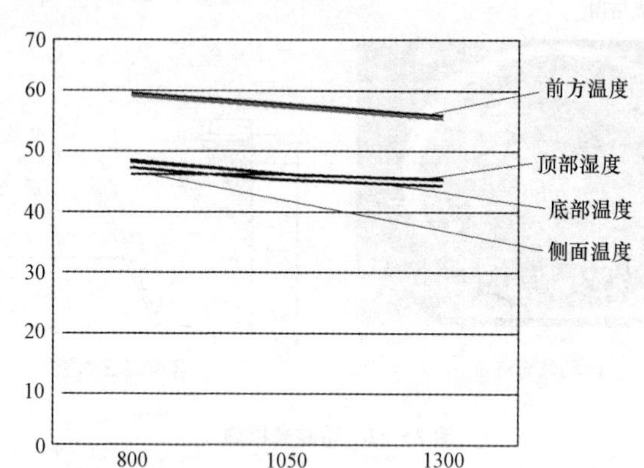

图 7-34 温度与距离的关系曲线

(9)金属卤化物灯不宜采用敞开式灯具。灯具外壳的防护等级不应低于IP55，不便于维护或污染严重的场所其防护等级不应低于 IP65。

高强度气体放电灯存在爆炸的风险，开敞式灯具无异于头顶上悬吊一颗小型炸弹，可能伤及无辜人员。

(10)灯具的开启方式应确保在维护时不改变其瞄准角度。

目前常用的体育照明灯具开启方式有两种：一种是开启后盖进行更换光源及维护、保养工作，这种方式以欧洲厂家为代表的，应用效果非常好；另一种开启方式为前开盖，即维护时开启前盖，更换光源和其他维护工作。不管采用何种技术措施，维护后，灯具的瞄准角不能改变。否则，照明将达不到应有的水平，重新调试将花费大量的人力。

(11)安装在高空中的灯具宜选用重量轻、体积小和风载系数小的产品。马道上物体较多，除灯具外，还有音响设备、通信设备、安防设备等，还有人员进行工作通行，因此，小荷载有利于结构专业设计工作。

(12)灯具应白带或附带调角度的指示装置。灯具锁紧装置应能承受在使用条件下的最大风荷载。灯具及其附件应有防坠落措施。

三、灯杆和马道的设置

(一)灯杆及设置要求

当场地采用四塔式、多塔式或塔带混合式照明方式布灯时，需要选用照明灯杆作为灯具的承载体。照明灯杆在满足照明技术条件要求的情况下，与建筑物的关系主要有以下几种方式：

(1)灯杆独立于主体建筑物之外，这种灯杆作为独立设备单独存在，目前应用较为广泛。

(2)灯杆依附于主体建筑物上，但未同主体建筑物整体结合，这种形式灯杆的基础同建筑物基础形式可能不同，需单独处理。

(3)灯杆依附于主体建筑物上，并同主体建筑物整体结合时，这种形式能很好地处理美观问题，如果这种方案可行，可优先考虑采用这种方案。

当灯杆同建筑物相结合时，灯杆及其设置需满足主体建筑的相关要求。以下重点介绍较为普遍采用的单独设置灯杆的相关要求。

1. 设计依据

照明灯杆的设计应符合相关设计规范的规定，主要有：

《英国照明工程师协会 ILE 第 7 号技术报告》；

GBJ 135—1990《高耸结构设计规范》；

GB 50017—2003《钢结构设计规范》；

GB 50009—2001《建筑结构荷载规范》；

GB 50007—2002《建筑地基基础设计规范》；

JT/T312—1996《升降式高杆照明装置技术条件》；

同时还应参考的设计规范和技术要求主要有：

GB 10854—1989《钢结构焊缝外形尺寸》；

GB 1591—1993《低合金结构钢技术条件》；

GB 2694—1981《输电线路铁塔制造技术条件》；

中国国家气象台发布的当地风压图数据等。

2. 灯杆的技术要求

灯杆可采用圆形拔梢状或多边形拔梢状结构，应具有足够的结构强度，其设计使用寿命不应小于 25 年。插接长度不宜小于插接直径的 1.5 倍。灯杆钢材的选用和壁厚应根据所使用地区的气象条件和荷载情况确定，可选用高强度的钢材，但应将结构的挠度控制在相关规范要求的范围内。

体育照明灯杆上的灯盘一般采用固定式结构，灯盘的尺寸和外型与投光形式、灯具数量有关，同时还需考虑结构实现的要求确定。灯盘的面积宜留有裕度，以备今后发展扩充。

由于灯杆高度较高，灯杆顶部的照明装置重量较重，因此，灯杆及其基础要充分考虑风的影响，建议灯杆设计时由结构工程师进行计算。

3. 维护

为便于检修，在灯杆较高时可设置升降系统或爬梯。考虑到提供基本照明条件和节省建设费用的需要，当灯杆高度小于20m时宜根据维修人员上下的条件设置爬梯，爬梯应装置护身栏圈并按照相关规范在相应高度上设置休息平台。

考虑到安全、实用、美观等要求，当灯杆高度大于20m时宜采用电动升降吊篮；电动升降吊篮维修系统是一种专业设备，采用在灯杆内设置双卷筒独立悬挂卷扬设备，灯杆顶部设有免维修设计的驱动盘，配套专用的高柔性不锈钢钢丝绳，该系统应具有电动和手动两种运行模式。

4. 防雷及航空障碍照明

灯杆应根据民用航空管理的相关规定和航行要求设置航空障碍照明，结合体育照明灯杆的制造工艺，需在每个照明灯杆顶部装置不少于2盏的红色航空障碍灯，同时在有特殊要求的航站、航道附近或供电控制等不方便的地方，安装频闪障碍灯或太阳能障碍灯。

灯杆顶部应根据整个体育场地的防雷要求和国家相关防雷规范设置避雷针，避雷针的保护范围应与整个体育场地统一考虑。

5. 防腐要求

包括灯盘、升降吊篮等在内的灯杆的所有金属部件需经热浸锌工艺处理，安装时不能造成镀锌层的损坏。在沿海和有盐雾腐蚀的地区，应优先选用防盐雾钢筋混凝土灯塔，避免采用暴露的钢结构灯架。

（二）马道及设置要求

马道是设置在建筑物、构造物内，用于承载设备安装、线缆敷设和用于工作人员通行的构件。

1. 马道的位置

结合照明设计要求和体育场馆建筑方案，宜按需设置马道，马道设置的数量、高度、走向和位置应满足照明设计和体育工艺的相关要求。合理的马道布局和数量，不仅可以实现照明设计要求的灯具位置和投射角度，以尽量降低照明灯具的安装数量，同时还能同建筑造型紧密结合，突出表现体育场馆的建筑风格。

2. 马道的要求

马道上应为灯具、镇流器箱、配电箱和缆线等预留安装条件，但应尽可能减小马道上的荷载，所以大容量不间断电源EPS或UPS机柜宜安装在马道附近的配电间内。同时马道上还应为检修安装人员提供必要的安全保护措施，马道应留有足够的操作空间，其宽度不应小于800mm，并应按相关规范要求设置一定高度的护栏。

3. 遮挡处理

在建筑物、构造物顶部的结构杆件、吸音板、遮光板、风道和电缆线槽等都可能会对灯具投射光线造成不同程度的遮挡，在场馆设计之初应同建筑、结构专业进行紧密的配合。马道的安装位置应避免建筑装饰材料、安装部件、管线和结构件等对照明光线的遮挡。

四、室外体育场灯具布置

(一)体育场场地灯具布置方式

体育场场地灯具布置有四塔式布置、多塔式布置、两侧光带式布置、混合式布置等多种方式。

1.室外体育场灯具布置方式

室外体育场灯具一般宜采用表 7-86 所列的布置方法。

表 7-86　室外体育场灯具布置方式

布置方式	说　明
两侧布置	灯具与灯杆或建筑马道相结合，以连续光带形式或簇状集中形式布置在比赛场地两侧。这是目前常用的照明方式，可提供较好的照度均匀度并降低阴影，照明效果较好，但整体投资造价较高
四角布置	灯具以集中形式与灯杆相结合，布置在比赛场地四角。这种方式目前主要应用于训练场地、小型场地或改造场地，投资造价较低，但照明阴影比较严重
混合布置	两侧布置和四角布置相结合的布置方式。相对以上两种方式，这种照明方式的性价比较高。综合性大型体育场宜采用光带式布灯与塔式布灯组成的混合式布灯形式，灯具宜选用窄配光，其 1/10 峰值光强与峰值光强的夹角不宜大于 15°

2.室外体育场灯具布置

各种室外体育场场地灯具布置方式如下：

(1)足球场

①无电视转播时宜采用场地两侧或场地四角布置方式，其布置方式如下：

a.采用场地两侧布置方式时，灯具不宜布置在球门中心点沿底线两侧 10°的范围内，灯杆底部与场地边线之间的距离不应小于 4m，灯具高度宜满足灯具到场地中心线的垂直连线与场地平面之间的夹角 φ 不宜小于 25°，如图 7-35 所示。

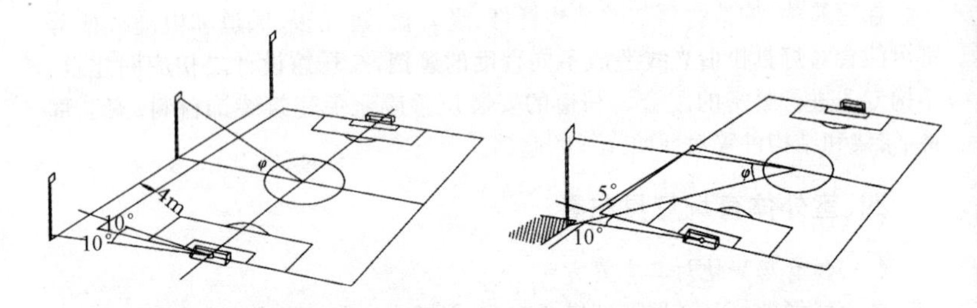

图 7-35　无电视转播时足球场地两侧布置灯具位置

图 7-36　无电视转播时足球场四角布置灯具位置

b. 采用场地四角布置方式时，灯杆底部到场地边线中点的连线与场地边线之间的夹角不宜小于 5°，且灯杆底部到底线中点的连线与底线之间的夹角不宜小于 10°，灯具高度宜满足灯杆中心到场地中心的连线与场地平面之间的夹角 φ 不宜小于 25°，如图 7-36 所示。

②有电视转播时宜采用场地两侧、场地四角或混合布置方式，其布置方式如下：

a. 采用场地两侧布置方式时，灯具不应布置在球门中心点沿底线两侧 15°的范围内，如图 7-37 所示。

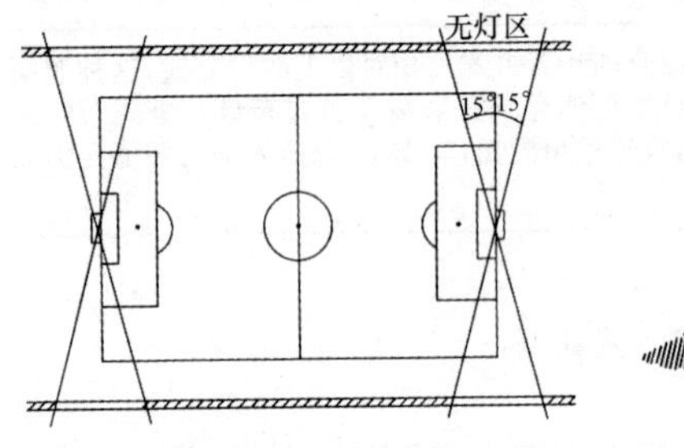

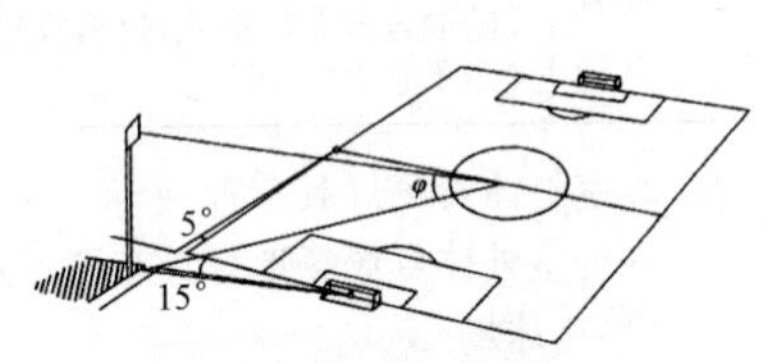

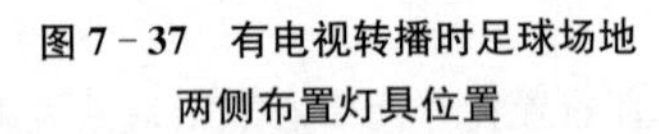

图 7-37　有电视转播时足球场地两侧布置灯具位置

图 7-38　有电视转播时足球场四角布置灯具位置

b. 采用场地四角布置方式时，灯杆底部到场地边线中点的连线与场地边线之间的夹角不应小于 5°，且灯杆底部到底线中点的连线与底线之间的夹角不应小于 15°，灯具高度应满足灯杆中心到场地中心的连线与场地平面之间的夹角 φ 不应小于 25°，如图 7-38 所示。

采用混合布置时，灯具的位置及高度应同时满足两侧布置和四角布置的要求。

③任何照明方式下,灯杆的布置均不应妨碍观众的视线。

(2)田径场:田径场的灯具布置宜采用两侧布置、四角布置或混合布置方式

(3)网球场:其技术规定如下:

①对没有或只有少量观众席的网球场地,宜采用两侧灯杆布置方式,灯杆应布置在观众席的后侧;对有较多观众席、有较高挑篷且灯杆无法布置的网球场地,宜采用两侧光带布置方式。

②采用两侧灯杆布置方式时,灯杆的位置应满足如图 7－39 所示的要求。

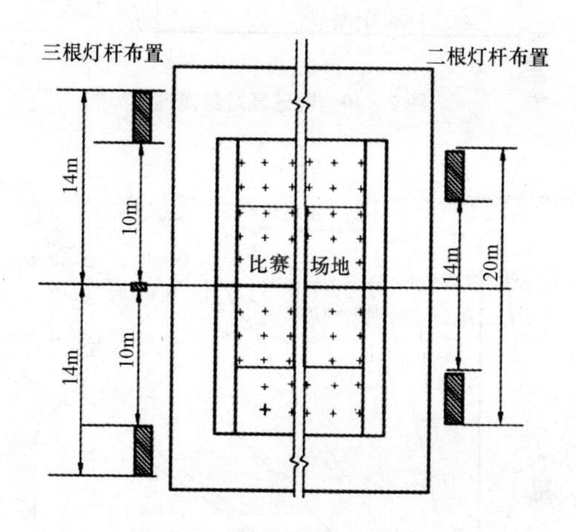

图 7－39　网球场灯杆位置

③场地两侧应采用对称的灯具布置方式,提供相同的照明。

④灯具的安装高度应满足如图 7－40 所示的要求,比赛场地灯具高度不应低于 12m,训练场地灯具高度不应低于 8m。

(4)棒球场:其技术规定如下:

①棒球场灯具宜采用 6 根或 8 根灯杆布置方式,也可在观众席上方的马道上安装灯具。

②灯杆应位于 4 个垒区主要视角 20°以外的范围,灯杆不应设置在如图 7－41所示中的阴影区。

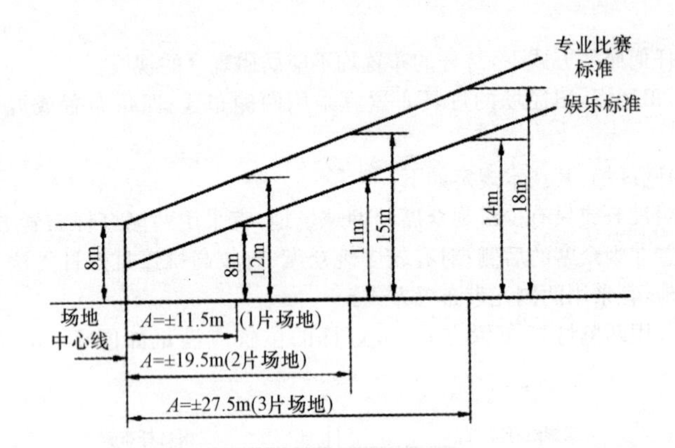

图 7-40 网球场灯具高度

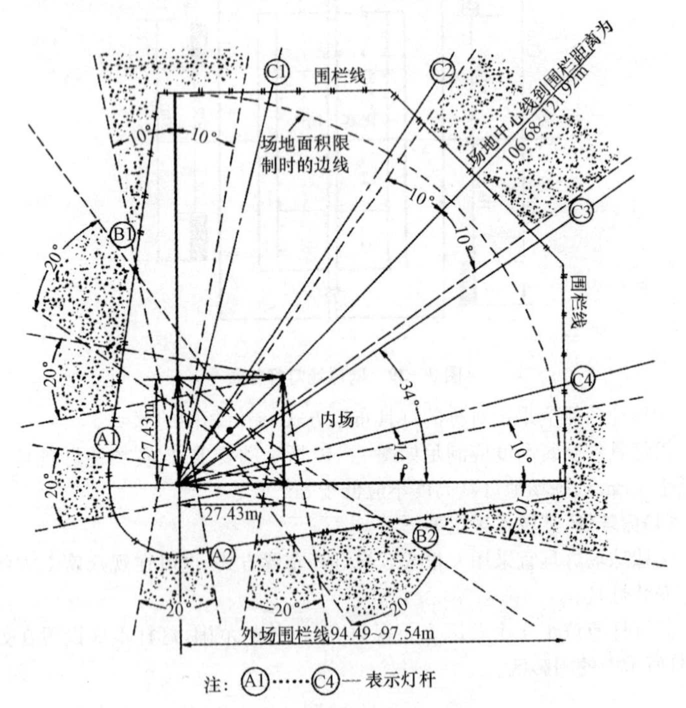

图 7-41 棒、垒球场灯杆位置

(5)垒球场:其技术规定如下:

①垒球场宜采用不少于4根灯杆布置方式,也可在观众席上方的马道上安装灯具。

②灯杆应位于4个垒区主要视角20°以外的范围,灯杆不应设置在如图7-41中的阴影区

(6)曲棍球场:其技术规定如下:

①无电视转播时宜采用多杆布置方式,灯杆底部与场地边线之间的距离不应小于4m,灯杆底部与底线之间的距离不应小于5m,灯具的高度宜满足如图7-42所示的要求。

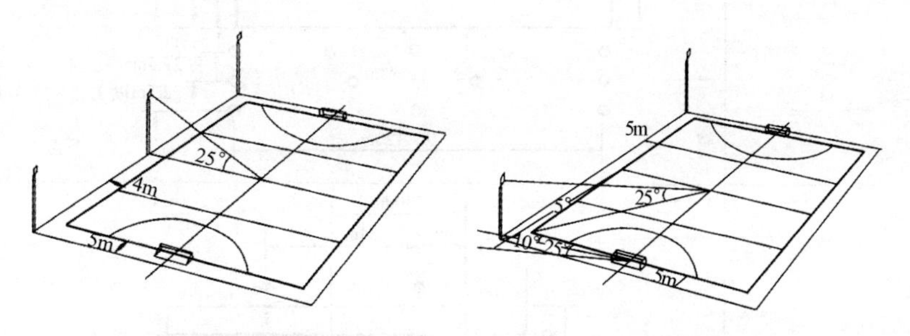

图7-42　无电视转播时曲棍球场灯杆布置

图7-43　有电视转播时曲棍球场灯杆布置

②有电视转播时宜采用四角布置、两侧布置或混合布置方式。

采用四角布置方式时,灯具的位置及高度应满足如图7-43所示的要求。灯杆的位置应在10°～25°之间。

采用两侧布置方式时,灯具的高度应满足φ不小于25°的要求。

(二)各种室外体育场灯具布置示例

各种室外体育场灯具布置示例,见表7-87。

表7-87　各种室外体育场灯具布置示例

体育场类型	布置简图
田径运动场地的照明布置	5° 20°

续表1

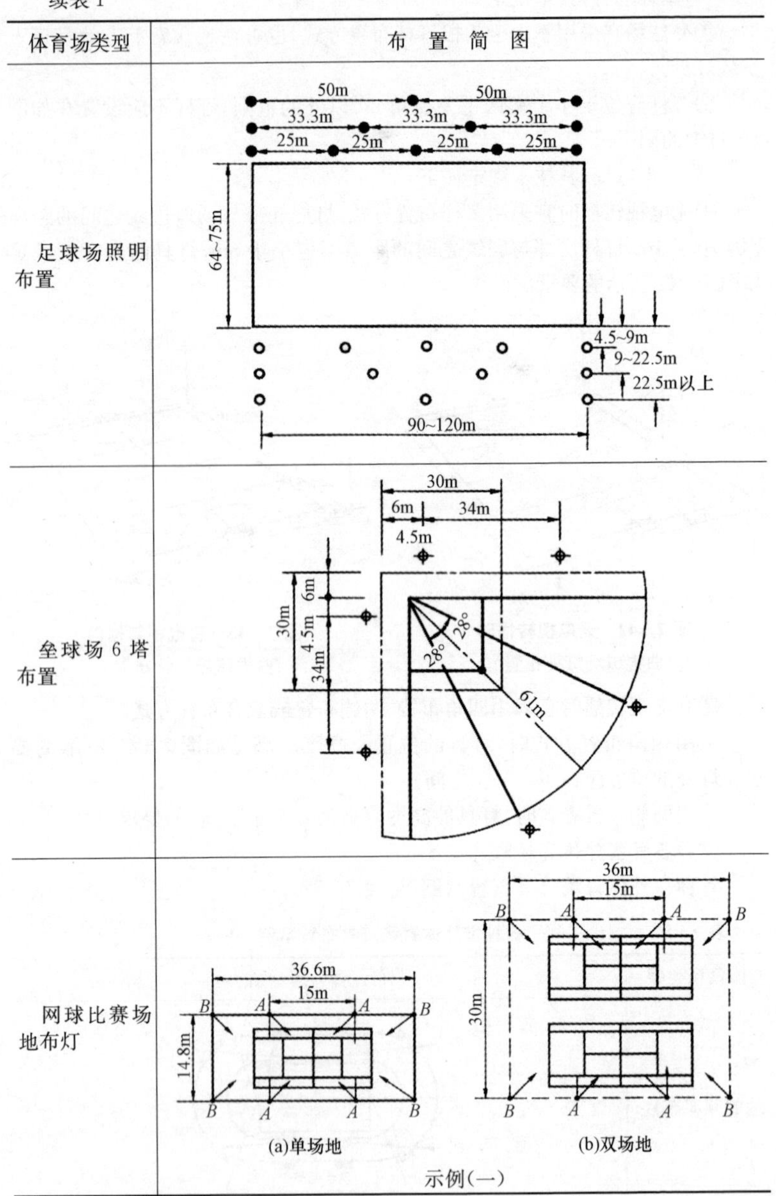

体育场类型	布置简图
足球场照明布置	
垒球场6塔布置	
网球比赛场地布灯	(a)单场地 (b)双场地 示例(一)

续表 2

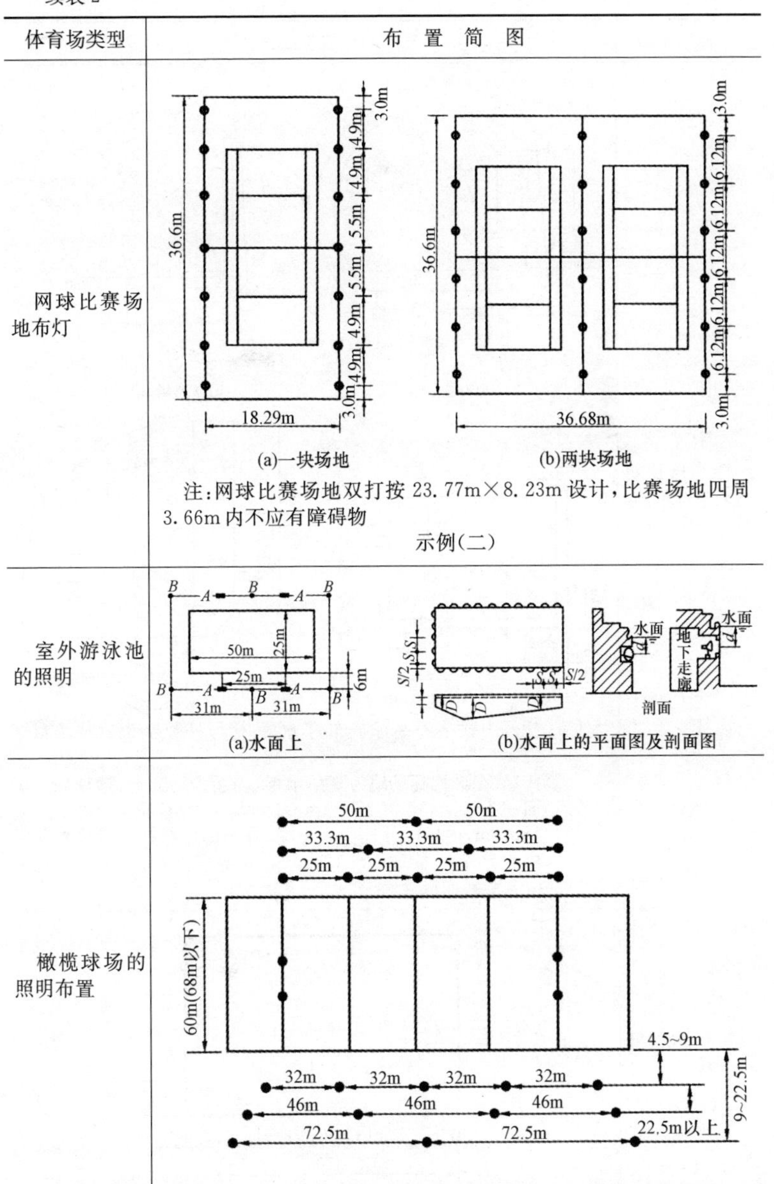

体育场类型	布　置　简　图
网球比赛场地布灯	(a)一块场地　(b)两块场地 注：网球比赛场地双打按 23.77m×8.23m 设计，比赛场地四周 3.66m 内不应有障碍物 示例(二)
室外游泳池的照明	(a)水面上　(b)水面上的平面图及剖面图
橄榄球场的照明布置	

续表 3

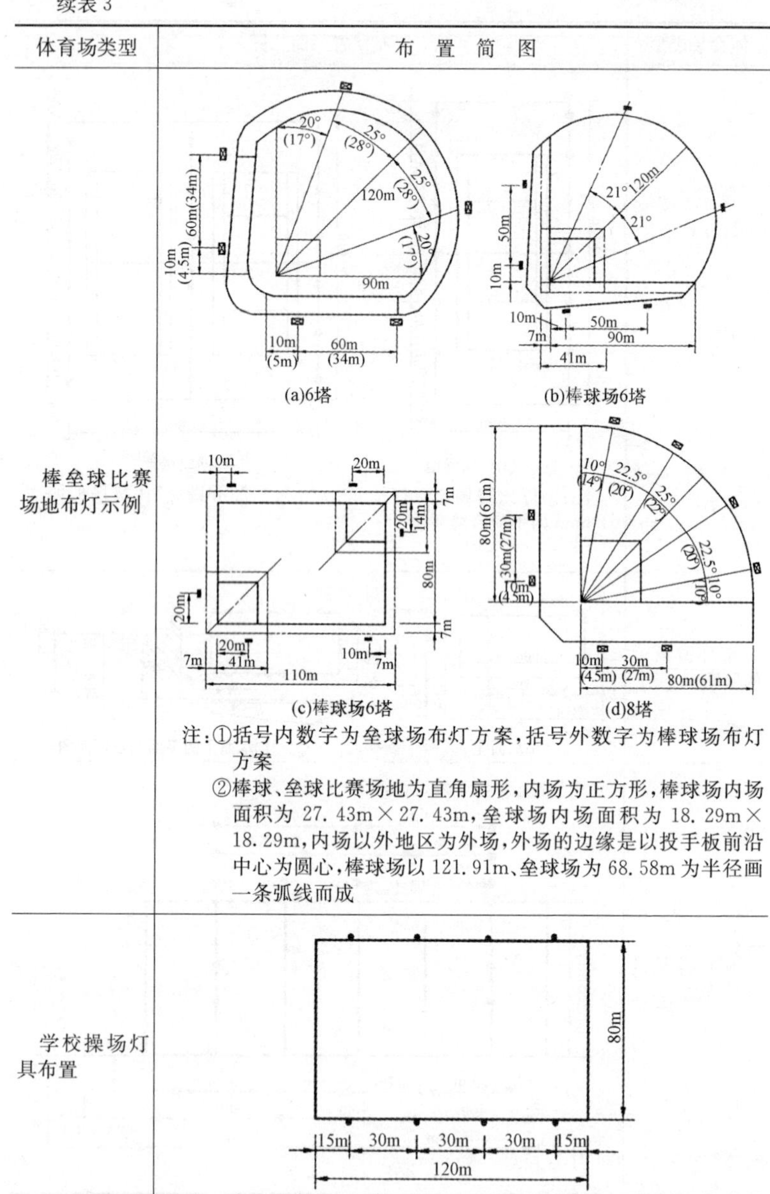

体育场类型	布置简图
棒垒球比赛场地布灯示例	(a)6塔　(b)棒球场6塔　(c)棒球场6塔　(d)8塔 注:①括号内数字为垒球场布灯方案,括号外数字为棒球场布灯方案 ②棒球、垒球比赛场地为直角扇形,内场为正方形,棒球场内场面积为 27.43m×27.43m,垒球场内场面积为 18.29m×18.29m,内场以外地区为外场,外场的边缘是以投手板前沿中心为圆心,棒球场以 121.91m、垒球场为 68.58m 为半径画一条弧线而成
学校操场灯具布置	

续表 4

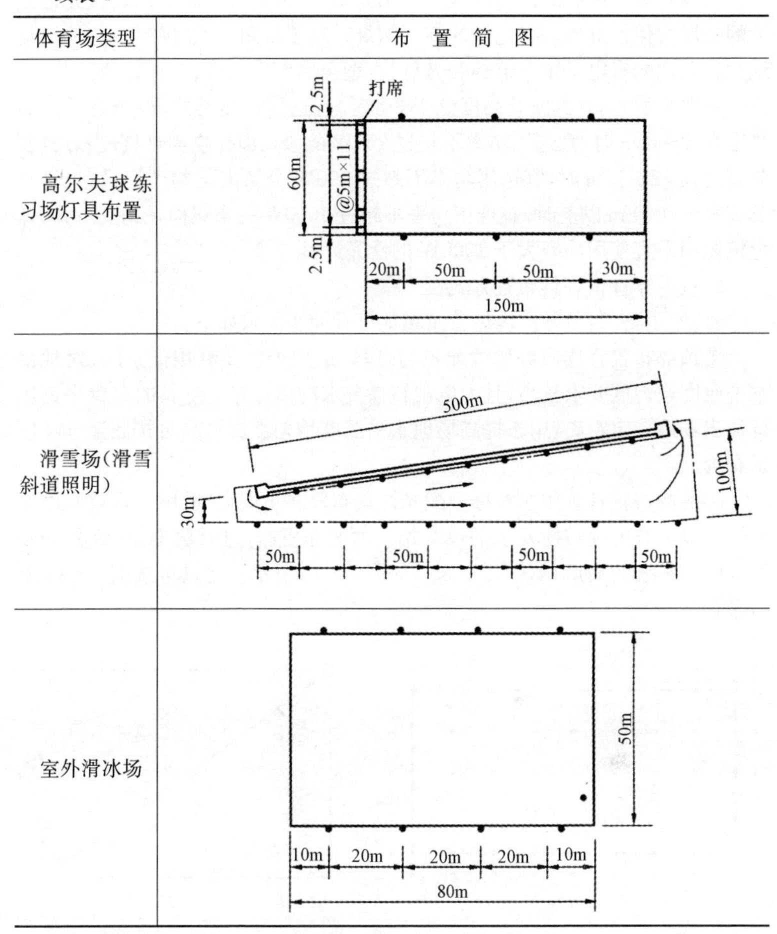

体育场类型	布 置 简 图
高尔夫球练习场灯具布置	
滑雪场(滑雪斜道照明)	
室外滑冰场	

五、室内体育馆灯具布置

1. 体育馆运动分类

(1)主要利用空间的运动:羽毛球、篮球、排球、手球、网球、乒乓球等。

(1)主要利用低位置的运动:体操、曲棍球、冰上运动、游泳、柔道、摔跤、武术、拳击、击剑、射击、射箭等。

2. 光源与灯具的选择

在体育馆顶棚高的比赛场地上所用光源，宜采用效率高、寿命长、光通量大的金属卤化物灯或高显色性的高压钠灯。对于顶棚较低、规模小的练习场地则宜采用配有电子镇流器的荧光灯、小型金属卤化物灯、无极灯等。

一般来说，当灯具安装高度低于 6m 时，宜选用荧光类灯具；当灯具安装高度在 6～12m 时，宜选用功率不超过 250W 的金属卤化物类灯具；当灯具安装高度在 12～18m 时，宜选用功率不超过 400W 金属卤化物类灯具；当灯具安装高度在 18m 以上时，宜选用功率不超过 1000W 的金属卤化物类灯具；体育馆照明不宜使用功率大于 1000W 的泛光灯具。

3. 室内体育馆灯具布置方式

(1)使用要求：各种室内体育馆场地灯具使用要求如下：

①顶部布置宜选用对称型配光的灯具，适用于主要利用低空间、对地面水平照度均匀度要求较高，且无电视转播要求的体育馆。灯具的布置平面应延伸出场地一定距离，用于提高场地水平照度均匀度。灯具可按图 7－44 所示布置。

②两侧布置宜选用非对称型配光灯具布置在马道上，适用于垂直照度要求较高以及有电视转播要求的体育馆。两侧布置时，灯具瞄准角(灯具的瞄准方向与垂线的夹角)不应大于 65°，如图 7－45 所示。灯具可按图 7－46 所示布置。

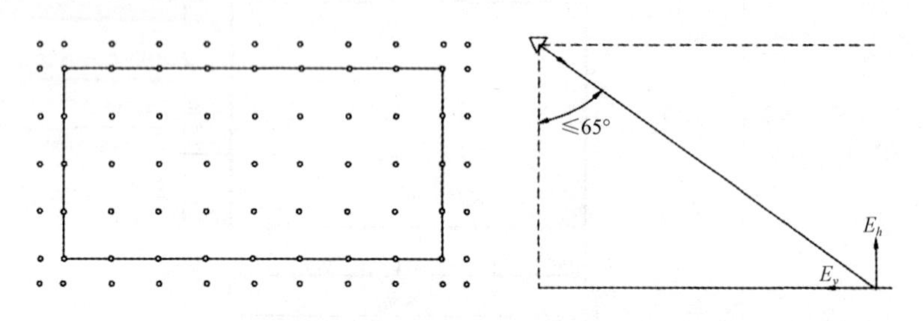

图 7－44 顶部布置平面图

图 7－45 两侧布置灯具瞄准示意图

通常灯具马道设置在运动场地的两侧，根据场地大小可设置两条或 4 条马道。马道位置应在场地边线向对面边线方向的仰角 θ 大于 40°(当场地两边有观众席时)。在该范围内，仰角 θ 越小，越有利于提高垂直照度，但应注意，在仰角 θ 选取时，还应同时考虑到垂直照度与水平照度的比例关系问题和眩光控制问题。

③混合布置宜选用具有多种配光形式的灯具，适用于所有室内项目、大

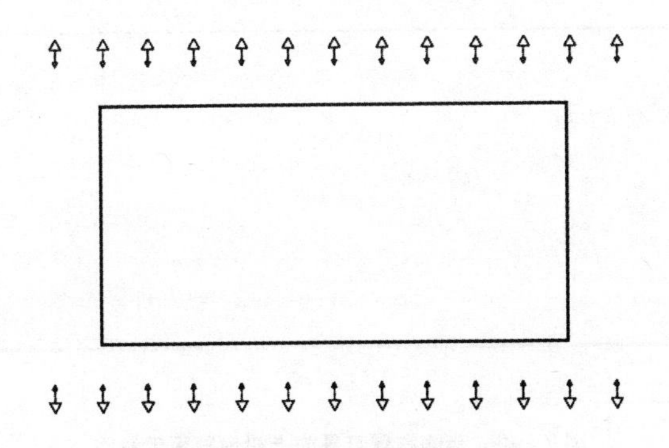

图 7-46　两侧布置平面示意图

型综合性体育馆以及对垂直照度要求较高的彩电转播的体育馆，有较好的照度立体感。灯具的布置方式见顶部布置和两侧布置。灯具可按图 7-47 所示布置。

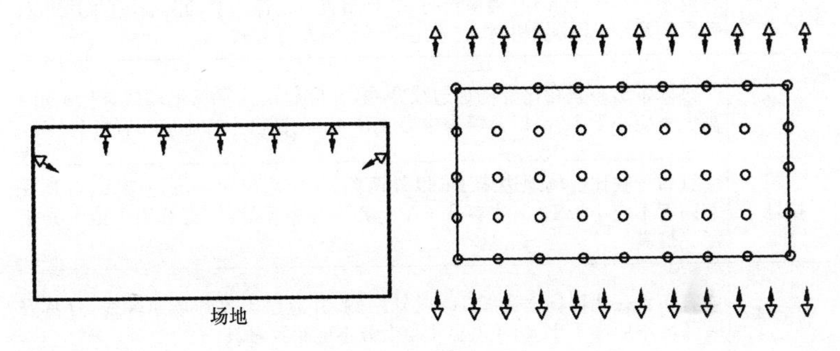

图 7-47　混合布置平面示意图

④间接照明灯具布置宜采用具有中、宽光束配光的灯具，适用于层高较低(顶部高度不宜低于 10m)、跨度较大及顶棚反射条件好的建筑空间，灯具安装应高于运动员和观众的正常视线，同时适用于对眩光限制较严格且无电视转播要求的体育馆，一般用于羽毛球和游泳等项目；不适用于悬吊式灯具和安装马道的建筑结构。灯具可按图 7-46 所示布置，灯具投射方向可参照图 7-48 所示。

(2)体育馆灯具布置。各种室内体育馆场地灯具布置方式，见表 7-88。

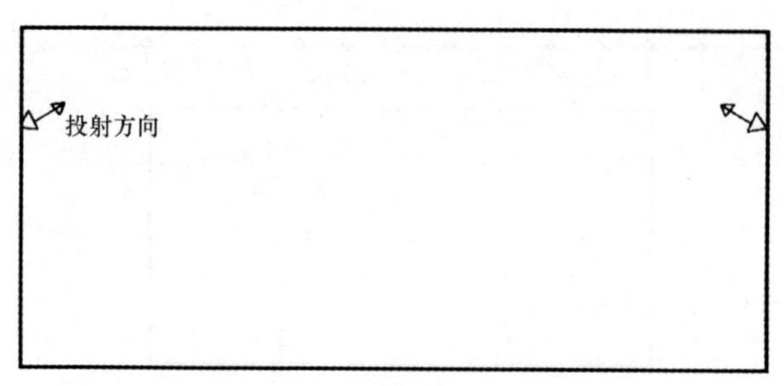

图 7-48 两侧布置灯具向上投射剖面示意图

表 7-88 体育馆灯具布置类别及技术规定

类 别	技 术 规 定
手球、室内足球	宜以带形布置在比赛场地边线两侧,并应超出比赛场地端线,灯具安装高度不应小于 12m;有摄像机时,灯具布置应延伸出赛场两端,宜采用非对称照明系统;无摄像机时,宜采用顶部分散布灯方式
篮球	宜以带形布置在比赛场地边线两侧,并应超出比赛场地端线,灯具安装高度不应小于 12m;以篮筐为中心直径 4m 的圆区上方不应布置灯具
排球	宜布置在比赛场地边线 1m 以外两侧,并应超出比赛场地端线,灯具安装高度不应小于 12m;主赛区 PA 上方不宜布置灯具;宜选用中或窄光束泛光灯具
羽毛球	宜布置在比赛场地边线 1m 以外两侧,并应超出比赛场地端线,灯具安装高度不应小于 12m;主赛区 PA 上方不应布置灯具
乒乓球	宜在比赛场地外侧沿长边成排布置及采用对称布置方式,灯具安装高度不应小于 4m;运动场地 4 个方向的垂直照度之比应不大于 1.5;灯具瞄准宜垂直于比赛方向,应按赛场布置分配开关灯场景
体操	①灯具宜采用组合布灯方式,选用不同功率和配光类型的非对称灯具进行合理组合;宜设置多条马道来安装照明灯具 ②灯具的瞄准线与垂线的夹角宜小于 60°,以减少眩光 ③当通过调整灯具布置和俯仰角无法有效降低眩光、消除干扰光时,应考虑在灯具外加防眩光装置或使用具有“平窗技术”的锐截光型灯具
拳击	①灯具宜以单元悬挂方式布置在拦圈上方或安放在升降系统上直接向下照射 ②附加灯具可布置在观众上方并瞄向栏圈 ③在栏圈上方的灯具单元,其高度宜为 5～7m

续表1

类　别	技　术　规　定
柔道	①灯具宜采用顶部或两侧布置方式布灯方式，用于补充垂直照度的灯具可布置在观众席上方，瞄向比赛场地，以求在赛场地面上产生良好的照度均匀度 ②与赛场相对的顶棚应有足够的亮度，以降低顶棚与灯具的明暗对比 ③有电视传播时，宜增加侧向布置灯具以提高垂直照度，但应避免对参赛人员造成眩光干扰
摔跤	参照柔道
武术	武术包括空手道、剑道和跆拳道，参照柔道
击剑	①灯具宜沿长台两侧布置，瞄准点在长台上，瞄准角在50°～60°之间 ②有电视传播时，宜采用非对称照明系统；宜使用中光束，非对称、矩形口的灯具 ③主摄像机侧的灯具间距宜为其相对一侧的1/2
举重	①宜布置在比赛场地的正前方 ②宜采用荧光灯具照明，配合附加的下照灯具来达到最佳照明状态
游泳 花样游泳	①宜沿泳池纵向两侧布置，灯具瞄准角宜为50°～55° ②室外宜采用两侧布置或混合布置方式；灯具瞄准角宜为50°～60° ③无电视传播和观众席时，灯具宜布置在水面以外的上部空间中，以方便维护 ④有电视传播或观众席时，灯具的安装位置应采用平行于泳池长轴的侧向布灯方式 ⑤应选用中光束配光的灯具 ⑥在调整灯具瞄准角度时，应充分考虑避免对摄像机和观众席产生眩光干扰
跳水	跳水场地宜采用两侧布置方式，跳水池灯具布置一般为游泳池灯具布置的延伸。在跳台两侧应适当增加灯具以提高运动员从跳台下落至水面这一轨迹上的垂直照度和垂直照度均匀度，同时应避免灯具布置对运动员、裁判席及摄像机造成眩光
水球	参照游泳。有摄像机要求时应适当提高球门区的照度水平
冰球	①灯具应分别布置在比赛场地及其外侧的上方，宜对称于场地长轴布置，灯具宜采用平行于场地长轴的侧向布灯方式 ②灯具的瞄准方向宜垂直于场地长轴，瞄准角不宜过大 ③在冰面及冰面以外的上部空间都应布置灯具，以求在消除场地围挡阴影的同时获得较高的垂直照度 ④灯具应布置在足够高的高度上以避免冰面反射光对观众及摄像机造成干扰 ⑤有摄像要求时应适当提高球门区的照度水平
短道速滑	参照冰球及速度滑冰

续表 2

类 别	技 术 规 定
花样滑冰	参照冰球。在冰球场地照明的基础上，一般增加舞台追光照明
速度滑冰	①宜布置在内、外两条马道上，外侧灯具布置在赛道外侧看台上方，内侧灯具布置在热身赛道里侧；灯具瞄准方向宜垂直于赛道 ②灯具的布置宜在热身赛道内侧和比赛赛道外侧建造两条马道系统 ③宜选用非对称中光束型泛光灯具，灯具垂直方向配光尽量窄，垂直瞄准赛道以减少眩光
场地自行车	①宜在两环(内环与外环)安放泛光灯具提供赛道照明，内外平行，但不在赛道上方 ②泛光灯具水平方向瞄准宜垂直于骑手运动方向 在终点位置应增加泛光灯具，使垂直照度达到 1500 lx * 室外灯具宜采用两侧布置或混合布置方式
马术	①灯具宜采用侧向布灯方式，安装高度宜大于 12m ②应选用足够的灯具以保证场地内没有障碍引起的阴影 应注意避免对马匹及骑手产生眩光干扰 * 室外宜采用两侧布置或混合布置方式；灯具布置应保证障碍周围无阴影
射箭	射箭区、箭道区灯具宜以带形布置在顶棚上，宜在顶棚上布置荧光灯具形成的带状照明系统(防止箭撞击) * 室外灯具应安装在射箭手等候位置的后面
射击	射击区、弹道区灯具宜布置在顶棚上 宜在顶棚布置低亮度的荧光灯照明灯具，利用临时性卤素灯具照明目标
网球(室内)	①灯具宜布置在赛场外侧，采用与赛场长轴平行侧向布灯方式，灯具的布置位置宜延伸出场地底线，布置总长度不应小于 36m，宜选用中或窄光束泛光灯具 ②灯具瞄准点应垂直于赛场长轴，灯具仰角应不大于 65°

(3)灯光控制：体育馆内应设灯光控制室，灯光控制室应能方便地观察到比赛场地的照明。灯光控制室内应设有灯光控制柜和灯光操作台，操作台要具有自动和手动操作功能，采用微机或单板机控制。近来不少体育馆采用智能化照明控制箱进行操作。操作台面上应有显示器、模拟盘，操作者可以从显示器上预选开灯方案，从模拟盘上可以直接观察到实际开灯情况。

4. 室内体育馆场地灯具布置方式

体育比赛场馆由于受地理位置及场地大小的限制可选择下列不同的照明灯具布置方式。

(1)直接照明灯具布置：见表 7－89。

表 7-89　直接照明灯具布置

类　型	说　　明
顶部布置	灯具布置在场地上方,光束垂直于场地平面的布置方式
两侧布置	灯具布置在场地两侧,光束非垂直于场地平面的布置方式
混合布置	顶部布置和两侧布置相结合的布置方式

(2)间接照明灯具布置:灯具向上照射的布置方式。

(3)体育馆照明方式比较:见表 7-90。

表 7-90　体育馆照明方式比较

直　接　照　明		
灯具安装方式	平面示意	特点及适用场所
满天星	⊙ ⊙ ⊙ ⊙ ⊙ ⊙ ⊙ ⊙ ⊙ ⊙ ⊙ ⊙ ⊙ ⊙ ⊙	特点是垂直照度较低、眩光小、照度均匀、设备费用低。适用于综合体育馆、拳击、体操、技巧、摔跤、训练馆
灯桥	↓ ↓ ↓ ↓ ↓ ↑ ↑ ↑ ↑ ↑	特点是用于方向一定的球技运动时,眩光小、垂直照度高、立体感强。适用于球类、技巧、体操、游泳、水球
混合	↓ ↓ ↓ ↓ ↓ ⊙ ⊙ ⊙ ⊙ ⊙ ↑ ↑ ↑ ↑ ↑	特点是照度均匀、眩光小、垂直照度高、设备费用低。适用于综合体育馆、体操、技巧、拳击、摔跤
间　接　照　明		
灯具安装方式	平面示意	特点及适用场所
从侧面斜照	↑ ↑ ↑ ↑ ↑ ↓ ↓ ↓ ↓ ↓	特点是光线柔和、眩光小、维护方便,但不经济。适用于球类、技巧、体操、游泳、水球
直接向上照射	◎ ◎ ◎ ◎ ◎ ◎ ◎ ◎ ◎ ◎ ◎ ◎ ◎ ◎ ◎	特点是照明效果好、眩光小,但很不经济,同时设备费用非常高。适用于球类、技巧、体操、游泳、水球

注:①室内比赛场地可采用直接照明和间接照明两种形式。

②综合性体育馆通常采用直接照明或直接与间接混合照明,灯具安装在马道上。

5. 室内各种运动场灯具布置示例

室内各种运动场灯具布置示例见表 7-91。

表 7-91 室内各种体育运动场灯具布置示例

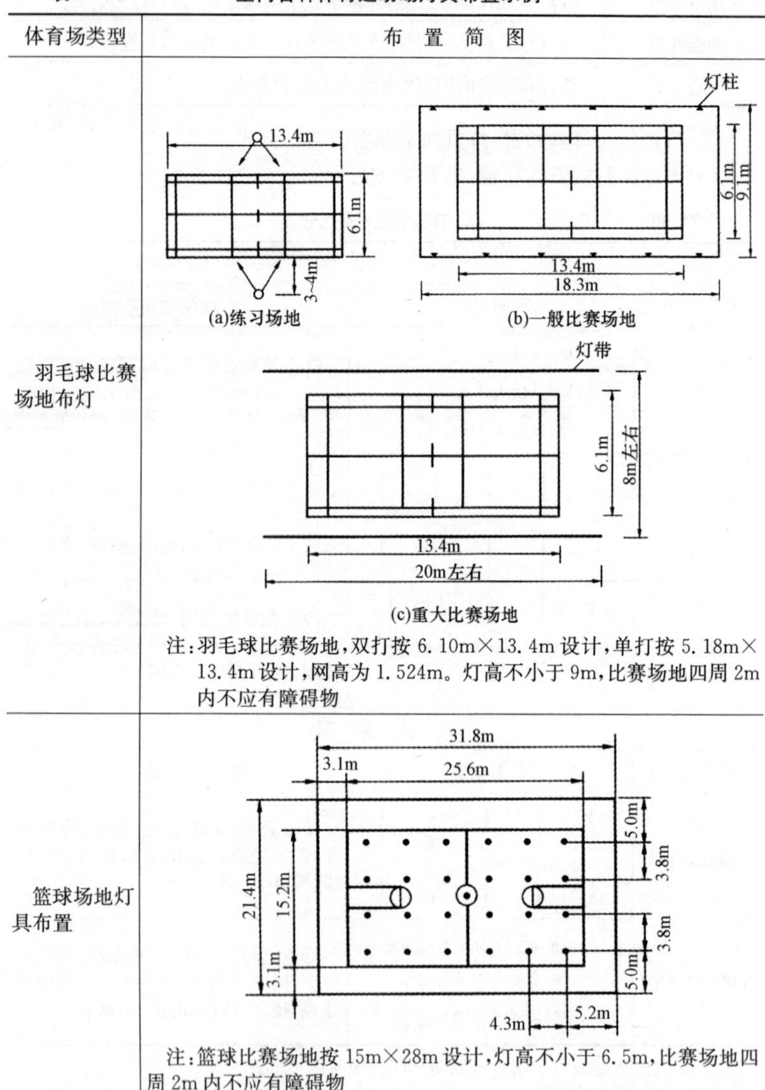

体育场类型	布置简图
羽毛球比赛场地布灯	(a)练习场地 (b)一般比赛场地 (c)重大比赛场地 注：羽毛球比赛场地，双打按 6.10m×13.4m 设计，单打按 5.18m×13.4m 设计，网高为 1.524m。灯高不小于 9m，比赛场地四周 2m 内不应有障碍物
篮球场地灯具布置	注：篮球比赛场地按 15m×28m 设计，灯高不小于 6.5m，比赛场地四周 2m 内不应有障碍物

续表 1

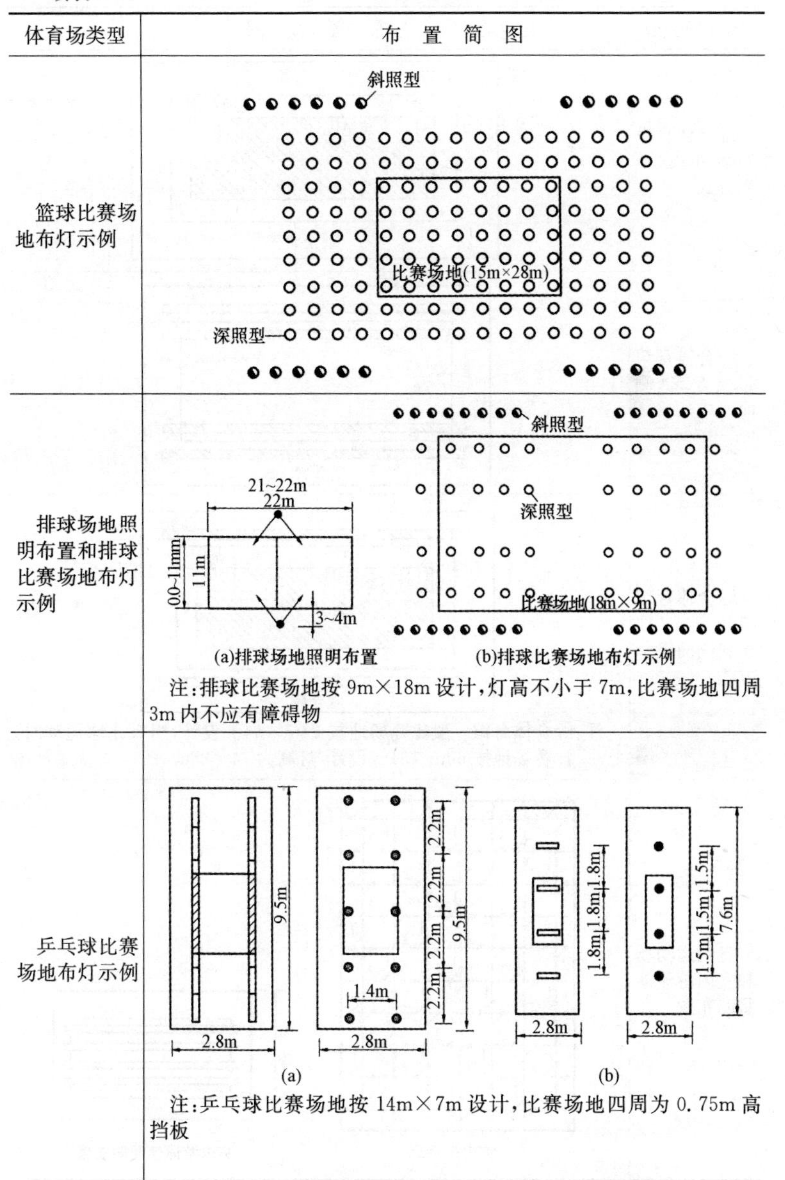

体育场类型	布 置 简 图
篮球比赛场地布灯示例	
排球场地照明布置和排球比赛场地布灯示例	(a)排球场地照明布置 (b)排球比赛场地布灯示例 注：排球比赛场地按 9m×18m 设计，灯高不小于 7m，比赛场地四周 3m 内不应有障碍物
乒乓球比赛场地布灯示例	(a) (b) 注：乒乓球比赛场地按 14m×7m 设计，比赛场地四周为 0.75m 高挡板

续表 2

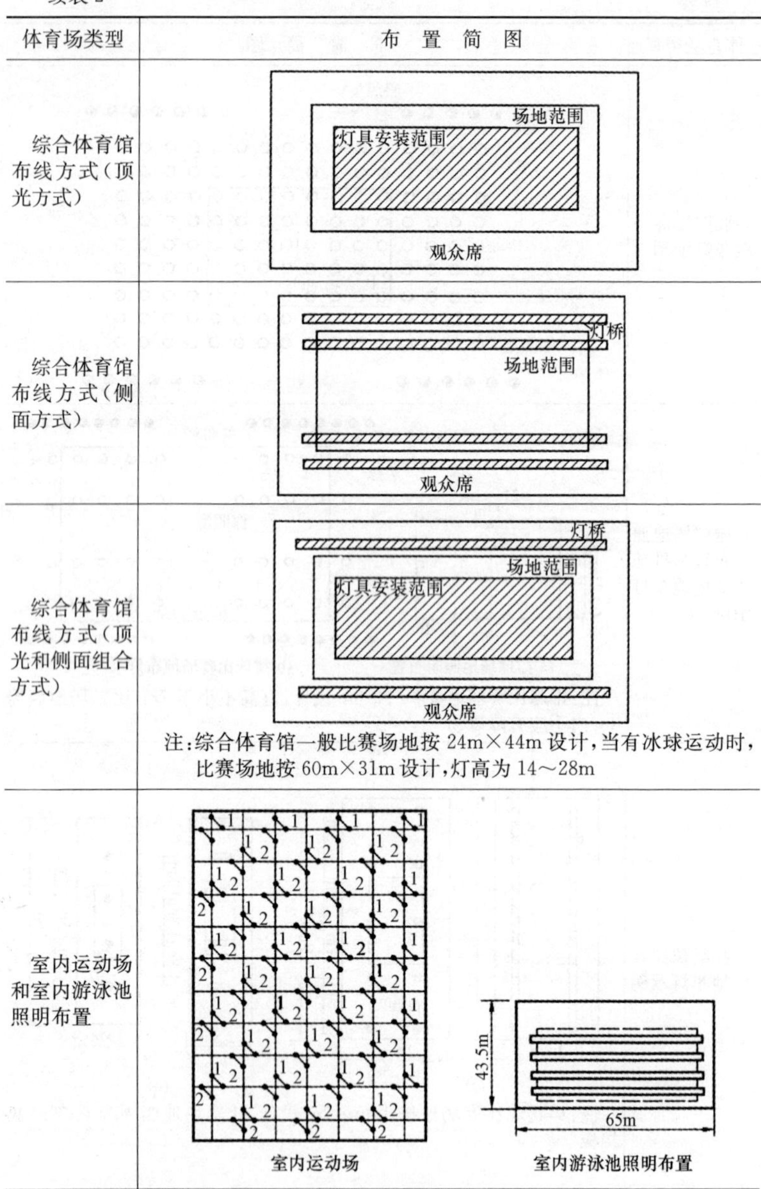

体育场类型	布 置 简 图
综合体育馆布线方式（顶光方式）	场地范围 灯具安装范围 观众席
综合体育馆布线方式（侧面方式）	灯桥 场地范围 观众席
综合体育馆布线方式（顶光和侧面组合方式）	灯桥 场地范围 灯具安装范围 观众席 注：综合体育馆一般比赛场地按 24m×44m 设计，当有冰球运动时，比赛场地按 60m×31m 设计，灯高为 14～28m
室内运动场和室内游泳池照明布置	43.5m 65m 室内运动场　　室内游泳池照明布置

续表 3

体育场类型	布　置　简　图
冰球场的照明布置	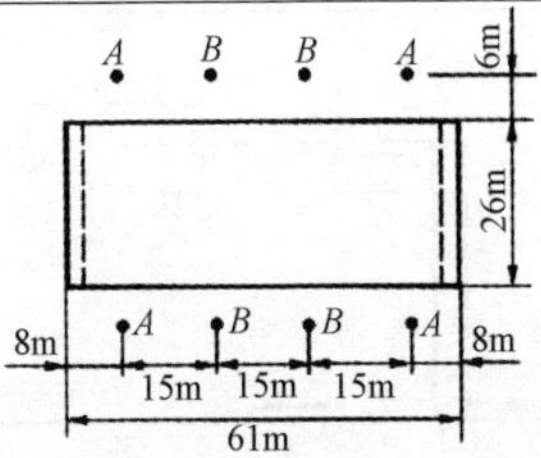A B B A 6m 26m A B B A 8m 15m 15m 15m 8m 61m 注:冰球比赛场地一般按 61m×30m 设计,比赛场地周围留有点 3～5m 通道
冰球比赛场地布灯示例	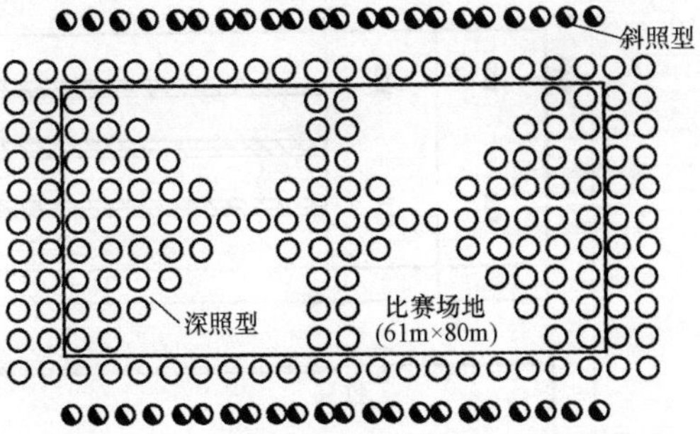斜照型 深照型 比赛场地 (61m×80m) 冰球比赛场地布灯示例
拳击比赛场地照明	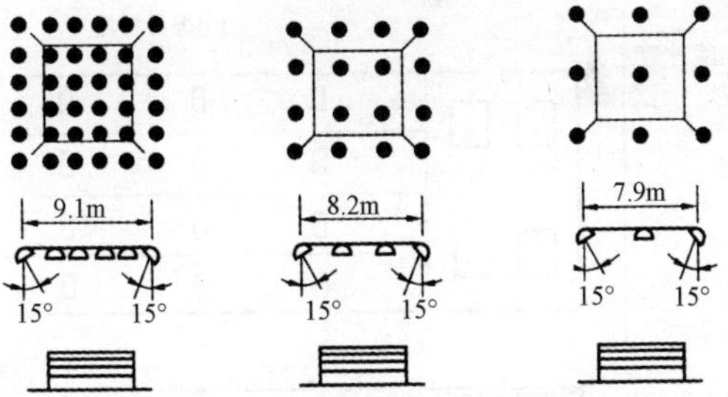9.1m 15° 15° 8.2m 15° 15° 7.9m 15° 15° 注:拳击比赛场地一般按 6.1m×6.1m 设计,主要考虑垂直照度
室内自行车比赛场地布灯示例	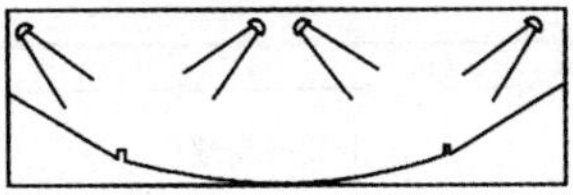 (a)方案一 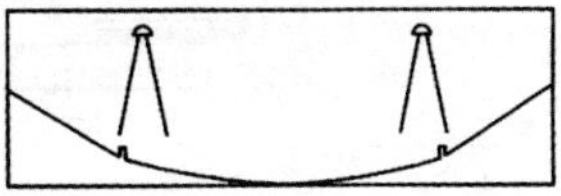 (b)方案二

续表 4

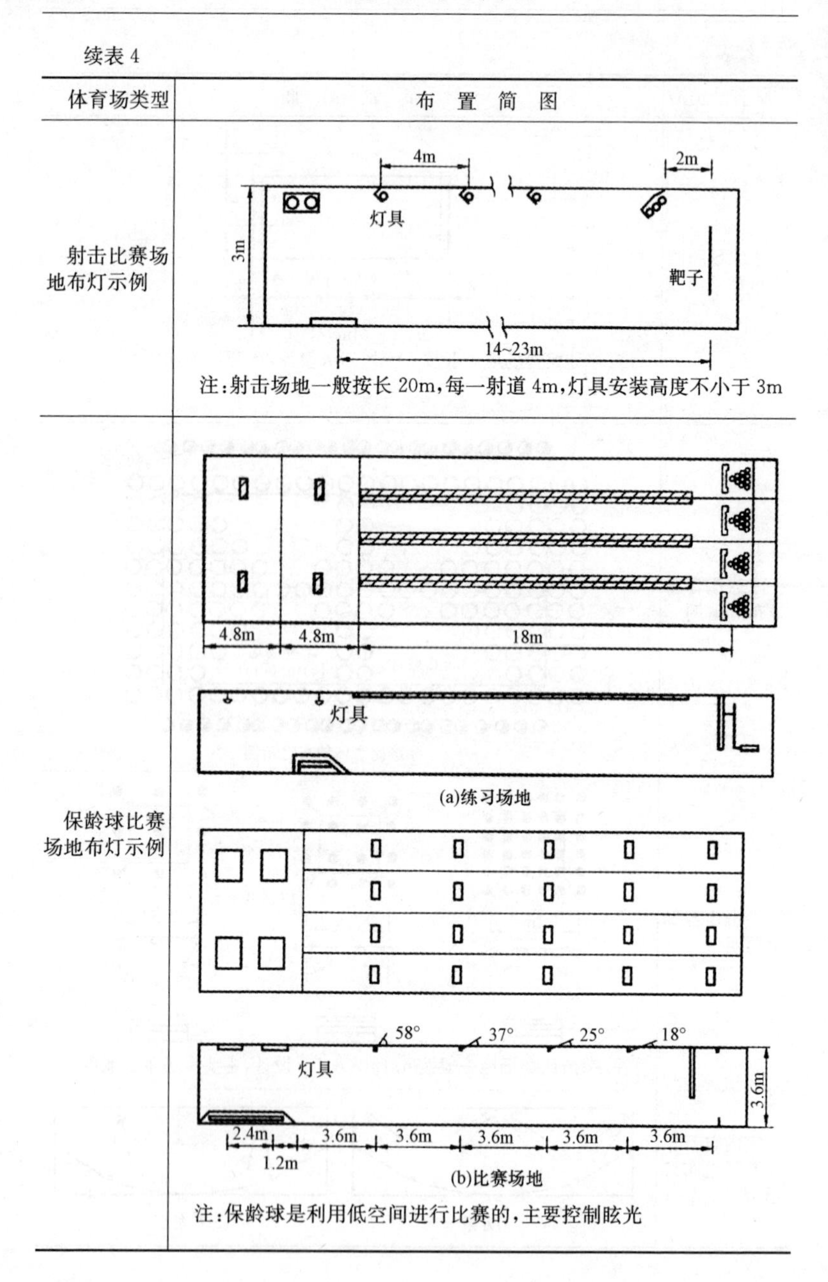

体育场类型	布 置 简 图
射击比赛场地布灯示例	注:射击场地一般按长 20m,每一射道 4m,灯具安装高度不小于 3m
保龄球比赛场地布灯示例	(a)练习场地 (b)比赛场地 注:保龄球是利用低空间进行比赛的,主要控制眩光

续表 5

体育场类型	布置简图
游泳池水下灯具布置	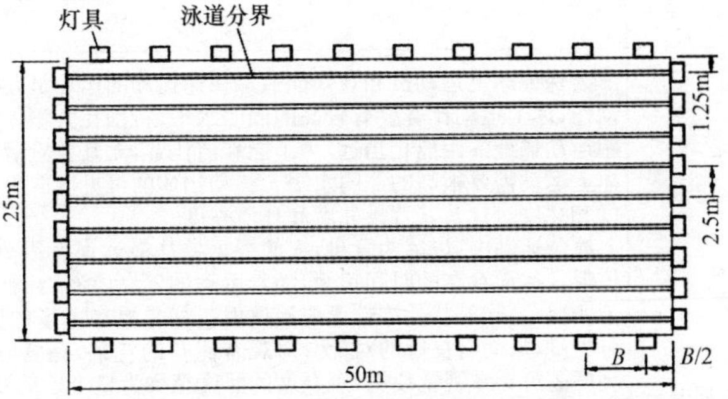 (a)标准泳池 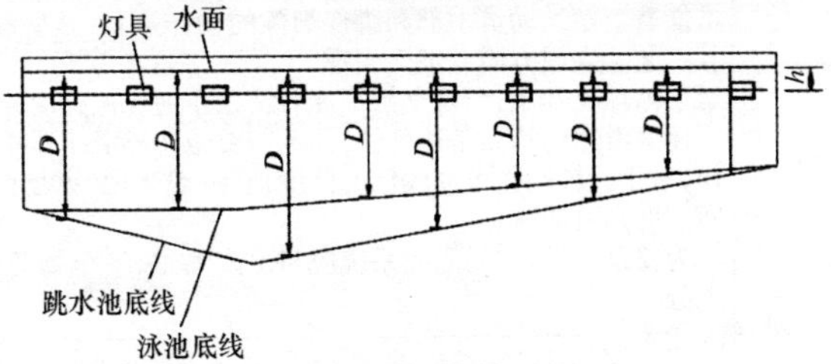 (b)泳池纵断面 注:游泳馆比赛的标准泳池长 50m,标准短池长为 25m,宽 25m,并由 9 条分道线构成 8 条泳道,各泳道的宽度为 2.5m。特级、甲级、乙级游泳馆池深 2.0m,丙绒游泳馆池深 1.3m。跳水池水深为 5.25m 游泳池水下照明灯具布置参数,见表 7－92

表 7－92　游泳池水下照明灯具布置参数

光源光通量 (lm)	B (max)		h (m)	
	$D\geqslant1.5$m	$D<1.5$m	max	min
3750～8000	2.4	3.0	0.38	0.30
9900～33000	3.6	4.5	0.61	0.45

六、冰雪运动灯具布置

(一)冰球、花样滑冰、冰上舞蹈、短道速滑

1. 冰上运动照明的一般要求

冰上运动照明的一般要求，见表 7－93。

表 7－93 冰上运动照明的一般要求

类别	一般要求
视觉分析	为保证冰上运动员和观众能追踪快速运动的运动员，看清运动员的细部动作，冰上运动比赛要有较高的照明水平，特别在大型体育馆中，由于观众距运动场地的距离相当远，为了能看清比赛，尤其要看清微小的细节动作，冰上运动需要很高的照明水平。移动物体的可见度取决于物体的尺寸、速度和亮度对比及其背景亮度和环境亮度 冰球运动中，以冰为背景，人的视觉要从最远观看距离确定快速移动的位置。冰面存在的时间很短，随着运动的不断进行，冰面逐渐被冰粒状粉末所覆盖，颗粒状的冰粒形成漫反射。如果提高冰场的亮度，将大大改善可见度，从而有良好的对比。对观看比赛的背景，亮度应无突变。较大的亮度差可导致视觉疲劳，观众席的照度至少为整个运动场地的平均照度的1/3。这一点对彩色电视转播和拍摄电影也是同样重要的 如果要使观众对花样滑冰感兴趣，并使裁判准确判断，需要观众和裁判员能看清楚运动员手部和脚部细微的动作，因为这些动作做得非常快，而且在艺术表现方面有细微表现 对于冰球比赛项目，观众必须能看清楚小而快速移动的冰球 速度滑冰的特点是速度快，但不需要像花样滑冰那样观看如此细微之动作，对于旋转动作可取较低的照度值，一般来说，冰场两端照度比较高，中间照度则可低些 为安全起见，冰场照明系统应与出入通道、停车场等公共场所的照明系统分开
眩光控制	眩光使观看变得困难，同时降低人的视觉舒适感，所以控制运动员和观众的眩光意义重大。可以通过限制光源在主要视看方向的表观亮度来控制眩光。对于冰上运动，很容易实现主视线方向的亮度低于水平面亮度。眩光控制可以采用以下措施： ①所选灯具的光强分布应符合照度、照度均匀度、场地尺寸和安装高度的要求 ②照明设备应在运动员和观众的主要视野之外 ③在灯具上采用附加的防眩光遮挡部件，其目的是控制一定方向的亮度，从而减少眩光 ④对于室内场地，保证观众席有合适的照度，为确保照明装置的背景不太暗，墙的上部和顶棚要有合适的反射比。建议主要表面的反射比按以下要求设置： a. 顶棚的反射比在 0.6 以上，并且顶棚的反射比应尽可能高，以使灯具的亮度和顶棚之间的亮差尽量小 b. 墙的反射比为 0.3～0.6 c. 如果顶棚材料的反射比达不到 0.6 以上时，可通过向顶棚区域投射一定光束来改进亮度对比 ⑤灯具光线照射在冰面上而产生的反射光会造成间接眩光，因此应通过适当的布灯和遮挡来避免间接眩光

续表 1

类　别	一　般　要　求
安装、运行和维护	照明灯具安装、调试好后应标记泛光灯的位置，尤其是瞄准角度，假如维护和维修时，不慎移动灯的位置和瞄准点，可以很容易地恢复。CIE 不提倡为了其他体育活动而经常变换泛光灯的瞄准方向，经验表明，精确地调试瞄准方向会花费大量的时间和金钱。因此，不同功能的体育项目应使用不同的开关模式或照明系统，照明控制也应分开。灯杆及其基础工程应符合工程所在地的规范、标准的规定。未经许可，无关人员不得靠近照明装置，此外还得注意安全用电，应能安全地使用灯具 按照 CIE 的要求，应定期对光源、灯具和镇流器进行维护，如果光源、灯具和镇流器损坏或光通过度衰减，应个别更换，以保证赛场保持规定的照度。当光源、灯具和镇流器接近寿命终点时，推荐同时成组地更换它们，这样有利于降低换灯的人工费用，减少灯在短时间内失效的概率

2. 摄像机位置

冰球、花样滑冰、冰上舞蹈和短道速滑的照度计算网格为 5m×5m、照度测量网格为 10m×10m，水平照度参考高度为 1.0m，垂直照度参考高度为 1.5m，主摄像机放在场地中心线延长线的看台上；冰球辅摄像机放在球门区后面，短道速滑和花样滑冰辅摄像机放在角区和等候区中。

3. 灯具布置

冰上运动赛场的灯具布置有特殊性，灯具的布置和光线投射方向对照明质量有决定性的影响。常见的冰上运动场地的灯具布置方式有顶部布置、两侧侧向布置、混合布置及间接照明布置 4 种不同的照明方式(见表 7－94)。

表 7－94　灯具布置方式

类　别	布　置　方　式
顶部布置	顶部布置宜选用对称型配光的灯具，适用于主要利用低空间、对地面水平照度均匀度要求较高，且无电视转播要求的体育馆 冰上运动场可以采用顶部照明系统，该系统很容易满足照度、照度均匀度和眩光控制的要求。冰场温度较低，而灯具又有较高的温度，这样在灯具上容易形成冷凝水，冷凝水滴到冰面上会损坏冰面，因此为了防止冷凝水滴到冰面上，应特别注意灯具的位置和悬挂方式 灯具的典型顶部布置如图 7－49、图 7－50 所示。对于室外悬挂系统，光源应至少位于冰面 9m 以上。如果冰场长轴方向配置缆线，则可以减少灯杆和拉线的数量。由于冰场长轴侧观众席位众多，这样的灯具布置可保证灯杆不遮挡观众的视线

续表1

<table>
<tr><th>类别</th><th>布置方式</th></tr>
<tr><td>顶部布置</td><td>图7-49 灯具的典型顶部布置(图一)
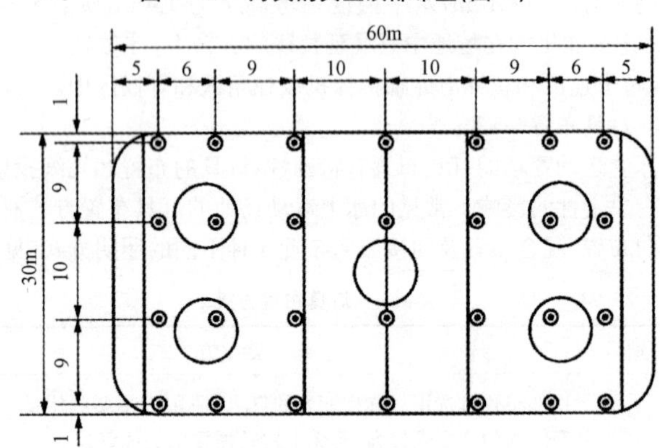
图7-50 灯具的典型顶部布置(图二)</td></tr>
<tr><td>两侧侧向布置</td><td>侧向照明系统可以很好地解决上面所说的冷凝水滴到冰面上的问题，而且侧向布灯更易于维修，具有良好的垂直照度，物体立体感较好，并且更容易符合电视转播和拍电影的要求。侧向布灯系统更适合于速滑运动
两侧布置宜选用非对称型配光灯具布置在马道上，适用于垂直照度要求较高以及有电视转播要求的体育馆。两侧布置时，灯具瞄准角(灯具的瞄准方向与垂线的夹角)不应大于65°
侧向布灯的灯杆通常安装在冰场侧边，并尽可能在观众席的后面，光源的高度不应低于14m。如果灯杆离场边较远，灯杆的高度还要相应增加。侧向照明系统的典型布置如图7-51所示</td></tr>
</table>

续表 2

类　别	布　置　方　式
两侧侧向布置	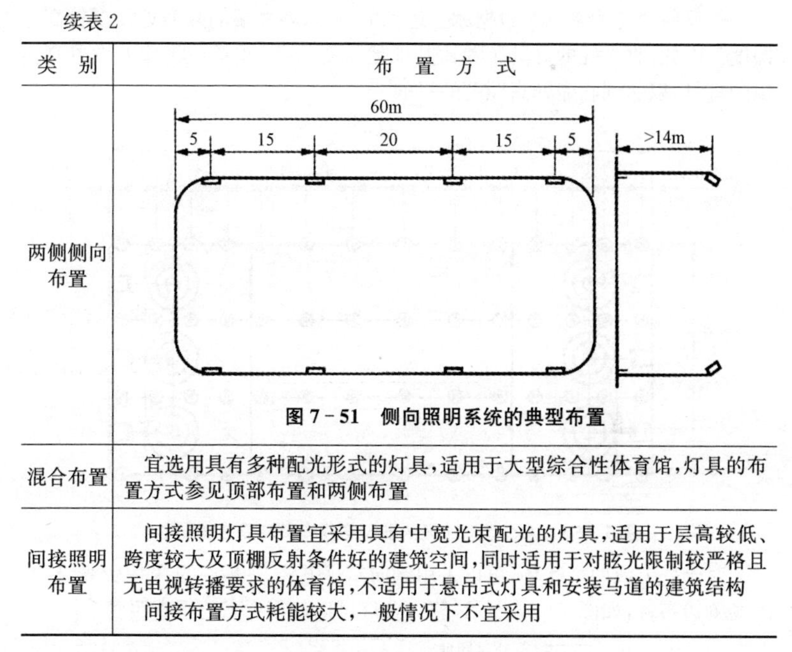 **图 7－51　侧向照明系统的典型布置**
混合布置	宜选用具有多种配光形式的灯具，适用于大型综合性体育馆，灯具的布置方式参见顶部布置和两侧布置
间接照明布置	间接照明灯具布置宜采用具有中宽光束配光的灯具，适用于层高较低、跨度较大及顶棚反射条件好的建筑空间，同时适用于对眩光限制较严格且无电视转播要求的体育馆，不适用于悬吊式灯具和安装马道的建筑结构 间接布置方式耗能较大，一般情况下不宜采用

4. 冰上运动灯具布置的基本原则及特别注意事项

(1)冰上灯具布置的基本原则：

①灯具应分别布置在比赛场地及其外侧的上方，宜对称于场地长轴布置。

②灯具的瞄准方向宜垂直于场地长轴，瞄准角不宜过大(不应大于 65°)。

③灯具应布置在足够高的高度上，以减少眩光。

④有摄像要求时，应适当提高球门区的照度水平。

(2)特别注意事项：

①冰场四周的挡板容易产生阴影，设计时应予以注意。这可由将灯具安装在伸臂上或选择合适的安装高度和投射方向来解决挡板产生的阴影问题。

②冰球赛场的照明设计应注意以下几点：第一，提高球门附近的照度，但不能牺牲照度均匀度，因为球门附近为双方争夺的重点，人员多，球速转换快。通常可以将球门区灯具间距减少，或在球门附近采用较高光输出的光源；第二，灯具不应安装在冰场的短边，以避免在冰面上引起反射眩光。

③对于冰壶冰场照明(如图 7－52 所示)，光源的高度应高于冰面 3～4m。采用集中布置灯具时，同样要保证运动员不能受直接眩光以及由冰面

引起的反射眩光的影响。根据冰壶运动的特点,在两端的收壶处需要较高的照度。因此,收壶处的灯具布置比其他地方要密些,或者在收壶处设置高输出的灯具,以达到收壶处高照度的目的。

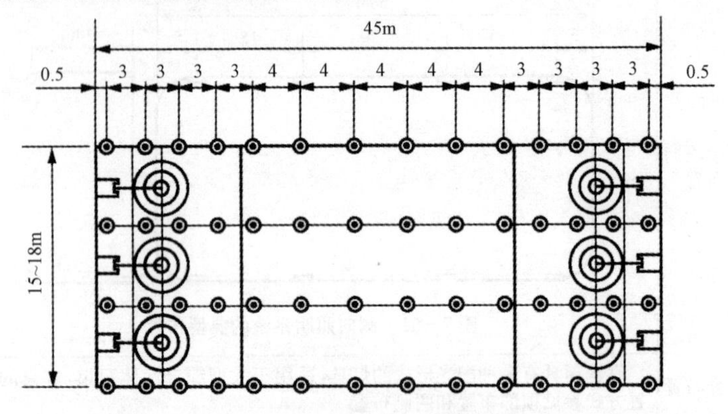

图 7-52 冰壶运动冰场的典型布置安装高度为 3~4m

对于一个或两个冰场,可以采用侧向布灯方式,一般灯具采用荧光灯,沿冰场侧边布置,如图 7-53 所示,侧向布灯可以获得更高的垂直照度。

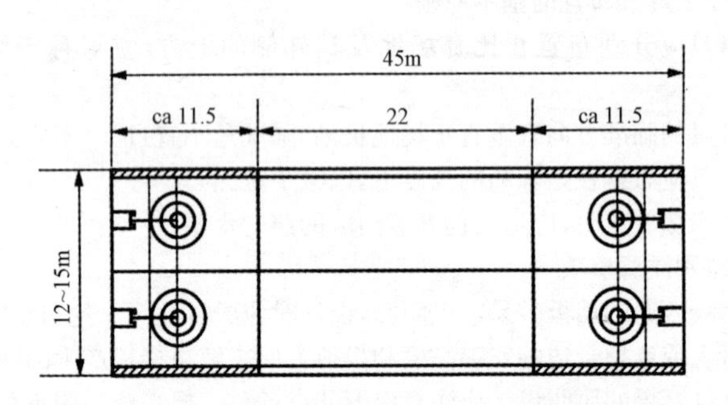

图 7-53 冰壶运动荧光灯侧向布置

④冰球是多向地面运动,短时间内在空中传递冰球。应尽量减少来自灯具的直接眩光和通过冰面反射的眩光。灯具的位置和瞄准角应该减少来自挡板和球网的阴影。所有灯具都应安装在离运动区最远且最高座位上的观众视线之上。

⑤灯杆的最小高度为 12.2m(40 英尺),沿球场两侧(纵向)放置。灯具的位置和瞄准点还应减少记分牌和球网的阴影。

⑥通常,冰球球场可用于花样滑冰(练习、比赛和表演)。应该考虑这些用途的特殊考虑事项。

⑦花样滑冰是多向地面运动,可在很多规格的冰场中举行。用于休闲运动和训练,照度等级可为最小。然而在表演或竞赛时,裁判和观众要求高照度、高质量光线,以观察脚和手的动作细节,这和冰球的视觉要求完全相同。

⑧花样滑冰表演和竞赛通常是伴随音乐和舞蹈的舞台表演,这就要求带颜色滤光器、调光和控制器的特殊聚光灯。通常使用黑光(紫外线)作为附加功能。

(二)速度滑冰

1.运动项目及场地介绍

速度滑冰是单向地面运动,它要求长为 183m(600 英尺)的椭圆形滑冰场。滑道为 9.15～10.7m 宽(30～35 英尺)。虽然速度滑冰是一项高速运动,不要求观察动作细节,但需要很好的均匀性:除非需要电视转播,一般情况下对照度要求不高。标准场地尺寸为 180m×68m、照度计算网格为 5m×5m,照度测量网格为 10m×10m,水平照度参考高度为 1.0m,垂直照度参考高度为 1.5m。

2.摄像机位置

主摄像机放在全场中央主看台上、终点线的延长线上;辅摄像机设在起点位置和跟随滑冰者转动。

3.灯具布置原则

速滑运动场的典型照明布置如图 7-54 所示。灯具布置原则如下:

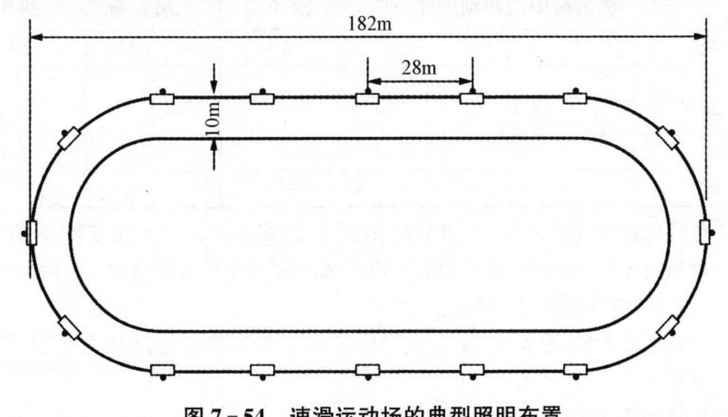

图 7-54　速滑运动场的典型照明布置

(1)灯具宜布置在内、外两条马道上,外侧灯具布置在赛道外侧看台上方,内侧灯具布置在热身赛道里侧,灯具瞄准方向宜垂直于赛道。

(2)或者选择沿滑冰场外边界或在观众席后放置照明系统,这样也能满足照明要求,此时,对灯具安装高度将提出更高的要求。

第五节 体育建筑照明配电与控制系统

一、用电负荷等级及负荷密度

1.负荷等级

根据规范要求,将负荷按照其对供电可靠性的要求以及中断供电造成的影响、经济上的损失程度、人员伤亡情况等分为3级。对于体育建筑,则直接反映为对赛事(或体育活动)是否正常进行的影响。也就是说,体育建筑中的负荷等级划分基本是按照对赛事影响程度的大小以及是否影响赛事来进行的。例如,甲级及特级体育建筑中,凡中断供电会直接或间接影响赛事和转播正常进行以及运动员水平正常发挥的负荷一般属于一级负荷;凡中断供电不影响赛事和转播正常进行但影响室内环境质量的负荷一般属于二级负荷;凡中断供电不影响赛事正常进行及室内环境质量的一般属于三级负荷。其他级别体育建筑的负荷等级依此类推。体育建筑常用负荷分级见表7-95,该表引自于国家标准图08D800—1《民用建筑电气设计要点》。

表7-95 体育建筑电气负荷分级

场馆等级	负荷等级			
	一级负荷中的特别重要负荷	一级负荷	二级负荷	三级负荷
特级	1	2	3	—
甲级	—	1	2	3
乙级	—	—	1	其他
丙级	—	—	1	其他
丁级	—	—	—	—

注:①包括比赛厅(场)、主席台、贵宾室、接待室、广场照明、计时记分装置、计算机房、电话机房、广播机房、电台和电视转播、新闻摄影电源及应急照明等用电设备电力负荷;电气消防用电设备。

②包括生活水泵、污水泵、餐厅、临时医疗站、兴奋剂检查室、VIP办公室、奖牌储存室。

③包括运动员、裁判员用房、包厢,官员用房等。

由于体育照明直接影响赛事(或体育活动)的正常进行,因此属于体育建筑中负荷等级最高的负荷。按照现行规范要求:特级体育建筑的体育照明属于特别重要一级负荷;甲级体育建筑的体育照明属于一级负荷;乙级及以下体育建筑的体育照明属于二级负荷。

2.负荷密度

体育建筑负荷密度与场馆等级、座席数、附属功能等因素有关。有高清电视转播要求的综合体育馆,体育照明负荷为800~1000kW;专用足球场体育照明负荷为400~600 kW;体育馆、游泳馆体育照明负荷为300~400 kW。体育馆、游泳馆比赛大厅空调负荷为40~60W/m^2。其他用房负荷密度参照同类建筑。

二、供电电源与电能质量

1.供电电源

不同等级负荷对供电的可靠性要求也不同,同时需要兼顾技术经济的合理性和业主的特殊要求。根据国内目前的工程实施现状,特级体育建筑的体育照明一般需要两个及以上的电源为其供电,且必须设置独立的备用电源。其供电电源包括两路及以上独立的市电电源(一般来自不同的上级降压站)和各种形式的备用电源,如柴油发电机组(包括固定和临时的发电机组)、蓄电池类电源装置等。甲级体育建筑的体育照明供电电源可以是两路或以上独立的市电电源(一般来自不同的上级降压站),备用电源则可以根据业主的要求确定是否设置,备用电源的形式同上。乙级及以下体育建筑的体育照明可以由两路或两回市电电源供电,若受条件限制,可以由1路市电电源和自备备用电源供电。08D800—1《民用建筑电气设计要点》中的规定可以给读者提供帮助。

(1)乙级及以上的体育建筑电源数量不应少于2个,丙级体育建筑电源数量宜为2个,其他体育建筑可采用一个电源。特级、甲级场馆的两路电源应为不同路由的线路。

(2)中小型体育建筑宜采用380V电源,特大型、大型体育建筑应采用10kV电源,当体育中心为整体供配电时,经技术、经济比较可采用35kV或110kV电压等级的电源供电。

(3)特级体育建筑应采用专线电源供电,甲级体育建筑宜采用专线电源供电。

(4)特级体育建筑应设应急电源,临时性重要负荷,宜设置备用电源。根据供电半径,柴油发电机可分区设置。

(5)甲级、乙级体育建筑应为备用电源的接驳预留条件,丙级及以下等级的体育建筑可不设置备用电源。

(6)应急电源可为柴油发电机和蓄电池,备用电源应独立于正常电源,但不应采用燃气发电机和蓄电池。

(7)为应急电视转播照明设置的应急电源装置,当光源为高强气体放电灯时,应采用在线式电源装置,蓄电池放电时间宜不少于5min。

(8)在自备柴油发电机组投入使用前,为保证场地照明不中断,可采用下列措施:

①可采用气体放电灯热启动装置;

②可采用不间断电源装置(UPS);

③可采用应急电源装置(EPS),且EPS的切换时间应满足场地照明高光强气体放电灯(HID)不熄弧的要求,应采用在线式应急电源装置(EPS)。

(9)下列竞赛用设备和房间,如终点电子摄影计时器、计时记分、仲裁录放、数据处理、竞赛指挥、计算机及网络机房、安全防范及控制中心及消防控制室等),除应采用双电源在末端自动互投供电外,还应采用不间断电源(UPS)供电。

2.电能质量

(1)电压偏差。电压偏差一般与供电电压、变压器设置、系统和线路阻抗及负荷平衡等因素相关,是一个供配电系统中固有的电能质量指标,在很长时间内会以较稳定的幅度出现。

一般来讲,照明设备的端电压偏差允许值为±5%。电压的升高和降低主要影响照明设备的寿命、光通量输出和色温。如图7-55所示是目前常用的体育照明光源短弧金卤灯MHN-SA的电压特性曲线图。由图中可见,电压偏差为±5%时,色温的变化约为±4%,若以5600K为标准,即±224K;光通量输出的变化约为±12.5%;电压偏差为±4%时,色温的变化约为±2.5%,以5600K为标准,即±140K(目前业内对色温波动最严格的控制指标是150K),光通量输出的变化约为±8%。因此,为了获得场地照明中同型号灯具一致的光输出特性,场地照明灯具端子处电压偏差允许值建议满足下列要求:

①乙级及以下场馆的场地照明:220/380V±5%;

②特级和甲级场馆的场地照明:220/380V±2%;

③重要比赛场地的灯头末端电压偏移相互间不宜大于±1%。

(2)电压波动。与电压偏差相比,电压波动则是指电压的快速变化,多由冲击性负荷的启动运行引起,出现时间很短。但由图7-55所示可见,短时间内的电压波动也会引起光源光通量输出和色温的波动,且色温对电压的波

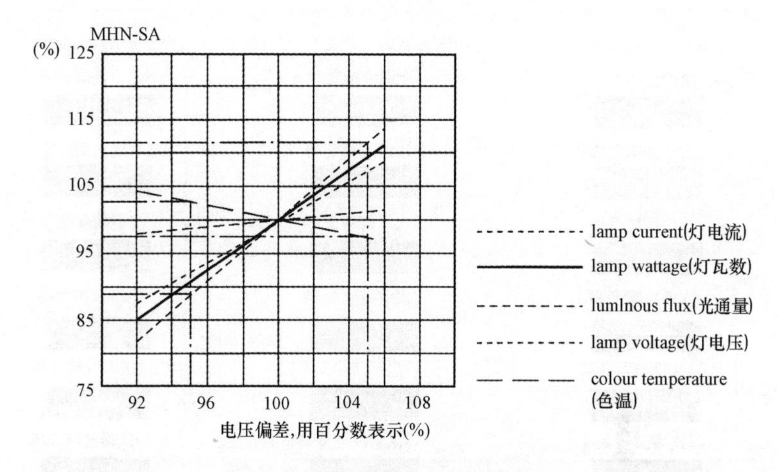

图 7-55 电压对色温、光通量的影响

动更为敏感。而色温波动直接影响转播用电视摄像机的拍摄质量,所以系统设计应尽量减少电压波动。在工程设计中,往往通过将体育照明供配电系统单独设置来尽量减少因其他大波动负荷对体育照明的影响。单独设置的体育照明供配电系统包括独立的变压器、低压配电回路等。

(3)谐波抑制。对于体育照明末端负荷为单相负荷的,产生的谐波多为3次谐波。如图7-56所示为水立方体育照明回路中的谐波含量。如果体育照明的供电电源中包括蓄电池类电源装置,则谐波含量还会增加。图中可以看出,三相上3次谐波含量最多,均在21%以上;其次是5次谐波,在11%以上;11次偕波居第3位,达6%以上;7次和13次谐波含量也不少,均在3%以上;9次和15次偕波含量较少,尤其15次谐波可以忽略不计。所以在设计时需考虑滤波装置的安装空间以及对蓄电池类电源装置谐波含量的抑制措施。不同品牌、不同型号的体育照明灯具,其谐波含量是不同的,应有针对性地加以治理。

(4)不平衡度。不平衡度指三相电力系统运行中三相不平衡的程度,主要由负荷不平衡、系统三相阻抗不对称以及消弧线圈的不正确调谐引起。这里主要指三相照明线路的负荷平衡问题。负荷不平衡会导致系统损耗发热加大,电压偏高或偏低,影响设备正常运行。体育照明的末端负荷多为220V单相负荷或380V线间负荷,其配电系统的负荷的分配应尽量保持平衡,最大相负荷电流不宜超过三相负荷平均值的115%,最小相负荷电流不宜小于三相负荷平均值的85%。

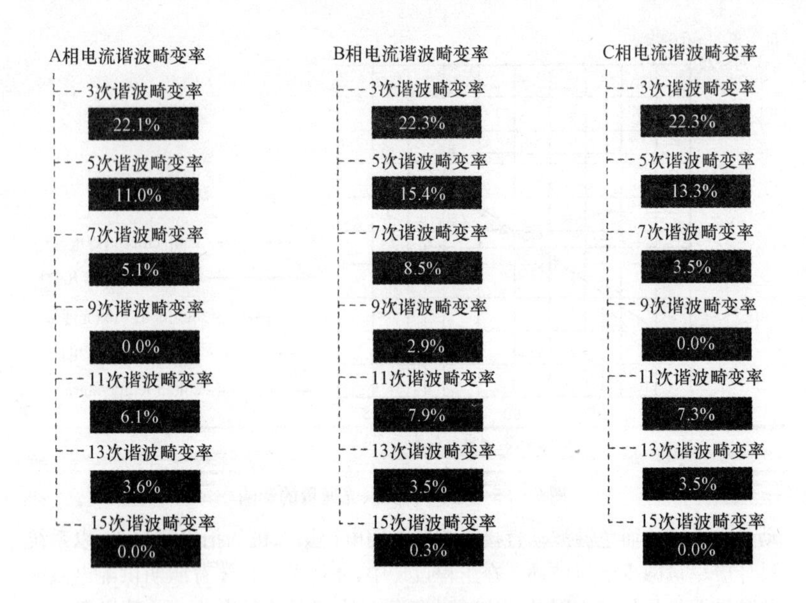

图 7－56 体育照明配电回路谐波含量示意图

三、供配电系统

1. 供电要求

(1)综合型运动会主体育场不宜将开幕式、闭幕式或极少使用的大容量负荷计入永久供配电系统，开闭幕式用电负荷宜采用临时供配电系统。

(2)仅在比赛期间才使用的大型用电设备宜设单独变压器供电，当电源电压偏差不能满足要求时，宜采用有载调压变压器。

2. 高压供配电系统

(1)特级及甲级体育建筑的高压供配电系统应采用放射式供电，由上级变电站或开闭站专线引入。当确有困难时，应至少在重大比赛期间采用专用线路为体育建筑供电。

(2)当场馆规模较小(中型、小型)且位置分散、等级在乙级及以下时，可采用环网式供电系统。

(3)临时性负荷宜采用临时供配电系统。

3. 配变电所

(1)主要配变电所(室)/柴油发电机房严禁设置于大量观众能到达的场

所，不应靠近贵宾、观众的主出入口。室内配变电所不应设在伸缩缝处。

(2)配变电所应设置在负荷中心，低压配电半径不应超过 250m。特大型、大型体育场配变电所不宜少于 2 个；中型体育场、特大型体育馆和游泳馆配变电所宜为 1～2 个；小型体育场、室外训练场、大中型体育馆或游泳馆宜设 1 个配变电所；小型体育馆及游泳馆、训练场馆可只设低压配电室。

(3)配电变压器的长期工作负载率宜符合表 7－96 的要求。

表 7－96　　配电变压器的长期工作负荷率

体育场馆等级	长期工作负荷率(%)	体育场馆等级	长期工作负荷率(%)
特 级	≤60	乙 级	60～80
甲 级	≤60	丙级、丁级	≤85

(4)特大型、大型体育建筑的体育工艺类、体育照明等负荷宜由独立的变压器供电。当经常有文艺演出的体育建筑，演出类负荷宜与体育工艺、体育照明类负荷共用一组变压器。

(5)大中型体育建筑应设室内配变电所；热身场地、小型体育建筑宜设户外预装式变电站，有条件时也可设置室内或外附式变配电所。户外预装式变电站的进、出线宜采用电缆。

(6)当电源电压偏差不能满足要求时，宜采用有载调压变压器或专用变压器供电。主要变配电室(间)、发电机房严禁设置在观众能随便到达的场所。

(7)对于仅在比赛期间才使用的大型用电设备，宜设专用变压器供电。单独设置变压器，便于运行管理，减少电能损耗。

(8)特大型、大型场馆宜采用监控与保护综合单元，分散布置在高压配电装置上。高压、低压、柴油发电机组成统一的电气控制系统并具备接入系统的条件。

(9)控制方式、所用电源及操作电源：

①特大型、大型体育建筑高压宜采用集中控制方式，对变压器主断路器、分段断路器、主要馈出回路断路器宜采用集中监视方式；

②大型及以上体育建筑、体育中心的主配变电所应采直流操作电源，分配变电所视具体情况采用直流操作电源或交流操作电源；中型体育建筑宜采用直流操作电源，小型体育建筑可采用交流操作电源；

③所用电源宜引自配电变压器。

4.低压配电系统

(1)各级配电系统保护开关动作宜具有选择性。

(2)体育场馆低压配电系统及其适用范围,见表7-97。

表7-97　体育场馆低压配电系统及其适用范围

场馆等级	系统类型	系统说明
特级	单母线分段＋一或两段应急母线	两路市电为分段的单母线供电,中间设联络断路器;应急母线段由市电/备用(应急)发电机供电,市电与发电机之间采用机械、电气联锁。宜设置两段应急母线,一段用于比赛类体育工艺负荷及体育照明负荷,另一段用于其他的一级负荷中特别重要负荷
甲级	单母线分线分段＋一段应急母线	两路市电为分段的单母线供电,中间设联络断路器;应设置一段应急母线段,为国际大赛时体育工艺负荷及体育照明接驳临时备用发电机提供条件。市电与发电机之间采用机械、电气联锁
乙级	单母线分段	两路市电为分段的单母线供电,中间设联络断路器;宜设置应急母线段
丙级	单母线分段	两路市电为分段的单母线供电,中间设联络断路器;可不设置应急母线段
其他	单母线不分段	单母线不分段系统

(3)体育照明、显示屏、场地扩声、计时记分机房、电视转播机房等重要工艺负荷应采用放射式配电,其他负荷可采用树干式和放射式结合的方式配电。

(4)体育场馆照明供电措施,见表7-98。

表7-98　体育场馆照明供电措施

<table>
<tr><th>场馆等级</th><th>供电措施</th></tr>
<tr><td>特级</td><td rowspan="2">在举行国际赛事期间应具备接入临时备用发电机条件或采用固定的发电机,并作为50%体育照明的主电源,其余50%体育照明由来自两个不同区域变电站的两路市电电源分别供电,当其中一路市电故障时,只影响全场25%体育照明,仍有75%照度可保证比赛及应急电视转播继续进行</td></tr>
<tr><td>甲级</td></tr>
<tr><td>乙级</td><td>由两路市电同时供电,每路市电供50%体育照明灯具,灯具投射到场地的灯光均匀分布全场。当任一路电源发生故障时,仍有50%体育照明不受其影响,可保证比赛的正常进行</td></tr>
<tr><td>丙级</td><td>宜由两路市电同时供电,每路市电供50%体育照明</td></tr>
<tr><td>丁级</td><td>一路供电</td></tr>
</table>

(5)中央监控室、扩声机房、通信机房、消防控制室、计时计分机房、电视转播机房等机房的空调用电应与其设备用电分开供电。

(6)电能质量

①场地照明灯具端子处电压偏差允许值:220/380V±5%,重要比赛场地的灯头未端电压偏移相互间不宜大于±1%;

②显示屏接线端子处电压允许值:220V±10%;

③扩声设备的供电电源宜采用专用隔离变压器供电。引至调音台功放设备的交流电源的电压波动超过设备规定时,应加装自动稳压装置,其功率不应小于使用功率的1.5倍。

(7)配电线路布线系统应注意以下几点:

①特大型、大型场馆可分设普通电源电缆桥架与应急电源电缆桥架。

②要预留临时发电机组、临时变压器的位置,以及临时电缆线路敷设的路径及接口。

③体育场馆的竞赛场地用地点,宜设置电源井或配电箱,电源井是为田径赛成绩公告牌、径赛成绩公告牌、计圈器等设备供电和连接传输信号用,其位置不得有碍于竞赛,设置数量及位置应根据体育工艺确定。

④应预留引到场地内电源井、弱电信号井电缆的路径和管道,一般田径与足球场地的电源井、信号井数量、位置可参见标准图《体育建筑专用弱电系统设计安装》06X701。

⑤对电源井的供电方式宜采用环形系统供电。对终点电子摄影计时器供电,宜采用专用线路并应设置不间断电源供电装置(UPS)。电源井内不同用途的电气线路之间应保持规定的距离或采取隔离措施。井内电气设备为单侧布置时,其维护距离不应小于0.6m;电力装置和信号装置分别布置井壁两侧时,其维护距离不应小于0.8m。井内应有防水、排水措施。井体不宜过大,避免增加投资、破坏场地。

⑥体育场内竞赛场地的电气线路敷设,宜采用塑料护套电缆穿管埋地或电缆沟敷设方式。

⑦终点电子摄像计时器的专用信号盘,应按体育工艺的要求在100m、200m、300m及终点(400m)各设一个,终点线跑道内、外侧各设两个。信号线通过管路与终点电子摄像计时机房相连。

⑧要考虑媒体座席处临时线路的敷设,尤其当座席下有座椅送风装置时,线管不应穿越静压箱。

⑨大型体育场馆要预留体育比赛或大型活动时的广告照明供电路由、升旗系统的供电路由。对于主体育场还应考虑火炬点火装置及其路由。

(8)固定式电子计时计分显示装置应符合下列要求：

①计时记分显示装置负荷等级应为该工程最高级。

②计时记分控制室与总裁判席、计时记分机房、计算机房和分散于场地的计时记分装置之间，应有相互连通的信号传输通道，并应有余量。

③应根据体育工艺设计在比赛场地设置各类的计时记分装置；应根据工艺要求在该处或附近预留电源及信号传输连接端子。

(9)体育馆比赛场四周墙壁应按需要设置配电箱和安全型电源插座，其插座安装高度不应低于0.3m。

(10)游泳馆属潮湿场所，供游泳、水球、跳水及花样游泳的计时记分设备及其电源箱(柜)、插座箱及专用信号盘均应为防水、防潮型，室内的管线及用电设施尚应采取防腐措施。

电源配电箱(柜)宜设在专用计时记分控制室内。专用信号盘安装高度底边距地为1.50m，电源插座箱底边距地为0.5m。

四、照明系统

照明系统设计类别及技术要求，见表7-99。

表7-99　　照明系统设计类别及技术要求

类别	技术要求
一般规定	①对于利用天然采光的体育场馆，应采取措施降低和避免天然光产生的高亮度及阴影形成的强烈对比 ②在体育建筑方案设计阶段应同时考虑照明设计方案的要求 ③照明设计应符合《体育场馆照明设计及检验标准》JGJ153的规定。国际比赛还应符合相关国际单项体育组织的规定
照明标准	①有电视转播时平均水平照度宜为平均垂直照度的0.75～2.0倍 ②照明计算时，室内场馆维护系数值应为0.8，室内体育场维护系数值宜为0.7。丙级及以上室外体育场还应计入大气吸收系数，大气吸收系数不宜低于5%
照明设备及附属设施	(1)光源选择 ①灯具安装高度超过6m的体育场馆，光源宜采用金属卤化物灯；顶棚低于6m、面积较小的室内体育馆，宜采用直管荧光灯和小功率金属卤化物灯 ②室外体育场宜采用大功率和中功率金属卤化物灯，室内体育馆宜采用中功率金属卤化物灯 ③应急照明应采用荧光灯和卤素灯等能瞬时可靠点燃的光源。当采用金属卤化物灯时，应保证光源工作不间断或快速启动 (2)灯具及附件要求

续表 1

类　别	技　术　要　求
照明设备及附属设施	①灯具应选用Ⅰ类灯具；水下灯具应选用防触电等级为Ⅲ类的灯具，灯具额定电压不应大于 12V； ②体育场宜采用窄配光和中配光的灯具，体育馆、游泳馆宜采用中配光和宽配光的灯具，训练场可以采用宽配光的灯具 (3)灯杆及马道 ①体育场照明灯杆应具有足够的结构强度，其设计使用寿命不应小于 25 年。灯杆高度大于 20m 时宜采用电动升降吊篮；灯杆高度小于 20m 时宜采用爬梯，爬梯应装置护身栏圈并设置休息平台 ②马道应留有足够的操作空间，其宽度宜不小于 800mm，并应设置防护栏杆，当确有困难时，其宽度不应小于 650mm。其安装位置应避免建筑装饰材料、安装部件、管线和结构件等对照明光线的遮挡
照明控制	①体育场馆的照明应按运动项目的类型、电视转播情况至少分为 3 种模式进行控制，并符合表 7－100 的规定。但群众健身场馆可不受此限制 ②特级和甲级体育建筑应采用智能照明控制系统，乙级体育建筑宜采用智能照明控制系统；丙级及以下场馆可采用手动控制方式。照明控制系统的网络结构可为中央集中式、集散式或分布式系统 ③用于体育舞蹈、冰上舞蹈等具有强烈艺术表演的运动项目，其照明控制系统应具有调光功能；其他运动项目的照明控制系统不应调光 ④智能照明控制系统驱动模块的额定电流应不小于其回路的计算电流，驱动模块的额定电压应与所在回路的额定电压相一致。当驱动模块安装在控制柜等不良散热场所或高温场所时，应降容使用，降容系数宜为 0.8～1 ⑤智能照明控制系统应具有以下功能： a. 预设置灯光场景功能，且不因停电而丢失 b. 系统模块场景渐变时间可任意设置 c. 系统具有软启动、软停机功能，启动时间和停机时间可调 d. 系统除具有自动控制外，还应具有手动控制功能。当手动控制采用智能控制面板时，应具有“锁定”功能，或采取其他防误操作措施 e. 系统应具有回路监测功能。有条件的，可以监测灯的状态、过载报警、剩余电流报警、回路电流监测、灯使用累计时间、灯预期寿命等功能 f. 系统应有分组延时开灯功能，或采取其他措施防止灯集中启动时的浪涌电流 ⑥智能照明控制系统应设模拟盘或监视屏，以图形形式显示当前灯状况。所用软件宜为中文 ⑦智能照明控制系统中的驱动模块、继电器、调光器等模块宜采用 35mm 标准 DIN 导轨安装，智能控制面板宜采用 86 接线盒安装 ⑧智能照明控制系统应采用开放通信协议，可以与 BMS 系统或其他照明控制系统相连接。当其他照明控制系统与场地照明控制系统相连或共用时，不得影响体育照明的正常使用 ⑨智能照明控制系统的总线或信号、控制线不得与强电电源线共管或共槽敷设，其保护管应为金属管，并应良好接地

续表2

类 别	技 术 要 求
照明配电	①气体放电光源宜采用分散方式进行无功功率补偿，补偿后的功率因数不宜小于0.9 ②为抑制频闪，宜将照射在同一照明区域的不同灯具分接在不同相序的电源线路上 ③观众席、比赛场地的照明灯具，当具备现场检修条件时，宜在每盏灯具处设置单独的保护 ④三相照明线路各相负荷的分配宜保持平衡，最大相负荷电流不宜超过三相负荷平均值的115%，最小相负荷电流不宜小于三相负荷平均值的85% ⑤TV应急照明作为正常照明的一部分同时使用时，其配电线路及控制开关应分开装设 ⑥在照明分支回路中不宜采用三相低压断路器对三个单相分支回路进行保护 ⑦为保证气体放电灯的正常启动，触发器至光源的线路长度不应超过该产品规定的允许值 ⑧主要供给气体放电灯的三相配电线路，其中性线截面应满足不平衡电流及谐波电流的要求，且不应小于相线截面 ⑨较大面积的照明场所，宜将照射在同一照明区域的不同灯具分接在不同相的线路上
其他	①乙级及以上体育建筑附属房间照度标准参考值见表7-101 ②乙级以上场馆应用智能照明控制系统实现不同区域、不同场景灯具的开关与节能控制 ③观众席座位面的平均水平照度值不宜小于100 lx，主席台面的平均水平照度值不宜小于200 lx。有电视转播时，观众席前排的垂直照度值不宜小于场地垂直照度值的25% ④观众席和运动场地安全照明的平均水平照度值不应低于20 lx ⑤体育场馆出口及其通道的疏散照明最小水平照度值不应低于5 lx ⑥室内马道应设检修照明

表7-100　　体育场馆照明控制系统配置

照明控制系统配置		功能分级	场馆等级（规模）			
			特级（特大型）	甲级（大型）	乙级（中型）	丙级（小型）
有电视转播	HDTV转播重大国际比赛	Ⅵ	√	○	×	×
	TV转播重大国际比赛	Ⅴ	√	√	○	×
	TV转播国家、国际比赛	Ⅳ	√	√	√	○
	TV应急		√	√	○	×

续表

照明控制系统配置		功能分级	场馆等级(规模)			
			特级(特大型)	甲级(大型)	乙级(中型)	丙级(小型)
无电视转播	专业比赛	Ⅲ	√	√	√	○
	业余比赛、专业训练	Ⅱ	√	√	○	√
	训练和娱乐活动	Ⅰ	√	√	√	○
	清 扫		√	√	√	√

注:①√-应采用;○-可视具体情况决定;×-不采用。

②表中 HDTV 指高清晰度电视;TV 表示标准清晰度彩色电视。

表 7-101　乙级及以上体育建筑附属房间照度标准参考值

类　别	参考平面及其高度	照度标准值(lx)
贵宾室、接待室、医务、警卫、运动员用房、裁判用房	0.75m 水平面	300
计算机房、广播机房、转播机房、电话机房、计时记分机房、灯光控制室	控制台面	500
记者、评论员席、工作间、检录处、兴奋剂检测	桌 面	500
观众休息厅(开敞式)	地 面	100
观众休息厅(房间)	地 面	200
走道、楼梯间、浴室、卫生间	地面	100
入口坡道	地面	100
设备机房	地面	100

五、防雷与接地

1. 防雷

(1)根据《建筑物防雷设计规范》GB—50057 划分体育建筑防雷等级,乙级以上体育场馆宜按二类防雷建筑设计。

(2)可利用屋面金属罩棚及屋架做接闪器,钢结构柱体做避雷引下线,利用柱下独立基础内钢筋做接地体。

(3)所有进出缆线均应埋地敷设,其金属护套和金属保护管以及其他进出建筑物的各种金属管道均与防雷接地装置可靠连接。

(4)变配电室内的高低压侧应设置避雷器。

(5)所有区域级配电箱(柜)以及有电子设备的终端配电箱(柜)内均设置浪涌保护器。

2.防雷接地、安全接地和功能接地采用共用接地网。变压器中性点、保护接地、弱电机房工作地分设独立接地干线至接地网。如有临时发电机组,应预留接地端子或接地扁钢。

3.等电位联结

(1)凡进出建筑物或在防雷区的界面处的所有金属管道、电缆金属护套、金属保护管均应直接或通过浪涌保护装置与就近的总接地端子板可靠连接。

(2)强、弱电配电(线)间及各设备机房内设辅助等电位端子板;泳池周围、淋浴间等处的外露可导电部分做局部等电位联结。

六、体育建筑照明控制系统

现代化的体育场馆在设计上往往都是多功能的综合性场所,它除了能满足各类体育比赛的要求外,还要承担大型集会和文艺演出。各类大型体育场馆传统的照明控制系统,控制上多采用交流接触器的控制方式,每次使用场地进行比赛的时候,都需要专人在配电间手动一路一路打开所需回路的灯具,管理和操作都不便;同时误操作可能性大,由于金卤灯启动时间长,如果发生开启错误,则要等十几分钟后,该回路灯光才能点亮,对于体育比赛有严重的不良影响,已不能满足体育场馆照明要求,采用新的更为先进的智能化控制系统势在必行。

1.体育场馆智能照明控制系统的基本结构和组成

体育场馆设智能照明控制系统,用该系统控制照明灯具。在奥运场馆建设中是以智能开关控制为主,采用多进多出的形式,每条回路经控制器与断路器供照明用电,灯的开/关由可编程多功能按键面板或其他智能辅件进行控制。控制器与面板等辅件之间通过一条控制总线互相连接起来,每个控制器、面板和辅件都有微处理器、存储器和控制总线的接口,它们在低压情况下工作,所有智能开关控制器和面板、辅件都可通过编程实现对各照明支路的各种控制,可实现不同的灯光场景及系统控制。

体育场馆智能照明控制系统采用模块式结构,如图 7－57 所示,由如下几个部分组成。

(1)点光源照明灯:照明控制系统中的主要控制对象。

(2)控制器:智能开关控制器,用于控制电光源灯的开关。

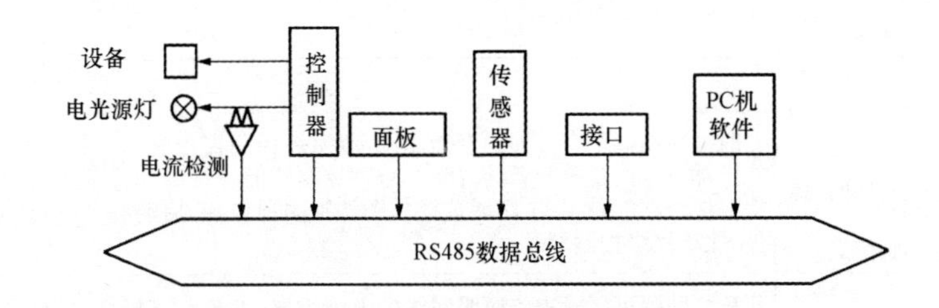

图 7-57　照明控制系统模块式结构

(3)面板：按键面板，LCD 液晶显示触摸屏面板，供操作人员控制灯光照明。

(4)传感器：光电传感，动静检测信息，红外遥控，用于接受外界环境的物理参数变化量调控照明。

(5)接口：用于与其他控制系统互连实现系统集成控制。通用接口有：干簧触点、DMX-512、RS232、RS485、TCP/IP、LON 等。

(6)PC 机软件：Windows 平台、中文监控软件，用于程序监控照明。

(7)数据总线：RS485 是控制系统中各控制部件之间命令，数据通路。

(8)被控设备电流检测器。

2. 体育场馆智能开关控制系统的特点

体育场馆智能开关控制系统的特点及说明，见表 7-102。

表 7-102　体育场馆智能开关控制系统的特点及说明

类别		说明
分布式处理和存储器存储		体育场馆分布式控制系统是将控制数据分别存储在每个设备的可擦写的可编程只读存储器(EEPROM)中，这种存储即使失去电源，也不会丢失数据。因此当网络上一个设备或控制器发生故障时只影响这台控制器本身的工作，不会引起全系统的瘫痪
多种控制方式		体育场馆系统中各种智能开关控制器各种不同的控制方式以适应不同应用的需要
	控制界面	使用控制面板、触摸屏等设备，可预设场景，如“训练”、“准备”、“彩电转播”、“全开”、“全关”等，按键上可刻制文字提示，避免误操作，实现多点控制，还可实现灯光回路按序点亮，避免同时开启时的大电流冲击，提高可靠性
	应急控制	应急情况下智能控制模块输出达到一定照明亮度的方式，当发生应急状态时触点打开，智能开关控制器便自动进入应急照明状态，可设置应急状态的灯光场景

续表

类别		说明
多种控制方式	时钟管理	时钟控制器可直接连到控制总线上,时钟控制器内有一个日历,它能计算一年内日升和日落时间。时钟控制器能按规定的日期和时间完成多种功能:对某个区域选择一个特定的预设置,启动和关闭传感器,执行网络控制的时序
	电流检测	检测装置可实时查验照明回路的电流情况;发现有灯损坏,软件可自动报警。还可对每盏灯的工作时间进行累计,与光源寿命进行比较,通过软件自动提示管理人员更换光源
	人员探测、日光感应	人员探测器是利用红外线传感器,能检测到空间是否有人,以决定灯光是否开启,实现节能;日光感应器能够检测环境的光照度,并根据日照自动调整灯光状态
	图形监控	全中文图形界面监控软件能够有效地对整个体育场馆进行监控和管理,包括灯具状态、能源消耗监视、控制组的图形化重新设置、自动时序事件列表的简述、用户维护报告、灯具工作时间监控、系统自我检测和诊断信息、全局控制和手动控制等
	与其他系统联动	智能照明控制系统采用公开的协议,通过各类接口可与其他系统联动或集成,即实现第三方控制
安装与扩展		控制模块采用 DIN 标准导轨,安装于配电箱内,控制面板及其他控制器件安装在便于操作的地方,该系统可在任何时候进行扩展,不必进行重新配置或更改原有线路,只需将增加模块用数据线接入原有网络系统便可

3. 照明控制的要求

现在智能照明控制系统种类繁多,但是其作用和功能是一样的,08D800—1《民用建筑电气设计要点》中关于照明控制系统的技术要点,可参照执行。

事实上,综合性体育场馆的照明控制模式要多于表中的模式,不同运动项目都要有相应的模式。例如,鸟巢的照明控制模式多达 13 种,包括田径和足球各种模式。

4. 楼宇自控系统(BAS)控制照明

体育场馆设有楼宇自控系统(BAS)时,可用 DDC 控制器,输入、输出开关量,控制场馆中照明灯具的开和关。

照明控制箱设计中要增加接触器或继电器,接受 DDC 控制器发出的信号以控制照明,也可接预先设定的时间,自动控制照明的开、关时间。其原理如图 7-58 所示。BAS 监控主要设备表,见表 7-103。

表 7-103 BAS 监控主要设备表

序号	监控内容	控制方法
1	KA1/KA2	DDC 输出接点辅助继电器
2	SA1/SA2	手动开关或来自照明集中控制箱触点
3	控制方式	根据安装场所不同,可按照预先设计的时间表自动控制照明开关

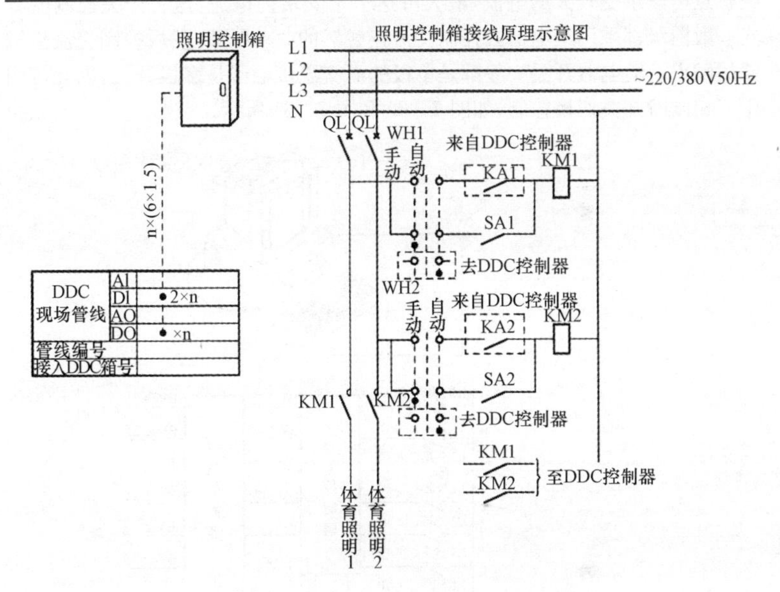

图 7-58 BAS 系统控制照明系统原理图

5. 智能照明控制系统的配置设计方法

近些年来,照明系统专用的智能照明控制系统越来越普及,该控制系统的优势也越来越明显,是 BAS 系统不可比拟的。照明控制系统设计一般与照明设计和照明电气设计同时进行。

(1)智能照明控制系统的设计,首先核对每条照明回路中灯具的照明性质和功率,明确控制模式。每个照明回路上的灯具应当是同一类型的灯具,不要将不同类型的灯具混杂在一个回路内。每个照明回路上的灯具控制性质应当是相同的。每个照明回路的最大负载功率应符合控制器允许的额定负载容量。对较大负载回路如超过 4500W 以上的回路,应适当拆分成几个回路(体育场馆智能控制器的通道负载容量一般功率较大,主要为 10A、16A,

少数 20A)或采用带接触器的方式进行控制。

(2)体育场馆智能照明控制系统中的两种控制方式。

①用大电流容量控制器或驱动器作为开关器件,直接开关 220V 交流回路,模块单回路容量最大可到 20A。

开关控制器控制照明系统如图 7-59 所示。

②用继电器或交流接触器的触点作开关器件。三相交流接触器,它的开关触点可以承受较大的电流,最大可达上千安培的电流,这种开关控制的方式一般前级都采用继电器去控制交流接触器的驱动线圈,然后控制交流接触器的触点。继电器开关一般都是单极的而交流接触器是多极开关,因此可用于三相同时开关切换控制,如图 7-60 和图 7-61 所示。

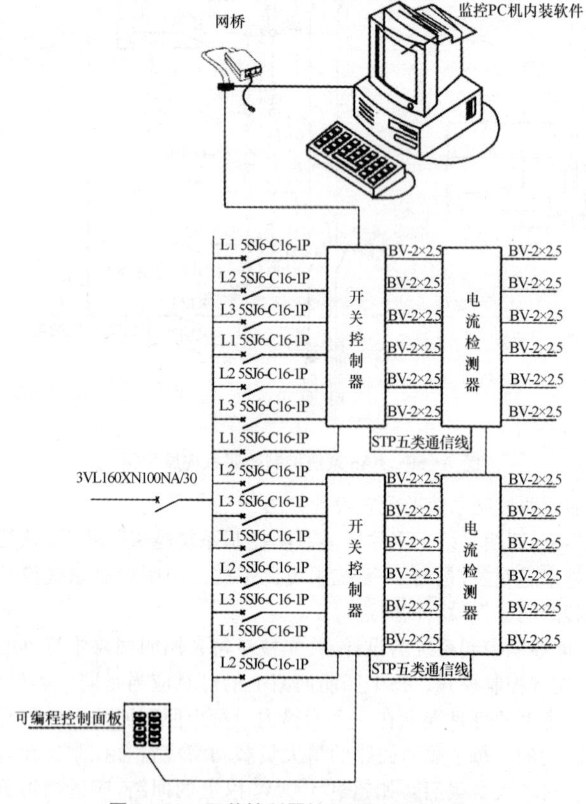

图 7-59 开关控制器控制照明系统示意图

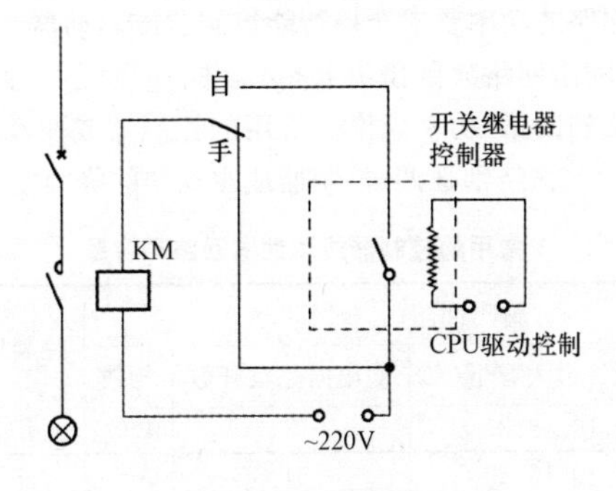

图 7-60　接触器控制单元系统示意图

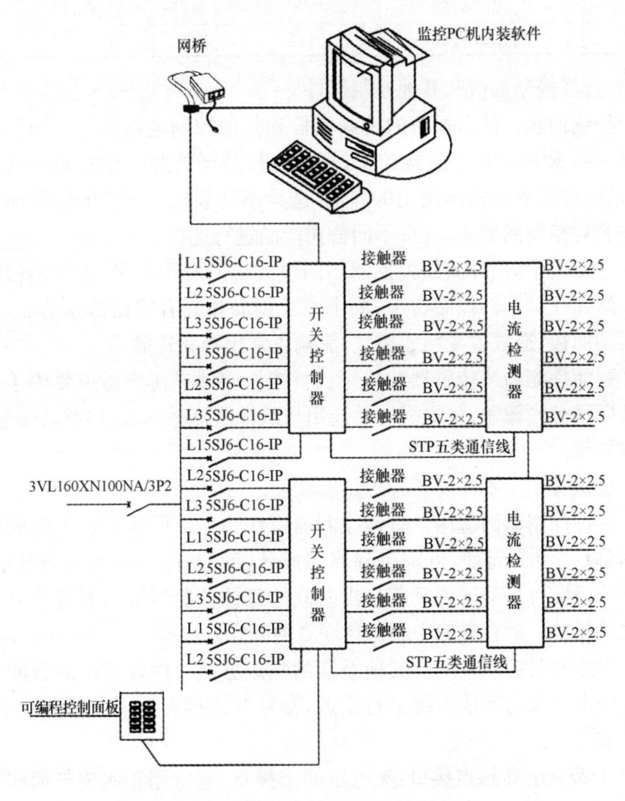

图 7-61 接触器控制照明系统示意图

(3)按照明回路的功率要求选择智能控制器或驱动器。由于各种智能控制器或驱动器的输出回路数目和功率各不相同,因而必须全面估算合理选择和分配,开关模块的回路/功率规格。常用的控制器或驱动器的输入输出容量参数,见表7-104。特别强调:控制器或驱动器的降容使用非常重要。

表7-104 常用的控制器或驱动器回路和容量

输出回路				控制功能	备 注
回路数	每路允许最大容量(A)	输出回路空开数	相数		
2	6、10、16、20	2	单/三	开关	
4	6、10、16、20	4	单/三	开关	
6	6、10、16、20	6	单/三	开关	
8	6、10、16、20	8	单/三	开关	
12	6、10、16、20	12	单/三	开关	

(4)选择控制面板和其他控制部件。

①控制面板。体育场馆的控制面板和其他控制辅件都与控制器或驱动器通过一条RS485总线连接起来,控制面板是场馆照明控制系统的主要部件,也是操作者直接操作使用的界面,选择不同规格。功能的控制面板应满足操作者对控制的要求,可按不同公司产品进行选择。

体育照明中,用控制面板控制不同模式下的照明灯具,方便、直观,一般安放在灯光控制室的控制台上,要求该控制面板具有防误操作功能,防止不小心误动面板,造成改变照明模式,影响正常比赛和转播。

②智能探测器或传感器的选用。智能探测器或传感器主要用于体育场馆公共区域灯光控制,可根据需要选用日照补偿传感器、人体移动传感器、遥控传感器等。

一般体育照明不需要各种传感器联控。

③时钟控制器的选用。时钟控制器可作为一个照明控制系统的定时控制器,有以一周为周期,可定时到周、时、分、秒(有以一年为周期可定时月、日、时、分,秒,可自动设置日落日出时间),时钟控制器可以编程建立各种控制事件或任务。适合类似中超足球联赛的联赛制比赛。

④智能照明控制系统与其他系统的集成方法。体育场馆的智能照明控制系统经常要求与其他系统进行集成,常见的连接有如下几种接口形式,可根据要求选择:

a. 干簧继电器触点接口:无电压的干接点,通常用于实现与消防、安保、应急等系统实现集成或联动。

b. RS485 接口：通过这种控制信号输入信号与其他 RS485 系统相连接。

c. RS232 接口：很多系统具有 RS232 通信口，可通过 RS485 与 RS232 的电转换接口与 RS232 口相连，实现系统间集成或联动，如楼控系统，连接最为容易，造价最低。

d. TCP/IP 接口：可通过 TCP/IP 接口与其他系统相连，实现系统间集成或联动，如楼控系统，近年来使用较多。

e. LON 接口：可通过 LON 接口与其他系统相连，实现系统间集成或联动，如楼控系统，较为高级。

f. DMX－512 接口：即与舞台灯光系统联动或集成。

⑤控制总线。控制总线的选择是指一条互连所有控制系统控制部件的一条数据通信电缆，由于它是照明控制系统中的一条中枢神经，所以控制总线的布线和选择质量会直接影响系统的可靠性和稳定性。控制系统的子网数据传递速度为 9600 波特(bps)，主干网的最高速度可达 57 600 波特。实践表明选用 5 类 4 对双绞 STP 屏蔽电缆有助于系统的可靠性和稳定性，对很短连线控制的场合可采用 UTP 五类线。控制电缆是低压小信号通信线，为避免受交流强电源的干扰，控制电缆不要与交流电源线平行走线，至少要保持 400mm 的间距，要求控制电缆穿管、布线。

例如，北京工人体育场曾经使用过智能照明控制系统，由于干扰的原因，造成不必要的误动作，因此，照明控制系统的抗干扰应引起足够的重视。

(5)控制网络的构成。当照明控制系统部件数小于 128 个时可用一个子网构成，或当控制系统较大时或任意 2 个控制设备之间距离超过 1000m 控制时可用主干网/子网结构形成，如图 7－62 所示。各个子网与主干网之间通过一个网桥进行连接，网桥的功能是：增强和整形传送的信息；隔离网络之间电的直接连接；对信息进行滤波或各种逻辑运算操作处理。

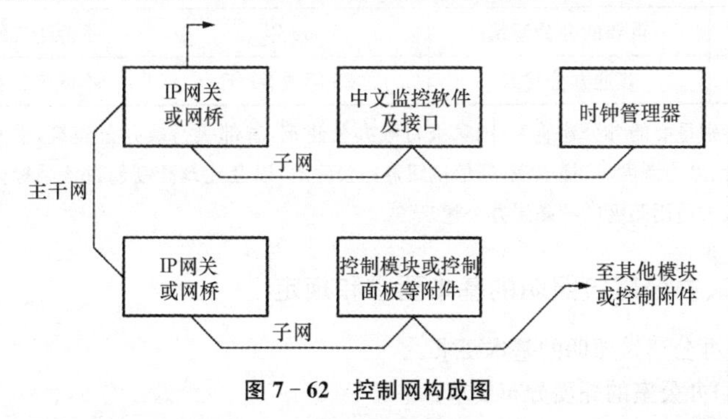

图 7－62　控制网构成图

第八章 办公建筑照明

办公室照明是需要长时间进行公务活动的明视照明，所以不能只考虑工作面的照明，而是要做成整个房间的视觉环境舒适的照明。办公室环境质量必将影响办公人员的工作效果和身心健康。在一个办公室中雇主的最大开销是付给工作人员的工资，约占全部运行费用的85％。显然将一切干扰因素减少到最小程度，给他们创造良好的工作环境可以得到最大的回报，甚至有意想不到的效果。寻求一种最适合的照明方式，创造一个最好的光视环境，自然是一件大事。

第一节 办公建筑照明的一般规定

一、办公建筑分类

办公建筑是指供机关、团体和企事业单位办理行政事务和从事各类业务活动的建筑物。它由办公室用房、公共用房、服务用房和设备用备房等组成。办公建筑设计应依据使用要求分类，并应符合表8-1的规定。

表8-1 办公建筑分类表(JGJ67—2006)

类别	示例	设计使用年限	耐火等级
一类	特别重要的办公建筑	100年或50年	一级
二类	重要的办公建筑	50年	不低于二级
三类	普通办公建筑	25年或50年	不低于二级

注：特别重要的办公建筑为：国家级行政办公建筑，省部级行政办公建筑，重要的金融、电力调度、广播电视、通信枢纽等办公建筑，以及建筑高度超过该结构体系的最大适用高度的超高层办公建筑。

二、办公建筑照明的基本要求和规定

1. 办公建筑照明的基本要求

(1)办公室的亮度分布要求：

①视觉工作对象的亮度与相邻表面亮度比为1∶1/3；

②视觉工作对象的亮度与远处较亮表面亮度比为1∶10；

③视觉工作对象的亮度与远处较暗表面亮度比为1∶1/10；

④灯具与附近表面亮度比为20∶1。

(2)办公室、设计绘图室、计算机室等应采用直管荧光灯。对于室内饰面及地面材料的反射比，顶棚宜为0.7；墙面宜为0.5；地面宜为0.3。若不能达到上述要求时，宜采用上半球光通量不少于总光通量15%的荧光灯具。

(3)办公房间的一般照明宜设计工作区的两侧，采用荧光灯时宜使灯具纵轴与水平视线平行。不宜将灯具布置在工作位置的正前方。大开间办公室宜采用与外窗平行的布灯形式。大空间办公室一般不考虑办公家具的布置，只设置一般照明。个人办公室应根据办公桌的位置进行照明设计。

(4)在难确定工作位置时。可选用发光面积大、亮度低的双向蝙蝠翼式配光灯具。

(5)出租办公室的照明和电源插座，宜按建筑的开间或根据智能大楼办公室基本单元进行布置，以不影响分隔出租使用。办公室插座的数量应不小于工作位数量，若无确切资料，普通办公室可按3～5m^{2}一个电源插座考虑。若采用网络地板，建议由精装修将电源插座布置到家具上。办公用于计算机的电源插座数量不宜超过5个(组)。

(6)在有计算机终端设备的办公用房，应避免在屏幕上出现人和什物(如灯具、家具、窗等)的映像，通常应限制灯具下垂线成50°角以上的亮度不大于200cd/m^2，其照度可在300lx(不需要阅读文件时)至500lx(需要阅读文件时)。

(7)当计算机室设有电视监控设备时，应设值班照明。

(8)具有视频显示终端的办公室灯具布置时，应考虑避免反射眩光。

(9)宜在会议室、洽谈室照明设计时确定调光控制或设置集中控制系统，并设定不同照明方案。会议室及公共场所，宜设置智能照明控制系统或采用其他控制器件，避免长明灯。

(10)设有专用主席台或某一侧有明显背景墙的大型会议厅，宜采用顶灯配以台前安装的辅助照明，并应使台板上1.5m处平均垂直照度不小于300lx。

2.办公建筑照明标准值和照明功率密度值

(1)照度标准值。在办公建筑电气照明设计中，应根据使用性质、功能要求和使用条件按不同标准采用不同照度值。照明标准值应符合现行国家标准《建筑照明设计标准》GB 50034—2004办公建筑照明标准值的规定。办公建筑国内外照度标准值，见表 8－2。公共建筑公用场所国内外照度标准值，见表 8－3。

表 8－2　办公建筑国内外照度标准值(单位：lx)

房间或场所	中国国家标准 GB 50034—2004	CIE S 008/E—2001	美国 1ESNA—2000	日本 JIS Z 9110—1079	德国 DIN 5035—1990	俄罗斯 СНиП 23—05—95
普通办公室	300	500	500	300～750	300	300
高档办公室	500				500	—
会议室、接待室、前台	300	500 300 （接待）	300 500 （重要）	300～750 200～500 （接待）	300	200 300 （前台）
营业厅	300	—	300 500 （书写）	750～1500	—	—
设计室	500	750	750	750～1500	750	500
文件整理、复印、发行室	300	300	100	300～750	—	400
资料、档案室	200	200	—	150～300	—	75

表 8－3　公用场所国内外照度标准值(单位：lx)

房间或场所	中国国家标准 GB 50034—2004	美国 IESNA—2000	日本 JIS Z 9110—1079	德国 DIN 5035—1990	俄罗斯 СНиП 23—05—95
门厅	100(普通) 200(高档)	100	200～500	相邻房间照度的 2 倍	30～150
走廊、流动区域	50(普通) 100(高档)	100	100～200	50	20～75
楼梯、平台	30(普通) 75(高档)	50	100～300	100	10～100
自动扶梯	150	50	500～750 （商店）	100	—
厕所、盥洗室、浴室	75(普通) 150(高档)	50	100～200	100	50～75

续表

<table>
<tr><th colspan="2">房间或场所</th><th>中国国家标准
GB 50034
—2004</th><th>美国
IESNA
—2000</th><th>日本
JIS Z
9110—1079</th><th>德国
DIN 503
5—1990</th><th>俄罗斯
СНиП
23—05—95</th></tr>
<tr><td colspan="2">电梯前厅</td><td>75(普通)
150(高档)</td><td>—</td><td>200～500</td><td>—</td><td>—</td></tr>
<tr><td colspan="2">休息室</td><td>100</td><td>100</td><td>75～150</td><td>100</td><td>50～75</td></tr>
<tr><td colspan="2">储藏室、仓库</td><td>100</td><td>100</td><td>75～150</td><td>50～200</td><td>75</td></tr>
<tr><td rowspan="2">车库</td><td>停车间</td><td>75</td><td rowspan="2">—</td><td rowspan="2">—</td><td rowspan="2">—</td><td rowspan="2">—</td></tr>
<tr><td>检修间</td><td>200</td></tr>
</table>

注:公用场所是指公共建筑和工业建筑的公用场所。

(2)照明功率密度值。根据照明节能要求,办公建筑照明功率密度值应符合《建筑照明设计标准》GB50034—2004 办公建筑照明功率密度值的规定。办公建筑国内外照明功率密度值,见表 8-4。

表 8-4　　办公建筑国内外照明功率密度值(单位:W/m²)

<table>
<tr><th rowspan="3">房间或场所</th><th colspan="3">中国国家标准
GB 50004—2004</th><th rowspan="3">北京市绿照规程
DBJ-01-607-2001</th><th rowspan="3">美国
ASHRAE/IESNA-90.1—1999</th><th rowspan="3">日本
节能法
1999</th><th rowspan="3">俄罗斯
МГСН
2.01—98</th></tr>
<tr><th colspan="2">照明功率密度</th><th rowspan="2">对应照度
(lx)</th></tr>
<tr><th>现行值</th><th>目标值</th></tr>
<tr><td>普通办公室</td><td>11</td><td>9</td><td>300</td><td>13</td><td rowspan="2">11.84(封闭)
13.99(开敞)</td><td rowspan="2">20</td><td rowspan="2">25</td></tr>
<tr><td>高档办公室</td><td>18</td><td>15</td><td>500</td><td>20</td></tr>
<tr><td>会议室</td><td>11</td><td>9</td><td>300</td><td>—</td><td>16.14</td><td>20</td><td>—</td></tr>
<tr><td>营业厅</td><td>13</td><td>11</td><td>300</td><td>—</td><td>15.07</td><td>30</td><td>55</td></tr>
<tr><td>文件整理、复印、发行室</td><td>11</td><td>9</td><td>300</td><td>—</td><td>—</td><td>—</td><td>25</td></tr>
<tr><td>档案室</td><td>8</td><td>7</td><td>200</td><td>—</td><td>—</td><td>—</td><td>—</td></tr>
</table>

(3)照明环境。对办公室房间和家具所推荐的反射比,如图 8-1 所示。办公室内表面反射比推荐值,见表 8-5。《建筑照明设计标准》GB 50034—2004 规定长时间工作的房间,其表面反射比,见表 8-6。

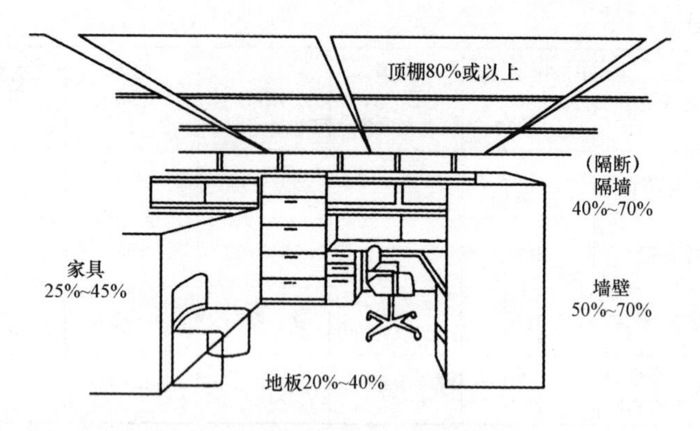

图 8－1 对办公室房间和家具所推荐的反射比

表 8－5 办公室内表面反射比推荐值

表面类型	反射比(%)	表面类型	反射比(%)
顶棚表面①	80	办公室机器设备	25～45
墙壁	40～70	地板	20～40
家具	25～45	—	—

注:表中“①”推荐值仅指涂层而言,吸声材料的平均总反射比要低一些。

表 8－6 工作房间表面反射比

表面名称	反射比(%)	设计中推荐反射比选值(%)	表面名称	反射比(%)	设计中推荐反射比选值(%)
顶棚	60～90	70	地面	10～50	30
墙面	30～80	50	作业面	20～60	—

第二节　办公室照明设计

始于 20 世纪 80 年代初的个人电脑的迅速普及和办公楼自动化的兴起,根本改变了传统办公的方式和习惯,办公室工作的视线方向不再是基本保持水平桌面状态,而加入了注视电脑屏幕的近乎垂直状态。视线的多变对照明环境有更高的要求,特别是屏幕上产生的室内发光体(如灯具和窗户等)的影像成为视觉干扰的主要内容。

一、办公室照明方式

办公室照明方式分为一般照明、分区一般照明和局部照明。办公场所均应设置一般照明，同一场所的不同区域有不同照度要求时，为节约能源，应采用分区一般照明。在同一场所内，如果只设局部照明往往亮度分布不均匀，故不应只设局部照明。

1. 办公室灯具布置间隔

办公室照明灯具选择应注意照明环境中亮度比和灯具的布置。灯具的最大间距，因灯具型号而异，黄光灯原则上不应大于3m，灯具与墙壁的间距以灯具间距的1/2为宜，如图8-2所示。

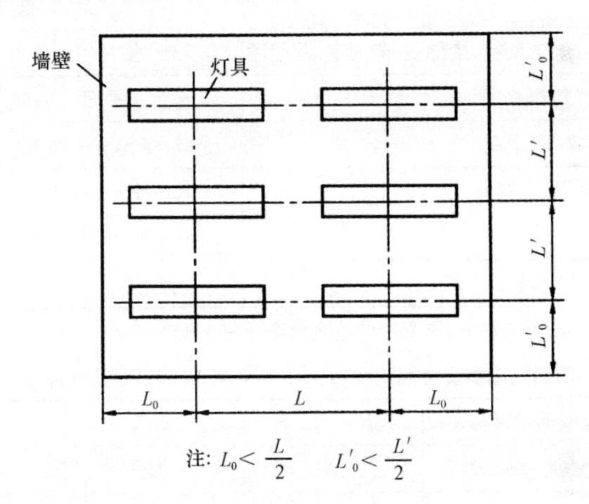

注：$L_0 < \frac{L}{2}$　$L'_0 < \frac{L'}{2}$

图8-2　灯具间隔

2. 电源插座设置

办公室电源插座的数量应不小于工作位数量，若无准确资料，可按每3～5m² 一个单相220V电源插座设计。

3. 办公室照明计算

办公室平均照度的计算公式如下：

$$E_{av} = \frac{\Phi \times U \times N \times K}{A}$$

式中 E_{av}——工作面上的平均照度，lx；

Φ——光源光通量，lm；

N——光源数量；

U——利用系数；

A——工作面面积(m^2)；

K——灯具的维护系数，办公室取0.8。

二、照度的确定

在我国民用建筑照明照度标准中，对办公楼建筑照明的照度标准的规定，见表8-7。国际照明标准(办公室部分)，见表8-8。

表8-7　办公楼建筑照明的照度标准值

类　别	参考平面及其高度	照度标准值 (lx)		
		低	中	高
办公室、报告厅、会议室、接待室、陈列室、营业厅	0.75m水平面	100	150	200
有视觉显示屏的作业	工作台水平面	150	200	300
设计室、绘图室、打字室	实际工作面	200	300	500
装订、复印、晒图、档案室	0.75m水平面	75	100	150
值班室	0.75m水平面	50	75	100
门厅	地　面	30	50	75

注：有视觉显示屏的作业，屏幕上的垂直照度不应大于150lx。

表8-8　国际照明委员会照明标准(CIES008/E—2001)办公室部分

室内作业或活动种类	E_m (lx)	UGR_L	R_a
文件整理、复印、流通发行	300	19	80
书写、打字、阅读、数据处理	500	19	80
工程制图	750	16	80
CAD工作站	500	19	80
讨论、会议室	500	19	80
接待、前台	300	22	80
档案室	200	25	80

1985年的实验室实验和1991年连续两年的办公室跟踪实验证明，间接照明在办公室中比直接照明更具有潜力，它既可以减少屏幕影像干扰，又能使视场中看到的室内光环境更加舒服。显然，以水平面作为基准平面的办公建筑照度标准值，已经失去往常的意义，替代它的将是半间接的室内照明

方式。

大家都知道照度是影响人们工作效率和质量的重要因素，而往往不了解光环境质量是影响人们工作能力和潜能发挥的关键内容。实验证明，在间接照明环境下从事 VDU(视觉显示装置)作业的工作人员的感受要比在直接照明环境下来得好，即使是采用了适合于 VDU 作业的照明方式。在间接照明环境中，光线来自一个被照亮了的顶棚，室内充满了光线，显得明亮柔和，视感觉好，屏幕反射少；而直接照明的光线只来自灯具，即使照度高一点，但顶棚上暗淡无光，整个空间环境的亮度较低，显得压抑和缺乏生气，心理感受明显劣于前者，这就说明光环境的重要。

三、环境绿化办公室的照明

从 1960 年德国一家公司首创环境绿化办公室新构图以来，由于高层办公楼的不断涌现，对大空间的绿化办公室的发展，起到了很大的推动作用。特别在全空调大进深的办公楼里，为了改善人们的心理和生理上的不良影响，减轻视觉疲劳，营造一个生机盎然、心情舒畅的工作环境尤有必要。

环境绿化办公室未必是以照明为主导形式，而是采用不规则式桌子的布置，为了改善环境，保持不受干扰，采用了盆栽植物，较为低矮的屏风、柜橱等，还从隔声要求考虑，在地面上多铺地毯。

1. 环境绿化办公室的目的

环境绿化办公室的目的有以下几点：

(1)改善全部的透视，能使个人和部门之间的联络畅通，较好地保持人际关系，创造舒适的环境。

(2)布置桌子尽量使部门之内和部门之间的工作流动顺畅进行。

(3)适应工作内容的变化，能立即变换桌子、橱柜、屏风、盆栽植物的布置，使办公室的气氛经常保持新鲜的感觉。

2. 在照明方面的注意事项

在照明方面要注意以下几点：

(1)一般宽大房间顶棚的光源容易产生眩光，因此要注意防止眩光。

(2)大面积亮顶棚易发生郁闷感觉，因此多数情况下要创造出适当的不均匀亮度，使亮度有跳跃感，显得活泼明快。

(3)在设计时，要力求空调与照明相协调。

最近针对环境绿化的办公室创造出一种称做工作照明法的新的处理方法。这一方法是不依靠安装在顶棚上的所谓一般照明，而是利用组装在桌上或橱柜等处的向下或向上照明，得到没有眩光而符合各个使用者的特性的舒适照明。

四、办公室照明的自动控制

办公室的工作时间几乎都是白天，一般来说有大量的天然光从窗口射进来。因此，办公室的照明设备应该与天然光相结合而成为合理的舒适环境。

从窗口入射进来的天然光随着时间和气候而大幅度地变化。为了合理地使用能源，就必须充分利用天然光，同时保持室内具有舒适的视觉环境，因此，必须根据天然光的变化情况，相应地进行室内人工照明的调光或部分开、关。

这种调光或开、关操作的人工方法，很难对天然光的变化做出迅速的反应，应当采用自动控制装置才能实现。

“自动控制”，一般可采用以下两种方式：

(1)连续调光方式：室内照度能平稳变化，创造舒适的光环境，但经济方面较昂贵。C－BUS智能化照明管理系统正是这样一个满足需求的、完整的能源管理系统方案。

(2)部分开、关方式：这种方法简单易行，实用性强。如图8－3和图8－4所示。

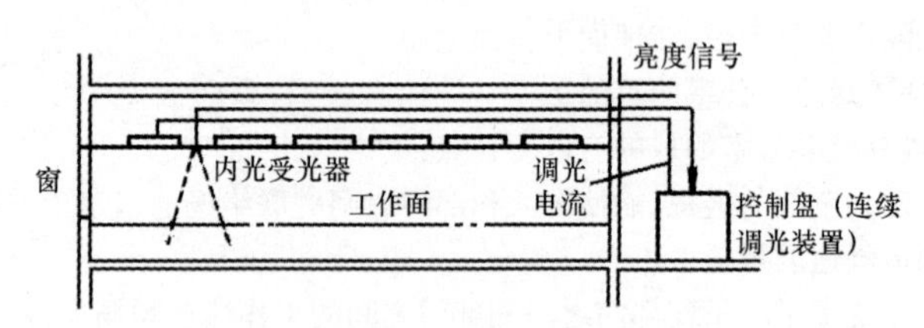

图8－3　白天人工照明控制装置(连续调光方式)感觉天然光变化的受光部分暗装在顶棚内测出了桌上范围稍广的亮度

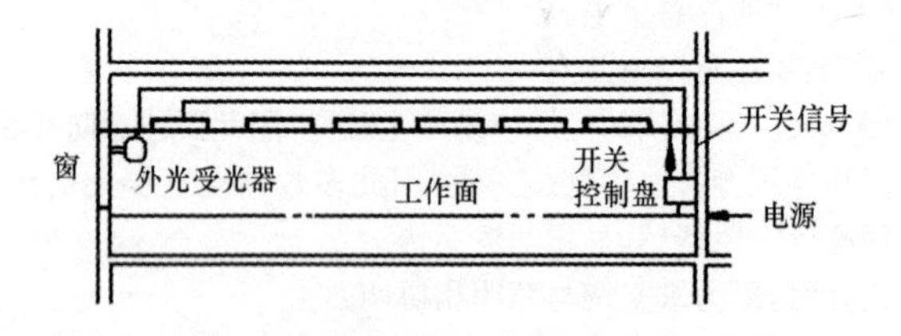

图8－4　白天人工照明控制装置(开关方式)感觉天然光变化的受光部分越过窗口测出了天空亮度

五、营业性办公室的照明设计

营业办公室是指银行、证券公司以及火车站、汽车站、民航售票处、旅行社等接客用的办公室。一般情况下，它的布局是在接近于室外或进口处有客厅，用柜台隔开，有办公面积。

1. 营业厅的照度

营业厅要比一般办公室有较高的照度，按照JIS(日本工业标准)的照度值，定为750～1500lx，这是因为它是接待顾客的场所，多数情况是房间的布局直接与室外相连，所以要防止从明亮的室外进来时感到昏暗。此外，这还是为了防止隔着柜台对面的客户，以明亮的室外为背景形成轮廓，以致他们的表情等很难看清。

因此，营业办公室的照明必须采用提高桌面上的水平照度，同时还使客人面部等处用足够的垂直照度的照明方法。提高了垂直面的照度即提高墙面照度的照明方式会使房间显得宽敞，制造出活跃的气氛，这对于营业办公室也是至关重要的。

2. 照明器的散热

如上所述，营业办公室需要相当高的照度，而多数情况是由于建筑艺术的要求较高，照明器的散热措施不够完备。这就是说，在建筑艺术方面过于优先，和照明器的容量相比灯数过多，因而还是没有得到预期的照度，或照明热量的大部分往往容易成为空调负荷。

如图8-5所示是在实验上没有考虑温度的影响而制作的荧光灯照明器的亮度实测例子。图8-5(a)所示是考虑了散热而制作的照明器(例如标准制品)的情况，图8-5(b)所示是对同一照明器安装大约2倍灯数的情况。图8-5(a)的标准制品在开灯后2h之内几乎同样明亮，图8-5(b)的照明器在开灯后大约10min就很快地降低了亮度。

在这种情况下，例如在照明器外部即使安装镇流器，而由于灯的温度上升会增加灯的电流，因而镇流器可能过热。

不论哪一种情况，这种现象在理论上是熟知的，但是实际上多数情况似乎是没有得到活用，因此希望加以注意。

3. 照明器的维修

营业办公室特别是银行营业室是建筑艺术堂皇的建筑，而且整个营业室多数成为顶棚高的空间。更由于需要高照度，所以灯数非常多。因此从换灯开始，对照明器、镇流器的维修、检查要能容易进行。构造必须做得尽可能进入顶棚里面进行操作。此外，还希望在顶棚里面设置检查灯。

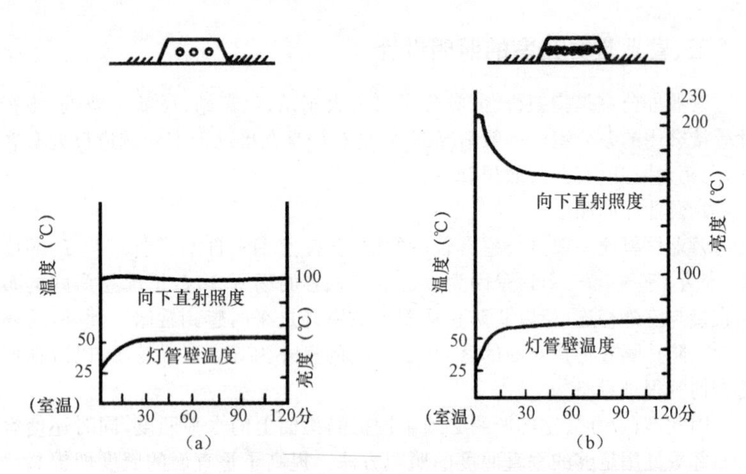

(a)图为考虑温度影响而制作的普通荧光灯具(3×40W)亮灯后，经过2h亮度不变；

(b)图为用同一灯管，但散热不良的情况下，开灯后约10min亮度就很快降低。

图8-5　没有考虑温度影响而制作的照明器亮度降低的例子

由于它和建筑艺术的关系，往往在高空间的顶棚上采用大型花灯，这时会有相当的重量，所以采用电动式或手动式链滑轮是安全便利的。

4. 顶棚高度和照度的关系

在银行营业室等建筑中，从建筑比例和给予客人的印象等方面来考虑，多数情况要提高顶棚。提高顶棚即提高照明器的安装高度，为了在同一桌面上得到相同照度，就需要多设光源，这从经济或维修作业方面来看都是不利的，因此这是在照明设计时各种意见的分歧所在。

大家知道，在点光源的情况下照度与距离的平方成反比，而在非常长的线光源和非常大的面光源的情况下则遵守其他的定律(在理论上无限宽阔的房间中整个顶棚为均匀的面光源时，与顶棚高度无关，地面照度是一定的)。

在宽阔的房间中照明方法是整个顶棚为发光顶棚或与其近似时，对提高顶棚而减少地面照度或增加耗电量的程度等要预先了解其大致倾向，这从建筑设计、设备设计和维修等方面来考虑是有用的。

在如图8-6所示中，说明在面积为30m×60m的房间中，净高按4m、6m、12m变化时与在7m×7m的房间中净高按2.6m、4m、6m变化时地面照度的变化状况作为一例。图中的4根线表示4种反射系数条件的情况。这4种条件见表8-9。

照明器的类型为嵌装下面露明型或嵌装乳白板型等具有圆配光特性的制品。

表 8-9　室内反射率(%)

类型	部位		
	顶棚	墙面	地面
NO. 1	80	60	20
NO. 2	60	40	20
NO. 3	40	40	20
NO. 4	0	0	0

以顶棚、墙面、地面的反射系数为 60%、40%、20%时作为标准，用曲线的横向数字表示照度比。

从图 8-6 中可以了解：在 7m×7m 的小房间中和一般净高 2.6m 时相比，达到净高 6m 后的地面照度大约为 50%。而在 30m×60m 的大房间中对于净高 4m 时的地面照度，虽然净高达到了 3 倍的 12m，照度的减少只是大约 25%的程度。反过来说，即使大幅度降低了净高，照度的增加却是微量的。因此，在确定净高时，即使从节约能源的观点来探讨，在大房间中也与照度方面有很少关系，反而从空调等方面来探讨更为重要。

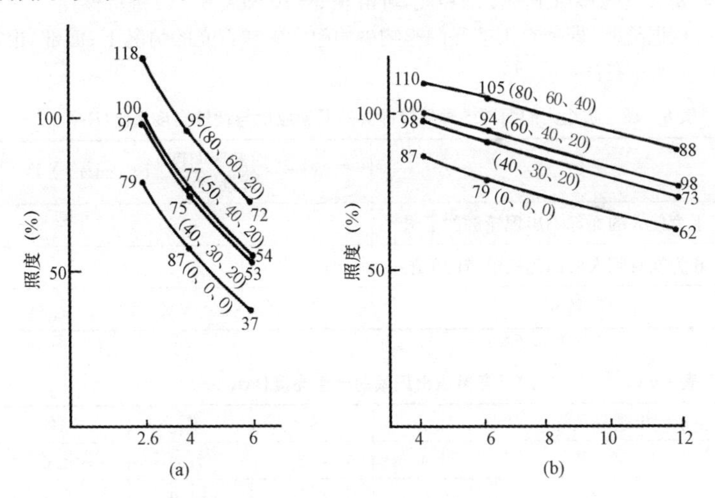

(a) 室内净高为 2.6m、4m、6m 时，房间面积 7m×7m；

(b) 室内净高为 4m、6m、12m 时，房间面积 30m×60m。

图 8-6　房间面积大小和净高不同时地面照度的关系

六、其他场所的照明

1. 门厅照明

门厅是办公楼的进出口大厅,给出最初印象的重要场所。它以白天使用为主。多数情况是入射多量的天然光。而且因为它是通行的地方,所以在照明设计时采用使它只有若干水平面照度的设计方法是没有意义的。

在门厅的照明设计时应考虑以下事项:

(1)应该照明的场所和对象。要在图纸上充分调查天然光入射状况或从大厅内观看时的亮度分布情况,探讨在白昼应该进行人工照明的场所和对象。

(2)光源的光色和色温。从门厅的结构和风格考虑,应该创造出与室外相连的感觉的空间或与室外隔绝的感觉的空间等,要和建筑设计人员很好地协商,以确定人工照明的光源的光色和色温。

(3)墙面和人的面部。要考虑提高门厅主要墙面和行人面部的垂直面照度(天然光为背光时面部的照度)的照明方法。

垂直面照度值应该考虑进入门厅时或相反时眼睛的适应状态来确定。一般来说,人的面部由于天然光的入射状况或门厅的种类、风格而不相同,但是需要大致能够识别程度的照度,可由表 8-10 和表 8-11 进行核算。

根据经验,即使在天然光的影响少的门厅中在背光的情况下(面部)也需要 150lx 左右。

表 8-10 防止人的面部轮廓显像需要的面部照度与背景亮度之比(R_1)

阶　段	$R_1=\frac{面部照明度}{背景亮度}$[$lx/(cd/m^2)$]
Ⅰ为使人的面部不出现轮廓的下限	0.07
Ⅱ为能看到人的面部的眼鼻的下限	0.15
Ⅲ稍好一些	0.30

表 8-11 对于各累积出现率的天空亮度(kcd/m^2)

累积出现率(%)	北	东	南	西
50	4.4	4.2	7.2	4.6
75	6.0	6.5	10.9	7.3
90	7.4	10.2	15.8	11.3
99	9.8	18.0	26.0	25.5

2.经理室和会议室的照明

因为在经理室和会议室进行重要的商谈和会议的情况较多，所以要清晰地看到人们的表情。一般这些房间从风格上多数要求设置相当大的玻璃窗口，在白天靠窗的人员会出现轮廓因而他们的表情往往不容易看到，只有使人们的面部具有足够的垂直照度就能够解决这种现象。当进行这些房间的照明设计时，应该更加重视垂直照度的设计。就是说，这些房间的照明，要重视与内部设计相配合的装饰要求，但也要充分注意这些照明器的配光状态来设计，根据情况只重视艺术性的照明器而使人们的面部得不到需要的垂直面照度时，就应该考虑采取另外追加不显眼的照明器等措施，以保证投向人们的垂直照度。

对于没有窗的房间，没有这样考虑的必要，因为一般可由桌面的反射等得到相当的垂直照度。无论哪一种方法，必须注意不要成为只考虑艺术而忽视配光的照明。

在有窗的情况下防止靠窗的人们显出轮廓而需要的面部照度，可由表8-10求出。例如，假设窗的亮度为4000cd/m^2，由表8-10求出对于面部的垂直照度需要值的最低下限就是4000×0.07=280lx。

为求得各个方向的窗的亮度可以应用表8-11。此外，为了在会议室中放映幻灯或电影，希望预先做出可调光的设备。

第三节　办公建筑电气设计及智能化设计

一、办公建筑电气设计

办公建筑电气设计应符合《办公建筑设计规范》JGJ67—2006和《建筑照明设计标准》GB 50034—2004的规定和要求。办公建筑电气设计有以下几种类别。

1.用电负荷分级及负荷密度

(1)办公建筑照明，电力设备用电负荷分级，见表8-12。

(2)用电指标：30～70W/m^2，变压器装置指标：50～100VA/m^2。

(3)在办公的用电负荷中，一般照明电源插座负荷约占40%，空调负荷约占35%，动力设备负荷约占25%。

2.照明系统

(1)办公建筑一般照明，动力负荷应分开计费，按二者间负荷较小的一种设子表计量。公寓式办公楼和出租办公楼可根据管理需要及建设方要求设计量电能表。

表 8-12 办公建筑用电负荷分级

建筑物名称	用电设备(或场所)名称	负荷等级
一类办公建筑和建筑高度超过50m的高层办公建筑的重要设备及部位	重要办公室、总值班室、主要通道的照明、值班照明、警卫照明、障碍标志灯、屋顶停机坪信号灯、电话总机房、计算机房、变配电所、柴油发电机房等，经营管理用及设备管理用电子计算机系统电源：客梯电力、排污泵、变频调速恒压供水生活水泵电源	一级负荷
二类办公建筑和建筑高度不超过50m的高层办公建筑以及部、省级行政办公建筑的重要设备及部位		二级负荷
三类办公建筑和除一、二级负荷以外的用电设备及部位	照明、电力设备	三级负荷

注：消防负荷分级应按建筑所属类别考虑。

(2)办公建筑的照明设计除了符合现行国家标准及规范外，还应注意考虑以下内容：

①办公建筑工作时间基本是白天，考虑到节能及舒适性，人工照明设备应与窗口射入的自然光合理地结合，宜将直管型荧光灯与侧窗平行布置，开关控制灯列与侧窗平行。办公室照明示例，如图 8-7～图 8-10 所示。

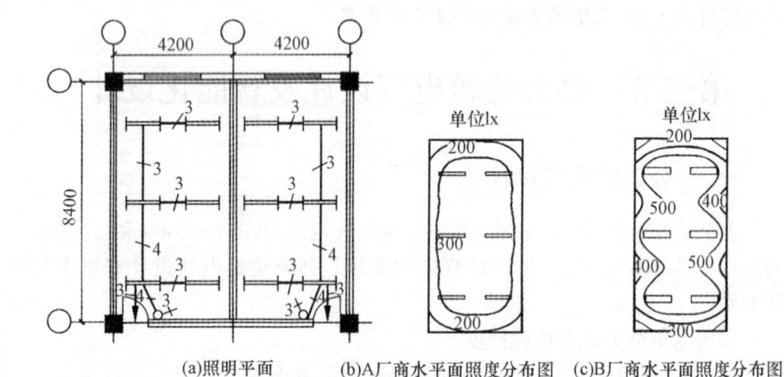

(a)照明平面 (b)A厂商水平面照度分布图 (c)B厂商水平面照度分布图

图 8-7 办公室照明平面示例(一)

注：①本方案采用 6 个双管灯具。

②当选择高效灯具及光源时，能以较少的光源实现较高的照度。

③A 厂商，采用 T8 荧光灯光源，6 个单管灯具，计算面高度 0.75m；反射率顶棚 50%、墙壁 30%、地面 10%；平均照度 314lx；*LPD*(功率密度)7.8W/m^2。

④厂商，采用 T8 荧光灯光源，计算面高度 0.85m；空间高度 3m，安装高度 3m，维护系数 0.80，平均照度 503lx；*LPD*(功率密度)12.24W/m^2。

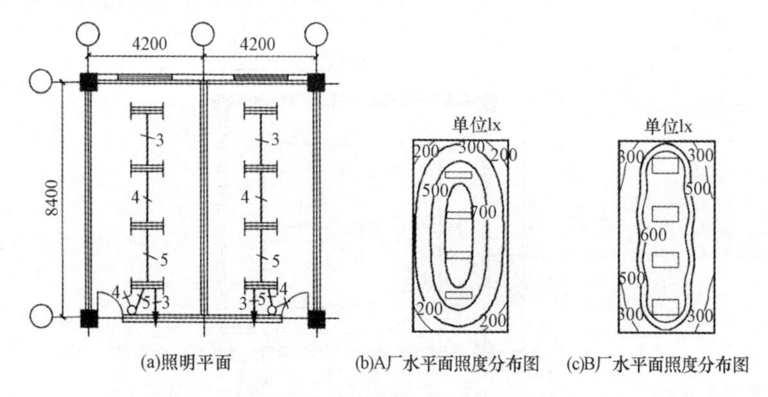

图 8-8　办公室照明平面示例(二)

注:①本方案采用 4 个三管灯具。

②当选择高效灯具及光源时,虽然照度相近,但光源的数量不同。

③A 厂采用 T8 荧光灯光源,4 个双管灯具,计算面高度 0.75m;反射率顶棚 50%、墙壁 30%、地面 10%;平均照度 464lx;LPD(功率密度)10.2W/m^2。

④B 厂采用 T8 荧光灯光源,计算面高度 0.85m;空间高度 3m,安装高度 3m,维护系数 0.80,平均照度 532lx;LPD(功率密度)12.24W/m^2。

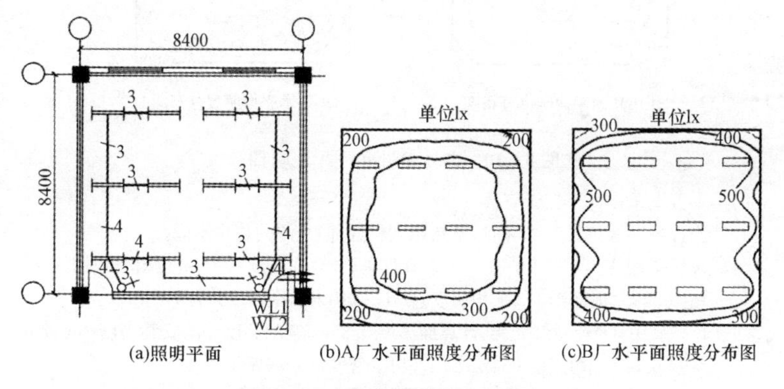

图 8-9　办公室照明平面示例(三)

注:①本方案采用 12 个双管灯具。

②光选择高效灯具及光源时,能以较少的光源实现较高的照度。

③A 厂采用 T8 荧光灯光源,12 个单管灯具,计算面高度 0.75m;反射率顶棚 50%、墙壁 30%、地面 10%,平均照度 368lx;LPD(功率密度)7.8W/m^2。

④B 厂采用 T8 荧光灯光源,计算面高度 0.85m;空间高度 3m,安装高度 3m,维护系数 0.80,平均照度 564lx;LPD(功率密度)12.24W/m^2。

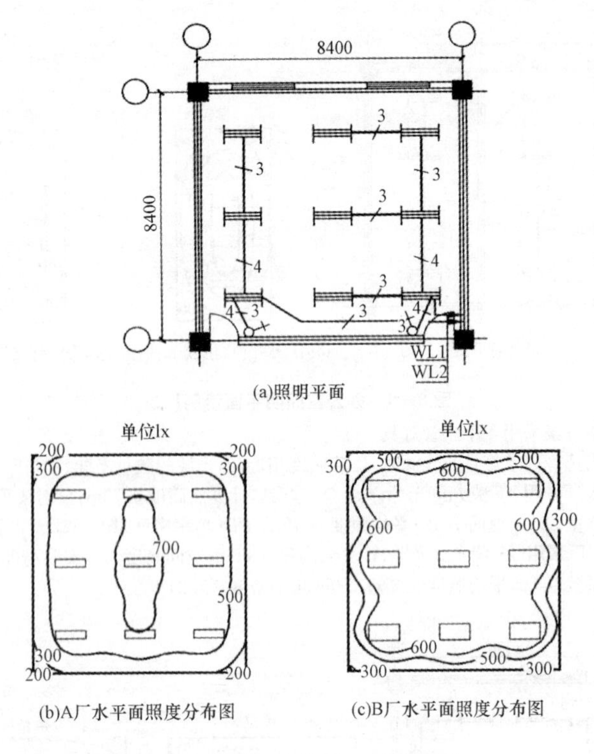

(a)照明平面

(b)A厂水平面照度分布图　　(c)B厂水平面照度分布图

图 8－10　办公室照明平面示例(四)

注:①本方案采用 9 个三管灯具。

②当选择高效灯具及光源时,虽然照度相近,但光源的数量不同。

③A 厂采用 T8 荧光灯光源,4 个双管灯具,计算面高度 0.75m;反射率顶棚 50%、墙壁 30%、地面 10%、平均照度 563lx;*LPD*(功率密度)11.5W/m^2。

④B 厂采用 T8 荧光灯光源,计算面高度 0.85m;空间高度 3m,安装高度 3m,维护系数 0.80,平均照度 634lx;*LPD*(功率密度)13.78W/m^2。

②会议室、洽谈室的照明应保证足够的垂直照度,一般背窗者的面部垂直照度不低于 300lx。

③为了适应幻灯或电子演示的需要,宜在会议室、洽谈室照明设计时考虑调光控制。有条件时,宜设置智能化控制系统。

④开放式办公室的楼地面宜按家具位置埋设强电和弱电插座:办公室的电源插座数量不应小于工作位数量,若无确切资料,可按每 3～5m^2 一个电源

插座考虑。

⑤电源插座的额定电流，应为已知使用设备额定电流的1.25倍。电源插座回路的载流量，对已知使用设备的电源插座供电时，应大于电源插座的额定电流。对未知设备的电源插座供电时，应大于总计算负荷电流。

⑥办公建筑配电回路应将照明回路和电源插座回路分开，电源插座回路应有防漏电保护措施。

(3)办公建筑的照明应采用高效、节能的荧光灯及节能型光源，灯具应选用无眩光的灯具。

3.防雷与接地

(1)办公楼的安全措施包括总等电位联结、局部等电位联结、接地线及剩余电流保护系统、雷击电磁脉冲的防护等。

(2)总等电位联结：办公建筑物应做总等电位联结，应将建筑物内保护干线、设备进线总管、建筑物金属构件进行联结。

(3)局部等电位联结：电话机房、消防控制室、电梯机房、计算机房、各层强弱电竖井，公寓式办公楼和酒店式办公楼的带淋浴的卫生间及其他带淋浴的公共卫生间、淋浴间等潮湿场所采用局部等电位联结。

(4)剩余电流保护系统：办公室的电源插座回路，低于2.4m的广告照明、室外照明、水中照明、地面电热融雪等室外电气设施的配电线路或设备终端线路应装设剩余电流断路保护器。

(5)雷击电磁脉冲的防护：对电源系统、弱电设备、信息系统加装电涌保护器。

4.火灾自动报警系统

办公建筑的火灾自动报警、自动灭火、火灾事故照明、疏散指示标志、消防用电设备等电源与回路和消防控制室的设计应符合现行国家有关防火规范的规定。

5.设计注意事项

(1)由于在设计阶段多数设备的选型尚未确定，建设单位提供的资料仅供参考使用，因此为施工图的设计带来一定的困难。在工程设计时，可先按有关资料进行估算设计，重要的是预留好管路，待设备确定后再布设电缆，以避免浪费。

(2)考虑办公建筑的美观、大方，保证用电安全。办公建筑的管线除了二次装修和设备用房以外均应暗敷，管材和线槽应采用非燃烧材料，包括阻燃型塑料管。但塑料管不能在吊顶内敷设。双电源供电的两个电源电缆及不同电压等级的电缆不宜在同一桥架或线槽敷设，如受条件限制时可在同一桥架或线槽上加隔板隔开。

(3)高层办公建筑每层应设强、弱电竖井,竖井的个数宜根据楼层的面积大小、防火分区及供电半径等因素综合考虑。

(4)电气竖井一般宜设置在电梯井道两侧或楼梯走道附近,面积视配电设备的多少而定,高层办公建筑的强电竖井面积不应小于 $4m^2$。高层办公建筑弱电竖井面积不应小于 $5m^2$。

二、办公建筑智能化设计

1.一般规定

办公建筑智能化设计应符合现行国家标准《智能建筑设计标准》和要求。办公建筑智能化系统的一般规定如下:

(1)功能:

①应适应办公建筑物办公业务信息化应用的需求;

②应具备高效办公环境的基础保障;

③应满足对各类现代办公建筑的信息化管理需要。

(2)基本配置:

①办公建筑应设有信息通信网络系统,实现办公自动化功能;

②信息通信网络系统的布线应采用综合布线系统,满足语音、数据、图像等信息传输要求;

③一类办公建筑及高层办公建筑宜设置建筑设备监控系统及安全防范系统;

④办公建筑内的大、中型会议室宜设扩声、投影等音响、声光系统,根据需要宜设同声传译及电视电话会议的功能;

⑤有汽车库的办公建筑宜设置汽车库管理系统;

⑥办公建筑内弱电机房的设备供电电源采用 UPS 集中供电方式时,应有电源隔离和过电压保护措施;

⑦具有电子信息系统的办公建筑防雷设计应按现行国家标准《建筑物电子信息系统防雷技术规范》GB 50343 执行。

2.智能化系统设计要求

(1)智能化集成系统:办公建筑宜配置智能化集成系统,应满足建筑物的使用功能,确保对各类系统监控信息资源的共享和优化管理,以实施综合管理功能。

(2)信息设施系统:其设计技术要求见表 8-13。

表 8-13　信息设施系统设计技术要求

类别	技术要求
通信接入系统	①通信接入系统根据办公建筑具体工作业务的需要，宜将公用或专用通信网经光缆引入办公建筑内。可根据具体使用的需求，将通信光缆延伸至用户工作区 ②对于出租或出售的办公建筑，由建设方和物业管理方统一设置通信接入系统，并将语音、数据等引入至出租或出售的办公单元或办公区域内
电话交换系统	①电话交换系统应根据办公建筑中各工作部门的管理职能和工作业务实际需求配置，并预留裕量 ②数字程控用户交换机初装容量宜按电话用户设计数量与预测近期发展的容量之和再预留约20%的备用量确定 ③数字程控用户交换机系统设备的出入中继线数量应根据实际话务量等因素确定，并预留裕量。宜按交换机容量的8%～10%考虑，特殊情况按15%～20%考虑 ④办公建筑物内所需的电话端口应按建设单位实际需求配置，并预留裕量。建设单位无法提供需求时可按办公用面积每5～10m² 不少于2个信息点配置
信息网络系统	①信息网络系统应符合各类办公建筑网络业务信息传输的安全、可靠和保密的规定进行分类配置；重要的网络系统设备应考虑冗余性、稳定性及系统扩容的要求 ②出租或出售办公单元内的信息网络系统，宜由承租者或入住的业主自行建设 ③建筑物内流动人员较多的公共区域或布线配置信息点不方便的大空间等区域，宜根据需要配置无线局域网络系统
综合布线系统	①行政办公建筑的综合布线系统应满足楼内各类信息传输时安全、可靠和高速的要求，应根据工作业务需要及有关管理规定选择配置缆线及机柜等配套设备，系统宜根据信息传输的要求进行分类。对于有保密(或较高安全)要求的部门的内网(或专网)和外网两个网络，其布线系统应是相互独立的，线路敷设不得共管共槽，为防止信息在传输通道中泄露或用户对电磁兼容性有较高要求时，宜采用屏蔽布线系统 ②信息插座的配置可按实际需求确定，当网络使用要求尚未明确时，宜按下列原则配置： a.采用铜芯对绞电缆组网，每个工作区(可按5～10m²估算)设置1～2个单孔或一个双孔的信息插座，每个信息插座配置一根5类或5类以上的4对对绞电缆，电话网干线宜选用3类大对数电缆，每个信息插座至少配1对对绞线，数据网干线宜配5类或5类以上电缆，每24个信息插座配2对对绞线或每个交换机/集线器(SW/HUB)至少配4对对绞线 b.采用光缆和铜芯对绞电缆混合组网，每个工作区设置2个或2个以上单孔或一个以上双孔的信息插座，每个信息插座配置一根5类或5类以上的4对对绞电缆，电话网干线电缆对数宜按信息插座所需线对的25%配置，或按用户要求考虑适当备用量，数据网干线每个交换机/集线器(SW/HUB)至少配2芯光纤。如有用户需要光纤到桌面(FTTD)，光缆可经或不经FD直接从BD引至桌面。上述光纤芯数不包括配置所需的主干光纤数量在内

续表

类别	技术要求
综合布线系统	③对于多单位共用的商务办公建筑，宜由各单位建立各自独立的布线系统。对于出租、出售的商务办公建筑，物业管理部门应统筹规则建设设备间、垂直主干线系统及楼层配线设备等。由于用户位置具有流动性或不确定性，工作区设计可采用设置多用户信息插座和集合点(CP)设计的方法： a. 多用户信息插座宜安装在墙面或柱子等固定结构上。每组多用户信息插座最多含12个信息插座，工作区缆线长度不应超过20m b. CP箱宜安装在离FD不小于15m的墙面或柱子等固定结构上，进出CP的电缆对或光纤芯数必须1：1对应。CP箱配线设备容量宜满足12个工作区信息点的需求 c. 上述两种方案都难以实施时，可考虑进行二次装修时，综合布线系统与之同时实施，但应预留好缆线线槽及通道位置 ④对于金融办公建筑综合布线系统的垂直干线系统和水平配线系统应具有扩展的能力 ⑤室内移动通信覆盖系统： a. 办公建筑需配置室内移动通信覆盖系统，确保办公建筑各类移动通信用户通信畅通 b. 该系统一般由专业运营商设计、施工，设计院负责配合预留电源、竖井及水平通道等路径 ⑥卫星通信系统。金融类办公建筑需配置卫星通信系统，以满足对业务数据信息实时，远程通信的需求；应在建筑物相应的部位，配置或预留卫星通信系统的天线、室外单元设备安装的空间、天线基座、室外馈线引入的管道和通讯机房的位置等 ⑦有线电视及卫星电视接收系统。办公建筑应配置有线电视及卫星电视接收系统，并根据办公建筑的内部功能需要配置电视终端。传输系统的规划应符合当地有线电视网络的要求 ⑧办公建筑应设广播系统，内容主要是公共广播系统和火灾应急广播系统。公共广播是满足业务及行政管理为主的语言广播：火灾应急广播应满足火灾时引导人员疏散的要求。应急广播系统扬声器宜采用与公共广播系统的扬声器兼用的方式、应急广播系统应优先于公共广播系统 ⑨办公建筑内的大、中型会议室宜设扩声、投影等音响、声光系统。根据需要设同声传译及电视电话会议系统

(3)信息化应用系统：办公建筑的信息化应用系统需配置办公工作业务系统、物业运营管理系统、公共信息管理系统；商务办公建筑需配置公共服务管理系统；行政及金融办公建筑需配置智能卡应用系统和信息网络安全管理系统，宜配置其他业务功能所需要的应用系统。

(4)公共安全系统：其设计技术要求如下：

①办公建筑的安全技术防范系统根据工程项目的建筑类别、建设规模、使用性质、建设投资和管理要求等实际情况，确定选择配置相应的系统。

②办公建筑的重要办公室、财务办公室、重要档案库、贵重仪表间和计算机中心等室内宜设入侵报警装置。

③从安全保卫管理考虑,办公建筑主要在出入口、大厅、财务出纳室、主要通道,楼梯出入口,电梯轿厢、地下停车场等部位安装视频安防监控系统。

④办公建筑一般根据其使用功能和安全防范管理的需要,在楼内(外)通行门、出入口、通道、重要办公室、财务出纳室、重要库房、部门分隔等处考虑设置出入口控制装置。

⑤电子巡查系统应根据办公建筑使用功能和安全防范管理的需要设置。巡查点宜设于楼梯口、楼梯间、电梯前室、门厅、走廊、拐弯处、重点保护房间及室外重点部位。

3.金融办公、行政办公、商务办公建筑智能化设计要点

(1)金融办公建筑。金融办公建筑设计要求与规定有如下几点:

①通信接入系统根据具体工作业务的需要,宜将公用或专用通信网光缆引入金融办公建筑内。

②信息网络系统应符合各类金融网络业务信息传输的安全、可靠和保密的规定进行分类配置;重要的网络系统设备应考虑冗余性、稳定性及系统扩容的要求。

③综合布线系统的垂直干线系统和水平配线系统应具有扩展的能力。

④卫星通信系统应满足对业务的数据等信息实时、远程通信的需求;应在建筑物相应部位,配置或预留卫星通信系统的天线、室外单元设备安装的空间、天线基座、室外馈线引入的管道和通信机房的位置等。

⑤安全技术防范系统应符合现行国家标准《安全防范工程技术规范》GB 50348—2004 第 4.3 节等的有关规定。

(2)行政办公建筑。行政办公建筑设计要求与规定有如下几点:

①通信接入设备系统宜根据具体工作业务的需要,将公用或专用通信网经光缆引入办公建筑内。可根据具体使用的需求,将通信光缆延伸至部分特殊用户工作区。

②电话交换系统应根据办公建筑中各工作部门的管理职能和工作业务实际需求配置,并预留裕量。

③信息网络系统应符合各类(级)行政办公业务信息网络传输的安全和可靠的要求。

④综合布线系统应满足行政办公建筑内各类信息传输时安全、可靠和高速的要求,应根据工作业务需要及有关管理规定选择配置缆线及机柜等配套设备,系统宜根据信息传输的要求进行分类。

⑤会议系统应根据所确定的有关使用功能要求，选择配置相应的会议系统设备。

⑥安全技术防范系统应符合现行国家标准《安全防范工程技术规范》GB 50348—2004 第 5.1 节等的有关规定。

⑦对于多机构合用的行政办公建筑，在符合使用要求的前提下，各个单位的信息网络主机设备宜集中设置在同一信息中心主机房。

⑧涉及国家秘密的通信、办公自动化和计算机信息系统的通信或网络设备均应采取信息安全保密措施，涉密信息机房建设和设备的防护等应符合国家保密局颁布的有关规定。

(3)商务办公建筑。商务办公建筑设计要求与规定有如下几点：

①多单位共用的办公建筑，应统筹规划配置电信接入设备机房。

②信息网络系统应符合下列要求：

a. 物业管理系统宜建立独立的信息网络系统；

b. 自用办公单元信息网络系统宜考虑信息交换系统设备完整的配置；

c. 建筑物的通信接入系统应由建设方或物业管理方统一建立，并将语音、数据等引入至出租或出售的办公单元或办公区域内；

d. 出租或出售办公单元内的信息网络系统，宜由承租者或入驻的业主自行建设。

③综合布线系统应符合下列要求：

a. 对于多单位共用的办公建筑，宜由各单位建立各自独立的布线系统；

b. 对于出租、出售型办公建筑，物业管理部门应统筹规划建设设备间、垂直主干线系统及楼层配线设备等；

c. 对于办公建筑内区域范围较明确的，宜采用配置集合点的区域配线方式；

d. 会议系统宜具有提供会议室或会议设备出租使用管理的便利性；

e. 建筑设备管理系统宜考虑能对区域管理和供能计量；

f. 安全技术防范系统应符合现行国家标准《安全防范工程技术规范》GB 50348 有关规定。

第九章　医院照明

第一节　医院照明规定与照度标准

一、医院照明的一般要求与规定

(一)一般要求

医院照明的一般规定如下：

(1)医院建筑照明设计应合理选择光源和光色，对于诊室、检查室和病房等场所宜采用高显色光源。

(2)诊疗室、护理单元通道和病房的照明设计，宜避免卧床病人视野内产生直射眩光；高级病房宜采用间接照明方式。

(3)护理单元的通道照明宜在深夜可关掉其中一部分或采用可调光方式。

(4)护理单元的疏散通道和疏散门应设置灯光疏散标志。

(5)医院内病房应考虑一般照明、局部照明、应急照明，同时考虑夜间照明。病房照明宜与宾馆、居家照明相近。工艺有特殊要求时，按特殊要求设计。病房的照明宜以病床床头照明为主，并宜设置一般照明，灯具亮度不宜大于 2000cd/m^2。当采用荧光灯时宜采用高显色性光源，精神病房不宜选用荧光灯。

(6)当在病房的床头上设有多功能控制板时，其上宜设有床头照明灯开关、电源插座、呼叫信号、对讲电话插座以及接地端子等。成人病房和护士室之间应设呼叫信号装置。

(7)单间病房的卫生间内宜设有紧急呼叫信号装置。

(8)病房内宜设有夜间照明。在病床床头部位的照度不宜大于 0.1lx，儿科病房病床床头部位的照度可为 1.0lx。儿科门诊、儿科病房内的电源插座应选用安全型电源插座。

(9)手术室内除应设有专用手术无影灯外，宜另设有一般照明，其光源的相关色温应在 3500～6700K，应与无影灯光源相适应。手术室的一般照明宜采用调光方式。

(10)手术专用无影灯的照度应在 $20\times10^3\sim100\times10^3$ lx，胸外科内手术

专用无影灯的照度应为 $60\times10^3\sim100\times10^3$ lx。口腔科无影灯的照度可为 10×10^3 lx。

(11)进行神经外科手术时,应减少光谱区在 800～1000 nm 的辐射能照射在病人身上。

(12)候诊室、传染病院的诊室和厕所、呼吸器科、血库、穿刺、妇科冲洗、手术室等场所应设置紫外线杀菌灯。照明灯具开关单独设置,其安装高度应区别于其他开关。当紫外线杀菌灯固定安装时应避免出现在病人的视野之内或应采取特殊控制方式。紫外线杀菌灯数量的确定按下式计算:

有一般卫生要求时:

$$N = 4P^2/(H \cdot V \cdot F)$$

有高度杀菌要求时:

$$N = 0.05V/(H \cdot F)$$

式中 N——紫外线杀菌灯数,每只按 30W 计;

P——室内人数;

H——杀菌灯至顶棚距离(m);

V——房间体积(m^3);

F——灯具效率,可取 0.8。

紫外线杀菌灯数量计算结果若不足 1 时应按 1 支计算。反射型紫外线杀菌灯至顶棚距离不宜大于 1.5m。

(13)X 线诊断室、加速器治疗室、核医学科扫描室和 γ 照明室等的外门上宜设有工作标志灯和防止误入室内的安全装置,并应可切断机组电源。放射科、核医学科、功能检查室等部门的医疗装置电源,应分别设有切断电源的开关电器(pm)。

(14)医院下列场所和设施宜设有备用电源:

①急诊室的所有用房。

②监护病房、产房、婴儿室、血液病房的净化室、血液透析室、手术部、CT 扫描室、加速器机房和治疗室、配血室。

③培养箱、冰箱、恒温箱以及必须持续供电的精密医疗设备。

④消防和疏散设施。

(二)一般规定

1.门厅和候诊室的照明

诊疗部门是医院的中枢,所以要考虑在舒适的环境下充分发挥它的功能作用。因这部分的使用时间是在白天,所以对一楼只靠人工照明的房间,应考虑从大门射进和天然光的照度平衡问题。

门厅不宜使用亮度高或太华丽的照明灯具，一般采用乳白玻璃罩吸顶灯为好。为使病人有安定的情绪，并造成旅馆的感觉，有的医院将门诊楼前场地加盖透光顶棚，形成半露天的多功能门庭，成为看病病人休息场所。

候诊室往往是病人等候时间最长的地方，在候诊室的设计中应该考虑到这一心理因素。为了使病人能耐心、愉快地等候，平面分区要做到合理，要有足够的空间和良好的通风、采光，使环境安静，可以缓和病人的情绪。

2. 住院部的照明

病房是对住院病人进行诊疗和看护的地方，也是病人生活的地方，病房照明设计，不但对病人诊治重要，而且在治疗康复上也很重要。

(1)病房的照明：从大夫方面来说，要求和诊疗室一样明亮；从病人方面来说，要求卧床时在视野内不会感到眩光，同时还要求有接近于家庭居室照明的感觉。

一般照明的照度为 100～200lx，要注意使向上或横卧着的病人不致感到眩光。对于单人或双人病房，可在床头墙面上装灯，所以问题不大。但对于 6 人或 6 人以上的病房，多半是把照明灯具设置在房间中央，这时病人能自己开关；开灯时，不会影响别的病人，特别是对面的病人不会感到眩光。

近来有人把病人床头的许多装置，如床头灯、呼唤按钮，医疗气体或吸顶装置的电源插座、监测器接头等组装在一起，并把一般照明和简单照明装在一个配电盘上。这种装置外形美观，装饰效果好，相信今后会有更大的发展。

病房的值班照明，有的用壁灯或顶棚的常夜灯，有的用脚灯。查房时用常夜灯为好，但对灯位需作充分的考虑，使病人不至于感到过于明亮。另外，对走廊照明灯具的位置也需加以考虑，以免灯光射进病房。

(2)看护室的照明：看护室是进行事务性的工作场所，它的照明要适应各种作业的要求。

3. 手术部的照明

手术是在无窗的比较紧凑的场所内，持续时间较长的紧张工作。手术室照明必须考虑减轻相关人员的疲劳问题。一般照明照度要求较高。灯具的扩散性要好、带罩、结构牢固等。

手术室是医院中进行最精密的工作场所，水平照度通常是 1000lx，垂直照度不低于水平照度的 1/2。

最近，由于显微手术和其他先进手术室的顶棚上，多设置有 X 光装置和无菌设备的排气装置，而且这些装置又是在手术台上方，与手术照明装置会发生一点矛盾，故设计时应作综合考虑。

手术室的局部照明使用无影灯。无影灯的照明指标如下：

(1)照度要求20000～100000lx,而且在原则上要求能调节照度；

(2)照明光束范围为ϕ10～25cm,要求能调节光束大小；

(3)配光上要没有光斑,显色性要好；

(4)尽量消除包含在照明光线中的热量；

(5)对创伤面,要求绝对无影；

(6)照明的焦点深度,通常是在15cm以上；

(7)照明的位置、方向要容易调节。

4.其他

(1)管理部门可按办公室的照明来设计。

(2)紫外线杀菌灯,对空气中的细菌杀灭最为有效,在安装时要注意不使光线直接射到病人的视野内。

二、医院的照度、光源及光色

1.医院的照度标准

医院照明是以能充分发挥医院的功能,直接或间接地对医疗起作用为目的。医院的工作场所的活动地方很多,照度的差别很大,如精密作业的手术室需要100000lx的照度,一般检查室的照度在1000lx左右,病房照度在100～200lx即可。

各国医院各部门的推荐照度,见表9-1。国际照度标准(医院部分),见表9-2。

表9-1 各国医院各部门的推荐照度(lx)

照度 (lx)		国名				
		法国	德国	英国	美国	日本
病房	一般	70	80～120	150	220	100～200
	床头	300	200	一般30～50	320	
	傍晚	15	5～20	5	22	—
	深夜	—	—	0.1	5～15	
手术	一般	500～300	1000	400	2200	750～1500
	手术视野	特别	20000～100000	特别	26900	20000以上
检查	一般	500	500～1000	500	540	200～500
	局部	500	1000以上	500	1100	750～1500

续表

照度（lx）		国名				
		法国	德国	英国	美国	日　本
监护室	一般	—	80～500	30～50	320	300～150
	局部	—	1000	400	1100	—
诊察处置	一般	500	500	300	540	300～750
	局部	500	1000	500	1100	—
走廊(病房)	白天	70	250	300	220	—
	傍晚	70	30	150～200	32	50～100
	深夜	70	30	50～10	32	1～2

表 9-2　国际照明委员会照明标准(S 008—2001)(医院部分)

室内作业或活动种类	E_m(lx)	UGR_L	R_a	备注
健康中心				
等待室	200	22	80	地板平面照度
走廊(白天)	200	22	80	地板平面照度
走廊(夜间)	50	22	80	地板平面照度
白天房间	200	22	80	地板平面照度
职员办公室	500	19	80	
职员房间	300	19	80	
病房				
一般照明	100	19	80	地板平面照度
阅读照明	300	19	80	
单独检查	300	19	80	
检查治疗	1000	19	80	
夜间照明、观察照明	5	19	80	
病人淋浴房、洗手间	200	22	80	
一般检查室	500	19	90	

续表

室内作业或活动种类	E_m(lx)	UGR_L	R_a	备注
耳科、眼科检查	1000	—	90	局部检查照明
视力表阅读和颜色测试	500	16	90	
图像增强超声扫描仪和电视系统	50	19	80	
透析室	500	19	80	
皮肤病室	500	19	80	
内窥镜室	300	19	80	
石膏室	500	19	80	
药浴室	300	19	80	
按摩和放疗	300	19	80	
预症、恢复室	500	19	80	
手术室	1000	19	90	
手术舱	特殊	—	—	E_m=10000～100000lx
加强监护室				
一般照明	500	19	90	照明必须对病人无眩光
病人处	1000	—	90	局部检查照明灯具
手术舱	5000	—	90	可能需要高于5000lx
牙齿漂白匹配	5000	—	90	T_{cp}≥6000k
颜色检查(实验室)	1000	19	90	T_m≥5000k
杀菌室	300	22	80	
消毒室	300	22	80	
尸体解剖室和太平间	500	19	90	
解剖台	5000	—	90	可能需要高于5000lx

2. 光源及光色

光源和周围环境的色彩是医院照明中的重要问题。例如，在对病人诊断时，需要正确地辨认病人皮肤的颜色。同样，对于处理室和检查室、化验室等，需要正确辨认物体色，要求选用显色性高的光源，哪怕牺牲一点光效，也是应该的。

医院的气氛，需要清洁、明亮和柔和，对于前厅和病房应给予舒畅的影像。从色彩调节的基本原理出发，墙壁的装修色彩能起到很大作用，要认真考虑。

第二节　医院照明设计

一、医院照明电气设计要求与规定

1. 一般规定

(1)医院电气设备工作场所应分为：

0类医疗场所：无须与病人身体接触的电气装置T作的场所；

1类医疗场所：需要与病人体表、体内（二类医疗场所所述环境）接触的电气装置工作的场所；

2类医疗场所：需要与患者体内（主要指心脏或接近心脏部位）接触以及电源中断危及患者生命的电气装置工作的场所。

(2)医疗用房内禁止采用TN-C接地系统。

2. 电源

(1)医院应根据医疗场所的分类进行供配电系统设计。

(2)医疗场所配电系统的设计应便于电源从主电网自动切换到应急电源系统。

(3)需要采用净化电源设备的科室宜采用单元净化系统，满足工艺及设备条件。

(4)放射科大型医疗设备的电源，应由变电所单独供电。

(5)放射科、核医学科、功能检查室、检验科等部门的医疗装备电源，应分别设置切断电源的隔离电器。

(6)大型医疗设备的电源系统应满足设备对电源压降的要求。

3. 应急电源系统

(1)应急电源的类别见表9-3。

表9-3　应急电源的分类(GB 16895.24)

0级（不间断）	不间断自动供电
0.15级（极短时间断）	0.15s之内自动恢复有效供电
0.5级（短时间断）	0.5s之内自动恢复有效供电

续表

15 级(中等间断)	15s 之内自动恢复有效供电
大于 15 级(长时间断)	大于 15s 后自动恢复有效供电

注:在 1 类和 2 类医疗场所,如果任一导体上的电压下降值高于标准电压 10%时,应急电源应自动启动。

(2)医疗场所应急电源的种类:

①切换时间小于等于 0.5s 的电源:属专用安全电源,电源恢复供给不得超过 0.5s。主要应用于维持手术室照明和重要的医疗设备工作。

②切换时间小于等于 15s 的电源:当导体上的电压降至 10%电源电压额定值且持续时间大于 3s 时,设备在 15s 内可以连接到能维持 24 小时的供电安全电源。

③切换时间大于 15s 的电源:为维持医院运行,在电源故障时能通过自动或手动切换到能持续供电至少 3~24h 的安全电源。

(3)应急照明系统切换时间不超过 15s。对下列场所应提供必要的最低照度:

①疏散通道以及出口指示照明;

②应急电源以及正常电源的配电装置及其控制装置所在场所;

③重要的房间,每个房间至少有一个由安全电源供电的灯具;

④在 1 类医疗场所每个房间至少有一个由安全电源供电的灯具;

⑤在 2 类医疗场所电源至少能提供 50%的亮度。

(4)需要切换时间不超过 15s 安全电源供电的设施如下:

①消防电梯;

②消防排烟系统;

③中央控制系统;

④在 2 类医疗场所内,重要的医疗电气设备;

⑤空气压缩、空气洁净、麻醉、监视等相关的医疗电气设备;

⑥火灾报警以及消防系统。

(5)需要切换时间可大于 15s 应急电源供电的设施如下:

①消毒设备;

②采暖、冷却、通风系统、废弃物处理系统;

③厨房设备;

④蓄电池充电设备。

4.安全保护

(1)1类和2类医疗场所使用SELV和PELV时,设备额定电压不应超过交流25V或者直流60V并应采取绝缘保护。

(2)1类和2类医疗场所必须设防止间接触电的断电保护,并符合下列要求:

①IT、TN、TT系统,接触电压不应超过25V。

②TN系统最大分断时间AC230V为0.2s,AC400V为0.05s。

③IT系统中性点不配出,最大分断时间AC230V为0.2s。

(3)TN系统在2类医疗场所区内采用额定剩余电流不超过30mA的RCD(剩余电流动作保护器)仅用在以下回路中:

①手术台供电回路;

②X射线装置回路;

③额定容量超过5kVA的大型设备的回路;

④非生命保障系统的电气设备回路。

(4)TT系统在1类医疗场所和2类医疗场所采用TN系统的要求,而且必须采用RCD。

(5)2类医疗场所在维持病人生命、外科手术和其他位于病人周围的电气装置均应采用医用IT系统(不包括下所列电气装置)。多个功能房间,至少安装一个医用IT系统。医用IT系统必须配置绝缘监视器,并具有如下要求:

①交流内阻大于等于100kΩ;

②测量电压不超过直流25V;

③测试电流,故障条件下峰值不应大于1mA;

④当电阻减少到50kΩ时能够显示,并备有试验设施;

⑤每一个医疗1T系统,具有显示工作状态的信号灯。声光警报装置应安装在便于永久性监视的场所;

⑥隔离变压器需设置过载和高温的监控。

(6)为使"患者环境"内的下列装置达到等电位,在医用1类、2类医疗场所的"患者环境"内应设置辅助医用等电位连接母排,等电位连线将下列装置与等电位母排连接:

①保护线;

②外部导电部分;

③电磁干扰隔离板;

④与导电板的联结部分;

⑤隔离变压器的金属外壳。

(7)在2类医疗场所内，电源插座的保护线与安装设备或外露导电部分和等电位母排之间的导体的电阻(包括连接部分的电阻)不应超过0.2Ω。

(8)辅助医用等电位母排应安装在医疗场所的附近，靠近配电屏或在配电屏中。便于为第(6)条所述装置提供辅助医用等电位连接。这样的连接应该明显可见，同时可以独立断开。

5.照明设计

(1)医疗建筑的照明设计执行国家相关规范，应满足绿色照明要求。

(2)照度推荐值，见表9-4。

表9-4 照度推荐值

房间名称	推荐照度(lx)
候诊室、病人活动室、放射科诊断室、核医学科、理疗室、监护病房	200～300
病房	100
诊查室、检验科、病理科、配方室、医生办公室、护士室、值班室、CT诊断室、放射科治疗室	300～500
手术室	750
夜间守护照明	5

(3)医疗建筑医疗用房应采用高显色照明光源，显色指数≥80，宜采用带电子镇流器的三基色荧光灯。

(4)光源色温推荐值，见表9-5：

表9-5 光源色温推荐值

房间名称	推荐色温(K)
诊查室、候诊室、检验科、病理科、配方室、医生办公室、护士室、值班室、放射科诊断室、核医学科、CT诊断室、放射科治疗室、手术室、设备机房	3300～5300
病房、病人活动室、理疗室、监护病房、餐厅	≤3300

(5)医疗建筑的照明系统采用荧光灯时应对系统的谐波进行校验，满足国家相关标准。

(6)病房照明宜采用间接型灯具或反射式照明。床头宜设置局部照明，一床一灯，床头控制。

(7)护理单元走道、诊室、治疗、观察、病房等处灯具，应避免对卧床病人产生眩光，宜采用温反射灯具。

(8)护理单元走道和病房应设“夜间照明”，床头部位照度不应大于0.1lx，儿科病房不应大于1lx。

(9)需要观察患者X线诊断室、加速器治疗室、核医学科扫描室和X照相机室、手术室等用房应设防止误入的红色信号灯，其电源应与机组连通。

6.电气设备的选择与安装

(1)医用IT系统隔离变压器。

①医用IT系统通常采用单相变压器，其额定容量不应低于0.5kVA，且不超过10kVA。

②隔离变压器应尽量靠近医疗场所，并采取措施防止人们无意地接触。

③隔离变压器二次侧的额定电压不应超过250V。

当隔离变压器处于额定电压和额定频率下，空载运行时，流向外壳或大地的漏电流不应超过0.5mA。

(2)1类医疗场所和2类医疗场所需要安装剩余电流保护器时，应仅选择A型或B型脱扣器。

(3)2类医疗场所配电系统应设置过流保护。隔离变压器的一次侧与二次侧禁止使用过载保护。二次侧应设置双级断路器。

(4)2类医疗场所内，IT系统的每组电源插座回路，应独立设置过流保护，宜独立设置过载报警。

(5)1类医疗场所和2类医疗场所内，至少提供两路不同的照明电源。

(6)医院内电气装置与医疗气体释放口的安装距离不得少于0.2m。

(7)防火保护。

①医疗场所电气装置的防火保护应遵循国家相关规范。

②医疗场所应急系统的电源、控制缆线宜采用无卤低烟阻燃型或矿物绝缘型。

③如设置防火漏电保护器，宜采用可调节型。

7.防雷、接地与电磁兼容

(1)医疗建筑防雷设计应遵循国家相关的设计规程、规范。

(2)医疗建筑应采用防雷接地及电力系统共用接地系统。

(3)医院建筑所有电气设备应满足相关的电磁兼容(EMC)的要求，应符合有关电磁兼容标准。

二、医院照明电气标准设计

1.医院等级

(1)卫生部《综合医院分级管理标准(试行稿)》根据医院功能、任务不同，将我国医院分为一级、二级、三级，各级医院又分为甲、乙、丙3等，三级医院增设特等，共3级10等。综合医院等级，见表9-6。

表9-6　　综合医院等级

级别	等级	性质	床位总数	审批部门
一级医院	甲等、乙等、丙等	是直接为社区提供医疗、预防、康复、保健综合服务的基层医院，是初级卫生保健机构	20～99	地（市）卫生局
二级医院	甲等、乙等、丙等	是跨几个社区提供医疗卫生服务的地区性医院，是地区性医疗预防的技术中心	100～499	省、自治区、直辖市卫生厅(局)
三级医院	特等、甲等、乙等、丙等	是跨地区、省、市以及向全国范围提供医疗卫生服务的医院，是具有全面医疗、教学、科研能力的医疗预防技术中心	500及以上	卫生部

注：医院分级管理的依据是医院的功能、任务、设施条件、技术建设、医疗服务质量和科学管理的综合水平(目前等级评审暂停)。

(2)《综合医院建设标准》建标110—2008中将医院建设规模按床位分为200床、300床、400床、500床、600床、700床、800床、900床、1000床9个等级，并对供电系统形式提出要求。综合医院应由急诊部、门诊部、住院部、医技科室、保障系统、行政管理和院内生活设施等构成。承担科研和教学任务的综合医院，还应包括相应的科研和教学设施。

2. 医疗场所供配电系统设计原则

(1)应根据医疗场所的分类、分级进行供配电系统设计，并确保系统安全、可靠。

(2)医疗场所的配电系统设计，应便于重要负荷的供电从主配电网络自动切换到安全电源上。

(3)放射科、功能检查室等大型医疗设备的电源应由变配电所独立回路供电，并应满足大型医疗设备对电能质量(如电压偏差、电源系统内阻)的要求。

(4)在1类和2类医疗场所采用SELV和PELV时，用电设备额定电压不应超过交流均方根值25V或无纹波直流60V，并应采取绝缘保护。

(5)1类和2类医疗场所必须设置防止间接触电的断电保护措施，并应符合IT、TN、TT系统中的安全电压和最大分断时间要求。

(6)2类医疗场所内维持患者生命、外科手术和其他位于“患者区域”的电气装置均应采用IT系统供电(第7条所列内容除外)。

(7)在2类医疗场所,如采用额定剩余动作电流不超过30mA的剩余电流动作保护器(RCD)作为自动切断电源的装置,如下设备的供电回路可采用TN或TT系统:手术台驱动机构、额定功率大于5kVA的大型设备、X光机及不是用于维持生命的电气设备。

(8)在1类和2类医疗场所内,按规范要求采用RCD时,应按可能产生的故障电流特性选用A型或B型的RCD。同时建议对TN-S系统进行绝缘监测,以确保所有带电导体有足够的绝缘水平。

(9)在1类和2类医疗场所的"患者区域"内应设置辅助等电位连接。

(10)医疗场所的防雷接地、强弱电设备的工作接地、电气设备的保护接地等宜采用共用接地系统。

3. 用电负荷分级及负荷密度

(1)二级以上医院建筑照明、电力设备的用电负荷分级,见表9-7。

表9-7　二级以上医院建筑用电负荷分级

用电设备(或场所)名称	负荷等级
重要手术室、重症监护室的涉及患者生命安全的设备(如呼吸机等)及照明用电	一级负荷中特别重要负荷
急诊部、监护病房、手术部、分娩室、婴儿室、血液病房的净化室、血液透析室、病理切片分析、核磁共振、介入治疗用CT及X光机扫描室、血库、高压氧舱、加速器机房、治疗室及配血室的电力照明用电,培养箱,冰箱,恒温箱用电,走道照明用电,百级洁净度手术室空调系统、重症呼吸道感染区的通风系统用电,其他必须持续供电的精密医疗装备	一级负荷
除上栏所述之外的其他手术室空调系统用电,电子显微镜、一般诊断用CT及X光机用电,客梯用电,高级病房、肢体伤残康复病房的照明用电	二级负荷
不属于一级和二级负荷的其他负荷	三级负荷

注:消防负荷分级按建筑所属类别考虑。

(2)一般大型综合医院供电指标采用80W/m^2,专科医院供电指标采用50W/m^2。医院的用电负荷中,一般照明插座负荷约占30%,空调负荷约占50%,动力及大型医疗设备负荷约占20%。

(3)医疗设备用电容量,见表9-8。

表 9-8 **医疗设备用电容量**

名称	电源		外形尺寸(mm)	备注
	电压(V)	功率(kW)		
手术室				
呼吸机	220	0.22～0.275		
全自动正压呼吸机	220	0.037		
加温湿化一体正压呼吸机	220	0.045	165×275×117	
电动呼吸机	220	0.1	365×320×255	
全功能电动手术台	220	1.0	480×2000×800	高度 450～800mm 可调
冷光 12 孔手术无影灯	24	0.35		
冷光单孔手术无影灯	24	0.25～0.5		
冷光 9 孔手术无影灯	24	0.25		
人工心肺机	380	2	586×550×456	
中医科				
电动挤压煎药机	220	1.8～2.8	550×540×1040	容量:20000mL
立式空气消毒机	220	0.3		
多功能真空浓缩机	220	2.4～1.8		容量:25000～50000cc
高速中药粉碎机	220	0.35～1.2		容量:100～400g
多功能切片机	220	0.35	340×200×300	切片厚度 0.33mm
电煎常压循环一体机	220	2.1～4.2		容量:12000～60000mL
放射科、化验科				
300mA X线机	220	0.28		
50mA 床旁 X射线机	220	3	1320×780×1620	
全波型移动式 X射线机	220	5		重量:160kg
高频移动式 C臂 X射线机	220	3.6		垂直升降 400mm
牙科 X射线机	220	1.0		
单导心电图机	220	0.05		
三导心电图机	220	0.15		
推乍式 B超机	220	0.07	600×800×1200	
超速离心机	380	3	1200×700×930	
低速大容量冷冻离心机	220	4		
高速冷冻离心机	220	0.3		
深部治疗机	220	10		

续表

名　称	电　源		外形尺寸(mm)	备　注
	电压(V)	功率(kW)		
其　他				
不锈钢电热蒸馏水器	220	13.5		出水量 20L
热风机	380	1.5～2.3 +0.55	366×292×780	
电热鼓风干燥箱	220	3	850×500×600	
隔水式电热恒温培养箱	220	0.28×0.77		
低温箱	380	3～15		
太平柜	380	3	2600×1430×1700	

注:本表提供的各项参数仅供参考,具体数据应根据产品型号相应调整。

4. 安全电源

(1)在医疗场所内,要求配置安全设施的供电电源,当失去正常供电电源时,该安全电源应在预定的切换时间内投入运行。

(2)安全设施的级别划分及安全电源要求,详见表 9-9。

表 9-9　　安全设施的级别划分及安全电源要求

安全设施分级	供电系统要求	安全电源的种类
0 级(不间断)	不间断自动供电	LJPS(在线式)
0.15 级(很短时间间隔)	0.15s 内自动恢复有效供电	LJPS
0.5 级(短时间间隔)	0.5s 内自动恢复有效供电	UPS、EPS 应急电源(EPS 适用于允许中断供电时间为 0.1～0.25s 以上)
15 级(不长时间间隔)	15s 内自动恢复有效供电	EPS、自备应急柴油发电机组
>15 级(长时间间隔)	超过 15s 后自动恢复有效供电	EPS、自备应急柴油发电机组

(3)配置安全设施的供电电源,如果系统上的电压偏差大于 10%,安全电源应自动承担供电,并且电源的切换宜具有延时。

(4)向安全设施供电的电气线路,只能专用于该设施。

(5)由安全电源供电的插座应易于识别。

(6)医疗场所电源的自动切换和时间要求应满足表 9-10 中的要求。

(7)医疗场所的安全供电分级及供电措施,见表 9-10。

表 9-10　医疗场所的安全供电分级及供电措施

医疗场所及设备	医疗场所类别			电源自动切换时间		负荷等级	供电方式		供电系统保护措施
	0	1	2	$t\leqslant$0.5s	0.5s<$t\leqslant$15s		主供电源	安全电源	
产房、早产儿室		X	X	X①	X	一级	放射式专线供电末端自动切换	UPS应急柴油发电机后备	IT系统、局部不接地等电位联结
手术室(百级、千级)			X	X①	X	一级	放射式专线供电末端自动切换	UPS应急柴油发电机后备	绝缘监测、剩余电流报警
手术室(万级、十万级)			X	X①	X	一级	放射式专线供电末端自动切换	UPS应急柴油发电机后备	IT系统、绝缘监测、剩余电流报警
手术准备室、手术苏醒室		X	X	X①	X	一级	放射式专线供电末端自动切换	LJPS应急柴油发电机后备	IT系统、绝缘监测、剩余电流报警
ICU、CCU			X	X①	X	一级	放射式专线供电末端自动切换	LJPS(EPS)应急柴油发电机后备	IT系统、绝缘监测、剩余电流报警
血液透析室		X			X	一级	放射式专线供电末端自动切换	EPS应急柴油发电机后备	剩余电流报警
放射诊断治疗室、核医学诊断治疗室		X			X	二级	放射式专线供电	柴油发电机后备	剩余电流30mA跳闸
MRI、CT、ECT		X			X	一级	放射式专线供电	柴油发电机后备	剩余电流30mA跳闸
手术室净化空调		X			X	一级	放射式专线供电末端自动切换	柴油发电机后备	

注:表中①为指需在 0.5s 内或更短时间内恢复供电的照明器和维持生命用的医用电气设备。

本表参考国家标准《建筑物电气装置第 7-710 部分:特殊装置或场所的要求　医疗场所》GB 1689.24—2005。

5.供电电源及计量方式

(1)综合医院的工作特点要求具备安全可靠的不间断供电条件，一般应实行双路供电(来自不同变电站的两路电源)。不具备双路供电条件的医院，应设置自备电源。

根据医院的性质，特别重要负荷要求配置安全可靠的自备电源。

(2)变电所低压侧按供电部门要求计量。

(3)各科室一般有独立核算单独计量要求。科室层配电箱一般设置照明、应急照明、医疗动力及空调负荷4块电表计量。层箱宜设在电气竖井内，便于集中管理。公共部位可按层分别计量或按面积指标分摊核算。院内计量方式需与建设单位沟通来确定。

6.供电系统形式

(1)一路10kV供电，重要负荷末端采用UPS或EPS供电。此方案适用于一级医院。

(2)一路低压电源供电，重要设备末端采用UPS或EPS供电。此方案适用于社区医院。

(3)采用双路10kV专线供电，自备柴油发电机组，重要负荷末端采用UPS或EPS供电。此方案适用于三级医院，具体如图9-1所示。

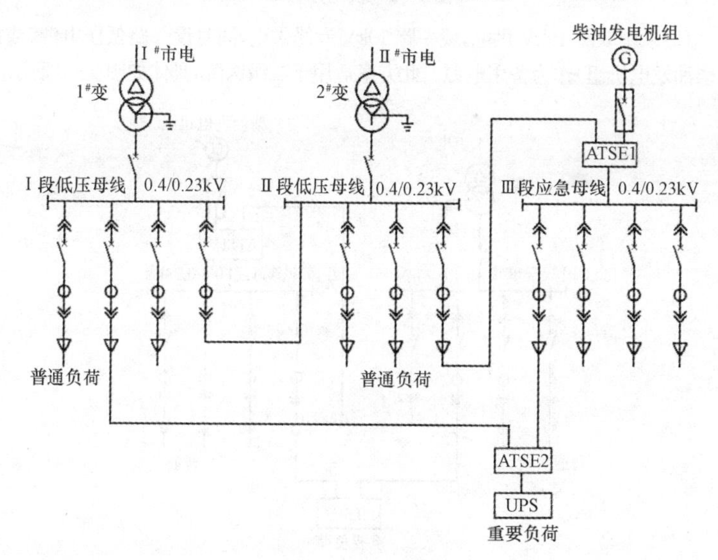

图9-1 供电方案A

(4)采用双路 10kV 专线供电,重要负荷末端采用 LJPS 或 EPS 供电。此方案适用于三级医院,具体如图 9-2 所示。

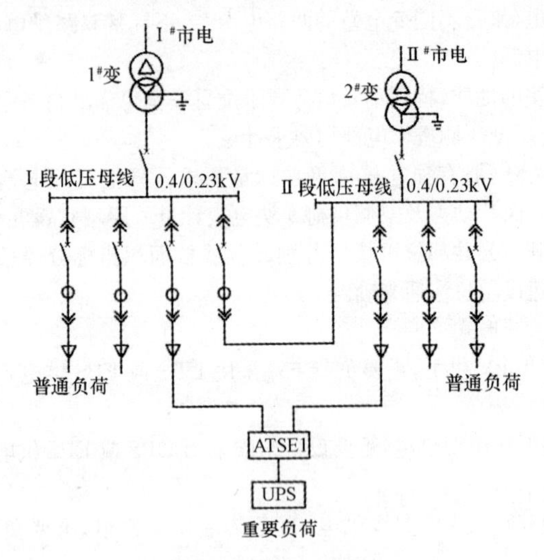

图 9-2 供电方案 B

(5)采用双路 10kV 供电,或一路 10kV 专线供电,同时设一路低压电源(或自备柴油发电机组)作为备用电源。此方案适用于二级医院,具体如图 9-3 所示。

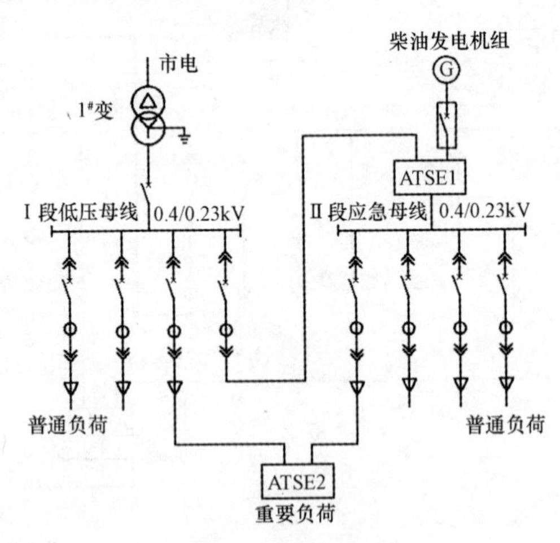

图 9-3 供电方案 C

7. 照明系统

(1)照度标准值和照明功率密度依据《建筑照明设计标准》GB 50034—2004 中的相关规定。

(2)在病房、诊室、治疗室等处应采用高显色性荧光灯(病房光源色温＜3300K,诊室、检验室光源色温在 3300～5300K 之间),以便于观察并正确判断病人的肤色外观,利于诊断。耳科测听室采用白炽灯,眼科暗室采用可调光白炽灯,磁共振扫描室、理疗室、脑血流图室等需要电磁屏蔽的地方采用直流电源灯具。洁净手术室内照明灯具应为嵌入式密闭灯带。手术室、一些大型医疗设备室门外应设置红色信号灯,说明手术、检查治疗正在进行中,以防误入。

(3)病房及护理单元走道灯的设置应避免对卧床患者产生眩光。病房的一般照明主要用于满足正常看护和巡查的需要,一般设置在病房的活动区域,而不设在床位的上方。病房综合医疗设备带上一般设置有床头壁灯及控制开关等,供医生检查和患者使用并减少对其他患者的影响。考虑到安全,床头壁灯回路可设剩余电流动作保护。病房及护理单元走道应设夜间照明。护理单元走道灯的设置位置宜避开病房门口,建筑立面照明(包括航空障碍灯)的设置要避免对病房产生影响。

(4)手术室、诊室等场所应设置紫外线杀菌灯。紫外线杀菌灯的安装功率,见表 9-11 和表 9-12。

表 9-11　紫外线杀菌灯安装功率参考值

房间面积(m^2)	安装功率(W)	房间面积(m^2)	安装功率(W)
10～20	30	41～50	120
21～30	60	51～60	150
31～40	90	＞60	2.5W/m^2

表 9-12　紫外线杀菌灯安装所需的灯数

房间宽度(m)	上部空气消毒(%)	房间长度(m)													
		3.1～4.0		4.1～5.5		5.6～7.0		7.1～9.5		9.6～12.0		12.1～15.0		15.1～18.0	
		灭菌灯规格(W)													
		15	30	15	30	15	30	15	30	15	30	15	30	15	30
3.1～4.0	99	2	1	2	1	2	1	3	1	5	2	6	3	8	4
4.1～5.5	99	—	—	3	1	3	1	4	2	6	3	7	3	9	4

续表

房间宽度(m)	上部空气消毒(%)	房间长度(m)													
		3.1～4.0		4.1～5.5		5.6～7.0		7.1～9.5		9.6～12.0		12.1～15.0		15.1～18.0	
		灭菌灯规格(W)													
		15	30	15	30	15	30	15	30	15	30	15	30	15	30
5.0～7.0	99	—	—	—	—	4	2	5	2	7	3	9	4	11	5
7.1～9.5	99	—	—	—	—	—	—	6	3	8	4	10	5	12	6
9.6～12.0	99	—	—	—	—	—	—	—	—	10	5	12	6	14	7

注:紫外线杀菌灯也可以使用移动式灯具。向上照射,对上部空间杀菌率为99%;房间高度为3.4～4m。

8.医用放射线设备供电设计

(1)供电设计相关技术要求

①对于固定式放射线诊断装置和放射线能量传递治疗装置的供电设计,应充分掌握这些设备的技术性能及对配电设计的要求。

②根据医疗工作的不同种类,医用放射线设备的工作制,可按下列情况来划分:

a.X射线诊断机、X线CT机及ECT机,均为断续工作制用电设备;

b.X射线治疗机、电子加速器及NMR-CT(核磁共振)设备,均为连续工作制用电设备。

③医用放射线设备的供电线路,宜按下列规定设计:

a.X射线管电流400mA及以上规格的射线机,应采用专用回路供电;

b.CT机、电子加速器应至少采用两个回路供电,其中主机部分应采用专用回路供电;

c.X射线机部分可与其他电力负荷共用一回路供电;

d.多台单相、两相医用射线机,应接于不同的相线上,并宜做到三相负荷平衡;

e.如果X射线机需要设置为其配套的电源开关箱时,则电源开关箱应设在便于操作处,但不得设在射线防护墙上。

④医用X射线机开关保护设备及导线选择,见表9-13。

表 9-13 医用X射线机开关保护设备及导线选择

管电流最大值（平均值 mA）	管电压最大值（峰值 kV）	相数/电压（V）	耗电功率（kW）	计算电流（A）	低压断路器整定电流（A）	BV导线根数×截面(mm^2)及钢管直径(mm)	
						30℃	
						截面	钢管(SC)直径
100	120	1/220	7.5	48.7	50	2×10	25
150	80	1/220	7.5	48.7	50	2×10	25
200	100	1/220	12.4	80.5	100	2×25	32
300	100	1/220	18.6	120.8	140	2×50	50
400	80	3/380	20.0	43.3	50	4×10	32
500	80	3/380	24.8	53.7	63	4×10	32
500	125	3/380	38.8	84	100	4×35	50
800	60	3/380	29.8	64.5	80	4×25	40
1200	150	3/380	116.3	251.8	300	4×185	80

注：本表按线路长度100m，线路电阻 $R_x \leqslant 0.3\Omega$ 编制。

⑤电源线选择：

a. X射线机的电源线应根据电压损失、导线的载流量和保护条件来选择；

b. 导线在断续负载短时负载下的载流量，参见空气中敷设的橡套软电缆在短时负载下的载流量(见表9－14)，及空气中敷设的橡套软电缆在断续负载下的载流量表(见表9－15)。

表9－14　空气中敷设的橡套软电缆在短时负载下的载流量(A)

芯线截面(mm²)	环境温度(℃)	2芯						3芯、4芯					
		连续负载载流量(A)	τ(min)	工作时间 t (min)				连续负载载流量(A)	τ(min)	工作时间 t (min)			
				1	5	15	30			1	5	15	30
2.5	30	27	5.67	76	40	32	31	22	5.78	63	33	26	25
	35	25		71	37	29	28	20		57	30	24	23
4	30	33	6.42	99	51	39	38	29	6.98	91	46	35	33
	35	30		90	46	35	35	27		85	43	33	31
6	30	44	8.1	148	74	55	51	37	8.3	126	63	46	43
	35	40		135	67	50	46	34		116	58	42	40
10	30	64	8.5	220	110	80	74	54	10.2	203	99	70	63
	35	59		203	101	74	68	50		188	92	65	58
16	30	84	11.8	338	164	113	100	72	12.9	303	146	99	87
	35	77		310	150	104	92	66		278	134	91	80
25	30	117	16.4	548	260	172	145	99	17.5	483	228	150	125
	35	108		510	242	160	135	91		444	210	138	115
35	30	144	15.3	658	313	209	178	122	17	586	277	183	154
	35	133		608	289	193	164	112		538	254	148	141
50	30	180	19	909	427	278	231	152	21.2	814	381	245	200
	35	166		843	396	258	214	140		750	351	226	184
70	30	224	22.3	1230	574	368	299	193	25.7	1136	527	333	267
	35	206		1131	528	338	275	178		1048	486	307	246
95	30	275	26.8	1652	766	483	385	236	31.2	1528	705	439	345
	35	253		1520	705	444	354	217		1405	648	404	317
120	30	320	30.8	2058	950	592	466	273	36.3	1904	875	539	418
	35	294		1891	873	544	428	251		1751	804	496	384

表 9－15 空气中敷设的橡套软电缆在断续负载下的载流量(A)

芯线截面 (mm^2)	环境温度 (℃)	2芯								3芯、4芯								
		连续负载载流量 (A)	τ (min)	$t=1min$			$t=5min$			连续负载载流量 (A)	τ (min)	$t=1min$		$t=5min$		$t=10min$		
				ε(%)								ε(%)						
				5	10	20	50	60	65			10	20	60	65	25	40	60
2.5	30	27	5.67	115	82	58	37	32	31	22	5.78	66	47	26	25	33	28	24
	35	25		107	76	53	34	29	28	20		60	43	24	23	30	25	22
4	30	33	6.42	142	100	71	45	39	38	29	6.98	88	63	35	33	46	38	33
	35	30		129	91	65	41	35	35	27		82	59	33	31	43	35	31
6	30	44	8.1	191	135	96	61	53	51	37	8.3	113	80	45	43	60	50	43
	35	40		174	123	87	55	48	46	34		104	74	41	40	55	46	40
10	30	64	8.5	278	197	139	89	78	75	54	10.2	167	118	66	64	91	74	64
	35	59		256	182	128	82	72	69	50		155	109	61	59	84	69	59
16	30	84	11.8	368	260	184	117	104	100	72	12.9	223	158	89	86	125	102	86
	35	77		337	238	169	107	95	92	66		204	145	82	79	115	94	79
25	30	117	16.4	511	361	256	162	145	140	99	17.5	309	218	124	119	179	144	121
	35	108		476	336	238	151	135	130	91		284	200	114	109	165	132	111
35	30	144	15.3	634	448	317	202	180	173	122	17	380	269	153	147	219	177	149
	35	133		586	414	293	187	166	160	112		349	247	140	135	201	162	137
50	30	180	19	790	559	396	251	225	217	152	21.2	475	336	191	184	279	224	187
	35	166		733	518	367	233	209	201	140		438	309	176	169	257	206	172
70	30	224	22.3	991	701	496	315	282	272	193	25.7	605	428	244	235	359	288	240
	35	206		911	645	456	290	259	250	178		558	395	225	217	331	266	221
95	30	275	26.8	1219	862	610	387	348	335	236	31.2	740	524	299	288	445	356	295
	35	253		1121	793	561	356	320	308	217		680	482	275	265	409	327	271
120	30	320	30.8	1420	1004	710	450	406	391	273	36.3	857	607	347	334	519	414	343
	35	294		1305	922	652	413	373	359	251		788	558	319	307	477	381	315

(2)设备接地系统的要求

①医用放射线设备应根据产品要求采用保护接地、功能接地、等电位连接或不接地等形式。

②医用放射线设备的功能接地电阻值应按照设备技术要求确定,宜采用共用接地方式。当必须采用独立接地方式时,设备的接地应与医疗场所接地系统绝缘隔离,两种接地网的地中距离不宜小于10m。

③手术室及抢救室应根据需要采取防静电措施。

④当医用放射线设备的接地装置与防雷接地装置之间的地中距离不满足10m要求时,应在两种接地网之间加装地电位均衡器进行连接,以达到地电位均衡。

⑤进入NMR-CT(核磁共振)机房扫描室的电源必须装设有源(或无源)滤波装置。

(3)医用X射线机供电线路导线截面选择时,要根据电源阻抗值的参数进行计算,电源阻抗值包括变压器内阻抗及供电线路阻抗值之和。电源阻抗的计算需要全面考虑供电回路的电阻、电抗,使其与大型医疗设备所要求的电源阻抗相匹配,具体数据参见表9-16和表9-17。

9.医疗动力配电系统

(1)医院的大型医疗设备包括核磁共振机(MRI)、血管造影机(DSA)、肠胃镜、计算机断层扫描机(CT)、X光机、同位素断层扫描机(ECT)、直线加速器、后装治疗机、钴60治疗机、模拟定位机等。由于大型医疗设备对电源电压要求高,对其他负荷影响大,在大型医疗设备较多的医院,宜采用专用变压器供电,并放射式配电。

(2)除大型医疗设备外,其他医疗动力负荷多为移动的单相负荷,容量不大,一般预留电源插座或电源插座箱供电即可。

(3)重要的医疗设备、手术室、监护病房、层流病房等采用双电源末端自动切换配电。

(4)病房床头上方一般设置有综合医疗设备带,设备带上配置有电源插座、医疗设备接地端子等。一般每床设置2～3组电源插座、一组接地端子,监护病床处可适当增加电源插座数量。病房电源插座回路较多,其配电线路可采用线槽布线方式,敷设在护理单元走道吊顶内,方便线路更改和维护。

表 9-16　常用变压器阻抗

	型号	额定容量(kVA) / 阻抗	160	200	250	315	400	500	630	800	1000	1250	1600	2000	2500
变压器 D,Yn11	S9	三相对称电阻 R(mΩ)	—	10	7.81	5.89	4.3	3.36	2.5	1.88	1.65	1.23	1.25	—	—
		三相对称电抗 X(mΩ)	—	30.4	23.75	19.43	15.41	12.38	11.15	8.8	7	5.63	4.3	—	—
	SL9	三相对称电阻 R(mΩ)	—	10	7.81	5.89	4.3	3.36	2.5	1.88	1.65	1.23	1.25	—	—
		三相对称电抗 X(mΩ)	—	30.4	23.75	19.43	15.41	12.38	11.15	8.8	7	5.63	4.32	—	—
	SC9	三相对称电阻 R(mΩ)	7.7	5.85	4.08	3.24	2.31	—	—	—	—	—	—	—	—
		三相对称电抗 X(mΩ)	25	20	16	12.7	10	—	—	—	—	—	—	—	—
	SCL9	三相对称电阻 R(mΩ)	7.7	5.85	4.08	3.24	2.31	1.81	1.39	1.01	0.75	0.57	0.42	0.33	0.25
		三相对称电抗 X(mΩ)	25	20	16	12.7	10	8	9.52	7.5	6	4.8	3.75	3	2.4
	SG10	三相对称电阻 R(mΩ)	11.88	9.75	7.33	5.54	4.06	3.12	2.41	1.77	1.3	0.98	0.69	0.52	0.39
		三相对称电抗 X(mΩ)	25	20	16	12.7	10	8	9.52	7.5	6	4.8	3.75	3	2.4

续表

	型号	额定容量(kVA) / 阻抗	160	200	250	315	400	500	630	800	1000	1250	1600	2000	2500
变压器 D,Yn11	SGL10	三相对称电阻 R(mΩ)	11.88	9.75	7.33	5.54	4.06	3.12	2.41	1.77	1.3	0.98	0.69	0.52	0.39
		三相对称电抗 X(mΩ)	25	20	16	12.7	10	8	9.52	7.5	6	4.8	3.75	3	2.4
	SCBG9	三相对称电阻 R(mΩ)	—	—	—	—	—	1.81	1.39	1.01	0.75	0.57	0.42	0.33	0.25
		三相对称电抗 X(mΩ)	—	—	—	—	—	8	9.52	7.5	6	4.8	3.75	3	2.4
	SCB10	三相对称电阻 R(mΩ)	—	—	—	—	—	1.71	1.29	0.95	0.71	0.54	0.4	0.32	0.24
		三相对称电抗 X(mΩ)	—	—	—	—	—	8	9.52	7.5	6	4.8	3.75	3	2.4
Uk%			4%	4%	4%	4%	4%	4%	6%	6%	6%	6%	6%	6%	6%

注:变压器阻抗计算公式:电抗=阻抗电压百分数×额定电压的平方/(100×额定容量)

电阻=短路损耗(负载损耗)×额定电压的平方/(1000×额定容量的平方)

式中:额定电压:kV;额定容量:MVA;损耗单位:kW。

表 9－17　常用电源(含供电线路)阻抗

类型	标称截面(mm^2)	1.5	2.5	4	6	10	16	25	35	50	70
铜芯	20℃直流电阻 Ω/km 不大于	12.1	7.41	4.61	3.08	1.83	1.15	0.727	0.524	0.387	0.268
铝芯			12.1	7.41	4.61	3.08	1.91	1.20	0.868	0.641	0.443
类型	标称截面(mm^2)	95	120	150	185	240	300	400	500	630	
铜芯	20℃直流电阻 Ω/km 不大于	0.193	0.153	0.124	0.0991	0.0754	0.0601	0.0470	0.0366	0.0283	
铝芯		0.320	0.253	0.206	0.164	0.125	0.100	0.0778	0.0605	0.0469	

(5)医院需设置消毒设备的用房有：手术部、导管造影室、无菌室、注射室、输液室、传染病科、妇产科、烧伤病房、换药室、治疗室、候诊区、污洗间、基因分析和培养间、细胞实验室、收标本、穿刺、标本取材、荧光实验室、肠胃镜、肺功能、病毒和细菌培养、中心供应等。可根据建设单位要求设置紫外线灯或为消毒杀菌设备预留电源插座。

(6)手术室、部分科室医生办公室需设置观片灯，观片灯可嵌墙暗装或明装，建议其供电回路设置剩余电流动作保护。如医院影像已采用数字信号，可减少观片灯的设置。

(7)医用 IT 系统

①系统由隔离变压器、绝缘监视仪和外接报警显示设备 3 部分组成。

②隔离变压器容量一般在 0.5～10kVA 之间，建议采用 8kVA 及以下单相隔离变压器。隔离变压器的设置位置应靠近手术室，并尽量缩短变压器出线端与供电电源插座之间的距离，同时要考虑其通风和散热。外接报警显示设备应安装在现场。

(8)洁净手术部配电，见《医院洁净手术部建筑技术规范》GB 50333—2002。

(9)直线加速器机房配电：

①医用直线加速器机房工程属于放射防护设施，其设计须经当地省、市级放射卫生主管部门会同相关单位审查同意后方可进行施工，竣工后须经放射卫生、环境保护等有关部门的验收，获得使用许可证后方可使用。因此其设计具有一定的特殊性。

②直线加速器机房包括加速器治疗室、控制室和辅助设备机房，其中加速器治疗室须进行放射防护设施的设计。对电气专业来讲，主要是管路敷设问题，应注意以下几点：

a.控制台到加速器的管路长度有距离限制(根据设备要求，约 20m 以内)，要合理地设置电缆沟路由；

b.防护墙不允许有穿墙直通的各种管路，管路敷设必须形成转折，以免辐射源沿直通的管路泄漏出去；

c.防护墙主束线方向墙厚可达2m以上，墙体在浇注后不允许有任何破坏，而治疗室墙上照明灯、激光灯、地灯、射灯、出束警灯、扬声器、摄像机以及开关插座设备数量较多，墙上各种电气设备一定要定位准确，使管路一次敷设到位。

(10)后装治疗机机房配电基本同直线加速器机房的配电要求。

(11)根据中华人民共和国住房和城乡建设部、中华人民共和国国家发展和改革委员会颁布的《乡镇卫生院建设标准》(建标107—2008)的规定和要求，乡镇卫生院供电要符合以下要求：

①宜采用双路电源供电，不能保证持续供电的地区，应设自备电源。

②电源装配容量应满足现在设备及近期的增容需求。

③院区内宜采用分回路供电方式。

10.接地与安全措施

(1)医院的接地包括保护接地、弱电机房接地、医疗设备接地、屏蔽接地、防静电接地等。

①医疗设备在病房、医疗设备室、手术室、实验室等用房设置医疗设备接地端子。医疗设备接地与防雷接地、保护接地共用接地装置，独立设置接地线。

②在磁共振扫描室、理疗室、脑血流图室等需要电磁屏蔽的地方设屏蔽接地端子。屏蔽接地与防雷接地、保护接地共用接地装置，与保护接地共用接地线。

③对氧气、真空吸引、压缩空气等医用气体管路进行防静电接地。防静电接地与防雷接地、保护接地共用接地装置，与保护接地共用接地线。

(2)医院的安全措施包括总等电位连接、局部等电位连接、医用IT系统、剩余电流动作保护、雷击电磁脉冲的防护等。

①对手术室、抢救室、ICU、CCU等监护病房、导管造影室、肠胃镜、内窥镜、治疗室、功能检查室、有浴室的卫生间等采用局部等电位连接。

②为防电气设备对患者产生微电击，对手术室、ICU、CCU等监护病房、导管造影室等采用IT系统，将电源对地进行隔离，并进行绝缘监视及报警。

③对医疗动力电源插座回路应设置剩余电流动作保护。

④对大型医疗设备、电子信息系统等的电源线路加装电流保护器。

⑤手术室等电位连接平面方案，如图9-4～图9-6所示。IT系统场所接地与等电位连接方案，如图9-7及图9-8所示。

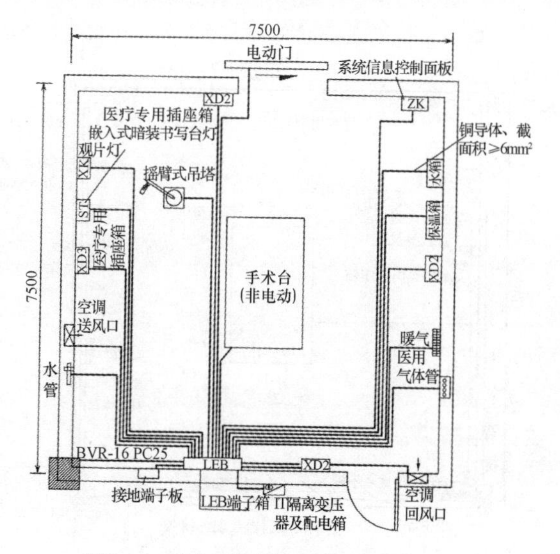

图 9-4 手术室等电位连接平面方案(一)

注:本图适合 S 型(星型结构)等电位连接。

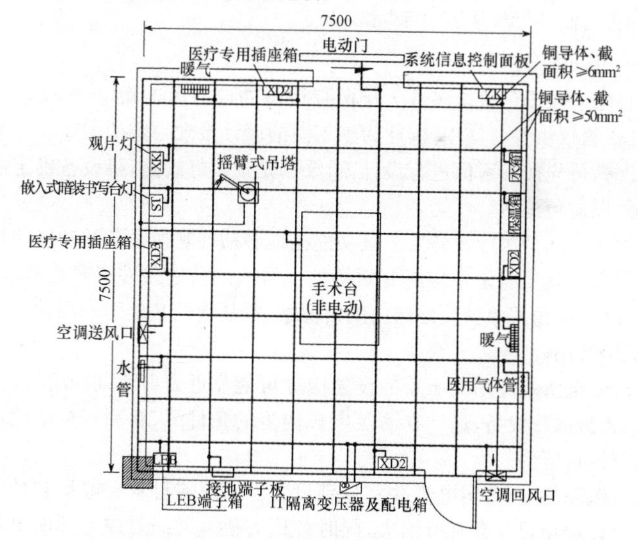

图 9-5 手术室等电位连接平面方案(二)

注:本图适合 M 型(网型结构)等电位连接,网格间距 600～2000mm。

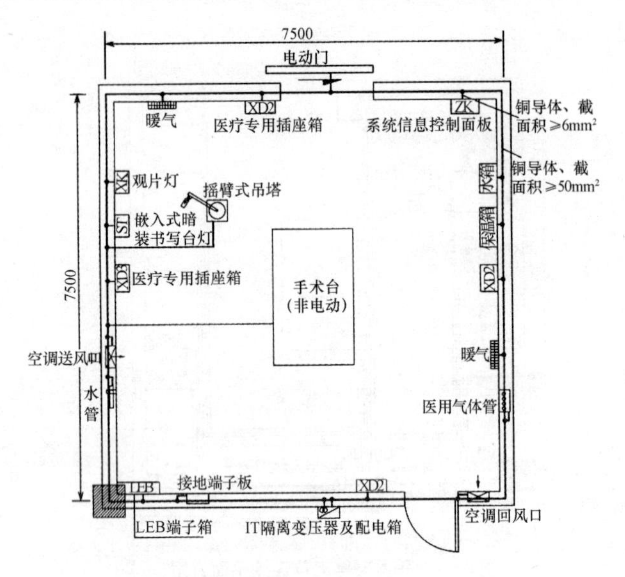

图 9-6　手术室等电位连接平面方案(三)

注:本图适合 SM 型(混合型)等电位连接。

11. 设计注意事项

(1)由于在设计阶段多数大型医疗设备的选型尚未确定,建设单位提供的设计资料仅供参考使用,因此为施工图的设计带来一定的困难。一般在工程设计时,可先按参考值进行设计,重要的是预留好管路,待设备确定后再布设电缆,以避免浪费。

(2)不少大型医疗设备要求其功能接地必须与其他设备的功能接地分开设置,以保证其所有设备均能有效接地。但医院场地条件有时很难满足,所以设计时可在预留单独接地路由的情况下,仍从建筑基础引专用接地干线至设备机房备用。

(3)变电所及专用变压器的设置应尽可能靠近放射科、肿瘤科以及核医学科的大型医疗设备,这样在满足电源内阻的条件下,有利于减小配电电缆截面,节约投资。

(4)医院的电气,弱电竖井宜分别设置。因医院科室一般均有独立核算要求,所以层箱尺寸会有所增大,同时各地方供电部门对应急照明电源的要求不同,EPS 电源的设置容量也会有很大不同,两者均对竖井面积有影响,设计时竖井面积可适当加大。

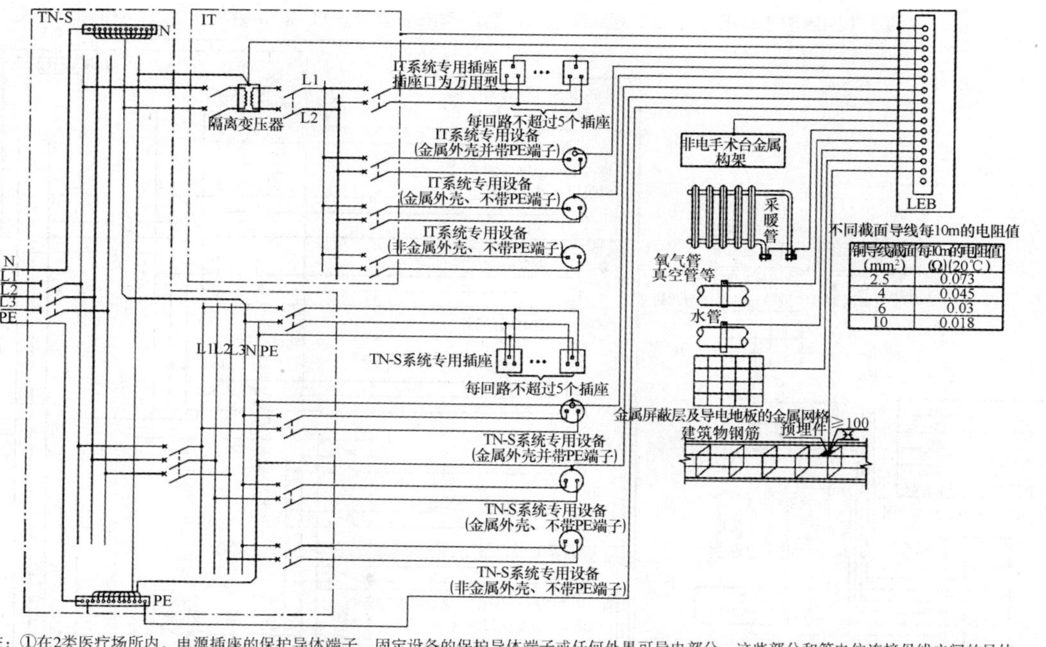

铜导线截面(mm²)	每10m的电阻值(Ω)(20℃)
2.5	0.073
4	0.045
6	0.03
10	0.018

注：①在2类医疗场所内，电源插座的保护导体端子、固定设备的保护导体端子或任何外界可导电部分，这些部分和等电位连接母线之间的导体的电阻（包括接头的电阻在内）不应超过0.2Ω。

②本方案TN－S系统的接地、等电位连接与IT系统的等电位连接共用，设LEB端子排，TN－S系统配电箱设PE端子排，IT系统配电箱不设PE（等电位）端子排，TN－S系统用电设备的PE线由TN－S系统配电箱的PE端子排引来，等电位连接线由LEB端子排引来，IT系统用电设备的等电位连接线由LEB端排引来，非用电设备的等电位连接线均由LEG端子排引来。

图9－7　IT系统场所接地与等电位连接方案（一）

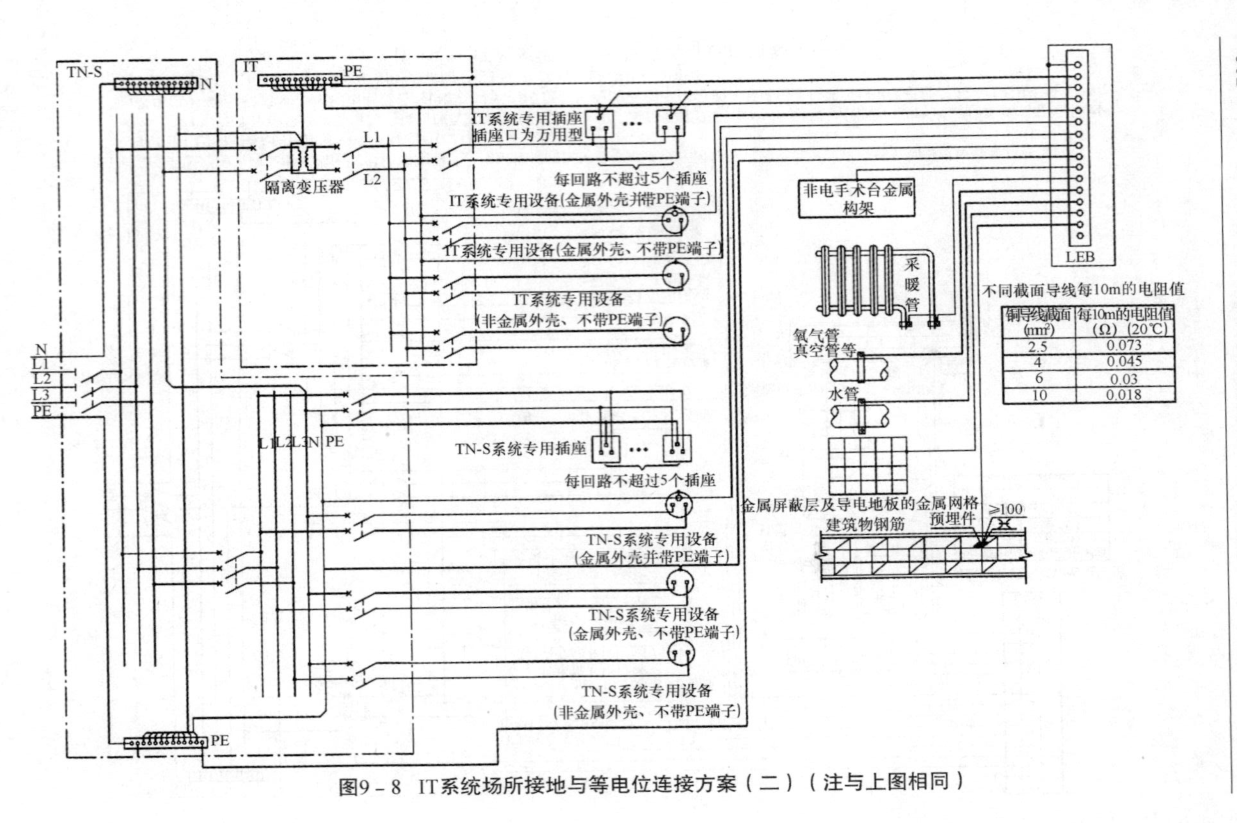

铜导线截面 (mm^2)	每10m的电阻值 (Ω) (20℃)
2.5	0.073
4	0.045
6	0.03
10	0.018

图9-8 IT系统场所接地与等电位连接方案（二）（注与上图相同）

三、医院照明电气设计技术措施

综合医院电气设计技术措施类别及技术要求如下：

1. 建筑特点与功能要求

(1)综合医院建设项目，应由急诊部、门诊部、住院部、医技科室、保障系统、行政管理和院内生活用房7项设施构成。承担医学科研和教学任务的综合医院，尚应包括相应的科研和教学设施。

(2)依据医院的综合水平，分为3级10等，即：一、二级医院分别分为甲、乙、丙3等；三级医院分为特、甲、乙、丙4等。见表9-6。

(3)综合医院的建设规模，按病床数量可分为200床、300床、400床、500床、600床、700床、800床、900床、1000床9种。一般情况下，不宜建设1000床以上的超大型医院。

(4)医院分级管理的依据是医院的功能、任务、设施条件、技术建设、医疗服务质量和科学管理的综合水平(目前等级评审暂停)。

2. 用电负荷分级及负荷密度

医院建筑中照明、电力设备的负荷分级，见表9-7。负荷密度见第二大点中的负荷密度。

3. 负荷计算

(1)医院宜按门诊、医技和住院3部分分别计算负荷。门诊、医技用房的用电负荷主要为日负荷，住院用房的用电负荷主要为夜负荷。

(2)医院照明、空调、动力等用电负荷的计算与一般民用建筑基本相同，区别在医疗设备尤其是大型医疗设备负荷。对于多台断续工作的大型医疗设备可按照二项式法进行负荷计算。

4. 供电电源与计量方式

供电电源与计量方式，见表9-18。

表9-18　供电电源与计量方式

类　别	技　术　要　求
供电电源	①综合医院的供电设施应安全可靠，保证不间断供电，并宜设置自备电源 ②综合医院应采用双路供电(来自不同变电站的两路电源)，不具备双路供电条件的医院，应设置自备电源 ③医院的特别重要负荷应配置安全可靠的自备电源 ④院区内应采用分回路供电方式

续表1

类 别	技 术 要 求
计量方式	①变电所应按供电部门要求设置计量装置 ②院内计量方式应与建设单位沟通确定 ③当科室有单独计量要求时,表箱宜集中设置。一般每科室设有照明、应急照明、医疗动力和空调负荷4块电能表 ④由于医院科室分布仅能相对集中,但计量要求不同对低压配电系统及平面设计影响较大,应尽早落实

5. 照明系统

(1)照度标准值和照明功率密度值依据《建筑照明设计标准》GB 50034—2004执行,见表9-19和表9-20。

表9-19 医院建筑国内外照度标准值(单位:lx)

房间或场所	中国国家标准 GB 50034—2004	CIE S 008/E—2001	美国 IESNA 2000	日本 JIS Z 9110—1979	德国 DIN 5035—1990
治疗室	300	1000 500(一般)	300	300～750	300
化验室	500	500	500	200～500	500
手术室	750	1000	3000～10000	750～1500	1000
诊室	300	500	300(一般) 500(工作台)	300～750	500 1000
候诊室	200	200	100(一般) 300(阅读	150～300	—
病房	100	100(一般) 300(检查、阅读)	50(一般) 300(阅读) 500(诊断)	100～200	100(一般) 200(阅读) 300(检查)
护士站	300	—	300(一般) 500(桌面)	300～750	300
药房	500	—	500	300～750	—
重症监护室	300	500	—	—	300

表 9－20　医院建筑国内外照明功率密度值(单位:W/m^2)

房间或场所	中国国家标准 GB 50034—2004			北京市绿照规程 DBJ 01－607—2001	美国 ASHRAE/IESNA－90.1—1999	日本节能法 1999	俄罗斯 MTCH 2.01—98
	照明功率密度		对应照度(lx)				
	现行值	目标值					
治疗室、诊室	11	9	300	15	17.22 —	30(诊室) 20(治疗)	—
化验室	18	15	500	—	—	—	—
手术室	30	25	750	48	81.8	55	—
候诊室	8	7	200	15	19.38	15	—
病房	6	5	100	10	12.9	10	—
护士站	11	9	300	—	—	20	—
药房	20	17	500	15	24.75	30	14
重症监护室	11	9	300	—	—	—	—

(2)诊室、检查室和病房等场所宜采用高显色光源,如三基色荧光灯等。诊室、检查室光源色温宜在 3300～5300K 之间,病房光源色温宜＜3300K。便于观察判断病人肤色,利于诊断。

(3)诊疗室、护理单元通道和病房的照明设计,应避免在卧床患者视野内产生直射眩光;高级病房宜采用间接照明方式。

(4)病房的照明宜采用一床一灯,以病床床头照明为主,并宜设置一般照明。灯具亮度不宜大于 2000cd/m^2。一般照明用于满足正常看护和巡查需要,一般设置在活动区域,不宜设置在床位的上方。精神病房不宜选用荧光灯。

(5)当在病房的床头上设有多功能控制面板时,其上宜设有床头照明灯开关、电源插座、呼叫信号、对讲电话插座以及接地端子等,供医生检查和患者使用。普通病床设置电源插座 2～4 组,监护病床电源插座适当增多。床头照明供电回路宜设剩余电流动作保护。病床床头下方视情况预留电源插座,为电动床提供电源。

(6)护理单元通道应设夜间照明。护理单元的通道照明宜在深夜可关掉其中一部分或采用可调光方式。照明灯具的设置位置宜避开病房门口。

(7)病房应设夜间照明。夜间照明在病床床头部位的照度不宜大于 0.1lx,儿科病房病床床头部位的照度可为 1.0lx。夜灯开关宜设在护士站,实行统一管理。

(8)儿科门诊和儿科病房的电源插座和开关的设置高度,离地面不得低于1.50m;病房内离最近病床的水平距离不应小于0.60m。

(9)护理单元的疏散通道和疏散门应设置灯光疏散标志。病房宜设应急照明。

(10)手术室内除应设有专用手术无影灯外,宜另设有一般照明,其光源色温应与无影灯光源相适应。两者的供电分别由不同回路供给,提高可靠性。手术室的一般照明宜采用调光方式。

(11)手术专用无影灯的照度应在20000～100000lx,胸外科手术专用无影灯的照度应为60000～100000lx。口腔科无影灯的照度可为10000lx。

(12)手术室外门上宜设置信号灯,信号灯可与无影灯联动,防止人员误入。

(13)候诊室、传染病院的诊室和厕所、呼吸器科、血库、穿刺、妇科冲洗、手术室等场所应设置紫外线杀菌灯。当紫外线杀菌灯固定安装时应避免出现在患者的视野之内或应采取特殊控制方式。

紫外线杀菌灯安装功率密度可按1.5～3W/m²取值,在一般要求时取低值,在手术室等高度杀菌要求时取高值。紫外线杀菌灯开关宜带指示灯,不应与普通灯开关并排安装或有明显的区别标识。

(14)X线诊断室、加速器治疗室、核医学科扫描室和γ照相室等的外门上应设有工作标志灯和防止误入室内的安全装置,并应可切断机组电源。

(15)耳科测听室采用白炽灯,眼科暗室采用可调光白炽灯,磁共振扫描室、理疗室、脑血流图室等需要电磁屏蔽的地方采用直流电源灯具。

(16)建筑立面照明及航空障碍灯的设置要避免对病房产生影响。

6.医用设备配电

(1)应根据医院电气设备工作场所分类要求进行配电系统设计。在医疗用房内禁止采用TN-C系统。备用电源的投入应满足医疗工艺的要求。

(2)根据医疗工作的不同特点,医用放射线设备的工作制可按下列情况划分:

①X射线诊断机、X射线CT机及ECT机为断续工作用电设备。

②X射线治疗机、电子加速器及NMR-CT机(核磁共振)为连续工作用电设备。

③大型医疗设备的供电应从变电所引出单独的回路,其电源系统应满足设备对电源内阻的要求。

④大型医疗设备较多的医院,其大型医疗设备宜采用专用变压器供电。

⑤为满足设备对电源内阻的要求,变电所或专用变压器的设置应尽量靠近放射科、肿瘤科以及核医学科的大型医疗设备,以减小配电电缆截面,节约

投资。

⑥放射科、核医学科、功能检查室、检验科等部门的医疗装备的电源，应分别设置切断电源的总开关。

(3)医用放射线设备的供电线路设计应符合下列规定：

①X射线管的管电流大于或等于400mA的射线机，应采用专用回路供电；

②CT机、电子加速器应不少于两个回路供电，其中主机部分应采用专用回路供电；

③X射线机不应与其他电力负荷共用同一回路供电；

④多台单相、两相医用射线机，应接于不同的相导体上，并宜三相负荷平衡；

⑤放射线设备的供电线路应采用铜芯绝缘电线或电缆；

⑥当为X射线机设置配套的电源开关箱时，电源开关箱应设在便于操作处，并不得设在射线防护墙上。

(4)电源开关和保护装置的选择应符合下列规定：

①在X射线机房装设的与X射线诊断机配套使用的电源开关和保护装置，应按不小于X射线机瞬时负荷的50%和长期负荷100%中的较大值进行参数计算，并选择相应的电源开关和保护电器；

②当电源控制柜随设备供给时，不应重复设置电源开关和保护电器，其供电线路始端应设隔离电器及保护电器，其规格应比X射线机按本条款①规定的计算电流大1～2级。

(5)X射线机供电线路导线截面，应根据下列条件确定：

①单台X射线机供电线路导线截面应按满足X射线机电源内阻要求选用，并应对选用的导线截面进行电压损失校验；

②多台X射线机共用同一条供电线路时，其共用部分的导线截面，应按供电条件要求电源内阻最小值X射线机确定的导线截面至少再加大一级。

(6)在X射线机室、同位素治疗室、电子加速器治疗室、CT机扫描室的入口处，应设置红色工作标志灯。标志灯的开闭应受设备的操纵台控制。

(7)根据设备的使用要求，在同位素治疗室、电子加速器治疗室应设置门、机连锁控制装置。

(8)NMR-CT机的扫描室应符合下列要求：

①室内的电气管线、器具及其支持构件不得使用铁磁物质或铁磁制品；

②进入室内的电源电线、电缆必须进行滤波。

(9)医用直线加速器机房工程属于放射防护设施，其设计须经当地省、市级放射卫生主管部门会同相关单位审查同意后方可进行施工，竣工后须经放射卫生、环境保护等有关部门的验收，获得使用许可证后方可使用。

(10)直线加速器机房包括加速器治疗室、控制室和辅助设备机房，其中加速器治疗室须进行放射防护设施的设计。

(11)除大型医疗设备外，其他医疗动力负荷多为移动的单相负荷，容量不大，一般预留电源插座或电源插座箱供电。

(12)病房电源插座回路较多，其配电线路可采用线槽布线方式。

7. 洁净手术部配电

洁净手术部配电类别与技术要求，见表 9-21。

表 9-21 洁净手术部配电类别与技术要求

类别	技术要求
配电线路	配电线路应符合下列要求： ①洁净手术部必须保证用电可靠性，当采用双路供电电源有困难时，应设置备用电源，并能在 1min 内自动切换 ②洁净手术室内用电应与辅助用房用电分开，每个手术室的干线必须单独敷设 ③洁净手术部用电应从本建筑物配电中心专线供给；根据使用场所的要求，主要选用 TN-S 系统和 IT 系统两种形式 ④洁净手术部配电管线应采用金属管敷设，穿过墙和楼板的电线管应加套管，套管内用不燃材料密封。进入手术室内的电线管穿线后，管口应采用无腐蚀和不燃材料封闭。特殊部位的配电管线宜采用矿物绝缘电缆
配电、用电设施	配电、用电设施应符合下列要求： ①洁净手术部的总配电柜，应设于非洁净区内；供洁净手术室用电的专用配电箱不得设在手术室内，每个洁净手术室应设有一个独立专用配电箱，配电箱应设在该手术室的外廊侧墙内 ②各洁净手术室的空调设备应能在室内自动或手动控制；控制装备显示面板应与手术室内墙面齐平严密，其检修口必须设在手术室之外 ③洁净手术室内的电源宜设置漏电检测报警装置 ④洁净手术室内禁止设置无线通信设备 ⑤洁净手术室内医疗设备用电电源插座，在每侧墙面上至少应安装 3 个电源插座箱，电源插座箱上应设接地端子，其接地电阻不应大于 1Ω；如在地面安装电源插座，电源插座应有防水措施 ⑥洁净手术室内的照明灯具应为嵌入式密封灯带，灯带必须布置在送风口之外。只有全室单向流的洁净室允许在过滤器边框下设单管灯带，灯具必须有流线型灯罩。手术室内应无强烈反光，大型以上(含大型)手术室的照度均匀度(最低照度值/平均照度值)不宜低于 0.7
洁净手术室的配电总负荷	洁净手术室的配电总负荷应按设计要求计算，并不应小于 8kVA

续表

类别	技术要求
洁净手术室接地系统	洁净手术室必须有下列可靠的接地系统： ①所有洁净手术室均应设置安全保护接地系统和等电位接地系统 ②心脏外科手术室必须设置有隔离变压器的功能性接地系统 ③医疗仪器应采用专用接地系统
无影灯配置	无影灯应根据手术室尺寸和手术要求进行配置，宜采用多头型；调平板的位置应在送风面之上，距离送风面不应小于50mm
观片灯联数配置	观片灯联数可按手术室大小类型配置，观片灯应设置在被手术者对面墙上
医用气体配管	医用气体配管应符合下列要求： ①洁净手术部医用气体管道与电气管道平行距离应大于0.5m，交叉距离应大于0.3m，如空间无法保证，应做绝缘防护处理 ②凡进入洁净手术室的各种医用气体管道必须做接地，接地电阻不应大于4Ω；中心供给站的高压汇流管、切换装置、减压出口、低压输送管路和二次减压出口处都应做导静电接地，其接地电阻不应大于100Ω ③医用气体管道不允许与电气管线共用管井
洁净手术室	①洁净手术室应采用人工照明，不应设外窗。吊顶上不应开设人孔 ②洁净手术室应采取防静电措施 ③洁净手术室和洁净辅助用房内必须设置的电源插座、控制开关、观片灯等均应嵌入墙内，不突出墙面，且不应有明露管线

8. 医疗场所的安全防护和接地

医疗场所的安全防护和接地技术要求，见表9-22。

表9-22 医疗场所的安全防护和接地技术要求

类别	技术要求
医院的接地形式	医院的接地形式包括防雷接地、保护接地、弱电设备接地、医疗设备接地、屏蔽接地、防静电接地等，宜采用共用接地系统（理想的工作接地是分别采用独立的接地极、独立的接地线，并采取严格的绝缘措施与其他接地系统隔离开，但由于场地的限制，多数工程设计满足不了要求）
医疗场所使用接触部件所接触的部位及场所分类	医疗场所应按使用接触部件所接触的部位及场所分为0、1、2三类，见表9-23，各类场所应符合下列规定： ① 0类场所应为不使用接触部件的医疗场所 ② 1类场所应为接触部件接触躯体外部及除2类场所规定外的接触部件侵入躯体的任何部分 ③ 2类场所应为接触部件用于诸如心内诊疗术、手术室以及断电将危及生命的重要治疗的医疗场所

续表1

类 别	技 术 要 求
医疗场所的安全防护	医疗场所的安全防护应符合下列规定： ①在1类和2类的医疗场所内，当采用安全特低电压系统(SELV)、保护特低电压系统(PELV)时，用电设备的标称供电电压不应超过交流方均根值25V和无纹波直流60V ②在1类和2类医疗场所，IT、TN和TI系统的约定接触电压均不应大于25V ③TN系统在故障情况下切断电源的最大分断时间AC230V应为0.2s，AC100V应为0.05s。IT系统最大分断时间AC230V应为0.2s
医疗场所采用TN系统供电	医疗场所采用TN系统供电时，应符合下列规定： (1)TN-C系统严禁用于医疗场所的供电系统 (2)在1类医疗场所中额定电流不大于32A的终端回路，应采用最大剩余动作电流为30mA的剩余电流动作保护器作为附加防护 (3)在2类医疗场所，当采用额定剩余动作电流不超过30mA的剩余电流动作保护器作为自动切断电源的措施时，应只用于下列回路 ①手术台驱动机构的供电回路 ②移动式X光机的回路 ③额定功率大于5kVA的大型设备的回路 ④非用于维持生命的电气设备回路
确保多台设备同时接入同一回路	应确保多台设备同时接入同一回路时，不会引起剩余电流动作保护器(RCD)误动作 注：建议对TN-S系统进行监测，以确保所有带电导体有足够的绝缘水平
TT系统	TT系统要求在所有情况下均应采用剩余电流保护器，其他要求应与TN系统相同
辅助等电位连接	辅助等电位连接应符合下列规定： ①在1类和2类医疗场所内，应安装辅助等电位连接导体，并应将其连接到位于“患者区域”内的等电位连接母线上，实现下列部分之间等电位： a.保护导体 b.外界可导电部分 c.抗电磁场干扰的金属屏蔽物 d.导电地板网格 e.隔离变压器的金属屏蔽层 ②在2类医疗场所内，电源插座的保护导体端子、固定设备的保护导体端子或任何外界可导电部分与等电位连接母线之间的导体的电阻(包括接头的电阻在内)不应超过0.2Ω ③等电位连接母线应位于医疗场所内或靠近医疗场所。在每个配电盘内或在其附近应装设附加的等电位连接母线，并应将辅助等电位导体和保护接地导体与该母线相连接。连接的位置应使接头清晰易见，并便于单独拆卸 ④当变压器以额定电压和额定频率供电时，空载时出线绕组测得的对地泄漏电流和外护物的泄漏电流均不应超过0.5mA ⑤用于移动式和固定式设备的医疗IT系统应采用单相变压器，其额定输出容量不应小于0.5kVA，并不应超过10kVA

续表 2

类　别	技　术　要　求
医疗场所采用IT系统供电时	医疗场所采用IT系统供电时应符合下列规定： (1)在2类医疗场所内，用于维持生命、外科手术和其他位于"患者区域"内的医用电气设备和系统的供电回路，均应采用医疗IT系统 (2)用途相同且相毗邻的房间内，至少应设置一独立的医疗IT系统。医疗IT系统应配置一个交流内阻抗不少于100kΩ的绝缘监测器并满足下列要求： ①测试电压不应大于直流25V ②注入电流的峰值不应大于1mA ③最迟在绝缘电阻降至50kΩ时，应发出信号，并应配置试验此功能的器具 (3)每个医疗IT系统应设在医务人员可以经常监视的地方，并应装设配备有下列功能组件的声光报警系统： ①应以一只绿灯亮表示工作正常 ②当绝缘电阻下降到最小整定值时，黄色信号灯应点亮，且应不能消除或断开该亮灯指示 ③当绝缘电阻下降到最小整定值时，音响报警动作，该音响报警可解除 ④当故障被清除恢复正常后，黄色信号灯应熄灭 (4)医疗IT变压器： ①医疗IT系统一般由隔离变压器、绝缘监视器和外接报警显示设备3部分组成。隔离变压器位置应靠近手术室，尽量缩短变压器出线端与供电电源插座之间的距离，并要考虑其通风和散热，外接报警显示设备应安装在现场 ②当只有一台设备由单台专用的医疗IT变压器供电时，该变压器可不装设绝缘监测器 ③医疗IT变压器应装设过负荷和过热的监测装置 (5)当同一场所的插座由TN－S或IT系统供电时，医疗IT系统的电源插座应使其他系统的插头无法插入，并具有明显的区别标识
医疗及诊断电气设备	医疗及诊断电气设备，应根据使用功能要求采用保护接地、功能接地、等电位连接或不接地等形式
医疗电气设备的功能接地电阻值	医疗电气设备的功能接地电阻值应按设备技术要求确定，宜采用共用接地方式。当必须采用单独接地时，医疗电气设备接地应与医疗场所接地绝缘隔离，两接地网的地中距离应符合《民用建筑电气设计规范》JGJ 16—2008中第12.7.1条的规定。设计时可从共用接地极引专用接地干线至设备机房，在设备机房也预留单独接地路由备用。大型医疗设备用房一般设在建筑的地下或一、二层，其接地线路短、造价低，且使用灵活
设备供电的电源插座结构	医疗电气设备供电的电源插座结构应符合《民用建筑电气设计规范》JGJ 16—2008中第12.6.2和第12.6.3条的规定

续表 3

类　别	技　术　要　求
设备的保护导体及接地导体	医疗电气设备的保护导体及接地导体应采用铜芯绝缘导线，其截面应符合《民用建筑电气设计规范》JGJ 16—2008 中第 12.5.3 条的规定
设备机房、病房床头多功能控制面板	医用设备机房、病房床头多功能控制面板等处的医疗设备专用接地端子根据位置不同，可通过专用接地线引至基础接地极，也可引接竖井内专用接地干线。医疗电气设备功能接地电阻值应按设备技术要求决定。在一般情况下，应采用共用接地方式
手术室及抢救室	手术室及抢救室应根据需要采用防静电措施
等电位连接系统	医院建筑的等电位连接系统示意图，如图 9-9 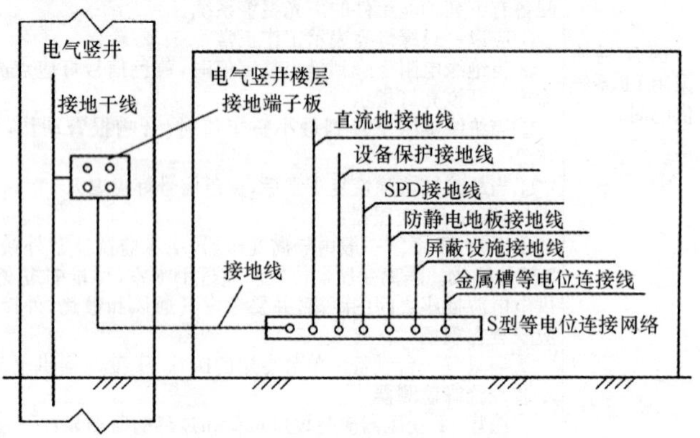 电气竖井 接地干线 电气竖井楼层 接地端子板 直流地接地线 设备保护接地线 SPD接地线 防静电地板接地线 屏蔽设施接地线 金属槽等电位连接线 接地线 S型等电位连接网络 **图 9-9　医院建筑的等电位连接系统**
电气竖井的设置	①医院的电气、弱电竖井宜分别设置 ②医院各科室一般有独立核算要求，计量表具多，同时由于各地供电部门对应急照明要求不同，EPS 电源的设置容量也有很大不同，设计时应充分考虑对竖井面积的影响
电缆、电线的选择	①医院属于重要的公共场所，人员比较密集，防火要求高，应采用阻燃低烟无卤交联聚乙烯绝缘电力电缆、电线或无烟无卤电力电缆、电线 ②消防设备供电线路应按建筑所属类别考虑 ③在设计阶段大型医疗设备的选型可能尚未确定，在工程设计时，应先按建设单位提供的参考值进行设计，确定路由、预留管路，待设备确定后再布设电缆，以避免浪费 ④医院病床电梯的电源开关及导线截面选择，见表 9-24

表 9-23　医疗场所安全设施的类别和级别划分示例

医疗场所及设备	医疗场所类别			电源自动切换时间	
	0	1	2	$t\leqslant 0.5s$	$0.5s<t\leqslant 15s$
按摩室	★	★	—	—	★
普通病房	—	★	—	—	—
产房	—	★	—	★①	★
心电图(ECG)室、脑电图(EEG)室、子宫电图(EHG)室	—	★	—	—	★
内窥镜室	—	★②	—	—	★②
检查或治疗室	—	★	—	—	★
泌尿科诊疗室	—	★②	—	—	★②
放射诊断及治疗室(不包括第 21 项所列内容)	—	★	—	—	★
水疗室	—	★	—	—	★
理疗室	—	★	—	—	★
麻醉室	—	—	★	★①	★
手术室	—	—	★	★①	★
手术预备室	—	★	★	★①	★
上石膏室	—	★	★	★①	★
手术苏醒室	—	★	★	★①	★
心导管室	—	—	★	★①	★
重症监护室(ICU)	—	—	★	★①	★
血管造影室	—	—	★	★①	★
血液透析室	—	★	—	—	★
磁共振成像(MRI)室	—	★	—	—	★
核医学室	—	★	—	—	★
早产婴儿室	—		★	★①	★

注：(1) 表中★表示有此项目。

①：指需在 0.5s 内或更短时间内恢复供电的照明器和维持生命用的医用电气设备。

②：并非指手术室。

(2)医疗场所类别说明：

0 类医疗场所为不使用接触部件的医疗场所。

1 类医疗场所为以下列方式使用接触部件的医疗场所：接触部件接触躯体外部；除 2 类医疗场所外，接触部件侵入躯体的任何部分。

2 类医疗场所为将接触部件用于诸如心内诊疗术、手术室以及断电(故障)将危及生命的重要治疗医疗场所，接触部件为医疗电气设备的部件，它在正常使用中为使设备发挥其功能需与患者有躯体上的接触，或可取来将其与患者接触，或需要被患者触摸。

(3)本表所列电源自动切换时间要求外，医院内还有一些特殊的场所和电气设备也需在15s内恢复供电的不间断供电要求，其事故电源应保持24h的供电周期，若医疗的要求和医疗场所及设备的使用，包括所有的治疗过程能在3h内结束，而且建筑物内人员能在不到24h以内很快提前疏散完毕，供电周期可减至不少于3h。

(4)此表引自国家标准《建筑物电气装置第7－710部分：特殊装置或场所的要求医疗场所》GB 16895.24—2005。

表9－24　医院病床电梯的电源开关及导线截面选择

电梯型号		额定载重量kg(人)	额定速度(m/s)	标称容量(kW)	计算电流(A)	低压断路器		BV导线截面(mm^2)/SC管径(mm)		生产厂家
						额定电流(A)	脱扣器电流(A)	35℃时导线	管径	
BVF 1600	—2S60(单)	1600(21)	1.0	13	48.7	100	80	3×25+2×16	50	广州日立电梯有限公司
	—2S90(单)		1.5	16	68.1	100	100	3×35+2×16	50	
	—2S60(双)		1.0	13	48.7	100	80	3×25+2×16	50	
	—2S90(双)		1.5	16	68.1	100	100	3×35+2×16	50	
	—CO60(单)	1600(21)	1.0	13	48.7	100	80	3×25+2×16	50	
	—CO90(单)		1.5	16	68.1	100	100	3×35+2×16	50	
	—CO60(双)		1.0	13	48.7	100	80	3×25+2×16	50	
	—CO90(双)		1.5	16	68.1	100	100	3×35+2×16	50	
GPS-B11 1600	2S	1600(21)	1.0	18.5	86.9	100	100	3×50+2×25	70	上海三菱电梯有限公司
			1.5/1.75	18.5/22.0	86.9/98.7	160	125	3×70+2×35	80	
	2D2C	1600(21)	1.0	18.5	86.9	100	100	3×50+2×25	70	
			1.5/1.75	18.5/22.0	86.9/98.7	160	125	3×70+2×35	80	
3000B	1610－2S－1100	1600(21)	1.0	18.5	81.1	100	100	3×50+2×25	70	天津奥的斯电梯有限公司
	1610－2S－1200		1.0	18.5	81.1	100	100	3×50+2×25	70	
	1617－2S－1100		1.75	26	110.5	160	135	3×70+2×35	80	
	1617－2S－1200		1.75	26	110.5	160	135	3×70+2×35	80	
	1610－2S－1100		1.0	18.5	81.1	100	100	3×50+2×25	70	
	1610 2SS－1200		1.0	18.5	81.1	100	100	3×50+2×25	70	
	1617－2SS－1100		1.75	26	110.5	160	135	3×70+2×35	80	
	1617 2SS－1200		1.75	26	110.5	160	135	3×70+2×35	80	
	1610－CO－1000		1.0	18.5	81.1	100	100	3×50+2×25	70	
	1617 CO－1000		1.75	26	110.5	160	135	3×70+2×35	80	
	1610－2CO－1000		1.0	18.5	81.1	100	100	3×50+2×25	70	
	1617－2CO－1000		1.75	26	110.5	160	135	3×70+2×35	80	

第三节　医院智能化系统电气设计

医院建筑智能化系统设计应符合现行国家标准《智能建筑设计标准》GB/T 50314 的规定和要求。

一、医院智能化系统设计要求及要点

(一)医院智能化系统设计要求

医院智能化系统设计类别与技术要求如下：

1. 智能化系统

医院智能化系统设计，应充分考虑医院的医疗范围、就诊流程、管理模式、工程投资以及各科室的实际需求，来确定各系统的设置，同时也要考虑未来发展的需要。

2. 智能化集成系统

为实现医院信息资源共享，将火灾自动报警及消防联动控制系统、通信及计算机网络系统、建筑设备监控系统、视频安防监控系统、出入口控制系统、电子巡查系统、停车库(场)管理系统、医院专用智能化系统等均预留标准接口，可随时进行医院各系统的系统集成和管理。

3. 信息设施系统

信息设施系统设计技术要求，见表 9 - 25。

表 9 - 25　信息设施系统设计技术要求

类　别	技　术　要　求
综合布线系统	①目前网络系统发展很快，医院信息管理系统(HIS)、排队管理系统、影像传输系统等都可通过综合布线系统来传输 ②系统的配置主要根据医院的需求确定，如医院对资料、档案、信息等保密程度要求高，可采用物理隔离的双网络系统 ③为满足医护人员查房时能在现场记录电子病历，可在病房走道、会议室等处配置无线局域网络系统
卫星电视及有线电视系统	①医院内应设置有线电视系统，可自办节目，按需设置卫星电视系统 ②一般在医院大厅、收费和挂号窗前、候诊室、输液室、休息室及咖啡厅等公共场所配置有线电视插座，也应在会议室、示教室、医疗康复中心以及病房配置有线电视插座。非单人病房内电视节目的音频信号宜采用耳机方式
广播系统	①医院可设置病房音乐，患者可自选节目频道及调节音量 ②应急广播系统应优先于公共广播系统

续表

类　别	技　术　要　求
公共显示系统	①一般在医院门诊大厅、出入院大厅等处配置大型电子显示屏，在候诊区及手术部门口设置中、小型电子显示屏，用来引导患者，播放重点信息 ②公共显示系统的信息可来自医院信息管理系统
排队叫号系统	①排队叫号系统主要用于医院门诊区，由分诊主机(或取票机)、呼叫分机、显示屏和扩音设备组成。一般以候诊区、检查室、输液室、配药室为独立系统，可完成分诊护士与门诊医生的联络对讲。扩音设备可呼叫候诊大厅的就诊患者，显示屏显示目前叫到的就诊号数、就诊部位 ②系统可与门诊挂号联网，构成挂号、收费及药房排队管理系统，该系统是将门诊挂号、分诊、划价收费、化验检查、取药等各主要环节通过网络搭建开放的平台，与 HST 的各类模块连接，读取患者在各环节中的排队信息
医用对讲系统	①系统包括双向对讲呼叫系统和呼叫系统。双向对讲呼叫系统主要用于病区护士站与患者床头之间、手术区护士站与各手术室之间、各导管室与护士站之间、监护病房护士站与各病床之间、妇产科护士站与各分娩室之间等；呼叫系统主要用于集中输液室与护士站之间、大型医疗设备室医生与患者之间等 ②医用对讲系统一般包括有线系统和无线系统。有线系统分多线制和总线制。目前多采用总线制系统，并配置少量无线分机的做法
医用探视系统	医用探视系统包括双向可视系统和单向可视系统。双向可视系统(提供内外双向可视及音频对讲通话)主要用于不能直接探望的传染病患者与探望者之间等；单向可视系统主要用于大型医疗设备室医生与患者之间等
视频示教系统	①手术室对洁净度要求很高，为了减少交叉感染，不允许外部人员及非手术医护人员随便出入，因此，现场不便开展教学、交流活动等，如需进行教学、见习、研究、交流、观摩等活动时，均应通过视频示教系统来实现 ②一般在示教室设视频及音频管理主机、监视器、数字硬盘录像机等设备，在手术室获取视频图像及音频信号后，在示教室可进行多路切换及录像，能看到每个手术室的手术情况，并可作为资料保存记录在案，满足示范教学要求。主机具有多媒体教学的各种接口，可以通过互联网系统将信号传输到院外进行远程会诊

4. 信息化应用系统

信息化应用系统设计技术要求，见表 9－26。

表 9-26　信息化应用系统设计技术要求

类　别	技　术　要　求
智能卡应用系统	①该系统能提供医务人员身份识别、考勤、出入口控制、停车、消费等需求，还能提供患者身份识别、医疗保险、大病统筹挂号、取药、住院、停车、消费等需求 ②医院病房设备带氧气处、卫生间淋浴用水等也可通过智能卡付费方式进行消费使用
信息查询系统	①为方便患者快捷地了解医院的各种信息，如医疗动态、诊室分布情况、医院专业特色、专家介绍及出诊时间、国家医疗政策及药品收费标准等，一般在医院出入院大厅、挂号收费处等公共场所配置供患者查询的多媒体信息查询端机，系统能向患者提供持卡查询实时费用结算的信息 ②信息查询系统的信息可来自医院信息管理系统

5. 建筑设备监控系统

医院的层流病房、监护病房、洁净手术部等场所多采用独立净化空调系统，以方便这些用房的空调能随时按需使用。一般独立净化空调系统可不纳入建筑设备监控系统或仅纳入系统监视由现场自动或手动控制。场所配置供患者查询的多媒体信息查询端机，系统能向患者提供持卡查询实时费用结算的信息。

6. 公共安全系统

公共安全系统设计技术要求，见表 9-27。

表 9-27　公共安全系统设计技术要求

类　别	技　术　要　求
入侵报警系统	根据医院重点房间或部位的不同，一般宜在计算机机房、实验室、财务室、现金结算处、药库、医疗纠纷会议室、同位素室及同位素物料区、太平间等贵重物品存放处及其他重要场所，配置手动报警按钮或其他入侵探测装置，对非法进入或试图非法进入设防区域的行为发出报警信息。系统报警后应能联动照明、视频安防监控、出入口控制系统等
视频安防监控系统	医院人员密集、复杂、流动性很大，从安全保卫管理考虑，同时也为了出现事故时便于查找资料，除了在常规场所配置摄像机外，一般在挂号收费以及药库等重要部位对每个工位一一对应地配置摄像机
出入口控制系统	①医院的一些场所是不允许无关人员随便出入的，一般在行政、财务、计算机机房、医技、实验室、药库、血库、各放射治疗区、同位素室及同位素物料区以及传染病院的清洁区、半污染区和污染区、手术室通道、监护病房、病案室等重要场所配置出入口控制系统。系统宜采用非接触式智能卡 ②系统应与消防报警系统联动，当火灾发生时，应确保开启相应区域的疏散门和通道方便人员疏散

续表

类　别	技　术　要　求
电子巡查系统	①可在医院的主要出入口、各层电梯厅、挂号收费、药库、计算机机房等重点部位合理地配置巡查路线以及巡查点，巡查点位置一般配置在不易被发现、破坏的地方，并确保巡逻人员能对整个建筑物进行安全巡视 ②系统可独立配置，也可与出入口控制或入侵报警系统联合配置。独立配置的电子巡查系统应能与安全防范系统的安全管理系统联网。系统分在线式和离线式两种，新建医院可根据实际情况配置在线式或离线式系统，已建成医院宜配置离线式系统
停车库(场)管理系统	①进、出医院车库(场)的车辆可使用IC卡 ②系统可独立配置，也可与出入口控制系统联合配置。独立配置的停车库(场)管理系统应能与安全防范系统的安全管理系统联网

(二)医院智能化系统设计要点

医院智能化系统设计要点的技术要求与规定如下：

1. 一般规定

(1)二级及以上综合医院等医院建筑智能化系统的功能应符合下列要求：

①应满足医院内高效、规范与信息化管理的需要；

②应向医患者提供“有效地控制医院感染、节约能源、保护环境，构建以人为本的就医环境”的技术保障。

(2)医院建筑智能化系统的配置，见表9-28。

表9-28　　医院建筑智能化系统的配置

智能化系统		综合性医院	专科医院	特殊病医院
智能化集成系统		☆	☆	☆
信息设施系统	通信接入系统	★	★	★
	电话交换系统	★	★	★
	信息网络系统	★	★	★
	综合布线系统	★	★	★
	室内移动通信覆盖系统	★	★	★
	卫星通信系统	☆	☆	☆
	有线电视及卫星电视接收系统	★	★	★
	广播系统	★	★	★
	会议系统	☆	☆	☆
	信息导引及发布系统	★	★	★
	时钟系统	★	★	★
	其他相关的信息通信系统	☆	☆	☆

续表

智能化系统			综合性医院	专科医院	特殊病医院
信息化应用系统	医院信息管理系统		★	★	★
	排队叫号系统		★	★	★
	探视系统		★	★	★
	视屏示教系统		★	★	★
	临床信息系统		★	★	★
	物业运营管理系统		☆	☆	☆
	办公和服务管理系统		★	★	★
	公共信息服务系统		★	★	★
	智能卡应用系统		★	★	★
	信息网络安全管理系统		★	★	★
	其他业务功能所需的应用系统		☆	☆	☆
建筑设备管理系统			★	★	★
公共安全系统	火灾自动报警系统		★	★	★
	安全技术防范系统	安全防范综合管理系统	★	☆	☆
		入侵报警系统	★	★	★
		视频安防监控系统	★	★	★
		出入口控制系统	★	★	★
		电子巡查管理系统	★	★	★
		汽车库(场)管理系统	☆	☆	☆
		其他特殊要求技术防范系统	☆	☆	☆
	应急指挥系统		☆	—	—
机房工程	信息中心设备机房		★	★	★
	数字程控电话交换机系统设备机房		★	★	★
	通信系统总配线设备机房		★	★	★
	智能化系统设备总控室		☆	☆	☆
	消防监控中心机房		★	★	★
	安防监控中心机房		★	★	★
	通信接入设备机房		★	★	★
	有线电视前端设备机房		★	★	★
	弱电间(电信间)		★	★	★
	应急指挥中心机房		☆	—	—
	其他智能化系统设备机房		☆	☆	☆

注:☆宜配置;★需配置。

2.综合性医院

(1)通信接入系统应支持医院内各类信息业务,满足医院业务的应用需求。

(2)电话交换系统应根据医院的业务需求,配置相应的无线数字寻呼系统或其他组群方式的寻呼系统,以满足医院内部紧急寻呼的要求。

(3)信息网络系统应符合下列要求:

①应稳定、实用和安全;

②应为医院信息管理系统(HIS)、临床信息系统(CIS)、医学影像系统(PACS)、放射信息系统(RIS)、远程医疗系统等医院信息系统服务,系统应具备高宽带、大容量和高速率,并具备将来扩容和带宽升级的条件;

③桌面用户接入宜采用10/100Mbit/s自适应方式,部分医学影像、放射信息等系统的高端用户宜采用1000Mbit/s自适应或光纤到端口的接入方式;

④应满足网络运行的安全性和可靠性要求进行网络设备配置,并采用硬件备份、冗余等方式;

⑤应根据医院工作业务需求配置服务器;

⑥应采用硬件或多重操作口令的安全访问认证控制方式。

(4)室内移动通信覆盖系统的覆盖范围和信号功率应确保医疗设备的正常使用和患者的安全。

(5)有线电视系统应向需收看电视节目的病员、医护人员提供本地有线电视节目或卫星电视及自制电视节目,应能在部分患者收看时不影响其他患者的休息。

(6)信息查询系统应在出入院大厅、挂号收费处等公共场所配置供患者查询的多媒体信息查询端机,系统能向患者提供持卡查询实时费用结算的信息,并应与医院信息管理系统联网。

(7)医用对讲系统应符合下列要求:

①病区各护理单元应配置护士站与患者床头间的双向对讲呼叫系统,并在病房外门上方或走道设有灯显设备,各护理单元间宜实现联网,病房内卫生间应配置求助呼叫设备;

②手术区应配置护士站与各手术室之间的双向对讲呼叫系统;

③各导管室与护士站之间应配置双向对讲呼叫系统;

④重症监护病房(ICU)、心血管监护病房(CCU)应配置护士站与各病床之间的双向对讲呼叫系统;

⑤妇产科应配置护士站与各分娩室间的双向对讲呼叫系统;

⑥集中输液室与护士站之间应配置呼叫系统。

(8)各科候诊区、检查室、输液室、配药室等处宜设立排队叫号系统,宜配置就诊取票机、专用叫号业务广播和电子信息显示装置。

(9)医用探视系统应具有对不能直接探望患者的探望者，提供进行内外双向互为图像可视及音频对讲通话的功能。

(10)医院宜根据需要配置展示手术、会诊等实况的视频示教系统，视频示教系统应符合下列要求：

①应满足视、音频信息的传输、控制、显示、编辑和存储的需求，应具有提供远程示教功能；

②应提供操作权限的控制；

③应实现手术室与教室间的音频双向传输；

④视频图像应满足高分辨率的画质要求，且图像信息无丢失现象。

(11)医院信息化应用系统应支持各类医院建筑的医疗、服务、经营管理以及业务决策。系统宜包括电子病历系统(CPR)、医学影像系统、放射信息系统(RIS)、实验室信息系统、病理信息系统、患者监护系统、远程医疗系统等医院信息管理系统和临床信息系统。

(12)建筑设备管理系统宜根据医疗工艺要求配置，系统应符合下列要求：

①应对氧气、笑气、氮气、压缩空气、真空吸引等医疗用气的使用进行监视和控制；

②应对医院污水处理的各项指标进行监视，并对其工艺流程进行控制和管理；

③应对有空气污染源的区域的通风系统进行监视和负压控制。

(13)洁净手术室宜采用独立的设备管理系统，手术室设备控制屏宜符合下列要求：

①宜具有显示当前、手术、麻醉时间；显示手术室内温、湿度等参数；显示风速、室内静压、空气净化等参数；

②宜具有时间、温度、湿度和净化空调机组的送风量等预置功能，并能发出时间提示信号；

③宜有对控制净化空调机组的启、停和风机转速；排风机、无影灯、看片灯、照明灯、摄像机和对讲机等设备的控制功能。

(14)火灾自动报警系统宜配置声光报警装置。

(15)安全技术防范系统应符合医院建筑的安全防范管理的规定，宜配置下列系统：

①安全防范综合管理系统；

②入侵报警系统应符合下列要求：

a. 宜在医院计算机机房、实验室、财务室、现金结算处、药库、医疗纠纷会议室、同位素室及同位素物料区、太平间等贵重物品存放处及其他重要场所，配置手动报警按钮或其他入侵探测装置；

b. 报警装置应与视频探测摄像机和照明系统联动，在发生报警时同步进行图像记录。

③视频监控系统应符合医院内部的管理要求。

④出入口控制系统应根据医疗工艺对区域划分的要求，在行政、财务、计算机机房、医技、实验室、药库、血库、各放射治疗区、同位素室及同位素物料区以及传染病院的清洁区、半污染区和污染区等处配置出入口控制系统，系统应符合下列要求：

a. 应有可靠的电源以确保系统的正常使用；

b. 应与消防报警系统联动，当发生火灾时应确保开启相应区域的疏散门和通道；

c. 宜采用非接触式智能卡。

⑤电子巡查管理系统宜结合出入口控制系统进行配置；

⑥医疗纠纷会谈室宜配置独立的图像监控、语音录音系统。系统宜具有视、音频信息的显示和存储、图像信息与时间和字符叠加的功能；

⑦医院的消防安全保卫控制室内，宜建立应急联动指挥的功能模块，以预防和处置突发事件。

二、医院智能化安全系统设计技术要求

医院智能化安全系统设计类别及技术要求如下：

1. 安全防范系统

安全防范系统应按《安全防范工程技术规范》GB 50348—2004 要求设计。安全防范系统设计的主要技术要求，见表 9 - 29。

表 9 - 29　　火灾自动报警系统技术要求

类别	技术要求
视频安防监控系统	①医院的视频监控系统在挂号处、收费处、入口大堂、药房、重点实验室、病历档案室等处设置监视摄像机。根据医院的不同级别及监视空间大小安装合适的摄像机进行单点或多点实时监视 ②监视器安装在监控中心，医院中需要监控的地方一般不会很多，可考虑与消防控制室合用 ③视频监控系统的布线一般采用同轴电缆，穿金属管或金属线槽沿吊顶及竖井内敷设。特别区域按相关要求处理

续表

类　别	技　术　要　求
出入口控制和入侵报警系统	①在存放贵重药品或剧毒药品等的药品库房及中心财务等房间，根据医院的实际情况和相关要求，需要设置出入口控制和入侵报警系统，其风险等级可考虑按一级设计 ②对进出人员进行实时监控。对非法闯入者进行跟踪监视并报警 ③要求系统具有安全性。线路暗敷或隐蔽敷设，控制器和监视终端安装在防护区内 ④报警主机设在安防中控室内，方便管理及与其他安全防范系统的集成 ⑤出入口控制系统有在线式和离线式两种。出入口较少的系统可采用离线式系统，出入口较多的系统最好采用在线式
电子巡查系统	电子巡查系统主要监视保安人员在各站点的巡查情况。可采用离线式系统，也可采用在线式系统。离线式系统比较简单，由手提式分机采集信息，然后录入中控室主机内。在线式系统采用固定分机，巡查人员每到一处，输入信息，中控室立即接到信息，保证实时监视。但线路施工复杂，系统造价较高。设计时，可根据医院规模和实际需要，按医院的管理流程及投资情况合理设置

2. 汽车库(场)管理系统

医院的外来车辆很多，来来往往出入频繁。有条件的医院宜将内部汽车库和外部汽车库分开设置。中小型医院车辆较少时，可考虑合用汽车库。

对于分开设置的汽车库，外来车辆采用刷卡收费管理系统，根据医院规模、等级及业主要求选择合适的识别卡种类及收费功能。对于内部汽车库，主要是管理和防盗功能，最好采用准确快速识别的车库管理系统，以避免上下班时间造成交通阻塞。

3. 有线电视系统

根据医院的规模、等级及投资情况设置，系统的指标均应满足《有线电视系统工程技术规范》CB50200—1994 的规定。

4. 火灾自动报警系统

火灾自动报警系统技术要求，见表 9-30。

表 9-30　　火灾自动报警系统技术要求

类　别	技　术　要　求
系统形式的选择	火灾自动报警系统的保护对象为一级。采用控制中心报警及联动控制系统。系统要求和设备布置满足《火灾自动报警系统设计规范》GB 50116—1998 要求

续表

类 别	技 术 要 求
探测器的选择	①对普通门诊诊室、住院病房、走道、库房、实验室及办公室等处均设置普通的点式感烟探测器 ②汽车库、开水间等烟雾较大场所，选用感温探测器 ③大开间处宜选用红外光束感烟探测器 ④特殊的门诊治疗室如皮肤科的激光治疗室及性病专科的荧光治疗室等，在治疗过程中会有气体或烟雾产生，应根据这些场所产生的烟雾浓度选择灵敏度低的感烟探测器或感温探测器 ⑤放射科的直线加速器室、后装治疗室等处有射线污染，非专业人员未经允许绝对不能进入，且射线对塑料外壳会有破坏，为此，应选择智能化程度高的光电感烟探测器，并在非工作时间设防，工作时间由值班医生手动报警。探测器尽量选择金属外壳并做防射线处理 ⑥核医学科的医疗设备室具有强烈的电磁场干扰，又有严格的防外来电磁干扰要求，选择探测器宜通过现场实验确定。无条件测试时，建议选用离子感烟探测器，探测器外壳需做防磁干扰处理。信号、控制线等均穿塑料管，并应在非工作时间设防
报警及控制方式的选择	①对于报警信号的采集和接收均按相关规范设计。在门诊的就诊区及住院部的病房区，探测器、手动报警按钮及消火栓按钮等报警时，报警元件上均需同时具有声光信号，以方便视觉和听觉障碍人士及时得到报警提示。无障碍区的手动报警按钮安装高度应降低到1.1m ②控制方式采用全总线集中控制方式。防排烟系统、消火栓系统、自动喷洒系统、防火卷帘门及防火门系统、电梯控制系统等的控制按有关消防规范要求设计 ③根据业主及设备要求，部分贵重医疗设备间(如CT、ECT、导管造影等)、洁净设备区可采用烟雾早期报警及气体灭火，按气体灭火系统要求采用烟、温探测器报警，现场设控制器，并在现场及消防中心分别设置手动/自动控制。工作时间必须由现场工作人员手动控制，非工作时间可由消防中心控制，消防中心需时时显示气体灭火系统的状态 ④布线系统宜采用辐照低烟无卤电缆及电线，以避免火灾时产生大量烟雾造成人员伤亡
火灾应急广播系统	火灾应急广播系统是在火灾时通知、指挥人员疏散的。医院的应急广播系统按相关规范设计 (1)扬声器的设置。除了在楼道、大堂等公共场所设置扬声器外，在大开间的办公室、实验室、挂号处、收费处等处也应设置扬声器 (2)应急广播系统的控制。由于医院属人员密集场所，又多为行动不便的病人，所以在设置应急广播疏散程序时应特别重视以下3点： ①确认火灾后的第一时间通知到相关区域，有序组织人员疏散 ②根据火情，严格按时间先后顺序通知各防火分区及各楼层人员撤离，在保证人员安全的前提下，尽量避免大面积的人员恐慌 ③医院各部门的区域性公共广播较多，在火灾应急情况下，一定要将所有相关区域的公共广播及时切除

5. 综合布线系统

综合布线系统的技术要求见表 9-31。

表 9-31　综合布线系统的技术要求

类　别	技　术　要　求
机房的设置	综合布线系统的设备机房宜设在终端数量较多的主楼内，与电话交换机机房和网络配套设备机房比邻或合用。并宜设在主楼的首层以上、4层以下；也可以设在地下层，但不宜设在最底层。采用非屏蔽系统形式，干线路由尽量避免穿越核医学科等电磁干扰设备较多的场所，否则应采取措施进行屏蔽和隔离。具体要求见相关规范
语音终端（电话）的设置	对急诊部和门诊部，主要在挂号、分诊台及医护值班等处设置电话插座；住院部主要在护士站、医护值班、办公室等处设置电话插座，病房根据医院的等级及规模酌情设置电话插座；营养科和中心供应科在办公、值班及供应窗口等处设置电话插座；财务科的办公室设置电话插座；药房在办公及取药窗口等处设电话插座；生化实验室在值班及办公等处设置电话插座。安装 RJ45 标准接口
数据终端（电脑）的设置	急诊部和门诊部在挂号、诊室及治疗室等处设置电脑插座；住院部主要在护士站、医护办公室等处设置电脑插座，病房根据医院的等级及规模，在单、双人病房、观察室及特殊病房等处设置电脑插座；营养科和中心供应科在办公及供应窗口等处设置电脑插座；财务科的办公室应每人设置一台电脑插座；药房在办公等处设电脑插座；生化实验室在实验室及办公等处设置电脑插座。在电视教学教室、会诊中心、宣教中心及会议室等处均预留数据终端接口，并宜用光纤接到桌面，以适应多媒体业务的需要
布线选择	室外进线一般选择单模或多模光纤，以满足容量大、速度快、信号衰减小的要求；对楼内布线，语音干线可选择大对数电缆；数据干线可采用多模光纤到楼层。工作区布线采用 8 芯双绞线

6. 建筑设备监控系统

建筑设备监控系统的主要技术要求如下：

(1)医院的设备监控系统(BAS)，除需对空调系统、冷热水系统、变电所、室外照明、安防、防灾、广播等进行监视及控制外，还应对医用“五气”(氧气、氮气、吸引气、压缩空气及笑气)、手术室、层流、多媒体示教、物流传输等的一些参数进行必要的监测、控制及管理。

(2)设备监控系统应采用开放式的网络平台，使其具有良好的开放性和互操作性，方便用户的系统集成和扩展、升级。控制方式可采用集散式或分布式控制系统。

(3)监控对象的设置要根据医院规模、等级以及投资情况，按《智能建筑设计标准》GB/T50314—2006 要求确定。

7.呼(应)叫系统

呼(应)叫系统设计主要技术要求如下:

(1)医院的呼应信号系统包括候诊呼应、病房护理及探视呼应信号系统等。

(2)一般大、中型医院门诊及病房,按各诊区的设置,应设呼应信号系统。

(3)候诊呼应信号系统应具备以下功能:

①随时接受诊区内各诊室医生对就诊病人的呼叫,准确显示就诊者诊号及就诊的诊室号。候诊区应有声音提示装置及屏幕显示;

②多路呼叫时,能逐一记忆、显示,并自动分配就诊者到不同诊室就诊;

③通过功能键,主机与各诊室分机之间可实现双向呼叫,双向通话;

④候诊区的扬声器及显示屏同时具有广播及宣教功能;

⑤放射科的呼叫系统还应同时具备图像显示功能。因放射科的医疗设备多数带有辐射,且准备工作繁杂,医护人员及患者不方便随时出入,而图像显示功能可帮助医护人员随时与患者沟通,并提前通知就诊者准备;

⑥有条件的医院,候诊呼叫主机还应与挂号处联网。

(4)候诊呼应信号系统设计:

①显示屏应简单明了地显示被呼叫者诊号及诊室;

②显示装置应设在候诊区易见处(一般设在分诊台上方或附近);控制主机宜设在分诊台或有人值班处;

③各诊室分机安装在医生工作台上方易于操作处,高度一般为距地1.2～1.4m;

④系统形式包括多线制和总线制两种,现在应用较多的是总线系统。多线系统因线路敷设及维修不便,一般不推荐使用;

⑤信号线多采用铜芯绞线,穿金属管敷设(因医院医疗设备多,各种电磁波容易互相干扰,故管线应选金属管,以利屏蔽);

⑥放射科呼叫系统的主机一般由医疗设备自带,设计时只需预留管线及配备按钮、话筒、显示屏等外部设备;

⑦候诊呼应系统示意,如图9-10和图9-11所示。医用呼叫对讲系统设置部位,见表9-32。

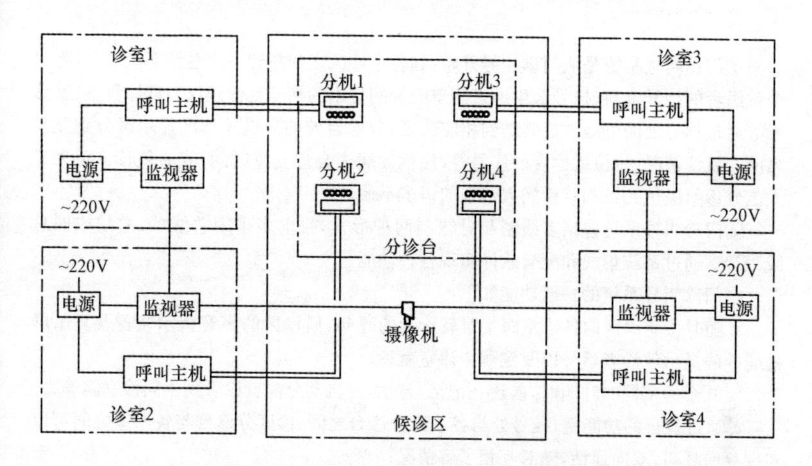

图 9-10　放射科门诊呼应系统示意图

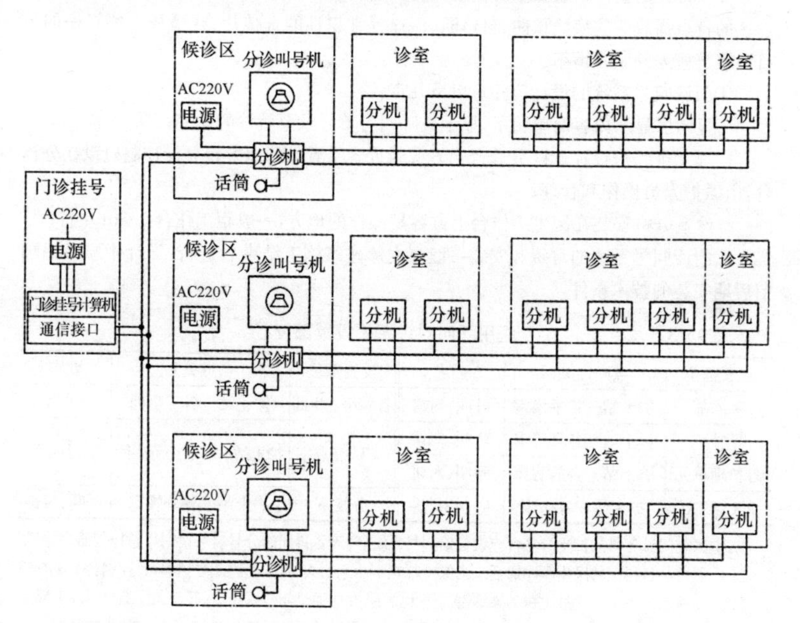

图 9-11　门诊叫号系统示意图

图注：

①门诊叫号系统是从门诊挂号开始，到各个诊区之间搭建一个总线系统平台，将每个就医者的挂号资料（挂号医生通过简单的询问得出的初步就诊建议）、就诊科室、就诊号等通过挂号处的电脑主机输送到相应诊区；分诊台处的分机及诊区显示屏分别显示当前的就诊情况、每位就诊者的序号等，使就诊病人合理安排时间，安心就诊。免去了人工分诊给医护人员和就诊病人带来的诸多不便。

②门诊叫号系统包括多线制和总线制两种形式，目前多采用总线（二总线或四总线）系统，通过系统集成和配套软件实现各种动能。

③门诊叫号系统的一般功能如下：

a. 随时接受诊区内各诊室医生对就诊者的呼叫，候诊区的声音提示装置及显示屏幕能准确提示就诊者诊号以及到哪个诊室就诊；

b. 几个诊室同时呼叫时，能逐一记忆、显示，并自动分配就诊者到不同诊室就诊；

c. 通过各自的功能键，挂号处与各诊区分诊台之间、诊区分诊台与各诊室之间可以实现双向呼叫，双向通话，随时互相了解情况；

d. 候诊区的扬声器及显示屏同时具有广播及宣教功能。在无人呼叫时可根据不同诊区的特点播放一些疾病预防、自诊断、治疗等常识性的宣传片，或播放一些轻松的节目以缓解病人的紧张情绪。

④门诊叫号系统的设计应注意以下几点：

a. 显示屏显示内容简单明了，显示被呼叫者诊号及要就诊的诊室；

b. 显示屏一般设在诊区分诊台上方或附近容易看见的地方。分诊控制机设在分诊台，由医护人员操作和管理；

c. 诊室分机安装在医生工作台上方容易操作的地方，一般距工作台 0.3m 左右；

d. 门诊叫号系统的订货和安装一般在主体建筑施工结束后进行，设计中应考虑预留后期安装的技术条件。

表 9-32　医用呼叫对讲系统设置部位

设置部位	点—点关系	要求	设置部位	点点关系	要求
手术部	护士站—各手术室	呼叫、对讲	各病房卫生间	护士站—各卫生间	呼叫
导管室	护士站—各导管室	呼叫、对讲	CCU 静点室	护士站—各病房卫生间	呼叫
各护理单元	护士站—各病房床	呼叫、对讲			
ICU、CCU	护士站—各病床	呼叫、对讲	分娩室	护士站—各分娩室	呼叫、对讲

注：①医院门诊各科的护士分号台应设分诊叫号系统，门诊各科候诊分号台可设叫号总控制器，总控制器可与各科室的医生顺序通话。当医生呼叫下一个病人时，按下终端受话器，总控制台上应有声光显示。护士将通过主机的通话键与医生通话，并应通过叫号系统，在候诊大厅的显示屏上显示下一个病人的号码，以及到几诊室就诊显示。有条件的医院，可以将呼叫主机与挂号处联网。

②放射科的呼叫对讲系统宜具备图像显示功能，方便医护人员与患者沟通。

③ICU、CCU 等隔离病房的探视对讲系统宜具备图像显示功能，方便探视人员与患者可视对讲沟通。

(5)病房护理呼应系统应具备以下功能：

①随时接受病区内住院病人的呼叫，准确显示呼叫患者床位号和房间号；

②患者呼叫时，护士站应有明显的声光提示；

③允许多路呼叫，并逐一记忆、显示。特护患者有优先呼叫权；

④病人呼叫护士站无人应答时，呼叫信号可延时传送到医护值班办公室；

⑤呼叫分机应有叫通显示；

⑥对讲分机宜有免提功能，以避免病员交叉感染；

⑦未做临床处理的患者呼叫，提示信号应持续保留；

⑧通过功能键，主机与分机之间可实现双向呼叫，双向通话；

⑨呼叫系统应有故障自检功能。

(6)候诊及病房护理呼应系统均可采用无线系统，但在有电磁干扰或须防电磁干扰的诊区和如心脏病区内不宜使用。另因维护管理问题，目前不被普及使用。发展方向是有线和无线相结合的系统模式。

(7)病房护理呼应系统设计：

①清晰显示呼叫病人的床位号或房间号；

②病区楼道顶棚下吊装的大尺寸显示屏，与主机显示屏同步显示：平时显示时间，有病人呼叫时，轮番显示呼叫序号和床位号；

③呼叫对讲系统主机安装在护士站，放在工作台上或嵌(挂)墙安装在工作台附近容易操作的墙上，安装高度为距地 1.2～1.4m。主机上带有声、光显示装置；

④病人的分机安装在病房的床头装置上，操作按钮采用拉线式手柄；

⑤特护病房卫生间可考虑设紧急呼叫分机；

⑥有条件的情况下，呼叫系统可设微型遥控分机；值班护士离开护士站时，把遥控分机放在口袋里，随时接收患者呼叫；

⑦呼叫对讲有多线系统和总线系统两种，一般采用总线系统。信号线多采用铜芯绞线，穿金属管敷设；

⑧放射线治疗室、传染病区等，不方便医护人员经常出入，应设可视呼应对讲系统；

⑨传染病区、隔离室、层流病房等除设医护人员和病员的呼叫对讲系统外，还应设置家属探视用的可视或不可视对讲系统，并能设定最长通话时间；

⑩病房护理呼应对讲系统可与医院计算机管理系统联网；医院手术室视频示教系统示意图，如图 9-12 所示。对讲系统示意，如图 9-13～图 9-16 所示。大型医疗设备室呼叫系统示意图，如图 9-17 所示。

a. 医院手术室视频示教系统示意，如图 9-12 所示。

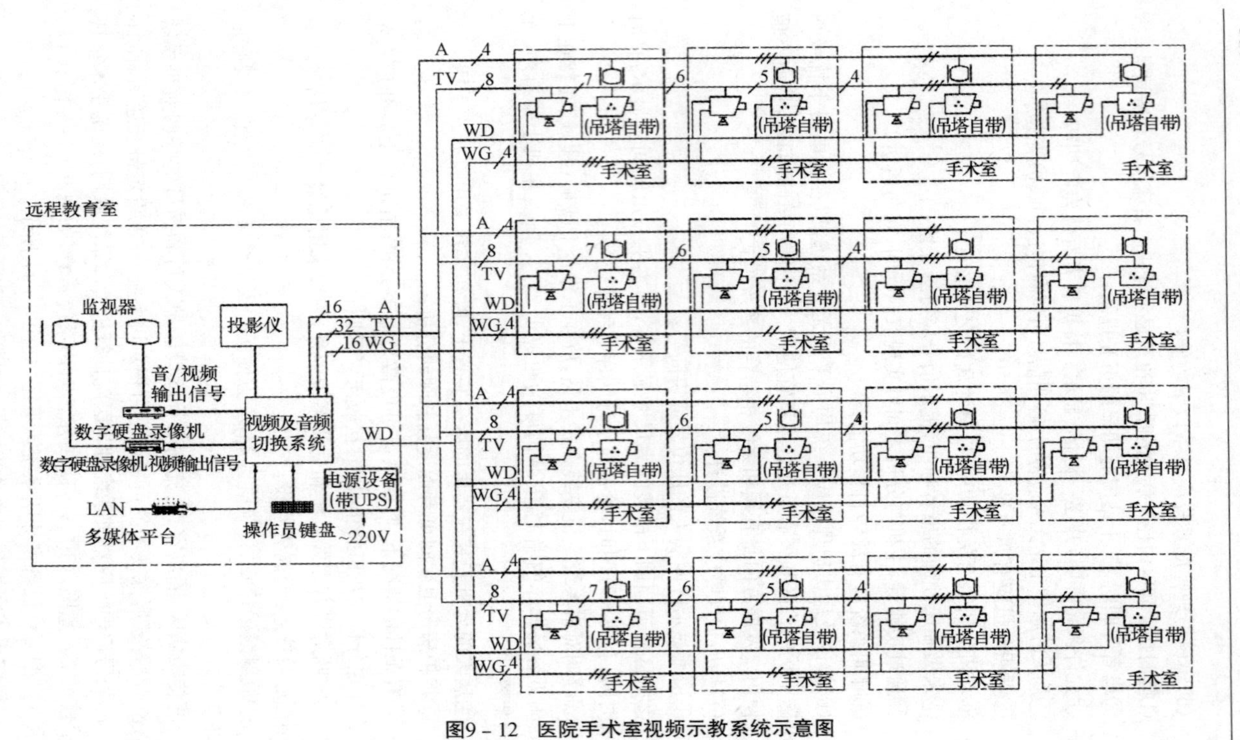

图9－12 医院手术室视频示教系统示意图

b.病房呼叫对讲系统，如图 9－13 所示。病房呼叫对讲系统应具备的功能和系统安装要求，见表 9－33。

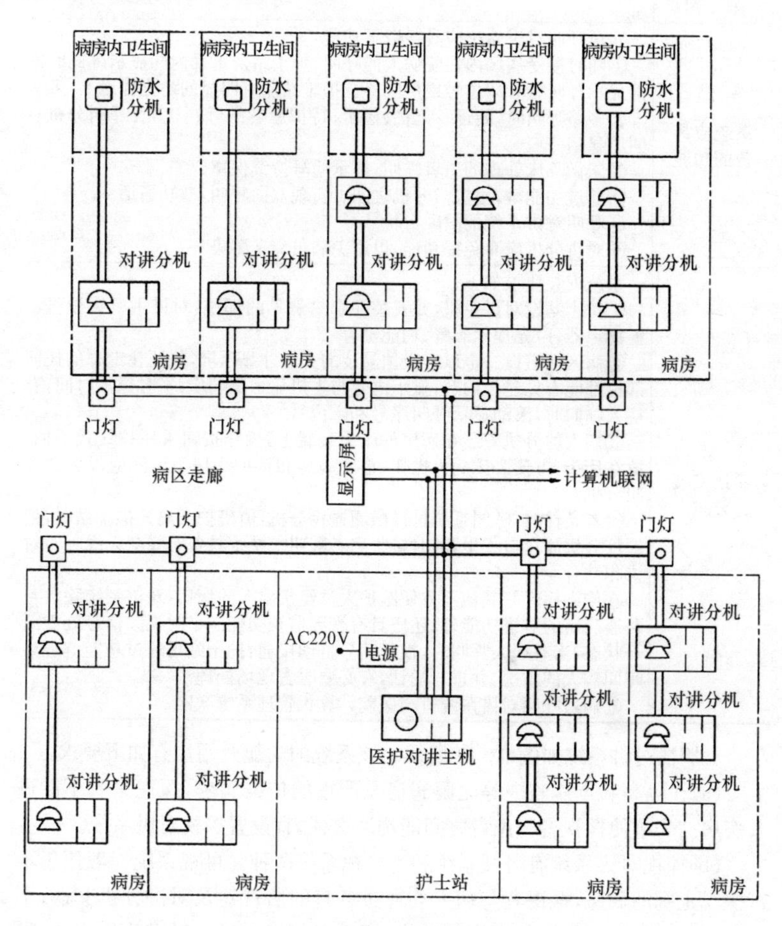

图 9－13　病房呼叫系统示意图

表 9-33 病房呼叫对讲系统应具备的功能和系统安装要求

类 型	说 明
系统应具备的功能	病房呼叫对讲系统应具备以下功能： ①随时接受病区内住院病人的呼叫，护士站及走廊内的显示屏同时准确显示呼叫患者床位号或房间号。护士站还有明显的声光提示 ②多路呼叫时，能逐一记忆、显示；特护患者的呼叫优先；呼叫分机有叫通显示 ③未做临床处理的患者呼叫，提示信号持续保留 ④通过功能键，主机与分机之间可实现双向呼叫，双功通话 ⑤呼叫对讲系统的故障自检 ⑥对讲分机应有免提功能，以避免病员交叉感染
系统安装要求	系统安装要求如下： ①护士站设对讲主机，并安装在容易看见的部位；对讲主机需设显示屏扬声器、声光提示装置、功能键等 ②病区楼道设一个以上吸顶安装的大尺寸显示屏，保证在走廊的任何部位都能看见显示内容；显示内容与主机显示屏同步，平时显示时间，有病人呼叫时，滚动显示呼叫序号和床位号 ③病人的分机安装在病房的床头装置上，操作按钮采用拉线式手柄，放在床头，方便卧床病人操作；重要病房和特护病房卫生间应设紧急呼叫分机 ④有条件时，呼叫系统可设微型遥控分机；值班护士离开护士站时，把遥控分机放在口袋里，随时接收患者呼叫。系统具备有线与无线呼叫对讲相结合 ⑤传染病区等其他不方便医护人员经常出入的病房，对讲系统除具备普通病房的对讲功能外，还应具有视频监视功能。平时视频信号处于断开状态，当有病人呼叫时，视频信号自动接通；护士站可通过功能键观察呼叫病人的情况，并进行通话，有必要时去现场处理 ⑥病房呼叫对讲系统宜与医院计算机管理系统联网

c. 探视对讲系统如图 9-14 所示。该系统的功能及用途有如下要求：

(a)在隔离和重症监护等无菌病房及严重的传染病房，探视家属不能进入病房。为了使探视者与患者之间能沟通交谈，宜设置探视对讲系统。

(b)探视对讲系统有可视系统和不可视系统两种。可视系统一般用于不带探视走廊的病房，探视者与病人均通过各自的监视器及对讲分机交谈；不可视系统一般用于带探视走廊的病房，探视者与病人通过对讲分机交谈，隔着透明玻璃窗可互相看见对方。

(c)探视者对讲分机一般挂墙安装，病人分机挂在床边方便拿到的地方；探视对讲主机一般安装在护士站，也可每床设独立的主机。

(d)探视对讲系统宜具有定时功能，超过设定的对讲时间将自动关闭，保证病人及时得到休息，延时到下次探视时间自动开启，也可由医护人员手动复位设置定时。

(e)探视对讲系统还需设手动操作功能，当医护人员需对被探视的病人进行检查、治疗时，即通过手动按钮切断。

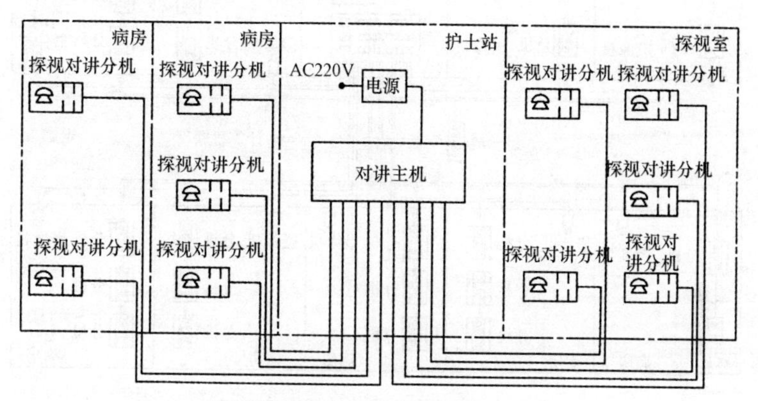

(a)不带探视走廊的可视探对讲系统

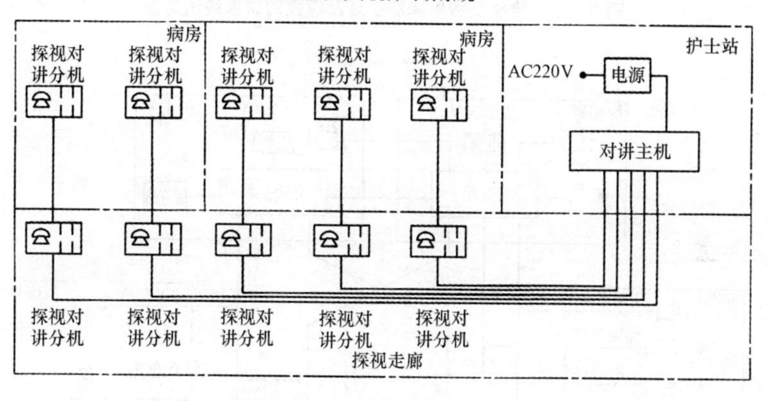

(b)带探视走廊的不可视探对讲系统

图 9－14 视探对讲系统示意图

d. 传染及放射病房护理及探视对讲系统，如图 9－15 所示。

e. 不带探视走廊的可视探视(单向)对讲系统，如图 9－16 所示。

f. 大型医疗设备室呼叫系统示意，如图 9－17 所示，该系统有如下用途：

(a)不可视单向呼叫系统一般用于核磁共振、X线、肠胃镜检查等设备控制室，该类大型医疗设备间虽然在设备运行工作中医护人员也不能随意进出，但可

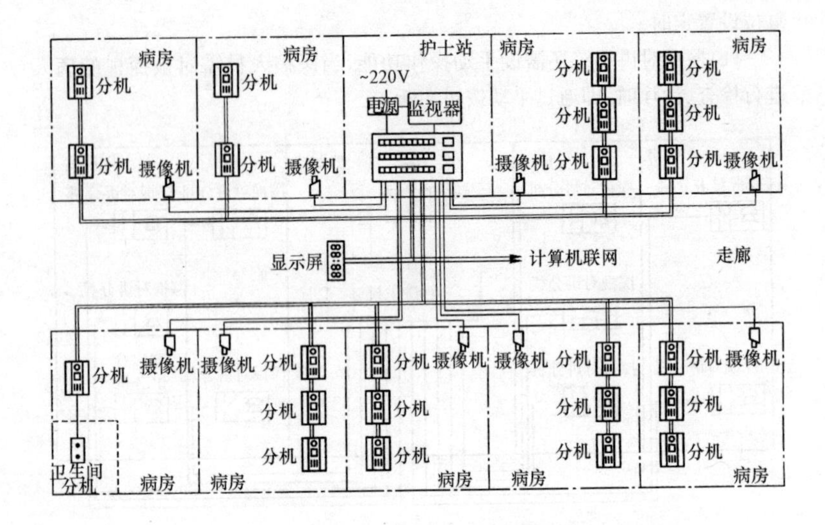

图 9－15　传染及放射病房护理及探视对讲系统示意图

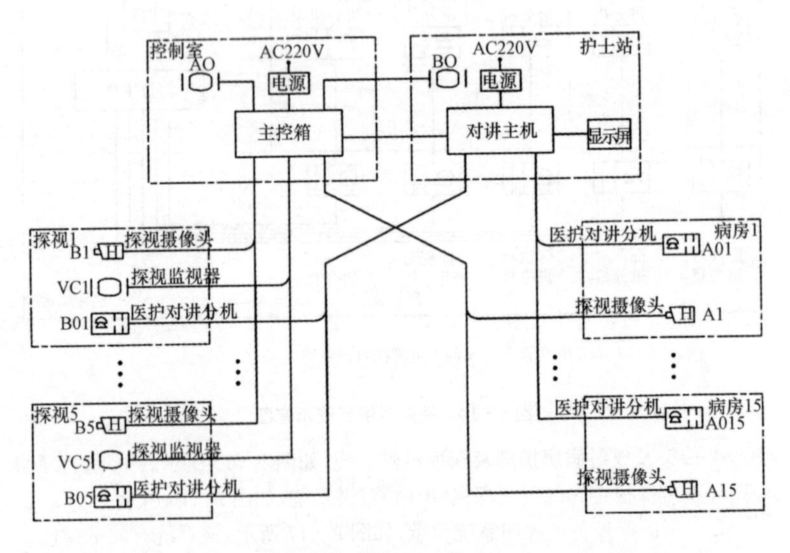

图 9－16　不带探视走廊的可视探视(单向)对讲系统示意图

以通过观察窗看见接受治疗的病人情况，需要时只要语音提示就可以了。

(b)可视单向呼叫系统一般用于直线加速器、后装治疗、模拟定位等设备控制室，该类大型医疗设备间外墙防护要求严格，不容许开窗，在设备运行工程中医护人员也不能随意进出，但可以通过扬声器和监视器与接收治疗的患者沟通。

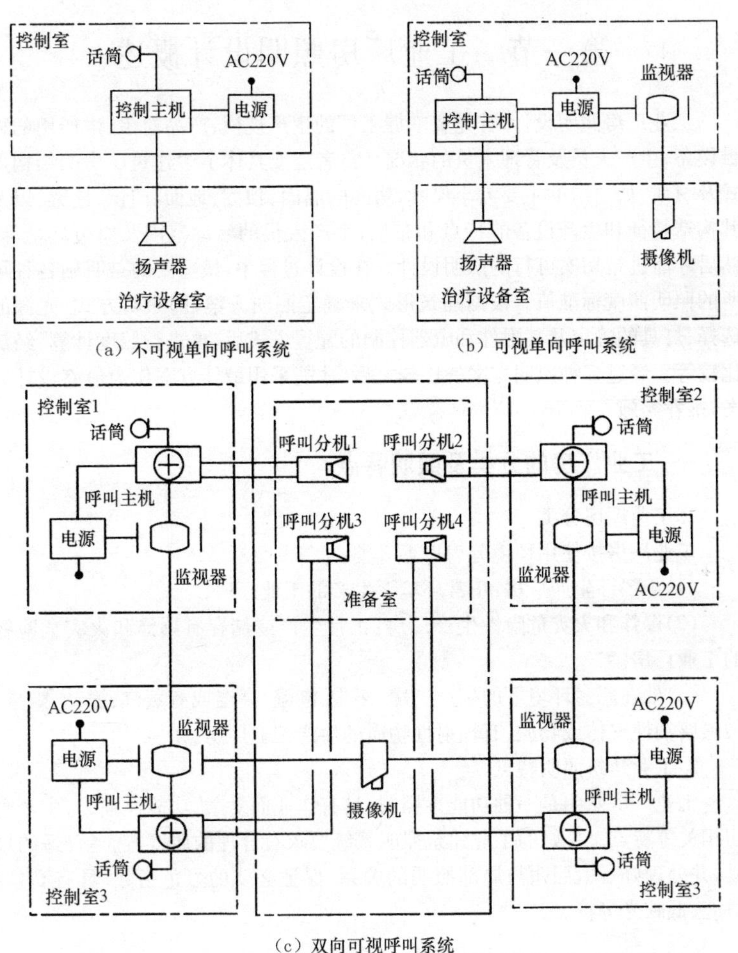

图 9－17　大型医疗设备室呼叫系统示意图

第十章 工业厂房照明

第一节 工业厂房照明设计概述

工业厂房照明设计，首先要掌握工厂的生产规模、产品对象、生产用的机械设备、生产人员及管理人员的状况。再者还要具体了解建筑厂房的结构形式及材质，如厂房的主要大小尺寸，房间的墙面、顶棚、地面、门窗、柱梁，以及其构造特征和生产设备的特点和布局，生产人员的活动范围及周边环境等，然后才能进行切实可行的照明设计。在设计过程中，最重要的是明确各种场所的照明照度标准值。根据建筑形式来确定照明方案，即照明方式、光源的选择、灯具的确定及其附件和电器控制的配置方式后，再进行照度计算、经济比较等。经过多种照明方案的比较之后，才能采用最佳方案作为最终设计方案，推荐实施。

一、工业厂房的分类及照明特点

1. 工业厂房分类

工业厂房按使用环境分为以下3类：

(1)一般性生产厂房：正常环境下生产的工业厂房。

(2)爆炸和火灾危险性生产厂房：正常生产或储存有爆炸和火灾危险物的工业厂房。

(3)处在恶劣环境下的生产厂房：多尘、潮湿、高温或有蒸汽、振动、烟雾、酸碱腐蚀性气体或物质、有辐射性物质的生产工业厂房。

2. 工业建筑照明特点

工业厂房照明是一种功能性照明，具有作业面复杂、功能性强、与生产密切相关等特点。良好的工业建筑照明系统要求有合理的照度，选择合适的灯具，并处理好一般照明与局部照明的关系，保证必要的显色指数，具有高效、节能、低眩光等特点。

二、照明与生产率、安全的关系

在20世纪70年代，日本和欧洲等国对照明改善前后的生产率和生产事故率的实际情况作了系统的统计，其结果见表10-1和表10-2所示。

表 10-1　照明与生产率、安全的关系(日本)

工　种		照　度(lx)		改善效果
		改善前	改善后	
合成纤维精纺室		160	230	产量增加 0.08%
机械厂	机械加工	40	180	产值增加 4.2% 工作损失费减少 7.9%
	机械装配	30	170	产值增加 12.2% 工作损失费减少 1.3%
自动售货机的零件制造		150～300	250～500	提高生产率 9.5% 有关差错减少 5.0% 工伤事故减少 66.6%
机械用仪表厂		100	300	产量提高 15.0% 出勤率提高 30.0%
电度表组装、修理、检查		旧工厂平均 430	新工厂平均 720	生产件数增加 8.2% 不合格率减少 3.0% 出勤率提高 2.8%

表 10-2　照明与生产率、安全的关系(欧洲)

工　种	照　度 (lx)		工作效率提高(%)	次品减少(%)	事故减少(%)
	改善前	改善后			
照相机装配	370	1000	7.4	*	*
皮革冲压成型	350	1000	7.6	*	*
珍珠挑选	100	1000	6	—	—
钩针编织	100	1000	8	22	—
装配室	100	1000	30	18	*
螺丝挑选	100	1000	10	22	*
	150	250	36	57	*
电话接收机装配	60	250	13	*	*
无摩擦轴承制造	50	200	4	*	*
屋顶瓦片制作	500(一般照明)				
飞机零件装配	1000(局部照明)	4000	*	90	*
工具厂	500	1600～2500	10	20	50
机械厂	300	2000	16	29	52

注:表中“*”表示无特别显著效果。

三、常用工厂照明方案

常用工厂照明方案，见表10－3。

表10－3 常用工厂照明方案

照明方式	布灯方式	平面图	特点
一般照明	满天星布置	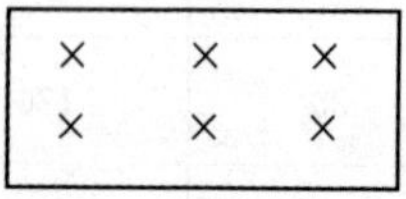	照度高且均匀 眩光控制好
	梅花形布置	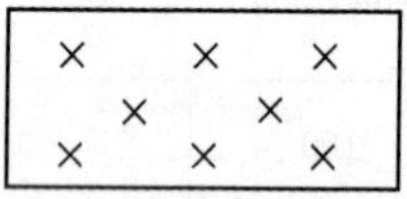	照度均匀 眩光小
	光带布置	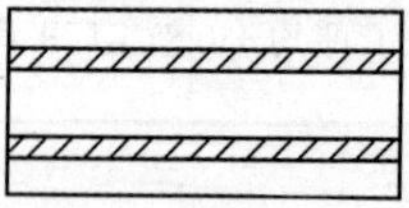	照度较均匀 眩光较小
	灯桥布置	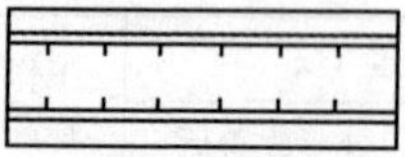	灯具用电量少 眩光较大
局部照明	车床布置	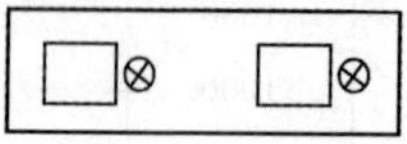	照度高，节能效果好 均匀度较差
	桌台类布置	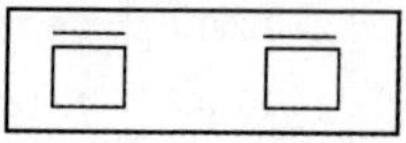	照度高，眩光较大 均匀度较差
混合照明	混合式布置	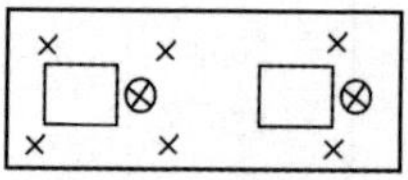	照度一般，节能好
分区一般照明	分区布置	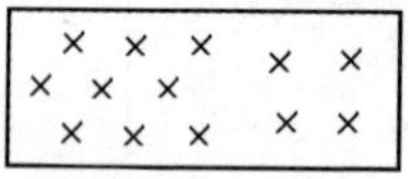	较易满足局部高照度的要求

第二节　照明设计一般规定和标准

一、工业厂房照明设计要点

工业建筑照明设计要点及一般技术要求如下：

1. 照明方式

(1)对于照度值要求较高，工作位置密度不大的场所宜采用混合照明。

(2)对作业的照度值要求不高，或当受生产技术条件限制，不适合装设局部照明时，宜单独采用一般照明。

(3)当某一工作区需要高于一般照明照度时可采用分区一般照明。

(4)在工作区内不应只设置局部照明。当分区一般照明不能满足照度要求时应设置局部照明。

2. 照明质量

(1)应选用高效率和配光曲线合适的灯具。根据灯具在厂房房架上悬挂高度按室形指数 RI 值选用不同配比的灯具。当 $RI=0.5\sim0.8$ 时，应选用窄配光灯具；当 $RI=0.8\sim1.65$ 时，应选用中配光灯具；当 $RI=1.65\sim5$ 时，应选用宽配光灯具。

(2)应选用色温适当和显色指数符合生产要求的照明光源。

(3)应满足照度均匀度的要求：作业区域内一般照明照度均匀度规定不应小于 0.7，作业区邻近周围的照度均匀度规定不应小于 0.5。

(4)应满足照明直接眩光限制的质量要求：统一眩光值(*UGR*)应符合《建筑照明设计标准》GB50034—2004 的规定，一般允许值为 22，精细加工值为 19。

(5)应采取措施减小电压波动及电压闪变对照明的影响和防止频闪效应。

(6)照明装置应在允许的工作电压下工作，在选用金属卤化物灯和高压钠灯的场所应采用补偿电容器提高功率因数。

3. 照明光源

(1)照明光源应采用三基色细管径直管荧光灯、金属卤化物灯或高压钠灯。光源点距地高度在 4m 及以下时宜选用细管荧光灯；高度在 6m 及以上的厂房可采用金属卤化物灯，无显色要求的可用高压钠灯。

(2)工业厂房照明在下列场所可选用白炽灯：

①对防止电磁干扰要求严格的场所。

②灯开关频繁的场所。

③照明时间较短及照度要求不高的场所。

④局部照明及临时照明的场所。

(3)在需要严格识别颜色的场所(如光谱分析室、化学实验室等)应采用高显色三基色荧光灯。

4. 照明灯具

工业厂房照明用灯具应按环境条件、满足工作和生产条件来选择，并适当注意外形美观、安装方便和与建筑物的协调及技术经济合理。在按环境条件选择灯具型式时，应注意环境温度、湿度、污秽、尘埃、振动、腐蚀、有爆炸和火灾危险介质等情况。

(1)一般性工业厂房的灯具选择：

①在正常环境中(采暖或非采暖场所)一般应采用开启式灯具。

②含有大量尘埃，但无爆炸和火灾危险的场所，宜选用与灰尘量值相适应的灯具。

多尘环境中灰尘的量值用在空气中的浓度(mg/m^3)或沉降量[$mg/(m^2 \cdot d)$]来衡量。灰尘沉降量分级，见表 10-4。

表 10-4　灰尘沉降量分级

级　别	灰尘沉降量[月平均值，$mg/(m^2 \cdot d)$]	环境特征
Ⅰ	10～100	清洁环境
Ⅱ	300～550	一般多尘环境
Ⅲ	≥550	多尘环境

对于一般多尘环境，宜采用防尘型(IP5X 级)灯具。对于多尘环境或存在导电性灰尘的一般多尘环境，宜采用尘密型(IP6X 级)灯具。对导电纤维(如碳素纤维)环境应采用 IP65 级灯具。对于经常需用水冲洗的灯具应选用不低于 IP65 级灯具。

③在装有锻压、大型桥式吊车设备等振动较大的场所应选用防振型灯具，当采用普通灯具时应采取防振措施。对摆动较大场所使用的灯具应有防脱落措施。

④在有可能受到机械撞伤的场所或灯具的安装高度较低时，灯具应有安全保护措施。

(2)潮湿和有腐蚀性工业厂房的灯具选择：

①在潮湿和特别潮湿的场所，应采用相应防护等级的防水型灯具。对潮

湿但不很严重的场所，可采用带防水灯头的开启式灯具。

②在有化学腐蚀性物质的场所，应根据腐蚀环境类别选择相应的灯具。

腐蚀环境类别的划分根据化学腐蚀性物质的释放严酷度、地区最湿月平均最高相对湿度等条件而定。化学腐蚀性物质的释放严酷度分级，见表10-5。腐蚀环境分类，见表10-6。工业厂房室内外腐蚀环境灯具的选择，见表10-7。

表10-5　　化学腐蚀性物质释放严酷度分级

化学腐蚀性物质类别		级别		
		1级	2级	3级
气体及其释放浓度（mg/m^3）	氯气（Cl_2）	＞0.1～0.3	＞0.3～1	＞1～3
	氯化氢（HCl）	＞0.1～0.5	＞0.5～1	＞1～5
	二氧化硫（SO_2）	＞0.1～1	＞1～10	＞10～40
	氮氧化肥（折算成NO_2）	＞0.1～1	＞1～10	＞10～20
	硫化氢（H_2S）	＞0.01～0.5	＞0.5～10	＞10～70
	氟化物（折算成HF）	＞0.003～0.03	＞0.03～0.3	＞0.3～2
	氨气（NH_3）	＞0.3～3	＞3～35	＞35～175
雾	酸雾（硫酸、盐酸、硝酸）、碱雾（氢氧化钠）	—	有时存在	经常存在
液体	硫酸、盐酸、硝酸、氢氧化钠、食盐水、氨水	—	有时滴漏	经常滴漏
粉尘	腐蚀性悬浮粉尘	微量	少量	大量
土壤	pH值	＞6.5到≤8.5	4.5～6.5	＜4.5及＞8.5
	有机质（%）	＜1	1～1.5	＞1.5
	硝酸根离子（%）	＜1×10^{-4}	1×10^{-4}～1×10^{-3}	＞1×10^{-3}
	电阻率（Ω·m）	＞50～100	23～50	＜23

注：化学腐蚀性气体浓度系历年最湿月在电气装置安装现场所实测到的平均最高浓度值。实测处距化学腐蚀性气体释放口一般要求在1m外，不应紧靠释放源。

表 10-6　　腐蚀环境分类

环境特征	环境类别		
	0类	1类	2类
	轻腐蚀环境	中等腐蚀环境	强腐蚀环境
化学腐蚀性物质的释放状况	一般无泄漏现象，任一种腐蚀性物质的释放严酷度经常为1级，有时(如事故或不正常操作时)可能达2级	有泄漏现象，任一种腐蚀性物质的释放严酷度经常为2级，有时(如事故或不正常操作时)可能达3级	泄漏现象较严重，任一种腐蚀性物质的释放严酷度经常为3级，有时(如事故或不正常操作时)偶然超过3级
地区最湿月平均最高相对湿度(25℃，%)	65及以上	75及以上	85及以上
操作条件	由于风向关系，有时可闻到化学物质气味	经常能感到化学物质的刺激，但不需佩戴防护器具进行正常的工艺操作	对眼睛或外呼吸道有强烈刺激，有时需佩戴防护器具才能进行正常的工艺操作
表观现象	建筑物和工艺、电气设施只有一般锈蚀现象，工艺和电气设施只需常规维修；一般树木生长正常	建筑物和工艺、电气设施腐蚀现象明显，工艺和电气设施一般需年度大修；一般树木生长不好	建筑物和工艺、电气设施腐蚀现象严重，设备大修间隔期较短；一般树小成活率低
通风情况	通风条件正常	自然通风良好	通风条件不好

注：如果地区最湿月平均最低温度低于25℃时，其同月平均最高相对湿度必须换算到25℃时的相对湿度。

表 10-7　　工业厂房室内外腐蚀环境灯具的选择

设备名称	室内环境类别			室外环境类别		
	0类	1类	2类	0类	1类	2类
灯　具	普通型或防水防尘型	防腐密闭型		防水防尘型	户外防腐密闭型	

(3)爆炸和火灾危险性工业厂房的照明灯具选择：

①爆炸性气体环境：爆炸危险性工业厂房应按其爆炸气体环境分区选择照明灯具。爆炸性气体环境分区，见表10-8。照明灯具防爆结构的选型，见表10-9。

表 10-8　**爆炸性气体环境分区**

分区＼依据	气体或蒸气爆炸性混合物环境特征	
	《爆炸和火灾危险环境电力装置设计规范》GB50058—1992	《爆炸性气体环境用电气设备第 14 部分：危险场所分类》GB 3836.14—2000
0	连续出现或长期出现爆炸性气体混合物的环境	爆炸性气体环境连续出现或长时间存在的场所
1	在正常运行时，可能出现爆炸性气体混合物的环境	在正常运行时，可能出现爆炸性气体环境的场所
2	在正常运行时，不可能出现爆炸性气体混合物的环境，或即使出现也仅是短时间存在的爆炸性气体混合物的环境	在正常运行时，不可能出现爆炸性气体环境，如果出现也是偶尔发生并且短时间存在的场所

注：①正常运行是指正常的开车、运转、停车、易燃物质产品的装卸、密闭容器盖的开闭，安全阀、排放阀以及所有工厂设备都在其设计参数范围内工作的状态。

②少量释放可看作是正常运行，如靠泵输送液体时从密封口释放可看作是少量释放。

③故障(例如：泵密封件、法兰密封垫的损坏或偶然产生的漏泄等)，包括紧急维修或停机都不能看作是正常运行。

④在生产中 0 区是极个别的，大多数情况属于 2 区。在设计时应采取合理措施尽量减少 1 区。

表 10-9　**气体或蒸汽爆炸危险环境的照明灯具防爆结构的选型**

灯具及附件名称	1 区		2 区	
	隔爆 d	增安 e	隔爆 d	增安 e
固定式灯	☆	×	☆	☆
移动式灯	★	△	☆	△
携带式电池灯	☆	△	☆	△
指示灯类	☆	×	☆	☆
镇流器	☆	△	☆	☆

注：☆适用；★尽量避免；×不适用；△结构上不现实。

②爆炸性粉尘危险环境：爆炸性粉尘环境中照明灯具应按其区域分类进行选择。爆炸性粉尘环境危险区域分类，见表 10-10。照明灯具选型，见表 10-11、表 10-12。

表 10-10 爆炸性粉尘环境危险区域分类

<table>
<tr><td>引自标准、规范</td><td>《爆炸和火灾危险环境电力装置设计规定》GB50058—1992</td><td>引自标准、规范</td><td>《可燃性粉尘环境用电设备第一部分：用外壳和限制表面温度保护的电气设备。第1节：电气设备的技术要求》(m 12476.1—2000</td></tr>
<tr><td>分 区</td><td>内 容</td><td>分 区</td><td>内 容</td></tr>
<tr><td rowspan="2">10</td><td rowspan="2">连续出现或长期出现爆炸性粉尘的环境</td><td>20</td><td>在正常运行过程中可燃性粉尘连续出现或经常出现，其数量足以形成可燃性粉尘与空气混合物和/或可能形成无法控制和极厚的粉尘层的场所及容器内部</td></tr>
<tr><td>21</td><td>在正常运行过程中，可能出现粉尘数量足以形成可燃性粉尘与空气混合物，但未划入20区的场所</td></tr>
<tr><td>11</td><td>有时会将积留下的粉尘扬起而偶然出现爆炸性粉尘混合物的环境</td><td>22</td><td>在异常条件下，可燃性粉尘云偶尔出现并且只是短时间存在，或可燃性粉尘偶尔出现堆积或可能存在粉尘层，并且产生可燃性粉尘与空气混合物的场所。如果不能保证排除可燃性粉尘堆积或粉尘层时，则应划分为21区</td></tr>
</table>

表 10-11 粉尘爆炸环境照明灯具选型(GB 50058—1992)

<table>
<tr><td>照明灯具所处环境</td><td>区域等级</td><td>设备结构类型</td></tr>
<tr><td>可燃性非导电粉尘</td><td rowspan="2">11</td><td rowspan="2">DP防尘结构</td></tr>
<tr><td>可燃纤维</td></tr>
<tr><td>爆炸性粉尘环境</td><td>10</td><td rowspan="2">DT尘密结构</td></tr>
<tr><td>其他爆炸性粉尘环境</td><td>11</td></tr>
</table>

表 10-12 粉尘爆炸环境照明灯具选型(IEC 31241—1—2—1999)

<table>
<tr><td rowspan="2">防粉尘点燃设备类型</td><td rowspan="2">粉尘类型</td><td colspan="2">危险场所分区</td></tr>
<tr><td>20区或21区</td><td>22区</td></tr>
<tr><td rowspan="2">A</td><td>导电性</td><td>DIPA20或DIPA21</td><td>DIPA21(IP6X)</td></tr>
<tr><td>非导电性</td><td>DIPA20或DIPA21</td><td>DIPA22或DIPA21</td></tr>
<tr><td rowspan="2">B</td><td>导电性</td><td>DIPB20或DIPB21</td><td>DIPB21</td></tr>
<tr><td>非导电性</td><td>DIPB20或DIPB21</td><td>DIPB22或DIPB21</td></tr>
</table>

注：①由于现行可燃性粉尘环境用电气设备已按GB 12476.1—2000标准生产，而GB 50058—1992正在修编，在过渡期可按GB 50058—1992中10区，相当于GB 12476.1—2000标准中20、21区。11区相当于22区考虑分区。

②在GB 50058—1992中DT“尘密”相当于GB 12476.1—2000中的A20、A21、B20、B21。DP“防尘”相当于A22、B22。

③火灾危险环境的照明灯具防护结构选型:火灾危险环境划分为3个区,见表10-13。照明灯具结构选型,见表10-14。

表10-13 火灾危险环境分区(GB 50058—1992)

分 区	含 义
21	具有闪点高于环境温度的可燃液体,在数量和配置上能引起火灾危险的环境
22	具有悬浮状、堆积状的可燃粉尘或可燃纤维,虽不可能形成爆炸混合物,但在数量和配置上能引起火灾的环境
23	具有固体状态的可燃物质,在数量和配置上能引起火灾危险的环境

表10-14 火灾危险环境的照明灯具防护结构的选型

<table>
<tr><th colspan="2">火灾危险环境分区</th><th>21区</th><th>22区</th><th>23区</th></tr>
<tr><td rowspan="2">灯具防护等级</td><td>固定安装</td><td>IP2X</td><td rowspan="2">IP5X</td><td rowspan="2">IP2X</td></tr>
<tr><td>移动式和携带式</td><td>IP5X</td></tr>
</table>

注:移动式和携带式照明灯具的玻璃罩,应有金属网保护。

5.照明计算

工业厂房照明设计常采用利用系数法进行照度计算。对某些特殊地点或特殊设备的水平面、垂直面或倾斜面上的某点,当需计算其照度值时可采用逐点法进行计算。

6.线路敷设

①工业厂房照明支线一般采用铜芯绝缘电线沿(或跨)屋架用绝缘子(或瓷柱)明敷的方式。除上述方式外,还可采用铜芯绝缘电线或铜芯电缆穿钢管沿网架敷设。

②爆炸和火灾危险性厂房的照明线路一般采用铜芯绝缘电线穿水煤气钢管明敷。

③在受化学性(酸、碱、盐雾)腐蚀物质影响的地方,可采用穿硬质塑料管敷设。

④根据具体情况,有些场所可采用线槽或专用照明母线槽敷设。

二、照度均匀度和反射比

作业区域的一般照明照度均匀度,不宜小于0.7。

工作场所内走道和非作业区域的一般照明照度,不宜小于作业区域一般照明照度的1/5。

在长时间连续作业的房间内，其表面反射比宜按表10-15确定。

表10-15 工作房间表面的反射比

表面名称	反射比
顶棚	0.6～0.9
墙面	0.3～0.8
地面	0.1～0.5
设备	0.25～0.45

三、工业厂房照明照度标准

工厂照明水平是按工种的不同，其识别对象、操作方法、工作环境等是有很大差异的。如果具体针对工种的照明方法作一一说明，那就太复杂了，并且也太专业，因此本部分只重点对工厂照明一些带有共性的基本问题，予以介绍，掌握共同要点，便于获得问题的解决。

对于照明水平来说，首先是要满足对照明照度值的要求，再有是对照明质量指标的满足。各国对各种作业面上的照度值的制定，基本上是根据视功能实验、现场视觉实验、场地照度实测调查及本国的经济状况的分析来确定的，因此照明设计标准的制定工作周期一般较长，历时几年之久。

我国的《工业企业照明设计标准》于1956年第一次出版后，经1979年修订后第二次出版，后于1992年再次修订后第三次出版，即《工业企业照明设计标准》BG 50034—1992(此标准正在修订中)。有关标准主要内容如下：

本标准共有8章65条和7个附录。

1. 照度标准的一般规定

工业企业照明的照度标准值，应按以下系列分级(lx)：0.5、1、2、3、5、10、15、20、30、60、75、100、150、200、300、500、750、1000、1500、2000和3000，照明设计标准值应为生产场所作业面上的照度平均值。

凡符合下列条件之一时，作业面上的照度标准值，应采用照度范围的高值：

(1) Ⅰ～Ⅴ等的视觉作业，当眼睛至识别对象的距离大于500mm时；

(2)连续长时间紧张的视觉作业，对视觉器官有不良影响时；

(3)识别对象在活动面上，识别时间短促而辨认困难时；

(4)视觉作业对操作安全有特殊要求时；

(5)识别对象反射比小时；

(6)当作业精度要求较高，且产生差错会造成很大损失时。

凡符合下列条件之一时，作业面上的照度标准值，应采用照度范围的低值：

①进行临时性工作时；

②当精度或速度无关紧要时。

2. 照度标准值

(1)我国照度标准中工作场所作业面上的照度标准值，应符合表 10－16 的规定。

表 10－16　　工作场所作业面上的照度标准值

视觉作业特性	识别对象的最小尺寸 d (mm)	视觉作业分类		亮度对比	照度范围 (lx)					
		等	级		混合照明			一般照明		
特别精细作业	$d \leqslant 0.15$	Ⅰ	甲	小	1500	2000	3000	—	—	—
			乙	大	1000	1500	2000	—	—	—
很精细作业	$0.15 < d \leqslant 0.3$	Ⅱ	甲	小	750	1000	1500	150	200	300
			乙	大	500	750	1000	150	200	300
精细作业	$0.3 < d \leqslant 0.6$	Ⅲ	甲	小	500	500	750	100	150	200
			乙	大	300	500	750	100	150	200
一般精细作业	$0.6 < d \leqslant 1.0$	Ⅳ	甲	小	300	500	750	100	150	200
			乙	大	200	300	500	75	100	150
一般作业	$1.0 < d \leqslant 2.0$	Ⅴ	—	—	150	200	300	50	75	100
较粗糙作业	$2.0 < d \leqslant 5.0$	Ⅵ	—	—	—	—	—	30	50	75
粗糙作业	$d > 5.0$	Ⅶ	—	—	—	—	—	20	30	50
一般生产观察	—	Ⅷ	—	—	—	—	—	10	15	20
大件贮存	—	Ⅸ	—	—	—	—	—	5	10	15
有自行发光材料的车间	—	Ⅹ	—	—	—	—	—	30	50	75

注：①当采用高强气体放电灯作为一般照明时，在经常有人工作的工作场所，其照度标准值不宜低于 50lx。

②混合照明中的一般照明，其照度值应按该等级混合照明照度值的 5%～15%选取，不宜低于 30lx。但采用高强气体放电时，不宜低于 50lx。

(2)国际照明委员会推荐的照明标准(CIES 008/E—2001)中,工厂部分见表10-17。

表10-17 国际照明委员会照明标准(S008—2001)(工厂部分)

室内作业或活动种类	E_m(lx)	UGR_L	R_a	备注
(1)水泥、混凝土、砖工厂				
烘干	50	28	20	安全色必须能辨认
准备材料、混合、上窑工作	200	28	40	—
一般机器工作	300	25	80	高天棚厂房
粗坯成型	300	25	80	高天棚厂房
(2)陶器和玻璃工厂				
烘干	50	28	20	—
准备、一般机器工作	300	25	80	高天棚厂房
上釉、翻转、挤压、简单部件成型、上光、玻璃吹制	300	25	80	高天棚厂房
碾磨、雕刻、玻璃磨光、复杂部件成型、玻璃器件制造	750	19	80	高天棚厂房
装饰	500	19	80	—
光学玻璃碾磨、晶体手工研磨雕刻、一般产品工作	750	16	80	—
精密工作,例如装饰研磨、手工喷绘	1000	16	90	T_{cp}至少4000K
人工宝石制造	1500	16	90	T_{cp}至少4000K
(3)化学药品、塑料、橡胶工厂				
遥控操作处理装置	50	—	20	安全色必须能辨认
有限手工干预处理装置	150	28	40	—
经常有人工作的处理装置区	300	25	80	—
精确测量室、实验室	500	19	80	—
药剂生产	500	22	80	—
轮胎生产	500	22	80	—
颜色检查	1000	16	90	T_{cp}至少6500K
切割、组装,检验	750	19	80	—

续表 1

室内作业或活动种类	E_m(lx)	UGR_L	R_a	备　注
(4)电气工业				
线缆制造	300	25	80	高天棚厂房
缠绕	—	—	—	—
●大线圈	300	25	80	高天棚厂房
●中等线圈	500	22	80	高天棚厂房
●小线圈	750	19	80	高天棚厂房
线圈注入	300	25	80	高天棚厂房
电镀	300	25	80	高天棚厂房
组装工作	—	—	—	—
●粗糙，如大变压器	300	25	80	高天棚厂房
●中等，如配电盘	500	22	80	—
●细节，如电话	750	19	80	—
●精细，如测量设备	1000	16	80	—
电子车间、测试室、调试室	1500	16	80	—
(5)食品工业				
酿酒厂工作场所和区域，防腐和巧克力工厂中的麦芽池、清洗、装桶、清洁、过滤、剥皮、熬炼，制糖厂工作场所和区域，未加工烟草干燥和发酵、发酵室	200	25	80	—
产品分拣和冲洗、碾磨、混合、包装	300	25	80	—
屠宰场工作场所和区域、牛奶制品磨坊、过滤层、糖精炼炉	500	25	80	—
蔬菜水果切割、分类	300	25	80	—
熟食生产、厨房	500	22	80	—
雪茄、备烟生产	500	22	80	—
玻璃器皿和瓶检查、产品控制、整理、分类装饰	500	22	80	—
实验室	500	19	80	—
颜色检查	1000	16	80	T_{cp}至少 4000K

续表2

室内作业或活动种类	E_m(lx)	UGR_L	R_a	备　注
(6)铸造厂、金属铸造车间				
人行地道、地窖等	50	28	20	安全色必须能辨认
平台	100	25	40	—
备沙	200	25	80	高天棚厂房
更衣室	200	25	80	高天棚厂房
熔炉和搅拌器工作场所	200	25	80	高天棚厂房
铸造舱	200	25	80	高天棚厂房
摇出区	200	25	80	高天棚厂房
机械浇铸	200	25	80	高天棚厂房
型芯浇铸	300	25	80	高天棚厂房
冲模浇铸	300	25	80	高天棚厂房
模型建筑	500	25	80	高天棚厂房
(7)皮革工业				
染缸、桶、窖	200	25	40	—
去肉、刮削、研磨、皮革磨光	300	25	80	—
马具工作、制鞋、机器缝纫、缝纫、抛光、成形、切割、穿孔	500	22	80	—
分拣	500	22	90	T_{cp}至少4000K
皮革染色(机械)	500	22	80	—
质量控制	1000	19	80	—
颜色检查	1000	16	90	Tm至少4000K
制鞋	500	22	80	—
手套制作	500	22	80	—
(8)金属工作和处理				
开口冲模锻造	200	25	60	—
滴锻、焊接、冷成形	300	25	60	—
粗糙和一般性加工，公差大于0.1mm	300	22	60	—

续表 3

室内作业或活动种类	E_m(lx)	UGR_L	R_a	备　注
(8)**金属工作和处理**				
精细加工:磨削,公差小于 0.1mm	500	19	60	—
划线、检查	750	19	60	—
线、管拉制成形	300	25	60	—
机械电镀≥5mm	200	25	60	—
金属薄片制造<5mm	300	22	60	—
工具制造、切割设备制造	750	19	60	—
组装	—	—	—	—
●粗糙	200	25	80	高天棚厂房
●一般	300	25	80	高天棚厂房
●细节	500	22	80	高天棚厂房
●精细	750	19	80	高天棚厂房
电镀	300	25	80	高天棚厂房
工具、模板、夹具制作、精细机械、微型机械	1000	19	80	—
(9)**造纸工业**				
纸浆碾磨	200	25	80	高天棚厂房
造纸处理、皱纸机、纸板制作	300	25	80	高天棚厂房
标准书装订,如折叠、分拣、胶合、切割、压纹、缝合	500	22	60	—
(10)**供电站**				
燃料供应厂	50	28	20	安全色必须能辨认
锅炉房	100	28	40	—
机器大厅	200	25	80	高天棚厂房
辅助用房,如泵房、冷凝房、配电房等	200	25	60	—
控制室	500	16	80	①控制盘通常是垂直的 ②可能需要调光

续表 4

室内作业或活动种类	E_m(lx)	UGR_L	R_a	备 注
(11)印刷				
切割、手饰、浮雕、印版雕刻、排版石台和压纸滚筒工作、印刷机、字模制作	500	19	80	—
纸张分类和手工印刷	500	19	80	—
活字安装、润饰、平版印刷	1000	19	80	—
多色印刷中的颜色检查	1500	16	90	Tm5000K
钢、铜雕版	2000	16	80	对方向直射光
(12)钢铁工业				
无人工干预的生产厂	50	28	20	安全色必须能辨认
偶有人工干预的生产厂	150	28	40	—
有连续人工干预的生产厂	200	25	80	高天棚厂房
板坯贮藏	50	28	20	安全色必须能辨认
熔炉	200	25	20	安全色必须能辨认
轧钢行车、卷绕机、剪切线	300	25	40	—
控制平台、控制盘	300	22	80	—
测试、测量和检查	500	22	80	—
人行地道弯曲部分，地窖等	50	28	20	安全色必须能辨认
(13)纺织工业				
浸浴、大包开封工作区	200	25	60	—
梳理、清洗、熨烫、练条、精梳、上涂料、纸卡裁剪、预纺、黄麻大麻纤维纺织	300	22	80	—
纺纱、编股、卷轴、绕经线、编织	500	22	80	防止频闪效应
风纸、精织、刺绣	750	22	90	—
手工设计、绘制图样	750	22	90	T_{cp}至少 4000K
完工、染色	500	22	80	—
烘干室	100	28	60	—
自动织物印刷	500	25	80	—

续表 5

室内作业或活动种类	E_m(lx)	UGR_L	R_a	备 注
(13)纺织工业				
挑选、修整	1000	19	80	—
颜色检查、织物控制	1000	16	90	T_{cp}至少 4000K
隐形织补	1500	19	90	T_{cp}至少 4000K
制帽	500	22	80	—
(14)车辆制造				
车身制造和组装	500	22	80	—
油漆、腔室喷涂、腔室抛光	750	22	80	—
油漆:润色、检查	1000	16	80	T_{cp}至少 4000K
车内装饰制作(手工)	1000	19	80	—
成品检查	1000	19	80	—
(15)木业和家具制造				
自动处理,如烘干夹板制造	50	28	40	—
蒸汽窖	150	28	40	—
锯木架	300	25	60	防止频闪效应
木工凳上工作、胶合、组装	300	25	80	
磨光、油漆、异形细木工	750	22	80	
木工机械上工作,如旋转、刻槽、打磨、凹凸榫、开槽、切割、锯、凿	500	19	80	防止频闪效应
胶合板木材选择、模型、镶嵌	750	22	90	T_{cp}至少 4000K
质量控制	1000	19	90	T_{cp}至少 4000K
(16)珠宝制造				
贵重宝石加工	1500	16	90	T_{cp}至少 4000K
珠宝制造	1000	16	90	—
制表(手工)	1500	16	80	—
制表(机械)	500	19	80	—

(3)国际照明委员会推荐的照明标准(CIES 008/E—2001)中,一般生产

车间和工作场所工作面上的照度标准值，表10-18。

表10-18　一般生产车间和工作场所工作面上的照度标准值

车间和工作场所	视觉作业等级	照度（lx）		
		混合照明	混合照明中的一般照明	一般照明
(1)金属机械加工车间(包括工具、机修车间)	—	—	—	—
粗加工	Ⅲ乙	300—500—750	30—50—75	—
精加工	Ⅱ乙	500—750—1000	50—75—100	—
精密	Ⅰ乙	1000—1500—2000	100—150—200	—
(2)机电装配车间	—	—	—	—
大件装配	Ⅴ	—	—	50—75—100
小件装配、试车间	Ⅱ乙	500—750—1500	75—100—150	—
精密装配	Ⅰ乙	1000—1500—2000	100—150—200	—
(3)焊接车间	—	—	—	—
手动焊接*、切割*、接触器、电渣焊	Ⅴ	—	—	50—75—100
自动焊接、一般画线*	Ⅳ乙	—	—	75—100—150
精密画线*	Ⅱ甲	750—1000—1500	75—100—150	—
备料(如有冲压、剪切设备则参照冲压剪切车间)	Ⅵ	—	—	30—50—75
(4)钣金车间	Ⅴ	—	—	50—75—100
(5)冲压剪切车间	Ⅳ乙	200—300—500	30—50—75	—
(6)锻工车间	Ⅹ	—	—	30—50—75
(7)热处理车间	Ⅵ	—	—	30—50—75
(8)铸工车间		—	—	—
熔化、浇铸	Ⅹ	—	—	30—50—75
型砂处理、清理落砂	Ⅵ	—	—	20—30—50
手工造型*	Ⅲ乙	300—500—750	30—50—75	
机器造型	Ⅵ	—	—	30—50—75

续表1

车间和工作场所	视觉作业等级	照度 (lx)		
		混合照明	混合照明中的一般照明	一般照明
(9)木工车间		—	—	—
机床区	Ⅲ乙	300—500—750	30—50—75	—
锯木区	Ⅴ			50—70—100
木模区	Ⅳ甲	300—500—750	50—75—100	—
(10)表面处理车间		—	—	—
电镀槽间、喷漆间	Ⅴ	—	—	50—75—100
酸洗间、发蓝间、喷砂间	Ⅵ	—	—	30—50—75
抛光间	Ⅲ甲	500—750—1000	50—75—100	150—200—300
电泳涂漆间	Ⅴ	—	—	50—75—100
(11)电修车间	—	—	—	—
一般	Ⅵ甲	300—500—750	30—50—75	—
精密	Ⅲ甲	500—750—1000	50—75—100	—
拆卸、清洗场地	Ⅵ	—	—	30—50—75
(12)实验室	—	—	—	—
理化室	Ⅲ乙	—	—	100—150—200
计量室	Ⅱ乙	—	—	150—200—300
(13)动力站	—	—	—	—
压缩机房	Ⅲ乙	—	—	30—50—75
泵房、风机房、乙炔发生站	Ⅱ乙	—	—	20—30—50
锅炉房、煤气站的操作层	Ⅰ乙	—	—	20—30—50
(14)配、变电所	—	—	—	—
变压器室、高压电容器室	—	—	—	20—30—50
高低压配电室、低压电容器室	—	—	—	30—50—75

续表 2

车间和工作场所	视觉作业等级	照度 (lx)		
		混合照明	混合照明中的一般照明	一般照明
值班室	—	—	—	75—100—150
电缆间(夹层)	—	—	—	10—15—20
(15)电源室	—	—	—	—
电动发电机室、整流间、柴油发电机室	—	—	—	30—50—75
蓄电池	—	—	—	20—30—50
(16)控制室	—	—	—	—
一般控制室	—	—	—	75—100—150
主控制室	—	—	—	150—200—300
热工仪表控制室	—	—	—	100—150—200
(17)电话站	—	—	—	—
人工交换台、转换台	—	—	—	50—75—100
自动电话交换机	—	—	—	100—150—200
(18)广播室	—	—	—	75—100—150
(19)仓库：	—	—	—	—
大件贮存	—	—	—	5—10—15
中小件贮存	—	—	—	10—15—20
精细件贮存、工具库	—	—	—	30—50—75
乙炔瓶库、氧气瓶库、电石库	—	—	—	10—15—20
(20)汽车库	—	—	—	—
停车间	—	—	—	10—15—20
充电间	—	—	—	20—30—50
检修间	—	—	—	30—50—75

注：冲压剪切车间、铸工车间手工造型工段、锅炉房及煤气站操作层为了安全起见，照度应选最高值。

“*”符号者，表示被照面的计算高度为零。

(4)国际照明委员会推荐的照明标准(CIES 008/E—2001)中，厂区露天工作场所和交通运输线的照度标准值，见表 10 - 19。

表 10 - 19 厂区露天工作场所和交通运输线的照度标准值

工作种类和地点	规定照度的平面	照度(lx)
(1)露天工作		
视觉要求较高的工作	工作面	30—50—75
用眼睛检查质量的金属焊接	工作面	15—20—30
用仪器检查质量的金属焊接	工作面	10—15—20
间断的检查仪表	工作面	10—15—20
装卸工作	地面	5—10—15
露天堆场	地面	0.5—1—2
(2)道路和广场		
主干道	地面	2—3—5
次干道	地面	1—2—3
厂前区	地面	3—5—10
(3)站台		
视觉要求较高的站台	地面	3—5—10
一般站台	地面	1—2—3
(4)装卸码头	地面	5—10—15

四、工业建筑照明标准值和照明功率密度值

1. 工业建筑国内外照度标准值

在工业建筑照明设计中，应根据使用性质、功能要求和使用条件，按不同标准采用不同照度值。照度标准应符合现行国家标准《建筑照明设计标准》GB 50034—2004 的规定。工业建筑国内外照度标准值，见表 10 - 20。

表 10－20　工业建筑国内外照度标准值(单位:lx)

类别	房间或场所		中国国家标准 GB 50034—2004	CIE S 008/E—2001	德国 DIN 5035 1990	美国 IESNA—2000	日本 JIS Z 9110—1979	俄罗斯 СНиП 23－05－95
通用房间或场所	试验室	一般	300	500	300	—	300	—
		精细	500	—	—	—	3000	—
	检验	一般	300	750～1000	750	300 1000	300～3000	200
		精细、有颜色要求	750		—	3000～10000	—	—
通用房间或场所	计量室、测量室		500	500	—	—	—	—
	变、配电站	配电装置室	200	200～500	100	500,300,100	150～300	150,200
		变压器室	100	—				75
	电源设备室、发电机室		200	200	100	500,300,100	150～300	150,200
	控制室	一般控制室	300	300	—	100	300	150(300)
		主控制室	500	500	—	—	750	—
	电话站、网络中心		500	—	300	500,300,100	—	150,200
	计算机站		500	500	—	500,300,100	—	—
	动力站	风机房、空调机房	100	200	100	500,300,100	150～300	50
		泵房	100	200	100		—	150,200

续表 1

类别	房间或场所		中国国家标准 GB 50034—2004	CIE S 008/E—2001	德国 DIN 5035 1990	美国 IESNA—2000	日本 JIS Z 9110—1979	俄罗斯 СНИП 23—05—95
通用房间或场所	动力站	冷冻站	150	200	100	500,300,100	—	—
		压缩空气站	150	—	—		—	150,200
		锅炉房、煤气站的操作层	100	100	100		—	50～150
	仓库	大件库	50	100	50	50	30	50
		一般件库	100		100	100	50	75
		精细件库	200		200	300	75	200
	车辆加油站		100	—	100	—	—	—
机、电工业	机械加工	粗加工	200	—	—	300	300	200 (1000)
		一般加工公差≥0.1mm	300	300	300	500	750	200 (1500)
		精密加工公差<0.1mm	500	500	500	3000～10000	1500～3000	200 (2000)
	机电、仪表装配	大件	200	200	200	300	300	200(500)
		一般件	300	300	300	500	—	300(750)
		精密	500	500	500	3000～10000	3000	—
		特精密	750					

续表 2

类别	房间或场所		中国国家标准 GB 50034—2004	CIE S 008/E—2001	德国 DIN 5035 1990	美国 IESNA—2000	日本 JIS Z 9110—1979	俄罗斯 СНИП 23—05—95
机电工业	电线、电缆制造		300	300	300	—	—	—
	线圈绕制	大线圈	300	300	300	—	—	—
		中等线圈	500	500	500	—	—	—
		精细线圈	750	750	1000	—	—	—
	线圈浇注		300	300	300	—	—	—
	焊接	一般	200	300	300	300	200	200
		精密	300	300	300	3000～10000	200	200
	钣金		300	300	300	—	—	—
	冲压、剪切		300	300	200	300,500,1000	—	—
	热处理		200	—	—	—	—	—
	铸造	熔化、浇铸	200	300 200	300 200	—	—	—
		造型	300	500	500	—	—	—
	精密铸造的制模、脱壳		500	—	—	—	—	—
	锻工		200	300,200	200	—	—	200

续表 3

类别	房间或场所		中国国家标准 GB 50034—2004	CIE S 008/E—2001	德国 DIN 5035 1990	美国 IESNA—2000	日本 JIS Z 9110—1979	俄罗斯 СНИП 23—05—95
机电工业	电镀		300	300	300	—	—	200(500)
	喷漆	一般	300	750	500	300,50,1000	—	200
		精细	500				—	300
	酸洗、腐蚀、清洗		300	—	—	—	—	—
	抛光	一般装饰性	300	—	500	300,500,1000	—	—
		精细	500					
	复合材料加工、铺叠、装饰		500	—	—	—	—	—
	机电修理	一般	200	—	200	500		300(750)
		精密	300	—	500			
电子工业	电子元器件		500	1500	1000	—	1500～3000	—
	电子零部件		500	1500	1000	—		
	电子材料		300	—	—	—	—	—
	酸、碱、药液及粉配制		300	—	—	—	—	—
纺织、化纤	纺织		150～300	200～1000	200～1000	—	—	—
	化纤		75～200			—	—	—

续表 4

类别	房间或场所	中国国家标准 GB 50034—2004	CIE S 008/E—2001	德国 DIN 5035 1990	美国 IESNA—2000	日本 JIS Z 9110—1979	俄罗斯 СНИП 23—05—95
制药工业	制药生产	300	500	—	—	—	—
	生产流转通道	200		—	—	—	—
橡胶工业	炼胶车间	300	500	—	—	—	—
	压延压出工段	300		—	—	—	—
	成型裁断工段	300	500	—	—	—	—
	硫化工段	300		—	—	—	—
电力工业	锅炉房	100	100	100	—	—	75
	发电机房	200	200	100	—	—	—
	主控制室	500	500	300	—	—	150～300
钢铁工业	炼铁	30～100	200	50～200	—	—	—
	炼钢	150～200	50～200	50～200	—	—	—
	连铸	150～200	50～200	50～200	—	—	—
	轧钢	50～200	300	50～200	—	—	—
造纸工业		150～500	200～500	200～500	—	—	—

续表 5

类别	房间或场所		中国国家标准 GB 50034—2004	CIE S 008/E—2001	德国 DIN 5035 1990	美国 IESNA—2000	日本 JIS Z 9110—1979	俄罗斯 СНИП 23—05—95
食品及饮料	食品	糕点、糖果	200	200～300	—	—	—	
		乳制品、肉制	300	200～500	—	—	—	
	饮料		300			—	—	—
	啤酒	糖化	200	200	—	—	—	
		发酵	150	200	—	—	—	
		包装	150	200	—	—	—	
玻璃工业	熔制、备料、退火		150	300	300	—	—	—
	窑炉		100	50	200	—	—	—
水泥工业	主要生产车间(破碎、原料粉磨、烧成、水泥粉磨、包装)		100	200～300	200	—	—	—
	储存		75	—	—	—	—	—
	输送走廊		30			—	—	—
	粗坯成型		300	300	200	—	—	—
皮革工业	原皮、水浴		200	200	200	—	—	—
	转毂、整理、成品		200	300	300	—	—	—
	干燥		100	—	—	—	—	—

续表 6

类别	房间或场所		中国国家标准 GB 50034—2004	CIE S 008/E—2001	德国 DIN 5035 1990	美国 IESNA—2000	日本 JIS Z 9110—1979	俄罗斯 СНИП 23—05—95
卷烟工业	制丝车间		200	200～300	200～300	—	—	—
	卷烟、接过滤嘴、包装		300	500	500	—	—	—
化学、石油工业	生产场所		30～100	50～300	50～200	—	—	—
	生产辅助场所					—	—	—
木业和家具制造	一般机器加工		200	—	300	300	—	200 (1000)
	精细机器加工		500	500	500	500,1000	—	
	锯木区		300	300	200	—	—	
	模型区	一般	300	750	500	—	—	200 (1000)
		精细	750			—		
	胶合、组装		300	300	300	—	—	200 (1000)
	磨光、异形细木工		750	750	—	—	—	

注：①表中工业建筑场所规定的照度都是一般照明的平均照度值，部分场所需要另外增设局部照明，其照度值按作业的精细程度不同，可按一般照明照度的 1.0～3.0 倍选取。

②表中数值后带“（ ）”中的数值，系指包括局部照明在内的混合照明照度值。

③表 CIE 标准及各国标准数值有一部分系参照同类车间的相同工作场所的照度值，而不是标准实际规定的数值。

2. 国内外工业建筑照明功率密度值

根据照明节能要求，工业建筑照明功率密度值应符合《建筑照明设计标准》GB50034—2004 工业建筑照明密度值的规定。国内外工业建筑照明密度值，见表 10－21。

表 10－21 国内外工业建筑照明功率密度值(单位：W/m^2)

类别	房间或场所		中国国家标准（GB50034—2004）照明功率密度 现行值	中国国家标准（GB50034—2004）照明功率密度 目标值	中国国家标准（GB50034—2004）对应照度（lx）	美国 ASHRAE IESNA－90.1—1999	俄罗斯 СНиП 23—05—95
通用房间或场所	试验室	一般	11	9	300	—	16
		精细	18	15	500	—	27
	检验	一般	11	9	300	—	16
		精细	27	23	750	—	41
	计算室、测量室		18	15	500	—	27
	变、配电站	配电装置室	8	7	200	14	11
		变压器室	5	4	100	14	7
	电源设备室、发电机室		8	7	200	14	11
	控制室	一般控制室	11	9	200	5.4	11
		主控制室	18	15	30		16
	电话站、网络中心、计算机站		18	15	500	—	27
	动力站	泵房、风机房、空调机房	5	4	100	8.6	6.7
		冷冻站、压缩空气站	8	7	150		9.8
		锅炉房、煤气站的操作层	6	5	100		7.8
	精细		20	18	500	—	27
	仓库	大件库	3	3	50	3.2	2.6
		一般件库	5	4	100	—	5.2
		精细件库	8	7	200	11.8	10.4

续表 1

类别	房间或场所		中国国家标准（GB50034—2004）照明功率密度 现行值	目标值	对应照度(lx)	美国 ASHRAE IESNA-90.1—1999	俄罗斯 СНИП 23—05—95
通用房间或场所	车辆加油站		6	5	100	—	8
机、电工业	机械加工	粗加工	8	7	200	—	9
		一般加工公差≥0.1mm	12	11	300	—	14
		精密加工公差＜0.1mm	19	17	500	66.7	23
	机电、仪表装配	大件	8	7	200	22.6	10
		一般件	12	11	300		14
		精细	19	17	500		23
		特精密装配	27	24	750		34
	电线、电缆制造		12	11	300	—	14
	绕线	大线圈	12	11	300	—	14
		中等线圈	19	17	500	—	23
		精细线圈	27	24	750	—	34
	线圈浇制		12	11	300	—	14
	焊接	一般	8	7	200	32.3	11
		精密	12	11	300		17
	钣金、冲压、剪切		12	11	300		17
	热处理		8	7	200		11
	铸造	熔化、浇铸	9	8	200	—	11
		造型	13	12	300	—	17
	精密铸造的制模、脱壳		19	17	500	—	27
	锻工		9	8	200	—	11

续表 2

类　别	房间或场所		中国国家标准（GB50034—2004 照明功率密度 现行值	目标值	对应照度（lx）	美国 ASHRAE IESNA-90.1—1999	俄罗斯 СНИП 23—05—95
机、电工业	电镀		13	12	300	—	—
	喷漆	一般	15	14	300	—	
		精细	25	23	500	—	
	酸洗、腐蚀、清洗		15	14	300	—	—
	抛光	一般装饰性	13	12	300	—	17
		精细	20	18	500	—	27
	复合材料加工、铺叠、装饰		19	17	500	—	26
	机电修理	一般	8	7	200	15.1	9
		精密	12	11	300		14
电子工业	电子元器件		20	18	500	15.1	26
	电子零部件		20	18	500		26
	电子材料		12	10	300	—	15.6
	酸、碱、药液及粉配制		14	12	300	—	15.6

注：①美国标准的 LPD 值是类比相同条件获得的数值，由于其照度不同，仅供参考。

②俄罗斯标准的 LPD 值是按设计的房间条件的平均值经计算获得的结果，仅供参考。

第三节　工业厂房照明光源的选择

一、应急照明的应用特点（范围）

本标准本着尽量与 CIE 名词术语一致的原则，在标准中将事故照明改为应急照明。应急照明包括备用照明、安全照明、疏散照明 3 种。由于备用照明和安全照明的使用场所原本难以区分，因此要正确选用 3 种照明的供电方式、电源切换时间和持续工作时间及照度值。

(1)备用照明是在当正常照明因故障熄灭后，将会造成爆炸、火灾和人身伤害等严重事故的场所设置的供继续工作用的照明，或在火灾时，为了保证救火时能正常进行而设的照明。

(2)安全照明是用于当正常照明发生故障而使人们处于危险状态的情况下，能继续进行工作而设的照明，如使用圆形锯、处理金属作业等。

(3)疏散照明是在正常照明因故障熄灭后，为了避免引起工伤事故或通行时发生危险而设的照明，或在火灾时指示并照明疏散通道的照明。

对于备用照明的照度标准值，不应低于表 10－16 中一般照明的 10%；安全照明的照度标准值，不应低于表 10－16 中的一般照明的 5%；疏散照明主要通道上的疏散照明照度标准值，不应低于 0.5lx。

照明设计计算照度值除应为表 10－16 的照度标准值外，还要考虑表 10－22所规定的维护系数值。

表 10－22　　维护系数值

环境污染特征	类　别	照明器擦洗次数(次/年)	维护系数
清洁	仪器、仪表的装配车间，电子元器件的装配车间，实验室、办公室、设计室	2	0.8
一般	机械加工车间、机械装配车间、织布车间	2	0.7
污染严重	锻工车间、铸工车间、碳化车间、水泥厂球磨车间	3	0.6
室外	道路和广场	2	0.7

二、工业厂房照明光源的选择

选择工厂照明光源的原则是：采用光效高、寿命长、光色好、显色指数高的光源；其次是光源的启动性能好，光源光色的一般性好，功率系数高无频闪和电磁波的干扰，并且价格便宜。工厂常用的光源有荧光灯、白炽灯，高强气体放电灯(高压钠灯、金属卤化物灯、荧光高压汞灯)及其混光光源等。常用光源电参数，见表 10－23。

表 10-23　**常用光源电参数**

光源类型	额定电压(V)	额定功率(W)	光源 $\cos\varphi$	工作电流(A)	启动电流(A)	镇流器损耗功率(W)	镇流器 $\cos\varphi$
白炽灯(PZ) 卤钨灯(LZG)	220	15	1	0.07	—	—	—
		25		0.11			
		40		0.18			
		60		0.27			
		100		0.45			
		150		0.68			
		200		0.91			
		300		1.36			
		500		2.27			
		1000		4.55			
荧光灯	220	20	0.29	0.37	—	3.5	0.12
		30	0.42	0.405	—	7.6	0.1
		40	0.50	0.43	—	8.0	0.1
金属卤化物灯　镝灯(DDG)	220	125	0.54	1.15	1.8	11.8	0.075
		250	0.54	2.3	3.4	24.5	0.070
		400	0.55	3.6	5.4	50.0	0.065
		1000	0.58	8.5	13	80.7	0.065
	380	2000	—	10.3	16	—	—
		3500	—	18	28	—	—
金属卤化物灯　钪钠灯(ZJD)或(KNG)	220	250	0.52	2.4	3.6	25	0.075
		400	0.60	3.3	5.6	50	0.070
		1000	0.59	8.3	13	78	0.070
金属卤化物灯　钠铊铟灯(NTY)	220	400	0.60	3.6	5.7	36	0.070
		1000	0.59	10	13	78	0.070
	380	2000	—	10	18	—	—
		3500	—	18	28	—	—
高压钠灯(NG)	220	35	0.35	0.55	0.7	7.4	0.075
		50	0.36	0.75	0.9	10.1	0.075
		70	0.42	0.9	1.1	12.2	0.075
		100	0.44	1.2	1.5	15.1	0.07
		150	0.42	1.8	2.2	21.1	0.065
		250	0.43	3.0	3.8	33.0	0.065
		400	0.45	4.6	5.7	53.8	0.065
		700	0.43	8.3	10.5	89.6	0.06
		1000	0.48	10.4	13	103	0.055
显色改进型 高压钠灯(NGX)	220	100	0.44	1.2	1.8	16.2	0.075
		150	0.44	1.8	2.7	24.3	0.075
		250	0.44	3.0	4.5	32.0	0.07
		400	0.45	4.6	7	49.7	0.07

1. 根据建筑物高度来选择光源

根据建筑物高度来选择光源，见表 10-24。

表 10-24 根据建筑物高度来选择光源

适用场所举例	建筑物高度（m）	推荐光源
发电厂、冶金钢铁、化工	＞20	MH1000W、MH1000W＋NG400W
重型机械、大型机械装配	20～15	MH400W、MH1000W、MH400W＋NG250W
机械加工、轻工、纺织、烟草	15～8	MH400W、MH400W＋NG250W
食品、汽车制造、造船、铸造	15～8	NGG400W、NH400W＋NG250W
焊接、表面处理、仓库	8～6	MH400W、GGX400W、MH400W＋NG250W
精密仪器、实验室	6～4	MH400W、GGX400W、MH250W 4－NG250
计算机房、控制室、办公室	4	MH250W、MHl75、GGX250 36W、40W荧光灯

2. 根据对显色性的要求来选择光源

根据对显色性的要求来选择光源，见表 10-25、表 10-26。

表 10-25 光源的一般显色性指数类别

显色类别		一般显色指数范围	适用场所举例	推荐光源
Ⅰ	A	$R_a \geqslant 90$	颜色匹配、颜色检验等	白炽灯、卤钨灯、三基色荧光灯
	B	$90 > R_a \geqslant 80$	印刷、食品分拣、油漆等	混光灯：NGX＋MH
Ⅱ		$80 > R_a \geqslant 60$	配电装配、表面处理、控制室等	荧光灯、金卤灯、改进型钠灯
Ⅲ		$60 > R_a \geqslant 40$	机械加工、热处理、铸造等	混光灯：NG＋NH；NG＋GGY
Ⅳ		$40 > R_a \geqslant 20$	仓库、大件金属库等	钠灯、汞灯

表 10-26 光源的色表类别

色表类别	色表特征	相关色温(K)	适用场所举例
Ⅰ	暖	＜3300	车间局部照明、工厂辅助生活设施等
Ⅱ	中间	3300～5300	除要求使用冷色、暖色以外的各类车间
Ⅲ	冷	＞5300	高照度水平、热加工车间等

对颜色识别有要求的工作场所，当使用照度在 500lx 及以下，采用光源的显色指数较低时，宜提高其照度标准值，其提高值为表 10-16 的照度标准值乘以表 10-27 中的相对照度系数值。

表 10-27 **相对照度系数值表**

一般显色指数(R_a)	照度 E(lx)	
	300≤E≤500	E<300
	相对照系数	
80>R_a≥60	1.20	1.25
60>R_a≥40	1.30	140

3. 工厂照明灯具的选择

工厂照明灯具应具有完整的光度参数(即配光曲线、遮光角、效率、外形安装尺寸)及机械、电气、防护性能等均应符合现行有关国际的规定。应优先选用配光合理、效率较高、维护使用方便的节能型灯具,室内开启式灯具的效率不宜低于70%,带有包合式的灯罩的灯具的效率不宜低于55%,带格栅灯具的效率不宜低于50%的国家标准中的规定。

(1)根据建筑物的高度来选择灯具,见表10-28。

表 10-28 **根据建筑物高度来选择灯具**

适用场所举例	建筑物高度(m)	推荐的灯具
同表10-24	>15(高顶棚)	窄配光
	15~6(中顶棚)	中配光
	6~4(低顶棚)	宽配光

(2)根据灯具的配光来推荐灯具,见表10-29所示。

表 10-29 **根据灯具的配光来推荐灯具**

室空间比 $RCR=\dfrac{5h(L+W)}{S}$	灯具的最大距高比 S/H	推荐的灯具配光
1~3	2.5~15	宽配光
3~6	15~0.8	中配光
6~10	0.8~0.5	窄配光

4. 室内灯具的最低悬挂高度和灯具的最小遮光角

室内灯具的最低悬挂高度和灯具的最小遮光角,见表10-30和表10-31。

表 10-30　工业企业室内一般照明灯具的最低悬挂高度

光源种类	灯具型式	灯具遮光角	光源功率（W）	最低悬挂高度（m）
白炽灯	有反射罩	10°～30°	≤100	2.5
			150～200	3.0
			150～200	3.5
	乳白玻璃漫射罩	—	≤100	2.0
			150～200	2.5
			300～500	3.0
荧光灯	无反射罩	—	≤40	2.0
			>40	3.0
	有反射罩	—	≤40	2.0
			>40	2.0
荧光高压汞灯	有反射罩	10°～30°	<125	3.5
			125～250	5.0
			≥400	6.0
	有反射罩带格栅	>30°	<125	3.0
			125～250	4.0
			≥400	5.0
金属卤化物灯、高压钠灯、混光光源	有反射罩	10°～30°	<150	4.5
			150～200	5.5
			250～400	6.5
			>400	7.5
	有反射罩带格栅	>30°	<150	4.0
			150～200	4.5
			250～400	5.5
			>400	6.5

表 10-31　灯具最小遮光角

灯具出光口的平均亮度($10^3 cd/m^2$)	直接眩光限制等级		光源类型
	A、B、C	D、E	
$L \leqslant 20$	20°	10°	管状荧光灯
$20 < L \leqslant 500$	25°	15°	涂荧光粉或漫射光玻璃的高强气体放电灯
$L > 500$	30°	20°	透明玻壳的高强气体放电灯、透明玻璃白炽灯

注：①参照(CIES 008/E—2001)中的灯具最小遮光角的规定。
②线状的灯从端头看遮光角为0°。

第四节　工业厂房照明设计

一、工厂照明方式与照明种类

工厂照明方式可分为一般照明、分区一般照明、局部照明和混合照明。工厂的照明种类可分为正常照明、应急照明(包括备用照明、安全照明、疏散照明)、值班照明、警卫照明和障碍照明。其说明见表10-32。

1.照明方式

照明方式及说明，见表10-32。

表 10-32　照明方式

类　别	说　　　明
一般照明	一般照明不考虑特殊局部的需要，为照亮整个场地而设置的照明
分区一般照明	根据需要，为提高特定区域的一般照明
局部照明	为满足某些部位(如工作面)的特殊需要而设置的照明
混合照明	一般照明与局部照明组成的照明

2.照明种类

照明种类及说明，见表10-33。

表 10-33 照明种类

类别	说明
正常照明	在正常情况下使用的室内外照明
应急照明(也称事故照明)	因正常照明的电源发生故障而启用的照明 ①备用照明:作为应急照明的一部分,用以确保正常活动继续进行 ②安全照明:作为应急照明的一部分,用以确保处于潜在危险之中的人员安全 ③疏散照明:作为应急照明的一部分,用以确保安全出口通道能被有效地辨认和应用,使人们安全撤离
警卫照明	作为安全值班和报警用的照明,如有特殊要求的厂区、仓库等
障碍照明	在飞机场周围的高大建筑物和船舶通道两侧建筑物上,要用障碍指示灯标明

3. 照明方式的应用特点(范围)

照明方式的分类,本着按标准要求,从节能角度出发该高则高、该低则低为原则,视国情而定。照明方式的应用特点(范围)及说明,见表 10-34。

表 10-34 照明方式的应用特点(范围)

类别	说明
一般照明方式	一般照明方式,通常是在生产条件受到限制时。如作业地点附近不可能固定照明器,难以采用混合照明;或者作业位置密度不大,采用混合照明不合理时;或者不需考虑特殊局部的需要而使整个作业场所能获得均匀照度时,则可仅装设单一且较均匀的一般照明方式
分区一般照明方式	分区一般照明方式,往往是在同一照明场所内,在作业区的某一部分或几个部分对照度要求较高,则采用分区一般照明方式
混合照明方式	混合照明方式是对本标准中的Ⅰ～Ⅴ等的视觉作业。由于对照度要求较高,当作业场所内作业位置密度不大,并且要求光线照射方向能改变时,从技术经济的合理性考虑,采用混合照明方式。一般情况下,一般照明的照度应为混合照明的照度 10%～15%,并满足最低照度不低于 50lx 的要求
局部照明方式	局部照明方式,往往在一个作业场所内会形成亮度分布不均匀,从而影响视觉作业,故不应该只装设局部照明

4. 一般性的工厂照明

一般性的工厂照明中,最具有代表性的照明方式是按照建筑物顶棚高度来分,大体上可分为高顶棚、中等高度顶棚和低顶棚等 3 类。

(1)高顶棚场所和照明:顶棚高度在 15m 以上,具有大面积、大空间的工厂,照明器的安装、维护、检修工作是有危险的。在对照明的考虑上,特别有必要重视防止劳动事故上的安全性问题。表 10-35 给出了照明方式的例子。

表 10－35　高顶棚场所和照明

类　别	说　明
使用反射罩的一般照明	是炼铁厂热轧车间照明的例子
投光照明	在侧墙、侧柱上设置照明专用台架，在台架上安装灯具(投光灯)作投光照明 这种场合，必须对眩光、照度均匀度等问题，对安装高度、灯具配光、投射方向等进行充分的研究
链悬式照明	是一种在建筑物上安置链悬线(长架线)，在它的上面装设很多灯具使照度均匀的照明方式 这种方式，灯具电线和零配件等的安装位置大体上处于同一高度，使得高处作业既安全又迅速，比灯具挨近侧墙的照明方式有容易维护检查的优点。另外，在很多场合实施起来也有困难，有必要考虑到建筑结构等条件来进行研究
带升降装置的灯具照明	带升降装置的灯具，为方便维护作业用的升降装置，大体上由固定部分(电气接触部、导轨等)、可动部分(灯和灯具)、卷升部分(转筒、钢丝绳)等组成。升降装置有手动式和电动式两种 安装时应考虑灯具布置与工厂机械布置的相互关系

(2)中等高度厂房的照明：中等高度厂房的照明的基本条件及照明方式，见表 10－36。

表 10－36　中等高度厂房的照明的基本条件及照明方式

类　别	说　明
照明的基本条件	中等高度顶棚的工厂有中型金属板加工厂、中型组装工厂、油漆工厂等。作业内容有一部分是简单的视觉作业，大部分工作对象为中等大小的，多数是标准视觉作业 在光源选择上，重要的是要选取适合相应工作环境的光源，例如对于金属板加工厂、机械组装工厂(中型)等，光色、显色性并不太重要，所以应从光效率、照明经济方面来考虑选用有利的光源，而油漆厂等则必须重视光色、显色性等问题 一般可使用大功率荧光灯，也可使用荧光汞灯、金属卤化物灯，但必须注意防止眩光 关于灯具构造，特别要考虑防止直接眩光和反射眩光的问题，同时要考虑工作场所内的亮度对比，还希望采用反射罩上方可发出 10%～20%光线的灯具
照明方式	有一般照明或一般照明和局部照明并用的方式，采用连续照明是有效的，对于低照度的设施，要注意到越是采用大功率光源，所用灯数越少，照度的不均匀度也就越差 另外，对于像油漆厂那样对光色、显色性显得重要的场合，有必要根据它的要求来选择光源

(3)层高低的厂房照明:层高低的厂房照明的基本条件及照明方式,见表10-37。

表10-37 层高低的厂房照明的基本条件及照明方式

类别	说明
照明的基本条件	层高低的厂房有电子、纺织、印刷、化学、食品以及各行业的组装、油漆、检验、控制室等,涉及范围很广 视觉作业的内容大部分是工作对象小,多为精密的视觉作业。对光源的选择和照明方式,必须通过充分的思考来设计
照明方式	①要求高照度的场合:精密机械和电子零件的组装,印刷业的排版校正,产品或零件的检验工作等。在这种场合,除了对照度的要求外,还应注意防止眩光,而且因为它是疲劳程度大的作业,希望形成舒适的视环境,包括色彩调节等问题,都必须慎重地加以考虑 ②要求显色性高的场合:食品厂、纺织厂、衣料制造和加工等,是有关处理颜色的作业。这类工厂对照度就不用说,对光色和显色性的要求也很重要,要注意到颜色相同的物体,由于照明不同,看到的颜色不一定就相同 有关比色作业所使用的光源的显色性,在要求高的场合,平均显色指数R_a应在90以上,要求较低的场合也希望有70～85 对颜色的观察评价说来,环境条件很重要,室内墙壁和顶棚的装修应为无彩色(即灰色或白色),因在有色材料上,如果有镜面反射时,就不能正确地观察颜色。为此考虑灯具的安装条件(安装位置、照射角度等),在进行严格的调色工作或检验制品的颜色时,会产生照明条件不同而出现判断的问题,为此,希望工厂内设置客观评价制品的标准照明设备 ③混光照明:用各种光源进行混光,可改善显色性,调节色温,从而满足各种要求的照明场所,如纺织品、印刷、食品等产品的生产和检验时的照明

5. 特别精细作业——检验作业的照明

(1)检验对象和照明条件:与维持工作环境的安全性为主的一般照明相反,检验照明则是要求使所进行的工作更迅速、准确而减少疲劳。为此,其发展方向应是使检验工作本身的机械化。但是,对于产品的各种各样的缺陷和颜色的判别工作,多数仍然有赖于依靠肉眼作感觉上的判断。

对于一般的检验工作,通常是采取一系列的视觉探索工作,以判断或辨别被检物有无可见的异常,从而做出必要的处理。所以,检验人员的视力与适应性以及熟练程度是非常重要的。因此,对检验人员存在的个人差异是首先要考虑的重要因素。

如图10-1所示是检验照明的主要因素关系图。除被检验物的性质与照明方式是重要因素外,还有检验对象中,对于视觉工作最为困难的是:①被检验对象非常小时；②与背景亮度和颜色对比很小时；③物体高速运动着时；④要辨别有微小差异的场合等。

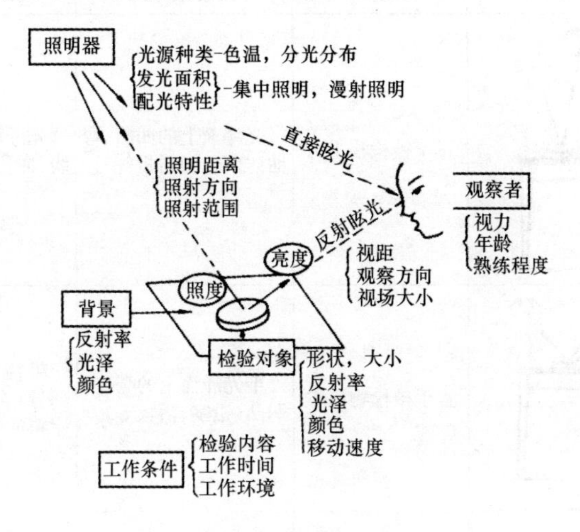

图 10－1　检验工作照明的关系因素图

即使是眼睛非常好的人，在良好的照明条件下视力的限度是 2.5，这相当于视角大小为 0.4 分，视距为 0.3m 时，观察物的大小约为 30 μm。像这样非常小的检验对象，因为接近视觉上的界限，辨别起来就变得困难，而必须使用放大镜一类的器械。

对于被检验对象与背景亮度对比或颜色对比小的场合，或作颜色检验以及高度运动物检验的场合，采用合适的照明方式能使眼睛的辨别工作变得容易起来，想要观察的东西有明暗、有无光泽、颜色差异、凹凸、裂纹、污点等情况。为了找出合适的照明方式，需要很好研究上述 3 个主要因素的基本关系，有时还必须进行照明效果的预备性评价实验。

(2)检验作业照明的一般方式：取决于检验对象性质及检验工作照明的方式。表 10－38 给出的基本形式，要观察物体有无光泽、明暗的程度时，照明方式的影响很大。恰当地采用集光型灯具或扩散型灯具，调整照明与观察的方向和角度，都可以使观察的东西更加容易引人注目。

表 10－38　检查工作照明的基本方式

基本形式	光源	漫射型灯具	集光型灯具
	置于被检物上方	光泽面上的凹凸、弯曲（金属、塑料板等）	光泽面的瑕疵、划线、冲孔、雕刻等
	置于被检物前方	半光泽面上的亮斑、凹凸（铅字、活板等）	粗糙面上的光泽部分（金属磨损部、涂料的剥落等）
	置于被检物前下方	强调平面上的凹凸（布、丝织物的纺织不匀、疵点、起毛等）	强调平面上的凹凸（板材、铅字、纸板等的翘曲、凹凸）
	漫射性面光源	光泽面上的一致性、瑕疵（金属、玻璃等）光泽面的翘曲、凹凸、由反射像的变形来观察光源面上的条纹、格子的直线样子	
	漫透射面光源	透明体内的异物、裂痕、气泡，（玻璃、液体等）半透明体的异物、不均匀（布、棉、塑料），但是，对于带有白色的异物，要用黑色背景，以聚光性灯具照射	

以下按被检物的检验内容:说明照明上应注意的事项。

①反射率低而带黑色的场合:照度即使相同,越是带黑色的东西则亮度越低,不容易看得清楚。观看物体时物体亮度的影响很大,所以反射率越低的东西就越要有更高的照度。

如图 10-2 所示表示轧制钢板表面缺陷检出成绩与亮度的关系。亮度与表面的照度成比例,因此,检验的效果取决于照度的高低。

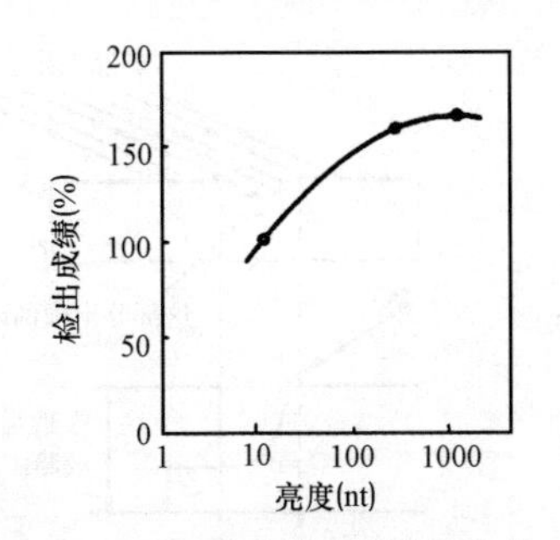

图 10-2 轧制钢板表面瑕疵的检出成绩与亮度的关系举例

②有光泽表面的场合:被检物表面有光泽时,对光线产生强烈的局部反射,从而使观察变得困难。在这里,要考虑好光线照射方向和观察方向。照射方向与观察方向相同的场合,可减轻表面反射,但若由于头或手造成阴影时,则让光线从观测方向的左右侧面入射即可。

如图 10-3 所示,要观察冷轧钢板那样有光泽表面上的缺陷,可用亮度低而发光面积大的灯具作漫射照明即可。

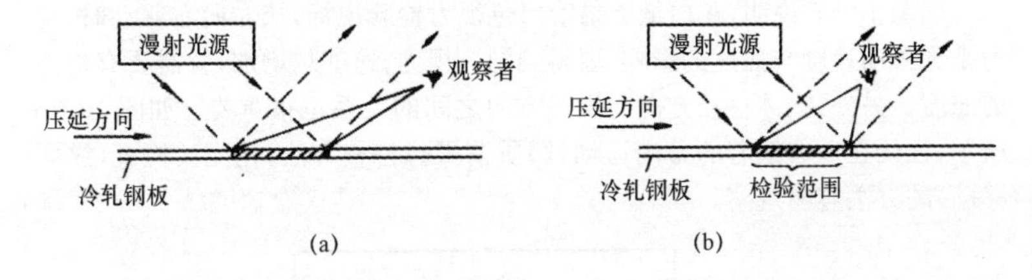

图 10-3 有光泽的冷轧钢板上划痕检查的照明示例

注:冷轧钢板上的划痕与压延方向有关,图(a)的场合,与延压方向成直角的划痕看起来白而亮,成平行的划痕看起来发黑。也有时看不见。图(b)的场合与压延方向无关,可见到划痕比板面为黑。图(b)是通常所采用的照明方式。

③表面上凹凸或缺陷的检查:通常使用集射型灯具时,使照射角和观察方向对被检面成倾斜方向是有效的。如图 10-4 所示说明由倾斜入射的光线使表面凹进部分容易令人注目的原理。

(3)检验作业的照明:这样的斜照光线,不仅对金属表面,就是对纺织品、木材、纸张等也都有效果。

(4)移动着的物体的情况:对于在流水作业中用肉眼进行检查,被检物在

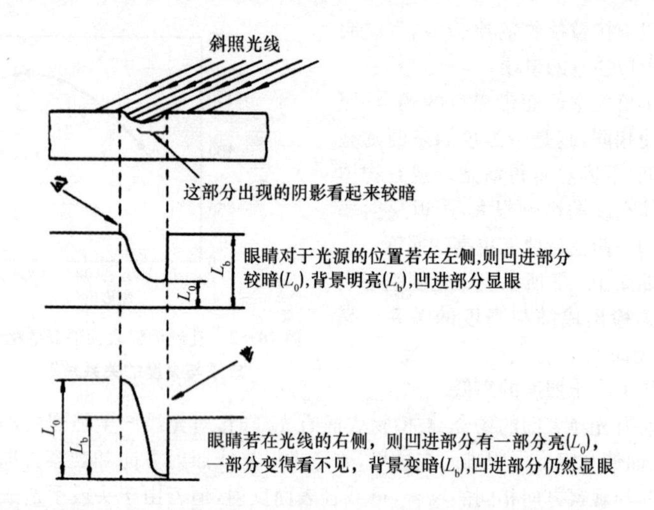

图 10-4　倾斜入射光线使表面上的凹进部分显眼的原理

不停地运动着时,物体在观察者视场内的移动速度越大,就越难观察,移动速度大,眼睛就不能跟踪,漏检的就增多。

如图 10-5 说明,在白纸上描绘黑色视力检验视标,从左向右移动时,视力受到移动速度与照度的影响,要得到同一视力,速度越增加,就需要有更高的照度。另外,物体移动方向与视线方向之间的关系也很重要。如图 10-6 所示,视线在左右横着的方向运动,即所谓平行检查方法,比交叉检查(纵向移动)的方法容易观察。

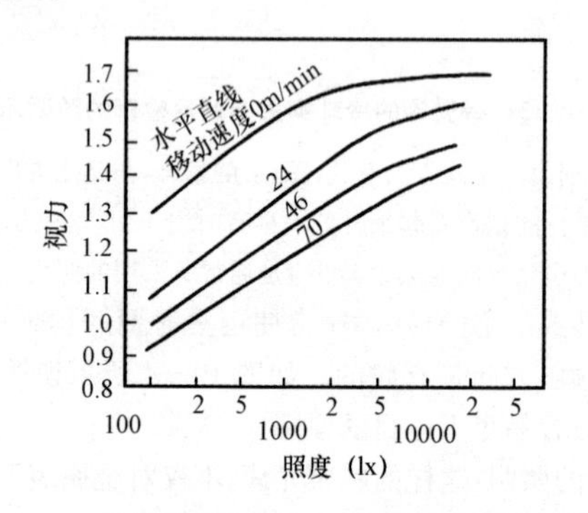

(视标显示时间:0.5s,视距 1.5m)

图 10-5　对移动着的视标的照度与视力的关系

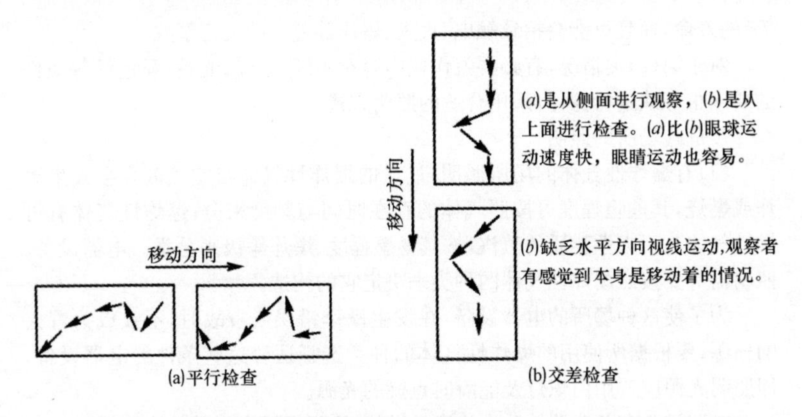

图 10－6　视标移动方向与视线的移动(箭头方向)

(5)透明玻璃容器内的异物的检查:如图 10－7 所示,把受检查的容器置于扩散性发光面的前面,若对着发光面透着光来观察,则容器内的异物黑而可见,容易发现。

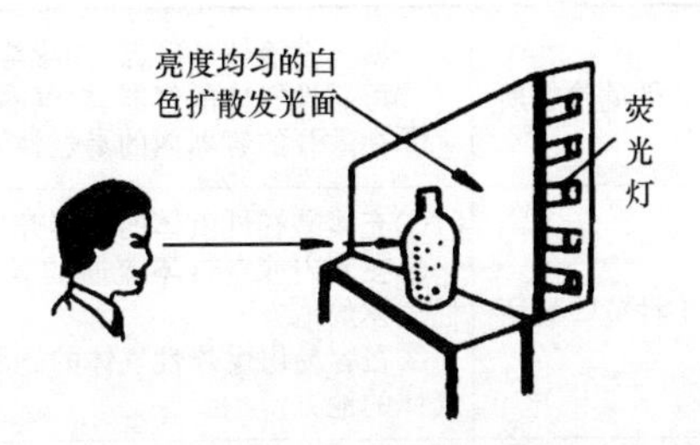

图 10－7　用扩散性光源作透明玻璃容器内的异物检查

(6)着重考虑色彩的场合:首先要仔细考虑检查内容,选择具有合适的分光分布或显色性的光源,其次是不要使检查对象的表面产生正反射,而是用扩散性照明。另外,要对检查室或小检查间内部进行无光泽的灰色的装修,照度不应小于 700lx。

6. 特殊场所的照明

特殊场所可分类如下:

(1)环境条件特殊的场所;

(2)作业内容特殊的场所。

对于(1)类情况,必须对该场所的条件做出正确判断,以便选定适合该场所的照明器和器材。如果选择不当,不仅会缩短照明器(包括光源、镇流器等)的寿命,而且可能会招致触电、火灾、爆炸等重大的灾害事故。

对于第(2)类情况,有必要就作业内容对照度、眩光、光色、显色性等条件的要求很好地进行探讨,采用合适的照明方式。

7.危险场所的照明

(1)有爆炸性气体的场所照明:过量的爆炸性气体与空气混合会发生爆炸或燃烧,其危险程度可按照气体的存在时间与频度来分;爆炸性气体有可燃性气体与引火性物质的蒸汽,按其易燃程度、爆炸等级来分类。电器设备、照明器等要按照爆炸性气体的种类来决定它的构造。

为了使这种场所的电器设备,在发生操作错误或事故时,不致成为着火的根源,要根据所使用的爆炸性气体的种类选择适合这些条件的电器设备,即照明光源应选用白炽灯及能瞬时点燃的光源。

电器设备和照明器的防爆构造及性能,应根据国家有关标准和有关工厂电器设备防爆的规定,工程施工方法要按照电器设备技术标准的规定执行。

有爆炸性气体的场所照明种类,见表10-39。

表10-39 有爆炸性气体的场所照明

<table>
<tr><td rowspan="3">容易发生危险的场所</td><td>0种危险场所</td><td colspan="2">①易爆性液体的容器、油罐等液面上部空间
②可燃性气体的容器、贮气罐等的内部
③在敞开的容器内的易燃性液体的液面附近</td></tr>
<tr><td>1种危险场所</td><td colspan="2">①充罐易燃性液体的容器开口部件
②在室内或空气不流通的场所。容易溢出爆炸性气体的地方
③在容易出爆炸性气体的场所,在坑槽那样存贮气体的地方</td></tr>
<tr><td>2种危险场所</td><td colspan="2">①有容易破损漏出危险性物品的容器的场所
②存在有由于操作错误而放出危险性物品或有容易破的装置容易漏出危险品的场所。
③强制排气装置易于发生故障,爆炸性气体停滞不能排出,而产生危险的场所</td></tr>
<tr><td>危险状态</td><td colspan="3">爆　炸</td></tr>
<tr><td rowspan="2">照明器的构造①</td><td>0种危险场所</td><td>1种危险场所</td><td>2种危险场所</td></tr>
<tr><td>不可装设</td><td>耐压防爆构造</td><td>耐压防爆构造安全加强型防爆构造</td></tr>
<tr><td>施工方法</td><td colspan="3">电器设备技术标准第208条</td></tr>
</table>

①照明器为白炽灯(瞬时点燃灯)、荧光灯及高强气体放电灯。

(2)粉尘多的场所照明:是指存在爆炸性粉尘、火药类粉末、可燃性粉尘等的危险场所的照明。这些粉尘大量在空气中浮游或飞散的场所,有可能形成燃烧源或达到爆炸浓度的危险。

应选择适合于该种粉尘和场所的电器设备、电气器材的构造与工程施工方法,应按照国家有关标准和有关电器设备技术标准的规定执行。选用的光源有白炽灯、荧光灯及高强气体放电灯,灯具为密闭型。

粉尘多的场所照明种类,见表10-40。

表10-40　粉尘多的场所照明

<table>
<tr><td>粉尘种类</td><td>爆炸性粉尘火药类粉末</td><td>可燃性粉尘</td><td>其他粉尘</td></tr>
<tr><td>危险状态</td><td colspan="2">爆炸燃烧</td><td>温度上升、绝缘恶化</td></tr>
<tr><td>易发生危险的场所</td><td colspan="3">①筛分场所
②粉碎场所
③分装场所
④贮藏场所
⑤混合或配合场所
⑥干燥场所
⑦用传送带输送的场所
这类场所如碾米厂、制粉厂、弹花厂、捻丝厂、水泥厂、矿石粉碎场等</td></tr>
<tr><td>照明器的构造</td><td>粉尘防爆、防特殊尘构造</td><td>粉尘防爆、普通防粉尘构造</td><td>防尘装置,全封闭构造</td></tr>
<tr><td>施工方法</td><td colspan="3">电气设备技术标准</td></tr>
</table>

(3)有危险品的场所照明:易燃危险品制造场所、贮藏场所和使用场所,虽然比上述两类场所的危险性小,但是一旦发生火灾就有迅速蔓延的危险。有危险品的场所照明种类,见表10-41。

表10-41　有危险品的场所照明

危险品的种类	赛璐珞、火柴、石油类、其他易燃的危险品
危险状态	火灾急剧扩大
易发生危险的场所	危险品制造场所、贮藏场所、使用场所
电气设备的构造	除电热器外应采用全密闭型构造
施工方法	按电气设备技术标准和消防法规定

作为燃烧源之一的电气机械,应采用牢固而全密闭型的。有关工程施工方法,也应按规定执行。选用的光源有白炽灯、荧光灯及能瞬时启动的光源。

(4)有腐蚀性气体的场所照明:照明器或绝缘材料等,易被有挥发性的酸、碱等腐蚀性气体或溶液所侵蚀，在这样的场所使用的照明器，要对该场所的气体或溶液的种类、浓度、使用范围和周围温度等使用环境进行调查，采用与其相应的、能耐腐蚀的优质材料（氯化乙烯树脂、尿素树脂、铝合金等）或涂上耐腐蚀涂层。另外，灯头、镇流器等导电部分，希望采用不易被腐蚀的密闭结构，选用光源同上，灯具用三防型。有腐蚀性气体的场所照明，见表 10－42。

表 10－42 有腐蚀性场所和照明

发散腐蚀性气体或溶液的场所	酸类、碱类、氯酸钾、漂白粉、染料、化肥等制造厂；铜、锌等冶炼厂；电解铜厂；电镀车间；蓄电池室等
危险状态	腐蚀、绝缘恶化、接触不良
照明器构造	适当的油漆，合适的材料和构造
施工方法	见电气设备技术标准

8. 潮湿和有水滴的场所照明

电镀厂、洗涤厂等用水场所使用的照明器，有本身密闭并在开闭处以橡皮垫等防止湿气入侵的密闭防水型与即使水汽侵入器具内部也不碍事的局部防水型两种。

在构造上应选择适合相应环境条件的灯具，选用光源同上，灯具为防水型，见表 10－43。

表 10－43 潮湿、有水滴的场所和照明

有水汽的场所，有水滴的场所	散发水蒸气的场所、水滴飞扬的场所、雨线的外侧、水中
危险状态	绝缘恶化、接触不良、腐蚀
照明器的构造	防水构造种类：防滴型、防雨型、防溅型、防湿型、防喷射型、耐水型、防浸型、水中型

9. 多振动场所的照明

没有防振措施的照明器，由于振动会使灯的接触不良甚至发生灯泡掉落等事故。

振动的大小取决于振幅、振动频率和振动时间的长短，如起重机等搬运重物的设备，在启动和停止时会产生大的加速度。这种振动并不单纯，它的振动程度随场所的条件而异。

减少振动的方法如表 10－44 所示。有使用对灯泡握着力强的耐振灯座，有以吊具部分使之减振的耐振结构的照明器，或在照明器的安装台上安装橡皮或弹簧等吸收振动装置等方法。

为了满足耐振性能上的要求，对照明器所受的振动频率、振幅、振动时间长短、加速度或共振等情况，作具体的全面的了解是很重要的。选用光源同上，灯具为减振型及防振型。

表 10-44　振动频繁的场所和照明减振构造

振动频繁的场所	动力车间、吊车行驶下、冲压车间等
造成危险状态	短路、接触不良、掉落
照明器的减振构造	耐振型灯，耐振型灯座，在灯具安装上采取措施(采用耐振装置、挠性配件、止振配件)，防松装置(采用双螺帽、涂料封固等)

10. 低温场所的照明

为了谋求食品流程机构的合理化，伴随着低温输送机构的发展，冷藏库的设施正在日益增多。冷库按其温度范围分成 3 类，作为储藏对象的商品(食品)也各有其相应合适的温度，见表 10-45。

表 10-45　冷藏库分类与相应的储藏食品及照明

等级	区分	温度(℃)	主要储藏品名称
C1	冷冻库	-25 以下	冰激凌、虾、金枪鱼等
C2	冷冻库	-25～0	咸鱼干、牛肉、马肉、羊肉、鲸肉、冻鱼等
C3	冷藏库(恒温室)	0～10	

冷库由货物搬入通道、前室与分选室、冷藏室组成，被搬入的商品(食品)卸下后经挑选入库。

(1)光源的选择。从节省用电方面考虑，希望采用效率高的光源，不要因照明而过分地增加整个冷藏系统的用电负荷。一般照明用电只占整个冷藏系统全部用电的 2%～3%左右。所以考虑工作环境(极寒)较考虑用电量更为重要，希望使用容易维护(灯泡替换等工作)而寿命长的光源。

(2)灯具的选择。根据各冷藏间功能的不同，选用灯具的构造亦不同，主要场所的灯具的构造见表 10-46。

表 10-46　冷藏场所和照明

主要场所	搬入通道	前　室	分选室	冷藏室
室内状况	通常处在常温，但在工作时由于前室来的冷气，易在通道结露	低温-10℃～-30℃	0～10℃处于低温室与常温室交界处，可能在空气中形成多量的水滴	防湿型

续表

主要场所	搬入通道	前　室	分选室	冷藏室
造成危险的状态	绝缘恶化、接触不良			
照明器的构造	防湿型、防锈型	防湿型	防湿型、防锈型	防湿型

因为在极寒冷条件下工作，容易出现安装粗劣的情况，所以希望使用灯具的构造应是容易安装而牢靠的。

11. 监控作业场所的照明

由于引进了电子计算机，扩大了监控室、工业电视监控等领域的工作，而使监控成为完全自动控制工作。这里，监控人员只是进行及时辨认的单纯作业。另一方面，虽然很少发生事故，但是为了检测不知什么时候会发生这种情况的信号的变化，必须使注意力高度集中。因此，由于紧张而容易造成精神上的疲劳。

在进行照明设计时，除了要考虑以上情况，使其具有充分的照明功能外，还必须考虑到人的心理作用，以形成舒适的工作环境。

监控作业场所照明应注意的事项如下：

(1)照明应尽量使控制盘盘面上亮度均匀。为此，要注意灯具的配光和安装位置。

(2)要注意到所表示的信号、文字、图形等与周围背景的亮度对比要合适，必要时希望采用能调光的装置。

(3)不要使从照明器来的光在盘面或仪表罩面上产生反射像，要考虑视线范围，研究照明器的安装位置。

(4)不应使照明器对监控操作者产生直接眩光。为此，希望在配光上采用防止眩光的灯具。

(5)做设计时，要考虑到照明应形成合适的视觉环境、眼睛的适应、作业面上实际的必要的照度等条件，要能根据情况进行调光，还要注意所使用的光源光色和显色性。

二、工厂照明照度的计算

一般照明方式的照度计算均采用利用系数法，该方法计算简单，它考虑了墙壁、顶棚、地面之间光的多次反射影响，通过计算落到工作面上的光通量来确定整个车间工作场所的平均水平照度，故能比较准确地反映整个工作面的照度值，而对于某一点的照度就无法计算，也不太需要。

应用利用系数法计算被照面上的平均照度的基本公式是：

$$E_{平均}=\frac{\Phi\cdot N\cdot U\cdot K}{A}$$

$$N=\frac{E_{平均}\cdot A}{\Phi\cdot U\cdot K}$$

式中　Φ——灯具内光源的总光通量（lm）；

$E_{平均}$——被照面上水平照度(1x)；

N——所需灯具个数；

A——被照面积；

K——维护系数；

U——利用系数。

确定利用系数U时，需先确定室空间比及车间内各表面的有效反射率，然后以所使用灯具的光度数据表中查得。室空间比及各表有效反射率按以下公式计算：

$$室空间比\ RCR=\frac{5h_{RC}(L+W)}{L\cdot W}$$

式中　L 和 W——车间的长度和宽度(m)；

h_{RC}——灯具的计算高度(m)。

墙面平均反射率是：

$$\rho_{W平均}=\frac{\rho_W(A_W-A_g)+\rho_g\cdot A_g}{A_W}$$

式中　A_W、ρ_W——墙的总面积(包括窗的面积)和反射率；

A_g、ρ_g——窗或装饰物的面积和反射率。

地板或顶棚空间的有效反射率是：

$$\rho_f\ 或\ \rho_{cc}=\frac{\rho\cdot A_o}{A_s-(A_s-A_o)\cdot\rho};\rho=\frac{\sum_{i=1}^{N}A_i\rho_i}{\sum_{n=1}^{N}A_i}$$

式中　A_o——地板(或顶棚)空间开口平面面积(m^2)；

A_s——地板(或顶棚)空间内所有表面面积(m^2)；

ρ——地板(或顶棚)空间内所有表面的平均反射率；

$A_i\cdot\rho_i$——第i个表面积和反射率。

利用系数法可以计算出照明场地的平均水平照度值或估计所需灯具个数，但灯具的布置只能根据经验，所以不能保证场地照度的均匀性。

三、工业厂房照明示例

1. 单层工业厂房跨度与柱距

单层工业厂房常见的跨度，有 9m、12m、15m、18m、12m、24m、27m、30m 等共 8 种。单层工业厂房常见的柱距为 6m、8m、9m、12m 等。

2. 常用布灯方案

工业厂房照明设计常用典型布灯方案，如图 10－8 所示。

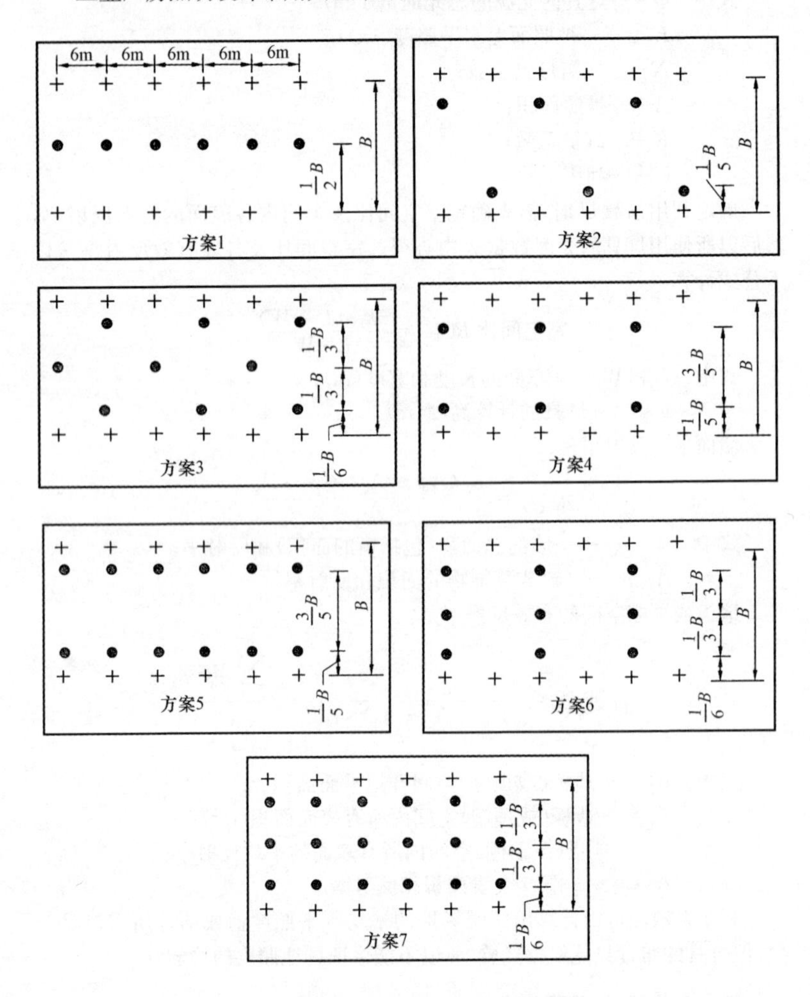

图 10－8 常用典型布灯方案

注：图中 B 表示工业厂房的跨度。

(1)图 10-8 所示中各布灯方案,灯具离柱轴线距离是按单跨度工业厂房一般要求确定的,对于多跨度工业厂房,灯具离柱轴线距离可作必要调整变更,即将方案 2、方案 4、方案 5 中的 $\frac{1}{5}B$ 改为 $\frac{1}{4}B$,$\frac{3}{5}B$ 改为 $\frac{1}{2}B$,其余方案不变,以求灯具之间的距离比较均匀。设计中灯位还应根据工艺布置情况作适当变化。

(2)照明灯具的悬挂高度,按灯具离规定作业面高度选取 6m、9m、12m、15m、18m、21m、24m、27m 等共 8 种。

(3)布灯方案的选择:应注意不是每一种布灯方案都适用于各种跨度和高度的厂房;进行照明设计时,首先应计算出室形指数 RI,再根据 RI 值选择合适光分布类别的灯具,根据第二节中工业厂房照明质量设计要点;按跨度及要求的照度标准值选取一个布灯方案,计算出布灯的距离比,再校验此距高比不大于所选用的灯具的最大允许距高比。如果超过,应另选布灯方案或更换另一种灯具。

根据照明布灯方式及使用情况,生产场所应按车间、工序或工段分组控制。

3. 照明示例

照明示例是根据 8 种工业厂房跨度,分别按几种常见的高度和两种照度标准(200lx 和 300lx,选择图 10-8 所示中合适的布灯方案并按多跨度(三跨)工业厂房设计进行分析计算。

(1)计算先决条件。计算先决条件有如下几点:

①按宽配光、中配光及窄配光灯具的技术参数。

②金属卤化物灯的技术参数:250W 金属卤化物灯光通量按 18450lm 和 20500lm 计算;400W 金属卤化物灯光通量按 32400lm 和 36000lm 计算。

③高压钠灯的技术参数:250W 钠灯光通量按 25000lm 计算;400W 钠灯光通量按 47000lm 计算。

④顶棚、墙面、地面的反射比分别按 0.5、0.3、0.2 计算,维护系数取 0.7 计算。

注:设计中实际数据和以上各项设定系数值有差异时,其计算照度应作必要修正。

(2)采用金属卤化物灯,8 种不同跨度、多种不同高度和两种不同照度标准值的布灯方案及相应的照度计算值,见表 10-47。

表 10-47 工业厂房采用金属卤化物灯，照度标准值 200/300lx 的照度计算值

厂房跨度 B(m)	计算高度 (m)	布灯方案号	灯具形式	金属卤化物灯光源功率(W)/光通量(lm)	照度 (lx)			功率密度 (W/m²)
					平均值	均匀度	最小值/最大	
9	6	2	宽配光	250/20500	176.87	0.50	89.1/202	5.3
	6	5	宽配光	250/18450	316.98	0.69	217/362	10.5
	9	2	中配光	250/20500	176.27	0.58	103/201	5.3
	9	5	宽配光	250/20500	319.10	0.61	194/376	10.5
	12	3	宽配光	250/20500	215.36	0.59	127/258	7.8
	12	2	窄配光	400/36000	289.71	0.57	164/346	8.3
	15	3	中配光	250/20500	203.01	0.56	114/246	7.8
	15	5	中配光	250/20500	302.00	0.58	175/364	10.5
12	6	5	宽配光	250/18450	237.80	0.68	161/267	7.9
	6	5	中配光	250/20500	288.29	0.70	203/310	7.9
	9	5	宽配光	250/18450	224.71	0.56	126/265	7.9
	9	5	中配光	250/20500	271.34	0.58	157/306	7.6
	12	2	宽配光	400/36000	208.34	0.59	123/241	6.3
	12	5	窄配光	250/20500	276.50	0.56	156/313	7.9
	15	2	中配光	400/36000	193.58	0.54	104/241	6.3
	15	3	宽配光	400/36000	289	0.55	160/361	9.4
15	6	5	宽配光	250/20500	224.12	0.74	166/248	6.3
	6	7	宽配光	250/18450	299.10	0.67	200/333	9.5
	9	5	中配光	250/18450	202.05	0.61	123/220	6.3
	9	7	中配光	250/18450	301.52	0.61	185/330	9.5
	12	5	窄配光	250/18450	206.06	0.61	126/230	6.3
	12	5	中配光	400/32400	307.12	0.55	165/357	10
	15	5	中配光	250/20500	202.57	0.52	106/237	6.3
	15	5	中配光	400/32400	296.28	0.54	160/370	10
	18	5	窄配光	250/20500	212.00	0.52	110/243	6.3
	18	5	中配光	400/36000	306.69	0.55	170/388	10
18	6	5	宽配光	250/20500	188.33	0.66	124/205	5.3
	6	7	中配光	250/20500	294.00	0.70	205/311	8.2
	9	5	中配光	250/20500	188.88	0.58	109/204	5.3
	9	7	中配光	250/20500	281.10	0.57	159/308	8.2
	12	7	中配光	250/18450	228.67	0.57	130/260	8.2
	12	7	窄配光	250/20500	294.44	0.67	198/316	8.2
	15	3	中配光	400/32400	196.80	0.56	111/240	6.3

续表 1

厂房跨度 B(m)	计算高度 (m)	布灯方案号	灯具形式	金属卤化物灯光源功率(W)/光通量(lm)	照度 (lx)			功率密度 (W/m²)
					平均值	均匀度	最小值/最大	
18	15	5	中配光	400/36000	295.16	0.55	163/359	8.3
	18	3	中配光	400/36000	205.71	0.56	115/259	6.3
	18	5	窄配光	400/36000	300.23	0.53	158/359	8.3
21	6	7	宽配光	250/18450	219.33	0.71	156/241	6.7
	6	7	中配光	250/20500	255.41	0.77	147/279	6.7
	9	7	宽配光	250/18450	208.27	0.55	115/236	6.7
	9	7	中配光	250/20500	246.12	0.59	146/264	6.7
	12	7	中配光	250/18450	218.31	0.61	134/235	6.7
	12	5	窄配光	400/36000	293.86	0.57	167/327	7.1
	15	5	宽配光	400/32400	221.98	0.54	120/260	7.1
	15	7	宽配光	400/32400	332.14	0.54	181/383	10.6
	18	5	中配光	400/32400	222.99	0.53	119/272	7.1
	18	7	中配光	400/32400	327.19	0.50	163/409	10.6
24	6	7	宽配光	250/20500	214.10	0.67	143/231	5.8
	9	7	宽配光	250/20500	207.95	0.59	123/230	5.8
	12	7	窄配光	250/20500	220.38	0.57	125/240	5.8
	12	7	宽配光	400/32400	302.44	0.50	150/346	9.2
	15	7	窄配光	250/20500	214.56	0.50	108/235	5.8
	15	7	中配光	400/32400	309.03	0.50	154/372	9.2
	18	7	窄配光	250/20500	209.03	0.50	105/232	5.8
	18	7	中配光	400/36000	329.37	0.50	164/410	9.2
	21	5	中配光	400/36000	208.52	0.50	104/265	6.1
	21	7	中配光	400/36000	311.98	0.50	155/398	9.2
27	9	7	中配光	250/20500	194.19	0.60	117/205	5.2
	12	7	窄配光	250/20500	198.41	0.61	122/211	5.2
	12	7	宽配光	400/36000	313.09	0.55	174/351	8.2
	15	7	窄配光	250/20500	196.78	0.61	121/211	5.2
	15	7	中配光	400/36000	321.20	0.52	167/374	8.2
	18	7	窄配光	250/20500	192.22	0.56	108/208	5.2
	18	7	中配光	400/36000	305.42	0.51	156/368	8.2
	21	7	中配光	250/20500	187.90	0.53	99.6/205	5.2
	21	7	窄配光	400/36000	311.47	0.50	154/366	8.2

续表 2

厂房跨度 B(m)	计算高度 (m)	布灯方案号	灯具形式	金属卤化物灯光源功率(W)/光通量(lm)	照度(lx)			功率密度 (W/m²)
					平均值	均匀度	最小值/最大	
30	9	7	窄配光	250/20500	175.03	0.57	99.1/188	4.8
	12	7	宽配光	250/20500	1 78.81	0.57	102/195	4.8
	12	7	中配光	400/36000	305.54	0.52	159/348	7.4
	15	7	中配光	250/20500	177.46	0.61	108/190	4.8
	15	7	中配光	400/36000	291.64	0.52	147/341	7.4
	18	7	中配光	250/20500	173.45	0.54	93.9/189	4.8
30	18	7	中配光	400/36000	278.17	0.50	138/335	7.4
	21	7	中配光	250/20500	169.67	0.51	86.71/186	4.8
	21	7	窄配光	400/36000	294.05	0.51	149/341	7.4

注:表中均匀度是整个房间的照度均匀度,而国家设计标准规定的作业区内的照度均匀度应大于此值。

(3)采用高压钠灯,8 种不同跨度、多种不同高度和两种不同照度标准值的布灯方案及相应的照度计算值,见表 10－48。

表 10－48　工业厂房采用高压钠灯,照度标准值 200/300lx 的照度计算值

厂房跨度 B(m)	计算高度 (m)	布灯方案号	灯具形式	钠灯光源功率(W)/光通量(lm)	照度(lx)			功率密度 (W/m²)
					平均值	均匀度	最小值/最大	
9	6	2	宽配光	250/20500	215.55	0.50	109/246	5.3
	9	2	宽配光	250/25000	194.54	0.58	112/229	5.3
	12	2	中配光	250/25000	199.23	0.55	110/237	5.3
	12	2	宽配光	400/47000	327.91	0.59	192/340	8.3
	15	2	中配光	250/25000	184.26	0.55	102/222	5.3
	15	1	宽配光	400/47000	297.43	0.60	179/353	8.3
12	6	2	宽配光	250/25000	171.69	0.60	103/205	4
	6	5	宽配光	250/25000	330.19	0.68	223/370	7.9
	9	2	中配光	250/25000	169.08	0.63	107/207	4
	9	5	宽配光	250/25000	304.49	0.57	173/359	7.9
	12	2	窄配光	400/47000	175.37	0.64	111/191	6.3
	12	5	中配光	250/25000	311.99	0.54	167/363	7.9
	15	5	窄配光	250/25000	322.73	0.53	170/371	7.9
15	6	5	中配光	250/25000	288.73	0.78	244/325	6.3
	9	5	中配光	250/25000	273.79	0.61	167/298	6.3

续表 1

厂房跨度 B(m)	计算高度 (m)	布灯方案号	灯具形式	钠灯光源功率 (W)/光通量(lm)	照度 (lx)			功率密度 (W/m^2)
					平均值	均匀度	最小值/最大	
15	12	5	宽配光	250/25000	237.11	0.54	128/281	6.3
	12	5	窄配光	250/25000	279.21	0.61	171/312	6.3
	15	5	宽配光	250/25000	221.24	0.53	117/269	6.3
	15	5	窄配光	250/25000	268.67	0.55	147/301	6.3
	18	5	宽配光	250/25000	206.35	0.54	111/256	6.3
	18	5	窄配光	250/25000	258.54	0.52	134/297	6.3
18	6	5	宽配光	250/25000	229.52	0.66	151/250	5.3
	6	7	宽配光	250/25000	340.10	0.66	226/373	8.2
	9	5	宽配光	250/25000	215.26	0.58	125/252	5.3
	9	7	宽配光	250/25000	320.37	0.54	174/365	8.2
	12	5	中配光	250/25000	225.81	0.60	136/247	5.3
	12	7	宽配光	250/25000	301.88	0.51	154/353	8.2
	15	5	中配光	250/25000	215.75	0.56	122/245	5.3
18	15	7	宽配光	250/25000	284.09	0.50	143/344	8.2
	18	5	窄配光	250/25000	225.09	0.56	126/252	5.3
	18	7	中配光	250/25000	299.92	0.50	150/361	8.2
21	6	5	宽配光	250/25000	200.91	0.67	135/226	4.5
	6	7	宽配光	250/25000	297.18	0.71	211/326	6.7
	9	5	宽配光	250/25000	189.72	0.60	115/215	4.5
	9	7	中配光	250/25000	300.15	0.59	178/322	6.7
21	12	5	窄配光	250/25000	193.93	0.53	102/212	4.5
	12	7	窄配光	250/25000	306.36	0.59	181/336	6.7
	15	5	窄配光	250/25000	199.99	0.56	112/220	4.5
	15	7	窄配光	250/25000	297.89	0.53	158/325	6.7
	18	5	窄配光	250/25000	194.01	0.51	99.5/220	4.5
	18	7	窄配光	250/25000	289.54	0.50	144/321	6.7
24	6	7	中配光	250/25000	271.80	0.67	182/307	5.8
	9	5	中配光	250/25000	180.78	0.65	118/208	4
	12	5	窄配光	250/25000	184.79	0.67	123/214	4
	11	5	宽配光	400/47000	303.34	0.54	165/346	6.2
	15	5	窄配光	250/25000	179.41	0.59	106/190	4
	15	5	中配光	400/47000	309.27	0.50	153/368	6.2

续表2

厂房跨度 B(m)	计算高度 (m)	布灯方案号	灯具形式	钠灯光源功率 (W)/光通量(lm)	照度(lx)			功率密度 (W/m²)
					平均值	均匀度	最小值/最大	
24	18	5	窄配光	250/25000	174.50	0.53	93.1/193	4
	18	5	中配光	400/47000	292.75	0.50	145/358	6.2
	21	7	宽配光	250/25000	210.53	0.51	106/256	5.8
	21	5	窄配光	400/47000	279.60	0.51	141/347	6.2
27	9	7	宽配光	250/25000	224.10	0.57	129/254	5.2
	9	7	中配光	250/25000	236.82	0.60	142/250	5.2
	12	7	宽配光	250/25000	214.69	0.51	109/245	5.2
	15	7	宽配光	250/25000	209.27	0.52	109/239	5.2
	18	7	窄配光	250/25000	219.07	0.52	114/245	5.2
	21	7	窄配光	250/25000	229.15	0.53	121/250	5.2
30	9	7	宽配光	250/25000	202.45	0.57	115/228	4.8
	12	7	窄配光	250/25000	218.16	0.57	125/237	4.8
	15	7	宽配光	250/25000	213.00	0.51	110/232	4.8
	18	7	中配光	250/25000	198.20	0.51	100/221	4.8
	18	7	宽配光	400/47000	339.99	0.50	169/398	7.4
	21	6	窄配光	400/47000	189.98	0.52	98.8/218	3.9
	21	7	宽配光	400/47000	326.02	0.49	159/390	7.4

注：表中均匀度是整个房间的照度均匀度，而国家设计标准规定的作业区内的照度均匀度应大于此值。

第五节　工厂建筑照明节能

一、照明设计的节能原则

1. 要在保证不降低作业视觉的要求下，最有效地利用照明用电

高大厂房中宜采用高光效、长寿命的高强气体放电灯及其混光灯照明(功率因数不应低于0.85)，除特殊情况外，不要采用卤钨灯、白炽灯、自镇流荧光高压汞灯。照明设计中，应尽量选用效率高、利用系数高、配光合理、保持率高的灯具。只要能保证照明质量，尽量不采用装有格栅、保护罩等附件的灯具，免除减光作用。

根据视觉作业的要求，确定合理的照度标准值，选用合适的照明方式。要求照度标准值较高的场所，可用增高局部照明方法来满足它；当同一房间

内某个工作区内某一部分或几个部分需要高照度时,可采用分区一般照明来满足。室内的顶棚、墙面和地面宜采用浅色;宿舍、住房等辅助建筑的照明用电均应单独计量,合理分配负担。

对照明线路、开关及控制,宜分细,多设开关,位置适当;近墙处,要充分利用太阳光;车间内要分区设置开关。

2. 节能指标-节能效益比(*ER*)

在照明设计中,我国一直没有节能指标,为控制能量的消耗,采用达到每100lx照度每平方米所需的照明负荷作为对同类建筑物不同照明方案节能效益的比较指标(W/m^2 · 100lx)。从节能角度提出不同建筑的目标效能值,它与实际效能值的比值称为照明节能效益比(*ER*)。该比值越大,说明节能效益越显著。节能效益比(*ER*)宜大于或等于1,其值应按下式计算:

$$ER = e_1 / e_2$$

式中 e_1——目标效能值(W/m^2 · 100lx),其推荐值可从表10-49中查得;

e_2——实际效能值(W/m^2 · 100lx)。

目标效能值是力争达到的节能指标,它取决于下列因素:

(1)灯具效率是否满足要求;

(2)灯具配光选择的合理性;

(3)光源的效率高低。

如果上述光源、灯具性能指标合乎要求,就能达到节能指标。

表10-49　室内照明目标效能值(W/m^2 · 100lx)

室空间比	灯具悬挂高度4m以上的车间					灯具悬挂高度4m以下的车间	辅助建筑及公共建筑	
	中显色性高压钠灯	高光效金属卤化灯与高压钠灯混光	高光效金属卤化灯、高光效金属卤化灯与中显色性高压钠灯混光,钪钠灯与高压钠灯混光	荧光高压汞灯与高压钠灯混光、钪钠灯与中显色性高压钠灯混光	钪钠灯、镝灯	荧光灯	建筑荧光灯	玻璃建筑白炽灯
1	2.57	2.71	3.05	3.296	3.48	4.41	5.06	25.82
2	2.83	2.97	3.36	3.59	3.83	4.91	5.41	32.89
3	3.19	3.35	3.73	4.04	4.32	5.56	5.81	37.52
4	3.15	3.31	3.78	3.99	4.26	6.45	6.21	42.88
5	3.35	3.52	3.98	4.25	4.56	7.06	6.58	49.00
6	3.49	3.66	4.14	4.43	4.73	7.95	6.92	54.57
7	3.22	3.39	3.82	4.09	4.32	8.90	7.59	61.56
8	3.40	3.57	4.03	4.31	4.60	8.40	6.83	68.60
9	3.59	3.77	4.25	4.55	4.86	9.47	7.19	75.03
10	3.99	4.18	4.72	5.05	5.40	10.11	7.92	82.79

注:表中数据除辅助建筑及公共建筑栏内的灯具外,均为不带格栅开启式灯具。

当单灯使用功率低于400W或混光灯功率低于650W时，光源效率修正值应按下列情况取值：中显色性高压钠灯、镝灯、荧光高压汞灯与高压钠灯混光为1～1.33；高光效金属卤化物灯、钪钠灯、钪钠灯与中显色性高压钠灯混光，高光效金属卤化物灯与中显色性高压钠灯混光，高光效金属卤化物灯与高压钠灯混光，钪钠灯与高压钠灯混光为1～1.7。所以从表中查出的目标效能值后，还需乘上修正系数。

二、照明节能设计计算实例

【例10-1】某机加工车间，长60m，宽18m，高9m，面积$=60\times18=1080m^2$。车间内顶棚反射率$\rho_c=30\%$，内墙面反射率$\rho_u=50\%$，地面反射率$\rho_f=20\%$。

(1)选用光源MH400W金卤灯，灯具型号为2GC-01A型。

(2)计算室空间比：

$$RCR=\frac{5h(L+W)}{A}=\frac{3510}{1080}=3.25$$

(3)查表得利用系数$U=0.59$。

(4)求平均照度达到200lx时所需的灯具数N：

$$N=\frac{E\cdot A}{\Phi\cdot U\cdot K}=\frac{200\times1080}{32000\times0.59\times0.7}=16.4\text{套}$$

取18套灯，我们可以求出实际上的照度。

(5)求实际照度：

$$E=\frac{N\cdot\Phi\cdot U\cdot K}{A}=\frac{18\times32000\times0.59\times0.7}{1080}=220\text{lx}$$

(6)节能效果。从表10-49中查出目标效能值$e_1=3.74\text{W/m}^2\cdot100\text{lx}$，应再乘以灯泡的修正系数和照度比1.13，则有：

$$e_1=3.74\times1.13\times\frac{220}{100}=9.3\ (\text{W/m}^2\cdot100\text{lx})$$

实际效能指标：

$$e_2=\frac{18(400+50)}{1080}=7.5\ (\text{W/m}^2\cdot100\text{lx})\text{(镇流器损耗取50W)}$$

故目标效能值：

$$ER=\frac{9.3}{7.5}=1.24>1$$

满足节能指标。

【例10-2】某电站的主机房，高$h=13$m，宽$W=120$m，长$L=24$m，面积

$A = 2880\text{m}^2$，要求照度 $E = 150\text{lx}$，顶棚反射率 $\rho_c = 50\%$，墙面 $\rho_W = 50\%$，地面反射率 $p_f = 20\%$。

(1)选用 MH400+NG250 混光光源，选用 2GC01-HX2 型混光灯具。

(2)计算室空间比：

$$RCR = \frac{5h(L+W)}{A} = \frac{5 \times 13(120+24)}{2880} = 3.25$$

(3)查表得到利用系数值 $U = 0.56$。

(4) $N = \dfrac{E \cdot A}{\Phi \cdot U \cdot K} = \dfrac{150 \times 2880}{52000 \times 0.56 \times 0.7} = 21.2$ 套 ≈ 22 套

(5)室内实际平均照度：

$$E = \frac{N \cdot \Phi \cdot U \cdot K}{A} = \frac{22 \times 52000 \times 0.56 \times 0.7}{2880} = 156\text{lx}$$

(6)节能效果，从表 10-49 中查出目标效能值 $e_1 = 3.74$，应乘以修正系数 1.13，故有：

$$e_1 = 3.74 \times 1.13 \times \frac{156}{100} \approx 6.6$$

实际效能指标：

$$e_2 = \frac{22(650+83)}{2280} = 5.6(\text{W/m}^2 \cdot 100\text{lx})$$

式中其 83 为混光光源镇流器的损耗。

最后目标效能值：

$$ER = \frac{e_1}{e_2} = \frac{6.6}{5.6} = 1.18 > 1$$

满足节能指标。

三、验算实例

根据我国光源灯具、照明设计的具体情况，分析计算和现场考核方法（见表 10-50），提出了目标效能值。

表 10-50 节能效益比验算实例

场所名称	照明标准(lx)	室形			RCR	灯具、光源种类和特性			目标效能推荐值(W/m²·100lx)	设计效能指标(W/m²·100lx)	节能效益比
		长(m)	宽(m)	高(m)		光源及灯具	灯具效率(%)	距高比			
实验室	150	10.8	5.0	3.2	3.51	40W 荧光灯具	84.20	1.38 1.49	6.00	5.89	1.02
主控室	200	14.4	5.0	3.0	2.96	2×40W 荧光灯具	57.30	1.20 1.45	5.55	6.15	0.90
焊接车间	100	36.0	12.0	6.0	2.89	GGY+NG70 混光灯具	80.00	1.71 1.40	5.26	4.96	1.06
精密装配	150	36.0	18.0	12.8	5.00	GGY400+NG250 混光灯具	76.90	1.55 1.37	4.22	4.19	1.01
冶金	100	72.0	36.0	40.0	8.17	GGY400+NG250 混光灯具	78.50	0.40 0.60	5.09	5.24	0.97
薄膜车间	150	48.0	15.0	6.5	2.50	GGY125+NGX100 混光灯具	80.80	1.71 1.40	5.04	4.16	1.21
薄膜车间	150	48.0	15.0	6.5	2.50	NGX150 板块型灯具	83.80	2.43	3.41	2.61	1.30
装配	150	60.0	18.0	6.0	1.88	GGY250+NG100 型混光灯具	72.00	1.88 1.79	4.36	4.20	1.04

第十一章　商业建筑照明

随着人民生活水平的日益提高,人们对购物、消费的要求也越来越高。为了满足人民的这种需求,就需要有各种类型、各种档次的商店。商店的照明也不再是简单的照亮商品,而是要形成其独特的商业空间照明。

近十多年来,我国许多城市的商业建筑都经历了由百货商店到购物中心,由单一平面的商业购物环境发展到地上、地下空间综合利用的立体化、综合型商厦的变化过程。这些格局多变的商业建筑,他们的共同特点就是综合性强、规模大、购物方便。

打造“愉快与舒适地购买商品的场所”,重要的是使商店的构成和陈列相协调。不同的商品和不同的展示方式所要求的照度水平和分布,以及对色调、色饱和度、室内颜色分布等的要求差异很大,需要采用不同的照明形式,灯具的种类,控制的方法等多种多样、应用多元化的手段。在现代商业建筑的设计中,业主与设计师们独具匠心,追求高层次的空间格调,以满足购物者的生理和心理上的需要。

在整栋商业建筑内,为把商场内的光环境创造得更富有情趣,在商场的顶棚光源的选择上,采用荧光灯和长寿命节能筒灯,以产生和谐的色彩视觉感;在光照方式上,用隐藏的漫射灯槽、光带或用其他间接或半间接方式,尽量避免强烈刺激;在灯的布局上让商品信息尽快传递给购物者,则往往采用低灯位,有的用投光灯局部投光,直接投照在模特上或柜台上,好让顾客在宁静、轻松的环境中欣赏着五彩的商品,使购物成为一种富有情趣的享受和休闲。这种高品位光环境将给当代商业带来社会效益和经济效益。

第一节　商业建筑照明的作用和规定

一、照明的作用

在激烈的商战中,业主们首先要求设计师在商业建筑的内外空间处理上下功夫,以展示自身的风采,强调自身的个性。建筑师们处心积虑地构筑着一个艺术精品,而照明设计则在渲染、突出和强调商业建筑的艺术个性上起着独特的作用。

位于上海淮海中路939号的“上海巴黎春天百货公司”，虽然总建筑面积只有21000m²，但它是一座设计独特、充满怀旧风格的法式商店，外墙设计采用了4座典雅华贵而且极富“雅迪高”气派的面墙作为整座大楼的结构主体，同时又采用了现代主义象征的玻璃幕墙，将古典文化和现代流派巧妙结合在一起，使“巴黎春天”成为近期建于上海的最富代表性的后现代建筑之一。

为了充分表现其个性，灯光设计师在室外用仰视效果上隐蔽的投光灯和泛光灯相结合的办法，专对外墙上及数塔顶部富有建筑文化内涵个性的面雕、线角、顶饰投光，将古典怀旧的浪漫情怀烘托得淋漓尽致，使“巴黎春天”满楼生辉。在室内的大堂、电梯厅和陈列廊内和交通枢纽的立柱上都采用了局部投光手法，独特地强调了贯彻整幅建筑物的瀑布雕花主题。

各商品展区的照明方式多采用嵌入式筒灯、金属格栅及形态各异的灯槽，由于大量采用间接照明，故光线柔和，环境气氛极佳。一些高档商品的照明设计很好地运用了宽窄光束的聚光特性，合理地选择了重点照明系数，使展品具有强烈的戏剧效果和生动的立体效果。

二、能量的有效利用

在商店的经营中，设备的运行费对提高收益占很大的比例，包括照明在内的设备的总能量的有效利用和照明控制系统（开关、调光）的有效利用，就能谋求全部商店的能量的有效利用。整座商店最好能采用智能化控光系统。

此外，通过精心设计，结合商品特点和建筑处理，利用多种节能光源和照明设备，采取分区一般照明辅以重点投光的照明方式，能够为商店创造明亮舒适、愉悦宜人的购物光环境和对顾客有强烈吸引力的商业气氛，而且照明用电量不超过节能要求。

在设计过程中，合理地引入天然光有利于节能。环境心理学的研究成果告诉我们，人类具有向光性，人对天然光有一种亲切感，合理地引入天然光，能减少人工光源的使用，有很好的节能效果。

三、商业电气照明设计一般规定

商业电气照明设计一般规定如下：

(1)商业照明应采用显色性高、光效高、红外辐射低、寿命长的节能光源。商业建筑照明设计应着重注意视觉环境，统一协调好照度水平、亮度分布、阴影、眩光、光色与照度稳定性等问题。

(2)商业明应设置一般照明、局部照明和应急照明。不宜把装饰商品用照明兼作一般照明。商店照明中的一般照明，层高在3.5m以下时，宜采用荧光灯;层高在 3.5m 以上时,宜采用其他气体放电灯。

(3)营业厅一般照明应满足水平照度要求,并不一定是指整个商场的平均水平,且对布艺、服装以及货架上的商品则应确定垂直面上的照度。

(4)用于玻璃器皿、宝石、贵金属等类陈列柜台,应采用高亮度光源;对于布艺、服装、化妆品等柜台,宜采用高显色性光源;由一般照明和局部照明所产生的照度不宜低于 500lx。

(5)局部照明包括货架照明、陈列照明、重点照明、橱窗照明等,一般以投光灯为主,应注意各处亮度比,有条件时,宜考虑滑轨灯或照明小母排,以满足商店货架不断变化的需要。重点照明的照度宜为一般照明照度的 3~5 倍,柜台内照明的照度宜为一般照明照度的 2~3 倍。

(6)在无确切资料时,导轨灯的容量可每延长米按 100W 计算。

(7)橱窗照明起到宣传商品和美化环境的作用,橱窗照明宜采用带有遮光格栅或漫射型灯具。当采用带有遮光格栅的灯具安装在橱窗顶部距地高度大于 3m 时,灯具的遮光角不宜小于 30°;当安装高度低于 3m,灯具遮光角宜为 45°以上。

(8)室外橱窗照明的设置应避免出现镜像,陈列品的亮度应大于室外景物亮度的 10%。展览橱窗的照度宜为营业厅照度的 2~4 倍。

(9)商店照明设计中为确保人身和运营安全,应注意应急照明的设置。对贵重物品的营业厅宜设值班照明,重要商品区、重要机房、变电所及消防控制室等场所应按规范的照度要求设置足够备用照明;在出入口和疏散通道上设置必要的疏散照明。大型商店的应急照明,宜采用疏散方向可调的智能应急照明导流疏散系统。

(10)建筑面积超过 15000m² 及地下商场的应急照明应定为一级负荷中的特别重要负荷。

(11)商店照明设计与装饰工程密切相关,设计时应将照明方式、灯具布置及光源控制等内容结合装饰工程一起考虑,如照明设计与装饰工程分开进行时,应预留足够的照明用电回路或预留照明配电箱。同时应考虑广告照明、橱窗照明和立面照明的预留电量。

(12)大营业厅照明不宜采用分散控制方式。营业厅内一般照明应采用分区或集中控制方式。

(13)商店照明用电量较大,照明设计节能非常重要,应采取以下主要节能措施:

①选择高光效节能光源。

②选用高效节能灯具。

③选用高性能的灯具附件。

④选用分相无功功率自动补偿装置。

⑤采用智能照明控制装置。

四、光源与商业照明参数

1. 适用于商业照明的光源

适用于商业照明的光源，见表 11－1。

表 11－1　适用于商业照明的光源

光源种类	光效（lm/W）	显色指数（R_a）	色温（K）	平均寿命（h）
石英卤素灯	25	100	3000	2000
PL 型紧凑型节能灯	85	85	2700/3000/3500 4000/5000/5300	5000～8000
金属卤化物灯	75～95	65～92	3000/4500/5600	5000～12000
三基色日光灯	96	80～98	全系列	12000

注：商店照明光源的显色指数应 $R_a \geqslant 80$。

2. 不适用于商业照明的光源

不适用于商业照明的光源，见表 11－2。

表 11－2　不适用于商业照明的光源

光源种类	光效（lm/W）	显色指数（R_a）	色温（K）	平均寿命（h）
高压汞灯	50	45	3300～4300	6000
普通日光灯	70	70	全系列	8000
高压钠灯	120	23	1950/2200	24000

3. 商业环境与配光的关系

商业环境与配光的关系，见表 11－3。

表 11－3　商业环境与配光的关系

近距离	宽配光
远距离	窄配光
近距离，戏剧性效果	窄配光

4. 灯具与商业照明的关系

灯具与商业照明的关系，见表11－4。

表11－4　灯具与商业照明的关系

常用灯具	光　源	备注
嵌入式格栅灯盘	T8高显色荧光灯36W、18W	一般照明
	3×36W高显色节能荧光灯	
嵌入式筒灯 ϕ200	2×18W节能灯	一般照明
	70W双端金卤灯	
筒灯 ϕ200	卤钨灯12V 50w	重点照明
低压导轨射灯	卤钨灯12V 50W	重点照明
低压大功率导轨射灯	卤钨灯12V 100W	重点照明
嵌入式射灯	卤钨灯5W	重点照明
射灯	卤钨灯50W/75W/110W	重点照明

5. 商业照明的设计程序

商业照明的设计程序，见表11－5。

表11－5　商业照明的设计程序

构思	确定原则	基本设计		实施设计	施　工
业主的要求	设定照明理念	一般照明	照明手法、照度	通过照明软件进行照度计算，确定各类灯具数量，照度的确认和调整，确定预算的可行性，绘制施工图纸	现场对设计重新确认；监督施工；灯光调试；各种数据的搜集
建筑设计的要求	想象空间光的分布		灯具、光源		
商店的性质	各区域的界定	商品照明	空间光的分布		
周边环境		环境照明			
确认预算					

五、商店建筑照明标准值和照明功率密度值

1. 商业建筑国内外照度标准值

商业建筑电气照明设计中，应根据使用性质、功能要求和使用条件，按不同标准采用不同照度值。照度标准值应符合现行国家标准《建筑照明设计标准》GB 5004—2004商业建筑照明标准值的规定。商业建筑国内外照度标准值，见表11－6。商业、餐饮场所照明标准值，见表11－7。欧洲超市和专卖店照明照度值，见表11－8。

表 11-6 商业建筑国内外照度标准值(单位:lx)

<table>
<tr><th>膀问或场所</th><th>中国国家标准
GB 50034—2004</th><th>CIE
S O08/E—2001</th><th>美国
IESNA—2000</th><th>日本
JIS Z 9110—1979</th><th>德国
DIN 503 5—1990</th><th>俄罗斯
CHиП 23—05—95</th></tr>
<tr><td>一般商店营业厅</td><td>300</td><td rowspan="2">300(小)
500(大)</td><td rowspan="2">300</td><td rowspan="2">500～750</td><td rowspan="2">300</td><td rowspan="2">300</td></tr>
<tr><td>高档商店营业厅</td><td>500</td></tr>
<tr><td>一般超市营业厅</td><td>300</td><td rowspan="2">—</td><td rowspan="2">500</td><td rowspan="2">750～1000
(市内)
300～750
(郊外)</td><td rowspan="2">—</td><td rowspan="2">400</td></tr>
<tr><td>高档超市营业厅</td><td>500</td></tr>
<tr><td>收款台</td><td>500</td><td>500</td><td>—</td><td>750～1000</td><td>500</td><td>—</td></tr>
</table>

表 11-7 商业、餐饮场所照明标准值

<table>
<tr><th>分类</th><th>房间或场所</th><th>维持平均照度(lx)</th><th>统一眩光值(UGR_L)</th><th>显色指数(R_a)</th><th>备注</th></tr>
<tr><td rowspan="5">商业</td><td>品牌服装店</td><td>200</td><td>19</td><td>80</td><td>商品照明与一般照明之比宜为 3～5/1</td></tr>
<tr><td>医药商店</td><td>500</td><td>19</td><td>80</td><td>色温宜高于 5000K</td></tr>
<tr><td>金饰珠宝店</td><td>1000</td><td>22</td><td>80</td><td></td></tr>
<tr><td>艺术品商店</td><td>750</td><td>16</td><td>80</td><td></td></tr>
<tr><td>商品包装</td><td>500</td><td>19</td><td>80</td><td></td></tr>
<tr><td rowspan="8">餐饮</td><td>高档中餐厅</td><td>300</td><td>22</td><td>80</td><td></td></tr>
<tr><td>快餐店、自助餐厅</td><td>300</td><td>22</td><td>80</td><td></td></tr>
<tr><td>宴会厅</td><td>500</td><td>19</td><td>80</td><td>宜设调光控制</td></tr>
<tr><td>操作间</td><td>200</td><td>22</td><td>80</td><td>维护系数 0.6～0.7</td></tr>
<tr><td>面食制作</td><td>150</td><td>22</td><td>80</td><td></td></tr>
<tr><td>卫生间</td><td>100</td><td>25</td><td>80</td><td></td></tr>
<tr><td>蒸煮</td><td>100</td><td>25</td><td>80</td><td></td></tr>
<tr><td>冷荤间</td><td>150</td><td>22</td><td>80</td><td>设置紫外消毒灯</td></tr>
</table>

表 11-8 欧洲超市和专卖店照明照度值

类别		一般照明照度(lx)	重点照明系数(*AF*)	色温(K)	显色指数(R_a)
超市	高档超市	100～300	15∶1	2700～3000	＞80
	大众化超市	300～500	＞5∶1	4000	＞80
	仓储式超市	500～1000	—	4000	＞80
专卖店	最高档	100～300	15∶1～30∶1	2700～3000	80～90
	中高档	500～750	10∶1～20∶1	2500～3000	＞80
	廉价	750～1000	—	4000	＞80

2. 商业建筑国内外照明功率密度值

根据照明节能要求，商店建筑照明功率密度值应符合《建筑照明设计标准》GB 50034—2004 商业建筑照明功率密度值的规定。商业建筑国内外照明功率密度值，见表 11-9。

表 11-9 商业建筑国内外照明功率密度值(单位:W/m²)

<table>
<tr><th rowspan="3">房间或场所</th><th colspan="3">中国国家标准 GB 50034—2004</th><th rowspan="3">北京市绿照规程 DBJ 01—607—2001</th><th rowspan="3">美国 ASHRAE /IESNA 90.1—1999</th><th rowspan="3">日本节能法 1999</th><th rowspan="3">俄罗斯 MTCH 2.01—98</th></tr>
<tr><th colspan="2">照明功率密度</th><th rowspan="2">对应照度(1x)</th></tr>
<tr><th>现行值</th><th>目标值</th></tr>
<tr><td>一般商店营业厅</td><td>12</td><td>10</td><td>300</td><td rowspan="2">30</td><td rowspan="2">22.6</td><td rowspan="2">20</td><td rowspan="2">25</td></tr>
<tr><td>高档商店营业厅</td><td>19</td><td>16</td><td>500</td></tr>
<tr><td>一般超市营业厅</td><td>13</td><td>11</td><td>300</td><td rowspan="2">—</td><td rowspan="2">19.4</td><td rowspan="2">—</td><td rowspan="2">35</td></tr>
<tr><td>高档超市营业厅</td><td>20</td><td>17</td><td>500</td></tr>
</table>

第二节 商业建筑照明设计

商业照明对于吸引顾客，创造空间协调的光线，来满足人的舒适感，帮助顾客正确辨认商品，从而引起购物兴趣，促进商品销售方面都起着重要作用。

一、商业照明的分类和方法

1. 商业建筑照明的分类

商业照明根据现国家标准《建筑照明设计标准》GB 50034—2004 规定，分为一般照明、分区一般照明、局部照明、混合照明、装饰照明和应急照明等。

商业照明基本上是由一般照明、重点照明和装饰照明 3 部分构成。3 部分的构成比例要适当，而且要统筹兼顾、相互配合、才能获得优美的照明效果，具体说明见表 11 - 10。

表 11 - 10　　商业建筑照明的分类

类　别	说　　明
一般照明	商业空间的一般照明气氛对顾客的心理有相当的影响，应按各种商店的营业状态，商品的内容，所在地区的条件，商店的构成，陈列的方式等来考虑，其照度要和重点的照明有一适当的比例，在店内要造成一定的风格。不但考虑水平照度，对垂直照度也要考虑 一般照明是属无方向性的照明，当店内商品布置变化时，不必改变灯具的位置；整个店内照明设备统一，易于维修。一般照明对商品设置密度大的营业厅内有均匀的照度，店内几乎一样明亮，容易产生平淡感。这时候就需要考虑使用重点照明，把主要场所、主要商品照亮，打破一般照明的平淡感，以增加顾客的购物欲望
重点照明	重点照明是将重点商品和展示品重点表现出来，是提高顾客的注意力，增加顾客的购买欲的照明。照度是随商品的种类、形状、大小、展出方式而定，必须有和店内一般照明相平衡的良好照度。在选择光源及照明方式时，要充分考虑商品立体感、光泽和色彩等状况。例如首饰区，通常在一般照明的基础上，须作为重点照明区处理。顶棚采用荧光灯或筒灯作为一般照明，柜台上方的大量射灯以及柜台内的荧光灯和射灯、牛眼灯等把首饰照得绚丽夺目、惹人喜爱；像女装区，用射灯与一般照明的组合，增加了垂直照度，突出了服装的立体效果。又如像汽车展示区，用两种不同光色的高强度气体放电灯，产生良好的混光效果，再加上适当的射灯照在车上，就更加突出商品的形象 重点照明的照度，通常要比一般照明的照度高出 3～5 倍，有的甚至 20～30 倍，才能做到突出商品形象；要以高亮度的重点照明，突出商品的表面光泽和以强烈的方向性突出商品的立体感和质感；还可以利用色光来突出商品的某些部位，以明示给顾客
装饰照明	这是一种立足于形成优美的商业空间，以其整体形象、独特的气氛来打动顾客的环境照明。配合建筑装修而设置的观赏照明，延长顾客的停留时间，增加购物机会 作为装饰照明的照度不宜过高，应与一般照明和重点照明相协调。并能与建筑设计、经营方式相配合，以不同的照度引导顾客按路线到达各区购物 灯具可以采用花灯、柱灯、支架灯、线装灯、彩灯、霓虹灯和反射式等装饰性强的灯具 通常在大型商场的路径汇合处、门厅、自动扶梯附近和货场中心等处的顶板做藻井，进行装饰布灯；营业厅的吊顶做出各式图案和用大花灯装饰

2. 照明设计标准

鉴于各类商店服务对象的不同，商品档次不同，装饰要求不同，对照度要求也不相同。从现行国内商业照度标准看，仅适合中小城镇商业企业，大型商场照度则应相应提高。

表 11－11 中给出了 1990 年我国《民用建筑照明设计标准》GBJ 133—90 中的商业照明标准。现在看来，此标准偏低而且很不完善，不能完全适应目前的商业建筑设计的要求。

表 11－12 为调研后推荐采用的标准值；表 11－13～表 11－16 是国外商业照明照度标准参考值。

表 11－11　商店建筑照明的照度标准值

类别		参考平面及其高度	照明标准值(1x)		
			低	中	高
一般商店营业厅	一般区域	0.75m 水平面	75	100	150
	柜台	柜台面上	100	150	200
	货架	1.5m 垂直面	100	150	200
	陈列柜、橱窗	货物所处平面	200	300	500
室内菜市场营业厅		0.75m 水平面	50	75	100
自选商场营业厅		0.75m 水平面	150	200	300
试衣室		试衣位置 1.5m 高处垂直面	150	200	300
收款处		收款台面	150	200	300
库房		0.75m 水平面	30	50	75

注：陈列柜和橱窗是指展出重点、时新商品的展柜和橱窗。

表 11－12　大型综合商场照度标准参考表

名称	内容	要求	现状	照度		分析
				遵循	数值(lx)	
大城市、沿海发达城市	京、津、沪、穗、深等	大型商场营业厅除考虑柜台、货架、售货场所工作面的照度外，还应注意入口(包括顶棚在内整个空间的高度)	建筑标准高、装饰条件好、照明手段多样、商品高档化、营业厅无天然采光。为降低成本而要求广泛节约能源	参照国际照明委员会 CIE 推荐的商店一般照明照度值	大型商业中心超市、特级商场 500～1500。其他区域为 300～500	此值和近两年新建商场的实际状况比较接近

续表

名称	内容	要求	现状	照度		分析
				遵循	数值(lx)	
中等城市	省会、部分省直辖市	既利于白天进入商场眼睛的暗适应，又可给顾客一种明亮舒适感	标准相应降低	参照国标GBI 133—90和行标JGJ/T16—92制定的照度标准	营业厅200～500、柜台货架100～200，一般区域为75～150，自选商场为150～300	适应了商场竞争的需要
小城市	除大中沿海城市外，含县级城镇	—	—	—	—	—

注：①专卖商店价值高的商品、时装、首饰等场所照度应高一些。

②专卖商店价值低的商品、蔬菜、日常生活用品等照度应低一些。

表 11-13　　国外商业照明照度标准值（lx）

场所	CIE 标准	德国	英国
百货商店	—	500	500
超级市场	500～750	750	500(垂直照度)
橱窗	900	1000	—
大型商业中心	500～750	—	—
其他任何地段	300～500	—	—

表 11-14　　日本 JIS 照度标准值

场　所	照度（lx）	备　注
日用品商店(杂货、食品等)	150～250～500	
流行型店(服装、钟表、眼镜等)	300～500～750	
文化用品(家电、乐器、书店)	500～750	
趣味休闲商店(相机、手工艺、花、收藏品等)	200～300～500	
高级专业商店(贵重金属、服装、艺术品等)	150～200～300	
美容店、理发店	150～200～300	

续表

场　所	照度 (lx)	备　注
生活用品专卖(儿童用品、食品)	300～500～750	兼有 75
超级市场(城市中心)自选商场	750～1000	
超级市场(郊区)自选商场	300～500～750	
大型店(百货店、批量售卖等,一般为多层建筑)	500～750	
大型店(百货店、批量售卖等,高层)	300～500	
食堂、饭店、餐馆、饮食店	150～200～300	
娱乐餐厅	75	

表 11－15　日本照度标准(lx)

商店名称	1500～700	700～300	300～150	150～75
绸缎布匹、西服、帽子	橱窗	重点陈列柜	一般陈列	店内整体
运动器具、伞、鞋	橱窗	重点陈列柜	一般橱窗	店内整体
文具、书籍、玩具	橱窗	一般陈列	店内整体	—
钟表、服饰品、眼镜、电器、乐器	重点橱窗和陈列柜	一般橱窗和陈列柜	一般陈列 店内整体	—
医疗用品、药品、化妆品	重点陈列	橱窗陈列柜	店内整体	—
家具、金属用具、餐具、杂货	橱窗	重点陈列	店内整体	—

表 11－16　国际照明委员会照明标准(CIES 008/E—2001)商业部分

室内作业或活动种类	E_{m}(lx)	VGR_{L}	R_{a}	
零售店				
销售区(小)	300	22	80	
销售区(大)	500	22	80	
收银区	500	19	80	
包装台	500	19	80	

二、光源的选择和灯具

在商业建筑照明中，除需要一定照度外，光源的光色和显色性对营造店内的气氛、商品的色彩和质感等，都有很大的影响。灯泡可得到指向性的光，而荧光灯可获得扩散性的光，若能很好地利用这些性质，就可获得较为满意的商业建筑照明。

1. 光源的种类和特性

现在有很多商店都采用荧光灯和紧凑型节能荧光灯的组合方法。今后，尤其是在大型商业建筑中采用效率更高、显色性更好、寿命更长的高强度气体放电灯，将变得越来越多。主要光源的种类和特性，见表 11 - 17。

表 11 - 17 主要光源的种类和特性

种类		功率(W)	特性
荧光灯（节能灯）	白色	20～200 (7～22)	效率高。寿命长，用于商店的一般照明。强调黄、白系统的色彩，红色系统不适合
	日光色	20～110 (7～22)	以冷色光使商品看出鲜明的美。适用于玻璃器的照明，强调背色系统
	高级光色	20～110 (7～22)	显色性良好，效率不太高。适用于重视色彩、花纹的照明
	白炽灯泡色	20～40 (7～22)	可得到与灯泡光色相同的柔和感，与灯泡混合照明有失调感觉
	色评价用	20～40	显色性极高。因效率低，故不适用于一般照明
高强气体放电灯（HID灯）	荧光汞灯	40～400	寿命长，比较便宜。适用于不重视显色性的照明
	金属卤化灯	50～400	效率高，显色性也大致和白色荧光灯相同。用于高照度的一般照明
	高显色型金属卤化物灯	50～400	显色性优良，效率不太高，适用于重视色彩、花纹的照明
	卤化物灯泡(单端灯头)	20～250	非常小型，寿命长，配光控制方便，要注意热处理
	卤化物灯泡(双端灯头)	500～1500	效率高，寿命长。要注意热处理。中高顶棚的照明用
白炽灯	一般照明用灯泡	20～100	小型而便宜，效率低。适用于吊灯、下投式灯
	球形灯泡	20～100	小型而简单，也可用作装饰照明，较一般型式寿命长

续表1

种　类		功率(W)	特　性
白炽灯	棒形灯泡	20～100	适用于装饰照明用，效率低，较一般型式寿命长
	反射型聚光灯泡	20～100	小型，局部照明。寿命较短，辐射热多
	屏蔽光束型聚光灯泡	20～100	小型，可得集光型配光，较热线遮断型约亮10%
	屏蔽光束型聚光灯泡（红外线遮断型）	60～150	小型，可得集光型配光。辐射热（红外线）非常少

白炽灯泡形状小巧，价格便宜，能很容易设计得与商店的商品形象相协调的灯具。但白炽灯的效率低，应考虑它的有效利用。

近年来新开发的低压大电流的卤钨灯（冷光杯）和直接用于市电压的PAR灯等一系列新型卤钨灯，适用于手表、首饰和化妆品区等重点照明和装饰照明，能获得极其满意的效果。

荧光灯适合于作为高效率的基本照明，如商场的走道区，将荧光灯具有机地融合成建筑的一部分。整个走道照度均匀，明亮高爽，而且具有很强的导向性。再配以节能筒灯，照亮走道两侧的售货区，柜台中再配上射灯。这样就能形成立体的、有亮度层次的良好照明效果。商业建筑内部的大空间结构，都可以采用荧光灯作为基本照明，用组合荧光灯管作为发光带和发光顶棚。灯具的形式及布置要根据商品的种类、平顶的高低及营业区的间隔进行变化。

对于进出口顶棚高的大厅，可考虑采用高强度气体放电灯，更能节能和便于维修。

霓虹灯一般用作广告照明、标炽照明或装饰照明，装在室外或室内或入口处。其特点是醒目，并可作动感照明吸引顾客。

普通霓虹灯是由辉光放电管、升压变压器和程序控制器组成，如图11－1所示。如无程序控制器，则霓虹灯的文字图案是静止不动的。近年来，又出现了塑料霓虹灯，它是由多只相同的低压小电珠串联后用透明软塑料密封灌注而成。它的优点是低压、小功率、可塑、防水，无须变压器直接使用市电，无干扰，无噪声，最大的缺点是亮度较差，色泽远不如普通霓虹灯艳丽，价格上无明显优势。

2.光色（色温）和照明

依靠光源的光色（色温），能够使材料的形象得到衬托。色温高（＞

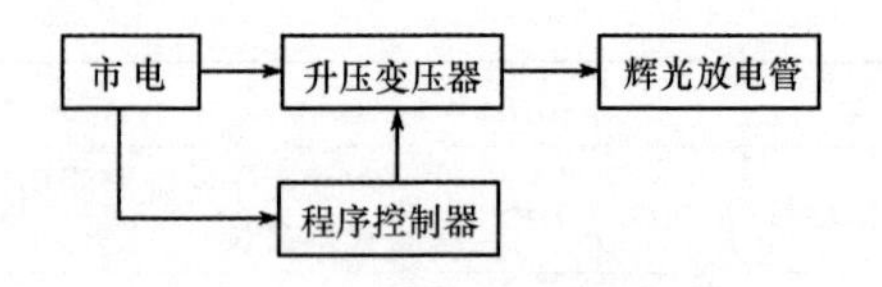

图 11－1 普通霓虹灯的组成

5300K)的光线,要用高照度(>750lx)照明,不仅能够得到凉爽的感觉,而且能够得到健康的、清澈的、活动的气氛。若把高色温系统的光使用低照度场合(200lx 以下),则会增加冰冷、微暗的感觉。

色温低(<3300K)的光线,能够得到暖和的、柔和的、暗淡的、安定的气氛,适用于低照度(150～300lx)系统。相反,若把低色温系统用在高照度(1000lx 以上)场所,就会变成闷热的感觉。

色温在 3300～5300K 之间为中间色温,属于冷暖相间的中间效果。

3. 色彩效果和照明

依靠光源使商品显示出来的方法有两种:一种是把照射物的色彩正确显示出来的方法;另一种是使色彩显得更好看的方法。一般用显色性好的灯光来照明,商品原有的色彩显示出来,最适宜于西服、布料、化妆品等的色彩和花纹的色彩真实显现。这里还要注意的是,为了能正确地辨别色彩,就需要有一定的照度值。即使是选用高显色性的光源,如果只有 100～200lx 程度的低照度,感觉到色彩鲜明度就变得很淡薄。一般很好地利用局部照明,至少也要考虑能获得 500lx 以上的照度。

为了更加强调商品的色彩,希望让它看起来很美时,可利用在一定的波长范围内发生强烈光线的光源,来提高它的光泽感,也增加它的价值感,例如用红光高的聚光灯、吊灯等向红色的鲜肉或苹果等投射时,就能得到把红色格外显示出来的效果。

除了灯泡的光色外,高亮度的光线从商品上反射出来,能使商品加上光泽的效果。所以在珠宝、首饰、化妆品、手表、玻璃器皿等柜台内设置从不同角度投向商品的射灯,这些商品在灯光下耀眼生辉,一派珠光宝气、耀耀生辉,增加美的形象,引起购买的欲望。

商业空间中的陈列及其照明设计可以以不同角度进行分析,每一方面对其光环境所要达到的效果均有其要求。例如要显示在天然光下使用的商品,像西服、衣料等,以高显色性光源为好,使顾客对商品看得更确切,觉得可以放心地买回去。但对于在室内照明下使用的商品,则可用荧光灯、节能灯或其他灯泡及其混光光源,造成所需要的照明环境。

三、商业建筑照明设计技巧

商业建筑照明设计与其他照明设计有所不同，它是突出围绕着商业利益而进行的，其目的是为人们提供一个高质量、高品位的购物环境，只有给人以好感，才能增加顾客购物的概率，也就是作用于顾客的心理部分。照明作用于商品，为的是充分显示商品的特征，主要是为了提高其附加价值感，从而唤起顾客的购买欲望，这是针对物的部分。

1. 商品种类的不同有不同的照明要求

对低选择性商品，像日常生活必需的用品和材质判断比较容易的商品，顾客有目的性地前来购物，多为一锤定音。照明的目的仅限于对商品的良好评价。照明方式多采用一般照明，只要求有较高的照明均匀度，减少眩光，使用荧光灯和节能灯等运行费用较低的照明，像廉价商店、超级市场、日杂商店、药店、食品店等大众化商店。

对高选择性商品，像高使用价值的商品和材质判断困难的商品，这样的商品要在一般照明的基础上，加上重点照明和装饰照明，利用点射灯、导轨灯的灯光以微妙含蓄方法，形成一种温馨有加的气氛。商品用重点照明加强展示效果，周围配以装饰照明，以满足顾客长时间停留，对环境舒适度要求较高，要创造光彩夺目、激动人心的意境，采用商品高照度特具吸引力的陈列照明方式，使之能博得好感的商品展示方式，直接促销，像时装、珠宝、首饰专卖店等。

2. 商业建筑照明设计要点

商业建筑照明设计要点，见表 11－18。

表 11－18　　商业建筑照明设计要点

设计要点	说　明
引人注目的照明	这是为了使商店在商业街中从远处就显眼，让人明显地看到商店的存在，使路过的人有一个强烈的印象。这就要把门面装饰部分照得明亮，利用彩色变化的灯光，设置有特征的电气标志招牌灯等等照明方法
使过路人注足的照明	这是为了吸引在店前通行的顾客注意，使在店前站住的特效照明，主要是橱窗的照明担当这个作用。这里是要把商品或展出的意图最有效地引人注目。这就要依靠高亮度使商品醒目，强调商品的立体感、光泽感、材质感和色彩等，利用装饰照明器引人注目，使照明状态起伏变化和利用彩色灯光，使商品和展品显眼 根据实验表明，橱窗的照度在 2000lx 以上，过路人被吸引站住的比例大约是 25%，愈亮愈容易吸引行人站住。在白天陈列品的亮度必须至少是外景亮度的 10%以上，可以防止橱窗的镜像

续表

设计要点	说明
吸引进入的照明	这是把在店面站立的顾客吸引进商店来的特效照明。这样可以把很多本来不准备购物的人作为目标,引起他们购物的念头。客人进店后,就能期待由此而增加一定程度的收益。这就要利用人的向光性,要把从商店的入口看进去的深处正面照得亮一些;把深处正面的墙面陈列,作为第二橱窗来考虑,重点把它照得明亮。主要通道地面做成明暗相间的图案,表现水平面上的韵律感。把沿着主要通道的墙面要照得特别明亮,重点的地方要设置醒目的装饰照明
店内照明环境	要改变一般照明灯具的种类和配置,造成照度的有效差别。售货处和通道照明要有变化;售货处设置华盖、柱饰等内部装修时,把照明一起考虑进去。要设计出特殊的照明器,如地脚灯等,使走动有安全感。用不同的照明器和光线,来划分售货区;还要从整体上来审视照明环境,使之达到满足
细部清晰的照明	一般照明和重点照明的亮度要按一定比例,使之平衡。重点照明,一定要考虑从哪个方向来看商品,不能搞错方向。通常是中央陈列部分用聚光灯,陈列架、橱窗内设荧光灯,陈列橱上部设吊灯等方式
眼睛舒适的照明	必须保持店内舒适的视环境,使顾客和店员的眼睛不容易发生疲劳。设计时要注意减少眩光;要考虑到反射光的作用,故要充分地遮挡以防止眩光的发生。装饰照明器不兼作一般照明和重点照明;用组合照明时,朝下配光要多一点把商品照明,朝上方向稍漏一点光就可以了。提高墙面亮度,使商品有明亮感

3. 商店各部分的照度分配

商店各部分的照度分配,见表 11－19。

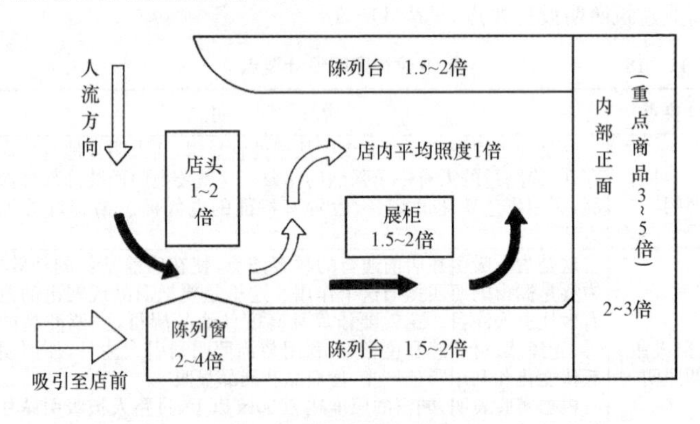

图 11－2 商店各部分照度关系

表 11－19 商店各部分的照度分配

类 别	说 明
商店店头	店头照明是吸引顾客兴趣的重要环节，应体现商店风格。好的店头照明首先给人们一种心情舒畅的感觉 店头亮度比商店内稍微亮一点，店头的亮度是店内亮度 1～2 倍，不能太亮，如果太亮会给人们以店内阴暗的感觉 店头透明度、闪光强度适可而止，但店头招牌要醒目，招牌照明不分昼夜均应使招牌醒目，起到吸引顾客的作用，如图 11－2 所示
橱 窗	在繁华的商业区，商店鳞次栉比，要想在众多商店中有强大的竞争力，在靠产品质量、价格广告、商店信誉的同时，橱窗照明会起到举足轻重的作用。好的橱窗照明，能给过路行人五彩斑斓、变幻无穷的动态景观，吸引行人入店 橱窗照度一般是店内营业平均照度 2～4 倍。橱窗照明在白天应防止橱窗生镜现象，可采用下光灯具照明；展览的商品通过平坦型光照明，重点部位应采用聚光照明；橱窗照明应选择和陈列商品协调的灯具和光源，使灯光和商品和谐；配合商品性质，采用合适灯光照明；采用脚光照明能展现特殊商品轻轻浮起的作用。背光照明(光源安装在看不见的位置上)能强调玻璃制品的透明度
陈列架	陈列架的照度是店内照度 1.5～2 倍，用聚光灯照明可强调商品的特点，内部正面照度是店内照度 2～3 倍，光线不能直接照到顾客的眼睛，特定商品也可有意识地安设层次照明
展览柜	展柜的照度是商店照度的 1.2～2 倍，小型商品展柜照度是商店照度的 3～4 倍。在展柜柜角给商品照明为柜角灯照明，要避免灯光光线照射到顾客。高展柜不仅需要基本照明，为了考虑下部光线不足，可采用聚光灯照明或吊灯照明；为了强调商品透明感，可用底灯照明 柜内照明应做散热处理，采用自然换气或采用排气扇

4. 限制眩光

若视野内有极高的物体或强烈的亮度对比，则可引起不舒适或视觉降低的现象称为眩光。眩光的产生，主要是由于亮度分布不适当，亮度变化幅度太大，由于空间和时间上存在极端的亮度对比，引起“不舒适眩光”，或降低观察能力(失能眩光)或同时产生这两种现象的眩光。

商业建筑照明应限制眩光，使视觉对象不处在也不接近任何照明光源同眼睛形成镜面反射；使用发光表面面积大、亮度低、光扩散性好的灯具，视觉对象采用浅色无光泽的表面，在视线方向采用特殊配光灯具等，见表 11－20、表 11－21。

表 11-20 直接眩光限制的质量等级

眩光限制质量等级		眩光程度	视觉要求和场所示例
Ⅰ	高质量	无眩光感	视觉要求特殊的高质量照明房间,如手术室、计算机房、绘图室
Ⅱ	中等质量	有轻微眩光感	视觉要求一般的作业,工作人员有一定程度流动或要求注意力集中,如会议室、观众厅、餐厅、阅览室、办公室等
Ⅲ	较低质量	有眩光感	视觉要求和注意力集中程度较低的作业,工作人员在有限的区域内频繁走动,如室内通道

表 11-21 直接型灯具的最小遮光角

直接眩光限制质量等级		灯具出口平均亮度(cd/m^2)		
		$\leqslant 20\times10^3$	$20\times10^3 \sim 500\times10^3$	$>500\times10^3$
		直接型荧光灯	荧光高压汞灯等涂有荧光粉或漫反射光玻壳的高强气体放电灯	白炽灯、卤钨灯和透明玻璃的高强气体放电灯
Ⅰ	最小遮光角	20°	25°	30°
Ⅱ		10°	20°	25°
Ⅲ			15°	20°

5. 陈列照明

陈列柜有台式和立式之分,低的为台式柜,高的为立式柜。柜的照明可以设在柜内,也可设在柜外。柜内照明方式也可用柜内一般照明、柜内重点照明以及柜内装饰照明来分解陈列架的照明与陈列柜作相同的处理。如图 11-3~图 11-7 所示是陈列照明的各种方案。

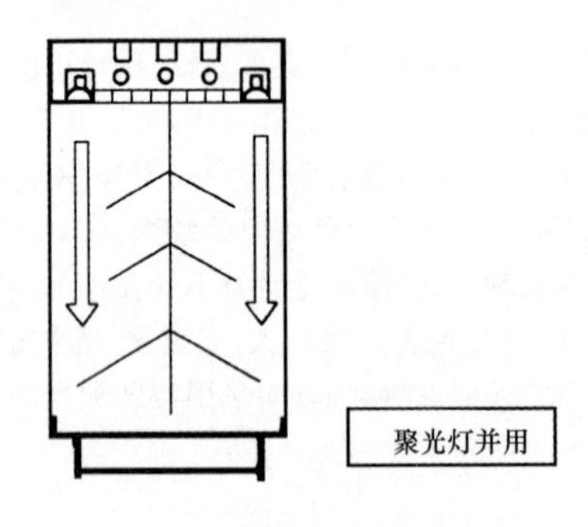

图 11-3 陈列柜内照明

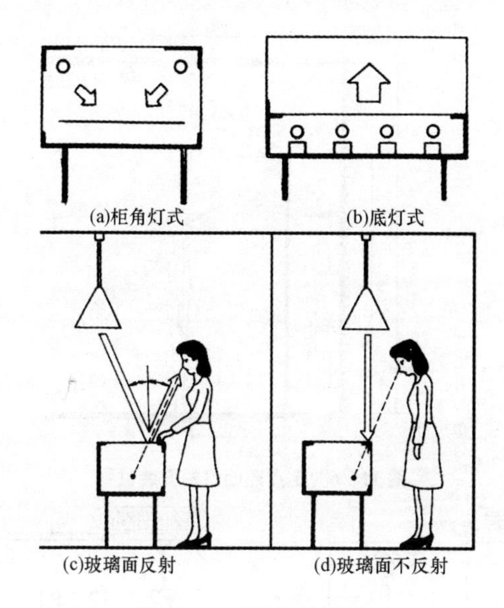

图 11－4 陈列柜外照明

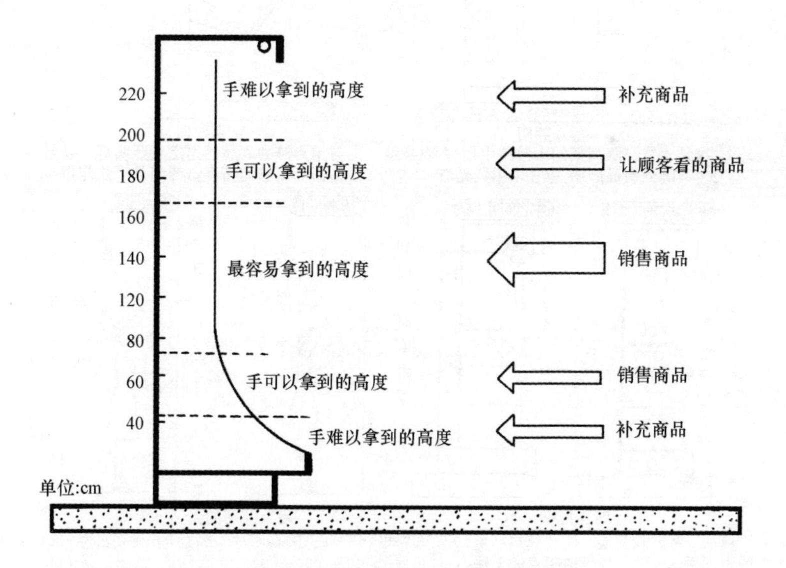

图 11－5 商品陈列一例

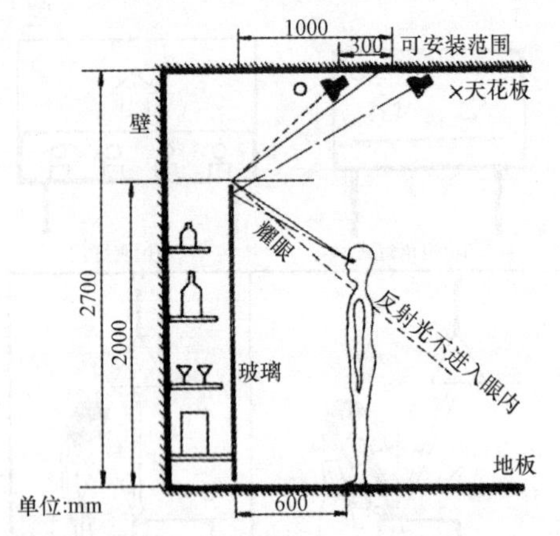

图 11－6　定点照明灯的安装位置

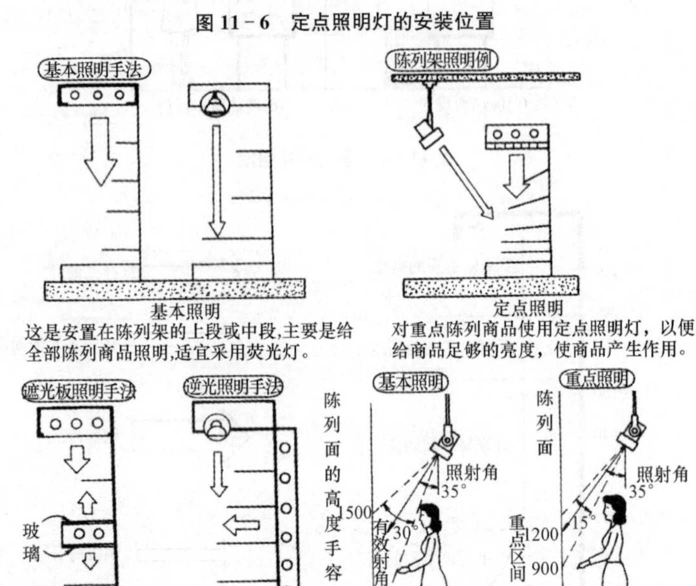

图 11－7　陈列架照明

四、各类商店照明设计

1. 百货商店照明设计技术要求

百货商店照明设计技术要求，见表 11－22～表 11－24。

表 11－22　百货商店一般照明设计技术要求

指　标	数　值	指　标	数　值
水平照度（lx）	300～800	显色指数 R_a	＞80
货架上的垂直照度（lx）	不低于 150	应用灯具	荧光灯、组合射灯或筒灯
色温（K）	3000～5000		

表 11－23　百货商店陈列区、柜台和家电区照明设计技术要求

区域分类		指　标	数值或说明
陈列区		照　度	由重点照明系数决定，一般要达到 800lx
		重点照明系数（AF）	5∶1～15∶1
		色　温	根据被照物颜色决定，一般在 3000K 以上
		显色指数 R_a	＞80
		应用灯具	射灯、轨道灯、组合射灯等
		光　源	石英灯、卤钨灯、陶瓷金属卤化物灯、高显色钠灯等
柜台		一般照明照度（lx）	500～1000
		重点照明系数（AF）	5∶1～2∶1
		色温（K）	宜 3000
		显色指数 R_a	＞80
		应用灯具	石英灯、陶瓷金卤灯或小型荧光灯等系列
家电区	音像制品	照度（lx）	500～750
		色温(K)	4000
		显色指数 R_a	≥80
	屏幕	照度（lx）	300～500(屏幕上的垂直照度，不宜过亮)
		色温（K）	3000
		显色指数 R_a	≥80
	应用灯具		嵌入卤素筒灯或荧光灯

表 11-24 百货商店橱窗照明设计技术要求

时间段	类型	向外橱窗照度(lx)	店内橱窗照度(lx)	重点照明系数 AF	一般照明色温(K)	重点照明色温(K)	显色指数 R_a
白天	最高档	>2000(应)	>一般照明	10:1～20:1	4000	2750～3000	>90
	中高档	>2000(宜)	周围照度的2倍	15:1～20:1	2750～4000	2750～3500	>80
	平价	1500～2500	四周照度高2～3倍	5:1～10:1	4000	4000	>80
夜间	最高档	100	1500～3000	15:1～30:1	2750～3000	2750～3000	>90
	中高档	300	4500～9000	15:1～30:1	2750～4000	2750～4000	>80
	平价	500	2500～7500	5:1～15:1	3000～3500	3000～3500	>8

注:①橱窗重点照明灯具可采用射灯、组合射灯和导轨灯,一般照明可以采用荧光灯、射灯、组合射灯、导轨灯等。

②电光源通常采用陶瓷金卤灯、石英灯和荧光灯等高显色性光源。

2. 超市照明设计技术要求

超市照明设计技术要求,见表 11-25 和表 11-26。

表 11-25 超市百货区照明设计技术要求

照明参数	设 计 要 求
照度要求	800lx,在高照度下人们的行为快捷和兴奋
均匀度	在顾客活动的空间范围内,需要达到一定程度的照度均匀度,避免光空间分布明显不均匀,导致不舒适感。在照明设计时,应注意货架挡光的作用,避免引起局部的不均匀
色温 (K)	4000～6000K,一般场所建议色温在 6000K 左右
显色指数 R_a	应大于 80,以便更好地还原商品的色彩
眩光控制	应确保人所处的光环境,在正常视野中不应出现高亮度的物体

表 11-26 超市新鲜货物区、收银区、入口区、仓储区照明设计技术要求

区域分类		照度 (lx)	色温 T_c(K)	显色指数 R_a
新鲜货物区	肉制品及熟食区	1000	3000～4000	>80
	水果、蔬菜、鲜花区			
	面包区		2500～3000	

续表 1

区域分类	照度（lx）	色温 T_c(K)	显色指数 R_a
收银区	500～1000	4000～6000	>80
入口区	1000	3000～6000	>80
仓储区	300	4000～6000	—

注：①新鲜货物区宜选用荧光灯、吊灯，光源可选用直管荧光灯、单端荧光灯、高显色钠灯、金属卤化物灯等。

②入口区通常通过悬吊灯具来营造特殊的商业环境和节日气氛。中低档、小型超市的入口处，可以与购物区照明一致，采用直管荧光灯、单端荧光灯。

3. 专卖店照明设计技术要求

专卖店照明设计技术要求，见表 11－27～表 11－29。

表 11－27　通用型专卖店照明参考技术数据

评价参数	推荐数值	评价参数	推荐数值
平均水平照度（lx）	500～1000	色温(K)	2500～4500
显色指数 R_a	>80	重点系数 AF	2∶1～15∶1

注：①店内照明可以选用嵌入筒灯、格栅灯、射灯，组合射灯和导轨灯等。

②入口处的照明一般应设计得比室内平均照度高 1.5～2 倍，灯具可以选用泛光灯、荧光灯、霓虹灯或 LED 等。

表 11－28　专卖店橱窗照明对不同年龄段人群的照明要求

顾客对象	照明要求及特点	展示品的表现
儿童	暖色漫射和重点照明	玩具类
青少年	彩色照明、动态照明，强烈的亮度对比，照明的重要目的是装饰	表现活泼、朝气
20～40 岁	定向高光照明，色彩丰富，功能照明	运动用品，流行、浪漫
中年人	遮蔽很好的定向照明，加入漫射成分	较古典的艺术，自然
老年人	照度水平高，其他与中年人的要求相仿	自然、恬静

表 11－29 专卖店橱窗照明使用定向照明及效果

光线分类	功能描述
关键光线	主要照明，高照度会带来阴影、闪亮效果，突出重点
补充光线	补充照明，冲淡阴影，获得需要的对比度
来自背后的光线	从后上方照明，突出被照物的轮廓，使其与背景分离，可以用于透明物体的照明
向上的光线	突出靠近地面的物体，可以创造戏剧性的效果
背景光线	背景照明

4. 汽车专卖店照明设计技术要求

汽车专卖店照明设计技术要求，见表 11－30。

表 11－30 大众、奥迪汽车专卖店照明设计技术数据

类别	项目	照度(lx)	色温(K)	功率密度值 LPD(W/m²)	灯具颜色	显色指数 R_a	用途
大众汽车	一般照明	400～800	4200	20～40	银	—	间接照明，无眩光
	重点照明	2000	3000	20～40	银	—	直接照明
	建筑照明	500	3000	—	银	—	人的正常视点
	销售处	700	3000	10	白	—	—
	客服区	700	3000	—	白	—	无眩光
	交货区	500	3000	10	银	—	无眩光
	自助餐厅	300	3000	—	白	—	无眩光
	配件销售区	700	3000	—	白	—	—
奥迪汽车	内侧展台	＞2000	4200				展示车辆
	外侧展台	＞3000	4200	—	—	＞80	展出新车型、高档车
	展区后部和其他域	200～500	3000				办公、后勤

注：①大众汽车专卖店灯具采用投光灯，光源为 150W 金卤灯。其重点照明系数为 5∶1～2.5∶1。

②奥迪汽车专卖店灯具采用 150W 陶瓷金卤灯导轨上安装的射灯。

③普通汽车专卖店可以采用直管荧光灯、单端荧光灯、金卤灯、高显色钠灯等。入口处建议采用射灯、导轨灯等作重点照明，重点照明系数宜为 5∶1～10∶1。

5. 快餐店照明设计

快餐店照明设计按照装修统一要求和风格进行，灯具采用配 T5 或 T8 荧光灯管格栅灯，均匀布置，边缘可以根据需要布置筒灯，照度要求为 500～800lx；柜台区域为重点照明区，灯具密度增大，照度高于就餐区，约为 800～1000lx；柜台后菜单由灯箱照明。

五、商业建筑的应急照明

大量的现代商厦、商城、超市在全国各大、中城市迅速兴建，商场内人员的流量越来越大，一旦发生火灾，爆炸和地震等突发事件，正常电源往往产生故障或者必须切断电源，致使正常照明熄灭，这时随即点亮的应急照明对人员的疏散，对保障人身安全，有效地制止灾害或故障的蔓延具有非常重要的作用。因此，应急照明在商业建筑中的应用越来越重要。

1. 应急照明系统

应急照明系统是现代大型商业建筑安全保障体系的一个重要组成部分，其系统的构成根据 CIE 的《建筑物内应急照明指南》，我国的《民用建筑照明设计标准》和《应急照明设计指南》等规定，分为疏散照明、安全照明及备用照明。

(1)疏散照明：为使人员能容易地准确无误地找到建筑物出口及各类报警、安全、救护设施而设，由各种出口标志灯、指向标志灯及供疏散用的一般应急照明灯组成。照度要求一般不小于 0.5lx，距高比≤4。出口标志灯、指向标志灯可以作为疏散照明照度值的补充，但不宜作为它的计算依据。

(2)安全照明：当正常照明电源故障时，为确保处于潜在危险中人员安全而设置的电源。照度要求一般需设场所不小于一般照度的 5%；特别危险场所为 10%。

(3)备用场所：当正常照明电源故障时，为确保正常活动继续而设置的电源。照度要求一般需设场所不小于一般照明的 10%，重要场所如配电房、消防控制室、消防泵房等应为正常照明。

2. 火灾应急照明系统

在《民用建筑电气设计规范》和《高层民用建筑设计防火规范》中提出了火灾应急照明系统，并把应急照明系统分类，设置在建筑物内具体化，对配电系统、线路敷设及电源切换时间等，均上升到火灾状态下的要求。具体规定如下：在楼梯间、防烟楼梯间前室，消防电梯间及其前室，过道超过 20m 等场所内，需设疏散照明。配电室、消防控制室、消防水泵室、排烟机房、供消防用的蓄电池室、自备发电机房、电话总机房、避难层次以及发生火灾需要坚持工作的房间,需有设备照明。观众厅、展览厅、多功能厅、商业营业厅等人员密集的场所需设安全照明。照度要求同应急照明,配电系统、线路敷设、灯具防护等须按消防防水配电设备要求处理。

3.应急照明系统电源组成及系统分类

(1)根据《应急照明设计指南》之规定,应急照明系统电源可分为以下几种形式:

①由电网引来有效的独立电源;

②发电机组;

③蓄电池组:分为灯内自带蓄电池、集中设置蓄电池组、分区集中设置蓄电池组;

④组合电源,由以上任意两种或3种电源组成的供电方式;

(2)应急照明系统分类,根据其系统构成形式可分为两类;

①类为集中供电方式:由电源、配电设备、配电线路及灯具组成。

②类为分式供电方式:仅由多个自带蓄电池的应急灯组成。

4.应急照明系统的工程设计

(1)应急照明与火灾应急照明。火灾应急照明只是应急照明类型中的一种形式,是一种在突发破坏状态下,为尽量减少人员的伤亡,尽量减少物质损失的照明系统,这种系统的特殊性要求系统有较高的可靠性,在工程设计中应严格按消防防火规范要求去实施。

(2)疏散照明的设计。按规定,疏散照明应由标志(诱导)照明和疏散一般照明两部分组成。标志照明由出口标志灯、指向性标志灯组成,原则上应使它们处于常亮状态。而一般疏散照明,常为正常照明的一部分,在正常照明故障时,供疏散照明用。

(3)应急照明系统的线路敷设。若采用分散供电方式,即应急照明系统由多个自带蓄电池的应急灯组成。因灯具本身就是一个微型化的应急照明系统,只要防止其他电器的损坏而不影响应急灯的正常工作即可。

若采用集中供电方式,其系统应形成一个独立、完整的照明系统。其配电设备与正常照明设备分开设置,配电干线采用阻燃、耐火、防火型电缆,支线可采用穿管暗埋在非燃体内。

六、商业建筑电气设计要点

商业建筑电气设计应符合《商店建筑设计规范》JGJ48 和《建筑照明设计标准》GB 50034 的规定和要求。商店建筑电气设计要点如下:

1.用电负荷分级

(1)大型百货商店、商场的营业厅、门厅、公共楼梯和主要通道的照明及事故照明应为一级负荷，自动扶梯和乘客电梯应为二级负荷；

(2)高层民用建筑附设商店的电气负荷等级应与其相应的最高负荷等级相同；

(3)中型百货商店、商场的营业厅、门厅、公共楼梯和主要通道的照明及事故照明、乘客电梯应为二级负荷，其余应为三级负荷；

(4)凡不属于第(1)～(3)条的其他商店建筑的电气负荷可为三级负荷；

(5)在商店建筑中，当有大量一级负荷时，其附属的锅炉房、空调机房等的电力及照明可为二级负荷；

(6)商店建筑中如设电话总机房，其交流电源负荷等级应与其电气设备之最高负荷等级相同；

(7)商店建筑中的消防用电设备的负荷等级应符合相应防火规范的规定；

(8)商店建筑用电负荷分级，见表11-31。商店建筑负荷密度值，见表11-32。商业照明负荷需要系数，见表11-33。

表11-31　　商店建筑用电负荷分级

<table>
<tr><th>建筑物名称</th><th>用电设备或场所名称</th><th>负荷等级</th></tr>
<tr><td>建筑面积超过15000m²的商场，地下商场</td><td>消防及应急照明设备</td><td>一级负荷中特别重要负荷</td></tr>
<tr><td>一类高层商业建筑</td><td rowspan="2">消防控制室、火灾自动报警及联动控制装置、火灾应急照明及疏散指示标志、防烟排烟设施、自动灭火系统、消防水泵、消防电梯及其排水泵、电动的防火卷帘及门窗以及阀门等消防用电</td><td>一级</td></tr>
<tr><td>二类高层商业建筑</td><td>二级</td></tr>
<tr><td rowspan="3">大型商场及超市</td><td>经营管理用计算机系统</td><td>一级负荷中特别重要负荷</td></tr>
<tr><td>门厅及营业厅的备用照明用电</td><td>一级</td></tr>
<tr><td>自动扶梯、自动人行道、空调</td><td>二级</td></tr>
<tr><td>中型商场及超市</td><td>营业厅、门厅照明</td><td>二级</td></tr>
</table>

表11-32　　商店建筑负荷密度值

类　别	负荷密度(W/m²)	变压器装置指标(VA/m²)
一般商业	40～80	60～120
大中型商业	60～120	90～180

续表

类别		负荷密度(W/m²)	变压器装置指标(VA/m²)
北京市	一般商店	60～120	
	中小百货商场	80～150 (一般推荐为 80～100)	
	大型百货商场	100～200 (一般推荐为 100～120)	

注:表中北京市负荷密度值摘自 1997 年首规委《北京市区民用建筑近期市政能源规划指标的通知》规定。

表 11-33　　商业照明负荷需要系数

类别	需要系数	类别	需要系数
小型商业	0.85～0.9	食堂、餐厅	0.8～0.9
综合商业	0.75～0.85	高级餐厅	0.7～0.8

2. 照明系统

(1)商店建筑的照明设计,为达到显示商品特点、吸引顾客和美化室内环境等目的,应符合下列要求:

①照明设计应与室内设计和商店工艺设计统一考虑;

③对照度、亮度在平面和空间均宜配置恰当,使一般照明、局部重点照明和装饰艺术照明能有机组合;

③为表达不同商店、商场的营业厅的特定光色气氛和商品的真实性或强调性显色、立体感和质感,应合理选择光色间对比度、不同色温和照度要求。

(2)大中型百货商店、商场宜设重点照明,各类商店、商场的收款台、修理台、货架柜(按需要)等宜设局部照明,橱窗照明的照度为营业厅照度 2～4 倍,货架柜的垂直照度不宜低于 50lx。

(3)商店、商场营业厅照明,除满足一般垂直照度外,柜台区的照度宜为一般垂直照度 2～3 倍(近街处取低值,厅内深处取高值)。

(4)商店建筑营业厅内的照度和亮度分布应符合下列规定:

①一般照明的均匀度(工作面上最低照度与平均照度之比)不应低于 0.6;

②顶棚的照度应为水平照度的 0.3～0.9;

③墙面的照度应为水平照度的 0.5～0.8;

④墙面的亮度不应大于工作区的亮度;

⑤视觉作业亮度与其相邻环境的亮度比宜为 3∶1；

⑥在需要提高亮度对比或增加阴影的地方可装设局部定向照明。

(5)按不同商品类别来选择光源的色温和显色性，并应符合下列规定：

①商店建筑主要光源的色温，在高照度处宜采用高色温光源，低照度处宜采用低色温光源；

②按需反映商品颜色的真实性来确定显色指数 R_a，一般商品 R_a 可取 80，需高保真反映颜色的商品 R_a 宜大于 80；

③当一种光源不能满足光色要求时，可采用两种及两种以上光源混光的复合色。

(6)对防止变、褪色要求较高的商品(如丝绸、文物、字画等)应采用截阻红外线和紫外线的光源。

(7)一般商店营业厅在无具体工艺设计情况下，除其基本的一般照明作均匀布置外，可在适当位置预留电源插座，每组电源插座容量可按货柜、架为 100～200W 及橱窗为 200～300W 计算。

3. 应急照明系统

(1)商店建筑应装设各类事故照明，并应符合下列规定：

①大型百货商店、商场的营业厅(含高层民用建筑附设的这类商店营业厅)应装设供继续营业的事故照明，其照度不应低于一般照明推荐照度的 10%；

②中型百货商店、商场的营业厅，如由两个高压电源供电时，宜按一款处理；如由一个高压电源供电时，应装设供人员疏散用的事故照明，其照度不应低于 0.5lx，并应设置应急照明灯；供电方式宜与正常照明供电干线的低压配电柜或母干线上分开；

③其他商店的营业厅，可按实际需要，装设供人员疏散的临时应急照明灯；

④事故照明不作为正常照明的一部分使用时，必须采用能瞬时点燃的光源，其电源应为自动投入；如事故照明作为正常照明一部分使用时，其电源可不需自动投入，应将两者的配线及开关分开装设；

⑤值班照明宜利用正常照明中能单独控制的一部分，或事故照明的一部分或全部。

(2)商店建筑的应急电源宜根据下列原则选择：

①负荷允许中断供电时间为 15s 以上时，可选用快速自启动柴油发电机组；

②负荷允许中断供电时间为毫秒级时，应选用各类在线式不间断供电

装置。

4. 防雷与接地

防雷与接地应符合现行国家规范的规定和要求

5. 设计注意事项

(1)大、中型商厦中空调负荷占总负荷的比例很大,空调设备应采用节能型产品,同时应采用计算机监控系统。

(2)大型超市宜设柴油发电机组应急供电,确保大型冷库供电的可靠性,以免由于停电造成大量冷冻食品腐坏变质。

(3)出租商铺、专卖店或单独核算单位,应设单独的计量表,分开计量。出租商铺和专卖店应设剩余电流保护开关或设电气火灾报警系统。

(4)为防止商业建筑火灾时产生有毒气体,动力、照明线路宜采用低烟低毒的阻燃线缆,应急照明线路宜采用耐火线缆。

(5)电器商品销售应至少预留一个电视插座和一个电源插座箱。

(6)强电竖井和弱电竖井宜分开设置,当条件受限时也可统一设置,但强电设备和线缆与弱电设备和线缆间应留有500mm距离。

(7)设备间和竖井面积应按具体工程情况及设备和线缆多少确定其面积。

七、商业建筑照明的电气安全

我国近年来电气火灾频繁发生,已占各类火灾中的首位,其中又以商场、餐厅、舞厅等公共场所为多。这类场所由于电气设计施工不善,特别是表面装饰工程的电气隐患甚多,使用者又缺乏管理经验,以至火灾屡屡发生,成为社会关注的焦点。究其电气火灾之起因,常见原因有商业建筑照明的电气短路、接地故障和电气连接不良等。

1. 电气短路

电气短路有金属性短路和电弧性短路两种。金属性短路的短路点阻抗可忽略不计,短路电流极大,回路首端的过流保护器(短路器、熔断器)能有效切断短路,防止火灾的发生。但如果保护设计安装不当,用电管理不善,使保护失效,则回路导体被短路大电流烧成炽热,其高温可烤燃近旁可燃物起火,线路聚氯乙烯绝缘也可自燃,使线路全长成为起火源,这将是十分危险的。北京某副食品商场即因配电盘上的熔丝被换成铁丝,发生短路时不能切断电源,使全部商场付之一炬。

短路点如因建立电弧或送发出电火花称为电弧性短路,其短路特点阻抗甚大,限制了短路电流,使过流保护不能动作或不能及时动作,而电弧、电火花的局部温度则高达上千度，容易引起火灾，短路起火以这类形式为多。

为防止短路起火，除妥善设置和维护回路保护电器外，商业照明应特别注意清除导致短路发生的隐患，即防止电气绝缘受到机械损伤和避免一些使绝缘水平下降的不利影响。在易受碰压处，电线应加套管或线槽作为保护。

使电气绝缘水平下降的影响因素有高温、日照、泡水、腐蚀等。如聚氯乙烯绝缘电缆在工作温度不大于70℃时，使用寿命约为30年，随着工作温度的上升，其寿命将减退。所以照明线要尽量避开炉子、暖气管道、空调设备等热源。如北京某商场库房，电源进线负荷电流不到线路载流量的20%，但因进线与暖气入口合一，被高温长期烘烤而导致绝缘水平下降，招致一场损失近百万元的火灾。

线路电流过大，使绝缘工作温度超过允许值，称作过载，它同样也能使绝缘下降击穿而引起火灾，只是热源来自电路本身而已。

商业建筑照明常用气体放电灯作光源，这种气体放电灯是奇次谐波的发生源，奇次谐波电流不同于50周的基波电流，在三相四线制回路中的中性线上各相谐波电流不是相互抵消而是叠加，因此即使三相负荷均衡，中性线上的电流几乎与相线电流相等。在一般电气设计中经常将中性线截面取为相线截面的一半或三分之一，而回路的过流保护则按相线的截面设计，这就给商场和类似场所的照明线路留下火灾隐患，这一点在商业照明设计中在采用气体放电灯时必须注意。气体放电灯的附属装置——镇流器的内部短路，也是不少电气火灾的起因。像北京隆福大厦的火灾即是一例。火灾是由安装在木板商品柜内的荧光灯镇流器短路引起。镇流器本身的质量不佳(铁损大)，它又接于商场通宵点灯的值班室照明线路上，后半夜电网电压偏高，镇流器激磁电流增大，铁芯发热加剧，使绕阻绝缘老化加速。如此日复一日，终于绕阻绝缘击穿造成匝间短路，镇流器严重发热，烤燃商品柜木板起火。对于这种容易产生高温的照明附件或灯具，必须安装在不燃烧的材料上，且距可燃物有适当的距离。商店陈列窗和陈列柜中经常内装一些聚光灯，应注意这类灯具必须距可燃商品或布景有一个适当的距离，以防长时间的烘烤而引燃火灾。

2. 接地故障

接地故障是指回路中的相线与电气设备金属外壳、与地有良好连接的非电气的管道、结构以及大地间的短路。与一般短路相比，接地故障发生的概率要高得多，引起的危险也大得多。一般短路只引起火灾，不导致人身电击；接地故障则既能引起电气火灾，也能导致人身电击，而其火灾危险较一般短路有过之而无不及，所以，必须重视对接地故障的防护。商店照明线路既多又乱,很容易发生接地故障,而线路接头的连接质量又往往不合规定,应特别注意。

伴随着接地故障而来的设备外壳、穿线钢管上所带的危险对地故障电压,如果碰触带地电位的金属构件、管道很容易打出电火花。例如广州第一座高层建筑内的商场起火即是因带故障电压的电线钢管与带地电位的水管磕磕碰碰,打出火花而引发的。

商场由于线路条件差,是接地故障的多发场所,凭借现在的防电气火灾技术,对于接地故障火灾,即使是电弧性的接地故障,都不难用漏电保护器检测出来,然后将电源切断或发出警报信号以避免火灾的发生。各发达国家都具体规定在建筑电流进线处必须安装防火漏电保护器以检测建筑物内的接地故障。我国新修订的《低压配电设计规范》规定:"配电线路应装设短路保护、过负载保护和接地故障保护,作用于切断供电电源或发出警报信号。"也是这个意思。

3.线路连接不良

线路连接不良的原因是接触电阻过大,接触压力和接触面积不足。最易发生接头起火的是铝线的接头,由于铝线表面极易氧化,氧化层的电阻极高,与铜线连接时又易形成腐蚀层等原因,很容易连接不良而产生高温或打火而引发火灾。所以在线路安装施工时,必须严格按规范要求操作,保证质量,不留后患。

商场的特点是商品、货柜的位置要经常变动,照明灯具也随之挪位,这要求照明电源要有很高的灵活性。为此,商场内需配置足够的墙上、地板上的插座。插座、插头等活接件的质量至关重要。例如著名的烤鸭店,因劣质插头引发的火灾损失百万元之多。现在市售插座还没有统一标准可循,从消防安全着眼,应尽量减少这类插线方式。活头的不固定接线,不能过长,一般要限制在2m以内,以防随意拖置在地面上,容易因不经心的绊脚而使插头松动。

八、商店建筑智能化系统设计

商店、商场的电脑系统、闭路电视、安防监控系统、电话电声系统以及火灾自动报警系统等设计应符合《智能建筑设计标准》GB/T 50314的规定和要求。

(一)商店、商场、宾馆等商业建筑智能化系统的一般规定

1.功能

(1)应符合商业建筑的经营性质、规模等级、管理方式及服务对象的

需求。

(2)应构建集商业经营及面向宾客服务的综合管理平台。

(3)应满足对商业建筑的信息化管理的需要。

2. 基本配置

(1)信息网络系统应满足商业建筑内前台和后台管理和顾客消费的需求。系统应采用基于以太网的商业信息网络，并应根据实际需要宜采用网络硬件设备备份、冗余等配置方式。

(2)多功能厅、娱乐等场所应配置独立的音响扩声系统，当该场合无专用应急广播系统时，音响扩声系统应与火灾自动报警系统联动作为应急广播使用。

(3)在建筑物室外和室内的公共场所宜配置信息引导发布系统电子显示屏。

(4)信息导引多媒体查询系统应满足人们对商业建筑电子地图、消费导航等不同公共信息的查询需求，系统设备应考虑无障碍专用多媒体导引触摸屏的配置。

(5)应根据商业业务信息管理的需求，配置应用服务器设备和前、后台应用设备及前、后台相应的系统管理功能的软件。应建立商业数字化、标准化、规范化的运营保障体系。

(6)安全技术防范系统应符合现行国家标准《安全防范工程技术规范》GB 50348—2004 第 5.1 节等的有关规定。

商业建筑智能化系统配置，见表 11 - 34。

表 11 - 34　　商业建筑智能化系统配置选项表

智能化系统		商场建筑	宾馆建筑
智能化集成系统		☆	☆
信息设施系统	通信接入系统	★	★
	电话交换系统	★	★
	信息网络系统	★	★
	综合布线系统	★	★
	室内移动通信覆盖系统	★	★
	卫星通信系统	☆	☆
	有线电视及卫星电视接收系统	☆	★

续表 1

智能化系统			商场建筑	宾馆建筑
信息设施系统	广播系统		★	★
	会议系统		★	★
	信息导引及发布系统		★	★
	时钟系统		☆	★
	其他相关的信息通信系统		☆	☆
信息化应用系统	商业经营信息管理系统		★	—
	宾馆经营信息管理系统		—	★
	物业运营管理系统		★	★
	公共服务管理系统		★	★
	公共信息服务系统		☆	★
	智能卡应用系统		★	★
	信息网络安全管理系统		★	★
	其他业务功能所需的应用系统		☆	☆
建筑设备管理系统			★	★
公共安全系统	安全技术防范系统	火灾自动报警系统	★	★
		安全防范综合管理系统	☆	★
		入侵报警系统	★	★
		视频监控系统	★	★
		出入口控制系统	★	★
		巡查管理系统	★	★
		汽车库(场)管理系统	☆	☆
		其他特殊要求技术防范系统	☆	☆
	应急指挥系统		☆	☆
机房工程	信息中心设备机房		☆	★
	数字程控电话交换机系统设备机房		☆	★
	通信系统总配线设备机房		★	★

续表 2

智能化系统		商场建筑	宾馆建筑
机房工程	智能化系统设备总控室	☆	☆
	消防监控中心机房	★	★
	安防监控中心机房	★	★
	通信接入设备机房	★	★
	有线电视前端设备机房	★	★
	弱电间(电信间)	★	★
	应急指挥中心机房	☆	☆
	其他智能化系统设备机房	☆	☆

注:★需配置;☆宜配置。

(二)设计要点

(1)应在商场建筑内首层大厅、总服务台等公共部位,配置公用直线和内线电话,并配置无障碍电话。

(2)在商场建筑公共办公区域、会议室(厅)、餐厅和顾客休闲场所等处,宜配置商场或电信业务经营者宽带无线接入网的接入点设备。

(3)综合布线系统的配线器件与缆线,应满足商业建筑千兆及以上以太网信息传输的要求,并预留信息端口数量和传输带宽的裕量。

(4)商场每个工作区应根据业务需要配置相应的信息端口。

(5)应配置室内移动通信覆盖系统。

(6)在商场电视机营业柜台区域、商场办公、大小餐厅和咖啡茶座等公共场所处应配置电视终端。

(7)当大型商场建筑中设有中小型电影院时,应配置数字视、音频播放设备和灯光控制等设备。

(8)应配置商业信息管理系统,可根据商场的不同规模和管理模式配置前、后台相对应的系统管理功能的软件。前台系统应配置商品收银、餐饮收银、娱乐收银等系统设备;后台系统应配置财务、人事、工资和物流管理等系统设备。前台和后台应联网实现一体化管理。

(9)应配置商场智能卡应用系统,建立统一发卡管理模式,并宜与商场信息管理系统联网。

(三)智能化系统设计

1.信息设施系统

信息设施系统设计技术要求，见表11-35。

表11-35 信息设施系统设计技术要求

类别	说明
电话交换系统	①电话交换机房应单独设置，一般委托电信部门设计和施工 ②应预留通信缆线进商店建筑的管路 ③应预留备用电话端口
综合布线系统	①商店建筑综合布线工作区面积的划分与商品类别及商场布局有关 ②应预留查询显示、收银等系统的信息端口 ③固定工作区的信息端口应设计施工到位，大空间或考虑到可变性的商场，宜采用集合点的布线方式
室内移动通信覆盖系统	①商店建筑宜设置多家运营商的室内通信覆盖系统 ②设计人员应考虑设置多家运营商室内通信覆盖系统所需的设备用房和线路敷设路由
有线电视及卫星电视接收系统	①商店建筑宜在大屏幕显示处、顾客休息处、电视商品销售处等预留有线电视信号输出口 ②大型商场、大型专业商店的有线电视宜预留自办节目的接口
广播系统	①商店建筑服务性广播宜分区、分层设置 ②特殊要求的区域，宜增设服务性广播的音量调节器

2.信息化应用系统

除按上节(一)列出的内容外，商店建筑信息化应用系统还应包括商业经营信息管理系统，系统宜包括：

(1)经理办公与决策。

(2)商业经营指导。

(3)贷款与财务管理。

(4)合同与储运管理。

(5)商品价格系统。

(6)商品积压与仓库管理。

(7)人力调配与工资管理。

(8)信息与表格制作。

(9)银行对账管理。

(10)前台系统管理的商业收银、餐饮收银、娱乐收银系统。收银系统由收款机(POS)、服务器、微型计算机、打印机、网络互联设备、不间断电源(UPS)、防病毒卡、条码阅读器组成。

大、中、小型商场计算机经营管理系统，如图11-8～图11-10所示。

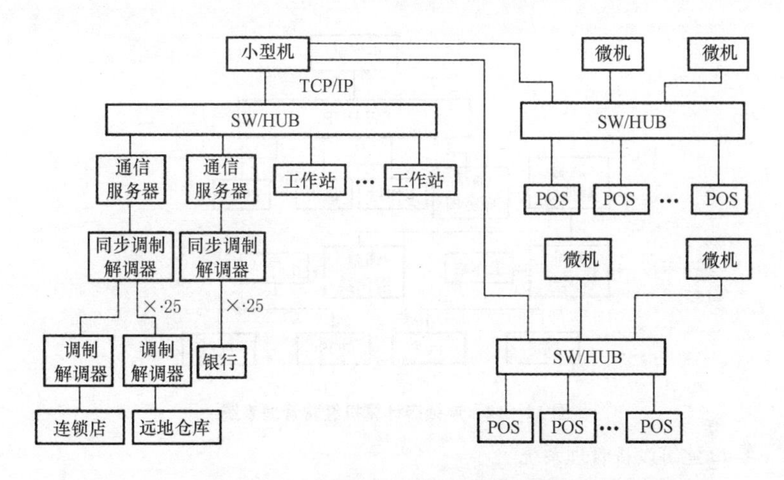

图 11－8　大型商场计算机经营管理系统

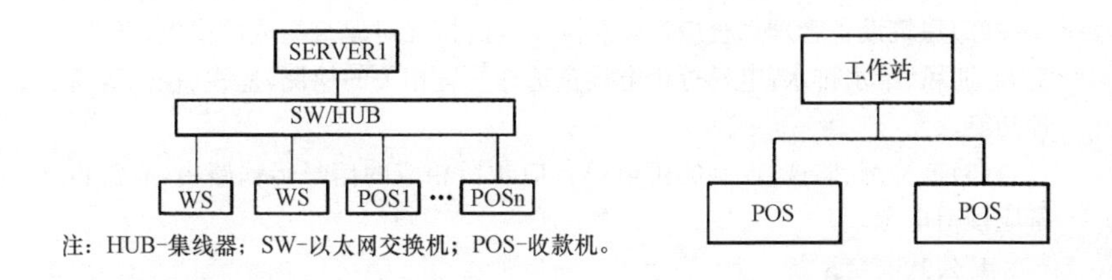

注：HUB-集线器；SW-以太网交换机；POS-收款机。

图 11－9　中型商场计算机经营管理系统　　图 11－10　小型计算机经营管理系统

收款机(POS)系统的硬件设备结构,如图 11－11 所示

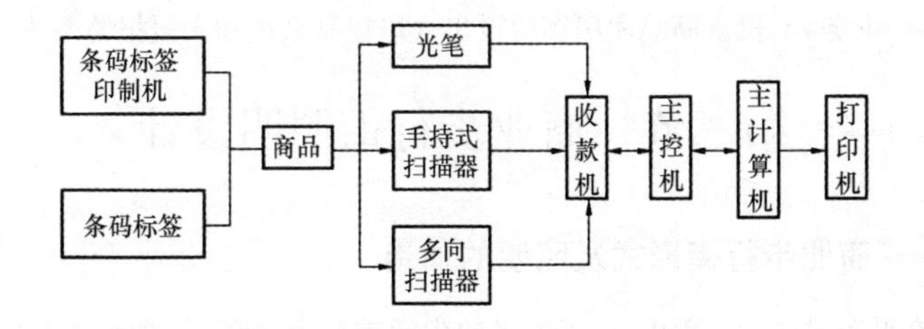

图 11－11　POS 系统的硬件设备结构图

连锁店计算机经营管理系统,如图 11－12 所示。

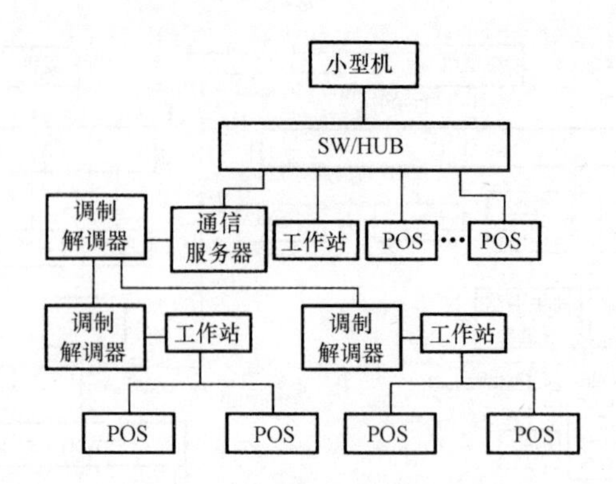

图 11-12 连锁店计算机经营管理系统

3.建筑设备管理系统

(1)建筑设备管理系统应具有对建筑机电设备测量、监视和控制的功能,确保各类机电设备系统运行稳定、安全和可靠,并达到节能、环保的管理要求。

(2)建筑设备管理系统应根据实际工程的情况对建筑物内的供电、照明、空调、通风、给水排水,电梯等机电设备选择配置相关的检测、监视、控制等管理功能。

(3)被检测、监视、控制的机电设备应预留相应的信号传输路由,有源设备应预留电源。

4.公共安全系统

(1)商店建筑应设视频安防监控系统。收银处、贵重商品销售处等应设摄像机。

(2)宜在各个出入口设置门禁系统,供商场建筑非营业时使用。

(3)商业区与办公管理区之间宜设出入口控制系统。

(4)财务处、贵重商品库房等应设出入口控制系统和入侵报警系统。

第三节 商业步行街照明设计

一、商业步行街形式及照明的作用

在城市发展的进程中,为了居民的生活需要和便利,在城市中心的繁华地带,会自然形成由商店、饭店、娱乐场所相对集中的商业中心区。但随着社会的发展和城市人口和车辆的激增,商业中心区交通状况、购物大环境的日趋恶化，人们逐渐对到商业中心区购物失去了兴趣，转而到城市的远郊区商场去购物。欧美各国为了扭转这一局面，在原有商业中心区的基础上，集中改造或新建了商业街或商业步行街（或简称商业步行街，下同），区内限制（或禁止）机动车辆通行，大大改善了购物环境，取得了很好的效果，如纽约的百老汇和伦敦的牛津街等。

1. 国外商业步行街

国外商业步行街由5部分组成。

(1)网络化的步行街：由若干条步行街组成步行街网络。

(2)室内步行购物街：是一个规模庞大的集购物、娱乐、休闲、观光于一体的室内建筑，并附建照明、绿化、雕塑、景观等设施。

(3)人行天桥系统：在步行街网络建设跨过街口、道路的过街天桥，连接大厦二层，把步行街的主要结点连接在一起。

(4)广场系统：在市中心和步行街间建设小型广场，让游人得到休息，增加绿色，连接市区和步行街。

(5)艺术画廊：是连接一系列艺术景点的步行街，使得步行街更具文化观赏和教育功能。

国外城市中心区步行街的建设，取得了很好的效果。城市交通得到改善，刺激了经济发展，改善了城市环境，增加了社会效益，值得我们学习借鉴。

2. 我国商业步行街的形式

我国商业步行街的形式，见表11-36。

表11-36 我国商业步行街的形式

形式	说明
骑楼式商业街	这是一种历史悠久的商业街，如图11-13所示，在我国炎热多雨的南方城市较为多见。其特点是商家店铺的一层有外伸廊道，既可遮雨，又可遮阳。这种商业街街道路面狭小，视野不开阔，不利于建筑的改造和装饰。即便商业街安装了照明设施照明，照明效果也不理想。骑楼式商业街将逐步会被其他形式的商业街所取代 图11-13 骑楼式商业街

续表 1

<table>
<tr><th>形　式</th><th>说　　明</th></tr>
<tr><td>拱廊式商业街</td><td>在商业街的顶部，搭建半遮光的简易顶棚，起到遮雨半透光的作用，如图 11－14 所示。街道两端禁止机动车辆进入，街内基本为小型商家店铺，不便安装道路照明设施。在我国 20 世纪末期曾风行一时，俗称“集贸市场”。随着我国经济的发展，各地已经陆续拆除改造了这种简易型商业街
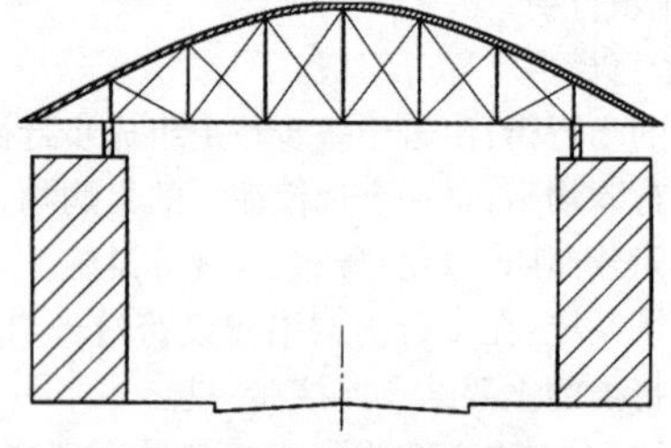
图 11－14　拱廊式商业街</td></tr>
<tr><td>敞开式商业街</td><td>在原来商业较集中的一般型街道上，改造成的商业街，如图 11－15 所示。敞开式商业街视野较为开阔，建筑形式多种多样，地面或路面可以进行大胆改造，也给商业街照明留下充分的艺术创作空间。敞开式商业街仅允许通行公交和消防车辆，可以容纳更多的人流。这类商业街形式优越，适合时代发展潮流
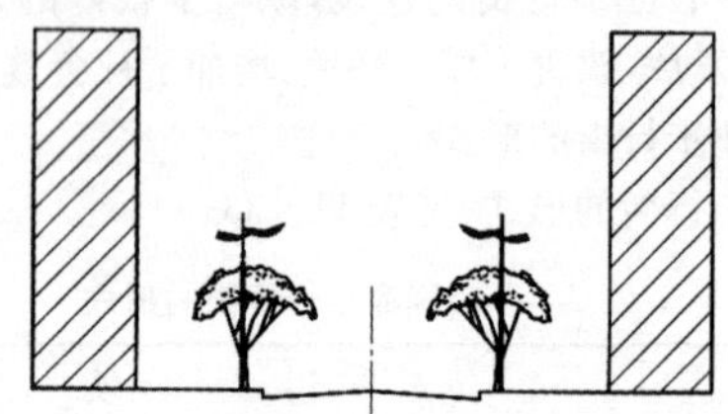
图 11－15　敞开式商业街</td></tr>
<tr><td>步行街</td><td>不准车辆通行的商业街叫步行街，如图 11－16 所示。步行街只有顾客和游人，路面上可以设计雕塑、小品、绿化、景观、座椅等，安装适宜的照明设施，为顾客和游人提供了更为舒适优雅的空间。在与步行街相邻的街道上，设有公交线路和停车场，交通也十分便捷。步行街是商业街的更高形式
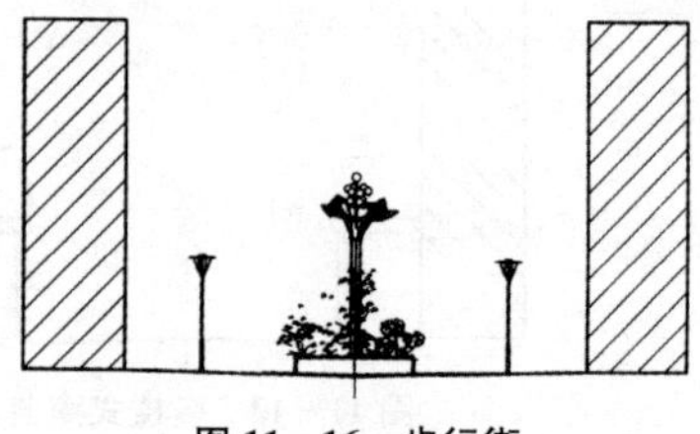
图 11－16　步行街</td></tr>
</table>

续表 2

形　式	说　　明
地下式商业街	大城市的中心地带，寸土寸金，有的存广场、绿地、大路或街口下面建设了地下式商业街，也有的利用旧人防改建成商业街。部分地下商业街上面有的开有玻璃天窗，以利采光透气；也有和地铁、车站相通，交通和购物十分方便。不过，建设地下式商业街通风采光较差，建设和维护费用也高，新建地下商业街已经不多

如今人们所称的商业街，大都指敞开式商业街和步行街。

现代商业步行街，不但提供良好的购物环境，还有休闲、娱乐、餐饮等场所，成为很好的旅游热点。

3. 商业步行街照明的作用

(1)改善环境面貌，突出商业功能和提高经济效益。一些好的商业步行街，着意改变该街区大环境，注入浓厚的文化内涵，优化了照明设施，增加了绿化、小品、喷泉、座椅等。良好的商业步行街照明，不但改变了城市形象，也给商业步行街激发了活力。白天，造型优雅的照明灯杆、灯具与商业步行街的建筑和街内公共设施相得益彰，成为优雅街景的有机组成部分；夜晚，美丽的灯光把商业步行街装扮得更加靓丽，使人们增加购物欲望，使休闲娱乐的人流连忘返。据统计，在王府井和南京路改造为商业步行街后，顾客和游客数量大增，商家营业额也有显著攀升。

(2)减少了交通事故。大部分商业街已经成为或正在改造成为名副其实的步行街，不允许车辆进入，在临近街道设立公交车站；有的商业街只允许公交和消防车辆进出，还在商业街附近设立地铁站。商业步行街交通和照明条件得到极大改善，基本上消除了交通事故。在商业步行街的进出口临近街道，司机也格外小心。在商业街游览、购物的人会感到格外安全和放心。

(3)治安好转。商业步行街的良好照明条件，提高了夜间能见度，有利于顾客和行人自我防范，有利于治安人员执行公务，使得犯罪分子不论白天和夜晚，都不易借助黑暗和拥挤进行抢劫和入店偷窃犯罪，有利于改善商业街治安环境。

二、商业步行街照明构成

1. 商业步行街地面照明构成

(1)人行步道照明(或有车行道照明)。

(2)广告照明。

(3)交通信号及标识照明。

(4)树木、草坪、花坛、喷泉水景照明。

(5)具有文化内涵的小品、雕塑、灯饰照明。

(6)公交车站、地铁站照明。

(7)室外公共设施如电话亭、书报亭、标识牌、垃圾箱、公交停车站、过街天桥、休闲小场地照明。

(8)大型商场或娱乐场前小型广场的照明。

(9)附近的停车场照明。

2. 商业步行街立面照明

(1)建筑物立面照明。

(2)建筑物底部的橱窗照明。

(3)建筑物中部的商家标牌门面照明。

(4)建筑物上部大型广告照明。

三、商业步行街照明特征

商业步行街照明特征主要有以下几点:

(1)照明形式多样。

(2)亮度高。

(3)色彩丰富。

(4)声、光、电结合。

(5)重点突出,层次分明。

(6)营造繁华、欢乐、喜庆气氛。

(7)注重灯具、灯柱的装饰性。

(8)消除眩光,绿色照明。

(9)照明节能,分时段调光。

四、商业步行街照明设计

(一)照明要求和设计要点

1. 好的总体照明规划

商业步行街照明是城市照明的一个重要组成部分,要根据城市照明总体规划勾画商业街照明的总体蓝图,包括商业步行街基本照明和道路照明的形式、照度、色彩,商业步行街空间照明层次分布,重点商场、饭店、游乐场的夜景照明和门前小广场照明的基本要求等。

2. 合理定位,统一协调,体现地域特色

商业步行街是地方文化、历史和商业繁荣的集中体现形式之一。商业步行街照明要与城市和商业步行街文化内涵相协调,通过创造文明舒适的灯光环境,增加商机,促进消费,提升城市文明。

3.好的昼间建筑光环境

商业步行街要有好的昼间建筑光环境,就是指商业步行街的建筑物、构筑物、灯柱、绿化、小品、广告、标牌等,在昼间就应该有较好的观赏效果,其格调、色彩要风格各异、错落有致,能够为夜间的灯光照明打下良好基础。总之,商业步行街的昼间和夜间光环境,应该体现一个城市的地域文化特色及繁华、热闹的景象,拉动城市经济的发展,刺激旅游和消费,创造赏心悦目的视觉感受。

4.以道路照明作为基本照明

(1)“CIE标准”要求将商业街车行道路面照度标准等同类似道路照度标准,人行道照度标准提高100%。建议车行道路面平均照度不低于25lx,人行道地面平均水平照度不低于15lx,均匀度大于0.4,即使不考虑商业街广告、橱窗照明的增光,也能满足商业街最基本的照明需求。根据具体情况,可以实行半夜灯减光或其他调光措施。

(2)道路照明作为基本照明,不等于套用道路照明设计的一般形式,而是在灯柱、灯具、光源选型及布灯等方面要独出心裁,成为值得欣赏玩味的艺术品。路灯灯柱和灯具要有优雅的造型,要与商业街文化内涵相吻合。道路照明形式多样,可以选择路灯、景观灯、灯光隧道、光柱、灯饰等多种形式。即使在白天,路灯灯柱和灯具也应成为商业街一道亮丽的风景线。

(3)商业步行街照明需要有充足的水平照度 E_h 和一定的垂直照度 E_v,使行人能看清4m以外来人面部及其他物体,这是商业街照明与一般道路照明的重大区别。要满足这一要求,同时限制眩光、照度均匀,就要求在灯具类型、杆高、杆距等方面进行正确的计算和选择。如果垂直照度欠缺,可用广告照明、橱窗照明等来弥补。

(4)道路照明应注意控制眩光,不对行人、司机和户内视觉造成伤害。灯柱不宜超过10m,杆距不宜超过30m。

(5)道路照明应光源的显色性要好,使顾客和游人有一个明快愉悦的好心情,推荐使用金属卤化物灯、无极灯和节能灯。

(6)道路照明要充分考虑预留其他形式的商业街公共设施的照明用电和建筑物立面照明用电,必要时,设立配电箱。配电箱对商业街各照明设施进行重大节日、一般节日、正常运行分路控制。

(7)注意商业步行街照明与景观环境的协调,充分利用原有建筑物上霓虹灯、泛光照明、灯箱、橱窗所构成的灯光环境效果,设计商业街的路灯、庭院灯、地灯、景观灯，使商业步行街照明与环境协调一致。

(8)商业步行街照明光源要求光效高、寿命长，一般显色指数应≥80，色温宜在 3000～5500K 之间。

(9)商业步行街的市政设施，如电话亭、书报亭、行人休闲设施、雕塑小品、喷泉及绿化等景观元素照明的亮度应明显高于背景亮度。

5. 突出历史文化内涵

商业步行街往往凝聚太多的历史文化故事，如百年商号、名人故居、教堂、名楼、事件旧地等，要用灯光对它们仔细雕琢，让它们重放光彩，以吸引游人和顾客夜晚到商业街来，边游览边购物，得到物质和精神的满足。

(二)商业街照明分层

一般商业街照明构成元素及空间分层，如图 11－17 所示。

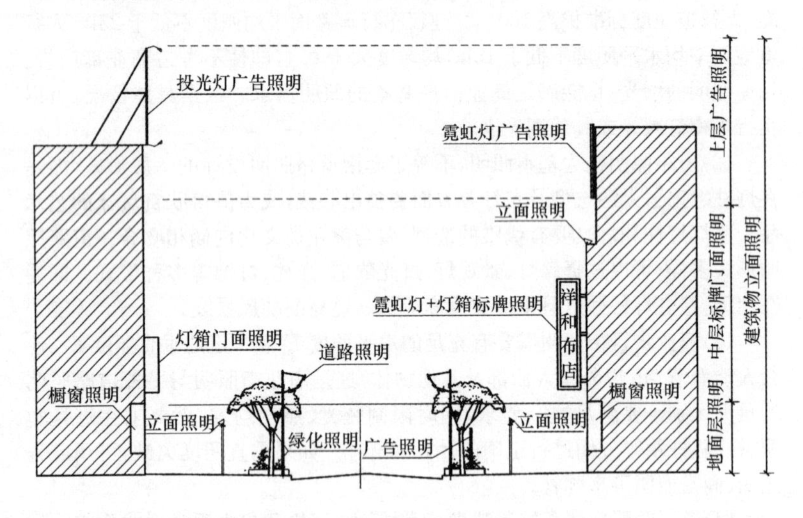

图 11－17　一般商业街照明构成元素及空间分层

1. 大屏幕照明

商业步行街大型商场前面，常设置大型屏幕，播放新闻和商业广告。大型屏幕信息量大，生动亲切，图文声光并茂，深受大众喜爱。

2. 上层店名或大型广告照明

(1)上层屋顶用投光灯或轮廓照明呈现建筑物的天际轮廓线。

(2)用霓虹灯做店名或大型广告照明，是最常用的表现形式。大型霓虹灯店名或广告的色彩和图案变化，可以引起较大范围的行人注意，宣传效果最大。

(3)用投光灯照射大型广告牌。小功率宽光束投光灯在大型广告牌上部或上下部同时照射广告牌,使其达到规定亮度和均匀度,也可以起到一定的宣传效果。

(4)“灯箱＋霓虹灯”广告别有新意。在大型灯箱广告表面关键文字或图案上配置霓虹灯,勾画出它们的轮廓,使灯箱广告的画面清晰,重点文字图案鲜亮突出。这种广告形式经济实用,有较好的层次感。

3.中层门面和标识照明

(1)霓虹灯。霓虹灯色彩艳丽,可以根据需要组成文字和图案,按设定程序进行变化和闪烁,动感强烈,容易引起行人的注意。霓虹灯位置应有一定高度且闪烁不宜过于频繁,避免引起行人视觉不适。用 LED 做成广告标牌字,样式十分新颖,节能省电,具有立体感。

(2)投光灯。用小型支架将小型投光灯伸出,照射店名标牌,既经济又实用。注意按相关标准配置灯具间距和外伸长度,选定宽光束小型投光灯的功率。店名和标牌表面要亮度均匀,不能对行人产生眩光。

(3)灯箱。在灯箱表面绘制文字图案,灯箱内点燃荧光灯,用内透光的方法显现灯箱外表面文字图案。灯箱醒目且不刺眼,视觉效果较好。制作灯箱成本较低,小型店铺应用较多。有的地方把临街铺门上灯箱统一尺寸和样式,改善了市容环境,也是一种有益的尝试。

(4)户外显示屏。这种全新的媒体新军在商业步行街及其他街区不断涌现。滚动播出的广告、新闻、文体信息,轰击人们的视觉,成为了解商品和大千世界的便捷通道。

(5)霓虹灯反光。在浅色平面标牌墙面的前方,用支架安装标牌店名文字,文字后面用霓虹灯勾画文字的轮廓,利用标牌墙面的反光,显现店名文字,别有一番雅趣。小型店铺使用较多。

门面和标识照明一定要样式新颖、各具特色、光彩醒目,其亮度要高出背景亮度的 2～3 倍。相邻店铺的门面标牌形式和色彩,尽量有所区别,否则显得单调乏味。好的门面和标牌照明能点明店内商品特色,引起行人注意,招揽顾客。

4.地面层照明

(1)广告照明。大都在人行道侧面附近设置不锈钢广告灯箱,内置荧光灯管,精美的喷涂电脑彩绘广告图案。有的公交候车亭带有灯箱广告,起到了广告宣传和候车站点照明的双重作用。广告灯箱应顺道路方向安装,亮度符合 JGJ/T 163—2008《城市夜景照明设计规范》要求,不能对行人产生眩光。

在大型商场或重要场所，用大屏幕作为广告或公益宣传的工具，可以流动播放广告和宣传文字，是一种现代化的广告形式，但照明效果不强。

(2)交通信号及标识照明。这是商业街重要的公共灯光设施，其他设施和照明灯光都不得对交通信号及标志造成干扰和遮挡。

(3)树木、草坪、花坛、喷泉水景在夜晚也会给商业街夜晚增添多姿多彩的韵味和风光。商业街建造小型喷泉、喷水池或跌水较为经济实用。注意给喷泉水景创造相对安静的暗环境。树木的照明宜选用埋地照树灯，避免对行人造成眩光。

(4)小品、雕塑、灯饰照明是商业街甚至一个城市地域文化内涵的缩影，是商业街夜景照明的亮点。小品和雕塑宜用中小型投光灯照射，具有立体感。投光灯要安置在隐蔽安全处，不会对行人和游客造成眩光。埋地投光灯灯泡功率要适当，避免亮度过大产生眩光，或因灯罩表面温度过高灼伤行人。

(5)灯饰是人工制作的独立彩色发光构筑景观，应该成为精美的灯光艺术品，具有很强的观赏性。白天，灯饰也应融入商业街的整体构筑群落。大型灯饰内的光源可以用荧光灯、节能灯、彩色灯泡等，也可以用LED、冷极管、光纤等。

(6)大型商场或娱乐场所前往往建有小型广场，除了建有喷泉、花坛外，还有庭院灯或埋地灯。注意庭院灯的表面亮度不可过大，以免刺伤人的眼睛。为了降低灯具表面亮度，可在光源外面加装磨砂玻璃罩、PC管(板)或使用反光照明庭院灯具。

(7)投光灯或埋地灯应注意不能影响交通或造成眩光。投光灯要隐蔽安放在花坛灌木背人处，或使用灯柱将投光灯托起。埋地灯要注意投光方向。

(8)地面安装的所有照明灯宜按照TT系统进行供电，灯杆、地面灯外壳要可靠接地，接地电阻小于10Ω，必要时设置漏电保护。电缆地下穿管敷设。

(9)橱窗照明是商店的眼睛和亮点，是展现本店特色和吸引顾客的重要手段，以陶瓷金卤灯、荧光灯作基本照明，以卤钨灯作重点照明。

金属器件橱窗照明，宜采用扩散性好的直管形荧光灯；时装、鞋帽橱窗照明，宜采用线光源和聚光灯相结合的方式，即直管型荧光灯和低压卤素灯相结合；珠宝、玻璃器皿、手表等橱窗照明，宜采用聚光的低压卤素灯照射，从不同角度照射商品样品，使商品具有一定的水平照度和垂直照度，充分显现展品的质地和立体感，显现展品的个性。

橱窗照明光源应隐蔽，使行人看不到耀眼的光源。橱窗照明没有固定模式，应具有一定的灵活性。随着展品的不同和季节的变化，橱窗照明也应随之变化。白天和夜晚，应对橱窗照明进行分组控制。

各商店的橱窗照明在整条街照明规划的基础上，突出自身照明的特点和个性，橱窗照明设施的布置宜垂直行人视线。

（三）小型广场照明

（1）大型商场和建筑物外的小型广场，作为人流聚散和停车使用。小型广场的照明设计既相对独立，又是大型商场和建筑物夜景照明的室外延伸，应浑然一体。小型广场又与道路相邻，广场照明应该成为商场建筑物照明和道路照明沟通的桥梁。

（2）小型广场的照明设计要与道路照明相协调。如广场照明的灯杆布置不会影响道路照明灯杆的整体性布置，广场照明的灯光对车行道照明不能造成过大影响等。

（3）小型广场是大型商场和建筑物的重要组成部分，其亮度可以高出一般商业街人行道照明的一倍，应选择显色性好的光源，如金卤灯等。在距地面 3m 的高度空间范围内，尤其需要较好的垂直照度以利于顾客和行人的互相观察。

（4）灯杆、灯具应该时尚华丽，一般以商场正门为轴心，两侧对称布置。各种照明设施可以成为一个小的照明体系。照明灯杆大都选择时尚型或豪华型庭院灯，灯柱高度一般在 3～6m，可以满足广场垂直照度的需要。

（5）小型广场内可以建设小型小品、雕塑、喷泉、花坛等。小品、雕塑可以用埋地灯等方式进行投光照射；彩色喷泉和水幕电影等在亮背景下，观赏效果不好，在规划设计小广场时要慎重考虑。花坛一般不需要另设草坪灯，茂密树冠可以在树杈上安装绿化投光灯。

（6）地面上不摆放投光灯等照明器材，必要时选用埋地灯。缆线入地，以便于行走和保证安全。

（7）小型广场的照明也要纳入夜景照明控制系统，设置一般、节日、半夜灯等控制模式。

（8）地面照明供电采用“TT”系统，照明设施外壳接地。沿墙照明供电采用 TN－S 系统，并成为室内系统照明的分路。

（9）建筑物顶部照明设施不能成为接闪器，照明设施外金属构件应与防雷接地线可靠连接。

（四）商业街建筑物的立面照明

（1）根据建筑物周围环境的亮暗和建筑物表面材料的明暗和反射率选择合适的被照面照度。

（2）研究建筑物的特点，用恰当的夜景照明方法充分体现建筑物的特征和使用功能。例如大平面或立面使用投光灯照明，造型优美的建筑物使用轮廓照明，造型复杂的欧式建筑采用小功率多层多点照明，大屏幕玻璃使用内透光照明或加上投光照射非玻璃部分，显现整体建筑形体美。要注意用灯光的照度、色彩、动静体现建筑的格调。书店、高档饭店、高级专业店等泛光照明要达到庄重大方，色彩无须艳丽，不求灯光的闪烁和变化；大型商场、超市泛光照明要显得醒目引人；标牌广告应新颖靓丽，有一定的色彩和节奏变化；娱乐场所泛光照明要求活泼欢快，灯光的亮度和色彩变化节奏变化快、动感强；机关、教堂泛光照明则应宁静清幽。

(3)要确定建筑物的远近观赏面。近观赏面是建筑物的正立面，注意自下而上 3 层灯光的色彩、照度大小要相互协调配合，格调一致；远观赏面是建筑物的中上部分，按照立面照明原则对不同方向立面进行不同照度和色彩的灯光照射。观赏不到的立面可以不设立面照明。

(4)要精心布置立面照明灯具。立面照明的灯具，尤其是投光灯具，在基本达到泛光照明效果的前提下，布置尽量隐蔽，或在其他较矮建筑物的顶部，或在地面专设 3～5m 造型优雅的灯柱，或安放在花坛隐蔽处。

(5)高大建筑物的顶部、塔尖等要加强亮度和变化色彩，起到画龙点睛的作用，同时，也可以对航空警示起到一定作用。

(6)注意控制商业街照明造成的光污染和彩色污染。

(7)充分利用“功能照明法”。利用室内外功能照明灯光(如室内灯光、橱窗照明、景观照明、立面照明、标识广告照明等)装饰室外夜景的照明，作为商业步行街立面照明和道路照明的补充和完善。如果“功能照明法”使用得当，可以免做商业步行街的立面照明和道路照明。

五、商业步行街照明管理

1. 商业街照明总体规划和管理的必要性

商业街照明涵盖了商业街的道路照明、市政公用设施照明、交通信号照明、广告照明、景观照明、建筑物立面照明等多种照明领域，投资属众多单位或商家，如果没有有效的总体规划和统一管理，商业街照明将会出现灯光混杂、破坏景观的难堪局面。一些商业街常见的照明问题有以下方面：

(1)商业街照明没有设定的文化风格，盲目攀比亮度，色彩单一或杂乱。建筑物夜景照明没有个性特点，建筑物夜景照明受到其他照明灯光的干扰或遮挡。

(2)道路照明与绿化照明配合不当。出现树木枝叶遮挡路灯灯光，强光下花坛草坪灯或投光灯不能发挥绿化照明功能，人行道上绿化投光灯影响交通或产生眩光等。

(3)道路照明与其他市政公用设施照明配合不当。道路照明与公交停车站或地铁站照明重叠。电话亭、消火栓、时钟等处光线昏暗，造成使用不便，不能充分发挥各自功能。

(4)各行业部门或商家独立设置照明，如有商家在自家门前自设大型华灯或庭院灯，造成照明灯柱林立，各路段照度差异过大，给司机和行人以难受的感觉。

(5)某些灯柱或灯光影响了交通信号或标志信号。

(6)商业街门面标牌设置凌乱，门面标牌照明过于单一或陈旧。

2.制订一个好的商业街照明总体规划

(1)商业街是一个城市购物、游览中心之一，应该集中体现一个城市的特征和文化内涵。因此，从商业街的建筑物、市政公用设施建设到商业街照明的建设和管理，都应该有一个科学合理的总体规划。商业街要从城市规模、交通、购物、历史沿革和城市发展前景等实际情况出发，确定商业街的数量和具体位置，真正起到商业街的功能和效益。有的中小城市不顾自身经济条件和消费水平，规划和建设几条商业街，市政部门和商家给予很大投入，但收效甚微，有的不得不将原来建设的商业街逐步演变为普通街道。因此，一个城市要从实际出发，在制订一个科学合理的城市发展总体规划时，要包括商业街建设的总体规划。

(2)商业街照明要与这个城市的整体照明规划相吻合。作为城市照明的一部分，商业街照明的照度水平、色彩等都要遵照城市照明总体规划制定合理的标准。

(3)商业街照明规划要体现一个城市的历史、文化、地域特征。譬如一些文化古都，其商业街照明应采用古朴典雅的室外照明灯具，与商业街建筑风格融为一体，充分展示这个城市悠久的历史文明；一些新兴城市的商业街，可以用现代化风格的灯具，体现现代化城市的蓬勃发展和欣欣向荣。

(4)控制商业街总照度标准。制定一条商业街内各街段，直至各个大型建筑物的照度、色彩标准，避免盲目攀比亮度。确定重点建筑物、一般建筑物的照度标准，使商业街照明起伏有序。

(5)商业街的道路照明、绿化照明、信号标志照明等要统一规划设计，做到协调统一。

(6)商业街的大型商家、饭店、机关前的广场、绿化照明设计，要在商业街的道路照明、市政公用设施照明总的规划设计前提下进行。照明设计不能相互重叠，杆柱不能影响交通和观瞻。

(7)确定重点建筑物夜景照明的基本方法、色彩、照度的总控制，充分展示建筑物的个性,避免大批建筑物夜景照明效果雷同。

(8)对建筑物立面三层空间的地面照明、橱窗照明、标牌门头照明、大型广告照明,要有总的亮度、高度、照明方法的规定,不能杂乱无章,不能灯光扰人。

(9)规划大型建筑物立面照明的总体照度、色彩和效果要求。

3.商业街照明要有科学统一的管理

(1)法制化管理。健全商业步行街照明法规、规章和制度,做到依法管理。组织照明建设,治理光污染,保障商业步行街照明设施的正常运行,打击盗窃和恶意破坏城市夜景照明设施的行为。

(2)科学化管理。把道路照明、市政公用设施照明、建筑物立面照明等纳入统一管理,才能发挥最大的效能。制定照明维护制度,根据平日、节日、重大节日,确定夜景照明设施的开关灯时间,按照周期清洁照明灯具,更换光衰严重光源,维修损坏电器,保证照明设施的正常运行。

(3)现代化管理。建立自动监控系统。

第十二章　城市道路照明

第一节　道路照明的基本作用和标准

一、道路照明的基本作用、要求和分类

1. 道路照明的基本作用

道路照明的基本作用，见表 12－1。

表 12－1　道路照明的基本作用

类　别	基　本　作　用
环境舒适	赏心悦目的道路照明、道路两侧景观照明和泛光照明，构成美妙的夜景照明，给司机和行人以视觉上的舒适感，提高城市形象
行人安全	合理的道路照明，帮助行人看见道路前方 10m 的障碍物，分辨细节（包括颜色），正确辨认方向和避免潜在危险，创造良好的社会治安环境，降低发案率，保障人民的幸福安康生活
满足交通功能需求	夜晚司机在道路上行驶，需要观察前方 60～160m 的路面。道路照明为路面提供一定亮度（照度），使司机分辨道路及周边环境的状况，对交通情况做出正确的判断。设置道路照明可以使车速加快，提高运输效率，减少夜晚交通事故
交通诱导	照明灯光可以诱导交通，帮助定向

2. 道路照明要求

道路照明的基本要求，见表 12－2。

表 12－2　道路照明的基本要求

类　别	基　本　要　求
交通主干道照明	静态道路照明为主，满足交通需求。灯杆造型简洁明快，绿化照明和景观照明为辅。建筑物泛光照明也应以静态为主，顶部可以变化
商业街照明	保证静态道路照明，对显色性要求高。灯杆灯具造型美观，突显动态、静态的广告照明和标牌照明，适当配置绿化照明和景观照明，合理运用彩光

续表

类别	基本要求
居住和休闲区照明	保证静态道路照明，注重绿化照明、庭院照明，控制动态照明，控制彩光和溢散光

3.城市道路的分类

城市道路是指在城市范围内，供车辆和行人通行的、具备一定技术条件和设施的道路。按照道路在道路网中的地位、交通功能以及对沿街建筑物和城市居民的服务功能等，城市道路分为快速路、主干路、次干路、支路、居住区道路。城市道路分类与定义，见表12-3。

表12-3 城市道路分类与定义

道路分类	定义
快速道	城市中距离长、交通量大、为快速交通服务的道路。快速路的对向车行道之间设中间分车带，进出口采用全控制或部分控制
主干道	连接城市各主要分区的干路，采取机动车与非机动车分隔形式，如三幅路或四幅路
次干道	与主干路结合组成路网、起集散交通作用的道路
支路	次干路与居住区道路之间的连接道路
居住区道路	居住区内的道路及主要供行人和非机动车通行的街巷

4.城市道路照明分类

根据道路使用功能，城市道路照明可分为主要供机动车使用的机动车交通道路照明和主要供非机动车与行人使用的人行道路照明两类。机动车交通道路照明应按快速路与主干路、次干路、支路分为3级。

二、城市道路照明基本要求

城市道路照明设计应符合现行行业标准《城市道路照明设计标准》CJJ 45—2006的规定和要求，满足城市道路及与其相连的特殊场所照明设计要求。

1.道路及与其相连的特殊场所

道路及与其相连的特殊场所技术要求与规定，见表12-4。

表 12－4　道路及与其相连的特殊场所照明设计要求

道路场所	技术要求与规定
一般道路的照明	一般道路的照明应符合下列要求： ①灯具安装在高度通常为 15m 以下灯杆上，按一定间距有规律地连续设置在道路的一侧、两侧或中间分车带上进行照明。采用这种照明方式时，灯具的纵轴垂直于路轴，使灯具所发出的大部分光射向道路的纵轴方向 ②在行道树多、遮光严重的道路或楼群区难以安装灯杆的狭窄街道，可选择横向悬索布置方式 ③路面宽阔的快速路和主干路可采用高杆照明方式
平面交叉路口的照明	平面交叉路口的照明应符合下列要求： ①平面交叉路口的照明水平应符合相应照度的规定，且交叉路口外 5m 范围内的平均照度不宜小于交叉路口平均照度的 1/2 ②交叉路口可采用与相连道路不同色表的光源、不同外形的灯具、不同的安装高度或不同的灯具布置方式 ③十字交叉路口的灯具可根据道路的具体情况，分别采用单侧布置、交错布置或对称布置等方式。大型交叉路口可另行安装附加灯杆和灯具，并应限制眩光。当有较大的交通岛时，可在岛上设灯，也可采用高杆照明 ④T 形交叉路口应在道路尽端设置灯具，如图 12－1 所示 **图 12－1　T 形交叉路口灯具设置** ⑤环形交叉路口的照明应充分显现环岛、交通岛和路缘石。当采用常规照明方式时，宜将灯具设在环形道路的外侧，如图 12－2 所示。通向每条道路的出入口的照明应符合相关规定的要求。当环岛的直径较大时，可在环岛上设置高杆灯，并应按车行道亮度高于环岛亮度的原则选配灯具和确定灯杆位置 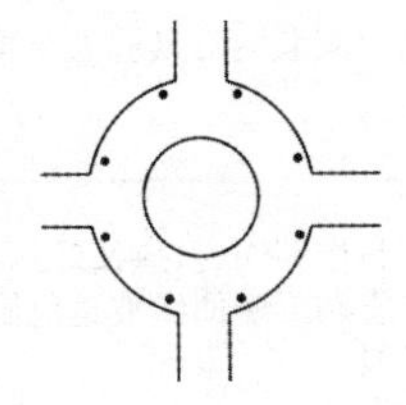 **图 12－2　环形交叉路口灯具设置**

续表 1

<table>
<tr><th>道路场所</th><th>技术要求与规定</th></tr>
<tr><td>曲线路段的照明</td><td>曲线路段的照明应符合下列要求：
①半径在 1000m 及以上的曲线路段，其照明可按照直线路段处理
②半径在 1000m 以下的曲线路段，灯具应沿曲线外侧布置，并应减小灯具的间距，间距宜为直线路段灯具间距的 50%～70%，如图 12-3 所示，半径越小间距也应越小。悬挑的长度也应相应缩短。在反向曲线路段上，宜固定在一侧设置灯具，产生视线障碍时可在曲线外侧增设附加灯具，如图 12-4 所示
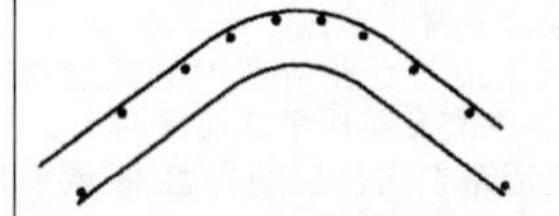
图 12-3 曲线路段上的灯具设置
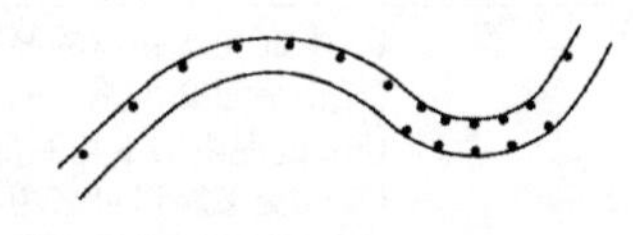
图 12-4 反向曲线路段上的灯具设置
③当曲线路段的路面较宽需采取双侧布置灯具时，宜采用对称布置
④转弯处的灯具不得安装在直线路段灯具的延长线上，如图 12-5 所示
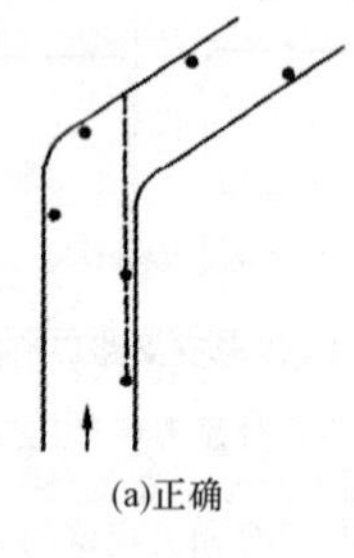
(a)正确
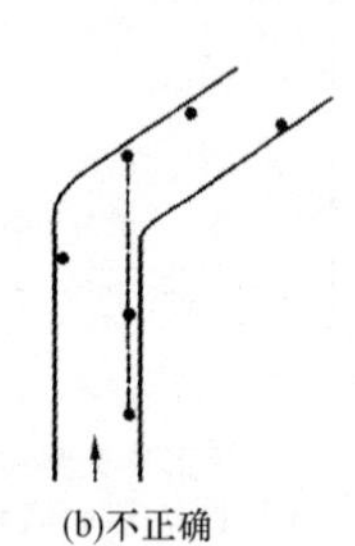
(b)不正确
图 12-5 转弯处的灯具设置
⑤急转弯处安装的灯具应为车辆、路缘石、护栏以及邻近区域提供充足的照明</td></tr>
<tr><td>坡道上设置照明</td><td>在坡道上设置照明时，应使灯具在平行于路轴方向上的配光对称面垂直于路面。在凸形竖曲线坡道范围内，应缩小灯具的安装间距，并应采用截光型灯具</td></tr>
</table>

续表 2

道路场所	技术要求与规定
上跨道路与下穿道路的照明	跨道路与下穿道路的照明应符合下列要求： ①采用常规照明时应使下穿道路上设置的灯具，在下穿道路上产生的亮度（或照度）和上跨道路两侧的灯具在下穿道路上产生的亮度（或照度）能有效地衔接，该区域的平均亮度（或照度）及均匀度应符合规定值。下穿道路上的灯具不应在上跨道路上产生眩光。下穿道路上安装的灯具应为上跨道路的支撑结构提供垂直照度 ②大型上跨道路与下穿道路可采用高杆照明，并应符合机动车交通道路第 2 条的要求
立体交叉的照明	立体交叉的照明应符合下列要求： ①应为驾驶员提供良好的诱导性 ②应提供无干扰眩光的环境照明 ③交叉口中、出入口、并线区等交会区域的照明应符合表 12－11 的规定。曲线路段、坡道等交通复杂路段的照明应适当加强 ④小型立交可采用常规照明，大型立交宜优先采用高杆照明，并应符合机动车交通道路第 2 条的要求
城市桥梁的照明	城市桥梁的照明应符合下列要求： ①中小型桥梁的照明应和与其连接的道路照明一致。当桥面的宽度小于与其连接的路面宽度时，桥梁的栏杆、缘石应有足够的垂直照度，在桥梁的入口处应设灯具 ②大型桥梁和具有艺术、历史价值的中小型桥梁的照明应进行专门设计，应满足功能要求，并应与桥梁的风格相协调 ③桥梁照明应限制眩光，必要时应采用安装挡光板或格栅的灯具 ④有多条机动车道的桥梁不宜将灯具直接安装在栏杆上
人行地道的照明	人行地道的照明应符合下列要求： ①天然光充足的短直线人行地道，可只设夜间照明 ②附近不设路灯的地道出入口中，应设照明装置 ③地道内的平均水平照度，夜间宜为 30lx，白天宜为 100lx；最小水平照度，夜间宜为 15lx，白天宜为 50lx，并应提供适当的垂直照度
人行天桥的照明	人行天桥的照明应符合下列要求： ①跨越有照明设施道路的人行天桥可不另设照明，紧邻天桥两侧的常规照明的灯杆高度、安装位置以及光源灯具的配置，宜根据桥面照明的需要作相应调整。当桥面照度小于 2lx、阶梯照度小于 5lx 时，宜专门设置人行天桥照明 ②专门设置照明的人行天桥桥面的平均水平照度不应低于 5lx，阶梯照度宜适当提高，且阶梯踏板的水平照度与踢板的垂直照度的比值不应小于 2：1 ③应防止照明设施给行人和机动车驾驶员造成眩光

续表 3

道路场所	技术要求与规定
道路与铁路平面交叉的照明	道路与铁路平面交叉的照明应符合下列要求： ①交叉口的照明应使驾驶员能在停车视距以外发现道口、火车及交叉口附近的车辆、行人及其他障碍物 ②交叉口的照明方向和照明水平应有助于识别装设在垂直面上的交通标志或路面上的标线。灯光颜色不得和信号颜色混淆 ③交叉口轨道两侧道路各 30m 范围内，路面亮度（或照度）及其均匀度应高于所在道路的水半，灯具的光分布不得给接近交叉口的驾驶员和行人造成眩光
飞机场附近的道路照明	飞机场附近的道路照明应符合下列要求： ①飞机场附近的道路照明不应与机场跑道上的灯光信号系统以及场地照明混淆 ②在设计该地区的道路照明时，应符合航空部门有关规定，并应与其取得联系
铁路和航道附近的道路照明	铁路和航道附近的道路照明应符合下列要求： ①道路照明的光和色不得干扰铁路、航道的灯光信号和驾驶员及领航员的视觉 ②当道路照明灯具处于铁路或航道的延长线上时，应与铁路或航运部门取得联系 ③当道路与湖泊、河流等水面接界，且灯具为单侧布置时，宜将灯杆设在靠水的一侧
天文台附近的道路照明	天文台附近的道路照明应符合下列要求： ①路面上的亮度（或照度）应降低一级标准 ②路面应采用深色沥青材料铺装，不得采用水泥混凝土路面 ③必须采用上射光通比为零的道路照明灯具
有照明设施的道路照明	对有照明设施且平均亮度高于 1.0cd/m^2的道路（或路段）与无照明设施的道路（或路段）相连接，且行车限速高于 50km/h 时，应设置过渡照明
植树道路的照明	植树道路的照明应符合下列要求： ①新建道路种植的树木不应影响道路照明 ②扩建和改建的道路，应与园林管理部门协商，对影响照明效果的树木进行移植 ③在现有的树木严重影响道路照明的路段可采取下列措施： a. 修剪遮挡光线的枝叶 b. 改变灯具的安装方式，可采用横向悬索布置或延长悬挑长度 c. 减小灯具的间距，或降低安装高度
居住区道路的照明	居住区道路的照明应符合下列要求： ①居住区人行道路的照明水平应符合表 12－14 的要求 ②灯具安装高度不宜低于 3m，不应把裸灯设置在视平线上 ③居住区及其附近的照明，应合理选择灯杆位置、光源、灯具及照明方式；在居室窗户上产生的垂直照度不得超过相关标准的规定

续表 4

道路场所	技术要求与规定
人行横道的照明	人行横道的照明应符合下列要求： ①平均水平照度不得低于人行横道所在道路的 1.5 倍 ②人行横道应增设附加灯具。可在人行横道附近设置与所在机动车交通道路相同的常规道路照明灯具，也可在人行横道上方安装定向窄光束灯具，但不应给行人和机动车驾驶员造成眩光。可根据需要在灯具内配置专用的挡光板或控制灯具安装的倾斜角度 ③可采用与所在道路照明不同类型的光源

2. 道路两侧设置非功能性照明

(1)机动车交通道路两侧的行道树、绿化带、人行天桥、行驶机动车的桥梁、立体交叉等处设置装饰性照明时，应将装饰性照明和功能性照明结合设计，装饰性照明必须服从功能性照明的要求。

(2)应合理选择装饰性照明的光源、灯具及照明力式。装饰性照明亮度应与路面及环境亮度协调，不应采用多种光色或多种灯光图式频繁变换的动态照明，应防止装饰性照明的光色、图案、阴影、闪烁干扰机动车驾驶员的视觉。

(3)设置在灯杆上及道路两侧的广告灯光不得干扰驾驶员的视觉和妨碍交通信号及标识的辨认。

三、机动车道路及人行道路的照明评价

(一)机动车道路的照明评价

国际照明委员会建议道路照明的质量用路面平均亮度、路面亮度均匀度、道路照明眩光限制和诱导性 4 个指标衡量。

1. 路面平均亮度

(1)路面亮度>对象亮度($L_b>L_0$)。道路照明一般只需使路面具有一定亮度，增大对象与路面亮度差，驾驶员就能进行“轮廓辨认”。

道路照明是以把背景路面照亮到足以看清对象的轮廓，要求背景路面有一定程度的平均亮度。设路面背景亮度为 L_b，对象表面亮度为 L_0，则有：

$$C=\frac{L_{\mathrm{b}}-L_0}{L_{\mathrm{b}}}$$

式中：C 表示背景亮度与对象亮度差别的大小。C 值越大，识别对象越清楚；C 值越小，识别对象越困难，直到难于识别对象。

在较高的路面亮度条件下，司机视觉比较舒服。道路照明就是要把路面

照亮到能看清障碍物的轮廓，改善夜间行车条件，提高通行能力，减少交通事故。

(2)对象亮度>路面亮度($L_0>L_b$)。对象亮度比路面亮度大，驾驶员在暗路面背景看到明亮对象，即为“逆轮廓辨认”。提高对象表面亮度，有利于逆轮廓辨认，如导流交通岛。要提高驾驶员对对象细部的辨认能力，可通过道路照明增大物体表面亮度或使对象亮度变化。

(3)路面亮度与照度换算。在我国，完全采用“亮度”来计算和评定道路照明的照明水平，有一定困难。现在普遍使用“照度”来进行道路照明的设计计算和测量，虽有一定误差和不足，但计算和测量比较方便，将会持续相当一段时间。路面亮度与照度要求如下：

①城市道路照明：城市路面要得到 $1cd/m^2$ 的亮度，沥青混凝土路面需要照度 15lx，水泥混凝土路面需要照度 10lx。

②公路隧道照明：公路隧道路面要得到 $1cd/m^2$ 的亮度，沥青混凝土路面需要照度 15～22lx，水泥混凝土路面需要照度 10～13lx。

2. 路面亮度均匀度

(1)路面亮度(照度)均匀度。在一段道路平面中，路面有的明亮、有的较暗，会使人感到非常不适，观察和识别物体的视觉能力受到严重影响。路面亮度均匀度计算如下：

$$U_0=\frac{L_{min}}{L_{av}}$$

式中：U_0 为某段路面的亮度均匀度，是一个比值；L_{min} 为某段路面最小亮度值，cd/m^2；L_{av} 为某段路面平均亮度值，cd/m^2。

路面亮度均匀度一般不应小于 0.4，以保持司机可以接受的视觉能力。

(2)路面纵向亮度均匀度。在司机沿道路行进中，如果同一车道轴线上反复出现亮暗不均的横带，俗称“斑马现象”，迫使驾驶员的眼睛反复不停地调节适应，会使司机和行人感到烦躁，容易造成交通事故。因此有必要提出道路照明的纵向均匀度 U_1，其定义为道路轴线上路面最小亮度(L_{min})与最大亮度(L_{max})之比值，为：

$$U_1=\frac{L_{min}}{L_{max}}$$

主要道路的纵向均匀度最小值为 0.7，次要道路为 0.5。

为了达到亮度均匀度指标，通常做法是增加灯高、减小杆距和选用合理配光曲线的灯具等。

3. 道路照明眩光限制 $TI(\%)$

道路照明眩光限制 $TI(\%)$，见表 12－5。

表 12－5　道路照明眩光限制 $TI(\%)$

类　别	说　　明
眩光来源	①光源的亮度：亮度越高，眩光越显著 ②光源的位置：越接近视线，眩光越显著 ③光源外观大小与数量：表面积越大，光源数目越多，眩光越显著 ④光环境：光环境越暗，眼睛适应亮度越低，眩光也就越显著
眩光限制	①CIE 建议将道路照明灯具按光分布特性分为截光型、半截光型、非截光型 3 种类型，在不同程度遮挡光源水平方向的灯光，限制灯光进入眼睛而产生眩光 ②灯具仰角不宜超过 15°，灯具最大光强方向和垂直夹角不宜超过 65°。在路轴方向提高路面亮度的均匀度，也可以有效减少不舒适眩光 ③道路照明采用投光灯照明，在司机视觉方向与投光灯的夹角限制在 25°以上，或侧向投光的投光灯，不会造成明显眩光 ④尽量避免采用高亮度大光源照明。过亮的光源应采用半透明漫反射，降低其亮度；或用反射器、格片或反射器格片组合来遮挡光源灯具，使亮光源无法直接进入人眼中 ⑤立交照明、广场照明采用高杆灯后，减少了光源数量，光源方向离视线较远，有利于限制眩光 ⑥提高环境亮度，如提高人行道亮度，也能减少车行道照明对行人造成的眩光 ⑦增设过渡照明，减少眩光影响 ⑧对广告、标牌的亮度给予限制

4. 诱导性

诱导性分为交通诱导性及交通照明诱导，其交通诱导性分类及交通照明诱导说明，见表 12－6

表 12－6　交通诱导性分类及交通照明诱导说明

类　别		说　　明
交通诱导性分类	视觉诱导	通过道路交通的诱导辅助设施，如路面中线或隔离栏杆、隔离带或人行道侧右线、分车道线、其他路面标志、防撞栏杆或防撞石柱、交通标牌或信号灯等，使驾驶员明确自车位置和道路前进的方向
	照明诱导	通过道路照明的手段，如用灯杆、灯具的选型、灯杆排列、灯光颜色及亮度差异等，来表现道路的走向和前面的交叉口等特殊路段

续表

类别		说明
交通照明诱导	改变道路照明系统的配置	同一种路面形式的道路，采用同一种照明布置形式，如灯杆布置方式、灯杆、灯架、杆高、光色、路灯形式等，要尽量相同，做到道路照明“一路一景”。在特色路段，如商业繁华路段等，可以采取改变杆面形式和光色、亮度等来体现路段的特征；在交叉路口，采用高杆灯或人行道设投光灯照明，提醒司机即将进入交叉路口；在桥梁路段，变换照明形式或安装栏杆灯，或将路灯原在隔离带安装改为桥侧安装等。这些办法都可以起到交通诱导的作用
	改变光源颜色	光源色彩是道路照明的一个明显特征，当司机发现前面的路灯光色不同时，就会引起警觉，提前做好准备和相应措施。常见的色彩运用是主要道路采用高显色钠灯或高压钠灯，次要道路采用高压钠灯或汞灯等。商业街、步行街等对显色性要求较高的路段选用金卤灯、荧光灯等
	特殊路段的特殊照明手段	在特殊或危险路段，道路照明的诱导起到非常重要的作用。例如在“丁”字路口的断头路顶端，路灯位置非常必要；在道路大弧线转弯路段的道路外侧安装路灯，可以引起司机的特别注意
	设置专门诱导照明	立交桥上的栏杆照明，既起到装饰美化作用，也起到了交通诱导作用。在高速公路内侧石处安装导光照明，既限制了眩光，又起到交通诱导作用

5. 环境比 *SR*

司机的视觉状态主要取决于路面的平均亮度，但道路周边环境的亮暗也会干扰眼睛的适应状态。环境较亮时，眼睛的对比灵敏度会降低，要提高路面的平均亮度来弥补此损失；若周边环境过暗，司机眼睛适应了较亮的路面，路外黑暗区域中的物体就难以被驾驶员的视觉发现。

为了保证司机、行人更清楚地看到障碍物，道路周围环境也需要一定的亮度。

环境系数定义为：路边环境5m宽区域平均亮度(L_s)与路边到路中心5m宽区域内平均亮度(L_r)的比值。在路宽小于10m时，计算区域取路宽的一半：

$$SR = L_s/L_r$$

城市快速路、主干路、次干路要求环境比$SR \geqslant 0.5$，也就是说人行道的亮度(照度)应不小于慢车道的亮度(照度)的一半，就可以使道路照明与周围环境亮度较为协调，有利于司机、行人夜晚在道路上行驶行走。

6.美化作用

道路照明力求一路一景，起到美化城市白昼形象和夜间灯光环境的作用。

(1)昼间，灯杆、灯具的造型及在街区道路的布局应该与街区的环境相协调，具有较好的观赏性，成为街区文化环境的重要组成部分。

(2)夜晚，连绵的路灯应该成为连接城市夜景照明的光链，展现城市夜间灯光环境的另一番风韵。

(二)人行道照明的评价指标

人行道照明的评价指标，见表12－7。

表12－7　人行道照明的评价指标

类别	评价指标
平均水平照度	通常不提出均匀度方面的要求
半柱面照度	①人行道照明，要求有路面平均水平照度，还必须有最小垂直照度 ②人行道上，一般要求1.5m高、4m距离内能识别面孔 ③应该用半柱面照度评价，但有难度，通常用垂直照度来衡量
眩光限制	使用小功率光源，降低光源亮度
立体感	4个方向的垂直照度有一定差别，才能使被照的人和物有立体感

四、城市道路照明标准值和照明功率密度值

(一)城市道路照明标准值

在城市道路照明设计中，应根据使用性质、功能要求和使用条件，按不同标准采用不同照度值，照度标准值应符合现行行业标准《城市道路照明设计标准》GJJ 45 2006机动车交通照明标准值、交会区照明标准值、人行道路照明标准值的规定。

1.机动车交通照明国内外照明标准值

机动车交通照明国内外照明标准值，见表12－8～表12－10。

表 12-8　中国国家标准机动车交通道路照明标准值(CJJ 45—2006)

级别	道路类型	路面亮度			路面照度		眩光限制阈值增量 TI(%)最大初始值	环境比 SR 最小值	诱导性
		平均亮度(cd/m²)维持值	总均匀度 U_0 最小值	纵向均匀度 U_L 最小值	平均照度 E_{av}(lx)维持值	均匀度 U_E 最小值			
Ⅰ	快速路、主干路(含迎宾路、通向政府机关和大型公共建筑的主要道路,位于市中心或商业中心的道路)	1.5/2.0	0.1	0.7	20/30	0.4	10 严禁采用非截光型灯具	0.5	很好
Ⅱ	次干路	0.75/1.0	0.4	0.5	10/15	0.35	10 不得采用非截光型灯具	0.5	好
Ⅲ	支路	0.5/0.75	0.4		8/10	0.3	15 不宜采用非截光型灯具		好

注:①表中所列的平均照度仅适用于沥青路面。如系水泥混凝土路面,其平均照度值可相应降低约30%。

②计算路面的维持平均亮度或维持平均照度时应根据光源种类、灯具防护等级和擦拭周期确定,灯具防护等级>IP54,维护系数0.70;灯具防护等级≤IP54时,维护系数为0.65。

③表中各项数值仅适用于干燥路面。

④表中对每一级道路的平均亮度和平均照度给出了两档标准值,"/"的左侧为低档值,右侧为高档值。

⑤在设计道路照明时,应确保其具有良好的诱导性。

⑥对同一级道路选定照明标准值时,应考虑城市的性质和规模,中小城市可选择本表中的低档值。

⑦对同一级道路选定照明标准值时,交通控制系统和道路分隔设施完善的道路,宜选择本表中的低档值,反之宜选择高档值。

表 12-9 **CIE 规定的不同类型道路的照明等级**

道路描述	照明等级
双向车行道之间有中间分车带分隔、无平面交叉、出入口完全控制、车辆高速行驶的高速路、快速路	
交通密度和道路布局复杂程度	
高	M1
中	M2
低	M3
高速行驶道路、双向行驶道路	
交通控制和不同类型道路使用者分隔状况	
差	M1
好	M2
重要的城市交通干线、辐射道路、地区级分流道路	
交通控制和不同类型道路使用者分隔状况	
差	M2
好	M3
不太重要道路的联络道、局部分流道路、居住区主要道路	
提供直接进出红线并通向联络道的道路	
交通控制和不同类型道路使用者分隔状况	
差	M4
好	M5

表 12-10 **CIE 提出的对机动车交通道路照明要求**

照明等级	应用范围				
	各种道			很少或无交叉口的道路	有人行道、但人行道的照明达不到 P1～P4 级的道路
	维持的最小平均值 L_{av}(cd/m^2)	U_0最小值	T_1初始最大值百分比(%)	U_L最小值	SR 最小值
M1	2.0	0.4	10	0.7	0.5
M2	1.5	0.4	10	0.7	0.5
M3	1.0	0.4	10	0.5	0.5
M4	0.75	0.4	15	—	—
M5	0.5	0.4	15	—	—

注:国际照明委员会所推荐的机动车交通道路照明标准是将照明推荐值分为 M1、M2、M3、M4、M5 五个级别。使用时根据道路功能、交通密度、交通复杂程度、交通分隔状况以及交通控制设施情况等进行选择。

2.交会区国内外照明标准值

交会区国内外照明标准值，见表12-11～表12-13。

表12-11　　中国国家标准交会区照明标准值(CJJ 45—2006)

交会区类型	路面平均照度 E_{av}(lx)，维持值	照度均匀度 U_E	眩光限制
主干路与主干路交会	30/50	0.4	在驾驶员观看灯具的方位角上，灯具在80°和90°高度角方向上的光强分别不得超过30cd/1000lm和10cd/1000lm
主干路与次干路交会			
主干路与支路交会			
次干路与次干路交会	20/30		
次干路与支路交会			
支路与支路交会	15/20		

注：①灯具的高度角是在现场安装使用姿态下度量。

②表中对每一类道路交会区的路面平均照度给出了两档标准值，“/”的左侧为低档照度值，右侧为高档照度值。

③当各级道路选取低档照度值时，相应的交会区应选取本表中的低档照度值，反之侧应选取高档照度值。

表12-12　　CIE提出的关于交会区的照明要求

照明等级	道路的整个使用表面上最小维持平均照度 E_{av}(lx)	最小照度均匀度 U_F	照明等级	道路的整个使用表面上最小维持平均照度 E_{av}(lx)	最小照度均匀度 U_F
C0	50	0.40	C3	15	0.40
C1	30	0.40	C4	10	0.40
C2	20	0.40	C5	7.5	0.40

注：①关于交会区的照明，由于观察视距比较短，通常会使用照度指标来进行照明效果的评价。如果在亮度指标可以使用的区域，就应该采用亮度指标，当采用亮度指标进行规定时，交会区的照明等级应该比通向交会区的各条道路中照明等级最高者高一个等级(例如用M1代替M2)，当通向交会区的道路照明等级达到M1级的情况下，交会区的照明等级仍选为M1等级。

②当采用照度作为评价指标时，整个交会区路面上的照度不应小于通向交会区的任何一条道路上的照度值，CIE对此所做的规定见本表，照明等级C表示交会区，其后边的数字对应于通向交会区的最重要道路的照明等级，比如.通向交会区的最重要道路的照明等级为M3，那么，交会区的照明等级应该为C3级。

③本表中 E_{av} 是所使用的道路路面上的平均照度。总均匀度 U_0 为最小照度与平均照度之比。

表 12-13　**CIE关于亮度不适用的交会区照明等级的确定举例**

交　会　区	照明等级
地下通道	$C(N)=M(N)$
汇合点、三角地带、坡道、迂回(弯曲)路段车道宽度有限制的区域	$C(N)=M(N-1)$
铁路交叉口：	
简单	$C(N)=M(N)$
复杂	$C(N)=M(N-1)$
不设信号灯的环岛：	
复杂或大型	C1
中等复杂	C2
简单或小型	C3
排队区：	
复杂或人型	C1
中等复杂	C3
小型或简单	C5

注：①表中头三行所示的某F交会区，要比重要道路高一级，表中括号内的字母为等级数，如 $C(N)=M(N-1)$ 表示如果通向交会区最重要的道路是M3级的话，则交会区的级别是C2。

②在道路的交会区，无法用阈值增量 TI 来定量表示失能眩光，这是因为此区域的灯具布置并不是标准化的，无法计算 TI，而且由于驾驶员的视点不断变化，也导致了适应亮度的不确定。在这种情况下，可以采用限制光强的方法来限制眩光，即在驾驶员观看灯具的方位角上，80°高度角处的光强不应高于30cd/klm，90°高度角处的光强不应高于10cd/klm。

3. 人行道路国内外照明标准值

人行道路国内外照明标准值，见表12-14～表12-16。

表 12-14　**中国国家标准人行道路照明标准值(CJJ 45—2006)**

夜间行人流量	区域	路面平均照度 E_{av}(lx)，维持值	路面最小照度 E_{min}(lx)，维持值	路面最小垂直照度 E_{vmin}(lx)，维持值
流量大的道路	商业区	20	7.5	4
	居住区	10	3	2
流量中的道路	商业区	15	5	3
	居住区	7.5	1.5	1.5

续表

夜间行人流量	区域	路面平均照度 E_{av}(lx),维持值	路面最小照度 E_{min}(lx),维持值	路面最小垂直照度 E_{vmin}(lx),维持值
流量小的道路	商业区	10	3	2
	居住区	5	1	2

注:①本表为主要供行人和非机动车混合使用的商业区、居住区人行道路的照明标准值,最小垂直照度为道路中心线上距路面1.5m高度处、垂直于路轴的平面的两个方向上的最小照度。

②机动车交通道路一侧或两侧设置的与机动车道没有分隔的非机动车道的照明,应执行机动车交通道路的照明标准;与机动车交通道路分隔的非机动车道路的平均照度值宜为相邻机动车交通道路的照度值的1/2。

③机动车交通道路一侧或两侧设置的人行道路照明,当人行道与非机动牟道混用时,人行道路的平均照度值与非机动车道路相同。当人行道路与非机动车道路分设时,人行道路的平均照度值宜为相邻非机动车道路的照度值的1/2,但不得小于5lx。

表12-15　CIE提出的不同类型人行道路所对应的照明等级

道路简述	照明等级
重要的道路	P1
夜间有大量行人或非机动车使用的道路	P2
夜间有中等数量的非机动车或行人使用的道路	P3
夜间有少量的只与附近建筑区有关的非机动车或行人使用的道路	P4
夜间有少量的只与附近建筑区有关的非机动车或行人使用的道路 对展示当地建筑或环境特征有重要意义的道路	P5
夜间有很少的只与附近建筑区有关的非机动车或行人使用的道路 对展示当地建筑或环境特征有重要意义的道路	P6
只需要通过灯具发出的直射光来提供视觉诱导的道路	P7

注:CIE也对城区的人行道路提出了照明要求,其做法是进行照明分级,共分为7级,每一照明等级有相应的照明要求。同时,为不同类型的道路规定其所对应的照明等级。这样,当对某一类道路进行照明设计时,就可以从这一规定中获知其所应满足的照明要求,见本表和表12-16表中的P1～P6级适用于所使用的整个道路表面。对于P7级,实际上只是希望通过看到灯具的明亮部分,以此来获得有效的视觉诱导。

表 12-16　CIE 对于人行道路的照明要求

照明等级	在整个使用路面上的水平照度维持值(1x)		最小半柱面照度(1x)
	E_{av}	E_{min}	
P1	20	7.5	5
P2	10	3	2
P3	7.5	1.5	1.5
P4	5	1	1
P5	3	0.6	0.75
P6	1.5	0.2	0.5
P7	—	—	—

(二)城市道路照明功率密度值

根据照明节能要求，城市道路照明功率密度值应符合《城市道路照明设计标准》CJJ 45—2006 中节能标准机动车交通道路的照明功率密度值的规定。机动车交通道路国内外的照明功率密度值，见表 12-17～表 12-19。

表 12-17　机动车交通道路的照明功率密度值(CJJ 45—2006)

道路级别	车道数(条)	照明功率密度值(*LPD*)(W/m^2)	对应的照度值(1x)
快速路 主干路	≥6	1.05	30
	<6	1.25	
	≥6	0.70	20
	<6	0.85	
次干路	≥4	0.70	15
	<4	0.85	10
	≥≥4	0.45	
	<4	0.55	
支路	≥2	0.55	10
	<2	0.60	8
	≥2	0.45	
	<2	0.50	

注：①本表仅适用于高压钠灯，当采用金属卤化物灯时，应将表中对应的 *LPD* 值乘以 1.3。

②本表仅适用于设置连续照明的常规路段。

③设计计算照度高于标准值时，*LPD* 值不得相应增加。

表 12-18 某市不同宽度道路的 *LPD* 平均折算值

道路宽度(m)	车道数	*LPD* 平均折算值						道路数
		100lx	30lx	20lx	15lx	10lx	8lx	
≥21	≥6	3.30	0.99	0.66	—	—	—	14
14～20	4～5	3.50	1.05	0.70	0.53	0.35	—	20
8～13	2～3	4.17	1.25	0.83	0.63	0.42	0.33	23
<8	1～2	—	—	—	0.79	0.52	0.42	5

注:表中的 *LPD* 值系在成都路灯管理处所提供的资料基础上经光源光通量、镇流器能耗、灯具维护系数等修正后所得到的数值。

表 12-19 美国资料提供的不同宽度道路的 *LPD* 折算值

道路宽度(m)	车道数	*LPD* 折算值					
		100lx	30lx	20lx	15lx	10lx	8lx
24～30	>6	3.8	0.95	0.63	—	—	—
22	6	3.61	1.08	0.72	—	—	—
16～20	4～5	4.1	1.23	0.82	0.61	0.41	—
14	4	4.50	1.35	0.90	0.68	0.45	—
10～12	3～4	5.67	—	—	0.85	0.56	0.45
8	2	6.36	—	—	—	0.63	0.50

第二节 道路照明灯杆

道路照明地上部分包括灯杆、灯架、灯具及电杆上的其他装置。杆面形式是指道路照明地上部分的组合形式。它不但关系到照明质量,也是城市街道的一道风景线。

一、灯杆、灯面及灯杆、灯柱要求

灯杆、灯面及灯杆、灯柱要求,见表 12-20。

表 12-20　灯杆、灯面及灯杆灯柱要求

类别	说　明
灯杆	灯杆的类型有以下2种： ①混凝土灯杆。杆高6～15m，梢径有150、170、190mm等。灯杆顶部架设配电线路，杆上安装灯架和路灯；也有灯杆仅安装灯架灯具，配电线路地下埋设。混凝土灯杆现已逐渐减少 ②金属灯柱。灯杆高度在15m及以下，主要用在道路照明、道路投光照明、庭院照明、建筑物立面照明等。金属灯柱高度不含灯架、灯具等
杆面形式	道路照明灯杆杆面形式有以下2种： ①分体式。以混凝土灯杆为代表，包括部分投光灯。其组成部分为混凝土灯杆（或金属灯柱）、灯架、灯具、架空线路等，根据需要分别选型、制作、安装 ②一体式。金属柱路灯、庭院灯等为代表，部分投光灯属此类。灯杆、灯架、灯具等由厂家一体制作，设计人员选型
灯杆、灯柱要求	灯杆、灯柱的安装要求如下： ①安全适用。能够承受灯臂和照明器的负荷和当地风雨等恶劣环境考验。太阳能路灯和风光互补路灯要考虑太阳能电池板、风力发电机等对灯杆强度的要求 ②长寿。零部件连接或焊接牢固，表面除锈，作防腐和喷漆或喷塑、喷铝处理等 ③合理。结构协调合理 ④美观。景观效果好 ⑤经济。性价好，用户可接受

二、道路照明灯柱类型及杆面形式

城市道路照明灯柱主要分金属灯柱和混凝土灯柱两种，它们的杆面形式有多种。

（一）金属灯柱类型及杆面形式

1. 金属灯柱分类

(1)按直径分有等径、变直径、锥形等。

(2)按材质分有无缝钢管、焊接管、铝合金、不锈钢等。

(3)按截面分有圆形、六边形、八边形等。

(4)按表面处理方式分有热镀锌、喷漆、喷塑、喷铝等。

(5)按路灯安装方式分有单侧、双侧。

(6)按安装光源分有单火、双火等。

(7)按灯具分有路灯、投光灯、反光板、无极灯、太阳能灯等。

2. 等径灯柱

用无缝钢管制成。稍长的灯柱由几节直径逐步变大的等径钢管焊接而

成，表面除锈涂漆。灯柱结构简单、工艺不复杂、质量参差不齐、表面漆层容易脱落，给维修带来很大难度。

3. 锥形灯柱

由专用设备将钢板卷轧焊接制成，锥度一般为1∶100，壁厚在3mm及以上，机械强度满足使用要求。灯柱表面进行除锈和热镀锌，也可根据设计要求进行彩色喷塑。该类型金属灯柱已成为道路照明灯柱的主流用品。

4. 其他灯柱

(1)六棱、八棱形灯柱。用铝合金压制后合成，灯柱表面可进行彩色喷塑，造型精巧，美观耐用。有的灯柱还可用弹簧操作装置将灯柱倾倒或立起，方便维修，但造价较高，只在特殊路段时才有应用。

(2)金属复合材料灯杆。由“不锈钢—碳钢—不锈钢”直接热轧制复合而成，结构合理，外表美观，有很好的装饰性，又降低了成本。

(3)不锈钢/钢复合灯柱(六边锥形灯柱)。设计人员可直接选用厂家定型金属柱灯，也可以根据技术人员的要求，由厂家制作其他规格形状的灯柱，但一定要注意满足灯柱机械强度方面的要求。

5. 金属灯柱的杆面形式

(1)单侧单火路灯。灯柱仅一侧装有一盏路灯，通常用在城市支路一幅路面照明。灯柱安装在道路一侧的人行道近侧右边。单灯功率一般为75～400W，灯高7～12m。

(2)单侧双火路灯。灯柱一侧装有两个灯架、两盏路灯或一个灯架，一个灯具内装有两只灯泡，如NG250＋NG400、NG600＋NG400。单侧双火路灯用在一幅路面但路面特宽的道路照明上，灯高12～15m。

单侧照明金属柱路灯，如图12-6所示。双侧照明金属柱路灯，如图12-7所示。

(3)双侧单火路灯。灯柱两侧各装有一个灯架和单灯灯具。

①两幅路面。灯柱安装在路中快车道间的隔离带上，两侧灯架、灯具对称，灯泡型号、功率相同。灯高10～12m，灯泡功率为250、400W。

②三幅路面。灯柱安装在快慢车道间的隔离带上。灯架不对称，快车道(或车行道)侧灯高较高，慢车道(或人行道)侧灯高较低。快车道(或车行道)侧的灯具光源功率较大(如400W)，慢车道侧或人行道侧的灯具光源功率较小(如250W)。灯高8～12m。

(4)双侧双火路灯。双侧双火路灯一般安装在特宽三幅路面的快慢车隔离带上。一侧的双灯，照射特宽的快车道路面；另一侧的双灯，照射较宽的慢车道和人行道。较多的情况下，是快车道侧安装双灯，慢车道侧安装单灯。灯高12～15m。

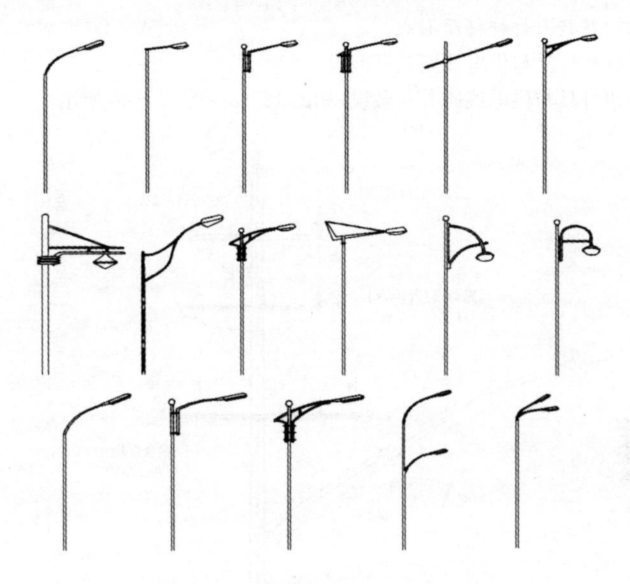

图 12-6　单侧照明金属柱路灯示意图

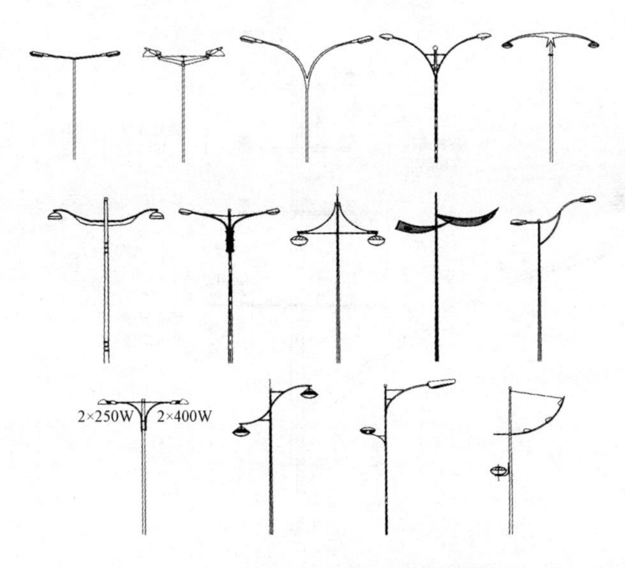

图 12-7　双侧照明金属柱路灯示意图

(二)混凝土灯杆杆面形式

1.灯架灯具与供电线路共杆敷设

灯架灯具与供电线路共杆敷设,如图 12－8～图 12－10 所示。

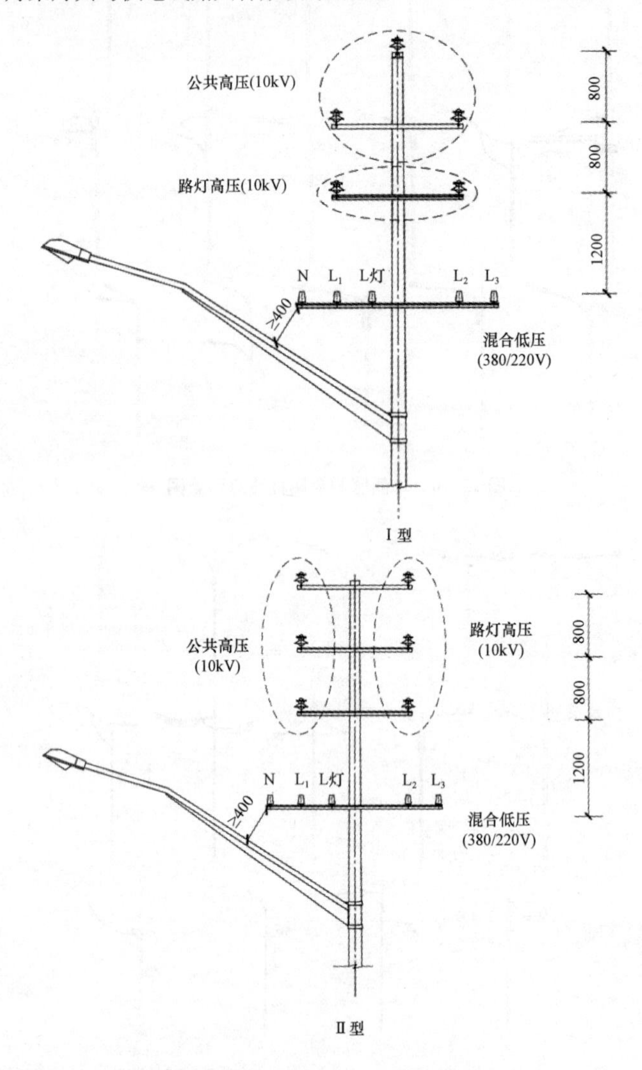

图 12－8 灯架灯具与公共高低压线路共杆(一)

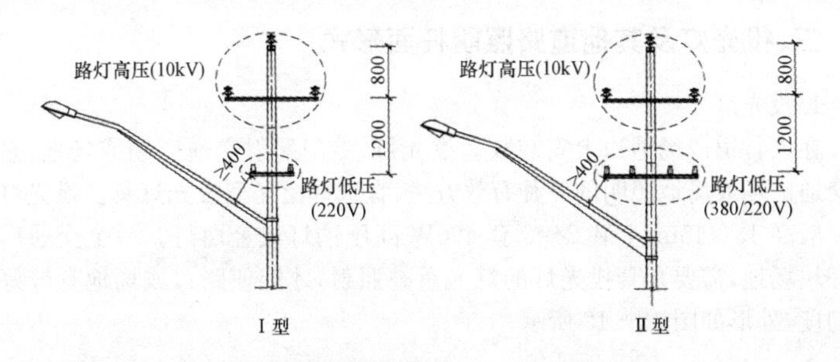

图 12－9　灯架灯具与公共高低压线路共杆(二)

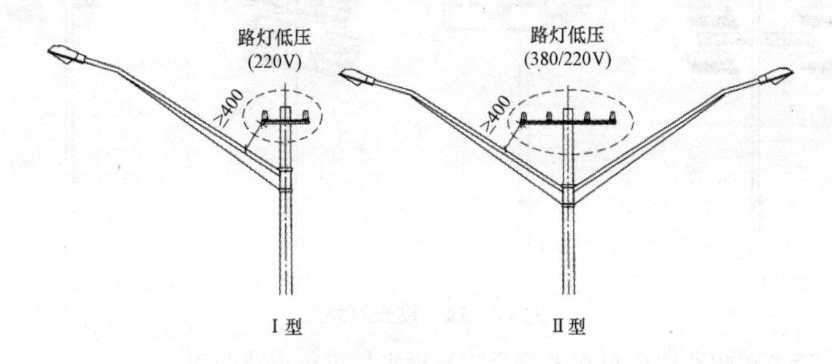

图 12－10　灯架灯具与公共高低压线路共杆(三)

2. 灯架灯具杆上敷设＋路灯电缆地下敷设

灯架灯具杆上敷设＋路灯电缆地下敷设，如图 12－11 所示。

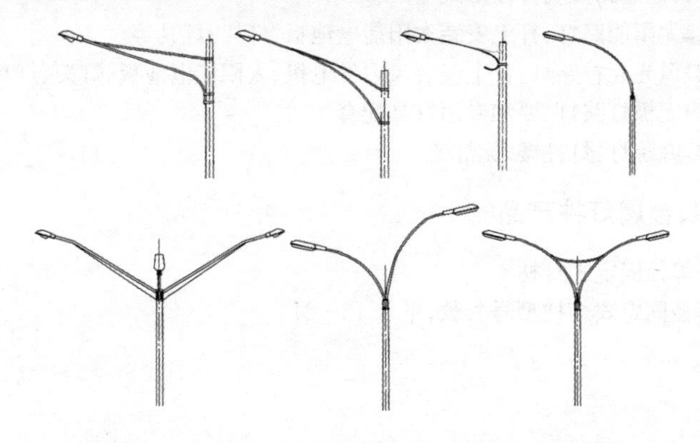

图 12－11　混凝土电杆灯架参考图(电缆线路埋地)

三、投光灯及其他道路照明杆面形式

1. 投光灯

在人行道或场地边上安装数套投光灯，专门照射交通广场或场地，是加强交通广场或场地照明的一种有效方法，宜选择泛光型投光灯具。投光灯灯柱一般高13～15m，上装2～6套400W高压钠灯或金卤灯。一个交通广场或一块场地，需要几套投光灯的灯光重叠照射，才能使路口或场地有较好的均匀度，外形如图12-12所示。

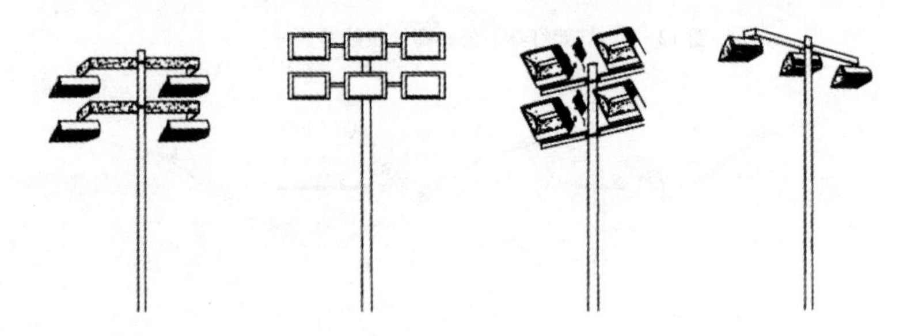

图12-12 投光灯外形

特宽单幅路段也可在人行道安装投光灯进行道路照明。

投光灯的位置、高度、投光灯数量，不但要满足交通广场等的照明要求，还要使道路投光灯不对司机和行人产生眩光，也不能干扰交通信号。

2. 其他道路照明杆面形式

(1)太阳能路灯：杆上安装太阳能电池板、灯架、灯具等。

(2)风光互补路灯：杆上安装风力发电机、太阳能电池板、灯架、灯具等。

(3)无极灯路灯：要和专用灯具配套。

(4)庭院灯：灯柱矮，无灯架。

四、金属灯柱产品

1. 等径固定式灯柱

等径固定式灯柱型号参数，见表12-21。

表 12-21　等径固定式灯柱型号参数

型　号	高度(m)	直径(mm)	型　号	高度(m)	直径(mm)
41 XY—DG103	25～3	60	4l XY—DG109	6～9	133
41 XY—DGl05	3～5	88.5	4lXY—DG112	8～12	159
41 XY—DG106	4—6	108	41XY—DG116	12～16	213
41 XY—DG108	5～8	127	—	—	—

注:用成型钢管加工而成。

2. 变径固定式灯柱

变径固定式灯柱型号参数,见表 12-22。

表 12-22　变径固定式灯柱型号参数

型号	高度(m)	稍径(mm)	中径(mm)	根径(mm)
41 XY—DG205	5	60	108	159
41 XY—DG206	6	88.5	127	159
41 XY—DG208	8	88.5	127	159
4l XY—DG2010	10	108	133	219
41 XY—DG2012	12	108	133	219

注:由 3 节以上不等径钢管对接而成。

3. 锥形固定灯柱

锥形固定灯柱型号参数,见表 12-23。

表 12-23　锥形固定灯柱型号参数

型　号	高度(m)	稍径(mm)	根径(mm)	型　号	高度(m)	稍径(mm)	根径(mm)
41 XY—DG305	5	70	165	41 XY—DG308	8	90	219
41 XY—DG306	6	70	185	41 XY—DG3010	10	100	219
41 XY—DG307	7	90	185	41 XY—DG3012	12	100	219

注:由两种优质碳素钢板卷制后焊接而成。

4. 组合固定式灯柱

组合固定式灯柱型号参数见表 12-24。

表 12－24 组合固定式灯柱型号参数

型号	高度(m)	稍径(mm)	根径(mm)	型号	高度(m)	稍径(mm)	根径(mm)
41 XY—DC405	5	88.5	159	41 XY—DG410	10	133	219
41 XY—DG406	6	108	159	41 XY—DG412	12	159	219
41 XY—DG408	8	108	219	—	—	—	—

5. 可倾式灯柱

可倾式灯柱型号参数，见表 12－25。

表 12－25 可倾式灯柱型号参数

型号	高度(m)	平衡器号	杆头最大负荷	备注	型号	高度(m)	平衡器号	杆头最大负荷	备注
T051RLS	5	RLS0	8	弹簧操作	T087RLH	8	RLH 1M	62	液压操作
		RLS1	28				RLH 2M	105	
T061RLS	6	RLS1	20		T107RLH	10	RLH 1M	32	
							RLH 2M	64	
T081RLS	8	RLS2	8		T127RLH	12	RLH 1M	11	
		RLS3	16				RLH 2M	36	
T051RLS/FP	5	RLS0	8		T087 RLH/FP	8	RLH 1M	62	
		RLS1	28				RLH 2M	105	
T061 RLS/FP	6	RLS1	20		T107RLH/FP	10	RLH 1M	32	
							RLH 2M	64	
T081 RLS/FP	8	RLS2	8		T127RLH/FP	12	RLH 1M	11	
		RLS3	16				RLH 2M	36	

第三节　照明光源与灯具的选择

道路照明对光源的主要要求是高光效和长寿命，在一定环境条件下也要求有较好的显色性。道路照明电光源经历了“白炽灯—高压汞灯—高压钠灯和金属卤化物灯”的发展过程。20 世纪 60 年代高压汞灯逐步取代白炽灯，20 世纪 70 年代高压钠灯又逐步占据道路照明的主导地位。高压钠灯有光效高、紫外线辐射小、可在任意位置点燃、耐振、寿命长等优点，又具有较强的透雾能力等优势，至今是道路照明中使用最多的一种光源。在高压汞灯基础上发展起来的金属卤化物灯，经不断改善，以其高光效、高显色性迅速在道路照明中扩大应用范围，具有非常广阔的发展前景。现在，LED灯、无极灯、低压钠灯、太阳能路灯、风光互补路灯等多种光源在道路照明中大显身手，道路照明光源进入了一个蓬勃发展的新时期。

一、道路照明电光源选用

1. 光源选用

根据道路照明要求和光源的光效、寿命、显色性、价格等选择光源。

(1)高压钠灯：光效高、透雾性强、技术成熟、显色性稍差($Ra=23\sim25$)。高压钠灯大功率灯管(250～400W)光效高，可达130～140lm/W；小功率灯管(100～150W)光效约为80～100lm/W，与LED路灯相当。快速路、主干道、次干道、支路和公路照明优先选用高压钠灯。

(2)金卤灯：光效高、显色性好，重要路段、商业区路段宜选用。陶瓷金卤灯比石英管金卤灯具有更高光效，更耐高温，显色性更好。

(3)LED路灯：光效70～90lm/W，寿命长，显色性Ra近80，低电压。小功率(≤150W)路灯综合效率优于高压钠灯，宜作小路路灯和人行道照明光源或庭院灯、草坪灯、栏杆灯光源。随着LED技术的发展，LED路灯前景广阔。

(4)无极灯：寿命长，人行道、慢车道等可选择。

(5)太阳能路灯和风光互补路灯：节能、环保，用在供电困难的地区，多以LED为光源，前景光明。

(6)光纤灯、冷阴极灯：光色丰富，易调光，是道路立交装饰照明常用光源。

(7)节能灯：体积小，光效高，是庭院灯、草坪灯的常用光源。

(8)荧光灯：光效高、寿命长、光色好，是栏杆照明的常用光源。

(9)路灯改造：以白炽灯或汞灯为光源的道路照明，优先选择高压钠灯和金卤灯作为替代光源。

道路照明常用电光源技术参数，见表12-26。

表12-26　道路照明常用电光源技术参数

灯具型号	光源功率(W)	平均光通(lm)	平均寿命(h)	尺寸(总长度)(mm)	灯头型号
MH100/V/ED28	100	4200	10000	210	E40
MH150/V/ED28	150	10100	10000	210	E40
MH250/V	250	15400	10000	210	E40

续表

灯具型号	光源功率(W)	平均光通(lm)	平均寿命(h)	尺寸(总长度)(mm)	灯头型号
MH400/V	400	28800	10000	210	E40
NG100	100	7500	3000	180	E27/30×35
NG150	150	12000	3000	212	E27/30×35
NG250	250	32750	5000	285	E27/30×35
NG400	400	42000	5000	285	E27/30×35

2. 延长光源的使用寿命

延长光源的使用寿命主要有以下方法：

(1)稳定电压。灯具端电压要稳定在额定电压的90%～105%。低电压会造成高压气体放电灯的难以启动，电压升高则会严重缩短灯泡的使用寿命。道路照明设计和施工中，要计算出线路电压昼夜变化情况，把照明线路的始、末端电压调整到一个合理的变化范围内。有多种稳压、调压装置，能减少高电压对灯泡寿命的冲击，又达到了节电目的。

(2)使用优质灯泡及配套附件。要在不同型号的灯泡及附件的产品间进行经济技术比较，往往高品质的灯泡及配套附件的寿命长、光效高，综合经济技术效益占优。

(3)慎重采用绕丝快速启动的高压钠灯。因为快速启动会使灯泡寿命缩短。某些大厂家推出的快速启动的新型高压气体放电灯，寿命长，光效提高，可以大胆使用。

(4)采用外触发高压气体放电灯。灯泡结构简单、寿命长，但器件多，维护量也较大。

(5)采用双灯丝的灯管，可以延长灯管的使用寿命。

(6)采用启动电流较小的镇流器，可以延长灯管的使用寿命。

(7)选用长寿命光源。无极灯、LED灯长寿命，可考虑使用。同一类电光源，不同厂家的产品会有差异，选用信誉好的大厂产品，灯泡使用寿命会较长。

二、灯具的选择

普通的常规道路路段，应采用常规道路照明灯具。常规道路照明灯具按照其配光分为截光型、半截光型、非截光型3类灯具(在IESNA标准中是将灯具按照截光类型分为4类，即在前3种的基础上增加一种完全截光型灯具)，见表12-27。

表12-27　道路照明灯具按照配光的分类

灯具类型	灯具最大光强角度范围(°)	在指定方向上所发出的最大光强允许值	
		90°	80°
截光	0～65	10cd/1000lm	30cd/1000lm
半截光	0～75	50cd/1000lm	100cd/1000lm
非截光	—	1000cd	—

注：不论光源会产出多少光通量，光强最大值不得超过1000cd。

(1)机动车道照明应采用符合下列规定的功能性灯具：

①快速路、主干路必须采用截光型或半截光型灯具；

②次干路应采用半截光型灯具；

③支路宜采用半截光型灯具。

(2)商业区步行街、人行道路、人行地道、人行天桥，以及有必要单独设灯的非机动车道宜采用功能性和装饰性相结合的灯具。当采用装饰性灯具时，其上射光通比不应大于25%，且机械强度应符合现行国家标准《灯具一般安全要求与实验》GB 7000.1的规定。

(3)采用高杆照明时，应根据场所的特点，选择具有合适功率和光分布的泛光灯或截光型灯具。灯具安装高度应大于被照范围半径的1/2，安装高度在20m以上时应考虑维护措施。

宽阔的机动车交通道路，当采用高杆灯照明方式时，应该选择、配置光束比较集中的泛光灯。

(4)采用密闭式道路照明灯具时，光源腔的防护等级不应低于IP54。环境污染严重、维护困难的道路和场所，光源腔的防护等级不应低于IP65。灯具电气腔的防护等级不应低于IP43。

(5)空气中酸碱等腐蚀性气体含量高的地区或场所宜采用耐腐蚀性能好的灯具。

(6)通行机动车的大型桥梁等易发生强烈振动的场所，采用的灯具应符合现行国家标准《灯具一般安全要求与实验》GB 7000.1所规定的防振要求。

(7)高强度气体放电灯宜配用节能型电感镇流器，功率较小的光源可配用电子镇流器。

(8)高强度气体放电灯的触发器、镇流器与光源的安装距离应符合产品的要求。

(9)对于完全供行人或非机动车使用的居住区道路，灯具选择有更大的空间，可以更多地采用装饰性灯具，如全漫射型玻璃灯具、多灯组合式灯具、下射式筒型灯具、反射式灯具等。

(10)划有机动车分道线的道路照明路灯安装高度不宜低于4.5m，灯杆间距25～30m，伸入路面0.6～1.0m，路面亮度不宜低于1cd/m^2，路面照度均匀度(最小照度与最大照度之比)宜为1∶10～1∶15。

第四节 城市道路照明计算

进行城市道路照明计算时应该预先知道所选用灯具的光度数据、灯具的实际安装条件(安装高度、安装间距、悬挑长度、灯具仰角和灯具布置方式等)、道路的几何条件(道路横断面及各部分的宽度、路面材料特性等)以及所采用光源的类型和功率等。

一、照度计算

1. 路面上任意点照度逐点法计算

根据等光强曲线图进行计算，计算公式为：

$$E_p = I_{\gamma c} \cdot \cos^2\gamma / h^2$$

式中 $I_{\gamma c}$ ——灯具指向γ角和c角所确定的P点的光强；

γ ——高度角，如图12-13所示；

c ——方位角，如图12-13所示；

h ——灯具安装高度；

E_p ——灯具在P点产生的照度。

N个灯具在P点产生的总照度为各个灯具在该点照度的和。

2. 路面平均照度的计算

计算道路平均照度E_{av}和灯间距S的公式如下：

$$E_{av} = \frac{\Phi UKN}{SW}$$

$$S = \frac{\Phi UKN}{E_{av} W}$$

式中 Φ ——光源的总光通量，lm；

U ——利用系数(由灯具利用系数曲线查出)；

K ——维护系数；

W ——道路宽度，m；

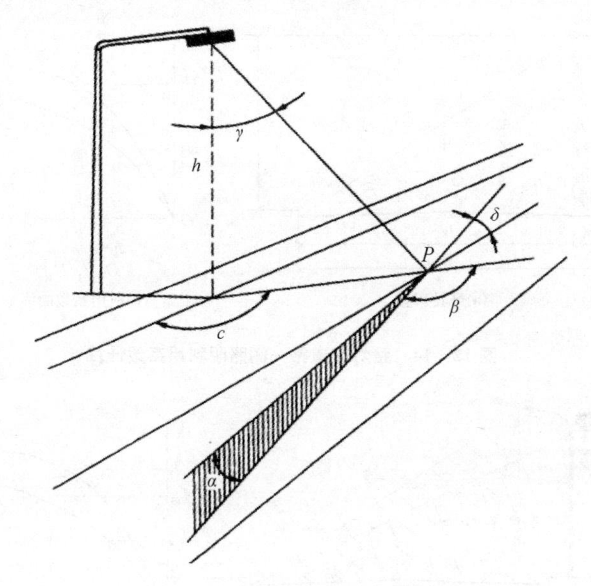

P-路面上的被观察点；α-道路使用者的观察角度（由水平线算起）；
β.光的入射平面与观察平面之间的夹角；δ.观察平面与道路轴线之间的夹角

图 12-13　道路照明逐点法计算

S——路灯安装间距，m；

N——与排列方式有关的数值，当路灯一侧排列或交错排列时 $N=1$，相对矩形排列时 $N=2$。

3. 各种场所利用系数 U 的确定

路灯的利用系数曲线是以灯垂直路面的垂线为界，一侧为车道侧，另一侧为人行道侧的条件绘制的。利用系数的变化按照路宽 W 与灯的安装高度 h 之比 W/h 给出相关曲线值。路面总利用系数 U 应分别按图 12-14 和图 12-15 所示求出亮度。

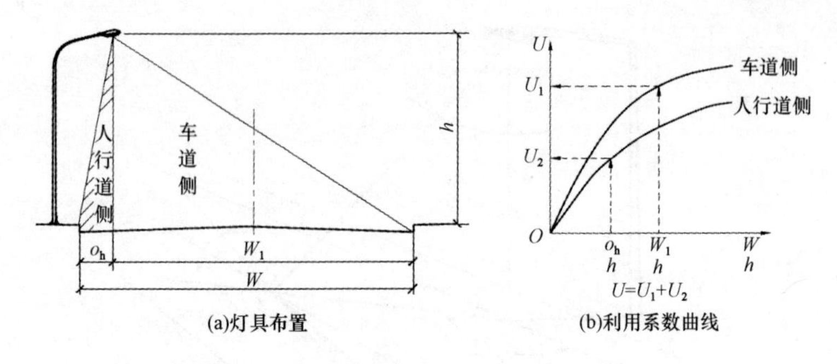

图 12－14　路灯在道路一侧照明利用系数计算

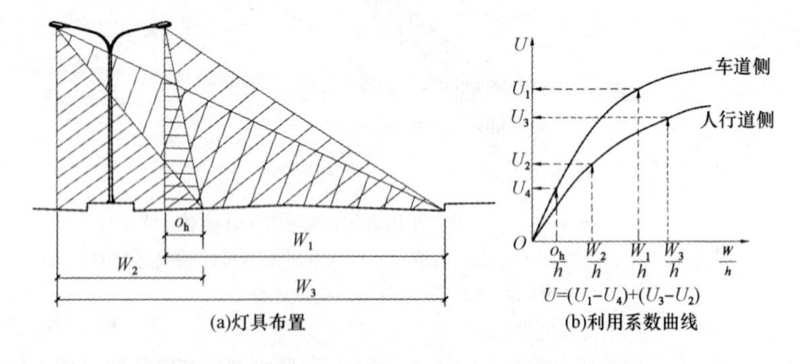

图 12－15　有中央隔离带的车道上照明利用系数计算

二、亮度计算

1. 亮度系数(q)为路面上某点的亮度和该点的水平照度之比(即 $q=L/E$)。它除了与路面材料有关外，还取决于观察者和光源相对于路面所考察的那一点的位置，即 $q=q(\beta,\gamma)$。其中 β 为光的入射平面和观察平面之间的角度，γ 为入射光线的垂直角(见图 12－13)所示。

2. 根据亮度系数的定义，一套灯具在路面上一点 P 所产生的亮度可按下式进行计算：

$$\begin{aligned}L &= qE = q(\beta,\gamma)E(c,\gamma)\\ &= \frac{q(\beta,r)I(c,r)}{h^2}\cdot\cos^3\gamma\\ &= r(\beta,\gamma)\,\frac{I(c,\gamma)}{h^2}\end{aligned}$$

$$r(\beta,\gamma)=q(\beta,\gamma)\cos^3\gamma$$

式中　c,γ——计算点相对于灯具的坐标；

$r(\beta,\gamma)$——简化亮度系数；可从实际路面测量获得或从实际路面相对应的标准路面的γ表中查得：见表12-28和表12-29。表12-28适用于沥青路面，表12-29适用于水泥混凝土路面；

$I(c,\gamma)$——灯具指向c,γ所确定的方向上P点的光强。查灯具的等光强曲线图；

h——灯具安装高度；

$q(\beta,\gamma)$——亮度系数，$q(\beta,\gamma)\ \dfrac{L(\beta,\gamma)}{E}$

L、E——分别为路面计算点的亮度和照度。

然后，再对多个灯具在路面上P点产生的亮度求和即可获得该点的亮度。

路面平均亮度计算中最简单快捷的方法是使用灯具光度测试报告中所提供的亮度产生曲线图，其计算公式为：

$$L_{av}=\eta_L\cdot Q_0\cdot \Phi\cdot M/W\cdot S$$

式中　η_L——亮度产生系数。可根据已知条件在亮度产生曲线图中查得；

Q_0——路面的平均亮度系数；

Φ——灯具中的光源光通量；

M——维护系数，见表12-30；

W——道路宽度；

S——灯具安装间距。

表12-30　道路照明的维护系数

灯具防护等级	维护系数	灯具防护等级	维护系数
$>$IP54	0.70	$\leqslant$IP54	0.65

注：道路照明的维护系数为光源的光衰系数和灯具因污染的光衰系数的乘积。根据目前我国常用道路照明光源和灯具的品质及环境状况，每年对灯具进行一次擦拭。

表 12 - 28 **沥青路面的简化亮度系数(r)**

$\tan\gamma$	β(°)																			
	0	2	5	10	15	20	25	30	35	40	45	60	75	90	105	120	135	150	165	180
0	329	329	329	329	329	329	329	329	329	329	329	329	329	329	329	329	329	329	329	329
0.25	362	358	371	364	371	369	362	357	351	349	348	340	328	312	299	294	298	288	292	281
0.5	379	368	375	373	367	359	350	340	328	317	306	280	266	249	237	237	231	231	227	235
0.75	380	375	378	365	351	334	315	295	275	256	239	218	198	178	175	176	176	169	175	176
1	372	375	372	354	315	277	243	221	205	192	181	152	134	130	125	124	125	129	128	128
1.25	375	373	352	318	265	221	189	166	150	136	125	107	91	93	91	91	88	94	97	97
1.5	354	352	336	271	213	170	140	121	109	97	87	76	67	65	66	66	67	68	71	71
1.75	333	327	302	222	166	129	104	90	75	68	63	53	51	49	49	47	52	51	53	54
2	318	310	266	180	121	90	75	62	54	50	48	40	40	38	38	38	41	41	43	45
2.5	268	262	205	119	72	50	41	36	33	29	26	25	23	24	25	24	26	27	29	28
3	227	217	147	74	42	29	25	23	21	19	18	16	16	17	18	17	19	21	21	23
3.5	194	168	106	47	30	22	17	14	13	12	12	11	10	11	12	13	15	14	15	14
4	168	136	76	34	19	14	13	11	10	10	10	8	8	9	10	9	11	12	11	13
4.5	141	111	54	21	14	11	9	8	8	8	8	7	7	8	8	8	8	10	10	11
5	126	90	43	17	10	8	8	7	6	6	7	6	7	6	6	7	8	8	8	9

续表

tanγ	β(°)																		
	0	2	5	10	15	20	25	30	35	40	45	60	75	90	105	120	135	150	165	180
5.5	107	79	32	12	8	7	7	7	6	5	—	—	—	—	—	—	—	—	—	—
6	94	65	26	10	7	6	6	6	5	—	—	—	—	—	—	—	—	—	—	—
6.5	86	56	21	8	7	6	5	5	—	—	—	—	—	—	—	—	—	—	—	—
7	78	50	17	7	5	5	5	5	—	—	—	—	—	—	—	—	—	—	—	—
7.5	70	41	14	7	4	3	4	—	—	—	—	—	—	—	—	—	—	—	—	—
8	63	37	11	5	4	4	4	—	—	—	—	—	—	—	—	—	—	—	—	—
8.5	60	37	10	5	4	4	4	—	—	—	—	—	—	—	—	—	—	—	—	—
9	56	32	9	5	4	3	—	—	—	—	—	—	—	—	—	—	—	—	—	—
9.5	53	28	9	4	4	4	—	—	—	—	—	—	—	—	—	—	—	—	—	—
10	52	27	7	5	4	3	—	—	—	—	—	—	—	—	—	—	—	—	—	—
10.5	45	23	7	4	3	3	—	—	—	—	—	—	—	—	—	—	—	—	—	—
11	43	22	7	3	3	3	—	—	—	—	—	—	—	—	—	—	—	—	—	—
11.5	44	22	7	3	3	—	—	—	—	—	—	—	—	—	—	—	—	—	—	—
12	42	20	7	4	3	—	—	—	—	—	—	—	—	—	—	—	—	—	—	—

注：①平均亮度系数 $Q_0=0.07$。

②表中 r 值已扩大 1000 倍，实际使用时应乘以 10^{-3}。

表 12-29 水泥混凝土路面的简化亮度系数(*r*)

$\tan\gamma$	β(°)																		
	0	2	5	10	15	20	25	30	35	40	45	60	75	90	105	120	135	150	165	180
0	770	770	770	770	770	770	770	770	770	770	770	770	770	770	770	770	770	770	770	770
0.25	710	708	703	710	712	710	708	708	707	704	702	708	698	702	704	714	708	724	719	723
0.5	586	582	587	581	581	576	570	567	564	556	548	541	531	544	546	562	566	587	581	589
0.75	468	467	465	455	457	445	430	420	410	399	390	383	373	384	391	412	419	437	438	445
1	378	372	373	363	347	331	314	299	285	273	263	260	250	265	278	295	305	318	323	329
1.25	308	304	305	285	270	244	218	203	193	185	179	173	173	183	194	207	224	237	238	245
1.5	258	254	251	229	203	178	157	143	134	128	124	120	120	132	140	155	163	177	179	184
1.75	217	214	205	182	153	129	110	100	95	90	87	84	88	98	103	116	123	134	137	138
2	188	183	174	142	116	95	80	73	69	64	62	64	64	72	78	88	95	105	108	109
2.5	145	136	121	90	66	53	46	41	39	37	36	36	39	44	50	55	60	66	69	71
3	118	108	87	57	41	32	28	26	25	23	22	23	25	28	31	37	41	45	47	51
3.5	97	87	64	39	26	20	18	17	16	15	15	16	17	19	23	27	30	33	35	37
4	80	69	50	29	17	14	13	12	11	11	11	11	13	15	17	19	22	26	27	29
4.5	70	58	37	21	13	10	9	8	8	8	8	9	10	12	14	16	17	20	21	22
5	60	51	29	15	9	7	7	6	6	6	6	7	7	9	10	12	14	17	17	18

续表

tanγ	β(°)																			
	0	2	5	10	15	20	25	30	35	40	45	60	75	90	105	120	135	150	165	180
5.5	52	41	23	12	7	6	6	6	5	4	—	—	—	—	—	—	—	—	—	—
6	48	36	19	8	6	5	5	5	5	—	—	—	—	—	—	—	—	—	—	—
6.5	44	32	17	7	6	5	5	5	—	—	—	—	—	—	—	—	—	—	—	—
7	41	26	14	6	5	4	4	4	—	—	—	—	—	—	—	—	—	—	—	—
7.5	37	26	12	6	4	3	3	—	—	—	—	—	—	—	—	—	—	—	—	—
8	34	23	11	5	4	3	3	—	—	—	—	—	—	—	—	—	—	—	—	—
8.5	32	21	9	5	4	3	3	—	—	—	—	—	—	—	—	—	—	—	—	—
9	29	19	8	4	3	3	—	—	—	—	—	—	—	—	—	—	—	—	—	—
9.5	27	17	7	4	3	3	—	—	—	—	—	—	—	—	—	—	—	—	—	—
10	26	16	6	3	3	3	—	—	—	—	—	—	—	—	—	—	—	—	—	—
10.5	25	16	6	3	2	1	—	—	—	—	—	—	—	—	—	—	—	—	—	—
11	23	15	6	3	2	1	—	—	—	—	—	—	—	—	—	—	—	—	—	—
11.5	22	14	6	3	2	—	—	—	—	—	—	—	—	—	—	—	—	—	—	—
12	21	14	5	3	2	—	—	—	—	—	—	—	—	—	—	—	—	—	—	—

注：①平均亮度系数 $Q_0=0.10$。

②表中 r 值已扩大 1000 倍，实际使用时应乘以 10^{-3}。

三、照明计算示例

【例 12-1】 某城市主干道机动车道宽 $W=21$m，一幅路面，试设计道路照明并计算车行道平均照度。

解：(1)确定照度标准。本道路属于城市主干道，一幅路面，路面平均照度不低于 20lx，可以达到 30lx。

(2)照明器配置。选用半截光"SFDJ101"灯具，对称排列。灯柱的道路侧安装 250W 高压钠灯灯泡（SON-T4250W），光通量 28000lx；人行道侧安装 100W 高压钠灯灯泡（SON-T100W），灯高 7m，光通量 9000lm。SFDJ101 路灯利用系数曲线如图 12-16 所示。

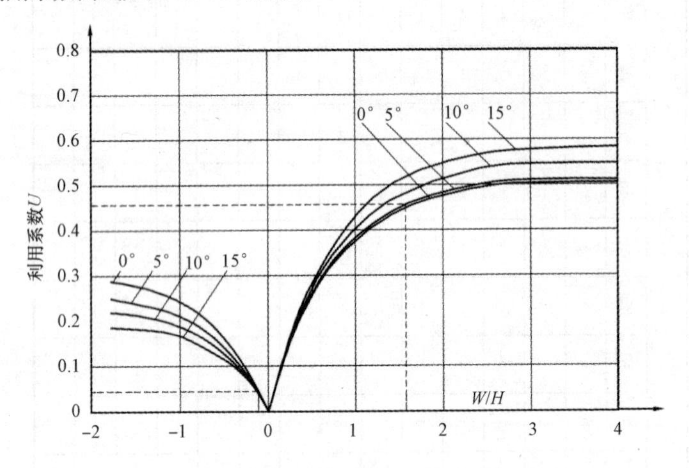

图 12-16 SFDJ101 路灯利用系数曲线

(3)由表 12-31 可知：

①灯柱高度。$H \geqslant 0.6W = 0.6 \times 21 = 12.6$(m)，取 $H=12$m。

②杆距。$S \leqslant 3.5H = 3.5 \times 12 = 42$m，取 $S=40$m。

③灯具悬挑长度 1.5m。

④灯具仰角为 5°。

表 12-31　灯具的配光类型、布置方式与灯具的安装高度、杆距的关系(CJJ 45—2006)

灯具配光类型	截光型		半截光型		非截光型	
高度、间隔 / 布置方式	安装高度 h(m)	灯具间距 S(m)	安装高度 h(m)	灯具间距 S(m)	安装高度 h(m)	灯具间距 S(m)
单倾侧排列	$h\geqslant W$	$S\leqslant 3h$	$h\geqslant 1.2W$	$S\leqslant 3.5h$	$h\geqslant 1.4W$	$S\leqslant 4.0h$
交错排列	$h\geqslant 0.7W$		$h\geqslant 0.8W$		$h\geqslant 0.8W$	
对称排列	$h\geqslant 0.5W$		$h\geqslant 0.6W$		$h\geqslant 0.7W$	

注：W 为路面的宽度。

(4)车行道平均照度计算为：

$$E_{av}=\frac{\Phi UKN}{SW}$$

式中　$\Phi=28000\text{lx}$。

$W_{车}/h=19.5/12=1.625$

$U_1=0.46$

$W_{人}/h=1.5/12=0.125$

$U_2=0.04$

$U=U_1+U_2=0.5$

取$K=0.7$，$W=21\text{m}$，对称排列：$N=2$，代入上式

$E_{av}=(28000\times0.5\times0.7\times2)/(40\times21)$

$=19600/840=23.3(\text{lx})$

答：车行道平均照度 23lx。

(5)按计算结果画出道路照明标准横断面图和标准平面图，如图 12-17 和图 12-18 所示，进而设计“道路照明平面图”等图纸。

【例 12-2】 已知某次干道道路宽 15m，路面为沥青混凝土，试设计道路照明。

解：(1)选用某灯具公司生产的 DSD178 型灯具作路灯照明，光源为 150W 高压钠灯，照度设计为 10lx，采用对称布灯方式，仰角 θ 为 15°，如图 12-19所示。

(2)灯杆高度一般取路宽的 70%，路灯外伸长度取 $oh=1.5\text{m}$。

灯杆高度 $h=0.7\times0.5=10.5(\text{m})$，取灯杆高度为 10m。

$\frac{oh}{h}=1.5/10$，$U_2=0.05$（查图 12-20 人行道侧线图）。

$\frac{W_1}{h}=13.5/10$，$U_1=0.52$（查图 12-20 人行道侧线图）。

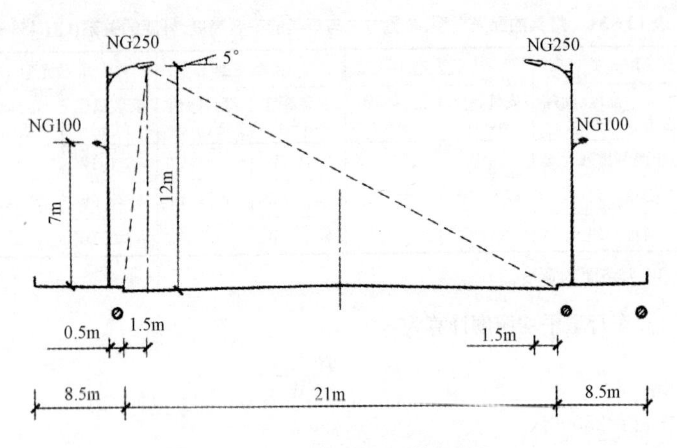

图 12-17 道路照明标准横断面图

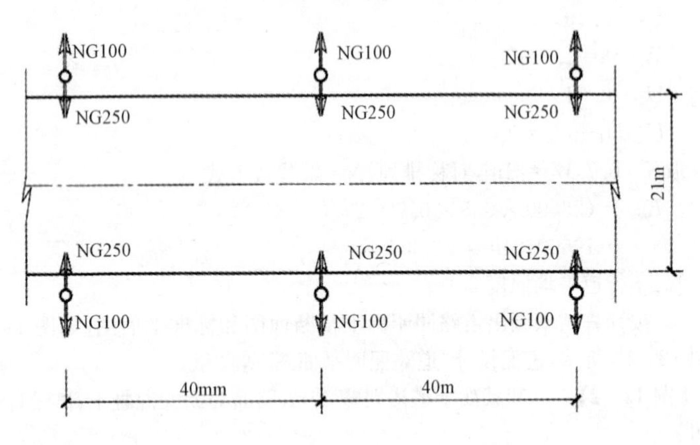

图 12-18 道路照明标准平面图

$U = 0.52 + 0.05 = 0.57$

3. 求平均照明

NG-150 型光源光通 $\Phi = 16000\text{lm}$，维护系数 $K = 0.65$，灯间距 $S = 40\text{m}$。路灯布置平面如图 12-21 所示。根据式 $E_{av} = \dfrac{\Phi UKN}{SW}$ 计算路面平均照度：

$$E_{av} = \frac{\Phi UKN}{SW} = \frac{16000 \times 0.57 \times 0.65 \times 2}{40 \times 15} = 19.76(\text{lx})$$

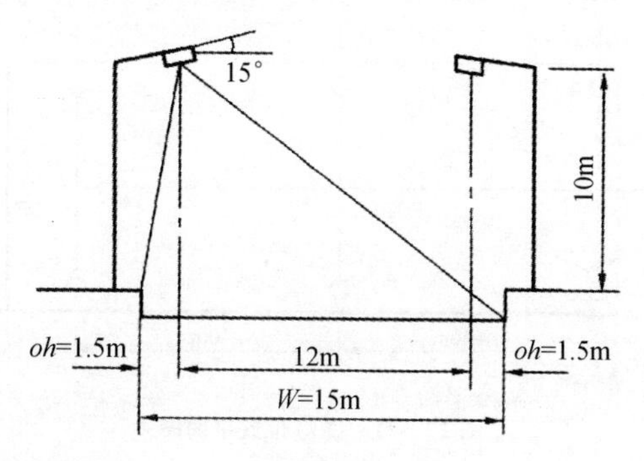

注:$W_1=W-oh$,见图12-14所示

图 12－19　道路照明计算布灯

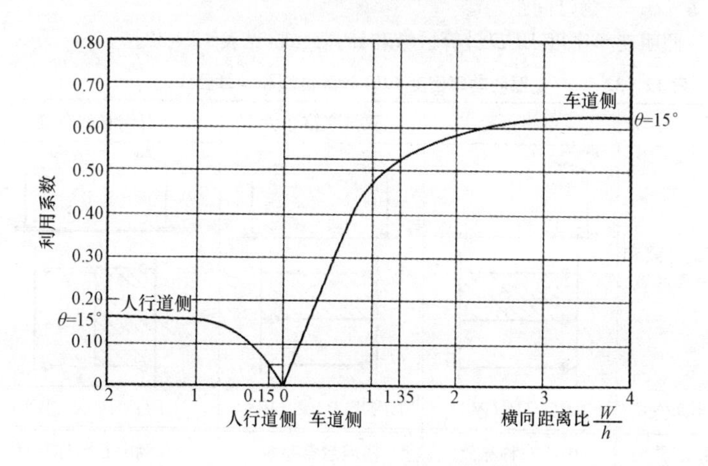

图 12－20　DSD178 型灯具利用系数曲线

四、功率密度 *LPD* 计算

1. 照明安装功率

道路照明安装功率，应包括灯功率和镇流器功率。无法了解镇流器功率时，其数值按灯功率的 15％计算。

2. 功率密度 *LPD* 计算

$$LPD = P/(WS)$$

式中　*LPD*——为道路照明功率密度，W/m^2；

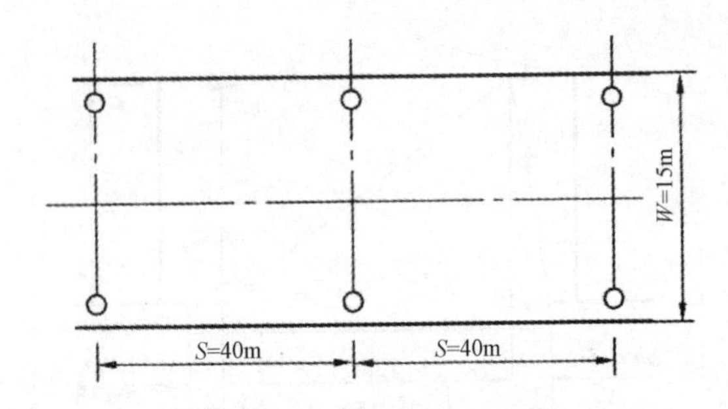

图 12-21 路灯布置平面图

P——为每套灯具中的光源功率与镇流器功率之和，W；

W——为路宽，m；

S——为灯间距，m。

照明功率密度 LPD 计算区域和计算公式，见表 12-32。

表 12-32 照明功率密度 **LPD** 计算区域和计算公式

布灯类型	单侧布置	双侧交错布置	双侧对称布置
杆面形式和计算区域	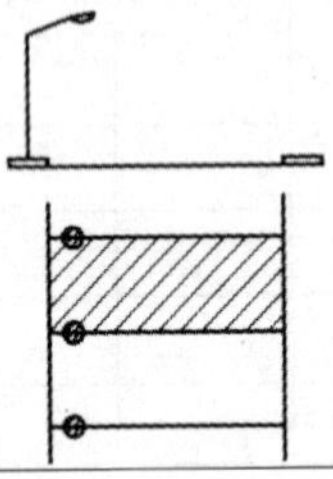	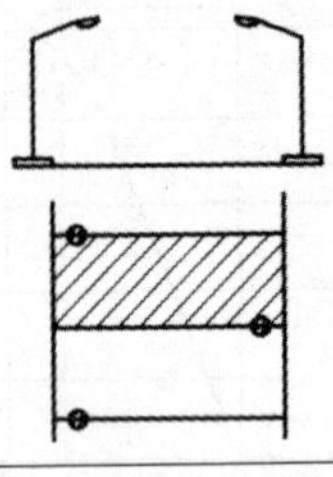	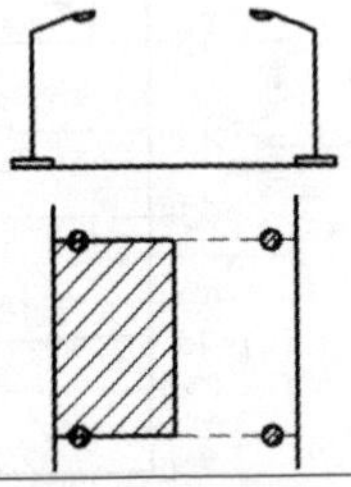
计算公式	$LPD=P/(WS)$	$LPD=P/(0.5WS)$	$LPD=P/(0.5WS)$
布灯类型	中心对称布置	横向悬索布置	双侧中心对称布置
杆面形式和计算区域	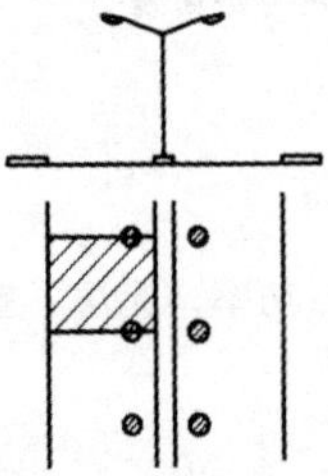	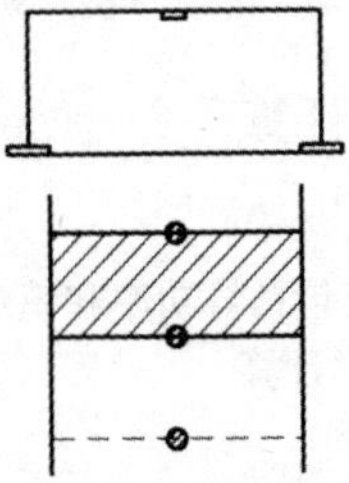	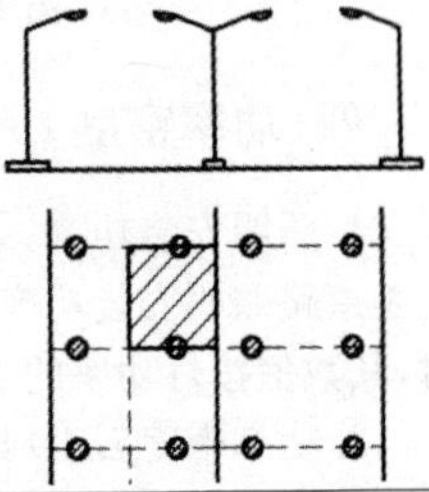
计算公式	$LPD=P/(WS)$	$LPD=P/(WS)$	$LPD=P/(0.25WS)$

3. 功率密度 LPD 计算举例

【例 12－3】　条件同【例 12－1】，求功率密度 LPD。

(1)每套灯具总功率为

$$P = 250 \times (1 + 0.15) = 287.5(\mathrm{W})$$

(2)布灯系数。双侧对称布置，$N=2$。

(3)计算功率密度 LPD 为：

$$LPD = P/(0.5WS) = 287.5/(0.5 \times 21 \times 40) = 287.5/420 = 0.68(\mathrm{W/m^2})$$

(4)查表 12－17，城市主干道，车道数≥6，对应照明 20lx 时，$SPD=0.7$ $(\mathrm{W/m^2})$

计算功率密度为 $0.68(\mathrm{W/m^2})$，小于规定功率密度为 $0.7(\mathrm{W/m^2})$。

(5)结论。照明设计符合功率密度要求。

第五节　城市道路照明设计

一、城市道路照明设计要点

1. 机动车交通道路照明设计

城市道路照明设计应根据道路和场所的特点及照明要求，选择常规照明方式或高杆照明方式。

(1)常规照明：常规照明灯具的布置可分为单侧布置、双侧交错布置、双侧对称布置、中心对称布置和横向悬索布置 5 种基本方式，见表 12－32。

采用常规照明方式时，应根据道路横断面形式、宽度及照明要求进行选择，并应符合下列要求：

①灯具的悬挑长度不宜超过安装高度的 1/4，灯具的仰角不宜超过 15°；

②灯具的布置方式、安装高度和间距可按表 12－31 经计算后确定。

(2)高杆照明：采用高杆照明方式时，灯具及其配置方式，灯杆安装位置、高度、间距，以及灯具最大光强的投射方向，应符合下列要求：

①可按不同条件选择平面对称、径向对称和非对称 3 种灯具配置方式，如图 12－22 所示。布置在宽阔道路及大面积场地周边的高杆灯宜采用平面对称配置方式；布置在场地内部或车道布局紧凑的立体交叉的高杆灯宜采用

径向对称配置方式；布置在多层大型立体交叉或车道布局分散的立体交叉的高杆灯宜采用非对称配置方式。无论采取何种灯具配置方式，灯杆间距与灯杆高度之比均应根据灯具的光度参数通过计算确定；

②灯杆不得设在危险地点或维护时严重妨碍交通的地方；

③灯具的最大光强投射方向和垂线夹角不宜超过 65°；

④市区设置的高杆灯应在满足照明功能要求前提下做到与环境协调。

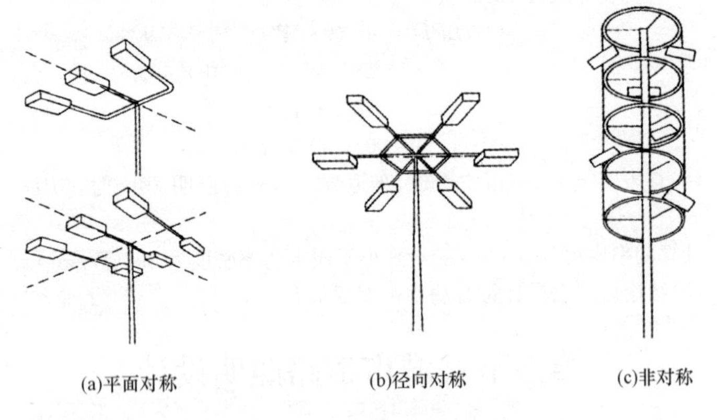

图 12－22 高杆灯灯具配置方式

(3)几种特殊场所照明：机动车交通道路及与其相连的几种特殊场所照明方式，见本章第一节第二大点：城市道路照明基本要求。

2. 人行道路照明设计

人行道路设计的技术要求有如下几点：

(1)人行道路照明主要考虑的对象是城市机动车交通道路两侧的人行道和居住区内的道路，对于前者，主要是应该做好兼顾机动车道和人行道两者的照明要求，或者是在满足机动车道照明要求的前提下，尽量使人行道的照明也能满足标准的要求。

(2)居住区内的道路分为两类：一为区域内道路；另一类为连接区域内道路和区域外的城市机动车交通道路的集散路。两类道路的交通量不同、使用者情况不同，对它们的照明要求也不同。集散路会有大量的机动车通行，又有很多非机动车和行人，所以在进行照明设计时，需要兼顾这几种道路使用者的需要。区域内道路上主要的使用者是行人和非机动车，区域内道路的照明主要应考虑行人以及非机动车的要求。

(3)居住区的照明设施应该兼顾白天和夜间的外观外貌，包括灯杆外形、高度、色彩、与建筑的距离，灯具外形、灯具配光、光源亮度、光线性质、光源色表和显色性等都应仔细斟酌。

设置照明时，一定要避免过量的光线射入路边建筑居室的窗户中。在设计时，应注意选择灯具的安装位置和高度、灯具的配光、灯具的照射角度等，可以在灯具上安装挡光板以控制射向居室的光线。

（4）集散路的照明应同时考虑机动车道和人行道的照明要求，所以要求照明灯具应兼具功能性和装饰性，灯具应该排列在道路的两侧，若道路比较宽时，应该考虑在一根灯杆上设置两个灯具，两个灯具分别照明机动车道和人行道，并且人行道上的平均水平照度不应低于与其相邻的机动车道上平均水平照度的1/2。

区域内道路主要采用装饰性灯具，灯具通常有以下几种安装方式：

①灯具安装在4～8m的灯杆顶端，具体的安装高度应该根据灯具的配光和所要照明的范围来确定；

②比较狭窄的街道安装在建筑物的墙面上，此时，灯具应尽量贴近墙面；

③近地高度安装，比如草坪灯一类的灯具。

3.道路、广场照明光源与灯具

道路、广场照明光源与灯具设计技术要求如下：

（1）道路照明光源宜采用高压钠灯。路灯安装高度不宜低于4.5m，灯杆间距25～30m，伸入路面0.6～1.0m，路面亮度不宜低于1cd/m^2，路面照度均匀度（最小照度与最大照度之比）宜为1∶10～1∶15。

（2）庭院照明光源宜采用小功率气体放电灯。庭院柱灯高度宜为路面宽度的0.6～1.2倍，但不宜高于3.5m，间距15～25m。草坪灯间距宜为其光源距地安装高度的3.5～10倍。

（3）广场照明可采用多种光源，如寿命长、高显色性及高光效的气体放电灯。灯杆宜沿广场长向布置，当广场宽度超过30m时宜采用双侧或多列布置。灯杆高度单侧时应大于广场宽度的0.4倍，双侧时大于广场宽度的0.2倍，间距宜为灯杆高度的1.6～2.7倍。

（4）高杆照明应采用轴对称配光灯具，灯具安装高度应大于被照范围半径的1/2。安装高度在20m以上时宜选用电动升降灯盘。

（5）室外照明宜在每个灯杆处设置单独的短路保护。

（6）室外照明应集中控制并可在深夜关掉部分灯光。

二、城市道路照明电气设计要点

1.照明供电和控制

照明供电和控制要求与规定如下：

(1)城市道路照明宜采用路灯专用变压器供电。

(2)对城市中的重要道路、交通枢纽及人流集中的广场等区段的照明应采用双电源供电。每个电源均应能承受100％的负荷。

(3)正常运行情况下，照明灯具端电压应维持在额定电压的90％～105％。

(4)道路照明供配电系统的设计应符合下列要求：

①供电网络设计应符合规划的要求。配电变压器的负荷率不宜大于70％。宜采用地下电缆线路供电，当采用架空线路时，宜采用架空绝缘配电线路。

②变压器应选用结线组别为D，yn11的三相配电变压器，并应正确选择变压比和电压分接头。

③应采取补偿无功功率措施。

④宜使三相负荷平衡。

⑤配电系统中性线的截面不应小于相线的导线截面，且应满足不平衡电流及谐波电流的要求。

⑥道路照明配电回路应设保护装置，每个灯具应设有单独保护装置。

⑦高杆灯或其他安装在高耸构筑物上的照明装置应配置避雷装置，并应符合现行国家标准《建筑物防雷设计规范》GB 50057的规定。

⑧道路照明供电线路的人孔井盖及手孔井盖、照明灯杆的检修门及路灯户外配电箱，均应设置需使用专用工具开启的闭锁防盗装置。

⑨道路照明应根据所在地区的地理位置和季节变化合理确定开关灯时间，并应根据天空亮度变化进行必要修正。开关灯的控制可以采用光控和时控相结合的智能控制方式，当道路照明采用集中遥控系统时，远动终端宜具有在通信中断的情况下自动开关路灯的控制功能和手动控制功能。

⑩道路照明开灯时的天然光照度水平宜为15lx；关灯时的天然光照度水平，快速路和主干路宜为30lx，次干路和支路宜为20lx。

⑪道路照明配电系统的接地形式宜采用TN－S系统或TT系统。采用TT系统时，应装设漏电保护；采用TN-S接地方式时，其保护电器应符合《低压配电设计规范》GB 50054—1995的要求。金属灯杆及构件、灯具外壳、配电及控制箱屏等外露可导电部分，应进行保护接地，并应符合国家现行相关标准的要求

2. 节能措施

(1)进行照明设计时，应提出多种符合照明标准要求的设计方案，进行综

合技术经济分析比较，从中选出技术先进、经济合理、节约能源的最佳方案。

(2)照明器材的选择应符合下列要求：

①光源及镇流器的性能指标应符合国家现行有关能效标准规定的节能评价值要求；

②选择灯具时，在满足灯具相关标准以及光强分布和眩光限制要求的前提下，常规道路照明灯具效率不得低于70%；泛光灯效率不得低于65%。

③气体放电灯线路的功率因数不应小于0.85。

④除居住区和少数有特殊要求的道路以外，在深夜宜选择下列措施降低路面亮度(照度)：

a. 采用双光源灯具，深夜时关闭一只光源，如图12－23所示；

b. 采用能在深夜自动降低光源功率的装置；

c. 关闭不超过半数的灯具，但不得关闭沿道路纵向相邻的两盏灯具。

⑤应选择合理的控制方式.并应采用可靠度高和一致性好的控制设备。

⑥应制定维护计划，宜定期进行灯具清扫、光源更换及其他设施的维护。

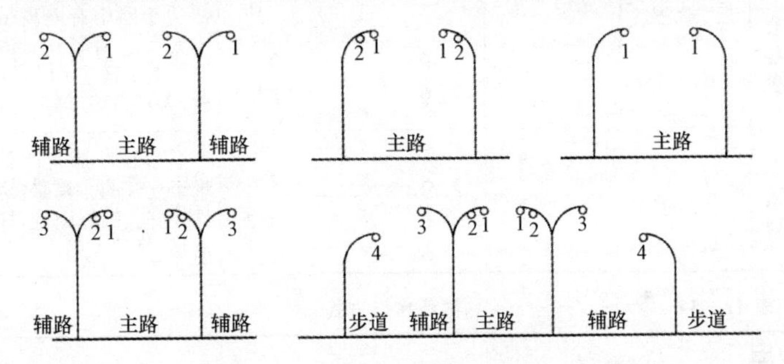

图12－23　半夜灯、全夜灯设置的方法

注：图中1、4为全夜灯，2、3为半夜灯。

高杆灯、中杆灯的全夜灯、半夜灯各半。步道灯、胡同灯、桥下灯均为全夜灯。

半夜灯、全夜灯照明控制分手动和自动两种。

三、道路照明布灯

(一)布灯方式

道路照明基本布灯方式，见表12－33。推荐布灯方式，见表12－34。

表 12 - 33　　基本布灯方式

布灯方式	纵断面图	平面图	备　注
单侧布置	A 路灯	B 路灯 灯杆	适合较窄的一幅路。诱导性好，但照度均匀度较差，人行道照度偏低
双侧交错布置	C	D	适合较宽的一幅路。照度均匀，诱导性较差，灯柱排列欠雅，人行道照度偏低
双侧对称布置	E	F	适合较宽的一幅路。照度较均匀，诱导性很好，灯柱排列美观，人行道照度偏低
中心对称布置	G	H	适于路中有隔离带且不太宽的两幅路。诱导性较好，照度均匀度较差，人行道照度好
横向悬索布置	Z	J	适合枝叶遮光严重或难于立杆的一幅路，诱导性较好。维修困难，灯光摇晃，尽量少用

表 12 - 34　　推荐布灯方式

布灯方式	纵断面图	平面图	备　注
快慢车隔离带对称布置	A	B	适于较宽的三幅或四幅路。快车道照度较均匀，慢车道照度和环境有差别，诱导性好，灯柱排列美观，人行道照度稍差
中央1＋交错布置1	C	D	适于较宽的两幅路。快、慢车道照度均匀，诱导性较差，灯柱排列欠雅，人行道照度稍好

续表

布灯方式	纵断面图	平面图	备　注
中央1＋交错布置2	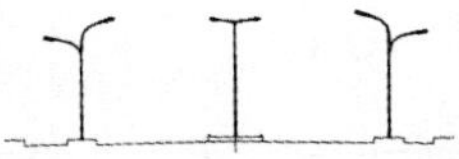 E	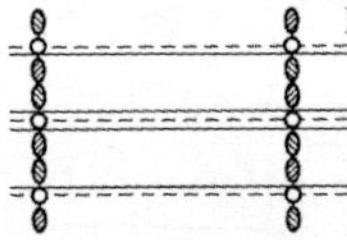 F	适于较宽的两幅路。快、慢车道照度均匀，诱导性很好，灯柱排列美观，人行道照度稍差
中央1＋对称布置	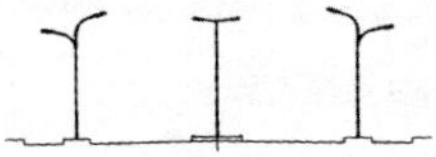 G	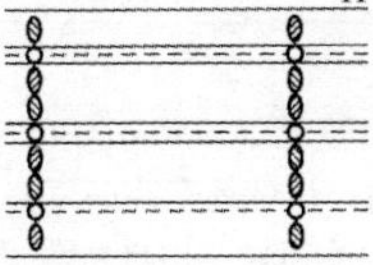 H	适于较宽的四幅路。快、慢车道照度均匀，诱导性很好，灯柱排列美观，人行道照度稍差
中央2＋交错布置	 I	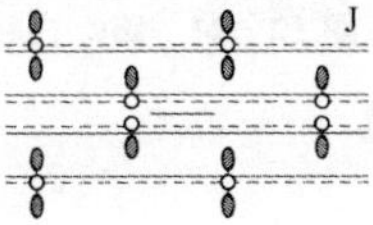 J	适合中间隔离带较宽的两幅路。照度均匀，诱导性较差，灯柱排列不大美观，人行道照度稍差
中央2＋对称布置	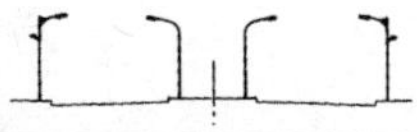 K	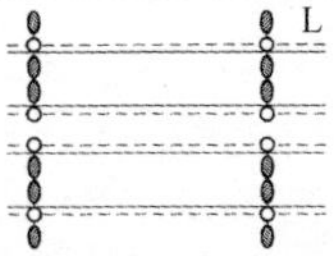 L	适合中间隔离带较宽的两幅路。照度较均匀，诱导性很好，灯柱排列美观，人行道照度稍差

(二)布灯要求

1. 路灯的安装高度 h 与杆距 S、路宽 W 的关系

路灯的安装高度 h 与杆距 S、路宽 W 的关系见表 21－31。

城市道路照明，10m 以下灯高，间距为(30±5)m 为宜；12m 灯高，以(40±5)m 为宜；15m 灯高，以(45±5)m 为宜。

在保证平均亮度和均匀度的前提下，灯间距可以适当增大。通过合理的配光，灯间距可以增加 30%左有。

2. 布灯主要考虑机动车道照明，同时要兼顾人行道照明

灯杆、灯具平行道路轴线分布排列，灯光主要照向机动车道。较窄的一幅道路灯杆安装在一侧人行道上，较宽的一幅道路灯杆安装在两侧人行道上。两幅路、三幅路或四幅路，灯杆安装在隔离带上。

路灯在路面上方如图 12－24 所示，在路缘石上方如图 12－25 所示，在路缘石内侧如图 12－26 所示。

如果人行道得不到充分的照明灯光，需要在灯杆人行道侧再安装一只路灯；繁华路段，可以在人行道上安装步道灯或庭院灯等。

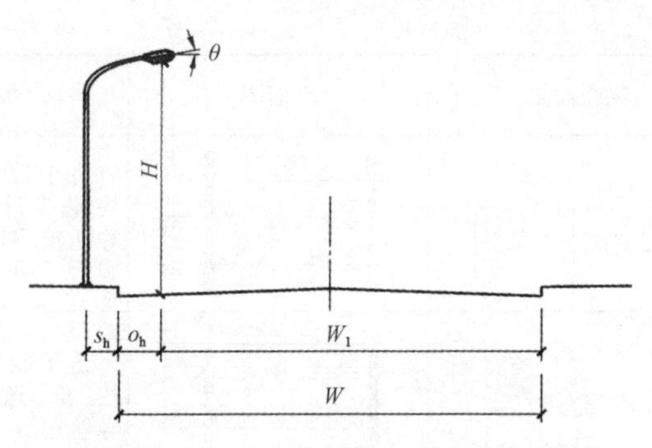

θ、灯具仰角；H、灯具安装高度；s_h、杆中到缘石距离；
o_h、灯具外伸部分；W_1、灯具至另一边侧石距离；W、路宽

图 12－24　路灯在路面上方

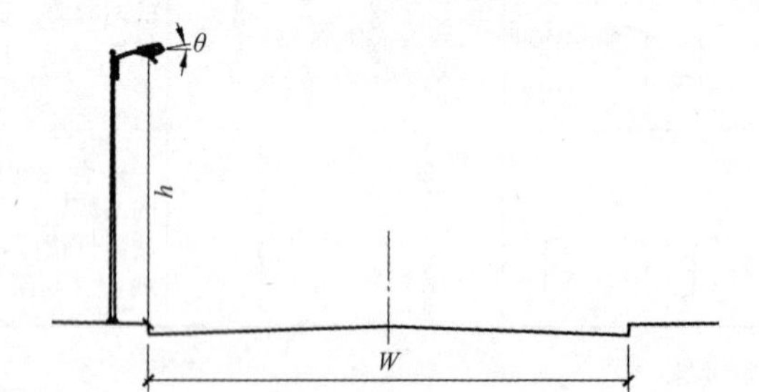

图 12－25　路灯在路缘石上方

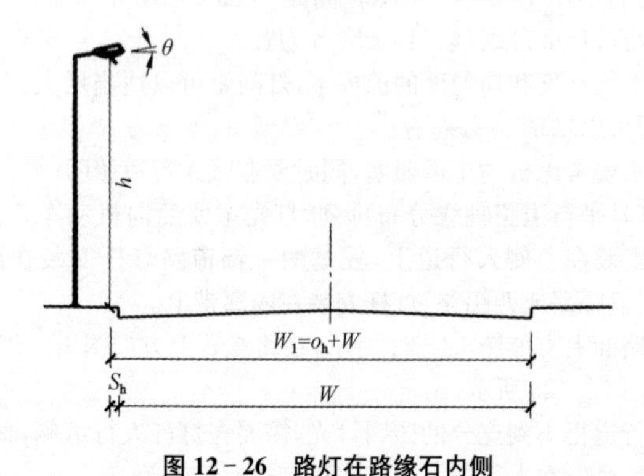

图 12－26　路灯在路缘石内侧

3. 灯具悬挑长度

悬挑长度是指灯具的光中心至邻近一侧缘石的水平距离，即灯具探出或缩进缘石的水平距离。

灯臂长度是从灯杆的垂直中心线至灯臂插入灯具那一点的水平距离。

灯具悬挑长度与种植在路边缘石或分隔带上树木的树形、道路横断面布置有关。1977 年 CIE No. 34 出版物建议悬挑长度一般限制为 2m。我国的悬挑长度不宜超过灯具安装高度的 1/4。

灯具悬挑越长，车行道路面亮度越高，但会造成慢车道和人行道路面亮度降低，给司机观察行人和非机动车造成困难。若有行人从昏暗的人行道上突然横穿快车道，很容易因司机观察不清造成交通事故。因此，并非灯具挑长越长越好。悬挑长度过长，应另外设灯解决人行道照明。

通常金属柱灯照明，灯柱位于距路缘石 0.5～1m 处，灯具宜伸出路缘石0.6～2m(悬挑长度)，这样兼顾到了车行道和人行道的照明，杆型也较为美观。

由于树枝遮光等原因，灯具悬挑长度有时不得不加长。悬挑较长的路灯照明结构多为“混凝土电杆＋灯架”杆面形式，在金属柱灯中难以见到。混凝土电杆灯臂长度有 1.5、2、2.5、3、3.5、4、4.5m 等。

4. 灯具仰角 θ

灯具仰角 θ 的大小，牵涉车行道和人行道灯光的分配。CIE 规定：一般灯具的仰角在 5°以内。灯具的仰角最大不宜超过 15°，增大灯具的仰角只会增加到达灯具对面一侧路面光线的数量，但亮度却不会成比例地增加。因为入射在路面上的光线难以反射到驾驶员的眼睛里，而本侧人行道的照明利用率反而会下降。

有两种特殊情况可能使灯具的仰角超过 15°：

(1)特宽的一幅路照明。按对称排列在两侧人行道上设灯柱，每灯具内装双灯，前灯照较远的快车道，仰角 θ 可能超过 15°。

(2)城市高架路立交桥的两侧。若在地面道路旁的人行道上设灯柱，灯具内装双灯，前灯照高架路面或桥面，前灯的仰角 θ 可能超过 15°；如果在灯柱上装两套路灯，则上路灯的仰角也可能超过 15°。

采用投光灯时，灯具的最大光强投射方向和垂直线的夹角不宜大于 65°。

(三)道路照明布灯

1. 一般路段照明布灯

一般路段的照明设计，除了符合照度、均匀度、眩光限制外，还要注意照明线路和灯杆及灯具的平面布置(即布灯)，力求杆型、灯型、光色、灯距等的一致、合理和规律性。

(1)单幅路。一般城市,宜把强电线路(电力、道路照明等)与弱电线路(电信、有线电视等)有规律地分布于两侧人行道上近路缘石约1m处。

(2)多幅路。宜把照明线路和灯柱布置在隔离花坛内,避免照明线路与其他线路的干扰,地面上灯柱的排列较为美观,灯光的分配也较为合理。

2.平面交叉路口布灯

平面交叉路口的照度水平应明显高于一般路段。十字交叉路口布灯间距宜减小,路灯最好设置在汽车前进方向司机视线的右侧,使司机方便看清穿越人行横道线的行人。有时为了给交通信号灯让位,把路灯安装在道路的左侧,如图12-27(a)、(b)所示。

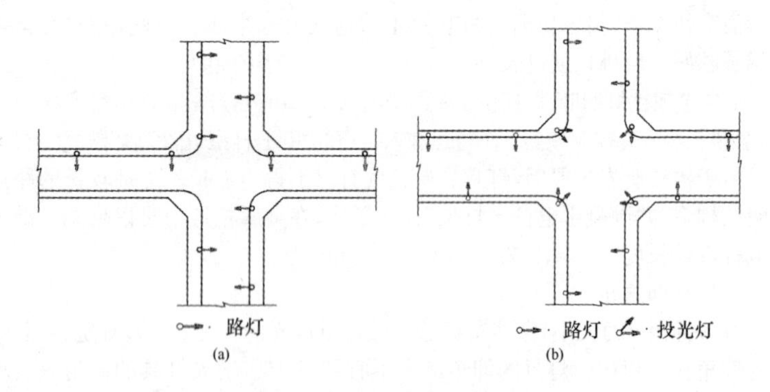

图12-27 十字路口布灯示意

为了突出路口的交通诱导性,照明形式要有明显变化,如路口设投光照明或高杆照明,与相交道路照明形式、光色、照度等有所区别等,以减少投光灯、路灯对司机和行人造成的眩光,避免照明灯光对交通信号灯光的干扰和影响。车行道较多的宽阔道路,顺路交通信号灯一般应设于过路口的左侧上方或路中上方,便于司机观察信号;较窄的道路,顺路信号灯一般设于过路口的右侧上方,司机和行人都可以观察到交通信号灯。交叉路口照明灯柱的位置和灯高、灯光投射方向等,要与交通信号的设置位置密切配合,必要时要为交通信号灯让路。丁字路口布灯如图12-28(a)、(b)所示。

交通环岛(或交通广场)可用以下3种方式设计路口照明:

(1)路灯照明。沿环岛外人行道侧石边设置路灯,照明效果也很好。虽灯柱林立,景观欠佳,但能起到灯光的交通诱导作用。有的在环岛周边设置亮度较低的装饰灯,也能起到部分美化市容和交通诱导的作用,但要注意控制环岛内装饰灯光引起的眩光,如图12-29所示。

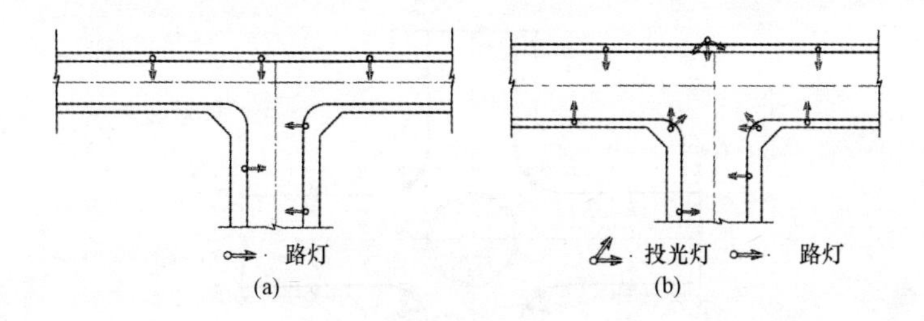

图 12-28　丁字路口布灯示意

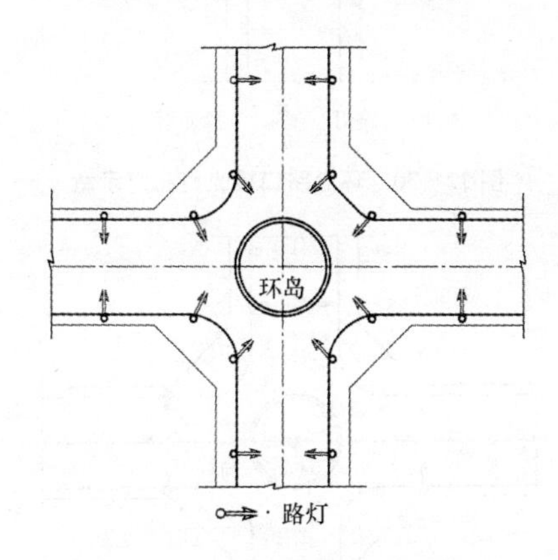

图 12-29　环岛路口路灯布灯示意

(2)投光照明。沿环岛外人行道侧石边设置投光灯,灯柱较少,有一定灯光交通诱导作用。注意调整投光方向,提高路面照度均匀度,尽量避免对司机和行人产生眩光,如图 12-30 所示。

(3)高杆照明。在环岛中央设置高杆灯,照明效果好,景观简洁明快,有明显的交通诱导作用,夜晚和白天都可以成为一道美丽景观,但要注意控制眩光和溢光,如图 12-31 所示。

交通环岛不管采用何种照明方式,都要尽量使车行道路面亮度高于环岛亮度。

3. 人行横道照明

人行横道照明的基本要求是使行人看清路面有无障碍,司机辨清人行横道的行人状况。通过加大人行横道照度、改变光色、设置专用信号标志等方法进行人行横道照明。人行横道平均水平照度不得低于人行横道所在道路

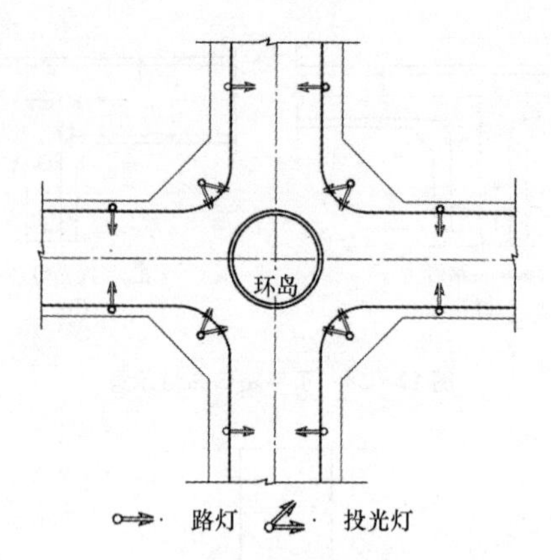

图 12－30 环岛路口投光灯布灯示意

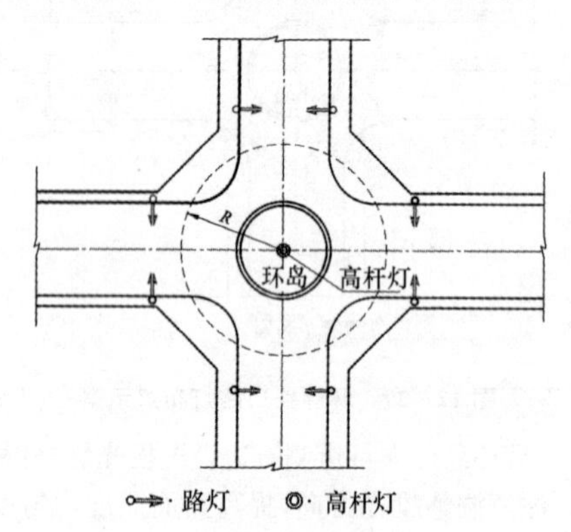

图 12－31 环岛路口高杆灯布灯示意

的 1.5 倍，必要时可采用与所在道路照明不同类型的照明光源。

为避免眩光，不宜把灯具设置在人行横道的正前方，灯光宜从左方照射。一般人行横道前后 50m 之间的平均照度大于 30lx 为宜。

重要路段或车流量大的人行横道，可在其每一端设置标志或信号灯。标志的表面亮度不应低于 300cd/m^2，信号灯应持续地亮暗闪烁，人行横道上的所有信号灯均应以 40～60 次/min 的频率同步闪烁。

4. 弯曲路段布灯

弯曲路段的照明要有较好的交通照明诱导性，增加弯道行驶的安全性，也要有较高的照度和照度均匀度。道路弯曲路段推荐布灯，如图 12－32

所示。

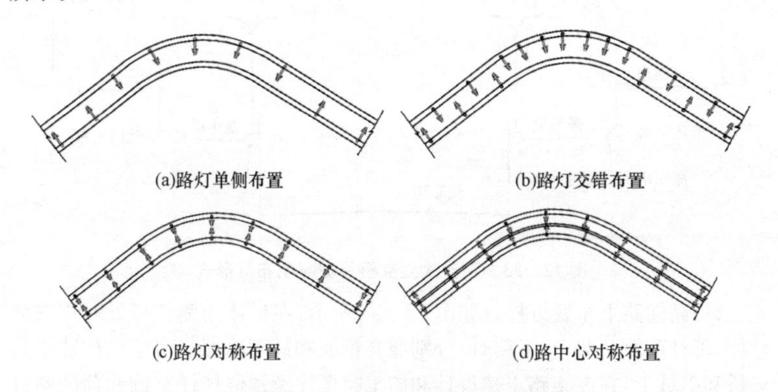

(a)路灯单侧布置　(b)路灯交错布置

(c)路灯对称布置　(d)路中心对称布置

图 12-32　道路弯曲路段推荐布灯

灯具应沿曲线外侧布置，灯具间距宜为直线路段灯间距的 50%～70%，曲线半径越小间距也应越小，灯臂架的悬挑长度也应缩短。上坡道设置照明时，应使灯具在平行于路轴方向上的配光对称面垂直于路面，采用截光型灯具，使司机从远处就能辨别出道路的弯曲或坡道形状。

道路弯曲半径 $R \geqslant 1000$m 时，道路照明布灯方式可按直线段处理。

$R < 1000$m 时，须作单独处理，应缩短灯距至直线段的 0.5～0.7 倍，半径越小，灯距也越小，灯架悬挑长度也应适当缩短。尽量对称布灯，灯具对称线要与道路轴线垂直。灯具不要装在直线段灯具的延长线上。道路弯曲半径与灯具间距关系（参考值）表见 12-35。

表 12-35　道路弯曲半径与灯具间距关系（参考值）

道路弯曲半径(m)	＞300	250～300	200～250	＜200
灯具间距(m)	＜35	＜30	＜25	＜20

5. 下穿道路布灯

城市下穿道路照明要兼顾引坡的快车道、慢车道照明，一般在隔离带上设置双侧路灯，分别照射快慢车道。双侧对称布置灯柱，灯高在 8～10m 为宜，杆距在(30±5)m，路面平均照度和均匀度应略高于相接道路。有的道路引坡两侧地面设有匝道，匝道照明另外设置灯柱，按一般单侧布灯设计匝道照明。引坡照明布灯形式，如图 12-33 所示。

在凸形竖曲线坡道范围内，应尽量缩小杆距，并采用截光型灯具。

6. 高架路布灯

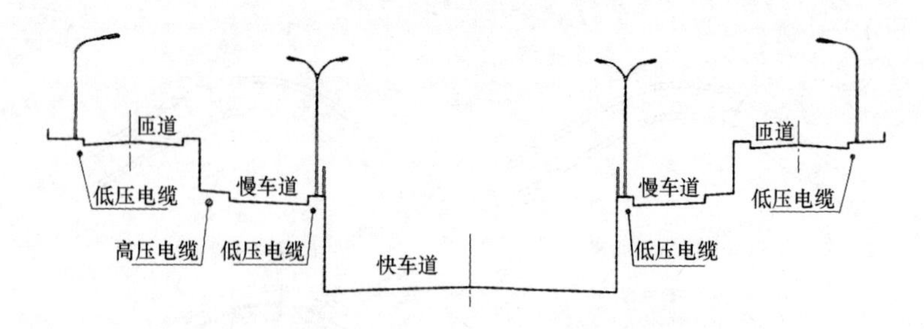

图 12-33 下穿式立交桥引坡照明布灯形式

(1)高架路上布置灯杆。如图 12-34 所示,在桥体两侧栏杆处对称安装灯杆,每杆两侧分装上、下路灯,分别照亮桥面和地下路面。由于灯柱装于高架桥和引坡上,在高架路土建设计和施工时要注意预留灯杆基础和预埋路灯低压电缆穿线管。灯柱的设置要与桥栏合理配合,做到灯柱与高架路能牢固结合,美观实用。箱式变电站和高压电缆线路设置于地面适当位置。本布灯形式的优点是降低了灯杆高度(≤10m),节约投资,灯光的分配比较合理,眩光小;缺点是桥上施工维护比较麻烦,对灯柱的机械安全要求较高。下灯的功率和仰角应随桥体高度变化进行调整,以保证地面车行道保持一定照度和照度均匀度。

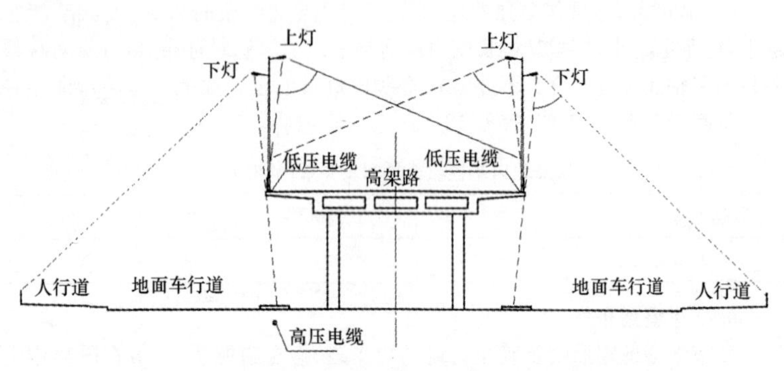

图 12-34 高架路上布置灯杆示意

(2)高架路下地面布置灯杆。如图 12-35 所示,在紧靠桥侧地面设置较高的路灯灯柱。优点是灯光的分配比较合理,眩光小,所有照明设施均在地面,施工与维护比较方便;缺点是加大了灯柱的高度(12~15m),地面车辆有撞击灯柱的可能性。因此在道路设计时,如能把灯柱安装处地面抬高,类似于灯柱建在人行道或花坛里或增建灯杆防护墩，以增加灯柱的安全性。灯柱高度和下灯的高度、仰角要随桥体高度变化进行调整。

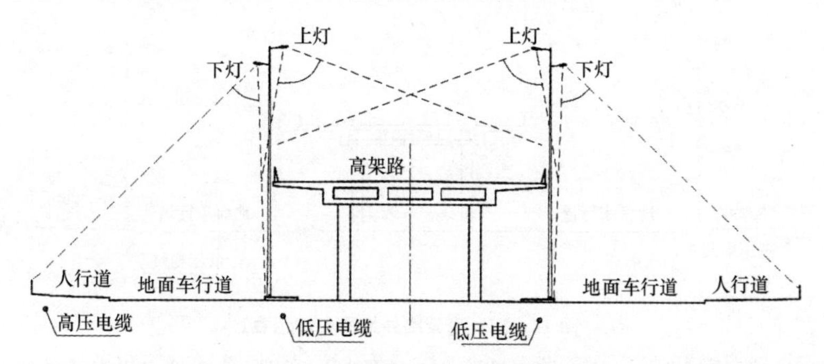

图 12-35　高架路下地面布置灯杆示意

(3)高架路和地面分别布置灯杆。如图 12-36 所示，在桥体两侧栏杆处对称安装灯杆，照亮高架路路面。在地面车行道外侧人行道上对称布灯，照亮地面车行道和人行道路面。高架路上和地面的灯高、杆距等，按照一般道路照明进行设置，避免了灯柱过高等不利现象，照明效果较好，是目前使用较多的一种杆面形式。

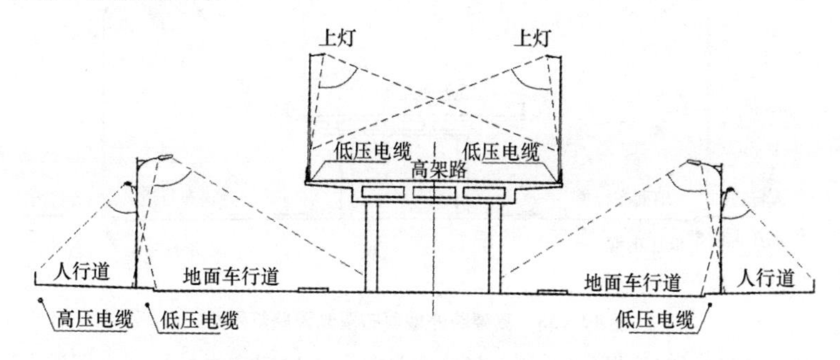

图 12-36　高架路和地面分别布置灯杆示意

(4)高架路外地面布灯。如图 12-37 所示，在地面慢车道外侧人行道上设置较高路灯灯柱，对称布杆，每杆单侧布置上下双灯。上灯照高架路面，下灯照地面车行道。优点是灯光的分配较为合理，所有照明设施均在地面，施工与维护比较方便和安全；缺点是灯柱稍高(15m 及以内)，高架路上会感觉侧面有少许侧面眩光，但对交通安全不会产生明显影响。灯柱高度和上灯高度、仰角要随桥体高度变化进行调整。

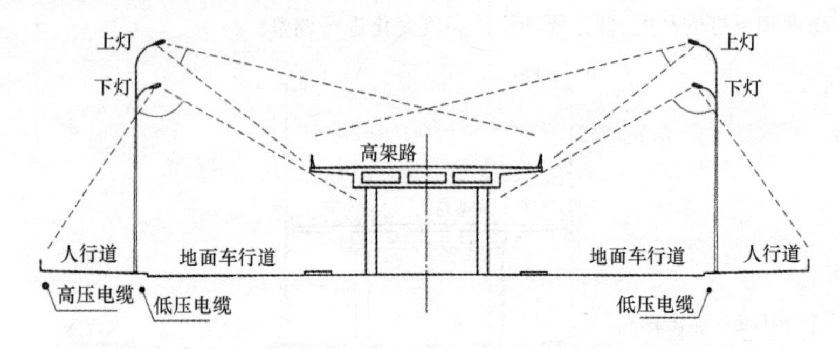

图 12－37 高架路外地面布灯示意

(5)高架路外地面布双光源路灯。如图 12－38 所示，在地面慢车道外侧人行道上设置较高灯柱的路灯照明，对称布灯。每杆装一套双光源灯具，前灯照高架路面，后灯照地面车行道。优点是灯光的分配较为合理，所有照明设施均在地面，施工与维护比较方便和安全；缺点是灯柱稍高(15m 以内)，照射地面的路灯光源利用率较低。

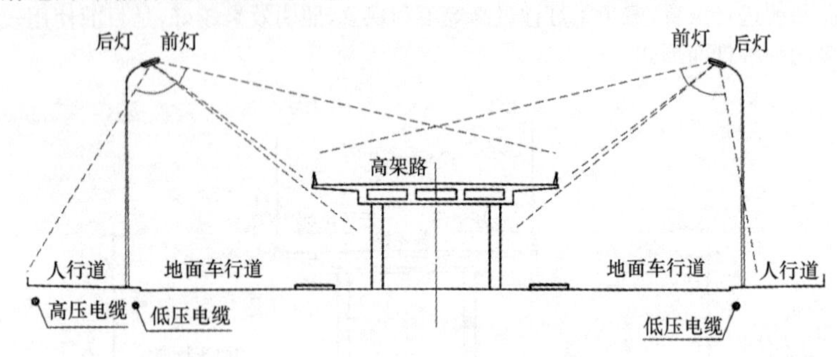

图 12－38 高架路外地面布双光源路灯示意

(6)栏朴灯(护栏灯)。栏朴灯分栏杆灯装饰照明和栏杆灯低光照明，具体说明如下：

①栏杆灯装饰照明。栏杆上部连续安装灯管，外有 PC 防水罩，发出柔和灯光，组成线状光带，勾画出立交轮廓，起装饰照明效果。光源有荧光灯、冷阴极灯、LED、光纤等。灯光可为单色或彩色并进行慢节奏色彩变化，不宜频繁闪烁。

栏杆柱顶部安装小型柱灯，外有 PC 防水罩，发出柔和灯光，组成点状灯带,起装饰照明效果。光源为LED、节能灯等。LED可进行慢节奏色彩变化,不宜频繁闪烁。

路面、桥面的功能照明还要用路灯、高杆灯等形式的照明解决。

②栏杆灯低光照明。在栏杆的道路侧安装荧光灯、LED灯等照明灯,以合理亮度、低高度、近距离、多数量的灯光照射路面或桥面,可取得较好的功能和装饰照明效果。灯光可为固定单色光,也可为慢节奏变化的彩光。

栏杆低光照明的栏杆、灯具应整体设计和施工,或工厂化定型生产。

栏杆低光照明适合双向八车道以内的路面、桥面,灯具应具有防眩、防水、防尘功能,是解决桥梁、立交、高架路、高速公路出入口、隧道出入口夜景照明的良好形式之一。

要完善桥体、桥侧、地面的景观照明和功能照明,还应采用景观灯、路灯、高杆照明等形式的照明。

7. 立交桥布灯

(1)路灯照明。布灯如图12-39所示,沿立交桥各干道、匝道、坡道等设置路灯,在道路交叉处涵洞设吸顶灯或隧道灯。这种照明方式的优点是投资少,交通诱导性较好;不足是灯柱林立,景观较差,立交桥内绿地、林木、小品得不到照明,施工和维修量较大。小型分离式立交应用较多。如受资金限制或桥上有高压输电线路障碍等原因,可使用本照明形式。

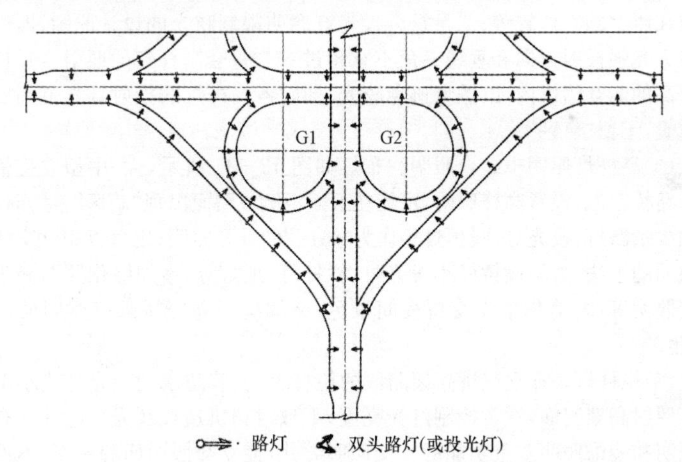

图12-39　立交桥路灯照明布灯示意

(2)高杆照明。布灯如图12-40所示,高杆灯照亮立交桥道路及交通范围内的绿化、草坪、小品等景物。布灯方式简洁明快，景观效果好。下层道路加补充照明，桥洞加隧道照明，施工和维护较简单；缺点是投资较大，需注意控制照射到立交桥以外的溢光，适用于大、中型立交桥照明。

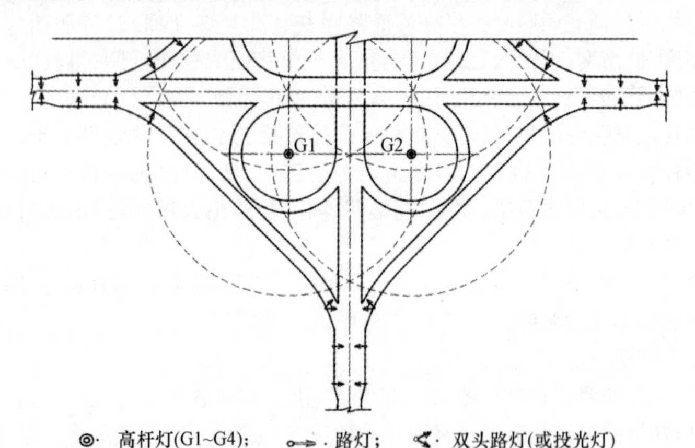

图 12-40 立交桥高杆灯照明布灯示意

高杆灯的设置，一是要与立交桥的布局相协调，有好的观赏效果，如高杆灯设在匝道圆心位置等；二是符合投光灯照明限制眩光的设计原则，即灯具的最大光强投射方向和垂线夹角不宜超过 65°，每套高杆灯的照射半径控制在杆高的 2.0 倍以内，以尽量避免眩光，同时各高杆灯的投射灯光范围要相互重叠，不留“盲区”。

(3)高杆灯照明＋综合照明。布灯如图 12-41 所示，大、中型立交桥为多层路桥交汇，设置高杆照明，可能在下面桥侧或路面出现“暗区”，适当位置增加少量路灯、投光灯、吸顶灯等作为“暗区”的补充照明；也可以用立交桥夜景照明的手法，如增设桥柱小投光灯、栏杆灯、地灯等，增加绿化照明和小品景观照明等，既美化了立交桥夜间景色，又解决了立交桥高杆照明的部分“死角”。

(4)栏杆灯。在立交桥高架路段的栏杆上，安装防水型荧光灯或小型投光灯照射高架路面，注意控制灯光亮度，不致对司机造成眩光。这种具有功能照明和装饰照明双重功能的立交照明方式，使立交照明面貌一新，不见诸多路灯或高杆灯，克服了传统立交桥照明方式的道路照度差异大、层间遮光等问题。采用这种照明方式，不能为立交桥区域的地面绿化等提供环境照明。

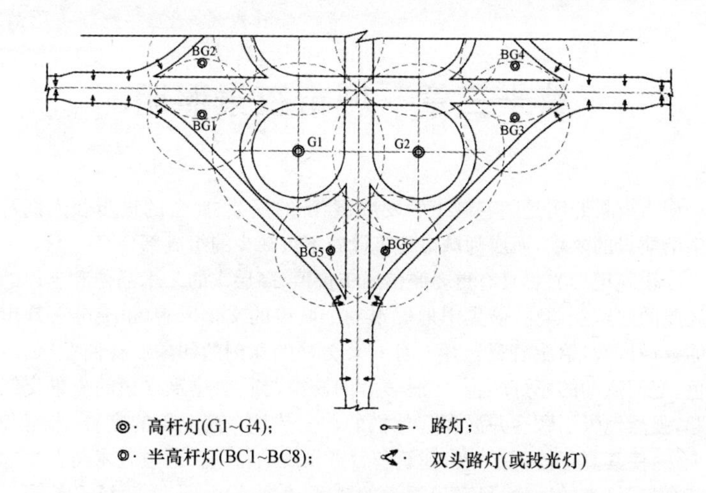

图 12－41　立交桥高杆灯照明＋综合照明布灯示意

第十三章 城市夜景照明

城市夜景照明是随着城市的发展、经济的繁荣、社会的进步和人们对提高生活质量的要求，而成为城市建筑设施不可缺少的组成部分。

在夜晚用灯光将具有重要政治历史价值、高层次的艺术品位和丰厚的文化底蕴的建筑物照亮，能集中地展现一个城市的文化风貌，也充分表现出城市的建设成就，给旅游观光客人有一个美好的深刻的印象。在商业区，五光十色、变幻流动的彩灯广告，耀眼生辉的橱窗与映照建筑立面的夜景交织在一起，强烈地吸引顾客并激发起他们的购物热忱。商业街的完善、丰富和创新工作，使其真正体现出城市建筑和营造景观的特色。通过技术与艺术的完美结合，用灯光的动静，呈现出视觉的跳跃，使人感受到完美、统一的视觉享受，体现出活跃、流畅的现代都市风格。

第一节 城市夜景照明规划和设计原则

一、城市夜景照明规划与指导思想

城市夜景照明规划是指对一定时期内，城市公共地界内可见的固定照明设施的综合部署、具体安排和实施管理。也就是指城市主管部门组织有关单位和工程技术人员，以城市总体规划为依据，在认真调研分析城市的自然和人文景观的构景元素，如山、水、建筑、路桥和园林等元素的历史和文化状况及景观的艺术特征的基础上，按城市夜景照明的规律，从宏观上对城市夜景照明建设的定位、目标、特色、风格、品位、照明水平、表现形式、建设的步骤与措施等做出的总体部署和安排，并对标志性的重点景区或景点和一般性的景物，进行点、线、面的组合，提出具有城市特色的城市夜景照明体系的总体构思。在此基础上按照制定的规划进行建设，使城市夜景照明能够准确地体现该城市的政治、经济、文化、历史和艺术的内涵以及城市固有的特征。

从国内部分城市夜景照明调查中发现：城市夜景照明总体规划普遍滞后，城市各照明单位自行其是，尽管取得了一些效果，但由于建设无序，城市照明尤其是城市景观照明普遍存在一些问题。首先是亮度失控，照度过高，破坏了视觉适应的平衡，导致视觉中心和亮度层次的缺失，不仅形不成美感，反而造成眩光甚至光污染;所编制的规划缺乏科学性,只满足于把建筑照亮或加上彩灯装饰,部分照明“热闹而花哨”,缺少艺术水平和文化品位,整体景观零乱,没有主次和特色,城市景观照明的总体效果较差;随意更改照明规划,为迎接节日庆典或其他政治活动,突击建设景观照明工程,粗制滥造,活动过后闲置,造成人力、物力和财力的浪费等。

城市夜景照明规划是建设有特色的城市照明的基础,应在体现本城市市容形象特征的城市照明规划的指导下进行建设,防止自发行事,避免浪费,获得较好的总体效果,使城市照明步入健康有序的发展轨道。城市灯光环境的好坏,首先决定于一个先进而又合理的城市夜景照明总体规划。它是整个城市建设规划的重要组成部分,必须与城市建设总体规划相协调一致,即照明的景点、景区的分布,照明的原则与要求,以及总体规划的实施步骤等都不能离开该城市建设的总体规划。

城市夜景照明总体规划就照明范围和对象而言,可分为两个不同层次:一是整个城市的夜景照明总体规划;二是一个景区或景点夜景照明的详细规划。大城市或情况复杂的城市可组织编制分区规划。

1.夜景照明总体规划

夜景照明总体规划是在本城市或地区的建设和发展总体规划的基础上,从宏观上对该城市或地区的夜景照明建设的定位、目标、特色、水平、建设步骤与政策措施做出的综合性总体规划。主要内容有:

(1)规划的依据;

(2)规划的指导思想和基本原则;

(3)规划的模式与定位;

(4)规划的构思和基本框架,确定城市照明体系(含夜景景观点、轴线、分区,点、线、面的构成和光色及亮度分布等);

(5)确定近期、中期和远期城市照明建设目标;

(6)提出中心景区和标志性工程的夜景规划的原则建议;

(7)规划的实施与管理;

(8)实施规划的政策与措施。

2.夜景照明详细规划

夜景照明详细规划是在本城市或地区夜景照明总体规划的基础上,对本城市或地区在近期建设的夜景景区、景点或工程(含城市标志性景观、广场和道路景观、商业街景观、名胜古迹和园林景观、江河水面景观以及区域景观等)做出的具体规划。

城市照明总体规划是城市照明建设和管理的龙头,也是必须遵守的规范性文件，具有很强的指导作用。城市照明的建设要把重点放在创造良好的照明质量和照明环境上。在建设过程中，不能低标准地满足于一般性的亮度，而应该高标准地改善整体照明效果、提高照明舒适度，特别是要防止光污染的产生，为人们提供一个高质量的、满意的照明环境，必须通过实施高标准的照明规划来提高城市照明建设水平。

3. 城市夜景照明规划的指导思想

按城市规划的"面向未来，面对现实，统筹兼顾，综合部署"的十六字方针编制城市照明规划。应树立从实际出发，以人为本，突出特色，远近结合，统筹兼顾，持续发展，服务于社会和促进经济发展的指导思想。

城市夜景照明首先要以人为本，为人们的夜间活动创造一个良好的光照环境；同时照明又要体现城市的特征，远近结合，统筹兼顾，通过标志性工程、商业街、旅游景点和休闲场所等的良好的城市夜景照明，吸引更多的市民和游客光顾，促进商业、旅游业的发展，引导人们夜间消费，提高城市生活档次，拉动经济发展。

二、城市照明规划的基本原则与要求

1. 城市照明规划的基本原则

城市照明规划的基本原则有如下几点：

(1)服从和服务于城市总体规划：城市总体规划是城市照明规划建设的依据和基础。夜景规划首先要服从于城市规划，同时要服务于城市规划。根据城市定位进行区域划分，实现多种风格并存。通过夜景规划，利用灯光塑造城市的夜间形象。

(2)确保总体效果：城市是一个有机的整体，各组成部分相互依存、相互制约，要求相互配合、协调发展。进行城市照明规划要树立从整个城市出发的全局观点，确保整个城市照明总体效果的原则，使城市各部分的照明，有主有次，有明有暗，各得其所，有机配合，和谐统一，相得益彰，协调发展。防止各自为政、自行其是地盲目建设城市照明，以致破坏城市照明总体效果的现象出现。

(3)突出城市特色：规划和建设城市照明要尊重城市个性，突出城市特色，切忌千篇一律、简单模仿其他城市照明规划。即从本城市的实际情况出发，通过深入调查研究，准确把握城市市容形象特征，深刻理解本城市的政治、经济、文化、历史及艺术内涵，学习借鉴其他城市照明规划的经验和教训，规划师、照明工程师、建筑师和主管城市建设的领导和管理人员团结合作，共同努力，使城市照明规划准确反映城市的个性和特征。每座城市都有自己的闪光点，自己的特色，如历史古城、开放特区、滨水生态、塞外江南、名人故里、红色圣地等。每座城市的城市规划定位不同，城市照明规划更不能简单模仿，要突出城市个性，发挥城市照明的自身优势。

(4)远近结合，持续发展：城市照明规划应远近结合，既要考虑当前的需要，也要为今后发展留有余地，使规划具有一定的前瞻性，确保城市照明建设持续不断地向前发展。不能只顾眼前，突击搞城市照明建设。

(5)节约能源，保护环境，防止光污染：城市照明并不是要全城皆亮，也不是越亮越好，应从城市实际情况出发，突出重点。城市照明的产生是由于人类对照明的客观需要，必须把实用性放在第一位。首先满足城市的功能照明，完成道路照明，满足市民的夜间出行。其次，城市照明提倡简洁之美，以创建夜景精品工程为目标，尽量节约城市照明用电，条件许可时，在城市照明中提倡使用太阳能和风能等洁净能源，要求所有城市照明的亮度水平和溢散光的数量不超标，防止光污染，城市照明规划要体现绿色照明的理念。

2.城市照明规划的要求

城市照明规划应依据充分，指导思想与原则明确，模式新颖，定位准确，规划的构思和框架清晰，中心景区和标志性景点的规划和分区分类规划的目标明确，层次分明，规划管理和实施的政策措施有力，规划的立项、编制、报批等相关文件说明以及图表齐全，具有鲜明特色和较好的系统性、科学艺术性、预见性、政策性和可操作性。

(1)系统性：城市照明是一项综合性很强的系统工程，它包括自然景观和人文景观，而且涉及城市方方面面的各类设施，并与一个城市的政治、经济、文化、科技水平密切相关。因此，城市照明规划具有很强的系统性，要求多学科相互配合，各个管理与技术部门共同参与，并在共同参与和相互渗透中发展城市照明。

(2)科学艺术性：城市照明既是一门科学，也是一门艺术。照明规划的方法、内容应遵循照明科学和艺术的基本规律和原则，特别是要遵循国内外公认的照明标准与法规的要求，使规划既有科学性又有艺术性。

(3)地方性：城市照明应根据当地的山水、历史等自然景观和人文景观以及未来城市的发展，结合城市的地理位置、城市功能、文化环境合理分区，进行详细规划，增设具有地方特征的灯光艺术品，形成城市照明的精品。

(4)可操作性：城市照明规划应做到目标明确、要求具体、措施有力，不能追求形式，求大求全，脱离实际，使规划失去可操作性，难以实施，成为一纸空文。

三、城市照明规划的作用和设计原则

1. 城市照明规划的作用

城市照明规划的作用有如下几点：

(1)龙头和指导作用：城市照明规划是建设和管理城市照明的依据和必须遵循的指导性文件，具有很强的龙头和指导作用。

(2)保证作用：按规划进行城市照明建设，协调城市照明的总体效果，能将城市最美、最具特色的风貌展现出来，可以防止各自为政、各行其是、顾此失彼的现象发生，也是提高夜景工程质量，使城市夜景按计划和健康有序发展的重要保证。

(3)法制作用：据规划法的精神，经批准的规划具有法律效能，是政府及主管部门依法建设和管理的法律依据，具有法律性、严肃性、强制性的特点，任何人都必须遵守。城市照明规划一经政府批准，各单位和个人都得遵照执行，这是城市照明建设健康有序发展的法律保证，具有鲜明的法制作用。

(4)监督作用：城市照明规划的制定和实施牵涉政府管理部门和社会的方方面面，直到广大市民和观赏者。城市照明规划对城市各相关单位或个人在建设和管理使用城市照明的过程中，将起到重要的保证和监督作用。

(5)调控作用：鉴于城市照明建设项目多、分散等特点，建设时进行宏观调控的困难较多，若按规划把住审批关，就可以掌握住建设项目宏观调控的主动权，克服盲目性，防止紊乱失控局面的出现。

城市照明规划方案的制定是一项系统工程，具有很强的综合性和系统性，需要多种部门相互合作才能完成。除规划师、建筑师、照明工程师密切合作外，还需向业主(城市建设部门的领导与管理人员)普及照明知识，以求得他们对规划方案的理解和支持。

2. 城市夜景照明设计原则

城市照明规划应遵循下列原则：

(1)城市夜景照明设计应符合以城市夜景照明专项规划的要求，并宜与工程设计同步进行。

(2)城市夜景照明设计应以人为本，注重整体艺术效果，突出重点，兼顾一般，创造舒适和谐的夜间光环境，并兼顾白天景观的视觉效果。

(3)照度、亮度及照明功率密度值应控制在城市夜景照明设计规范规定的范围内。

(4)应合理选择照明光源、灯具和照明方式；应合理确定灯具安装位置、照射角度和遮光措施，以避免光污染。

(5)应慎重选择彩色光。光色应与被照对象和所在区域的特征相协调，不应与交通、航运等标识信号灯造成视觉上的混淆。

(6)照明设施应根据环境条件和安装方式采取相应的安全防范措施，并不得影响园林、古建筑等自然和历史文化遗产的保护。

第二节　城市夜景照明标准值和功率密度值

一、照明评价指标

1. 照度或亮度

(1)建筑物、构筑物和其他景观元素的照明评价指标应采取亮度或与照度相结合的方式。步道和广场等室外公共空间的照明评价指标宜采用地面水平照度(简称地面照度 E_h)和距地面 1.5m 处半柱面照度(E_{sc})。半柱面照度的计算为：

$$E_{sc}=\Sigma\frac{I(C,\gamma)(1+\cos\alpha_{sc})\cos^2\varepsilon\cdot\sin\varepsilon\cdot MF}{\pi(H-1.5)^2}$$

式中　E_{sc}——计算点上的维持半柱面照度，lx；

Σ——所有有关灯具贡献的总和；

$I(C,\gamma)$——灯具射向计算点方向的光强，cd；

α_{sc}——为光强矢量所在的垂直面和与半圆柱体的表面垂直的平面之间的夹角，如图 13-1 所示；

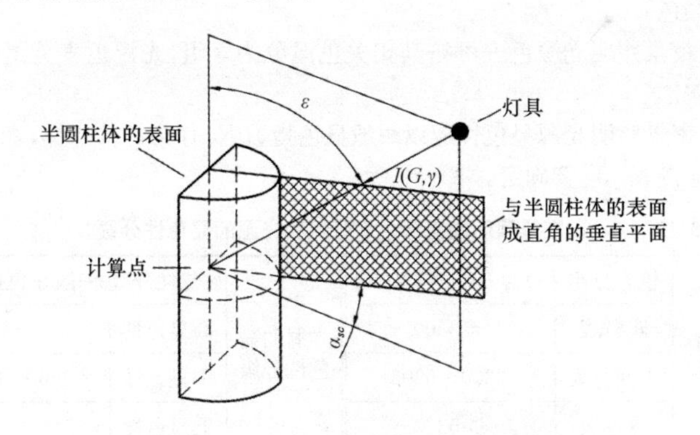

图 13-1　计算半柱面照度时所用的角

γ——垂直光度角(°)；

C——水平光度角(°)；

ε——入射光线与通过计算点的水平面法线间的角度(°)；

H——灯具的安装高度，m；

MF——光源光通维护系数和灯具维护系数的乘积。

注：在规范中如未加说明，均指离地面 1.5m 处的半柱面照度。

(2)照度或亮度值均应为参考面上的维持平均照度或维持平均亮度值。

(3)在照明设计时，应根据环境特征、灯具的防护等级和擦拭次数从表 13-1 中选定相应的维护系数。

表 13-1 维护系数

灯具防护等级	环境特征		
	清洁	一般	污染严重
IP5X、IP6X	0.65	0.6	0.55
IP4X 及以下	0.6	0.5	0.4

注：①环境特征可按下列情况区分：

清洁：附近无产生烟尘的工作活动，中等交通量，如大型公园、风景区；

一般：附近有产生中等烟尘的工作活动，交通量较大，如居住区及轻工业区；

污染严重：附近有产生大量烟尘的工作活动，有时可能将灯具尘封起来，如重工业区。

②表中维护系数值以一年擦拭一次为前提。

2. 颜色

(1)夜景照明光源色表可按其相关色温分为 3 组，光源色表分组应按表 13-2 确定。

(2)夜景照明光源显色性应以一般显色指数 Ra 作为评价指标，光源显色性分级应按表 13-2 确定。

表 13-2 夜景照明的光源色表分组和光源的显色性分级

<table>
<tr><td rowspan="4">光源色表分组</td><td>色表分组</td><td>色温/相关色温(K)</td><td rowspan="4">光源的显色性分级</td><td>显包性分级</td><td>一般显色指数 R_a</td></tr>
<tr><td>暖色表</td><td><3300</td><td>高显色性</td><td>>80</td></tr>
<tr><td>中间色表</td><td>3300～5300</td><td>中显色性</td><td>60～80</td></tr>
<tr><td>冷色表</td><td>>5300</td><td>低显色性</td><td><60</td></tr>
</table>

3. 均匀度、对比度和立体感

(1)广场、公园等场所公共活动空间和采用泛光照明方式的广告牌宜将照度(或亮度)均匀度作为评价指标之一。

(2)建筑物和构筑物的入口、门头、雕塑、喷泉、绿化等,可采用重点照明突显特定的目标,被照物的亮度和背景亮度的对比度宜为 3～5,不宜超过 10～20。

(3)当需要突出被照明对象的立体感时,主要观察方向的垂直照度与水平照度之比不应小于 0.25。

(4)夜景照明中不应出现不协调的颜色对比;当装饰性照明采用多种彩色光时,宜事先进行验证照明效果的现场试验

4.眩光的限制

(1)夜景照明应以眩光限制作为评价指标之一。城市道路的非道路照明设施对机动车驾驶员的眩光限制程度应以阈值增量(*TI*)度量,要求不应大于 15%。

(2)居住区和步行区的照明设施对行人和非机动车人员产生的眩光应符合表 13-3 的规定。

表 13-3　　居住区和步行区夜景照明灯具的眩光限制值

安装高度(m)	L 与 $A^{0.5}$ 的乘积	安装高度(m)	L 与 $A^{0.5}$ 的乘积
$H \leqslant 4.5$	$LA^{0.50} \leqslant 4000$	$H > 6$	$LA^{0.50} \leqslant 7000$
$4.5 < H \leqslant 6$	$LA^{0.50} \leqslant 5500$	—	—

注:①L 为灯具在与向下垂线成 85°和 90°方向间的最大平均亮度(cd/m^2)

②A 为灯具在与向下垂线成 90°方向的所有出光面积(m^2)。

二、城市夜景照明的照度标准值

在城市夜景照明设计中,应根据建筑物或构筑物的功能、特征和观景视点的要求、使用性质和使用条件按不同标准采用不同照度值和亮度标准值,照度和亮度标准值应符合现行行业标准《城市夜景照明设计规范》JGJ/T63～2008 的规定,建筑物、广场、公园和广告与标识等照度标准值,见表13-4～表 13-7。《居住区环境景观设计导则》推荐照度标准值见表 13-9。CIE:/TC 5—06 技术委员会室外照明照度推荐值,见表 13-10。美国推荐的建筑物泛光照明照度值,见表 13-11。飞利浦照明手册照度推荐值,见表 13-12。

表 13-4　不同城市规模及环境区域建筑物泛光照明的照度和亮度标准值

<table>
<tr><th colspan="2">建筑物饰面材料</th><th rowspan="2">城市规模</th><th colspan="4">平均亮度(cd/m²)</th><th colspan="4">平均照度(lx)</th></tr>
<tr><th>名　称</th><th>反射比ρ</th><th>E1 区</th><th>E2 区</th><th>E3 区</th><th>E4 区</th><th>E1 区</th><th>E2 区</th><th>E3 区</th><th>E4 区</th></tr>
<tr><td rowspan="3">白色外墙涂料，乳白色外墙釉面砖，浅冷、暖色外墙涂料，白色大理石等</td><td rowspan="3">0.6～0.8</td><td>大</td><td>—</td><td>5</td><td>10</td><td>25</td><td>—</td><td>30</td><td>50</td><td>150</td></tr>
<tr><td>中</td><td>—</td><td>4</td><td>8</td><td>20</td><td>—</td><td>20</td><td>30</td><td>100</td></tr>
<tr><td>小</td><td>—</td><td>3</td><td>6</td><td>15</td><td>—</td><td>15</td><td>20</td><td>75</td></tr>
<tr><td rowspan="3">银色或灰绿色铝塑板、浅色大理石、白色石材、浅色瓷砖、灰色或土黄色釉面砖、中等浅色涂料、铝塑板等</td><td rowspan="3">0.3～0.6</td><td>大</td><td>—</td><td>5</td><td>10</td><td>25</td><td>—</td><td>50</td><td>75</td><td>200</td></tr>
<tr><td>中</td><td>—</td><td>4</td><td>8</td><td>20</td><td>—</td><td>30</td><td>50</td><td>150</td></tr>
<tr><td>小</td><td>—</td><td>3</td><td>6</td><td>15</td><td>—</td><td>20</td><td>30</td><td>100</td></tr>
<tr><td rowspan="3">深色天然花岗石、大理石、瓷砖、混凝土，褐色、暗红色釉面砖、人造花岗石、普通砖等</td><td rowspan="3">0.2～0.3</td><td>大</td><td>—</td><td>5</td><td>10</td><td>25</td><td>—</td><td>75</td><td>150</td><td>300</td></tr>
<tr><td>中</td><td>—</td><td>4</td><td>8</td><td>20</td><td>—</td><td>50</td><td>100</td><td>250</td></tr>
<tr><td>小</td><td>—</td><td>3</td><td>6</td><td>15</td><td>—</td><td>30</td><td>75</td><td>200</td></tr>
</table>

注：①城市规模及环境区域(E1～E4 区)的划分见表 13-8。

②为保护 E1 区(天然暗环境区)生态环境，建筑立面不应设置夜景照明。

表 13-5　广场绿地、人行道、公共活动区和主要出入口的照度标准值

<table>
<tr><th rowspan="2">照明场所</th><th rowspan="2">绿地</th><th rowspan="2">人行道</th><th colspan="4">公共活动的区</th><th rowspan="2">主要出入口</th></tr>
<tr><th>市政广场</th><th>交通广场</th><th>商业广场</th><th>其他广场</th></tr>
<tr><td>水平照度(lx)</td><td>≤3</td><td>5～10</td><td>15～25</td><td>10～20</td><td>10～20</td><td>5～10</td><td>20～30</td></tr>
</table>

注：①人行道的最小水平照度为 2～5lx；

②人行道的最小半柱面照度为 2lx。

表 13-6　公园公共活动区域的照度标准值

区　域	最小平均水平照度 $E_{h,min}$(lx)	最小半柱面照度 $E_{sc,min}$(lx)
人行道、非机动车道	2	2
庭园、平台	5	3
儿童游戏场地	10	4

表 13-7　不同环境区域、不同面积的广告与标识照明的平均亮度最大允许值(cd/m²)

<table>
<tr><th rowspan="2">广告与标识照明面积(m²)</th><th colspan="4">环境区域</th></tr>
<tr><th>E1</th><th>E2</th><th>E3</th><th>E4</th></tr>
<tr><td>$S \leqslant 0.5$</td><td>50</td><td>400</td><td>800</td><td>1000</td></tr>
<tr><td>$0.5 < S \leqslant 2$</td><td>40</td><td>300</td><td>600</td><td>800</td></tr>
<tr><td>$2 < S \leqslant 10$</td><td>30</td><td>250</td><td>450</td><td>600</td></tr>
<tr><td>$S > 10$</td><td>—</td><td>150</td><td>300</td><td>400</td></tr>
</table>

注：环境区域(E1～E4 区)的划分见表 13-8。

表 13-8 城市规模和环境区域的划分

名称		定义
城市规模	大城市	城市中心城区非农业人口在50万人以上的城市
	中等城市	城市中心城区非农业人口为20万～50万人的城市
	小城市	城市中心城区非农业人口在20万人以下的城市
环境区域	E1区	为天然暗环境区,如国家公园、自然保护区和天文台所在地区等
	E2区	为低亮度环境区,如乡村的工业或居住区等
	E3区	为中等亮度环境区,如城郊区工业或居住区等
	E4区	为高亮度环境区,如城市中心和商业区等

表 13-9 居住区环境景观设计导则推荐的照度值

照明分类	适用场所	参考照度(lx)	安装高度(m)	注意事项
车行照明	居住区主次道路	10～20	4.0～6.0	①灯具应选用带遮光罩下照明式 ②避免强光直射到住户屋内 ③光线投射在路面上要均衡
	自行车、汽车场	10～30	2.5～4.0	
人行照明	步行台阶(小径)	10～20	0.6～1.2	①避免眩光,采用较低处照明。 ②光线宜柔和
	园路、草坪	10～50	0.3～1.2	
场地照明	运动场	100～200	4.0～6.0	①多采用向下照明方式。 ②灯具的选择应有艺术性
	休闲广场	50～100	2.5～4.0	
	广场	150～300		
装饰照明	水下照明	150～400		①水下照明应防水、防漏电,参与性较强的水池和泳池使用12V安全电压。 ②应禁用或少用霓虹灯和广告灯箱
	树木绿化	150～300		
	花坛、围墙	30～50		
	标志、门灯	200～300		
安全照明	交通出入口(单元门)	50～70		①灯具应设在醒目位置。 ②为了方便疏散,应急灯设在侧壁为好
	疏散口	50～70		
特写照明	浮雕	100～200		①采用侧光、投光和泛光等多种形式 ②灯光色彩不宜太多 ③泛光不应直接射入室内
	雕塑、小品	150～500		
	建筑立面	150～200		

注:本表数据摘自建设部住宅化促进中心编写的《居住区环境景观设计导则》(2006版)。

表 13-10 国际照明委员会(CIE)推荐的照度标准值

被照面材料名称	推荐照度(lx)			修正系数				
	背景亮度			光源种类修正		表面状况的修正		
	低	中	高	汞灯、金卤灯	高低压钠灯	较清洁	脏	很脏
浅色石材,白色大理石	20	30	60	1	0.9	3	5	10
中色石材、水泥、浅色大理石	40	60	120	1.1	1	2.5	5	8
深色石材、灰色花岗石、深色大理石	100	150	300	1	1.1	2	3	5
浅黄色砖材	30	50	100	1.2	0.9	2.5	5	8
浅棕色砖材	40	60	120	1.2	0.9	2	4	7
深棕色砖材、粉红花岗石	55	80	160	1.3	1	2	4	6
红砖	100	150	300	1.3	1	2	3	5
深色砖	120	180	360	1.3	1.2	1.5	2	3
建筑混凝土	60	100	200	1.3	1.2	1.5	2	3
天然铝材(表面烤漆处理)	200	300	600	1.2	1	1.5	2	2.5
反射比 10%的深色面材	120	180	360	—	—	1.5	2	2.5
红—棕黄色	—	—	—	1.3	1	—	—	—
蓝—绿色	—	—	—	1	1.3	—	—	—
反射比 30%～40%的中色面材	40	60	120	—	—	2	4	7
红—棕—黄色	—	—	—	1.2	1	—	—	—
蓝—绿色	—	—	—	1	1.2	—	—	—
反射比 60%～70%的浅色面材	20	30	60	—	—	3	5	10
红—棕—黄色	—	—	—	1.1	1	—	—	—
蓝—绿色	—	—	—	1	1.1	—	—	—

注:①对远处被照物,表中所有数据提高 30%;
②设计照度为使用照度,即维护周期内平均照度的中值;
③对一个城市或地区的标志性重要建筑,建议提高一个等级取值。

表 13-11 美国推荐的建筑物泛光照明照度值(lx)

表面材料	反射系数(%)	环境	
		明亮	暗
浅色大理石、白色或乳白色陶板、白色抹灰	70～85	150	50
混凝土、浅灰色和淡黄色石灰石、淡黄色面砖	45～70	200	100
中灰色石灰石,普通棕黄色砖、砂岩	20～45	300	150
普通红砖、棕色石料、深灰色砖、染色木墙板	10～20	500	200

注:反射系数小于 20%的材料通常用泛光照明不可能经济,除非在建筑物或被照面上有很多高反射系数的装饰条。

表 13-12 飞利浦照明手册照度推荐值

建筑物表面		照度(1x)		
		环境		
材料类型	条件	暗	较亮	很亮
白砖	相当清洁	20	40	80
大理石	相当清洁	25	50	100
亮颜色的水泥或石头	相当清洁	50	100	200
黄砖	相当清洁	50	100	200
暗颜色的水泥或石头	相当清洁	75	150	300
红砖	相当清洁	75	150	300
花岗石	相当清洁	100	200	400
红砖	脏	150	300	—
水泥	很脏	150	300	—

三、夜景照明功率密度值

根据现行行业标准《城市夜景照明设计规范》JGJ/T 163—2008 照明节能要求，建筑物立面夜景照明的照明功率密度值不宜大于表 13-13 的规定。北京市地方标准《城市夜景照明技术规范》规定的照明功率密度值，见表 13-14。

表 13-13 建筑物立面夜景照明的照明功率密度值(*LPD*)

建筑物饰面材料反射比		城市规模	E2 区		E3 区		E4 区	
名 称	反射比 ρ		对应照度(lx)	功率密度(W/m^2)	对应照度(lx)	功率密度(W/m^2)	对应照度(lx)	功率密度(W/m^2)
白色外墙涂料，乳白色外墙釉面砖，浅冷、暖色外墙涂料，白色大理石	0.6～0.8	大	30	1.3	50	2.2	150	6.7
		中	20	0.9	30	1.3	100	4.5
		小	15	0.7	20	0.9	75	3.3
银色或灰绿色铝塑板、浅色大理石、浅色瓷砖、灰色或土黄色釉面砖、中等浅色涂料、中等色铝塑板等	0.3～0.6	大	50	2.2	75	3.3	200	8.9
		中	30	1.3	50	2.2	150	6.7
		小	20	0.9	30	1.3	100	4.5
深色天然花岗石、大理石、瓷砖、混凝土、褐色、暗红色釉面砖、人造花岗石、普通砖等	0.2～0.3	大	75	3.3	150	6.7	300	13.3
		中	50	2.2	100	4.5	250	11.2
		小	30	1.3	75	3.3	200	8.9

注：①城市规模及环境区域(E1～E4)的划分，见表 13-8。

②为保护 E1 区(天然暗环境区)的生态环境，建筑立面不应设置夜景照明。

表 13-14　　建(构)筑物夜景照明的照明功率密度值(*LPD*)

反射比%	低亮度背景		中亮度背景		高亮度背景	
	对应照度(lx)	照明功率密度值(W/m²)	对应照度(lx)	照明功率密度值(W/m²)	对应照度(lx)	照明功率密度值(W/m²)
70～85	50	3	100	5	150	7
45～70	75	4	150	7	200	9
20～45	150	7	200	9	300	14

注：①特殊许可的地区与时段不受此表限制。

②本表数据摘自北京市地方标准《城中夜景照明技术规范》DB 11/T 388.4—2006。

四、光污染的限制

(一)城市夜景照明光污染的限制

1. 遵循的原则

(1)在保证照明效果的同时，应防止夜景照明产生的光污染；

(2)限制夜景照明的光污染，应以防为主，避免出现先污染后治理的现象；

(3)对已出现光污染的城市，应同时做好防止和治理光污染工作；

(4)应做好夜景照明设施的运行与管理工作，防止设施在运行过程中产生光污染。

2. 设计的规定

(1)夜景照明设施在居住建筑窗户外表面产生的垂直面照度，不应大于表 13-15 的规定值。

表 13-15　　居住建筑窗户外表面产生的垂直面照度最大允许值

照明技术参数	应用条件	环境区域			
		E1 区	E2 区	E3 区	E4 区
垂直面照度(E_v)(lx)	熄灯时段前	2	5	10	25
	熄灯时段	0	1	2	5

注：①考虑对公共(道路)照明灯具会产生影响，E1 区熄灯时段的垂直面照度最大允许值可提高到 1lx；

②环境区域(E1～E4 区)的划分见表 13-8。

(2)夜景照明灯具朝居室方向的发光强度，不应大于表 13-16 的规定值。

表 13-16　夜景照明灯具朝居室方向的发光强度的最大允许值

照明技术参数	应用条件	环境区域			
		E1 区	E2 区	E3 区	E4 区
灯具发光强度 I(cd)	熄灯时段前	2500	7500	10000	25000
	熄灯时段	0	500	1000	2500

注：①要限制每个能持续看到的灯具，但对于瞬时或短时间看到的灯具不在此列；

②如果看到光源是闪动的，其发光强度应降低一半；

③如果是公共(道路)照明灯具，E1 区熄灯时段灯具发光强度最大允许值可提高到 500cd；

④环境区域(E1～E4 区)的划分见表 13-8。

(3)城市道路的非道路照明设施对汽车驾驶员产生的眩光的阈值增量不应大于 15%。

(4)居住区和步行区的夜景照明设施应避免对行人和非机动车人造成眩光。居住区和步行区夜景照明灯具的眩光限制值应满足表 13-3 规定。

(5)灯具的上射光通比的最大值不应大于表 13-17 的规定值。

表 13-17　灯具的上射光通比的最大允许值

照明技术参数	应用条件	环境区域			
		E1 区	E2 区	E3 区	E4 区
上射光通比	灯具所处位置水平面以上的光通量与灯具总光通量之比(%)	0	5	15	25

(6)夜景照明在建筑立面和标识面产生的平均亮度，不应大于表 13-18 的规定值。

表 13-18　建筑立面和标识面产生的平均亮度最大允许值

照明技术参数	应用条件	环境区域			
		E1 区	E2 区	E3 区	E4 区
建筑立面亮度 L_b(cd/m^2)	被照面平均亮度	0	5	10	25
标识亮度 L_s(cd/m^2)	外投光标识被照面平均亮度；对自发光广告标识，指发光面的平均亮度	50	400	800	1000

注：①若被照面为漫反射面，建筑立面亮度可根据被照面的照度 E 和反射比 ρ，按 $L=E\rho/\pi$ 式计算出亮度 L_b 或 L_s。

②标识亮度 L_s 值不适用于交通信号标识。

③闪烁、循环组合的发光标识，在 E1 区和 E2 区里不应采用，在所有环境区域这类标识均不应靠近住宅的窗户设置。

(7)喷水端部的照明值可根据环境明暗情况，按表 13-19 选取。

表 13-19 喷水端部的照明值

环境状况	喷水端部照度值(1x)	环境状况	喷水端部照度值(lx)
明	100～150～200	暗	50～75～100

3.采取的措施

(1)在编制城市夜景照明规划时，应对限制光污染提出相应的要求和措施；

(2)在设计城市夜景照明工程时，应按城市夜景照明的规划进行设计；

(3)应将照明的光线严格控制在被照区域内，限制灯具产生的干扰光，超出被照区域内的溢散光不应超过 15%；

(4)应合理设置夜景照明运行时段，及时关闭部分或全部夜景照明、广告照明和非重要景观区高层建筑的内透光照明。

(二)国际照明委员会(CIE)限制光污染的标准值

国际照明委员会(CIE)限制光污染的标准值，见表 13-20。CIE 技术文件规定住宅干扰光的控制，见表 13-21。

表 13-20 国际照明委员会(CIE)限制光污染(干扰光)的标准值

光度指标	适用条件	环境区域			
		E1	E2	E3	E4
窗户垂直面上产生的照度 E_v(lx)	夜景照明熄灭前，进入窗户的光线	2	5	10	25
	夜景照明熄灭后，进入窗户的光线	O*1	1	5	10
灯具的最大光强(cd)	夜景照明熄灭前，适用于全部照明设备	2500	7500	10000	25000
	夜景照明熄灭后，适用于全部照明设备	O*2	500	1000	2500
上射光通比(*ULR*)的最大值(%)	灯的上射光通量与全部光通量之比	0	5	15	25
建筑物或标志表面亮度 L(cd/m²)	由被照面的平均照度和反射比确定	0	5	10	25
	由被照面积的平均照度和反射比确定或是对自发光标志的平均亮度	50	400	800	1000
阈限增量 *T*1	在机动车道路上看到的投光灯所产生的眩光	15%(L_A=0.1)	15%(L_A=1)	15%(L_A=2)	15%(L_A=5)

注：①本表光度指标引自 CIE 干扰光技委会(CIE/TC5 - 12)限制室外照明干扰光影响指南(Guide 0n the limitation of the ecffects 0f obtrusive light from outdoor lighting installations,January 2003)；

②环境区域：E1、E2、E3、E4 分类见表 13-8；

③ *1 如果使用公共(道路)照明灯具,如值可提高至 1lx; *2 如果使用公共(道路)照明灯具,此值可提高至 500cd;

④阈限增量($T1$)中的 L_A 为适应亮度(单位为 cd/m²),0.1 为无道路照明时,1 为 M5 级道路照明;2 为 M4/M3 级道路照明;

⑤为 M2/M1 级道路照明。道路分级详见 CIE115—1995 号出版物。

表 13-21 住宅干扰光控制(CIE 技术文件规定)

	居住区非临街侧		居住区临街侧	
	23:00 前	23:00 后	23:00 前	23:00 后
窗户上的垂直照度(lx)	<10	<2	<25	<5
直接看到发光体的光强(cd)	<2500	<1000	<7500	<2500

建筑或构筑物使用泛光照明灯具的上射光通量和总光通量比值(ULR)在风景区为零;城市低亮度(≤4cd/m²)区为 5%;城镇中等亮度(≤6cd/m²)区为 15%;城市中心的亮度(12cd/m²)区——商业区等为 25%。强调投射到被照物之外的溢散光不应超过灯具输出总光通的 25%;玻璃幕不应采用投光照明;不宜采用大面积投光将被照物均匀照亮;严格控制使用探照灯、窄光束投光灯、空中玫瑰等强投光灯具和激光灯向天空、人群投射等易造成光污染的照明方式、方法。

五、材料反射性与照度的关系

1. 常见的表面材料反射性与照度的对应

常见的表面材料反射性与照度的对应,见表 13-22。

表 13-22 常见的表面材料反射性与照度的对应

建筑物或构筑物表面特征		周围环境特征	
		明	暗
表面材料	反射系数(%)	照度值(1x)	
明亮颜色的大理石、白色或乳色的粗陶材料、白色石膏抹灰墙	70~80	150	50
混凝土、淡色石灰砂浆、水泥砂浆勾缝、明灰色或暗黄色石灰石、晴黄色砖	45~70	200	100
稍浓灰色石灰石、浓褐色普通砖、砂石	20~45	300	150
普通红砖、赤褐色砂岩、带色木板瓦、浓灰色砖	10~20	500	200

注:当表面反射系数低于 20%时,采用投光照明方式不经济。

2. 各种不同建筑材料的反射系数

各种不同建筑材料的反射系数，见表13-23。

表13-23 各种不同建筑材料的反射系数

材　料	条件	反射系数	材　料	条件	反射系数
红砖	脏	0.05	水泥和石头(浅颜色)	相当清洁	0.40～0.50
水泥和石头(浅颜色)	脏	0.25	白砖	清洁	0.80
水泥和石头(浅颜色)	很脏	0.05～0.10	仿造水泥(颜料)	清洁	0.50
花岗石	相当清洁	0.10～0.15	白色大理石	相当清洁	0.60～0.65
黄砖	新的	0.35	—	—	—

第三节　城市夜景照明设计

一、城市夜景照明设计要求

1. 景观照明

(1)建筑景观照明设计应服从城市景观照明设计的总体要求。景观亮度、光色及光影效果应与所在区域整体光环境相协调。

(2)当景观照明涉及文物古建、航空航海标志等，或将照明设施安装在公共区域时，应取得相关部门批准。

(3)景观照明的设置应表现建筑物或构筑物的特征，并应显示出建筑艺术立体感。应根据建筑物表面色彩，合理选择光的颜色。

(4)对于标志性建筑、具有重要政治文化意义的构筑物，宜作为区域景观照明设计方案的重点对象加以突出。

(5)城市繁华商业街区的景观照明宜结合店牌与广告照明、橱窗照明等进行整体设计。

(6)城市景观照明宜与城市街区照明结合设置，应满足道路照明要求并注意避免对行人、行车视线的干扰以及对正常灯光标志的干扰。

(7)城市夜景照明基本要求：

①建筑物夜景照明是用灯光重塑建筑物的夜间景观的照明，照明对象为房屋建筑。建筑物夜景照明，应根据不同建筑的形式、布局和风格充分反映出建筑的性质、结构和材料特征、时代风貌、民族风格和地方特色。

②构筑物照明亦称特殊景观元素照明，是用灯光重塑构筑物(特殊景观元素)夜间景观的照明。照明对象(元素)有碑、塔、路、桥、隧道、河流、水库、

矿井、烟囱、水塔、蓄水池等。构筑物夜景照明除考虑构筑物功能要求外，还必须注意构筑物形态以及和周围环境协调的要求。

③园林照明是根据园林的性质和特征，对园林的硬质景观（山石、道路、建筑、流水及水面等）和软质景观（绿地、树木及花丛等植被）的照明进行统一规划、精心设计，形成和谐协调并富有特色的照明。

④居住区室外景观照明的目的主要有如下几个方面：

a. 增强对物体的辨别性；

b. 提高夜间出行的安全度；

c. 保证居民晚间活动的正常开展；

d. 营造环境氛围。

(8)照明作为景观素材进行设计，既要符合夜间使用功能，又要考虑白天的造景效果，必须设计或选择造型优美别致的灯具，使之成为一道亮丽的风景线。

2. 照明方式与亮度水平控制

(1)建筑物泛光照明应考虑整体效果。光线的主投射方向宜与主视线方向构成 30°～70°夹角。不应单独使用色温高于 6000K 的光源。

(2)在确定设计方案后，应根据受照面的材料表面反射比及颜色选配灯具及确定安装位置，并应使建筑物上半部的平均亮度高于下半部。对玻璃幕墙建筑和表面材料反射比低于 0.2 的建筑，不应选用泛光照明。

玻璃幕墙以及外立面透光面积较大或外墙被照面反射比低于 0.2 的建筑，宜选用内透光照明；使用内透光照明应防止内透光产生光污染。

(3)可采用在建筑自身或在相邻建筑物上设置灯具的布灯方式或将两种方式结合，也可将灯具设置在地面绿化带中。

(4)在建筑物自身上设置照明灯具时，应使窗墙形成均匀的光幕效果。

(5)采用投射光照明的被照景物的平均亮度水平宜符合表 13 - 24 的规定。

表 13 - 24　被照景物平均亮度水平

被照景物所处区域	亮度范围(cd/m^2)
城市中心商业区、娱乐区、大型广场	<15
一般城市街区、边缘商业区、城镇中心区	<10
居住区、城市郊区、较大面积的园林景区	<5

(6)对具有丰富轮廓特征的建筑物，可选用轮廓照明；轮廓照明使用点光

源时，灯具间距应根据建筑物尺度和视点远近确定；使用线光源时，线光源的形状、线径粗细和亮度应根据建筑物特征和视点远近确定；当同时设置轮廓装饰照明和投射光照明时，投射光照明应保持在较低的亮度水平。

(7)对体形高大且具有较大平整立面的建筑，可在立面上设置由多组霓虹灯、彩色荧光灯或彩色 LED 灯构成的大型灯组。

(8)采用玻璃幕墙或外墙开窗面积较大的办公、商业、文化娱乐建筑，宜采用以内透光照明为主的景观照明方式。建筑物的入口不宜采用泛光灯直接照射。除有特殊照明要求的建筑物外，使用泛光照明时不宜采用大面积投光将被照面均匀照亮的方式。

(9)喷水的照明应根据喷水的形状进行设计。喷水照明的设置应使灯具的主要光束集中于水柱和喷水端部的水花。当使用彩色滤光片时，应根据不同的透射比正确选择光源功率。

(10)灯具安装在水中时应注意水深对减光的影响，当采用安装于行人水平视线以下位置的照明灯具时，应避免出现眩光。

(11)景观照明灯具应安装在适当位置或加装格栅，避免产生导致视觉降低的直射眩光和反射眩光。景观照明的灯具安装位置，应避免在白天对建筑外观产生不利的影响，宜隐蔽灯具等照明设施，宜将夜景照明灯具和建筑立面的墙、柱、檐、窗、墙角或屋顶部分的建筑构件相结合。

(12)重点照明的光纤、导光管、激光、太空灯球、投影灯和火焰光等特种照明器材时，应对照明的必要性、可行性进行论证。

(13)重点照明的光影特征、亮度和光色等与建筑整体协调统一。

玻璃幕墙照明灯具安装，如图 13-2 所示。

3. 供电与控制

(1)室内分支线路每一单相回路电流不宜超过 16A，室外分支线路每一单相回路电流不宜超过 25A。室外单相 220V 支路线路长度不宜超过 100m，380/220V 三相四线制线路长度不宜超过 300m，400/230V 供电电压的供电半径不宜超过 500m，并应进行保护灵敏度的校验。

(2)除采用 LED 光源外，建筑物轮廓灯每一单相回路不宜超过 100 个。

(3)室外分支线路应装设剩余电流动作保护器。

(4)景观照明应集中控制，并应根据使用要求设置一般、节日、重大庆典等不同的控制方案。

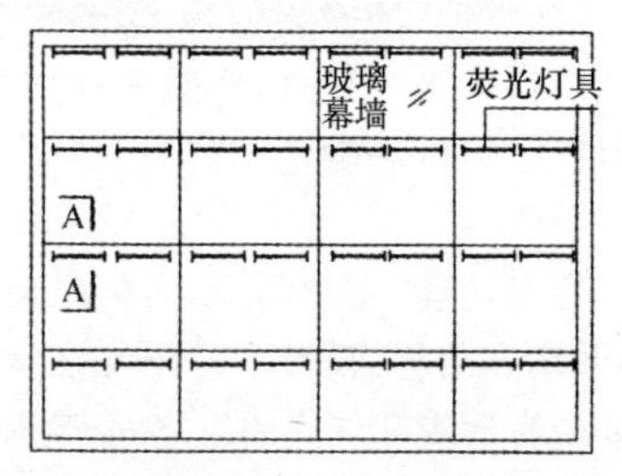

(a)内透灯具窗上方安装方式

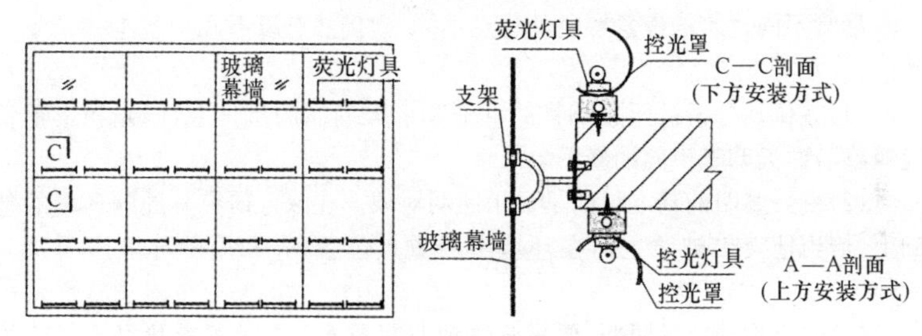

(b)内透灯具窗下方安装方式

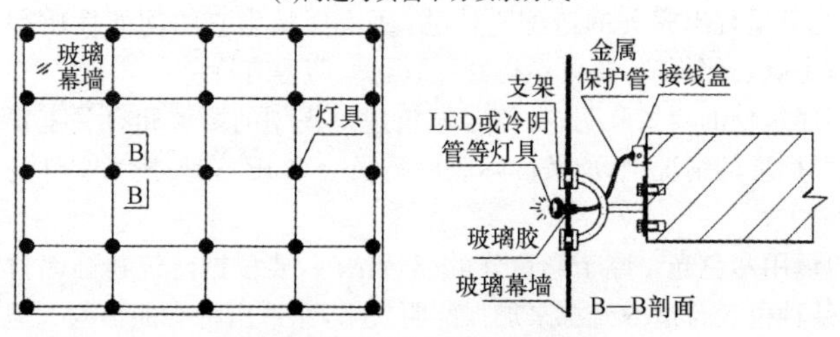

(c)玻璃幕墙节点上点光源安装方式

图 13－2　玻璃幕墙照明灯具安装示意

注：①所有金属构件均应做防腐处理。

②玻璃幕墙照明灯具安装应与玻璃幕墙厂商协商。

③玻璃幕墙内透光照明宜采用日光灯、冷阴极管等线光源。

④灯具的金属外壳应可靠接地。

③玻璃幕墙节点装饰照明宜采用 LED 等点光源。

二、建筑物夜景照明设计

(一)建筑物夜景照明的要求

建筑物夜景照明设计应根据被照物功能、特征、周围环境、选择适宜的观景视点，设计灯的投射方向、灯具的安装位置，达到安全、美观舒适和节能的效果。对建筑物的照明应该见光不见灯，宜隐蔽灯具等照明设施；当隐蔽困难时，应使照明设施的形状、尺度和颜色与建筑、环境相协调，使灯具与建筑物、环境融为一体。

由于每个建筑物的自身功能、文化内涵、所处环境、建筑造型、外饰面材料的颜色等的不同，照明用光用色、照明方式、投射方向和照明器材的选用等也随之差别很大。比如说古建筑和现代建筑之间、政府机关的办公大楼和商业、文化娱乐建筑之间的夜景照明在要求和方法上就应该大不一样。

尽管不同建筑的夜景照明的特点不同，但仍然有以下几个基本要求是一致的：

(1)在认真分析被照建筑物的特征和形象内涵的机理上，用光和影重塑建筑物与白天明显不同的新形象。

(2)夜景照明的基本目的是显示照明对象。在深入研究其周围环境的基础上，恰当地突出被照主体在环境中的重点位置，并和周围环境照明协调一致。

(3)建筑物的夜景照明，要充分体现照明技术和艺术的有机结合。建筑物在灯光下呈现出完美的造型立体感，还应反映出它的功能性质和艺术风格，也就是既要照得亮，还要照得好、照得美、照得有特色。

(4)建筑物的夜景照明，在符合城市建筑规划的要求和有关夜景照明技术文件及标准的情况下，应按国际照明委员会(CIE)有关技术文件的要求进行设计。

(5)慎用彩色光。鉴于彩色光的感情浓烈，要根据建筑物饰面材料的颜色选择某种色表合适的光源来加强照明效果，制造出特有的情调。但单一的彩色光在增强某种颜色的同时也会改变建筑立面上其他颜色的色调，引起色彩失衡。向相邻不同方向表面上投射不同颜色的光线有活跃气氛的效果，但也有造成色差过强、损害造型立体感的风险，特别是一些重要的大型公共建筑的夜景照明，更要特别慎重。

(6)要根据被照建筑物的特征和要求来合理选用最佳照明方式。夜景照明方式有泛光灯照明、轮廓灯照明、内透光照明和特种照明等照明方式。设计时可使用其中一两种，也可综合使用多种照明方式，而不要千篇一律地使用单一的照明方式。

(7)节约能源，为了节约电力，除采用高效的灯和灯具外，要特别注意选用节能的照明手法。例如墙面反射比在0.2以下的深色表面，要想用投光灯照明来达到理想亮度是不可能经济和节能的，应考虑换用其他的照明方式。

在照明效果上，要同周围建筑物取得平衡。夜景照明要预设分级控制，使得在平日或深夜仅开一部分或少量的灯，也能表现建筑物的特色和完善的艺术效果。

(8)夜景照明不能对建筑物内的人员和观光客人产生眩光或光干扰，照明设备务必要妥善隐蔽安装。

(9)夜景照明的电气设施，务必安全可靠，便于管理维修。

(二)建筑物的夜景照明方式

夜景照明灯具应和建筑立面的墙、柱、檐、窗、墙角或屋顶部分的建筑构件相结合，并融合为一体。建筑物夜景照明方式主要有投光照明、轮廓照明、内透光照明、重点照明和特种照明。建筑物夜景照明可使用其中一种或两种，也可多种照明方式综合使用。当使用多种照明方式时，应分清照明的主次，注重相互配合及所形成的总体效果。

1. 建筑立面的投光照明

投光照明就是用投光灯直接照射在建筑立面上，在夜间重塑其建筑物形象的照明方式。这是目前建筑物夜景中使用最多的一种基本照明方式，一般适用于现代高楼大厦、商业建筑大楼和塔式建筑物等。其特点是立体感很强，效果显著、节能，不仅能显现现代化建筑物的全貌，而且能将建筑造型、饰面颜色和材料质感乃至装饰细部处理，都能有效地表现出来。良好的投光照明应具备以下几点：

(1)要确定好被照建筑立面各部位表面的照度或亮度，使照明有层次感，不要把整个建筑物均匀地照亮，使它平淡、呆板，但不能在同一照射区内出现明显的光斑或暗区，扭曲建筑形象。

(2)合理选择投光方向和角度，一般不要垂直向被照面投光，以致降低照明立面的立体感。

(3)投光设备的安装应尽量做到隐蔽，见光而不见灯。

(4)灯光颜色要淡雅、简洁、明快，防止色光使用不当起破坏作用。

(5)投光不能对人产生眩光和光的干扰。设计投光照明时，可参考国际照明委员会 1993 年公布的技术文件《泛光照明指南》所推荐的照度进行选取。

在使用投光夜景照明时还要注意以下几点：

①要按标准来亮，要亮得合理，亮得科学，亮出自己的特色来；不能浪费电能，不要造成污染，危害到人们的正常工作和休息，危害到天文观测和对夜间开车有影响。

②要牢记对玻璃幕墙的建筑立面不宜使用投光照明。因为玻璃是透光

材料，反射率极低，投射到玻璃上的光，不仅无照明效果，还对室内人员产生严重的光干扰。

③要记住夜景照明要根据建筑特征和要求来选择使用多种照明方式，即目前国际上流行的多种照明方式，或空间立体照明手法，这样效果才最佳，也最省钱。

2.建筑物的轮廓照明

轮廓照明的做法是用点光源每隔 30～50cm 连续安装形成光带，或用串灯、节能灯、霓虹灯、美耐灯、导光管、发光二极管、通体发光光纤等线性灯饰器材直接勾画建筑轮廓。对于一些构图优美的建筑物轮廓，使用这种照明方式其效果是不差的。但对一些轮廓简单的方盒式建筑就不宜单一采用这种方式，要和其他照明方式结合起来使用。另外，还要注意到单独使用轮廓照明方式，由于建筑物墙面是暗的，若同时使用投光灯照亮墙面，则效果会更好一些。

对几种常用轮廓灯的性能、特性和照明效果的比较，见表 13-25。

表 13-25 常用轮廓灯的性能、特性和照明效果的比较

类别	说明
普通白炽灯或紧凑型节能灯	通常是使用 30～60W 白炽灯泡或 9～11W 紧凑型节能灯按一定间距(30～50cm)连续安装成光带，可以瞬时启动，技术简单，投资少，能形成醒目轮廓。我国 20 世纪 50 年代以来，曾大量采用过这种照明形式，近年来已使用紧凑型节能灯来代替效率较低的白炽灯，效果更好，也更节能
霓虹灯管	用不同直径和颜色的霓虹灯管沿建筑物的轮廓连续安装，勾绘建筑物轮廓。它的亮度高，显目性好，可重复启动，但光效低，启动电压高，变压器重量较大，安全保护要求高。照明效果好，照明颜色鲜亮，夜间照明醒目有动感，但白天外观稍差，多用在商业建筑和娱乐建筑上
美耐灯(彩虹灯、塑料霓虹灯)	用不同管径和颜色的美耐灯管沿建筑轮廓连续安装，形成发光带。它的可塑性好，寿命长(约为 1 万小时)，安装简单，投资少，但亮度低，每米耗电在 15～20W 左右。夜间照明效果较好，白天也还可以，灯的颜色可变，有动感，各类建筑物均可使用
通体发光光纤管(彩虹光纤)	用不同管径光纤管沿建筑轮廓连续安装，形成光带。它的可塑性好，可以自由曲折，不怕水，不易破损，不带电，只传光，颜色多变，省电安全，检修方便。它的动态照明效果好，一管可呈现多种颜色，但是灯管表面亮度较低，一次性投资大。它适用于检修不便的高大建筑物或有防水要求、安全要求很高的建筑轮廓照明

续表

类 别	说 明
发光二极管	将发光二极管沿建筑物轮廓连续安装形成明亮的光带。它的表面亮度较高,安全,省电,长寿命,检修方便,照明的显目性好,颜色可变。但设备技术较复杂,一次性投资大,适合高大建筑物的轮廓照明,目前在国外应用得较多,上海高架桥开始采用
镭射管(曝光灯)	将镭射管沿建筑物轮廓连续安装,形成动感很强的闪烁轮廓。它的一般管径有49mm,长1500mm,管内安装多只脉冲氙灯,程序闪光,亮度很高,动感强,节能,光型可变,安装方便。它的动态轮廓照明效果好,可组成各种闪光图案,表现各种造型的建筑物轮廓。它不仅用在室外,也可用在室内
贴纸电灯	将发光纸电灯沿建筑轮廓粘贴安装形成发光带。它的启动电压35VAC,最大电压135VAC,尺寸长600cm、宽35cm,很节电,轻薄,不易破碎,颜色丰富,寿命长达3～5年。它的发光均匀柔和,色彩鲜艳,照明效果好。适用于中等高度的光滑饰面材料的建筑物,如玻璃幕墙、金属板、瓷砖饰面等均可使用

3. 内透光照明

内透光照明方式就是利用室内光线向外透射把窗子照亮,使建筑物在夜间从外面看起来富有生气,形成夜景照明效果。可以有两种做法:一是利用室内一般照明灯光,在晚上不关灯,让光线向外照射,目前国外大多数摩天大楼的夜景照明是属于这一种;二是在室内靠窗或需要重点表现其夜景部位,如玻璃尖顶、玻璃幕墙、柱廊、透空结构或艺术阳台等部位专门设置内透光照明设施,形成透光发光面或发光体来表现建筑物的夜景。如著名的巴黎埃菲尔铁塔的夜景照明,最先设计成外投光照明,因塔高,塔体透空,照明效果不好,尽管使用投光灯的功率高达数千千瓦,但是也很难将塔体上部照亮。后来,改用内透光照明,将照明灯安装在塔内,从内部照明塔体,在塔体不同高度均匀安装了内透光照明灯,使塔体从下到上均能照亮,形成晶莹剔透、气势恢宏的照明效果。

4. 特种照明

特种夜景照明方式是人们应用特种方法和手段营造特殊夜景照明的特种夜景照明方式。如建国45周年时的天安门广场夜景照明,使用25台激光器,通过各种颜色的激光光束在夜空进行激光立体造型表演,为节日夜景增色不少;又如广州天河体育场在庆祝香港回归的夜景照明,使用两台大功率激光器形成光柱在空中进行激光造型表演,使整个场地的夜景显得极为热烈壮观;上海的东方明珠电视塔上球的360个结点上使用端头出光的光纤,形成一个个明亮的光点作为球体的夜景装饰照明，亮点的明暗和颜色变化由电脑控制，造出“礼花爆开”、“玉珠悬空”、“满天星斗”等奇特照明效果。

5. 重点照明

对建筑物照明不宜平均对待，应分析建筑物的特征，突出其建筑物的重点部位。对建筑物的重点部位可在局部进行多种形式和方法的重点照明。进行局部重点照明时注意灯光照射在建筑物上形成的光影是否美观协调，产生的亮度和光色等方面要与建筑物本身的整体立面效果相协调统一。

建筑物的入口、特征构件、徽标或标识等部位，可采用重点照明突显特定的目标，被照物的照度或亮度与周围照度或亮度的对比度应当为 3～5，且不宜超过 10～20。

(三) 建筑物夜景照明的用光技巧

建筑物的夜景照明必须针对建筑物的具体情况认真研究和分析用光方法，才能把建筑物照亮，而且照得美和富有艺术性，给人以美的感受。夜景照明的用光方法多种多样，现就几种基本用光技巧做一简单描述。

(1)突出主光，兼顾辅助光。这就是用主光突出建筑物的重要部位，用辅光照明一般部位，使照明有层次感。主光和辅光的比例一般为 3∶1，这样既能显现出建筑物的注视中心，又能把建筑物的整体形象表现出来。

(2)投射方向。投光灯的主要投射方向与主视线方向之间有一定的关系，主投方向与主视方向的夹角以大于 45°、小于 90°为好。为获得良好的光影造型，对于不同体型的建筑物及形状各异的建筑部位应采取相应的最佳投射方向。被照面为平面时，入射角一般取 60°～85°；如被照面有较大凸凹部分，入射角一般取 0°～60°，才能形成适度阴影和良好的立体感；若要重点显示被照面的细部特征，入射角取 80°～85°为宜，并尽量使用漫射光。

建筑物为立方体组合，投光方向应在对角线的两侧，这样在建筑物两个相邻侧立面上能取得适度的亮度对比，从而加强建筑物的立体感。倾斜的入射角能使建筑材料的质地和建筑立面上的竖向线条看上去更清晰。对体量大的建筑物，往往需要沿建筑物周围分散布置投光灯。在这种情况下，在视野内的所有灯的投射方向要一致，最好与被照面的法线成 45°角，并且控制在次要立面上的亮度为主立面亮度的 1/2，以保持良好的造型主体感。

对圆柱体的投光照明，在曲面上的亮度变化要连续变化，竖向亮度要大体一致，但顶部稍亮能增加稳定感。

(3)对于特长形的建筑，如长廊和大桥的夜景照明，在水平或垂直方向上有规律地重复用光，使照明富有韵律和节奏感，营造出“入胜”或“通幽”的意境。

(4)在夜间照亮屋顶才能显示整幢建筑的形状和轮廓。坡顶、圆拱、建筑物的琉璃瓦屋顶、光檐都是代表不同的建筑风格的精粹,用灯光照亮它们,在夜景照明中能起到画龙点睛的作用。当投光灯置于超过屋顶两倍以上的距离,光束可以照亮屋顶;距离较近时,用窄配光投光灯从低层平屋顶或贴近建筑的平屋顶上投照。面积较大又较高的屋顶,宜用小功率的 PAR 灯等,分散布置在檐口边、屋顶凸窗的背后,将屋顶均匀照亮。

(5)巧妙地应用逆光和背景光,例如对柱廊和墙前绿树的夜景照明,在柱廊内侧装灯或绿树后面装灯将背景照亮,把柱廊和绿树跟背景分开,形成剪影,其夜景照明效果比一般投光照射更好、更富有特色。

(6)对于带纪念性的公共建筑、办公楼或风格独立的建筑物的夜景照明,以庄重、简明、朴实为主调,一般不宜采用色光,必要时也只能局部使用低色度的色光作为陪衬。对于商业和文化娱乐的建筑可适当使用色光照明,彩度可以提高一点,有利于营造其轻松、活泼、明快的气氛。

(7)重点光的使用,如天安门城楼上的毛主席像,政府大楼上的国徽,一般大楼的标志,楼名或特征极醒目部分。在最佳方向上使用局部重点光照明,如用远程追光灯重点照明,能收到显目、突出重点的照明效果。

(8)在特定条件下,用模拟阳光能在晚上重现建筑物的白日景观。严格地说完全重现建筑物的白日景观是不可能的,但在特定条件下,可以重现建筑物的白天光影特征,创造出奇特效果。如北京国贸大厦的主楼东侧,有一个在中国大饭店前的屋顶花园。在主楼设置 1800W 窄光束的投光灯,投射在屋顶花园上,人们身临其境,好比白天阳光高照,光影特征就像是午后 3～4 点钟,效果较好。

(四)建筑物的夜景照明标准和光源的选择

建筑物的夜景照明照度与被照面的反射率、环境亮度有关。若表面的反射率高照度就可以低一些,反之表面反射率低,则照度该高。若周围环境亮度较低则照度可以低些,周围亮度高则照度也应提高。此外还与被照面的面积有关,当面积较大时,可适当降低亮度即可满足要求,若面积较小则应提高亮度。

目前,我国尚未制订城市夜景照明和照度标准,现将国外及 CIE 提出的夜景照明标准列见本章第二节,仅供参考。

夜景照明的光源种类、特点和应用场所列于表 13 - 26,供参考。

表 13-26 夜景照明的光源选择

光源种类	特 点	应用场所
白炽灯	显色性好,可调光,能即开即关,可用于动感照明,可做成彩泡。寿命低、效率低	装饰带灯,轮廓照明,图案照明,花坛照明等
卤钨灯	效率高,寿命稍长,色温比白炽灯好	由于寿命低、光效低,用于投光照明的数量在减少,可用在需要调光的地方
密封光束灯泡(PAR灯)	本身带反射器,不需灯具,光束角在6°~12°变化,灯泡是防雨防水型。灯泡内镀银,前面玻璃棱镜面,彩色泡有蓝、绿、黄、红色150W以下,寿命为2000h	室外投光照明,主要用于近距离的投光照明
高压汞灯 荧光高压汞灯	效率较高,寿命较长,不能立即点燃,再启动时间长,蓝、绿光丰富,显色性差。荧光高压汞灯不适于窄光束灯	常用于水池和树的绿叶照明,发出显眼的光
金属卤化物灯	光效高,显色性较好,色温3000~6000K,寿命长1000h,不能立即点燃 并有彩色灯绿、蓝、红、紫色,但寿命较低,光效也较低(1000~2000h)	白色光(冷色调),广泛用于夜景投光照明光导纤维的光源150W彩色光也应用广泛
高压钠灯(NG) 显色改进型高压钠灯(NGX)	金黄色光,色温为2000~2300K,高光效90~130lm/W,显色性差 R_a 为25;显色改进型钠灯较好 R_a 为60,寿命长10000h以上	广泛用于夜景照明,特别适用于黄色、褐色、红色以及白色的建筑物,不适用于绿色植物,不适于动感照明
低压钠灯	单色光源,黄色光色温1700K,光效高200lm/W,寿命长	用于特殊场合,如黄色、橙色的物体,轮廓照明或重点照明,如单元的拱顶、大桥、拱门等
霓虹灯	有红、蓝、绿、黄、橘黄、粉红等颜色。漏磁变压器升压方式每12m用电450VA,功率因数0.5~0.6。电子升压变压器10~12m用电160W,功率因数大于0.92,节能65%	可做成各种文字和图形,寿命长,能重复开关迅速点亮,可做成动态照明及装饰照明

(五)夜景投光照明的计算

城市建筑物夜景照明是技术与艺术相结合的产物。在追求合适的照明艺术表现形式的同时,也需进行一些必要的照明计算。投光灯照明计算,见本书中相关内容,被照面的投光灯照明计算一般采用单位面积容量法、光通法、逐点计算法3种方法。确定设计方案时,可采用单位面积容量法估算;初步设计时,可采用光通法计算;施工图设计时,采用逐点计算法计算。步道和广场等室外公共空间的照明评价指标宜采用地面水平照度(简称地面照度 E_h)和距地面 1.5m 处半柱面照度(E_{sc})。半柱面照度的计算与测量和使用如下：

1.照度计算

步道和广场、公园等室外公共空间的照明评价指标宜采用地面水平照度和距地面 1.5m 处半柱面照度。半柱面照度应按本章第二节中半柱面照度的计算。

2.照度测量

半柱面照度宜按下列方法进行测量：

(1)半柱面照度可采用配置专用光度探测器的半柱面照度计进行直接测量。

(2)当照度的最低点在灯具的正下方时，在计算最小值时，也可选附近的其他点。

(3)当使用半柱面照度有困难时，可采用顺观察方向的 $2/\pi$ 倍垂直照度替代。

3.光束宽度的计算

投光灯投射到建筑物立面上的高度、宽度和面积，是由灯具的光束角大小和灯具到建筑物立面之间距离而定。

由图 13-3 所示可知，投光灯的投射高度 L 和投光灯的投射宽度 W 和一台投光灯的投射总面积 A。由下式计算确定。

$$L = D\left[\mathrm{tg}\left(\varphi + \frac{\beta_v}{2}\right) - \mathrm{tg}\left(\varphi - \frac{\beta_v}{2}\right)\right]$$

$$W = 2D \cdot \sec\varphi \cdot \mathrm{tg}\frac{\beta_H}{2} = 2D\mathrm{tg}\frac{\beta_H}{2}/\cos\varphi$$

$$A_o = \frac{\pi}{4} \cdot L \cdot W$$

式中 L——投光灯投射的高度(m)；

W——投光灯的投射宽度(m)；

A_o——一台投光灯的投射面积(m^2)；

D——投光灯距建筑物立面的距离(m)；

φ——投光灯光轴中心与水平面的夹角(°)；

β_v——投光灯垂直方向的光束角(°)；

β_H——投光灯水平方向的光束角(°)。

4.投光灯台数的计算

在某一照度下，所需投光灯规格和台数，通常可以用流明法或发光强度法计算。流明法通常用于大的建筑立面；而发光强度法用于高塔、烟囱等。

(1)利用流明法计算投光灯台数。计算全部光源投射到立面上的总流明

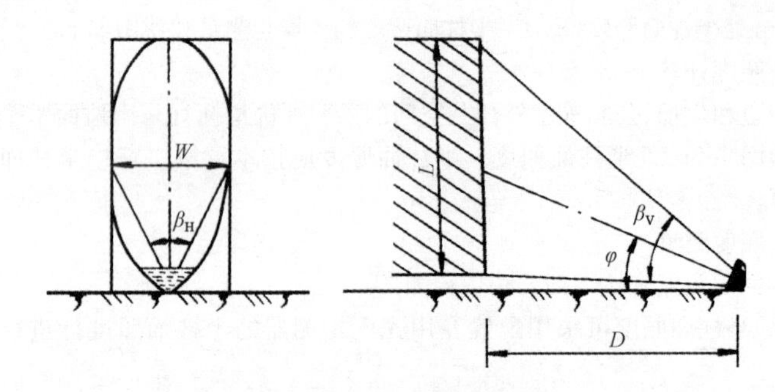

图 13-3 光束照射的高度和宽度

数(即总光通量)Φ_Σ可用下式计算：

$$\Phi_\Sigma = \frac{A \cdot E}{U}$$

式中 A——被照亮的立面总面积；

E——所想要达到的照度值(lx)；

U——照明系统的利用系数，通常在 0.25～0.35 之间。

所需投光灯台数，可用总光通除以单个投光灯的光通量而得到。

投光灯的台数 $N = \frac{\Phi_\Sigma}{\Phi}$，$\Phi$是一台投光灯的光通量。

(2)利用发光强度法计算投光灯台数。建筑立面上所需的总发光强度可由下式求出：

①投射光垂直入射在建筑立面上时，则：

$$I = E \cdot D^2$$

②当投射光以 α 角度入射在建筑立面时，则：

$$I = \frac{E \cdot L^2}{\sin^2\alpha \cdot \cos\alpha}$$

式中 E——立面上的垂直照度(lx)；

L——投光灯的投射高度(m)；

D——投光灯距建筑立面的距离(m)；

α——光束在立面上的入射角(°)；$\alpha = \mathrm{tg}^{-1} L/D$。

那么投光灯的台数 N，可以把计算出来的发光强度 I 除以单台灯的发光强度 I_0(从生产厂提供的样本中查出)，即可得到所需投光灯的台数 N：$N = I/I_0$。

(六)建筑物夜景照明设计示例

【例 13-1】 水立方夜景照明。

国家游泳中心——水立方坐落在北京奥运公园南端，东临国家体育场，建筑面积 80000m²，是迄今为止世界上最大的游泳馆。北京市关于奥运公园中心区建筑物立面照明亮度规定为高度区 8～10cd/m²。水立方属于高亮度区，确定建筑物照明日场模式时，4 个立面亮度为 8cd/m²，顶面为 6cd/m²；纯蓝模式时，立面为 2.5cd/m²，顶面为 2.0cd/m²。

灯具投射距离要满足各种规格气枕的要求，对灯具配光曲线要求 x 轴宽些，y 轴窄些，z 轴长些，对配光曲线的要求如图 13-4 所示。水立方立面的内外气枕是 3 层 ETFE 膜构成，顶向的内外气枕是由 4～5 层 ETFE 膜构成。

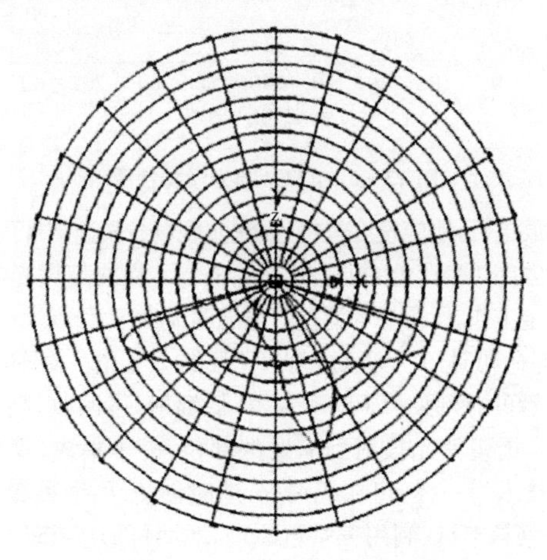

图 13-4　灯具配光曲线图

依据 ETFE 膜的光学特性（如图 13-5 所示）以及水立方本身的建筑结构，若采用泛光照明或内透光照明这些传统的照明方式，照明效果都达不到理想要求。通过各方多次论证与现场试验，水立方最终确定采用“空腔内透光照明方式”，即在固定外层气枕的钢结构内侧安装灯具向外侧投射的照明方式，这样光只透过单个气枕，可达到较为理想的照明效果。这种照明方式的采用，为建筑物景观照明增加了一种新的方式，开创了建筑物景观照明的先河，对于膜建筑和玻璃幕墙建筑的建筑物景观照明有着重要的意义。

由于两层气枕之间尺寸相对狭小，散热条件较差，不适宜安装尺寸较大、散热量较大的光源。在这样的条件下，比较适合的光源只有荧光灯与 LED 灯两种光源。荧光灯含汞，不利于环保，而且灯体尺寸较大，无法利用透镜，只能用反射体来进行布光，配光曲线无法达到预期的效果，另外不宜与气枕的边长尺寸配合。

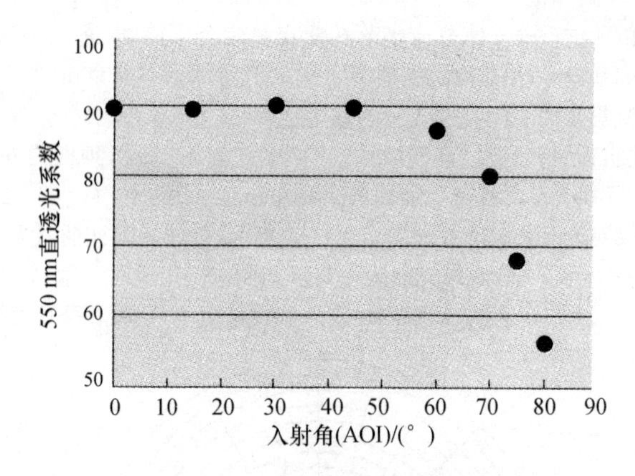

图 13－5 ETFE 膜光学特性图

荧光灯属于气体放电灯，响应速度较慢，无法实现场景快速变换的要求，不利于场景设计，并且荧光灯 RGB 三色的混合也是个难题。荧光灯调光镇流器需要在一定电流时才能稳定工作，所需功率消耗的电能明显大于 LED。

LED 一般寿命可达 5 万小时，是 T5 管的 2.5 倍。在整个寿命周期内，LED 是性价比最好的产品。LED 不含汞，低辐射，可回收，高节能；光分布易于控制，通过光学透镜使光投射到需要的部位；易于集成，集计算机、网络通信、图像处理等技术为一体，可在线编程，适时创新；可纳秒级快速响应，瞬时场景变换；LED 色彩丰富，利用三基色原理，照明可形成 256×256×256 种颜色，在点阵屏上可形成 8192×8192×8192 种颜色；灯体尺寸小，易于与气枕的边长尺寸配合。因此，最终确定采用 LED 光源。

水立方要求 LED 灯具白天不能影响建筑外观，夜晚不能影响室内照明，应当做到见光不见灯。由于 LED 光源表面亮度较大，如投射方向和角度不合适，在一定位置会看到光斑，影响照明效果。经过大量现场试验，确定了在气枕的下侧钢结构框上安装灯具，向上投射，这样就不会看到光斑，这种布灯方式被称为“沿边布灯单向投射”。

水立方是以蓝色为基本色调的建筑。蓝色象征“水”，红色象征“火”，红色会对比加强蓝色的美感，并在奥运期间或赛后的重大节日期间，与喜庆欢快的气氛相和谐。

水立方在南立面装设 2000m^2 点阵屏，与 4 个立面及顶面的灯光共同构成宏伟壮观的场景。通过系统集成技术，与护城河环境照明、室外音响联动，光色与音响共同形成更加宏大的场景。

【例 13 - 2】 国家体育场鸟巢夜景照明。

国家体育场——鸟巢整体照明效果由红、白、黄 3 种主体色构成，以展现红墙、钢结构、膜结构 3 大部分。红墙部分的 LED 光源的构成是由红、白、黄 3 种不同的芯片相搭配而成，精确地还原了红墙的色彩，钢结构和膜结构部分的白光和黄光两个场景分别是由金卤灯和钠灯实现的，红、白、黄构成了鸟巢完整的夜间色彩体系。

红墙部分的 LED 灯具除展现出良好的色彩还原性、足够的照度和恰当的均匀度外，在特殊的时段还可体现“呼吸”、“心跳”、“升起”、“旋转”和“跑动”等 5 个动态表演的主场景。

“呼吸”和“心跳”通过红墙整体的明暗变化来实现。当全亮状态开始逐渐变暗，变暗的过程表示吸气，下降到剩余 30％的亮度时开始变亮，变亮过程表示呼气，变为全亮状态后短暂停留，然后循环表现，整体速度通过调试设定为稍慢于人们正常的呼吸频率。通过“呼吸”场景展现大自然生生不息的景象和人们悠闲的生活状态以及鸟巢的生命特征，“呼吸”场景用在平时夜间表演或比赛前两小时时段等场景中。

“心跳”的灯光变化与“呼吸”类似，但速度更快，变化更明显，亮度下降到 20％的时候开始变亮，每次“心跳”有两次明暗变化紧凑进行，最大程度模拟人类正常心跳的两次不同程度的波峰状态。“心跳”场景展现比赛的激情，让人联想到千钧一发的经典比赛场景，诠释场地比赛氛围。“心跳”场景适合设定在重大比赛进行时段，重要活动开闭幕阶段的一些特定场景。

“升起”场景由不同层的红墙配合完成，表演由全暗的状态开始，一层的灯光缓慢点亮，亮度达到 30％时，2 层灯光也开始点亮，同时一层灯光亮度持续增加直至 100％，以此类推直至 7 层灯光全部点亮。全亮状态持续一段时间后，开始由上而下逐层变暗直至全部层都变暗。为了有好的视觉效果，设定全暗状态不做停顿，一、二层点亮的速度也稍快，缩短暗状态的时间，延长点亮状态的效果，兼顾明暗变化动作的表现。红色代表冉冉升起的国旗、奥运圣火，象征奥运之火冉冉升起并届届相传。

“旋转”场景由上下左右的灯具相互配合整体运转而成。由全亮状态开始顺着建筑立面逆时针进行旋转，速度缓慢优雅，明暗交替没有边界，似曾变暗忽而又一全亮，一切发生在不知不觉中。仿佛巨大的圆筒内积蓄着无际的红色能量，蓄势待发，又如同红衣武者在夕阳中运动着娴熟的太极，从容不迫。

“跑动”场景直观地展现了最具运动代表性的跑步赛道的景象。在全暗的场景下组成红色墙面的不同自然层状出现，流星状的光效快速出现又戛然而止，呈阶梯排列，犹如准备充分的运动员信心十足地进入自己的赛道起跑点，跃跃欲试，随即他们在发令枪响后奔跑在各自的跑道上。此场景通过在单层25m宽的范围内横向的明暗变化来实现，不同层状的纵向位置适当错落形成前后追逐的效果。这是15个主场景中最为活跃的，表现了欢快、激烈等气氛，适合在比赛时刻、活动期间展示。

【例13-3】 悉尼歌剧院夜景照明。

悉尼歌剧院的建筑设计师伍重(Utzon)希望悉尼歌剧院的夜景照明能呈现出一种"月光照明"的效果："……那建筑应该像是被月光所照亮一样……。"这是一个看似简单但非常艰巨的设计要求，要达到这样的一种自然月光下的照明效果，均匀的光照分布、合理的亮度控制以及对眩光及光侵入的预防都是关键而棘手的技术难题。

1988年Julius Poole和Gibson主持设计的方案得到了实施，他们使用若干1000W的CSI大功率泛光照明灯具，安装在2根高12.5m的灯柱上(一根位于歌剧院东南侧，一根位于两南侧)，分别向建筑投光。两根灯柱同时设计安装了巨大的扇形防眩光格栅来防止泛光对建筑室内门厅及休息室等空间的光污染。这个方案在当时较好地呈现出该建筑的特点，但也创造出了横跨整个建筑壳体基部的强烈阴影，今天看来效果差强人意。

2004～2005年间，澳大利亚的STEENSEN Varming公司对悉尼歌剧院户外照明方案进行重新的设计。在充分和建筑师进行沟通后，照明设计师认为从光色上应选用偏冷的光色对白色的壳体进行照明，与下部的偏暖光色照明为主的裙房形成对比。整个歌剧院的造型应通过明暗、光影的相互影响加以呈现，摒弃了先前的一味追求表面照度均匀一致的理念。新的照明方案设计原则重点是通过光色的对比来增强上部的白色壳体与下部裙房的差异性；尽量防止游人直接看到光源，防护措施由灯具本身的设计来解决，不再依赖于设置其他大型防眩光格栅；突出建筑在整个环境中的标志性。

新照明方案的实现充满着挑战，要满足西侧平台上进行电视表演转播及伍重新加出的室外凉廊的夜间照明需要。设计团队首先拆除了西侧的原有投光灯柱，在西侧平台靠海一侧安装了4根间距相等的投光灯柱。灯柱的安装历时3个阶段，分为3天完成。照明控制使用了C－BUS的控制系统，整个安装过程精密而紧凑。

第一阶段(第一天)：第一阶段的工作包括粗略地设置灯具的瞄准点，并测试、记录建筑表面照度、亮度，同试验结果进行对比。然后根据不同的观赏角度进行微调，同时安装灯具的附件，包括扩散棱镜、防眩光格栅以及遮光罩等。

第二阶段(第二天)：这一阶段的工作要求精细，主要任务是测试外部防眩光效果及遮光模板的调试，对于伍重提出的降低外部凉廊的眩光要求来说，这一步是最为关键的安装环节。其中首要的原则为要确保壳体与下部裙房的亮度平衡关系，其次要通过模型试验，根据壳体形状的曲率调整室内休息廊内的眩光程度，降低外部裙房的眩光效应则不被放到最为重要的环节加以考虑。

第三阶段(第三天)：根据前一天的模型试验而制作最终的防眩光遮片。当所有配件到位时，灯具瞄准角度被标记下来，防止定制的配件安装时出现的不合适和不必要的重新定位和调整。

测试验收(第四天)：建筑师乘坐水上巴士从不同角度观看了歌剧院新的夜景照明效果，然后进行了一些细微的调整，最终通过整个照明工程设计。

歌剧院新的照明方案得到了各方面的认可，STEENSEN Varming 赢得继续对歌剧院更为艰巨的东面进行重新照明设计的任务。从东面看悉尼歌剧院与海港大桥紧邻，将歌剧院夜景照明与整个港湾夜景融为一体。

在活力悉尼开幕之夜，一个比平常白色照明更加绚丽多彩的悉尼歌剧院出现在了眼前，它的顶部被不断变化的炫目的色彩和灯光所覆盖，折射出无比美丽的图案。

三、广场的夜景照明

广场的夜景照明，是整个城市夜景照明的重要组成部分，它往往地处城市的重点位置，是人、车、物集散的场所。广场可分为人流广场和交通广场两大类。人流广场，又有以举行庆典集合、游行狂欢等多人聚集为主的集合广场和以亲人集合欣赏自然美景为主的休闲广场。交通广场，则是人、车集散的广场，如站前广场、机场广场等。

1. 广场的夜景照明要求和规定

广场的夜景照明要求和规定如下：

(1)广场照明设计应符合下列规定：

①广场照明所营造的气氛应与广场的功能及周围环境相适应，亮度或照度水平、照明方式、光源的显色性以及灯具造型应体现广场的功能要求和景观特征。

②广场绿地、人行道、公共活动区及主要出入口的照度标准值应符合表13-5的规定。

③广场地面的坡道、台阶、高差处应设置照明设施。

④广场公共活动区、建筑物和特殊景观元素的照明应统一规划，相互协商。

⑤广场照明应有构成视觉中心的亮点，视觉中心的亮度与周围环境亮度的对比度应符合相关均匀度、对比度和立体感的规定。

⑥除重大活动外，广场照明不宜选用动态和彩色光照明。

⑦广场应选用上射光通比不超过25%且具有合理配光的灯具；除满足功能要求外，并应具有良好的装饰性且不得对行人和机动车驾驶员产生眩光和对环境产生光污染。

(2)机场、车站、港口的交通广场：机场、车站、港口的交通广场照明应以功能照明为主，出入口、人行或下行道路及换乘位置应设置醒目的标识照明；使用的动态照明或彩色光不得干扰对交通信号灯的识别。

(3)商业广场：商业广场的照明应和商业街建筑、入口、橱窗、广告标识、道路、广场中的绿化、小品及娱乐设施的照明统一规划，相互协调，并应符合相关规定。

2.集会广场的夜景照明

下面以北京天安门广场节日的夜景照明为例，介绍一般集会广场的夜景照明状况(见表13-27)。

表13-27　集会广场的夜景照明

类别	说明
广场周围建筑物的夜景照明	天安门广场地处首都的中心位置，是首都北京夜景照明的重点。广场的周围建筑，有天安门城楼、人民大会堂、革命历史博物馆、毛主席纪念堂、正阳门，中国银行等 天安门广场东西长278m，南北长357m，广场面积(含东西马路)达120902.60m²，是目前世界上为数不多、规模宏大的广场之一。整个广场的各构景元素的亮度分布以天安门城楼的平均亮度设定为1，广场周围的其他建筑和景物的平均亮度按比例降低。而纪念碑地处广场中心部位，又系城楼的对景，相互呼应，其平均亮度定为2，有较好的效果。人民大会堂的平均亮度定为0.8，中国银行为0.6，正阳门为0.6等 天安门城楼是典型的中国古建筑，始建筑于1417年，1651年改建后称天安门。自1949年中华人民共和国成立以来，作为新中国象征的天安门城楼的夜景照明不断改进和完善。随着照明技术的发展，天安门城楼的夜景必将更加优美、更加雄伟壮观。建筑物的夜景照明不仅要求在主视线方向应具有令人满意的景观效果，而且还要兼顾其他方向和近、中、远景的照明效果，正立面平均照度在350lx以上 大红灯笼是中国传统文化的象征，特别是中国的古典建筑配以大红灯笼，在节日能形成一种浓厚的喜庆气氛 天安门广场西侧的人民大会堂是1959年国庆十大工程之一。东立面长336m，主体高42m，东大门柱廊高25m。通过夜景照明后，更显出雄伟庄重的夜色景观 位于天安门广场东侧的中国革命历史博物馆也是国庆十周年十大工程之一。西立面长313m，西大门柱廊高3～7m。整个建筑的体量和风格与广场西侧的人民大会堂遥相呼应 在天安门广场南侧的正阳门、毛主席纪念堂和中国银行总行的夜景照明，形成块块亮点

续表

类　别	说　　明
广场中心	(1)广场中心的人民英雄纪念碑 人民英雄纪念碑的照明，碑身的平均照度达700lx，碑顶在光束角为3.5°的投光灯和高杆灯余光照射下也亮了起来，整个纪念碑晶莹剔透、庄严雄伟，成为广场的视觉中心 (2)在广场南侧设置两个主题灯箱，中间是革命先行者孙中山像，中央设置喷泉 两个大型主题灯箱高7m，长50m，分别显示出国庆和党代会的召开等主题内容，格外醒目：广场中央布置了一个直径68m的中心喷泉，喷泉水柱高20m，中心喷泉周围有15个小喷泉，寓意“万众一心”。喷泉用水下灯、投光灯、串灯、彩虹管(塑料霓虹灯)等动态灯光照射，流光溢彩，绚丽多姿。广场西北、东北、西南和东南侧对称营造了4个灯饰花坛景观，从不同角度用投光灯照射，显得特别亮丽
灯柱和广场照明	广场东西两侧对称布置了二排由15根灯柱组成的120m长的拱形“灯光长廊”，用动态照明，璀璨夺目。为提高广场地面的平均照度，在广场设置有4排28根杆高12.9m的莲花华灯照明。华灯造型优美大方，民族特征鲜明。每当夜幕降临，华灯齐放，广场美景给人们留下深刻的印象 在广场上增设了4根高杆灯，最大的照度达86lx
金水河的喷泉照明	金水河喷泉的水下照明灯，用发光效率高、密封防水型的金卤灯使喷泉水柱更加晶莹明亮
观礼台和中山公园、劳动人民文化宫大门的照明	天安门东西两侧观礼台，用美耐灯勾绘轮廓；中山公园和劳动人民文化宫大门，用投光灯照射；广场周围的绿地和树木增加彩灯，以增加节日气氛
国旗杆基座的照明	国旗杆基座面积有400m²，位于广场北侧，靠近长安街，正对天安门城楼，背景亮度较高，宜采用小瓦数金卤灯围绕国旗基座照明，突出国旗杆基座的亮度，格外显出明亮、庄严和肃穆
激光器和探照灯的使用	为提高广场夜景照明的空间效果，在周围安装了4组激光器，并设置了12台探照灯，利用探照灯和激光的明亮光束在空中进行立体灯饰造型表演，再加上多彩的节日礼花，整个广场五彩缤纷、多姿多彩，呈现出格外壮观和迷人的景色
长安街天安门段的路灯	长安街天安门段的路灯，使用华灯与广场中的华灯相连接，一直向两端延伸出去。长安街两侧的华灯又与广场上的华灯、宫灯和大红灯笼相连接，形成一个连续的整体。人民大会堂前使用的玉兰花灯，造型与路灯相近，但又有差异，以显出人民大会堂有别于路灯，起到分割和导向的作用，但又有和谐、统一的一面

总之，拟定以天安门城楼和纪念碑为主景，以人民大会堂、历史博物馆、纪念堂为配景，以正阳门、中国银行、观礼台、红墙为底景，按建筑物照明为点，广场照明为面，周围绿化带及道路照明为线，并以点为主，以线相连，点、线、面结合的原则，再加上天安门以彩色喷泉、华表、石狮、国旗杆及旗杆基座以及在广场上节日营造的宫灯、花坛、模型、灯箱及喷泉等的照明，并用多彩激光、大型聚光灯的光柱和节日礼花作点缀，最后营造出一幅主题突出、光与色兼备、层次丰富、动静结合、相互辉映、错落有致、气势恢宏、非常壮观的节日广场的立体画面。

3. 休闲广场的夜景照明

下面以银川光明广场的夜景照明为例，说明一般休闲广场的夜景照明状况(见表 13 - 28)。

表 13 - 28　　休闲广场的夜景照明

类别	说　　明
概况	银川光明广场，位于银川中山公园南侧，是宁夏回族自治区成立 40 周年的献礼工程。广场东侧是宁夏人民会堂，西侧是体育馆，广场有喷泉和雕塑小品，是游人休闲和参观的好去处，夜幕降临，彩灯齐放，整个广场夜色迷人
广场上的雕塑小品	银川光明广场上的雕塑小品是光明广场的一景，小品造型独特，象征负重拼搏。在夜景灯光的照映下，使人无限遐想
连接广场的街区	光明广场和中山公园，正对面是公园街。光明广场落成，连同街道一同改造后，街道变得整齐清洁
广场周围的建筑物	广场的东侧是宁夏人民会堂，西侧是体育馆，广场紧连宁夏宾馆南楼。当这几幢建筑物照亮之后，烘托出广场，从广场去看建筑物夜景照明，使广场夜色更加迷人
广场灯柱照明	在银川光明广场的两侧各有 16 根晶莹剔透且能变光的装饰灯柱。当灯柱全亮时，景观独特，既照亮广场，也照亮道路
喷泉夜景照明	在彩光的照映下，喷泉会发出迷人的光彩。但整个广场都是铺地广场，缺少绿树和草坪，让人多少有点遗憾

4. 站前广场和机场广场的夜景照明

站前广场和机场广场是人、车集散的广场。其夜景照明应以车站和机场建筑大楼为主体，广场照明多以高杆照明为主，周边适当树立广告灯箱。广场内常常设有花坛，经适当装饰，成为广场的亮点，供人观赏。

在人多的地方，要使用显色性好的光源，而车辆为主的地方，采用效率高的光源。在广场公共设施的地方，要保证足够的照度，便于旅客识别。

整个广场的夜景照明要考虑从高空鸟瞰的效果。

四、商业步行街的夜景照明

所谓商业步行街，就是在交通道路两侧布设商店进行商业活动而形成的城市公共空间。商业街按空间形态分类，有开敞式商业街、骑楼式商业街、拱廊式商业街、地下商业街和架空步行街。

商业步行街的构成，主要由商店、步行街面和车行空间、步行至车行的过渡空间，以及有关公用设施组成。

1. 商业街夜景照明的总体规划

从街道的实际情况出发，根据街道自身的特点和在整个城市的地位及能起到的作用来分析和规划，提出整个街道的夜景照明方案，以此再作为众多单个照明设计时的依据。

总体规划的主要内容包括：

(1)确定本景区夜景照明的基本要求、原则和景观照明将要达到的总体效果；

(2)确定本景区照明的总体格调和总的平均亮度水平；

(3)分析景区各照明对象在总体照明方案中的作用和地位，确定照明的主景、副景、配景和底景的部位和对象，并确定各自的亮度水平和它们的比例关系及照明的基本要求和方法；

(4)制订本景区照明总体实施方案和时间表。

2. 商业步行街的夜景照明要求与规定

商业步行街的夜景照明要求与规定如下：

(1)商业步行街的照明设计应符合下列要求：

①购物环境应安全舒适；

②步行街的出入口以及街内的道路、广场、公用设施、商店入口、橱窗、广告和标识均应设置照明；

③商店立面应设置照明，并应与入口、橱窗、广告和标识以及毗邻建筑物的照明协调；

④商业步行街的照明可选用多种光源和光色，采用动静结合的照明方式；

⑤光污染的限制，应符合本章第二节第四点：光污染的限制中设计的规定要求。

(2)商业步行街商店入口的照明设计应符合下列要求：

①入口亮度与周围亮度的对比度应符合本章第二节均匀度、对比度和立体感第 2 条的规定；

②应与店内照明、橱窗照明、广告标识照明以及建筑立面照明有所区别又相协调；

③不应对进出商店的人员产生眩光。

(3)商业步行街的道路照明设计应符合下列要求：

①应能使行人看清路面、坡道、台阶、障碍物以及4m以外来人的面部；应能准确辨认建筑物标识、招牌和其他定位标识；

②其评价指标及照明标准值应符合现行行业标准《城市道路照明设计标准》CJJ45的相关规定；

③不宜采用常规道路照明方式和常规道路照明灯具；

④宜采用造型美观、上射光通比不超过25%、垂直面和水平面均有合理的光分布的装饰性和功能性相结合的灯具；

⑤光源宜选择金属卤化物灯、细管径荧光灯、紧凑型荧光灯或其他高显色光源；

⑥灯朴、支架、灯具外形、尺寸和颜色应整体设计，互相协调。

(4)商业步行街市政公共设施的照明应统一设计，其亮度水平和光色应协调，并在视觉上保持良好的连续性和整体性。

(5)商业步行街入口部位的大门或牌坊、建筑小品的照明亮度与街区其他部位亮度的对比度应符合本章第二节中均匀度、对比度和立体感的第2条的规定，街名牌匾等的照明应突出。

(6)商业步行街建筑立面的照明设设计符合相关规定。

3.商业街的主要照明对象

商业街的主要照明对象有商店的店头和建筑立面照明、商业街的道路照明、公用设施的照明、标牌和广告的照明以及街口的装饰照明5个部分。它们总的目标都是为顾客和游人创造一个良好的购物或休息观光的照明环境。其中以店头和商店的立面照明为重点，因为这将直接关系到顾客或行人是否有兴趣进店去购物和观光。

(1)商店的店头和建筑立面的照明：商店的店头照明是指商店的入口和店名、店标的照明，这是商店的店外重点部位，是能否吸引顾客进店来的关键性照明。首先是要有自己的特色，把自己的商店特点突出出来；第二是亮度要比周围高出2～3倍，并且要用色光强调出来；第三要采用特殊照明方式巧妙地设计店名或标牌；第四是店头照明要有别于橱窗照明和店内照明，但又要协调一致。

商业街的特点之一是远观建筑，近看店头和橱窗。设计好立面照明，用光揭示建筑物的整体形象，来吸引顾客走向本店。其具体要求是：

①要根据街区的照明总体规划和基本格调，选择合理的照明方法：

②认真分析建筑物的特征，确定出总体效果和重点部位的照明；

③选择好照明方式和灯的安装位置；

④若要使用灯具支架，则对灯架的尺寸、外观造型、用料及表面颜色等均要和整个建筑及周围环境协调一致，要做到功能上合理，而且白天让行人看到美观舒服；

⑤要制造出重点突出、富有个性、和谐协调的总体照明效果。

(2)商店的橱窗照明：橱窗是商店展示商品、吸引过往行人使之驻足观赏，继而产生消费欲望，促进购物的重要性。

商店的橱窗照明设计应利用灯光的强弱、颜色变幻，来充分表现商品的特点和陈列的主题。

商店的橱窗照明系统的组成、照明质量及光源灯具的选择，见表13－29。

表13－29　商店的橱窗照明系统的组成、照明质量及光源灯具的选择

类别	说　明
橱窗照明系统的组成	通常，橱窗照明系统由下列3部分组成： ①基本照明：它是构成橱窗内一定的亮度空间，给展品提供一个背景亮度。一般采用漫射照明方式为好，最好模拟白天照明，让光从上而下 ②重点照明：它是使商品与背景形成亮度和颜色对比，以突出展品的形态、轮廓等，以提高商品的档次。例如造成动态，采用逆光照明形成剪影等 ③特殊照明：它是通过灯光造成某种特定的效果，进一步表现商品的形态、轮廓等以提高商品的档次。例如造成动感，采用逆光照明形成剪影等
橱窗照明质量	①照度水平。橱窗内的基本照明应该能保证从橱窗正面各个方向都能看清展品，同时使橱窗能从相邻的景观中脱颖而出，而且在橱窗玻璃上避免产生反光影像，特别在白天。因此，橱窗内的基本照度宜比商场内基本照度高1.5～2倍，基本照度可为500～2000lx，重点照度可达3000～10000lx ②颜色的表现，一是使其真实自然，此时需要高显色性光源($R_a>80$)；二是用光色突出或渲染效果 ③对比度。根据陈列构思，橱窗的主题基本照明和重点照明可在1∶1～1∶50之间变化 ④为表现展品的立体感，可以采用方向性强的照明，造成一定阴影；再用辅光冲淡阴影，使亮度达到预想效果；通常用逆光显示轮廓和用上射光造成一定的艺术效果 ⑤要防止眩光，要求无眩光感觉。通过隐蔽光源，选择好灯具。橱窗内的亮度要高于周围亮度，以防止玻璃的反射眩光 ⑥要防紫外线照射，使产品褪色，尽量选用紫外光少的光源，如钠灯等，也可以用滤色片减弱光的紫外线的作用 ⑦为了进一步突出橱窗设计的主题，渲染艺术效果，可以通过灯光强弱、方向、颜色的变化使商品的展示出现不同的效果

续表

类别	说　　明
光源和灯具的选择	光源是照明的基础，合理选择光源对橱窗照明十分重要，具体选择如下： ①管状荧光灯在橱窗照明中可以作基本照明用，有多种光色可以选择。另外，紧凑型节能荧光灯，色温范围广，光效高寿命长 ②小功率金属卤化物灯（35～150W），由于体积小，显色性好，光效高，是广泛应用于橱窗照明中的重点照明 ③白炽灯和卤钨灯，显色性好，体积小，接近点光源，可以调光和容易控制光的方向。目前已有带反射涂膜层的 R 灯、PAR 灯、冷光碗灯、普通卤钨灯等 ④小功率高显色钠灯，功率有 35～100W，显色指数 R_a＞80，光效 40lm/W 左右，可用在精品的重点照明 在橱窗中使用的灯具，通常有筒灯、墙面灯、下照灯、牛眼灯、导轨灯、上射灯、光导等供选择。另外，还需要适当选择灯具的造型和颜色，要和橱窗布置的要求相配合，起到深化主题的功效

(3)商业街的道路照明：和一般道路照明相比，商业街道路照明不仅要求技术先进，安全可靠，经济合理，节能省电和维修方便，而且还要美观，与街区的其他照明设施和谐一致，在美学上具有更高的要求。

在照明质量上，应确定本道路的照明等级，按标准规定的路面平均亮度（照度）值、亮度（照度）的均匀度、照明维护系数及眩光限制等级等。

商业街道路照明方式，应从街景具体的情况出发，不能套用一般道路照明进行设计。

在计算光源数量时，应考虑商店建筑立面照明和街上灯光广告标牌的光线对路面照度的增量。在选用光源和灯具时，应该选用造型独特、美观大方、色彩鲜艳，并和街区格调一致的灯架、灯杆和灯的基座。

在街道的开阔地板或街区的标志性商店的街段，应预留有节日或平时有重大活动时使用的电源。

(4)商业区的公共设施照明：公用设施的照明，如公共汽车站、电话亭、书报亭、雕塑小品、喷泉、绿化的花坛和树木、时钟、指路牌、街区和城市地图等设施的照明设计，应在街区照明的总体规划上逐一加以考虑。在保证各自的功能外，还要从整体规划上协调一致，在视觉上要保持连续性，但又能明亮醒目。

(5)商业街的广告照明：商业街上的广告照明和橱窗里的珠光宝气相互辉映，能给人留下极为深刻的印象和美好的回忆。街区内大中小型、动态和静态型、平面和立体型等各类灯光广告的布置，应纳入总体规划，应按总体规划的要求，防止不顾整体，各自为政，造成一片混乱和灯光火海的现象。

广告本身的构思要有新意，又富时代气息。广告照明种类和形式很多，如铁皮广告牌、有机玻璃灯箱、霓虹灯广告、美耐灯广告、三面和四面翻广告牌、发光二极管显示屏、投光灯广告及柔性灯箱等。

树立和安装广告牌时，一定要保证电气和结构系统的安全可靠，维修上方便简单。

(6)商业街入口部位照明：一般说来，入口部位的建筑、小品、大门或牌坊、绿化等的艺术处理，在格调上和整个商业街的特征相协调，同时它又要有自己的个性。其照明设计也要充分考虑到既要有个性，又要和整个街区的照明相一致，而且还要和周围的景点照明形成整体。对入口部位的照明，亮度要高出1～2倍；还可以考虑采用彩灯照明；对于店名、牌匾的照明，可以使用多种照明手法或特殊的装饰照明。总之，要用灯光的这种特殊语言告诉行人，这条街不错、真美，值得进去一看。

随着商业经济的不断发展，商业街、步行街不断出现，公用设施也逐步完善。从现有的国内商业街的夜景照明来看，上海的南京路、天津的滨江道、宁波的中山路和重庆解放碑周围4条商业街的照明效果比较好。不论是店头、橱窗和建筑立面照明，还是街上的霓虹灯广告、串灯的应用均给人留下很深的印象。

五、广告与标识夜景照明设计

1.广告与标识照明设计

广告与标识照明设计应符合下列要求：

(1)应符合城市夜景照明专项规划中对广告与标识照明的要求；

(2)应根据广告与标识的种类、结构、形式、表面材质、色彩、安装位置以及周边环境特点选择相应的照明方式；

(3)光色运用应与广告与标识的文化内涵及周围环境相吻合，应注重昼夜景观的协调性，并达到白天和夜间和谐统一；

(4)除指示性、功能性标识外，行政办公楼(区)、居民楼(区)、医院病房楼(区)不宜设置广告照明；

(5)宜采用一般色指数大于80的高显色性光源；

(6)广告与标识照明不应产生光污染及影响机动车的正常行驶，不得干扰通信、交通等公共设施的正常使用。

2.广告与标识照明标准

广告与标识照明标准应符合下列规定：

(1)不同环境区域、不同面积的广告与标识照明的平均亮度最大允许值应符合表13-7的规定；

(2)外投光广告与标识照明的亮度均匀度$U_1(L_{min}/L_{max})$宜为0.6～0.8；

(3)广告与标识采用外投光照明时,应控制投射范围,散射到广告与标识外的溢散光不应超过 20%;

(4)应限制广告与标识照明对周边环境的光污染,应符合城市夜景照明对光污染限制的设计规定。

六、公园夜景照明设计

1. 公园照明设计

公园照明设计应符合下列要求:

(1)应根据公园类型(功能)、风格、周边环境和夜间使用状况,确定照度水平和选择照明方式;

(2)应避免溢散光对行人、周围环境及园林生态的影响;

(3)公园公共活动区域的照度标准值应符合表 13-6 的规定。

2. 公园绿地、花坛照明设计

公园绿地、花坛照明设计应符合下列要求:

(1)草坪的照明应考虑对公园内人员活动的影响,光线宜自上向下照射,应避免溢散光对环境和人造成的光污染;

(2)灯具应作为景观元素考虑,并应避免由于灯具的设置影响景观;

(3)花坛宜采用白上向下的照明方式,以表现花卉本身。地面上花坛使用的蘑菇状灯具,如图 13-6 所示;

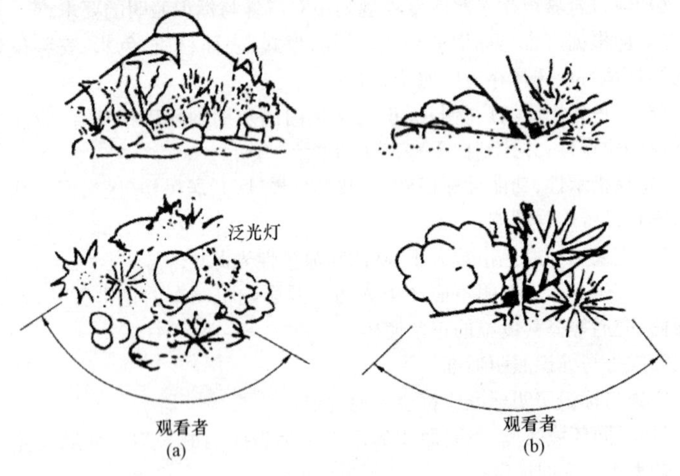

图 13-6　地面上花坛使用的蘑菇状灯具示意

(4)应避免溢散光对观赏及周围环境的影响;

(5)公园内观赏性绿地照明的最低照度不宜低于 2lx。

3. 公园树木照明设计

公园树木照明设计应符合下列要求:

(1)树木的照明应选择适宜的照射方式和灯具安装位置;应避免长时间的光照和灯具的安装对动、植物生长产生影响;不应对古树等珍稀名木进行近距离照明。树和灌木的布灯如图 13-7 所示。

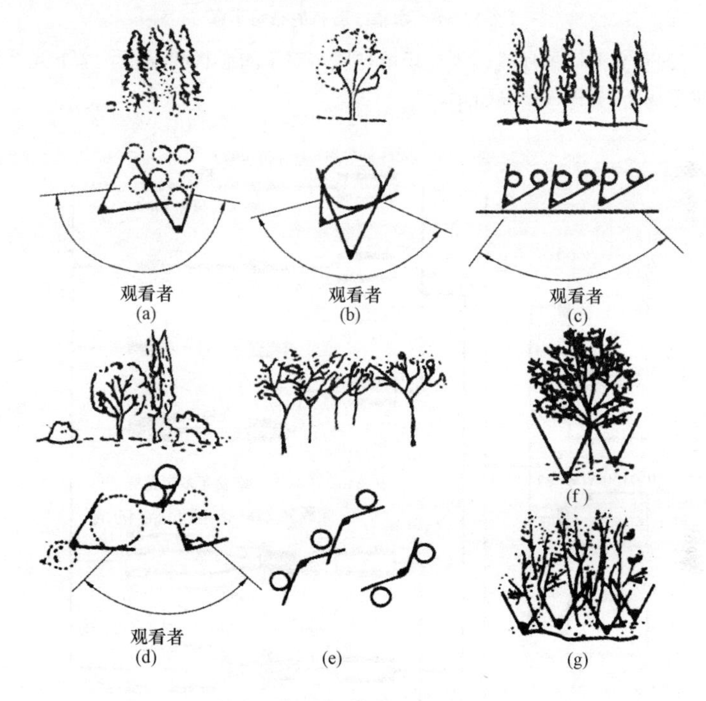

图 13-7 树和灌木的布灯示意

(2)应考虑常绿树木和落叶树木的叶状及特征、颜色及季节变化因素的影响,确定照度水平和选择光源的色表;

(3)应避免在人的观赏角度上产生眩光和对环境产生光污染。

4. 公园水景照明设计

公园水景照明设计应符合下列要求:

(1)应根据水景的形态及水面的反射作用,选择合适的照明方式。水幕

或瀑布的布灯,如图 13－8 所示;

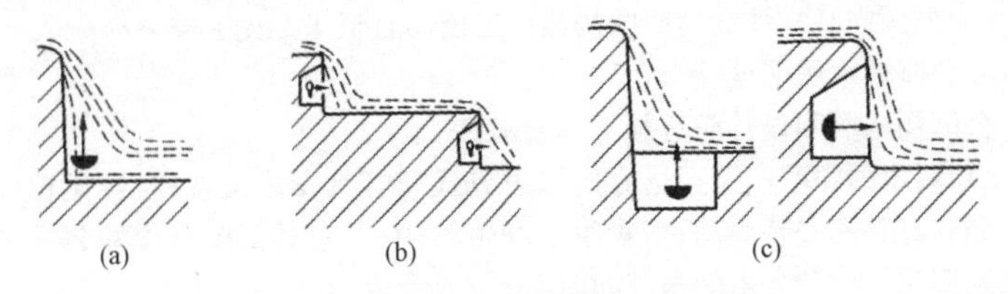

图 13－8 水幕或瀑布的布灯示意

(2)喷泉照明的照度应考虑环境亮度与喷水的形状和高度。水下光纤照明应用场所,如图 13－9 所示;

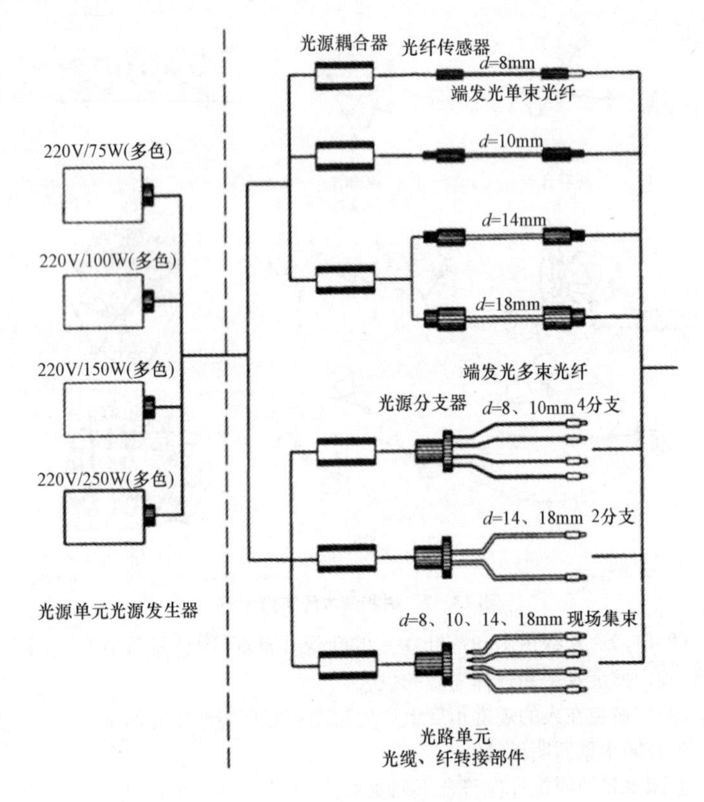

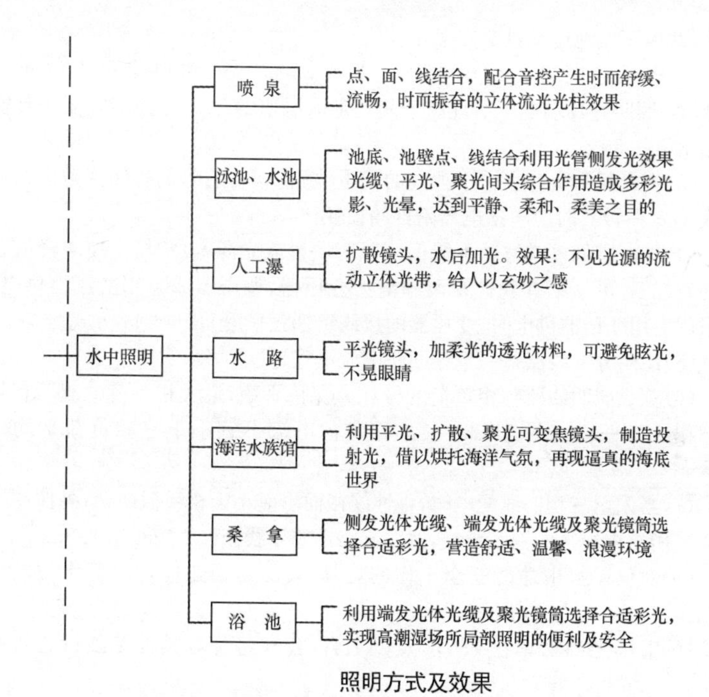

图 13－9　水下光纤照明应用场所

(3)水景照明灯具应结合景观要求隐蔽，应兼顾无水时和冬季结冰时采取防护措施的外观效果；

(4)光源、灯具及其电器附件必须符合使用中的防护与安全要求，并应便于维护管理；

(5)水景周边应设置功能照明，防止观景人意外落水。

5. 其他照明设计

(1)公园步道的坡道、台阶、高差处应设置照明设施。

(2)公园的入口、公共设施、指示标牌应设置功能照明和标识照明

七、夜景照明电气设计

1. 照明供配电

照明供配电设计应符合以下要求与规定：

(1)应根据照明负荷中断供电可能造成的影响及损失，合理地确定负荷

等级，并应正确地选择供电方案。

(2)夜景照明设备供电电压宜为 0.23/0.4kV，供电半径不宜超过 0.5km。照明灯具端电压不宜高于其额定电压值的 105%，并不宜低于其额定电压值的 90%。

(3)夜景照明负荷宜采用独立的配电线路供电，照明负荷计算需用系数应取 1，负荷计算时应包括电器附件的损耗。

(4)当电压偏差或波动不能保证照明质量或光源寿命时，在技术经济合理的条件下，可采用有载自动调压电力变压器、调压器或专用变压器供电。当采用专用变压器供电时，变压器的接线组别宜采用 D，yn－11 方式。

(5)照明分支线路每一单相回路电流不宜超过 30A。

(6)三相照明线路各相负荷的分配宜保持平衡，最大相负荷电流不宜超过三相负荷平均值的 115%，最小相负荷电流不宜小于三相负荷平均值的 85%。

(7)当采用三相四线配电时，中性线截面不应小于相线截面；室外照明线路应采用双重绝缘的铜芯导线，照明支路铜芯导线截面不应小于 2.5mm^2。

(8)对仅在水中才能安全工作的灯具，其配电回路应加设低水位断电措施。

(9)对单光源功率在 250W 及以上者，宜在每个灯具处单独设置短路保护。

(10)夜景照明系统应安装独立电能计量表。

(11)有集会或其他公共活动的场所应预留备用电源和接口。

2.照明控制

照明控制设计应符合以下要求与规定：

(1)同一照明系统内的照明设施应分区或分组集中控制，应避免全部灯具同时启动。宜采用光控、时控、程控和智能控制方式，并应具备手动控制功能。

(2)应根据使用情况设置平日、节假日、重大节日等不同的开灯控制模式。

(3)系统中宜预留联网监控的接口，为遥控或联网监控创造条件。

(4)总控制箱宜设在值班室内便于操作处，设在室外的控制箱应采取相应的防护措施安全保护与接地。

3.安全保护与接地

安全保护与接地设计应符合以下要求与规定：

(1)安装在人员可触及的防护栏上的照明装置应采用特低安全电压供

电，否则应采取防意外触电的保障措施。

(2)安装于建筑本体的夜景照明系统应与该建筑配电系统的接地形式相一致。安装于室外的景观照明中距建筑外墙20m以内的设施应与室内系统的接地形式相一致；距建筑物外墙20m以外的部分宜采用TT接地系统，将全部外露可导电部分连接后直接接地。

(3)配电线路的保护应符合现行国家标准《低压配电设计规范》GB 50054的要求，当采用TN-S接地系统时，宜采用剩余电流保护器作接地故障保护；当采用TT接地系统时，应采用剩余电流保护器作接地故障保护。动作电流不宜小于正常运行时最大泄漏电流的2.0～2.5倍。

(4)夜景照明装置的防雷应符合现行国家标准《建筑物防雷设计规范》GB 50057的要求。

(5)照明设备所有带电部分应采用绝缘、遮拦或外护物保护，距地面2.8m以下的照明设备应使用工具才能打开外壳进行光源维护。室外安装照明配电箱与控制箱等应采用防水、防尘型，防护等级不应低于IP54，北方地区室外配电箱内元器件还应考虑室外环境温度的影响，距地面2.5m以下的电气设备应借助于钥匙或工具才能开启。

(6)霓虹灯的安装设计应符合现行国家标准《霓虹灯安装规范》GB 19653的规定。

八、室外灯具安装

室外灯具安装设计应符合以下要求与规定：

(1)庭院灯：灯的高度可按0.6B(单道布灯时)～1.2B(双道对称布灯时)选取(B为马路宽度)，但不宜高于3.5m。庭院灯杆间距可为15～25m。

(2)草坪灯的间距宜为3.5～5.0H(H为草坪灯距地安装高度)。

(3)路灯高度应根据灯具布置方式、路面有效宽度、灯具配光以及光源功率等来决定；灯杆的间距与灯具和安装高度以及路面纵向均匀有关，安装高度越高间距可以越大。一般灯杆间距可按30～45m。

庭院中常用的光源及其特征。见表13-30。庭院中常见的灯具及其特征，见表13-31。

表 13-30 庭院中常用的光源及其特征

光源种类	特　征
汞灯(包括反射型)	使树木、草坪的绿色鲜明夺目,是最适合的光源。由于寿命长,维修容易,有 40W 到 2000W 的,可以使用容量适合庭园大小的灯
金属卤化物灯	由于效率高,显色性好,也适于照射有人的地方。没有低瓦数的灯,使用范围有限
高压钠灯	效率高,但不能反映绿色,因此只可在重视节约能源的地方使用
荧光灯	由于效率高,寿命长,适用于作庭园照明的光源,容量比灯的尺寸少,不适于范围广泛的照明,但在温度低的地方效率降低,因此必须注意
白炽灯(包括反射型卤钨灯)	小型,便于使用,使红、黄色美丽显目,因此适作庭院照明,但寿命短,维修麻烦。投光器可以制成小型,适于投光照明

表 13-31 庭院中常用的灯具及其特征

灯具的种类	特　征
投光灯(包括反射型灯座)	用于白炽灯、高强度放电灯,从一个方向照射树木、草坪、纪念碑等。安装挡板或百叶板以使光源绝对不致进入眼内。在白天最好放在不碍观瞻的茂密树荫内或用箱覆盖起来
低杆灯	布置在园路或庭院的一隅,适用于全面照射路面、树林、草坪,必须注意不要在树林上面突出灯具
矮灯	有固定式、直立移动式、柱式灯具。光源低于眼睛时,完全遮挡上方光通量会有效果。由于设计灯具的关系,露出光源时必须尽可能降低它的亮度

第十四章 旅馆建筑照明

旅馆的经营者是以具有特色的建筑风格和富有吸引力的服务设施,用照明创造良好的环境气氛招待顾客。旅游建筑照明设计除了应能发挥和加强一个旅馆的风格和特色的装饰照明之外,还需要创造出各种情调的适宜照明,好让住客感到在家的舒适和安全。

旅馆按不同习惯又称为宾馆、饭店、酒店、旅社、度假村、俱乐部等。根据旅馆的使用功能,按建筑质量标准和设备、设施条件,将旅馆建筑由高至低划分为一、二、三、四、五、六级6个建筑等级。按旅馆规模不同又可分为3类:150床位以下者为小型;150～400床位者为中型;400床位以上者为大型。当设计旅游饭店时,应有明确的星级目标,其功能要求尚应符合有关标准的规定。根据《旅游饭店星级的划分与评定》GB/T 14308—2003规定,按饭店的建筑、设施、设备及管理、服务水平的档次为依据由低至高分为5个等级,即一星级、二星级、三星级、四星级、五星级。其中五星级酒店包含更高档次的白金五星级。星级用五角星表示,用一颗五角星表示一星级,两颗五角星表示二星级,三颗五角星表示三星级、四颗五角星表示四星级,五颗五角星表示五星级。

酒店的星级越高,表示旅游饭店的档次越高,也就是要求有更高的硬件设施、有更高的附属设施、服务项目和运行管理水平。

第一节 旅馆建筑照明要求、标准及功率密度

一、旅馆建筑照明的基本要求和规定

1.基本要求

旅馆建筑照明的基本要求有如下几点:

(1)应结合建筑装修与家具布置考虑设置局部照明。有装修要求的场所,灯具布置以装修设计要求为准,并应满足电气设计要求。

(2)大部分场所宜选择较低色温的光源。

(3)较多采用调光或分区控制等手段。大宴会厅、报告厅、多功能厅照明灯光控制,宜采用智能控制系统,以满足多种场合对照度的不同要求。

(4)应避免室外照明光线透过玻璃窗照射在客房顶棚上。

(5)夜间照明不可忽略。

(6)有装修要求的场所，灯具布置以装修设计要求为准，宜注重光源显色性、色温、光效等要求。装修材料反射系数大时，其照度要求取较小值；装修材料反射系数小时，其照度要求取较大值。

(7)应放置安全疏散标志和各类灯光指示标志。

2.饭店电气照明设计的一般规定

(1)饭店照明宜选用显色性较好、光效较高的暖色光源，大多数场所应能满足调光要求。

(2)门厅是饭店的"窗口"。大门厅照明应提高垂直照度，并宜随室内照度的变化而调节灯光或采用分路控制方式。门厅休息区照明应满足客人阅读报刊所需要的照度。

(3)大宴会厅、报告厅、多功能厅照明应采用调光方式，同时宜设置小型演出用的可自由升降的灯光吊杆，灯光控制宜在厅内和灯光控制室两地操作。应根据彩色电视转播的要求预留电容量。大宴会厅、报告厅、多功能厅的灯光控制，建议采用智能控制系统，以满足多种场合对照度的不同要求。

(4)当设有红外无线同声传译系统的多功能厅的照明采用热辐射光源时，其照度不宜大于500lx；当选用荧光灯时，则允许为1000～2000lx。

(5)屋顶旋转厅的照度，在观景时不宜低于0.5lx。

(6)客房床头照明宜采用调光方式。

(7)客房是饭店的核心。客房照明应防止不舒适眩光和光幕反射，设置在写字台上的灯具应具备合适的遮光角，其亮度不应大于510cd/m²。建议客房内尽量不设壁灯，因不利于设备更新和调整家具布置，难与室内装修设计协调。

(8)客房穿衣镜和卫生间内化妆镜的照明灯具应安装在视野立体角60°以外，灯具亮度不宜大于2100cd/m²。卫生间照明、排风机的控制开关宜设在卫生间门外。

(9)客房的进门处宜设有可切断除冰柜、充电专用电源插座和通道灯外的电源的节能控制器。当节能控制器切断电源时，高级客房内的风机盘管，宜转为低速运行。

(10)饭店的公共大厅、门厅、休息厅、大楼梯厅、公共走道、客房层走道以及室外庭园等场所的照明，宜在总服务台或相应层服务台处进行集中控制，客房层走道照明亦可就地控制。客房层走道、大厅等公共场所应设有清扫用电源插座，间距不应大于20m。

(11)饭店的休息厅、餐厅、茶室、咖啡厅、快餐厅等宜设有地面电源插座及灯光广告用电源插座。餐厅应选用显色指数较高的光源，并特别注意要选用高效灯具。

(12)室外网球场或游泳池宜设有正常照明,并应设置杀虫灯或杀虫器。

(13)地下车库出入口处应设有适应区照明。

(14)疏散楼梯间应设应急照明,可与楼层标志灯结合设计。

(15)公共场所,应利用建筑设备监控系统、智能照明控制系统或采用其他控制器件,避免长明灯。

3. 我国酒店等级划分电气部分的要求

我国酒店等级划分电气部分的要求,见表 14-1。不同档次等级的酒店,其标准差异较大。

表 14-1　　中国酒店等级划分电气部分条件

等级	强电要求	弱电要求
五星级	①客房设床头灯、台灯、落地灯,采用区域照明且目的物照明度良好 ②客房卫生间采用分区照明且目的物照明度良好。有良好的低噪声排风系统,温湿度与客房适宜。有110V/220V不间断电源插座,配有吹风机 ③客房至少有两种规格的电源插座,方便客人使用,并提供电源插座转换器 ④24h提供冷热饮用水及冰块,并免费提供茶叶或咖啡 ⑤客房内设微型酒吧(包括小冰箱),提供适量酒和饮料,备有饮用器具和价目单 ⑥3层以上建筑物有数量充足的高质量客用电梯,轿厢装饰高雅,另配有服务电梯 ⑦设有应急供电系统和应急照明设施 ⑧在选择项目表 14-2 中至少具备 33 项	①有与本星级相适应的计算机管理系统 ②有公共音响转播系统,背景音乐曲目,音量适宜,音质良好 ③客房门能自动闭合,有门窥镜、门铃及防盗装置。显著位置张贴应急疏散图及相关说明 ④客房卫生间设电话副机 ⑤客房有方便使用的电话机,可以直接拨通或使用预付费电信卡拨打国际、国内长途电话,并备有电话使用说明和所在地主要电话指南 ⑥客房提供互联网接入服务,并备有使用说明 ⑦客房有彩色电视机,播放频道不少于16个,画面和音质优良,备有频道指示说明和节目单,播放内容应符合中国政府规定 ⑧客房有可由客人调控且音质良好的音响装置 ⑨提供叫醒、留言及语音信箱服务 ⑩设有公用电话,并配备市内电话簿⑪设有商务中心,代售邮票,代发信件,代办电报、电传、传真、复印、国际长途电话,提供打字和计算机出租等服务 ⑫主要公共区域有闭路电视监控系统

续表1

等级	强电要求	弱电要求
白金五星级	①具备两年以上五星级的全部条件 ②在选择项目表14－2中至少具备37项	各类设施设备配置齐全，品质一流；有饭店各区域温湿度自动控制系统
四星级	①客房设有床头灯、台灯、落地灯。采用区域照明且目的物照明度良好 ②客房卫生间采用分区照明且目的物照明度良好。有良好的低噪声排风系统，温湿度与客房适宜，有110V/220V不间断电源插座，配有吹风机 ③客房至少有两种规格的电源插座，方便客人使用，并提供电源插座转换器 ④24h提供冷热饮用水及冰块，并免费提供茶叶或咖啡 ⑤客房内设微型酒吧（包括小冰箱），提供适量酒和饮料，备有饮用器具和价目单 ⑥3层以上的建筑物有数量充足的高质量可用电梯，轿厢装修高雅，另配有服务电梯 ⑦设有应急供电系统和应急照明设施 ⑧在选择项目表14－2中至少具备26项	①有与本星级相适应的计算机管理系统 ②有公共音响转播系统，背景音乐曲目，音量适宜，音质良好 ③客房门能自动闭合，有门窥镜、门铃及防盗装置。显著位置张贴应急疏散图及相关说明 ④客房卫生间设电话副机 ⑤客房有方便使用的电话机，可以直接拨通或使用预付费电信卡拨打国际、国内长途电话，并备有电话使用说明和所在地主要电话指南 ⑥客房提供国际互联网接入服务，并有使用说明 ⑦客房设有彩色电视机，播放频道不少于16个，画面和音质良好，备有频道指示说明和节目单，播放内容应符合中国政府规定 ⑧客房设有客人可以调控且音质良好的音响装置 ⑨提供留言及叫醒服务 ⑩有公用电话，并配备市内电话簿 ⑪有商务中心，代售邮票，代发信件，提供电报、传真；复印、打字、国际长途电话和计算机出租等服务 ⑫主要公共区域有闭路电视监控系统

续表 2

等级	强电要求	弱电要求
三星级	①客房设有床头灯及行李架等配套家具。室内采用区域照明且目的物照明度良好 ②客房卫生间采用较高级建筑材料装修地面、墙面和顶棚，色调柔和，目的物照明度良好。有良好的排风系统或排风器，温湿度与客房适宜，有110V/220V不间断电源插座 ③客房至少有两种规格的电源插座，并提供电源插座转换器 ④客房24h提供冷热饮用水，免费提供茶叶或咖啡 ⑤70%客房有小冰箱，提供适量酒和饮料，备有饮用器具和价目单 ⑥4层(含)以上的楼房有足够的客用电梯 ⑦有应急供电设施和应急照明设施	①有与本饭店星级相适应的计算机管理系统 ②客房有门窥镜和防盗装置，在显著位置张贴应急疏散图及相关说明 ③客房有方便使用的电话机，可以直接拨通或使用预付费电信卡拨打国际、国内长途电话，并配有使用说明 ④客房可以提供国际互联网接入服务，并有使用说明 ⑤客房有彩色电视机，播放频道不少于16个，画面和音质清晰，备有频道指示说明和节目单，播放内容应符合中国政府规定 ⑥提供留言和叫醒服务 ⑦公共区域设有公用电话，并配备市内电话簿 ⑧代售邮票、代发信件，办理电报、传真、复印、打字、国际长途电话等服务 ⑨提供计算机出租等业务
二星级	①设有至少两种规格的电源插座 ②客房装修良好，有软垫床、桌、椅、床头柜等配套家具，照明良好 ③照明充足，有遮光窗帘 ④4层(含)以上的楼房有客用电梯	①前厅提供传真服务 ②客房有方便使用的电话机，可以拨通或使用预付费电信卡拨打国际、国内长途电话，并备有使用说明 ③客房有彩色电视机，画面音质清晰 ④客房门锁为暗锁，有防盗装置，显著位置张贴应急疏散图及相关说明 ⑤公共区域设有公用电话，并配备市内电话簿
一星级	①餐厅设有桌椅、餐具、灯具及照明充足的就餐区域 ②照明充足，有遮光窗帘	①公共区域设有公用电话 ②客房门锁为暗锁，有防盗装置，显著位置张贴应急疏散图及相关说明

4. 四星级及其以上等级的酒店类别的选择

四星级及其以上等级的酒店，还有更高的选择项目要求。四星级及以上酒店综合类别、特色类别选择项目，见表 14－2。

表 14－2 四星级及以上酒店综合类别、特色类别选择项目

类别		选择项目内容
综合类别选择项目（20 项）		①5 家以上饭店共享同一连锁品牌或 10 家以上饭店由同一家饭店管理公司管理 ②总经理连续 2 年以上接受饭店管理专业教育或培训 ③不少于 5％的员工通过国家旅游主管机构认可的“饭店职业英语等级测试” ④电梯内有方便残疾人使用的按键 ⑤客用电梯轿厢内两侧均有按键 ⑥不少于 70％的客房内配有静音、节能、环保型冰箱 ⑦客房内配有逃生用充电手电 ⑧不少于 5％的客房卫生间淋浴与浴缸分设 ⑨客房卫生间有饮水系统 ⑩餐厅、吧室均设有无烟区 ⑪总经理连续 5 年以上担任过同级饭店高级管理职位 ⑫总经理持有国家旅游主管机构认可的《旅游星级饭店总经理岗位资格证书》 ⑬委托代办服务 ⑭有残疾人客房 ⑮不少于 5％的客房配备客用保险箱 ⑯为客房内床上用品及卫生间一次性客用品、客用布草的再次使用设有征询客人意见牌 ⑰客房卫生间有大包装、循环使用的洗发液、淋浴液方便容器 ⑱不少于 5％的客房卫生间干湿区分开（或有独立的化妆间） ⑲设有无烟楼层 ⑳餐厅及吧室均不使用一次性筷子、一次性湿毛巾和塑料桌布
特色类别	一选择项目（20 项）	①至少容纳 20 人的多功能厅或专用会议室，并有良好的隔声、遮光效果，配设衣帽间 ②至少 2 个小会议室或洽谈室（至少容纳 10 人） ③有录音、扩声功能的音响控制系统 ④多媒体演示系统（含计算机、多媒体投影仪、实物投影仪等） ⑤有至少 200m² 的展厅 ⑥独立的酒吧、茶室等 ⑦饼屋 ⑧所有客房附设写字台电话 ⑨所有套房供主人和来访客人使用的卫生间分设 ⑩设行政楼层，有本楼层客人专用服务区 ⑪至少容纳 200 人的大宴会厅，配有专门的宴会厨房 ⑫现场监控系统及视音频转播系统 ⑬同声传译设施（至少 2 种语言） ⑭会议即席发言麦克风 ⑮独立的鲜花店

续表

类别		选择项目内容
特色类别	一选择项目（20项）	⑯大堂酒吧 ⑰所有客房内配有电熨裤机 ⑱套房数量占客房总数的10%以上 ⑲有5个以上开间的豪华套房 ⑳行政楼层客房内配有可收发传真或上网的设备
	二选择项目（16项）	①有观光电梯 ②歌舞厅 ③美容美发室 ④桑拿浴 ⑤视音频交互服务系统（VOD），提供客房内可视性账单查询服务 ⑥24h提供加急洗衣服务 ⑦专卖店或商场 ⑧有24h营业的餐厅 ⑨有自动扶梯 ⑩有影剧场，舞美设施和舞台照明系统，能满足一般演出需要 ⑪健身中心 ⑫保健按摩 ⑬提供语音信箱服务 ⑭定期歌舞表演 ⑮独立的书店或图书馆（至少有100册图书） ⑯旅游信息电子查询系统
	三选择项目（16项）	①自用温泉或海滨浴场或滑雪场 ②室内游泳池 ③棋牌室 ④桌球室 ⑤保龄球室（至少4道） ⑥高尔夫练习场 ⑦高尔夫球场（至少9洞） ⑧射击或射箭场 ⑨不少于30%的客房有阳台 ⑩室外游泳池 ⑪游戏机室 ⑫乒乓球室 ⑬网球场 ⑭电子模拟高尔夫球场 ⑮壁球场 ⑯其他运动休闲项目

二、旅馆建筑照明标准值

国内外旅馆建筑照度标准值

在旅馆建筑电气照明设计中，应根据使用性质、功能要求和使用条件，按不同标准采用不同照度值。照明标准值应符合现行国家标准《建筑照明设计标准》GB 50034—2004旅馆建筑照明标准值的规定。国内外旅馆建筑照度标准值，见表14－3。娱乐、休闲场所照明标准值，见表14－4。我国旅馆照度标准总体上与国际水平相当，这样便于我国星级旅馆与国际标准接轨。

表14－4　娱乐、休闲场所的照明标准值(JGJ16—2008)

房间或场所	维持平均照明(lx)	统一眩光值(UGR_L)	显色指数(R_a)	备注
棋牌室	300	19	80	—
台球、沙壶球	200			另设球台照明
游戏厅	300			—
网吧	2000			—

三、旅馆建筑照明功率密度值

根据照明节能要求，旅馆建筑照明功率密度值应符合《建筑照明设计标准》GB 50034—2004的规定。国内外旅馆建筑照明功率密度值，见表14－5。

表14－5　国内外旅馆建筑照明功率密度值(单位:W/m^2)

房间或场所	中国国家标准GB 50034—2004			北京市绿照规程DBJ 01－607—2001	美国ASHRAE/IESNA－90.1—1999	日本节能法1999
	照明功率密度		对应照度(lx)			
	观行值	目标值				
客房	15	13	—	15	26.9	15
中餐厅	13	11	200	13	—	30
多功能厅	18	15	300	25	—	30
客房层走廊	5	4	50	6	—	10
门厅	15	13	300	—	18.3	20

表 14－3　**国内外旅馆建筑照度标准值**　单位：lx

房间或场所		中国国家标准 GB 50034—2004	CIE S 008/E—2001	美国 IESNA—2000	日本 JIS Z 9110—1979	德国 DIN 5035—1990	俄罗斯 СНиП 23—05—95
客房	一般活动区	75	—	100	100～150	—	100
	床头	150		—	—		—
	写字台	300	—	300	300～750		—
	卫生间	150		300	100～200		—
中餐厅		200	200		200～300	200	—
西餐厅、酒吧间		100	—	—	—	—	—
多功能厅		300	200	500	200～500	200	200
门厅、总服务台		300	300	100	100～200	—	—
休息厅		200		300（阅读处）			
客房层走廊		50	100	50	75～100	—	—
厨房		200	—	200～500	—	500	200
洗衣房		200	—	—	100～200	—	200

注：①我国标准将客房照明分成一般活动区、床头、写字台、卫生间 4 个区，一般活动区照明标准低于美、日、俄三国，但我国对床头区域照明提出 150lx 的要求，其他国家对此没有提出要求。根据实测调查，我国现有旅馆客房床头的实测照度多数为 100lx 左右，平均照度为 110lx，标准值还是比较合理的。目前绝大多数宾馆客房无一般照明，即没有设置顶灯。许多客人是商务旅行，出差在外还要办公，因此，写字台上的照度应特别要求。目前我国现有旅馆写字台上的实际照度多在 100～200lx 之间，离办公要求有差距，日本标准相对较高，为 300～750lx，这大概与日本工作节奏快有关。卫生间的功能不言而喻，我国标准稍微低于国外标准，美国为 300lx，日本为 100～200lx，而我国为 150lx。

②中餐厅要稍微明亮一些，中国人喜欢明亮、富丽堂皇，因此，中餐厅照度比西餐厅要高。而西餐厅、酒吧间、咖啡厅照度，不宜太高，它追求宁静、优雅的气氛。在酒吧，伴随着特有的音乐，灯光"昏暗"更有情调，有时用烛光渲染这种氛围。

③门厅、总服务台、休息厅是旅馆的重要枢纽，是人流集中分散的场所，我国标准不低于国外标准。

④多功能厅出于功能的多样性，照明应有多种选择，以满足不同功能的需要，我国标准取各国标准的中间值，定为 300lx。

⑤我国客房层走道照明标准为 50lx，而国外多为 50～100lx 之间，我国相对较低，但已能满足需要。

⑥旅馆餐厅很多用筒灯，光源为节能灯以替代白炽灯，客房用暖色的节能灯替代白炽灯，节能效果显著。

第二节　旅馆建筑照明与电气设计

一、旅馆建筑照明

(一)旅馆入口、门厅及休息厅的照明

1.旅馆的入口照明

旅馆、宾馆建筑一般都是具有特定的外貌和风格,不管它坐落在何处,都必须让旅客能够发现它和识别它。因此必须设置夜景立面照明,并设置从远处就能看到的发光标牌,以创造一个宾至如归的良好视觉印象。

旅馆的招牌,可设置在楼顶、雨篷上部或临街的建筑墙面上。招牌可以用投光照明,也可用霓虹灯、氖管灯、灯箱来做。

如该旅馆位于自己的庭院之中,所有的汽车道、入口通道、停车场、花园、花坛草坪等,都必须有适当的照明,而为了保证入口不会搅混,应设路标。对于停车场和它们的入口,地面上的最小照度在20lx左右。旅馆各种场所的照明照度设计标准,已在《民用建筑照明设计标准》中作过规定,见表14-6。国际照明标准(旅馆部分)见表14-7。

表14-6　　旅馆建筑照明的照度标准值

类别		参考平面及其高度	照度标准值(lx)		
			低	中	高
客房	一般活动区	0.75m水平面	20	30	50
	床　头	0.75m水平面	50	75	100
	写字台	0.75m水平面	100	150	200
	卫生间	0.75m水平面	50	75	100
	会客间	0.75m水平面	30	50	75
梳妆台		1.5m高处垂直面	150	200	300
主餐厅、客房服务台、酒吧柜台		0.75m水平面	50	75	150
西餐厅、酒吧间、咖啡厅、舞厅		0.75m水平面	20	30	50
大宴会厅、总服务台、主餐厅柜台、外币兑换处		0.75m水平面	150	200	300
门厅、休息厅		0.75m水平面	75	100	150
理发室		0.75m水平面	100	150	200

续表 1

类　别	参考平面及其高度	照度标准值(lx)		
		低	中	高
美容	0.75m 水平面	200	300	500
邮电	0.75m 水平面	75	100	150
健身房、器械室、蒸汽浴室、游泳池	0.75m 水平面	30	50	75
游艺厅	0.75m 水平面	50	75	100
台球	台面	150	200	300
保龄球	地面	100	150	200
厨房、洗衣房、小卖部	0.75m 水平面	100	150	200
食品准备、烹调、配件	0.75m 水平面	200	300	500
小件寄存处	0.75m 水平面	30	50	75

注:①客房无台灯等局部照明时,一般活动区的照度可提高一级。

②理发栏的照度值适用于普通招待所和旅馆的理发厅。

表 14-7　旅馆国际照明委员会照明标准(S 008—2001)(旅馆部分)

<table>
<tr><th>室内作业或活动场所</th><th>维持平均照明(lx)</th><th>统一眩光值(UGR_L)</th><th>显色指数(R_a)</th><th>备注</th></tr>
<tr><td>接待、收银台、门房</td><td>300</td><td rowspan="5">22</td><td rowspan="7">80</td><td>—</td></tr>
<tr><td>厨房</td><td>500</td><td>—</td></tr>
<tr><td>餐馆、餐厅、功能厅</td><td>200</td><td>照明应设计成具有亲密的气氛</td></tr>
<tr><td>自助式餐馆</td><td>200</td><td>—</td></tr>
<tr><td>自助餐厅</td><td>300</td><td>—</td></tr>
<tr><td>会议室</td><td>500</td><td>19</td><td>必须可控光</td></tr>
<tr><td>走廊</td><td>100</td><td>25</td><td>夜间低照度可接受</td></tr>
<tr><td>理发室</td><td>500</td><td>19</td><td>90</td><td>—</td></tr>
</table>

主要入口有雨篷和车道顶棚的地方,在紧靠顶棚底下可做醒目的照明设计,给旅馆招牌和其他标记作补充照明。但要注意防止照进住房,打扰旅客。灯具可用槽形灯、星点灯、节能筒灯等,但要求与建筑立面形式和室内设计风格统一协调。

从入口到门厅,照明应该有一个逐步提高的过渡,使旅客的眼睛有一个亮度适应。沿入口的通道可以设置独立的柱灯,既作为装饰,又是眼睛亮度的过渡照明。

2.门厅、休息厅的照明

旅馆的门厅是给外来客人产生第一印象的地方，应力求别具一格，通常应以宁静、典雅为基调，使人感到豪华、气派、又显亲切和温馨。门厅照明亮度要考虑同户外的亮度相协调，由于户外亮度是随季节和当时气象条件而变化，最好能用调光设备或开关来调节门厅的照明亮度。

门厅内的总服务台，应该采用明亮的灯光把它突出出来，使客人容易寻找。另外，还要注意提高人面部的垂直照度，好让客人心情愉快。

休息厅是旅馆的主厅，是供住客和他们的朋友产生某种程度的亲切感的休息场所。厅内一般摆设沙发、工艺品、各种盆景和建筑小品等，创造一种典雅、热烈的环境气氛。照明要配合装饰，也可以采用大型吊灯，显示豪华气派，使用建筑化照明或下投式照明，并把立灯照明组合起来使用，将主厅显得宽敞又华贵。

在休息厅内还可以设置若干个独立的趣味点和小区，每处都有它自己的特点和格调。可以使用大型的装饰性台灯，台灯的上向光用来加强灯棚的一般照明；台灯的下向光局部地附加到一般照明上，这样可以使总照度达到坐在安乐椅或长沙发上的客人能够读书、看报。

(二)走廊和楼梯的照明

通向会议室、餐厅、门厅等公共场所的走廊，人流量较大，照明要明亮些，照度要在150lx左右，灯具排列要均匀，灯的间距在3～4m；通向客房的走廊，人流量较小，照明亮度可低些，有利于使返回房间的纵酒狂欢者安静下来，但也要使旅客能看清客房门上的号码和行走方便。走廊照明，通常采用吸顶和壁灯。在走廊和楼梯，特别是通向安全门的过道，晚间要设置长明灯和应急照明。

在楼梯间多采用漫射式吸顶灯或壁灯；对于回转楼梯，可在回转处安装吸顶灯或壁灯。

(三)餐厅、酒吧间的照明

餐厅不仅要供住客用餐，而且也要供外来客人用餐。就餐区周边上的荧光灯，可以用来提供一定的照明照度，但餐桌上应该用局部照明来补充。因为餐桌是吸引人的中心，应该有最大的亮度，并且必须有一部分光能照到就餐者的面部，光线要柔和，呈暖色，以显示就餐者健康的肤色，光源最好选用白炽灯。餐厅的背景光可藏在顶棚内或直接装在顶棚上。桌上部、凹龛和座位四周的局部照明有助于创造出亲切的气氛。背景照度可在100lx左右，桌上照度要在300～700lx。这里即使只有一个客人也必须把灯开亮，所以要采取效率良好的照明手法，如采用分区照明加屏风挡隔等方法，以保证客人在明亮的气氛下舒适地就餐。

旅馆里常设有风味餐厅、特色餐厅、情调餐厅和小餐厅等，为顾客提供有地方特色的菜肴或不受菜肴限制的特殊聚会场所。照明可采用各种形式，用华丽的吊灯、枝形吊灯或利用当地特殊材料设计的灯具等，结合它们的装修特点，把照明融入建筑装修之中，制造出金碧辉煌的热烈气氛，或造成具有园林风味的天然环境造型。

酒吧间的照明，在吧台及其他主要场所设计装饰照明可增强室内的愉快气氛，其中装有隐式投光灯、嵌入式下射灯以及其他形式的隐蔽照明装置，可以经过适当调整，各自发挥其照明功能。

(四)共享空间和活动集会场所的照明

1.共享空间的照明

在星级旅馆内，兴起所谓“共享空间”，这种空间实质上是包含大空间和小空间，水平空间和垂直空间等各种空间形式的巨大复合空间，以其复杂的空间形状和多变的空间系列，运用纵横穿插的楼梯和天桥，五彩缤纷的色彩和光照以及丰富多彩的人工瀑布、抽象雕塑和人造植物等，使空间充满情趣和魅力。可以使用霓虹灯、音控灯，喷泉等，为形成动态空间，创造某种气氛和意境提供新的可能。

旅馆附设的庭园，也称是共享空间，一般规模较小，为旅馆小憩之处。为了追求一种田园风光，照明系统一反室内“共享空间”的五彩缤纷的色彩状况，宜采用低格调，灯具造型要求朴素典雅、不尚奢华，一般在假山和草径旁设置低矮的草地灯，高度在2m以下。

2.活动集会场所的照明

为了提高饮食部门的收益，旅馆备有各种集会场所，能举行欢庆宴会、茶话会等大小宴会。集合场所要求装饰豪华，照明需要采用晶体发光玻璃珠帘灯具或大型枝形吊灯，气度非凡，也常采用建筑化照明手法，使厅内照明更显特色。

在大会议厅以外，还要设置几个中、小会议室，也可设置结婚礼堂等。这些设施也要做成像宴会厅一样的显眼，又要突出各自不同的照明设计，使得不会和其他类似的会场搞错。

(五)美容、美发室的照明

在星级旅馆内，要设美容、美发室为住店客人或外来客人服务，这也作为旅馆设施齐全的一个方面。

1.理发、烫发、吹风处的照明

理发师工作时，是面向镜子站在客人后面，所以要求照明没有眩光，同时要能看出头发造型及头发的光泽。如图 14-1 所示，灯具距墙面 1.8～2.2m 之间，能避免眩光；灯具的位置相距 1.1～1.4m 较适宜。基本照明采用荧光灯照明，工作面上的照度在 750～1500lx 之间。

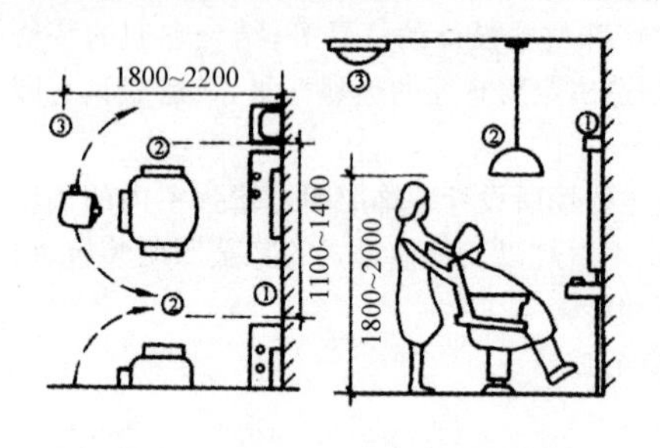

图 14-1 理发、烫发、吹风处的照明

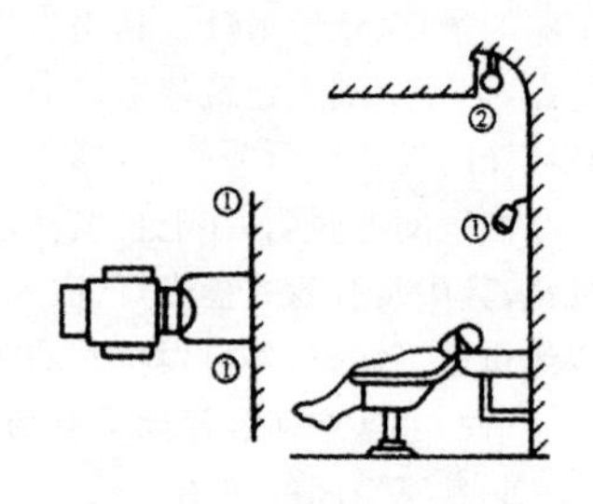

图 14-2 洗发或美容处照明

注：图①、②中表示灯具

2. 洗发或美容处的照明

因为顾客在这里是面向顶棚的姿势，故在观看方向上不要有外露的光源。可用带罩荧光灯，要选用显色性好的，照度为 300～500lx，在化妆时照度要在 750～1500lx 之间。洗发或美容处的照明如图 14-2 所示。

(六)卧室照明

旅馆的卧室是供旅客休息的地方，标准卧室的设计是配有全套卫生设施。卧室内一般有床位、茶几、沙发、床头柜、衣柜、电视、电话等。卧室的照明可以和装饰结合，给旅客以舒适、亲切的气氛。整个房间应该包括一般照明和局部照明。作为一般照明使用的吸顶灯和窗帘灯安在房间顶部。壁灯、床头灯、地脚灯、台灯等作为局部照明，供在沙发上看书、看报使用。局部照明要有方向性，照射在需要的地方，最好能调角度；脚灯是供旅客起床上厕所用，开关设在床头柜附近，便于操作。现代旅客还常携带电脑和其他电器，桌上或墙上要安装插座提供使用。

在卫生间，一般采用隐蔽式荧光灯面镜照明灯。卧室内的照明平面布置，如图 14-3 所示。

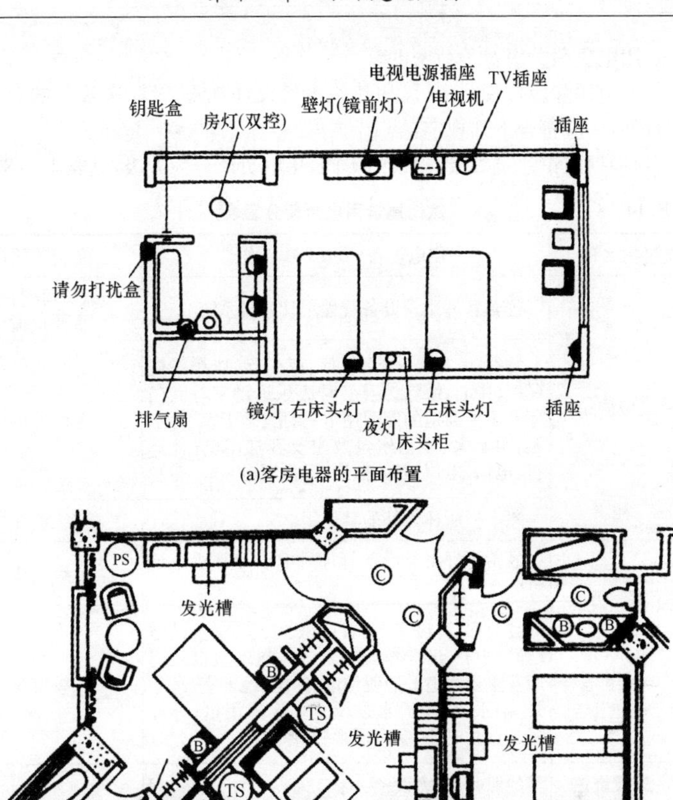

图 14-3　客房电器及照明平面布置

二、旅馆建筑电气设计要点

旅馆建筑电气设计应符合现行国家标准《旅馆建筑设计规范》JGJ 62—90 和《建筑照明设计标准》GB 50034—2004 的规定和要求。

1.用电负荷分级及负荷密度

供电电源除应按现行的《民用建筑电气设计规程》及防火规范的有关规定执行外，还应符合下列规定：

(1)根据旅馆建筑等级、规模的不同，用电负荷分为3级，见表14-8。

表14-8　旅馆建筑用电负荷分级表

建筑物名称	用电设备(或场所)名称	负荷等级
一、二级旅馆	经营管理用及设备管理用计算机系统	一级负荷中特别重要负荷
	宴会厅、高级客房、餐厅、娱乐厅、康乐设施(健身中心、游泳馆及各种康乐运动室等)、门厅及主要通道的照明用电；厨房、地下室、污水泵、雨水泵、生活水泵及主要客梯用电；计算机、电话、电声、新闻摄影、录像用电	一级负荷
	除上栏所述之外的其他用电	二级负荷
三级旅馆	经营管理用及设备管理用电子计算机系统电源	一级负荷
	宴会厅、高级客房、餐厅、娱乐厅、康乐设施(健身中心、游泳馆及各种康乐运动室等)、门厅及主要通道的照明用电；厨房、地下室、污水泵、雨水泵、生活水泵及主要客梯用电；计算机、电话、电声、新闻摄影、录像用电	二级负荷
一～三级旅馆	其他照明、电力设备	三级负荷
四～六级旅馆	照明、电力设备	

注：①旅游饭店的星级标准与旅馆标准的大致对应关系如下，供设计人员参考：一、二级旅馆相当于四星级及以上旅游饭店；三级旅馆相当于三星级旅游饭店；四～六级旅馆相当于二星级及以下旅游饭店。

②消防负荷分级按建筑所属类别考虑。

(2)带有空调设备的旅馆供电指标采用60～100VA/m^2。

(3)在旅馆的用电负荷中，一般照明电源插座负荷约占30%，空调负荷约占40%～50%，电力负荷约占20%～30%。

(4)用电负荷的确定，宜采用需用系数法，其需用系数及自然功率因数推荐值，见表14-9。

表 14-9　电力负荷需用系数、功率因数

负荷名称	需用系数 K_x		自然平均功率因数 $\cos\varphi$	
	平均值	推荐值	平均值	推荐值
总负荷	0.45	0.40～0.50	0.81	0.80
总电力负荷	0.55	0.50～0.60	0.82	0.80
总照明负荷	0.40	0.35～0.45	0.90	0.85
制冷机房	0.65	0.65～0.75	0.87	0.80
锅炉房	0.65	0.65～0.75	0.80	0.75
水泵房	0.65	0.60～0.70	0.86	0.80
通风机房	0.65	0.60～0.70	0.88	0.80
电梯	0.20	0.18～0.22	直流 0.50 交流 0.80	直流 0.40 交流 0.80
厨房	0.40	0.35～0.45	0.70～0.75	0.70
洗衣机房	0.30	0.30～0.35	0.60～0.65	0.70
窗式空调器	0.40	0.35～0.43	0.80～0.85	0.80
总同时使用系数 KS		0.92～0.94		

(5)各类餐厅、厨房设备用电指标，见表 14-10；桑拿健身浴室干、湿蒸房电炉用电量，见表 14-11、表 14-12；洗衣房主要设备用电量，见表 14-13；用炊事电器用电负荷、功率因数，见表 14-14。

表 14-10　各类餐厅、厨房设备用电指标

类　别	常用设备名称	设备用电量(kW/台)	电压等级(V)
自助西餐厅	焗炉	5.4	380
	点心保温柜	6	380
	煮面炉	10	380
	炸炉	12	380
	电磁炉	2.5	220
	冰柜	0.6	220
	沙炉	0.55	220
	肠粉炉	0.37	220

续表1

类　别	常用设备名称	设备用电量(kW/台)	电压等级(V)
自助西餐厅	蒸炉	0.37	220
	热汤地台柜	2.2	220
	烟罩灯	0.6	220
	加热器	5	220
	面火炉	3.3	220
	单位面积用电量估算 1000W/m^2		
快餐厅	烤鸡炉	27	380
	陈列保温柜	4.2	380
	炸炉	18	380
	扒炉	8	380
	烤面包机	2	220
	香肠机	1	220
	开水机	2.4	220
	薯条工作站	1.25	220
	冰淇淋箱	0.5	220
	搅拌机	0.33	220
	食物处理器	0.75	220
	滤油车	0.25	220
	万用蒸箱	3	220
	单位面积用电量估算 1300～2000W/m^2		
中餐厅、职工食堂	冷库	8	380
	菜馅机	1.5	380
	绞肉机	1.5	380
	开水器	12	380
	煮面炉	12	380
	电烤箱	19.7	380

续表 2

类　别	常用设备名称	设备用电量(kW/台)	电压等级(V)
中餐厅、职工食堂	馒头机	5	380
	和面机	8	380
	压面机	2.2	380
	搅拌机	1.1	380
	洗碗机	40	380
	电饼铛	4.5	380
	平台冰柜	1	220
	双门蒸柜	1	220
	烟罩灯	1	220
	双头双尾炒炉	0.55	220
	大锅灶	0.35	220
	三门蒸柜	0.35	220
	制冰机	1	220
	消毒柜	2.5	220
	油烟净化器	1	220
	高身冰柜	1	220
	单位面积用电量估算 300～500W/m²		
备餐间	咖啡机	8.29	380
	烤箱	2.2	380
	开水器	2.85	220
	毛巾柜	0.3	220
	制冰机	0.5	220
	滤水器	0.1	220
	冰柜	1	220
	洗杯机	5.6	220
	单位面积用电量估算 1200～1400W/m²		

续表 3

类　别	常用设备名称	设备用电量(kW/台)	电压等级(V)
西餐厅	蒸炉	20	380
	炸炉	12	380
	煽炉	5.4	380
	水槽卫生设备	6	380
	冷库	8	380
	洗碗机	40	380
	热水器	6	380
	烟罩灯	0.8	220
	冰淇淋箱	0.5	220
	搅拌机	0.33	220
	食物处理器	0.75	220
	切片机	0.7	220
	榨汁机	1.5	220
	保温柜	3	220
	烤面包机	2.3	220
	保温灯	0.35	220
	冰柜	0.6	220
	炒炉	0.37	220
	单位面积用电量估算 900～1100W/m²		

注:本表数据仅供参考,具体数据应根据具体工程相应调整。

表 14－11　干蒸房电炉用电量

干蒸房尺寸(mm)	人数	桑拿炉电功率(kW)	电压等级
1000×1000×2000	1	3	220V
1000×1350×2000	2	3	220V
1200×1200×2000	2	3	220V
1500×2000×2000	4	6	380V

续表

干蒸房尺寸(mm)	人数	桑拿炉电功率(kW)	电压等级
2000×2000×2000	6	8	380V
2000×2500×2000	8	9	380V
2000×3000×2000	10	12	380V
2500×2500×2000	12	12	380V
2500×3000×2000	15	15	380V
2500×3500×2000	18	15	380V
2500×6000×2000	20	12+15	380V

注:①当系统的接地形式为 TN-S 时,应采取隔离变压器供电方式或对供电线路采用漏电保护措施。

②应在干蒸、湿蒸机房距顶板 0.3m 处装设限温器,当温度超过 90℃时,自动断开加热器电源及蒸汽泵电源。

③干、湿蒸机房内不应装设电源插座,除加热器附带的开关外,所有开关均应安装在蒸房外。

④干、湿蒸机房应做好局部等电位连接。

⑤本表提供的各项参数仅供参考,具体数据应根据产品型号相应调整。

表 14-12　湿蒸房电炉用电量

湿蒸房尺寸(mm)	人　数	桑拿炉电功率(kW)	电压等级
1300×1000×2140	2	5	380V
1800×1300×2140	4	6	380V
1800×1900×2140	6	8	380V
1800×2500×2140	8	10.5	380V
1800×3100×2140	10	12	380V
1800×3700×2140	12	13.5	380V
1800×4300×2140	14	15	380V
1800×4900×2140	16	18	380V
4900×2120×2250	18	18	380V
5500×2120×2250	20	24	380V

表 14-13 洗衣房主要设备用电量

设备名称	容　量	输入电功率(kW)	电压等级
干洗机	6～10kg	4.5～5.5	380/220V
水洗机	30～200kg	1.5～5.5	380/220V
脱水机	25～500kg	1.1～10	380/220V
烫平机	(0～19.9)m/min	0.75～2.2	220V
烘十机	15～150kg	2.2～8.4	380/220V
自吸风熨烫合		0.37～0.55	220V

表 14-14 家用炊事电器用电负荷、功率因数

设备名称	规　格	相数	功率(kW)	功率因数
绞肉机	500kg/h	3	1.7	0.8
	500kg/h	3	2.4	0.8
切肉机	100kg/h	3	0.55	0.7
	180kg/h	3	0.55	0.7
	200kg/h	3	0.75	0.7
立式多切机	4000～600kg/h	3	1.5	0.8
液压切肉机	—	3	4	0.85
熟肉切片机	—	1	0.09	0.7
绞肉机	250kg/h	1	1.2	0.8
卧式绞肉机	120kg/h	3	0.6	0.7
台式绞肉机	150kg/h	3	0.75	0.7
立式绞肉机	500kg/h	3	1.5	0.8
打蛋器	—	1	0.15	0.7
搅拌机	20kg/10min	3	1.5	0.8
削面机	100kg/h	3	2.2	0.8
廊条扣粉机	50kg/18min	3	1.8	0.8
削面机	100kg/10min	3	1.5	0.8
拌粉机	—	3	2	0.8
立式和面机	35kg/10min	3	2.2	0.8
卧式和面机	10～25kg/8min	3	2.2	0.8
立式和面机	75kg/10min	3	4	0.85
卧式和面机	125kg/10min	3	6.6	0.85
立式轧面机	59～60kg/h	3	2.2	0.8
	135kg/h	3	2.8	0.8
立式挂面机	200kg/h	3	3	0.8

续表

设备名称	规　格	相数	功率(kW)	功率因数
馒头机	33个/min	3	1.1	0.8
	60个/min	3	3	0.8
	70个/min	3	4	0.85
包饺机	7200个/h	3	3	0.8
馄饨机	4000个/h	3	1.5	0.8
台式馅类切割机	150kg/h	1	0.25	0.7
台式切菜脱水机	300～350kg/h	1	0.55	0.7
台式切菜机	150kg/h	3	0.37	0.7
切菜机	150kg/h	3	0.37	0.7
	150kg/h	3	0.5	0.7
	300kg/h	3	1.1	0.8
	150kg/h	1	0.8	0.7
豆浆机	30kg/h	3	0.6	0.7
	40kg/h	3	0.75	0.7

2.低压配电系统

(1)一、二级旅馆及三级高层旅馆宜设应急柴油发电机组,其发电机容量应能满足消防用电设备及应急照明等负荷的要求。

(2)当旅馆设有应急发电机组时,对餐厅、展厅、宴会厅等场所及电梯、自动扶梯等设备的供电,可没置“应急母线”。当非火灾停电后,可投入应急发电机运行,以保证主要场所的营业。

(3)消防控制室、消防水泵、消防电梯、防烟排烟风机等消防设备负荷以及高层客梯、安防中心、弱电机房等重要负荷的供电,应在其配电线路的最末一级配电箱处设置电源自动切换装置。

(4)高级客房内用电设备的配电回路,应装设有过、欠电压保护功能的剩余电流动作保护器。

(5)旅馆的每套客房设一配电箱,并应在客房的门口处设置可切断客房内电源(冰箱、空调、电脑宜除外)的节能开关,带有延时功能。客房配电箱系统示意图,如图14-4所示。

(6)大厅、餐厅、宴会厅、电梯厅及走廊等公共场所,每间隔10m左右设置一个供清扫设备使用的电源插座。

(7)洗衣房、锅炉房、水泵房、冷冻机房、消防用电等应根据有关专业工种提供的资料进行设计。

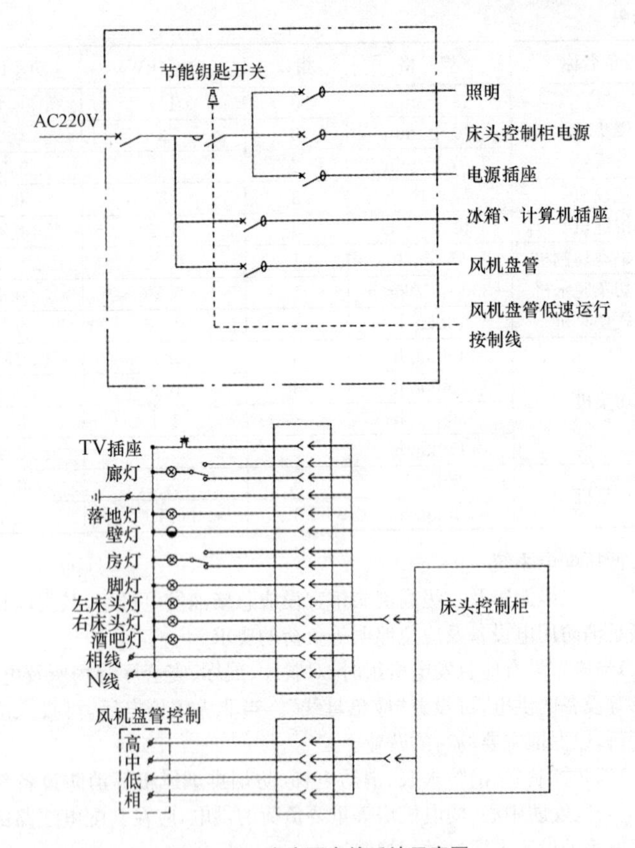

图 14-4 客房配电箱系统示意图

注:有条件时,在客人离房后将风机盘管调为低速运行。

(8)直流客梯、乘客电梯、无机房乘客电梯、小机房电梯、观光电梯、病床电梯、货梯、自动扶梯、自动人行道电源、开关及导线截面选择,见表 14-15～表 14-22。部分国产电梯技术数据,见表 14-23。拖动各类电梯的交直流电动机参数,见表 14-24。

表 14－15 客梯的电源开关及导线截面选择

电梯型号		额定载重量 kg(人)	额定速度 (m/s)	标称容量 (kW)	计算电流 (A)	低压断路器		BV 导线截面 (mm²)/SC 管径(mm)		生产厂家
						额定电流 (A)	脱扣器电流(A)	35℃时导线	管径	
GPS 111 系列	450-CO	450(6)	1.0	4.5	21.2	100	32	5×6	25	上海三菱电梯有限公司
	550-CO	550(7)	1.0	5.5	24.8	100	32	5×10	32	
			1.5/1.75	9.5/11.0	32.1/36.4	100	50	5×16	40	
	600-(X)	600(8)	1.0	5.5(7.5)	29.1	100	40	5×10	32	
			1.5/1.75	9.5/11.0	34.9/39.8	100	50	5×16	40	
	700-CO	700(9)	1.0	7.5	32.5	100	40	5×10	32	
			1.5/1.75	9.5/11.0	39.2/44.7	100	50	5×16	40	
	800-CO	800(10)	1.0	9.5	40.5	100	50	5×16	40	
			1.5/1.75	13/15	48.7/55.8	100	80	3×35+2×16	50	
			2.0/2.5	15/18.0	61.5/75.4	100	100	3×50+2×25	70	
	900-CO	900(12)	1.0	9.5	40.1	100	50	5×16	40	
			1.5/1.75	13/15	48.7/55.8	100	80	3×35+2×16	50	
			2.0/2.5	15/18.5	61.5/75.4	100	100	3×50+2×25	70	
	1000-CO	1000(13)	1.0	9.5	45.7	100	63	5×16	40	

续表 1

电梯型号		额定载重量 kg(人)	额定速度 (m/s)	标称容量 (kW)	计算电流 (A)	低压断路器		BV 导线截面 (mm^2)/SC 管径(mm)		生产厂家
						额定电流 (A)	脱扣器电流(A)	35℃时导线	管径	
GPS 111 系列	1000-CO	1000(13)	1.5/1.75	13/15	55.8/64.1	100	80	3×35+2×16	50	上海三菱电梯有限公司
			2.0/2.5	15/18.5	70.7/86.9	160	100	3×50+2×25	70	
	1150-CO	1150(15)	1.0	15	56.1	100	80	3×35+2×16	50	
			1.5/1.75	15/18.5	67.5/77.0	100	100	3×50+2×25	70	
			2.0/2.5	18.5/22.0	81.1/98.7	160	125	3×70+2×35	80	
	1350-C0	1350(18)	1.0	15	62.1	100	80	3×35+2×16	50	
			1.5/1.75	18.5	75.1/85.8	160	100	3×50+2×25	70	
			2.0/2.5	22/26.0	90.5/110.5	160	135	3×70+2×35	80	
P0630G	10L-CO	630(8)	1.0	8.5	49	100	80	5×16	40	天津奥的斯电梯有限公司
	16L-CO		1.6	8.5	50	100	80	5×16	40	
P0680J	10L-CO 15L-CO 17L-CO	680(9)	1.0	8.5	49	100	80	5×16	40	
			1.5	8.5	50	100	80	5×16	40	
			1.75	15	72	100	100	3×35+2×16	50	
				11	53	100	80	5×16	40	

续表 2

电梯型号		额定载重量 kg(人)	额定速度 (m/s)	标称容量 (kW)	计算电流 (A)	低压断路器		BV 导线截面 (mm^2)/SC 管径(mm)		生产厂家
						额定电流 (A)	脱扣器电流(A)	35℃时导线	管径	
P0750J	10L-CO 15L-C0 17L-CO	750(10)	1.0	8.5	46	100	80	5×16	40	天津奥的斯电梯有限公司
			1.5	15	79	100	100	3×35+2×16	50	
			1.75	15	82	160	100	3×35+2×16	50	
				11	53	100	80	5×16	40	
P0800G	10L-CO 16L-CO	800(10)	1.0	8.5	47	100	80	5×16	40	
			1.6	15	80	100	100	3×35+2×16	50	
P0900J	10L-CO 15L-CO 17L-CO	900(12)	1.0	8.5	48	100	80	5×16	40	
			1.6	15	85	160	100	3×35+2×16	50	
			1.75	15	82	160	100	3×35+2×16	50	
				14	76	100	100	3×35+2×16	50	
P1000G	10L-CO	1000(13)	1.0	8.5	50	100	80	5×16	40	
P1000J	15L-CO 16L-CO 17L-CO		1.5	15	86	160	100	3×35+2×16	50	
			1.6							
			1.75	15	86	160	100	3×35+2×16	50	
				14	86	160	100	3×35+2×16	50	

续表 3

电梯型号		额定载重量 kg(人)	额定速度(m/s)	标称容量(kW)	计算电流(A)	低压断路器		BV 导线截面(mm^2)/SC 管径(mm)		生产厂家
						额定电流(A)	脱扣器电流(A)	35℃时导线	管径	
P1000G	20L-CO 25L-CO	1000(13)	2.0	20	79	100	100	3×35+2×16	50	天津奥的斯电梯有限公司
			2.5	27	85	160	100	2×50+2×25	70	
P1150G P1150J	15L-CO 17L-CO 20L-CO 25L-CO	1150(15)	1.5	26	72	100	100	3×50+2×25	70	
			1.75	26	73	100	100	3×50+2×25	70	
			2.0	26	77	100	100	3×50+2×25	70	
			2.5	27	91	160	110	3×70+2×35	80	
P1350J	15L-CO 17L-CO 20L-CO 25L-CO	1350(17)	1.5	26	83	160	100	3×50+2×25	70	
			1.75	26	84	160	100	3×50+2×25	70	
			2.0	26	99	160	120	3×70+2×35	80	
			2.5	27	99	160	120	3×70+2×35	80	
NPH 系列	450-60	450(6)	1.0	5.0	21.3	100	32	5×6	25	广州日立电梯有限公司
	-60 550-90 -105	550(7)	1.0	6.0	25.5	100	32	5×10	32	
			1.5	7.0	29.8	100	40	5×10	32	
			1.75	8.0	34.0	100	50	5×10	32	
	-60	630(8)	1.0	6.0	25.5	100	32	5×10	32	

续表 4

电梯型号		额定载重量 kg(人)	额定速度 (m/s)	标称容量 (kW)	计算电流 (A)	低压断路器		BV 导线截面 (mm²)/SC 管径(mm)		生产厂家
						额定电流 (A)	脱扣器电流(A)	35℃时导线	管径	
NPH系列	630-90 -105	630(8)	1.5	7.0	29.8	100	40	5×10	32	广州日立电梯有限公司
			1.75	8.0	34.0	100	50	5×10	32	
	-60 700-90 -105	700(9)	1.0	8.0	34.0	100	50	5×10	32	
			1.5	9.0	38.3	100	50	5×16	40	
			1.75	10	42.5	100	63	5×16	40	
	-60 -90 750-105 -120 -150	750(10)	1.0	8.0	34.0	100	50	5×16	40	
			1.5	10	42.5	100	63	5×16	40	
			1.75	11	46.8	100	63	3×25+2×16	50	
			2.0	12	51.1	100	63	3×25+2×16	50	
			2.5	14	59.6	100	80	3×25+2×16	50	
	-60 -90 800-120 -150	800(10)	1.0	8.0	34.0	100	50	5×16	40	
			1.5	10	42.5	100	63	5×16	40	
			2.0	14	59.6	100	80	3×35+2×16	50	
			2.5	1.6	68.1	100	100	3×50+2×25	70	

续表 5

电梯型号		额定载重量 kg(人)	额定速度 (m/s)	标称容量 (kW)	计算电流 (A)	低压断路器		BV 导线截面 (mm^2)/SC 管径(mm)		生产厂家
						额定电流 (A)	脱扣器电流(A)	35℃时导线	管径	
NPH 系列	-60 -90 900-05 -120 -150	900(12)	1.0	8.0	34.0	100	50	5×10	32	广州日立电梯有限公司
			1.5	10.0	42.5	100	63	5×16	40	
			1.75	11	46.8	100	63	5×16	40	
			2.0	14	59.6	100	80	3×35+2×1 6	50	
			2.5	1.7	72.3	100	100	3×50+2×25	70	
	-60 -90 1000-105 -120 -150	1000(13)	1.0	9.0	38.3	100	50	5×16	40	
			1.5	11	46.8	100	63	5×16	40	
			1.75	12	51.1	100	63	5×16	40	
			2.0	14	59.6	100	80	3×35+2×16	50	
			2.5	1.7	72.3	100	100	3×50+2×25	70	
	-60 -90 1150-105 -120 -150	1150(15)	1.0	10	42.5	100	63	5×16	40	
			1.5	12	51.1	100	63	5×16	40	
			1.75	14	59.6	100	80	3×35+2×16	50	
			2.0	16	68.1	100	100	3×50+2×25	70	
			2.5	19	80.8	100	100	3×50+2×25	70	

续表 6

电梯型号		额定载重量 kg(人)	额定速度(m/s)	标称容量(kW)	计算电流(A)	低压断路器		BV 导线截面(mm^2)/SC 管径(mm)		生产厂家
						额定电流(A)	脱扣器电流(A)	35℃时导线	管径	
NPH系列	-60 -90 1350-105 -120 -150	1350(18)	1.0	12	51.1	100	63	3×25+2×16	50	广州日立电梯有限公司
			1.5	14	59.6	100	80	3×35+2×16	50	
			1.75	17	72.3	100	100	3×50+2×25	70	
			2.0	17	72.3	100	100	3×50+2×25	70	
			2.5	21	89.3	160	125	3×70+2×35	80	
	-60 -90 1600-105 -120	1600(20)	1.0	14	59.6	100	80	3×35+2×16	50	
			1.5	15	63.8	100	100	3×35+2×16	50	
			1.75	19	80.8	100	100	3×50+2×35	70	
			2.0	21	89.3	160	125	3×70+2×35	80	

表 14-16 直流客梯电源开关及导线截面选择

规　格	总耗电功率(kW)	cosφ	计算电流(A)	低压断路器		BV 导线截面(mm^2) 30℃时导线及 SC 管径
				额定电流(A)	脱扣器电流(A)	
750kg(1.5m/s)	22	0.8	41.7	100	50	10/25
750kg(1.75m/s)	22	0.8	41.7	100	50	10/25
1000kg(1.5m/s)	22	0.8	41.7	100	50	10/25
1000kg(1.75m/s)	30	0.8	56.9	100	80	25/32
1000kg(2.25m/s)	30	0.8	56.9	100	80	25/32
1500kg(1.5m/s)	30	0.8	56.9	100	80	25/32
1500kg(1.75m/s)	40	0.8	75.8	100	100	32/32
1500kg(2.5m/s)	40	0.8	75.8	100	100	32/32

表 14-17 **自行人行道的电源开关及导线截面选择**

货梯型号	倾斜角度	梯级高度(mm)	名义长度(m)	电机功率(kW)	计算电流(A)	低压断路器		BV 导线截面(mm^2)/SC 管径(mm)		生产厂家
						额定电流(A)	脱扣器电流(A)	35℃时导线	管径	
CS-LB CS-B	0°	1000	70	5.5	24	100	32	5×6	25	上海三菱电梯有限公司
			100	7.5	29	100	40	5×10	32	
CS-LB CS-B	0°	1000	50	5.5	24	100	32	5×6	25	
			70	7.5	29	100	40	5×10	32	
			100	11	35	145	50	5×10	32	
1200EX	0°	1200	$L\leqslant60$	3.7	18.7	100	32	5×6	25	广州日立电梯有限公司
			$60<L\leqslant95$	5.5	24	100	32	5×6	25	
			$95<L\leqslant125$	7.5	29	100	40	5×10	32	
			$125<L\leqslant150$	11	35	100	50	5×10	32	
EC-H3	0°	1000	52	4.5	22.8	100	32	5×6	25	天津奥的斯电梯自限公司
			58	5.8	26.4	100	32	5×6	25	
			80	8.0	29.8	100	40	5×10	32	
		800	47	4.5	22.8	100	32	5×6	25	
			65	5.8	26.4	100	32	5×6	25	
			80	8.0	29.8	100	40	5×10	22	

表 14－18 自动扶梯的电源开关及导线截面选择

货梯型号	倾斜角度	提升高度（mm）	额定速度（m/s）	电机功率（kW）	计算电流（A）	低压断路器		BV 导线截面（mm^2）/SC 管径（mm）		生产厂家
						额定电流（A）	脱扣器电流（A）	35℃时导线	管径	
JS-B	30°	$H\leqslant6000$	0.5	5.5（$H<4500$） 7.5（$4500<H\leqslant6000$）	24	100	32	5×6	25	上海三菱电梯有限公司
JS-LB										
JS-SB										
JP-B										
JS-B	30°	$6000<H\leqslant6500$	0.5	7.5	29	100	40	5×10	32	
JS-LB										
JS-SB										
JP-B										
J2S-B	30°	$6500<H\leqslant9500$	0.5	11.0	35	100	50	5×10	32	
J2S-LB										
J2S-SB										
J2P-B										
JS-B	35	$H\leqslant6000$	0.5	5.5（$H\leqslant4500$） 7.5（$4500<H<6000$）	24	100	40	5×10	32	
JS-LB										
JS-SB										
JP-B										

续表 1

货梯型号	倾斜角度	提升高度(mm)	额定速度(m/s)	电机功率(kW)	计算电流(A)	低压断路器		BV 导线截面(mm^2)/SC 管径(mm)		生产厂家
						额定电流(A)	脱扣器电流(A)	35℃时导线	管径	
506NCE	30°	≤6500	0.5	7.5(H≤5000) 11.7(5000<H≤6500)	29	100	40	5×10	32	天津奥的斯电梯有限公司
506NCE		≤6500	0.5	7.5(H≤4000) 11.7(4000<H≤6500)	35.5	100	50	5×10	32	
506NCE	35°	≤6000	0.5	7.5(H≤5000) 11.7(5000<H≤6000)	29	100	40	5×10	32	
506NCE		≤6000	0.5	7.5(H≤4000) 11.7(4000<H≤6000)	35.5	100	50	5×10	32	
EN、NL、N、P 注	30°/35°	≤5500	0.5	5.5	24	100	32	5×6	25	广州日立电梯有限公司
		5500≤H≤7500	0.5	7.5	29	100	40	5×10	32	
		7500≤H≤9500	0.5	11	35	100	50	5×10	32	

续表 2

货梯型号	倾斜角度	提升高度(mm)	额定速度(m/s)	电机功率(kW)	计算电流(A)	低压断路器		BV导线截面(mm²)/SC管径(mm)		生产厂家
						额定电流(A)	脱扣器电流(A)	35℃时导线	管径	
EN、NL、N、P注	30°/35°	≤4500	0.5	5.5	24	100	32	5×6	25	广州日立电梯有限公司
		4500<H≤6500	0.5	7.5	29	100	40	5×10	32	
		6500<H≤9500	0.5	11	35	100	50	5×10	32	

注:EN、NL仅适用于室内,N型用于室外,P型室内、室外均适用。

表 14-19　观光电梯的电源开关及导线截面选择

货梯型号		额定载重量kg(人)	额定速度(m/s)	标称容量(kW)	计算电流(A)	低压断路器		BV导线截面(mm²)/SC管径(mm)		生产厂家
						额定电流(A)	脱扣器电流(A)	35℃时导线	管径	
平面形观光电梯										
NPH-O	-60 630-90 -105	630(8)	1.0	9.0	38.3	100	63	5×16	40	广州日立电梯有限公司
			1.5	9.0	38.3	100	63	5×16	40	
			1.75	9.0	38.3	100	63	5×16	40	

续表 1

货梯型号		额定载重量 kg(人)	额定速度 (m/s)	标称容量 (kW)	计算电流 (A)	低压断路器		BV 导线截面 (mm²)/SC 管径(mm)		生产厂家
						额定电流 (A)	脱扣器电流(A)	35℃时导线	管径	
平面形观光电梯										
NPH-O	-60 800-90 -105	800(10)	1.0	9.0	38.3	100	63	5×16	40	广州日立电梯有限公司
			1.5	9.0	38.3	100	63	5×16	40	
			1.75	10	42.5	100	63	5×16	40	
	-60 900-90 -105	900(12)	1.0	9.0	38.3	100	63	5×16	40	
			1.5	10	42.5	100	63	5×16	40	
			1.75	10	42.5	100	63	5×16	40	
	-60 1000-90 -105	1000(13)	1.0	9.0	38.3	100	63	5×16	40	
			1.5	10	42.5	100	63	5×16	40	
			1.75	10	42.5	100	63	5×16	40	
六角形观光电梯										
NPH-O	-60 900-90 -105	900(12)	1.0	9.0	38.3	100	63	5×16	40	广州日立电梯有限公司
			1.5	10	42.5	100	63	5×16	40	
			1.75	10	42.5	100	63	5×16	40	

续表 2

货梯型号		额定载重量 kg(人)	额定速度 (m/s)	标称容量 (kW)	计算电流 (A)	低压断路器		BV 导线截面 (mm^2)/SC 管径(mm)		生产厂家
						额定电流 (A)	脱扣器电流(A)	35℃时导线	管径	
六角形观光电梯										
NPH-O	-60 1000-105 -105	1000(13)	1.0	10	42.5	100	63	5×16	40	广州日立电梯有限公司
			1.5	10	42.5	100	63	5×16		
			1.75	13	48.7	100	80	3×25+2×16	50	
半圆形观光电梯										
NPH-O	60 900-90 -105	900(12)	1.0	9.0	38.3	100	63	5×16	40	广州日立电梯有限公司
			1.5	10	42.5	100	63	5×16	40	
			1.75	10	42.5	100	63	5×16	40	
	-60 1000-90 -105	1000(13)	1.0	10	42.5	100	63	5×16	40	
			1.5	10	42.5	100	63	5×16		
			1.75	13	48.7	100	80	3×25+2×16	50	
	-60 1150-90 -105	1150(15)	1.0	10	42.5	100	63	5×16	40	
			1.5	13	48.7	100	80	3×25+2×16	50	
			1.75	13	48.7	100	80	3×25+2×16	50	

表 14－20 无机房乘客电梯电源开关及导线截面选择

电梯型号		额定载重量 kg(人)	额定速度 (m/s)	标称容量 (kW)	计算电流 (A)	低压断路器		BV 导线截面 (mm^2)/SC 管径(mm)		生产厂家
						额定电流 (A)	脱扣器电流 (A)	35℃时导线	管径	
ELENESSA	630-CO	630(8)	1.0	5.5	24.8	100	32	5×6	25	上海三菱电梯有限公司
			1.6	6.0	25.5	100	32	5×6	25	
			1.75	7.5	32.5	100	40	5×10	32	
	630-2S	630(8)	1.0	6.0	25.5	100	32	5×6	25	
			1.6	7.0	29.8	100	40	5×6	25	
			1.75	8.0	34	100	50	5×16	40	
	825-CO	825(11)	1.0	6.5	29.8	100	40	5×6	25	
			1.6	7.5	32.5	100	40	5×10	32	
			1.75	8.5	38	100	50	5×16	40	
	825-2S	825(11)	1.0	7.0	29.8	100	40	5×6	25	
			1.6	8.0	34	100	50	5×16	40	
			1.75	9.0	38.3	100	50	5×16	40	
	1050-CO	1050(14)	1.0	7.0	29.8	100	40	5×6	25	
			1.6	8.5	38	100	50	5×16	40	
			1.75	10	42.5	100	50	5×16	40	

续表 1

电梯型号		额定载重量 kg(人)	额定速度 (m/s)	标称容量 (kW)	计算电流 (A)	低压断路器		BV 导线截面 (mm^2)/SC 管径(mm)		生产厂家
						额定电流 (A)	脱扣器电流 (A)	35℃时导线	管径	
ELENESSA	1050-2S	1050(14)	1.0	7.5	32.5	100	50	5×6	25	上海三菱电梯有限公司
			1.6	8.5	38	100	50	5×16	40	
			1.75	10	42.5	100	50	5×16	40	
ELENESSA/D	1050-CO	1050(14)	1.0	8.0	34	100	50	5×16	40	
			1.6	9.0	38.3	100	50	5×16	40	
			1.75	11	53	100	80	3×25+2×16	50	
	1050-2S	1050(14)	1.0	8.5	38	100	50	5×16	40	
			1.6	9.5	45.7	100	60	5×16	40	
			1.75	11.5	54	100	80	3×25+2×16	50	
P8D-08-1.0-L		630(8)	1.0	4.3	19	100	32	5×6	25	天津奥的斯电梯有限公司
P8D-08-1.6-L			1.6	6.5	24	100	32	5×6	25	
P10W-08-1.0-L			1.0	6.6	25	100	32	5×6	25	
P10W-08-1.6-L		800(10)	1.6	9.0	38.3	100	50	5×16	40	
P10W-09-1.0-L			1.0	6.6	25	100	32	5×6	25	
P10W-09-1.6-L			1.6	9.0	38.3	100	50	5×16	40	

续表 2

电梯型号		额定载重量 kg(人)	额定速度 (m/s)	标称容量 (kW)	计算电流 (A)	低压断路器		BV 导线截面 (mm^2)/SC 管径(mm)		生产厂家
						额定电流 (A)	脱扣器电流 (A)	35℃时导线	管径	
P13D-09-1.0-L		1000(13)	1.0	6.6	31	100	40	5×10	32	天津奥的斯电梯有限公司
P13D-09-1.6-L			1.6	10.3	42.5	100	50	5×16	40	
P13W-09-1.0-L		1000(13)	1.0	6.6	31	100	40	5×10	32	
P13W-09-1.6-L			1.6	10.3	42.5	100	50	5×16	40	
P13W-10-1.0-L			1.0	6.6	31	100	40	5×10	32	
P13W-10-1.6-L			1.6	10.3	42.5	100	50	5×16	40	
UAX	800-CO60	800	1.0	6.0	24	100	32	5×6	25	广州日立电梯有限公司
	800-CO90	800	1.5	7.0	29.8	100	40	5×6	25	
	1000-CO60	1000	1.0	6.0	25.5	100	32	5×6	25	
	1000-C090	1000	1.5	8.0	34	100	40	5×10	32	

注:D——代表深轿厢;W——代表宽轿厢。

表 14－21 货梯电源开关及导线截面选择

货梯型号		额定载重量 kg(人)	额定速度 (m/s)	标称容量 (kW)	计算电流 (A)	低压断路器		BV 导线截面 (mm^2)/SC 管径(mm)		生产厂家
						额定电流 (A)	脱扣器电流 (A)	35℃时导线	管径	
SG-VF(A)	-630	630	0.63/1.0	7.5	32.5	100	40	5×10	32	上海三菱电梯有限公司
	-1000	1000	0.63	7.5	32.5	100	40	5×10	32	
			1.0	11.0	44.7	100	63	5×16	40	
	-2000	2000	0.63	11.0	44.7	100	63	5×16	40	
			1.0	15.0	56.1	100	80	3×35＋2×16	50	
F10-06	-CO(H) -2CO(H)	1000	0.63	10.5	33.6	100 100	50	5×10	32	天津澳的斯电梯有限公司
F20-06	-CO(H) -2CO(H)	2000	0.63	13.4	43.4	100 100	63	5×16	40	
F30-04	-CO(H) -2CO(H)	3000	0.4	13.4	43.4	100 100	63	5×16	40	
NF-1000	-2S30 -2S60	1000	0.5	8	34	100	50	5×10	32	广州日立电梯有限公司
			1.0	8	34	100	50	5×10	32	
NF-1600	-2S30 -2S60	1600	0.5	10	42.5	100	63	5×1	40	
			1.0	12.5	51.4	100	63	3×25＋2×16	50	
NF-2000	-2S30 -2S60	2000	0.5	10	42.5	100	63	5×16	40	
			1.0	10	42.5	100	63	5×16	40	
NF-3000	-2S30 -2S60	3000	0.5	12.5	51.4	100	63	3×25＋2×16	50	
			10	25	88.4	160	125	3×70＋2×35	80	

表 14－22　**小机房电梯电源开关及导线截面选择**

货梯型号		额定载重量 kg(人)	额定速度 (m/s)	标称容量 (kW)	计算电流 (A)	低压断路器		BV 导线截面 (mm^2)/SC 管径(mm)		生产厂家
						额定电流 (A)	脱扣器电流 (A)	35℃时导线	管径	
HGP	630-90 -60 -105	630(8)	1.0	3.5	15.4	100	32	5×6	25	广州日立电梯有限公司
			1.5	5.5	24.8	100	32	5×6	25	
			1.75	6.5	29.8	100	40	5×6	25	
	825-90 -60 -105	825(10)	1.0	4.5	24.2	100	32	5×6	25	
			1.5	6.5	29.2	100	40	5×6	25	
			1.75	7.5	32.5	100	40	5×10	32	
	1050-90 -60 -105	1050(14)	1.0	5.5	24.8	100	32	5×6	25	
			1.5	8.5	30.4	100	40	5×10	32	
			1.75	10	42.5	100	63	5×16	40	

表 14 - 23　部分国产电梯技术数据

电梯型号	额定载重量(kg)	额定载客人数(人)	额定速度(m/s)	电动机		生产厂家
				型　号	功率(kW)	
客　梯						
APG630DS160	630	8	1.6	AM160-C4/18C	10	迅达北方公司(北京电梯厂)
APG800DS100	800	10	1.0	AM132-C4/18D	8	
APG1000DS100	1000	14	1.0	AM160-CA/18D	12.5	
APG1000DS160	1000	14	1.6	AM200-C4/24C	16	
APG1250DS160	1250	16	1.6	AM200-C4/24D	20	
APG1600DS160	1600	21	1.6	AM200-C4/24E	25	
APG630-AC	630	8	1.0	AM160-C4/18CR	10	迅达南方公司(上海电梯厂)
APG630-DS	630	8	1.6	AM132-C4/18DR	8	
APG800-AC	800	10	1.0	AM160-C4/18CR	10	
APG1000-AC	1000	14	1.0	AM160-C4/18DR	12.5	
APG1600-DS	1600	21	1.6	AM200-C4/24D	20	
TKS05	500	7	1	YTD-225S	7.5	沈阳电梯厂
TKS10	1000	14	1	YTD-225M	11	
TKS15	1500	21	1	YTD-250S	15	

续表1

电梯型号	额定载重量(kg)	额定载客人数(人)	额定速度(m/s)	电动机		生产厂家
				型号	功率(kW)	
TKJT1.75/750-WF	750	10	1.75	YTDT-225L_1	18.5	沈阳电梯厂
TKJT1.0/1000-W	1000	14	1	YTDT-225M	11	
TKJT1.75/1000-W	1000	14	1.75	YTDT-225L_1	18.5	
TKJTl.5/1500-W	1500	21	1.5	YTDT-225L_2	22	
TKJ500	500	7	1.5	JTD21	7.5	西安电梯厂
TKJ1000	1000	14	1.5	JTD-22	11	
TFKJ1500	1500	21	1.5	JT13-31	15	
TKIJ000/1.75	1000	14	1.75	JTD-32	22	
TKJ1500/2.5	1500	21	2.5	YTDF250L_2	30	
客货两用梯						
AS630DS100	630	8	1.0	AM132-C4/18D	8	迅达北方公司（北京电梯厂）
AS1000DS100	1000	10	1.0	AM160-C4/18C	10	
AS1600DS100	1600	21	1.0	AM200-CA/24C	16	
货梯						
AL1000F63	1000	—	1.0	AM160-C4/18DR	12.5	迅达北方公司（北京电梯厂）
AL2500F63	2500	—	1.0	AM200-C4/24C	16	

续表 2

电梯型号	额定载重量(kg)	额定载客人数(人)	额定速度(m/s)	电动机		生产厂家
				型　号	功率(kW)	
AL3200F63	3200	—	1.0	AM200-C4/24E	25	迅达北方公司(北京电梯厂)
AL1000-AC	1000	—	0.63	AM160-C4/18CR	10	迅达南方公司(上海电梯厂)
AL2000-AC	2000	—	0.63	AM160-CA/18DR	12.5	
AL3000-AC	3000	—	0.4	AM160-C4/18DR	12.5	
THJ10	1000	—	0.5	YTD-225S	7.5	沈阳电梯厂
THJ20	2000	—	0.5	YTD-225M	11	
THJ30	3000	—	0.5	YTD-250S	15	
THJ50	5000	—	0.25	YTD-250M	22	
THJ500/0.5	500	—	0.5	JTD21	7.5	西安电梯厂
THJ1000/0.5	1000	—	0.5	JTD22	11	
TH1500/0.5	1500	—	0.5	JTD-131	15	
THJ3000	3000	—	0.5	JTD-32	22	
医用梯						
TBJ1500/1.5	1500	21	1.5	JTD32	22	西安电梯厂
AB1000-KTX	1000	14	0.63	AM160-124/18C	10	迅达南方公司(上海电梯厂)
AB1000-DS	1000	14	1.0	AM160-CA/18D	12.5	
AB1600-AC	1600	21	0.63	AM160-CA/18DR	12.5	
AB1600-DS	1600	21	1.0	AM200-C4/24D	16	

表 14-24　拖动各类电梯的交直流电动机参数

电梯类别	型　号	转速 (r/min)	额定功率 (kW)	额定电流 (A)	启动电流 (A)
杂物梯	JH02-22-6	840	1.1	3.29	18.1
	JH02-31-6	840	1.5	4.22	23.2
	JH02-32-6	850	2.2	5.95	32.7
交流客、货、医用梯	JTD-333	1000/25	3.75	11.1	44.4
	JTD200M	925/160	5.5/1	12.1/15.3	61.8/16.9
	JTD-430	1000/250	6.4	19.2	76.8
	JTD-430	1000/250	7.5	21.3	85.2
	JTD-22	1000/250	10	30.6	122.4
	YTD255M	932/189	11/2.3	24.4/30.3	12.4/34.8
	JTD-430	1000/250	11.2	30.6	122.4
	JTD-560	1000/250	15	39.7	158.8
	JTD-560	1000/250	19	47	188
	YTD250M	936//212	22/5	46.2/50.6	254/70
	YTD280S	938/215	30/7	60.8/67.2	358/99
直流梯	Y160M-4	1460	11	22.6	158.2
	Y160L-4	1460	15	30.3	212.2

3. 照明系统

旅馆照明的主要功能是为旅客提供温馨浪漫、满意舒适的光环境。旅馆建筑的照明设计应考虑以下内容：

(1)旅馆建筑应充分结合装修与家具的布置，考虑设置局部照明。

(2)旅馆大部分场所宜选用低色温、暖色调、显色性好、光效高的节能光源。

(3)门厅(300lx)采用不同配光形式的灯具组合形成具有较高环境亮度的整体照明。门厅宜通过调光开关或采用分路控制方式来调节照度，以适应室内照度受天然光线影响的变化。

(4)总服务台照度要求较高以突出其显要位置，最低要达到 300lx，客人休息区的沙发部位宜设置落地灯电源插座。

(5)餐厅的照明首先要配合餐饮种类和建筑装修风格，形成相得益彰的效果。其次，应充分考虑显示食物的颜色和质感；中餐厅(200lx)照度高于西餐厅(100lx)。中餐厅宜布置均匀的顶光，小餐厅或有固定隔断的就餐区域宜按餐桌的位置布置照明灯具：西餐厅一般不注重照明的均匀度，灯具布置应突出体现其独特的韵味。

(6)大、中型多功能厅、宴会厅可设置灯光控制室或便于调控的灯光控制台(箱),全部灯光回路都可设为可调光回路。设有专用舞台或某一侧有明显背景墙的厅堂,应配有专用灯光,当无具体要求时可在合适部位预留配电回路。

(7)旅馆门厅、大堂和客房层走廊等场所,可采用夜间定时降低照度的自动调光装置。

(8)室外照明的设置应避免对客房产生影响。

(9)客房入口通道处设置嵌入式筒灯,其开关应采用双控型,以方便客人在床头控制;等级标准高的客房入口通道处照明灯宜设为备用照明。客房照明控制系统,如图14-5～图14-7所示。

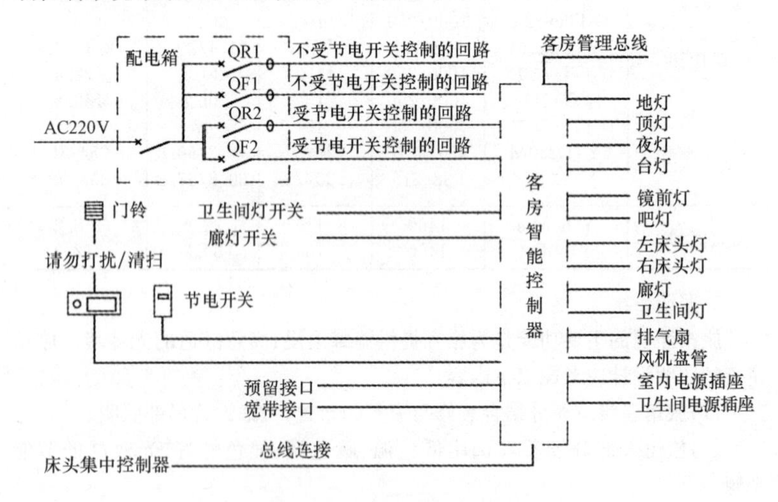

图14-5 客房智能控制系统

注:①在客房智能控制系统中所有外围设备控制数量及线路选型均由设计根据工程确定。

②客房控制管理系统由客房床头集中控制系统和网络通信控制系统组成,形成集散式的网络客房控制管理系统。系统设计采用平面轻触开关按键、发亮LED指示灯和发亮型数码显示器。根据工程设计的功能要求进行编制控制程序。

③智能床头集中控制器可选用移动型和固定于家具型。

④发亮型数码显示器可显示系统时钟、显示空调选择的室温、显示音乐通道码、显示客房地址码、显示客房空调冬夏季状态以及特殊维修技术编码,可选择显示世界时区时间。

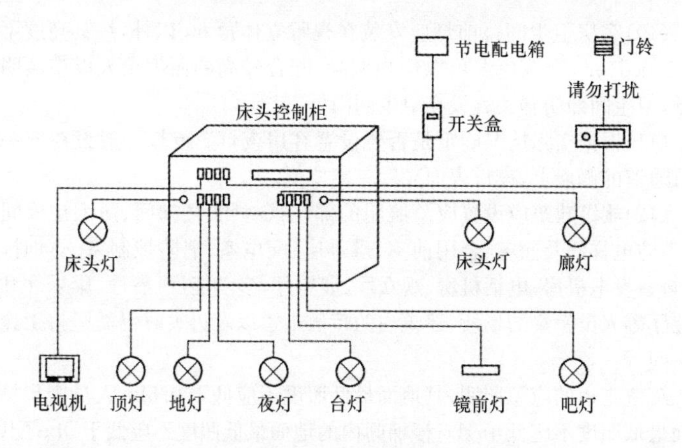

图 14－6　客房床头集中控制器功能示意图

注:①客房床头集中控制内容:对灯具一对一的控制,调节亮度及逻辑控制;对空调风机的低速、中速、高速和停止控制;对客房温度的选择控制;呼唤服务员、清洁房间、请勿打扰的功能控制。

②在客房床头集中控制器功能示意图表示的为受控设备集中在床头柜面板上控制,在设计中根据工程需求,也可以存床边墙面上控制。

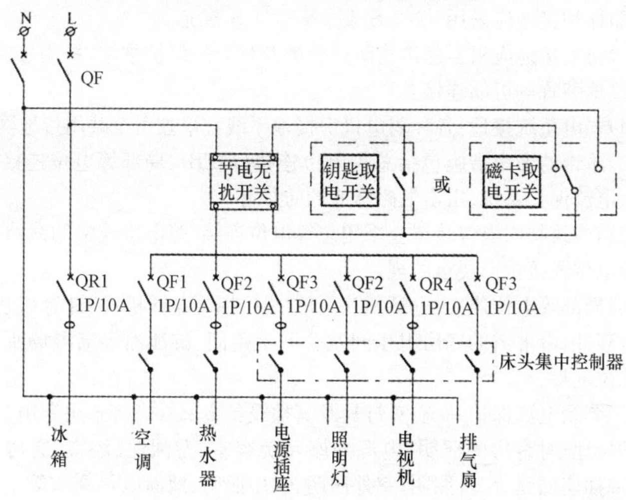

图 14－7　客房节电无扰开关控制系统

(10)客房卫生间镜前灯应安装在视野立体角60°以外，灯具亮度不宜大于2100cd/m^2，光源色温可以适当偏高，配合较高的照度给人以整洁明快的感觉，卫生间照明开关宜设在卫生间门外。

(11)根据实际情况确定是否要设置客房夜灯。夜灯一般设在床头柜或入口通道的侧墙上，夜灯表面亮度一定要低。

(12)旅馆建筑应设置应急照明的部位：(封闭)楼梯间、防烟楼梯间及前室、消防电梯间及前室、合用前室、避难层、配电室、消防控制室、防烟排烟机房、自备发电机房、电话机房、观众厅、展览厅、多功能厅、餐厅、康乐厅和商业营业厅等人员密集的场所，建筑内的疏散走道以及火灾时仍需坚持工作的其他房间等。

疏散走道的应急照明，其地面最低照度不应低于0.5lx；人员密集场所的地面最低照度不应低于1lx；楼梯间内的地面最低照度不应低于5lx；配电室、消防控制室、防烟排烟机房、自备发电机房、电话机房以及火灾时仍需坚持工作的其他房间的应急照明，仍应保证正常照明的照度。旅馆建筑疏散走道和安全出口处、人员密集场所疏散门的正上方应设置灯光疏散指示标志。

4.防雷与接地

旅馆照明防雷与接地要求与规定如下：

(1)旅馆的接地系统包括保护接地、防雷接地、弱电系统接地。

(2)保护接地应采用TN-S或TN-C-S系统。

(3)防雷接地应根据建筑物防雷分类及相应的保护措施，采用接闪器、引下线、接地装置等可靠连接。

(4)弱电系统接地：各种弱电机房接地干线宜单独引至共用接地网(极)。

(5)旅馆的安全措施包括总等电位连接(MEB)、局部等电位连接(LEB)及剩余电流保护系统、雷击电磁脉冲的防护等。

旅馆建筑物内电气装置应采用总等电位连接，等电位连接的线路截面应符合等电位连接截面要求的规定。

(6)局部等电位连接：电话机房、消防控制室、电梯机房、计算机房、各层强弱电竖井、带淋浴的客房卫生间及公共卫生间、游泳池等潮湿场所采用局部等电位连接。

(7)剩余电流保护系统：对灯具及其他设备金属外壳等采用专用PE线进行保护接地；对客房的照明、电源插座及美容室、游泳池、浴室、厨房等的电源、电源插座回路、广告照明、室外照明、水中照明、地面电热副雪等室外电气设施等配电线路或设备终端线路应装设剩余电流动作保护器。

(8)高层及多层旅馆建筑人员密集场所应按国家有关规范设置剩余电流

动作保护或绝缘监视装置。

(9)雷击电磁脉冲的防护:对电源系统、弱电设备、信息系统应加装电涌保护器。

5.设计注意事项

(1)由于在设计阶段多数大型厨房设备的选型尚未确定,建设单位提供的资料仅供参考使用,因此为施工图的设计带来一定的困难。在工程设计时,可先按有关资料提供参考估算,重要的是预留好管路,待设备确定后再布设电缆,以避免浪费。

(2)由于厨房内地面有排水沟,所有电源管线尽量暗敷在顶板或吊顶内,避免和排水沟交叉。

(3)多功能厅、宴会厅等大型场所宜预留总用电量,待精装时由装修设计单位完成电气设计。

(4)旅馆建筑弱电系统的设置应根据不同等级和不同酒店管理公司的要求进行配置。

三、旅馆汽车库电气设计要点

汽车库电气设计应符合现行国家标准《汽车库、修车库、停车库设计防火规范》GB 50067—97、《人民防空地下室设计规范》GB 50038—2005 的规定和要求。

1.防火分类

车库包括汽车库、修车库和停车场。汽车库又分为地下汽车库、高层汽车库、机械式立体汽车库、复式汽车库和敞开式汽车库。

车库的防火分类分为 4 类,并应符合表 14-25 的规定。

表 14-25　车库的防火分类

名称	类别			
	Ⅰ	Ⅱ	Ⅲ	Ⅳ
	数量			
汽车库	>300 辆	151～300 辆	51～150 辆	≤50 辆
修车库	>15 车位	6～15 车位	3～5 车位	≤2 车位
停车场	>400 辆	251～400 辆	101～250 辆	≤100 辆

注:汽车库的屋面亦停放汽车时,其停车数量应计算在汽车库的总车辆数内。

2.用电负荷分级及负荷密度

(1)用电负荷分级,见表14-26。

表14-26 汽车库建筑用电负荷分级

建筑物名称	用电设备名称	负荷等级
Ⅰ类汽车库	消防水泵、火灾自动报警、自动灭火、排烟设备、应急照明、疏散指示标志等消防设备和机械停车设备以及采用升降梯作车辆疏散出口的升降梯	一级负荷
Ⅱ、Ⅲ类汽车库和Ⅰ类修车库		二级负荷
Ⅰ、Ⅱ、Ⅲ类汽车库和Ⅰ类修车库	除上述外的其他设备	三级负荷
其他级别汽车库或修车库	所有自用电场所和设备	

(2)一般汽车库单位面积负荷密度为8～15W/m²,变压器装置指标为12～23VA/m²。

(3)机械停车设备用电量,见表14-27。机械式停车设备规格技术参数,见表14-28。

表14-27 机械停车设备用电量

型号名称	控制方式	电动机功率(kW)	电源	数量
LDK-Z系列两层地坑式停车设备	自动/手动	3.0	AC380V 50Hz	可多组组合
LSX-Z系列两层升降横移式停车设备	自动/手动	升降2.2 平移0.4	AC3180V 50Hz	5×组数
LBXY系列两层液压悬臂式停车设备	自动/手动	升降4.7 平移0.1	AC380V 50Hz	3、5、7、9、11、13、15、17、19辆/组
XKS-Z系统两层液压悬臂式停车设备	自动/手动	1.5	AC380V 50Hz	2×组数
LXS系列两层循环式停车设备	—	升降7.5 平移30	AC380V 50Hz	10、12、14、16、18、20、22、24、26、28、30
DBZY/3系列三层液压式停车设备	自动/手动	升降7.5 平移0.4	AC380V 50Hz	5、8、11、14、17、20、23、26辆/组
DXZ/3系列三层升降横移式停车设备	自动/手动	升降2.2 平移0.4	AC380V 50Hz	8×组数
DSX/3系列三层升降横移式停车设备	自动/手动	升降2.2 平移0.4	AC380V 50Hz	7×组数
DSZC/3系列三层串联升降横移式停车设备	自动/手动	升降2.2 平移0.4	AC380V 50Hz	16×组数
PSH系列升降横移式停车设备	刷卡,按钮或自动	升降2.2 平移0.2	AC380V 50Hz	5、7、8、10、11辆/组

表 14-28　机械式停车设备规格技术参数

类型		升降机式立体停车设备	仓储式立体停车库	升降横移式立体停车设备
停车规格(mm)		5000×1850×1500	5000×2000×1500	5000×1850(面包车 2100)×1500
停车重量		1800kg	1800kg	1800kg
速度	升降	40m/min	20m/min	4.3m/min
	转移	18m/min	14m/min	6m/min
电机	升降	22kW	9～15kW	2.2kW(3.7kW)
	转移	4kW	1.1kW	0.2kW(0.4kW)
回转	—	4r/min	—	—
	—	1.5kW	—	—
电源		3 相 AC380V50Hz	3 相 AC380V50Hz	3 相 AC380V50Hz
传动方式		链传动	链传动	—
控制方式		中央 CPU	中央 CPU	PLC
操作方式		手动、自动	手动、自动	手动、自动
安全装置		—	车长、宽、高检测装置 防碰撞装置 防坠落装置 极限保护开关 误操作报警 工作程序连锁	车长检测装置 断链保护装置 防坠落装置 超限位保护装置 电机过载保护

类型		矩形循环式立体停车设备	竖直循环式立体停车设备	地坑升降式立体停车设备	简易升降式立体停车设备
停车规格(mm)		5000×2000×1500	5000×2000×1450	5000×2000×1500	5000×1850×1500
停车重量		1800kg	1800kg	1800kg	1800kg
速度	升降	20m/min	4.0m/min	3.8m/min	3.5m/min
	转移	8m/min			
电机	升降	9～15kW	9～15kW	5.5kW	5.5kW
	转移	2.2～3.0kW			

续表

类　型		矩形循环式立体停车设备	竖直循环式立体停车设备	地坑升降式立体停车设备	简易升降式立体停车设备
回转	—	—	—	—	—
	—	—	—	—	—
电源		3 相 AC380V50HZ	3 相 AC380V50Hz	3 相 AC380V50Hz	3 相 C380V50Hz
传动方式		链传动	链传动	链传动	链传动
控制方式		中央 CPU	PLC	PLC	PLC
操作方式		手动、自动	手动、自动	手动	手动
安全装置		车长、宽、高检测装置 防碰撞装置 防坠落装置 极限保护开关 误操作报警 工作程序连锁	车长、宽、高检测装置 防碰撞装置 防坠落装置 极限保护开关 误操作报警 工作程序连锁	车长、宽、高检测装置 防碰撞装置 防坠落装置 极限保护开关 误操作报警 工作程序连锁	—

3. 供电电源及低压配电系统

(1)一级负荷应由两路独立电源供电，当其中一路电源发生故障时，另一路电源不应受到影响，每路电源应能满足全部一级负荷的供电要求。

二级负荷宜由两回线路供电，在负荷较小或地区供电条件困难时，二级负荷可由一回路 6kV 及以上专用的回路供电。当采用架空线时，可为一回路架空线供电；当采用电缆线路时，应采用两根电缆组成的线路供电，其每根电缆应能承受全部的二级负荷。

不属于上述一级负荷、二级负荷的二三级负荷，由一路电源供电。

(2)一级负荷用户变配电室内的高、低压配电系统，均应采用单母线分段系统，各段母线间宜设联络断路器，可手动或自动分、合闸。

①一级负荷用户变配电室用户的高、低压配电系统宜采用断路器保护。供电系统中的消防负荷应采用专用的供电回路。

②分散小容量的一级负荷如应急照明等设备，可采用设备自带蓄电池作为自备应急电源。

(3)二级负荷供电系统中，为二级负荷供电的两个电源的两回路，应在适当位置的配电(控制)箱(柜)内完成电源的切换。

(4)三级负荷对供电无特殊要求，采用单回路供电。

(5)当向三级负荷为主，但有少量一、二级负荷的用户供电时，可设置仅满足一、二级负荷需要的自备电源。

(6)汽车库用电采用单独计量方式。

(7)平、战结合的地下车库：

①平战结合使用的地下汽车库应单独设置配电箱(柜)，与上部地面建筑供电分开，自成系统。目的是便于平战转换，战时当不设自备电源时，为引接“区域电源”提供必要条件。

②电力负荷计算应按平时和战时两种情况分别计算，以确定平时和战时供电电源的容量。

(8)汽车库、物资库战时负荷分级为：

①应急照明、通信设备和柴油电站配套的附属设备为一级负荷。

②重要的风机、水泵、正常照明、电动防护密闭门、电动密闭门和电动密闭阀门为二级负荷。

③不属于一级和二级负荷的其他负荷为三级负荷。

(9)战时电源由区域电源供电时，战时一级负荷增加 EPS 或 UPS 备用。战时无法引入区域电源供电时，战时一级、二级负荷增加 EPS 或 UPS 备用，由柴油发电机组供电的一级负荷可不使用 EPS 或 UPS。

(10)战时 EPS(UPS)装置可临战时安装，平时预留安装位置。战时区域电源进线开关设备由设计人员依据供电系统确定。

4. 升降类停车设备的配电

(1)本要点所规定的内容，适用于公共停车场、机关学校、写字楼、宾馆饭店、剧场、体育场馆、公寓、住宅小区等地下地上停车场的配电设计，其电气控制设备均由制造厂(或公司)成套供应。

(2)机械式停车设备分为升降横移类、垂直循环类、水平循环类、多层循环类、平面移动类、巷道堆垛类、垂直升降类等类型。

(3)机械式停车设备与传统的自然地下停车库相比，在许多方面都显示出优越性，机械式停车设备具有突出的节地优势，可更加有效地保证人身和车辆的安全，从管理上可以做到彻底地人车分流，还可以免除采暖通风设施，运行中的耗电量比人工管理的地下车库大大减少。

(4)机械式停车设备的主要特点：

①占地面积小，配置灵活，建设周期短；

②操作简便，维护保养费用低；

③可采用自动控制，运行安全可靠；

④运行平稳，工作噪声低；

⑤有防坠装置、光电传感器、限位保护、急停开关等安全装置。

(5)机械式停车设备电气控制设备的安全要求：

①机械式停车设备的电气系统应保证传动性能和控制性能准确可靠，能防止由于电气设备本身引起的危险，或由于机械运动等损伤导致电气设备产生的危险。

②供电电源：机械式停车设备，一般采用AC380V、3相、50Hz电源，应由专用馈电线路供电，当采用软电缆供电时，应备专用接地线。

③机械式停车设备上专用馈电路进线端应设总断路器，应由专用回路供电。

④机械式停车设备上应设总线路接触器，应能分断所有机构上动力回路或控制回路。停车设备上设总机构的断路器时，可不设总线路接触器。

⑤接卸式停车设备控制电路应保证控制性能符合机械与电气系统的要求，不得有错误的回路、寄生回路和虚假回路。

⑥遥控电路及自动控制电路所控制的任何机构，一旦控制失灵，停车设备应立即停止工作。

⑦电气室、操纵室、控制屏、保护箱内部的配线，主回路小截面导线与控制回路的导线，可采用塑料绝缘导线。

⑧室外工作的机械停车设备，电缆应敷设于金属管中，金属管应经防腐处理。如用金属线槽或金属软管代替，必须有良好的防雨及防腐措施。室内工作的机械停车设备，电缆应敷设于线槽或金属管中，电缆可直接敷设。在机械损伤、化学腐蚀或油污侵蚀的地方，应有防护措施。

⑨电动机的保护：

a. 直接与电源相连的电动机应进行短路保护、缺相保护；

b. 直接与电源相连的电动机采用手动复位的自动断路器时尚应进行过载保护。

⑩插座的电源应和停车设备的动力电源分开，电源插座应采用2+3孔10A电源插座、250V，由主电源直接供电。

⑪露天装设的主要电器元件，应有防潮湿、水、雨、雪、沙、灰尘等杂物侵入的措施。

⑫机械式停车设备进线处宜设主隔离开关，或采取其他隔离措施。

⑬在机械式停车设备操作方便处.必须设置紧急停车开关，在紧急情况下能迅速切断动力控制电源，但不应切断电源插座、照明、通信、消防和报警电路的电源。

⑭接地系统采用TN-S停车设备的金属结构及所有电气设备的金属外壳、管槽，电缆金属保护层和变压器低压侧均应有可靠的接地。中性线与PE

线应分别设置,接地电阻不大于 4Ω。

⑮导体之间和导体对地之间的绝缘电阻值不得小于:

a. 动力电路和电气安全装置电路 0.5MΩ;

b. 其他电路(控制、照明、信号等)0.25MΩ。

⑯电动机、电控柜、操作箱等所有外壳防护等级,室内不低于 IP34,室外不低于 IP44。

⑰机械式停车设备,为防止电磁干扰,电子元器件线路、信号线路等应采用屏蔽线,或导线穿钢管敷设。

⑱机械式停车设备应设正常照明,照明应由专用电源回路供电,应由机械式停车设备主断路器进线端分接引出,当主断路器切断电源时,照明回路不应断电,各照明回路应设断路器作短路保护。

⑲车道、出入口附近及人出入的地方,应设照明灯具,以确保安全。车库照度不低于 75lx;机器房、电气室等照度不应低于 100lx。

⑳机械式停车设备应有指示总电源分合状态的信号,必要时还应设故障信号和报警信号。

5. 照明系统

(1)地下汽车库出入口部分应设计过渡照明,过渡照明计算详见《地下建筑照明设计标准》中国工程建设标准化协会标准 CECS45:92 附录 A。

(2)过渡照明与出入口处亮度变化有关(白天入口处亮度变化宜按 10∶1～15∶1 取值,夜间室内外亮度变化宜按 2∶1～4∶1 取值)。

(3)过渡照明与出入口的车行速度有关(车行速度按 5km/h 取值)。

(4)过渡照明与亮度时间曲线有关(详见中国工程建设标准化协会标准 CECS45:92 附录 A)。

(5)过渡照明与各地室外年平均散射照度有关(详见 CECS45:92 附录 B)

6. 设计注意事项

(1)战时设置的柴油发电机组,当单台容量不大于 120kW 时,可设置移动电站;单台容量大于 120kW 时,宜设置固定电站。

(2)战时固定电站的设计可参见国标图集《防空地下室固定柴油电站》08FJ04,战时移动电站的设计可参见国标图集《防空地下室移动柴油电站》07FJ05。

(3)平时不使用的柴油机发电站,可暂不安装设备,但直按设计完成土建设施、预留管孔及各种预埋件,待临战时根据原设计图再行安装。

(4)蓄电池组连续供电时间,平时按消防要求确定,战时按人防工程隔绝防护时间要求确定。

(5)汽车库内配电间数量和面积应根据具体工程情况确定。

(6)汽车库上面有建筑物时,竖井尺寸还应考虑上部建筑所需的电缆数量和所安装的设备。

(7)当强、弱电电缆和设备合用一个竖井时,不仅要考虑电缆和设备布置时所需的尺寸,强电和弱电电缆或设备之间还应留有一定距离以防止干扰,一般间距为500mm。

第三节　旅馆建筑智能化系统设计

旅馆建筑智能化系统设计应符合现行国家标准《智能建筑设计标准》GB/T 50314的规定和要求。

一、智能化系统设计规定和要点

(一)一般规定

旅馆建筑智能化系统的一般规定如下:

1.功能

(1)应符合旅馆建筑的经营性质、规模等级、管理方式及服务对象的需求。

(2)应构建集旅馆经营及面向宾客服务的综合管理平台。

(3)应满足对旅馆建筑的信息化管理的需要。

2.基本配置

(1)信息网络系统应满足商业建筑内前台和后台管理和顾客消费的需求。系统应采用基于以太网的商业信息网络,并应根据实际需要宜采用网络硬件设备备份、冗余等配置方式。

(2)多功能厅、娱乐等场所应配置独立的音响扩声系统,当该场合无专用应急广播系统时,音响扩声系统应与火灾自动报警系统联动作为应急广播使用。

(3)在建筑物室外和室内的公共场所宜配置信息引导发布系统电子显示屏。

(4)信息导引多媒体查询系统应满足人们对商业建筑电子地图、消费导航等不同公共信息的查询需求,系统设备应考虑无障碍专用多媒体导引触摸屏的配置。

(5)应根据商业业务信息管理的需求,配置应用服务器设备和前、后台应用设备及前、后台相应的系统管理功能的软件。应建立商业数字化、标准化、规范化的运营保障体系。

(6)安全技术防范系统应符合现行国家标准《安全防范工程技术规范》GB 50348—2004 第 5.1 节等的有关规定。

3. 旅馆建筑智能化系统的配置

旅馆建筑智能化系统的配置，见表 14－29。

表 14－29　旅馆建筑智能化系统配置选项表

智能化系统		商场建筑	宾馆建筑
智能化集成系统		☆	☆
信息设施系统	通信接入系统	★	★
	电话交换系统	★	★
	信息网络系统	★	★
	综合布线系统	★	★
	室内移动通信覆盖系统	★	★
	卫星通信系统	☆	☆
	有线电视及卫星电视接收系统	☆	★
	广播系统	★	★
	会议系统	★	★
	信息导引及发布系统	★	★
	时钟系统	☆	★
	其他相关的信息通信系统	☆	☆
信息化应用系统	商业经营信息管理系统	★	—
	宾馆经营信息管理系统	—	★
	物业运营管理系统	★	★
	公共服务管理系统	★	★
	公共信息服务系统	☆	★
	智能卡应用系统	★	★
	信息网络安全管理系统	★	★
	其他业务功能所需的应用系统	☆	☆

续表 1

<table>
<tr><th colspan="3">智能化系统</th><th>商场建筑</th><th>宾馆建筑</th></tr>
<tr><td colspan="3">建筑设备管理系统</td><td>★</td><td>★</td></tr>
<tr><td rowspan="9">公共安全系统</td><td rowspan="8">安全技术防范系统</td><td>火灾自动报警系统</td><td>★</td><td>★</td></tr>
<tr><td>安全防范综合管理系统</td><td>☆</td><td>★</td></tr>
<tr><td>入侵报警系统</td><td>★</td><td>★</td></tr>
<tr><td>视频监控系统</td><td>★</td><td>★</td></tr>
<tr><td>出入口控制系统</td><td>★</td><td>★</td></tr>
<tr><td>巡查管理系统</td><td>★</td><td>★</td></tr>
<tr><td>汽车库(场)管理系统</td><td>☆</td><td>☆</td></tr>
<tr><td>其他特殊要求技术防范系统</td><td>☆</td><td>☆</td></tr>
<tr><td colspan="2">应急指挥系统</td><td>☆</td><td>☆</td></tr>
<tr><td rowspan="11">机房工程</td><td colspan="2">信息中心设备机房</td><td>☆</td><td>★</td></tr>
<tr><td colspan="2">数字程控电话交换机系统设备机房</td><td>☆</td><td>★</td></tr>
<tr><td colspan="2">通信系统总配线设备机房</td><td>★</td><td>★</td></tr>
<tr><td colspan="2">智能化系统设备总控室</td><td>☆</td><td>☆</td></tr>
<tr><td colspan="2">消防监控中心机房</td><td>★</td><td>★</td></tr>
<tr><td colspan="2">安防监控中心机房</td><td>★</td><td>★</td></tr>
<tr><td colspan="2">通信接入设备机房</td><td>★</td><td>★</td></tr>
<tr><td colspan="2">有线电视前端设备机房</td><td>★</td><td>★</td></tr>
<tr><td colspan="2">弱电间(电信间)</td><td>★</td><td>★</td></tr>
<tr><td colspan="2">应急指挥中心机房</td><td>☆</td><td>☆</td></tr>
<tr><td colspan="2">其他智能化系统设备机房</td><td>☆</td><td>☆</td></tr>
</table>

注:★需配置;☆宜配置。

(二)设计要点

智能化系统设计要点如下:

(1)应根据宾馆建筑对语音通信管理和使用上的需求,配置具有宾馆管理功能的电话通信交换设备。

(2)应在宾馆建筑内总服务台、办公管理区域和会议区域处配置内线电话和直线电话，各层客人电梯厅、商场、餐饮、机电设备机房等区域处宜配置内线电话，在底层大厅等公共场所部位应配置公用直线和内线电话，并应配置无障碍电话。

(3)应配置宾馆业务管理信息网络系统。

(4)宜在宾馆公共区域、会议室(厅)、餐饮和公共休闲场所等处配置宽带无线接入网的接入点设备。

(5)综合布线系统的配线器件与缆线应满足宾馆建筑对信息传输千兆及以上以太网的要求，并预留信息端口数量和传输带宽的裕量。

(6)客房内宜根据服务等级配置供宾客上网的信息端口。

(7)宜配置宽带双向有线电视系统、卫星电视接收及传输网络系统，提供当地多套有线电视、多套自制和卫星电视节目，以满足宾客收视的需求。电视终端安装部位及数量应符合相关的要求。

(8)宜配置视频点播服务系统，供客人点播视、音频信息、收费电视节目等使用。

(9)在餐厅、咖啡茶座等有关场所宜配置独立控制的背景音乐扩声系统，系统应与火灾自动报警系统联动作为应急广播使用。

(10)在会议中心、中小型会议室、重要接待室等场所宜配置会议系统和灯光控制设备，同时在大型会议中心配置同声传译系统设备，以及在专用会议机房内配置远程电视会议接入和控制设备。

(11)在各楼层、电梯厅等场所宜配置信息发布显示屏系统。

(12)在宾馆室内大厅、总服务台等场所宜配置信息查询导引系统，并应符合残疾人和少儿客人对设备的使用要求。

(13)应根据宾馆的不同规模和管理模式，建立宾馆信息管理系统，配置前台和后台相应的管理功能系统软件。前台系统应配置总台(预订、接待、问询和账务、稽核)、客房中心、程控电话、商务中心、餐饮收银、娱乐收银和公关销售等系统设备；后台系统应配置财务系统、人事系统、工资系统、仓库管理等系统设备。前台和后台宜联网进行一体化管理。

(14))宾馆信息管理系统宜与宾馆电话交换机系统、客房门锁系统、智能卡系统、客房视频点播系统、远程查询预订系统连接。

(15)应根据宾馆信息管理系统中操作人员职务等级或操作需求配置权限，并对系统中客房、餐饮、库房、娱乐等各分项功能模块的操作权限进行控制。

(16)应配置宾馆智能卡应用系统，建立统一发卡管理模式，系统宜与宾馆信息管理系统联网。

(17)无障碍客房或高级套房的床边和卫生间应配置求助呼叫装置。

二、旅馆建筑智能化系统设计要求

1.信息设施系统

信息设施系统设计的技术要求主要有以下几点：

(1)根据旅馆建筑对语音通信管理和使用上的需求，配置具有旅馆管理功能的电话通信交换设备；在旅馆建筑内总服务台、办公管理区域和餐饮处设置内线电话，并根据需求配置外线电话。会议区域、各层客房电梯厅、商场、机电设备机房等区域处设置内线电话，在底层大厅等公共场所部位配置公用直线和内线电话，并设置无障碍电话；设置旅馆业务管理信息网络系统。

(2)在旅馆公共区域、会议室(厅)，餐饮和公共休闲场所等处宜配置宽带无线接入网的接入点设备。

(3)综合布线系统的配线器件与缆线应满足旅馆建筑对信息传输千兆及以上以太网的要求，并预留信息端口数量和传输带宽的裕量。

(4)客房内可根据服务等级配置供旅客上网的信息端口。配置宽带双向有线电视系统、卫星电视接收及传输网络系统，提供当地多套有线电视、多套自制和卫星电视节目，以满足客人收视的需求，电视终端安装部位及数量应符合相关的要求；配置视频点播服务系统，供客人点播视、音频信息、收费电视节目等使用。

(5)在餐厅、咖啡茶座等有关场所配置独立控制的背景音乐扩声系统，系统应与火灾自动报警系统联动作为应急广播使用。

(6)在会议中心、中小型会议室、重要接待室等场所宜配置会议系统和灯光控制设备，在大型会议中心配置同声传译系统设备，在专用会议机房内配置远程电视会议接入和控制设备。

(7)各楼层、电梯厅等场所宜配置信息发布显示屏系统；在旅馆内大厅、总服务台等场所宜配置信息查询导引系统，并应符合残疾人和少儿客人对设备的使用要求。

(8)无障碍客房或高级套房的床边和卫生间应配置求助呼叫装置。

2.信息化应用系统

信息化应用系统设计的主要技术要求如下：

(1)旅馆信息化应用系统应根据旅馆的不同规模和管理模式，建立旅馆信息管理系统，配置前台和后台相应的管理功能系统软件。前台系统应配置总台(预订、接待、问询、财务、稽核)、客房中心、程控电话、商务中心，餐饮收银、娱乐收银、公关销售等系统设备；后台系统应配置财务系统、人事系统、工资系统、仓库管理等系统设备。前台和后台宜联网进行一体化管理。对服务要求高的旅馆通常宜设置客房管理系统，可实现身份识别、客房能源管理、窗帘控制等功能。

(2)设置旅馆智能卡应用系统，建立统一发卡管理模式，系统与旅馆信息管理系统联网。旅馆信息管理系统示意图，如图 14－8 所示。

3.公共安全系统

公共安全系统设计的主要技术要求如下：

(1)视频监控系统。旅馆人员流动性很大，从安全保卫管理考虑，同时也为了出现事故时便于查找资料，旅馆内重要场所，如主要出入口、大厅、总台、收银处、外币兑换处、财务出纳室、贵重物品寄存处、小件行李存放处、电梯轿厢、底层楼梯出入口、主要通道、楼层通道等部位须安装视频安防监控系统。财务出纳室、总台等处是现金周转的主要场所，一般对每个工位一一对应地设置摄像机。

(2)电子巡查系统。旅馆的主要出入口、各层电梯厅、走道、配电房、锅炉房、电梯机房、空调机房、油库、总机房、电脑房，闭路电视中心、停车库(场)、避难层、各楼层出入口以及其他重要部位应合理地设置巡查路线以及巡查点，巡查点位置一般设置在不易被发现、破坏的地方，并确保巡逻人员能对整个建筑物进行安全巡视。

系统分在线式和离线式两种，可与出入口控制系统共用主机。旅馆可根据实际情况选用在线式或离线式系统。

(3)出入口控制系统。旅馆的财务出纳室、外币兑换处、贵重物亮品寄存处、小件行李存放处、办公区等处配置出入口控制系统。系统应满足下列要求：

①应有可靠的电源以确保系统的正常使用；

②应与消防报警系统联动，当发生火灾时应确保开启相应区域的疏散门和通道；

③宜采用非接触式智能卡。

(4)入侵报警系统。财务出纳室、配电站等需设置入侵探测器、声光报警器；总台接待处、收银处、外币兑换处，财务出纳室、贵重物品寄存处、小件行李存放处、安防中心控制室需设置紧急报警器。安防中心控制室需设置防盗报警控制器。

4.建筑设备监控系统

见第十一章商业建筑照明第二节的内容。

5.呼(应)叫信号系统

呼(应)叫信号系统设计的技术要求主要有以下几点：

(1)宾馆、酒店及服务要求较高的宜设呼应信号。

(2)呼应信号的系统应具备以下功能：

①呼应信号系统应根据服务区设置，总服务台应能随时掌握各个服务区呼叫及呼叫处理情况。

②住客呼叫时，能准确显示呼叫者的房间号，并有声、光提示；处理后呼叫信号、提示信号方能解除。

③允许多路同时呼叫，对呼叫者逐一记忆、显示。

④具有睡眠唤醒功能。

三、汽车库建筑智能化系统设计

1.智能化系统

汽车库建筑智能化系统一般由智能化集成系统、信息设施系统、信息化应用系统、建筑设备管理系统、公共安全系统和机房工程等要素构成。

智能化系统的配置应符合现行国家标准《智能建筑设计标准》GB/T 50314—2006的规定。

2.公共安全系统

(1)火灾自动报警与消防联动控制系统：

①Ⅰ类汽车库、Ⅱ类地下汽车库和高层汽车库、机械式立体汽车库、复式汽车库、采用升降梯作汽车疏散出口的汽车库应设置火灾自动报警系统。Ⅲ、Ⅳ类地下汽车库(停车数量不大于150辆的地下汽车库)可不设火灾自动报警系统。

②与消防联动控制有关的汽车库出入口有人值班的地方应设消防专用电话分机。

③火灾自动报警系统宜对应急广播系统、视频安防监控系统、出入口控制系统等进行联动控制。

④安全疏散：

a.汽车库内应设火灾应急照明和疏散指示标志。火灾应急照明和疏散指示标志可采用蓄电池作备用电源，其连续供电时间不应少于30mm；

b.火灾应急照明灯宜设在墙面或顶棚上，其地面最低照度不应低于0.5lx；

c.疏散指示标志宜设在疏散出口的顶部或疏散通道及其转角处，且距地面高度1m以下的墙面上。通道上的指示标志，其间距不宜大于20m。

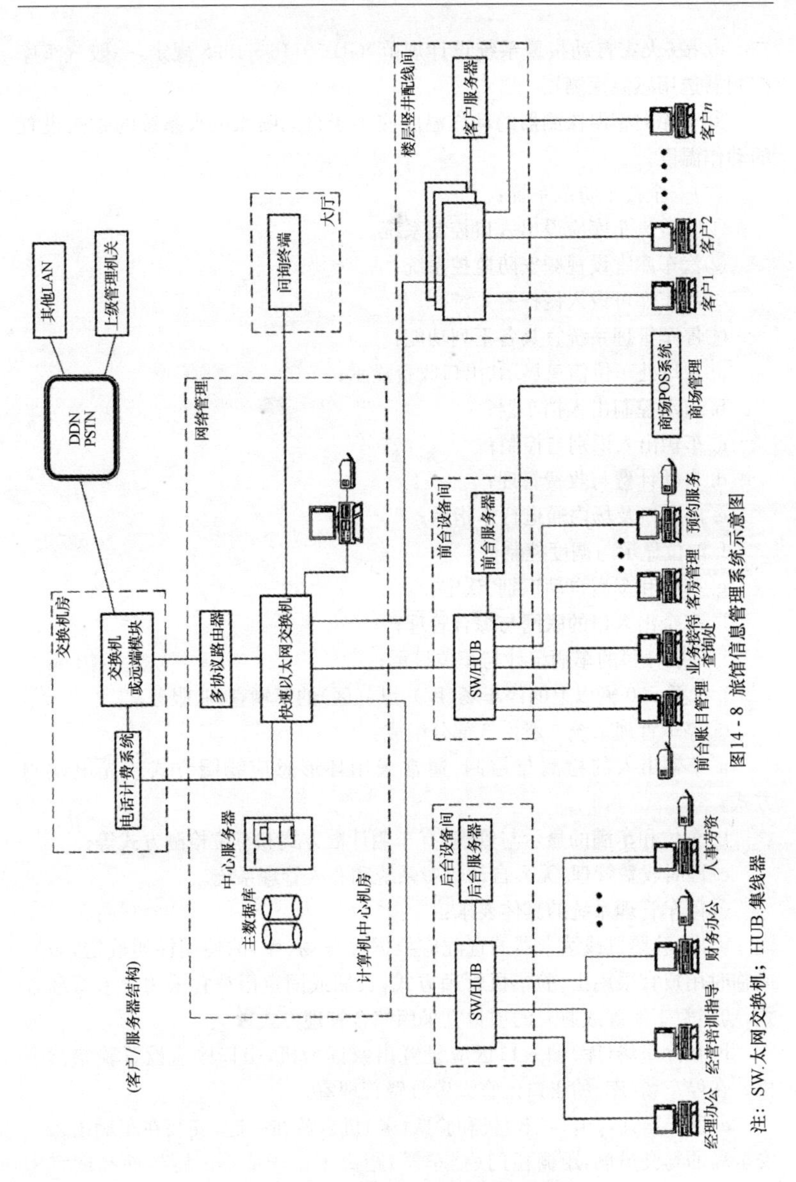

图 14-8　旅馆信息管理系统示意图

⑤按《火灾自动报警系统设计规范》GB 50116—1998 规定，一般汽车库探测器选用感温探测器。

⑥车库内感温探测器的动作温度应小于自动喷水灭火系统的喷头设置的动作温度。

(2)安全技术防范系统：

①收费汽车库应设出入口控制系统。

②汽车库宜设视频安防监控系统。

③汽车库可设入侵报警系统。

④停车管理系统宜具备下列功能：

a. 入口处车位信息显示、出口收费显示；

b. 自动控制出入挡车器；

c. 车辆出入识别与控制；

d. 自动计费与收费管理；

e. 出入口及场内通道行车指示；

f. 泊位显示与调度控制；

g. 车牌和车型自动识别、认定；

h. 多个出入口的联网与综合管理；

i. 分层(区)的车辆统计与车位显示；

j. Ⅰ类 500 辆以上的停车场(库)分层(区)的车辆查询、服务。

⑤停车管理系统一般由 3 部分组成：

a. 车辆出入的检测与控制：通常采用环形感应线圈方式或光电检测方式；

b. 车位和车满的显示与管理：有车辆计数方式和车位检测方式等；

c. 计时收费管理：无人自动收费系统和有人管理系统。

⑥停车管理系统的具体要求：

a. 出、验票机或读卡器的选配应根据停车场(库)的使用性质确定，短期或临时用户宜采用出、验票机管理方式；长期或固定用户宜采用读卡管理方式，功能暂不明确或兼有的项目宜采用综合管理方式。

b. 在停车场(库)的入口区应设置出票读卡机，出口区应设置验票读卡机。在停车场(库)的出口区宜设置收费管理室。

c. 读卡器宜与出票(卡)机和验票(卡)机合放在一起，安装在车辆出入口安全岛的驾驶员侧，距栅栏门(挡车器)距离不小于 2.2m，距地面高度宜为 1.2～1.4m。

d. 停车场(库)内所设置的视频安防监控或入侵报警系统，除可在收费管理室控制外，还应能在安防控制中心（机房）进行集中管理，联网监控。摄像机宜安装在车辆行驶的正前方偏左的位置，摄像机距地面高度为 2.0～2.5m，距读卡器的距离宜为 3～5m。

e. 有快速进出停车场（库）要求时，宜采用远距离感应读卡装置；有一卡通要求时应与一卡通系统联网设计。

f. 停车场（库）管理系统应具备先进、灵活、高效等特点，可利用免费卡、计次卡、储值卡等实行全自动管理，亦可利用临时卡实行人工收费管理。识别卡的种类应包括现今及近期发展的各类成熟卡。

g. 车辆检测地感应线圈宜为防火密封感应线圈，设计的其他线路不得与感应线圈相交，并应与其保持至少 0.5m 的距离。

h. 根据停车数量及出入口设置等具体情况，自动收费管理系统采用出口处收费或场（库）内收费 2 种模式，并应具有对人工干预、手动开闸等违规行为的记录和报警功能。

i. 停车场（库）管理系统应能独立运行，亦可与安全管理系统联网，当联网设计时，应满足安全管理系统对该系统管理的相关要求。

第十五章　电气照明节能

第一节　电气照明节能基本要求及功率密度

一、电气照明节能基本规定和要求

根据国家现行标准《民用建筑电气设计规范》JGJ16—2008 的规定，照明节能应符合下列规定和要求：

(1)灯具的结构和材质应便于维护清洁和更换光源。

(2)一般工作场所宜采用细管径有管荧光灯和紧凑型荧光灯。高大房间和室外场所的，一般照明宜采用金属卤化物灯、高压钠灯等高光强气体放电光源。

(3)照明与室内装修设计应有机结合。在确保照明质量的前提下，应有效控制照明功率密度值。

(4)根据视觉工作要求，应采用高光效光源、高效灯具和节能器材，并应考虑最初投资与长期运行的综合经济效益。

(5)除有装饰需要外，应选用直射光通比例高、控光性能合理的高效灯具。室内用灯具效率不宜低于 70%，装有遮光格栅时不应低于 60%，室外用灯具效率不宜低于 50%。

(6)室内外照明不宜采用普通白炽灯。当有特殊需要时，宜选用双螺旋白炽灯或带有热反射罩的小功率高效卤钨灯。

(7)应采用功率损耗低、性能稳定的灯用附件。直管形荧光灯应采用节能型镇流器，当使用电感式镇流器时，其能耗应符合现行国家标准《管形荧光灯镇流器能效限定值和节能评价值》GB 17896 的规定。

(8)应根据照明场所的功能要求确定照明功率密度值，并应符合现行国家标准《建筑照明设计标准》GB 50034 的规定。

(9)应根据环境条件、使用特点合理选择照明控制方式，并应符合下列规定：

①应充分利用天然光，并应根据天然光的照度变化控制电气照明的分区；

②根据照明使用特点，应采取分区控制灯光或适当增加照明开关点；

③公共场所照明、室外照明宜采用集中遥控节能管理方式或采用自动光控装置。

(10)应采用定时开关、调光开关、光电自动控制器等节电开关和照明智能控制系统等管理措施。

(11)正确选择照明方案,并应优先采用分区一般照明方式。

(12)室内表面宜采用高反射率的饰面材料。

(13)对于采用节能型电感镇流器的气体放电光源,宜采取分散方式进行无功功率补偿。

(14)在有集中空调而且照明容量大的场所,宜采用照明灯具与空调回风口结合的形式。

(15)低压照明配电系统设计应便于按经济核算单位装表计量。

(16)景观照明宜采取下列节能措施:

①景观照明应采用长寿命、高光效光源和高效灯具,并宜采取点燃后适当降低电压以延长光源寿命的措施;

②景观照明应设置深夜减光控制方案。

二、电气照明节能设计原则与措施

照明节能设计应在保证不降低作业面视觉要求、不降低照明质量的前提下,力求最大限度地减少照明系统中的光能损失,最大限度地采取措施利用好电能、太阳能。

根据《全国民用建筑工程设计技术措施·节能专篇·电气》(2007)的规定,照明节能设计要求应符合照明节能设计要点中技术要求和规定。

1. 设计原则

电气照明节能设计原则有如下几点:

(1)照明设计时,应选择合适的照明方式;

①当照明场所要求高照度时,应选混合照明的方式;

②当工作位置密集时,可采用单独的一般照明方式,但照度不宜太高,一般不宜超过 500lx;

③当工作位置的密集程度不同,或仅为其中某一区域时,可采用分区照明的方式,要求高的工作区采用较高的照度,而非工作区可采用较低的照度,但两者的照度比不宜大于 3∶1。

(2)应在提高整个照明系统效率,保证照明质量的前提下,节约照明用电。

(3)照明设计时,应满足《建筑照明设计标准》GB 50034—2004 所对应的照度标准、照明均匀度、统一眩光值、光色、照明功率密度值(简称 *LPD*)、能效指标等相关标准值的综合要求。

(4)在民用建筑中所要求的照度标准值,可以根据照明要求的档次来选择照度标准值。档次要求高的允许提高一级,档次要求低的允许降低一级,以利节能。

(5)建筑照度标准值应从节能上考虑,按实际需求来选择照度标准值的高低,不宜追求或攀比高照度水平。

(6)室外照明设计尚应考虑如下特点:

①室外照明的光源选择应注重其光电参数的总体评估,如光源的发光效率、显色指数;灯的启动与再启动时间、工作电流、额定电压等参数;灯的寿命及性价比等相关因素。

②照明功能无特殊要求、电能损耗大体相同时,一般宜选用同一类型或色温相近的光源。

2.设计措施

电气照明节能设计措施如下:

(1)应根据国家现行标准、规范要求,满足不同场所的照度、照明功率密度、视觉要求等规定。

(2)应根据不同的使用场合选择合适的照明光源,在满足照明质量的前提下,尽可能地选择高光效光源。

(3)在满足眩光限制的条件下,应优先选用灯具效率高的灯具以及开启式直接照明灯具,一般室内的灯具效率不宜低于70%,并要求灯具的反射罩具有较高的反射比。

(4)在满足灯具最低允许安装高度及美观要求的前提下,应尽可能降低灯具的安装高度,以节约电能。

(5)合理设置局部照明,对于高大空间区域,在高处采用一般照明方式,对于有高照度要求的地方,宜设置局部照明。

(6)应选择电子镇流器或节能型高功率因数电感镇流器,公共建筑内的荧光灯单灯功率因数不应小于0.9,气体放电灯应保证单灯功率因数不小于0.9,并应采用能效等级高的产品。

(7)照明配电系统设计应减少配电线路中的电能损耗,具体措施如下:

①选用电阻率ρ较小的线缆;

②减少线缆长度;

③适当加大线缆的截面积,以降低线路阻抗。

(8)主照明电源线路尽可能采用三相供电,以减少电压损失,并应尽量使三相照明负荷平衡,确保光源的发光效率。

(9)设置具有光控、时控、人体感应等功能的智能照明控制装置,做到需要照明时,将灯打开,不需要照明时,自动将灯关闭。

(10)充分合理地利用自然光、太阳能等能源。

三、电气照明节能功率密度值

房间或场所应采用一般照明的照明功率密度值(*LPD*)作为照明节能的评价指标。

不同种类的建筑及场所有不同的照明功率密度对应值。计算房间或场所一般照明的照明功率密度值时,应计算其灯具光源及附属装置的全部用电量。

设有装饰性灯具场所,可将实际采用的装饰性灯具总功率的50%计入照明功率密度值的计算。

设有重点照明的商店营业厅,该楼层营业厅的照明功率密度值每平方米可增加5W。

1. 各类建筑所对应的照明功率密度值

居住建筑、学校建筑、医院建筑、旅馆建筑、办公建筑、商业建筑及工业建筑等照明功率密度值不宜大于表15-1~表15-7的规定。当房间或场所的照明值高于或低于表15-1~表15-7中规定的对应照度值时,其照明功率密度值应按比例提高或折减。

表15-1　居住建筑每户照明功率密度值

房间或场所	照明功率密度 (W/m^2)		对应照度值(lx)
	现行值	目标值	
起居室	7	6	100
卧室	7	6	75
餐厅	7	6	150
厨房	7	6	100
卫生间	7	6	100

表15-2　学校建筑照明功率密度值

房间或场所	照明功率密度 (W/m^2)		对应照度值(lx)
	现行值	目标值	
教室、阅览室	11	9	300
实验室	11	9	300
美术教室	18	15	500
多媒体教室	11	9	300

表 15－3 医院建筑照明功率密度值

房间或场所	照明功率密度（W/m²）		对应照度值(lx)
	现行值	目标值	
治疗室、诊室	11	9	300
化验室	18	15	500
手术室	30	25	750
候诊室、挂号厅	8	7	200
病房	6	5	100
护士站	11	9	300
药 房	20	17	500
重症监护室	11	9	300

表 15－4 旅馆建筑照明功率密度值

房间或场所	照明功率密度（W/m²）		对应照度值(lx)
	现行值	目标值	
客 房	15	13	
中餐厅	13	11	200
多功能厅	18	15	300
客房层走廊	5	4	50
门 厅	15	13	300

表 15－5 办公建筑照明功率密度值

房间或场所	照明功率密度（W/m²）		对应照度值(lx)
	现行值	目标值	
普通办公室	11	9	300
高档办公室、设计室	18	15	500
会议室	11	9	300
营业厅	13	11	300
文件整理、复印、发行室	11	9	300
档案室	8	7	200

表 15-6　商业建筑照明功率密度值

房间或场所	照明功率密度 (W/m²)		对应照度值(lx)
	现行值	目标值	
一般商店营业厅	12	10	300
高档商业营业厅	19	16	500
一般超市营业厅	13	11	300
高档超市营业厅	20	17	500

表 15-7　工业建筑照明功率密度值

分类	房间或场所		照明功率密度 (W/m²)		对应照度值(lx)
			现行值	目标值	
通用房间或场所	试验室	一般	11	9	300
		精细	18	15	500
	检验	一般	11	9	300
		精细,有颜色要求	27	23	750
	计量室、测量室		18	15	500
	变、配电站	配电装置室	8	7	200
		变压器室	5	4	100
	电源设备室、发电机室		8	7	200
	控制室	一般控制室	11	9	300
		主控制室	18	15	500
	电话站、网络中心、计算机站		18	15	500
	动力站	风机房、空调机房	5	4	100
		泵房	5	4	100
		冷冻站	8	7	150
		压缩空气站	8	7	150
		锅炉房、煤气站的操作层	6	5	100
	仓库	大件库(如钢坯、钢材、大成品、气瓶)	3	3	50
		一般件库	5	4	100
		精细件库(如下具、小零件)	8	7	200
	车辆加油站		6	5	100

续表1

分类	房间或场所		照明功率密度（W/m²）		对应照度值(lx)
			现行值	目标值	
机、电工业	机械加工	粗加工	8	7	200
		一般加工,公差≥0.1mm	12	11	300
		精密加工,公差<0.1mm	19	27	500
	机电、仪表装配	大件	8	7	200
		一般件	12	11	300
		精密件	19	17	500
		特精密件	27	24	750
	电线、电缆制造		12	11	300
	线圈绕制	大线圈	12	11	300
		中等线圈	19	17	500
		精细线圈	27	24	750
	线圈浇注		12	11	300
	焊接	一般	8	7	200
		精密	12	11	300
	钣金		12	11	300
	冲压、剪切		12	11	300
	热处理		8	7	200
	铸造	熔化、浇铸	9	8	200
		造型	13	12	300
	精密铸造的制模、脱壳		19	17	500
	锻工		9	8	200
	电镀		13	12	300
	喷漆	一般	15	14	300
		精细	25	23	500
	酸洗、腐蚀、清洗		15	14	300

续表 2

分类	房间或场所		照明功率密度（W/m²）现行值	目标值	对应照度值(lx)
机、电工业	抛光	一般装饰性	13	12	300
		精细	20	18	500
	复合材料加工、铺叠、装饰		19	17	500
	机电修理	一般	8	7	200
		精密	12	11	300
电子工业	电子元器件		20	18	500
	电子零部件		20	18	500
	电子材料		12	10	300
	酸、碱、药液及粉配制		14	12	300

注：房间或场所的室形指数值等于或小于 1 时，本表的照明功率密度值可增加 20%。

2. 各级机动车交通道路的照明功率密度值

各级机动车交通道路的照明功率密度值，见表 15-8。

表 15-8　　各级机动车交通道路的照明功率密度值

道路级别	车道数（条）	照明功率密度（*LPD*）值（W/m²）	对应的照度标准（lx）
快速路主干路	≥6	1.05	30
	<6	1.25	
	≥6	0.7	20
	<6	0.85	
次干路	≥4	0.70	15
	<4	0.85	
	≥4	0.45	10
	<4	0.55	
支路	≥2	0.55	10
	<2	0.60	
	≥2	0.45	8
	<2	0.50	

注：①本表仅适用于高压钠灯，当采用金属卤化物灯时，应将表中对应的 *LPD* 值乘以 1.3。

②本表仅适用于设置连续照明的常规路段。

③设计计算照度值高于标准照度值时，*LPD* 标准值不得相应增加。

第二节 电气照明节能设计

一、绿色照明

绿色照明可以概括成：节能、环保、高质量照明。即通过科学、合理的照明设计和管理，采用高效、环保、长寿、安全和性能稳定的照明器材（电光源、灯具及附件、配电及缆线、调光和监控设备等），充分利用自然光和风能，节约能源，营造舒适、安全的灯光环境，改善人们的工作、学习、生活条件。

（一）绿色照明及其发展历程

20世纪70～80年代，全球面临能源危机，同时兴起环保浪潮。“节约能源，保护环境”成为全人类的共识。1991年，美国率先推出“绿色照明”的概念，并实施“绿色照明工程”，随后得到联合国及各国的重视，在世界范围内，积极采取各种政策和措施，推进了绿色照明工程的实施和发展。

我国于1993年启动“绿色照明工程”，1996年正式列入国家计划。

1997年我国颁布了《中华人民共和国节约能源法》，其中包括照明节电。

2004年6月，建设部颁布《节约能源——城市绿色照明示范工程》的通知（建城〔2004〕97号）。通知指出：“节约能源——城市绿色照明的基本宗旨是：节约能源、保护环境和促进健康；主要目的是：通过该工程的实施，缓解城市照明的快速发展与电力供应紧张之间的矛盾，使城市照明工作科学、健康、可持续发展。”要求在全国城市确定一批绿色照明示范工程项目。

2004年12月，建设部颁布了《建设部关于公布节约能源——城市绿色照明示范工程项目的公告》（第298号）。确定了“大都市人居环境照明（天津市容委）”等9项城市绿色照明示范工程项目。

2005年8月，建设部颁布《关于进一步加强城市照明节电工作的通知》（建城函〔2005〕234号），通知要求“进一步做好城市照明的规划设计和建设管理工作”。“要保证以道路照明为主的功能照明，严格限制装饰性的景观照明”。“积极推广高压钠灯、金属卤化物灯、半导体发光二极管（LED）、T8、T5荧光灯、紧凑型荧光灯（CFL）、大功率紧凑型荧光灯等高效照明光源产品”。“景观照明严禁使用强力探照灯、大功率泛光灯、大面积霓虹灯、彩泡、美耐灯等高亮度高能耗灯具”。“慎用大面积泛光照明，合理使用内透光照明、轮廓照明等智能照明高效节电照明技术和方法”。“积极开展城市绿色照明及节电改造示范工程”。《通知》总结了推行“绿色照明工程”十多年来的经验和不足，为“绿色照明工程”的健康发展提出了明确要求。

2006年，城建办发布《“十一五”城市绿色照明工程规划纲要》，提出了绿色照明的具体要求和措施。

全面推进城市绿色照明工程，要坚持以人为本，坚持节能优先，以高效、节电、环保、安全为核心，努力构建绿色、健康、人文的城市照明环境。

“中国绿色照明工程”是一项利国利民、促进可持续发展的环保工程，对于促进我国照明事业发展、改善灯光环境、减少污染、建设节约型社会、提升社会文明有着巨大的历史性意义。

2006年，《城市道路照明设计标准》中列出了“道路照明功率密度值*LPD*”限值，对室外照明节能提出了明确规定。

2008年，《城市夜景照明设计规范》颁布，规范中规定了“夜景照明功率密度值*LPD*”限值，为城市夜景照明制定了节能量化标准。

*LPD*列入城市照明设计《标准》和《规范》，绿色照明走上有法可依的法制化轨道。

（二）绿色照明的基本要求与照明的规划设计

1. 基本要求

(1)充分利用自然光和风能。

(2)科学设计，营造人性化灯光环境。

(3)采用高光效节能光源。

(4)采用高效率、耐用、安全、美观灯具；采用低耗、低噪、环保照明配件。

(5)采用低耗、长寿、安全配电、控制、调光产品。

(6)低谐波。

(7)无(或较小)光污染。

(8)科学管理。

2. 做好城市照明的规划设计

做好城市照明的规划与设计应遵循的要点，见表15-9。

表15-9　城市照明的规划与设计

类　别	说　　明
照明规划	①做好城市建设规划，为美好灯光环境打下基础 ②制定城市的照明总体规划，制定城市照明的主要路线、点、片、面的亮度、色彩等，确定城市照明供电体制、网络、控制方式和管理体制等
精心设计	①学习照明法规、标准、规范、绿色照明知识；正确理解和运用标准、规范；充分利用天然光，做好设计方案设计及方案比选；在满足功能照明的前提下努力作好装饰照明，用“偿还法”等选择最佳方案 ②倡导“健康照明、文化照明、节能照明”

续表

类 别	说 明
精心设计	③控制照明功率密度，合理确定照度、色彩；选择绿色照明产品，体现节能、环保，消除眩光；杜绝过度照明，消除白亮污染、彩光污染 ④合理选择照明线路，尽量采用三相四线制供电，合理选择缆线截面，减低线路损耗 ⑤合理选择照明方式。立面照明优先采用投影照明、内透光照明、轮廓照明等高效节电照明技术和方法 ⑥提倡实行智能照明，实现室外照明调光控制；安装路灯节能装置，慎用半夜灯 ⑦努力探索和实践室外照明新技术 a. 导光照明、太阳能照明、风光互补路灯、LED照明等 b. 中间视觉条件下的室外照明理论和实践 c. 视觉光效理论和相关设计 d. 暖白光理论和相关设计

(三)绿色照明与照明器材

1. 节能变压器

选用S11、S10、S9等节能型电力变压器。

2. 电光源

(1)采用高光效电光源，如高低压钠灯、金卤灯、LED、无极灯、节能灯等。

(2)淘汰白炽灯、高压汞灯等低光效光源。

(3)积极研究探索中间视觉照明理论，并应用到室外照明实践中。

3. 灯具

(1)路灯效率≥0.70，泛光灯效率≥0.65。

(2)防护等级合乎要求。

(3)线路功率因数不低于0.85。

(4)灯具材料不得含有有害物质。

(四)控制和调光系统

利用智能、降压、限流等室外照明控制和调光系统，在基本不影响照明功能和质量的前提下，充分利用自然光，节约电能，创造美好和谐的夜晚灯光环境。

(五)加强管理

(1)理顺管理体制。

(2)节电要与效益挂钩。

(3)景观照明中把强力探照灯、大功率泛光灯、大面积霓虹灯、彩泡、美耐灯等高亮度、高能耗照明灯更换为节能型照明光源。功能照明中把白炽灯、汞灯光源更换为高光效的紧凑型荧光灯或高压钠灯、金属卤化物灯等。

(4)把照明和配电系统中高能耗器件更换为低能耗器件，如把电感镇流器更换为节能型电感镇流器或电子镇流器等。

(5)灯罩、反光板灯等要按规定定期清扫。

(6)认真做好照明维护工作。

二、室内照明

1. 室内照明节能设计原则

室内照明节能设计原则有如下几点：

(1)照度标准值选取时，应根据不同场所的不同功能要求和不同的标准要求选取合适的照度标准值。公共建筑照明标准值应符合《建筑照明设计标准》GB 50034—2004 的相关规定。

(2)公共建筑室内照明功率密度值不应大于表 15-2～表 15-6 的规定。

(3)选用高效节能的光源和灯具(包括镇流器)。

①照明光源应以高光效荧光灯为主要光源，其中包括稀土三基色 T8、T5 荧光灯和紧凑型荧光灯。设计时应优先选用直管型稀土三基色 T8、T5 荧光灯和紧凑型荧光灯。

②镇流器应符合该产品的国家能效标准，自镇流荧光灯应配电子镇流器，直管型荧光灯应配电子镇流器或节能型电感镇流器。

③在满足眩光限制和配光要求条件下，应选用效率高的灯具。

2. 设计方法

室内照明节能设计方法，见表 15-10。

表 15-10　室内照明节能设计方法

类　别	设　计　方　法
光源与灯具	①办公建筑一般应以荧光灯灯具为主。有空调的房间，在条件允许时宜采用照明与空调一体化灯具 ②商场营业厅、超市等的照明光源一般以直管型荧光灯和紧凑型(节能)荧光灯为主，有时也采用小功率的金属卤化物灯，有特殊照明要求的场合则辅之以一定数量的卤钨灯和陶瓷金属卤化物灯。对于高大顶棚的售货厅或者入口大厅等场所，宜采用高强气体放电灯，如金属卤化物灯等 ③宾馆、酒店建筑由于功能复杂，不同场所对光源的要求也不同。具体要求如下： a. 客房宜以暖色的节能灯为主 b. 大堂、多功能厅、餐厅等处应采用节能灯作为主要光源

续表

类　别	设　计　方　法
光源与灯具	c. 有调光要求的如多功能厅等可采用节能灯、卤钨灯、白炽灯相结合的光源 ④设备机房、车库等应优先选用直管型三基色 T8 荧光灯
照明方式	根据不同场所的照度要求适当采用分区一般照明、局部照明、重点照明等多种方式，保证照明质量，节约用电
照明控制方式	①可根据天然光的照度变化，决定照明点亮的范围，靠外墙窗户一侧的照明灯具宜能单独控制 ②根据照明使用的特点和时段采取分区分时控制方式，并适当增加照明开关点 ③不同场所应采用适当的节电开关，如定时开关、接近式开关、调光开关、光控开关、声控开关等。宾馆客房应设节电钥匙开关，人离开房间时延时切断除冰箱和电脑外的其他电源 ④走廊、电梯前室、楼梯间及公共部位的灯光控制可采取定时控制、集中控制及调光和声光控制等方式。有 BA 系统的，可纳入 BA 系统进行集中管理，条件允许的还可以采用智能灯光控制系统进行更全面、更灵活的节能控制 ⑤门厅、会议室、多功能厅和要求比较高的办公室等，可采用智能灯光控制系统进行多场景控制和调光控制 ⑥对建筑形式和经济条件许可的公共建筑，还宜随室外天然光的变化自动调节室内照度，或利用各种导光和反光装置如光导管等将天然光引入室内进行照明

三、室外照明

美国、日本和欧洲等发达国家的照明用电约占总用电量的 20%，我国照明用电为 12%左右。随着我国经济的快速发展，照明用电将有很大增加。室外照明大量采用大功率气体放电灯（HID），功率在数十瓦至一两千瓦，照明灯数量很大，消耗电能自然也数量惊人。室外照明节能有巨大的经济效益和社会效益。

（一）室外照明节能设计原则与方法

1. 设计原则

城市夜景照明的标准值，应根据使用性质和使用条件按不同标准采用不同照度值和亮度标准值，照度和亮度标准值应符合《城市夜景照明设计规范》JGJ/T 163—2008 的规定。建筑物之间夜景照明的照明功率密度值，见表15 - 11。

表 15-11　建筑物立面夜景照明单位面积安装功率

立面放射比(%)	暗背景		一般背景		亮背景	
	照度(lx)	安装功率(W/m²)	照度(lx)	安装功率(W/m²)	照度(lx)	安装功率(W/m²)
60～80	20	0.87	35	1.53	50	2.17
30～50	35	1.53	65	2.89	85	3.78
20～30	50	2.21	100	4.42	150	6.63

2. 设计方法

室外照明的节能设计方法，见表 15-12。

表 15-12　室外照明的节能设计方法

类　别	设　计　方　法
光源的选择	①居住区道路、公建周围道路及庭院照明、景观照明一般首选小功率金属卤化物灯，次选紧凑型荧光灯和细管径荧光灯，一般情况下不应选用白炽灯 ②建筑物立面照明的外照明一般选用金属卤化物灯或高压钠灯；建筑物立面照明的内光外透照明可选用细管荧光灯。建筑物轮廓照明可选用 5～9W 紧凑型荧光灯或高效的发光二极管、LED 灯带等
灯具的选择	①在满足眩光限制条件下，应优先选用效率高的灯具。一般情况下首选敞开式直接型照明灯具，不宜选用带保护罩的包合式灯具，因前者的效率比后者的效率高 20%～40% ②根据不同的现场状况、功能要求，选择光利用系数高的灯具 ③应选用具有光通量维持率高的灯具： a. 选用石英玻璃涂膜的灯具反射罩和保护罩、镀过红外反射膜或经过阳极氧化处理的铝反射罩； b. 选用镀过光触媒膜的灯具反射罩或保护罩； c. 选用加装了活性炭过滤器的灯具
电器附件的选择	①应优先选用自身功耗小、寿命长、可靠性好、温升小、性价比高的镇流器 ②应根据使用条件采取集中或分散电容补偿措施，以提高照明系统的功率因数
室外照明系统节能控制器的选择	①可控硅降压型照明节电装置：优点是电压调节速度快，精度高，可分时段实时调整，且相对来讲体积小、设备轻、成本低；缺点是出现大量谐波，对电网形成谐波污染，尤其不能用于有电容补偿的电路中 ②自耦降压式节电装置：优点是结构、功能简单，可靠性较高；缺点是当电网电压波动时，自耦变压器输出的电压也会上下波动，无法保证照明的工作电压处于稳定状态

续表

类 别	设 计 方 法
室外照明系统节能控制器的选择	③智能照明控制器:优点是智能照明控制器不仅具有上述两类产品的优点并克服了以上缺点,还增加了许多实用功能和设备,提高了整体的安全可靠性。缺点是成本高于前两种产品
建筑物夜间景观照明	建筑物夜间景观照明和室外照明宜采用集中遥控的控制方式,并可通过人工分时段控制和通过线路设计分区域控制。有 BA 系统或智能灯光控制系统的也可以通过这些系统进行多场景、多时段的自动控制,或者通过定时开关、光控开关等进行自动控制

(二)充分利用自然光

(1)道路照明要优先考虑光电控制,充分利用自然光,节约电能。

(2)隧道照明、体育场馆照明要充分利用自然光。

(3)太阳能照明和风光互补照明是利用自然光和风能的发展方向之一。

(4)采用导光照明是节能的最佳选择。

(三)控制照明功率密度

室外照明的电能损耗与单位被照面积的功耗(即功率密度)密切相关。严格控制并降低照明功率密度,是室外照明的节能指标。机动车交通道路照明功率密度的限值(应符合 CJJ45—2006《城市道路照明设计标准》),是室外照明节能设计的原则。

(四)确定合理照度水平

正确理解各种室外照明场所照明标准,灵活运用照明标准,也可以达到节约电能的目的。

路面照度数标准是针对暗路面即沥青路混凝土面规定的,这种路面的光反射率较低,要达到某一规定的亮度值,需要较高的照度值。若为混凝土路面,由于路面反射率较高,路面要达到同一亮度值,应将规定的路面照度标准值降低 30%左右。

非机动车道照度标准值取机动车道的 1/2,中小城市道路照明标准可以下降一级。另外,在繁华商业街或步行街,广告照明、橱窗照明、立面照明等已经使路面获得了相当大的照度值,在计算道路照明照度值时,计算值可略低于规定标准值。

(五)提高灯光利用率

使绝大部分灯光照射到路面、场地内,是节约电能的重要手段之一,也减少了光污染。有些高速公路收费站及较小路口安装高杆灯,相当部分灯光照射到路面外建筑物上或田野里;有的路灯或投光灯因配光曲线、光束角或俯角选择不当,也会使相当部分灯光照射到住宅区域,白白浪费了电能,也干扰了居民休息。

(六)提高设计水平

精心计算,用“年限偿还法”选择电缆截面,变压器要经济运行。

立面照明中,采用轮廓照明和内透照明可以大量节能。采用投光照明时,要注意表面装饰材料反射比、背景亮度;侧立面可略微降低照度值,显示立面效果;不能观赏到的立面,可以少做立面照明。高大建筑只在顶部做重点投光照明,也有独特的观赏效果。根据实际情况,运用合理的设计方法,可以有效节约电能。例如,立面照明按节能排序为:投影照明、轮廓照明、内透照明和投光照明。

中短距离线路(广场照明等),用允许电流选择缆线截面;长距离线路(道路照明等),按电压损失选择缆线截面。

(七)选择高效节能照明光源

1. 选择高光效光源

各种光源的发光效率有很大差别。单从发光效率来比较,以白炽灯为1,则各种常用室外照明光源的发光效率见表15-13。

表15-13　各种常用室外照明光源的发光效率

光源种类	光效比值	光源种类	光效比值
白炽灯	1	紧凑型荧光灯	4.5～7
荧光高压汞灯	2.6～4.3	金属卤化物灯	5～7
改进型高压钠灯	4～6	高压钠灯	4～8
荧光灯	4～6	低压钠灯	4～12

(1)要尽量采用高光效的高压钠灯和金属卤化物灯等高光效节能电光源,同时,要逐步用高光效电光源取代白炽灯、高压汞灯等低光效的电光源。

(2)原建设部积极推广使用以下高效、节能、长效的电光源,包括:高压钠灯、金属卤化物灯、半导体发光二极管(LED)、T8(T5)荧光灯、紧凑型荧光灯(CFL)、大功率紧凑型荧光灯。景观照明严禁使用强力探照灯、大功率泛光灯、大面积霓虹灯、彩泡、美耐灯等高亮度、高能耗灯具。

(3)高速路、主干道、次干道和支路宜采用高压钠灯。市中心、商业中心等对颜色识别要求较高的机动交通道路、商业区步行街和人行道路宜采用金属卤化物灯。

(4)庭院灯、草坪灯宜采用紧凑型荧光灯。

(5)装饰照明宜用LED、光纤、T5荧光灯等。

(6)导光管、太阳能灯、风光互补路灯等新光源也将得到更广泛的应用。

各种高光效电光源的节能情况,见表15-14。

表15-14 各种高光效电光源的节能情况

推荐使用光源	代替光源	节能效果	应用场所
高压钠灯及金属卤化物灯	门炽灯、荧光高压汞灯	耗电为白炽灯的1/7～1/4,节电75%～86%	道路照明、立交照明、广场照明、码头车站照明、体育场馆照明
荧光灯及紧凑型荧光灯	白炽灯	耗电为白炽灯的1/7～1/4.5,节电75%～86%	立交夜景照明、绿化照明、橱窗照明、广告照明
发光二极管	白炽灯	耗电为白炽灯的1/8～1/2,节电50%～88%	栏杆照明、广告标志照明、轮廓照明、装饰照明、交通信号照明
混光照明	白炽灯、荧光高压汞灯	金属卤化物灯与中显钠灯混光耗电是白炽灯的1/5.4,节电81%	对显色要求较高的体育场馆照明、商业街照明、建筑物盘面照明、景观照明
150W以下小功率气体放电灯	荧光灯	耗电是荧光灯的2/3～3/4,节电25%～33%	高度在4m以上的场所,包括小区道路照明、广告标志照明、小立面照明

2. 选用高视觉光效光源

照明光源产生的光通量中,包含可见光和不可见光。可见光比例的高低,是由光谱能量分布比例决定的。光谱能量分布比例接近于太阳光时,可见光比例高,有效视觉光效也高。绿色光源的总光通量中,可见光比例应是传统光源的3.5～8倍以上。

高视觉光效光源有暖白色LED灯、三基色节能灯、纳米陶瓷阴极荧光灯、陶瓷金属卤化物灯等。

低视觉光效光源有高压钠灯、高压汞灯、T8日光灯等。

在光通量相同的光源中,色温高的光源会产生亮度高的视觉感。例如,同样照度的暖白色光,比同样照度的黄色光,给人更明亮的感觉。

暖白光照明效率更高,耗电量更少。同样的路灯,要比黄光至少节约10%的电能,减少40%的二氧化碳排放量。

关于视觉光效的理论正在研究和发展中。

(八)安装室外照明控制调光装置

安装室外照明控制调光装置说明,见表15-15。

表 15-15 安装室外照明控制调光装置说明

类 别	说 明
稳压节电	后半夜电网电压普遍偏高，不但浪费电能，还缩短灯泡寿命。稳压也节电，各种照明节电装置都是在稳压的基础上运行的
安装降压调光系统	安装在控制中心的电抗器、自耦变压器、晶闸管等装置，对室外照明系统按照预设置进行稳压、降压控制，达到节能目的
安装调光型路灯镇流器	通过改变镇流器功率输出达到照明灯调光目的。镇流器受系统信号或镇流器添加的控制器控制，按照设定进行 2～3 段阶梯式调光。控制信号可以通过控制线、电力载波、无线等方式控制镇流器改变输出电压
限流调光	①在灯泡回路串入电抗器，通过增大电抗值来限制流过灯泡的工作电流 ②限流调光控制。单灯按预置方案独自进行开关和亮度调节。在变压器低压侧安装监控装置，通过电力载波、无线等方式对每个灯泡进行监控和亮度调节
智能控制系统	智能控制是利用计算机技术对照明系统直至每套照明灯的光照度进行精确设置和管理。智能照明控制和调光是在充分利用自然光的基础上进行的
半夜灯	道路照明半夜灯就是在午夜人稀时，把路灯熄灭一半或近一半；或通过路灯半夜减光，使道路照明维持在较低照度的状态下运行 半夜灯较适用于有两排或两排以上路灯的城市主干路、次干路等，但不宜关掉道路纵向相邻的两盏灯具。仅有一排路灯的城市支路和住宅区道路不宜采用半夜灯控制方式。重要交叉路口和立交桥等也不宜采用半夜灯控制方式。一般城市的主干路、次干路的路灯功率占到整个城市路灯功率的一半以上，所以半夜灯节能效果十分显著 半夜灯会造成部分路面照度和均匀度下降，交通事故和刑事案件上升，国外已经淘汰

(九)选用高性能灯具和配套器具

1. 灯具

灯具效率是指灯具发出的光通量与灯泡发出光通量的比率。灯具效率高，说明光源有较大比例的光能经灯具投射出去。《标准》规定道路照明的灯具效率不应低于 70%，泛光灯照明的灯具效率不应低于 65%。同类灯具，应选择灯具效率较高的。庭院灯和草坪灯、壁灯、带反光板等的间接照明灯具，强调灯具灯光的观赏性，一般灯具效率较低。灯具维护系数应保持在 0.65 以上。

(1)选用高效、低光衰的照明灯具，以降低道路照明设计的初始值。

(2)选择合理配光的灯具，可以节约能源，照度均匀，减少光污染。

(3)高速路、环境较暗的城市主干道应选择截光型路灯和利用系数高的灯具。

(4)一般城市道路照明选择半截光型路灯灯具,配光顺道路方向延长,路面照度均匀。

(5)公园、娱乐场所以及需要对环境起点缀作用的场所,可选用非截光型灯具。

(6)窄光束投光灯适合用于高大建筑物立面或远距离场地照明,宽光束投光灯适合于中低高度建筑物立面照明或中近距离场地照明。

(7)光滑内板面灯具,光线会反射到灯泡上,使灯泡升温,还阻挡光线射出,使灯具效率下降,寿命缩短。板块型灯具克服了上述缺陷,使灯具效率提高5%~20%。如果是以照明功能为主要目的,尽量不选用有格栅、反光板或带有乳白磨砂玻璃罩的灯具。

(8)场地照明的投光灯光应尽量多地照到被照场地,减少外溢光;建筑物泛光照明灯光尽量射向被照面,减少射向天空的光通量。

2. 镇流器节能

(1)直管型荧光灯镇流器。节能型电感镇流器的性能相当于传统电感镇流器与启辉器的结合,在节约能源、保护视力等方面都带来了显著的经济和社会效益。由T5型直管型荧光灯和节能型电感镇流器组成的防水型荧光灯,已经广泛用于立交桥及建筑物等夜景照明中。

(2)高压气体放电灯节能镇流器,谐波小、寿命长、功耗小、功率因数高,具有恒功率输出,综合节电20%。据计算,与传统电感镇流器相比,不到一年就可以收回成本。

(3)电子镇流器节能、寿命长、无频闪、功率因数高,但高次谐波较高。随着电子镇流器质量的提高,它的应用范围将越来越广泛。

(4)太阳能路灯用镇流器,由太阳能蓄电池输入直流电源(如DC24V),经镇流器内DC/AC逆变器等,供给普通路灯灯泡(AV220V)。

3. 节能型变压器

选用S11、S9等节能性变压器。

4. 永磁电器

传统开关产品大都由电磁式机构加弹簧储能装置等组成,要使其正常运作,本身必须消耗一定的电能,才能使开关动作和维持吸合,永磁式低压开关、永磁式交流接触器等,利用永久磁铁保持开关或接触器的吸合,除了提高了其电气指标以外,节能是它的又一大优势。

(十)电容补偿

气体放电灯的镇流器、触发器等都是感性器件,使得整套照明灯的功率因数降低，灯电流增加，线路电流和变压器电流也要增加，线路电压损失随之加大，变压器负荷增大。

对高压气体放电灯进行电容补偿后，提高了供电网络功率因数，改善了电网质量。照明负荷电流减小，减少了线路损耗，提高了线路、开关、变压器的利用效率。

气体放电灯照明线路经电容补偿后功率因数不应低于0.85。

(十一)按照“偿还年限法”选择电缆等

(1)“偿还年限法”是比较两个技术上可行的方案在多长时间内可以通过其年运行费的节省，将多支出的投资收回，找出最佳方案。

(2)“偿还年限法”综合考虑了电缆工程初期投资和维修费用，能够在5年内收回多投资部分，就是优选方案。通过运行节电，取得经济和社会效益。

(3)“偿还年限法”也适合变压器等主要照明设备的选择。

(十二)开发和利用室外照明节能新技术、新产品

1. 导光管

导光管可以把自然光或微波硫灯等光源，经导光管的传输与分配后，导入到需要的地方。导光管技术的进一步开发和利用，将把照明节能推向一个新阶段。

2. 太阳能灯

太阳能是室外照明最清洁且取之不尽的节能照明光源。目前，已开发出了太阳能路灯、太阳能庭院灯、太阳能草坪灯、太阳能标志灯、太阳能信号灯等。太阳能照明减少了常规变配电设施，但要进一步完善技术，提高光电转换率，降低成本，降低电池污染，以利推广使用。

3. 风光互补路灯

风光互补路灯由风力发电机、太阳能电池、风光互补控制器、蓄电池、光源、灯具、灯杆等组成，省去了常规变配电设施。太阳能、风能互补，提供照明电源，把室外照明节能提高到一个新水平。

4. 发光二极管LED

发光二极管(LED)是一种正在兴起的新型光源，光色齐全，几乎不发热，耗电仅是白炽灯的10%～20%，寿命可达5～10年。随着对LED的改进，尤其是白光LED光效进一步提高(90～100lm/W)，寿命进一步延长(>50000h)。它在栏杆照明、景观照明、屏幕显示、广告照明、交通信号等领域的应用将进一步扩大，有可能成为照明领域的主导产品。

5. 冷阴极光源

冷阴极光源是一种新型光源，发光效率是白炽灯的5倍，使用寿命可达1

万小时以上。冷阴极光源是室外装饰照明的理想光源，制成冷极管，每米耗电仅10W，配以多种颜色PC管，可作为立交栏杆和建筑物轮廓照明，也可作为广告、招牌、信号标志光源。

6. 无极灯（电磁感应灯）

无极灯（电磁感应灯）已经进入应用阶段。某厂生产的无极灯光效大于80 lm/W，比普通节能灯节电20%，使用寿命10万小时以上，显色性好（$Ra>80$），谐波含量低（$<8\%$），功率因数高（$\cos\varphi>0.99$），可频繁和低温启动，单灯功率40～200W，可作为路灯、庭院灯、草坪灯、壁灯等光源，也可在室外做成色彩变幻的灯饰。

7. 低压钠灯

低压钠灯是目前高压气体放电灯中光效最高的光源，只可惜显色指数较低，如果能改进此缺陷，低压钠灯有望成为道路照明等室外照明的重要光源。

另外，光纤照明、导光管照明、固体光源等新光源已经在室外照明中得到开发和应用。这些新光源不但给室外照明增添了光彩，也节约了大量能源。

四、照明节能光源与灯具及附件选择

1. 节能光源的选用原则

照明节能光源的选用原则如下：

(1)照明光源的选择应符合国家现行相关标准的规定。

(2)应根据不同的使用场合，选用合适的照明光源，所选用的照明光源应具有尽可能高的光效，以达到照明节能的效果。

(3)各种节能光源的光效及主要技术指标，见表15-16。

表15-16　各种节能电光源的主要技术指标

光源种类	光效（lm/W）	显色指数 R_a	色温（K）	平均寿命（h）
普通荧光灯	>70	70	全系列	10000
三基色荧光灯	>90	80～98	全系列	12000
紧凑型荧光灯	>60	85	全系列	8000
金属卤化物灯	>75	65～92	3000/4500/5600	6000～20000
高压钠灯	>100	23/60/85	1950/2200/2500	24000
低压钠灯	>200		1750	28000
高频无极灯	>60	85	3000～4000	40000～80000

(4)照明设计时,应尽量减少白炽灯。一般情况下,室内外照明不应采用普通白炽灯,在特殊情况下需采用时,其额定功率不应超过100W。一般可采用白炽灯的场所为:

①要求瞬时启动和连续调光的场所,使用其他光源技术经济不合理时;

②对防止电磁干扰要求严格的场所;

③开关灯频繁的场所;

④照度要求不高,且照明时间较短的场所;

⑤装饰有特殊要求的场所。

(5)选择荧光灯光源时,应使用T8荧光灯和紧凑型荧光灯,有条件时应采用更节电的T5荧光灯。

(6)一般照明场所不宜采用荧光高压汞灯,不应采用自镇流荧光高压汞灯。

(7)在适合的场所应推广使用高光效、长寿命的高压钠灯和金属卤化物灯。

2. 各种节能光源的选用方法

各种节能光源的选用方法,见表15-17。

表15-17　各种节能光源的选用方法

<table>
<tr><th>类　别</th><th>选　用　方　法</th></tr>
<tr><td>荧光灯的选用</td><td>①荧光灯主要适用于层高4.5m以下的房间,如办公室、商店、教室、图书馆、公共场所等
②荧光灯应以直管荧光灯为主,并应选用细管径型($d\leqslant$6mm),有条件时应优先选用直管稀土三基色细管径荧光灯(T8、T5),以达到光效高、寿命长、显色件好的品质要求
③在照度相同条件下宜采用紧凑型荧光灯取代白炽灯,取代后的节能效果,见附表1
附表1　紧凑型荧光灯取代白炽灯的节能效果
<table>
<tr><th>普通照明白炽灯</th><th>由紧凑型荧光灯取代</th><th>节电效果</th><th>电费节省</th></tr>
<tr><td>100W</td><td>25W</td><td>75W</td><td>75%</td></tr>
<tr><td>60W</td><td>16W</td><td>44W</td><td>73%</td></tr>
<tr><td>40W</td><td>10W</td><td>30W</td><td>75%</td></tr>
</table>
④双端荧光灯能效限定值及能效等级要求应符合《普通照明双端荧光灯能效限定值及能效等级》GB 19043—2003的规定;单端荧光灯能效限定值及节能评价值要求应符合《单端荧光灯能效限定值及节能评价值》GB 19415—2003的规定</td></tr>
</table>

续表1

<table>
<tr><th>类 别</th><th>选 用 方 法</th></tr>
<tr><td>金属卤化物灯的选用</td><td>
①室内空间高度大于4.5m且对显色性有一定要求时，宜采用金属卤化物灯
②体育场馆的比赛场地因对照明质量、照度水平及光效有较高的要求，宜采用金属卤化物灯
③一般照明场所不宜采用荧光高压汞灯，不应采用自镇流荧光高压汞灯，可用金属卤化物灯替代荧光高压汞灯，以取得较好的节能效果，见附表2
附表2　金属卤化物灯替代荧光高压汞灯的节能效果
<table>
<tr><th>灯种</th><th>功率(W)</th><th>光通量(lm)</th><th>光效(lm/W)</th><th>显色指数R_a</th><th>替换方式</th><th>照度提高(%)</th><th>节电率或电费节省(%)</th></tr>
<tr><td>荧光高压汞灯</td><td>400</td><td>22000</td><td>55</td><td>40</td><td>—</td><td>—</td><td>—</td></tr>
<tr><td>金属卤化物灯</td><td>250</td><td>19000</td><td>76</td><td>69</td><td>1→2</td><td>−13.6</td><td>37.5</td></tr>
<tr><td>金属卤化物灯</td><td>400</td><td>35000</td><td>87.5</td><td>69</td><td>1→3</td><td>37.1</td><td>—</td></tr>
</table>
④商业场所的一般照明或重点照明可采用陶瓷金属卤化物灯，该灯比石英金属卤化物灯具有更好的显色性、更长的寿命、更高的光效
⑤金属卤化物灯的光效和寿命与其安装方式、工作位置有关，应根据工作时间照明的水平或垂直位置，选择合适的类型。金属卤化物灯初始光效见附表3
附表3　金属卤化物灯初始光效
<table>
<tr><th rowspan="2">标称功率(W)</th><th colspan="3">最低初始光效(lm/W)</th></tr>
<tr><th>1级</th><th>2级</th><th>3级</th></tr>
<tr><td>175</td><td>86</td><td>78</td><td>60</td></tr>
<tr><td>250</td><td>88</td><td>80</td><td>66</td></tr>
<tr><td>400</td><td>99</td><td>90</td><td>72</td></tr>
<tr><td>1000</td><td>120</td><td>110</td><td>88</td></tr>
<tr><td>1500</td><td>110</td><td>103</td><td>83</td></tr>
</table>
⑥光源对电源电压的波动敏感，电源电压变化不宜大于额定值的10%
⑦金属卤化物灯宜按三级能效等级选用
⑧除1500W以外的规格，产品2000H光通维持率不应低于75%
</td></tr>
</table>

续表 2

<table>
<tr><th>类　别</th><th>选　用　方　法</th></tr>
<tr><td>高压钠灯的选用</td><td>
①高压钠灯的发光特性与灯内的钠蒸气压有关，标准高压钠灯光效高，显色性较差，适用于显色性无要求的场所；对显色性要求较高的场所，宜选用显色性改进型高压钠灯。高压钠灯初始光效，见附表 4
附表 4　高压钠灯初始光效
<table>
<tr><th rowspan="2">标称功率(W)</th><th colspan="3">最低平均初始光效(lm/W)</th></tr>
<tr><th>1 级</th><th>2 级</th><th>3 级</th></tr>
<tr><td>50</td><td>78</td><td>68</td><td>61</td></tr>
<tr><td>70</td><td>85</td><td>77</td><td>70</td></tr>
<tr><td>100</td><td>93</td><td>83</td><td>75</td></tr>
<tr><td>150</td><td>103</td><td>93</td><td>85</td></tr>
<tr><td>250</td><td>110</td><td>100</td><td>90</td></tr>
<tr><td>400</td><td>120</td><td>110</td><td>100</td></tr>
<tr><td>1000</td><td>130</td><td>120</td><td>108</td></tr>
</table>
②高压钠灯可进行调光，光输出可以调至正常值一半，功耗能减少到正常值的 65%
⑧高压钠灯宜按三级能效等级选用，选用要求应符合《高压钠灯能效限定值及能效等级》GB19573—2004 的规定
④50W、70W、100W、1000W 的 2000H 光通维持率不应低于 85%，150W、250W、400W 的产品 2000H 光通维持率不应低于 90%
</td></tr>
<tr><td>发光二极管 LED 的选用</td><td>
①目前发光二极管光通量不高，约在 30～50 lm/W，价格相对较高，尚未作为普通照明光源推广，但其单色性好，启动时间短，寿命长，适用于各种场合的动态照明及颜色变化
②白光 LED，无红外线及紫外线辐射，适用于博物馆及展览厅有特殊要求的场所
</td></tr>
</table>

3. 镇流器

(1)镇流器选用原则。镇流器选用原则有如下几点：

①自镇流荧光灯应配用电子镇流器。

②直管形荧光灯应配用电子镇流器或节能型电感镇流器。

③高压钠灯、金属卤化物灯应配用节能型电感镇流器；在电压偏差较大的场所，宜配用恒功率镇流器；功率较小者可配用电子镇流器。

④荧光灯和高强气体放电灯的镇流器分为电感镇流器和电子镇流器，选用时宜考虑能效因数 BEF。

$$BEF = 100 \times (\mu / P)$$

式中　*BEF*——镇流器能效因数(W^{-1})；

μ——镇流器流明系数值，是指基准灯与被测镇流器配套工作时的光通量与基准灯与基准镇流器配套工作时的光通量之比；

P——线路功率(W)。

⑤各类镇流器谐波含量应符合《低压电气及电子设备发出的谐波电流限值(设备每相输入电流小于等于16A)》(GB 17625.1—1998的规定)，无线电骚扰特性应符合《电气照明和类似设备的无线电骚扰特性的限值和测量方法》GB 17743—1999的规定。

⑥各种规格镇流器自身的功耗，见表15-18。

表15-18　各种镇流器自身的功耗表

光源功率（W）	镇流器自身消耗的功率（W）		
	普通型电感镇流器	节能型电感镇流器	电子型镇流器
≤20	8～10	4～6	<2
30	9～12	<4.5	<3
40	8.8～10	<5	<4
100	15～20	<11	<10
150	22.5～27	<18	<15
250	35～45	<25	<25
400	48～56	<36	20～40
>1000	镇流器自身消耗占灯功率的百分比(%)		
	10～11	<8	5～10

(2)镇流器的选用方式。镇流器的选用方式如下：

①宜按能效限定值和节能评价值选用管型荧光灯镇流器，选用要求参见《管形荧光灯镇流器能效限定值及节能评价值》GB 17896—1999。各类镇流器能效因数、节能评价值应不小于表15-19及表15-20所列数值；36W/40W荧光灯用电子镇流器与电感镇流器性能的比较，见表15-21。

表15-19　管型荧光灯镇流器能效限定值

标称功率(W)		18	20	22	30	32	36	40
BEF	电感型	3.154	2.952	2.770	2.232	2.146	2.030	1.992
	电子型	4.778	4.370	3.998	2.870	2.678	2.402	2.270

表 15-20 管型荧光灯镇流器节能评价值

标称功率(W)		18	20	22	30	32	36	40
BEF	电感型	3.686	3.458	3.248	2.583	2.461	2.271	2.152
	电子型	5.518	5.049	4.619	3.281	3.043	2.681	2.473

表 15-21 荧光灯用电子镇流器与电感镇流器性能比较

型号品种	自身功耗(W)	质量比	价格比	光效比	开机浪涌电流比	电磁干扰 EMI
36/40W 普通电感镇流器	9	1	1	0.95～0.98	1.5	无
36/40W 节能电感镇流器	4～5	1.5	0.6	1.02～1.05	1.5	无
36/40W 国产标准电子镇流器	≤3.5	0.3～0.4	3～4	1.10	10～15 倍	在允许范围内
36/40W 进口电子镇流器	≤3.5	0.4～0.5	4～7	1.10	8～10 倍	在允许范围内
36/40W 国产 H 型电子镇流器	≤3.5	0.2～0.4	1.3～1.8	1.10	15～20 倍	有明显干扰、超标

②宜按能效限定值和节能评价值选用高压钠灯镇流器，选用要求参见《高压钠灯用镇流器能效限定值及节能评价值》GB19574—2004。各类镇流器能效因数、节能评价值应不小于表 15-22 所列数值。

表 15-22 高压钠灯镇流器能效限定值、节能评价值

额定功率(W)		70	100	150	250	400	1000
BEF	能效限定值	1.16	0.83	0.57	0.340	0.214	0.089
	目标能效限定值	1.21	0.87	0.59	0.354	0.223	0.092
	节能评价值	1.26	0.91	0.61	0.367	0.231	0.095

③宜按能效等级选用金属卤化物灯镇流器，见表 15-23。

表 15-23 金属卤化物灯镇流器能效限定值

标称功率(W)		175	250	400	1000	15000
BEF	1 级	0.514	0.362	0.232	0.0957	0.0640
	2 级	0.488	0.344	0.220	0.0914	0.0611
	3 级	0.463	0.326	0.209	0.0872	0.0582

4. 灯具的选用原则

灯具的选用原则有以下几点：

(1)选择灯具光强空间分布曲线宜采用空间等照度曲线、平面相对等照度曲线。

(2)灯具分类宜按光通量分布、光束角、防护等级划分。

(3)灯具的能效应采用灯具的光输出比作为评价标准。

(4)灯具配光种类的选择：

①宜根据不同场所选用不同种类灯具的配光形式。不同种类灯具的配光性能，见表15－24。

表15－24　　　　不同种类灯具的配光性能

类别	上半球光通(%)	下半球光通(%)	配光曲线形状	灯具特点	适用场所
直接型	1	100	窄中宽	照明效率高 顶棚暗，垂直照度低	要求经济、高效率的场所，适用于高顶棚
半直接型	10	90	苹果形配光	照明效率中等	适用于要求创造环境氛围的场所，经济性较好
扩散型	40	60	梨形配光	增加天棚亮度	
	60	40			
半间接型	90	10	元宝形配光	要求室内各表面有高的反射	
间接型	100	0	凹字形 心字形	效率低，环境光线柔和，室内反射影响大	适用于创造气氛，具有装饰效果反射型的吊灯、壁灯

②直接配光灯具射出的光通量应最大限度地落到工作面上，即有较高的利用系数，宜根据室空比 *RCR* 选择配光曲线，见表15－25。

表15－25　　　　根据室空比 ***RCR*** 选择配光曲线

室空比 *RCR*	选用灯具的最大允许距高比 L/H	配光种类
1～3	1.5～2.5	宽配光
3～6	0.8～1.5	中配光
6～10	0.5～1.0	窄配光

(5)灯具效率及保护角选择：

①灯具反射器的反射效率受反射材料影响较大。常用反射材料的反射

特性，见表 15-26。

表 15-26 灯具常用反射材料的反射特性表

类别	反射材料	反射率(%)	吸收率(%)	特性
镜面反射	银	90～92	8～10	亮面或镜面材料，光线入射角等于反射角
	铬	63～66	34～37	
	铝	60～70	30～40	
	不锈钢	50～60	40～50	
定向扩散反射	铝(磨砂面，毛丝面)	55～58	42～45	磨砂或毛丝面材料，光线朝反射方向扩散
	铝漆	60～70	30～40	
	铬(毛丝面)	45～55	45～55	
	亮面白漆	60～85	15～40	
漫反射	白色塑料	90～92	8～10	亮度均匀的雾面，光线朝各个方向反射
	雾面白漆	70～90	10～30	

②灯具格栅的保护角对灯具的效率和光分布影响很大，保护角 20°～30°时，灯具格栅效率 60%～70%；保护角 40°～50°时，灯具格栅效率40%～50%。

③灯具的光输出比应满足以下要求：

a. 采用直接照明的直管荧光灯时，所选灯具的光输出比应符合如下的规定：敞开式不小于 75%，透明棱镜不小于 65%，漫射不小于 55%；格栅灯具，双抛物面不小于 60%，铝片不小于 65%，半透明塑料不小于 50%，不得采用镜面不锈钢板制作格栅和反射器。

b. 采用间接照明时，所选灯具的光输出比不应小于 80%。

c. 采用直接照明的高效气体放电灯时，出光口敞开的灯具光输出比不应小于 75%；有格栅或面板的灯具光输出比不应小于 60%。

d. 采用光束角大于 30°的投光灯时，所选灯具的光输出比应大于 30%。

(6)高保持率灯具的采用。高保持率灯具指运行期间光源光通下降较少、灯具老化污染现象较少的灯具。

① 高压钠灯，寿终光通量约降低 17%；金属卤化物灯，寿终光通量约降低 30%；

② 灯具宜采用石英玻璃涂层降低氧化腐蚀率。

③ 环境污染较大的场所宜采用活性炭过滤器，提高灯具使用效率

五、体育照明

(一)体育照明节能的设计原则

1. 体育照明节能的总体要求

如图15-1所示汇总了绿色照明各类技术,实践证明,这些措施是行之有效的,也是比较适用的。对于体育照明来说,"可靠、安全、灵活、节能、经济"是体育照明设计的五项原则,节能只是其中一个原则,而且还不是第一原则。因此,应在保证体育照明可靠性、安全性和灵活性的前提下,进行节能设计。

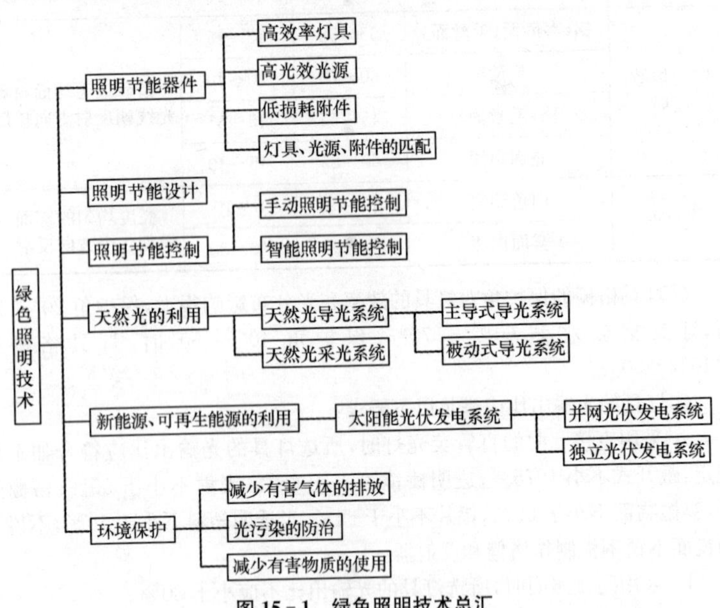

图15-1 绿色照明技术总汇

在此,着重论述一下灯具、光源、附件的匹配问题。我们可能有这样的体验,家里节能灯坏了,更换一个其他品牌的光源,启动变得困难了,灯没有原来亮。很多人认为是灯的质量有问题,事实上这是光源与附件的匹配不佳所致。对于一个灯源来说,灯电流的波形及频率会影响灯的效率,即影响到电能转化成光的效率。在体育照明中,能生产出高质量的灯具、光源和附件的企业很少,很多灯具厂配套其他厂家的光源和镇流器,三者之间的配合、匹配显得尤为重要。2008年北京奥运场馆中,个别场馆出现匹配不佳的实例应引起我们高度重视。目前在中国市场上经常使用欧标金卤灯镇流器(如图

15－2所示)，其与灯配合较好，如欧司朗的光源与其镇流器、飞利浦的光源及其镇流器的配合都可圈可点，在世界范围内得到很好的应用，镇流器输出到灯的电流波形接近正弦波，且在过零处的电流中断时间(OT)较小，波形比较连续，与金卤灯配合后效率较高。另一类产品是以GE、MASCO为代表的美标金卤灯镇流器(如图15－3所示)，根据GE公司产品样本介绍，其镇流器采用超前顶峰式结构，这种结构特点决定了金卤灯的灯电流在过零处中断时间(OT)较大，波形不太连续，所以在灯具有相同的输入功率的条件下，美标的效率约比欧标金卤灯镇流器低几个百分点。

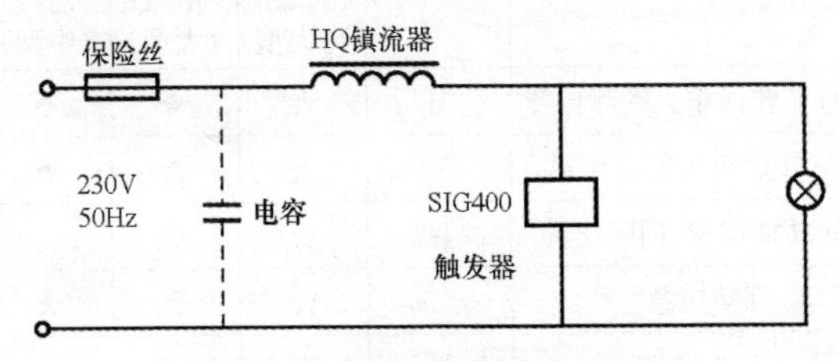

图15－2　欧标镇流器应用示意图

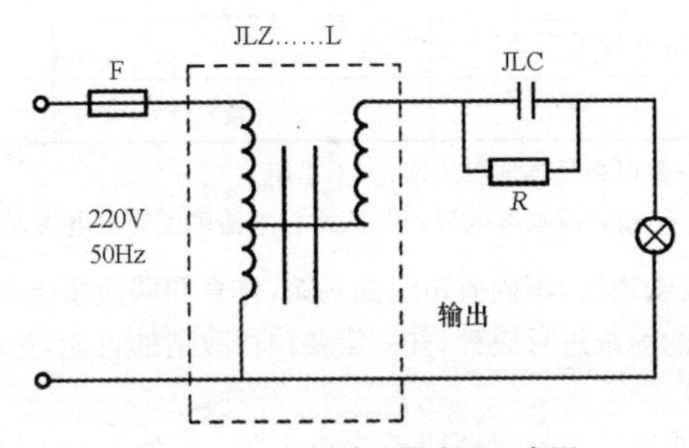

图15－3　美标镇流器应用示意图

2. 体育照明节能的设计原则

(1)不能降低照明标准。

(2)选择合适的照明标准。选择合适的照明标准至关重要，对于大多数地市级体育建筑、高校的体育建筑，其体育照明不应按举行国际大赛的标准进行设计，否则，会产生以下问题：

①一次投资增多。

②维护工作量增加，维护成本增加。

③为体育照明服务的供配电系统比较复杂，用电量增大。

④即使按国际大赛进行照明设计，当未来举行国际大赛时，还需要按最新的国际单项体育组织和电视转播机构要求进行改造。因此，2008 年出版的国家标准图《民用建筑设计要点》中给出答案是：体育场馆的照明应按运动项目的类型、电视转播情况至少分为 3 种模式进行控制，并符合表 15 - 27 的规定，但群众健身场馆可不受此限制。

表 15 - 27 体育场馆的功能分级及照明控制系统配置

照明控制系统配置		功能分级	场馆等级（规模）			
			特级（特大型）	甲级（大型）	乙级（中型）	丙级（小型）
有电视转播	HDTV 转播重大国际比赛	Ⅵ	☆	★	△	△
	TV 转播重大国际比赛	Ⅴ	☆	☆	★	△
	TV 转播国家、国际比赛	Ⅳ	☆	☆	☆	★
	TV 应急		☆	☆	★	△
无电视转播	专业比赛	Ⅲ	☆	☆	☆	★
	业余比赛、专业训练	Ⅱ	☆	☆	★	☆
	训练和娱乐活动	Ⅰ	☆	☆	☆	★
	清 扫		☆	☆	☆	☆

注：①☆应采用；★可视具体情况决定；△不采用。

②表中 HDTV 指高清晰度电视；TV 表示标准清晰度彩色电视。

有关专业人士建议，国内省市级的场馆，体育照明应按能举行 CTV 转播国内、国际比赛的等级进行设计，并一定要预留改造的可能，包括马道上的位置、荷载、电源等。

(3)永久照明系统与临时照明系统相结合。正如上文所说的那样，国内场馆没有必要将标准定得过高，避免造成浪费。因此，需要设计永久的照明系统以满足多数比赛的需求，并且预留改造可能性，为临时体育照明系统提供条件。

(4)与建筑专业密切配合。体育照明设计中，与建筑专业配合非常重要。马道的位置、高度将直接影响到照明指标是否符合要求，同时也将影响到照明能耗的大小。我国规范对马道提出诸多规定：体育场馆宜按需设置马道，马道设置的数量、高度、走向和位置应满足照明装置的相关要求。马道应留有足够的操作空间，其宽度不宜小于 800mm，并应设置防护栏杆，马道的安装位置应避免建筑装饰材料、安装部件、管线和结构件等对照明光线的遮挡。

一般来说，灯具投射角小有利于控制眩光，但不利于垂直照明，耗能相应增多。因此，要在垂直照度与眩光之间找到平衡点，也使照明能耗最合理。

(5)技术性能与投资同时考虑。我们不仅要注重技术，使照明各项指标满足照明标准的要求，还要考虑投资是否合理。要反对不计成本的技术，这样的技术在推广过程中会遇到很多困难，还应考虑到运行过程中的节能和维护。

(二)体育照明的节能措施

1. 光源与节能

体育照明有它的特殊性，正式体育比赛往往要与电视转播紧密相连，电视推动了体育运动的普及，也使体育运动形成巨大的产业。因此，电视转播商有非常大的话语权，体育照明的高照度、高均匀度、高色温、高显色性、低眩光(即“四高一低”)也就在情理之中，本书将其修订为“四高二低”，即增加了“低能耗”。

体育照明需关注高显色性、高色温等问题。表 15－28 为飞利浦公司的大功率双端短弧金卤灯的技术参数，电功率、电压等级完全一样，由于显色指数的不同导致光源光效的不同，显色指数由 80 增加到 92，光效降低 10%。表 15－29 为欧司朗的 2000W 单端直型金卤灯的技术参数，高色温、高显色性的光源带来光效降低约 17%。

表 15－28　飞利浦公司的大功率双端短弧金卤灯比较

型号规格	功率(W)	光效(lm/W)	工作电压(V)	光通量(lm)	工作电流(A)	色温(K)	显色指数(*R*a)	寿命(h)
MHN SA/956 2000W400V	2000	90	400	180 000	11.3	5600	92	8000
MHN SA/856 2000W400V	2000	100	400	200 000	11.3	5600	80	8000

表 15－29　欧司朗的 2000W 单端直型金卤灯比较

型号规格	功率(W)	光效(lm/W)	光通量(lm)	工作电流(mA)	色温(K)	显色指数(*R*a)
HQI－T 2000/N/E/SUPER	2000	120	220000	8.8	4000	60～69
HQI－T 2000/D	2000	90	180000	10.3	6000	≥90

因此，我们可以得出一个重要的绿色体育照明结论：一般场馆的光源不一定追求高色温、高显色性。

表 15－30 所示为欧司朗的金卤灯产品，1000W 金卤灯比 2000W 的光效低约 10%。其他品牌产品具有相似的结论。

表 15－30 欧司朗的 1000W、2000W 金卤灯比较

名 称	型号规格	功率(W)	光效(lm/W)	光通量(lm)	工作电流(mA)	色温(K)	显色指数(*Ra*)
2000W 双端金卤灯	HQI－TS 2000/D/S	1950	100	200000	11.3	5800	≥90
1000W 双端金卤灯	HQI－TS 1000/D/S	1000	90	90000	9.6	5900	≥90
2000W 单端直型金卤灯	HQI－T 2000/D	2000	90	180000	10.3	6000	≥90
1000W 单端直型金卤灯	HQI－T 1000/D	1000	80	80000	9.5	6000	≥90

结论是：在相同条件下，大功率的金卤灯有更高的光效。

表 15－31 是飞利浦大功率双端金卤灯的参数比较，短弧光源的光效略低于长弧光源，但由于短弧金卤灯体积小，便于与灯具配合，有利于配光，目前使用比较普遍。

表 15－31 飞利浦大功率双端金卤灯比较

名称	型号规格	功率(W)	光效(lm/W)	工作电压(V)	光通量(lm)	工作电流(A)	色温(K)	显色指数(*Ra*)	寿命(h)
短弧	MHN SA/956 2000W400V	2000	90	400	180 000	11.3	5600	92	8000
长弧	MHN LA/956 2000W400V	2000	95	400	1 90 000	10.3	5600	90	8000

结论是：相同条件下，长弧金卤灯光效略高于短弧金卤灯。

重要说明：上述关于光源的 3 个结论告诉读者目前体育照明用的光源的现状，采用何种类型的光源还有其他条件的限制，不可片面地只考虑本部分的结论。应该在保证照明水平的前提下节能，即“节能不减光”原则。

2. 灯具与节能

我国标准对灯具效率的要求，见表 15－32，这是效率的最低要求，很容易达到。

表 15－32 体育照明灯具效率的最低值

灯具类型	灯具的效率(%)
高强度气体放电灯灯具	65
格栅式荧光灯灯具	60
透明保护罩荧光灯灯具	65

目前普遍采用的 MVF403 灯具有 7 种配光，效率最低也在 78%以上，详见表 15－33。

GE 公司的 EF2000 型灯具的效率在 78.50%～84.46%，远高于表 15－32 所示的标准值。

表 15－33　　MVF403 灯具效率

配光类型	含　义	灯具的效率(%)
CAT A1	超窄配光,适合远距离照射	81
CAT A2	窄配光,适合较远距离照射	80
CATA3	小窄配光,适合中远距离照射	81
CATA4	中配光,适合中距离照射	79
CATA5	中宽配光,适合中近距离照射	80
CATA6	宽配光,适合较近距离照射	79
CATA7	超宽配光,适合近距离照射	78

因此,采用效率高的灯具可以减少灯具的使用量,节省电能,节省投资,减少日后的维护工作量。根据实际情况,建议读者选用体育照明灯具时,灯具的效率不宜低于75%。

3.灯具附件与节能

现在体育照明配套用的镇流器、触发器自身能耗已有显著的降低了,表15－34为配套GE公司EF2000的镇流器和触发器技术参数,供读者参考。而MVF403配套用的镇流器和触发器总能耗只有80W。

表 15－34　　EF2000 配套用镇流器和触发器参数

镇流器型号	STN2000	镇流器型号	STN2000
防护等级	IP65	重　量	10.5kg
功因数率	0.9	外形尺寸	长:300mm;宽:220mm;高:151mm
$T_W/\Delta T$	130℃/75℃	触发器型号	VOSS LOH SCHWABE:Z1000
输入电流/启动电流	5.3A/7.8A	额定电压	220～240V
功　耗	≤56W	I_b	12A

4.控制与节能

体育照明的控制系统不是为节能而设计的,是为了管理、操作方便而设计的,但它具有节能控制的作用。

表15－35为国家体育场“鸟巢”体育照明在不同模式下的耗电量,由于采用了照明控制系统,在低级别的比赛中相应开灯数量也较少,避免了能量的浪费。例如,在进行俱乐部田径比赛时,只需耗电240.45kW即可满足要求,如果将所有的灯均打开,能耗将达1373.86kW,能源浪费惊人,是正常耗

电的5.7倍。这里采用的KNX/EIB系统就是解决此类问题。

表15-35 "鸟巢"体育照明在不同模式下的耗电量

开灯模式	灯具代码								
	B	C	D	K	L	G	N	O	耗电量(kW)
日常维护	0	4	12	0	4	28	140	0	132.30
训练、娱乐	0	24	12	0	4	28	140	0	175.56
俱乐部足球比赛	0	20	8	4	8	28	140	0	175.56
俱乐部田径比赛	0	42	20	0	8	28	140	0	240.45
无转播国内、国际足球比赛	0	52	12	12	8	28	140	0	270.73
无转播国内、国际田径比赛	0	86	29	18	12	28	140	0	402.68
彩电转播一般足球比赛	4	88	12	40	8	28	140	0	417.82
彩电转播重大足球比赛	16	162	12	50	8	28	140	0	625.46
彩电转播重大田径比赛	36	262	41	63	22	28	140	0	1006.15
高清晰彩电转播足球比赛	44	266	24	66	24	28	140	0	1006.15
高清晰彩电转播田径比赛	60	362	53	83	33	28	140	0	1367.37
观众席照明	0	0	0	0	0	28	140	0	89.04
彩电转播一般田径比赛	28	139	26	54	12	28	140	0	649.25
高清晰彩电转播全场照明	60	365	53	83	33	28	140	0	1373.86
应急电视转播田径比赛	28	139	26	54	12	0	0	0	560.21
应急安全照明	0	0	0	0	0	0	0	72	72.00
应急电视转播足球比赛	4	88	12	40	8	0	0	0	328.78

表中灯具代码，见表15-36。

表15-36 灯具代码

代码	灯具型号	数量	光源型号	功率	光通量(lm)
B	MVF403/2KW CAT-A1	60	MHN-SA2000W/380V/956	2163	200000
C	MVF403/2KW CAT-A3	365	MHN-SA2000W/380V/956	2163	200000
D	MVF403/2KW CAT-A5	53	MHN-SA2000W/380V/956	2163	200000
K	MVF403/2KW CAT-A2	83	MHN-SA2000W/380V/956	2163	200000
L	MVF403/2KW CAT-A4	33	MHN-SA2000W/380V/956	2163	200000
G	MVF403/1 KW CAT-A7	28	MHN-LA1000W/220V/956	1105	90000
N	RVP350L/400 SY	140	CDMTT 400W	415	34000
O	QVF137/1KW N	72	T3Q-P-L1000W	1000	24200

5. 临时照明系统的经济性

举办大型运动会场馆建设的投资及回报问题越来越受到人们的关注，如何用最少的投资达到举办运动会的场馆照明要求，避免不必要的浪费，临时照明系统解决方案已经成为一种解决此问题的比较好的选择。

(1)临时照明系统的定义。临时照明系统包含临时照明和补充照明两部分：

①临时照明：一个完整的临时照明系统只会在运动会期间提供给没有永久运动照明系统的临时场地使用，运动会结束以后将其撤除，例如雅典奥运会的棒球、场地曲棍球、击剑、羽毛球、射击等项目场地。

②补充照明：当永久照明系统不符合比赛要求时，用于增加场地照度使场地照明达到比赛要求的照明系统，运动会结束后将补充照明系统拆除，还原原有永久系统。例如：雅典奥运会的沙滩排球、跳水、骑术中心、体操馆、马拉松、现代五项全能、道路自行车、足球、游泳、花样游泳、网球、田径、水球等场馆。这些场馆永久照明按国内的CTV标准设计，奥运会期间用补充照明系统使场馆达到AOB的要求。

(2)临时照明系统的设计原则。临时照明系统与场馆永久性固定照明系统设计的差别，其设计原则也有所不同，给业主带来很多的好处：

①最小化财务投资和最大化营运使用；

②满足运动会电视转播及比赛照明要求；

③由于运动会只有短短的十几天，应该在场馆的永久照明设施基础上使用临时照明设备；

④安装调试周期短；

⑤考虑到赛后维护、营运的使用要求。

(3)临时照明解决方案项目具体规划。临时照明解决方案包括初步设计、详细设计、项目交付、赛事运行、拆除照明设备等不同阶段。

步骤1：初步设计

①结合运动会照明系统要求，详细研究项目要求、职责和范围，熟悉原设计图纸；

②进行场地实地考察，了解项目的现状，寻找更多的已知条件；

③提出初步的临时照明系统方案，分析其可行性、合理性，尽可能进行多方案比较，选出最佳方案；

④准备项目预算。

步骤2：详细设计

①以获得批准的初步设计成果为基础，进行深化设计，设计必须符合运动会组委会和相关体育联盟的要求，同时还要考虑到当地的规范、标准；

②除体育照明外，还有设计观众席照明、应急照明等；

③提交设计文件给运动会组委会，以被批准；

④具体项目的典型解决方案，包括：移动照明卡车，临时照明装置和灯杆，临时灯架，马道或其他结构件。

步骤3：项目实施并交付

①项目实地安装、管理和协调；

②测试：把灯具调整到合适的瞄准角，进行供电电源检测（主电源和应急电源）；

③照度检测：由照明设备提供商和运动会组委会分别独立进行照度检测；

④对灯光进行摄像机拍摄效果的实际检测。

步骤4：比赛其间的运行和维护

在比赛举行期间里，提供派驻现场的技术人员，确保照明系统正常运行。

步骤5：拆除照明设备

在运动会完全结束后从场地拆除所有临时和补充照明设备，并把场地还原到之前的状态。

(4)临时照明设备的特点：

特点1：节省投资，节省照明设备投资约30%～50%，甚至更多（不包括相关配套设备投资的节省）；

特点2：缩短安装周期；

特点3：减少了维护费用并且从长期的角度来说无须维护；

特点4：照明设备可以重复利用从而节约新的投资。

(5)临时照明解决方案在雅典奥运会中的具体应用。雅典奥运会的28个比赛项目分别在40多个场馆举行，其中33个场地安装有永久性照明设备，5个场地安装有完整的临时照明系统，33个项目中有13个项目在原有永久照明设备基础上增加了临时照明系统进行了补充照明。玛斯柯体育照明设备有限公司为23个体育项目、18个场馆提供了临时照明服务。

在此次临时照明项目中使用的大功率金属卤化物灯具总数达1813套，总消耗功率为3790.5kW，使用的大功率金属卤化物灯具包括575W、750W、1200W、1500W、2000W、6000W等不同功率等级的灯具。使用了包括20辆移动照明卡车在内的移动照明系统、特殊悬挂系统、简易户外系统、室内系统等各种安装方式在内的临时照明系统。

(6)灯具调光及测试服务。在奥运临时照明工程服务中，相当重要的一项工作是对灯具进行调光和测试服务，确保现场灯光效果达到设计以及电视转播的照明要求，特别是在补充照明服务中，要求对原来所有灯具的角度进行重新测试并进行检测。也有部分场地具有足够数量的灯具但现场安装调试发生了偏差，此时只需对灯具进行调光和测试即可，而无须进行补充照明。

6. 管理、维护与节能

从管理的角度来节能，其最实际的意义为在满足同样的使用需求的情况下，降低整个照明系统总的运行时间达到节能的目的。减少系统正常使用情况下的维护费用，包括设备部件的更换及相关更换成本。前者可以通过智能化照明控制管理系统来实现，后者只有通过制造厂商提供良好的产品质量保证和售后服务来实现。

六、天然光的利用设计

（一）天然光导光管系统利用设计

天然光导光管系统利用室外的自然光线透过采光罩导入系统内进行重新分配，再经特殊制作的导光管传输和强化后由系统底部的漫射装置（照明器）把自然光均匀高效地照射到室内。

天然光导光管系统原理，如图 15-4 所示。

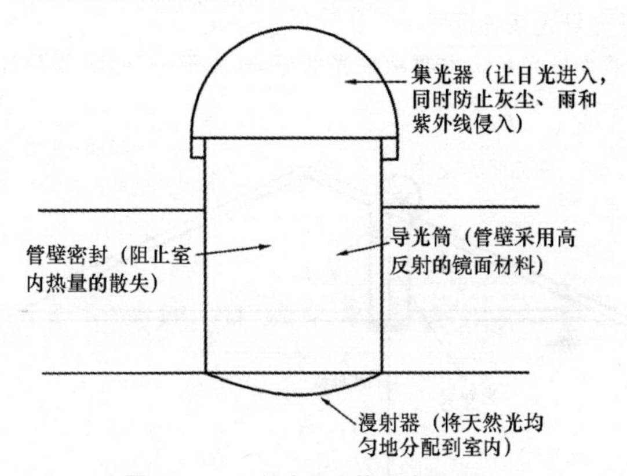

图 15-4　天然光导光管系统原理图

1. 天然光利用设计要点

天然光的利用设计要点如下：

(1)为了在建筑照明设计中贯彻国家的节能法规和技术经济政策，实施绿色照明，宜利用各种技术措施将天然光引入室内进行照明。

(2)应根据工程的地理位置、日照情况来进行经济、技术比较，合理地选择导光或反光装置。对日光有较高要求的场所宜采用主动式导光系统，一般场所可采用被动式导光系统。

(3)采用天然光导光或反光系统时，必须同时采用人工照明措施，人工照明的设计和安装应遵循国家及行业相关标准和规范。天然光导光、反光系统只能用于一般照明，不可用于应急照明。

(4)当采用天然光导光或反光系统时，宜采用照明控制系统对人工照明进行自动控制，有条件时可采用智能照明控制系统对人工照明进行调光控制。当天然光对室内照明达不到照度要求时，控制系统自动开启人工照明，直到满足照度要求。

(5)当采用天然光导光系统时，应避免将采光部分布置于阴影区内。

(6)天然光导光系统导光管内径应按 250mm、350mm、450mm、550mm、800mm、1100mm、1500mm、2000mm、2500mm 分级。不宜采用矩形、梯形、多边形断面的导光管。

(7)天然光导光系统的反射材料反射率不宜低于 95%。

(8)除特殊需要，导光部件不宜采用光导纤维。

(9)天然光导光或反光系统应通过国家权威部门检测。

2. 天然光导光系统设计

(1)天然光导光系统主要由采光部分、导光部分、照明器及其附件、配件等组成，如图 15-5 所示。

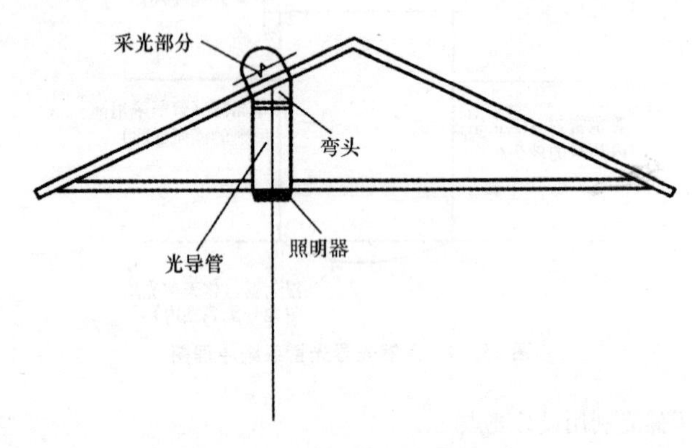

图 15-5 天然光导光系统的构成

(2)照明设计时可按下列条件选择天然光导光系统：

①高度较低房间，如办公室、教室、会议室及地下停车场宜采用中小管径的导光系统；

②高度较高的房间，如体育馆比赛厅、展览馆展厅等宜采用大中管径的导光系统；

③高度较高的工业厂房，应按照生产使用要求，采用大管径导光系统。

说明：导光系统的管径大小对其系统效率有很大影响。当导光管长度一定时，导光管管径越大，系统效率越高。当导光管长度为 3m，采光罩透射比为 90%，照明器灯罩透射比为 80%，导光管内反射材料的反射率为 95%时，系统总效率与导光管管径的关系曲线，如图 15-6 所示。

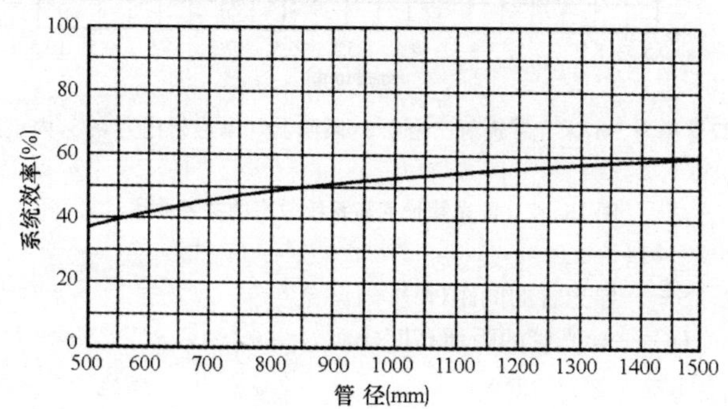

注：导光管管长 3m，采光罩透射比为 0.9，照明器灯罩透射比为 0.8，内壁反射率为 0.95。

图 15-6　管径与系统总效率的关系曲线

(3)宜减少天然光导光系统的长度和转弯次数，并符合下列规定：

①小管径的导光系统长度不宜大于 3m；

②高照度场所宜采用大管径导光系统；

③导光系统弯头不宜超过 2 个。

说明：导光系统的长度对其效率产生较大的影响。当导光管管径一定时，导光管越长，系统总的效率越低，两者关系曲线如图 15-7 所示。据试验和分析，导光系统每转一次弯，系统效率将降低 6%～10%。弯曲的角度越大，系统效率越低。

(4)导光系统的布置宜根据建筑物特点、照明要求等因素综合考虑，当照度要求均匀且层高较高时，宜采用水平布置；一般情况下应采用垂直布置。

①当导光系统采用水平布置时，宜采用吸顶安装或吊装，并尽量均匀布置，相邻两导光管之间的距离应根据导光管的管径、长度、安装高度等因素确定，但不宜大于安装高度的 1.5 倍，以获得均匀照明，如图 15-8 所示。

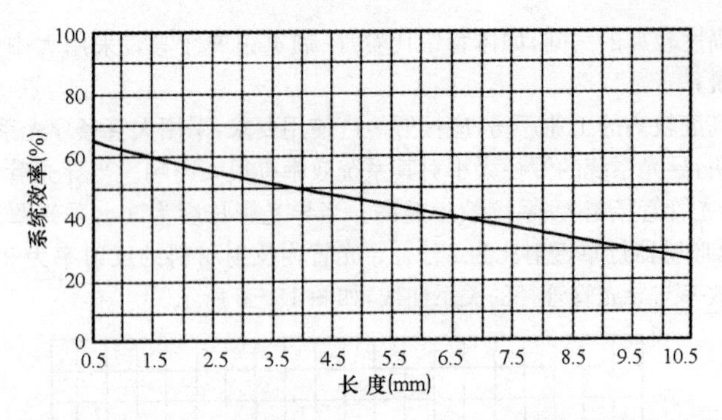

注：导光管管径为1m，采光罩透射比为0.9，照明器灯罩透射比为0.8，内壁反射率为0.95。

图 15-7　导光管长度与系统效率的关系曲线

即：$S \leqslant 1.5H$

式中　S——导光管的间距(m)；

H——导光管的距地高度(m)。

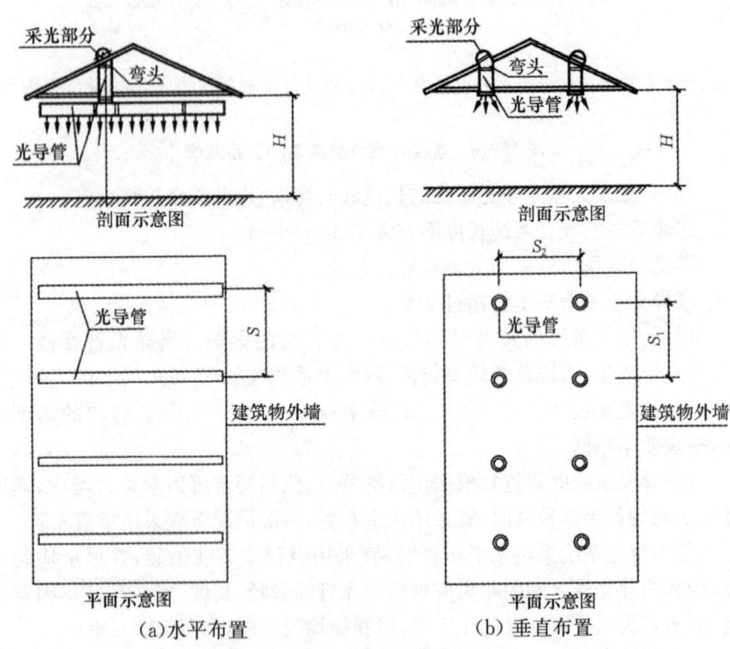

图 15-8　导光管水平布置示意图

②当导光管采用垂直布置时，其端部发光用于照明，此时相当于点光源。导光管垂直布置宜遵循如下原则：

a. 应避免将采光部分布置于阴影区内，宜减少天然光导光系统的长度和转弯次数；

b. 尽可能以最近的路径到达室内；

c. 可以与吊顶结合进行布置；

d. 照明器宜均匀布置，当有特殊需要时，也可进行非均匀布置；

e. 相邻照明器的间距应根据配光曲线确定，按表 15－37 布置照明器。

表 15－37 直接型照明器最大允许距离比

类　别	距高比 S/H	照明角
特深照型	$S/H \leqslant 0.5$	$\theta \leqslant 14°$
深照型(狭照型、集照型)	$0.5 < S/H \leqslant 0.7$	$14° < \theta < 19°$
中照型(扩散型、余弦型)	$0.7 < S/H \leqslant 1.0$	$19° < \theta < 27°$
广照型	$1.0 < S/H \leqslant 1.5$	$27° < \theta < 37°$
特广照型	$1.5 < S/H$	$37° < \theta$

(二)天然光导光系统照明计算

由于天气在不断地变化，所以室外照度也在不停地改变，要想准确地计算天然光导光系统照度值是非常困难的。以阴天为计算依据，天然光导光系统照度值可按图 15－9 所示中各图表进行估算。其他气候条件的照度值要优于图 15－9 的估算。

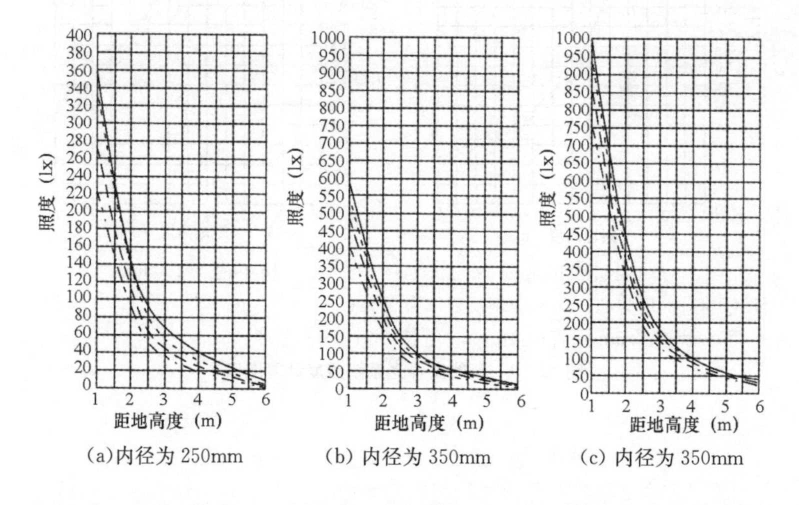

(a)内径为 250mm　(b) 内径为 350mm　(c) 内径为 350mm

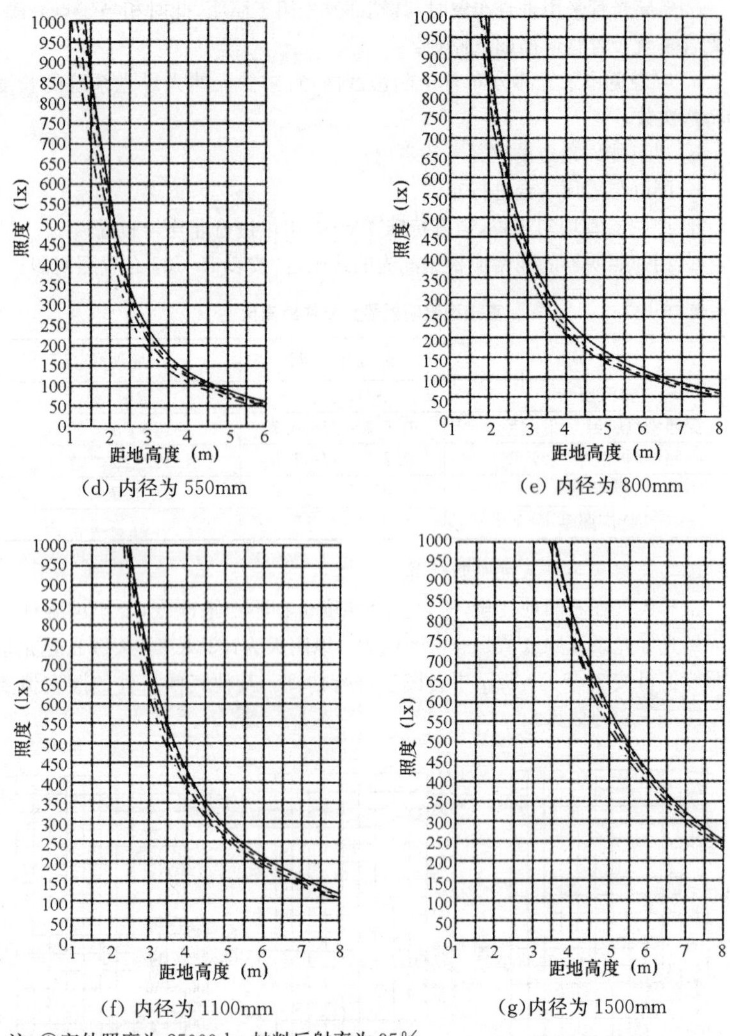

(d) 内径为 550mm

(e) 内径为 800mm

(f) 内径为 1100mm

(g)内径为 1500mm

注:①室外照度为 25000 lx,材料反射率为 95%;

②—管长:0.5m;…管长:1m; - - 管长:2m; —…管长:3m。

图 15-9 天然光导光系统照度计算图表

第三节　照明控制

一、照明控制系统选用原则

照明控制系统设计应符合国家标准《建筑照明设计标准》GB50034 的规定和要求。照明控制系统的选用原则应符合《全国民用建筑工程设计技术措施·节能专篇·电气》(2007)的规定和要求。照明控制系统的一般规定和选用原则如下：

1. 一般规定

(1)公共建筑和工业建筑的走廊、楼梯间、门厅等公共场所的照明，宜采用集中控制，并按建筑使用条件和天然采光状况采取分区、分组控制措施。

(2)体育馆、影剧院、候机厅、候车厅等公共场所应采用集中控制，并按需要采取调光或降低照度的控制措施。

(3)旅馆的每间(套)客房应设置节能控制型总开关。

(4)居住建筑有天然采光的楼梯间、走道的照明，除应急照明外，宜采用节能自熄开关。

(5)每个照明开关所控光源数不宜太多。每个房间灯的开关数不宜少于2个(只设置1只光源的除外)。

(6)房间或场所装设有两列或多列灯具时，宜按下列方式分组控制：

①所控灯列与侧窗平行；

②生产场所按车间、工段或工序分组；

③电化教室、会议厅、多功能厅、报告厅等场所，按靠近或远离讲台分组。

(7)有条件的场所，宜采用下列控制方式：

①天然采光良好的场所，按该场所照度自动开关灯或调光；

②个人使用的办公室，采用人体感应或动静感应等方式自动开关灯；

③旅馆的门厅、电梯大堂和客房层走廊等场所，采用夜间定时降低照度的自动调光装置；

④大中型建筑，按具体条件采用集中或集散的、多功能或单一功能的自动控制系统选用原则。

2. 照明控制系统选用原则

(1)应根据建筑物的建筑特点、建筑功能、建筑标准、使用要求等具体情况，对照明系统进行分散、集中、手动、自动，经济实用、合理有效的控制。

(2)建筑物功能照明的控制：

①体育场馆比赛场地应按比赛要求分级控制，大型场馆宜做到单灯控制。

②候机厅、候车厅、港口等大空间场所应采用集中控制，并按天然采光状况及具体需要采取调光或降低照度的控制措施。

③影剧院、多功能厅、报告厅、会议室及展示厅等宜采用调光控制。

④博物馆、美术馆等功能性要求较高的场所应采用智能照明集中控制，使照明与环境要求相协调。

⑤宾馆、酒店的每间(套)客房应设置节能型控制总开关。

⑥大开间办公室、图书馆、医院、厂房等宜采用智能照明控制系统，在有自然采光区域宜采用恒照度控制，靠近外窗的灯具随着自然光线的变化，自动点燃或关闭该区域内的灯具，保证室内照明的均匀和稳定。

(3)走廊、门厅等公共场所的照明控制：

①公共建筑如学校、办公楼、宾馆、商场、体育场馆、影剧院、候机厅、候车厅和工业建筑的走廊、楼梯间、门厅等公共场所的照明，宜采用集中控制，并按建筑使用条件和天然采光状况采取分区、分组控制措施。

②住宅建筑等的楼梯间、走道的照明，宜采用节能自熄开关，节能自熄开关宜采用红外移动探测加光控开关，与正常照明同时使用的应急照明的节能自熄开关应具有应急时强制点亮的功能。

③旅馆的门厅、电梯大堂和客房层走廊等场所，采用夜间定时降低照度的自动调光装置。

④医院病房走道夜间应采取能关掉部分灯具或降低照度的控制措施。

(4)道路照明和景观照明的控制方式：

①市政工程、广场、公园、街道等室外公共场所的道路照明及景观照明，宜采用智能照明控制系统群组控制功能控制整个区域的灯光，利用亮度传感器、定时开关实现照明的自动控制。

②道路照明采用集中控制时，还应具有在通讯中断的情况下能够自动开、关的控制功能；采用光控、程控、时间控制等集中控制方式时，同时具有手动控制功能。

③道路照明采用双光源时，“深夜”应能关闭一个光源；采用单光源时，宜采用恒功率及功率转换控制，“深夜”能转换至低功率运行。

④景观照明应具有平时、一般节日、重大节日等多种灯光控制模式。

(5)根据布灯方式及应用情况采用的控制方式：

①照明区域设有两列或多列灯具时，所控灯列宜与侧窗平行。

②生产场所按车间、工段或工序分组控制。

③电化教室、会议厅、多功能厅、报告厅等场所，按靠近或远离讲台分组控制。

(6)智能开关独立控制：

①天然采光良好的场所，根据该场所的照度，自动开、关灯具或自动调控灯光亮度。

②个人使用的办公室，可采用人体感应、动静感应等方式自动控制灯的开关。

③对于小开间房间，可采用面板开关控制，每个照明开关所控光源数不宜太多，每个房间灯的开关数不宜少于2个(只设置1只光源的除外)。

④高级公寓、别墅可采用智能照明控制系统。

(7)功能复杂、照明环境要求较高的建筑物，宜采用专用智能照明控制系统，该系统应具有相对的独立性，宜作为BA系统的子系统，应与BA系统有接口。建筑物仅采用BA系统而不采用专用智能照明控制系统时，公共区域的照明宜纳入BA系统控制范围。

大中型建筑，按具体条件采用集中或分散的、多功能或单一功能的自动控制系统；高级公寓、别墅宜采用智能照明控制系统。

(8)应急照明应与消防系统联动，保安照明应与安防系统联动。

二、照明常用控制方式

1. 跷板开关控制

跷板开关分单联、双联、三联、四联、五联开关，根据控制方式又分单控、双控和多控。跷板开关一般装设在房间门旁，在一地控制照明灯具采用单控开关，在两地控制采用双控开关，在三地控制或多地控制采用双控及多控开关。普通照明控制开关接线原理图，如图15-10所示。

2. 定时开关或声控开关控制

住宅楼、公寓楼楼梯间多采用定时开关或声光控开关控制，楼梯间照明控制接线原理图，如图15-11所示。现制双跑楼梯暗管配线线路示意图，如图15-12所示。

3. 室外照明控制

室外夜景、园林景观照明，一般由值班室统一控制，照明控制方式多种多样，为了便于管理，应具有手动和自动功能，自动又分为定时控制、光控等。灯光开启宜分平时、一般节日、重大节日三级控制，并与城市夜景照明相协调，能与城市夜景照明联网控制。路灯照明控制接线原理图，如图15-13所示。

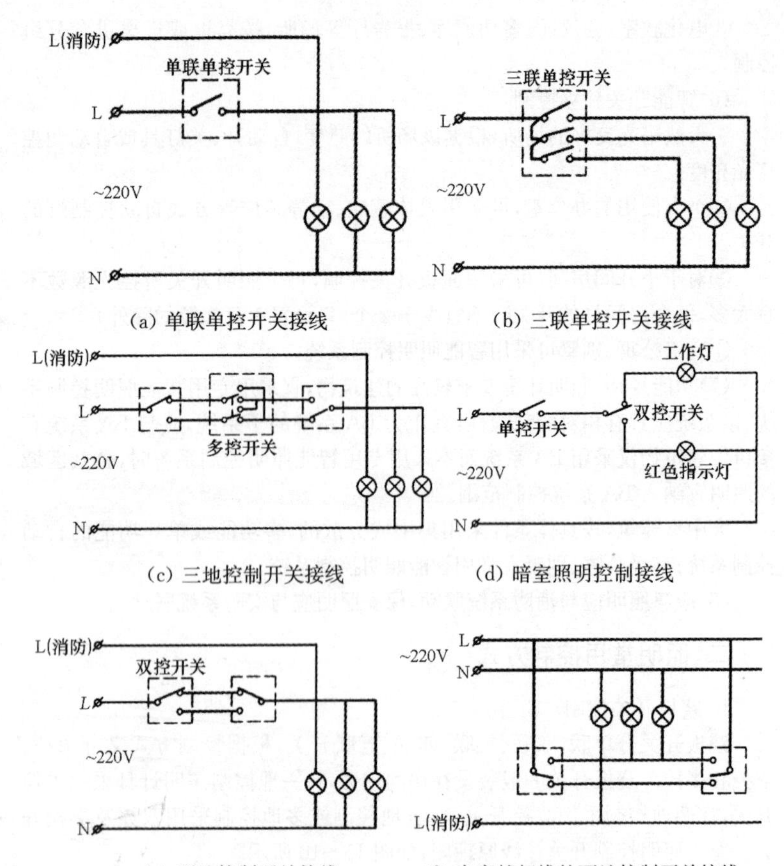

注:①开关应安装在相线上,以保证断电后灯头无电。

②对于荧光灯,除开关安装在相线上外,还应把镇流器安装在相线,可提高启动电压,有利于点燃。

③图中消防强启电源线由工程设计确定是否加设。

④暗室通常在红光下工作;当在暗室工作时,要给外部以工作信号指示,用红灯指明正在工作,不宜进入;因此室内照明应该用双控开关转换,不可同时点燃。

⑤暗室内工作用的红灯采用低压照明,并另设线路。

图 15-10 普通照明控制开关接线原理图

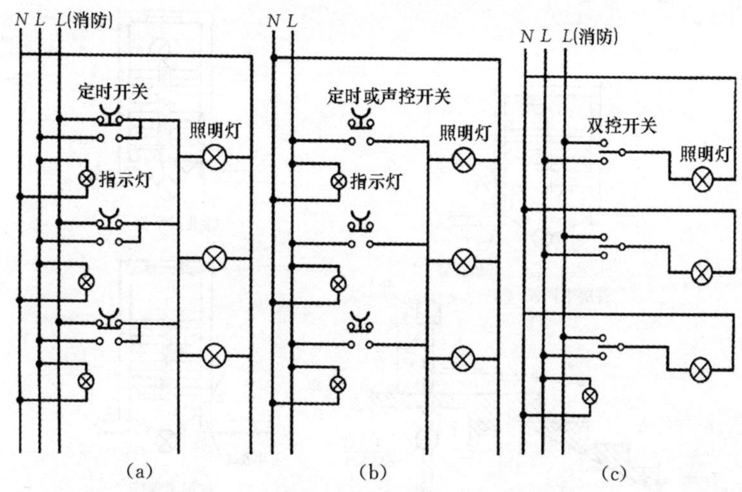

注:①住宅可以使用定时开关,以利于节能,如电子触摸式定时开关、振动式定时开关、声控定时开关。

②火灾时应保证开启全部楼梯照明。

③楼梯灯设在休息台时要能在楼上楼下控制。

④高层住宅楼梯灯应在三相线路中平衡分配。

(a)节能定时开关,每层均可控,消防自动点亮;(b)节能定时开关,每层均可控,无消防接线;(c)双控开关,每层仅能控制本层楼梯灯。

图 15-11　楼梯间照明控制接线原理图

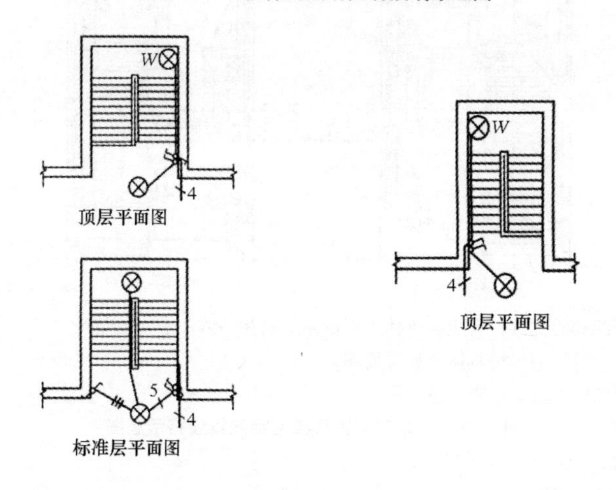

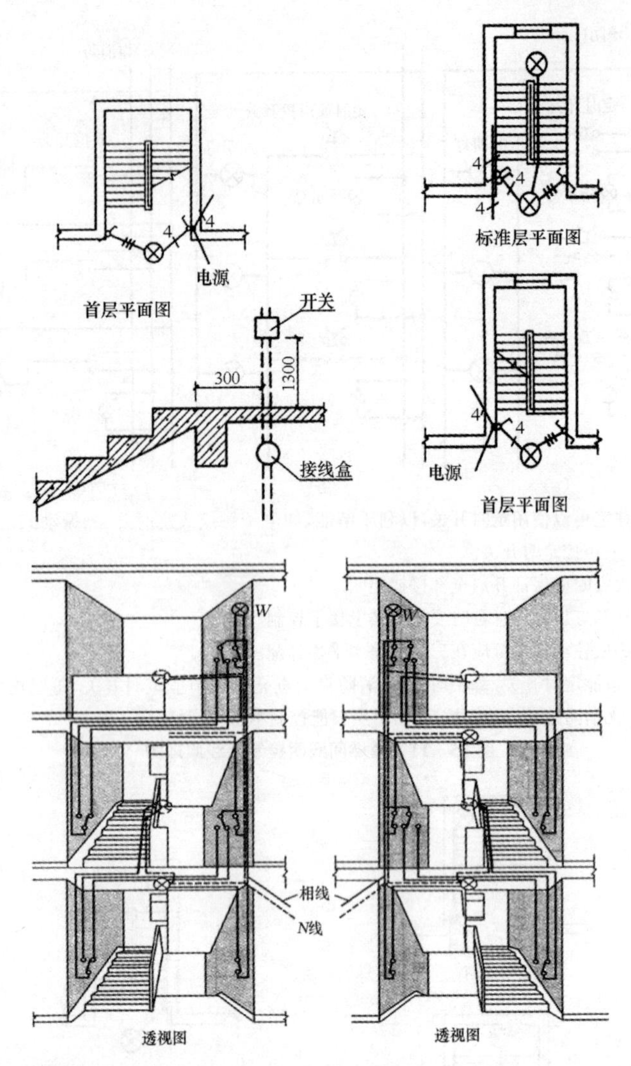

注：①暗配管的配管材料应与整体工程所用管材相一致。

②灯位及灯型详见具体工程平面图。

③本图中不包含消防应急线路。

图 15－12　现制双跑楼梯暗管配线线路示意图

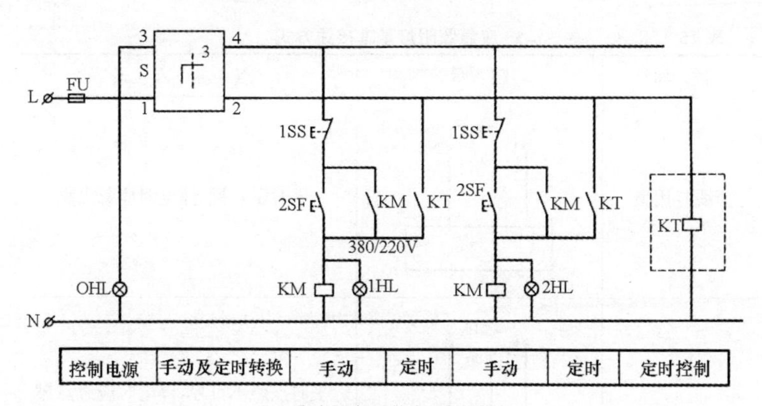

(a)手动及定时控制回路示意

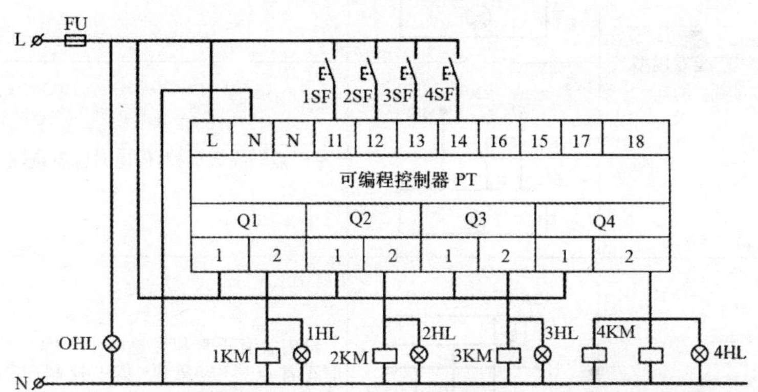

S LW5-15DOO81/1连接表

位置	端子的互相连接				位置	端子的互相连接			
	1	2	3	4		1	2	3	4
1(定时自动)	×——	——×			3(手动)			——	——×
2(零位)									

(b)可编程序控制回路示意

图 15-13　路灯照明控制接线原理图

4. 应急照明控制

(1)应急照明灯基本接线方式,见表 15-38。

表 15－38 **应急照明灯基本接线方式**

名 称	图 示	点 燃 方 式
两线专用型	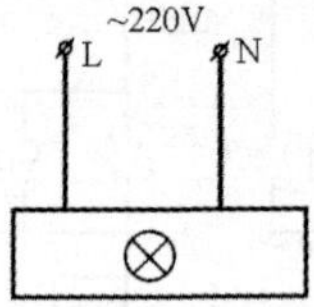 ~220V L N	平时不点燃，停电时应急点燃
三线专用型	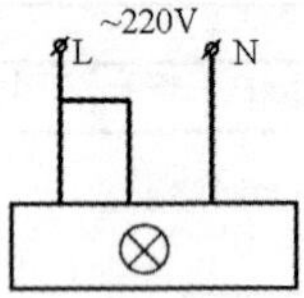 ~220V L N	平时点燃不可控，停电时应急点燃
	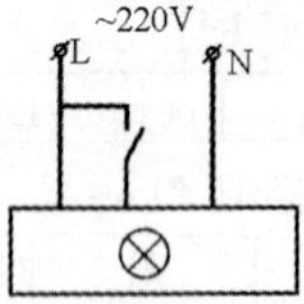 ~220V L N	平时点燃亮灭可控，停电时应急点燃
三线组合插入型	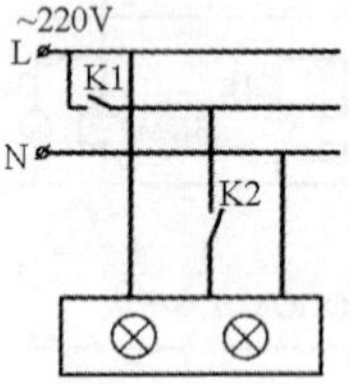 ~220V L N K1 K2	灯内装有正常和应急两个光源。平时正常点燃，应急灭（集中控制时用 K1，将 K2 短路；单灯控制时用 K2，将 K1 短路），停电时应急点燃
	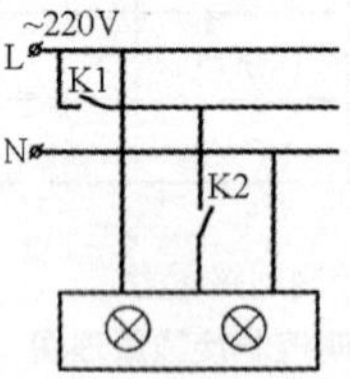 ~220V L N K1 K2	灯内装有正常和应急两个光源。平时两光源同时点燃（集中控制时用 K1，将 K2 短路；单灯控制时用 K2，将 K1 短路），停电时仅应急点燃

（2）应急照明配电系统控制接线原理图，如图 15－14 所示。

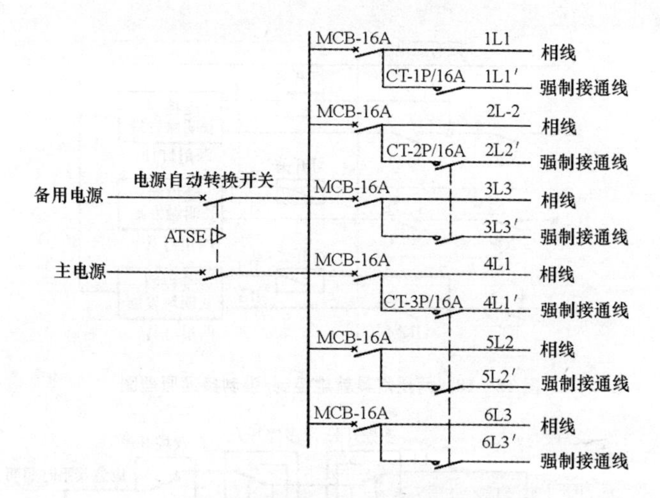

图 15-14　应急照明配电系统控制接线原理图

(3)应急照明控制原理图,如图 15-15～图 15-20。

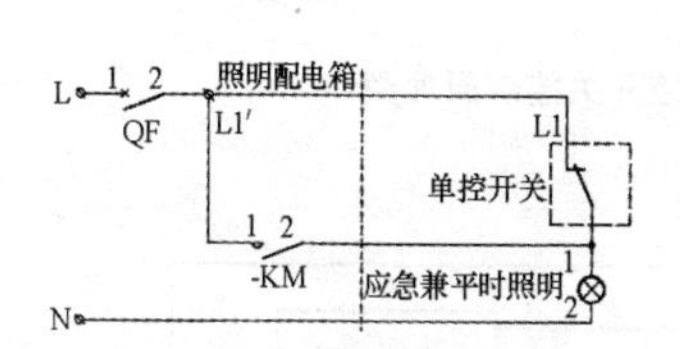

图 15-15　单控开关控制灯具强制的接通原理图

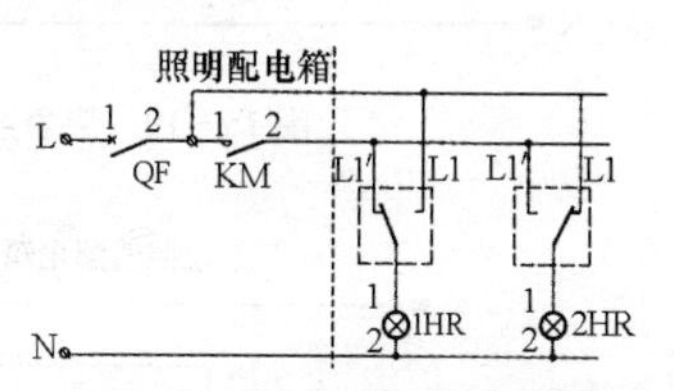

图 15-16　双控开关控制灯具就地控制/强制接通原理图

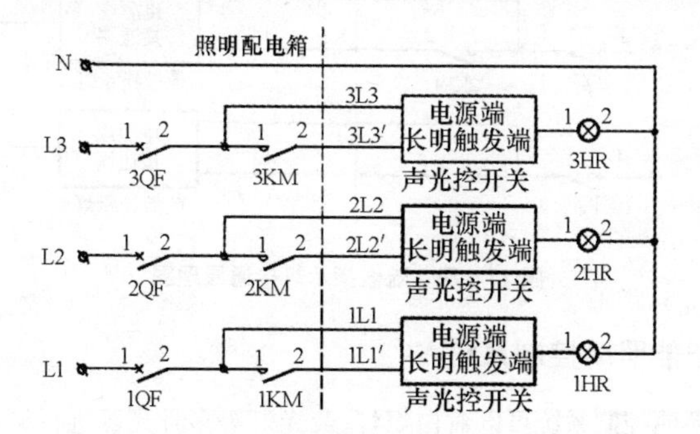

图 15-17　声光控开关的灯具接通原理图

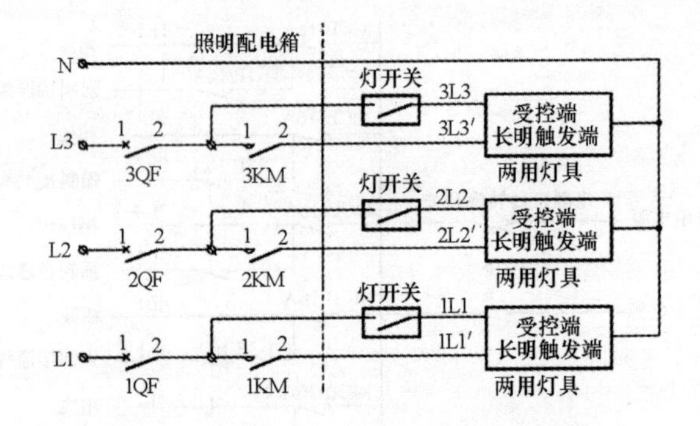

图 15-18　两用灯具就地控制/强制接通原理图

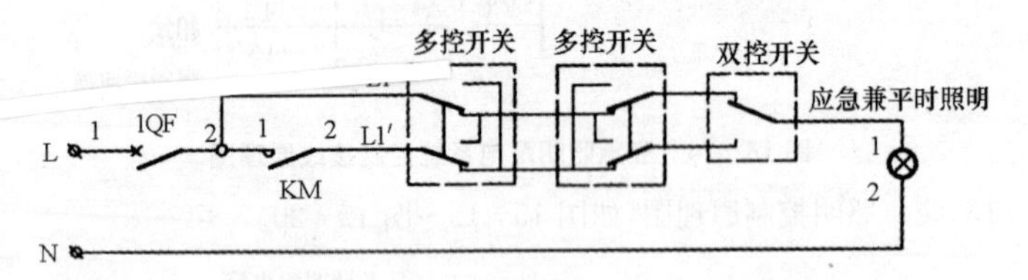

图 15-19　应急照明双控开关控制原理图

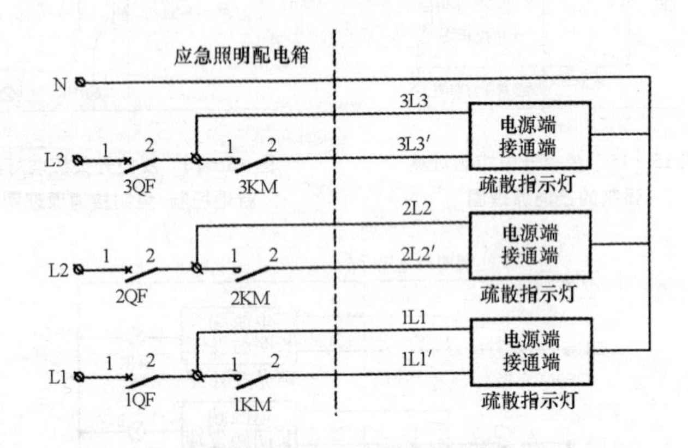

图 15-20　疏散指示灯接通原理图

三、智能照明控制系统

智能照明控制系统可以对白炽灯、荧光灯等多种光源进行调光，对各种场合的灯光进行控制，满足各种环境对照明控制的要求。

(一)系统功能和系统构成

1. 系统功能

(1)智能照明控制系统是全数字、模块化、分布式总线型控制系统,将控制功能分散给各功能模块,中央处理器、模块之间通过网络总线直接通信,可靠性高,控制灵活。

(2)系统根据某一区域的功能、每天不同时间的用途和室外光亮度自动控制照明,并可进行场景预设,由BA系统或分控制器通过调光模块、调光器自动调用。

(3)照明控制系统分为独立子网式、特定于房间或大型的联网系统。

(4)联网系统具有标准的串行端口,可以容易地集成到BA系统的中央控制器,或与其他控制系统组网。

智能照明控制系统功能,见表15-39。

表15-39 智能照明控制系统功能

名称	说明
系统概述	①照明智能控制系统,是根据某一区域的功能、每天不同的时间,室外光亮度或该区域的用途来自动控制照明。其中最重要的一点就是可进行预设,即具有将照明亮度转变为一系列设置的功能。这些设置也称为场景,可由调光器系统或中央建筑控制系统自动调用 ②照明控制系统分为独立式、特定于房间式或大型的联网系统。在联网系统中,调光设备安装在电气柜中,由传感器和控制面板组成的外部设备网络来操作。联网系统的优势是可从许多点来控制不同的房间或区域 ③联网系统还具有标准的串行端口,这样就可以更容易地集成到中央控制器中。这些接口通常是双向的,因此,中央控制器可以请求亮度变化然后确认操作。从照明系统得到的信息还可以用来确定电能消耗或在房间空着时模拟将来的实际场景
控制原理	照明控制系统是一个总线形式或局域网形式的智能控制系统。所有的单元器件(除电源外)均内置微处理器和存储单元,由信号总线(双绞线或光纤等)连接成网络。每个单元均设置唯一的单元地址并用,通过软件设定其功能输出单元控制各回路负载。输入单元通过群组地址和输出组件建立对应联系。当有输入时,输入单元将其转变为总线信号在控制系统总线上广播,所有的输出单元接收并做出判断,控制相应回路输出。系统通过总线连接成网
组成	系统通常可以由调光模块、开关模块,控制面板、液晶显示触摸屏、智能传感器、编程插口、时间管理模块、手持式编程器和监控机(大型网络需网桥连接)等部件组成
网络速度	网络速度依靠网络传输方式决定
编程方式	以在线、离线的编程方式均可

续表

名 称	说 明
常用系统协议	系统遵从常用的国际通讯协议标准：IEEE Standard 802.3"CSMA/CD""CSMA/CD"即为：Carrier Sense - Multiple Access－Collision Detection Carrier Sense——载波监听，判断网络上是否有其他的主机正在传送信号 MultipIe Access——多个主机连接在同一条电缆上 Collision Detection——防止两个或两个以上的主机同时向总线上发送信息
通用便携电脑接口	与电脑相连的接口
网连接控制器数量	每个子网最少可配 64 个功能单元(依据工程需要决定)，通过网桥由子网组成一个主网
应用范围	可对白炽灯、荧光灯、节能灯、石英灯等多种光源调光，对各种场合的灯光进行控制，满足各种环境对照明控制的要求 ①写字楼、学校、医院、工厂：利用控制系统时间控制功能使灯光自动控制，利用亮度传感器使光照度自动调节，节约能源。可进行中央监控并能与楼宇自控系统连接。修改照明布局时无须重新布线减少投资 ②剧院、会议室、俱乐部、夜总会：利用控制系统调光功能及场景开关可方便地转换多种灯光场景，实现多点控制。可通过系统总线控制空调、电扇、电动门窗、加热器、喇叭、蜂鸣器、闪灯等其他设备 ③体育场馆、市政工程、广场、公园、街道等室外公共场所照明：利用控制系统的群组控制功能可控制整个区域的灯光，无须考虑开关容量问题，利用亮度传感器、定时开关实现照明的自动化控制，利用控制系统监控软件实现照明的智能化控制 ④智能化小区的灯光控制：用于智能化小区的路灯、景观灯的远程、多点、定时控制，中央监控中心监控；小区会所、智能化家庭中灯光的场景、多点、群组、远程控制，以及与其他家庭智能控制器配合使用

2. 系统构成

系统由调光模块、开关模块、控制面板、液晶显示触摸屏、智能传感器、PC 接口、监控计算机(大型网络需网桥连接)、时钟管理器、手持式编程器等部件组成。

所有单元器件(除电源外)均内置微处理器和存储单元，由信号线(双绞线或光纤等)连接成网络。每个单元均设置唯一的单元地址并用软件设定其功能，通过输出单元控制各照明回路负载。

(1)功能模块的工作原理、类型及作用。功能模块工作原理，如图 15 - 21 所示(原理图仅供参考)。功能模块的类型及作用，见表 15 - 40。

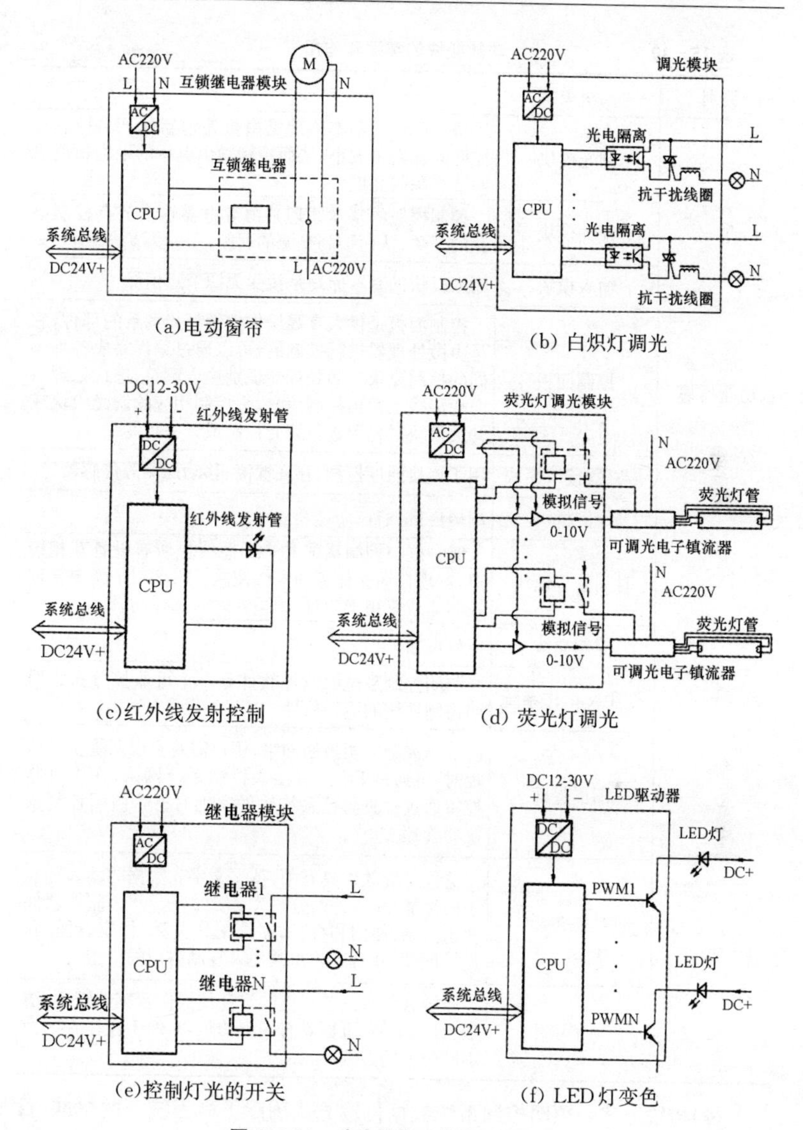

图 15-21 功能模块工作原理示意图

表 15-40 功能模块的类型和作用

类别	模块类型	注　　释
功能模块	调光模块	调光模块的基本原理是由微处理器(CPU)控制可控硅的开启角大小,从而控制输出电压的平均幅值去调节光源的亮度
	开关模块	控制模块的基本原理是由继电器输出节点控制电源的开关,从而控制光源的通断
	输入模块	输入模块的基本原理是接受无源节点信号
	控制面板	控制面板是供人直观操作控制灯光场景的部件,它是由微处理器进行控制的,可以通过编程完成各种不同的控制要求。微处理器识别输入键符,进行处理后向通信线上发出控制信息,去控制相应的调光模块或开关模块对光源进行调光控制或开关控制
	传感器接口模块	用于连接照度探测、存在探测、移动探测等传感器
	网桥	网络连接设备
	时间管理模块	时钟能与控制系统 RS485 总线上所有设备互相接口,实现自动化任务和事件控制。它可用于能源管理控制器或仅用于为日/周预置时间选择场景
	控制总线	信号传输
照明管理软件	全中文操作系统	照明控制系统的监控软件是一个可监控分布式照明控制系统的应用软件
	图形界面	对于大型照明控制网络,用户需要实现系统实时监控时,可通过 PC 接口接入控制系统网络,在中央监控室通过中央监控系统软件实现对整个照明控制系统的管理
	功能多样	监控系统软件具有中、英文文字和数据的输入和显示的性能,显示每面分辨率为 1024×768。监控软件便于安装、使用和维护,系统工作灵活、稳定、可靠和具扩展性,并具有防止被他人复制盗用的措施
	易于操作	监控软件中的各页面的设计使操作者感觉舒适、清晰,直观方便,页面具有一定的色彩,便于操作者区别不同类型的数据

(2)传输方式。照明控制系统数据传输方式国际上尚无统一的标准,目前主要有光纤传输方式、双绞线传输方式、电力载波传输方式和无线射频传输方式 4 种。智能照明控制系统传输方式,见表 15-41。

表 15-41　智能照明控制系统传输方式

传输方式	基本特点	适用范围
光纤传输	由光纤传输信息，需单独敷设线路。光纤具有传输速率高、抗干扰性强、防雷击、误码率低以及敷设方便等优点	适用于新建、扩建的工程
双绞线传输	以一根五类数据通信线(四对双绞线)传输信息，需单独敷设线路 ①软硬件协议完全开放，功能完善，通用性好 ②线路两端变压器隔离，抗干扰性强，防雷性能好 ③速度快，网络速度可达到数千兆，双向，可传输高速的反馈信息 ④系统容量几乎无限制，不会因系统增大而出现不可预料的故障 ⑤作为信息传输介质，有大量成熟的通用设备可以选用	
低压电力载波传输	利用电力线传输信息，不用单独敷设线路。由于受电力线中电流波动的影响，数据传输速率及数据传输的可靠性可能受到较大影响。当监控设备过多时，数据传输的不可靠可能会导致系统瘫痪	适用于新建、扩建的工程，特别适用于改造的工程
无线射频传输	利用无线射频传输信息，室内无须布线，施工简单，可以节省施工的投资。无线射频的工作频率应符合IEEE802.11b标准要求	

(二)设计要点

1. 控制功能

电气照明智能化控制系统的控制功能的设计技术要求有以下几点：

(1)照明智能化控制系统的主要功能是创造良好的可见度和舒适愉快的环境，节约电能且具有较好的经济性。

(2)照明智能化控制系统主要以区域控制和场景控制的方式进行灯光管理。

(3)照明灯光调节功能是根据建筑物内某一区域的使用功能、不同时间、室外光亮度等条件来调整灯光亮度，其预设功能具有将照明亮度转变为一系列程序设置的功能，也称为场景设置，场景设置可由照明控制系统自动调用。照明调光技术可使照明系统按照经济的最佳方式准确有效运作，能够最大限度地节约能源。照明控制系统可将灯光亮度渐调到设定级别，即“软启动”，可大大延长光源的使用寿命。

(4)照明智能化控制系统主要采用分布式集散控制方式，即一个大系统由多个独立的智能模块用适当的通信方式连接起来，每个控制模块均能独立运行。主控系统或通信线路发生故障时,各控制模块可以按设定的模式正常运行,某个控制模块发生故障时,不影响其他控制模块正常运行。

(5)智能化控制系统的通信方式:

①以双绞线、光缆为通信介质的总线型或星形拓扑型通信方式,各系统控制单元由通信线缆连接组成控制网络。每个控制单元所发出的控制信号在控制网络中进行传播,控制单元接收到控制信号后,根据系统通信协议的规定完成相应动作,从而实现照明控制。

②采用无线数传模块、GPRS通信模块等实现无线通信,进行照明系统控制。系统控制单元发出的控制信号以无线电波的方式进行传播,控制单元接收到控制信号,完成相应动作,从而实现无线网络控制。

2.室内照明控制

电气照明智能化室内照明控制功能的设计技术要求与规定如下:

(1)室内照明控制系统应符合设计合理、安装便捷、使用灵活、管理方便的原则。

(2)室内照明控制系统,应根据建筑物某一区域的功能、每天不同的时间、室外光亮度等进行功能设置。

(3)室内照明控制应具备场景预设功能,由照明控制器、调光器系统或中央控制系统自动调用。

(4)家庭照明控制可采用集中控制的形式,并可带有触屏界面。在靠近进门口的墙壁安装控制面板,作为多房间的主控制点。

(5)照明控制系统分为独立式、特定房间式和联网系统。在联网系统中,由传感器、调光器及控制面板组成的外部设备网络来进行操作,即可从多点控制不同的房间及区域。

(6)照明控制系统采用红外线传感器、亮度传感器、定时开关、调光器及智能化的运行模式,使整个照明系统按照经济有效的方案可靠运行,降低运行管理费用,最大限度地节约能源。

(7)照明控制系统采用软启动、软关断技术,使负载回路在一定时间里缓慢启动、关断,或者间隔时间(通常几十到几百毫秒)启动、关断,避免冲击电压对灯具的损害,延长灯具的使用寿命。

(8)当照明控制系统采用集中控制时,宜同时保留可就地手动控制照明的方式。

(9)照明控制系统应具有开放性,提供与BA系统(包括闭路监控、消防报警、安全防范系统)相连接的接口和软件协议,使用智能化照明管理系统。

(10)智能照明节电监控系统,通过平滑地调节灯光电路的电压和电流幅值，达到节电的效果。它能减少路线的线损、无功损耗，提高功率因素，减少灯具内耗。采用此类系统时，应选择和调节适当的电感量，减少由于串联或并联谐振产生的热损，延长灯具的寿命，可根据照明区域灯光照度要求和光源电压要求对电压进行调节。

(11)荧光灯照明的节能型控制器，荧光灯在启动时需要220V电压，正常工作后，电压适当降低对照度影响很小。所以控制器采用正常电压启动回路后，自动将电压降低，达到节能的效果。

对荧光灯等进行调光控制时，应采用具有滤波技术的可调光电子镇流器，以降低谐波的含量，提高功率因数，降低无功损耗。采用数字式荧光灯调光控制时，应选用通信结构可靠、安装方便、操作简单容易的产品。

(12)设计程序：

①明确选用照明系统的使用及功能要求。

②根据功能要求及建筑照明平面图，选用控制系统，确定最佳照明控制方案。

③根据控制方案及照明负荷的容量划分合理的照明回路，确定回路控制形式和光源类型。如果是对灯光进行开闭控制，则需要确定回路的容量，如果进行调光控制，则分为荧光灯/LED调光和非荧光灯调光。

④根据照明回路数量、容量和控制要求选取控制单元数量，并确定其位置。

⑤由控制单元输出回路的容量、数量及安装位置确定配电箱内回路的数量及各回路断路器的参数。

⑥选取系统电源及通信方式。

⑦遥控方式选择：可选红外线遥控或无线遥控。红外线遥控方式适合对单一房间的遥控，房间需要设置带红外线接收的面板；无线电遥控方式适合对多个房间的遥控，多个房间只需要设置一个无线电接收面板。

⑧控制功能的选择：

a. 场景控制功能：根据灯光场景需求，选择场景控制功能模块；

b. 红外移动探测功能：对于有红外移动探测要求的，可以选用红外移动探测器；

c. 光线传感控制功能：对于有光线传感控制要求的，可以选用光线传感控制器；

d. 时间控制功能：对于有时间控制要求的，可以选用时间控制器；

e. 恒亮度控制功能：对于有亮度控制要求的，可以选用亮度传感器；

f. 需要中央集中监控的项目，可以选取安装在PC上的可视化软件，也可选择液晶触摸屏。

⑨完成系统结构图和设备连接图。

⑩在照明平面图上，完成系统施工图。

⑪提出照明系统监控要求。

3. 夜景照明控制

电气照明智能化夜景照明控制功能的设计技术要求与规定如下：

(1)夜景照明的智能化控制包括对建筑物外立面、园区、广场、道路的功能性照明及景观照明灯具的监测和控制。

(2)设计原则：

①采用主流技术和操作平台，保证系统的技术先进性、可靠性、开放性和兼容性。

②确保管理系统的基本功能要求，确保现场采集的数据和控制指令的准确传送，组网合理，维护方便，确保系统可靠性和实用性。

③系统结构、设备配置满足环境和各种应用需求，并为系统规模扩大和功能扩展提供接口。

(3)控制单元的功能选择：

①自动控制开、关灯时间：随着季节交替，系统应能够自动对照本地区白天、黑夜长短的变化相应地调整每天的开关灯时间。

②自动巡灯：在中央控制室即可掌握受控区域内的灯具运行状态和相关数据，了解故障线路的故障原因。

③自动报表：通过中央控制室的打印机即可把每天的运行数据打印出来，建立运行档案。

④节约电能：通过建立合理的运行方案，可以有效地实现照明的多级控制(即实行平日、一般节日和重大节日的三级控制)，从而达到节能目的。

(4)园区、广场单独设置照明控制远端监控单元的(RTU)机箱，一般采用前接线方式，要求体积适宜、造型美观，满足景观设计的要求。

(5)控制单元(RTU)须能够满足室外环境运行的温度、湿度条件及 IP65 的防护等级。

(6)控制单元(RTU)应满足以下功能：

①系统基准时钟：以此时钟为依据，按时控制照明回路的开、关；

②定时控制：根据主站下达的时间表，自动执行照明系统的开关操作，并将执行结果送到主站；

③立即操作控制：控制器受到主站的立即操作命令后马上执行，并将执行的结果送到主站；

④数据采集：采集电压、电流，计算有功功率、无功功率、电量；计算亮灯率，监测控制箱门开关状态；

⑤失电保护：控制器失电后，控制器能保存年时间表、日时间表、路灯的开关状态等数据；

⑥通信方式可选择 GPRS/GSM、无线数传电台、双绞线、光纤等多种通信方式。

4. 音乐喷泉控制系统

电气照明智能化音乐喷泉控制系统的设计技术要求与规定有如下几点：

(1)音乐喷泉控制系统的设计原则为安全、稳定、先进、节能。

(2)音乐喷泉控制系统是由多媒体工业 PC 机、现场控制器、现场执行部件及音频控制软件等组成，能实现全程实时音控，能自行识别乐曲旋律、节奏、乐感和音频的强弱度。系统有音频与水形的同步功能，有方便的操作界面和编配乐曲功能。

(3)控制系统采用音频控制、程序控制来变化各种水形组合，水泵可以采用常规控制，也可用变频控制来改变其水压，利用彩色灯光实现光色效果，配备音响系统。

(4)音乐喷泉控制系统可采用集中式、现场总线式、网络总线式的控制方式。

(5)集中式控制系统采用放射型结构，适用于控制室离水池较近、规模较小、花型变化较少的音乐喷泉。

(6)现场总线式控制系统，采用串行数据通信网络，实现喷泉现场控制设备与控制主机设备之间的通信，利用通信传输控制多台设备。控制系统简单，安装维护容易。

(7)网络总线式控制系统，采用专用网络系统，实现网络上各个设备之间的相互操作。系统运行速度快，实时控制性、稳定性好。系统的调试和维护比现场总线式更加方便。网络结构可分为总线型、星型和拓扑型。

(8)控制系统的安全要求：

①各供电回路中需安装剩余电流动作保护器，额定剩余动作电流不大于 30mA；

②采用水下专用电缆，保证电缆接头的防水密封性；

③完善的接地网络，接地电阻不大于 1.0Ω；

④电气控制系统应能可靠及时地切断每一个故障点，缩小故障范围，保证系统可靠运行；

⑤完善的过负荷、短路、剩余电流动作、过压、失压、欠压保护系统；

⑥自恢复免维护技术，当设备发生故障时，立即切断电源；故障消除后，自动投入运行。

(三)智能照明控制方式

智能照明控制方式，见表15－42。

表15－42 智能照明控制方式

控制方法	注　释
开关控制	可以由中央站、就地控制面板对灯光进行开启、关闭控制
调光控制	可以由中央站、就地控制面板对灯光进行照度从零到最大的控制
中央控制	通过中央站以及系统软件实现对整个系统的开关、调光、时针、灯光状态进行监控及管理
定时时钟控制	系统根据预先设定的时间对灯光进行开启、关闭控制
天文时钟控制	输入当地的经纬度，系统自动推算出当天的日落时间，根据这个时间来控制照明场景的开关
场景控制	可以通过中央站、就地控制面板进行编程，预设场景，对灯光进行开启、关闭、调光控制
遥控控制	可以通过手持遥控器对设有红外线控制面板所控制区域的灯光进行开启、关闭、调光控制
日照补偿控制	根据照度探测传感器的探测数据(照度值)，按照预先设定的参数自动对灯光进行开启、关闭、调光控制
存在、移动控制	根据存在探测、移动探测等传感器的探测数据，按照预先设定的参数自动对灯光进行开启、关闭、调光控制
群组组合控制	一个按钮，可定义为打开/关闭多个箱柜(跨区)中的照明回路，可一键控制整个建筑照明的开关
联动控制	通过输入模块接收视频安防监控系统、入侵报警系统、火灾自动报警系统、出入口控制系统的联动控制信号，对光源进行开关控制或调光控制
远程控制	可以通过因特网(Internet)对照明控制系统进行远程监控，实现以下功能： ①对系统中各个照明控制箱的照明参数进行设定、修改 ②对系统的场景照明状态进行监视 ③对系统的场景照明状态进行控制
图示化监控	用户可以使用电子地图功能，对整个控制区域的照明进行直观的控制。可将整个建筑的平面图输入系统中，并用各种不同的颜色来表示该区域当前的状态
日程计划安排	可设定每天不同时间段的照明场景状态。可将每天的场景调用情况记录到日志中，并可将其打印输出，方便管理

第十六章 照明供配电系统

第一节 照明供电源与电压

一、照明及用电负荷的分级

1. 一般原则

用电负荷根据供电可靠性及中断供电在政治、经济上所造成的损失或影响的程度，分为一级负荷、二级负荷及三级负荷。

(1)符合下列情况之一时，应为一级负荷：

①中断供电将造成人身伤亡时。

②中断供电将在政治、经济上造成重大影响或损失时。

③中断供电将影响有重大政治、经济意义的用电单位的正常工作，或造成公共场所秩序严重混乱时。例如：重要通信枢纽、重要交通枢纽、重要的经济信息中心、特级或甲级体育建筑、国宾馆、国家级及承担重大国事活动的会堂以及经常用于重要国际活动的大量人员集中的公共场所等用电单位中的重要电力负荷。

在一级负荷中，当中断供电后将影响实时处理重要的计算机及计算机网络正常工作以及特别重要场所中不允许中断供电的负荷，为特别重要的负荷。

(2)符合下列情况之一时，应为二级负荷：

①中断供电将造成较大政治影响时。

②中断供电将造成较大经济损失时。

③中断供电将影响重要用电单位的正常工作，或造成公共场所秩序混乱时。

(3)不属于一级负荷和二级负荷的用电负荷应为三级负荷。

2. 民用建筑用户负荷分级

(1)一级负荷用户：直辖市、省部级办公楼，大型高层办公楼，三星级宾馆，大使馆及大使官邸，二级医院，银行，大型火车站，3 万 m^2 以上的百货商店，重要的科研单位、重点高等院校，地、市级体育场馆，大量人员集中的公共场所，当地供电主管部门规定的一级负荷用户。

(2)二级负荷用户:高层普通住宅、高层宿舍,大型普通办公楼,甲等电影院,中型百货商场,高等学校、科研单位,一、二级汽车客运站;大型冷库。

(3)三级负荷用户:不属于特别重要及一、二级负荷用户的其他用户。

(4)特别重要用户:国宾馆,国家级及承担重大国事活动的会堂、国际会议中心,国家级政府办公楼,国家军事指挥中心,国家级图书馆、文物库,特级体育场、馆,国家及直辖市级广播电台、电视台,民用机场,地、市级以上气象台、站,通信枢纽及市话局、卫星地面站,大型博物馆、展览馆,四星级及以上宾馆、饭店,大型金融中心、大型银行、大型证券交易中心,省、部级计算中心,大型百货商场、贸易中心,三级医院,超高层及特大型公共建筑,经常用于国际活动的大量人员集中的公共场所,中断供电将发生爆炸、火灾以及严重中毒的民用建筑,有关部门规定的特级用户,国家级及省部级防灾应急中心,电力调度中心,交通指挥中心。

3. 民用建筑中重要用电负荷的分级

民用建筑中重要用电负荷的分级,见表16-1。

表16-1 民用建筑中重要用电负荷的分级

建筑物名称	用电负荷名称	负荷级别
国家级会堂、国宾馆、国际会议中心	主会场、接见厅、宴会厅照明,电声、录像、计算机系统用电,消防用电	特别重要
	客梯电力、总值班室、会议室、主要办公室、档案室用电	一级
国家及省部级政府办公建筑	客梯电力、主要办公室、会议室、总值班室、档案室及主要通道照明用电,消防用电	一级
国家及省部级计算中心	计算机系统用电,消防用电	特别重要
国家及省部级防灾中心、电力调度中心、交通指挥中心	防灾、电力调度及交通指挥计算机系统用电,消防用电	特别重要
地、市级办公建筑	主要办公室、会议室、总值班室、档案室及主要通道照明用电	二级
地、市级及国家气象台	气象业务用计算机系统用电	特别重要
	气象雷达、电报及传真收发设备、卫星云图接收机及语言广播设备、气象绘图及预报照明用电,消防用电	一级
电信枢纽、卫星地面站	保证通信不中断的主要设备用电	特别重要

续表1

建筑物名称	用电负荷名称	负荷级别
电视台、广播电台	国家及省、市、自治区电视台、广播电台的计算机系统用电，直接播出的电视演播厅、中心机房、录像室、微波设备及发射机房用电，消防用电	特别重要
	语言播音室、控制室的电力和照明用电，客梯电力	一级
	洗印室、电视电影室、审听室、楼梯照明用电	二级
剧场	特、甲等剧场的调光用计算机系统用电	特别重要
	特、甲等剧场的舞台照明、贵宾室、演员化妆室、舞台机械设备、电声设备、电视转播用电，消防用电	一级
	甲等剧场的观众厅照明、空调机房及锅炉房电力和照明用电，乙、丙等剧场的消防用电	二级
电影院	甲等电影院的照明、放映用电，消防用电	二级
科研院所、高等院校	四级生物安全实验室及其他对供电连续性要求极高的国家重点实验室用电	特别重要
	除上栏所述之外的其他重要实验室用电，消防用电	一级
	主要通道照明用电	二级
图书馆	藏书量超过100万册及重要图书馆的安防系统、图书检索用计算机系统用电，消防用电	特别重要
	其他用电	二级
博物馆、展览馆	大型博物馆、展览馆安防系统用电，珍贵展品展室照明用电，消防用电	特别重要
	展览用电	二级
体育场、馆	特级体育场(馆)、游泳馆的比赛场(厅)、主席台、贵宾室、接待室、新闻发布厅、广场及主要通道照明、计时记分装置、计算机房、电话机房、广播机房、电台和电视转播及新闻摄影用电，消防用电	特别重要
	甲级体育场(馆)、游泳馆的比赛场(厅)、主席台、贵宾室、接待室、新闻发布厅、广场及主要通道照明、计时记分装置、计算机房、电话机房、广播机房、电台和电视转播及新闻摄影用电，消防用电	一级
	特级及甲级体育场(馆)、游泳馆中非比赛用电，乙级及以下体育场馆比赛用电	二级

续表2

建筑物名称	用电负荷名称	负荷级别
商场、超市	大型商场及超市经营管理用计算机系统用电	特别重要
	大型商场及超市营业厅备用照明、消防用电	一级
	大型商场及超市自动扶梯、空调电力用电，中型百货商场、超市营业厅备用照明	二级
宾馆、饭店	四星级及以上宾馆、饭店的经营及设备管理用计算机系统用电	特别重要
	四星级及以上宾馆、饭店的宴会厅、餐厅、厨房、康乐设施、门厅及高级客房、主要通道等场所的照明用电，厨房、排污泵、生活水泵、主要客梯电力，计算机、电话、电声和录像设备、新闻摄影用电，三星级及以上宾馆、饭店的消防用电	一级
	三星级宾馆、饭店的宴会厅、餐厅、厨房、康乐设施、门厅及高级客房、主要通道等场所的照明用电，厨房、排污泵、生活水泵、主要客梯电力、计算机、电话、电声和录像设备、新闻摄影用电，除上栏所述之外的四星级及以上宾馆、饭店的其他用电	二级
二级以上医院	重要手术室、重症监护等涉及患者生命安全的设备(如呼吸机等)及其照明用电	特别重要
	急诊部、监护病房、手术室、分娩室、婴儿室、血液病房的净化室、血液透析室、病理切片分析、磁共振、介入治疗用CT及X光机扫描室、血库、高压氧舱、加速器机房、治疗室及配血室的电力照明用电，培养箱、冰箱、恒温箱用电，走道照明用电，百级洁净度手术室空调系统用电，重症呼吸道感染区的通风系统用电，客梯电力，消防用电	一级
	除上栏所述之外的其他手术室空调系统用电，电子显微镜、一般诊断用CT及X光机用电，高级病房、肢体伤残康复病房照明用电	二级
银行、金融中心、证交中心	重要的计算机系统和安防系统用电，金库照明，大型银行、大型金融中心、大型证交中心的消防用电	特别重要
	大型银行营业厅及门厅照明、安全照明用电，客梯电力	一级
	小型银行营业厅及门厅照明用电	二级

续表 3

建筑物名称	用电负荷名称	负荷级别
民用机场	航空管制、导航、通信、气象、助航灯光系统设施和台站用电，边防、海关的安全检查设备用电，航班预报设备用电，三级以上油库用电，消防用电	特别重要
	候机楼、外航驻机场办事处、机场宾馆及旅客过夜用房、站坪照明、站坪机务用电	一级
	其他用电	二级
大型火车站	大型站和国境站的调度设备用电，旅客站房、站台、天桥、地道用电，消防用电	一级
水运客运站	通信、导航设施用电	一级
	港口重要作业区、一级客运站用电	二级
汽车客运站	一、二级客运站用电	二级
汽车库(修车库)、停车场	Ⅰ类汽车库、机械停车设备及采用升降梯作车辆疏散出口的升降梯用电，消防用电	一级
	Ⅱ、Ⅲ类汽车库和Ⅰ类修车库、机械停车设备及采用升降梯作车辆疏散出口的升降梯用电，消防用电	二级
一类高层建筑	走道照明、值班照明、警卫照明、障碍照明，屋顶停机坪信号灯用电，主要业务和计算机系统用电，安防系统用电，电子信息设备机房用电，客梯电力，排污泵、生活水泵用电，消防用电	一级
二类高层建筑	主要通道及楼梯间照明用电，客梯电力，排污泵、生活水泵用电，消防用电	二级

注：①本表数据摘自《全国民用建筑工程设计技术措施·电气》(2009)。

②各类建筑物的分级见现行的有关设计规范。

③负荷分级表中的“消防用电”，指的是消防控制室内的主要设备、火灾自动报警及联动控制装置、火灾应急照明(含超高层建筑避难层照明和屋顶停机坪专用信号灯)及疏散指示标志、防烟排烟设施、自动灭火系统、消防水泵、消防电梯及其排水泵、电动的防火卷帘及门窗以及阀门等；消防负荷分级，还应遵守相关的现行国家标准、规范。

④当表中各类建筑物与一类或二类高层民用建筑中用电设备的负荷级别不同时，负荷级别按其中高者确定。

⑤城镇街区、建筑群的消防水泵为一级负荷。

⑥区域性生活水泵、锅炉房、换热站的负荷等级，应按其用户的重要程度确定，但不应低于二级负荷。

⑦直接影响特别重要负荷运行的空调负荷为一级负荷，直接影响一级负荷运行的空调负荷为二级负荷。

⑧防范报警、保安监视(摄录)系统、巡查系统及值班照明、警卫照明、障碍标志灯、重要电信机房的交流电源等，应与主体建筑中的最高级别的用电负荷等级相同。

⑨有特殊要求的用电负荷，应根据实际情况与相关部门协商确定。

4.其他建筑物用电负荷

各类建筑物的用电指标及需要系数，见表16-2~表16-5。

表16-2　各类建筑物的单位建筑面积用电指标

建筑类别	用电指标(W/m²)	变压器容量指标(VA/m²)	建筑类别	用电指标(W/m²)	变压器容量指标(VA/m²)
公寓	30~50	40~70	医院	30~70	50~100
宾馆、饭店	40~70	60~100	高等学校	20~40	30~60
办公楼	30~70	50~100	中小学	12~20	20~30
商业建筑	一般:40~80	60~120	展览馆、博物馆	50~80	80~120
	大中型:60~120	90~180			
体育场、馆	40~70	60~100	演播室	250~500	500~800
剧场	50~80	80~120	汽车库(机械停车库)	8~15 (17~23)	12~34 (25~35)

注：当空调冷水机组采用直燃机(或吸收式制冷机)时，用电指标一般比采用电动压缩机制冷时的用电指标降低25~35VA/m²。表中所列用电指标的上限值是按空调冷水机组采用电动压缩机组时的数值。

表16-3　各类建筑物用电指标、照明负荷需要系数表

建筑类别	用电指标(W/m²)	负荷类别	规模	需要系数 Kx	功率因数 COSϕ	备注
公寓	30~50	照明(含插座)	—	0.6~0.7	0.9	用电指标含建筑内所有非工业电力设备，照明负荷含插座容量，荧光灯就地补偿或采用电子镇流器，剧场照明不含舞台照明
旅馆	40~70		一般	0.7~0.8		
			大中型	0.8~0.9		
办公	30~70		—	0.7~0.8		
商业	40~80		一般	0.85~0.95		
	60~120		大中型			
体育	40~60		—	0.65~0.75		
剧场	60~100		—	0.6~0.7		
医院	50~80		—	0.5~0.7		

续表

建筑类别	用电指标（W/m^2）	负荷类别	规模	需要系数 Kx	功率因数 $COS\phi$	备注
高等学校	20～40	照明（含插座）	—	0.8～0.9	0.9	用电指标含建筑内所有非工业电力设备，照明负荷含插座容量，荧光灯就地补偿或采用电子镇流器，剧场照明不含舞台照明
中小学	20～30		—	0.8～0.9		
展览馆	50～80		—	0.6～0.7		
演播室	250～500		—	0.6～0.7		
汽车库	8～15		—	0.6～0.7		
照明干线	—		面积<$500m^2$	0.9～1		
	—		500～$3000m^2$	0.7～0.9		
	—		3000～$15000m^2$	0.55～0.75		
	—		>$15000m^2$	0.4～0.6		
舞台照明	—		<200kW	1～0.6	0.9～1	设置就地补偿装置
	—		>200kW	0.6～0.4	0.9～1	

注：①表中所列用电指标的上限值是按空调采用电动压缩机制冷时的数值。当空调冷水机组采用直燃机时，用电指标一般比采用电动压缩机制冷时的用电指标降低 25～$35VA/m^2$。

②照明负荷需要系数的大小与灯的控制方式和开启率有关，大面积集中控制的灯比相同建筑面积的多个小房间分散控制的灯的需要系数大。插座容量的比例大时，需要系数的选择可以偏小些。

表 16－4　非工业电力负荷需要系数表

负荷类别	规模（台数）	需要系数 K_x	功率因数 $\cos\varphi$	备注
冷冻机房锅炉房	1～3 台	0.7～0.9	0.8～0.85	
	>3 台	0.6～0.7		
热力站、水泵房、风机	1～5 台	0.8～0.95	0.8～0.85	
	>5 台	0.6～0.84		
电梯		0.18～0.22（0.2～0.5）	0.5～0.6	交流电梯
			0.8	直流电梯
洗衣房	≤100kW	0.4～0.5	0.8～0.9	
	>100kW	0.3～0.4		
厨房	≤100kW	0.4～0.5	0.8～0.9	
	>100kW	0.3～0.4		

续表1

负荷类别	规模(台数)	需要系数 K_x	功率因数 $\cos\varphi$	备注
分体空调	4~10台	0.6~0.8	0.8	
	11~50台	0.4~0.6		
	50台以上	0.3~0.4		
实验室动力	—	0.2~0.4	0.2~0.5	
医院动力	—	0.4~0.5	0.5~0.6	

注:①一般动力设备为3台及以下时,需要系数 $K_x=1$。

②电梯括号内需要系数0.2~0.5,只用于配电变压器总容量选择的计算。

表16-5　各类建筑物的用电指标

建筑类别	用电指标(W/m²)	变压器容量指标(VA/m²)	建筑类别	用电指标(W/m²)	变压器容量指标(VA/m²)
公寓	30~50	40~70	展览馆	50~80	80~120
影城	80~100	100~120	高档百货	130~160	150~200
酒店式公寓	80~100	100~120	演播室	250~500	500~800
KTV	100~120	120~150	家电超市	110~120	130~150
旅馆	40~70	60~100	体育	40~70	60~100
医院	40~70	60~100	剧场	50~80	80~120
高档酒店	100~120	120~150	汽车库	8~15	12~23
高等学校	20~40	30~60	高档电子游戏	120~130	—
办公	30~75	45~110	健身	100~120	120~140
中小学	12~20	20~30	高档酒楼	130~160	150~200
商业	一般:40~80 大中型:60~120	60~120 90~180	西式快餐	共计250~300kW	—

注:①当空调冷水机组采用直燃机(或吸收式制冷机)时,用电指标一般比采用电动压缩机制冷时的用电指标降低25~35VA/m²。表中所列用电指标的上限值是按空调冷水机组采用电动压缩机组时的数值。

②本表数据参考了国家标准图《建筑电气常用数据》04DX101-1和近年来实际工程编制而成。

a. 酒店式公寓,指采用用电炊具、由酒店管理公司管理的公寓;

b. 高档酒店指的是国际知名酒店管理公司的五星级及以上等级的豪华酒店;

c. 高档百货系指高档、综合性的百货商场;

d. 家电超市参考了北京的国美、大中、苏宁电器的技术要求;

e. 高档电子游戏是装修豪华的电子游戏场所；

f. 高档酒楼系指高档餐饮场所；

g. 影城系指装修奢华、房间大小不一的放映场所，本指标参考了北京的万达影城的数据；

h. KTV 系指量贩式 KTV 场所；

i. 健身也为高档健身场所；

j. 西式快餐，如比萨、麦当劳、肯德基等，其店面面积有限，多在繁华地区的一层、二层门面房，故给出总用电量。

③方案设计阶段可采用单位指标法进行负荷计算，各类建筑的用电指标宜按业主的要求设计，当业主没有提供具体要求时，可按本表计算。

5. 城市道路照明用电负荷的分级

城市中的重要道路、交通枢纽及人流集中的广场等区段的照明应采用双电源供电，为一级负荷，其余为二级或三级负荷。

6. 夜景照明用电负荷的分级

经常举办大型夜间游园、娱乐、集会等活动的人员大量密集场所的夜景照明用电可按二级负荷供电，其余按三级负荷供电。

二、各级负荷供电要求

民用建筑工程（用户）的供电系统，均与市政（外部）电源条件有关，而市政电源条件一般取决于（由工程筹建单位提供的）当地供电部门确定的“供电方案”。

如果工程筹建单位和当地供电部门未提供“供电方案”，工程设计者应根据工程所在地的公共电网现状及其发展规划，结合本工程的性质、特点、规模、负荷等级、用电量、供电距离等因素，依据国家及行业的相关标准、规范，经过技术经济比较，确定本工程的外部电源、自备电源及用户内各类用电设备的供配电系统。

1. 一级（含特别重要）负荷

一级（含特别重要）负荷供电要求如下：

（1）一级负荷用户和设备应由两个电源供电，并要求当两个电源中的一个电源发生故障（或检修）时，另一个电源不致同时受到损坏（或检修）。

（2）特别重要负荷用户的供电电源，应考虑为其供电的一个电源故障或检修的同时，另一电源又发生故障的可能，因此，除有两个或两个以上市政电源外，尚应增设自备（应急）电源。

（3）符合下列条件之一的用户，应设置自备（应急）电源：

①特别重要负荷用户；

②外电源不能满足一、二级负荷需要的用户；

③设置自备(应急)电源较从电力系统取得第二电源经济合理的用户；

④所在地区偏僻，远离电力系统，设置自备电源作为主电源或备用电源，经济合理者；

⑤有常年稳定余热、压差、废气可供发电，技术经济合理者。

(4)下列电源可作为应急电源：

①独立于正常电源的专用馈电线路；

②独立于正常电源的发电机组；

③蓄电池、UPS或EPS装置。

(5)根据允许中断供电的时间，可分别选择下列自备(应急)电源：

①要求连续供电或允许中断供电时间仅为毫秒级的负荷，应选用不间断电源装置(UPS)，有同样要求的照明负荷可选用应急电源装置(EPS)；

②双电源自动转换装置的动作时间(ATSE切换时间一般小于0.15s，接触器类自动转换装置切换时间一般小于0.5s)能满足允许中断供电时间要求者，可选用带自动转换装置的独立于正常电源的专用馈电回路；

③当允许中断供电时间为15～30s者，可选用快速自动启动的柴油发电机组；当柴油发电机组启动时间不能满足负荷对中断供电时间的要求时，可增设其他应急电源(如UPS或EPS)与柴油发电机组相配合。

(6)不间断电源和应急电源的工作时间，应满足负荷对其工作时间或恢复正常电源所需时间的要求。与自动启动的柴油发电机组配合使用的UPS或EPS应急电源，其供电时间不应少于10min。

(7)为保证应急电源的独立性，防止正常电源故障时影响或拖垮应急电源，应急电源与正常电源之间必须采取防止片联运行的措施。

(8)一级负荷用户变配电室内的高、低压配电系统，均应采用单母线分段方式，各段母线间宜设联络断路器，可手动或自动(高压宜为手动，低压宜为自动)分、合闸。两电源平时应分列运行，故障时互为备用。

(9)特别重要负荷用户变配电室内的低压配电系统，应设置应急母线段，为特别重要负荷设备供电。不同级别的负荷不应共用供电回路，为一级负荷供电的回路中，不应接入其他级别的负荷。为特别重要负荷设备供电的回路中，严禁接入其他级别的负荷设备。

(10)一级(含特别重要)负荷用户的高压配电系统，宜采用断路器保护方式。

(11)消防用电设备的供电，应从本建筑的总配电室或分配电室采用消防专用回路供电，避免因发生火灾切断非消防电源时，也同时切断了消防电源。

(12)为一级负荷设备供电的两个电源回路，应在最末一级配电(或控制)装置处自动切换。切换时间应满足用电设备对中断供电时间的要求。必要时设置不间断电源装置。照明负荷可采用两个电源各带一半负荷的供电方式，当一个电源故障时，仍能维持工作场所50%的照度。

(13)分散的小容量一级负荷(如应急照明)，可采用设备自带蓄电池(干电池)或集中供电型电源装置(EPS)作为应急电源。

(14)为一极负荷供电的低压配电系统，应简单可靠，尽量减少配电级数。一般情况下，配电级数不应超过三级。

2.二级负荷

二级负荷的供电系统，应满足当电力变压器或线路发生故障时，能及时恢复供电的要求。可根据当地电网的条件、用电设备的性质、安装位置的分布情况等，采取下列方式之一：

(1)由同一座变电站的两段母线分别引来的两个回路在适当位置自动或手动切换供电。

(2)由两个电源供电，其第二电源可引自邻近单位或自备发电机组。

(3)当地区供电条件困难时，可由一路6kV及以上专用架空线供电，或采用两根电缆供电，其每根电缆应能承担全部二级负荷。

(4)当变配电系统的高压侧为两路供电，且低压侧为单母线分段(设有母联开关)时，对大容量设备(例如属二级负荷的冷水机组)，可由变配电所低压配电柜采用单路放射式供电。

(5)对二类建筑内工作性质相同、容量较小的多台消防设备(例如：多台排烟风机、防火卷帘门、排污泵控制箱或多台应急照明配电箱等)可采用两路消防专用供电回路树干式配电到控制(或配电)箱，自动切换供电，自动切换箱链接的台数不宜超过5台。

(6)经双电源切换箱自动切换后，自动切换箱配出至用电设备的线路，均应采用放射式供电。

(7)分散的小容量应急照明负荷，可采用一路消防电源与设备自带的蓄(干)电池(组)自动切换供电。当本工程无消防电源时可采用一路正常电源与设备自带的蓄(干)电池(组)自动切换供电。

3.三级负荷

三级负荷供电要求如下：

(1)三级负荷均采用单电源单回路供电，但应尽量减少配电级数，使配电系统简单，便于管理维护，节能、节材。

(2)小容量三级负荷用户的高压系统,宜采用负荷开关加熔断器保护方式。

(3)当三级负荷用户中,有少量一、二级负荷设备时,宜在适当部位设置仅满足一、二级负荷需要的自备(应急)电源。

三、照明供电方式

1. 正常照明供电方式

正常照明的供电方式与工作场所的重要程度和照明负荷的等级有关,不同等级的照明负荷供电要求不同,供电方式各异。

(1)一级照明负荷。一级负荷应由两个独立的电源供电,当一个电源发生故障时,另一个电源不应同时受到损坏。一级负荷容量较大或有10kV用电设备时,应采用两路10kV或35kV电源,如图16-1所示。如一级负荷容量不大时,应优先采用从电力系统或临近单位取得第二低压电源,亦可采用应急发电机组,如图16-2所示。如一级负荷仅为照明或电信负荷时,宜采用不间断电源UPS或EPS作为备用电源。

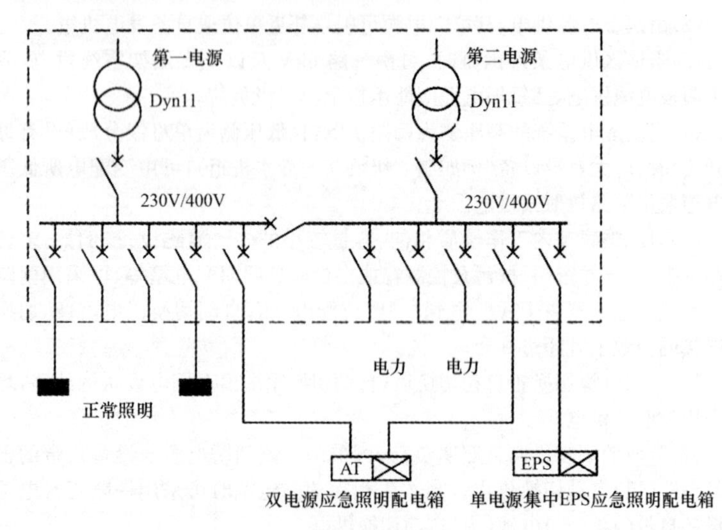

图16-1 两个独立的高压电源供电方式

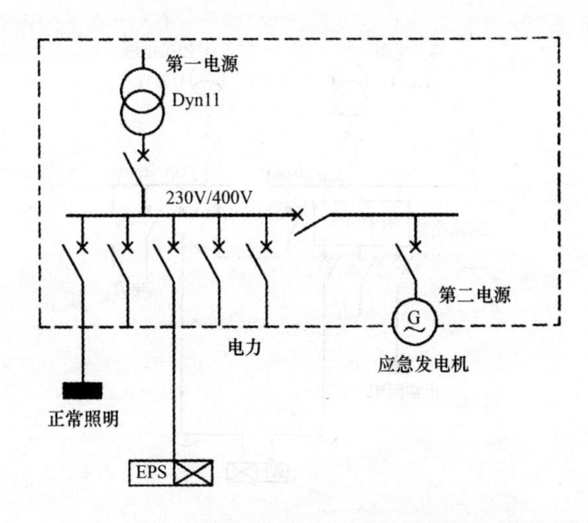

图 16-2 一个高压电源加应急发电机的供电方式

一级负荷中，特别重要的工作场所除采用两路独立电源外，最好另设第三独立电源，如设自启动发电机作为第三独立电源，如图 16-3 所示；或设 EPS 等作为第三独立电源，如图 16-4 所示，第三独立电源应能自动投入。

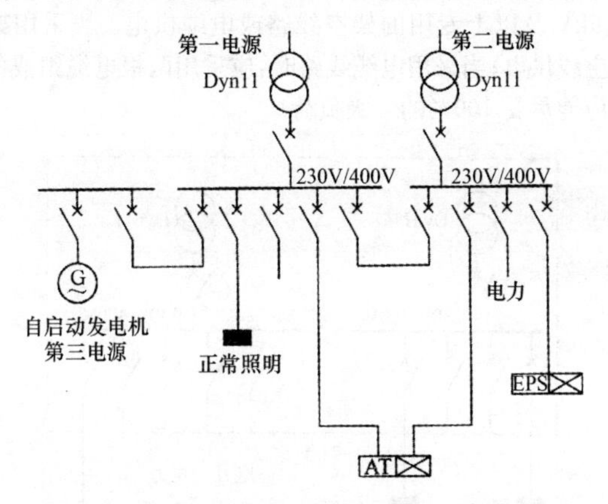

图 16-3 两个独立的高压电源外加发电机供电方式

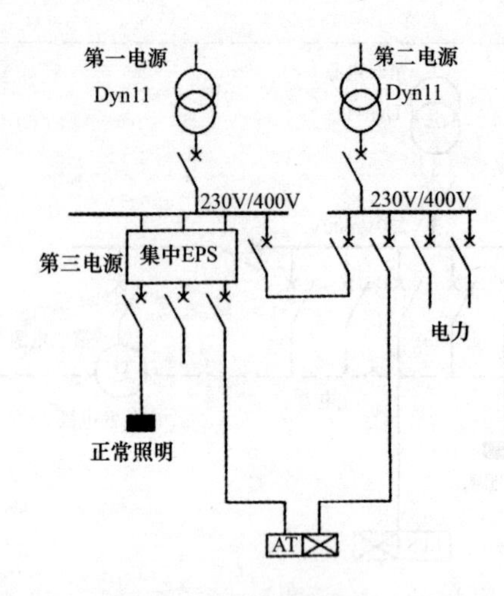

图 16-4　两个独立的高压电源外加集中 EPS 供电方式

(2)二级照明负荷。二级照明负荷多采用两台变压器的供电方式,与一级负荷的区别在于其负荷高压侧高压来自同一个电源,但为双回路、双变压器的形式,如图 16-5 所示。在负荷较小或地区供电条件困难时,二级负荷可由一回路 6kV 及以上专用的架空线路或电缆供电。当采用架空线时,可为一回路架空线供电;当采用电缆线路时,应采用两根电缆组成的线路供电,其每根电缆应能承受 100%的二级负荷。

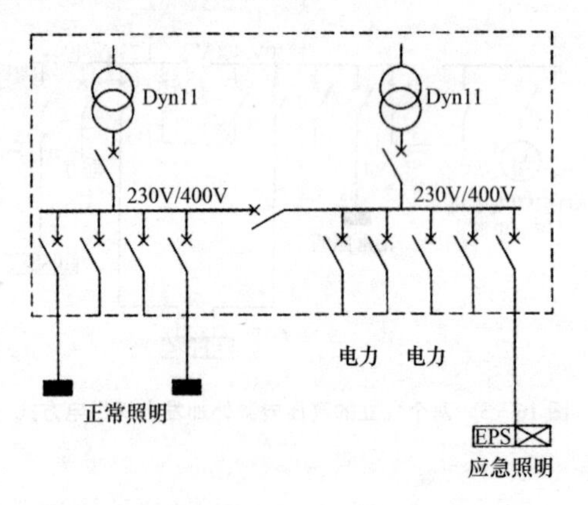

图 16-5　一个高压电源双回路供电方式

(3)三级照明负荷。三级照明负荷可由一个单变压器的变电所供电，即照明与电力共用变压器，常用形式如图 16-6 所示。变电所低压侧一般采用放射式配电，照明与电力应在母线上分开供电，照明电源接自变压器低压侧总开关之后的照明专用低压屏上，采用独立的照明干线。

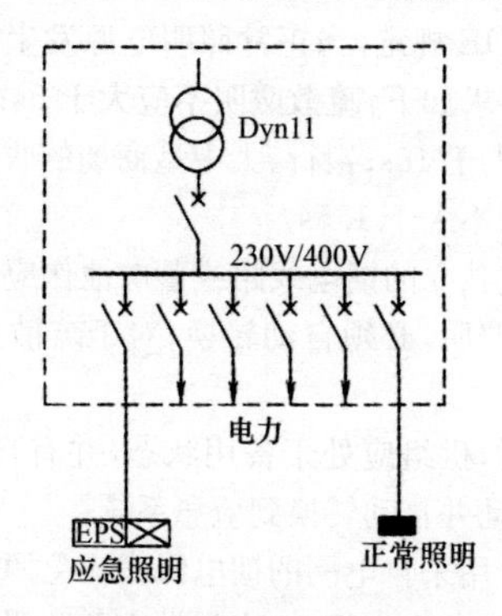

图 16-6　一个高压电源供电方式

2. 应急照明供电方式

(1)供电电源应急照明是在正常照明电源故障时使用的照明设施，因此应由与正常照明电源分开的独立电源供电，可以选用以下几种方式的电源：

①供电网络中独立于正常电源的专用馈电线路，如接自有两回路独立高压线路供电变电所的不同变压器引出的馈电线路，如图 16-1 所示。特点是容量大、转换快、持续工作时间长，但重大灾害时，有可能同时遭受损害。这种方式通常是由工厂或该建筑物的电力负荷或消防的需要而决定的，工厂的应急照明电源多采用这种方式；重要的公共建筑也常使用这种方式，或该方式与其他方式共同使用。

②独立于正常电源的发电机组，如图 16-2 所示。特点是容量比较大，持续工作时间比较长，但转换慢，需要经常维护。一般是根据电力负荷、消防及应急照明三者的需要综合考虑，单独为应急照明而设置往往是不经济的。对于难以从电网取得第二电源又需要应急电源的工厂及其他建筑，通常采用这种方式，高层或超高层民用建筑通常是和消防要求一起设置这种电源。

③独立于正常电源的集中式 EPS 电源等。特点是可靠性高，灵活、方便，但容量越大，持续工作时间越长，造价越高。特别重要的公共建筑，除有独立的馈电线路作应急电源外，还可设置或部分设置 EPS 作疏散照明电源，如图 16-4 所示。重要的公共建筑或金融建筑、商业建筑中的安全照明或要

求快速点亮的备用照明，当来自电网的馈电线作电源可靠性不够时，可增设EPS电源；中小型公共建筑、电力负荷和消防没有应急电源要求，而自电网取得备用电源有困难或不经济时，应急照明电源宜用EPS，如图16-6所示。

(2)转换时间和转换方式：

①转换时间。按CIE规定，当正常照明电源发生故障后，转换到由应急电源供电点亮的时间要求如下：疏散照明不应大于5s；安全照明不应大于0.5s；备用照明一般不应大于15s；银行、大中型商场的收款台，商场贵重物品销售柜等场所的备用照明不大于1.5s。

②转换方式。采用独立的馈电线路或蓄电池作应急照明电源时，当正常电源故障时，对于安全照明，必须自动转换；对于疏散照明和备用照明，通常也应自动转换。

采用应急发电机时，机组应处于备用状态，并有自动启动装置。当正常电源故障时，能自动启动并自动转换到应急系统。

③持续工作时间。用来自电网的馈电线作应急照明电源，通常能保证足够的持续工作时间；用应急发电机时，应根据应急照明、特别是备用照明持续工作时间要求和电力负荷要求，备足燃料；用蓄电池时，则应按持续工作时间要求，确定蓄电池的容量。应急照明电源的持续工作时间要求如下：

a. 疏散照明：按《高层民用建筑设计防火规范》(GB 5004.5—1995)规定，应急持续工作时间不应小于20min；但对于特别重要的建筑、超高层公共建筑等，不宜小于30min，甚至更长时间。

b. 安全照明和备用照明：其持续工作时间应根据该场所的工作或生产操作的具体需要确定。如生产车间某些部位的安全照明，一般不小于20min可满足要求；医院手术室的备用照明，持续时间往往要求达到3～8h；作为停电后进行必要的操作和处理设备停运的生产车间，其备用照明可按操作复杂程度而定，一般持续20～60min；维持继续生产的车间备用照明，通信中心、重要的交通枢纽、重要的宾馆等备用照明，要求持续到正常电源恢复。

四、供电电压等级选择和允许偏差

(一)电压等级选择

(1)各级用户的供电电压，应根据其计算容量、供电距离、用电设备特性、电源回路数量、远景规划及当地公共电网的现状和发展规划等因素，综合考虑，经技术经济比较确定。

(2)城镇的高压配电电压应采用10kV(特殊情况下，可采用6kV)，低压配电电压应采用380/220V。10(6)kV电源应深入负荷中心，以缩短低压配电线路的长度。

(3)当用电设备功率在 250kW 及以上或需用变压器容量在 160kVA 及以上者,宜采用 10kV 供电。

对于大型公用建筑的电制冷冷水机组,应根据机组的容量及地区供电条件等,经技术经济比较,并与负责冷水机组选型者(空调专业设计人及业主)协商,合理选择机组的额定电压和用户的供配电电压。条件许可时,应尽量采用 10kV(或 6kV)冷水机组,以利于节能。

当采用 220/380V 冷水机组时,宜将为其供电的变压器及配电装置室与制冷机组的机房组合在一起或相邻布置,并依据冷水机组电动机启动方式等因素选择变压器容量。

(4)地区电力网提供的电源电压为 35kV,且采用 35kV 配电经济合理时,经当地供电部门同意,可采用 35kV 配电,并采用 35/0.4kV 直降的方式。若根据用电设备的具体情况,选用 6kV 配电技术经济合理时,可采用 6kV 配电。

(5)关于 20kV 配电电压等级的几点说明:

①在现行国家标准《标准电压》GB/T 156—2007 中,已将系统标称电压 20kV 去掉原来的括号列入标准电压。将 10kV 电压等级升为 20kV,是解决中压配电容量不定,降低线路上的电压损耗,增大供电半径,提高供电可靠性满足用户用电需求的一个途径。

②目前我国中压配电网年损耗达 180 亿 kWh,相当于 2～3 座百万千瓦发电厂的发电量,若将配电电压由 10kV 升至 20kV,则能量损耗可减少 3/4。

③我国近年来城市负荷增长很快,用电增长率达 14.8%～18%。上海、广州、武汉、郑州等地城市市区负荷密度达 9.7～14.8MW/km^2,其中上海、广州市繁华地区最大负荷密度已分别达到 54MW/km^2 和 31MW/km^2。由于受 10kV 配电电压供电距离和供电能力的限制,为满足其供电要求,势必增建较多的上级降压站。例如,一个 110kV 降压站,如果用 10kV 配电电压,站内设 3 台 31.5MVA 主变压器,可出线约 24 回路,可供容量按"N－1"准则(N 为主变台数)计算为 63MVA;若采用 20kV 配电电压,站内可设 3 台 63MVA 主变压器,出线仍为 24 回路,可供容量则为 126MVA,即可增加一倍。

④10kV 用户可装接容量,在《全国供用电规则》、《电力供应与使用条例》中均未详细规定具体数字,各地供电部门根据当地电网特点,规定了适应于本地特点的装接容量。广州为 20000kVA、太原为 10000kVA、上海为 80000kVA、长沙为 15000kVA、深圳为 30000kVA 等。城市中高楼大厦用户装接容量一般均在 10000kVA 以上,有的甚至达到 20000kVA。10kV 供电需

2～3 回路，甚至达 4 个回路。

⑤国内目前使用 20kV 电压等级还很少，尚未标准化和规格化。但 20kV 电气设备制造能力均已成熟，当各方面条件成熟时，宜将 20kV 作为配电电压。

(二)供电电压允许偏差

1. 电压偏差允许值

(1)国家标准《电能质量供电电压允许偏差》GB/T 12325—2003 中规定，用电单位(用户)受电端供电电压的偏差允许值，应符合下列要求：

①10kV 及以下三相供电电压允许偏差为标称系统电压的±7%；

②220V 单相供电电压允许偏差为标称系统电压的+7%、-10%；

③对供电电压允许偏差有特殊要求的用电单位，应与供电企业协议确定。

(2)参照《民用建筑电气设计规范》JGJ 16—2008 及《供配电系统设计规范》GB50052—95 等标准中规定，用电设备端子处的电压偏差允许值(以额定电压的百分数表示)，正常运行情况下，宜小于下列限值的要求：

①照明：室内场所为±5%；对于远离变电所的小面积一般工作场所，难以满足上述要求时，可为+5%、-10%；应急照明、景观照明、道路照明和警卫照明为+5%、-10%；

②一般电动机为±5%；

③电梯电动机为±7%；

④其他用电设备，当无特殊规定时为±5%。

2. 减少电压偏差的措施

(1)为减少电压偏差，供配电系统的设计应满足下列要求：

①正确选择变压器的变比、电压分接头和阻抗电压；

②降低配电系统阻抗；

③采用(恰当的方式、在适当的地点、用适当的容量进行)无功功率补偿；

④应将单相负荷尽量均匀地分配到三相电源的各相上。

(2)10(6)kV 配电变压器不宜采用有载调压型，但在当地 10(6)kV 电源电压偏差不能满足要求，且用户有对电压要求严格的设备，单独设置调压装置技术经济不合理时，也可采用 10(6)kV 有载调压变压器。

(3)为减小电压波动和闪变对电能质量的影响，对波动性、冲击性低压负荷宜采取下列措施：

①宜采用专线供电；

②与其他负荷共用配电线路时，宜降低配电线路阻抗；

③较大功率的波动性、冲击性负荷或波动性、冲击性负荷群，宜与对电压波动、闪变敏感的负荷由不同变压器供电；

④有条件时由短路容量较大的回路供电。

(4)为降低三相低压配电系统的不平衡、不对称度，设计低压配电系统时，宜采取下列措施：

①220V 或 380V 单相用电设备接入 380/220V 三相系统时，应尽可能使三相负荷平衡；

②由地区公共低压电网供电的 220V 照明负荷，线路电流不大于 40A 时，允许采用 220V 单相供电；否则，宜采用 380/220V 三相供电。

③选用结线组别为 D,ynll 的三相电力变压器。

3. 谐波治理

(1)供电公司向用户提供的公共电网电压波形应符合国标《电能质量公共电网谐波》CB/T 14549 的要求。谐波电压(相电压)限值，见表 16-6。注入公共连接点谐波电流允许值，见表 16-7。

表 16-6　谐波电压(相电压)限值

电网标称电压(kV)	电压总谐波畸变率(%)	各次谐波电压含有率(%)	
		奇　次	偶　次
0.38	5.0	4.0	2.0
6	4.0	3.2	1.6
10			
35	3.0	2.4	1.2

注：本表数据摘自国际《电能质量公用电网谐波》GB/T 14549—93。

表 16-7　注入公共连接点谐波电流允许值

标准电压(kV)	基准短路容量(MVA)	谐波次数及谐波电流允许值(A)											
		2	3	4	5	6	7	8	9	10	11	12	13
0.38	10	78	62	39	62	26	44	19	21	16	28	13	24
6	100	43	34	21	34	14	24	11	11	8.5	16	7.1	13
10	100	26	20	13	20	8.5	15	6.4	6.8	5.1	9.3	4.3	7.9
35	250	15	12	7.7	12	5.1	8.8	3.8	4.1	3.1	5.6	2.6	4.7

续表

标准电压(kV)	基准短路容量(MVA)	谐波次数及谐波电流允许值(A)											
		14	15	16	17	18	19	20	21	22	23	24	25
0.38	10	11	12	9.7	18	8.6	16	7.8	8.9	7.1	14	6.5	12
6	100	6.1	6.8	5.3	10	4.7	9	4.3	4.9	3.9	7.4	3.6	6.8
10	100	3.7	4.1	3.2	6.0	2.8	5.4	2.6	2.9	2.3	4.5	2.1	4.1
35	250	2.2	2.5	1.9	3.6	1.7	3.2	1.5	1.8	1.4	2.7	1.3	2.5

注：①本表数据摘自国际《电能质量公用电网谐波》GB/T 14549—93。

②当公共连接点处的最小运行方式的短路容量与本表中相应的基准短路容量不同时，谐波电流允许值应(按正比)进行换算。

③同一公共连接点的每个用户向电网注入的谐波电流允许值，按此用户在该点的协议容量与其公共连接点的供电设备的总容量之比进行分配。

(2)当非线性负荷容量较大时，对非线性用电设备向电网注入的谐波电流(有条件时进行计算或实测)，必要时采取如下抑制措施：

①在 $3n$ 次谐波电流含量较大的供配电系统中，应选用 D，ynll 变压器，如果谐波严重，又未得到有效治理，需考虑谐波电流对变压器负载能力的影响，必要时，适当降低变压器的负载率。

②省级及以上政府机关、银行总行及同等金融机构的办公大楼、三级甲等医院医技楼、大型计算机中心等建筑物，以及有大容量调光等谐波源设备的公共建筑，宜在易产生谐波和对谐波骚扰敏感的医疗设备、计算机网络设备附近或其专用干线末端(或首端)设置滤波或隔离谐波的装置。当采用无源滤波装置时，应注意选择滤波装置的参数，避免电网发生局部谐振。

③当配电系统中具有相对集中的长期稳定运行的大容量(如 200kVA 或以上)非线性谐波源负载，且谐波电流超标或设备电磁兼容水平不能满足要求时，宜选用无源滤波器；当用无源滤波器不能满足要求时，宜选用有源滤波器或有源无源组合型滤波器或设置隔离变压器等其他抑制谐波措施。

④大容量的谐波源设备，应要求其产品自带滤波设备，将谐波电流含量限制在允许范围内，大容量非线性负荷除进行必要的谐波治理外，尚应尽量将其接入配电系统的上游，使其尽量靠近变配电室布置，并以专用回路供电。

⑤对谐波严重又未进行治理的回路，其中性线截面选择，应考虑谐波电流的影响。

⑥当配电系统中的谐波源设备已设有适当的滤波装置时，相应回路的中性线宜与相线等截面。

⑦由晶闸管控制的负载宜采用对称控制，以减小中性线中的电流。

⑧当三相 UPS、EPS 电源输出端接地形式采用 TN－S 系统时，其输出端中性线应就近直接接地，且输出端中性线与其电源端中性线不应就近直接相连。

⑨谐波严重场所的功率因数补偿电容器组，宜串联适当参数的电抗器，以避免谐振和限制电容器回路中的谐波电流，保护电容器。当采用自动调节式补偿电容器时，应按电容器的分组，分别串入电抗器。

4. 谐波电流的计算

(1)谐波电流电压畸变率：谐波电流电压畸变率可按下式计算：

谐波电流电压畸变率：

$$THD_I = \frac{\sqrt{\sum_{n=2}^{\infty} I_n^2}}{I_1} \text{ 或 } THD_I = \sqrt{\left(\frac{I_{rms}}{I_1}\right)^2 - 1}$$

谐波电压畸变率：

$$THD_U = \frac{\sqrt{\sum_{n=2}^{\infty} U_n^2}}{U_1}$$

式中 I_n——第 n 次谐波电流；

I_1——基波电流；

I_{rms}——电流的有效值，可通过各次谐波的方均根值函数计算：

$$I_{rms} = \sqrt{\sum_{n=2}^{\infty} I_n^2}$$

U_n——第 n 次谐波电压；

U_1——基波电压；

n——谐波次数。

(2)谐波电流：

①单台谐波源的谐波电流发射量可按下式计算：

$$I_n = I_N \cdot THD_I$$

式中 I_n——谐波电流；

I_N——谐波源(设备)额定电流；

THD_I——对应于负荷率的设备谐波电流畸变率(由设备制造商提供)。

②在一条线路上的同一相上两个谐波源的同次谐波电流计算(两个以上同次谐波电流叠加时，应首先将两个谐波电流叠加，然后再与第三个谐波电流相加，以此类推)：

当相位角已知时：

$$I_n = \sqrt{I_{n1}^2 + I_{n2}^2 + 2 \cdot I_{n1} \cdot I_{n2} \cdot \cos\theta_n}$$

式中 I_{n1}、I_{n2}——分别为谐波源 1 和 2 的第 n 次谐波电流；

θ_n——谐波源 1 和 2 的第 n 次谐波电流之间的相位角。

当相位角未知时：

$$I_n = \sqrt{I_{n1}^2 + I_{n2}^2 + K_n \cdot I_{n1} \cdot I_{n2}}$$

式中 K_n——系数，可按表 16-8 选取。

表 16-8　系数 K_n 值

谐波次数 n	3	5	7	11	13	9(或大于 13 偶次)
系数 K_n	1.62	1.28	0.72	0.18	0.08	0

(3)谐波电压：谐波电压可按下式计算：

$$U_n = I_n \cdot Z_n$$

式中 U_n——谐波电压；

I_n——公共连接点某次谐波的总谐波电流；

Z_n——公共连接点的系统谐波阻抗。

5.用电负荷的谐波含有率

用电负荷的谐波含有率见表 16-9～表 16-14。

表 16-9　调光白炽灯谐波电流含有率

谐波电流次数 n	3	5	7	9	11	13	15
谐波电流含有率(%)	35	17	11	3	7	6	5

表 16-10　某些高压钠灯和汞灯谐波电流含有率(I_n/I_1)(%)

类型	并联电容器	n=3	5	7	9	11	13	15
钠灯	无	8～11	3～7	1～3	0.5～1.5	0.3～1.5	0.2～3	0～1
	有	18	23	17	5	9	16	9
汞灯	无	8～15	3～9	1～7	0.2～2	0～2.5	0～4	0～2.5
	有	17～20	22～27	15～19	3～5	6～9	14～18	7～9

注：本表数据摘自《工业与民用配电设计手册》第三版。

表 16-11　荧光灯谐波电流含有率(I_n/I_1)(%)

类型		n=3	5	7	9	11	13	15	17	19
普通直管荧光灯(电感镇流器)		12	2	1.5	0.3	0.5	0.3	0.2	<0.2	—
紧凑型荧光灯(电感镇流器)	国产(32W, $\cos\varphi=0.45$)	7.9	0.8	0.9	0.1	0.2	0.2	0.1	0.1	0
	低功率因数	7.6	2.7	2	1	0.6	0.3	0.2	0.1	0
	中功率因数	15	11.5	2.2	1.8	0.8	0.4	0.3	0.2	0
	高功率因数	35	12	16	8	2	3	1	2	2
电子镇流器	脉冲式	88	70	50	30	25	22	20	17	14
	高频式	15	11.5	9.2	1.7	6	6.2	0.3	3.1	2.9
	新一代	6.6	2.4	0.7	0.85	0.2	0.3	0.9	0.8	0.2

表 16-12　电动机调速驱动用变频装置的谐波电流含有率(I_n/I_1)

谐波次数 n	3	5	7	9	11	13	15
谐波电流含有率(%)	1～9	40～65	17～41	1～9	4～8	3～8	0～2

注:用于电动机调速的单台变频装置,一般是 6 脉动装置。

表 16-13　某型交-交有级变频装置的谐波电流含有率(I_n/I_1)(%)

输出频率	高次谐波的谐波次数							分次谐波的次数		
	2	3	4	5	7	9	11	1/2	5/2	7/2
1/2 工频	58	—	5.5	5.3	—	—	—	140	34	5.5
2/3 工频	1.3	10.7	—	3.0	2.5	1.6	1.1	—	—	—
工频	取决于工频电流的谐波电压							—	—	—

注:①本表数据摘自《工业与民用配电设计手册》第三版。

②交-交型变频装置通过可关断晶闸管和斩波装置,不经过整流环节,把工频直接变成交流调速电动机所需的交流频率。交-交型变频装置除了向供电系统注入高次谐波电流外,还注入谐间波(即频率不是工频整数倍)电流。谐波电流的频率和含量随电动机工况的变化而变化。

表 16－14 三相 UPS 设备谐波含有率实测数据

负载率	10%		20%		30%	
	电流值（A）	谐波含有率（%）	电流值（A）	谐波含有率（%）	电流值（A）	谐波含有率（%）
THD_i	58.5%		39%		33.6%	
基波	48.4	100	171.3	100	251.4	100
5	24.7	50	63.4	37	78.2	31.1
7	10.9	22.4	11.5	6.6	9.5	3.8
11	4.5	8.9	14.9	8.7	21.6	8.6
13	3.7	7.6	—	—	6.2	2.5
17	1.1	2.1	7.2	4.2	11.4	4.5
19	1.3	2.7	4.6	2.7	5.2	2.1

6.提高功率因数的措施

(1)提高自然功率因数的措施：

①正确选择变压器容量。

②正确选择变压器台数，以便可以切除季节性负荷专用的变压器。

③减少供配电线路感抗，采用正确的电线、电缆的敷设方式及采用同心结构的电缆等措施。

④正确选择电动机容量，有可能时采用同步电动机。

(2)当采用提高自然功率因数措施后，仍达不到供电部门及节能的要求时，应采取以下补偿措施：

①宜采用电力电容器在变电所低压侧或低压配电室内集中补偿，补偿后的功率因数不应低于0.9。

②当设备(吊车、电梯等机械负荷可能驱动电动机的用电设备除外)的无功计算负荷大于100kVar时，可在设备附近就地分级平衡补偿。采用就地补偿时，宜采用固定电力电器补偿方式，补偿装置宜与设备同时通断电(需停电进行变速或变压者除外)，补偿容量应防止过补偿。

③长期运行的大容量电动机，宜采用固定电容器组就地补偿电动机回路功率因数的方式，补偿电容器应安装在电动机控制设备的负荷侧，与电动机同时通、断电，固定电容器组的容量不应过大，避免过补偿。其过电流保护装置的整定值，应按电动机-电容器组的电流来选择。并应符合下列要求：

a.电动机仍在继续运转并产生相当大的反电势时，不应再启动；

b. 不应采用星-三角启动器；

c. 对电梯、吊车等机械负载有可能驱动电动机的用电设备，不应采用电容器单独就地补偿。

④当采用电力电容器作无功补偿装置时，宜分级平衡补偿。容量较大、负荷平稳且经常使用的用电设备的无功功率，宜单独就地补偿。补偿基本无功功率的电容器组，宜在就地或配变电所内集中补偿。居住区的无功功率宜在小区变电所低压侧集中补偿。

⑤具有下列情况之一时，宜采用手动投切的无功补偿装置：

a. 补偿低压基本无功功率的电容器组；

b. 常年稳定的无功补偿电容器组；

c. 长期连续运行的投切次数较少的 10kV 电容器组。

⑥具有下列情况之一时，宜采用无功自动补偿装置：

a. 当配电系统运行过程中，其无功功率容量变化较大，且既要满足功率因数值的要求，又要避免过补偿，装设无功自动补偿装置在经济上合理时；

b. 避免在轻载时电压过高，造成某些用电设备损坏，而装设无功自动补偿装置在经济上合理时；

c. 为满足电压稳定要求时。

⑦无功自动补偿宜采用功率因数调节原则，并应满足电压调整率的要求。

⑧采用集中自动补偿时，宜采用分组自动循环投切式补偿装置，并应防止过补偿、防止振荡（反复投切）、防止负荷倒送和过电压。

⑨电容器分组时，应符合下列要求：

a. 分组电容器投切时，不应产生谐振；

b. 应与配套设备的技术参数相适应；

c. 应满足电压偏差的允许范围；

d. 必要时采用不等容分组、分步投切等措施，以便减少分组组数。

⑩电力电容器装置的载流电器及导体（如断路器、导线、电缆等）的长期允许电流，低压电容器不应小于电容器额定电流的 1.5 倍。高压电容器不应小于电容器额定电流的 1.35 倍。

⑪在采用高、低压自动补偿效果相同时，宜采用低压自动补偿装置。

第二节 照明配电

一、照明配电的规定和要求

1. 一般规定

(1)照明负荷应根据其中断供电可能造成的影响及损失，合理地确定负荷等级，并应根据照明的类别，正确选择配电方案。

(2)正常照明电源宜与电力负荷合用变压器，但不宜与较大冲击性电力负荷合用。如必须合用时，应校核电压波动值。对于照明容量较大而又集中的场所，如果电压波动或偏差过大，严重影响照明质量或灯泡寿命，可装设照明专用变压器或调压装置。

(3)民用建筑照明负荷计算宜采用需要系数法。在计算照明分支回路和应急照明的所有回路时需要系数均应取1。

(4)照明负荷的计算功率因数可采用下列数值：

①白炽灯：1；

②荧光灯(带有无功功率补偿装置时)：0.95；

③荧光灯(不带无功功率补偿装置时)：0.5；

④高强光气体放电灯(带有无功功率补偿装置时)：0.9；

⑤高强光气体放电灯(不带无功功率补偿装置时)：0.5。

在公共建筑内不宜使用不带无功功率补偿装置的荧光灯。

(5)三相照明线路各相负荷的分配，宜保持平衡，在每个分配电盘中的最大与最小相的负荷电流差不宜超过30%。

(6)特别重要的照明负荷，宜在负荷末级配电箱采用自动切换电源的方式，也可采用由两个专用回路各带约50%的照明灯具的配电方式。

(7)备用照明(供继续和暂时继续工作的照明)应由两路电源或两回线路供电，其具体方案如下：

①当有两路高压电源供电时，备用照明的供电干线应接自两段高压母线上的不同变压器；

②当采用两路低压电源供电时，备用照明的供电应从两段低压配电干线分别接引；

③当设有自备发电机组时，备用照明的一路电源应接自发电机作为专用供电回路，另一路可接自正常照明电源。在重要场所，尚应设置带有蓄电池的应急照明灯或用蓄电池组供电的备用照明，供发电机组投运前的过渡期间

使用；

④当供电条件不具备两路电源或两回线路时，备用电源宜采用蓄电池组，或设置带有蓄电池的应急照明灯。

(8)当备用照明作为正常照明的一部分并经常使用时，其配电线路及控制开关应分开装设。当备用照明仅在事故情况下使用时，则当正常照明因故停电时，备用照明应自动投入工作。在有专人值班时，可采用手动切换。

(9)疏散照明最好由另一台变压器供电。当只有一台变压器时，可在母线处或建筑物进线处与正常照明分开，还可采用镉镍电池(荧光灯还需带有直流逆变器)的应急照明灯。

2.照明电压

(1)一般照明光源的电源电压应采用220V。1500W及以上的高强度气体放电灯的电源电压宜采用380V。

(2)移动式和手提式灯具应采用Ⅲ类灯具，用安全特低电压供电，其电压值应符合以下要求：

①在干燥场所不大于50V；

②在潮湿场所不大于25V。

(3)照明灯具的端电压不宜大于其额定电压的105%，亦不宜低于其额定电压的下列数值：

①一般工作场所：95%；

②远离变电所的小面积一般工作场所难以满足第1款要求时，可为90%；

③应急照明和用安全特低电压供电的照明：90%。

3.照明供配电系统

(1)应根据用电负荷的容量及分布，使变压器深入负荷中心，以缩短低压供电半径，降低电能损耗，节约有色金属，减少电压损失，满足供电质量要求。

(2)供配电系统应简单可靠，尽量减少配电级数，且分级明确。同一用户内，高压配电级数不宜多于两级，低压一、二级负荷不宜多于三级；三级负荷不宜多于四级。

注：配电级数不超过三级，不应理解为保护级数不超过三级，配电级数与保护级数不同，不按保护开关的上下级个数(保护级数)作为配电级数，而是按一个回路通过配电装置分配为几个回路的一次分配称作一级配电。对于一个配电装置而言，进线总开关与馈出分开关合起来称为一级配电，不因它的进线开关采用断路器或采用隔离开关而改变它的配电级数。

(3)保护级数不宜过多，配电系统的保护电器，应根据配电系统的可靠性和管理维护的要求设置，各级保护电器之间的选择性配合，应满足供电系统可靠性的要求。

(4)供照明用的配电变压器的设置应符合下列要求：

①电力设备无大功率冲击性负荷时，照明和电力宜共用变压器；

②当电力设备有大功率冲击性负荷时，照明宜与冲击性负荷接自不同变压器；如条件不允许，需接自同一变压器时，照明应由专用馈电线供电；

③照明安装功率较大时，宜采用照明专用变压器。

④道路照明可以集中由一个变电所供电，也可以分别由几个变电所供电，尽可能在一处集中控制。控制方式采用手动或自动，控制点应设在有人值班的地方。

(5)应急照明的电源，应根据应急照明类别、场所使用要求和该建筑电源条件，采用下列方式之一：

①接自电力网有效地独立于正常照明电源的线路；

②蓄电池组，包括灯内自带蓄电池、集中设置或分区集中设置的蓄电池装置；

③应急发电机组；

④以上任意两种方式的组合。

(6)疏散照明的出口标志灯和指向标志灯宜用蓄电池电源。安全照明的电源应和该场所的电力线路分别接自不同变压器或不同馈电干线。

(7)照明配电宜采用放射式和树干式结合的系统。

(8)三相配电干线的各相负荷宜分配平衡，最大相负荷不宜超过三相负荷平均值的115%，最小相负荷不宜小于三相负荷平均值的85%。

(9)照明配电箱宜设置在靠近照明负荷中心便于操作维护的位置。在照明分支回路中，避免采用三相低压断路器对3个单相分支回路进行控制和保护。

(10)每一照明单相分支回路的电流不宜超过16A，所接光源数不宜超过25个；连接建筑组合灯具时，回路电流不宜超过25A，光源数不宜超过60个；连接高强度气体放电灯的单相分支回路的电流不应超过30A。建筑物轮廓灯每一单相回路不宜超过100个。

(11)电源插座不宜和照明灯接在同一分支回路。电源插座宜由单独的回路配电，并且一个房间内的电源插座宜由同一回路配电。备用照明、疏散照明的回路上不应设置电源插座。

(12)在电压偏差较大的场所，有条件时，宜设置自动稳压装置。

(13)供给气体放电灯的配电线路宜在线路或灯具内设置电容补偿，功率因数不应低于0.9。

(14)在气体放电灯的频闪效应对视觉作业有影响的场所,应采用下列措施之一:

①采用高频电子镇流器;

②相邻灯具分接在不同相序。

(15)当采用I类灯具时,灯具的外露可导电部分应可靠接地。

(16)安全特低电压供电应采用安全隔离变压器,其二次侧不应做保护接地。

(17)居住建筑应按户设置电能表;工厂在有条件时宜按车间设置电能表;办公楼宜按租户或单位设置电能表。

(18)配电系统的接地方式、配电线路的保护、接地线截面选择,应符合国家现行相关标准的有关规定。

(19)照明配电干线和分支线,应采用铜芯绝缘电线或电缆,分支线截面不应小于1.5mm²。

照明配电线路应按负荷计算电流和灯端允许电压值选择导体截面积。主要供给气体放电灯的三相配电线路,其中性线截面应满足不平衡电流及谐波电流的要求,且不应小于相线截面。

二、照明低压供电系统结构

当电气设备使用日久、绝缘老化而出现漏电,或者某一相绝缘损坏而使该相的带电体与外壳相碰,都会使外壳带电,人体触及外壳便有触电的危险,这是生产与生活用电中常见的触电事故。为减少触电事故的发生,我国相关设计规范,参照国际电工委员会(IEC)的标准,规定了TN、IT、TT 3种安全的供电系统结构。

1. TN系统

如图16-7所示,在电源的中性点接地的三相四线制供电系统中,将用电设备的金属外壳与中性线可靠连接,这种结构称为TN系统。由于外壳与中性线连接,如果出现漏电或某相线碰壳时,该相线与中性线之间形成短路或接近短路,接于该线上的短路保护装置或过电流保护装置便会动作,迅速切断电源,消除触电危险。

在实际生产中,除了完全漏电或相线直接碰到外壳的情况外,有很多情况是由于绝缘能力降低、电气设备受潮、人触到带电体等原因造成的漏电现象,产生的漏电流较小,不足以使短路保护装置或过电流保护装置动作。这种情况下只有通过剩余电流保护开关来实现保护。

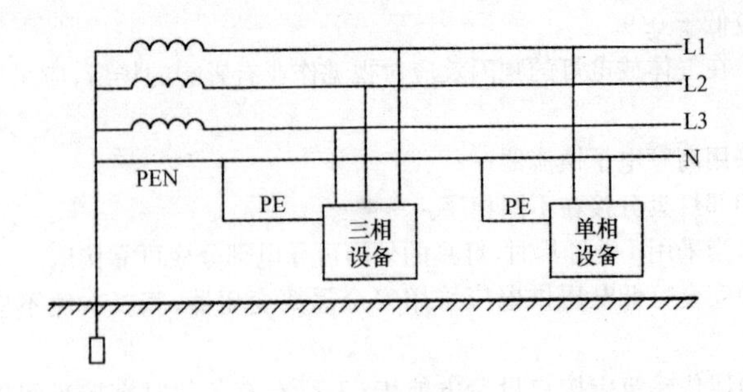

图 16-7 TN 系统

如图 16-8 所示，让进线（包括中性线和相线）都从一个零序电流互感器中通过，零序电流互感器输出的两个端子进入一个放大电路进行放大。正常情况下，中性线和相线中电流大小相等方向相反，产生的磁场互相抵消，零序电流互感器中不产生感应电流，剩余电流保护开关不动作。发生漏电时，一部分电流经大地形成闭合回路，中性线和相线电流大小不再相等，零序电流互感器产生感应电流，然后电流经过放大驱动剩余电流脱扣器，让开关跳闸切断电路。剩余电流保护开关主要用于低压供电系统防止直接和间接触电的单线触电事故，同时对 TN 系统的保护功能起到补充作用，防止有剩余电流引起的火灾和起到监测或切除各种单相接地故障的作用。

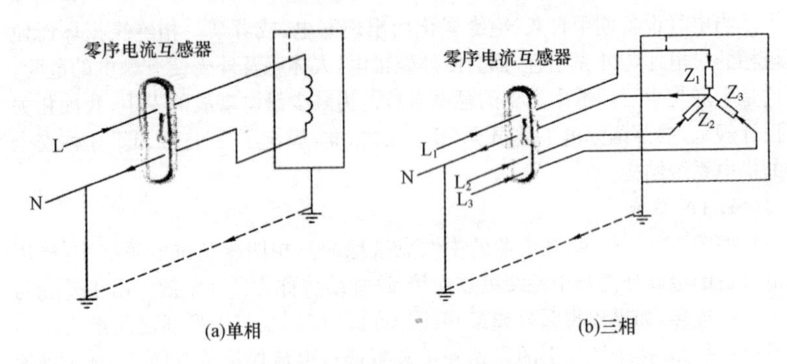

(a)单相 (b)三相

图 16-8 剩余电流保护开关原理

TN 系统根据保护线的设置方式不同，又分为 TN-C、TN-S、TN-C-S3 种不同结构。

(1)如图 16-9 所示为 TN-C 系统，设有专门的 PE 线，由 N 线兼作 PE 线，称为 PEN 线。该系统的主要缺点是，因为 PEN 线是电路回路中的一部分，在正常情况下就有电流流过，设备外壳与电路直接相连，一旦相线与中性线混淆，相线会直接连在设备外壳上，并且在实践中有很多设备插接件（插座、插头）相线与中性线位置是不定位的，混接是经常发生的，所以生产实践中这种方式基本被淘汰。

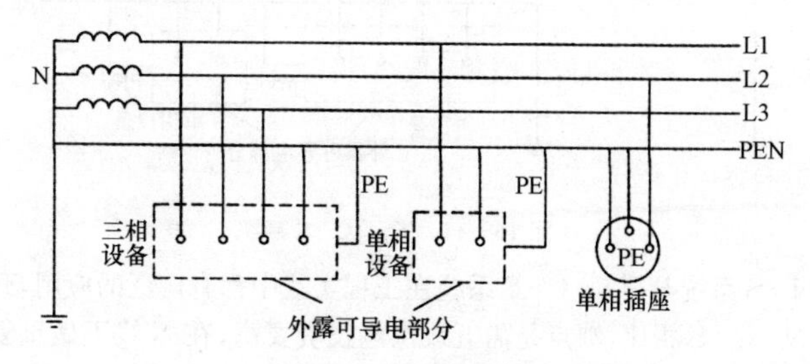

图 16-9 TN-C 系统

(2)如图 16-10 所示为 TN-S 系统，有专门的 PE 线，在正常情况下 PE 线中没有电流通过，除接地点之外，PE 线与 N 线相互绝缘，即设备外壳与供电回路相互绝缘。并且相关规范对 PE 线的颜色有明确规定，必须是黄绿双色，对其在插座的连接位置也有明确的规定。在中性线与相线混淆的情况下，仍能保证线路及用电人员的安全。在工程实践中，TN-S 系统从配电室变压器副边开始就有专用的 PE 线了，三相供电时引出 5 根线（L1、L2、L3、N、PE），一直到用电建筑或大型用电设备。

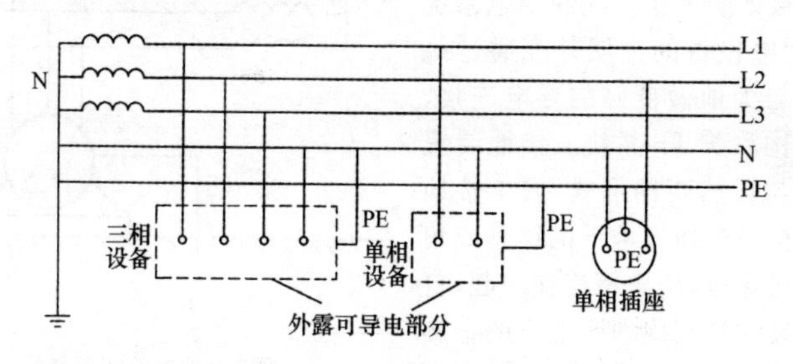

图 16-10 TN-S 系统

(3)如图 16-11 所示为 TN-C-S 系统，有些设备没有专门的 PE 线，由 N 线兼作 PE 线；有些设备有专门的 PE 线。在工程实践中也广泛应用，三相供电时从配电室引出 4 根线（L1、L2、L3、N），就是我们通常说的三相四线制，到了用电建筑或大型用电设备的配电柜以后中性线做重复接地，然后再引出专用的 PE 线。

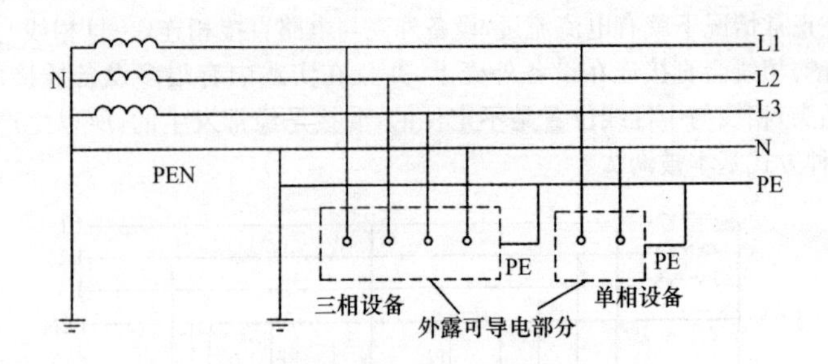

图 16-11　TN-C-S 系统

TN-S 系统与 TN-C-S 系统在工程实践中都有广泛的应用，TN-S 系统与 TN-C-S 相比，缺点是需五线供电投资要高，在 N 线不做重复接地的情况下(一般 PE 线做重复接地)用户一端的 N 线对地电压会升高，中性点偏移较大，电压不对称稍重。优点是配电室接地系统中的杂散电流大大降低，产生的干扰大大降低，在 N 线不做重复接地的情况下，配电室出线端可以选用剩余电流保护开关。TN-C-S 系统，N 线做重复接地，因此 N 线对地电压低，电压的对称性好，四线供电节约投资；缺点是有大量的 N 线电流从接地极返回造成干扰，配电室总出线也不能选择漏电保护开关。

2. IT 系统

如图 16-12 所示，在电源的中性点不接地的三相三线制供电系统中，将用电设备的金属外壳通过接地装置与大地做良好的导电连接，这种结构称为 IT 系统。接地装置有人工与自然两种形式，人工接地装置是按规范埋入地下的钢管或角钢等金属导体，用扁钢连在一起；自然接地装置是利用埋在地下的金属管道(易燃、易爆的管道除外)或钢筋混凝土建筑物的基础兼作接地装置。接地效果用接地电阻来表示，接地电阻越小接地效果越好。由于采用了保护接地，即使在出现漏电或一相碰壳时，外壳的对地电压也接近于 0，人体触及外壳时比较安全。IT 系统由于与大地隔离，相线对地漏电火灾事故可以避免，因此在我国的煤矿等场所普遍采用。其余场所普遍采用 TN 系统。

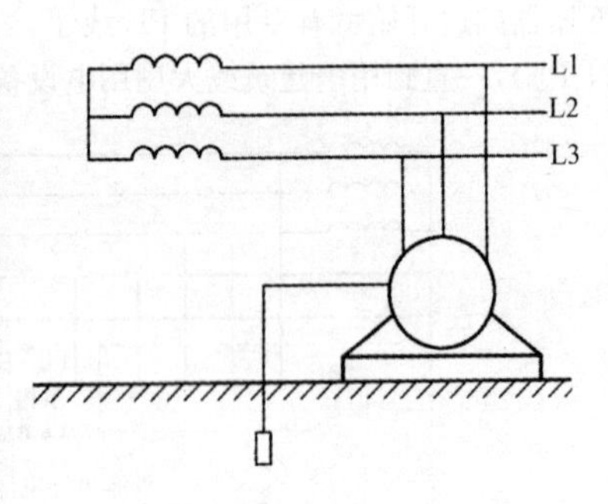

图 16-12　IT 系统

3. TT 系统

如图 16-13 所示，电源的中性点接地，而用电设备外壳也接地的结构称为 TT 系统。TT 系统中，这两个接地必须是相互独立的。设备接地可以是每一设备都有各自独立的接地装置，也可以若干个设备共用一个接地装置。

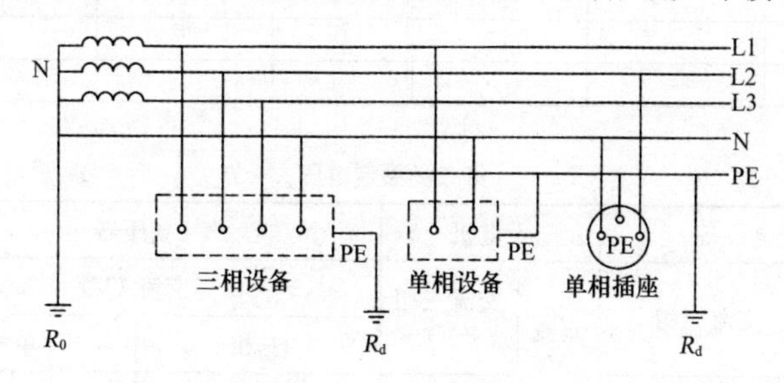

图 16-13 TT 系统

这时如有一相线漏电或碰壳，故障电流将经接地电阻 R_d、R_0 构成回路，电源电压 U_p 分压为用电设备的对地电压 U_d 和中性线的对地电压 U_0。与没有接地相比较，用电设备上的对地电压有所降低。但中性线上却产生了对地电压，而且 U_d、U_0 都可能超过安全值。人触及用电设备或中性线都可能发生触电事故。故障电流为：

$$I_d = \frac{U_p}{R_d + R_0}$$

若 $U_p = 220V$、$R_d = R_0 = 4\Omega$，则 $I_d = 27.5A$，一般的短路保护装置和过电流保护装置不一定会动作，不能及时关断电源。因此，采用 TT 系统，必须使 R_d 的大小能保证出现故障时在规定的时间内切断供电电源，或保证用电设备外壳的对地电压不超过 50V。为了提高 TT 系统触电保护的灵敏度，使 TT 系统更为安全可靠，相关规范规定由 TT 系统供电的用电设备宜采用剩余电流保护开关。

在同一供电系统中，TN 和 TT 两种系统不宜同时采用，如果全部采用 TN 系统确有困难时，也可以部分采用 TT 系统。但采用 TT 系统的部分均应装设能自动切除故障的装置（包括剩余电流动作保护装置）或经由隔离变压器供电。

三、配电电压

1. 额定电压

（1）第一、第二、第三类额定电压，见表 16-15～表 16-17。

表 16-15　　第一类额定电压

直流(V)	交流(V)		直流(V)	交流(V)	
	三相(线电压)	单相		三相(线电压)	单相
6	—	—	—	36	—
12	—	12	48	—	36
24	—	—			

表 16-16　　第二类额定电压

受电设备			发电机		变压器			
直流(V)	交流三相		直流(V)	交流三相(V)	交流(V)			
					三相		单相	
	线电压	相电压		线电压	一次线圈	二次线圈	一次线圈	二次线圈
110	—	—	115	—	—	—	—	—
—	(127)	—	—	(133)	(127)	(133)	(127)	(133)
220	220	127	230	230	220	230	220	230
—	380	220	—	400	380	400	380	—
440	—	—	480	—	—	—	—	—

表 16-17　　第三类额定电压

受电设备额定电压和系统标称电压	供电设备额定电压		
受电设备电压(kV)	交流发电机线电压(kV)	变压器线电压	
		一次线圈	二次线圈
3	3.15	3及3.15	3.15及3.3
6	6.3	6及6.3	6.3及6.6
10	10.5	10及10.5	10.5及11
20	21	20及21	21及22
35	—	35	38.5
60	—	60	66
110	—	110	121
154	—	154	169
220	—	220	242
330	—	330	363

注：在2007年国家颁布的《标准电压》GB/T156—2007中，正式将系统标称电压20kV去掉原来的括号列入标准电压。

(2)线路的额定电压和平均额定电压,见表 16－18。

表 16－18　线路的额定电压和平均额定电压

额定电压(kV)	0.22	0.38	3	6	10	35	60	110	154	220	330
平均额定电压(kV)	0.23	0.4	3.15	6.3	10.5	37	63	115	162	230	345

2.电力线路合理输送功率和距离

各级电压电力线路合理输送功率和输送距离,见表 16－19 和表 16－20。

表 16－19　架空输电线路的标称电压与输送功率和合理输送距离

类别	线路电压(kV)	输送功率(MW)	输送距离(km)	类别	线路电压(kV)	输送功率(MW)	输送距离(km)
用电标准电压	0.22	50kW 以下	0.15	系统标称电压	35	2.0～10	20～50
	0.22	100kW 以下	0.20(电缆线)		110	10～50	50～150
	0.38	100kW 以下	0.25		220	100～500	100～300
	0.38	175kW 以下	0.35(电缆线)		330	200～800	200～600
系统标称电压	3	0.1～1.0	1～3		500	1000～1500	250～850
	6	0.1～1.2	4～15		750	2000～2500	300～1000
	10	0.2～2.0	6～20		1000	2500～5000	500～1500

注:①我国系统标称电压是 3、6、10、20、35、66、110、220、330、500、750 和 1000kV,均指三相交流系统的线电压。

②从输送电能的角度看,三相交流输电线路传输的有功功率为:

$$P+\sqrt{3}UI\cos\varphi$$

式中　U——三相交流输电线路线电压(kV);

I——线电流(kA);

P——传输的有功功率(MW)。

三相线路的功率损耗为:

$$\Delta P=3I^2R_L=3\left(\frac{P}{\sqrt{3}U\cos\varphi}\right)^2\rho\frac{L}{S}=\frac{P^2\rho L}{U^2\cos^2\varphi S}$$

式中　I——线路电流(kA);

R_L——一相导线电阻(Ω);

ΔP——三相线路的功率损耗(MW);

P——三相线路的输送功率(MW);

U——三相交流输电线路线电压(kV)

ρ——导线电阻率($\Omega mm^2/km$);

L——一相导线长度(km);

S——导线截面积(mm^2);

$\cos\varphi$——负载功率因数。

由上两式可知，当输送的功率一定时，线路电压越高，线路中通过的电流就越小，所用导线的截面积就可以减小，用于导线的投资费用可减少。

表 16-20　供电电压等级的确定

供电电压等级(kV)	用电设备容量(kW)	变压器总容量(kVA)	供电电压等级(kV)	用电设备容量(kW)	变压器总容量(kVA)
0.22	10及以下单相设备	—	66	—	15000～40000
0.38	100及以下	50及以下	110	—	20000～100000
10	—	100～8000(含8000)	220	—	100000及以上
35	—	5000～40000			

注：①供电半径超过本级电压规定时，可按高一级电压供电。

②当该地区没有35kV电压等级时，10kV电压等级受电变压器总容量可为100～15000kVA。

③本表参考了《国网业扩供电方案编制导则》的相关规定。目前，市网变电站的10kV出线电缆一般采用YJV22－3×400m²、3×300mm²或采用2×(3×240mm²)几种，其载流量分别近似为600A、550A、960A，对应的容量可达10380kVA、9500kVA、16600kVA。因此，供电部门的规定是有科学依据的。

四、配电系统

(一)常用照明配电系统

常用照明配电系统的供电方式及接线方案见表16-21。

表 16-21　常用照明配电系统的供电方式及接线方案

供电方式	照明配电系统接线图	方案说明
单相变压器系统	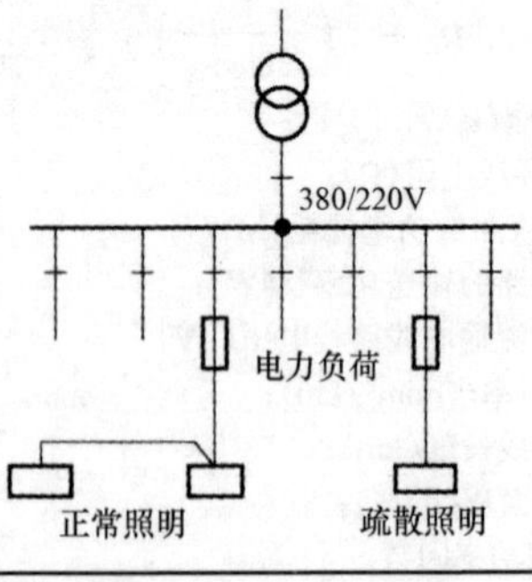	照明与电力负荷在母线上分开供电，疏散照明线路与正常照明线路分开

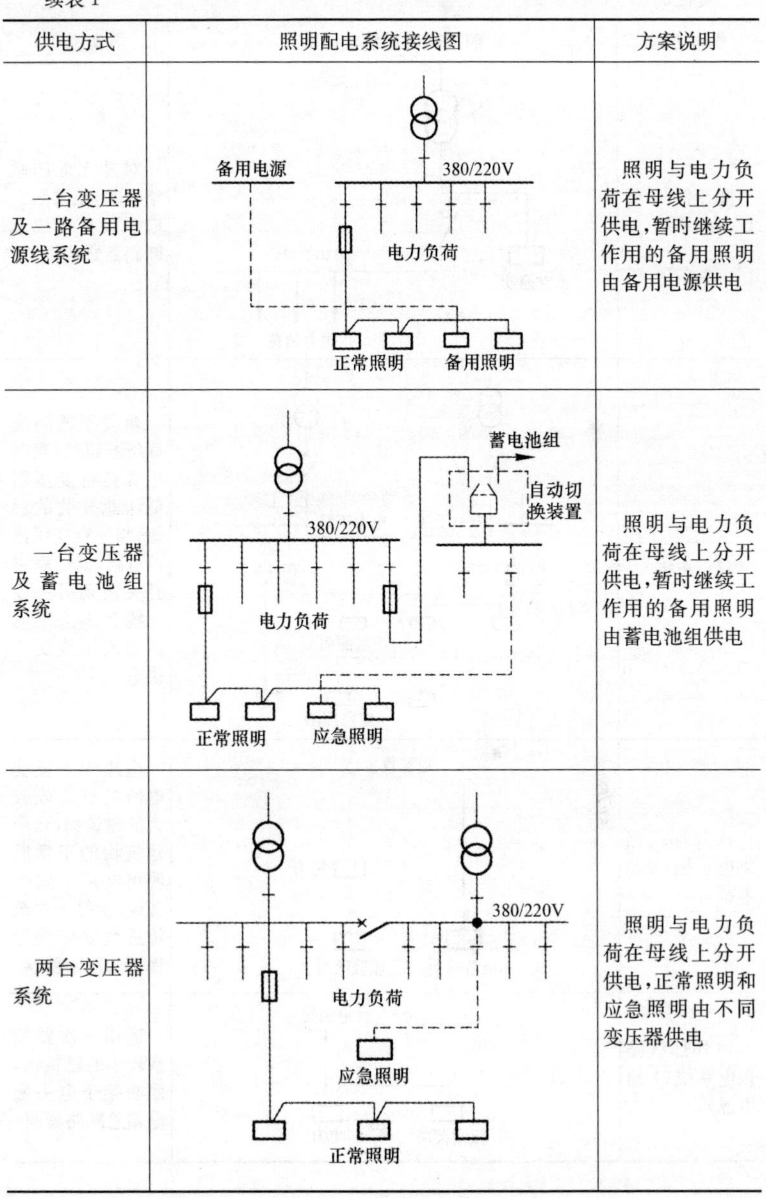

续表 1

供电方式	照明配电系统接线图	方案说明
一台变压器及一路备用电源线系统	备用电源 380/220V 电力负荷 正常照明 备用照明	照明与电力负荷在母线上分开供电，暂时继续工作用的备用照明由备用电源供电
一台变压器及蓄电池组系统	蓄电池组 自动切换装置 380/220V 电力负荷 正常照明 应急照明	照明与电力负荷在母线上分开供电，暂时继续工作用的备用照明由蓄电池组供电
两台变压器系统	380/220V 电力负荷 应急照明 正常照明	照明与电力负荷在母线上分开供电，正常照明和应急照明由不同变压器供电

续表 2

供电方式	照明配电系统接线图	方案说明
变压器-干线（一台）系统	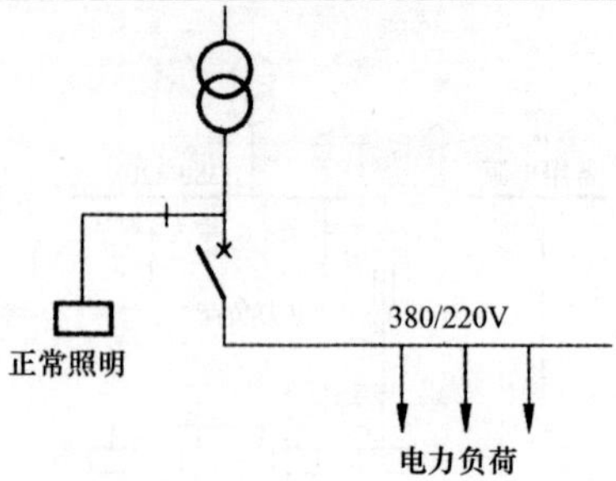 380/220V 正常照明 电力负荷	对外无低压联络线时，正常照明电源接自干线总断路器之前
变压器-干线（两台）系统	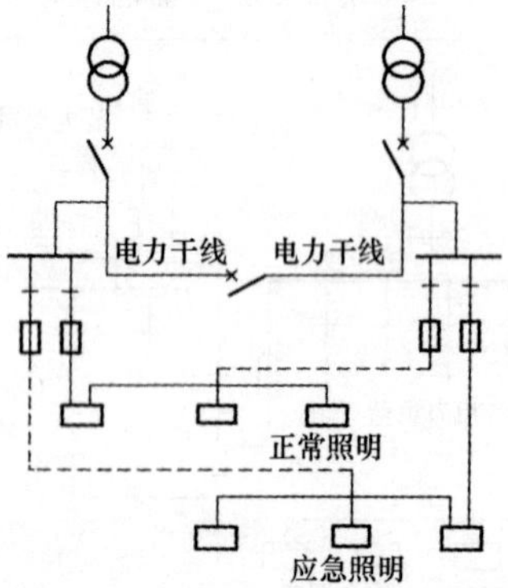 电力干线 电力干线 正常照明 应急照明	两段干线间设联络断路器，照明电源接自变压器低压总开关的后侧，当一台变压器停电时，通过联络开关接到另一段干线上，应急照明由两段干线交叉供电
由外部线路供电系统（2 路电源）	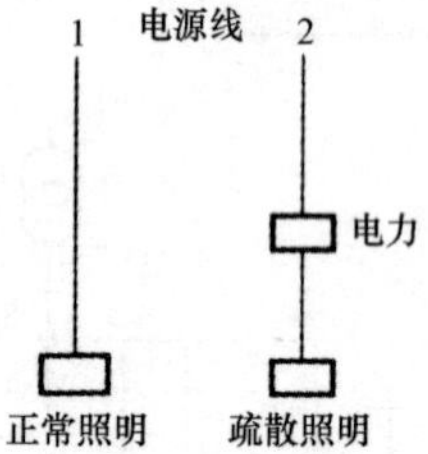 1 电源线 2 电力 正常照明 疏散照明	适用于不设变电所的重要或较大的建筑物，几个建筑物的正常照明可共用一路电源线，但每个建筑物进线处应装带保护的总断路器
由外部线路供电系统（1 路电源）	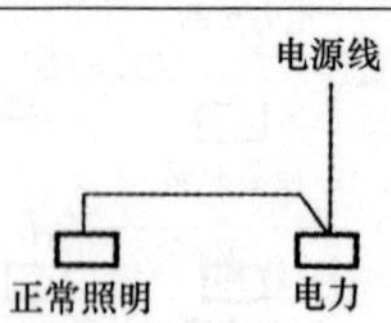 电源线 正常照明 电力	适用于次要的或较小的建筑物，照明接于电力配电箱总断路器前

续表 3

供电方式	照明配电系统接线图	方案说明
多层建筑低压供电系统	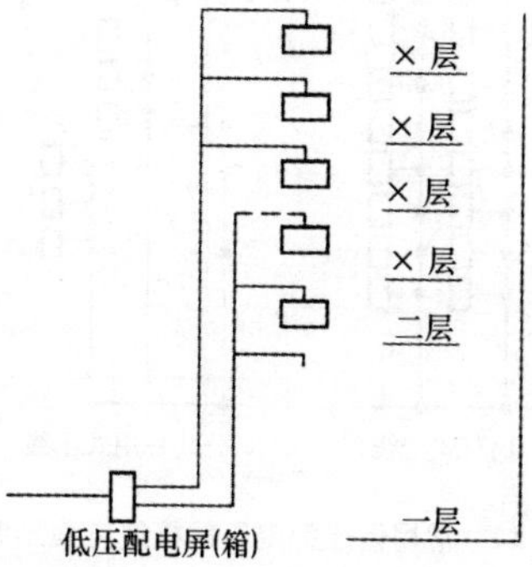 ×层 ×层 ×层 ×层 二层 一层 低压配电屏(箱)	在多层建筑物内，一般采用干线式供电，总配电箱装在底层

(二)常用低压配电系统

供配电系统应简单可靠，配电极数不宜过多，同一电压等级的配电级数低压一般不宜多于三级，三级负荷不宜多于四级。

1. 常用低压配电干线接线

常用低压配电干线接线方案，其配电方式及接线方案如下：

(1)单式干线[如图 16－14(a)所示]：其方案适用于用电负荷较小的高层建筑；干线采用电缆或导线穿管敷设，工程造价低，供电可靠性差。

(2)双式干线[如图 16－14(b)所示]：其方案适用于用电负荷较大的建筑，配电干线采用硬母线方式配线。

(3)公共备用式干线[如图 16－14(c)所示]：其方案采用公用备用电源干线可作为重要部位的用电负荷的备用电源，与方案 1、方案 2 相比提高了用电的可靠性。

(4)双母线式干线[如图 16－14(d)所示]：每一干线按全负荷设计，平均每一干线负担 1/2 的负荷，任一电源干线故障时可互为备用；投资较大，可靠性高；干线采用电缆或母线。

2. 常用低压电力配电系统接线

常用低压电力配电系统接线，其配电方式及接线方案如下：

(1)放射式系统[如图 16－15(a)所示]：配电线故障互不影响，供电可靠性较高。配电设备集中，检修比较方便，但系统灵活性较差，有色金属消耗较多。一般在下列情况下采用：

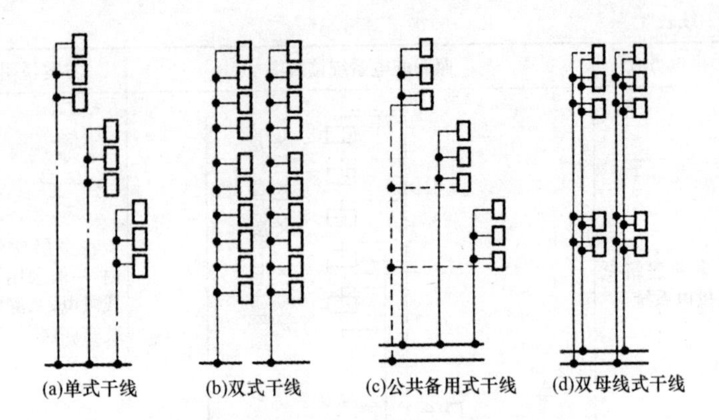

图 16－14 常用低压配电干线接线方案示意图

①容量大、负荷集中或重要的用电设备；

②需要集中联锁启动、停车的设备；

③有腐蚀性介质和爆炸危险等场所不宜将配电及保护启动设备放在现场者

(2)树干式系统[如图 16－15(b)所示]：配电设备及有色金属消耗较少，系统灵活性好，但干线故障时影响范围大；一般用于用电设备的布置比较均匀、容量不大，又无特殊要求的场合。

(3)变压器干线式[如图 16－15(c)所示]：除了具有树干式系统的优点外，接线更简单，能大量减少低压配电设备；为了提高母干线的供电可靠性，应适当减少接出的分支回路数，一般不超过 10 个；频繁启动、容量较大的冲击负荷，以及对电压质量要求严格的用电设备，不宜用此方式供电。

(4)链式[如图 16－15(d)所示]：特点与树干式相似，适用于距配电屏较远而彼此相距又较近的不重要的小容量用电设备；链接的设备一般不超过 5 台、总容量不超过 10kW；供电给容量较小用电设备的插座，采用链式配电时，每一条环链回路的数量可适当增加。下列情况不宜采用链式接线：

①单相与三相设备同时存在；

②技术操作用途不同的用电设备。

(5)备用柴油发电机组[如图 16－15(e)所示]：10kV 专用架空线路为主电源，快速自启动型柴油发电机组做备用电源。用于附近只能提供一个电源，若得到第二个电源需要大量投资时，经技术经济比较，可采用此方式供电。

注意：

①与外网电源间应设联锁，不得并网运行；

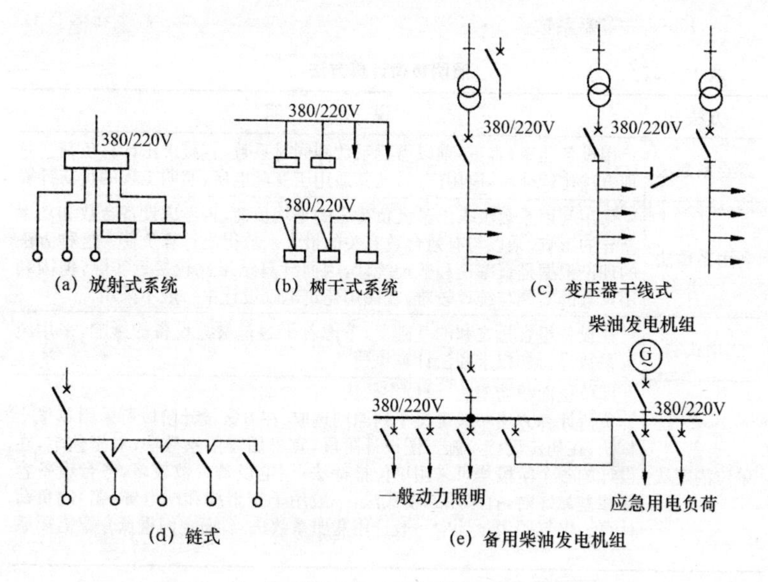

图 16－15　常用低压电力配电系统接线方案示意图

②避免与外网电源的计费混淆；

③在接线上要具有一定的灵活性，以满足在正常停电(或限电)情况下能供给部分重要负荷用电。

五、照明负荷计算

(一)照明负荷计算方法

计算负荷又称为需要负荷或最大负荷。计算负荷是一个假想的持续性负荷，其热效应与同一时间内实际变动负荷所产生的最大热效应相等。在配电设计中，通常采用 30 min 的最大平均负荷，作为按发热条件选择配电设备的依据。照明负荷计算方法见表 16－22。

(二)照明负荷计算内容

所谓照明负荷，概括地说就是容量较小的单相负荷，主要包括灯具、单相插座、电风扇(吊扇、换气扇、风机盘管)等用电负荷。

需要系数法计算负荷其表达式为：

$$P_c = K_n P_n$$

式中　P_c——照明设备的计算负荷(kW)；

P_n——照明设备的容量(kW)；

K_n——需要系数。

表 16-22 照明负荷计算方法

方法	说　明
需要系数法	用设备功率(容量)乘以需要系数和同时系数,直接求出计算负荷。这种方法比较简单,应用广泛,尤其适用于变配电所、照明工程的负荷计算
利用系数法	采用利用系数法求出最大负荷班的平均负荷,再考虑设备台数和功率差异的影响,乘以与有效台数有关的最大系数得出计算负荷。这种方法的理论根据是概率论和数理统计,因而计算结果比较接近实际,但因利用系数的实测与统计较难,在民用建筑电气设计中一般不采用
二项式法	在设备组容量之和的基础上,考虑若干容量最大设备的影响,采用经验系数进行加权求和法计算负荷
单位滴定法	即单位面积功率法、单位指标法 负荷计算方法一般可按下列原则选取:在方案设计阶段可采用单位指标法;在初步设计及施工图设计阶段,宜采用需要系数法;对于住宅,在设计的各个阶段均可采用单位指标法;用电设备台数较多,各台设备容量相差悬殊时,宜采用二项式法,一般用于支干线和配电屏(箱)的负荷计算。电气照明设计中一般选用需要系数法,后面我们重点介绍需要系数法

1. 照明设备容量 P_n

(1)对于热辐射光源的白炽灯、卤钨灯,照明分支线路的设备容量 P_{1n},等于各灯管(泡))的额定功率 P_{ni} 之和,即:

$$P_{1n} = \sum_{i=1}^{n} P_{ni}$$

(2)对于气体放电灯,设备容量 P_{2n} 等于灯管(泡)的额定功率 P_{ni} 与镇流器、触发器等附件的功率损耗 P_{α} 之和,则:

$$P_{2n} = \sum_{i=1}^{n} (P_{ni} + P_{\alpha})$$

式中　P_{α} ——镇流器等电气附件的功率损耗,根据产品提供的技术参数,按实计算。

(3)对于民用建筑内的插座,以前每组(1 个标准 86 系列面板上有 2 孔和 3 孔插座各 1 个)插座按 100W 计算。随着电器类型的增多,插座上插接的电气设备的功率差异很大,如 1 个台灯的功率一般 20W 左右,1 台壁挂空调的功率可达 1.5kW 左右。有条件可按实际计算,没条件时可参照住宅的负荷计算方法打包计算。

2. 照明负荷需要系数

民用建筑照明负荷计算需要系数、住宅用电负荷标准,见表 16-23～表

16－26。

表 16－23 民用建筑照明负荷需要系数 K_n

建筑类别	K_n	建筑类别	K_n
小型商业、服务业用房	0.85～0.9	一般办公楼	0.7～0.8
综合商业、服务楼	0.75～0.85	高级办公楼	0.6～0.7
食堂、餐厅	0.8～0.9	科研楼	0.8～0.9
高级餐厅	0.7～0.8	发展与交流中心	0.6～0.7
一般旅馆、招待所	0.7～0.8	教学楼	0.8～0.9
高级旅馆、招待所	0.6～0.7	图书馆	0.6～0.7
旅游宾馆	0.35～0.45	托儿所、幼儿园	0.8～0.9
电影院、文化馆	0.7～0.8	火车站	0.75～0.78
剧场	0.6～0.7	博物馆	0.8～0.9
礼堂	0.5～0.7	单身宿舍楼	0.6～0.7
体育练习馆	0.7～0.8	锅炉房	0.9～1
体育馆	0.65～0.75	厂房及小型仓库	0.9～1
展览厅	0.5～0.7	变电所、大型仓库	0.6～0.7
门诊楼	0.6～0.7	应急照明、室外照明	1
一般病房楼	0.65～0.75	照明分支线	1
高级病房楼	0.5～0.6		

表 16－24 住宅用电负荷需要系数 K_n

按单相配电计算时所连接的基本户数	按三相配电计算时所连接的基本户数	需要系数	
		通用值	推荐值
3	9	1	1
4	12	0.95	0.95
6	18	0.75	0.80
8	24	0.66	0.70
10	30	0.58	0.65
12	36	0.50	0.60

续表

按单相配电计算时所连接的基本户数	按三相配电计算时所连接的基本户数	需要系数	
		通用值	推荐值
14	42	0.48	0.55
16	48	0.47	0.55
18	54	0.45	0.50
21	63	0.43	0.50
24	72	0.41	0.45
25～100	75～300	0.40	0.45
125～200	375～600	0.33	0.35

表 16-25　常用照明用电设备 $\cos\varphi$ 与 $\tan\varphi$ 数值

照明设备类别	$\cos\varphi$	$\tan\varphi$	照明设备类别	$\cos\varphi$	$\tan\varphi$
白炽灯、卤钨灯	1	0	高压钠灯	0.45	1.98
荧光灯(无补偿)	0.55	1.52	金属卤化物灯	0.4～0.61	2.29～1.29
荧光灯(有补偿)	0.9	0.48	镝灯	0.52	1.6
高压汞灯(50～175W)	0.45～0.5	1.98～1.73	氙灯	0.9	0.48
高压汞灯(200～1000W)	0.65～0.67	1.16～0.5	霓虹灯	0.4～0.5	2.29～1.73

表 16-26　住宅用电负荷标准及电度表规格

普通住宅套型	用电负荷标准(kW/户)	康居住宅套型	用电负荷标准(kW/户)
一类	2.5	基本型(1A)	4
二类	2.5	提高型(2A)	6
三类	4.0	先进型(3A)	8
四类	4.0		

3. 照明负荷计算

照明负荷有很多种类，不同类别的负荷，功率因数不同，需要系数也不同。因此进行负荷计算时，必须首先把照明负荷划分为几个类别，分别计算它们的有功计算负荷、无功计算负荷，然后再把有功计算负荷、无功计算负荷分别相加。最后计算其视在计算负荷。

$$P_c = P_{1c} + P_{2c} + P_{3c} + \cdots = K_{1n}P_{1n} + K_{2n}P_{2n} + K_{3n}P_{3n} + \cdots$$

$$Q_c = Q_{1c} + Q_{2c} + Q_{3c} + \cdots = P_{1c}\tan\varphi_1 + P_{2c}\tan\varphi_2 + P_{3c}\tan\varphi_3 + \cdots$$

式中　Q_c——无功计算负荷(kVar)。

$$S_c = \sqrt{P_c^2 + Q_c^2}$$

式中　S_c——视在计算负荷(kVA)。

对于单相负荷,计算电流:

$$I_c = \frac{S_c}{U_p}$$

式中　U_p——照明线路额定相电压(V);

I_c——照明线路计算相电流(A)。

对于三相负荷,计算电流:

$$I_c = \frac{S_c}{\sqrt{3}U_L}$$

式中　U_L——照明线路额定线电压(V);

I_c——照明线路计算线电流(A)。

照明负荷一般都属于单相用电设备,设计时应当考虑尽量将它们均匀地分接到三相线路上,当计算范围内的单相设备容量之和小于总设备容量的15%时,按三相平衡负荷确定干线的计算负荷。在实际照明工程中要做到三相负荷平衡往往是比较困难的,当照明负荷为不均匀分布时,照明干线的计算电流应按三相中负荷最大一相计算电流。

(三)负荷计算实例

【例16-1】某生产厂房的三相供电线路上接有250W荧光高压汞灯和白炽灯两种光源。各相负荷分配及相应技术参数见表16-27,求线路的计算电流和功率因数。

表16-27　　各相负荷分配及相应技术参数

相　序	250W荧光高压汞灯			白炽灯
	数量及功率	镇流器功耗(W/只)	cos φ	
L1	4×250W=1kW	25	0.6	2kW
12	8×250W=2kW			1kW
L3	2×250W=0.5kW			3kW

解:查表16-22生产厂房的需要系数 $K_n=0.9$,$\cos\varphi=0.6$,则 $\tan\varphi=1.3$

(1)L1 相：

$$
\begin{aligned}
P_c &= P_{1c} + P_{2c} = K_{1n}P_{1n} + K_{2n}P_{2n} \\
&= 0.9 \times (1 + 0.025 \times 4) + 0.9 \times 2 \\
&= 0.99 + 1.8 = 2.79(\text{kW}) \\
Q_c &= Q_{1c} + Q_{2c} = P_{1c}\tan\varphi_1 + P_{2c}\tan\varphi_2 \\
&= 0.99 \times 1.3 + 1.8 \times 0 = 1.29(\text{kVar}) \\
S_c &= \sqrt{P_c^2 + Q_c^2} = \sqrt{2.79^2 + 1.29^2} \\
&= 3.07(\text{kVA})
\end{aligned}
$$

(2)L2 相：

$$
\begin{aligned}
P_c &= P_{1c} + P_{2c} = K_{1n}P_{1n} + K_{2n}P_{2n} \\
&= 0.9 \times (2 + 0.025 \times 8) + 0.9 \times 1 \\
&= 1.98 + 0.9 = 2.88(\text{kW}) \\
Q_c &= Q_{1c} + Q_{2c} = P_{1c}\tan\varphi_1 + P_{2c}\tan\varphi_2 \\
&= 1.98 \times 1.3 + 0.9 \times 0 = 2.57(\text{kVar}) \\
S_c &= \sqrt{P_c^2 + Q_c^2} = \sqrt{2.88^2 + 2.57^2} \\
&= 3.86(\text{kVA})
\end{aligned}
$$

(3)L3 相：

$$
\begin{aligned}
P_c &= P_{1c} + P_{2c} = K_{1n}P_{1n} + K_{2n}P_{2n} \\
&= 0.9 \times (0.5 + 0.025 \times 2) + 0.9 \times 3 \\
&= 0.5 + 2.7 = 3.2(\text{kW}) \\
Q_c &= Q_{1c} + Q_{2c} = P_{1c}\tan\varphi_1 + P_{2c}\tan\varphi_2 \\
&= 0.5 \times 1.3 + 2.7 \times 0 = 0.65(\text{kVar}) \\
S_c &= \sqrt{P_c^2 + Q_c^2} = \sqrt{3.2^2 + 0.65^2} \\
&= 3.27(\text{kVA})
\end{aligned}
$$

(4)计算电流：

比较 L1、L2、L3 相的视在计算负荷，L2 的 $S_c = 3.86\text{kVA}$ 最大，所以选它为单相等效负荷，则计算电流：

$$
I_c = \frac{S_c}{U_p} = \frac{3.86}{220} \times 1000 = 17.55(\text{A})
$$

【例 16－2】某办公楼 5 层，三相电源上分别连接照明设备及相应参数见表 16－28。进行负荷计算，并求其计算电流。

表 16－28　　照明设备及相应参数

相序	荧光灯				节能灯			白炽灯		插 座	
	容量	数量	备注	cos φ	容量	数量	cos φ	容量	数量	数量	备注
L1	3×40	30			18	18		40	20	30	
12	3×40	35	镇流器功耗：10W/只	0.8	18	20	0.9	40	17	25	300W/套 cos φ＝0.8 K_{4n}＝0.3
L3	3×40	40			18	15		40	15	35	

解：

(1)L1 相：

①设备容量：

$P_{1n}=30\times(3\times40+10)=3900(W)=3.9(kW)$，$\cos\varphi_1=0.8$，则 $\tan\varphi_1=0.75$

$P_{2n}=18\times18=320(W)=0.32(kW)$，$\cos\varphi_2=0.9$，则 $\tan\varphi_2=0.48$

$P_{3n}=20\times40=800(W)=0.8(kW)$

$P_{4n}=30\times300=9000(W)=9(kW)$，$\cos\varphi_4=0.8$，则 $\tan\varphi_4=0.75$

②计算负荷查表 16－22 得 $K_{1n}=K_{2n}=K_{3n}=0.7$

$$P_c=P_{1c}+P_{2c}+P_{3c}+P_{4c}=K_{1n}P_{1n}+K_{2n}P_{2n}+K_{3n}P_{3n}+K_{4n}P_{4n}$$
$$=0.7\times3.9+0.7\times0.32+0.7\times0.8+0.3\times9$$
$$=2.73+0.22+0.56+2.7=6.21(kW)$$

$$Q_c=Q_{1c}+Q_{2c}+Q_{3c}+Q_{4c}=P_{1c}\tan\varphi_1+P_{2c}\tan\varphi_2+P_{3c}\tan\varphi_3+P_{4c}\tan\varphi_4$$
$$=2.73\times0.75+0.22\times0.48+0.56\times0+2.7\times0.75=4.18(kVar)$$

$$S_c=\sqrt{P_c^2+Q_c^2}=\sqrt{6.21^2+4.18^2}=7.49(kVA)$$

(2)L2 相：

①设备容量：

$P_{1n}=35\times(3\times40+10)=4550(W)=4.55(kW)$，$\cos\varphi_1=0.8$，则 $\tan\varphi_1=0.75$

$P_{2n}=20\times18=360(W)=0.36(kW)$，$\cos\varphi_2=0.9$，则 $\tan\varphi_2=0.48$

$P_{3n}=17\times40=680(W)=0.68(kW)$

$P_{4n}=25\times300=7500(W)=7.5(kW)$，$\cos\varphi_4=0.8$，则 $\tan\varphi_4=0.75$

②计算负荷：

$$P_c=P_{1c}+P_{2c}+P_{3c}+P_{4c}=K_{1n}P_{1n}+K_{2n}P_{2n}+K_{3n}P_{3n}+K_{4n}P_{4n}$$
$$=0.7\times4.55+0.7\times0.36+0.7\times0.68+0.3\times7.5$$
$$=3.19+0.25+0.48+2.25=6.17(kW)$$

$$Q_c=Q_{1c}+Q_{2c}+Q_{3c}+Q_{4c}=P_{1c}\tan\varphi_1+P_{2c}\tan\varphi_2+P_{3c}\tan\varphi_3+P_{4c}\tan\varphi_4$$
$$=3.19\times0.75+0.25\times0.48+0.48\times0+2.25\times0.75=4.2(kVar)$$

$$S_c = \sqrt{P_c^2 + Q_c^2} = \sqrt{6.17^2 + 4.2^2} = 7.46(\text{kVA})$$

(3)L3 相：

①设备容量：

$P_{1n}=40\times(3\times40+10)=5200(\text{W})=5.2(\text{kW})$，$\cos\varphi_1=0.8$，则 $\tan\varphi_1=0.75$

$P_{2n}=15\times18=270(\text{W})=0.27(\text{kW})$，$\cos\varphi_2=0.9$，则 $\tan\varphi_2=0.48$

$P_{3n}=15\times40=600(\text{W})=0.6(\text{kW})$

$P_{4n}=35\times300=10500(\text{W})=10.5(\text{kW})$，$\cos\varphi_4=0.8$，则 $\tan\varphi_4=0.75$

②计算负荷

$$\begin{aligned} P_c &= P_{1c} + P_{2c} + P_{3c} + P_{4c} = K_{1n}P_{1n} + K_{2n}P_{2n} + K_{3n}P_{3n} + K_{4n}P_{4n} \\ &= 0.7\times5.2 + 0.7\times0.27 + 0.7\times0.6 + 0.3\times10.5 \\ &= 3.64 + 0.19 + 0.42 + 3.15 = 7.4(\text{kW}) \end{aligned}$$

$$\begin{aligned} Q_c &= Q_{1c} + Q_{2c} + Q_{3c} + Q_{4c} = P_{1c}\tan\varphi_1 + P_{2c}\tan\varphi_2 + P_{3c}\tan\varphi_3 + P_{4c}\tan\varphi_4 \\ &= 3.64\times0.75 + 0.19\times0.48 + 0.42\times0 + 3.15\times0.75 = 5.18(\text{kVav}) \end{aligned}$$

$$S_c = \sqrt{P_c^2 + Q_c^2} = \sqrt{7.4^2 + 5.18^2} = 9.03(\text{kVA})$$

(4)计算电流

比较 L1、L2、L3 相的视在计算负荷，L3 的 $S_c=9.03$kVA 最大，所以选它为单相等效负荷，则计算电流：

$$I_c = \frac{S_c}{U_p} = \frac{9.03}{220}\times1000 = 41.05(\text{A})$$

第三节　导线载流量的选择

一、常用线缆类型和配电线路导线的选择

(一)常用线缆类型

线缆主要由线芯与绝缘两个主要部分组成，根据线芯的材料不同线缆分为铜芯、铝芯两种类型。铜芯线缆以其导电能力强、抗机械损伤的能力好等优点，在目前低压供电系统中得到广泛应用；但铝芯线缆以其重量轻、价格便宜等优势，在通过铜铝过渡处理后，也有着广阔的市场。近几年由于铜材价格的不断上涨，铜芯线缆的造价越来越高，在生产中又出现了合金芯电缆、铜包铝芯电缆。

根据绝缘类型不同，线缆又分为橡胶绝缘、塑料绝缘、纸绝缘等几种类

型。塑料绝缘线缆以其价格便宜、绝缘效果好、施工工艺简单等优点，在电缆产品中占有重要地位。塑料绝缘电缆根据材质不同又分为聚氯乙烯（VV、VLV）、交联聚乙烯（YJV、YJLV）两类。随着建筑安全要求的提高，各厂商又开发出阻燃（ZR）、耐火（NH）、低烟低卤阻燃（DDZ）、低烟无卤难燃（WDN）等特殊性能的电缆。常用导线和电缆的型号与敷设条件，见表 16－29。

表 16－29　常用导线和电缆的型号与敷设条件

类别	型号		绝缘材料、类型	敷设条件
	铜芯	铝芯		
普通导线	BV（BV_{-105}）	BLV（BLV_{-105}）	聚氯乙烯绝缘（耐热105℃）	室内明敷或穿管敷设，交流 500V、750V、直流 1000V 以下电器设备及电气线路
	BVV	BLVV	聚氯乙烯绝缘、护套	
	BX	BLX	橡胶绝缘	室内架空或穿管敷设，交流 500V、750V、直流 1000V 以下
	BXF	BLXF	氯丁橡胶绝缘	室外架空或穿管敷设，交流 500V、750V、直流 1000V 以下，尤其适用于室外架空
铜芯软导线	（ZR－）RV		（阻燃型）聚氯乙烯绝缘	交流 250V、500V、750V 及以下的照明、各种电器（阻燃型适用于有阻燃要求的场所）
	（ZR－）RVB		（阻燃型）平型聚氯乙烯绝缘	
	（ZR－）RVS		（阻燃型）绞型聚氯乙烯绝缘	
	RVV		绞型聚氯乙烯绝缘、聚氯乙烯护套	弱电系统的电源线路
	RVVP		绞型聚氯乙烯绝缘、聚氯乙烯护套铜网屏蔽	弱电系统的控制及信号线路
同轴电缆	SYV－75－		聚氯乙烯绝缘、聚氯乙烯护套铜网屏蔽	用于视频传输
	SYWV－75－		聚氯乙烯绝缘、聚氯乙烯护套镍铝网屏蔽	用于射频传输
普通电力电缆	（NH－）VV	VLV	（耐火型）聚氯乙烯绝缘、聚氯乙烯护套	敷设在室内、隧道内及管道中，不承受机械外力作用（耐火型适用于照明、电梯、消防、报警系统、应急供电回路及地铁、电站、火电站等与防火安全及消防救火有关的场所）

续表1

类别	型号		绝缘材料、类型	敷设条件
	铜芯	铝芯		
普通电力电缆	(ZR-)YJV	(ZR-)YJLV	(阻燃型)交联聚乙烯绝缘、聚氯乙烯护套	敷设在室内、隧道内及管道中,也可敷设在土壤中,不承受机械外力作用,但可承受一定的敷设牵引力(耐火型适用于高层建筑、地铁、地下隧道、核电站、火电站等与防火安全及消防救火有关的场所)
	YJVF	YJLVF	交联聚乙烯绝缘、分相聚氯乙烯护套	
	ZO-D	ZLQD	不滴流浸渍剂纸绝缘裸铅包	敷设在室内、沟道中及管道内,对电缆没有机械损伤,且对铅护层提供中性环境
	ZQ	ZLQ	油浸纸绝缘裸铅包	
铠装电力电缆	(NH-)VV_{29}	VLV_{29}	(耐火型)聚氯乙烯绝缘、聚氯乙烯护套内钢带铠装	敷设在地下,能承受机械外力作用,但不能承受大的拉力(耐火型适用于照明、电梯、消防、报警系统、应急供电回路及地铁、电站、火电站等与防火安全及消防救火有关的场所)
	VV_{30}	VLV_{30}	聚氯乙烯绝缘、聚氯乙烯护套裸细钢丝铠装	敷设在室内、矿井中,能承受机械外力作用,能承受相当的拉力
	YJV_{29}	YJV_{29}	交联聚乙烯绝缘、分相聚氯乙烯护套内钢带铠装	敷设在土壤中,能承受机械外力作用,但不能承受大的拉力
	$YJVF_{30}$	$YJVF_{30}$	交联聚乙烯绝缘、分相聚氯乙烯护套裸细钢丝铠装	敷设在室内、矿井中,能承受机械外力作用,并能承受相当的拉力
	ZQD_{12}	$ZLQD_{12}$	不滴流浸渍剂纸绝缘铅包钢带铠装	用于垂直或高落差敷设,敷设在土壤中,能承受机械损伤,但不能承受大的拉力
	ZQD_{22}	$ZLQD_{22}$	不滴流浸渍剂纸绝缘铅包钢带铠装聚氯乙烯护套	用于垂直或高落差敷设,敷设在对钢带严重腐蚀的环境中,能承受机械损伤,但不能承受大的拉力

续表 2

类别	型　号		绝缘材料、类型	敷设条件
	铜 芯	铝 芯		
铠装电力电缆	ZQ_{12}	ZLQ_{12}	油浸纸绝缘铅包钢带铠装	敷设在土壤中,能承受机械损伤,但不能承受大的拉力
	ZQ_{22}	ZLQ_{22}	油浸纸绝缘铅包钢带铠装、聚氯乙烯护套	敷设在对钢带严重腐蚀的环境中,能承受机械损伤,但不能承受大的拉力

(二)配电线路导线的选择

1. 线缆类型的选择

导线和电缆类型的选择主要包括选择额定电压、导体材料、绝缘材料、内外护层等。选择时应主要从工程的重要程度、环境条件、敷设方法、节约短缺材料和经济可靠等方面考虑。

(1)额定电压。绝缘导线和电缆的额定电压应不低于使用地点的额定电压。

(2)导体材料。贯彻"以铝代铜"的方针,在满足线路敷设要求的前提下,优先选用铝芯导线和电缆。但是,民用建筑宜采用铜芯电缆或电线,下列场所应选用铜芯电缆或电线:

①易燃、易爆场所;

②特别潮湿场所和对铝有腐蚀场所;

③人员聚集较多的场所,如影剧院、商场、医院、娱乐场所等;

④重要的资料室、计算机房、库房;

⑤移动设备或剧烈振动场所;

⑥有特殊规定的其他场所。

(3)绝缘及护套。导线和电缆的绝缘材料主要有塑料、橡胶、氯丁橡胶等。在建筑物表面直接敷设时,应选用塑料绝缘和塑料护套线。选择导线和电缆的绝缘材料时,应首先考虑敷设方式及环境条件,其次应考虑其经济性。由于塑料绝缘线的生产工艺简单,绝缘性能好,成本低,应尽量选用塑料绝缘电线电缆。各种环境对电线电缆的绝缘及护套要求如下:

①在室内正常条件下敷设,可选用聚氯乙烯绝缘、聚氯乙烯护套的电缆或聚氯乙烯绝缘电线;条件许可时可选用允许温升高、载流量大的交联聚乙烯绝缘电力电缆。

②由于消防设施在建筑中直接关系到火灾时人员的生命安全,所以消防设备供电线路有更严格的要求:

a. 凡建筑物内火灾自动报警系统保护对象为特级、消防用电供电负荷等级为一级的消防设备供电干线及支线，宜采用矿物绝缘电缆；当线路的敷设保护措施符合防火要求时，可采用耐火类电缆。

b. 凡建筑物内火灾自动报警系统保护对象为一级、消防用电供电负荷等级为一级的消防设备供电干线及支线，宜采用耐火类电缆，当线路的敷设保护措施符合防火要求时，可降一级标准选择。

c. 凡建筑物内火灾自动报警系统保护对象为二级、消防用电供电负荷等级为二级的消防设备供电干线及支线，应采用阻燃电线、电缆。

③对消防要求高的建筑，如一类防火建筑、重要的公共场所以及人员集中的地下层的非消防线路宜采用阻燃低烟无卤或阻燃无烟无卤电力电缆。

(4)电缆外护层及铠装。电力电缆的外护层及铠装种类较多，要根据其敷设方式(室内外、电缆沟、竖井、埋地、水下等)、环境条件(易燃、移动、腐蚀等)选用。

2. 电线电缆的选择

电线电缆的选择时的技术要求与规定，见表16-30。

表16-30 电线电缆的选择

选择类别	技术要求与规定
电线电缆的芯线材料选择	电线电缆的芯线材料一般选用铝芯或铜芯导体，下列场所应选用铜芯电缆或导线： ①供电可靠性要求较高的干线回路，一、二级负荷或三级负荷中重要负荷的配线 ②居住建筑、幼儿园、福利院、医院等用电设备的配电线路 ③有爆炸、火灾危险、潮湿、腐蚀、按八度及以上抗震设防的场所，及连接移动设备的配电线路 ④重要的公共建筑及人员集聚场所 ⑤监测及控制回路 ⑥应急(含消防)系统的线路 ⑦室外配电的电缆线路
电缆线路的芯数选择	电缆线路的芯数选择如下： ①TN-C系统应选用三相四芯电缆 ②TN-S系统应选用三相五芯电缆 ③大电流远距离配电的交流电缆线路，为方便安装及减少中间接头，可选用非金属铠装单芯电缆品字形捆绑或平行交叉换位敷设方式，以降低线路阻抗；严禁采用钢带铠装的单芯电缆，以免造成涡流损失 ④高压10kV交流电缆线路，一般采用三芯电力电缆

续表 1

<table>
<tr><th>选择类别</th><th>技 术 要 求 与 规 定</th></tr>
<tr><td>绝缘水平选择</td><td>绝缘水平选择有如下几点：
①应根据系统电压等级，正确选择电线电缆的额定电压，确保长期安全运行
②交流系统中电力电缆缆芯的相间绝缘电压等级，不得低于工作回路的线电压
③交流系统中电力电缆缆芯与屏蔽层或金属护套之间的绝缘电压等级选择，应符合下列规定：
a. 中性点直接接地或经低阻抗接地的系统，当接地保护动作不超过 1min 切除故障时，应按回路工作相电压的 100%选择
b. 对于此项以外的供电系统，不宜低于回路工作相电压的 133%。在单相接地故障可能持续 8h 以上或发电机回路等供电安全性要求较高的线路，宜按回路工作相电压的 173%选择
④高压电缆，绝缘水平的选择见下表：
电缆绝缘水平选择表(kV)
<table><tr><td>系统标称电压 U_H</td><td>3</td><td>6</td><td>10</td><td>35</td></tr><tr><td>电缆的额定电压 U_o/U</td><td>3/3</td><td>6/6</td><td>8.7/10</td><td>26/35</td></tr><tr><td>缆芯之间工频最高电压</td><td>3.6</td><td>7.2</td><td>12</td><td>42</td></tr><tr><td>缆芯对地的雷电冲击耐受电压峰</td><td>—</td><td>75</td><td>95</td><td>250</td></tr></table>⑤低压配电线路的绝缘水平选择：
a. 吊灯软线 0.25kV
b. 室内配线(包括软电线)0.45/0.75kV
c. IT 系统配线 0.45/0.75kV
d. 架空进户线 0.45/0.75kV
e. 架空线 0.6kV、1.0kV
f. 室内外电缆配线 0.6/1.0kV</td></tr>
<tr><td>根据建筑工程项目选择</td><td>应根据建筑工程的项目特点、负荷等级、用电设备对电气系统的供配电要求、线路的敷设方式等，选择不同的绝缘材料及护套电缆：
①聚氯乙烯绝缘聚氯气烯护套电缆(VV 型全塑电缆)，由于其制造工艺简单、价格便宜、重量轻、耐酸碱及不延燃等优点，适用于一般工程
②重要的高层建筑、地下客运设施、商业城、重要的公共建筑及人员密集场所，宜选用阻燃型(ZR 型电缆)电力电缆
③对防火要求更高(如：应急和通信、消防、电梯等系统的电源回路)的线路，应选用耐火型(即 NH 型)电力电缆，或矿物绝缘电缆
④敷设在吊顶、地沟、隧道及电缆槽内的电缆，宜选用阻燃型电缆
⑤交联聚乙烯绝缘电力电缆，有结构简单、允许温度高、载流量大、重量轻的优点，但价格偏高，宜在高层建筑中优先选用
⑥根据建筑工程的项目条件，宜优先选用交联聚乙烯绝缘电缆代替 PVC 电缆。一类防火建筑以及金融、剧场、展厅、旅馆、医院、机场大厅、地下商场、娱乐场所等，其配电线路应采用低烟无卤型交联聚乙烯绝缘电缆。</td></tr>
</table>

续表 2

选择类别	技 术 要 求 与 规 定
根据敷设方式和运行场所条件	应根据敷设方式和运行场所条件，选择不同防护结构的电缆： ①直埋电缆宜选择能承受机械张力的钢丝或钢带铠装电缆 ②室内电缆沟、电缆桥架、隧道、穿管等敷设时，宜选用带外护套不带铠装的电力电缆 ③空气中敷设的电缆、有防鼠害和蚁害要求的场所，应选用铠装电缆

3. 电线、电缆截面选择的一般原则与规定

电线、电缆截面选择的一般原则与规定；见表 16－31。

表 16－31　电线、电缆截面选择的一般原则与规定

<table>
<tr><th>类　别</th><th>选择的一般原则与规定</th></tr>
<tr><td>电线、电缆的允许温升选择</td><td>按电线、电缆的允许温升选择一般原则与规定如下：
①电线、电缆的允许温升应不超过其允许值，按发热条件、电线、电缆的允许持续工作电流（允许载流量）应不小于线路的工作电流，见下表
电线、电缆导体极限温度允许值(℃)
<table>
<tr><th>绝缘类别</th><th>聚氯乙烯</th><th>交联聚乙烯、乙丙橡胶</th><th>丁基橡胶</th><th>油浸纸</th></tr>
<tr><td>极限温度允许值</td><td>160</td><td>250</td><td>200</td><td>250</td></tr>
</table>
②电线、电缆持续载流量标准，应以有关部门正式发布或推荐的数据为准
③各种型号的电线、电缆的持续载流量，应根据不同的敷设条件、环境温度等条件进行修正</td></tr>
<tr><td>电压损失允许值选择</td><td>按电压损失允许值选择一般原则与规定如下：
①电线、电缆线路的电压损失不应超过规范规定的允许值，见下表
用电设备端子电压偏差允许值
<table>
<tr><th colspan="2">用电设备名称</th><th>电压偏差允许值 U(%)</th></tr>
<tr><td rowspan="2">电动机</td><td>正常情况下</td><td>−5～+5</td></tr>
<tr><td>特殊情况下</td><td>−10～+5</td></tr>
<tr><td rowspan="3">照明灯</td><td>视觉要求较高场所</td><td>−2.5～+5</td></tr>
<tr><td>一般工作场所</td><td>−5～+5</td></tr>
<tr><td>应急照明、道路照明、警卫照明</td><td>−10～+5</td></tr>
<tr><td colspan="2">其他用电设备无特殊要求时</td><td>−5～+5</td></tr>
</table></td></tr>
</table>

续表 1

<table>
<tr><th>类　别</th><th>选择的一般原则与规定</th></tr>
<tr><td>电压损失
允许值选择</td><td>②由变压器低压母线配出的动力干线回路，至动力箱(柜)处的电压损失不宜超过 2%；照明干线不宜超过 1%；室外干线不宜超过 2.5%
③室内照明分支线电压损失不宜超过 2%
④室外照明分支线电压损失不宜超过 4%</td></tr>
<tr><td>机械强度
选择</td><td>按机械强度选择一般原则与规定如下：
①照明灯头线的截面选择，见下表
绝缘电线最小允许截面
<table>
<tr><th rowspan="2">用途及敷设方式</th><th colspan="3">线芯的最小截面(mm^2)</th></tr>
<tr><th>铜芯软线</th><th>铜线</th><th>铝线</th></tr>
<tr><td>室内灯头线</td><td>0.5</td><td>1.0</td><td>2.5</td></tr>
<tr><td>室外灯头线</td><td>1.0</td><td>1.0</td><td>2.5</td></tr>
</table>
②移动用电设备线路的最小截面，应符合下列规定：
a. 生活用移动设备软线不小于 0.75mm^2
b. 生产用移动设备软线不小于 1.0mm^2
③架设在绝缘支持件上的绝缘电线的最小截面，应不小于下表所列的数据
支架敷设绝缘线最小截面
<table>
<tr><th colspan="2">绝缘支持物间距 L</th><th>铜芯电线(mm^2)</th><th>铝芯电线(mm^2)</th></tr>
<tr><td>室外</td><td>$L \leqslant 2m$</td><td>1.0</td><td>2.5</td></tr>
<tr><td rowspan="4">室内</td><td>$L \leqslant 2m$</td><td>1.5</td><td>2.5</td></tr>
<tr><td>$2m < L \leqslant 6m$</td><td>2.5</td><td>4</td></tr>
<tr><td>$6m < L \leqslant 15m$</td><td>4</td><td>6</td></tr>
<tr><td>$15m < L \leqslant 25m$</td><td>6</td><td>10</td></tr>
</table>
④室内敷设绝缘线的最小截面，见下表
室内敷设绝缘电线最小截面
<table>
<tr><th>敷设方式</th><th>铜芯软线(mm^2)</th><th>铜线(mm^2)</th><th>铝线(mm^2)</th></tr>
<tr><td>穿管敷设</td><td>1.0</td><td>1.0</td><td>2.5</td></tr>
<tr><td>塑料护套线沿墙明敷</td><td>—</td><td>1.0</td><td>2.5</td></tr>
<tr><td>板孔穿线敷设</td><td>—</td><td>1.5</td><td>2.5</td></tr>
<tr><td>线槽、槽板敷设</td><td>—</td><td>1.0</td><td>2.5</td></tr>
</table>
</td></tr>
</table>

续表 2

类　别	选择的一般原则与规定
短路热稳定条件选择	按短路热稳定条件选择导线的截面一般原则与规定如下： ①对于相线短路持续时间不大于 5s，其绝缘电线或电缆的截面应满足公式 $S\geqslant\frac{I_K}{K}\sqrt{t}\times10^3$ 的要求 ②对于保护线 PE，或中性保护线 PEN 的截面热稳定校验，应满足下式要求： $$S_P\geqslant\frac{I_{dp}}{K}\sqrt{t}$$ 式中　I_{dp}——接地故障电流（IT 系统为二相短路电流）(A) K——热稳定系数，见表 16－32 t——短路电流持续时间(s)

表 16－32　　不同导体材料和绝缘的 K 值

名称 项目		导体绝缘					
		70℃PVC	90℃PVC	85℃橡胶	60℃橡胶	矿物质	
						带 PVC	裸的
初始温度(℃)		70	90	85	60	70	105
最终温度(℃)		160/140	160/40	220	200	160	250
导体材料 K 值	铜	115/103	100/86	134	141	115	135
	铝	76/68	66/57	89	93	—	—

注：① PVC 为聚氯乙烯，当采用交联聚乙烯电缆时，初始温度为 90℃，最终温度为 250℃，其绝缘系数 K 值可采用铜芯 143、铝芯 94。

②当计算所得截面尺寸是非标准尺寸时，应采用较大标准截面的导体。

4. 计入谐波电流的影响，导线截面选择要点

计入谐波电流的影响，导线截面选择要点如下：

(1)单相二线中性线电流应包括基波电流及谐波电流。二相三线中性线电流应为二相不平衡电流及二相的谐波电流之和。三相四线中性线电流应为三相不平衡电流及三相的谐波电流之和。在两相二线及三相三线系统(380V 供电)中，线路电流应包括基波电流及谐波电流。

(2)三相平衡系统中，三相回路的 3 次谐波电流大于 10%时，中性线截面不应小于相线截面。

(3)中性线电流应通过计算确定，当中性线电流大于相线电流时，应按中性线电流选择缆线截面。

(4)三相平衡系统中，4 芯和 5 芯电力电缆中存在谐波电流时，导体截面

应根据表16－33谐波电流校正系数来选择。

表16－33　4芯和5芯电力电缆存在谐波电流的校正系数

相电流中3次谐波分量(%)	校正系数	
	按相电流选择导体截面	按中线电流选择导体截面
0～15	1.0	—
15～33	0.86	—
33～45	—	0.86
>45	—	1.0

注:各类负荷的谐波电流含量应由厂家提供。

(5)在三相不平衡系统中,最大相电流大于中性线电流时,应按最大相电流选择缆线截面。

(6)在不间断电源(UPS)及集中装设的大容量的照明调光装置等谐波源的电源主回路的进出端,宜设置原边为三角形、副边为三角形或星形接线方式的隔离变压器。

(7)为减少保护导线内的电流感应,宜采用同心中性线电力电缆(保护导体、中性线导体、相线导体多芯对称在同一外护层内),或抗电磁干扰性能强的金属屏蔽电力电缆。对于大电流负荷或大功率设备宜采用封闭式母线(母线槽)布线。

(8)当配电系统中采用有源电力滤波装置时,其电源侧的中性导体可不计入谐波电流的影响。当装设无源滤波装置时,回路中的中性导体宜与相导体等截面。

(9)为X光机、CT机、核磁共振机等谐波较严重的大功率设备的供电线路,应按医疗设备要求的阻抗值进行设计。

(10)供配电系统的缆线选择应与工程的谐波抑制与治理技术方案相适应,并确保供配电系统与用电设备之间谐波骚扰的电磁兼容性。

(11)缆线敷设应根据线路路径的电磁环境特点、线路性质和重要程度,分别采取有效的防护或屏蔽、隔离措施。

(12)电力电缆与信息设施系统的传输线路、信号电压明显不同的信息设施系统的传输系统,不应合用保护导管或槽盒。

5. 导线截面选择

导线截面选择的一般技术要求及规定,见表16－34。

表 16－34　　导线截面选择的一般技术要求及规定

<table>
<tr><th>类　别</th><th>一般技术要求及规定</th></tr>
<tr><td>满足导线载流量的要求外，铜芯导线截面选择</td><td>除满足导线载流量的要求外，铜芯导线截面最小值如下：
①单相进户线不小于 10mm^2，三相进户线不小于 6mm^2
②动力、照明配电箱的进线不小于 6mm^2
③控制箱进线截面比分支线至少大一级
④动力、照明分支回路不小于 1.5mm^2
⑤居住建筑电源插座回路不小于 2.5mm^2</td></tr>
<tr><td>除业主有预留发展要求外，铜导体的截面选择</td><td>除业主有预留发展要求外，铜导体的截面宜按下列原则确定：
①配电箱（柜）的进线截面不大于进线总开关端子的接线容量
②专用回路供电的配电箱（柜）的进户线载流量宜为计算容量的 1.25～1.5 倍
③照明干线、插接母线宜为计算电流的 1.3～1.5 倍
④变压器二次侧母线、低压开关柜水平母线，除应满足短路电流冲击外其截流量不宜大于变压器二次侧额定电流的 1.5 倍</td></tr>
<tr><td>中性线 N 及保护线 PE 及中性保护线 PEN 选择</td><td>中性线 N 及保护线 PE 及中性保护线 PEN 宜按下述原则选择：
①变压器低压母线低压开关柜中性母线 N 及保护母线 PE 的截面积不小于其相线截面的一半
②电力、照明干线电缆或导线其 N、PE 及 PEN 的截面积参照下表选用

中性线、保护线选择
<table><tr><th>电气装置中
相导体的截面 S（mm^2）</th><th>相应保护导体的
最小截面 S（mm^2）</th></tr><tr><td>$S \leqslant 16$</td><td>S</td></tr><tr><td>$16 < S \leqslant 35$</td><td>16</td></tr><tr><td>$S > 35$</td><td>$S/2$</td></tr></table>
③照明箱、动力箱进线的 N、PE、PEN 线的最小截面不小于 6mm^2
④对于三相四线制，配电线路符合下列情况之一时，其 N、PE、PEN 的截面应不小于相线截面：
a. 以气体放电流为主的配电线路
b. 单相配电回路
c. 可控硅调光回路
d. 计算机电源回路
④电梯、自动扶梯电缆截面的选择，与其工作制有很大关系，当电梯速度在 3m/s 以上时，可参照下列原则：
a. 二台及以下电梯或自动扶梯按长期工作制选择电缆
b. 多台客梯可按反复短时工作考虑，使用率 60％
c. 货梯杂物梯按反复短时工作考虑，使用率 40％</td></tr>
</table>

注意：电缆线路宜按如下条件进行短路热稳定校验：

(1)对于短路电流持续时间不超过 5s 的电缆线路，其截面积选择应满足下式规定：

$$S \geqslant \frac{I_K}{K}\sqrt{t} \times 10^3$$

式中　S——绝缘导体的线芯截面(mm^2)；

I_K——短路电流有效值(均方根值)(kA)；

t——短路电流持续的时间(s)；

K——取决于保护导体、绝缘和其他部分的材料以及初始温度和最终温度的系数，可按现行国家标准《电气设备的选择和安装接地配置、保护导体和保护联结导体》GB 16895.3 计算和选取。

(2)当低压空气断路器生产厂家提供 I^2t 短路电流热效应曲线时，宜按 I^2t 热效应进行校验。即由：

$$S \geqslant \frac{I}{K}\sqrt{t} \text{则} (S \cdot K)^2 \geqslant I^2 t$$

式中　$(S \cdot K)^2$——表示电缆所允许的最大热效应；

I^2t——表示断路器保护范围内的最大短路电流产生的热效应(厂家提供)。

(3)低压网络三相短路电流周期分量有效值，按下式计算：

$$I_K = \frac{U_e}{\sqrt{3}Z} = \frac{230}{Z}(\text{kA})$$

式中　I_K—— 三相短路电流周期分量有效值(kA)；

U_e—— 变压器低压侧额定电压(400V)；

$$Z = \sqrt{R^2 + X^2}$$

$$R = R_s + R_T + R_m + R_L$$

$$X = X_s + X_T + X_m + X_L$$

式中　Z、R、X——短路回路总阻抗、电阻、电抗(mΩ))；

R_s、K_s——高压侧电力系统电阻、电抗(mΩ)；

R_T、X_T——变压器电阻、电抗(mΩ)；

R_m、X_m——母线电阻、电抗(mΩ)；

R_L、X_L——电缆线路电阻、电抗(mΩ)。

在系统资料难以获得时，可按系统的高压侧短路容量为无限大作为基准值，计算出变压器低压出口处的短路电流值，以此作为变压器总开关及开关柜母线等设备的选择依据。变压器低压出口处短路电流的计算式如下：

$$I_K = \frac{S_d}{\sqrt{3}U_e} = \frac{100}{\sqrt{3}U_e U_K\%} S_r (\text{kA})$$

$$设: K_d = \frac{100}{\sqrt{3}U_e U_K\%}, 即\ I_K = K_d \cdot S_T$$

式中 U_e——变压器低压侧额定电压,0.4kV;

$U_K\%$——变压器的短路阻抗百分数;

S_T——变压器额定容量,MVA;

K_d——短路系数见表16-35;

S_d——变压器的短路容量,MVA。

表16-35 短路系数 K_d

变压器短路阻抗($U_K\%$)	4	4.5	6	7	8	10
K_d	36	32	24	20.6	18	14.5

二、电线电缆载流量

(一)电线电缆截流量要求和规定

电线电缆截流量使用要求和规定如下:

(1)各种常用的电线、电缆的长期连续负荷额定载流量,应以国家标准为准。国家标准《建筑物电气装置第5部分:电气设备的选择和安装 第523节:布线系统载流量》GB/T 16895.15—2002、idt IEC 60364 5 523:1999于2003年3月1日实施。当选用特殊的或新型的电线电缆产品有关部门没有公布数据时,方可选用厂家负责提供的该类型电线电缆长期允许载流量数据,但应在工程设计图纸中予以注明。

(2)各种类型的电线、电缆导体允许持续载流量是在给定的基准条件下确定,当实际敷设条件不同于基准条件时,应按以下不同的基准条件乘以不同的校正系数。校正系数见表16-36~表16-42。多回路直埋电缆的降低系数,见表16-43。

表16-36 环境空气温度不等于30℃时载流量的校正系数(敷设在空气中)

环境温度(℃)	绝 缘			
	PVC 聚氯乙烯	XLPE或EPR 交联聚乙烯或乙丙橡胶	矿物绝缘*	
			PVC外护层和易于接触的裸护套70℃	不允许接触的裸护套105℃
10	1.22	1.15	1.26	1.14

续表

环境温度(℃)	绝缘			
	PVC 聚氯乙烯	XLPE 或 EPR 交联聚乙烯或 乙丙橡胶	矿物绝缘 *	
			PVC 外护层和易于接触的裸护套 70℃	不允许接触的裸护套 105℃
15	1.17	1.12	1.20	1.11
20	1.12	1.08	1.14	1.07
25	1.06	1.04	1.07	1.04
35	0.94	0.96	0.93	0.96
40	0.87	0.91	0.85	0.92
45	0.79	0.87	0.77	0.88
50	0.71	0.82	0.67	0.84
55	0.61	0.76	0.57	0.80
60	0.50	0.71	0.45	0.75
65	—	0.65	—	0.70
70	—	0.58	—	0.65
75	—	0.50	—	0.60
80	—	0.41	—	0.54
85	—	—	—	0.47
90	—	—	—	0.40
95	—	—	—	0.32

注:① * 更高的环境温度,与制造厂商量解决。

②PVC 聚氯乙烯、XLPE 交联聚乙烯、EPR－乙丙橡胶。

表 16－37 土壤热阻系数不同于 2.5K·m/W 时载流量校正系数(敷设于埋地管道中)

热阻系数(K·m/W)	1	1.5	2	2.5	3
校正系数	1.18	1.1	1.05	1	0.96

注:①校正系数的综合误差在±5%以内。

②适用于管道埋设深度不大于 0.8m。

表 16-38 地下温度不同于20℃时载流量校正系数(敷设在地下管道中)

环境温度(℃)	绝缘		环境温度(℃)	绝缘	
	PVC聚氯乙烯	XLPE和EPR交联聚乙烯和乙丙橡胶		PVC聚氯乙烯	XLPE和EPR交联聚乙烯和乙丙橡胶
10	1.10	1.07	40	0.77	0.85
15	1.05	1.04	45	0.71	0.80
20	0.95	0.96	50	0.63	0.76
25	0.89	0.93	55	0.55	0.71
35	0.84	0.89	60	0.45	0.65

表 16-39 敷设在埋地管道内多回路多芯电缆的降低系数

电缆根数	管道之间距离			
	无间距(相互接触)	0.25m	0.5m	1.0m
2	0.85	0.90	0.95	0.95
3	0.75	0.85	0.90	0.95
4	0.70	0.80	0.85	0.90
5	0.65	0.80	0.85	0.90
6	0.60	0.80	0.80	0.90

注:适用于埋深0.7m,土壤热阻系数为2.5K·m/W。有些情况下误差会达到±10%。

表 16-40 4芯和5芯电缆存在谐波电流的降低系数

相电流中3次谐波分量(%)	降低系数	
	按相电流选择截面	按中性电流选择截面
0~15	1.0	—
15~33	0.86	—
33~45	—	0.86
>45	—	1.0

表 16-41　敷设在自由空气中多根多芯电缆束降低系数

敷设方法		电缆数						
		托盘数	1	2	3	4	6	9
水平安装的有孔托盘（注②）	接触	1	1.00	0.88	0.82	0.79	0.76	0.73
		2	1.00	0.87	0.80	0.77	0.73	0.68
		3	1.00	0.86	0.79	0.76	0.71	0.66
	间距为电缆外径	1	1.00	1.00	0.98	0.95	0.91	
		2	1.00	0.99	0.96	0.92	0.87	
		3	1.00	0.98	0.95	0.91	0.85	
垂直安装的有孔托盘（注③）	接触	1	1.00	0.88	0.82	0.78	0.73	0.72
		2	1.00	0.88	0.81	0.76	0.71	0.70
	间距为电缆外径	1	1.00	0.91	0.89	0.88	0.87	
		2	1.00	0.91	0.88	0.87	0.85	
水平安装的梯架（注②）	接触	1	1.00	0.87	0.82	0.80	0.79	0.78
		2	1.00	0.86	0.80	0.78	0.76	0.73
		3	1.00	0.85	0.79	0.76	0.73	0.70
	间距为电缆外径	1	1.00	1.00	1.00	1.00	1.00	
		2	1.00	0.99	0.98	0.97	0.96	
		3	1.00	0.98	0.97	0.96	0.93	

注：①降低系数只适用于单层成束敷设电缆，不适用于多层相互接触的成束电缆。

②所给值用于两个托盘间垂直距离为 300mm 而托盘与墙之间间距不少于 20mm 的情况，小于这一距离时降低系数应当减小。

③所给值为托盘背靠背安装，水平距离为 225mm，当小于这一距离时降低系数应当减小。

表 16-41　多回路或多根多芯电缆成束敷设的降低系数

<table>
<tr><th rowspan="2">排列
（电缆相互接触）</th><th colspan="12">回路数或多芯电缆数</th></tr>
<tr><th>1</th><th>2</th><th>3</th><th>4</th><th>5</th><th>6</th><th>7</th><th>8</th><th>9</th><th>12</th><th>16</th><th>20</th></tr>
<tr><td>嵌入式或封闭式成束敷设在空气中的一个表面上</td><td>1.00</td><td>0.80</td><td>0.70</td><td>0.65</td><td>0.60</td><td>0.57</td><td>0.54</td><td>0.52</td><td>0.50</td><td>0.45</td><td>0.41</td><td>0.38</td></tr>
<tr><td>单层敷设在墙、地板或无孔托盘上</td><td>1.00</td><td>0.85</td><td>0.79</td><td>0.75</td><td>0.73</td><td>0.72</td><td>0.72</td><td>0.71</td><td>0.70</td><td colspan="3" rowspan="4">多于 9 个回路或 9 根多芯电缆，不再减小减低系数</td></tr>
<tr><td>单层直接固定在木质天花板下</td><td>0.95</td><td>0.81</td><td>0.72</td><td>0.68</td><td>0.66</td><td>0.64</td><td>0.63</td><td>0.62</td><td>0.61</td></tr>
<tr><td>单层敷设在水平或垂直的有孔托盘上</td><td>1.00</td><td>0.88</td><td>0.82</td><td>0.77</td><td>0.75</td><td>0.73</td><td>0.73</td><td>0.72</td><td>0.72</td></tr>
<tr><td>单层敷设在梯架或夹板上</td><td>1.00</td><td>0.87</td><td>0.82</td><td>0.80</td><td>0.80</td><td>0.79</td><td>0.79</td><td>0.78</td><td>0.78</td></tr>
</table>

注：①这些系数适用于尺寸和负荷相同的电缆束。

②相邻电缆水平间距超过了 2 倍电缆外径时，则不需要降低。

③下列情况使用同一系数：一是由两根或三根单芯电缆组成的电缆束；二是多芯电缆。

④假如系统中同时有 2 芯和 3 芯电缆，以电缆总数作为回路数，两芯电缆作为两根带负荷导体，三芯电缆作为三根带负荷导体查取表中相应系数。

⑤假如电缆束中含有 n 根单芯电缆，它可考虑为 $n/2$ 回两根负荷导体回路，或 $n/3$ 回三根负荷导体回路。

⑥表中各值的总体误差在 5%以内。

表 16-43　多回路直埋电缆的降低系数

回路数	电缆间的间距				
	无间距（电缆相互接触）	一根电缆外径	0.125m	0.25m	0.5m
2	0.75	0.80	0.85	0.90	0.90
3	0.65	0.70	0.75	0.80	0.85
4	0.60	0.60	0.70	0.75	0.80
5	0.55	0.55	0.65	0.70	0.80
6	0.50	0.55	0.60	0.70	0.80

注：适用于埋深 0.7m，土壤热阻系数为 2.5K·m/W。有些情况下误差会达到 ±10%。

根据我国地理气候条件，对空气中敷设的电线电缆给出了环境温度为 25℃、30℃、35℃、40℃4 种情况下的载流量；对土壤中敷设的电缆给出了土壤热阻系数为 1K·m/W、1.5K·m/W、2K·m/W、2.5K·m/W 4 种情况下的载流量。其他情况下的电线电缆载流量修正系数详见表16-35～表16-42。

(3)表中电线电缆载流量数据主要来源于国家标准，并对国家标准中的数据进行了重新编排和计算，以方便设计人员使用。对国家标准中未涵盖的部分常用数据也做了适当补充，该部分数据主要来源于《工业与民用配电设计手册》第三版。

(4)主要选择以下较常用的产品：聚氯乙烯绝缘(耐热)电线、软线、护套线，聚氯乙烯绝缘电缆，交联聚乙烯绝缘电缆，交联聚乙烯绝缘、聚氯乙烯绝缘预分支电缆，矿物绝缘电缆，辐照交联低烟无卤阻燃电线、电缆，通用橡套软电缆，矩形母线和母线槽，裸线型材等。

(5)电线敷设方式有穿管明敷和穿管暗敷；电缆敷设方式有明敷、穿管明敷、穿管暗敷、直埋以及在埋地管道内敷设。

(6)电线、电缆线芯允许长期工作温度，见表16-44。

表16-44　　电线、电缆线芯允许长期工作温度

电线、电缆种类		线芯允许长期工作温度(℃)
500V橡皮绝缘线、500V通用橡套软线、500V橡皮绝缘电力电缆		65
聚氯乙烯绝缘电线450/750V		70
交联聚氯乙烯绝缘电力电缆	1～10kV	90
	0.6～1kV	90
聚氯乙烯绝缘电力电缆	1～10kV	70
	0.6～1kV	70
矿物绝缘电力电缆，轻载500V，重载750V		金属护套70
		金属护套105

注：①500V矿物绝缘电缆可在250℃高温下长期使用，铜不氧化，IEC60394-5-523(1999)标准推荐在非暴露触摸且不与可燃材料接触时，可在105℃或更高温度下使用。

②当电线、电缆的运行环境温度超过或低于正常温度时，应进行温度修正。温度修正系数K_t按下式计算：

$$K_t=\sqrt{\frac{Q_n-Q_a}{Q_n-Q_c}}s$$

式中 Q_n——导线、电缆线芯允许长期工作温度(℃)；

Q_a——敷设处环境温度(℃)；

Q_c——导线、电缆长期允许载流量数据的对应温度(℃)。

不同的电缆及导线(指线芯和长期允许工作温度在不同的环境下)载流量的修正系数K_t，见表16-36、表16-38。

(7)电线、电缆环境温度选择的一般要求：

①电线和电缆室内敷设在配电间、吊顶内、电缆沟、隧道、线槽内或桥架上，宜按35℃选用。

②电缆线路室外敷设时，空气中宜按40℃，直埋宜按25℃，电缆沟内、隧道内宜按40℃选用。

③电线室内穿管敷设在墙内、楼板内或室内穿管明敷时宜按30℃选用。

④封闭式开关柜内的母线及封闭式母线槽宜按40℃选用。

⑤当电缆敷设在不同温度环境时，应按最不利条件选择，但当不利温度环境内的电缆长度不超过5m时，可不予考虑。

(二)450/750V及以下聚氯乙烯绝缘电线持续载流量

1. 聚氯乙烯绝缘电线持续载流量

聚氯乙烯绝缘电线持续载流量及修正系数，见表16-45～表16-49。

表16-45　BV绝缘电线敷设在明敷导管内的持续载流量(A)

型　号	BV															
额定电压(kV)	0.45/0.75															
导体工作温度(℃)	70															
环境温度(℃)	25				30				35				40			
标称截面(mm²)	电　线　根　数															
	2	3	4	5、6	2	3	4	5、6	2	3	4	5、6	2	3	4	5、6
1.5	18	15	13	11	17	15	13	11	15	14	12	10	14	13	11	9
2.5	25	22	20	16	24	21	19	16	22	19	17	15	20	18	16	13
4	33	29	26	23	32	28	25	22	30	26	23	20	27	24	21	19
6	43	38	33	29	41	36	32	28	38	33	30	26	35	31	27	24
10	60	53	47	41	57	50	45	39	53	47	42	36	49	43	39	33
16	80	72	63	56	76	68	60	53	71	63	56	49	66	59	52	46
25	107	94	84	74	101	89	80	70	94	83	75	65	87	77	69	60
35	132	116	106	92	125	110	100	87	117	103	94	81	108	95	87	75
50	160	142	127	111	151	134	120	105	141	125	112	98	131	116	104	91
70	203	181	162	142	192	171	153	134	180	160	143	125	167	148	133	116
95	245	219	196	171	232	207	185	162	218	194	173	152	201	180	161	140
120	285	253	227	199	269	239	215	188	252	224	202	176	234	217	187	163

表 16－46　**BV绝缘电线敷设在隔热墙中导管内的持续载流量(A)**

型　号	BV															
额定电压(kV)	0.45/0.75															
导体工作温度(℃)	70															
环境温度(℃)	25				30				35				40			
标称截面(mm²)	电线根数															
	2	3	4	5、6	2	3	4	5、6	2	3	4	5、6	2	3	4	5、6
1.5	14	13	11	9	14	13	11	9	13	12	10	8	12	11	9	8
2.5	20	19	15	13	19	18	15	13	17	16	14	12	16	15	13	11
4	27	25	21	19	26	24	20	18	24	22	18	16	22	20	17	15
6	36	32	28	24	34	31	27	23	31	29	25	21	29	26	23	20
10	48	44	38	33	46	42	36	32	43	39	33	30	40	36	31	27
16	64	59	50	44	61	56	48	42	57	52	45	39	53	48	41	36
25	84	77	67	59	80	73	64	56	75	68	60	52	69	63	55	48
35	104	94	83	73	99	89	79	69	93	83	74	64	86	77	68	60
50	126	114	100	87	119	108	95	83	111	101	89	78	103	93	82	72
70	160	144	127	111	151	136	120	105	141	127	112	98	131	118	104	91
95	192	173	153	134	182	164	145	127	171	154	136	119	158	142	126	110
120	222	199	178	155	210	188	168	147	197	176	157	138	182	163	146	127
150	254	228	203	178	240	216	192	168	225	203	180	157	208	187	167	146
185	289	259	231	202	273	245	221	191	256	230	204	179	237	213	189	166
240	340	303	271	237	321	286	256	224	301	268	240	210	279	248	222	194
300	389	347	310	271	367	328	293	256	344	308	275	240	319	285	254	222

注:①导线根数指带负荷导线根数。

②墙内壁的表面散热系数不小于10W/(m²·K)。

表 16－47　**BV绝缘电线明敷及穿管载流量(A,D_D＝70℃)**

敷设方式		每管四线靠墙							每管五线靠墙			直接在空气中敷设(明敷)			
线芯截面(mm²)		环境温度				管径			管径			明敷环境温度			
		25℃	30℃	35℃	40℃	SC	MT	PC	SC	MT	PC	25℃	30℃	35℃	40℃
BV 0.45/0.75kV	1.0	—	—	—	—	15	16	16	15	16	16	20	19	18	17
	1.5	15	14	13	12	15	16	16	15	19	20	25	24	23	21
	2.5	20	19	18	17	15	19	20	15	19	20	34	32	30	28
	4	27	25	24	22	20	25	20	20	25	25	45	42	40	37
	6	34	32	30	28	20	25	25	20	25	25	53	55	52	48

续表

敷设方式		每管四线靠墙							每管五线靠墙			直接在空气中敷设(明敷)			
线芯截面(mm^2)		环境温度				管径			管径			明敷环境温度			
		25℃	30℃	35℃	40℃	SC	MT	PC	SC	MT	PC	25℃	30℃	35℃	40℃
BV 0.45/0.75kV	10	48	45	42	39	25	32	32	32	38	32	80	75	71	65
	16	65	61	75	53	32	38	32	32	38	32	111	105	99	91
	25	85	80	75	70	32	(51)	40	40	51	40	155	146	137	127
	35	105	99	93	86	50	(51)	50	50	(51)	50	192	181	170	157
	50	128	121	114	105	50	(51)	63	50	—	63	232	219	206	191
	70	163	154	145	134	65	—	63	65	—	—	298	281	264	244
	95	197	186	175	162	65	—	63	80	—	—	361	341	321	297
	120	228	215	202	187	65	—	—	80	—	—	420	396	372	345
	150	(261)	246	232	(215)	80	—	—	100	—	—	483	456	429	397
	185	(296)	279	262	(243)	100	—	—	100	—	—	552	521	490	453
	240	—	—	—	—	—	—	—	—	—	652	615	578	535	—
	300	—	—	—	—	—	—	—	—	—	—	752	709	666	617
	400	—	—	—	—	—	—	—	—	—	—	903	852	801	741
	500	—	—	—	—	—	—	—	—	—	—	1041	982	923	854
	630	—	—	—	—	—	—	—	—	—	—	1206	1138	1070	990

注:①表中SC为低压流体输送焊接钢管,表中管径为内径;MT为电线管,表中管径为外径;PC为硬塑料管,表中管径为外径。

②管径根据《电气装置工程1000V及以下配电工程施工及验收规范》GB 50258—96,按导线总截面×保护管内孔面积的40%计。

③D_D为导电线芯最高允许工作温度。

④每管五线中,四线为载流导体,故载流量数据同每管四线。

⑤本表摘自《全国民用建筑工程设计技术措施·电气》(2003)。

表16-48　BV-105绝缘电线敷设在明敷导管内的持续载流量(A)

型　号	BV-105											
额定电压(kV)	0.45/0.75											
导体工作温度(℃)	105											
环境温度(℃)	50			55			60			65		
标称截面(mm^2)	电线根数											
	2	3	4	2	3	4	2	3	4	2	3	4
1.5	19	17	16	18	16	15	17	15	14	16	14	13
2.5	27	25	23	25	23	21	24	22	20	23	21	19
4	39	34	31	37	32	29	35	30	28	33	28	26
6	51	44	40	48	41	38	46	39	36	43	37	34
10	76	67	59	72	63	56	68	60	53	64	57	50

续表

型　号	BV-105											
额定电压(kV)	0.45/0.75											
导体工作温度(℃)	105											
环境温度(℃)	50			55			60			65		
标称截面(mm²)	电　线　根　数											
	2	3	4	2	3	4	2	3	4	2	3	4
16	95	85	75	90	81	71	85	76	67	81	72	63
25	127	113	101	121	107	96	114	102	91	108	96	86
35	160	138	126	152	131	120	144	124	113	136	117	107
50	202	179	159	192	170	151	182	161	143	172	152	135
70	240	213	193	228	203	184	217	192	174	204	181	164
95	292	262	233	278	249	222	264	236	210	249	223	198
120	347	311	275	331	296	261	314	281	248	296	265	234
150	399	362	320	380	345	305	360	327	289	340	308	272

注:① BV-105的绝缘中加了耐热增塑剂,线芯允许工作温度可达105℃,适用于高温场所,但要求电线接头用焊接或绞接后表面锡焊处理。电线实际允许工作温度还取决于电线与电线及电线与电器接头的允许温度,当接头允许温度为95℃时,表中数据应乘以0.92;85℃时应乘以0.84。

②摘自《工业与民用配电设计手册》第三版。

表16-49　　RV等绝缘电线明敷设的持续载流量(A)

型　号	RV、RW、RVB、RVS、RFB、RFS、BW、BVNVB							
额定电压(kV)	0.3/0.35、0.3/0.5、0.45/0.75							
导体工作温度(℃)	70							
环境温度(℃)	25	30	35	40	25	30	35	40
标称截面(mm²)	电　线　芯　数							
	2				3			
0.12	4.2	4	3.8	3.5	3.2	3	2.8	2.6
0.2	5.8	5.5	5.2	4.8	4.2	4	3.8	3.5
0.3	7.4	7	6.6	6	5.3	5	4.7	4.4
0.4	9	8.5	8	7.4	6.4	6	5.6	5.2
0.5	10	9.5	9	8	7.4	7	6.6	6
0.75	13	12.5	12	11	9.5	9	8.5	7.8
1.0	16	15	14	13	12	11	10	9.6
1.5	20	19	18	17	18	17	16	15
2.0	23	22	20	19	20	19	18	17

续表

型　号	RV、RW、RVB、RVS、RFB、RFS、BW、BVNVB							
额定电压(kV)	0.3/0.35、0.3/0.5、0.45/0.75							
导体工作温度(℃)	70							
环境温度(℃)	25	30	35	40	25	30	35	40
标称截面(mm²)	电　线　芯　数							
	2				3			
2.5	29	27	25	24	25	24	23	21
4	38	36	34	31	34	32	30	28
6	50	47	44	41	44	41	39	36
10	69	65	61	57	60	57	54	50

注:摘自《工业与民用配电设计手册》第三版。

2. WDZ - BYJ(F)聚烯烃绝缘无卤低烟阻燃电线持续载流量,见表16-50。

表16-50　WDZ—BYJ(F)绝缘电线明敷时持续载流量(A)

型　号	WDZ - BYJ(F)															
额定电压(kV)	0.45/0.75															
导体工作温度(℃)	135(最大载流量)								90(推荐载流量)							
环境温度(℃)	25		30		35		40		25		30		35		40	
标称截面(mm²)	电线根数															
	2	3	2	3	2	3	2	3	2	3	2	3	2	3	2	3
1.5	34	27	33	26	32	25	32	25	26	20	25	19	23	18	23	18
2.5	46	37	45	36	44	35	43	34	35	27	33	26	32	24	31	24
4	62	49	60	47	58	46	57	45	46	36	44	34	42	33	41	32
6	79	63	77	61	75	59	73	58	60	47	57	45	55	43	53	42
10	109	92	106	90	103	87	100	85	86	69	82	66	79	63	76	61
16	152	125	148	121	144	118	140	115	114	94	109	90	104	86	100	83
25	207	174	201	169	195	164	190	160	153	131	147	125	140	119	135	115
35	256	212	249	206	242	200	235	195	193	159	185	152	176	145	170	140
50	310	267	302	259	293	252	285	245	233	199	223	190	213	182	205	175
70	397	343	386	333	375	324	365	315	302	256	288	245	275	234	265	225
95	495	430	482	418	468	406	455	395	370	324	354	310	338	296	325	285
120	583	506	567	492	551	478	535	465	438	381	419	365	400	348	385	335
150	670	588	651	572	633	556	615	540	501	444	479	425	457	405	440	390
185	773	692	752	673	731	654	710	635	581	518	555	495	530	473	510	455
240	931	833	906	810	880	787	855	765	701	627	670	599	639	572	615	550
300	1079	975	1049	948	1019	921	990	895	815	729	779	697	743	665	715	640

注:①单根电缆载流量按表中数据选取。

②耐火型电线型号为 WDZN—BYJ(F)，其载流量可参考上表。

③表中数据根据生产厂家提供的资料编制、计算得出，仅供设计人员参考。

3. 聚氯乙烯绝缘电线的额定电压及制造规格。见表 16-51。

表 16-51　聚氯乙烯绝缘电线的额定电压及制造规格

型号	额定电压(V)	芯数	标称截面(mm^2)
BV	300/500	1	0.5～1
	450/750	1	1.5～400
BLV	450/750	1	2.5～400
BVR	450/750	1	2.5～70
BVV	300/500	1	0.75～10
		2,3,4,5	1.5～35
BLVV	300/500	1	2.5～10
BVVB	300/500	2,3	0.75～10
BLVVB	300/500	2,3	2.5～10
BV-105	450/750	1	0.5～6
RV	300/500	1	0.3～1
	450/750	1	1.5～70
RVB	300/300	2	0.3～1.0
RVS	300/300	2	0.3～0.75
RVV	300/300	2,3	0.5～0.75
	300/500	2,3,4,5	0.75～2.5
RVVB	300/300	2	0.5～0.75
	300/500		0.75
RV-105	450/750	1	0.5～6

第四节　照明系统的安全防护

一、触电事故

触电是指人体接触到带电体，电流流过人体造成的伤害。触电事故分为直接触电事故和间接触电事故两类。

1. 直接触电

直接触电是指人体直接接触到电器设备正常带电部分引起的触电事故。根据人体接触到供电线路导体的方式不同，直接触电又分为单线触电及双线触电。单线触电又分为人踩在地上，人体接触到相线导体(如图 16-16 所示)及中性线导体(如图 16-17 所示)两种形式；双线触电又分为人体同时触到一根相线与一根中性线(如图 16-18 所示)及两根相线(如图 16-19 所示)两种方式。

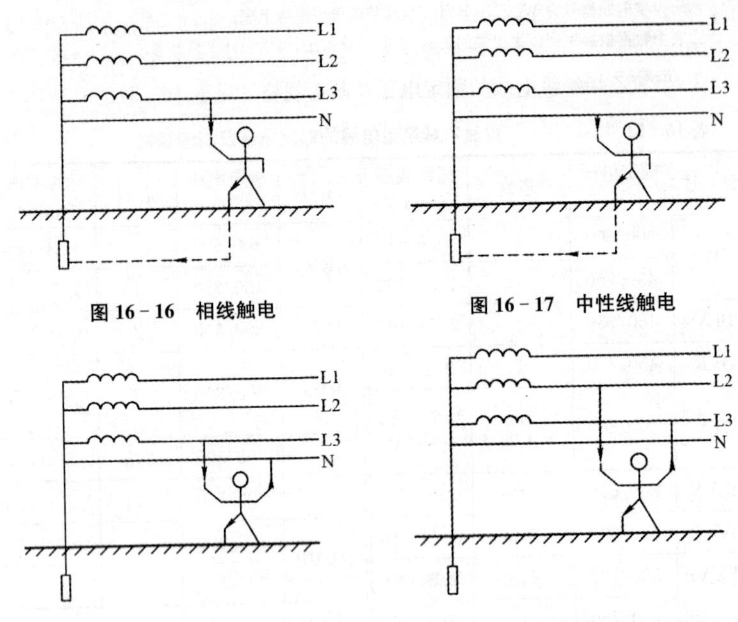

图 16-16　相线触电

图 16-17　中性线触电

图 16-18　相线与中性线之间双线触电

图 16-19　两根相线之间双线触电

如图 16-16 所示，在 380V/220V 三相四线制供电系统中，当人体接触到通电的相线导体时，人体接触到的电压为相电压 220V，电流通过人体到地从而引起触电，触电的伤亡程度主要取决于人与大地的接触效果，如果地面潮湿，在触电人员的鞋底湿透的情况下，接触电阻就很小，人触电的可能性就很大，反之则可能性小。如图 16-17 所示，为人体接触到通电的中性线导体的情况，中性线的电压一般很低，但绝不等于零，其大小是由中性线中的电流与其电阻来决定的，在电流较大、导线截面较小且线路较长时，在中性线上也可能产生一个不能忽视的电压，若人体跟大地之间接触较好，也会有触电的可能性。

如图 16-18 所示，在 380V/220V 三相四线制供电系统中，人体同时接触到一根相线与一根中性线，人体两端的电压为 220V，这种情况很危险，如不及时脱离电源，人的生命就很难保障。如图 16-19 所示，人体同时接触到两根相线，人体两端的电压为 380V，这是最危险的一种触电方式。

2. 间接触电

间接触电是指人体接触到正常情况下不带电、仅在事故情况下才会带电的部分而发生的触电事故。例如,电气设备的外露金属部分,在正常情况下是不带电的,但是当设备内部绝缘老化、破损时,内部带电部分会向外部本来不带电的金属部分漏电,在这种情况下,人体触及外露金属部分便有可能触电。近年来,随着家用电器使用的日趋增多,间接触电事故所占比例正在上升。

3. 跨步电压

如图 16-20 所示,当电气设备的绝缘损坏或线路的一相断线落地时,落地点的电位就是导线的电位,电流就会从落地点(或绝缘损坏处)流入地中。如果有人走近导线落地点附近,由于人的两脚电位不同,则在两脚之间出现电位差,这个电位差叫作跨步电压。

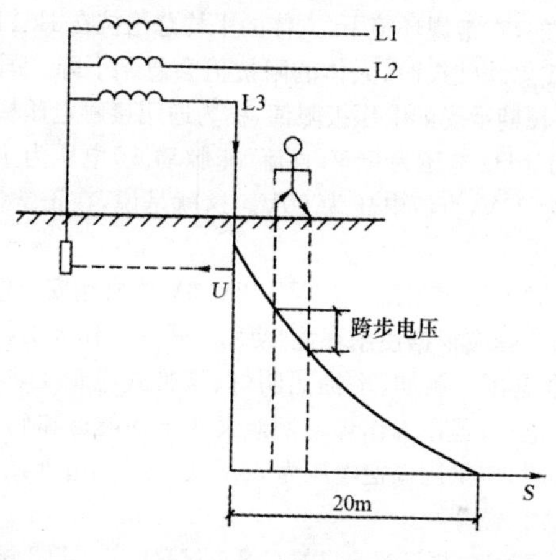

图 16-20 跨步电压

二、触电防护

1. 安全电压

按人体所受伤害方式的不同,触电又可分为电击和电伤两种。电击,主要是电流通过人体内部,影响呼吸系统、心脏和神经系统,造成人体内部组织的破坏,甚至导致死亡。电伤,主要是指电流的热效应、化学效应和机械效应等对人体表面或外部造成的局部伤害。当然,这两种伤害也可能同时发生。调查表明,绝大部分触电事故都是电击造成的,通常所说的触电事故基本上都是指电击而言。电击伤害的程度取决于通过人体电流的大小、电流通过人体的持续时间、电流通过人体的途径、电流的频率以及人体的健康状况等。

50～60Hz 的交流电流通过心脏和肺部时危险性最大。

(1)安全电流。当工频电流为 0.5mA 时，人几乎无感觉；10mA 时，有针刺感、疼痛感，一般能摆脱带电体；25mA 时为心脏无可挽回破裂的极限；30mA 时为呼吸瘫痪极限；1A 时心脏会迅速停止跳动。我国规定安全电流为 30mA·s，即触电时间在 1 s 内，通过人体的最大允许电流为 30mA。

(2)安全电压。作用于人体的电压越高，通过人体的电流越大。因此，如果能限制可能施加于人体上的电压值，就能使通过人体的电流限制在允许的范围内。这种为降低触电事故而采用的由特定电源供电的电压系列称为安全电压。

安全电压值取决于人体的阻抗值和人体允许通过的电流值。人体对交流电是成电容性的，在常规环境下，人体的平均总阻抗在 1kΩ 以上；当人体处于潮湿环境下，或皮肤破损时，人体的阻抗值会急剧下降。国际电工委员会规定了人体允许长期承受的电压极限值，称为通用接触电压极限。在常规环境下，交流 15～100Hz 电压为 50V，直流(非脉动波)电压为 120V，在潮湿环境下，交流电压为 25V，直流电压为 60V。这就是说，在正常情况下，交流安全电压的极限值为 50V。

我国规定工频电压 42V、36V、24V、12V、6V 为常用安全电压等级。电气设备安全电压的选择应根据使用环境、使用方式和工作人员状况等因素选用不同等级的安全电压。例如，手提照明灯、携带式电动工具可采用 42V 或 36V 的额定工作电压；若在工作环境潮湿又狭窄的隧道和矿井内，周围又有大面积接地导体时，应采用额定电压为 24V 或 12V 的电气设备。

2. 安全的供电结构

前面介绍了 TN(包括 TN-S、TN-C-S、TN-C)、TT、IT3 种安全的供电结构，根据照明系统具体环境，选择合适的供电结构形式，即可保证出现间接漏电时人身的安全。

三、其他安全措施

1. 景观照明

(1)固定在建筑物上的节日彩灯、航空障碍标志灯及其他用电设备的线路，应根据建筑物的重要性采取相应的防雷电波侵入措施：

①无金属外壳或保护网罩的用电设备应处在接闪器的保护范围内。

②有金属外壳或保护网罩的用电设备应将金属外壳或保护网罩就近与屋顶防雷装置相连。

③从配电盘引出的线路应穿钢管，钢管的一端与配电盘外露可导电部分

相连，另一端与用电设备外露可导电部分及保护罩相连，并就近与屋顶防雷装置相连，钢管因连接设备而在中间断开时应设跨接线。

④在配电盘内，应在开关的电源侧与外露可导电部分之间装设电涌保护器。

(2)戏水池(游泳池)防电击措施应符合下列规定：

①区域划分。

a.0区——水池内部。

b.1区——离水池边缘2m的垂直面内，其高度止于距地面或人能达到的水平面的2.5m处；对于跳台或滑槽，该区的范围包括离其边缘1.5m的垂直面内，其高度止于人能达到的最高水平面的2.5m处。

c.2区——1区外边界1.5m以外的垂直面内，其高度止于离地面或人能达到的水平面的2.5m处。

②在0区内采用12V及以下的隔离特低电压供电，其隔离变压器应在0、1、2区以外。

③电气线路应采用双重绝缘，在0区及1区内不得安装接线盒。

④电气设备的防水等级：0区内不应低于IPX8，1区内不应低于IPX5，2区内不应低于IPX4。

⑤在0区、1区及2区内应做局部等电位连接。

(3)喷水池防电击措施应符合下列规定：

①区域划分：

a.0区——水池、水盆或水柱、人工瀑布的内部。

b.1区——离0区外边界或水池边缘2m的垂直面内，其高度止于距地面或人能达到的水平面的2.5m处。

②当采用50V及以下的特低电压(EIV)供电时，其隔离变压器应设置在0、1区以外；当采用220V供电时，应采用隔离变压器或装设额定动作电流I_a不大于30mA的剩余电流保护器。

③水下电缆应远离水池边缘，在1区内应穿绝缘管保护。

④喷水池应做局部等电位连接。

(4)霓虹灯的安装设计应符合现行国家标准《霓虹灯安装规范》(GB 19653—2005)的规定。

(5)其他防护：

①安装在人员可触及的防护栏上的照明装置应采用特低安全电压供电，否则应采取防意外触电的保障措施。

②安装于建筑本体的夜景照明系统应与该建筑配电系统的接地形式相

一致。安装于室外的景观照明中距建筑外墙 20m 以内的设施应与室内系统的接地形式相一致;距建筑物外墙 20m 以外的部分宜采用 TT 接地系统,将全部外露可导电部分连接后直接接地。

③夜景照明装置的防雷应符合现行国家标准《建筑物防雷设计规范》(GB 50057—1994)的要求。

④照明设备所有带电部分应采用绝缘、遮拦或外护物保护,距地面 2.8m 以下的照明设备应使用工具才能打开的外壳进行光源维护。室外安装照明配电箱与控制箱等应采用防水、防尘型、防护等级不应低于 IP54,北方地区室外配电箱内元器件还应考虑室外环境温度的影响,距地面 2.5m 以下的电气设备应借助于钥匙或工具才能开启。

2. 道路照明

(1)道路照明配电回路应设保护装置,每个灯具应设有单独保护装置。

(2)高杆灯或其他安装在高耸构筑物上的照明装置应配置避雷装置,并应符合现行国家标准《建筑物防雷设计规范》(GB 50057—1994)的规定。

(3)道路照明供电线路的人孔井盖及手孔井盖、照明灯杆的检修门及路灯户外配电箱,均应设置需使用专用工具开启的闭锁防盗装置。

(4)道路照明配电系统的接地形式宜采用 TT－S 系统或 TT 系统,金属灯杆及构件、灯具外壳、配电及控制箱屏等的外露可导电部分,应进行保护接地,并应符合国家现行相关标准的要求。

参考文献

[1] 李恭慰. 建筑照明设计手册. 北京:中国建筑工业出版社,2004
[2] 戴瑜兴,等. 民用建筑电气设计手册(第 2 版). 北京:中国建筑工业出版社,2007
[3] 赵振民. 实用照明工程设计. 天津;天津大学出版社,2003
[4] 黄铁兵. 民用建筑电气照明设计手册. 北京:中国建筑工业出版社,2010
[5] 李炳华. 国家体育场场地照明设计初探. 建筑电气技术文集. 北京:兵器工业出版社,2003
[6] 李炳华,等. 现代体育场馆照明指南. 北京:中国电力出版社,2004
[7] 北京照明学会照明设计委员会. 照明设计手册(第 2 版). 北京:中国电力出版社,2006
[8] 俞丽华,等. 电气照明. 上海:同济大学出版社,1991
[9] J153—2007《体育场馆照明设计及检测标准》
[10] JGJ16—2008《民用建筑电气设计规范》
[11] 射秀颖,等. 实用照明设计. 北京:机械工业出版社,2010
[12] GB50034—2004 建筑照明设计标准[S]. 北京:中国建筑工业出版社,2004
[13] CCJ45—2006 城市道路照明设计标准[S]. 北京:中国建筑工业出版社,2007
[14] 建筑电气设计手册编写组. 建筑电气设计手册[M]. 北京:中国建筑工业出版社,2006
[15] 梁哲,等. 色彩构成[M]. 合肥:安徽美术出版社,2009
[16] 北京照明学会照明设计专业委员会. 照明设计手册[M]. 北京:中国电力出版社,1998
[17] 魏文信. 室外照明工程设计手册. 北京:中国电力出版社,2010
[18] 刘介才. 电气照明设计指导. 北京:机械工业出版社,1999
[19] 周希章. 实用电工手册. 北京:金盾出版社,2005
[20] 李正吾. 新电工手册(第 2 版). 合肥:安徽科学技术出版社,2006
[21] 中国建筑标准设计研究院. D800-1～3 民用建筑电气设计与施工(上册). 北京:中国计划出版社,2008

[22] 中国建筑标准设计研究院. D800-4～5 民用建筑电气设计与施工(中册). 北京:中国计划出版社,2008
[23] 中国建筑标准设计研究院. D800-6～8 民用建筑电气设计与施工(下册). 北京:中国计划出版社,2008
[24] 林福光. 民用建筑电气设计与安装图集. 北京:水利水电出版社:2004-1-2
[25] 中国建筑设计研究院. 医院建筑电气设计. 北京:中国建筑工业出版社,2011
[26] 徐晓宁. 建筑电气设计基础. 广州:华南理工大学出版社,2007
[27] 胡国文. 现代民用建筑电气工程设计. 北京:机械工业出版社会,2013
[28] 郭建林. 建筑电气设计计算分册(第 2 分册). 北京:中国电力出版社,2011
[29] 中国建筑科学研究院. 建筑照明设计标准(GB20034—2014). 北京:中国建筑工业出版社,2004
[30] 建筑工业出版社. 城市照明节能评价标准. JGJ/T307—2013. 北京:中国建筑工业出版社,2014
[31] 建筑工业出版社. 城市道路工程设计规范(CJJ37—2012). 北京:中国建筑工业出版社,2012
[32] 张华. 城市照明设计与施工. 北京:中国建筑工业出版社,2012